机械设计与智造宝典丛书

UG NX 12.0 实例宝典

北京兆迪科技有限公司　编著

机 械 工 业 出 版 社

本书是学习 UG NX 12.0 软件的实例类图书，内容包括二维草图设计实例、零件设计实例、曲面设计实例、装配设计实例、钣金设计实例、运动仿真及动画实例、管道与电缆设计实例、模具设计实例、数控加工与编程实例、同步建模设计实例、有限元结构分析实例以及自顶向下（TOP-DOWN）设计实例等。

本书中实例的安排次序采用由浅入深、循序渐进的原则。在内容编排上，针对每一个实例先进行概述，说明该实例的特点、操作技巧及重点掌握内容和要用到的操作命令，使读者对其有一个整体概念，学习也更有针对性，然后是实例的详细操作步骤；在写作方式上，本书紧贴 UG NX 12.0 的实际操作界面，采用软件中真实的对话框、操控板、按钮等进行讲解，使初学者能够直观、准确地操作软件进行学习，以提高学习效率。书中所选用的实例覆盖了不同行业，具有很强的实用性和广泛的适用性。

本书可作为工程技术人员学习 UG NX 12.0 的自学教程和参考书，也可供大专院校机械专业师生教学参考。

为方便读者学习使用，本书附赠学习资源，包括本书所有的教案文件、实例文件及练习素材文件，还包括大量 UG 应用技巧和具有针对性实例的教学视频，并进行了详细的语音讲解。读者可在本书导读中按照提示步骤下载使用。

图书在版编目（CIP）数据

UG NX 12.0 实例宝典 / 北京兆迪科技有限公司编著.
—5 版. —北京：机械工业出版社，2019.4
（机械设计与智造宝典丛书）
ISBN 978-7-111-61987-1

Ⅰ. ①U… Ⅱ. ①北… Ⅲ. ①计算机辅助设计—应用软件 Ⅳ. ①TP391.72

中国版本图书馆 CIP 数据核字（2019）第 025843 号

机械工业出版社（北京市百万庄大街 22 号 邮政编码：100037）
策划编辑：丁 锋 责任编辑：丁 锋
封面设计：张 静 责任校对：潘 蕊
责任印制：张 博
北京铭成印刷有限公司印刷
2019 年 4 月第 5 版第 1 次印刷
184mm×260 mm · 28.5 印张 · 530 千字
0001—3000 册
标准书号：ISBN 978-7-111-61987-1
定价：89.90 元

凡购本图书，如有缺页、倒页、脱页，由本社发行部调换

电话服务
服务咨询热线：010-88361066
读者购书热线：010-68326294

网络服务
机 工 官 网：www.cmpbook.com
机 工 官 博：weibo.com/cmp1952
金 书 网：www.golden-book.com
教育服务网：www.cmpedu.com

前　言

UG 是由美国 UGS 公司推出的一款功能强大的三维 CAD/CAM/CAE 软件系统，其内容涵盖了产品从概念设计、工业造型设计、三维模型设计、分析计算、动态模拟与仿真、工程图输出，到生产加工成产品的全过程，应用范围涉及航空航天、汽车、机械、造船、通用机械、数控（NC）加工、医疗器械和电子等诸多领域。UG NX 12.0 是目前最新的 UG 版本，该版本在数字化模拟、知识捕捉、可用性和系统工程等方面进行了创新且对以前版本进行了数百项以客户为中心的改进。

本书是系统、全面学习 UG NX 12.0 软件的实例类图书，其特色如下。

- 内容丰富，本书的实例涵盖 UG NX 12.0 几乎所有模块，包括市场上同类书少有的模型的外观设置与渲染、运动仿真及动画、管道与电缆设计以及自顶向下（TOP-DOWN）设计等高级模块。
- 讲解详细，条理清晰，图文并茂，保证自学的读者能够独立学习书中的内容。
- 写法独特，采用 UG NX 12.0 中文版中真实的对话框和按钮等进行讲解，使初学者能够直观、准确地操作软件，从而大大提高了学习效率。
- 附加值高，本书附赠学习资源，包含大量 UG 应用技巧和具有针对性实例的教学视频并进行了详细的语音讲解，可以帮助读者轻松、高效地学习。

本书由北京兆迪科技有限公司编著，参加编写的人员有詹友刚、王焕田、刘静、刘海起、魏俊岭、任慧华、詹路、冯元超、刘江波、周涛、侯俊飞、龙宇、詹棋、高政、孙润、詹超、尹佩文、赵磊、高策、冯华超、周思思、黄光辉、詹聪、平迪、李友荣。本书已经过多次审核，但仍难免有疏漏之处，恳请广大读者予以指正。

本书“学习资源”中含有“读者意见反馈卡”的电子文档，请读者认真填写本反馈卡，并 E-mail 给我们。E-mail: 兆迪科技 zhanygjames@163.com，丁锋 fengfener@qq.com。

咨询电话：010-82176248，010-82176249。

编　者

兆迪网校

兆迪公众号

本书导读

为了能更好地学习本书的知识，请读者仔细阅读下面的内容。

写作环境

本书使用的操作系统为 64 位的 Windows 7，系统主题采用 Windows 经典主题。本书采用的写作蓝本是 UG NX 12.0 版。

附赠学习资源的使用

为方便读者练习，特将本书所有素材文件、已完成的实例文件、配置文件和视频语音讲解文件等放入本书的随书附赠资源中，读者在学习过程中可以打开相应素材文件进行操作和练习。

建议读者在学习本书前，先将随书附赠资源中的所有文件复制到计算机硬盘的 D 盘中。在 D 盘上 ugal12 目录下共有 3 个子目录。

（1）ugnx12_system_file 子目录：包含一些系统文件。

（2）work 子目录：包含本书的全部素材文件和已完成的实例文件。

（3）video 子目录：包含本书讲解中的视频文件（含语音讲解）。读者学习时，可在该子目录中按顺序查找所需的视频文件。

资源中带有“ok”扩展名的文件或文件夹表示已完成的实例。

相比于老版本的软件，UG NX 12.0 中文版在功能、界面和操作上变化极小，经过简单的设置后，几乎与老版本完全一样（书中已介绍设置方法）。因此，对于软件新老版本操作完全相同的内容部分，随书附赠学习资源中仍然使用老版本的视频讲解，对于绝大部分读者而言，并不影响软件的学习。

本书的随书附赠学习资源领取方法：

- 直接登录网站 http://www.zalldy.com/page/book 下载。
- 扫描右侧二维码获得下载地址。
- 通过电话索取，电话：010-82176248，010-82176249。

本书约定

- 本书中有关鼠标操作的简略表述说明如下。
  - ☑ 单击：将鼠标指针移至某位置处，然后按一下鼠标的左键。
  - ☑ 双击：将鼠标指针移至某位置处，然后连续快速地按两次鼠标的左键。
  - ☑ 右击：将鼠标指针移至某位置处，然后按一下鼠标的右键。
  - ☑ 单击中键：将鼠标指针移至某位置处，然后按一下鼠标的中键。

☑ 滚动中键：只是滚动鼠标的中键，而不能按中键。
☑ 选择（选取）某对象：将鼠标指针移至某对象上，单击以选取该对象。
☑ 拖移某对象：将鼠标指针移至某对象上，然后按下鼠标的左键不放，同时移动鼠标，将该对象移动到指定的位置后再松开鼠标的左键。

- 本书中的操作步骤分为 Task、Stage 和 Step 三个级别，说明如下。

☑ 对于一般的软件操作，每个操作步骤以 Step 字符开始。
☑ 每个 Step 操作视其复杂程度，其下面可含有多级子操作，例如 Step1 下可能包含（1）、（2）、（3）等子操作，（1）子操作下可能包含①、②、③等子操作，①子操作下可能包含 a）、b）、c）等子操作。
☑ 如果操作较复杂，需要几个大的操作步骤才能完成，则每个大的操作冠以 Stage1、Stage2、Stage3 等，Stage 级别的操作下再分 Step1、Step2、Step3 等操作。
☑ 对于多个任务的操作，则每个任务冠以 Task1、Task2、Task3 等，每个 Task 操作下则可包含 Stage 和 Step 级别的操作。

- 因为已建议读者将随书附赠资源中的所有文件复制到计算机硬盘的 D 盘中，所以书中在要求设置工作目录或打开学习资源文件时，所述的路径均以“D:”开始。

目　录

第 1 章　二维草图设计实例

1.1　约束的自动捕捉技巧

实例概述

本实例从新建一个草图开始，详细介绍了草图的绘制、编辑和标注的过程，要重点掌握的是约束的自动捕捉，以及尺寸的处理技巧。本实例图形如图 1.1.1 所示，其绘制过程如下所述。

Step1. 选择下拉菜单 文件(F) → 新建(N)... 命令，在“新建”对话框的 模板 列表框中选择模板类型为 模型 ，在 名称 文本框中输入草图名称 sketch01，然后单击 确定 按钮。

Step2. 选择下拉菜单 插入(S) → 在任务环境中绘制草图(V)... 命令，选择 XY 平面为草图平面，单击 确定 按钮，系统进入草图环境。选择下拉菜单 插入(S) → 曲线(C) → 轮廓(O)... 命令，绘制图 1.1.2 所示的草图轮廓。

Step3. 添加几何约束。单击“约束”按钮，系统弹出“几何约束”对话框。根据系统 选择要约束的对象 的提示，单击按钮，选取图 1.1.3 所示的点 1（直线的上端点）和 X 轴，添加“点在曲线上”约束。单击 关闭 按钮，关闭“几何约束”对话框。参照上述步骤约束图 1.1.4 所示的点 2 在 X 轴上。选择下拉菜单 插入(S) → 尺寸(M) → 快速(P)... 命令，选择图 1.1.4 所示的直线，系统自动生成尺寸，选择合适的放置位置单击，在系统弹出的动态输入框中输入数值 100，结果如图 1.1.5 所示。参照上述步骤标注图 1.1.6 所示的其余的水平尺寸。选择下拉菜单 插入(S) → 尺寸(M) → 快速(P)... 命令，选择图 1.1.7 所示的圆弧，系统自动生成尺寸，选择合适的放置位置单击，在系统弹出的动态输入框中输入数值 47，结果如图 1.1.7 所示。参照上述步骤标注图 1.1.8 所示的其余的圆弧尺寸。选择图 1.1.9 所示的两条直线，系统自动生成角度尺寸，选择合适的放置位置单击，在系统弹出的动态输入框中输入数值 140，结果如图 1.1.9 所示。标注直线到直线的距离。先选择图 1.1.10 所示的直线，系统生成竖直尺寸，选择合适的放置位置单击，在系统弹出的动态输入框中输入数值 70，结果如图 1.1.10 所示。

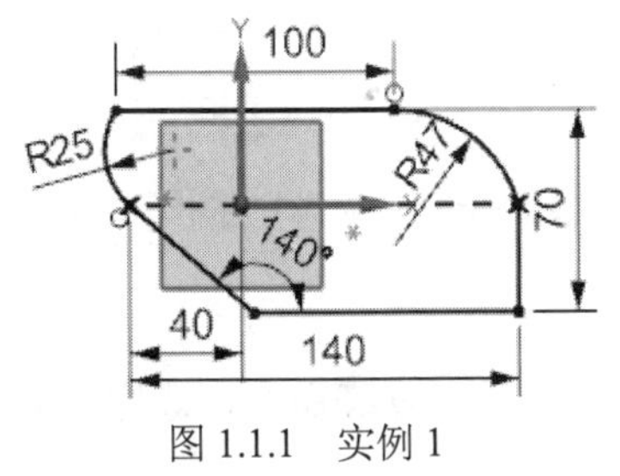

图 1.1.1　实例 1

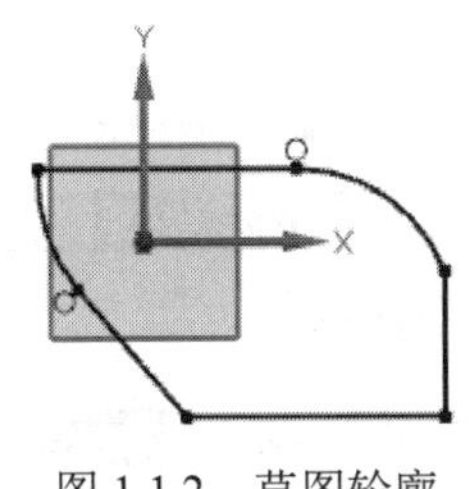

图 1.1.2　草图轮廓

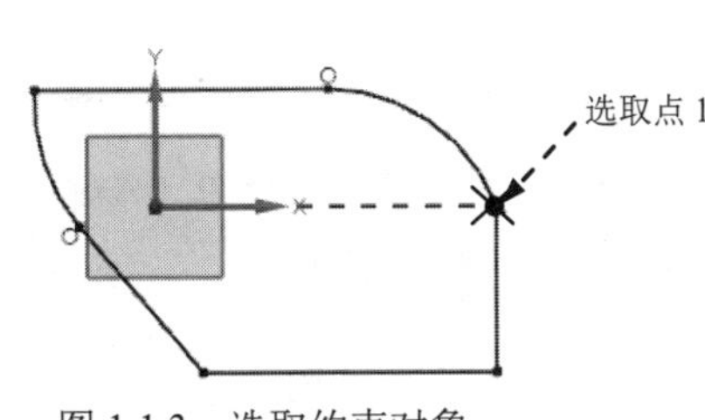

图 1.1.3　选取约束对象

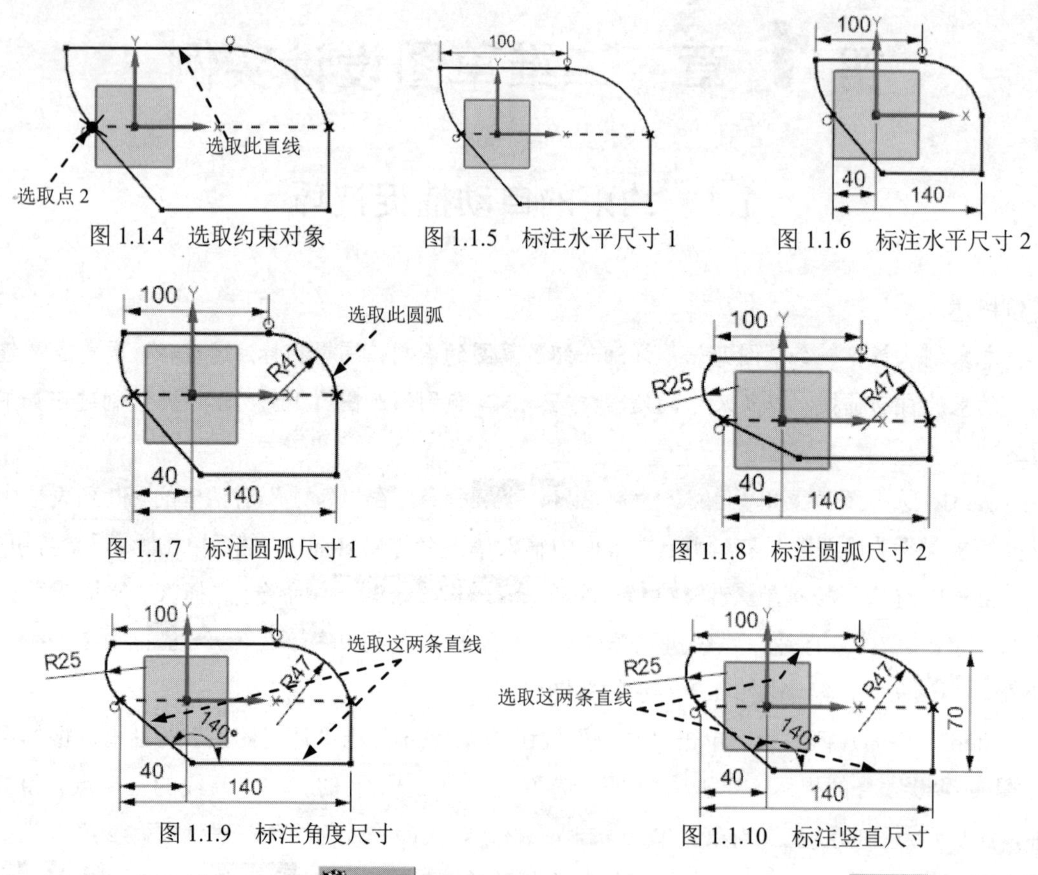

图 1.1.4　选取约束对象　　图 1.1.5　标注水平尺寸 1　　图 1.1.6　标注水平尺寸 2

图 1.1.7　标注圆弧尺寸 1　　图 1.1.8　标注圆弧尺寸 2

图 1.1.9　标注角度尺寸　　图 1.1.10　标注竖直尺寸

Step4. 保存模型。单击 完成草图 按钮，退出草图环境。选择下拉菜单 文件(F) → 保存(S) 命令，即可保存模型。

1.2　草图修剪、镜像技巧

实例概述

本实例从新建一个草图开始，详细介绍了草图的绘制、编辑和标注的一般过程。通过本实例的学习，要重点掌握草图修剪、镜像命令的使用和技巧。本实例所绘制的草图如图 1.2.1 所示，其绘制过程如下所述。

Step1. 选择下拉菜单 文件(F) → 新建(N)... 命令，在“新建”对话框的 模板 列表框中选择模板类型为 模型，在 名称 文本框中输入草图名称 sketch02，然后单击 确定 按钮。

Step2. 选择下拉菜单 插入(S) → 在任务环境中绘制草图(V)... 命令，选择 XY 平面为草图平面，单击 确定 按钮，系统进入草图环境。

Step3. 绘制草图。选择下拉菜单 插入(S) → 曲线(C) → 圆(C)... 命令，选中“圆心和直径定圆”按钮⊙，粗略地绘制图 1.2.2 所示的两个圆（注意：圆 1 和圆 2 的圆心与原点重合)；选择下拉菜单 插入(S) → 曲线(C) → 矩形(R)... 命令，粗略地绘制图 1.2.3 所示的矩形；参照上述步骤绘制图 1.2.4 所示的其余矩形。

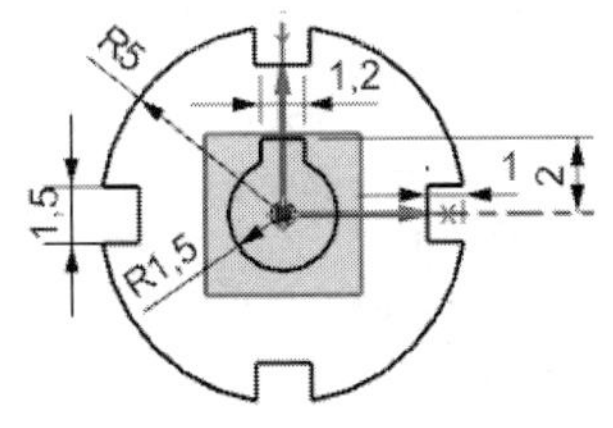

图 1.2.1　实例 2

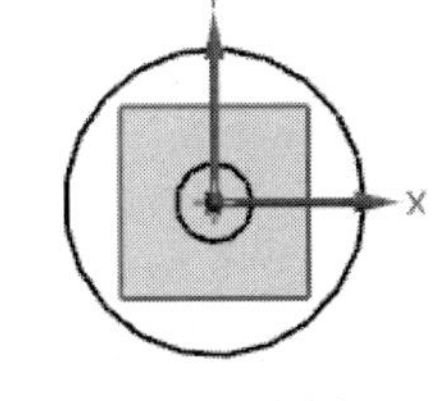
图 1.2.2　绘制圆

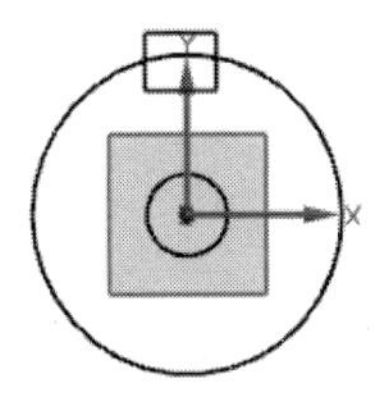
图 1.2.3　绘制矩形 1

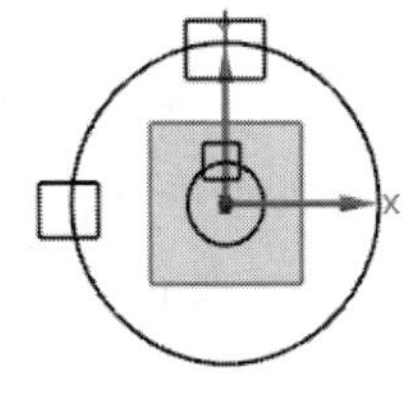
图 1.2.4　绘制矩形 2

Step4. 添加几何约束。单击“设为对称”按钮，系统弹出“设为对称”对话框，依次选取图 1.2.5 所示的两条直线，选取 Y 轴为对称中心线，则这两条直线会关于 Y 轴对称；参照上述步骤约束图 1.2.6 所示的直线关于 Y 轴对称；参照上述步骤约束图 1.2.6 所示的直线关于 X 轴对称。

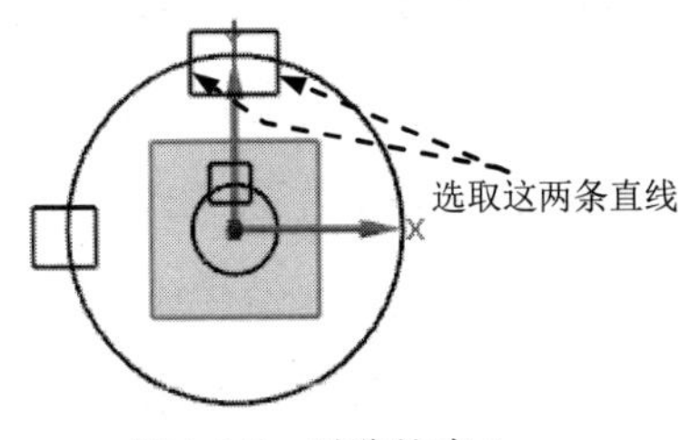

图 1.2.5　对称约束 1

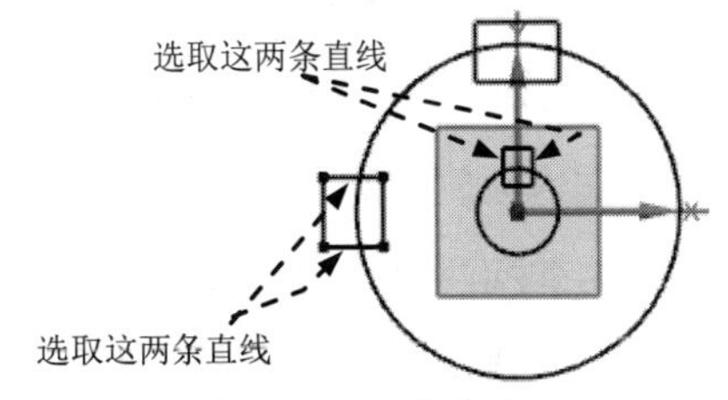

图 1.2.6　对称约束 2

Step5. 以 X 轴为镜像中心，镜像绘制第三个矩形，如图 1.2.7 所示。

Step6. 以 Y 轴为镜像中心，镜像绘制第四个矩形，如图 1.2.8 所示。

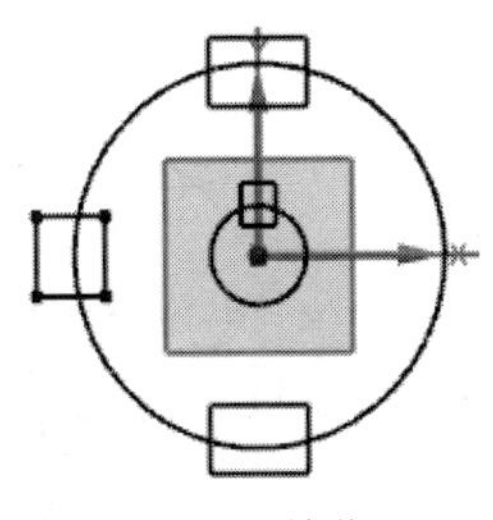
图 1.2.7　镜像 1

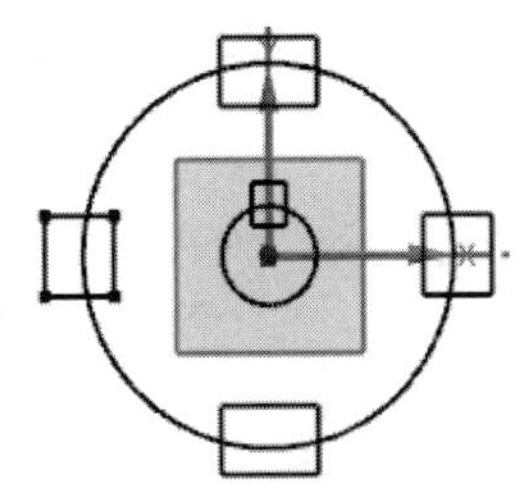
图 1.2.8　镜像 2

Step7. 快速修剪。单击“快速修剪”按钮，系统弹出“快速修剪”对话框，修剪多余的线条结果如图 1.2.9 所示。

Step8. 参照上述步骤修剪其他多余的线条，结果如图 1.2.10 所示。

Step9. 添加几何约束。单击“约束”按钮，系统弹出“几何约束”对话框。根据系统**选择要约束的对象**的提示，单击 = 按钮，选取图 1.2.11 所示的两条直线，则两条直线上会添加“等长”约束。参照上述步骤添加图 1.2.12 所示的直线为“等长”约束；参照 Step4 添加图 1.2.13 所示的两条直线为“对称”约束。

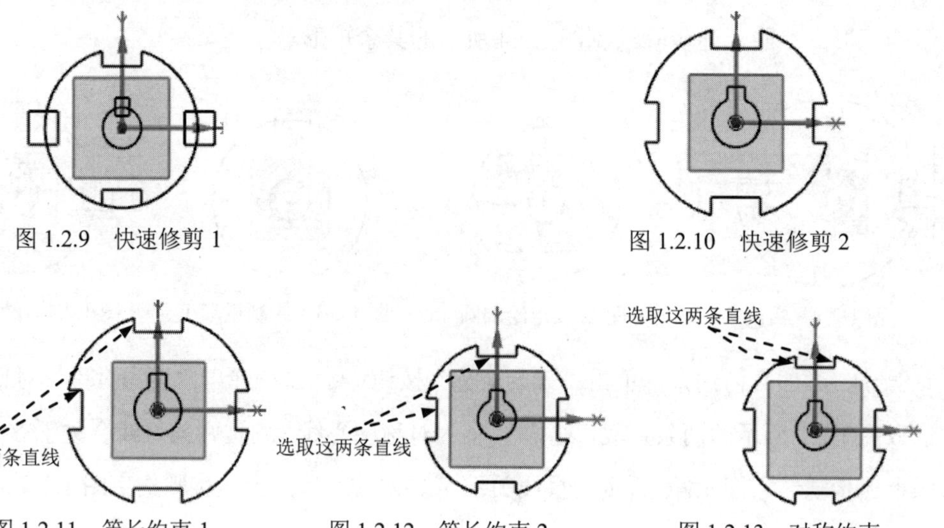

图 1.2.9　快速修剪 1

图 1.2.10　快速修剪 2

图 1.2.11　等长约束 1

图 1.2.12　等长约束 2

图 1.2.13　对称约束

Step10. 添加尺寸约束。选择下拉菜单 插入(S) → 尺寸(M) ▸ → 快速(P)... 命令，选择图 1.2.14 所示的直线，系统自动生成尺寸，选择合适的放置位置单击，在系统弹出的动态输入框中输入数值 1.2，结果如图 1.2.14 所示。参照上述步骤标注图 1.2.15 所示的其余的水平尺寸。接着标注直线的距离。先选择图 1.2.16 所示的直线，系统生成竖直尺寸，选择合适的放置位置单击，在系统弹出的动态输入框中输入数值 1.5，结果如图 1.2.16 所示。参照上述步骤标注图 1.2.17 所示的其余的竖直尺寸。选择下拉菜单 插入(S) → 尺寸(M) ▸ → 快速(P)... 命令，选择图 1.2.18 所示的圆弧，系统自动生成尺寸，选择合适的放置位置单击，在系统弹出的动态输入框中输入数值 1.5，结果如图 1.2.18 所示。参照上述步骤标注图 1.2.19 所示的其余的圆弧尺寸。

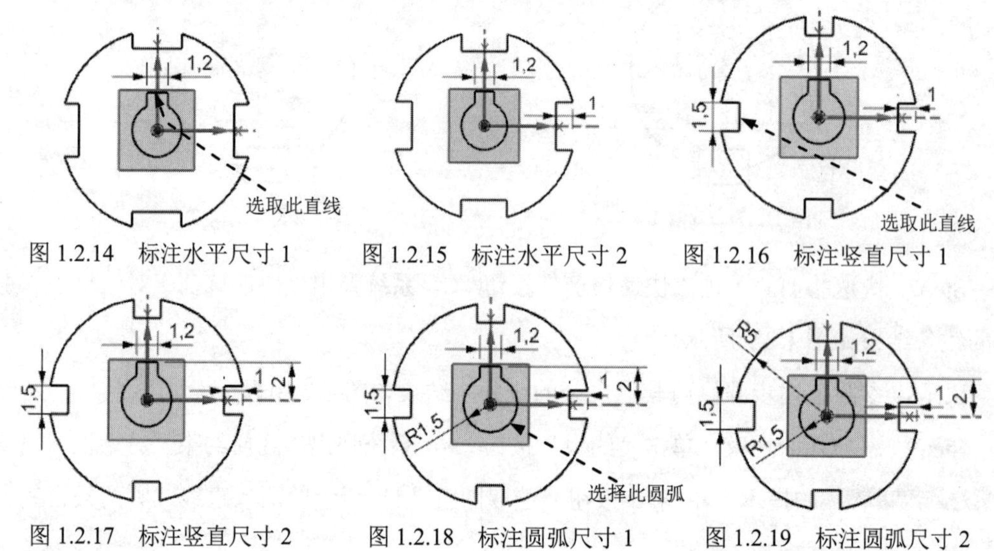

图 1.2.14　标注水平尺寸 1

图 1.2.15　标注水平尺寸 2

图 1.2.16　标注竖直尺寸 1

图 1.2.17　标注竖直尺寸 2

图 1.2.18　标注圆弧尺寸 1

图 1.2.19　标注圆弧尺寸 2

Step11. 保存模型。单击完成草图按钮，退出草图环境。选择下拉菜单文件(F) → 保存(S)命令，即可保存模型。

1.3 相切、相等和对称约束技巧

实例概述

本实例详细介绍了草图的绘制、编辑和标注的一般过程。通过本实例的学习，要重点掌握相切约束、相等约束和对称约束的使用方法及技巧。本实例的草图如图 1.3.1 所示，其绘制过程如下所述。

Step1. 选择下拉菜单文件(F) → 新建(N)...命令，在“新建”对话框的模板列表框中选择模板类型为模型，在名称文本框中输入草图名称 sketch03，单击确定按钮。

Step2. 选择下拉菜单插入(S) → 在任务环境中绘制草图(V)...命令，选择 XY 平面为草图平面，单击确定按钮，系统进入草图环境。选择下拉菜单插入(S) → 曲线(C) → 轮廓(O)...命令，绘制图 1.3.2 所示的草图轮廓。

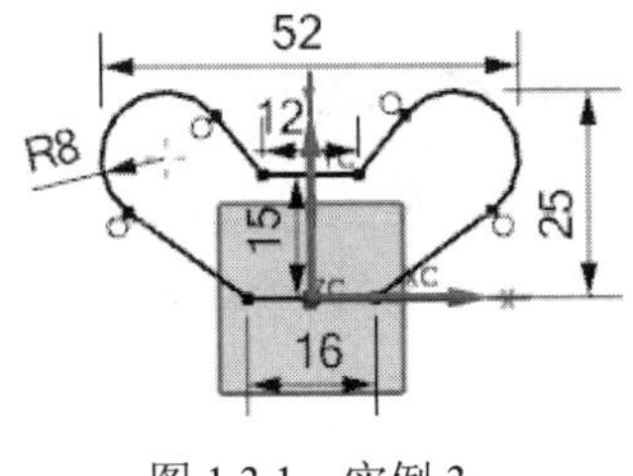

图 1.3.1 实例 3

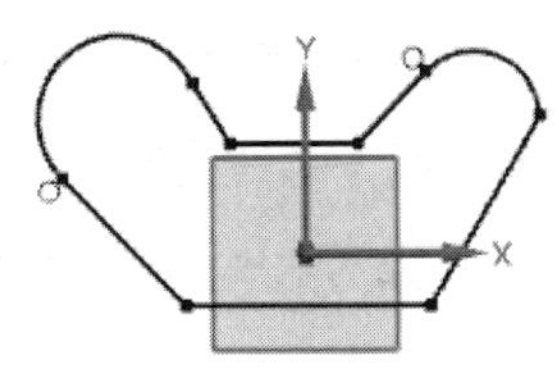

图 1.3.2 草图轮廓

Step3. 添加几何约束。单击“约束”按钮，根据系统选择要约束的对象的提示，单击按钮，选取图 1.3.3 所示的圆弧和直线，则在圆弧和直线之间添加“相切”约束；参照上述步骤在其他圆弧和直线之间添加“相切”约束，结果如图 1.3.4 所示。单击“约束”按钮，根据系统选择要约束的对象的提示，单击按钮，选取图 1.3.5 所示的两条直线，则两条直线上会添加“等长”约束；参照上述步骤在图 1.3.6 所示的直线添加“等长”约束，结果如图 1.3.6 所示。单击“约束”按钮，根据系统选择要约束的对象的提示，单击按钮，选取图 1.3.7 所示的圆弧，在两圆弧之间添加“等半径”约束；单击按钮，选取图 1.3.8 所示的直线和 X 轴，则直线上会添加“共线”约束，约束直线在 XC 轴上；单击“设为对称”按钮，系统弹出“设为对称”对话框，依次选取图 1.3.9 所示的两条直线，选取 Y 轴为对称中心线，则这两条直线是关于 Y 轴对称。

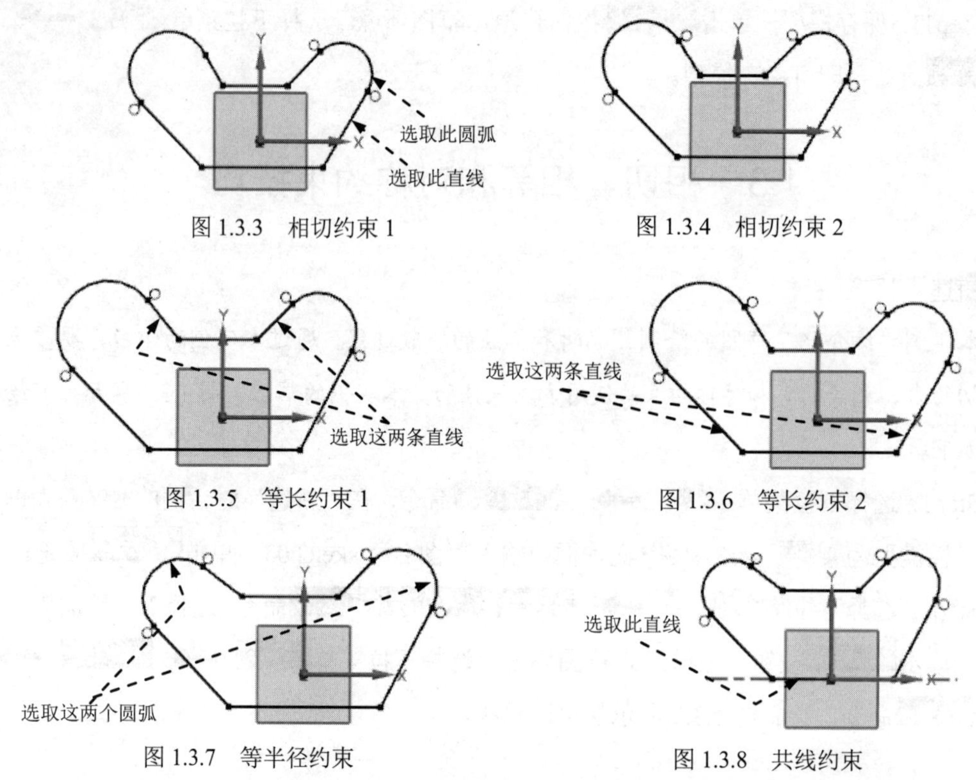

图 1.3.3　相切约束 1　　图 1.3.4　相切约束 2

图 1.3.5　等长约束 1　　图 1.3.6　等长约束 2

图 1.3.7　等半径约束　　图 1.3.8　共线约束

Step4. 添加尺寸约束。选择下拉菜单 插入(S) → 尺寸(M) → 快速(P)... 命令，选择图 1.3.10 所示的直线，系统自动生成尺寸，选择合适的放置位置单击，在系统弹出的动态输入框中输入数值 12，结果如图 1.3.10 所示；参照上述步骤标注图 1.3.11 所示的其余的水平尺寸。接着标注直线到直线的距离。选择图 1.3.12 所示的直线，系统生成竖直尺寸，选择合适的放置位置单击，在系统弹出的动态输入框中输入数值 15，结果如图 1.3.12 所示；参照上述步骤标注图 1.3.12 所示的其余的竖直尺寸。选择下拉菜单 插入(S) → 尺寸(M) → 快速(P)... 命令，选择图 1.3.13 所示的圆弧，系统自动生成尺寸，选择合适的放置位置单击，在系统弹出的动态输入框中输入数值 8，结果如图 1.3.13 所示。

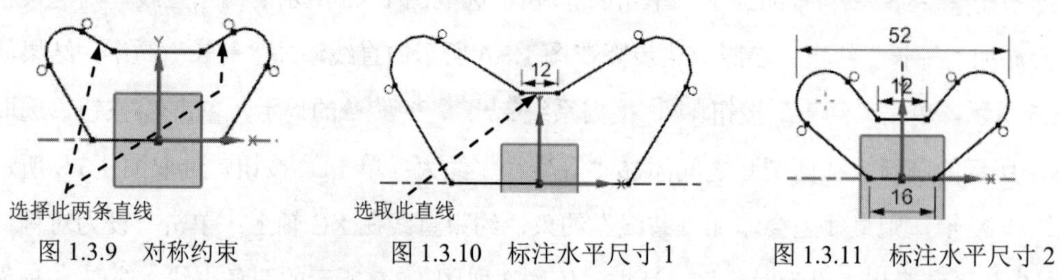

图 1.3.9　对称约束　　图 1.3.10　标注水平尺寸 1　　图 1.3.11　标注水平尺寸 2

Step5. 保存模型。单击 完成草图 按钮，退出草图环境。选择下拉菜单 文件(F) → 保存(S) 命令，即可保存模型。

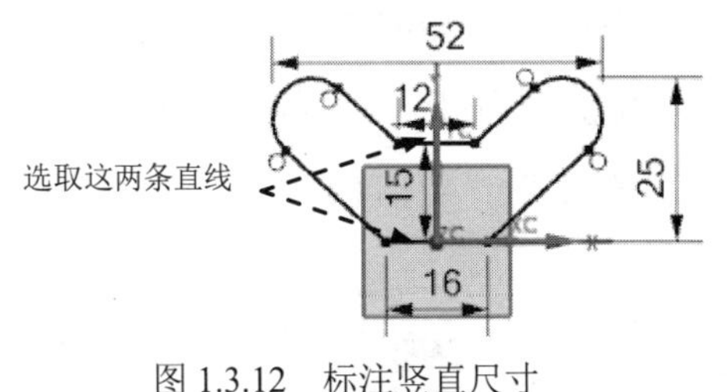

图 1.3.12　标注竖直尺寸

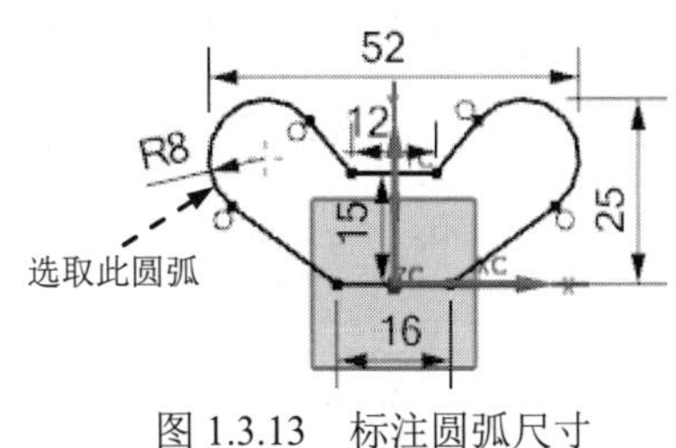

图 1.3.13　标注圆弧尺寸

1.4　对称草图绘制技巧

实例概述

通过本实例的学习，要重点掌握相等约束的使用方法和技巧；另外需注意，对于对称图形要尽量使用草图镜像功能进行绘制。本实例的草图如图 1.4.1 所示，其绘制过程如下所述。

Step1. 选择下拉菜单 文件(F) → 新建(N)... 命令，在“新建”对话框的 模板 列表框中选择模板类型为 模型，在 名称 文本框中输入草图名称 sketch04，单击 确定 按钮。

Step2. 选择下拉菜单 插入(S) → 在任务环境中绘制草图(V)... 命令，选择 XY 平面为草图平面，单击 确定 按钮，系统进入草图环境。

Step3. 绘制草图。选择下拉菜单 插入(S) → 曲线(C) → 圆(C)... 命令，选中“圆心和直径定圆”按钮，粗略地绘制图 1.4.2 所示的圆（注意：圆 1 的圆心与原点重合）；选择下拉菜单 插入(S) → 曲线(C) → 矩形(R)... 命令，粗略地绘制图 1.4.3 所示的矩形；选择下拉菜单 插入(S) → 曲线(C) → 圆(C)... 命令，粗略地绘制图 1.4.4 所示的圆；以 Y 轴为镜像中心，镜像绘制第二个圆，如图 1.4.5 所示；以 X 轴为镜像中心，镜像绘制第三、四个圆，如图 1.4.6 所示。

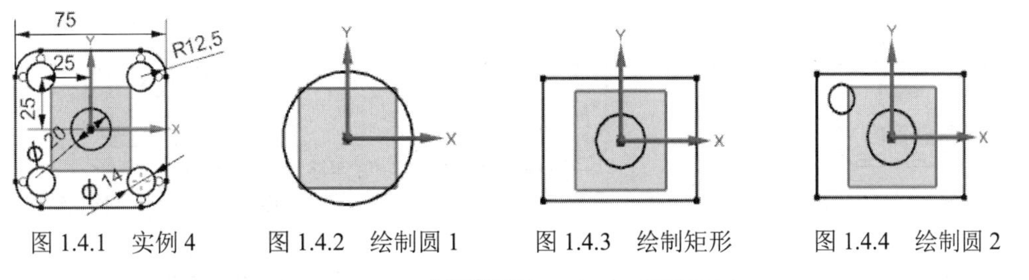

图 1.4.1　实例 4　　图 1.4.2　绘制圆 1　　图 1.4.3　绘制矩形　　图 1.4.4　绘制圆 2

Step4. 选择下拉菜单 插入(S) → 曲线(C) → 圆角(F)... 命令，绘制图 1.4.7 所示的四个圆角。

Step5. 添加几何约束。单击“约束”按钮，根据系统 **选择要约束的对象** 的提示，单击按钮，选取图 1.4.8 所示的四条圆弧（两两进行约束），在圆弧之间添加“等半径”约束；单击“约束”按钮，根据系统 **选择要约束的对象** 的提示，单击按钮，选取图 1.4.9 所示的两条直线，则两条直线上会添加“等长”约束；单击“设为对称”按钮，系统弹出“设为对称”对话框，依次选取图 1.4.10 所示的两条直线，选取 Y 轴为对称中心线，则这两条直线会关于 Y 轴对称；参照上述步骤使图 1.4.11 所示的两条直线关于 X 轴对称。

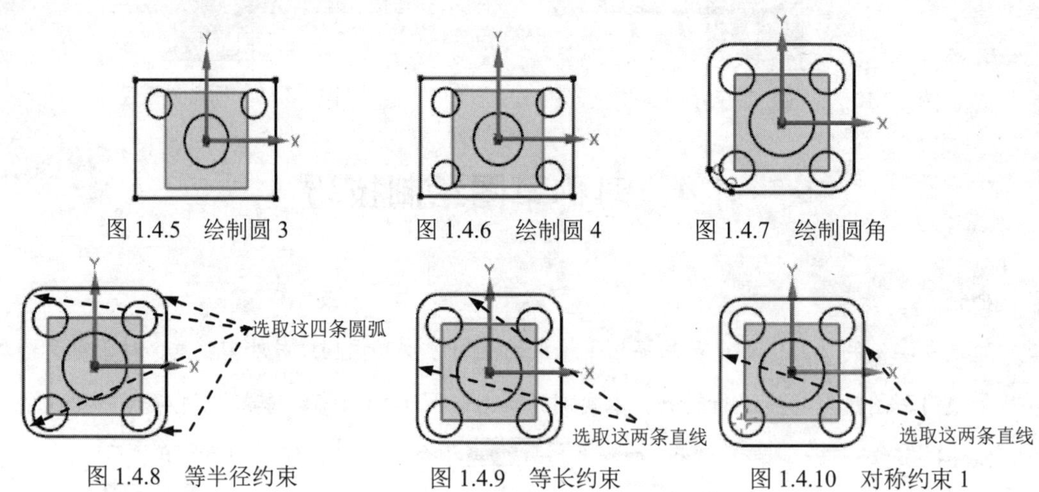

图 1.4.5　绘制圆 3　　图 1.4.6　绘制圆 4　　图 1.4.7　绘制圆角

图 1.4.8　等半径约束　　图 1.4.9　等长约束　　图 1.4.10　对称约束 1

Step6. 添加尺寸约束。选择下拉菜单 插入(S) ➡ 尺寸(M) ▸ ➡ 快速(P)... 命令，选择图 1.4.12 所示的两条直线，系统自动生成尺寸，选择合适的放置位置单击，在系统弹出的动态输入框中输入数值 75，结果如图 1.4.12 所示；参照上述步骤标注图 1.4.13 所示的其余的水平尺寸。标注圆心到 X 轴的距离。先选择图 1.4.14 所示的圆心和 X 轴，系统生成竖直尺寸，选择合适的放置位置单击，在系统弹出的动态输入框中输入数值 25，结果如图 1.4.14 所示。选择下拉菜单 插入(S) ➡ 尺寸(M) ▸ ➡ 快速(P)... 命令，选择图 1.4.15 所示的圆弧，系统自动生成尺寸，选择合适的放置位置单击，在系统弹出的动态输入框中输入数值 20，结果如图 1.4.15 所示；参照上述步骤标注图 1.4.16 所示的其余的圆弧尺寸。

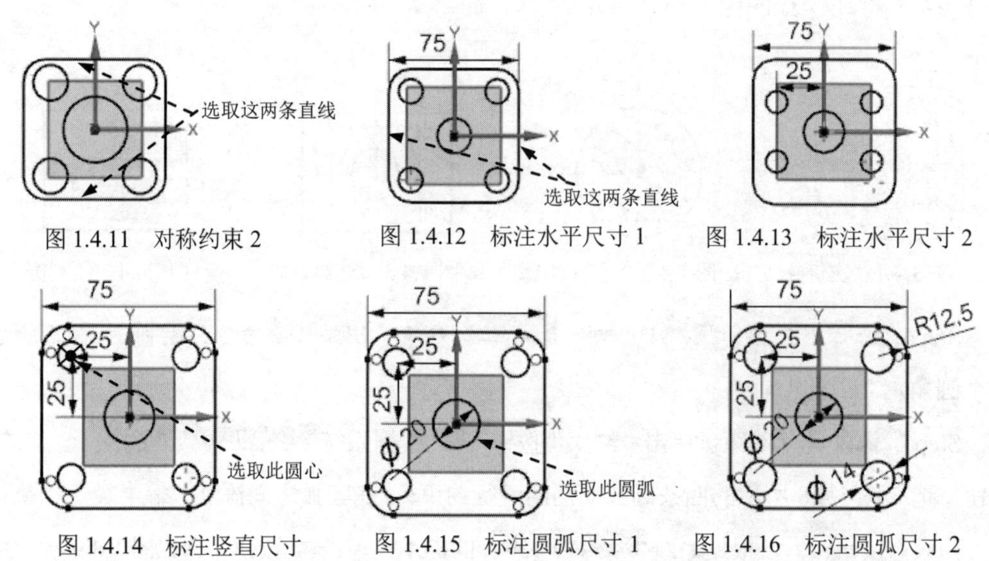

图 1.4.11　对称约束 2　　图 1.4.12　标注水平尺寸 1　　图 1.4.13　标注水平尺寸 2

图 1.4.14　标注竖直尺寸　　图 1.4.15　标注圆弧尺寸 1　　图 1.4.16　标注圆弧尺寸 2

Step7. 保存模型。单击 完成草图 按钮，退出草图环境。选择下拉菜单 文件(F) ➡ 保存(S) 命令，即可保存模型。

1.5 多圆弧草图绘制技巧（一）

实例概述

本实例是一个较难的草图实例，配合使用了圆弧、相切圆弧和绘制圆角，需注意绘制轮廓的顺序。本实例的草图如图 1.5.1 所示，其创建过程如下所述。

Step1. 选择下拉菜单 文件(F) ➡ 新建(N)... 命令，在“新建”对话框的 模板 列表框中选择模板类型为 模型 ，在 名称 文本框中输入草图名称 sketch05，然后单击 确定 按钮。

Step2. 选择下拉菜单 插入(S) ➡ 在任务环境中绘制草图(V)... 命令，选择 XY 平面为草图平面，单击 确定 按钮，系统进入草图环境，绘制图 1.5.2 所示的粗略草图轮廓。

Step3. 添加几何约束。

（1）单击“约束”按钮，根据系统 选择要约束的对象 的提示，单击按钮，选取图 1.5.3 所示的圆弧和直线，则在直线和圆弧之间添加“相切”约束。

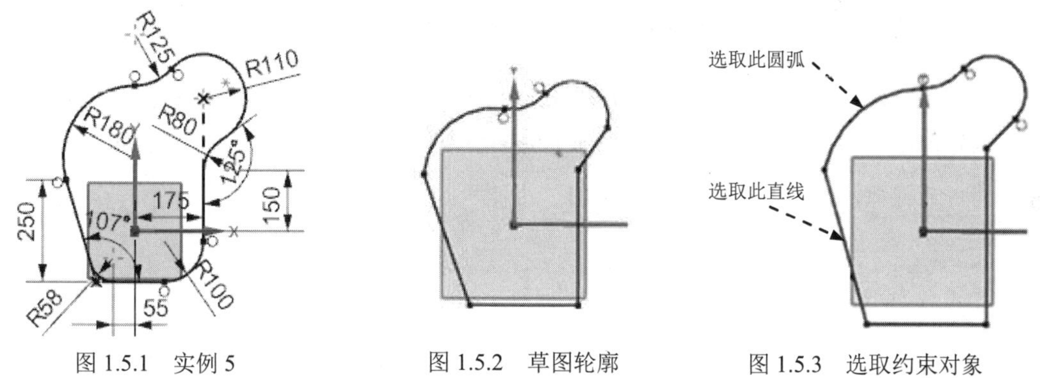

图 1.5.1 实例 5　　图 1.5.2 草图轮廓　　图 1.5.3 选取约束对象

（2）添加约束 2。单击按钮，选取 Y 轴和图 1.5.4 所示的点（两圆弧的交点），则圆弧上会添加“点在曲线上”约束，约束点在 Y 轴上。

说明：约束点在曲线上，先选择轴，然后再选择点。

（3）添加约束 3。参照上述步骤约束图 1.5.4 所示的圆弧 1 的圆心在 Y 轴上。

（4）添加其余约束。参照上述步骤添加相连圆弧间的相切约束。

Step4. 选择下拉菜单 插入(S) ➡ 曲线(C) ➡ 圆角(F)... 命令，绘制图 1.5.5 所示的三条圆弧。

Step5. 添加尺寸约束（注：本步骤的详细操作过程请参见学习资源中 video\ch01.05\

reference\文件下的语音视频讲解文件 sketch05-r01.exe)。

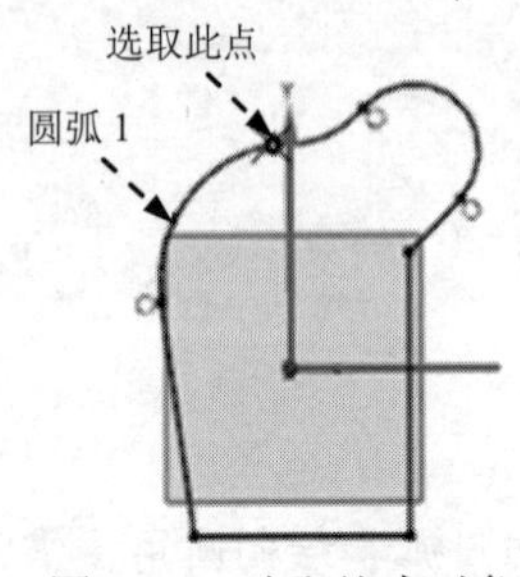

图 1.5.4 选取约束对象

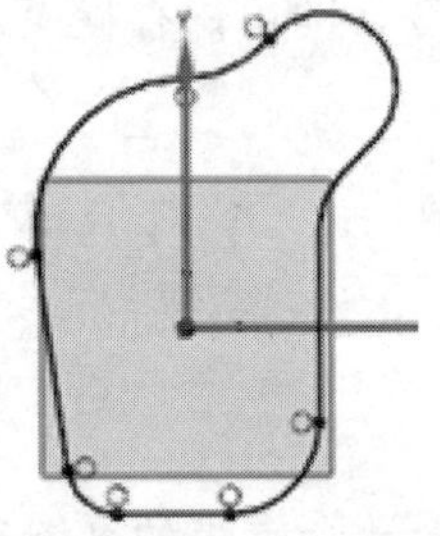

图 1.5.5 绘制圆角

1.6 多圆弧草图绘制技巧(二)

实例概述

通过本实例的学习,要重点掌握圆弧与圆弧连接的技巧,另外要注意在勾勒图形的大概形状时,避免系统创建无用的几何约束。本实例的草图如图 1.6.1 所示,其绘制过程如下所述。

Step1. 选择下拉菜单 文件(F) ➡ 新建(N)... 命令,在“新建”对话框的 模板 列表框中选择模板类型为 模型 ,在 名称 文本框中输入草图名称 sketch06,然后单击 确定 按钮。

Step2. 选择下拉菜单 插入(S) ➡ 在任务环境中绘制草图(V)... 命令,选择 XY 平面为草图平面,单击 确定 按钮,系统进入草图环境,绘制图 1.6.2 所示的粗略草图轮廓。

Step3. 添加几何约束。

(1)单击“约束”按钮，根据系统 选择要约束的对象 的提示,单击 按钮,选取图 1.6.3 所示的两个圆弧,则在两个圆弧之间添加“相切”约束。

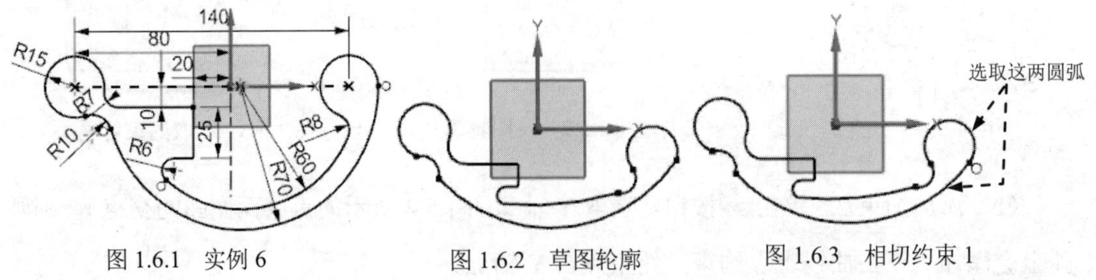

图 1.6.1 实例 6　　图 1.6.2 草图轮廓　　图 1.6.3 相切约束 1

(2)添加约束 2。参照上述步骤添加相连圆弧间的相切约束,结果如图 1.6.4 所示。

(3)添加约束 3。单击 按钮,选取图 1.6.5 所示的圆心和 X 轴,则圆心上会添加“共线”约束,约束圆心在 XC 轴上。

(4)添加约束 4。参照上述步骤添加“共线”约束,另外一个圆心在 XC 轴上,结果如图 1.6.6 所示。

(5)添加约束 5。单击“约束”按钮，根据系统 选择要约束的对象 的提示,单击 按钮，选取图 1.6.7 所示的圆弧，则在两圆弧之间添加“等半径”约束。

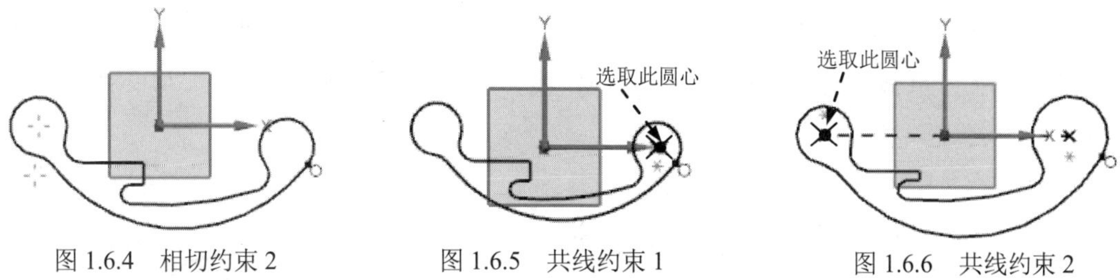

图 1.6.4　相切约束 2　　图 1.6.5　共线约束 1　　图 1.6.6　共线约束 2

（6）添加约束 6。单击按钮，选取图 1.6.8 所示的圆心和 X 轴，则圆心上会添加“共线”约束，约束圆心在 XC 轴上。

（7）添加约束 7。单击按钮，选取图 1.6.9 所示的圆弧的圆心和图 1.6.8 所示的圆心，则圆心上会添加“重合”约束，约束圆弧的圆心在图 1.6.8 所示的圆心上。单击关闭按钮，关闭“几何约束”对话框。

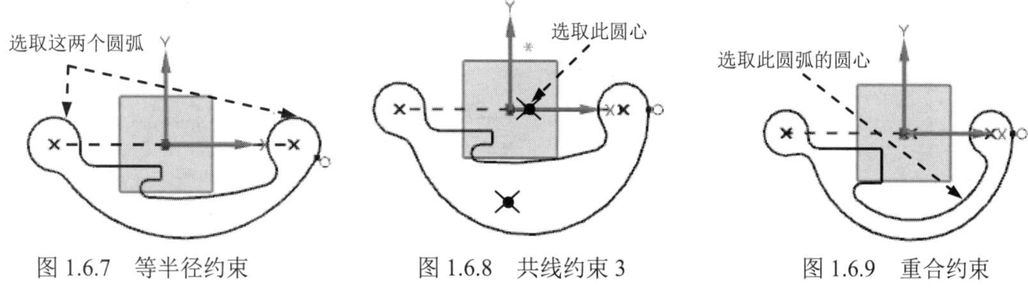

图 1.6.7　等半径约束　　图 1.6.8　共线约束 3　　图 1.6.9　重合约束

Step4. 添加尺寸约束（注：本步骤的详细操作过程请参见学习资源中 video\ch01.06\reference\文件下的语音视频讲解文件 sketch06-r01.exe）。

1.7　圆弧与直线连接技巧

实例概述

本实例先绘制出图形的大概轮廓，然后对草图进行约束和标注。本实例的草图如图 1.7.1 所示，其绘制过程如下所述。

Step1. 选择下拉菜单文件(F) ➡ 新建(N)...命令，在“新建”对话框的模板列表框中选择模板类型为模型，在名称文本框中输入草图名称 sketch07，然后单击确定按钮。

Step2. 选择下拉菜单插入(S) ➡ 在任务环境中绘制草图(V)...命令，选择 XY 平面为草图平面，单击确定按钮，系统进入草图环境。选择下拉菜单插入(S) ➡ 曲线(C) ➡ 轮廓(O)...命令，绘制图 1.7.2 所示的草图的大概轮廓。

Step3. 添加几何约束。单击“约束”按钮，根据系统**选择要约束的对象**的提示，单击按钮，选取图 1.7.3 所示的直线和圆弧，则在直线和圆弧之间添加“相切”约束；单击按钮，选取图 1.7.4 所示的圆弧的圆心和基准坐标系原点，则圆弧的圆心上会添加“重合”约束，约束圆弧的圆心在基准坐标系原点上；单击按钮，选取图 1.7.5 所示的两条直线，则直线上会添加“共线”约束，约束两条直线共线。单击 关闭 按钮，关闭“几何约束”对话框。

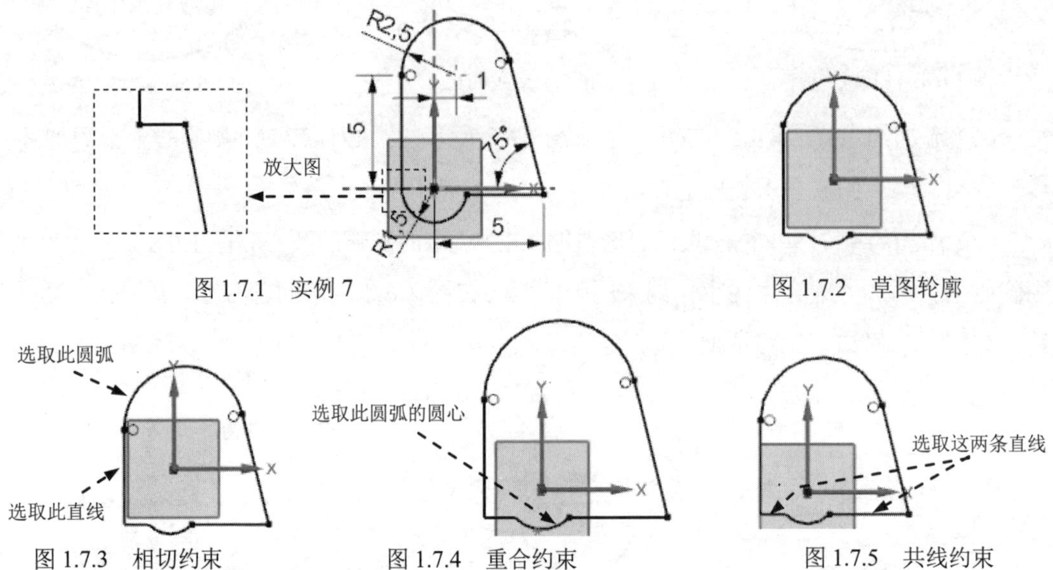

图 1.7.1　实例 7

图 1.7.2　草图轮廓

选取此圆弧

选取此直线

图 1.7.3　相切约束

选取此圆弧的圆心

图 1.7.4　重合约束

选取这两条直线

图 1.7.5　共线约束

Step4. 添加尺寸约束（注：本步骤的详细操作过程请参见学习资源中 video\ch01.07\reference\文件下的语音视频讲解文件 sketch07-r01.exe）。

1.8　草图镜像技巧

实例概述

通过本实例的学习，要重点掌握镜像操作的方法及技巧；另外要注意，在绘制左右或上下相同的草图时，可以先绘制整个草图的一半，再用“镜像”命令完成另一半。本实例的草图如图 1.8.1 所示，其绘制过程如下所述。

Step1. 选择下拉菜单 文件(F) → 新建(N)... 命令，在“新建”对话框的 模板 列表框中选择模板类型为 模型，在 名称 文本框中输入草图名称 sketch08，单击 确定 按钮。

Step2. 选择下拉菜单 插入(S) → 在任务环境中绘制草图(V)... 命令，选择 XY 平面为草图平面，单击 确定 按钮，系统进入草图环境。

Step3. 选择下拉菜单 插入(S) → 曲线(C) → 轮廓(O)... 命令，绘制图 1.8.2 所示的草图轮廓。

Step4. 添加几何约束。单击“约束”按钮，根据系统 选择要约束的对象 的提示，单击按钮，选取图 1.8.3 所示的圆弧的圆心，则圆弧的圆心上会添加“重合”约束，约束两圆弧的圆心重合；单击 按钮，选取图 1.8.4 所示的圆心和 X 轴，则直线上会添加“点在曲线上”约束，约束圆心在 X 轴上；选取 Y 轴和图 1.8.5 所示的点（直线的端点），则圆弧上会添加“点在曲线上”约束，约束点在 Y 轴上；参照上述步骤添加其余直线的端点约束点在 Y 轴上，结果如图 1.8.6 所示。

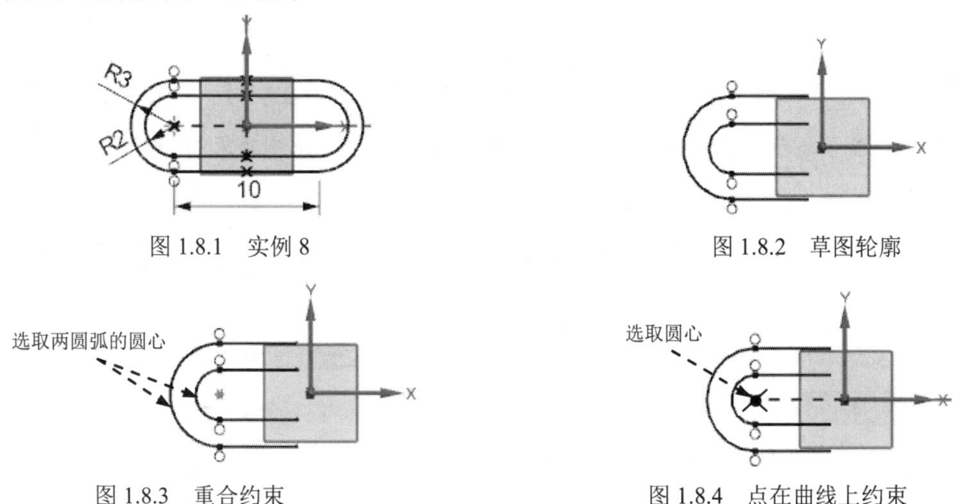

图 1.8.1　实例 8

图 1.8.2　草图轮廓

图 1.8.3　重合约束

图 1.8.4　点在曲线上约束

Step5. 以 Y 轴为镜像中心，镜像上述绘制的直线和圆，如图 1.8.7 所示。

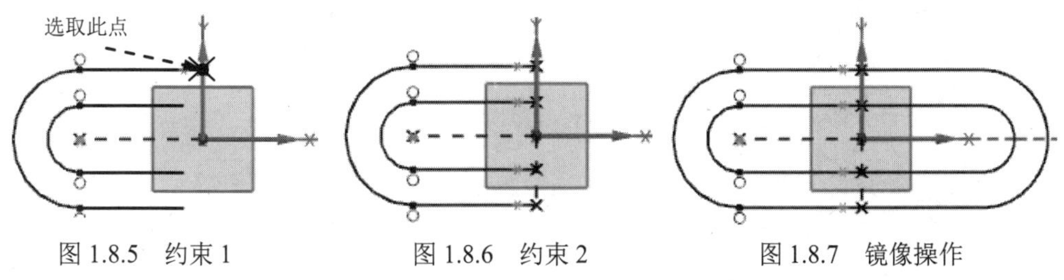

图 1.8.5　约束 1

图 1.8.6　约束 2

图 1.8.7　镜像操作

Step6. 添加尺寸约束。选择下拉菜单 插入(S) → 尺寸(M) ▸ → 快速(P)... 命令，选择图 1.8.8 所示的底部水平直线的两个端点，系统自动生成尺寸，选择合适的放置位置单击，在系统弹出的动态输入框中输入数值 10，结果如图 1.8.8 所示；选择下拉菜单 插入(S) → 尺寸(M) ▸ → 快速(P)... 命令，选择图 1.8.9 所示的左侧圆弧，系统自动生成尺寸，选择合适的放置位置单击，在系统弹出的动态输入框中输入数值，结果如图 1.8.9 所示。

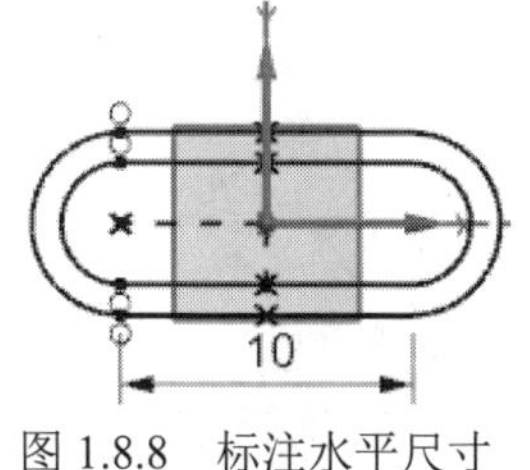

图 1.8.8　标注水平尺寸

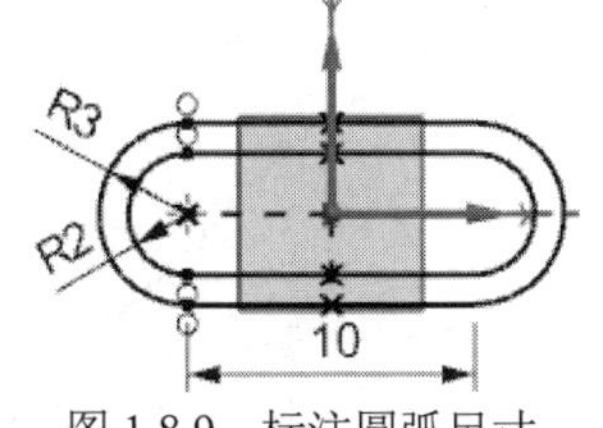

图 1.8.9　标注圆弧尺寸

Step7. 保存模型。单击完成草图按钮，退出草图环境。选择下拉菜单文件(F) ➡ 保存(S)命令，即可保存模型。

1.9 参考线的操作方法及技巧

实例概述

通过本实例的学习，要重点掌握参考线的操作方法及技巧，在绘制一些较复杂的草图时，可多绘制一条或多条参考线，以便更好、更快地调整草图。本实例的草图如图 1.9.1 所示，其绘制过程如下所述。

Step1. 选择下拉菜单文件(F) ➡ 新建(N)...命令，在“新建”对话框的模板列表框中选择模板类型为模型，在名称文本框中输入草图名称 sketch09，单击确定按钮。

Step2. 选择下拉菜单插入(S) ➡ 在任务环境中绘制草图(V)...命令，选择 XY 平面为草图平面，单击确定按钮，系统进入草图环境。选择下拉菜单插入(S) ➡ 曲线(C) ➡ 轮廓(O)...命令，绘制图 1.9.2 所示的草图轮廓。

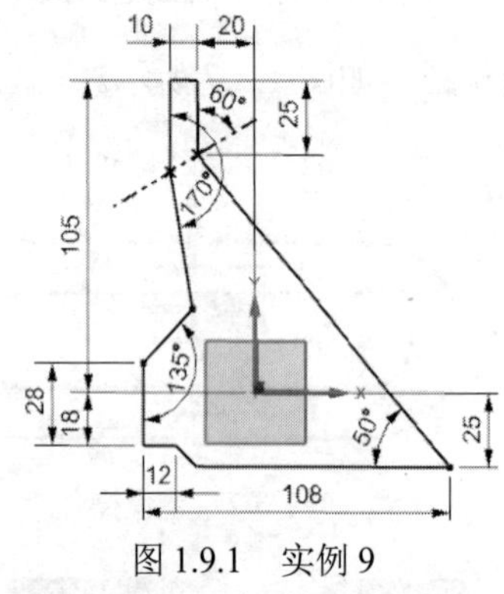

图 1.9.1 实例 9

图 1.9.2 草图轮廓

Step3. 添加几何约束。

（1）添加约束 1。单击“约束”按钮，根据系统选择要约束的对象的提示，单击按钮，选取参考线和图 1.9.3 所示的点（直线的端点），则直线的端点上会添加“点在曲线上”约束，约束点在参考线上。

（2）添加约束 2。参照上述步骤添加点在曲线上的约束，结果如图 1.9.4 所示。

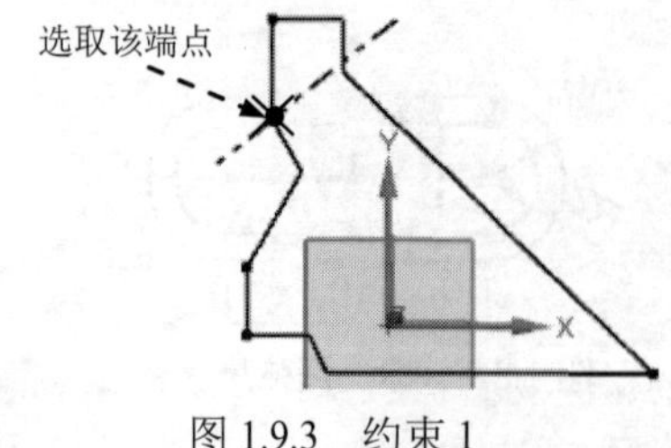

图 1.9.3 约束 1

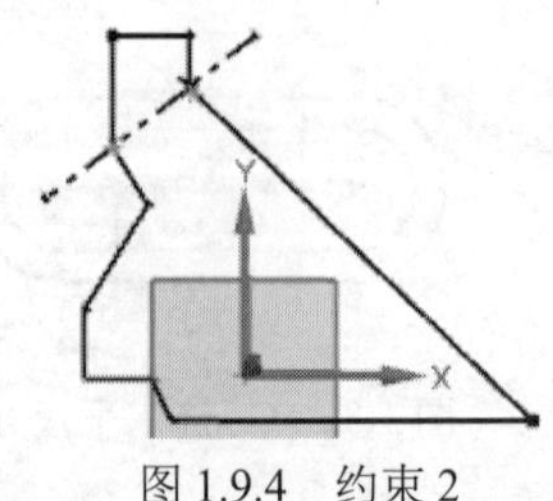

图 1.9.4 约束 2

Step4. 添加尺寸约束（注：本步骤的详细操作过程请参见学习资源中 video\ ch01.09\ reference\文件下的语音视频讲解文件 sketch09-r01.exe）。

1.10　复杂草图设计方法及技巧

实例概述

本实例主要讲解了一个比较复杂的草图的创建过程。在创建草图时，首先需要注意绘制草图大概轮廓时的顺序，其次要尽量避免系统自动捕捉到不必要的约束。如果初次绘制的轮廓与目标草图轮廓相差很多，则要拖动最初轮廓直到与目标轮廓较接近的形状。本实例的草图如图 1.10.1 所示，其绘制过程如下所述。

Step1. 选择下拉菜单 文件(F) ➡ 新建(N)... 命令，在“新建”对话框的 模板 列表框中选择模板类型为 模型，在 名称 文本框中输入草图名称 sketch10，然后单击 确定 按钮。

Step2. 选择下拉菜单 插入(S) ➡ 在任务环境中绘制草图(V)... 命令，选择 XY 平面为草图平面，单击 确定 按钮，系统进入草图环境。

Step3. 绘制图 1.10.2 所示的两个圆，并约束其圆心在 Y 轴上。

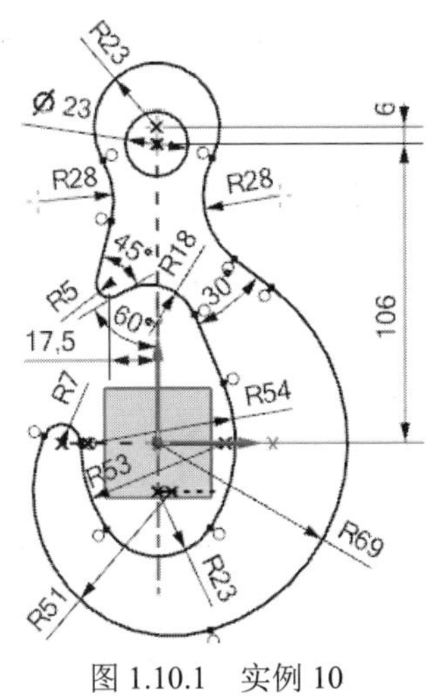

图 1.10.1　实例 10

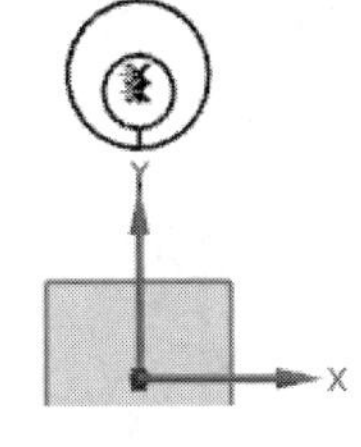

图 1.10.2　绘制圆

Step4. 绘制图 1.10.3 所示的两个圆弧，并约束其与外面的大圆相切。

Step5. 绘制图 1.10.4 所示的圆弧和直线，并约束其相切。

Step6. 添加修剪操作。修剪后的图形如图 1.10.5 所示。

Step7. 添加几何约束。

（1）添加约束 1。单击“约束”按钮，系统弹出“几何约束”对话框。根据系统 **选择要约束的对象** 的提示，单击 按钮，选取图 1.10.6 所示的圆弧的圆心和 Y 轴，则圆弧的圆心上会添加“点在曲线上”约束，约束点在 Y 轴上。

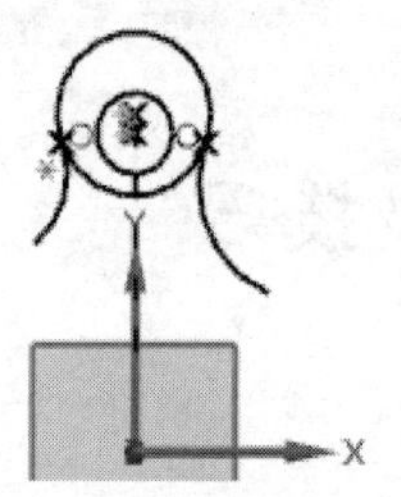

图 1.10.3　绘制圆弧

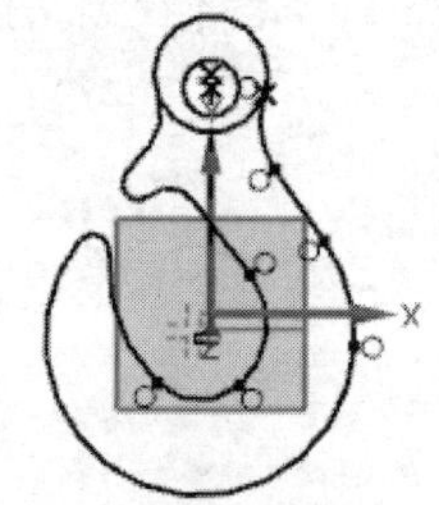

图 1.10.4　绘制圆弧和直线

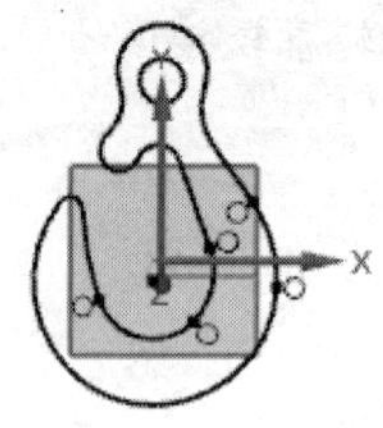

图 1.10.5　修剪

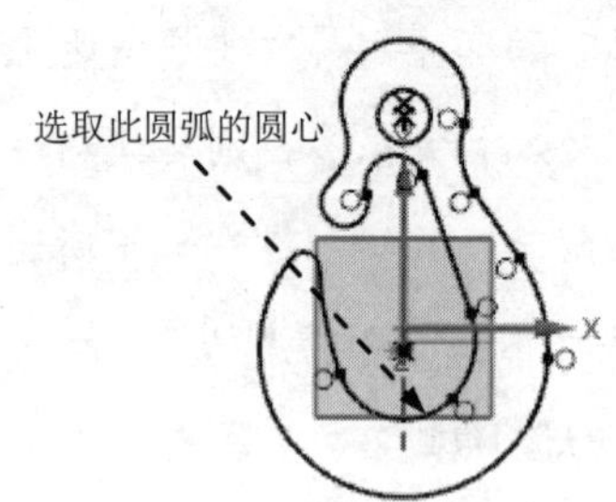

图 1.10.6　点在曲线上约束 1

（2）添加约束 2。选取图 1.10.7 所示的圆心和 X 轴，则直线上会添加“点在曲线上约束”，约束圆心在 X 轴上。

（3）添加约束 3。选取图 1.10.8 所示的圆弧的圆心和 X 轴添加“点在曲线上约束”，操作同上。

（4）添加约束 4。单击按钮，选取图 1.10.8 所示的圆弧的圆心和坐标系原点，则圆弧的圆心上会添加“重合”约束，约束圆弧的圆心在基准坐标系原点上。

（5）添加其他约束，操作方法参考上述步骤（1）~（4）。

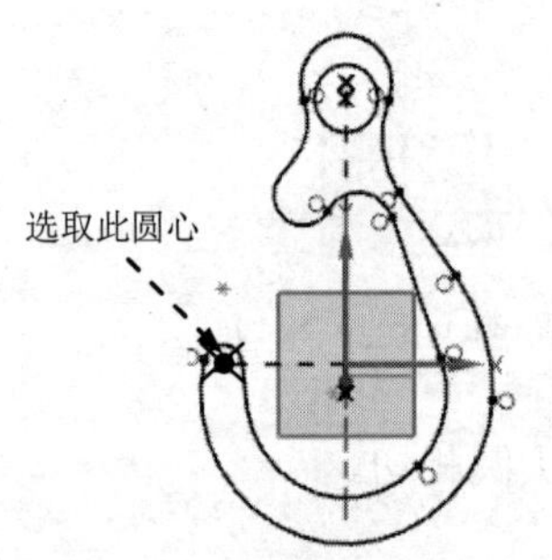

图 1.10.7　点在曲线上约束 2

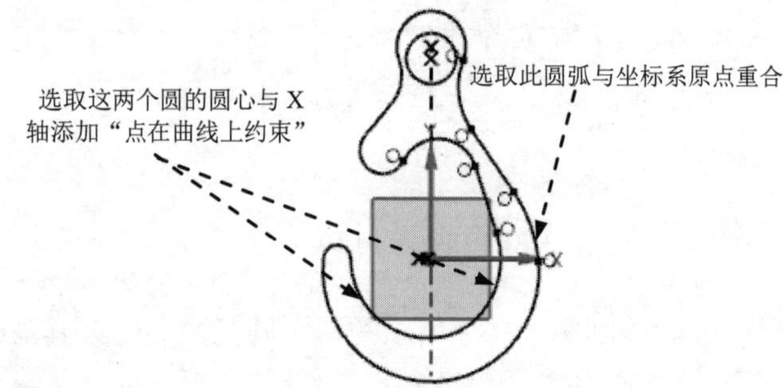

图 1.10.8　点在曲线上约束 3

Step8. 添加尺寸约束（注：本步骤的详细操作过程请参见学习资源中 video\ ch01.10\ reference\文件下的语音视频讲解文件 sketch10-r01-01.exe，sketch10-r01-02.exe）。

第 2 章　零件设计实例

2.1　启动旋钮

实例概述

本实例主要讲解了一款简单的启动旋钮的设计过程，在该零件的设计过程中运用了拉伸、旋转、阵列等命令，需要读者注意的是创建拉伸特征草绘时的方法和技巧。该零件模型及模型树如图 2.1.1 所示。

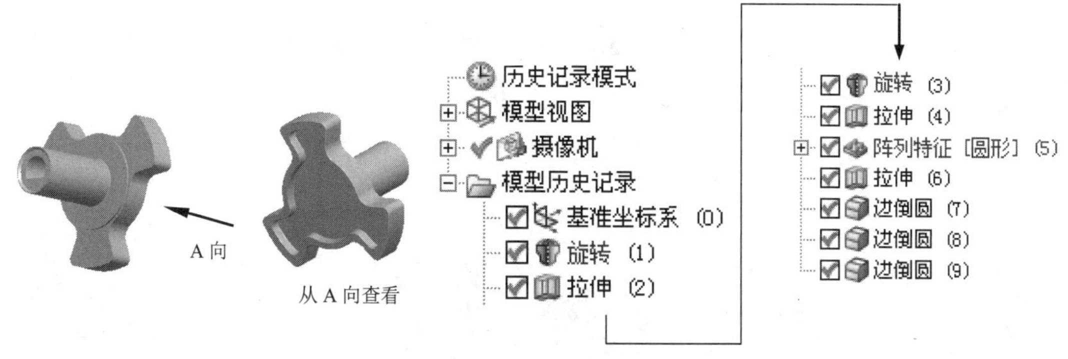

图 2.1.1　启动旋钮零件模型及模型

Step1. 新建文件。选择下拉菜单 文件(F) ➡ 新建(N)... 命令，系统弹出“新建”对话框。在 模型 选项卡的 模板 区域中选取模板类型为 模型，在 名称 文本框中输入文件名称 LAMINA01，单击 确定 按钮，进入建模环境。

Step2. 创建图 2.1.2 所示的旋转特征 1。选择 插入(S) ➡ 设计特征(E) ➡ 旋转(R)... 命令（或单击 按钮），单击 截面 区域中的 按钮，在绘图区选取 XZ 基准平面为草图平面，绘制图 2.1.3 所示的截面草图。在绘图区选取图 2.1.3 所示的直线为旋转轴。在“旋转”对话框 限制 区域的 开始 下拉列表中选择 值 选项，并在 角度 文本框中输入值 0，在 结束 下拉列表中选择 值 选项，并在 角度 文本框中输入值 360；单击 < 确定 > 按钮，完成旋转特征 1 的创建。

Step3. 创建图 2.1.4 所示的拉伸特征 1。选择下拉菜单 插入(S) ➡ 设计特征(E) ➡ 拉伸(E)... 命令，系统弹出“拉伸”对话框。选取图 2.1.5 所示的平面为草图平面，绘制图 2.1.6 所示的截面草图；在 指定矢量 下拉列表中选择 -XC 选项，在 限制 区域的 开始 下拉列表中选择 值 选项，并在其下的 距离 文本框中输入值 0，在 限制 区域的 结束 下拉列表中选择 值选项，并在其下的距离文本框中输入值 190，在布尔区域的下拉列表中选择合并选项，采用系统默认的求差对象。单击<确定>按钮，完成拉伸特征 1 的创建。

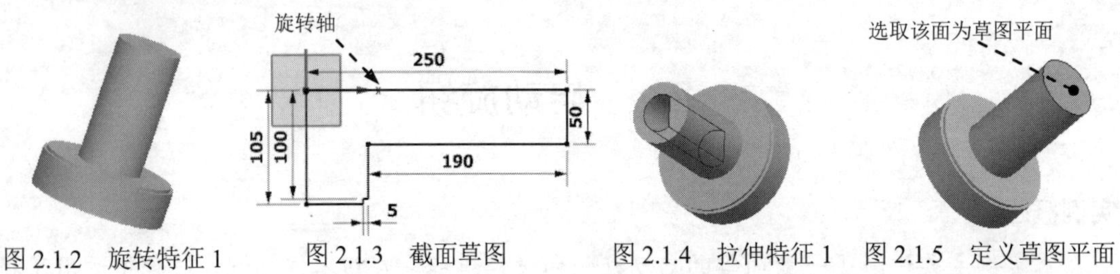

图 2.1.2 旋转特征 1　图 2.1.3 截面草图　图 2.1.4 拉伸特征 1　图 2.1.5 定义草图平面

Step4. 创建图 2.1.7 所示的旋转特征 2。选择插入(S) → 设计特征(E) → 旋转(R)...命令（或单击按钮），单击截面区域中的按钮，在绘图区选取 XY 基准平面为草图平面，绘制图 2.1.8 所示的截面草图。在绘图区选取图 2.1.8 所示的直线为旋转轴。在“旋转”对话框限制区域的开始下拉列表中选择值选项，并在角度文本框中输入值 0，在结束下拉列表中选择值选项，并在角度文本框中输入值 360，在布尔区域的下拉列表中选择减去选项，采用系统默认的求差对象。单击<确定>按钮，完成旋转特征 2 的创建。

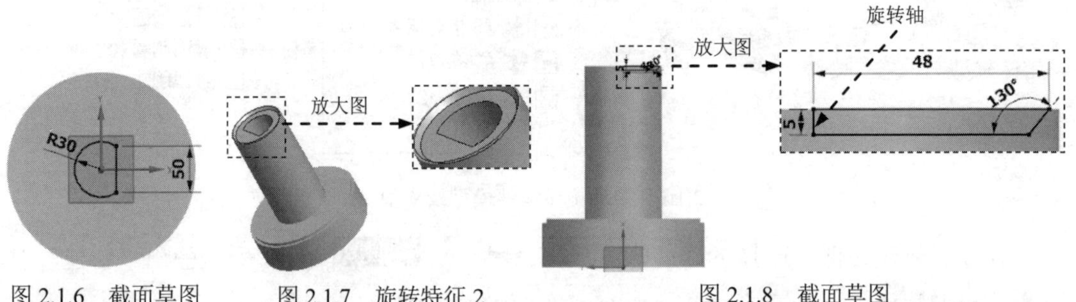

图 2.1.6 截面草图　图 2.1.7 旋转特征 2　图 2.1.8 截面草图

Step5. 创建图 2.1.9 所示的拉伸特征 2。选择下拉菜单插入(S) → 设计特征(E) → 拉伸(E)...命令，系统弹出“拉伸”对话框。选取 YZ 基准平面为草图平面，绘制图 2.1.10 所示的截面草图；在指定矢量下拉列表中选择 XC 选项；在限制区域的开始下拉列表中选择值选项，并在其下的距离文本框中输入值 0，在限制区域的结束下拉列表中选择值选项，并在其下的距离文本框中输入值 55，在布尔区域的下拉列表中选择合并选项，采用系统默认的求和对象。单击<确定>按钮，完成拉伸特征 2 的创建。

Step6. 创建图 2.1.11 所示的阵列特征 1。选择下拉菜单插入(S) → 关联复制(A) → 阵列特征(A)...命令（或单击按钮），在绘图区选取图 2.1.9 所示的拉伸特征 2 为要阵列的特征。在“阵列特征”对话框阵列定义区域的布局下拉列表中选择圆形选项，在旋转轴区域选择 X 轴的正方向，在角度方向区域的间距下拉列表中选择数量和跨距选项，在数量文本框中输入值 3，在跨角文本框中输入值 360，其他设置保持系统默认设置；单击<确定>按钮，完成阵列特征 1 的创建。

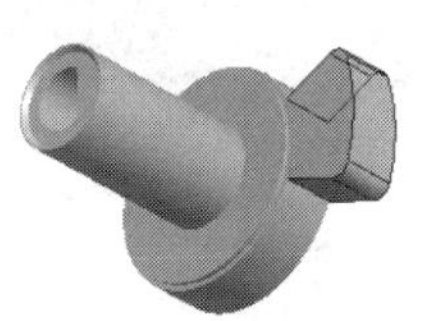
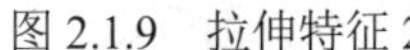

图 2.1.9　拉伸特征 2

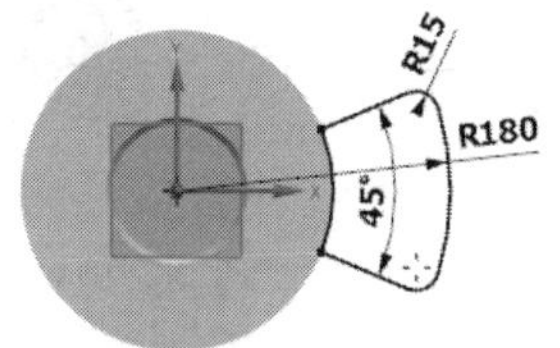

图 2.1.10　截面草图

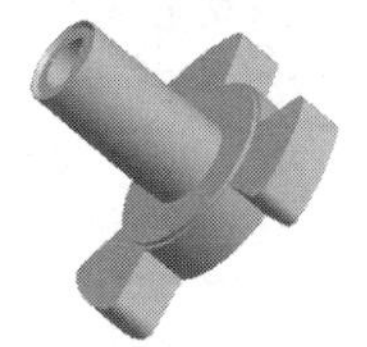

图 2.1.11　阵列特征 1

Step7. 创建图 2.1.12 所示的拉伸特征 3。选择下拉菜单插入(S) → 设计特征(E) → 拉伸(E)...命令，系统弹出“拉伸”对话框。选取 YZ 基准平面为草图平面，绘制图 2.1.13 所示的截面草图；在指定矢量下拉列表中选择XC选项；在限制区域的开始下拉列表中选择值选项，并在其下的距离文本框中输入值 0，在限制区域的结束下拉列表中选择值选项，并在其下的距离文本框中输入值 20，在布尔区域的下拉列表中选择减去选项，采用系统默认的求差对象。单击< 确定 >按钮，完成拉伸特征 3 的创建。

Step8. 创建边倒圆特征 1。选择下拉菜单插入(S) → 细节特征(L) ▸ → 边倒圆(E)...命令（或单击按钮），在 边 区域中单击按钮，选择图 2.1.14 a 所示的边线为边倒圆参照，并在半径 1文本框中输入值 25。单击< 确定 >按钮，完成边倒圆特征 1 的创建。

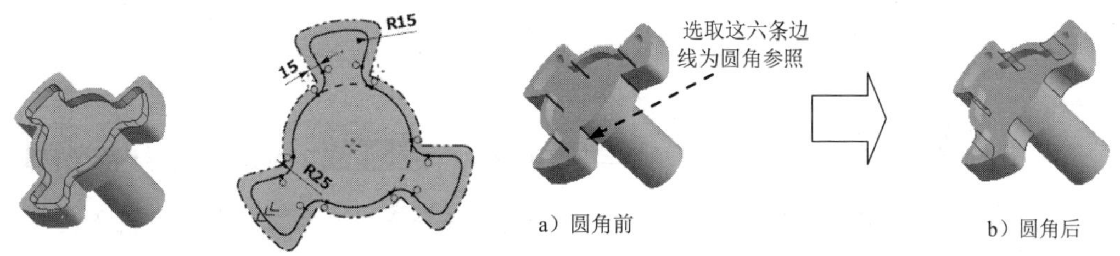

a）圆角前　　b）圆角后

图 2.1.12　拉伸特征 3　　图 2.1.13　截面草图　　图 2.1.14　边倒圆特征 1

Step9. 创建边倒圆特征 2。选择图 2.1.15a 所示的边链为边倒圆参照，并在半径 1文本框中输入值 2。单击< 确定 >按钮，完成边倒圆特征 2 的创建。

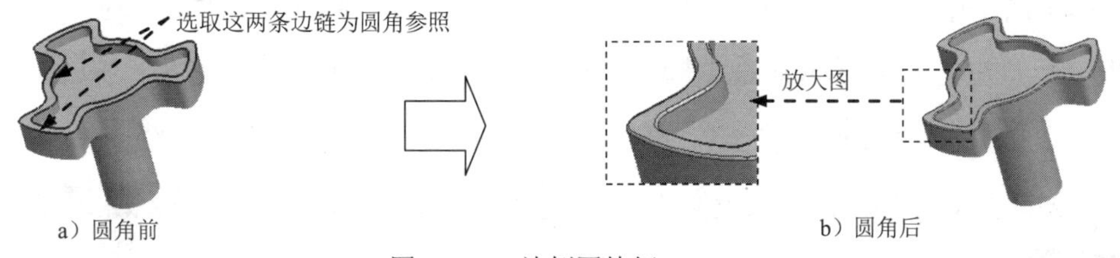

a）圆角前　　b）圆角后

图 2.1.15　边倒圆特征 2

Step10. 创建边倒圆特征 3。选择图 2.1.16a 所示的边链为边倒圆参照，并在半径 1文本框中输入值 2。单击< 确定 >按钮，完成边倒圆特征 3 的创建。

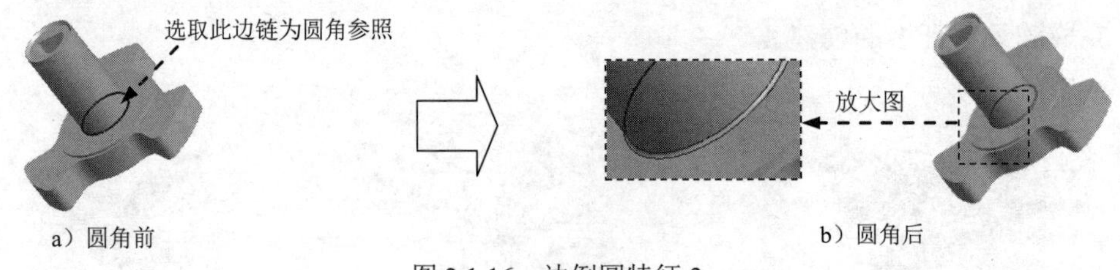

图 2.1.16　边倒圆特征 3

Step11. 保存零件模型。选择下拉菜单 文件(F) ➡ 保存(S) 命令，即可保存零件模型。

2.2　固定座

实例概述

本实例主要讲述固定座的设计过程，运用了拉伸、筋肋、孔等命令。其中需要注意的是筋肋特征的创建过程及其技巧。固定座零件模型及模型树如图 2.2.1 所示。

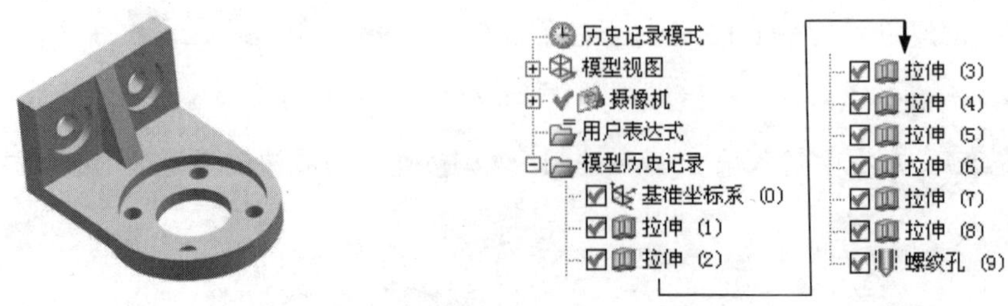

图 2.2. 1　固定座零件模型及模型树

Step1. 新建文件。选择下拉菜单 文件(F) ➡ 新建(N)... 命令，系统弹出“新建”对话框。在 模型 选项卡的 模板 区域中选取模板类型为 模型，在 名称 文本框中输入文件名称 BRACKET，单击 确定 按钮，进入建模环境。

Step2. 创建图 2.2.2 所示的拉伸特征 1。选择下拉菜单 插入(S) ➡ 设计特征(E) ➡ 拉伸(E)... 命令，系统弹出“拉伸”对话框。选取 XZ 基准平面为草图平面，绘制图 2.2.3 所示的截面草图；在 指定矢量 下拉列表中选择 YC 选项，在 限制 区域的 开始 下拉列表中选择 值 选项，并在其下的 距离 文本框中输入值 0，在 限制 区域的 结束 下拉列表中选择 值 选项，并在其下的 距离 文本框中输入值 5.5。单击 <确定> 按钮，完成拉伸特征 1 的创建。

Step3. 创建图 2.2.4 所示的拉伸特征 2。选择下拉菜单 插入(S) ➡ 设计特征(E) ➡ 拉伸(E)... 命令，系统弹出“拉伸”对话框。选取 XZ 基准平面为草图平面，绘制图 2.2.5 所示的截面草图；在 指定矢量 下拉列表中选择 YC 选项；在 限制 区域的 开始 下拉列表中选择 值 选项，并在其下的 距离 文本框中输入值 0，在 限制 区域的 结束 下拉列表中选择 值 选项，并在其下的距离文本框中输入值 4，在布尔区域的下拉列表中选择合并选项，采用系统默认的求和对象。单击< 确定 >按钮，完成拉伸特征 2 的创建。

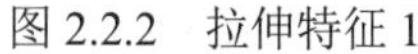
图 2.2.2 拉伸特征 1

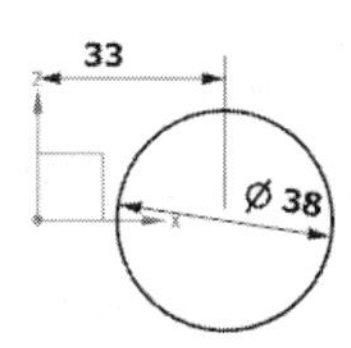

图 2.2.3 截面草图

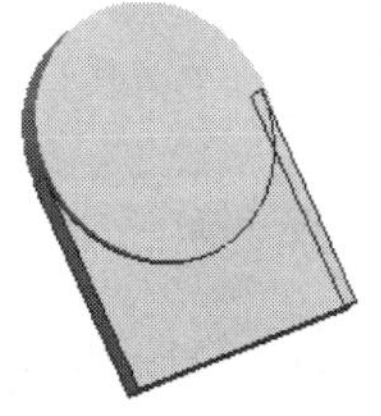
图 2.2.4 拉伸特征 2

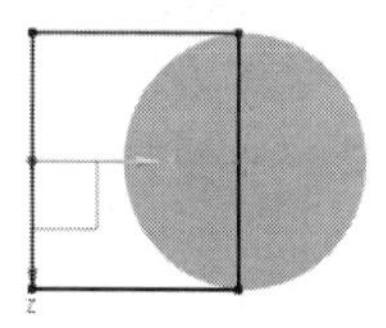
图 2.2.5 截面草图

Step4. 创建图 2.2.6 所示的拉伸特征 3。选择下拉菜单插入(S) → 设计特征(E) → 拉伸(E)...命令，系统弹出“拉伸”对话框。选取图 2.2.7 所示的平面为草图平面，绘制图 2.2.8 所示的截面草图；在指定矢量下拉列表中选择-YC选项；在限制区域的开始下拉列表中选择值选项，并在其下的距离文本框中输入值 0，在限制区域的结束下拉列表中选择值选项，并在其下的距离文本框中输入值 20，在布尔区域的下拉列表中选择合并选项，采用系统默认的求和对象。单击< 确定 >按钮，完成拉伸特征 3 的创建。

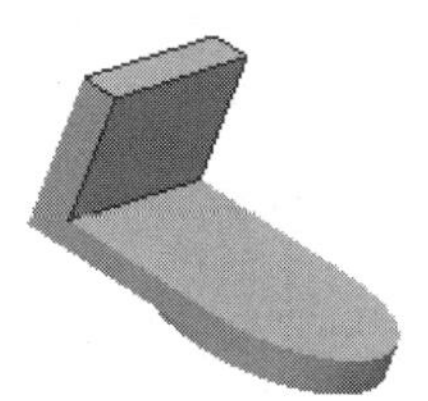
图 2.2.6 拉伸特征 3

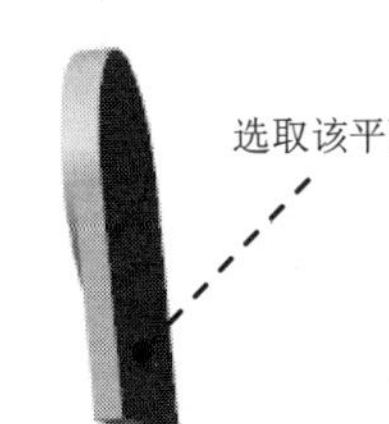

图 2.2.7 定义草图平面

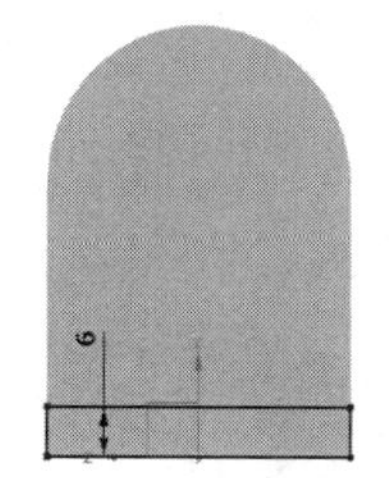

图 2.2.8 截面草图

Step5. 创建图 2.2.9 所示的拉伸特征 4。选择下拉菜单插入(S) → 设计特征(E) → 拉伸(E)...命令，系统弹出“拉伸”对话框。选取 XY 基准平面为草图平面，绘制图 2.2.10 所示的截面草图；在指定矢量下拉列表中选择ZC选项；在限制区域的开始下拉列表中选择对称值选项，并在其下的距离文本框中输入值 2.5，在布尔区域的下拉列表中选择合并选项，采用系统默认的求和对象。单击< 确定 >按钮，完成拉伸特征 4 的创建。

Step6. 创建图 2.2.11 所示的拉伸特征 5。选择下拉菜单插入(S) → 设计特征(E) → 拉伸(E)...命令，系统弹出“拉伸”对话框。选取 XZ 基准平面为草图平面，绘制图 2.2.12 所示的截面草图；在指定矢量下拉列表中选择YC选项；在限制区域的开始下拉列表中选择值选项，并在其下的距离文本框中输入值 0，在限制区域的结束下拉列表中选择值选项，并在其下的距离文本框中输入值 2.5，在布尔区域的下拉列表中选择减去选项，采用系统默认的求差对象。单击< 确定 >按钮，完成拉伸特征 5 的创建。

图 2.2.9　拉伸特征 4

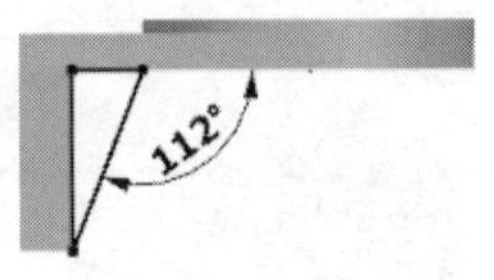

图 2.2.10　截面草图

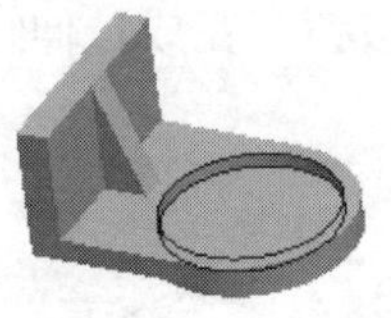
图 2.2.11　拉伸特征 5

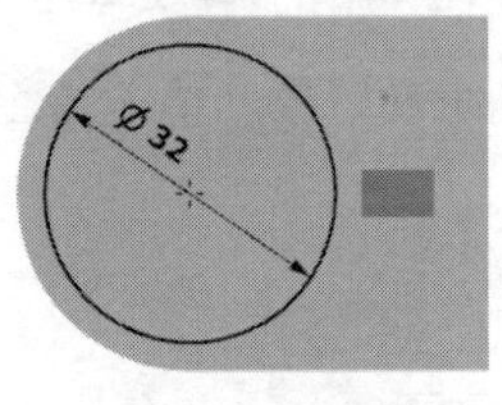

图 2.2.12　截面草图

Step7. 创建图 2.2.13 所示的拉伸特征 6。选择下拉菜单插入(S) → 设计特征(E) → 拉伸(E)...命令，系统弹出“拉伸”对话框。选取 XZ 基准平面为草图平面，绘制图 2.2.14 所示的截面草图；在指定矢量下拉列表中选择YC选项；在限制区域的开始下拉列表中选择值选项，并在其下的距离文本框中输入值 0，在限制区域的结束下拉列表中选择贯通选项，在布尔区域的下拉列表中选择减去选项，采用系统默认的求差对象。单击< 确定 >按钮，完成拉伸特征 6 的创建。

Step8. 创建图 2.2.15 所示的拉伸特征 7。选择下拉菜单插入(S) → 设计特征(E) → 拉伸(E)...命令，系统弹出“拉伸”对话框。选取 XZ 基准平面为草图平面，绘制图 2.2.16 所示的截面草图；在指定矢量下拉列表中选择YC选项；在限制区域的开始下拉列表中选择值选项，并在其下的距离文本框中输入值 0，在限制区域的结束下拉列表中选择贯通选项，在布尔区域的下拉列表中选择减去选项，采用系统默认的求差对象。单击< 确定 >按钮，完成拉伸特征 7 的创建。

图 2.2.13　拉伸特征 6

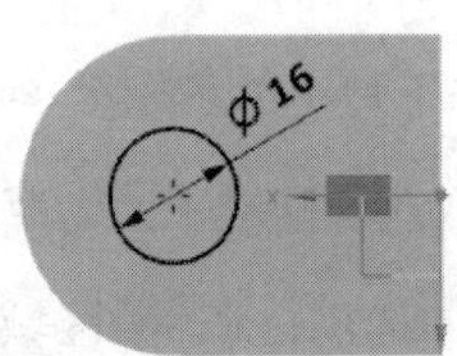

图 2.2.14　截面草图

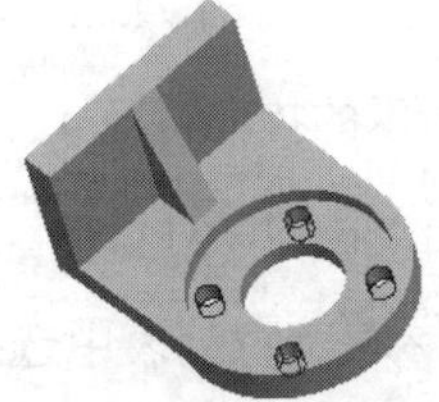
图 2.2.15　拉伸特征 7

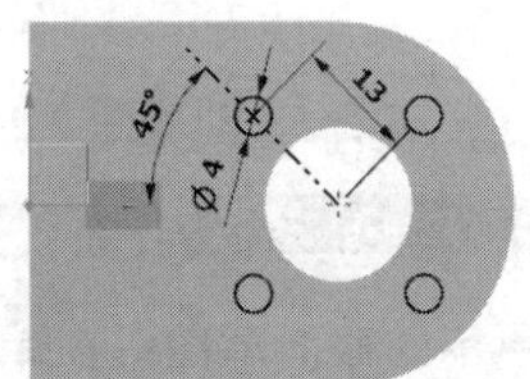

图 2.2.16　截面草图

Step9. 创建图 2.2.17 所示的拉伸特征 8。选择下拉菜单插入(S) → 设计特征(E) → 拉伸(E)...命令，系统弹出“拉伸”对话框。选取图 2.2.18 所示的平面为草图平面，绘制图 2.2.19 所示的截面草图；在指定矢量下拉列表中选择-XC选项；在限制区域的开始下拉列表中选择值选项，并在其下的距离文本框中输入值 0，在限制区域的结束下拉列表中选择值选项，并在其下的距离文本框中输入值 2，在布尔区域的下拉列表中选择减去选项，采用系统默认的求差对象。单击< 确定 >按钮，完成拉伸特征 8 的创建。

图 2.2.17　拉伸特征 8

图 2.2.18　定义草图平面

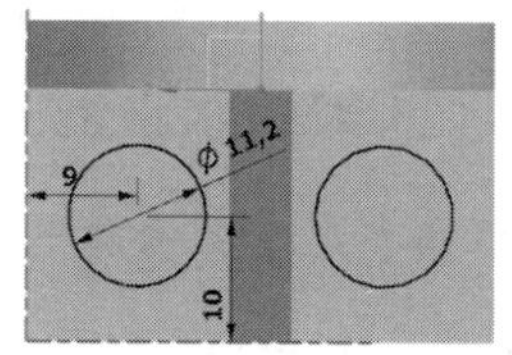

图 2.2.19　截面草图

Step10. 创建图 2.2.20 所示的孔特征。选择下拉菜单 插入(S) → 设计特征(E) → 孔(H)... 命令，在 类型 下拉列表中选择 螺纹孔 选项，选取图 2.2.21 所示圆的中心点为定位点，在 形状和尺寸 区域中 螺纹尺寸 下的 大小 下拉列表中选择 M6×1.0，在 尺寸 区域的 深度 文本框中输入值 12，在 起始倒斜角 区域取消选中 □ 启用 复选框，在 布尔 区域中选择 减去 选项，采用系统默认的求差对象。对话框中的其他参数保持系统默认设置。单击 < 确定 > 按钮，完成孔特征的创建。

图 2.2.20　孔特征

图 2.2.21　定位点

Step11. 保存零件模型。选择下拉菜单 文件(F) → 保存(S) 命令，即可保存零件模型。

2.3　烟灰缸

实例概述

本实例介绍了一个烟灰缸的设计过程，该设计过程主要运用了实体建模的一些基础命令，包括实体拉伸、拔模、倒圆角、阵列和抽壳等，其中拉伸特征 1 的草图绘制有一定的技巧，需要读者用心体会。烟灰缸的零件模型及模型树如图 2.3.1 所示。

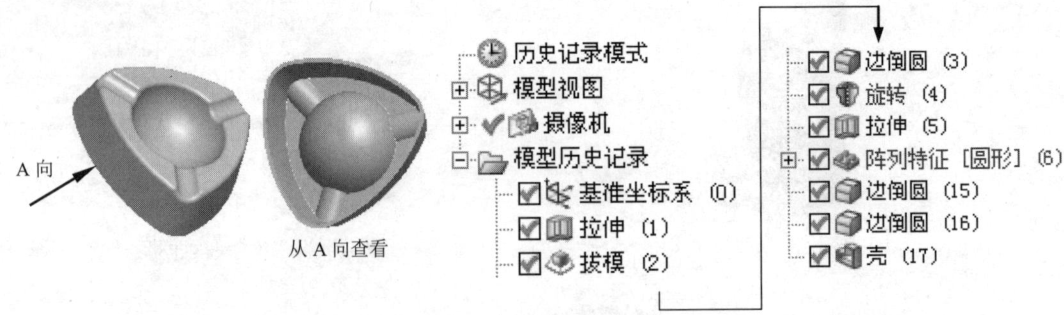

图 2.3.1 烟灰缸零件模型及模型树

说明：本例前面的详细操作过程请参见学习资源中 video\ch02.03\reference\文件下的语音视频讲解文件 ASHTRAY-r01.exe。

Step1. 打开文件 D:\ugal12\work\ch02.03\ASHTRAY_ex.prt。

Step2. 创建图 2.3.2 所示的旋转特征 1。选择 插入(S) → 设计特征(E) → 旋转(R)... 命令（或单击按钮），单击截面区域中的按钮，在绘图区选取 XZ 基准平面为草图平面，绘制图 2.3.3 所示的截面草图。选取 Z 轴为旋转轴。在“旋转”对话框限制区域的开始下拉列表中选择值选项，并在角度文本框中输入值 0，在结束下拉列表中选择值选项，并在角度文本框中输入值 360；在布尔区域中选择减去选项，采用系统默认的求差对象。单击< 确定 >按钮，完成旋转特征 1 的创建。

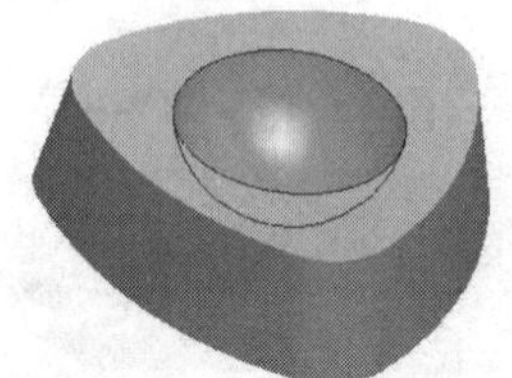

图 2.3.2 旋转特征 1

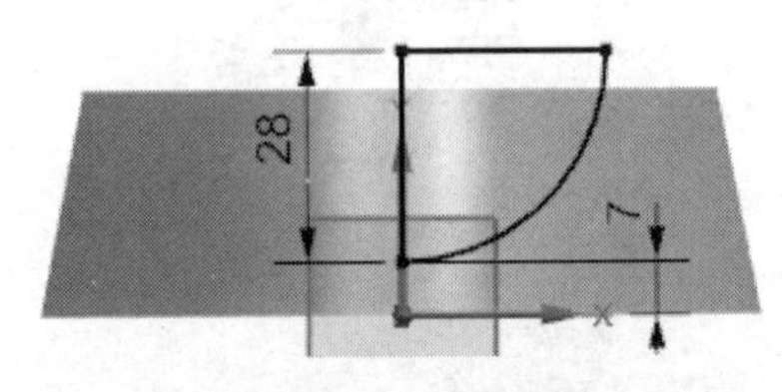

图 2.3.3 截面草图

Step3. 创建图 2.3.4 所示的拉伸特征 1。选择下拉菜单 插入(S) → 设计特征(E) → 拉伸(E)... 命令，系统弹出“拉伸”对话框。选取 XZ 基准平面为草图平面，绘制图 2.3.5 所示的截面草图；在指定矢量下拉列表中选择-YC选项；在限制区域的开始下拉列表中选择值选项，并在其下的距离文本框中输入值 0，在限制区域的结束下拉列表中选择值选项，并在其下的距离文本框中输入值 50，在布尔区域的下拉列表中选择减去选项，采用系统默认的求差对象。单击< 确定 >按钮，完成拉伸特征 1 的创建。

Step4. 创建图 2.3.6 所示的阵列特征 1。选择下拉菜单 插入(S) → 关联复制(A) → 阵列特征(A)... 命令（或单击按钮），在绘图区选取图 2.3.4 所示的拉伸特征 1 为要阵列的特征。在“阵列特征”对话框阵列定义区域的布局下拉列表中选择圆形选项。在旋转轴区域选择 Z 轴的正方向，选取坐标原点为指定点，在角度方向区域的间距下拉列表中选择数量和跨距选项。在数量文本框中输入值 3，在跨角文本框中输入值 360，其他设置保持系统默认设置。单击< 确定 >按钮，完成阵列特征 1 的创建。

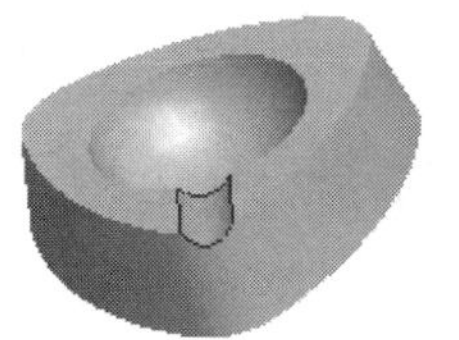
图 2.3.4　拉伸特征 1

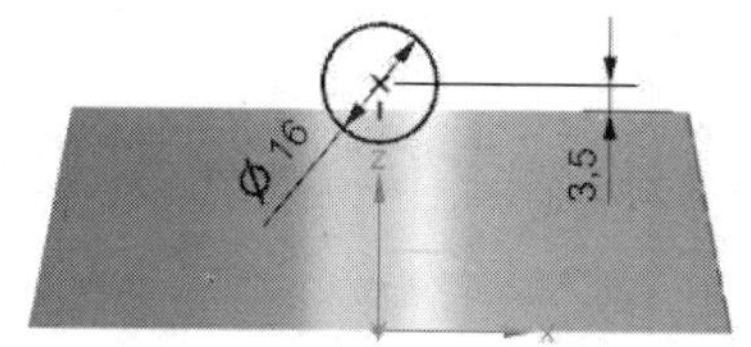

图 2.3.5　截面草图

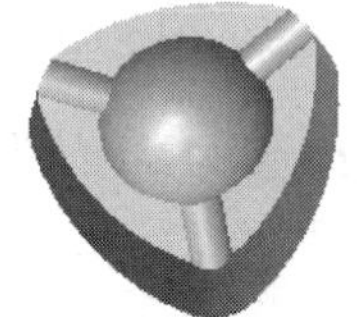
图 2.3.6　阵列特征 1

Step5. 创建边倒圆特征 1。选择图 2.3.7a 所示的边线为边倒圆参照，并在半径 1文本框中输入值 3。单击< 确定 >按钮，完成边倒圆特征 1 的创建。

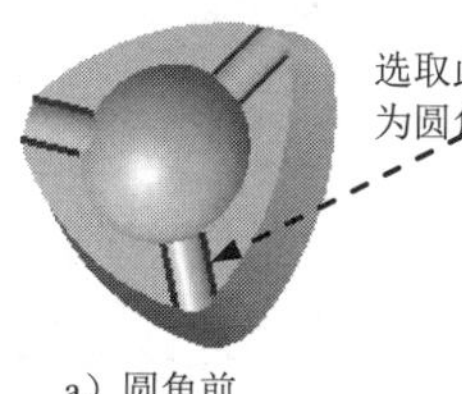

a）圆角前

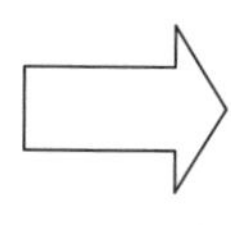

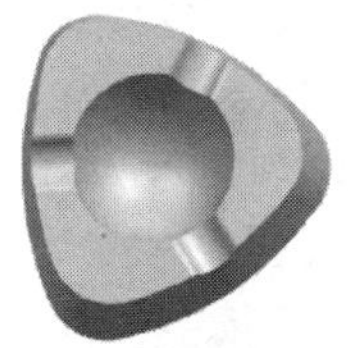
b）圆角后

图 2.3.7　边倒圆特征 1

Step6. 创建边倒圆特征 2。选择图 2.3.8a 所示的边链为边倒圆参照，并在半径 1文本框中输入值 3。单击< 确定 >按钮，完成边倒圆特征 2 的创建。

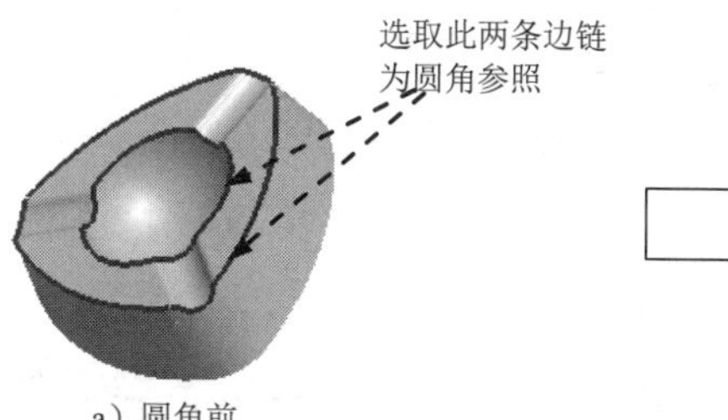

a）圆角前

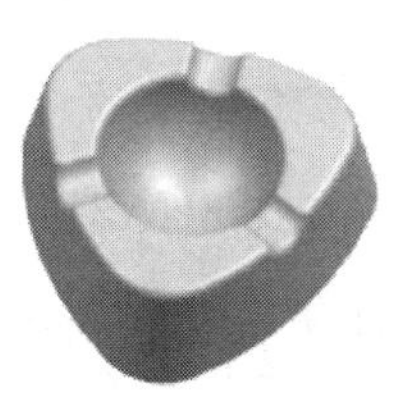
b）圆角后

图 2.3.8　边倒圆特征 2

Step7. 创建图 2.3.9 所示的抽壳特征。选择下拉菜单插入(S) → 偏置/缩放(O) → 抽壳(H)...命令，在类型区域的下拉列表中选择移除面，然后抽壳选项，在面区域中单击按钮，选取图 2.3.10 所示的曲面为要移除的对象。在厚度文本框中输入值 2.5，其他采用系统默认设置。单击< 确定 >按钮，完成抽壳特征的创建。

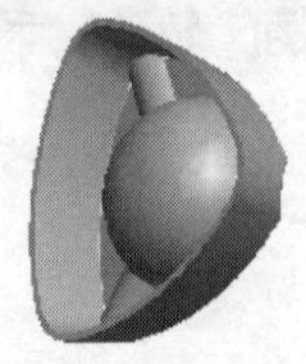

图 2.3.9　抽壳特征

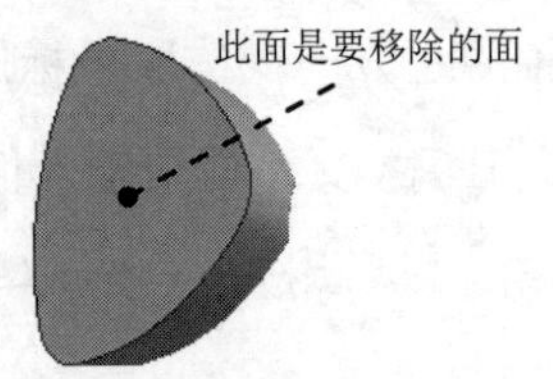

图 2.3.10　定义移除面

Step8. 保存零件模型。选择下拉菜单 文件(F) ➡ 保存(S) 命令，即可保存零件模型。

2.4　削笔器刀盒

实例概述

本实例是一个普通的削笔器刀盒，主要运用了实体建模的一些常用命令，包括实体拉伸、拉伸切削、倒圆角和抽壳等，其中需要读者注意倒圆角的顺序及“抽壳”命令的创建过程。削笔器刀盒的零件模型及模型树如图 2.4.1 所示。

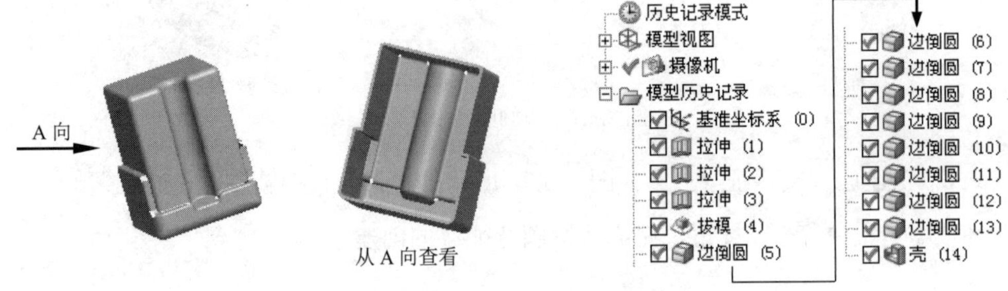

图 2.4.1　削笔器刀盒零件模型及模型树

说明：本实例前面的详细操作过程请参见学习资源中 videoch02.04\reference\文件下的语音视频讲解文件 SHARPENER_BOX-r01-01.exe，SHARPENER_BOX-r01-02.exe。

Step1. 打开文件 D:\ugal12\work\ch02.04\SHARPENER_BOX_ex.prt。

Step2. 创建图 2.4.2 所示的拔模特征 1。选择下拉菜单 插入(S) ➡ 细节特征(L) ▸ ➡ 拔模(T)... 命令，在 脱模方向 区域中选择 Y 轴的负方向，选择图 2.4.3 所示的面为拔模固定平面，在 要拔模的面 区域选择图 2.4.4 所示的面为拔模面，并在 角度 1 文本框中输入值 10。单击 < 确定 > 按钮，完成拔模特征 1 的创建。

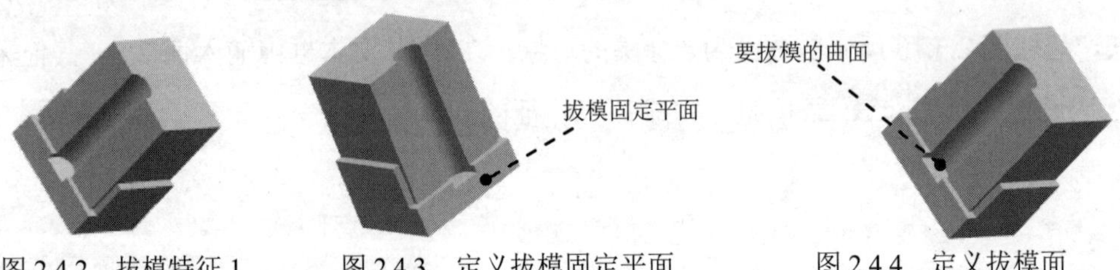

图 2.4.2　拔模特征 1　　图 2.4.3　定义拔模固定平面　　图 2.4.4　定义拔模面

Step3. 创建边倒圆特征 1。选择下拉菜单插入(S) → 细节特征(L) ▸ → 边倒圆(E)... 命令（或单击按钮），在 边 区域中单击按钮，选择图 2.4.5 所示的边线为边倒圆参照边，并在半径 1文本框中输入值 2。单击< 确定 >按钮，完成边倒圆特征 1 的创建。

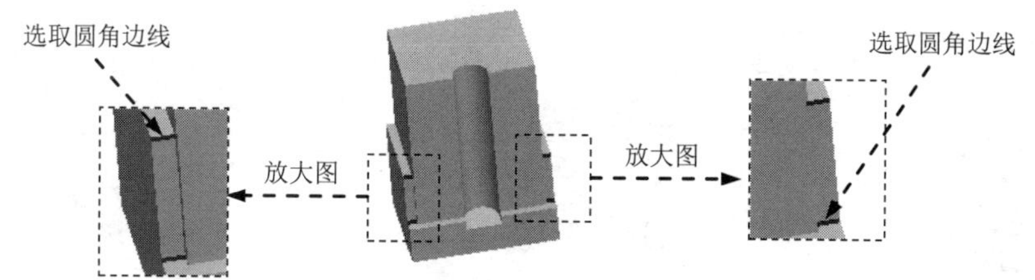

图 2.4.5　定义参照边 1

Step4. 创建边倒圆特征 2。选择图 2.4.6 所示的边线为边倒圆参照边，并在半径 1文本框中输入值 0.5。单击< 确定 >按钮，完成边倒圆特征 2 的创建。

Step5. 创建边倒圆特征 3。选择图 2.4.7 所示的边线为边倒圆参照边，并在半径 1文本框中输入值 2。单击< 确定 >按钮，完成边倒圆特征 3 的创建。

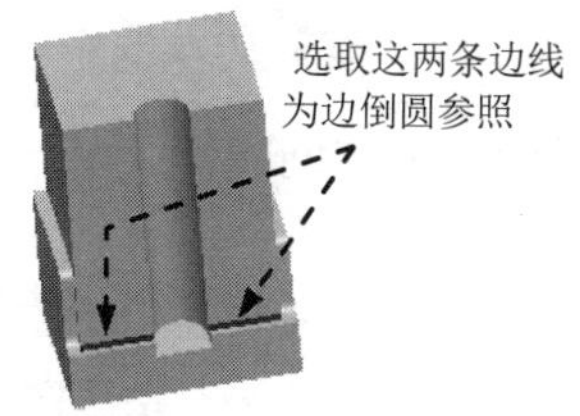

图 2.4.6　定义参照边 2

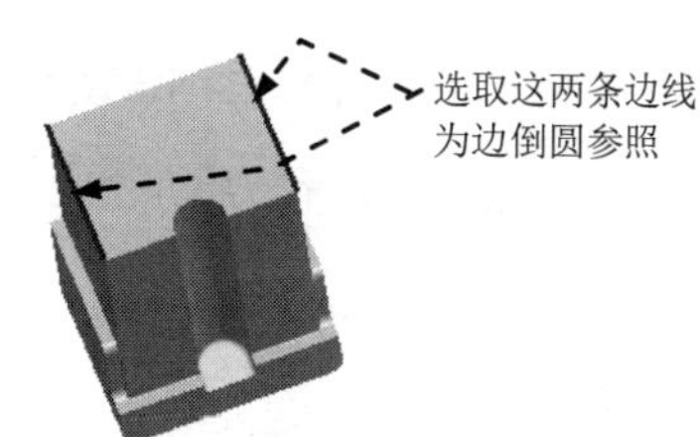

图 2.4.7　定义参照边 3

Step6. 创建边倒圆特征 4。选择图 2.4.8 所示的边线为边倒圆参照边，并在半径 1文本框中输入值 2.5。单击< 确定 >按钮，完成边倒圆特征 4 的创建。

Step7. 创建边倒圆特征 5。选择图 2.4.9 所示的边线为边倒圆参照边，并在半径 1文本框中输入值 2.5。单击< 确定 >按钮，完成边倒圆特征 5 的创建。

图 2.4.8　定义参照边 4

图 2.4.9　定义参照边 5

Step8. 创建边倒圆特征 6。选择图 2.4.10 所示的边线为边倒圆参照边，并在半径 1文本框中输入值 3。单击< 确定 >按钮，完成边倒圆特征 6 的创建。

Step9. 创建边倒圆特征 7。选择图 2.4.11 所示的边线为边倒圆参照边，并在半径 1文本框中输入值 1。单击< 确定 >按钮，完成边倒圆特征 7 的创建。

Step10. 创建边倒圆特征 8。选择图 2.4.12 所示的边链为边倒圆参照边，并在半径 1文本框中输入值 5。单击< 确定 >按钮，完成边倒圆特征 8 的创建。

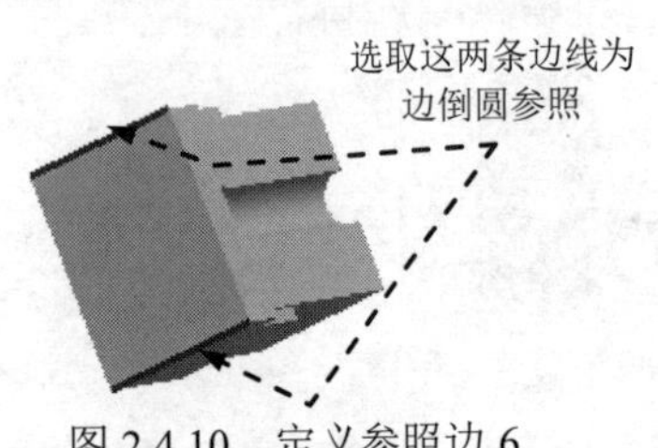

图 2.4.10 定义参照边 6

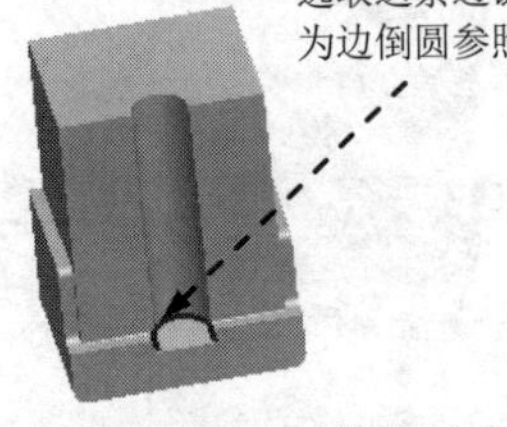

图 2.4.11 定义参照边 7

选取这条边链
为边倒圆参照

图 2.4.12 定义参照边 8

Step11. 创建边倒圆特征 9。选择图 2.4.13 所示的边链为边倒圆参照边，并在半径 1文本框中输入值 0.5。单击< 确定 >按钮，完成边倒圆特征 9 的创建。

Step12. 创建图 2.4.14 所示的抽壳特征 1。选择下拉菜单插入(S) → 偏置/缩放(O) → 抽壳(H)...命令，在类型区域的下拉列表中选择移除面，然后抽壳选项，在面区域中单击按钮，选取图 2.4.15 所示的平面为要移除的对象。在厚度文本框中输入值 1.0，其他采用系统默认设置。单击< 确定 >按钮，完成面抽壳特征 1 的创建。

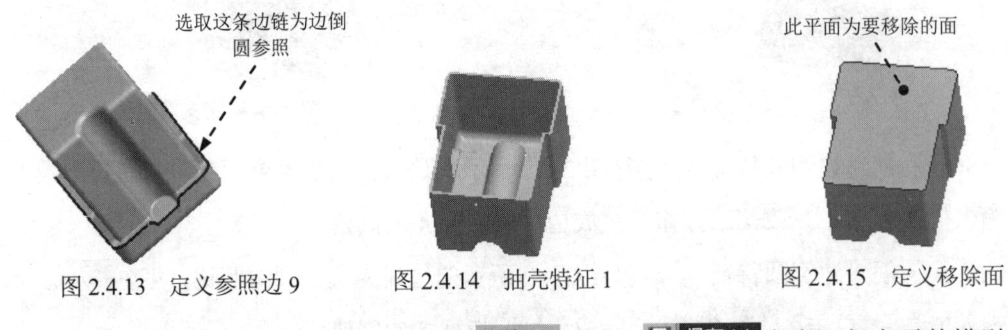

图 2.4.13 定义参照边 9

图 2.4.14 抽壳特征 1

图 2.4.15 定义移除面

Step13. 保存零件模型。选择下拉菜单文件(F) → 保存(S)命令，保存零件模型。

2.5 泵盖

实例概述

本实例介绍了泵盖的设计过程。通过学习本实例，读者会对实体的拉伸、旋转、镜像、边倒圆、倒斜角和孔等特征有更为深入的了解。其中孔特征是本实例的一个亮点，需要注意孔特征的一些特点。泵盖的零件模型及模型树如图 2.5.1 所示。

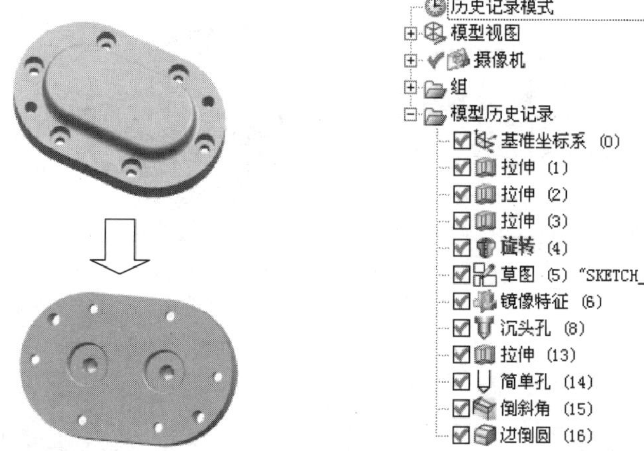

图 2.5.1　泵盖零件模型及模型树

Step1. 新建文件。选择下拉菜单 文件(F) → 新建(N)... 命令，系统弹出"新建"对话框。在 模型 选项卡的 模板 区域中选取模板类型为 模型，在 名称 文本框中输入文件名称PUMP，单击 确定 按钮，进入建模环境。

Step2. 创建图 2.5.2 所示的拉伸特征 1。选择下拉菜单 插入(S) → 设计特征(E) → 拉伸(E)... 命令，系统弹出"拉伸"对话框。选取 XZ 平面为草图平面，绘制图 2.5.3 所示的截面草图；在 指定矢量 下拉列表中选择 -YC 选项；在 限制 区域的 开始 下拉列表中选择 值 选项，并在其下的 距离 文本框中输入值 0，在 限制 区域的 结束 下拉列表中选择 值 选项，并在其下的 距离 文本框中输入值 10。单击 < 确定 > 按钮，完成拉伸特征 1 的创建。

Step3. 创建图 2.5.4 所示的拉伸特征 2。选择下拉菜单 插入(S) → 设计特征(E) → 拉伸(E)... 命令，系统弹出"拉伸"对话框。选取图 2.5.4 所示的平面为草图平面，绘制图 2.5.5 所示的截面草图；在 指定矢量 下拉列表中选择 -YC 选项；在 限制 区域的 开始 下拉列表中选择 值 选项，并在其下的 距离 文本框中输入值 0，在 限制 区域的 结束 下拉列表中选择 值 选项，并在其下的 距离 文本框中输入值 8，在 布尔 区域的下拉列表中选择 合并 选项，采用系统默认的求和对象。单击 < 确定 > 按钮，完成拉伸特征 2 的创建。

Step4. 创建图 2.5.6 所示的拉伸特征 3。选择下拉菜单 插入(S) → 设计特征(E) → 拉伸(E)... 命令，系统弹出"拉伸"对话框。选取图 2.5.6 所示的平面为草图平面，绘制图 2.5.7 所示的截面草图；在 指定矢量 下拉列表中选择 YC 选项；在 限制 区域的 开始 下拉列表中选择 值 选项，并在其下的 距离 文本框中输入值 0，在 限制 区域的 结束 下拉列表中选择 贯通 选项，在 布尔 区域的下拉列表中选择 减去 选项，采用系统默认的求差对象。单击 < 确定 > 按钮，完成拉伸特征 3 的创建。

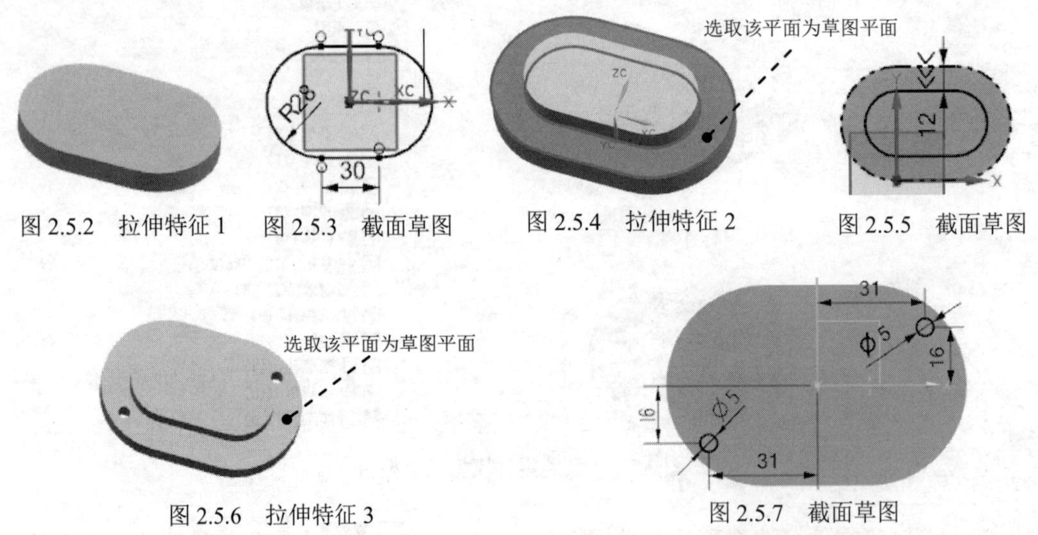

图 2.5.2　拉伸特征 1　图 2.5.3　截面草图　图 2.5.4　拉伸特征 2　图 2.5.5　截面草图

图 2.5.6　拉伸特征 3　图 2.5.7　截面草图

Step5. 创建图 2.5.8 所示的旋转特征 1。选择 插入(S) → 设计特征(E) → 旋转(R)... 命令（或单击按钮），单击截面区域中的按钮，在绘图区选取 XY 基准平面为草图平面，绘制图 2.5.9 所示的截面草图。在绘图区中选取图 2.5.9 所示的直线为旋转轴。在“旋转”对话框限制区域的开始下拉列表中选择值选项，并在角度文本框中输入值 0，在结束下拉列表中选择值选项，并在角度文本框中输入值 360；在布尔区域中选择减去选项，采用系统默认的求差对象。单击< 确定 >按钮，完成旋转特征 1 的创建。

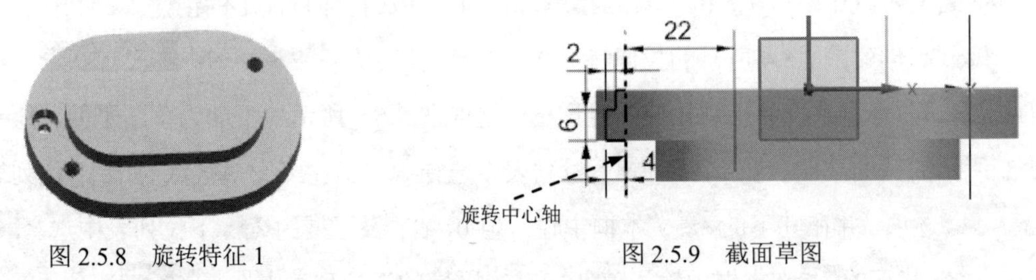

图 2.5.8　旋转特征 1　图 2.5.9　截面草图

Step6. 后面的详细操作过程请参见学习资源中 video\ch02.05\reference\文件下的语音视频讲解文件 PUMP-r01.exe。

2.6　塑料垫片

实例概述

在本实例的设计过程中，镜像特征的运用较为巧妙，在镜像时应注意镜像基准面的选择。塑料垫片的零件模型及模型树如图 2.6.1 所示。

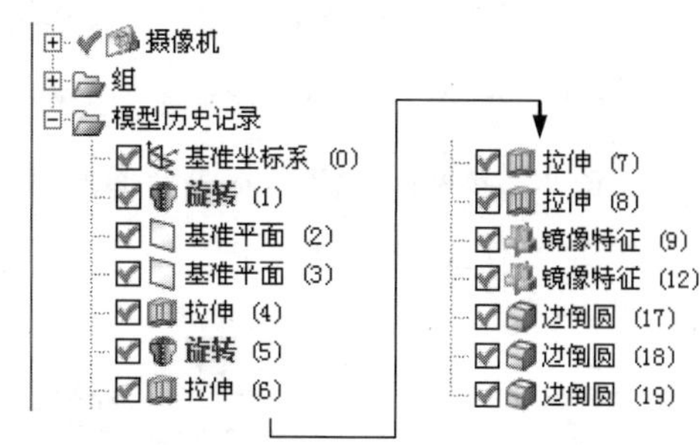

图 2.6.1　塑料垫片零件模型及模型树

Step1. 新建文件。选择下拉菜单 文件(F) → 新建(N)... 命令，系统弹出“新建”对话框。在 模型 选项卡的 模板 区域中选取模板类型为 模型，在 名称 文本框中输入文件名称 GAME，单击 确定 按钮，进入建模环境。

Step2. 创建图 2.6.2 所示的旋转特征 1。选择 插入(S) → 设计特征(E) → 旋转(R)... 命令（或单击 按钮），单击 截面 区域中的 按钮，在绘图区选取 XZ 基准平面为草图平面，绘制图 2.6.3 所示的截面草图。在绘图区中选取 Z 轴为旋转轴。在“旋转”对话框 限制 区域的 开始 下拉列表中选择 值 选项，并在 角度 文本框中输入值 0，在 结束 下拉列表中选择 值 选项，并在 角度 文本框中输入值 360。单击 < 确定 > 按钮，完成旋转特征 1 的创建。

Step3. 创建图 2.6.4 所示的基准平面 1。选择下拉菜单 插入(S) → 基准/点(D) → 基准平面(D)... 命令（或单击 按钮），系统弹出“基准平面”对话框。在 类型 区域的下拉列表中选择 按某一距离 选项，在绘图区选取 XY 基准平面，输入偏移值 6。单击 < 确定 > 按钮，完成基准平面 1 的创建。

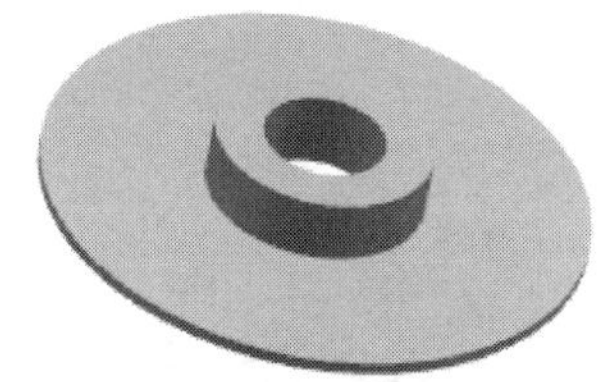

图 2.6.2　旋转特征 1

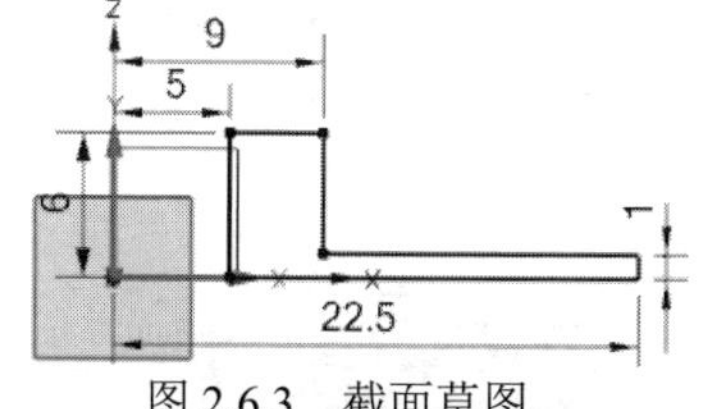

图 2.6.3　截面草图

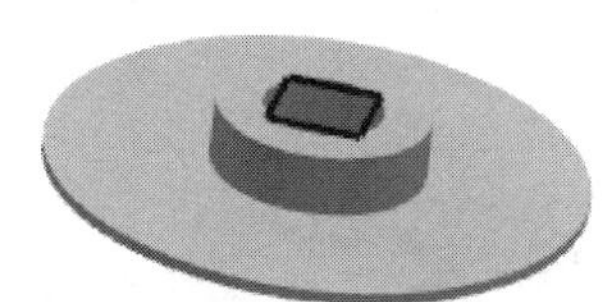

图 2.6.4　基准平面 1

Step4. 创建图 2.6.5 所示的基准平面 2。选择下拉菜单 插入(S) → 基准/点(D) → 基准平面(D)... 命令（或单击 按钮），系统弹出“基准平面”对话框。在 类型 区域的下拉列表中选择 成一角度 选项，在绘图区选取 YZ 基准平面，在 通过轴 区域选择 ZC 轴，输入角度值 30。单击 < 确定 > 按钮，完成基准平面 2 的创建。

Step5. 创建图 2.6.6 所示的拉伸特征 1。选择下拉菜单 插入(S) → 设计特征(E) → 拉伸(E)... 命令，系统弹出“拉伸”对话框。选取基准平面 1 为草图平面，绘制图 2.6.7 所示的截面草图；在 指定矢量 下拉列表中选择 -ZC 选项；在 限制 区域的 开始 下拉列表中选择 值选项，并在其下的距离文本框中输入值 0，在限制区域的结束下拉列表中选择值选项，并在其下的距离文本框中输入值 2，在布尔区域的下拉列表中选择减去选项，采用系统默认的求差对象。单击< 确定 >按钮，完成拉伸特征 1 的创建。

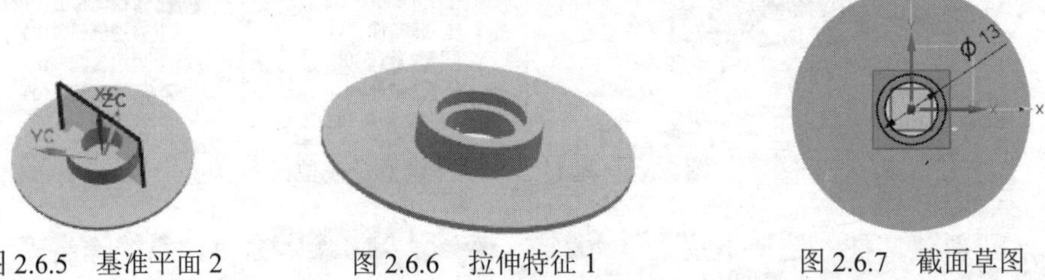

图 2.6.5 基准平面 2　　图 2.6.6 拉伸特征 1　　图 2.6.7 截面草图

Step6. 创建图 2.6.8 所示的旋转特征 2。选择插入(S) → 设计特征(E) → 旋转(R)...命令（或单击按钮），单击截面区域中的按钮，在绘图区选取 YZ 基准平面为草图平面，绘制图 2.6.9 所示的截面草图。在绘图区中选取 Z 轴为旋转轴。在“旋转”对话框限制区域的开始下拉列表中选择值选项，并在角度文本框中输入值 0，在结束下拉列表中选择值选项，并在角度文本框中输入值 360；在布尔区域的下拉列表中选择减去选项。单击< 确定 >按钮，完成旋转特征 2 的创建。

Step7. 创建图 2.6.10 所示的拉伸特征 2。选择下拉菜单插入(S) → 设计特征(E) → 拉伸(E)...命令，系统弹出“拉伸”对话框。选取 XY 基准平面为草图平面，绘制图 2.6.11 所示的截面草图；在指定矢量下拉列表中选择ZC选项；在限制区域的开始下拉列表中选择值选项，并在其下的距离文本框中输入值 0，在限制区域的结束下拉列表中选择值选项，并在其下的距离文本框中输入值 5，在布尔区域的下拉列表中选择减去选项，采用系统默认的求差对象。单击< 确定 >按钮，完成拉伸特征 2 的创建。

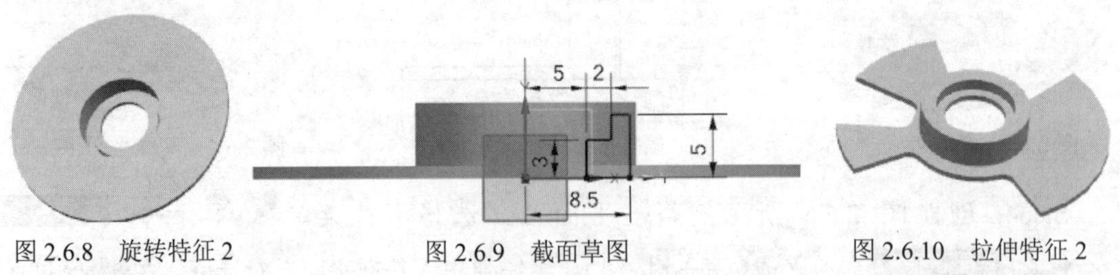

图 2.6.8 旋转特征 2　　图 2.6.9 截面草图　　图 2.6.10 拉伸特征 2

Step8. 创建图 2.6.12 所示的拉伸特征 3。选择下拉菜单插入(S) → 设计特征(E) → 拉伸(E)...命令，系统弹出“拉伸”对话框。选取图 2.6.5 所示的基准平面 2 为草图平面，绘制图 2.6.13 所示的截面草图；在指定矢量下拉列表中选择选项，单击图形区的基准平面 2；在限制区域的开始下拉列表中选择对称值选项，并在其下的距离文本框中输入值 2.5，在布尔区域的下拉列表中选择合并选项，采用系统默认的求和对象。单击< 确定 >按钮，完成拉伸特征 3 的创建。

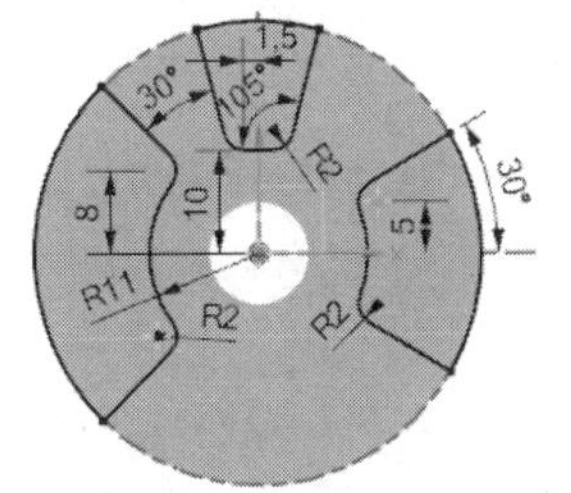

图 2.6.11　截面草图

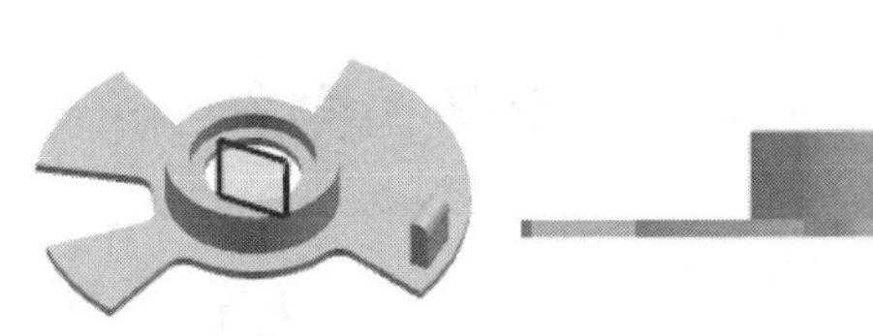
图 2.6.12　拉伸特征 3

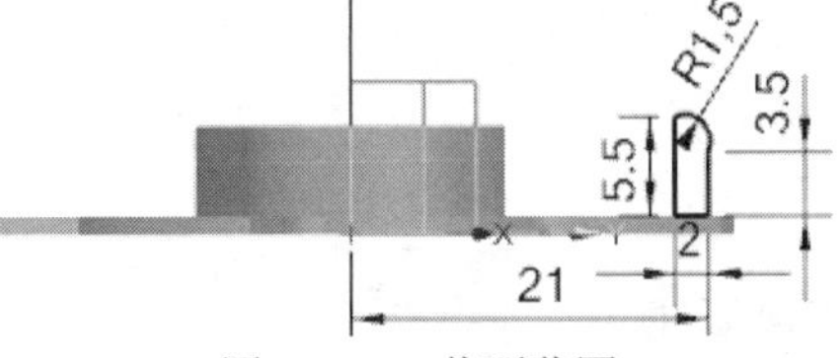

图 2.6.13　截面草图

Step9. 创建图 2.6.14 所示的拉伸特征 4。选择下拉菜单 插入(S) → 设计特征(E) → 拉伸(E)... 命令，系统弹出“拉伸”对话框。选取图 2.6.15 所示的基准平面 2 为草图平面，绘制图 2.6.15 所示的截面草图；在 指定矢量 下拉列表中选择 选项，单击图形区的基准平面 2；在 限制 区域的 开始 下拉列表中选择 对称值 选项，并在其下的 距离 文本框中输入值 0.25，在 偏置 下拉列表中选择 两侧 选项，在 开始 文本框中输入值 1，在 结束 文本框中输入值 0。在 布尔 区域的下拉列表中选择 合并 选项，采用系统默认的求和对象。单击 <确定> 按钮，完成拉伸特征 4 的创建。

图 2.6.14　拉伸特征 4

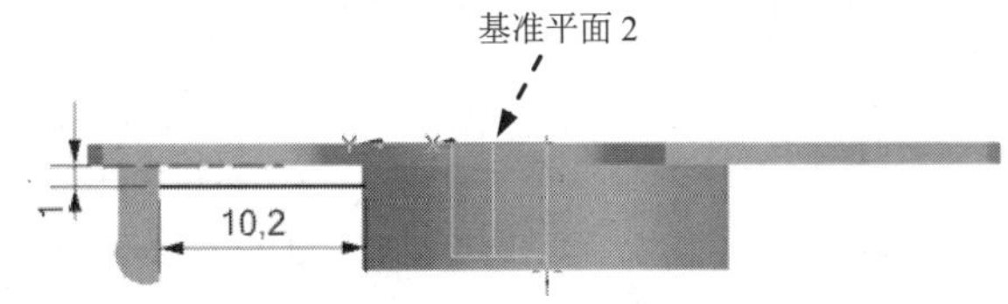

图 2.6.15　截面草图

Step10. 创建图 2.6.16 所示的镜像特征 1。选择下拉菜单 插入(S) → 关联复制(A) → 镜像特征(M)... 命令，在绘图区中选取图 2.6.12 所示的拉伸特征 3 和图 2.6.14 所示的拉伸特征 4 为要镜像的特征。在 镜像平面 区域中单击 按钮，在绘图区中选取 YZ 基准平面作为镜像平面。单击 确定 按钮，完成镜像特征 1 的创建。

Step11. 创建图 2.6.17 所示的镜像特征 2。选择下拉菜单 插入(S) → 关联复制(A) → 镜像特征(M)... 命令，在绘图区中选取图 2.6.16 所示的镜像特征 1、图 2.6.12 所示的拉伸特征 3 和图 2.6.14 所示的拉伸特征 4 为要镜像的特征。在 镜像平面 区域中单击 按钮，在绘图区中选取 XZ 基准平面作为镜像平面。单击 确定 按钮，完成镜像特征 2 的创建。

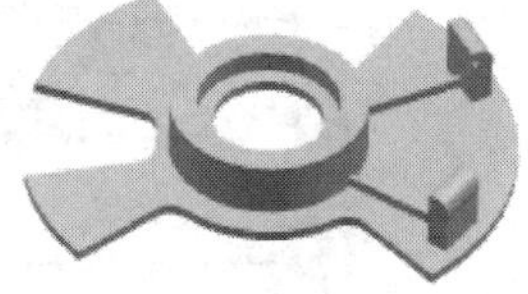
图 2.6.16　镜像特征 1

图 2.6.17　镜像特征 2

Step12. 后面的详细操作过程请参见学习资源中 video\ch02.06\reference\文件下的语音视频讲解文件 GAME-r01。

2.7 泵箱

实例概述

本实例的设计过程中充分利用了“孔”“阵列”和“镜像”等命令，在进行截面草图绘制的过程中，要注意草绘平面的选择。泵箱的零件模型及模型树如图 2.7.1 所示。

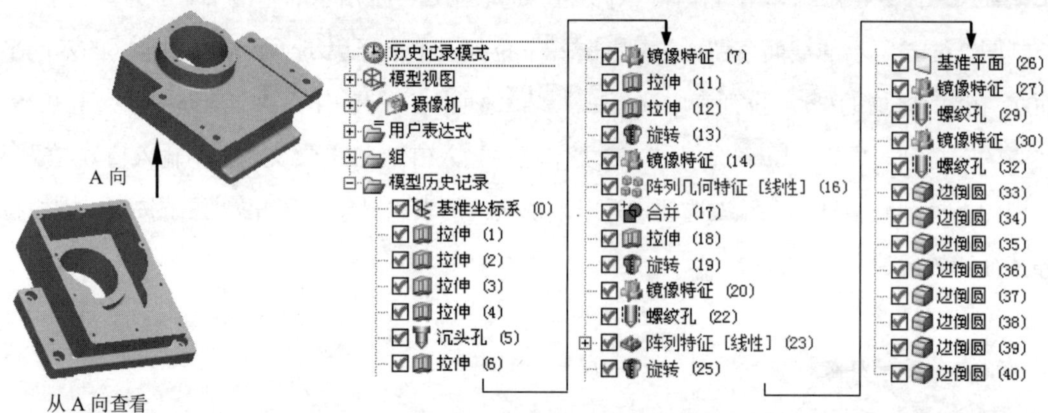

图 2.7.1 泵箱零件模型及模型树

说明： 本实例前面的详细操作过程请参见学习资源中 video\ch02.07\reference\文件下的语音视频讲解文件 PUMP_BOX-r01.exe。

Step1. 打开文件 D:\ugal12\work\ch02.07\PUMP_BOX_ex.prt。

Step2. 创建图 2.7.2 所示的拉伸特征 1。选择下拉菜单 插入(S) → 设计特征(E) → 拉伸(E)... 命令，系统弹出“拉伸”对话框。选取图 2.7.2 所示的平面为草图平面，绘制图 2.7.3 所示的截面草图；在 指定矢量 下拉列表中选择 -ZC 选项；在 限制 区域的 开始 下拉列表中选择 值 选项，并在其下的 距离 文本框中输入值 0，在 限制 区域的 结束 下拉列表中选择 值 选项，并在其下的 距离 文本框中输入值 90，在 布尔 区域的下拉列表中选择 减去 选项，采用系统默认的求差对象。单击 < 确定 > 按钮，完成拉伸特征 1 的创建。

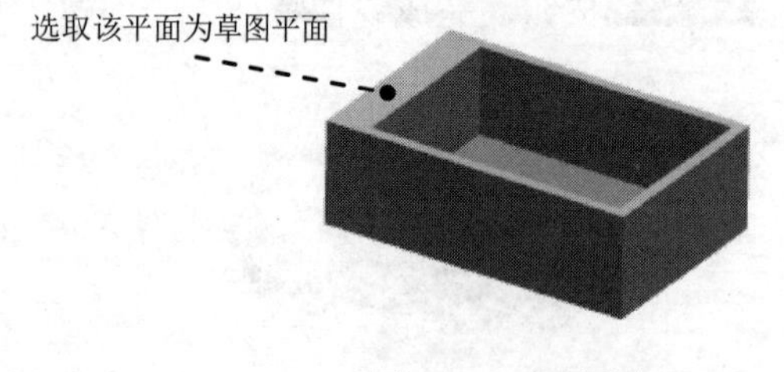

图 2.7.2 拉伸特征 1

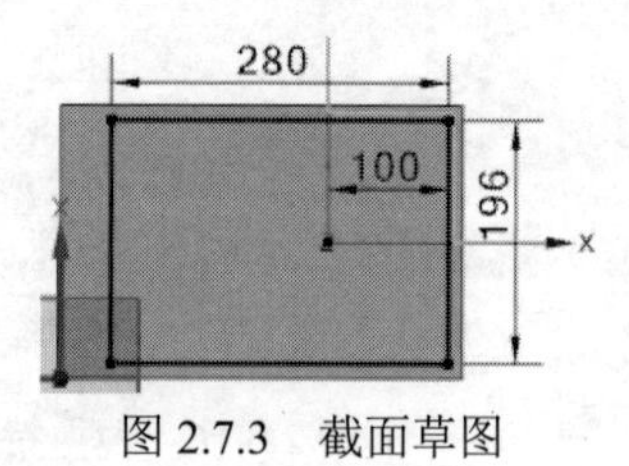

图 2.7.3 截面草图

Step3. 创建图 2.7.4 所示的拉伸特征 2。选择下拉菜单 插入(S) → 设计特征(E) → 拉伸(E)... 命令，系统弹出“拉伸”对话框。选取 XZ 平面为草图平面，绘制图 2.7.5 所示的截面草图；在 指定矢量 下拉列表中选择 YC 选项；在 限制 区域的 开始 下拉列表中选择 贯通 选项，在 限制 区域的 结束 下拉列表中选择 贯通 选项，在 布尔 区域的下拉列表中选择 减去 选项，采用系统默认的求差对象。单击 < 确定 > 按钮，完成拉伸特征 2 的创建。

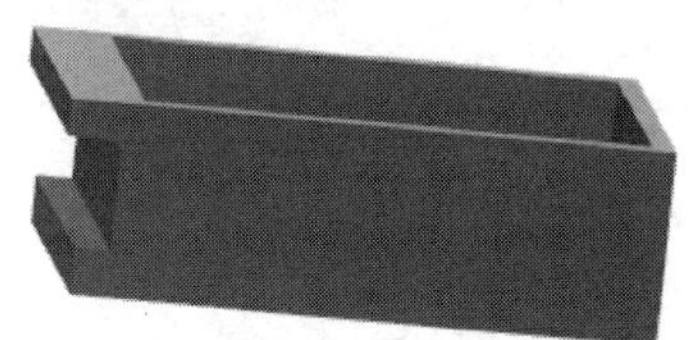

图 2.7.4 拉伸特征 2

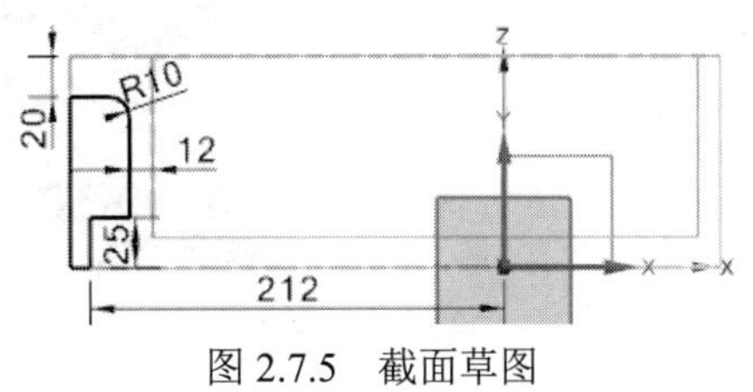

图 2.7.5 截面草图

Step4. 创建图 2.7.6 所示的拉伸特征 3。选择下拉菜单 插入(S) → 设计特征(E) → 拉伸(E)... 命令，系统弹出“拉伸”对话框。选取图 2.7.7 所示的平面为草图平面，绘制图 2.7.8 所示的截面草图；在 指定矢量 下拉列表中选择 -ZC 选项；在 限制 区域的 开始 下拉列表中选择 值 选项，并在其下的 距离 文本框中输入值 0，在 限制 区域的 结束 下拉列表中选择 值 选项，并在其下的 距离 文本框中输入值 30，在 布尔 区域的下拉列表中选择 合并 选项，采用系统默认的求和对象。单击 < 确定 > 按钮，完成拉伸特征 3 的创建。

Step5. 创建图 2.7.9 所示的孔特征 1。选择下拉菜单 插入(S) → 设计特征(E) → 孔(H)... 命令，在 类型 下拉列表中选择 常规孔 选项，在 位置 区域单击 按钮，选取图 2.7.9 所示的平面为草图平面，绘制图 2.7.10 所示的定位点，绘制完成后单击 完成草图；在 形状和尺寸 区域的 成形 下拉列表中选择 沉头 选项，在 尺寸 区域的 沉头直径 文本框中输入值 26，在 沉头深度 文本框中输入值 16，在 直径 文本框中输入值 16，在 深度 文本框中输入值 40，在 布尔 区域中选择 减去 选项，采用系统默认的求差对象。其他保持系统默认设置。单击 < 确定 > 按钮，完成孔特征 1 的创建。

Step6. 创建图 2.7.11 所示的拉伸特征 4。选择下拉菜单 插入(S) → 设计特征(E) → 拉伸(E)... 命令，系统弹出“拉伸”对话框。选取图 2.7.11 所示的平面为草图平面，绘制图 2.7.12 所示的截面草图；在 指定矢量 下拉列表中选择 -ZC 选项；在 限制 区域的 开始 下拉列表中选择 值 选项，并在其下的 距离 文本框中输入值 0，在 限制 区域的 结束 下拉列表中选择 贯通 选项，在 布尔 区域的下拉列表中选择 减去 选项，采用系统默认的求差对象。单击 < 确定 > 按钮，完成拉伸特征 4 的创建。

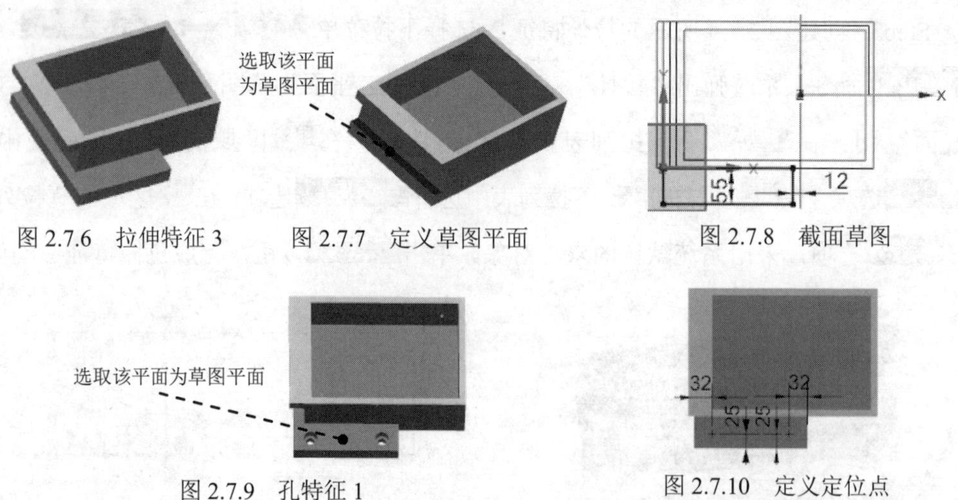

图 2.7.6 拉伸特征 3　　图 2.7.7 定义草图平面　　图 2.7.8 截面草图

图 2.7.9 孔特征 1　　图 2.7.10 定义定位点

Step7. 创建图 2.7.13 所示的镜像特征 1。选择下拉菜单插入(S) → 关联复制(A) → 镜像特征(M)...命令，在绘图区中选取拉伸特征 3、孔特征 1 和拉伸特征 5 为要镜像的特征。在镜像平面区域中单击按钮，在绘图区中选取 XZ 基准平面作为镜像平面。单击确定按钮，完成镜像特征 1 的创建。

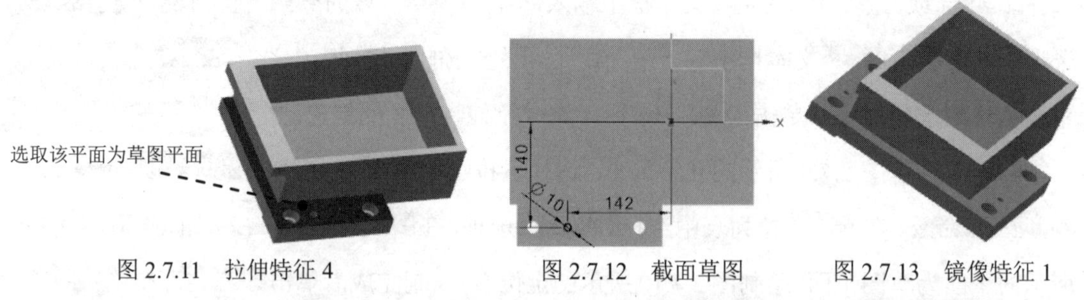

图 2.7.11 拉伸特征 4　　图 2.7.12 截面草图　　图 2.7.13 镜像特征 1

Step8. 创建图 2.7.14 所示的拉伸特征 5。选择下拉菜单插入(S) → 设计特征(E) → 拉伸(E)...命令，系统弹出“拉伸”对话框。选取图 2.7.15 所示的平面为草图平面，绘制图 2.7.16 所示的截面草图；在指定矢量下拉列表中选择ZC选项；在限制区域的开始下拉列表中选择值选项，并在其下的距离文本框中输入值-55，在限制区域的结束下拉列表中选择值选项，并在其下的距离文本框中输入值 18，在布尔区域的下拉列表中选择合并选项，采用系统默认的求和对象。单击< 确定 >按钮，完成拉伸特征 5 的创建。

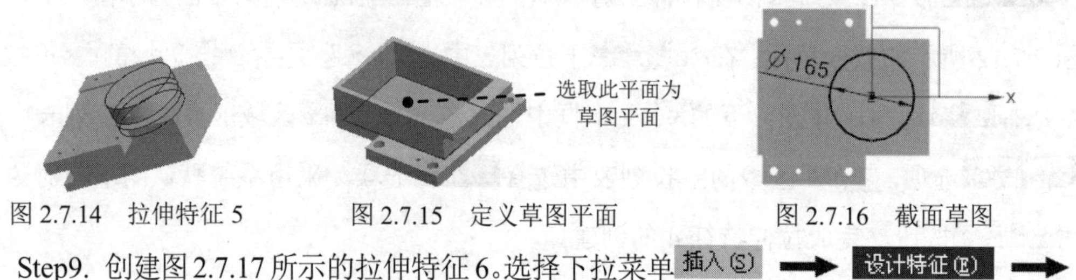

图 2.7.14 拉伸特征 5　　图 2.7.15 定义草图平面　　图 2.7.16 截面草图

Step9. 创建图 2.7.17 所示的拉伸特征 6。选择下拉菜单插入(S) → 设计特征(E) →

拉伸(E)...命令，系统弹出“拉伸”对话框。选取图 2.7.18 所示的平面为草图平面，绘制图 2.7.19 所示的截面草图；在指定矢量下拉列表中选择ZC↑选项；在限制区域的开始下拉列表中选择值选项，并在其下的距离文本框中输入值 0，在限制区域的结束下拉列表中选择贯通选项，在布尔区域的下拉列表中选择减去选项，采用系统默认的求差对象。单击< 确定 >按钮，完成拉伸特征 6 的创建。

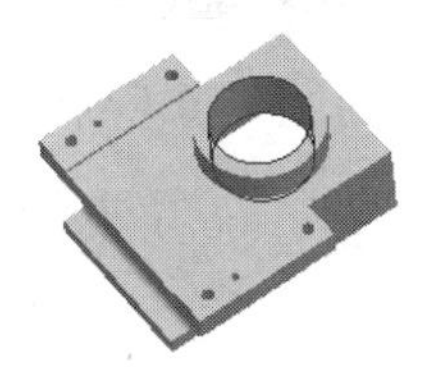

图 2.7.17　拉伸特征 6

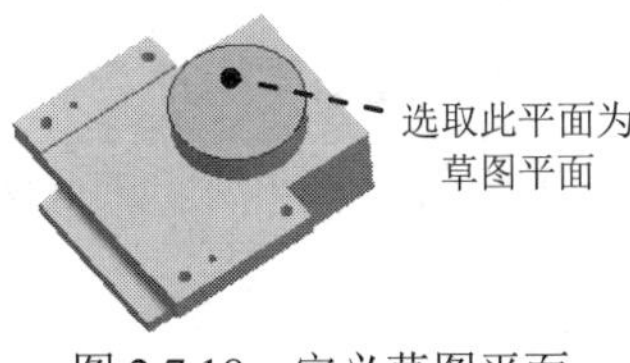

图 2.7.18　定义草图平面

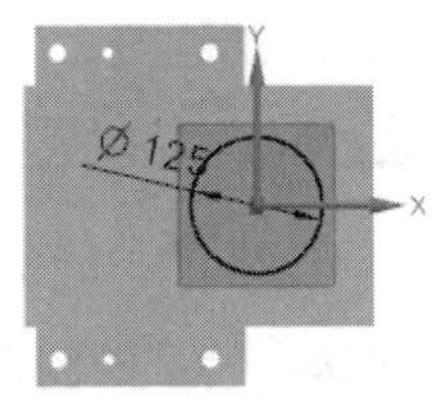

图 2.7.19　截面草图

Step10. 创建图 2.7.20 所示的旋转特征 1。选择插入(S) → 设计特征(E) → 旋转(R)...命令，单击截面区域中的按钮，在绘图区选取图 2.7.21 所示的平面为草图平面，绘制图 2.7.22 所示的截面草图。在绘图区中选取图 2.7.22 所示的直线为旋转轴。在“旋转”对话框限制区域的开始下拉列表中选择值选项，并在角度文本框中输入值 0，在结束下拉列表中选择值选项，并在角度文本框中输入值 180；在布尔区域的下拉列表中选择无选项。单击< 确定 >按钮，完成旋转特征 1 的创建。

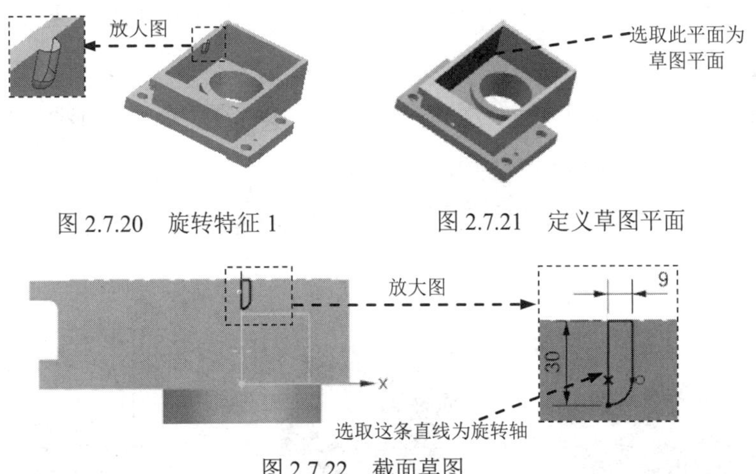

图 2.7.20　旋转特征 1

图 2.7.21　定义草图平面

图 2.7.22　截面草图

Step11. 创建图 2.7.23 所示的镜像特征 2。选择下拉菜单插入(S) → 关联复制(A)▸ → 镜像特征(M)...命令，在绘图区中选取旋转特征 1 为要镜像的特征。在镜像平面区域中单击按钮，在绘图区中选取 XZ 基准平面作为镜像平面。单击确定按钮，完成镜像特征 2 的创建。

Step12. 创建图 2.7.24 所示的阵列特征 1。选择下拉菜单插入(S) → 关联复制(A)▸ →

阵列几何特征(T)...命令，在绘图区选取旋转特征 1 和镜像特征 2 为要阵列的几何特征。在“阵列几何特征”对话框阵列定义区域的布局下拉列表中选择线性选项。在方向 1区域的*指定矢量下拉列表中选择-XC选项。在“阵列几何特征”对话框间距区域的下拉列表中选择数量和间隔选项，在数量文本框中输入值 2，在节距文本框中输入值 110。单击< 确定 >按钮，完成阵列特征 1 的创建。

Step13. 创建图 2.7.25 所示的求和特征。选择下拉菜单插入(S) → 组合(B) → 合并(U)...命令，选取图 2.7.25 所示的实体特征为目标体，选取图 2.7.20 所示的旋转特征 1、图 2.7.23 所示的镜像特征 2 和图 2.7.24 所示的阵列特征 1 为刀具体。单击< 确定 >按钮，完成求和特征的创建。

图 2.7.23 镜像特征 2

图 2.7.24 阵列特征 1

图 2.7.25 求和特征

Step14. 创建图2.7.26所示的拉伸特征7。选择下拉菜单插入(S) → 设计特征(E) → 拉伸(E)...命令，系统弹出“拉伸”对话框。选取图 2.7.27 所示的平面为草图平面，绘制图 2.7.28 所示的截面草图；在指定矢量下拉列表中选择-ZC选项；在限制区域的开始下拉列表中选择值选项，并在其下的距离文本框中输入值 0，在限制区域的结束下拉列表中选择值选项，并在其下的距离文本框中输入值 15，在布尔区域的下拉列表中选择合并选项，采用系统默认的求和对象。单击< 确定 >按钮，完成拉伸特征 7 的创建。

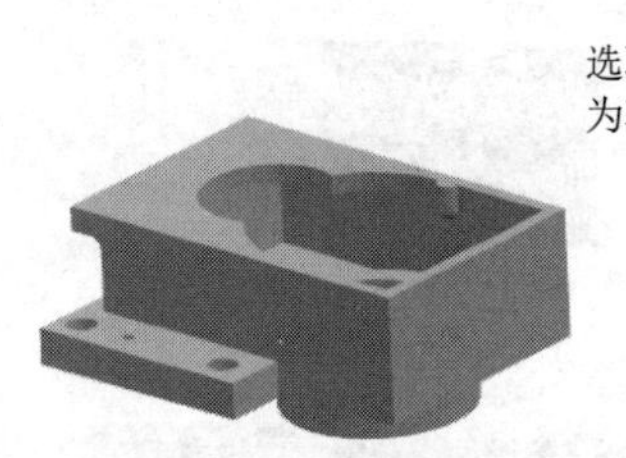
图 2.7.26 拉伸特征 7

图 2.7.27 定义草图平面

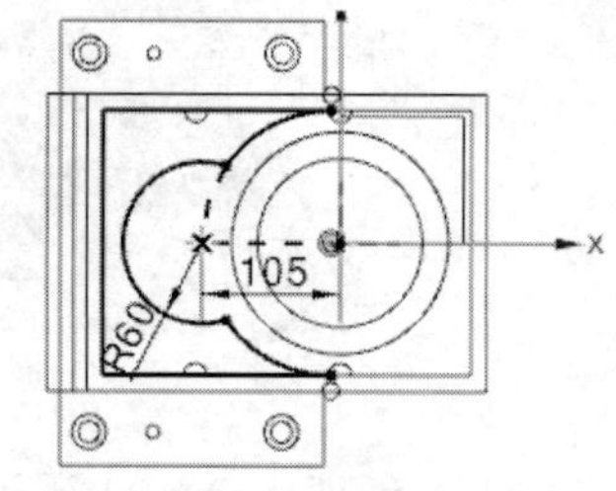

图 2.7.28 截面草图

Step15. 创建图 2.7.29 所示的旋转特征 2。选择插入(S) → 设计特征(E) → 旋转(R)...命令，单击截面区域中的按钮，在绘图区选取图 2.7.30 所示的平面为草图平面，绘制图 2.7.31 所示的截面草图。在绘图区中选取图 2.7.31 所示的直线为旋转轴。在“旋转”对话框限制区域的开始下拉列表中选择值选项，并在角度文本框中输入值 0，在结束下拉列表列表中选择值选项，并在角度文本框中输入值 90；在布尔区域的下拉列表中选择合并选项，采用系统默认的求和对象。单击< 确定 >按钮，完成旋转特征 2 的创建。

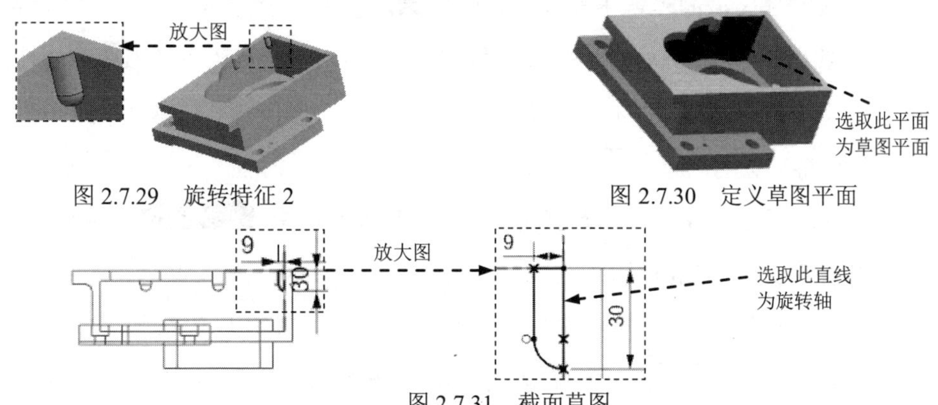

图 2.7.29 旋转特征 2

图 2.7.30 定义草图平面

图 2.7.31 截面草图

Step16. 创建图 2.7.32 所示的镜像特征 3。选择下拉菜单插入(S) → 关联复制(A) → 镜像特征(M)...命令，在绘图区中选取旋转特征 2 为要镜像的特征。在镜像平面区域中单击按钮，在绘图区中选取 XZ 基准平面作为镜像平面。单击确定按钮，完成镜像特征 3 的创建。

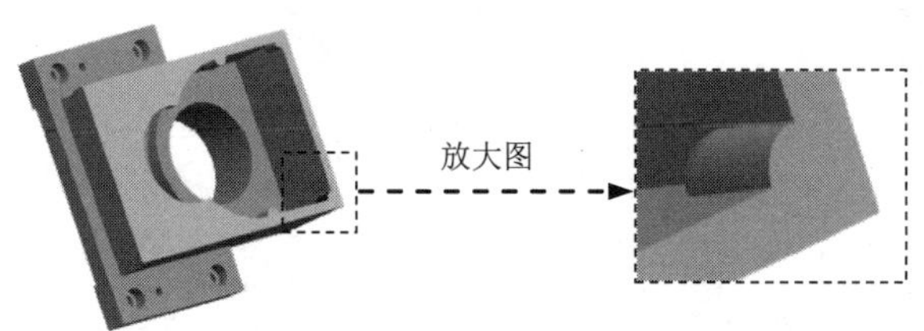

图 2.7.32 镜像特征 3

Step17. 创建图 2.7.33 所示的孔特征 2。选择下拉菜单插入(S) → 设计特征(E) → 孔(H)...命令，在类型下拉列表中选择螺纹孔选项，选取图 2.7.34 所示圆弧的中心为定位点，在“孔”对话框螺纹尺寸的大小下拉列表中选择 M8×1.25，在螺纹深度文本框中输入值 15，在深度文本框中输入值 18，在布尔区域的下拉列表中选择减去选项，采用系统默认的求差对象。其他保持系统默认设置。单击< 确定 >按钮，完成孔特征 2 的创建。

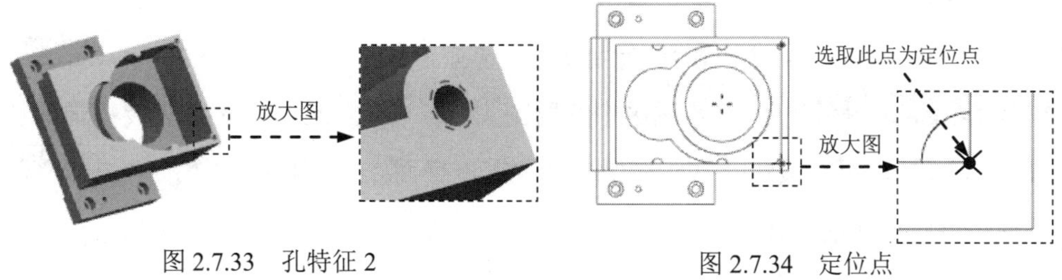

图 2.7.33 孔特征 2

图 2.7.34 定位点

Step18. 创建图2.7.35所示的阵列特征2。选择下拉菜单插入(S) → 关联复制(A) → 阵列特征(A)...命令，在绘图区选取图2.7.33所示的孔特征2为要阵列的特征。在"阵列特征"对话框阵列定义区域的布局下拉列表中选择线性选项。在方向1区域的*指定矢量下拉列表中选择-XC选项。在"阵列特征"对话框间距区域的下拉列表中选择数量和间隔选项，在数量文本框中输入值4，在节距文本框中输入值100。其他设置保持系统默认。单击< 确定 >按钮，完成阵列特征2的创建。

Step19. 创建图2.7.36所示的旋转特征3。选择插入(S) → 设计特征(E) → 旋转(R)...命令，单击截面区域中的按钮，在绘图区选取图2.7.37所示的平面为草图平面，绘制图2.7.38所示的截面草图。在绘图区中选取图2.7.38所示的直线为旋转轴。在"旋转"对话框限制区域的开始下拉列表中选择值选项，并在角度文本框中输入值0，在结束下拉列表中选择值选项，并在角度文本框中输入值-180；在布尔区域的下拉列表中选择合并选项，采用系统默认的求和对象。单击< 确定 >按钮，完成旋转特征3的创建。

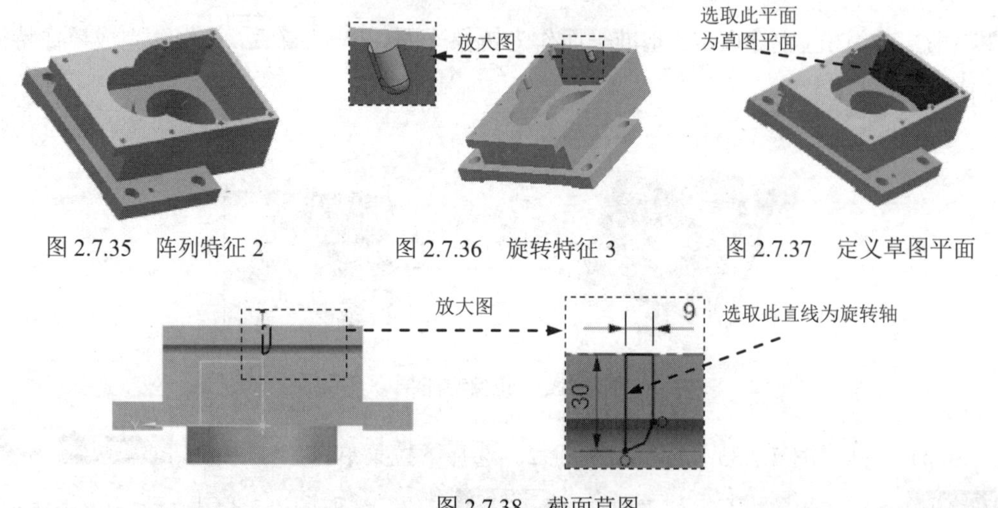

图2.7.35 阵列特征2　　图2.7.36 旋转特征3　　图2.7.37 定义草图平面

图2.7.38 截面草图

Step20. 创建图2.7.39所示的基准平面1。选择下拉菜单插入(S) → 基准/点(D) → 基准平面(D)...命令，系统弹出"基准平面"对话框。在类型区域的下拉列表中选择二等分选项，在绘图区选取图2.7.40所示的第一平面和第二平面。单击< 确定 >按钮，完成基准平面1的创建。

Step21. 创建图2.7.41所示的镜像特征4。选择下拉菜单插入(S) → 关联复制(A) → 镜像特征(M)...命令，在绘图区中选取图2.7.36所示的旋转特征3为要镜像的特征。在镜像平面区域中单击按钮，在绘图区中选取基准平面1作为镜像平面。单击确定按钮，完成镜像特征4的创建。

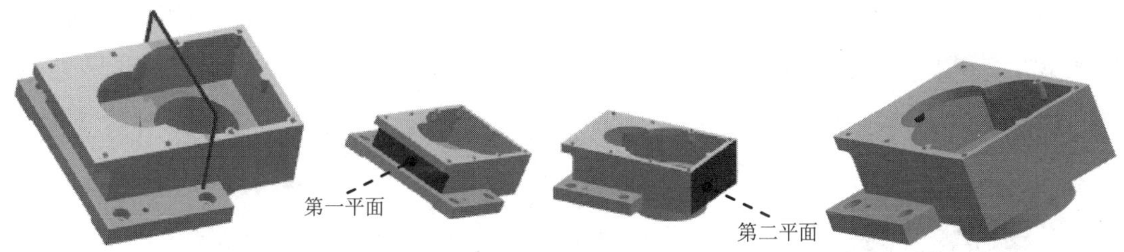

图 2.7.39 基准平面 1　　图 2.7.40 定义参照平面　　图 2.7.41 镜像特征 4

Step22. 创建图 2.7.42 所示的孔特征 3。选择下拉菜单 插入(S) → 设计特征(E) → 孔(H)... 命令，在 类型 下拉列表中选择 螺纹孔 选项，选取图 2.7.43 所示圆弧的中心为定位点，在“孔”对话框 螺纹尺寸 的 大小 下拉列表中选择 M8×1.25，在 螺纹深度 文本框中输入值 15，在 深度 文本框中输入值 18，在 布尔 区域的下拉列表中选择 减去 选项，采用系统默认的求差对象。其他设置保持系统默认。单击 < 确定 > 按钮，完成孔特征 3 的创建。

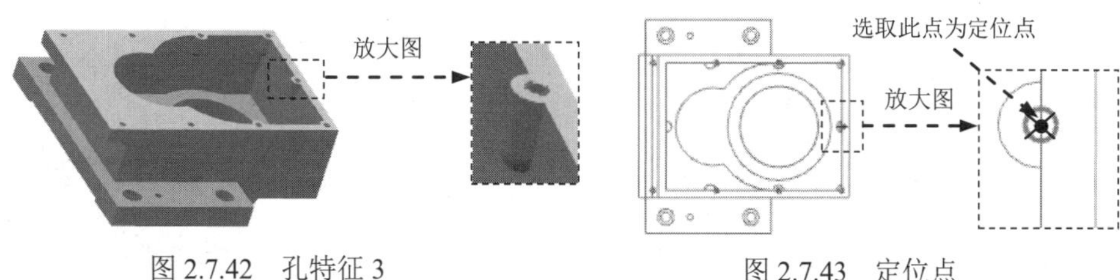

图 2.7.42 孔特征 3　　图 2.7.43 定位点

Step23. 创建图 2.7.44 所示的镜像特征 5。选择下拉菜单 插入(S) → 关联复制(A) → 镜像特征(M)... 命令，在绘图区中选取图 2.7.42 所示的孔特征 3 为要镜像的特征。在 镜像平面 区域中单击 按钮，在绘图区中选取基准平面 1 作为镜像平面。单击 确定 按钮，完成镜像特征 5 的创建。

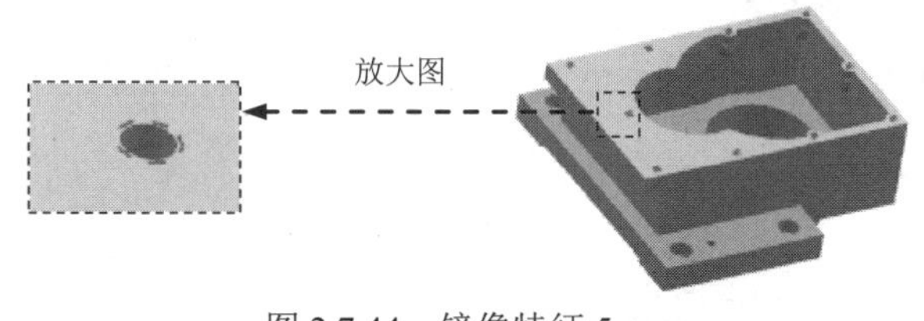

图 2.7.44 镜像特征 5

Step24. 后面的详细操作过程请参见学习资源中 video\ch02.07\reference\文件下的语音视频讲解文件 PUMP_BOX-r02.exe。

2.8 传呼机套

实例概述

本实例运用巧妙的构思，通过几个简单的特征就创建出图 2.8.1 所示的复杂模型。通过对本实例的学习，读者可以进一步掌握拉伸、抽壳、扫掠和旋转等命令。传呼机套的零件模型及模型树如图 2.8.1 所示。

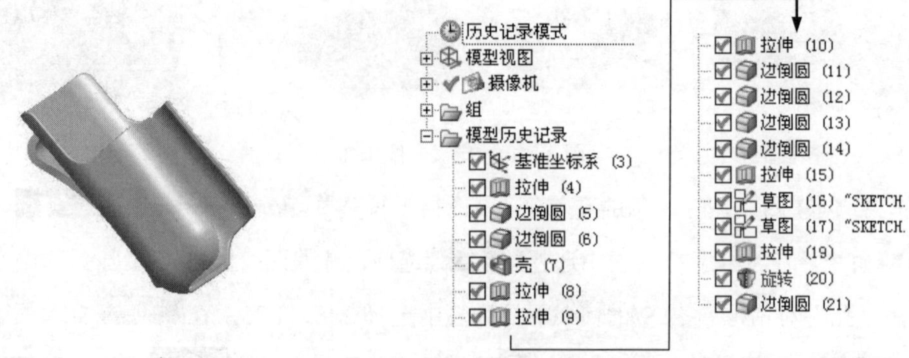

图 2.8.1　传呼机套零件模型及模型树

Step1. 新建文件。选择下拉菜单 文件(F) → 新建(N)... 命令，系统弹出“新建”对话框。在 模型 选项卡的 模板 区域中选取模板类型为 模型，在 名称 文本框中输入文件名称 PLASTIC_SHEATH，单击 确定 按钮，进入建模环境。

Step2. 创建图 2.8.2 所示的拉伸特征 1。选择下拉菜单 插入(S) → 设计特征(E) → 拉伸(E)... 命令，系统弹出“拉伸”对话框。选取 YZ 平面为草图平面，绘制图 2.8.3 所示的截面草图；在 指定矢量 下拉列表中选择 -XC 选项；在 限制 区域的 开始 下拉列表中选择 对称值 选项，并在其下的 距离 文本框中输入值 22.5。单击 < 确定 > 按钮，完成拉伸特征 1 的创建。

Step3. 创建图 2.8.4 所示的边倒圆特征 1。选择下拉菜单 插入(S) → 细节特征(L) ▸ → 边倒圆(E)... 命令（或单击 按钮），在 边 区域中单击 按钮，选择图 2.8.5 所示的边链为边倒圆参照边，并在 半径 1 文本框中输入值 8。单击 < 确定 > 按钮，完成边倒圆特征 1 的创建。

图 2.8.2　拉伸特征 1

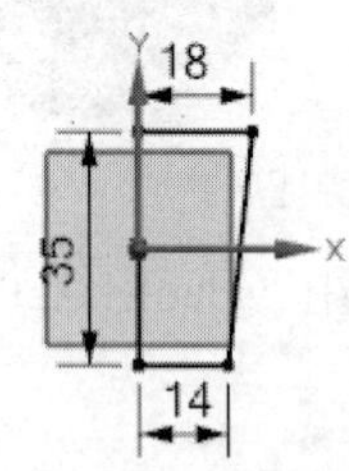

图 2.8.3　截面草图

图 2.8.4　边倒圆特征 1

图 2.8.5　定义参照边 1

Step4. 创建图 2.8.6 所示的边倒圆特征 2。选择图 2.8.7 所示的边链为边倒圆参照边，并在 半径 1 文本框中输入值 6。单击 < 确定 > 按钮，完成边倒圆特征 2 的创建。

Step5. 创建图 2.8.8 所示的抽壳特征 1。选择下拉菜单 插入(S) → 偏置/缩放(O) ▸ → 抽壳(H)... 命令，在 类型 区域的下拉列表中选择 移除面，然后抽壳 选项，在 面 区域中单击按钮，选取图 2.8.9 所示的曲面为要移除的对象。在 厚度 文本框中输入值 1，其他参数采用系统默认设置。单击< 确定 >按钮，完成抽壳特征 1 的创建。

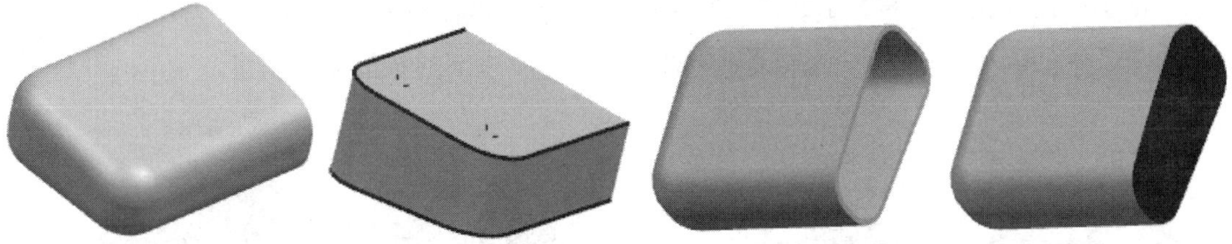

图 2.8.6　边倒圆特征 2　　图 2.8.7　定义参照边 2　　图 2.8.8　抽壳特征 1　　图 2.8.9　定义移除面

Step6. 创建图 2.8.10 所示的拉伸特征 2。选择下拉菜单 插入(S) → 设计特征(E) → 拉伸(E)... 命令，系统弹出“拉伸”对话框。选取 XY 平面为草图平面，绘制图 2.8.11 所示的截面草图；在 指定矢量 下拉列表中选择 ZC 选项；在 限制 区域的 开始 下拉列表中选择 对称值 选项，并在其下的 距离 文本框中输入值 22.5，在 布尔 区域的下拉列表中选择 减去 选项，采用系统默认的求差对象。单击< 确定 >按钮，完成拉伸特征 2 的创建。

Step7. 创建图 2.8.12 所示的拉伸特征 3。选择下拉菜单 插入(S) → 设计特征(E) → 拉伸(E)... 命令，系统弹出“拉伸”对话框。选取 YZ 平面为草图平面，绘制图 2.8.13 所示的截面草图；在 指定矢量 下拉列表中选择 XC 选项；在 限制 区域的 开始 下拉列表中选择 对称值 选项，并在其下的 距离 文本框中输入值 29，在 布尔 区域的下拉列表中选择 减去 选项，采用系统默认的求差对象。单击< 确定 >按钮，完成拉伸特征 3 的创建。

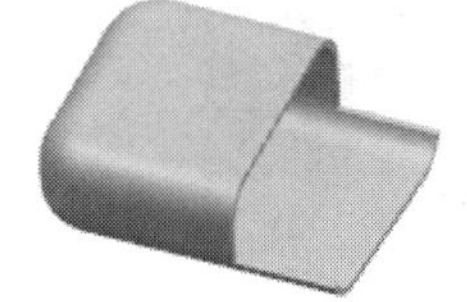

图 2.8.10　拉伸特征 2

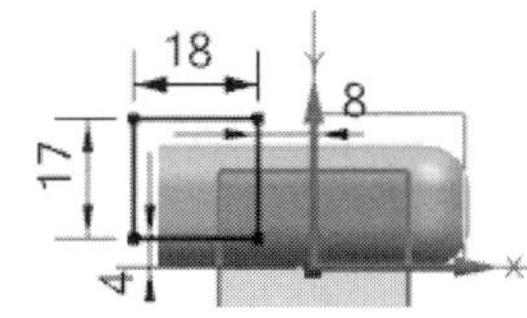

图 2.8.11　截面草图

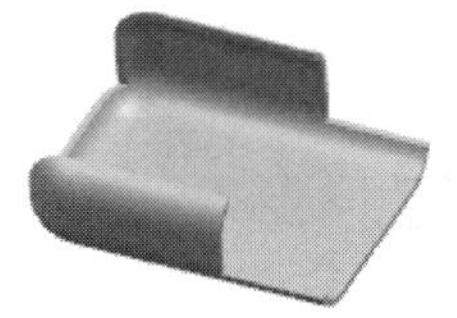

图 2.8.12　拉伸特征 3

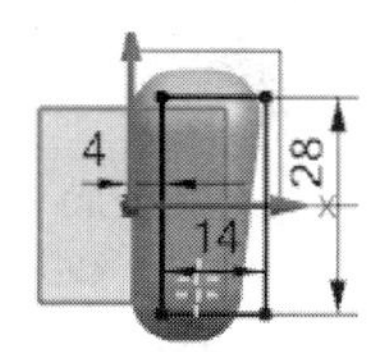

图 2.8.13　截面草图

Step8. 创建图 2.8.14 所示的拉伸特征 4。选择下拉菜单 插入(S) → 设计特征(E) → 拉伸(E)... 命令，系统弹出“拉伸”对话框。选取 XY 平面为草图平面，绘制图 2.8.15 所示的截面草图；在 指定矢量 下拉列表中选择 ZC 选项；在 限制 区域的 开始 下拉列表中选择 对称值 选项，并在其下的 距离 文本框中输入值 29，在 布尔 区域的下拉列表中选择 减去 选项，采用系统默认的求差对象。单击< 确定 >按钮，完成拉伸特征 4 的创建。

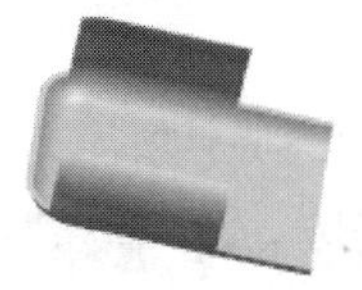

图 2.8.14　拉伸特征 4

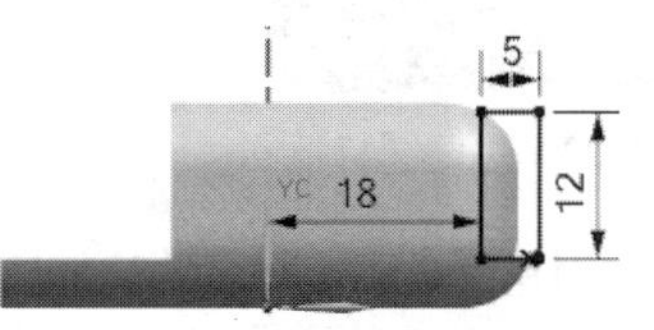

图 2.8.15　截面草图

Step9. 创建图 2.8.16 所示的边倒圆特征 3。选择图 2.8.17 所示的边线为边倒圆参照边，并在半径 1文本框中输入值 2。单击< 确定 >按钮，完成边倒圆特征 3 的创建。

Step10. 创建图 2.8.18 所示的边倒圆特征 4。选择图 2.8.19 所示的边线为边倒圆参照边，并在半径 1文本框中输入值 4。单击< 确定 >按钮，完成边倒圆特征 4 的创建。

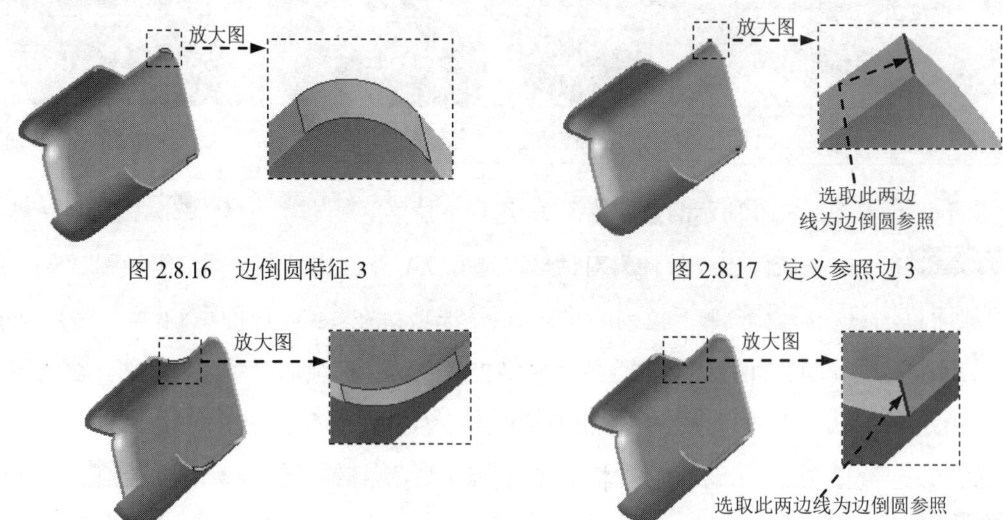

图 2.8.16　边倒圆特征 3　　图 2.8.17　定义参照边 3

图 2.8.18　边倒圆特征 4　　图 2.8.19　定义参照边 4

Step11. 创建图 2.8.20 所示的边倒圆特征 5。选择图 2.8.21 所示的边线为边倒圆参照边，并在半径 1文本框中输入值 3。单击< 确定 >按钮，完成边倒圆特征 5 的创建。

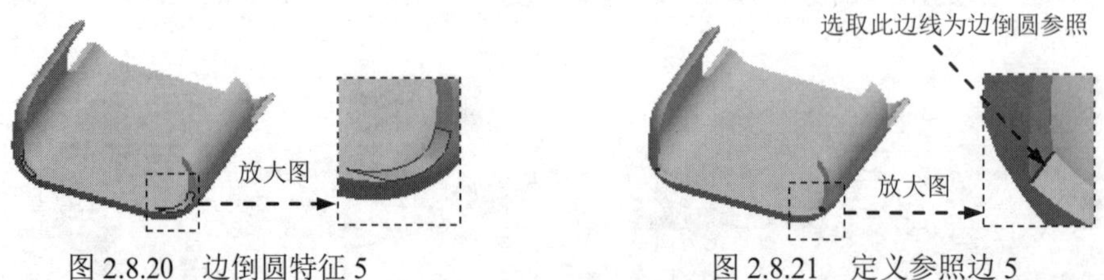

图 2.8.20　边倒圆特征 5　　图 2.8.21　定义参照边 5

Step12. 创建图 2.8.22 所示的边倒圆特征 6。选择图 2.8.23 所示的边链为边倒圆参照边，并在半径 1文本框中输入值 1。单击< 确定 >按钮，完成边倒圆特征 6 的创建。

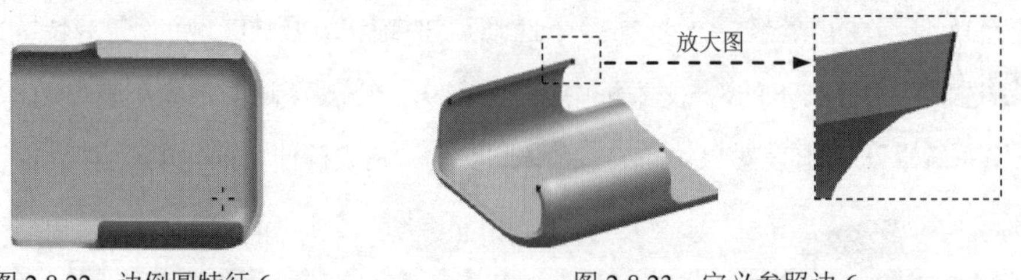

图 2.8.22　边倒圆特征 6　　图 2.8.23　定义参照边 6

Step13. 创建图 2.8.24 所示的拉伸特征 5。选择下拉菜单 插入(S) ➡ 设计特征(E) ➡

拉伸(E)...命令，系统弹出“拉伸”对话框。选取 XZ 平面为草图平面，绘制图 2.8.25 所示的截面草图；在指定矢量下拉列表中选择YC选项；在限制区域的开始下拉列表中选择值选项，并在其下的距离文本框中输入值 0，在限制区域的结束下拉列表中选择值选项，并在其下的距离文本框中输入值 0.5，在布尔区域的下拉列表中选择减去选项，采用系统默认的求差对象。单击< 确定 >按钮，完成拉伸特征 5 的创建。

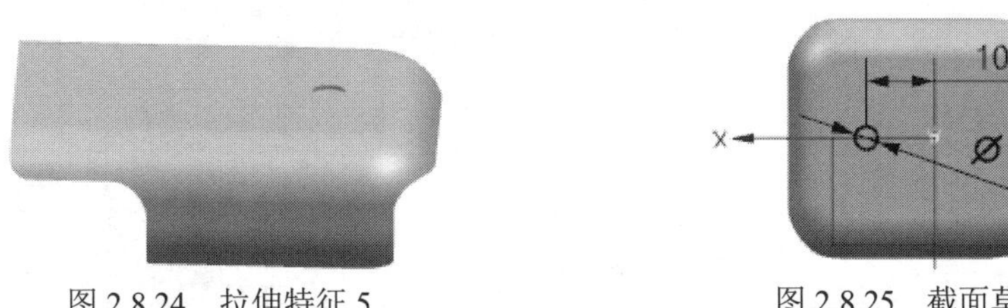

图 2.8.24　拉伸特征 5　　　　图 2.8.25　截面草图

Step14. 创建图2.8.26 所示的草图 1。选择下拉菜单插入(S) → 在任务环境中绘制草图(V)...命令，选取 XY 平面为草图平面，进入草图环境绘制草图。单击< 确定 >按钮，完成草图 1 的创建。

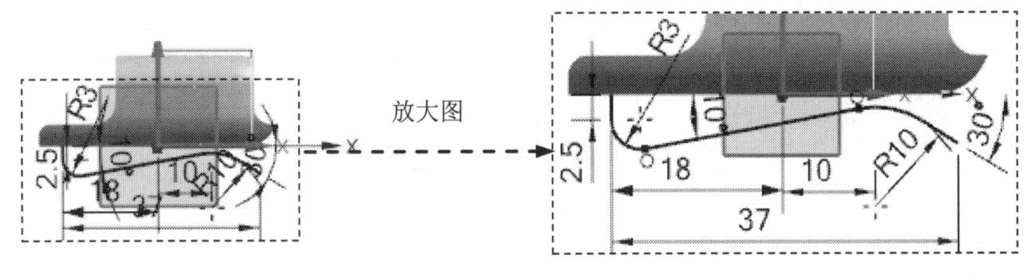

图 2.8.26　草图 1

Step15. 创建图2.8.27 所示的草图 2。选择下拉菜单插入(S) → 在任务环境中绘制草图(V)...命令，选取 XZ 平面为草图平面，进入草图环境绘制草图。单击< 确定 >按钮，完成草图 2 的创建。

Step16. 创建图 2.8.28 所示的扫掠特征 1。选择下拉菜单插入(S) → 扫掠(W) → 沿引导线扫掠(G)...命令，在绘图区选取图 2.8.27 所示的草图 2 为扫掠的截面曲线串；单击鼠标中键，在绘图区选取图 2.8.26 所示的草图 1 为扫掠的引导线串。在布尔区域的下拉列表中选择合并选项；采用系统默认的扫掠偏置值，单击“沿引导线扫掠”对话框中的< 确定 >按钮。单击< 确定 >按钮，完成扫掠特征 1 的创建。

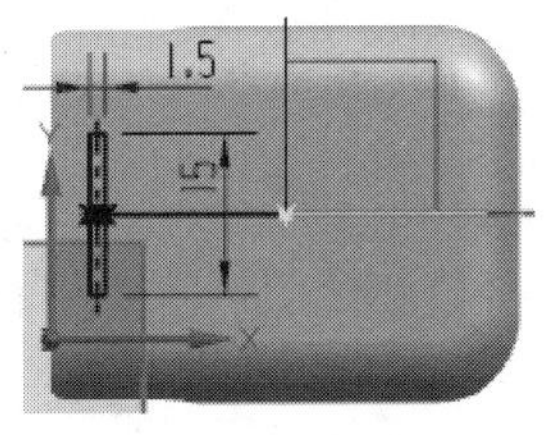

图 2.8.27　草图 2

Step17. 创建图 2.8.29 所示的拉伸特征 6。选择下拉菜单 插入(S) → 设计特征(E) → 拉伸(E)... 命令，系统弹出“拉伸”对话框。选取 XZ 平面为草图平面，绘制图 2.8.30 所示的截面草图；在 指定矢量 下拉列表中选择 -YC 选项；在 限制 区域的 开始 下拉列表中选择 值 选项，并在其下的 距离 文本框中输入值 0，在 限制 区域的 结束 下拉列表中选择 值 选项，并在其下的 距离 文本框中输入值 10，在 布尔 区域的下拉列表中选择 减去 选项，采用系统默认的求差对象。单击 < 确定 > 按钮，完成拉伸特征 6 的创建。

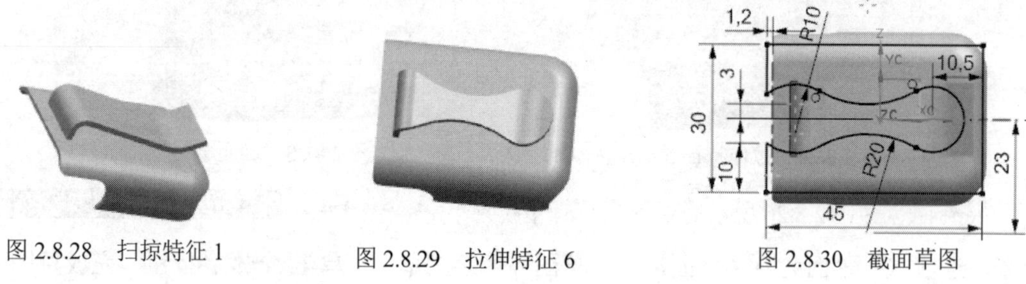

图 2.8.28 扫掠特征 1　　图 2.8.29 拉伸特征 6　　图 2.8.30 截面草图

Step18. 后面的详细操作过程请参见学习资源中 video\ch02.08\reference\文件下的语音视频讲解文件 PLASTIC_SHEATH-r01.exe。

2.9 热水器电气盒

实例概述

本实例主要运用了拉伸、抽壳和孔等命令。在进行“孔”特征的创建时，读者要注意草图的绘制方法。此外，在绘制拉伸截面草图的过程中要选取合适的草绘平面，以便简化草图的绘制。热水器电气盒的零件模型及模型树如图 2.9.1 所示。

说明：本实例前面的详细操作过程请参见学习资源中 video\ch02.09\reference\文件下的语音视频讲解文件 BOX-r01.exe。

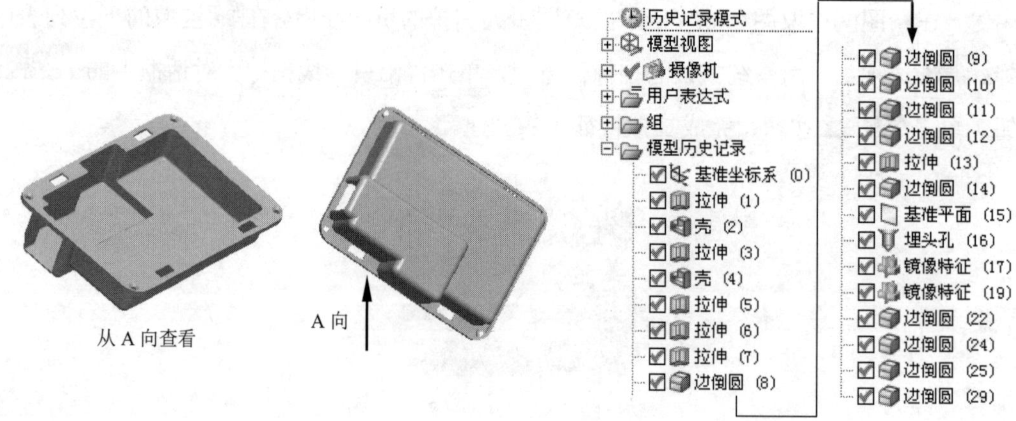

图 2.9.1 热水器电气盒零件模型及模型树

Step1. 打开文件 D:\ugal12\work\ch02.09\BOX_ex.prt。

Step2. 创建图 2.9.2 所示的拉伸特征 1。选择下拉菜单 插入(S) → 设计特征(E) → 拉伸(E)... 命令，系统弹出“拉伸”对话框。选取图 2.9.2 所示的平面为草图平面，绘制图 2.9.3 所示的截面草图；在 指定矢量 下拉列表中选择 -YC 选项；在 限制 区域的 开始 下拉列表中选择 值 选项，并在其下的 距离 文本框中输入值 0，在 限制 区域的 结束 下拉列表中选择 值 选项，并在其下的 距离 文本框中输入值 27，在 布尔 区域的下拉列表中选择 减去 选项，采用系统默认的求差对象。单击 < 确定 > 按钮，完成拉伸特征 1 的创建。

Step3. 创建图 2.9.4 所示的抽壳特征 1。选择下拉菜单 插入(S) → 偏置/缩放(O) ▸ → 抽壳(H)... 命令，在 类型 区域的下拉列表中选择 移除面，然后抽壳 选项，在 面 区域中单击 按钮，选取图 2.9.5 所示的曲面为要移除的对象。在 厚度 文本框中输入值 3。单击 < 确定 > 按钮，完成抽壳特征 1 的创建。

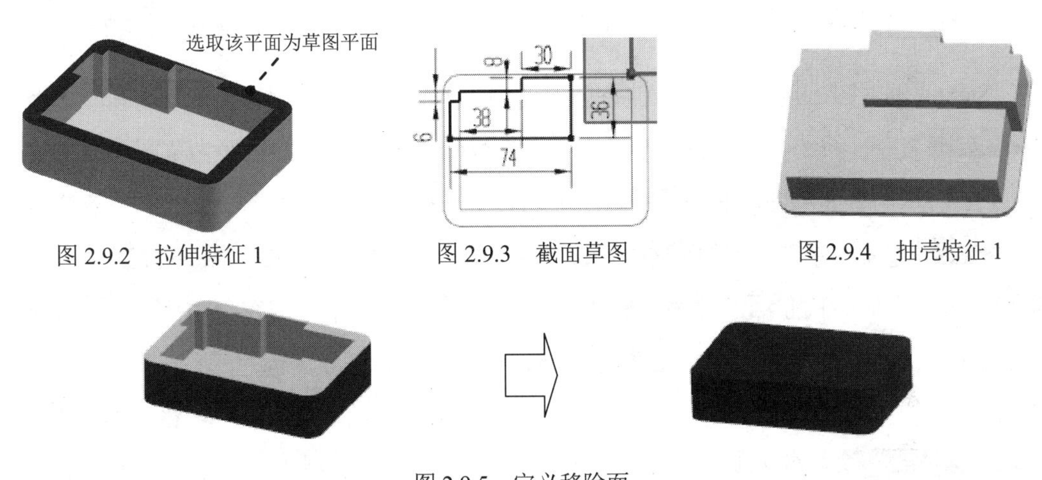

图 2.9.2　拉伸特征 1

图 2.9.3　截面草图

图 2.9.4　抽壳特征 1

图 2.9.5　定义移除面

Step4. 创建图 2.9.6 所示的拉伸特征 2。选择下拉菜单 插入(S) → 设计特征(E) → 拉伸(E)... 命令，系统弹出“拉伸”对话框。选取 XZ 平面为草图平面，绘制图 2.9.7 所示的截面草图；在 指定矢量 下拉列表中选择 YC 选项；在 限制 区域的 开始 下拉列表中选择 值 选项，并在其下的 距离 文本框中输入值 0，在 限制 区域的 结束 下拉列表中选择 贯通 选项，在 布尔 区域的下拉列表中选择 减去 选项，采用系统默认的求差对象。单击 < 确定 > 按钮，完成拉伸特征 2 的创建。

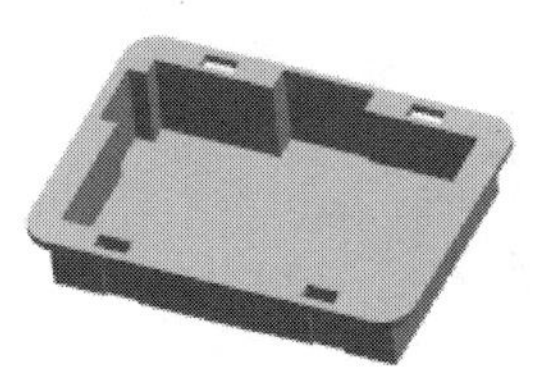

图 2.9.6　拉伸特征 2

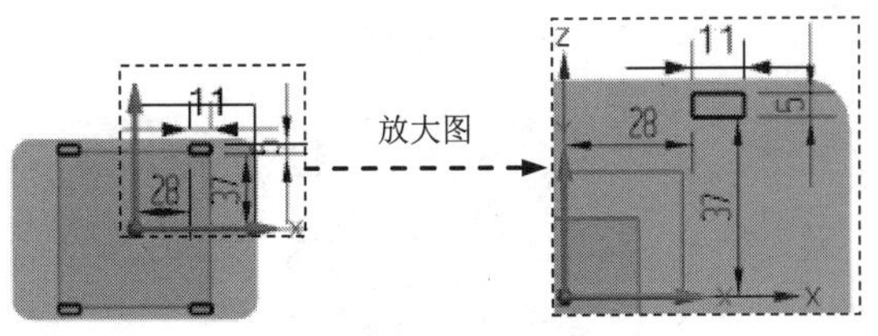

图 2.9.7　截面草图

Step5. 创建图 2.9.8 所示的拉伸特征 3。选择下拉菜单 插入(S) → 设计特征(E) → 拉伸(E)... 命令，系统弹出“拉伸”对话框。选取 XZ 平面为草图平面，绘制图 2.9.9 所示的截面草图；在 指定矢量 下拉列表中选择 YC 选项；在 限制 区域的 开始 下拉列表中选择 值 选项，并在其下的 距离 文本框中输入值 0，在 限制 区域的 结束 下拉列表中选择 值 选项，并在其下的 距离 文本框中输入值 29，在 布尔 区域的下拉列表中选择 减去 选项，采用系统默认的求差对象。单击 <确定> 按钮，完成拉伸特征 3 的创建。

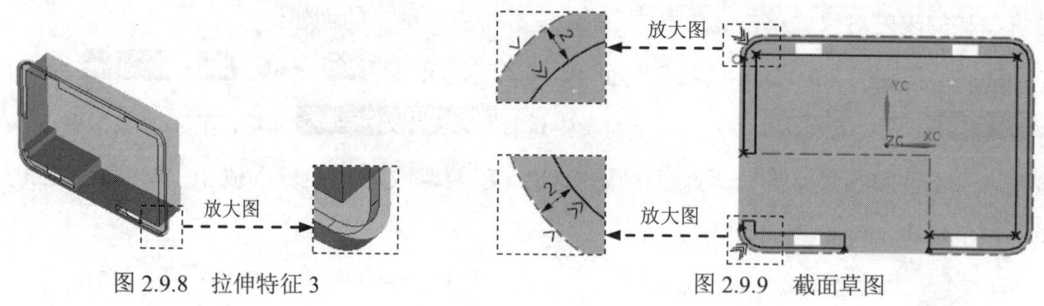

图 2.9.8 拉伸特征 3 图 2.9.9 截面草图

Step6. 创建图 2.9.10 所示的拉伸特征 4。选择下拉菜单 插入(S) → 设计特征(E) → 拉伸(E)... 命令，系统弹出“拉伸”对话框。选取图 2.9.11 所示的平面为草图平面，绘制图 2.9.12 所示的截面草图；在 指定矢量 下拉列表中选择 -YC 选项；在 限制 区域的 开始 下拉列表中选择 值 选项，并在其下的 距离 文本框中输入值 0，在 限制 区域的 结束 下拉列表中选择 值 选项，并在其下的 距离 文本框中输入值 3，在 布尔 区域的下拉列表中选择 合并 选项，采用系统默认的求和对象。单击 <确定> 按钮，完成拉伸特征 4 的创建。

Step7. 创建图 2.9.13 所示的边倒圆特征 1。选择下拉菜单 插入(S) → 细节特征(L) → 边倒圆(E)... 命令（或单击按钮），在 边 区域中单击按钮，选择图 2.9.14 所示的 8 条边链为边倒圆参照边，并在 半径 1 文本框中输入值 4。单击 <确定> 按钮，完成边倒圆特征 1 的创建。

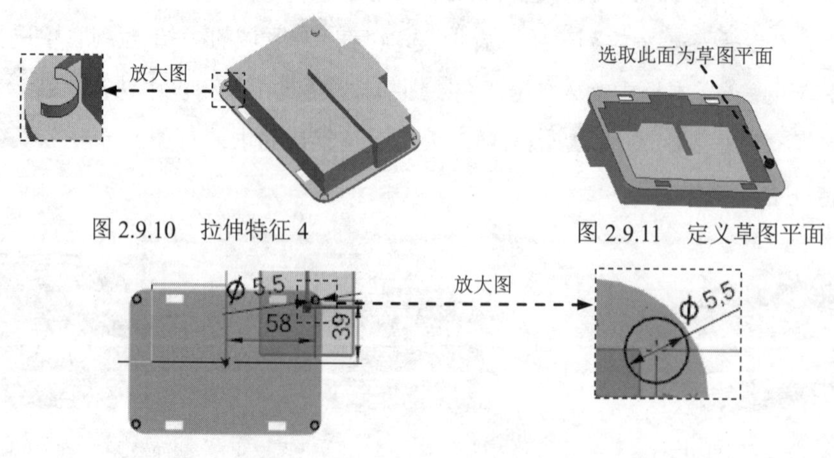

图 2.9.10 拉伸特征 4 图 2.9.11 定义草图平面

图 2.9.12 截面草图

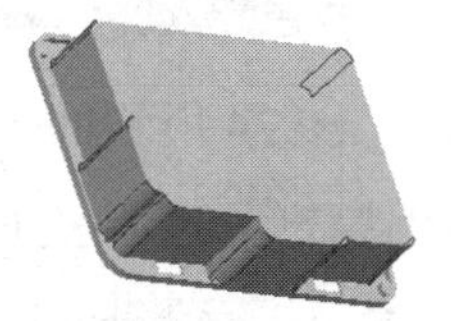
图 2.9.13　边倒圆特征 1

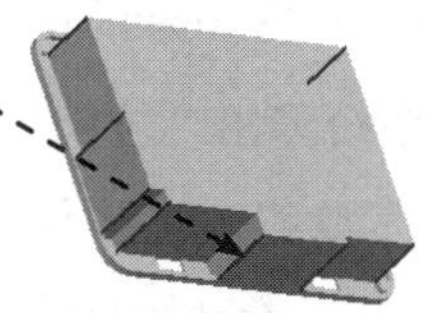

图 2.9.14　定义参照边 1

Step8. 创建图 2.9.15 所示的边倒圆特征 2。选择图 2.9.16 所示的边链为边倒圆参照边，并在半径 1文本框中输入值 4。单击< 确定 >按钮，完成边倒圆特征 2 的创建。

图 2.9.15　边倒圆特征 2

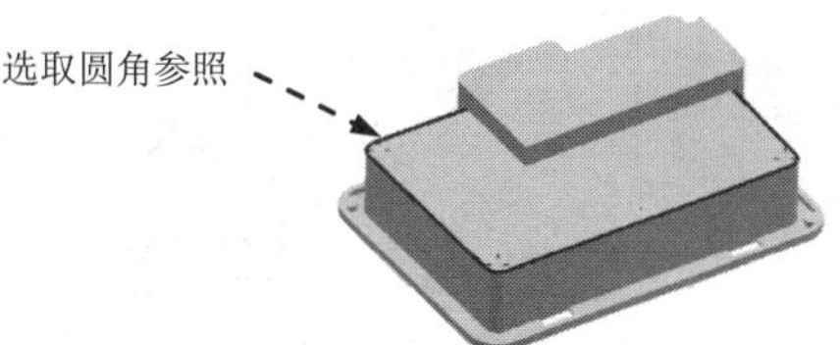

图 2.9.16　定义参照边 2

Step9. 创建图 2.9.17 所示的边倒圆特征 3。选择图 2.9.18 所示的边线为边倒圆参照边，并在半径 1文本框中输入值 4。单击< 确定 >按钮，完成边倒圆特征 3 的创建。

Step10. 创建图 2.9.19 所示的边倒圆特征 4。选择图 2.9.20 所示的边线为边倒圆参照边，并在半径 1文本框中输入值 4。单击< 确定 >按钮，完成边倒圆特征 4 的创建。

Step11. 创建图 2.9.21 所示的边倒圆特征 5。选择图 2.9.22 所示的边线为边倒圆参照边，并在半径 1文本框中输入值 2。单击< 确定 >按钮，完成边倒圆特征 5 的创建。

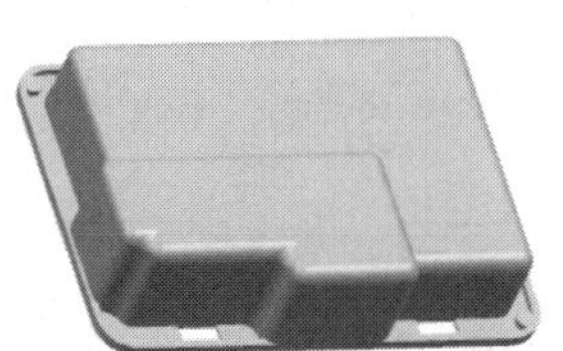
图 2.9.17　边倒圆特征 3

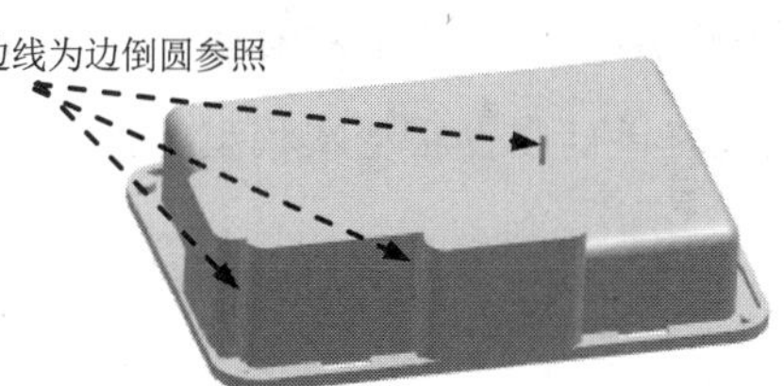

图 2.9.18　定义参照边 3

图 2.9.19　边倒圆特征 4

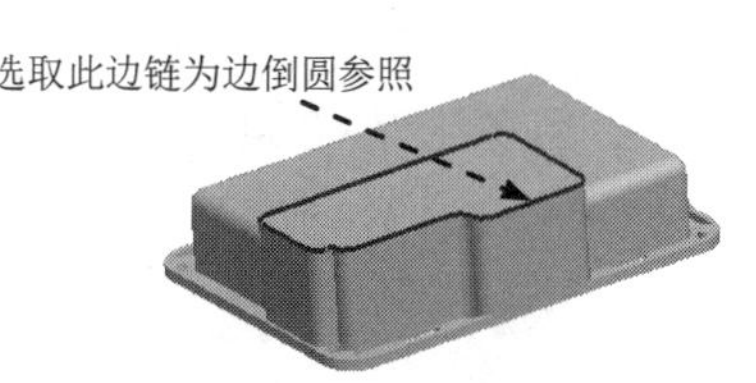

图 2.9.20　定义参照边 4

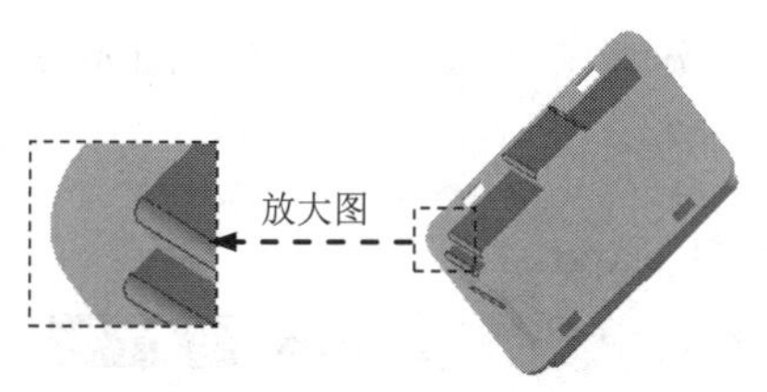

图 2.9.21　边倒圆特征 5

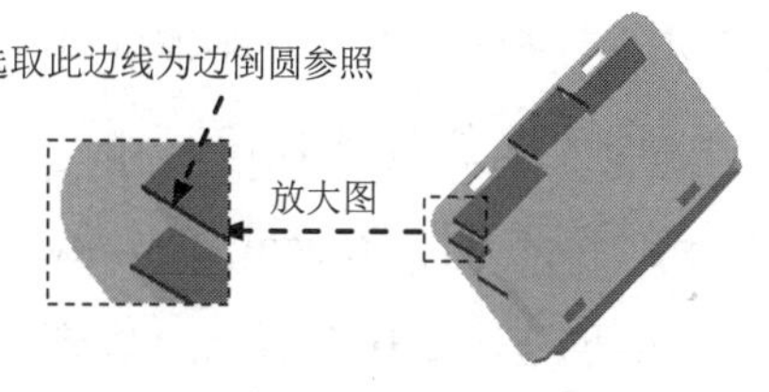

图 2.9.22　定义参照边 5

Step12. 创建图 2.9.23 所示的拉伸特征 5。选择下拉菜单 插入(S) → 设计特征(E) → 拉伸(E)... 命令，系统弹出“拉伸”对话框。选取图 2.9.24 所示的平面为草图平面，绘制图 2.9.25 所示的截面草图；在 指定矢量 下拉列表中选择 XC 选项；在 限制 区域的 开始 下拉列表中选择 值 选项，并在其下的 距离 文本框中输入值 0，在 限制 区域的 结束 下拉列表中选择 值 选项，并在其下的 距离 文本框中输入值 10，在 布尔 区域的下拉列表中选择 减去 选项，采用系统默认的求差对象。单击 < 确定 > 按钮，完成拉伸特征 5 的创建。

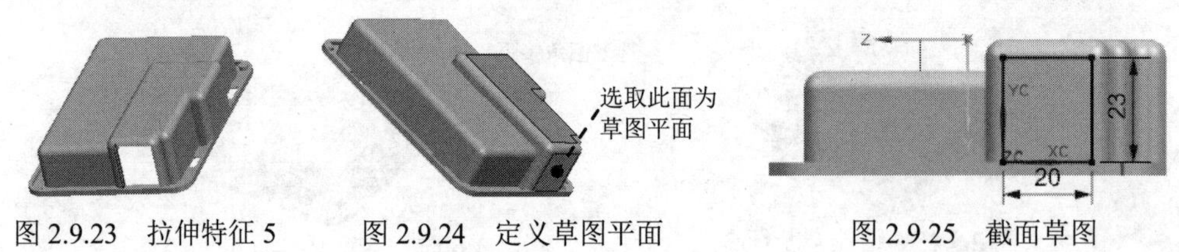

图 2.9.23 拉伸特征 5　　图 2.9.24 定义草图平面　　图 2.9.25 截面草图

Step13. 后面的详细操作过程请参见学习资源中 video\ch02.09\reference\文件下的语音视频讲解文件 BOX-r02.exe。

2.10 储物箱提手

实例概述

本实例设计的零件具有对称性，因此在进行设计的过程中要充分利用“镜像”特征命令。储物箱提手的零件模型及模型树如图 2.10.1 所示。

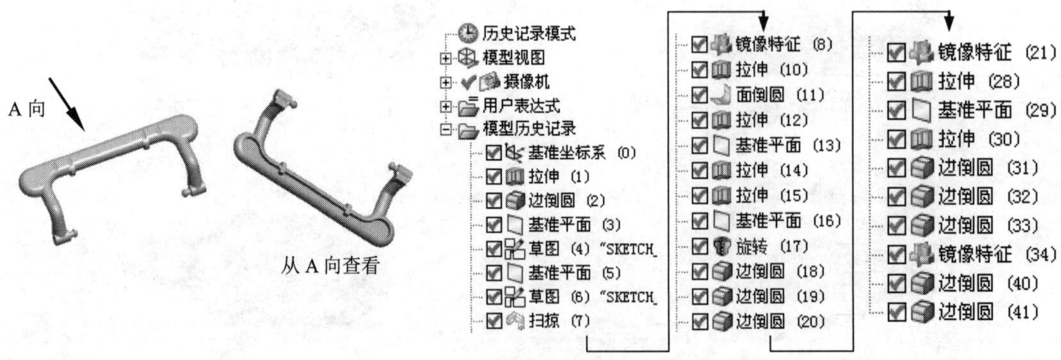

图 2.10.1 储物箱提手零件模型及模型树

说明：本实例前面的详细操作过程请参见学习资源中 video\ch02.10\reference\文件下的语音视频讲解文件 HAND-r01.exe。

Step1. 打开文件 D:\ugal12\work\ch02.10\HAND_ex.prt。

Step2. 创建图 2.10.2 所示的基准平面 1。选择下拉菜单 插入(S) → 基准/点(D) →

基准平面(D)...命令，系统弹出“基准平面”对话框。在类型区域的下拉列表中选择按某一距离选项，在绘图区选取 YZ 平面，输入偏移值 46。单击< 确定 >按钮，完成基准平面 1 的创建。

Step3. 创建图 2.10.3 所示的草图 1。选择下拉菜单插入(S) → 在任务环境中绘制草图(V)...命令，选取基准平面 1 为草图平面，进入草图环境绘制。绘制完成后单击完成草图按钮，完成草图 1 的创建。

Step4. 创建图 2.10.4 所示的基准平面 2。选择下拉菜单插入(S) → 基准/点(D) → 基准平面(D)...命令，系统弹出“基准平面”对话框。在类型区域的下拉列表中选择点和方向选项，在通过点区域选择图 2.10.4 所示的点。单击< 确定 >按钮，完成基准平面 2 的创建。

曲线端点为参考点

R5　120°　15　22

图 2.10.2　基准平面 1 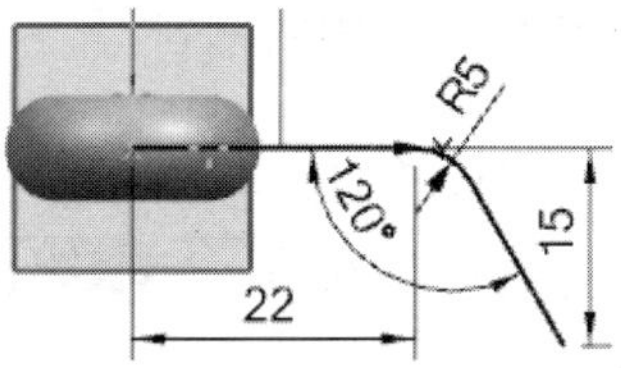　　图 2.10.3　草图 1 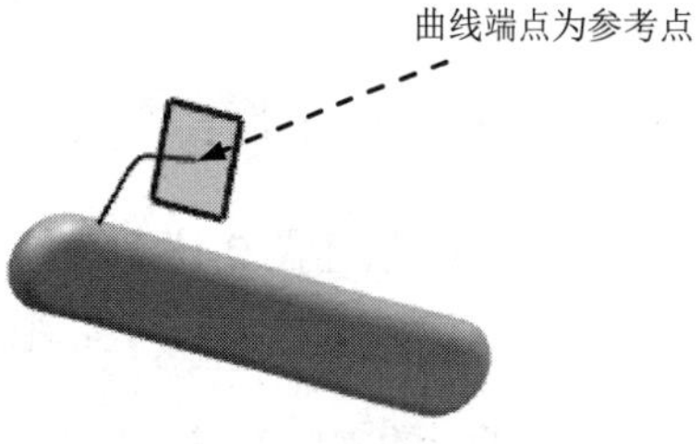　　图 2.10.4　基准平面 2

Step5. 创建图 2.10.5 所示的草图 2。选择下拉菜单插入(S) → 在任务环境中绘制草图(V)...命令，选取基准平面 2 为草图平面，进入草图绘制环境。绘制完成后单击完成草图按钮，完成草图 2 的创建。

Step6. 创建图 2.10.6 所示的扫掠特征 1。选择下拉菜单插入(S) → 扫掠(W) → 沿引导线扫掠(G)...命令，在绘图区选取图 2.10.5 所示的草图 2 为扫掠的截面曲线串，选取图 2.10.3 所示的草图 1 曲线特征为扫掠的引导线串。采用系统默认的扫掠偏置值，在布尔区域的下拉列表中选择合并选项，采用系统默认的求和对象。单击“沿引导线扫掠”对话框中的< 确定 >按钮，完成扫掠特征 1 的创建。

Step7. 创建图 2.10.7 所示的镜像特征 1。选择下拉菜单插入(S) → 关联复制(A) → 镜像特征(M)...命令，在绘图区中选取扫掠特征 1 为要镜像的特征。在镜像平面区域中单击按钮，在绘图区中选取 YZ 基准平面作为镜像平面。单击确定按钮，完成镜像特征 1 的创建。

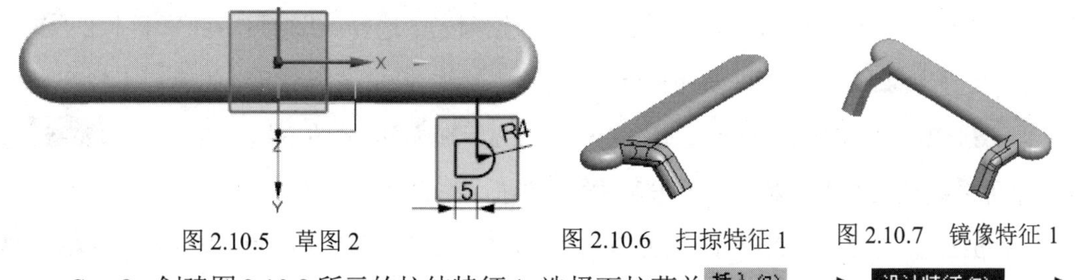

图 2.10.5　草图 2　　图 2.10.6　扫掠特征 1　　图 2.10.7　镜像特征 1

Step8. 创建图 2.10.8 所示的拉伸特征 1。选择下拉菜单插入(S) → 设计特征(E) →

拉伸(E)...命令，系统弹出“拉伸”对话框。选取图 2.10.9 所示的平面为草图平面，绘制图 2.10.10 所示的截面草图；在指定矢量下拉列表中选择-ZC选项；在限制区域的开始下拉列表中选择值选项，并在其下的距离文本框中输入值 0，在限制区域的结束下拉列表中选择值选项，并在其下的距离文本框中输入值 39，在布尔区域的下拉列表中选择减去选项，采用系统默认的求差对象。单击< 确定 >按钮，完成拉伸特征 1 的创建。

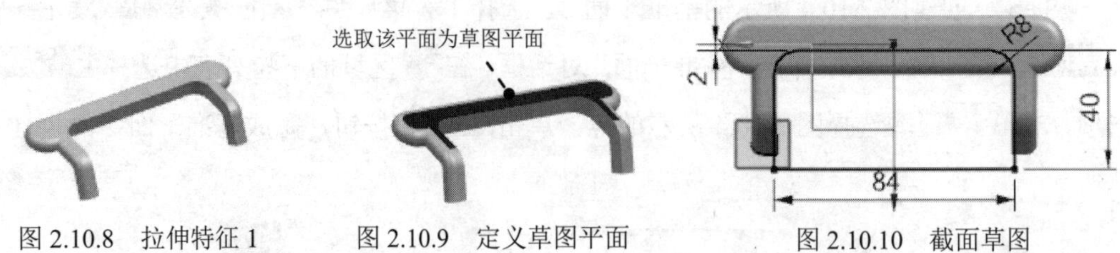

图 2.10.8　拉伸特征 1　　图 2.10.9　定义草图平面　　图 2.10.10　截面草图

Step9. 创建图 2.10.11 所示的面倒圆特征 1。选择下拉菜单插入(S) → 细节特征(L) → 面圆角(F)...命令，在类型下拉列表中选择三个定义面链选项，在面链区域选择图 2.10.12 所示的参照面链 1，图 2.10.13 所示的参照面链 2 和图 2.10.14 所示的参照面链 3，在横截面的截面方位下拉列表中选择滚球选项。单击< 确定 >按钮，完成面倒圆特征 1 的创建。

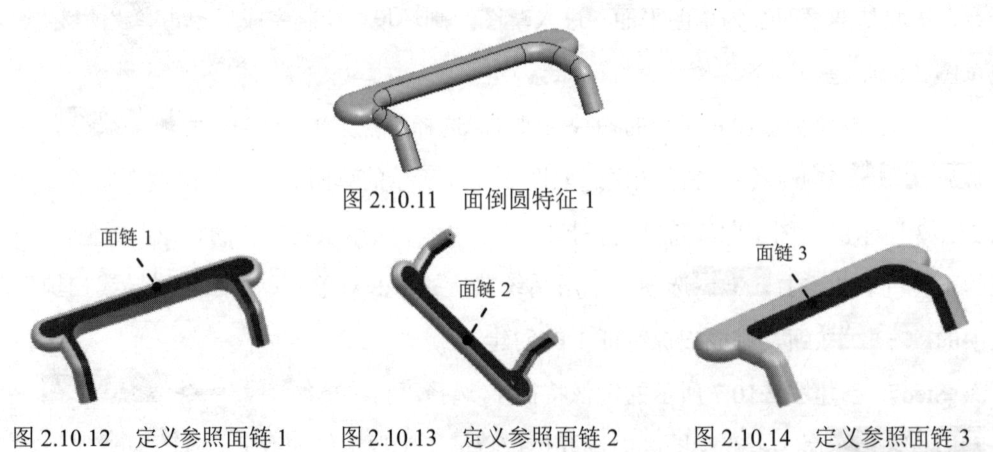

图 2.10.11　面倒圆特征 1

图 2.10.12　定义参照面链 1　　图 2.10.13　定义参照面链 2　　图 2.10.14　定义参照面链 3

Step10. 创建图 2.10.15 所示的拉伸特征 2。选择下拉菜单插入(S) → 设计特征(E) → 拉伸(E)...命令，系统弹出“拉伸”对话框。选取图 2.10.16 所示的平面为草图平面，绘制图 2.10.17 所示的截面草图；在指定矢量下拉列表中选择ZC选项；在限制区域的开始下拉列表中选择值选项，并在其下的距离文本框中输入值 0，在限制区域的结束下拉列表中选择值选项，并在其下的距离文本框中输入值 3，在布尔区域的下拉列表中选择减去选项，采用系统默认的求差对象。单击< 确定 >按钮，完成拉伸特征 2 的创建。

Step11. 创建图 2.10.18 所示的基准平面 3。选择下拉菜单插入(S) → 基准/点(D) → 基准平面(D)...命令，系统弹出“基准平面”对话框。在类型区域的下拉列表中选择通过对象选项，选取图 2.10.18 所示的轴线为参照。单击< 确定 >按钮，完成基准平面 3 的创建。

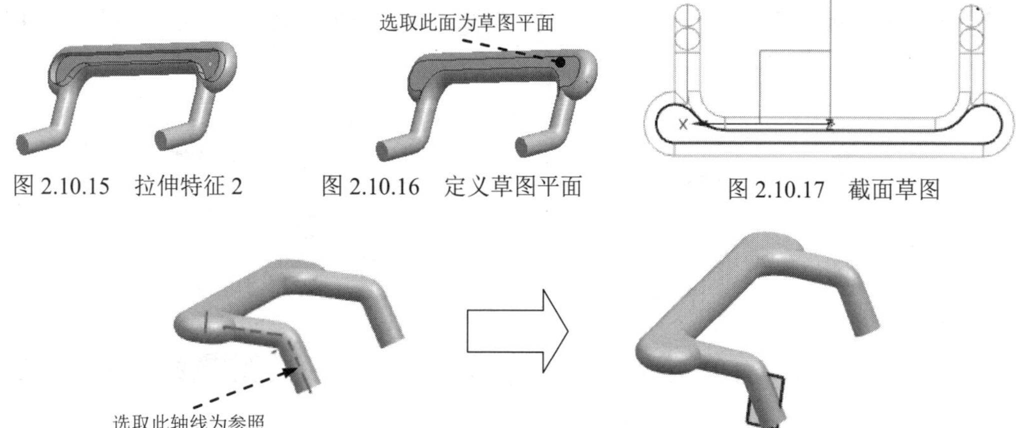

图 2.10.15　拉伸特征 2　　图 2.10.16　定义草图平面　　图 2.10.17　截面草图

图 2.10.18　基准平面 3

Step12. 创建图 2.10.19 所示的拉伸特征 3。选择下拉菜单插入(S) ➡ 设计特征(E) ➡ 拉伸(E)...命令，系统弹出“拉伸”对话框。选取基准平面 3 为草图平面，绘制图 2.10.20 所示的截面草图；在指定矢量下拉列表中选择XC选项；在限制区域的开始下拉列表中选择对称值选项，并在其下的距离文本框中输入值 4，在布尔区域的下拉列表中选择合并选项，采用系统默认的求和对象。单击< 确定 >按钮，完成拉伸特征 3 的创建。

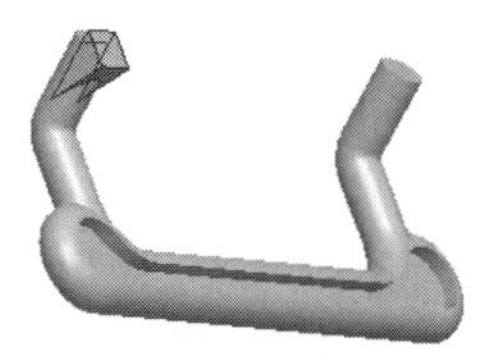

图 2.10.19　拉伸特征 3

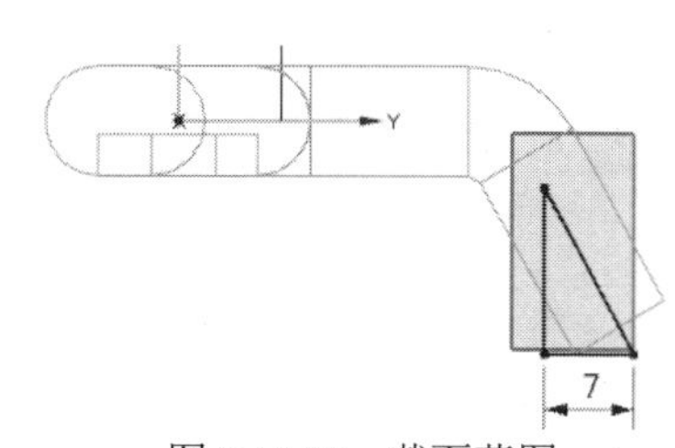

图 2.10.20　截面草图

Step13. 创建图 2.10.21 所示的拉伸特征 4。选择下拉菜单插入(S) ➡ 设计特征(E) ➡ 拉伸(E)...命令，系统弹出“拉伸”对话框。选取基准平面 3 为草图平面，绘制图 2.10.22 所示的截面草图；在指定矢量下拉列表中选择XC选项；在限制区域的开始下拉列表中选择对称值选项，并在其下的距离文本框中输入值 5，在布尔区域的下拉列表中选择合并选项，采用系统默认的求和对象。单击< 确定 >按钮，完成拉伸特征 4 的创建。

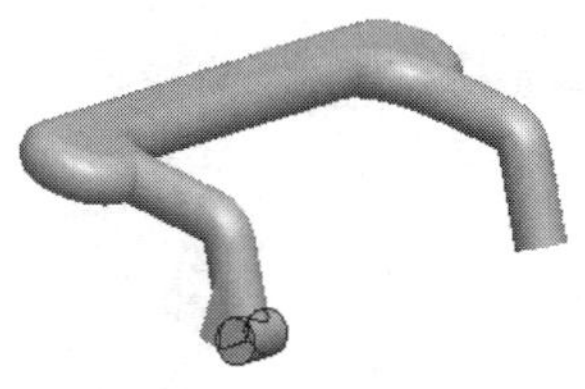

图 2.10.21　拉伸特征 4

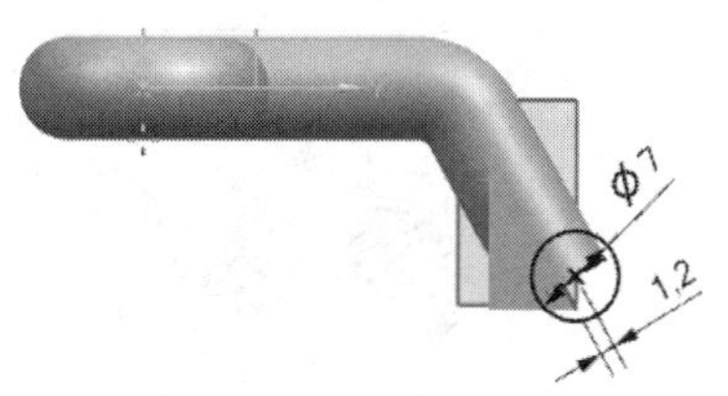

图 2.10.22　截面草图

Step14. 创建图 2.10.23 所示的基准平面 4。选择下拉菜单 插入(S) → 基准/点(D) → 基准平面(D)... 命令，系统弹出“基准平面”对话框。在类型区域的下拉列表中选择 通过对象 选项，选取图 2.10.23 所示的轴线为参照。单击 < 确定 > 按钮，完成基准平面 4 的创建。

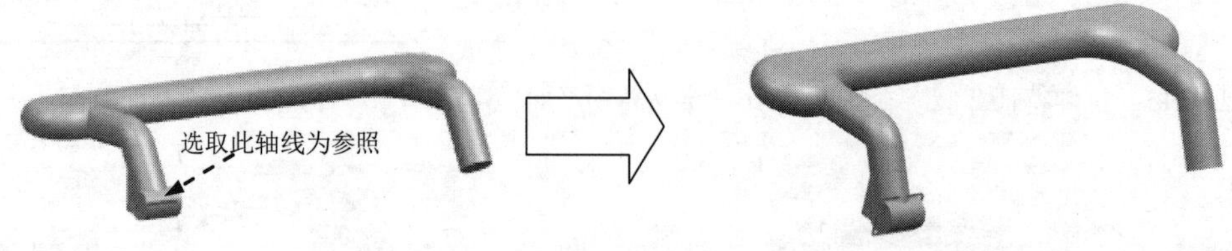

图 2.10.23　基准平面 4

Step15. 创建图 2.10.24 所示的旋转特征 1。选择 插入(S) → 设计特征(E) → 旋转(R)... 命令，单击截面区域中的按钮，在绘图区选取基准平面 4 为草图平面，绘制图 2.10.25 所示的截面草图。在绘图区中选取图 2.10.25 所示的轴为旋转轴。在“旋转”对话框限制区域的开始下拉列表中选择 值 选项，并在角度文本框中输入值 0，在结束下拉列表中选择 值 选项，并在角度文本框中输入值 360；在布尔区域的下拉列表中选择 合并 选项，采用系统默认的求和对象。单击 < 确定 > 按钮，完成旋转特征 1 的创建。

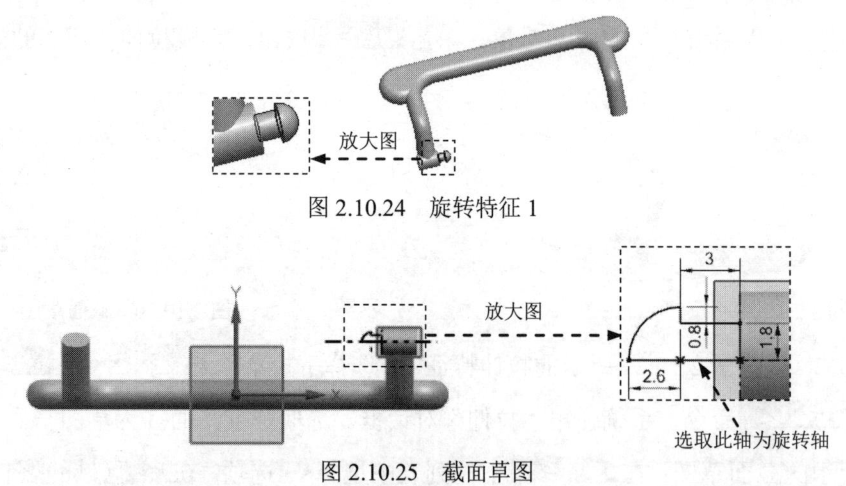

图 2.10.24　旋转特征 1

图 2.10.25　截面草图

Step16. 创建图 2.10.26 所示的边倒圆特征 1。选择图 2.10.27 所示的边链为边倒圆参照边，并在半径 1 文本框中输入值 0.5。单击 < 确定 > 按钮，完成边倒圆特征 1 的创建。

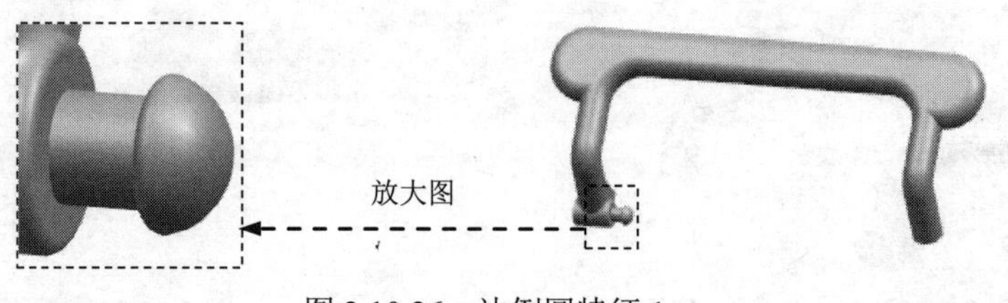

图 2.10.26　边倒圆特征 1

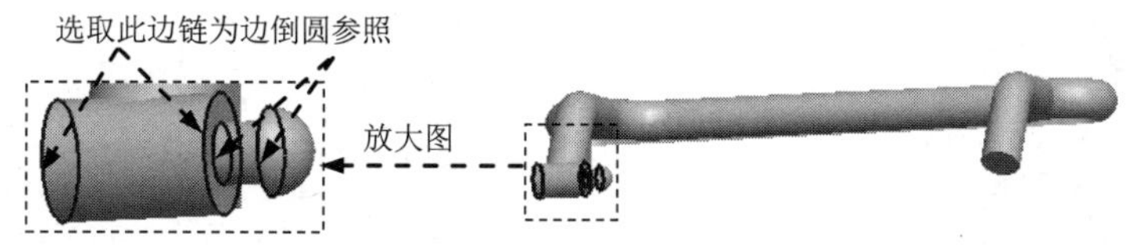

图 2.10.27　定义参照边 1

Step17. 创建边倒圆特征 2。选择图 2.10.28 所示的边线为边倒圆参照边，并在半径 1文本框中输入值 0.5。单击< 确定 >按钮，完成边倒圆特征 2 的创建。

Step18. 创建边倒圆特征 3。选择图 2.10.29 所示的边链为边倒圆参照边，并在半径 1文本框中输入值 1。单击< 确定 >按钮，完成边倒圆特征 3 的创建。

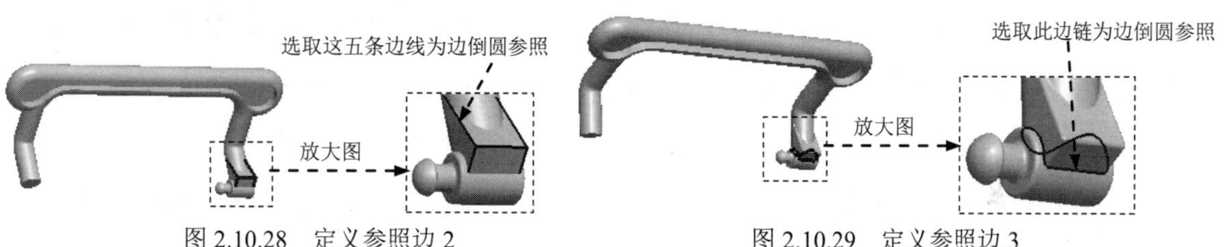

图 2.10.28　定义参照边 2　　　图 2.10.29　定义参照边 3

Step19. 创建图 2.10.30 所示的镜像特征 2。选择下拉菜单插入(S) ➡ 关联复制(A) ➡ 镜像特征(M)...命令，在绘图区中选取拉伸特征 4、拉伸特征 5、旋转特征 1、边倒圆特征 2、边倒圆特征 3、边倒圆特征 4 为要镜像的特征。在镜像平面区域中单击按钮，在绘图区中选取 YZ 基准平面作为镜像平面。单击确定按钮，完成镜像特征 2 的创建。

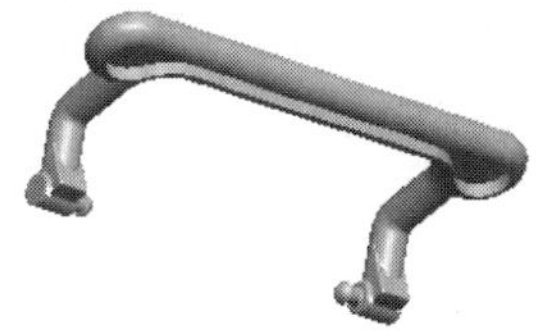

图 2.10.30　镜像特征 2

Step20. 后面的详细操作过程请参见学习资源中 video\ch02.10\reference\文件下的语音视频讲解文件 HAND-r02-01.exe 和 HAND-r02-02.exe。

2.11　圆柱齿轮

实例概述

本实例将创建一个由齿轮建模生成的圆柱齿轮模型，使用的是一种典型的系列化产品的设计方法，它使产品的更新换代更加快捷、方便。圆柱齿轮的零件模型及模型树如图 2.11.1 所示。

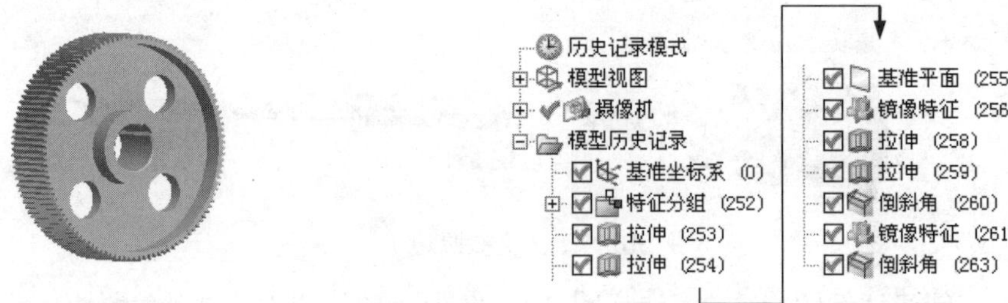

图 2.11.1 圆柱齿轮零件模型及模型树

Step1. 新建文件。选择下拉菜单 文件(F) → 新建(N)...命令，系统弹出“新建”对话框。在模型选项卡的模板区域中选取模板类型为模型，在名称文本框中输入文件名称 GEAR，单击 确定 按钮，进入建模环境。

Step2. 创建图 2.11.2 所示的特征分组 1。选择下拉菜单 GC 工具箱 → 齿轮建模 → 柱齿轮...命令，系统弹出“渐开线圆柱齿轮建模”对话框。选中 创建齿轮 单选项，单击 确定 按钮，选取默认的类型，单击 确定 按钮。在标准齿轮的模数（毫米）文本框中输入值 2.5，在牙数文本框中输入值 125，在齿宽（毫米）文本框中输入值 80，在压力角（度数）文本框中输入值 20，单击 确定 按钮。在要定义矢量的对象区域选择 Z 轴的正方向，单击 确定 按钮。选择默认的原点坐标，单击 确定 按钮，完成特征分组 1 的创建。

Step3. 创建图 2.11.3 所示的拉伸特征 1。选择下拉菜单 插入(S) → 设计特征(E) → 拉伸(E)...命令，系统弹出“拉伸”对话框。选取 XY 基准平面为草图平面，绘制图 2.11.4 所示的截面草图；在 指定矢量 下拉列表中选择 ZC 选项，在限制区域的开始下拉列表中选择 值 选项，并在其下的距离文本框中输入值 0，在限制区域的结束下拉列表中选择 贯通 选项，在布尔区域的下拉列表中选择 减去 选项，采用系统默认的求差对象。单击 < 确定 > 按钮，完成拉伸特征 1 的创建。

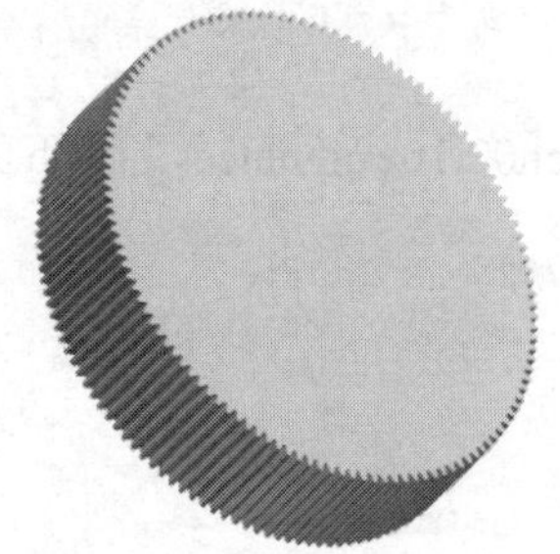

图 2.11.2 特征分组 1

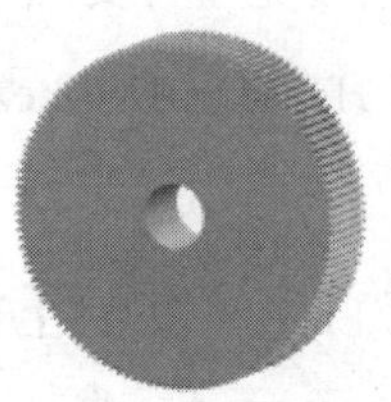

图 2.11.3 拉伸特征 1

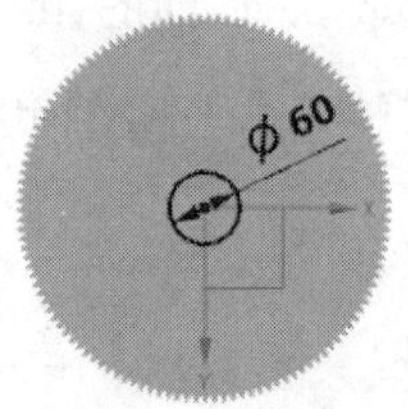

图 2.11.4 截面草图

Step4. 创建图 2.11.5 所示的拉伸特征 2。选择下拉菜单 插入(S) → 设计特征(E) → 拉伸(E)...命令，系统弹出“拉伸”对话框。选取 XY 基准平面为草图平面，绘制图 2.11.6 所示的截面草图；在 指定矢量 下拉列表中选择 ZC 选项；在限制区域的开始下拉列表中选择值选项，并在其下的距离文本框中输入值 0，在限制区域的结束下拉列表中选择值选项，并在其下的距离文本框中输入值 30，在布尔区域的下拉列表中选择减去选项，采用系统默认的求差对象。单击< 确定 >按钮，完成拉伸特征 2 的创建。

Step5. 创建图 2.11.7 所示的基准平面 1。选择下拉菜单插入(S) → 基准/点(D) → 基准平面(D)...命令（或单击按钮），系统弹出“基准平面”对话框。在类型区域的下拉列表中选择二等分选项，在绘图区选取图 2.11.8 所示的平面为参照平面 1，选取图 2.11.9 所示的平面为参照平面 2。单击< 确定 >按钮，完成基准平面 1 的创建。

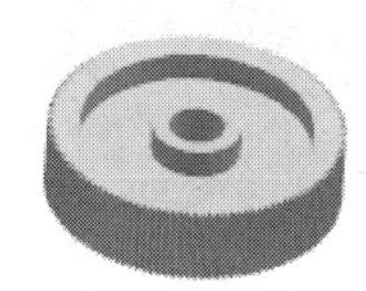

图 2.11.5　拉伸特征 2

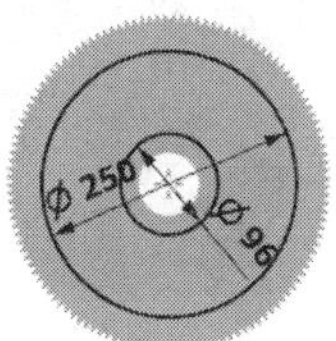

图 2.11.6　截面草图

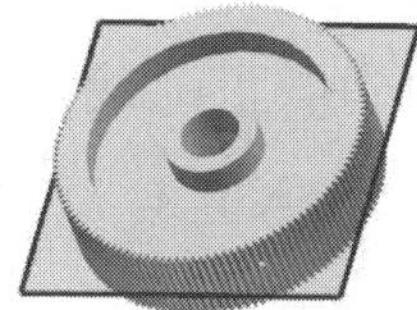

图 2.11.7　基准平面 1

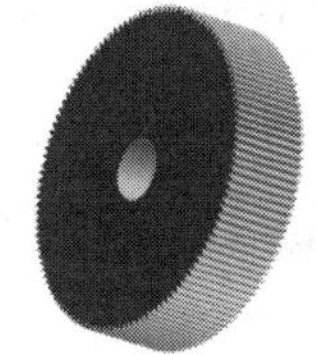

图 2.11.8　定义参照平面 1

图 2.11.9　定义参照平面 2

Step6. 创建图 2.11.10 所示的镜像特征 1。选择下拉菜单插入(S) → 关联复制(A) → 镜像特征(M)...命令，在绘图区选取图 2.11.5 所示的拉伸特征 2 为要镜像的特征。在镜像平面区域中单击按钮，在绘图区中选取基准平面 1 作为镜像平面。单击< 确定 >按钮，完成镜像特征 1 的创建。

Step7. 创建图 2.11.11 所示的拉伸特征 3。选择下拉菜单插入(S) → 设计特征(E) → 拉伸(E)...命令，系统弹出“拉伸”对话框。选取图 2.11.11 所示的模型表面为草图平面，绘制图 2.11.12 所示的截面草图；在指定矢量下拉列表中选择ZC↑选项；在限制区域的开始下拉列表中选择值选项，并在其下的距离文本框中输入值 0，在限制区域的结束下拉列表中选择贯通选项，在布尔区域的下拉列表中选择减去选项，采用系统默认的求差对象。单击< 确定 >按钮，完成拉伸特征 3 的创建。

图 2.11.10　镜像特征 1

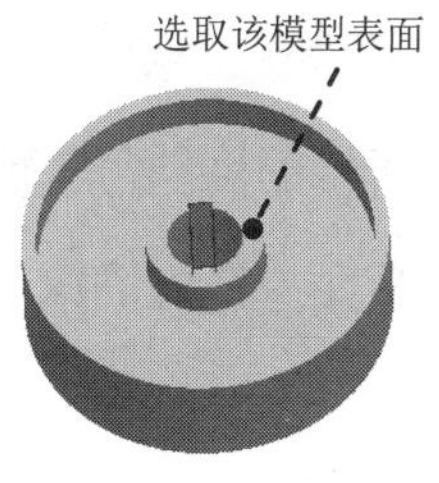

图 2.11.11　拉伸特征 3

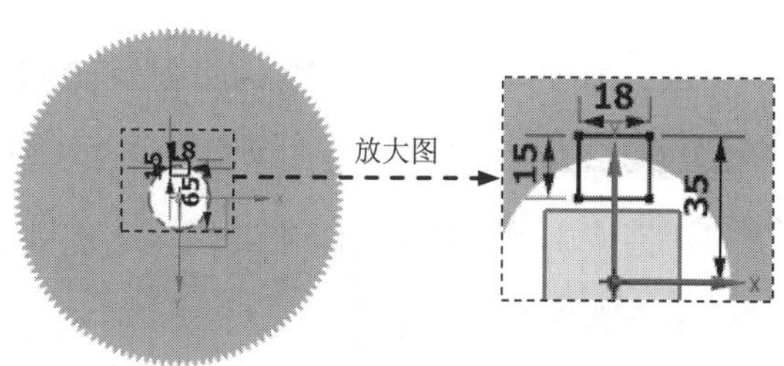

图 2.11.12　截面草图

Step8. 创建图 2.11.13 所示的拉伸特征 4。选择下拉菜单 插入(S) → 设计特征(E) → 拉伸(E)... 命令，系统弹出“拉伸”对话框。选取 XY 基准平面为草图平面，绘制图 2.11.14 所示的截面草图；在 指定矢量 下拉列表中选择 ZC↑ 选项；在 限制 区域的 开始 下拉列表中选择 值 选项，并在其下的 距离 文本框中输入值 0，在 限制 区域的 结束 下拉列表中选择 贯通 选项，在 布尔 区域的下拉列表中选择 减去 选项，采用系统默认的求差对象。单击 < 确定 > 按钮，完成拉伸特征 4 的创建。

图 2.11.13 拉伸特征 4

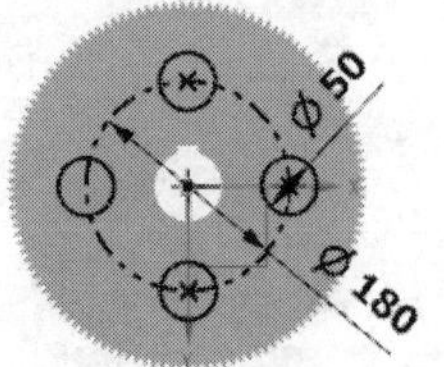

图 2.11.14 截面草图

Step9. 创建图 2.11.15 所示的倒斜角特征 1。选择下拉菜单 插入(S) → 细节特征(L) ▸ → 倒斜角(C)... 命令，在 边 区域中单击 按钮，选取图 2.11.16 所示的边线为倒斜角参照边，在 偏置 区域的 横截面 文本框中选择 对称 选项，在 距离 文本框中输入值 2。单击 < 确定 > 按钮，完成倒斜角特征 1 的创建。

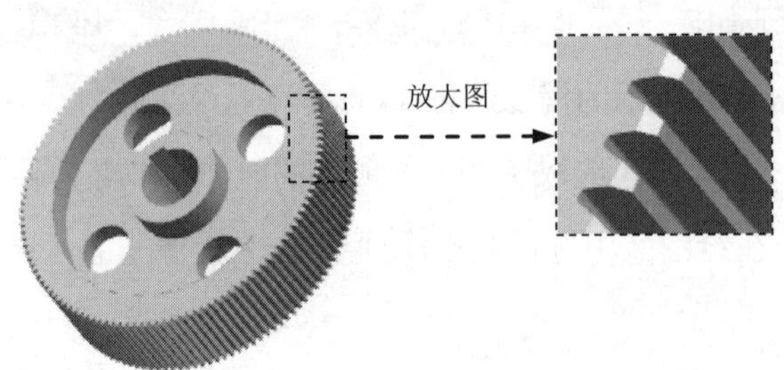

图 2.11.15 倒斜角特征 1

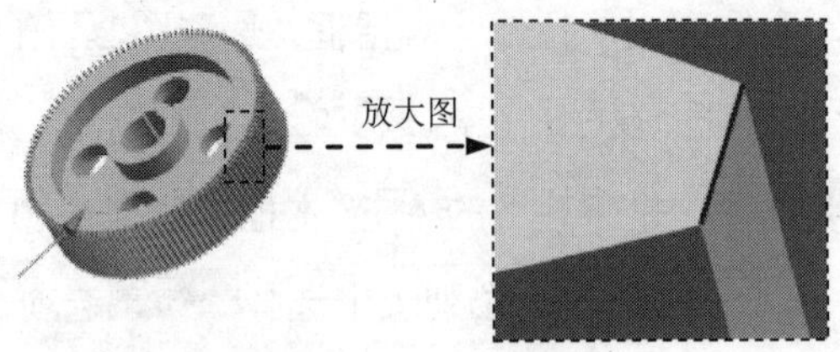

图 2.11.16 定义参照边

Step10. 创建图 2.11.17 所示的镜像特征 2。选择下拉菜单 插入(S) → 关联复制(A) ▸ → 镜像特征(M)... 命令，在绘图区中选取图 2.11.15 所示的倒斜角特征 1 为要镜像的特征。在 镜像平面 区域中单击 按钮，在绘图区中选取基准平面 1 作为镜像平面。单击 < 确定 > 按钮，完成镜像特征 2 的创建。

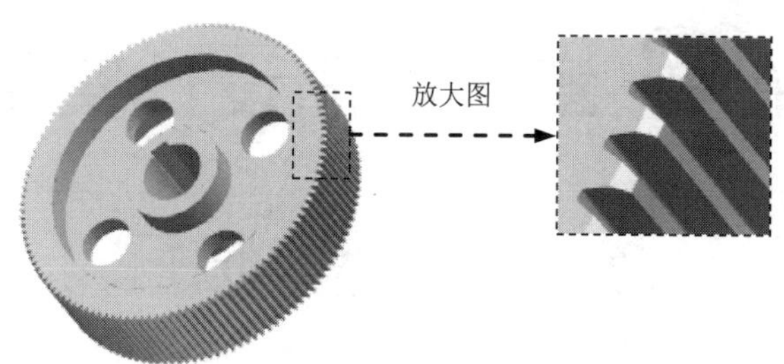

图 2.11.17 镜像特征 2

Step11. 保存零件模型。选择下拉菜单 文件(F) → 保存(S) 命令，即可保存零件模型。

说明：

为了回馈广大读者对本书的支持，除随书学习资源中的视频讲解之外，我们将免费为您提供更多的 UG 学习视频，内容包括各个软件模块的基本理论、背景知识、高级功能和命令的详解以及一些典型的实际应用案例等。

由于图书篇幅和随书学习资源的容量有限，我们将这些视频讲解制作成了在线学习视频，并在本书相关章节的最后对讲解的内容做了简要介绍，读者可以扫描二维码直达视频讲解页面，登录兆迪科技网站免费学习。

学习拓展：扫码学习更多视频讲解。

讲解内容：零件设计实例精选，包含六十多个各行各业零件设计的全过程讲解。讲解中，首先分析了设计的思路以及建模要点，然后对设计操作步骤做了详细的演示，最后对设计方法和技巧做了总结。

注意：

为了获得更好的学习效果，建议读者采用以下方法进行学习。

方法一：使用台式机或者笔记本电脑登录兆迪科技网校，开启高清视频模式学习。

方法二：下载兆迪网校 APP 并缓存课程视频至手机，可以免流量观看。

具体操作请打开兆迪网校帮助页面 http://www.zalldy.com/page/bangzhu 查看（手机可以扫描右侧二维码打开），或者在兆迪网校咨询窗口联系在线老师，也可以直接拨打技术支持电话 010-82176248，010-82176249。

第 3 章 曲面设计实例

3.1 肥皂造型设计

实例概述

本实例主要讲述了一款肥皂零件模型的创建过程，在整个设计过程中运用了曲面拉伸、旋转、缝合、扫掠和倒圆角等命令。本实例首次运用了曲面的创建方法，此处需要读者用心体会。肥皂的零件模型及模型树如图 3.1.1 所示。

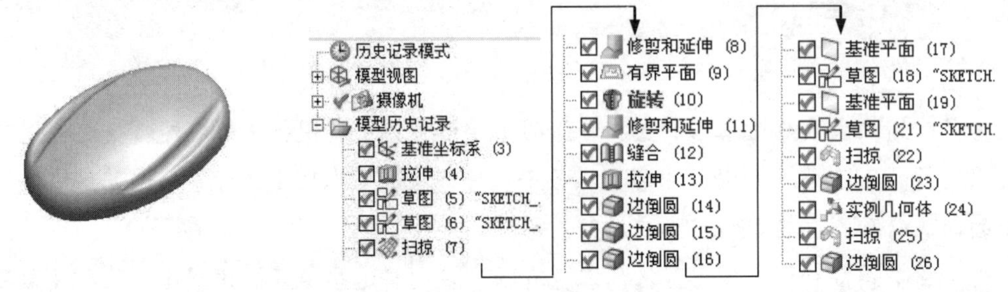

图 3.1.1 肥皂零件模型及模型树

Step1. 新建文件。选择下拉菜单 文件(F) → 新建(N)... 命令，系统弹出“新建”对话框。在 模型 选项卡的 模板 区域中选取模板类型为 模型，在 名称 文本框中输入文件名称 SOAP，单击 确定 按钮，进入建模环境。

Step2. 创建图 3.1.2 所示的拉伸特征 1。选择下拉菜单 插入(S) → 设计特征(E) → 拉伸(E)... 命令，系统弹出“拉伸”对话框。选取 XY 平面为草图平面，绘制图 3.1.3 所示的截面草图；在 指定矢量 下拉列表中选择 ZC↑ 选项；在 限制 区域的 开始 下拉列表中选择 值 选项，并在其下的 距离 文本框中输入值 0，在 限制 区域的 结束 下拉列表中选择 值 选项，并在其下的 距离 文本框中输入值 18，在 设置 区域选择 片体 选项。单击 < 确定 > 按钮，完成拉伸特征 1 的创建。

Step3. 创建图 3.1.4 所示的草图 1。选择下拉菜单 插入(S) → 在任务环境中绘制草图(V)... 命令，选取 YZ 为草图平面，进入草图环境绘制。绘制完成后单击 完成草图 按钮，完成草图 1 的创建。

Step4. 创建图 3.1.5 所示的草图 2。选择下拉菜单 插入(S) → 在任务环境中绘制草图(V)... 命令，选取 XZ 为草图平面，进入草图环境绘制。绘制完成后单击 完成草图 按钮，完成草图 2 的创建。

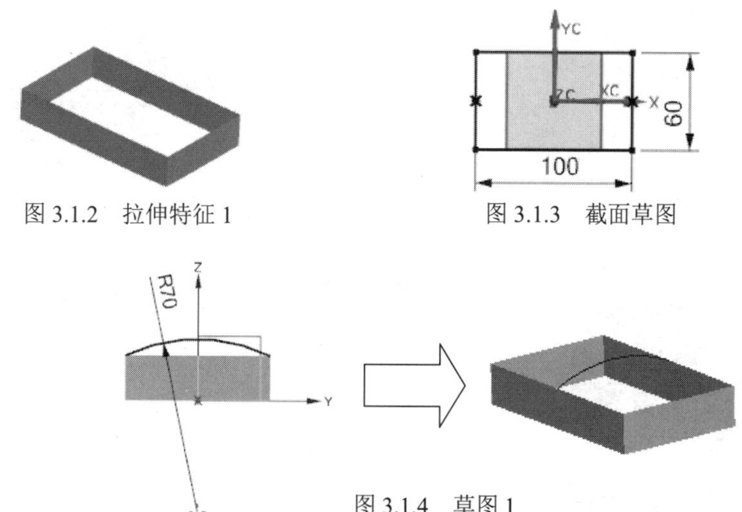

图 3.1.2　拉伸特征 1　　图 3.1.3　截面草图

图 3.1.4　草图 1

Step5. 创建图 3.1.6 所示的扫掠特征 1。选择下拉菜单 插入(S) → 扫掠(W) → 扫掠(S)... 命令，在绘图区选取草图 1 为扫掠的截面曲线串；选取图 3.1.5 所示的曲线特征为扫掠的引导线串。单击“沿引导线扫掠”对话框中的 <确定> 按钮，完成扫掠特征 1 的创建。

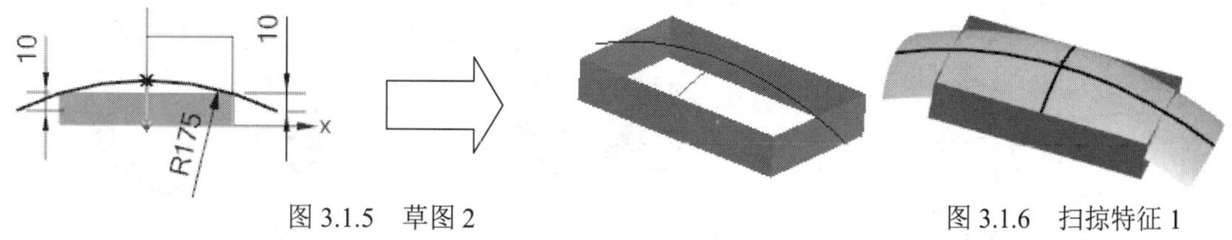

图 3.1.5　草图 2　　图 3.1.6　扫掠特征 1

Step6. 创建图 3.1.7 所示的修剪特征 1。选择下拉菜单 插入(S) → 修剪(T) → 修剪与延伸(N)... 命令，在 类型 下拉列表中选择 制作拐角 选项，选取图 3.1.8 所示的扫掠特征 1 为目标体，选取图 3.1.8 所示的拉伸特征 1 为工具体。调整方向作为保留的部分，单击 <确定> 按钮，完成修剪特征 1 的创建。

Step7. 创建图 3.1.9 所示的有界平面 1。选择下拉菜单 插入(S) → 曲面(R) → 有界平面(B)... 命令；选取图 3.1.10 所示边线，单击 <确定> 按钮，完成有界平面 1 的创建。

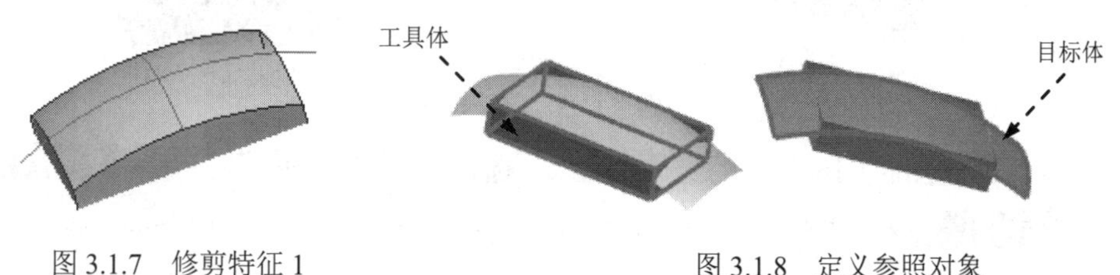

图 3.1.7　修剪特征 1　　图 3.1.8　定义参照对象

Step8. 创建图 3.1.11 所示的旋转特征 1。选取 XZ 基准平面为草图平面，截面草图和旋转轴如图 3.1.12 所示。

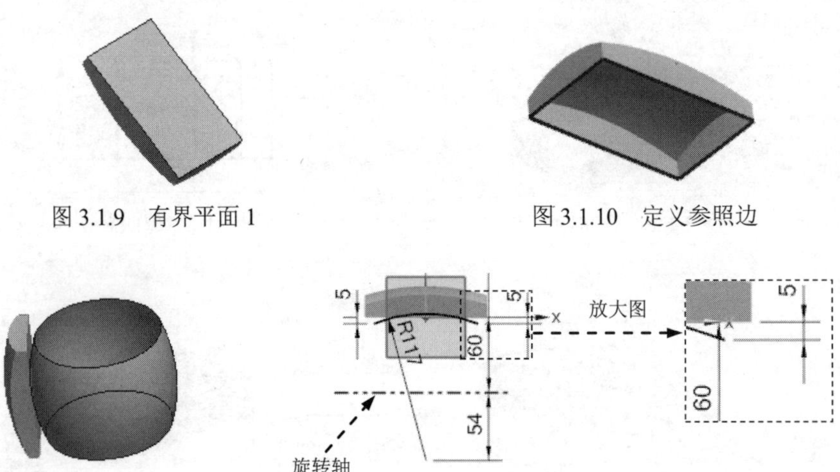

图 3.1.9　有界平面 1　　　图 3.1.10　定义参照边

图 3.1.11　旋转特征 1　　　图 3.1.12　截面草图

Step9. 创建图 3.1.13 所示的修剪特征 2。选择下拉菜单插入(S) → 修剪(T) ▸ → 修剪与延伸(N)...命令，在类型下拉列表中选择制作拐角选项，选取图 3.1.14 所示的特征为目标体，选取图 3.1.14 所示的特征为工具体。调整方向作为保留的部分，单击< 确定 >按钮，完成修剪特征 2 的创建。

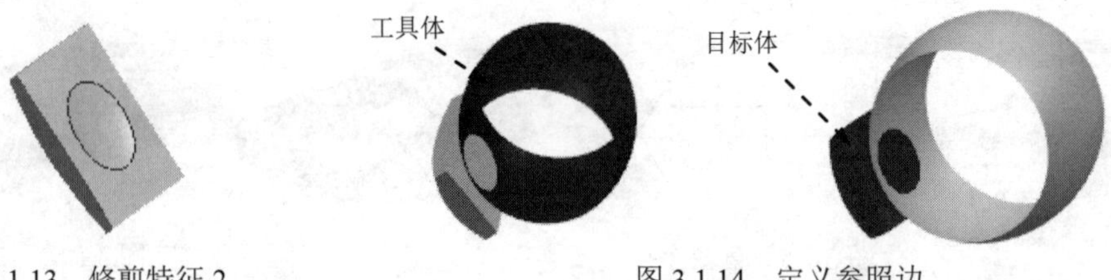

图 3.1.13　修剪特征 2　　　图 3.1.14　定义参照边

Step10. 创建图 3.1.15 所示的缝合特征 1。选择下拉菜单插入(S) → 组合(B) ▸ → 缝合(W)...命令，选取图 3.1.15a 所示的特征为目标体，选取图 3.1.15b 所示的特征为刀具体。单击确定按钮，完成缝合特征 1 的创建。

a）选取目标体　　　b）选取刀具体

图 3.1.15　缝合特征 1

Step11. 创建图 3.1.16 所示的拉伸特征 2。选择下拉菜单插入(S) → 设计特征(E) → 拉伸(E)...命令，系统弹出“拉伸”对话框。选取 XY 平面为草图平面，绘制图 3.1.17 所示的截面草图；在指定矢量下拉列表中选择ZC↑选项；在限制区域的开始下拉列表中选择值选项，并在其下的距离文本框中输入值 0，在限制区域的结束下拉列表中选择值选项，并在其下的距离文本框中输入值 40，在布尔区域的下拉列表中选择减去选项，采用系统默认的求差对象。单击< 确定 >按钮，完成拉伸特征 2 的创建。

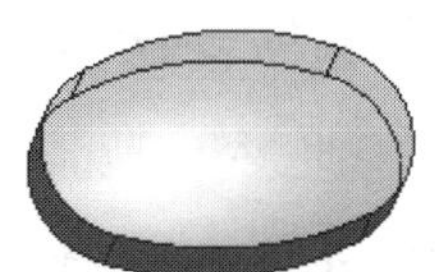
图 3.1.16　拉伸特征 2

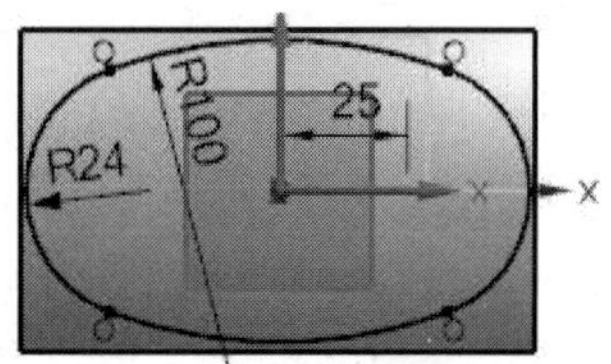

图 3.1.17　截面草图

Step12. 创建图 3.1.18 所示的边倒圆特征 1。选择下拉菜单插入(S) → 细节特征(L) → 边倒圆(E)...命令，在边区域中单击按钮，选择图 3.1.19 所示的边链为边倒圆参照边，并在半径 1文本框中输入值 10。单击< 确定 >按钮，完成边倒圆特征 1 的创建。

Step13. 创建图 3.1.20 所示的边倒圆特征 2。选择图 3.1.21 所示的边链为边倒圆参照边，并在半径 1文本框中输入值 5。单击< 确定 >按钮，完成边倒圆特征 2 的创建。

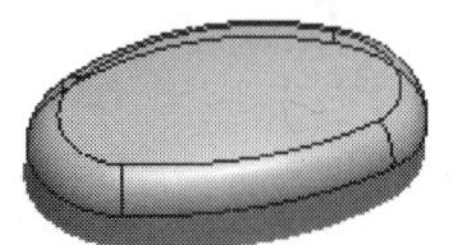
图 3.1.18　边倒圆特征 1

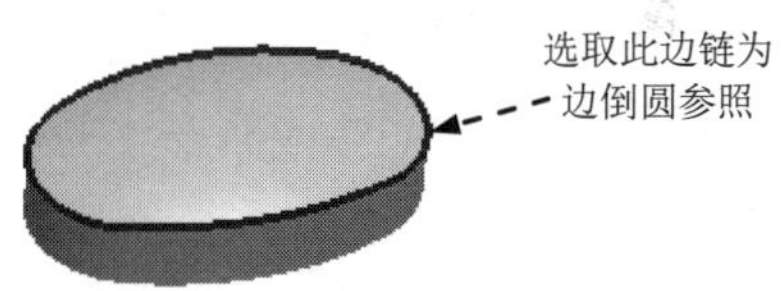

图 3.1.19　定义参照边

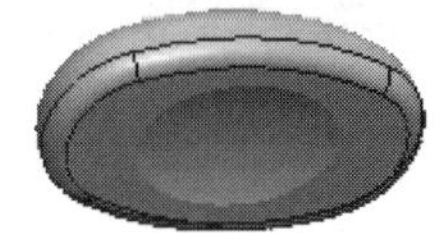
图 3.1.20　边倒圆特征 2

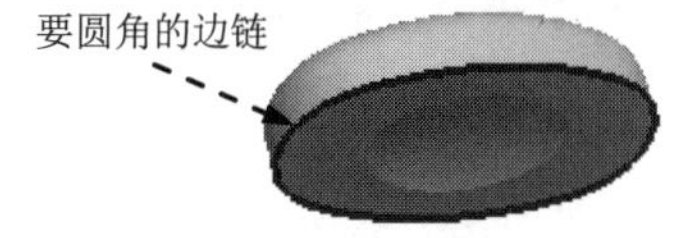

图 3.1.21　定义参照边

Step14. 创建图 3.1.22 所示的边倒圆特征 3。选择图 3.1.23 所示的边线为边倒圆参照边，并在半径 1文本框中输入值 10。单击< 确定 >按钮，完成边倒圆特征 3 的创建。

Step15. 创建图 3.1.24 所示的基准平面 1。选择下拉菜单插入(S) → 基准/点(D) → 基准平面(D)...命令，系统弹出“基准平面”对话框。在类型区域的下拉列表中选择按某一距离选项，在绘图区选取 XY 基准平面，输入偏移值 20。单击< 确定 >按钮，完成基准平面 1 的创建。

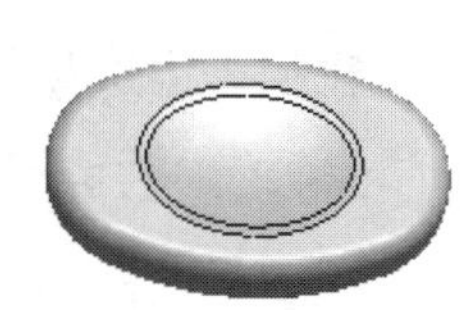
图 3.1.22　边倒圆特征 3

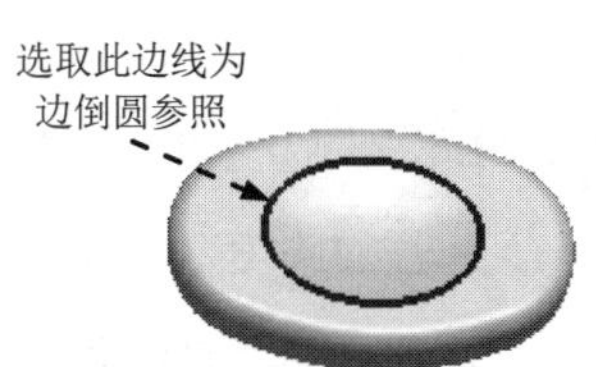

图 3.1.23　定义参照边

图 3.1.24　基准平面 1

Step16. 创建图3.1.25所示的草图3。选择下拉菜单 插入(S) → 在任务环境中绘制草图(V)... 命令，选取基准平面1为草图平面，进入草图绘制环境。绘制完成后单击 完成草图 按钮，完成草图3的创建。

Step17. 创建图3.1.26所示的基准平面2。选择下拉菜单 插入(S) → 基准/点(D) → 基准平面(D)... 命令，系统弹出“基准平面”对话框。在 类型 区域的下拉列表中选择 点和方向 选项，选择图3.1.26所示的点，再单击 <确定> 按钮，完成基准平面2的创建。

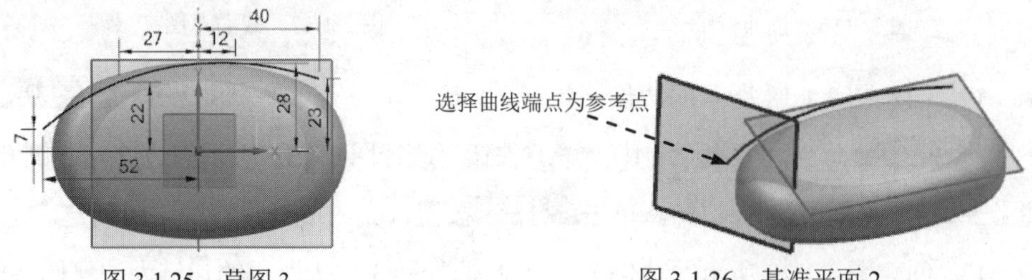

图3.1.25　草图3　　　图3.1.26　基准平面2

Step18. 创建图3.1.27所示的草图4。选择下拉菜单 插入(S) → 在任务环境中绘制草图(V)... 命令，选取基准平面2为草图平面，进入草图绘制环境。绘制完成后单击 完成草图 按钮，完成草图4的创建。

Step19. 创建图3.1.28所示的扫掠特征2。选择下拉菜单 插入(S) → 扫掠(W) → 沿引导线扫掠(G)... 命令，在绘图区选取草图4为扫掠的截面曲线串；选取草图3所示的曲线特征为扫掠的引导线串。在 布尔 区域的下拉列表中选择 减去 选项，采用系统默认的扫掠偏置值。单击“沿引导线扫掠”对话框中的 <确定> 按钮，完成扫掠特征2的创建。

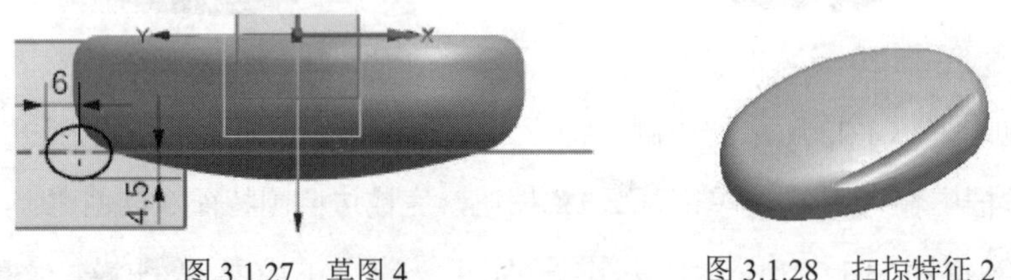

图3.1.27　草图4　　　图3.1.28　扫掠特征2

Step20. 创建图3.1.29所示的边倒圆特征4。选择图3.1.30所示的边链为边倒圆参照边，并在 半径 1 文本框中输入值3。单击 <确定> 按钮，完成边倒圆特征4的创建。

Step21. 创建图3.1.31所示的阵列特征1。选择下拉菜单 插入(S) → 关联复制(A) → 阵列几何特征(T)... 命令，在绘图区选取草图3和草图4为要阵列的对象。在“阵列几何特征”对话框 阵列定义 区域的 布局 下拉列表中选择 圆形 选项。在 * 指定矢量 下拉列表中选择 ZC↑ 选项，在 角度方向 区域的 间距 下拉列表中选择 数量和间隔 选项，在 数量 文本框中输入值2，在 节距角 文本框中输入值180。单击 <确定> 按钮，完成阵列特征1的创建。

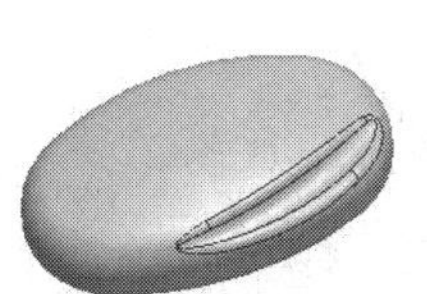
图 3.1.29　边倒圆特征 4

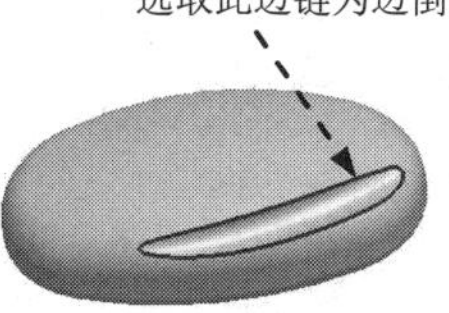

图 3.1.30　定义参照边

图 3.1.31　阵列特征 1

Step22 创建图 3.1.32 所示的扫掠特征 3。选择下拉菜单 插入(S) → 扫掠(W) → 沿引导线扫掠(G)... 命令，在绘图区选取图 3.1.33 所示的草图为扫掠的截面曲线；选取图 3.1.33 所示的草图为扫掠的引导线。在布尔区域的下拉列表中选择 减去 选项，采用系统默认的扫掠偏置值。单击 < 确定 > 按钮。完成扫掠特征 3 的创建。

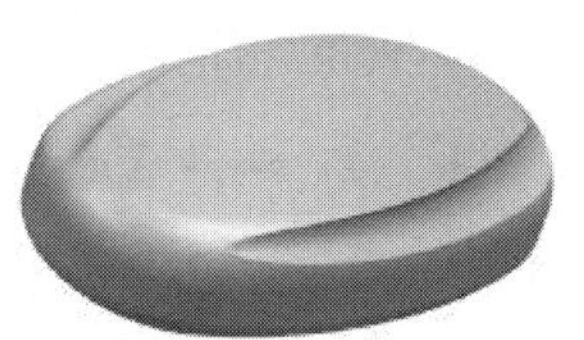
图 3.1.32　扫掠特征 3

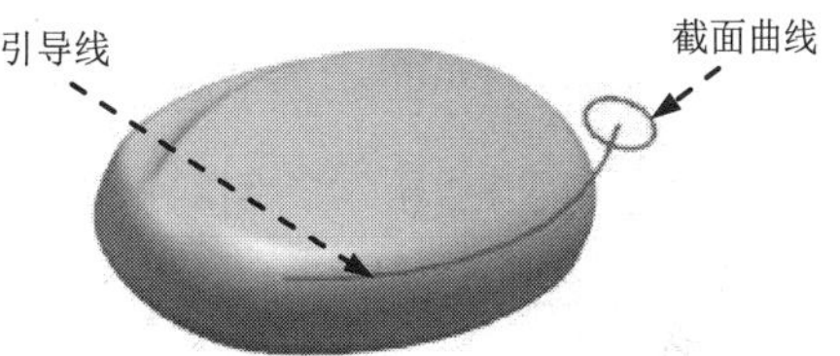

图 3.1.33　定义引导线

Step23. 创建图 3.1.34 所示的边倒圆特征 5。选择图 3.1.35 所示的边链为边倒圆参照边，并在半径 1 文本框中输入值 3。单击 < 确定 > 按钮，完成边倒圆特征 5 的创建。

图 3.1.34　边倒圆特征 5

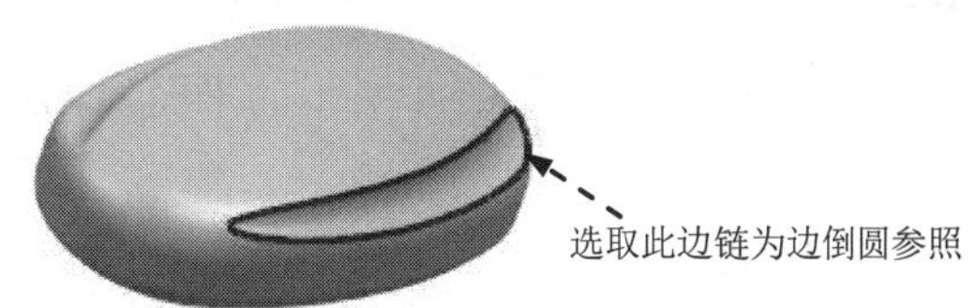

图 3.1.35　定义参照边

Step24. 保存零件模型。选择下拉菜单 文件(F) → 保存(S) 命令，即可保存零件模型。

3.2　台式计算机电源线插头

实例概述

本实例是台式计算机电源线插头的设计，该零件结构较复杂，在设计的过程中巧妙运用了“网格曲面”“阵列”和“拔模”等命令。此外，还应注意基准面的创建，以及拔模面的选择。该零件模型及模型树如图 3.2.1 所示。

说明：本实例前面的详细操作过程请参见学习资源中 video\ch03.02\reference\文件下的语音视频讲解文件 BNCPIN_CONNECTOR_PUUGS-r01.exe。

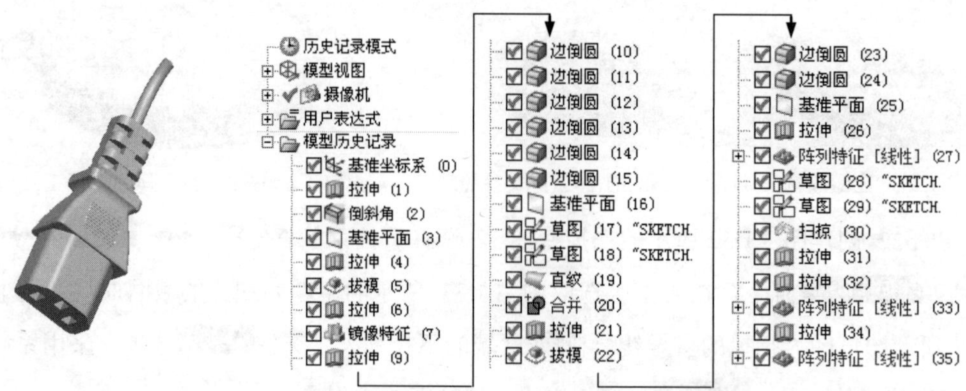

图 3.2.1　台式计算机电源线插头零件模型及模型树

Step1. 打开文件 D:\ugal12\work\ch03.02\BNCPIN_CONNECTOR_PUUGS_ex.prt。

Step2. 创建图 3.2.2 所示的倒斜角特征 1。选择下拉菜单 插入(S) ➡ 细节特征(L) ▸ ➡ 倒斜角(C)... 命令。在 边 区域中单击 按钮，选取图 3.2.3 所示的边线为倒斜角参照边，在 偏置 区域的 横截面 文本框中选择 对称 选项，在 距离 文本框中输入值 5。单击 < 确定 > 按钮，完成倒斜角特征 1 的创建。

Step3. 创建图 3.2.4 所示的基准平面 1。选择下拉菜单 插入(S) ➡ 基准/点(D) ➡ 基准平面(D)... 命令，系统弹出“基准平面”对话框。在 类型 区域的下拉列表中选择 按某一距离 选项，在绘图区选取图 3.2.4 所示的平面，输入偏移值 20。单击 < 确定 > 按钮，完成基准平面 1 的创建。

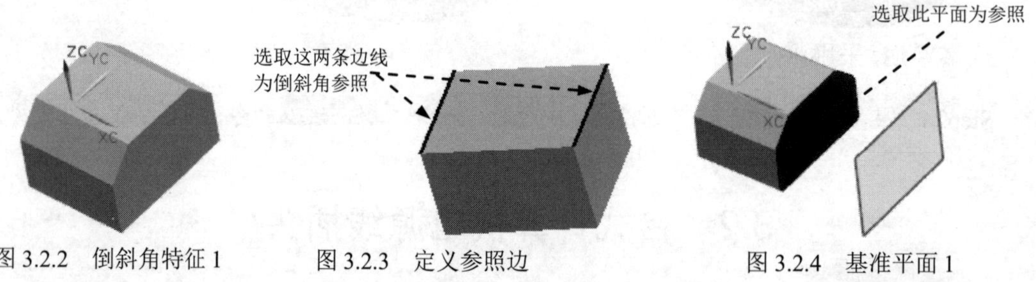

图 3.2.2　倒斜角特征 1　　图 3.2.3　定义参照边　　图 3.2.4　基准平面 1

Step4. 创建图 3.2.5 所示的拉伸特征 1。选择下拉菜单 插入(S) ➡ 设计特征(E) ➡ 拉伸(E)... 命令，系统弹出“拉伸”对话框。选取图 3.2.6 所示的平面为草图平面，绘制图 3.2.7 所示的截面草图；在 指定矢量 下拉列表中选择 XC 选项；在 限制 区域的 开始 下拉列表中选择 值 选项，并在其下的 距离 文本框中输入值 0，在 限制 区域的 结束 下拉列表中选择 直至选定 选项。选取图 3.2.6 所示的基准平面为参照，在 布尔 区域的下拉列表中选择 合并 选项，采用系统默认的求和对象。单击 < 确定 > 按钮，完成拉伸特征 1 的创建。

图 3.2.5　拉伸特征 1

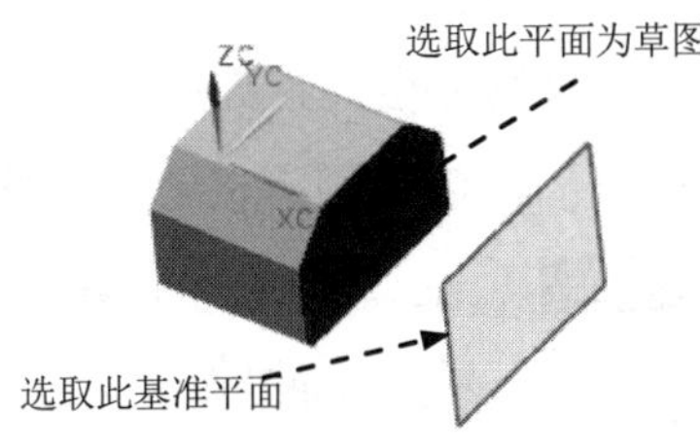

图 3.2.6　定义草图平面

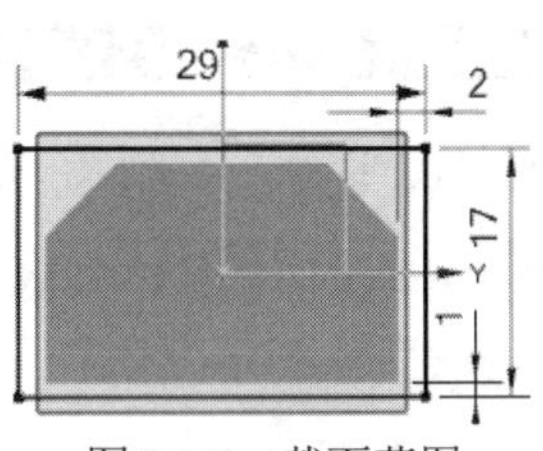

图 3.2.7　截面草图

Step5. 创建图 3.2.8 所示的拔模特征 1。选择下拉菜单插入(S) → 细节特征(L) → 拔模(T)...命令，在脱模方向区域中指定矢量为 X 轴的正方向，选择图 3.2.9 所示的面为拔模固定面，在要拔模的面区域选择图 3.2.10 所示的四个曲面为参照，并在角度 1文本框中输入值 8。单击< 确定 >按钮，完成拔模特征 1 的创建。

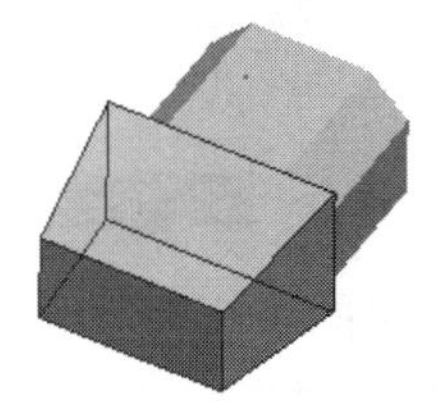
图 3.2.8　拔模特征 1

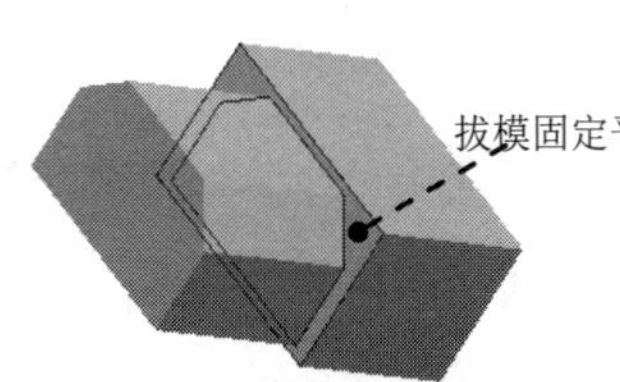

图 3.2.9　定义拔模固定面

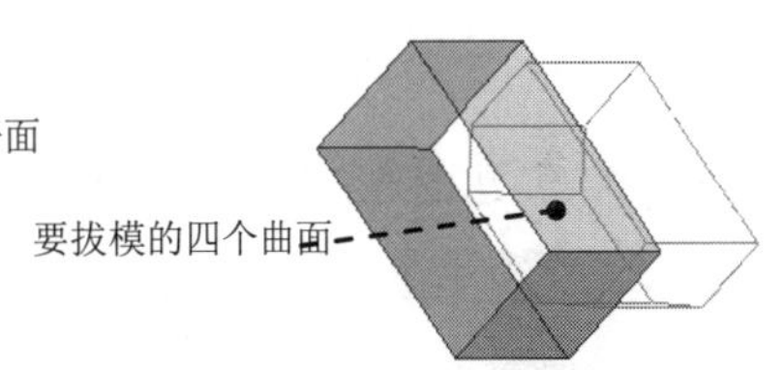

图 3.2.10　定义拔模面

Step6. 创建图 3.2.11 所示的拉伸特征 2。选择下拉菜单插入(S) → 设计特征(E) → 拉伸(E)...命令，系统弹出“拉伸”对话框。选取 XY 基准平面为草图平面，绘制图 3.2.12 所示的截面草图；在指定矢量下拉列表中选择-ZC选项；在限制区域的开始下拉列表中选择对称值选项，并在其下的距离文本框中输入值 20，在布尔区域的下拉列表中选择减去选项，采用系统默认的求差对象。单击< 确定 >按钮，完成拉伸特征 2 的创建。

Step7. 创建图 3.2.13 所示的镜像特征 1。选择下拉菜单插入(S) → 关联复制(A) → 镜像特征(M)...命令，在绘图区中选取图 3.2.11 所示的拉伸特征 2 为要镜像的特征。在镜像平面区域中单击按钮，在绘图区中选取 XZ 基准平面作为镜像平面。单击< 确定 >按钮，完成镜像特征 1 的创建。

图 3.2.11　拉伸特征 2

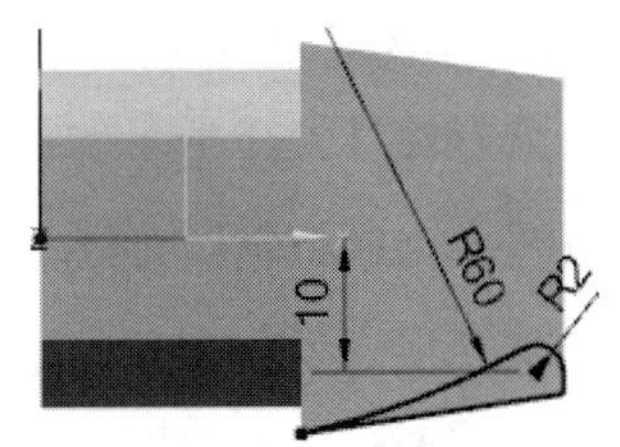

图 3.2.12　截面草图

图 3.2.13　镜像特征 1

Step8. 创建图 3.2.14 所示的零件特征——拉伸特征 3。选择下拉菜单 插入(S) → 设计特征(E) → 拉伸(E)... 命令，系统弹出“拉伸”对话框。选取图 3.2.15 所示的平面为草图平面，绘制图 3.2.16 所示的截面草图；在 指定矢量 下拉列表中选择 XC 选项；在 限制 区域的 开始 下拉列表中选择 值 选项，并在其下的 距离 文本框中输入值 0，在 限制 区域的 结束 下拉列表中选择 值 选项，并在其下的 距离 文本框中输入值 3，在 布尔 区域的下拉列表中选择 合并 选项，采用系统默认的求和对象。单击 < 确定 > 按钮，完成拉伸特征 3 的创建。

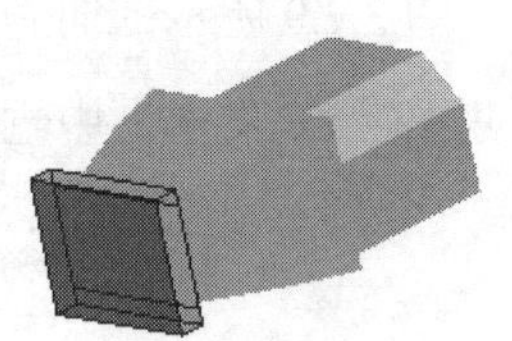
图 3.2.14　拉伸特征 3

图 3.2.15　定义草图平面

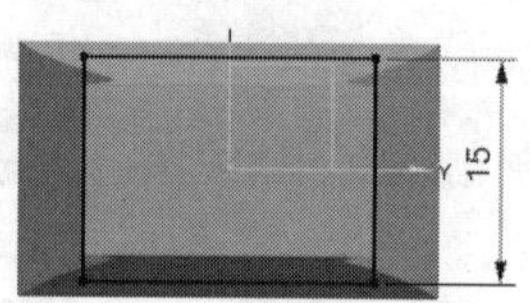

图 3.2.16　截面草图

Step9. 创建图 3.2.17b 所示的边倒圆特征 1。选择下拉菜单 插入(S) → 细节特征(L) → 边倒圆(E)... 命令，在 边 区域中单击 按钮，选择图 3.2.17a 所示的边线为边倒圆参照边，并在 半径 1 文本框中输入值 3。单击 < 确定 > 按钮，完成边倒圆特征 1 的创建。

Step10. 创建边倒圆特征 2。选择图 3.2.18 所示的边线为边倒圆参照边，并在 半径 1 文本框中输入值 3。单击 < 确定 > 按钮，完成边倒圆特征 2 的创建。

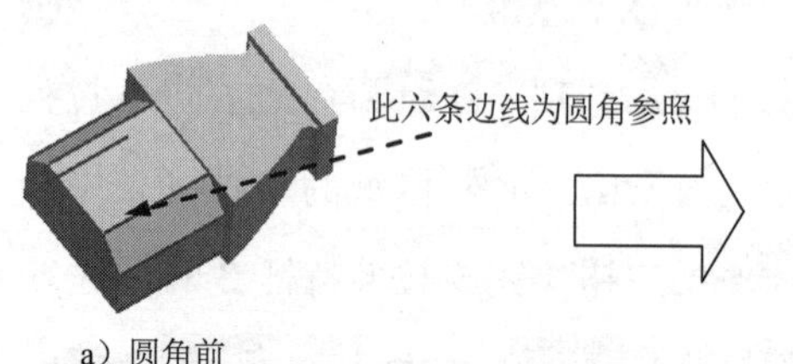

a）圆角前

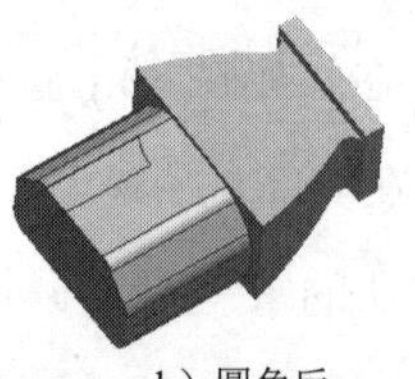
b）圆角后

图 3.2.17　边倒圆特征 1

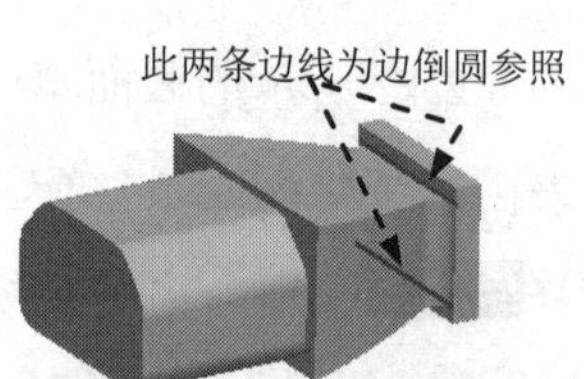

图 3.2.18　定义参照边

Step11. 创建边倒圆特征 3。选择图 3.2.19 所示的边线为边倒圆参照边，并在 半径 1 文本框中输入值 2。单击 < 确定 > 按钮，完成边倒圆特征 3 的创建。

Step12. 创建边倒圆特征 4。选择图 3.2.20 所示的边链为边倒圆参照边，并在 半径 1 文本框中输入值 2。单击 < 确定 > 按钮，完成边倒圆特征 4 的创建。

Step13. 创建边倒圆特征 5。选择图 3.2.21 所示的边链为边倒圆参照边，并在 半径 1 文本框中输入值 0.5。单击 < 确定 > 按钮，完成边倒圆特征 5 的创建。

Step14. 创建边倒圆特征 6。选择图 3.2.22 所示的边链为边倒圆参照边，并在 半径 1 文本框中输入值 0.5。单击 < 确定 > 按钮，完成边倒圆特征 6 的创建。

Step15. 创建图 3.2.23 所示的基准平面 2。选择下拉菜单 插入(S) → 基准/点(D)

→ 基准平面(D)...命令，系统弹出“基准平面”对话框。在类型区域的下拉列表中选择按某一距离选项，在绘图区选取图 3.2.24 所示的平面，输入偏移值 25。单击< 确定 >按钮，完成基准平面 2 的创建。

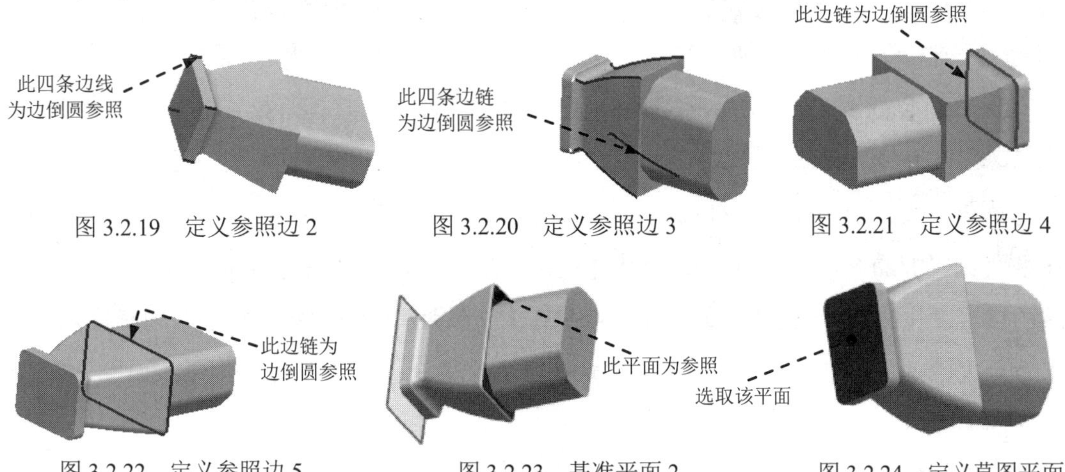

图 3.2.19　定义参照边 2　　图 3.2.20　定义参照边 3　　图 3.2.21　定义参照边 4

图 3.2.22　定义参照边 5　　图 3.2.23　基准平面 2　　图 3.2.24　定义草图平面

Step16. 创建图 3.2.25 所示的草图 1。选择下拉菜单插入(S) → 在任务环境中绘制草图(V)...命令，选取图 3.2.24 所示的平面为草图平面，进入草图环境绘制。单击< 确定 >按钮，完成草图 1 的创建。

Step17. 创建图 3.2.26 所示的草图 2。选择下拉菜单插入(S) → 在任务环境中绘制草图(V)...命令，选取基准平面 2 为草图平面，进入草图环境绘制。绘制完成后单击完成草图按钮，完成草图 2 的创建。

图 3.2.25　草图 1　　图 3.2.26　草图 2

Step18. 创建图 3.2.27 所示的网格曲面 1。选择下拉菜单插入(S) → 直纹(R)命令，选取图 3.2.25 所示的草图 1，单击中键确认；选取图 3.2.26 所示的草图 2。单击< 确定 >按钮，完成网格曲面 1 的创建。

Step19. 创建图 3.2.28 所示的求和特征 1。选择下拉菜单插入(S) → 组合(B) → 合并(U)...命令，选取图 3.2.28 所示的特征为目标体，选取图 3.2.28 所示的特征为刀具体。单击< 确定 >按钮，完成求和特征 1 的创建。

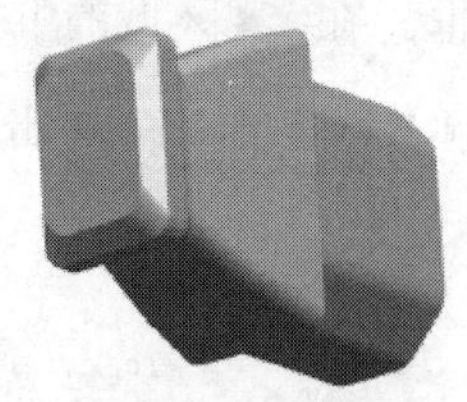

图 3.2.27 网格曲面 1

图 3.2.28 求和特征 1

Step20. 创建图 3.2.29 所示的零件特征——拉伸特征 4。选择下拉菜单 插入(S) → 设计特征(E) → 拉伸(E)... 命令，系统弹出“拉伸”对话框。选取图 3.2.30 所示的平面为草图平面，绘制图 3.2.31 所示的截面草图；在 指定矢量 下拉列表中选择 XC 选项；在 限制 区域的 开始 下拉列表中选择 值 选项，并在其下的 距离 文本框中输入值 0，在 限制 区域的 结束 下拉列表中选择 值 选项，并在其下的 距离 文本框中输入值 20，在 布尔 区域的下拉列表中选择 合并 选项，采用系统默认的求和对象。单击 <确定> 按钮，完成拉伸特征 4 的创建。

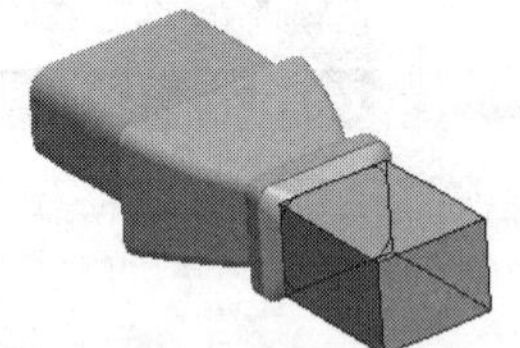

图 3.2.29 拉伸特征 4

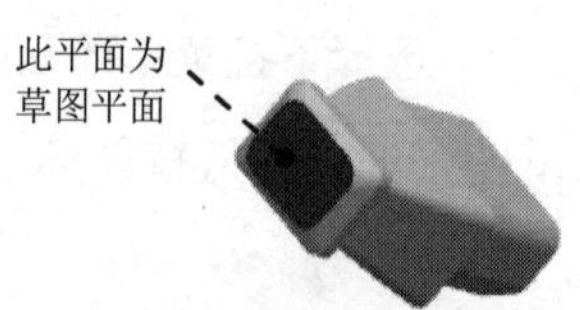

图 3.2.30 定义草图平面

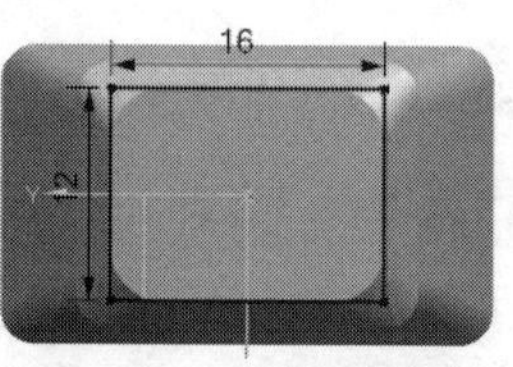

图 3.2.31 截面草图

Step21. 创建图 3.2.32 所示的拔模特征 2。选择下拉菜单 插入(S) → 细节特征(L) → 拔模(T)... 命令，在 脱模方向 区域中指定矢量为 X 轴的正方向，选择图 3.2.33 所示的平面为拔模固定面，在 要拔模的面 区域选择图 3.2.34 所示的四个面为参照，并在 角度 1 文本框中输入值 1。单击 <确定> 按钮，完成拔模特征 2 的创建。

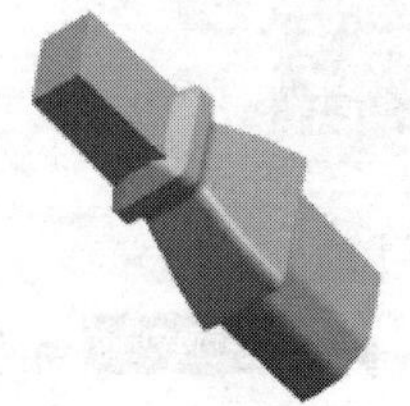

图 3.2.32 拔模特征 2

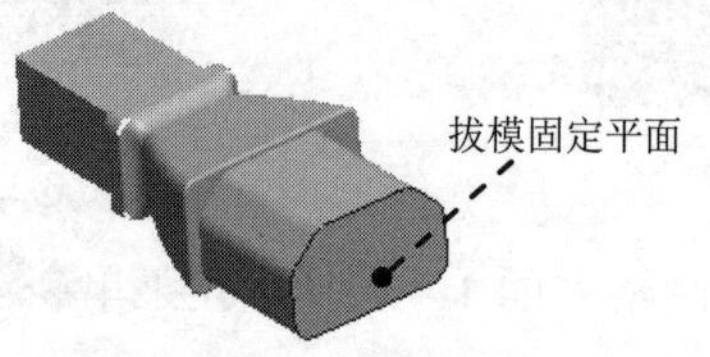

图 3.2.33 定义拔模固定面

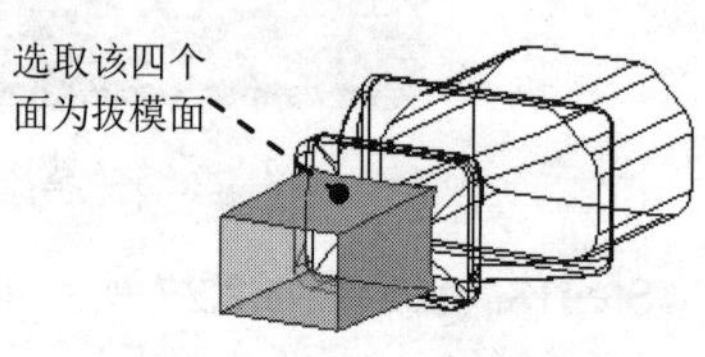

图 3.2.34 定义拔模面

Step22. 创建边倒圆特征 7。选择图 3.2.35 所示的边线为边倒圆参照边，并在 半径 1 文本框中输入值 3。单击 <确定> 按钮，完成边倒圆特征 7 的创建。

Step23. 创建边倒圆特征 8。选择图 3.2.36 所示的边链为边倒圆参照边，并在 半径 1 文本框中输入值 0.5。单击 <确定> 按钮，完成边倒圆特征 8 的创建。

Step24. 创建图 3.2.37 所示的基准平面 3。选择下拉菜单 插入(S) → 基准/点(D)

→ 基准平面(D)... 命令，系统弹出“基准平面”对话框。在类型区域的下拉列表中选择按某一距离选项，在绘图区选取基准平面 2 为参照，输入偏移值 2。单击< 确定 >按钮，完成基准平面 3 的创建。

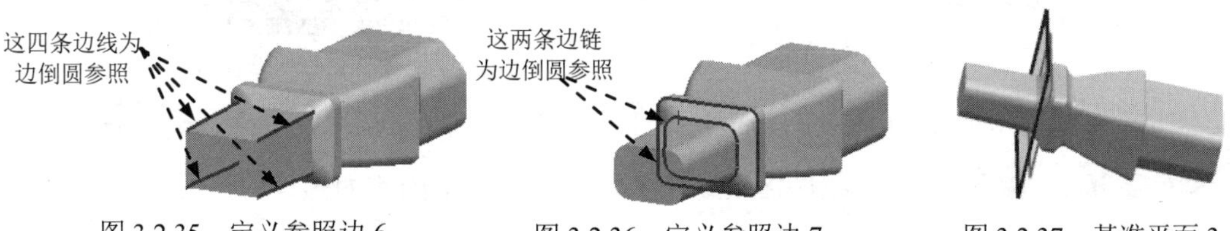

图 3.2.35　定义参照边 6　　图 3.2.36　定义参照边 7　　图 3.2.37　基准平面 3

Step25. 创建图 3.2.38 所示的拉伸特征 5。选择下拉菜单插入(S) → 设计特征(E) → 拉伸(E)... 命令，系统弹出“拉伸”对话框。选取基准平面 3 为草图平面，绘制图 3.2.39 所示的截面草图；在指定矢量下拉列表中选择 XC 选项；在限制区域的开始下拉列表中选择值选项，并在其下的距离文本框中输入值 0，在限制区域的结束下拉列表中选择值选项，并在其下的距离文本框中输入值 3，在布尔区域的下拉列表中选择减去选项，采用系统默认的求差对象。单击< 确定 >按钮，完成拉伸特征 5 的创建。

Step26. 创建图 3.2.40 所示的阵列特征 1。选择下拉菜单插入(S) → 关联复制(A) → 阵列特征(A)... 命令，在绘图区选取图 3.2.38 所示的拉伸特征 6 为要阵列的特征。在“阵列特征”对话框阵列定义区域的布局下拉列表中选择线性选项。在方向 1 区域的指定矢量下拉列表中选择 XC 选项。在“阵列特征”对话框间距区域的下拉列表中选择数量和间隔选项，在数量文本框中输入值 3，在节距文本框中输入值 6。其他参数保持系统默认设置。单击确定按钮，完成阵列特征 1 的创建。

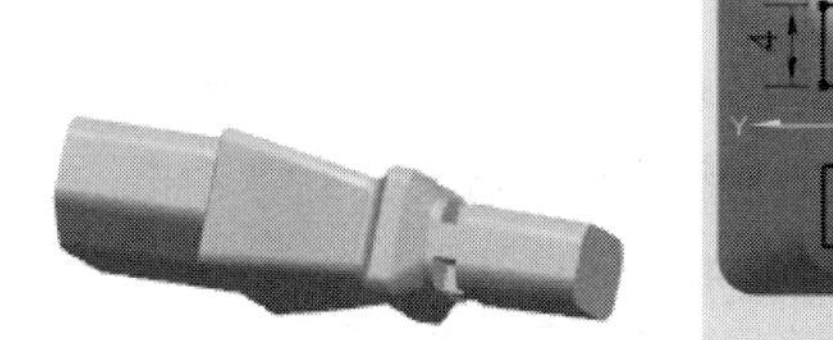

图 3.2.38　拉伸特征 5

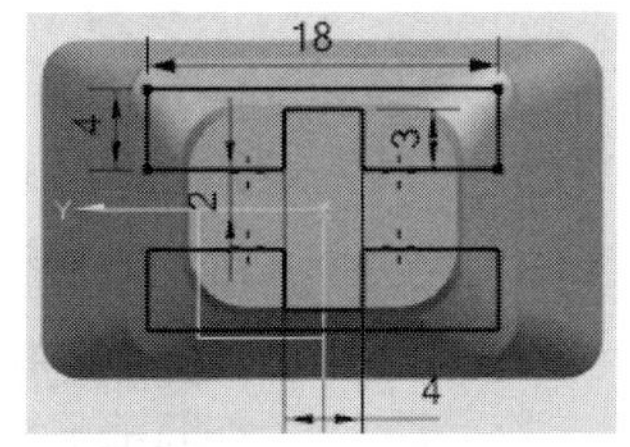

图 3.2.39　截面草图

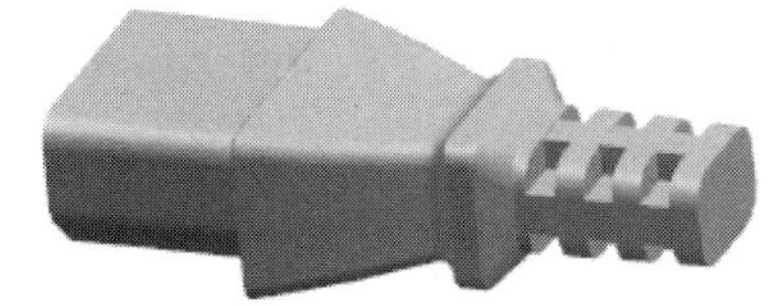

图 3.2.40　阵列特征 1

Step27. 创建图 3.2.41 所示的草图 3。选择下拉菜单插入(S) → 在任务环境中绘制草图(V)... 命令，选取基准平面 XZ 为草图平面，进入草图绘制环境。绘制完成后单击完成草图按钮，完成草图 3 的创建。

Step28. 创建图 3.2.42 所示的草图 4。选择下拉菜单插入(S) → 在任务环境中绘制草图(V)... 命令，选取图 3.2.43 所示的平面为草图平面，进入草图绘制环境。绘制完成后单击完成草图按钮，完成草图 4 的创建。

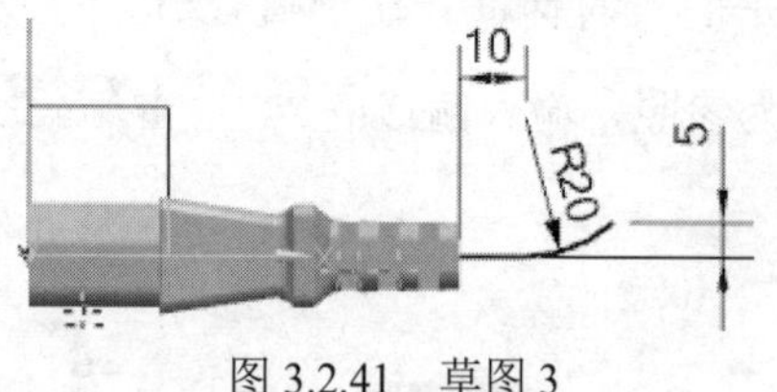

图 3.2.41 草图 3

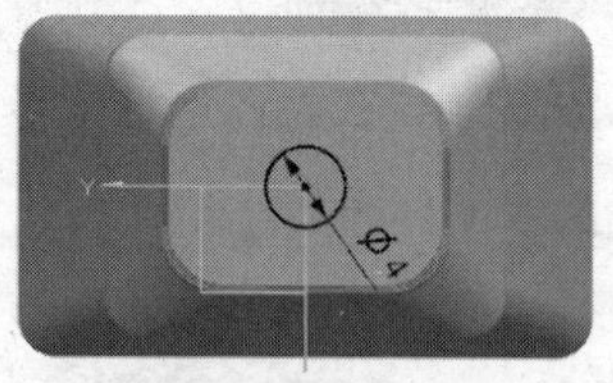

图 3.2.42 草图 4

Step29. 创建图 3.2.44 所示的扫掠特征 1。选择下拉菜单 插入(S) → 扫掠(W) → 沿引导线扫掠(G)... 命令，在绘图区选取图 3.2.42 所示的草图 4 为扫掠的截面曲线串，选取图 3.2.41 所示的草图 3 中的曲线特征为扫掠的引导线串。采用系统默认的扫掠偏置值，在布尔区域的下拉列表中选择 合并 选项，采用系统默认的求和对象。单击“沿引导线扫掠”对话框中的 < 确定 > 按钮。完成扫掠特征 1 的创建。

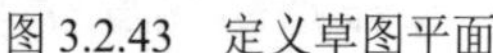

图 3.2.43 定义草图平面

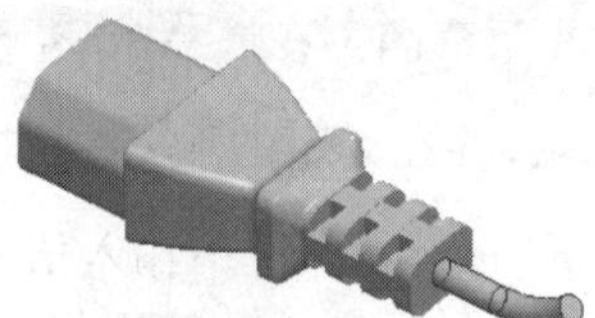

图 3.2.44 扫掠特征 1

Step30. 后面的详细操作过程请参见学习资源中 video\ch03.02\reference\文件下的语音视频讲解文件 BNCPIN_CONNECTOR_PUUGS-r02-01.exe，BNCPIN_CONNECTOR_PUUGS-r02-02.exe。

3.3 曲面上创建文字

实例概述

本实例介绍了在曲面上创建文字的一般方法，具体操作过程是先在平面上创建草绘文字，然后采用“拉伸”命令和求和特征将文字变成实体。该零件模型及模型树如图 3.3.1 所示。

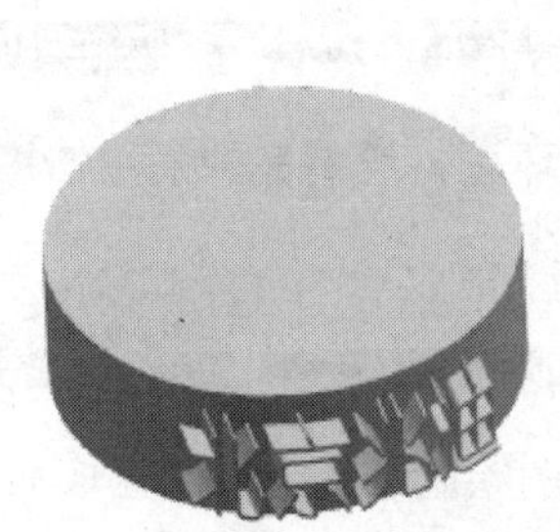

历史记录模式
模型视图
摄像机
用户表达式
组
模型历史记录
基准坐标系 (3)
拉伸 (4)
偏置曲面 (5)
文本 (6)
拉伸 (7)

图 3.3.1 曲面上创建文字零件模型及模型树

说明：本实例前面的详细操作过程请参见学习资源中 video\ch03.03\reference\文件下的语音视频讲解文件 TEXT-r01.exe。

Step1. 打开文件 D:\ugal12\work\ch03.03\TEXT_ex.prt。

Step2. 创建图 3.3.2 所示的偏置曲面。选择下拉菜单 插入(S) → 偏置/缩放(O) → 偏置曲面(O)... 命令，系统弹出“偏置曲面”对话框。选择拉伸特征 1 为偏置曲面。在 偏置 1 文本框中输入值 3，其他参数采用系统默认设置值。单击 < 确定 > 按钮，完成偏置曲面的创建。

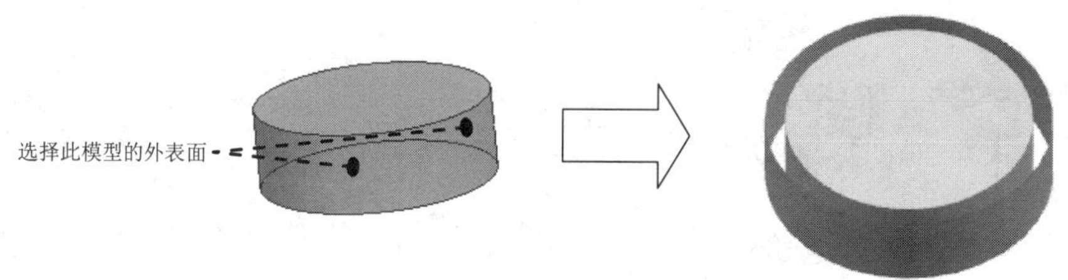

图 3.3.2　偏置曲面

Step3. 创建图 3.3.3 所示的文本特征 1。选择下拉菜单 插入(S) → 曲线(C) → A 文本(T)... 命令，系统弹出“文本”对话框。在 类型 下拉列表中选择 面上 选项，在 文本放置面 区域选择图 3.3.4 所示的面，在 面上的位置 区域中的 放置方法 选择 面上的曲线 选项，选择图 3.3.5 所示的边线为参照边，在 文本属性 下面的文本框中输入“北京兆迪”，在 字体 下拉列表中选择 幼圆 选项，在 尺寸 区域的 偏置 文本框中输入值 2.3，在 长度 文本框中输入值 32，在 高度 文本框中输入值 7。单击 < 确定 > 按钮，完成文本特征 1 的创建。

Step4. 创建图 3.3.6 所示的零件特征——拉伸特征 2。选择下拉菜单 插入(S) → 设计特征(E) → 拉伸(E)... 命令，系统弹出“拉伸”对话框。选取图 3.3.3 所示的截面草图；在 指定矢量 下拉列表中选择 -XC 选项；在 限制 区域的 开始 下拉列表中选择 值 选项，并在其下的 距离 文本框中输入值-2，在 限制 区域的 结束 下拉列表中选择 直至选定 选项，在 布尔 区域的下拉列表中选择 合并 选项，采用系统默认的求和对象。单击 < 确定 > 按钮，完成拉伸特征 2 的创建。

说明：前面所做的偏置曲面为直至选定的对象。

图 3.3.3　文本特征 1

图 3.3.4　定义参照面

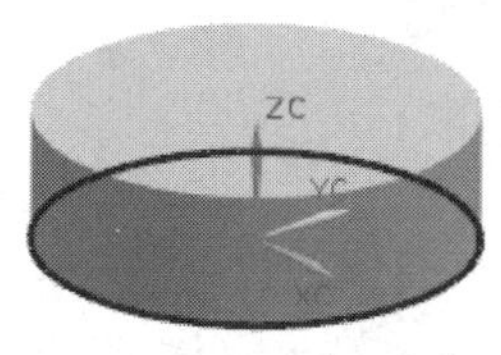

图 3.3.5　定义参照边

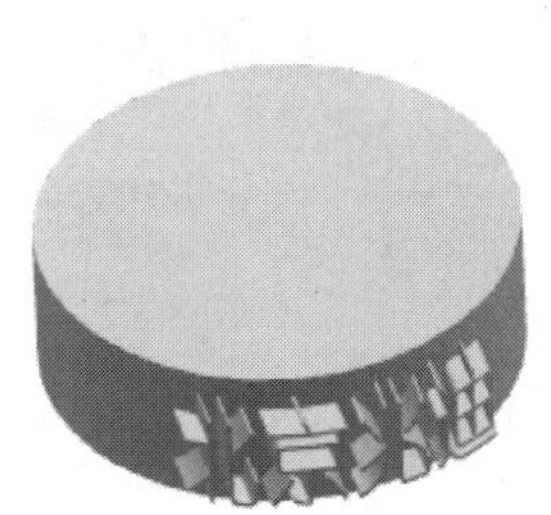

图 3.3.6　拉伸特征 2

Step5. 保存零件模型。选择下拉菜单 文件(F) → 保存(S) 命令，即可保存零件模型。

3.4 微波炉门把手

实例概述

微波炉门把手零件在进行设计的过程中要充分利用创建的曲面，设计中主要运用了“拉伸”“镜像”“偏置曲面”等特征命令。该零件模型及模型树如图 3.4.1 所示。

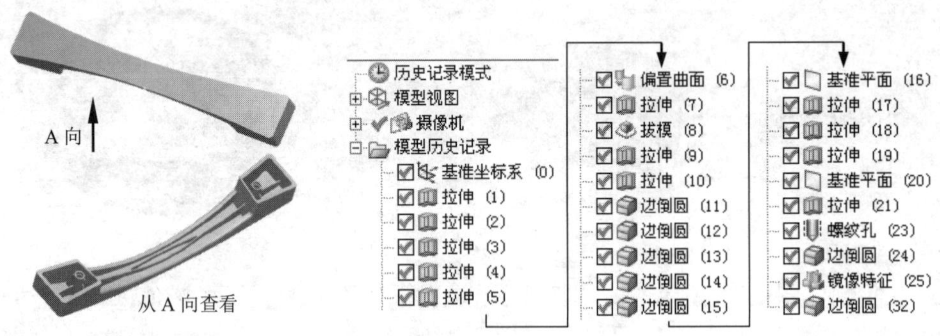

图 3.4.1　微波炉门把手零件模型及模型树

Step1. 新建文件。选择下拉菜单 文件(F) → 新建(N)... 命令，系统弹出“新建”对话框。在 模型 选项卡的 模板 区域中选取模板类型为 模型，在 名称 文本框中输入文件名称 HANDLE，单击 确定 按钮，进入建模环境。

Step2. 创建图 3.4.2 所示的拉伸特征 1。选择下拉菜单 插入(S) → 设计特征(E) → 拉伸(E)... 命令，系统弹出“拉伸”对话框。选取 XY 平面为草图平面，绘制图 3.4.3 所示的截面草图；在 指定矢量 下拉列表中选择 ZC↑ 选项；在 限制 区域的 开始 下拉列表中选择 值 选项，并在其下的 距离 文本框中输入值 0，在 限制 区域的 结束 下拉列表中选择 值 选项，并在其下的 距离 文本框中输入值 30。单击 <确定> 按钮，完成拉伸特征 1 的创建。

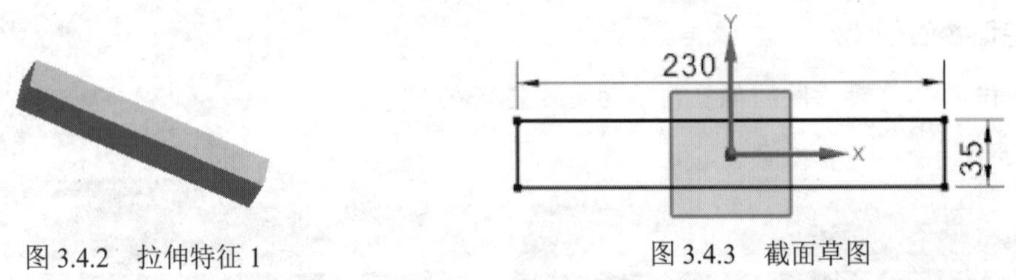

图 3.4.2　拉伸特征 1　　　　图 3.4.3　截面草图

Step3. 创建图 3.4.4 所示的拉伸特征 2。选择下拉菜单 插入(S) → 设计特征(E) → 拉伸(E)... 命令，系统弹出“拉伸”对话框。选取图 3.4.5 所示的平面为草图平面，绘制图

3.4.6 所示的截面草图；在 指定矢量 下拉列表中选择 YC 选项；在 限制 区域的 开始 下拉列表中选择 值 选项，并在其下的 距离 文本框中输入值 0，在 限制 区域的 结束 下拉列表中选择 贯通 选项，在 布尔 区域的下拉列表中选择 减去 选项，采用系统默认的求差对象。单击 <确定> 按钮，完成拉伸特征 2 的创建。

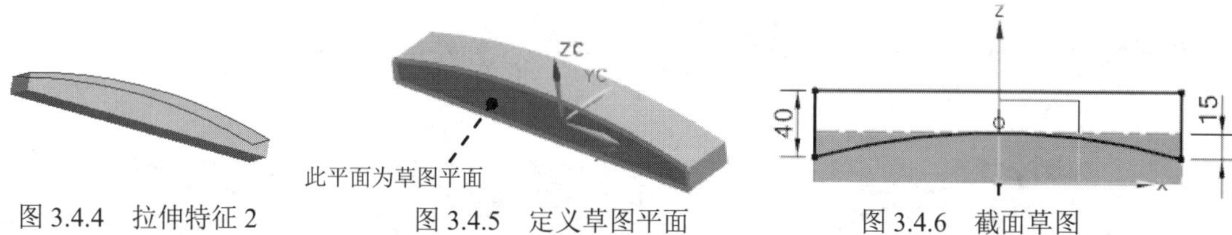

图 3.4.4　拉伸特征 2　　图 3.4.5　定义草图平面　　图 3.4.6　截面草图

Step4. 创建图 3.4.7 所示的拉伸特征 3。选择下拉菜单 插入(S) → 设计特征(E) → 拉伸(E)... 命令，系统弹出“拉伸”对话框。选取 XZ 基准平面为草图平面，绘制图 3.4.8 所示的截面草图；在 指定矢量 下拉列表中选择 YC 选项；在 限制 区域的 开始 下拉列表中选择 对称值 选项，并在其下的 距离 文本框中输入值 58.5，在 布尔 区域的下拉列表中选择 无 选项，在 体类型 区域的下拉列表中选择 片体 选项。单击 <确定> 按钮，完成拉伸特征 3 的创建。

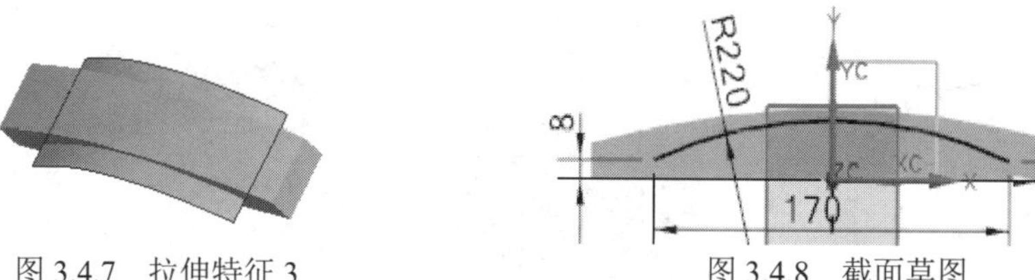

图 3.4.7　拉伸特征 3　　图 3.4.8　截面草图

Step5. 创建图 3.4.9 所示的拉伸特征 4。选择下拉菜单 插入(S) → 设计特征(E) → 拉伸(E)... 命令，系统弹出“拉伸”对话框。选取图 3.4.10 所示的平面为草图平面，绘制图 3.4.11 所示的截面草图；在 指定矢量 下拉列表中选择 ZC 选项；在 限制 区域的 开始 下拉列表中选择 值 选项，并在其下的 距离 文本框中输入值 0，在 限制 区域的 结束 下拉列表中选择 直至选定 选项，在 布尔 区域的下拉列表中选择 减去 选项，选取拉伸特征 1 为求差对象。单击 <确定> 按钮，完成拉伸特征 4 的创建。

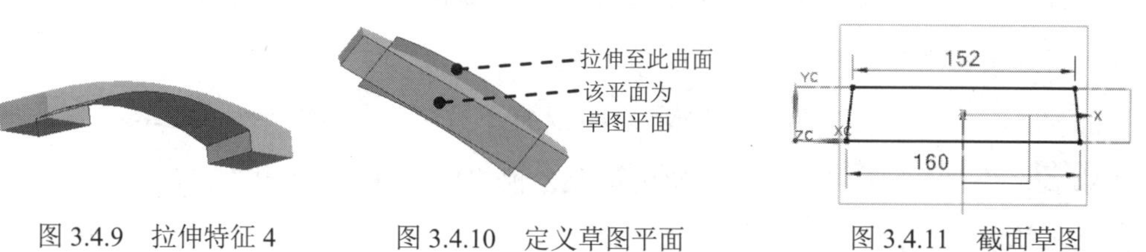

图 3.4.9　拉伸特征 4　　图 3.4.10　定义草图平面　　图 3.4.11　截面草图

Step6. 创建图 3.4.12 所示的拉伸特征 5。选择下拉菜单 插入(S) → 设计特征(E) → 拉伸(E)... 命令，系统弹出“拉伸”对话框。选取图 3.4.10 所示的平面为草图平面，绘制图 3.4.13 所示的截面草图；在 指定矢量 下拉列表中选择 ZC↑ 选项；在 限制 区域的 开始 下拉列表中选择 值 选项，并在其下的 距离 文本框中输入值 0，在 限制 区域的 结束 下拉列表中选择 值 选项，并在其下的 距离 文本框中输入值 59，在 布尔 区域的下拉列表中选择 减去 选项，采用系统默认的求差对象。单击 < 确定 > 按钮，完成拉伸特征 5 的创建。

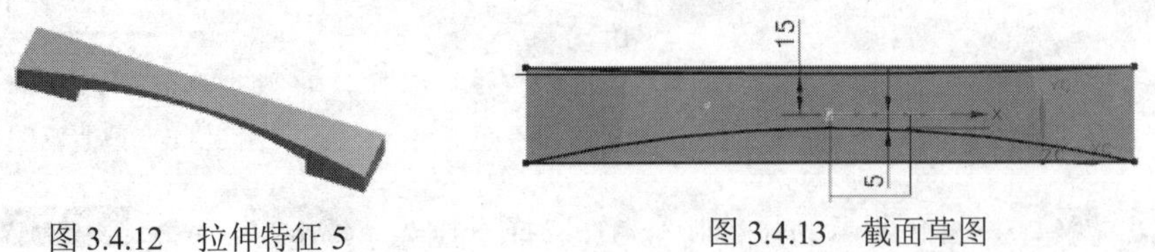

图 3.4.12 拉伸特征 5 图 3.4.13 截面草图

Step7. 创建图 3.4.14 所示的偏置曲面 1。选择下拉菜单 插入(S) → 偏置/缩放(O) → 偏置曲面(O)... 命令，系统弹出“偏置曲面”对话框。选择图 3.4.15 所示的曲面为偏置曲面。在 偏置 1 文本框中输入值 2，单击 按钮调整偏置方向为 Z 基准轴负向，其他参数采用系统默认设置。单击 < 确定 > 按钮，完成偏置曲面 1 的创建。

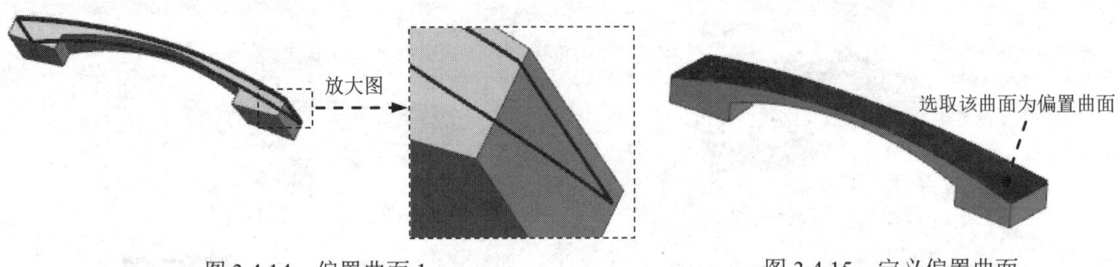

图 3.4.14 偏置曲面 1 图 3.4.15 定义偏置曲面

Step8. 创建图 3.4.16 所示的拉伸特征 6。选择下拉菜单 插入(S) → 设计特征(E) → 拉伸(E)... 命令，系统弹出“拉伸”对话框。选取图 3.4.17 所示的平面为草图平面，绘制图 3.4.18 所示的截面草图；在 指定矢量 下拉列表中选择 ZC↑ 选项；在 限制 区域的 开始 下拉列表中选择 值 选项，并在其下的 距离 文本框中输入值 0，在 限制 区域的 结束 下拉列表中选择 直至选定 选项，在 布尔 区域的下拉列表中选择 减去 选项，选取拉伸特征 1 为求差对象。单击 < 确定 > 按钮，完成拉伸特征 6 的创建。

说明：偏置曲面 1 为拉伸直至选定的对象。

Step9. 创建图 3.4.19 所示的拔模特征 1。选择下拉菜单 插入(S) → 细节特征(L) → 拔模(T)... 命令，在 脱模方向 区域中指定矢量为 Z 轴的负方向，选择图 3.4.20 所示的面为固定面，在 要拔模的面 区域选择图 3.4.21 所示的面为参照，并在 角度 1 文本框中输入值 8。单击 < 确定 > 按钮，完成拔模特征 1 的创建。

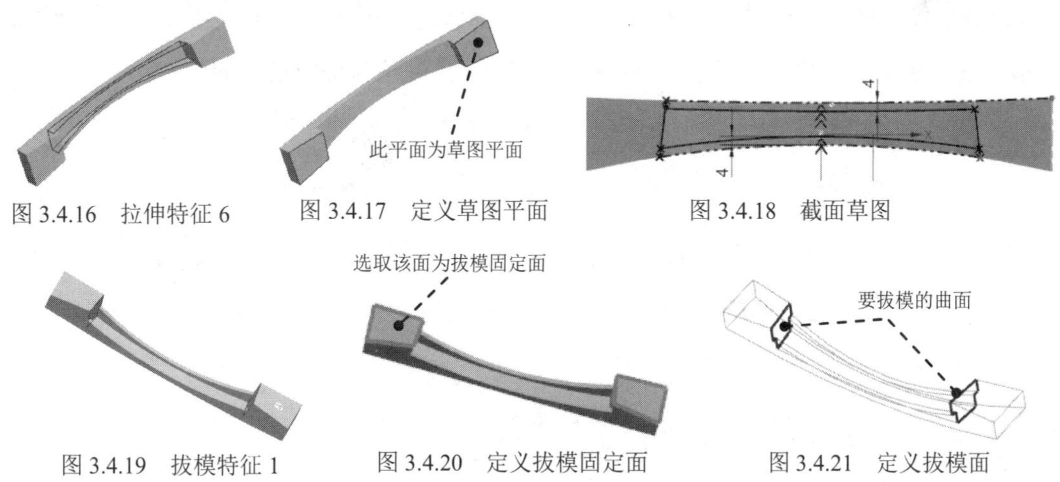

图 3.4.16 拉伸特征 6　图 3.4.17 定义草图平面　图 3.4.18 截面草图

图 3.4.19 拔模特征 1　图 3.4.20 定义拔模固定面　图 3.4.21 定义拔模面

Step10. 创建图 3.4.22 所示的拉伸特征 7。选择下拉菜单 插入(S) → 设计特征(E) → 拉伸(E)... 命令，系统弹出“拉伸”对话框。选取图 3.4.23 所示的平面为草图平面，绘制图 3.4.24 所示的截面草图；在 指定矢量 下拉列表中选择 ZC 选项；在 偏置 区域的 偏置 下拉列表中选取 两侧 选项，在 开始 文本框中输入值 0，在 结束 文本框中输入值 1；在 限制 区域的 开始 下拉列表中选择 直至延伸部分 选项，选取拉伸特征 3 创建的片体，在 限制 区域的 结束 下拉列表中选择 直至选定 选项，选取偏置曲面 1 为选定对象，在 布尔 区域的下拉列表中选择 合并 选项，采用系统默认的求和对象。单击 < 确定 > 按钮，完成拉伸特征 7 的创建。

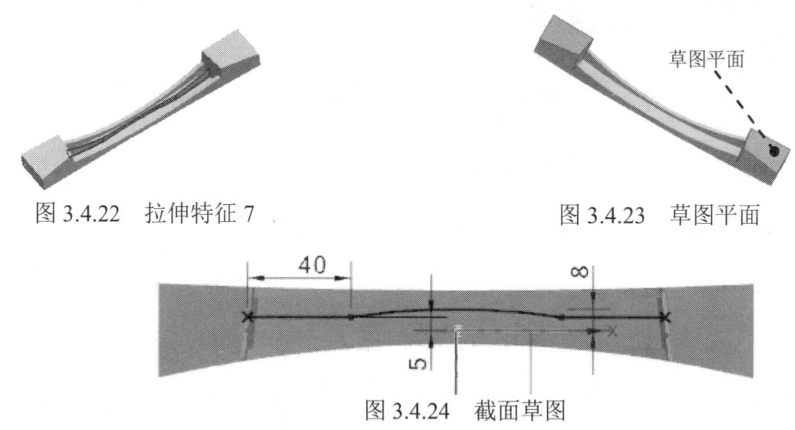

图 3.4.22 拉伸特征 7　图 3.4.23 草图平面

图 3.4.24 截面草图

Step11. 创建图 3.4.25 所示的拉伸特征 8。选择下拉菜单 插入(S) → 设计特征(E) → 拉伸(E)... 命令，系统弹出“拉伸”对话框。选取图 3.4.26 所示的平面为草图平面，绘制图 3.4.27 所示的截面草图；在 指定矢量 下拉列表中选择 ZC 选项；在 偏置 区域的 偏置 下拉列表中选取 两侧 选项，在 开始 文本框中输入值 0，在 结束 文本框中输入值 1；在 限制 区域的 开始 下拉列表中选择 直至延伸部分 选项，选取拉伸特征 3 创建的片体，在 限制 区域的 结束 下拉列表中选择直至选定选项，选取偏置曲面 1 为选定对象，在布尔区域的下拉列表中选择合并选项，采用系统默认的求和对象。单击< 确定 >按钮，完成拉伸特征 8 的创建。

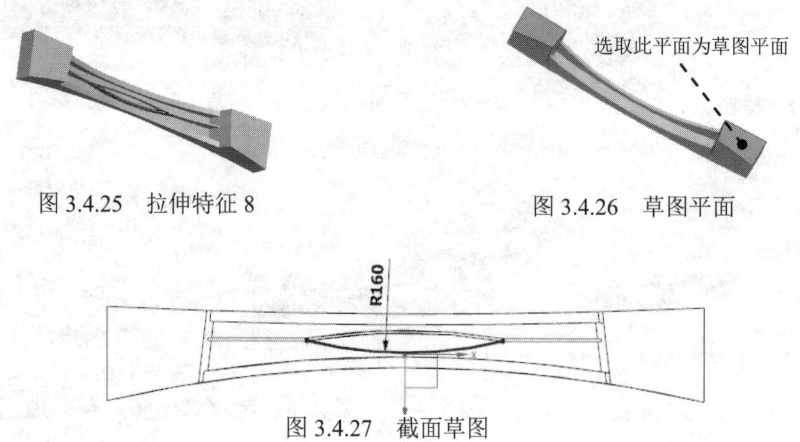

图 3.4.25　拉伸特征 8　　图 3.4.26　草图平面

图 3.4.27　截面草图

Step12. 创建边倒圆特征 1。选择下拉菜单插入(S) → 细节特征(L) ▸ → 边倒圆(E)... 命令，在边区域中单击按钮，选择图 3.4.28a 所示的边线为边倒圆参照边，并在半径 1文本框中输入值 3。单击< 确定 >按钮，完成边倒圆特征 1 的创建。

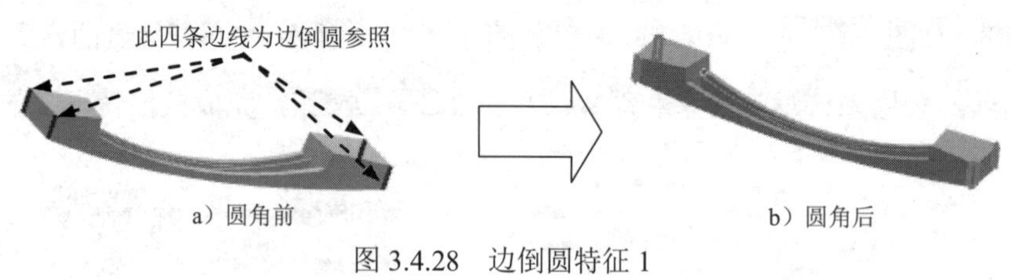

a）圆角前　　b）圆角后

图 3.4.28　边倒圆特征 1

Step13. 后面的详细操作过程请参见学习资源中 video\ch03.03\reference\文件下的语音视频讲解文件 HANDLE-r01-01.exe、HANDLE-r01-02.exe 和 HANDLE-r01-03.exe。

3.5　香皂盒

实例概述

本实例主要运用了“拉伸”“修剪体”“相交曲线”“扫掠”和“壳”等命令，在设计香皂盒的过程中应充分利用“偏置曲面”命令。香皂盒的零件模型及模型树如图 3.5.1 所示。

Step1. 新建文件。选择下拉菜单文件(F) → 新建(N)...命令，系统弹出“新建”对话框。在模型选项卡的模板区域中选取模板类型为模型，在名称文本框中输入文件名称 SOAP_BOX，单击确定按钮，进入建模环境。

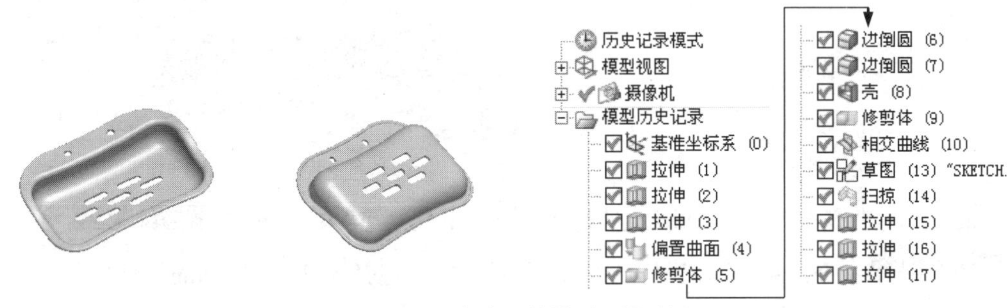

图 3.5.1 香皂盒零件模型及模型树

Step2. 创建图 3.5.2 所示的拉伸特征 1。选择下拉菜单插入(S) → 设计特征(E) → 拉伸(E)...命令，系统弹出“拉伸”对话框。选取 XY 平面为草图平面，绘制图 3.5.3 所示的截面草图；在指定矢量下拉列表中选择ZC选项；在限制区域的开始下拉列表中选择值选项，并在其下的距离文本框中输入值 0，在限制区域的结束下拉列表中选择值选项，并在其下的距离文本框中输入值 30。单击< 确定 >按钮，完成拉伸特征 1 的创建。

Step3. 创建图 3.5.4 所示的拉伸特征 2。选择下拉菜单插入(S) → 设计特征(E) → 拉伸(E)...命令，系统弹出“拉伸”对话框。选取 YZ 基准平面为草图平面，绘制图 3.5.5 所示的截面草图；在指定矢量下拉列表中选择XC选项；在限制区域的开始下拉列表中选择对称值选项，并在其下的距离文本框中输入值 75，在体类型区域的下拉列表中选择片体选项。单击< 确定 >按钮，完成拉伸特征 2 的创建。

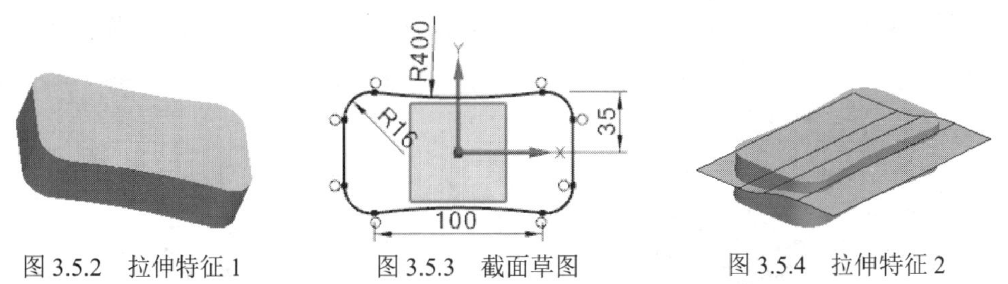

图 3.5.2 拉伸特征 1　　图 3.5.3 截面草图　　图 3.5.4 拉伸特征 2

Step4. 创建图 3.5.6 所示的拉伸特征 3。选择下拉菜单插入(S) → 设计特征(E) → 拉伸(E)...命令，系统弹出“拉伸”对话框。选取 XY 基准平面为草图平面，绘制图 3.5.7 所示的截面草图；在指定矢量下拉列表中选择ZC选项；在限制区域的开始下拉列表中选择直至延伸部分选项，在限制区域的结束下拉列表中选择直至选定选项，在布尔区域的下拉列表中选择合并选项，采用系统默认的求和对象。单击< 确定 >按钮，完成拉伸特征 3 的创建。

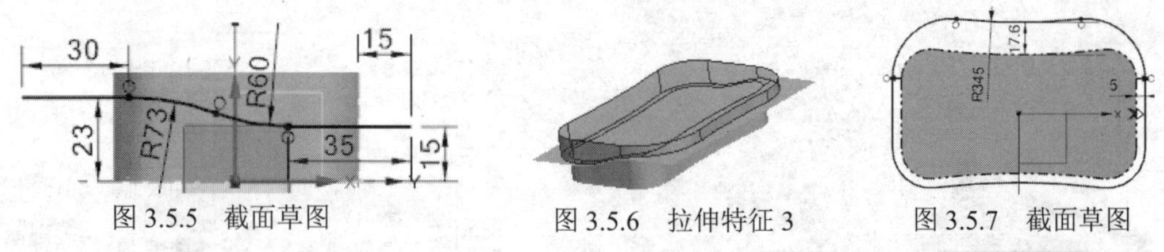

图 3.5.5　截面草图　　图 3.5.6　拉伸特征 3　　图 3.5.7　截面草图

Step5. 创建图 3.5.8 所示的偏置曲面 1。选择下拉菜单插入(S) → 偏置/缩放(O) → 偏置曲面(O)...命令，系统弹出“偏置曲面”对话框。选择图 3.5.4 所示的拉伸曲面为偏置曲面。在偏置 1文本框中输入值 3；单击按钮调整偏置方向为 Z 基准轴正方向；其他参数采用系统默认设置。单击< 确定 >按钮，完成偏置曲面 1 的创建。

Step6. 创建图 3.5.9 所示的修剪特征 1。选择下拉菜单插入(S) → 修剪(T) → 修剪体(T)...命令，在绘图区选取图 3.5.10 所示的特征为目标体，单击中键；选取图 3.5.10 所示的片体为工具体，单击中键，通过调整方向确定要保留的部分。单击< 确定 >按钮，完成修剪特征 1 的创建。

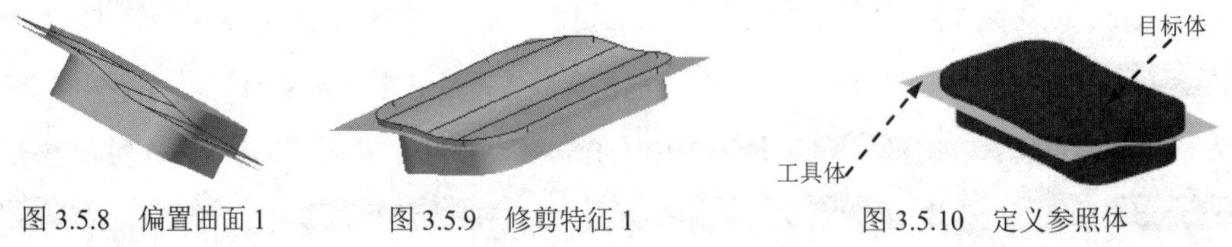

图 3.5.8　偏置曲面 1　　图 3.5.9　修剪特征 1　　图 3.5.10　定义参照体

Step7. 创建边倒圆特征 1。选择下拉菜单插入(S) → 细节特征(L) → 边倒圆(E)...命令，在边区域中单击按钮，选择图 3.5.11a 所示的边链为边倒圆参照边，并在半径 1文本框中输入值 12。单击< 确定 >按钮，完成边倒圆特征 1 的创建。

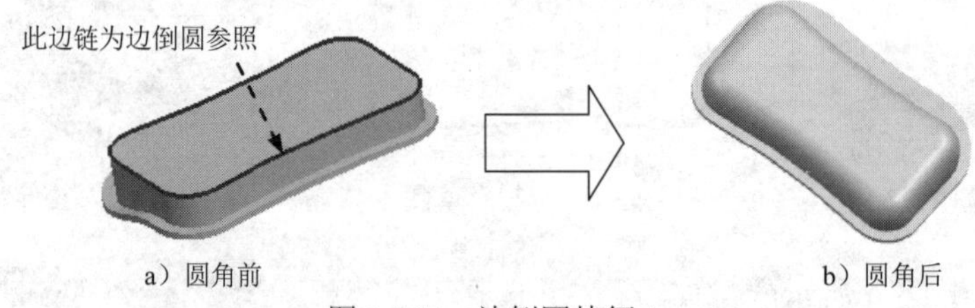

a）圆角前　　b）圆角后

图 3.5.11　边倒圆特征 1

Step8. 创建边倒圆特征 2。选择图 3.5.12 a 所示的边链为边倒圆参照边，并在半径 1文本框中输入值 4。单击< 确定 >按钮，完成边倒圆特征 2 的创建。

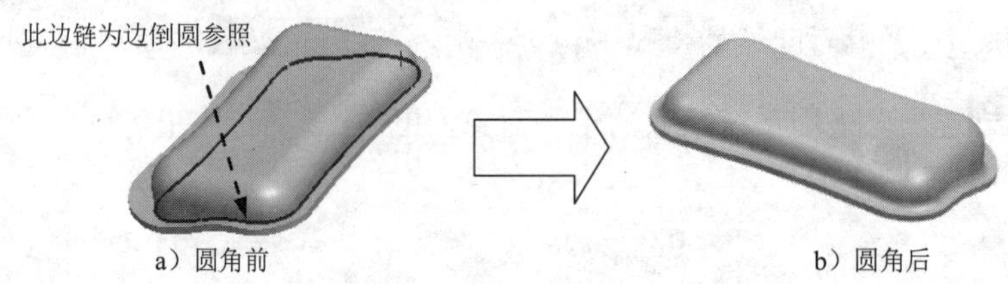

a）圆角前　　b）圆角后

图 3.5.12　边倒圆特征 2

Step9. 创建图 3.5.13 所示的抽壳特征 1。选择下拉菜单 插入(S) → 偏置/缩放(O) → 抽壳(H)... 命令，在 类型 区域的下拉列表中选择 移除面，然后抽壳 选项，在 面 区域中单击 按钮，选取图 3.5.14 所示的曲面为要移除的对象。在 厚度 文本框中输入值 2，单击"反向"按钮，其他参数采用系统默认设置。单击 < 确定 > 按钮，完成抽壳特征 1 的创建。

Step10. 创建图 3.5.15 所示的修剪特征 2。选择下拉菜单 插入(S) → 修剪(T) → 修剪体(T)... 命令，在绘图区选取图 3.5.16 所示的实体特征为目标体，单击中键；选取图 3.5.16 所示的片体为工具体，单击中键，通过调整方向确定要保留的部分。单击 < 确定 > 按钮，完成修剪特征 2 的创建。

图 3.5.13　抽壳特征 1

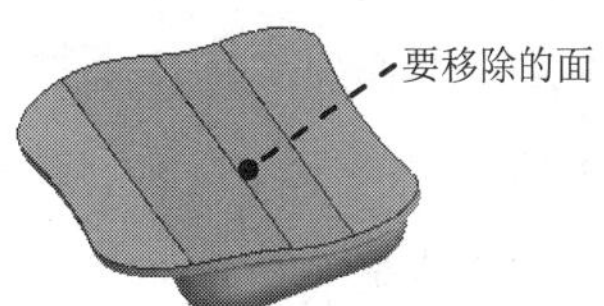

图 3.5.14　定义移除面

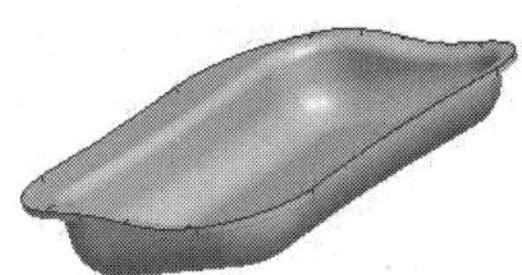

图 3.5.15　修剪特征 2

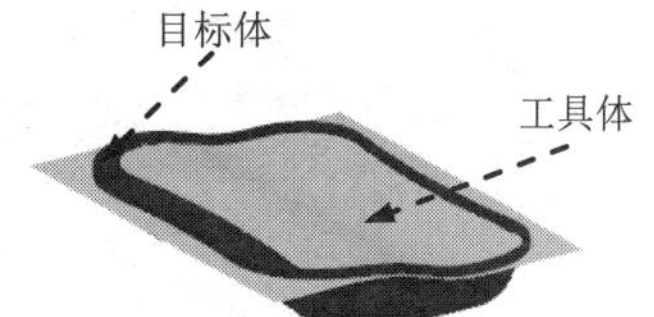

图 3.5.16　定义参照体

Step11. 创建图 3.5.17 所示的相交曲线 1。选择下拉菜单 插入(S) → 派生曲线(U) → 求交(I) 命令，在 第一组 选择图 3.5.18 所示的面为参照，单击鼠标中键；在 第二组 选择拉伸特征 2 的片体为参照，单击鼠标中键。单击"相交曲线"对话框中的 < 确定 > 按钮，完成相交曲线 1 的创建。

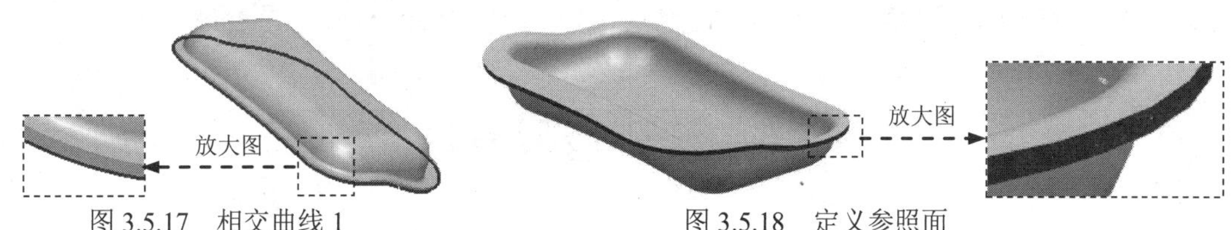

图 3.5.17　相交曲线 1　　图 3.5.18　定义参照面

Step12. 创建图 3.5.19 所示的草图 1。选择下拉菜单 插入(S) → 在任务环境中绘制草图(V) 命令，在 类型 下拉列表中选取 基于路径 选项，在 轨迹 区域选取图 3.5.17 所示的相交曲线 1 为参照，其他参数保持系统默认设置。单击"创建草图"对话框中的 < 确定 > 按钮，进行草绘。

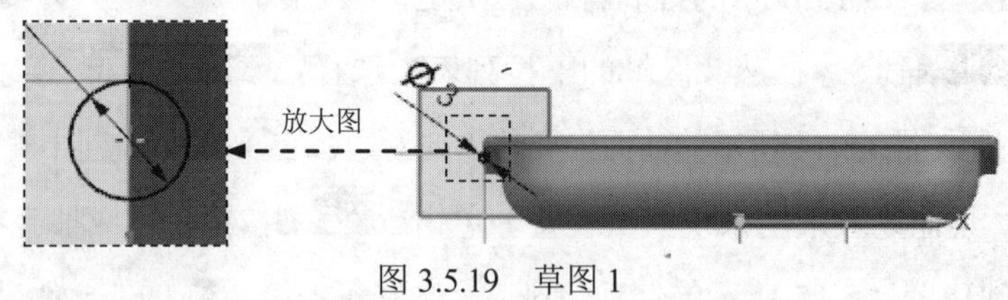

图 3.5.19　草图 1

Step13. 创建图 3.5.20 所示的扫掠特征 1。选择下拉菜单 插入(S) → 扫掠(W) → 扫掠(S)... 命令，在绘图区选取图 3.5.19 所示的草图 1 为扫掠的截面曲线串，选取图 3.5.17 所示的相交曲线 1 为扫掠的引导线串。采用系统默认的扫掠偏置值，采用系统默认的求和对象。单击“沿引导线扫掠”对话框中的 <确定> 按钮。完成扫掠特征 1 的创建。

Step14. 创建求和特征。选择下拉菜单 插入(S) → 组合(B) ▸ → 合并(U)... 命令，选取图 3.5.21 所示的实体特征为目标体，选取图 3.5.21 所示的扫掠特征为刀具体。单击 确定 按钮，完成求和特征的创建。

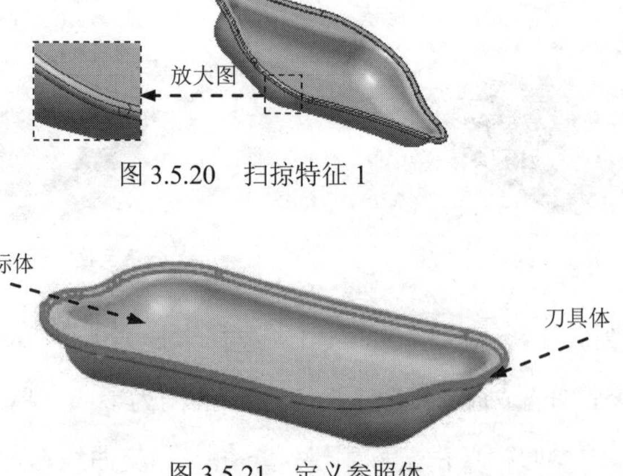

图 3.5.20　扫掠特征 1

图 3.5.21　定义参照体

Step15. 后面的详细操作过程请参见学习资源中 video\ch03.05\reference\文件下的语音视频讲解文件 SOAP_BOX-r01-01.exe 和 SOAP_BOX-r01-02.exe。

3.6　牙刷造型设计

实例概述

本实例讲解了一款牙刷塑料部分的造型设计过程。本实例的创建方法技巧性较强，其中组合曲线投影特征的创建过程是首次出现，而且填充阵列的操作性比较强，需要读者用心体会。该零件模型及模型树如图 3.6.1 所示。

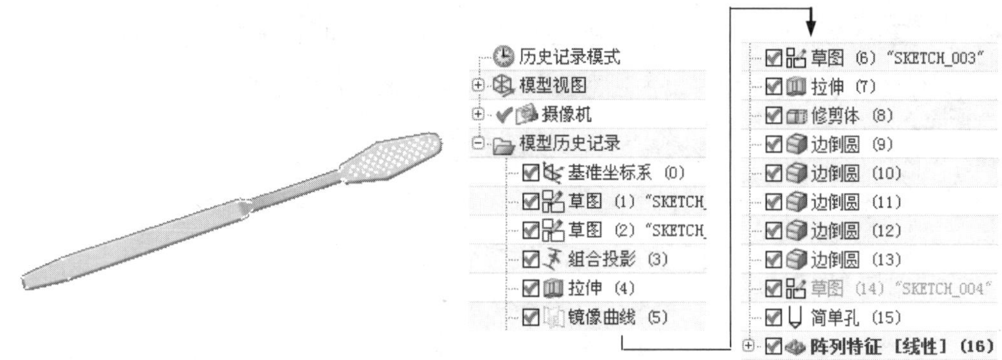

图 3.6.1　牙刷造型设计零件模型及模型树

Step1. 新建文件。选择下拉菜单 文件(F) ➡ 新建(N)... 命令，系统弹出"新建"对话框。在 模型 选项卡的 模板 区域中选取模板类型为 模型，在 名称 文本框中输入文件名称 TOOTHBRUSH，单击 确定 按钮，进入建模环境。

Step2. 创建图 3.6.2 所示的草图 1。选择下拉菜单 插入(S) ➡ 在任务环境中绘制草图(V) 命令，选取 YZ 基准平面为草图平面，进入草图环境绘制草图。绘制完成后单击 完成草图 按钮，完成草图 1 的创建。

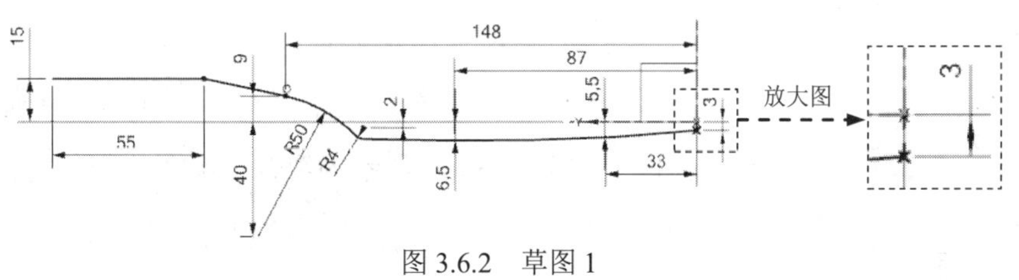

图 3.6.2　草图 1

Step3. 创建图 3.6.3 所示的草图 2。选择下拉菜单 插入(S) ➡ 在任务环境中绘制草图(V) 命令，选取 XY 基准平面为草图平面，进入草图环境绘制草图。绘制完成后单击 完成草图 按钮，完成草图 2 的创建。

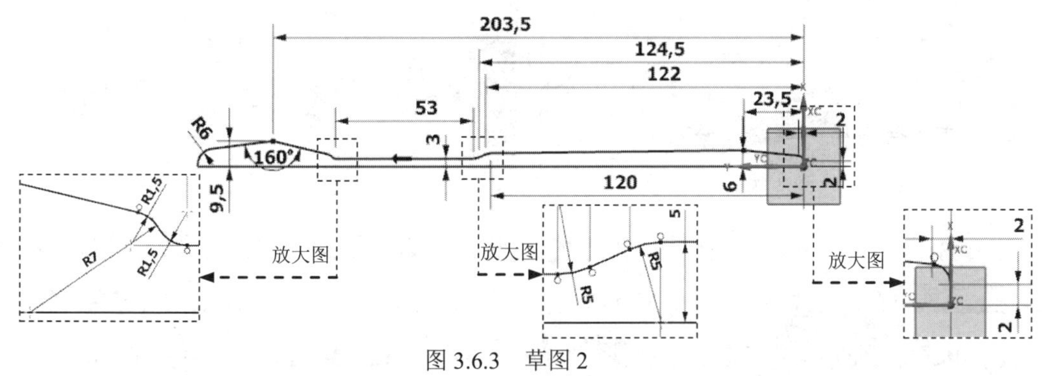

图 3.6.3　草图 2

Step4. 创建图 3.6.4 所示的组合投影 1。选择下拉菜单 插入(S) ➡ 派生曲线(U)

➡ 组合投影(C)...命令，依次选取图 3.6.2 所示的草图 1 和图 3.6.3 所示的草图 2 为投影对象，并分别单击中键确认。单击< 确定 >按钮，完成组合投影 1 的创建。

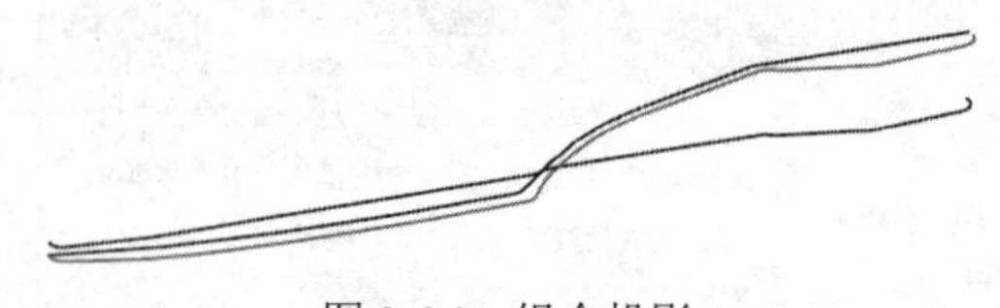

图 3.6.4　组合投影 1

Step5. 创建图 3.6.5 所示的拉伸特征 1。选择下拉菜单 插入(S) ➡ 设计特征(E) ➡ 拉伸(E)...命令，系统弹出“拉伸”对话框。选取 YZ 平面为草图平面，绘制图 3.6.6 所示的截面草图；在 指定矢量 下拉列表中选择 XC 选项，在 限制 区域的 开始 下拉列表中选择 对称值 选项，并在其下的 距离 文本框中输入值 20。单击< 确定 >按钮，完成拉伸特征 1 的创建。

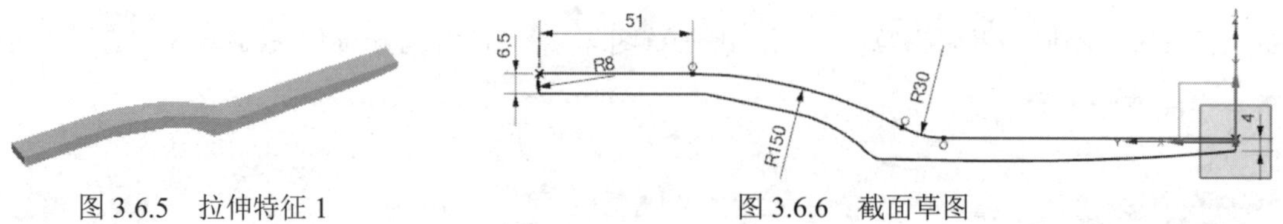

图 3.6.5　拉伸特征 1　　图 3.6.6　截面草图

Step6. 创建图 3.6.7 所示的镜像特征 1。选择下拉菜单 插入(S) ➡ 派生曲线(U) ➡ 镜像(M)...命令，在绘图区中选取图 3.6.4 所示的组合投影 1 为要镜像的特征。在 镜像平面 区域中单击按钮，在绘图区中选取 YZ 基准平面作为镜像平面。单击 确定 按钮，完成镜像特征 1 的创建。

Step7. 创建图 3.6.8 所示的草图 3。选择下拉菜单 插入(S) ➡ 在任务环境中绘制草图(V)命令，选取图 3.6.8 所示的平面为草图平面，进入草图环境绘制草图。绘制完成后单击 完成草图 按钮，完成草图 3 的创建。

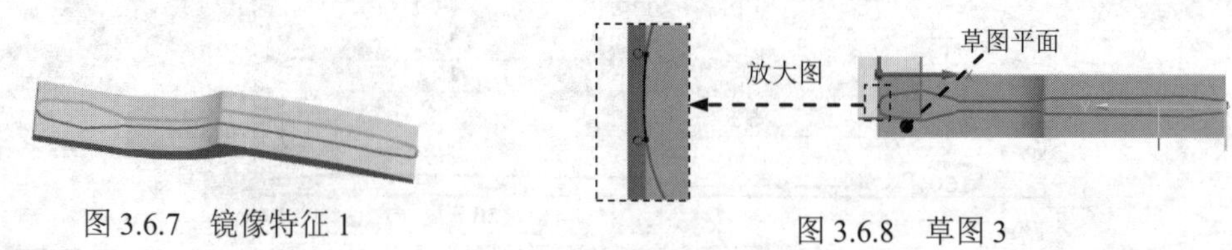

图 3.6.7　镜像特征 1　　图 3.6.8　草图 3

Step8. 创建图 3.6.9 所示的拉伸特征 2。选择下拉菜单 插入(S) ➡ 设计特征(E) ➡ 拉伸(E)...命令，系统弹出“拉伸”对话框。选取图 3.6.10 所示的截面草图；在 指定矢量 下拉列表中选择 -ZC 选项，在 限制 区域的 开始 下拉列表中选择 对称值 选项，并在其下的 距离 文本框中输入值 20。单击< 确定 >按钮，完成拉伸特征 2 的创建。

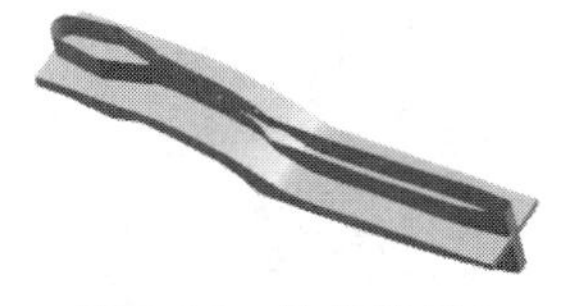

图 3.6.9　拉伸特征 2

图 3.6.10　截面草图

Step9. 创建图 3.6.11 所示的修剪特征 1。选择下拉菜单插入(S) → 修剪(T) ▸ → 修剪体(T)...命令，在绘图区选取图 3.6.12 所示的特征为目标体，单击中键；选取图 3.6.12 所示的片体为工具体，单击中键。单击< 确定 >按钮，完成修剪特征 1 的创建。

图 3.6.11　修剪特征 1　　　　图 3.6.12　定义参照体

Step10. 创建边倒圆特征 1。选择下拉菜单插入(S) → 细节特征(L) ▸ → 边倒圆(E)...命令，在边区域中单击按钮，选择图 3.6.13a 所示的边线为边倒圆参照边，并在半径 1文本框中输入值 10。单击< 确定 >按钮，完成边倒圆特征 1 的创建。

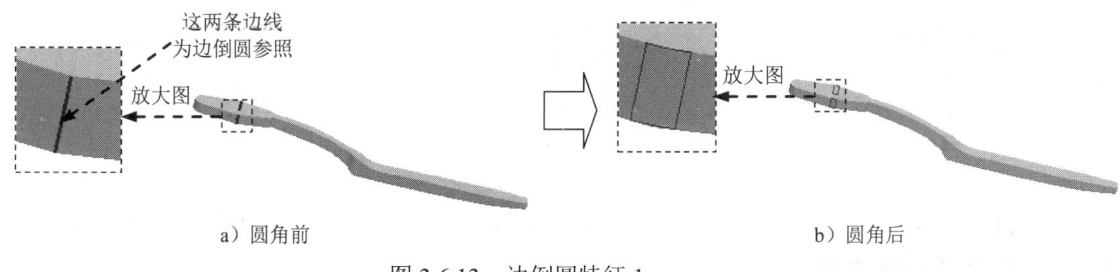

图 3.6.13　边倒圆特征 1

Step11. 创建边倒圆特征 2。选择图 3.6.14a 所示的边线为边倒圆参照边，并在半径 1文本框中输入值 4。单击< 确定 >按钮，完成边倒圆特征 2 的创建。

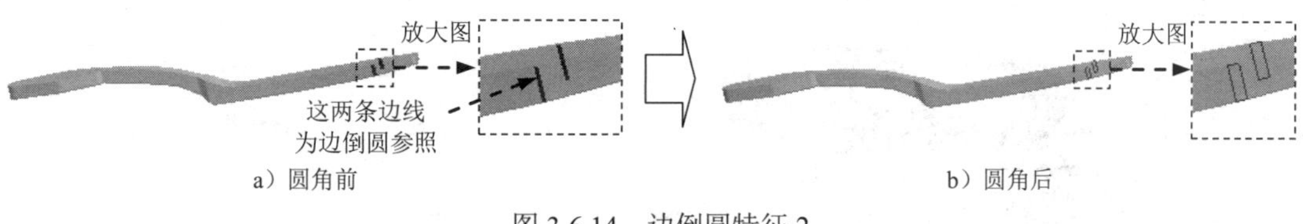

图 3.6.14　边倒圆特征 2

Step12. 创建边倒圆特征 3。选择图 3.6.15a 所示的边线为边倒圆参照边，并在半径 1文本框中输入值 1.5。单击< 确定 >按钮，完成边倒圆特征 3 的创建。

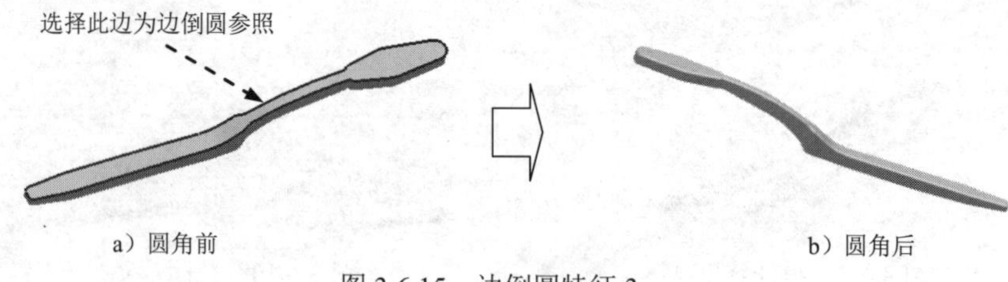

图 3.6.15　边倒圆特征 3

Step13. 创建边倒圆特征 4。选择图 3.6.16a 所示的边线为边倒圆参照边，并在半径 1文本框中输入值 20。单击< 确定 >按钮，完成边倒圆特征 4 的创建。

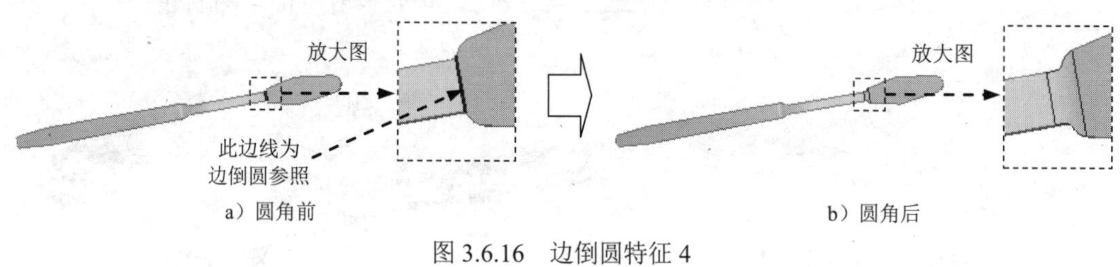

图 3.6.16　边倒圆特征 4

Step14. 创建边倒圆特征 5。选择图 3.6.17a 所示的边链为边倒圆参照边，并在半径 1文本框中输入值 1.5。单击< 确定 >按钮，完成边倒圆特征 5 的创建。

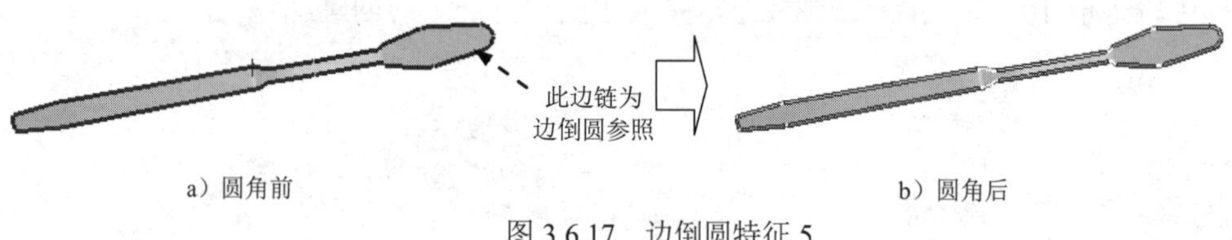

图 3.6.17　边倒圆特征 5

Step15. 创建图 3.6.18 所示的草图 4。选择下拉菜单 插入(S) → 在任务环境中绘制草图(V)... 命令，选取图 3.6.19 所示的平面为草图平面，进入草图环境绘制草图。绘制完成后单击完成草图按钮，完成草图 4 的创建。

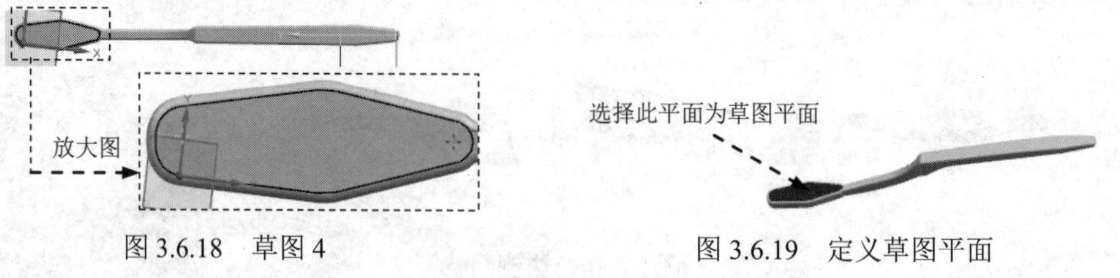

图 3.6.18　草图 4　　　　图 3.6.19　定义草图平面

Step16. 创建图 3.6.20 所示的孔特征 1。选择下拉菜单插入(S) → 设计特征(E) → 孔(H)...命令，在类型下拉列表中选择常规孔选项，选取图 3.6.21 所示的点为定位点，在“孔”对话框形状和尺寸的成形下拉列表中选择简单选项，在直径文本框中输入值 2，在深度文本框中输入值 3，在布尔区域的下拉列表中选择减去选项，采用系统默认的求差对象。其他参数保持系统默认设置。单击< 确定 >按钮，完成孔特征 1 的创建。

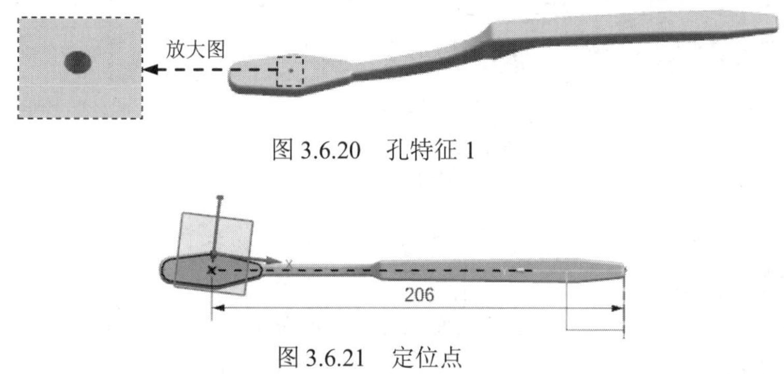

图 3.6.20　孔特征 1

图 3.6.21　定位点

Step17. 创建图 3.6.22 所示的阵列特征 1。选择下拉菜单 插入(S) → 关联复制(A) → 阵列特征(A)... 命令，在绘图区选取图 3.6.20 所示的孔特征 1 为要阵列的特征。在“阵列特征”对话框阵列定义区域的布局下拉列表中选择线性选项，在边界下拉列表中选择曲线选项。选中简化边界填充（☑ 简化边界填充）复选框，在留边距离文本框中输入值 1，在简化布局下拉列表中选择菱形选项，在节距文本框中输入值 3。其他参数保持系统默认设置。单击确定按钮，完成阵列特征 1 的创建。

图 3.6.22　阵列特征 1

Step18. 保存零件模型。选择下拉菜单 文件(F) → 保存(S) 命令，即可保存零件模型。

3.7　壁灯灯罩

实例概述

本实例主要介绍了利用艺术样条曲线创建曲线的特征，通过对扫掠曲面进行加厚操作，实现了零件的实体特征。读者在绘制过程中应注意艺术样条曲线的创建。壁灯灯罩的零件模型及模型树如图 3.7.1 所示。

Step1. 新建文件。选择下拉菜单 文件(F) → 新建(N)... 命令，系统弹出“新建”对话框。在模型选项卡的模板区域中选取模板类型为模型，在名称文本框中输入文件名称 INSTANCE_LAMP_SHADE，单击确定按钮，进入建模环境。

Step2. 创建图 3.7.2 所示的多边形 1。选择下拉菜单 插入(S) → 曲线(C) → 多边形(P) 命令，在多边形对话框的 边数 文本框中输入值 10。单击 确定 按钮，选择 内切圆半径 按钮，在 内切圆半径 文本框中输入值 50，单击两次 确定 按钮，然后单击 取消 按钮，完成多边形 1 的创建。

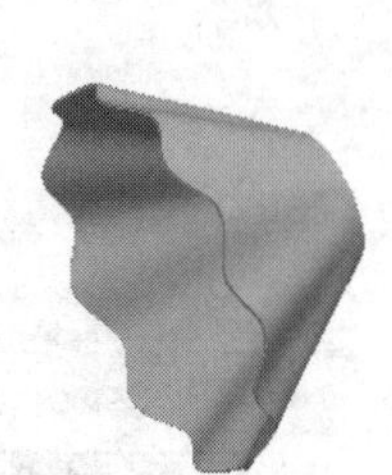

图 3.7.1 壁灯灯罩零件模型及模型树

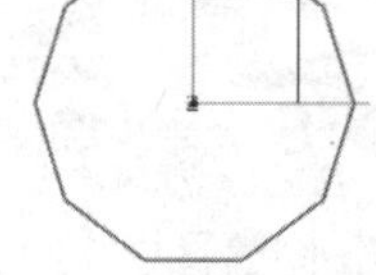

图 3.7.2 多边形 1

Step3. 创建图 3.7.3 所示的多边形 2。选择下拉菜单 插入(S) → 曲线(C) → 多边形(P) 命令，在多边形对话框的 边数 文本框中输入值 10。单击 确定 按钮，选择 内切圆半径 按钮，在 内切圆半径 文本框中输入值 50，在 方位角 文本框中输入值 15，单击 确定 按钮，系统弹出“点”对话框。在“点”对话框 输出坐标 区域的 Z 文本框中输入值 20，单击 确定 按钮，然后单击 取消 按钮，完成多边形 2 的创建。

Step4. 创建图 3.7.4 所示的艺术样条 1。选择下拉菜单 插入(S) → 曲线(C) → 艺术样条(D)... 命令，在 类型 区域的下拉列表中选择 根据极点 选项，在指定极点位置依次选取图 3.7.2 和图 3.7.4 所示的边线的端点为参考，在 参数化 区域的 次数 文本框中输入值 2，其他参数都为系统默认设置。单击 < 确定 > 按钮，完成艺术样条 1 的创建。

Step5. 创建图 3.7.5 所示的基准平面 1。选择下拉菜单 插入(S) → 基准/点(D) → 基准平面(D)... 命令，系统弹出“基准平面”对话框。在 类型 区域的下拉列表中选择 按某一距离 选项，在绘图区选取 XY 基准平面，输入偏移值 50。单击 确定 按钮，完成基准平面 1 的创建。

Step6. 创建图 3.7.6 所示的草图 1。选择下拉菜单 插入(S) → 在任务环境中绘制草图(V) 命令，选取基准平面 1 为草图平面，进入草图环境绘制草图。绘制完成后单击 完成草图 按钮，完成草图 1 的创建。

Step7. 创建图 3.7.7 所示的草图 2。选择下拉菜单 插入(S) → 在任务环境中绘制草图(V) 命令，选取 YZ 基准平面为草图平面，进入草图环境绘制草图。绘制完成后单击 完成草图 按钮，完成草图 2 的创建。

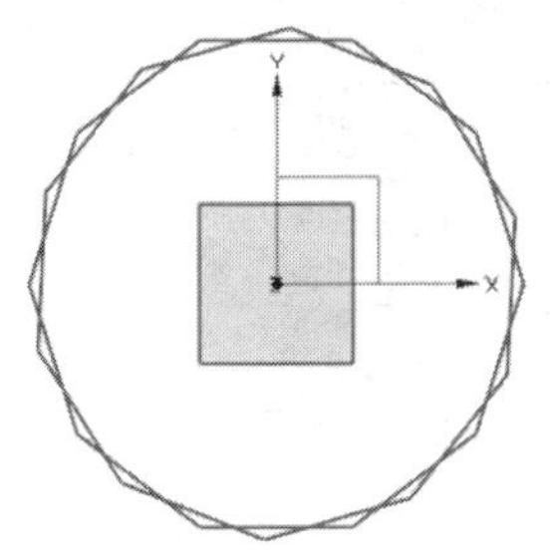

图 3.7.3　多边形 2

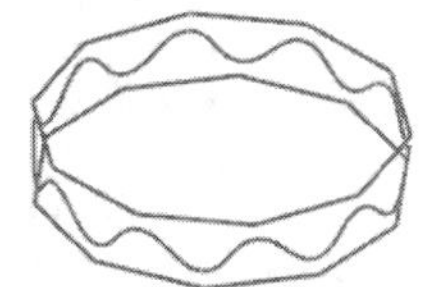
图 3.7.4　艺术样条 1

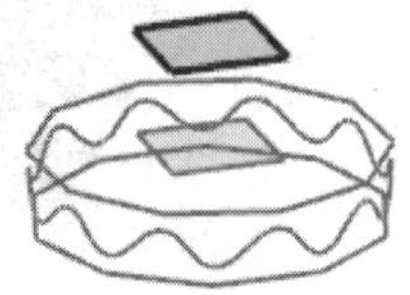
图 3.7.5　基准平面 1

Step8. 创建图 3.7.8 所示的扫掠特征 1。选择下拉菜单 插入(S) → 扫掠(W) → 扫掠(S)... 命令，在绘图区选取图 3.7.7 所示的草图 2 为扫掠的截面曲线串，选取图 3.7.4 所示的艺术样条 1 和图 3.7.6 所示的草图 1 为扫掠的引导线串，并分别单击中键确认。单击“扫掠”对话框中的 < 确定 > 按钮，完成扫掠特征 1 的创建。

Step9. 创建图 3.7.9 所示的加厚特征 1。选择下拉菜单 插入(S) → 偏置/缩放(O) → 加厚(T)... 命令，在 面 区域中单击 按钮，选取图 3.7.8 所示的曲面为加厚的对象。在 偏置 1 文本框中输入值 3，在 偏置 2 文本框中输入值 0。单击 < 确定 > 按钮，完成加厚特征 1 的创建。

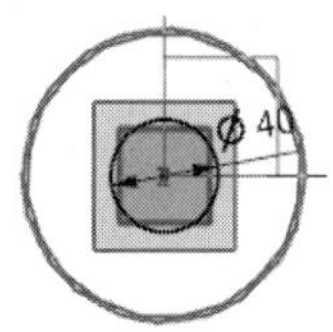

图 3.7.6　草图 1

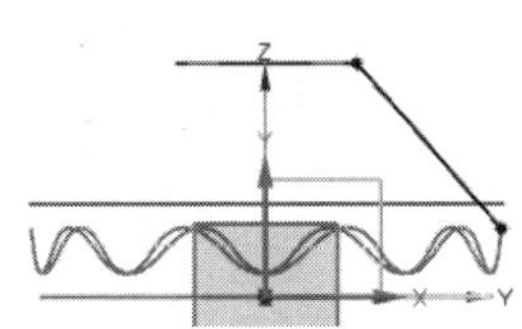

图 3.7.7　草图 2

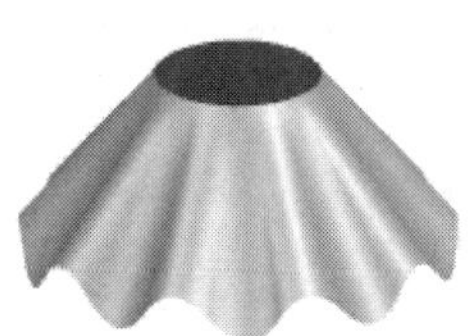
图 3.7.8　扫掠特征 1

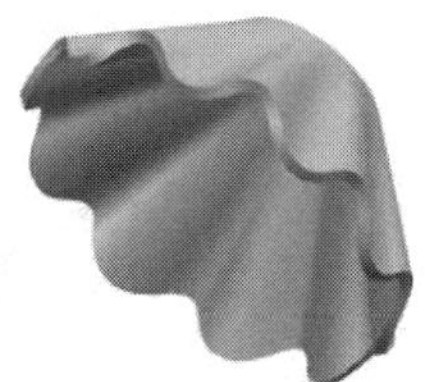
图 3.7.9　加厚特征 1

Step10. 保存零件模型。选择下拉菜单 文件(F) → 保存(S) 命令，即可保存零件模型。

3.8　吹风机喷嘴

实例概述

本实例介绍了吹风机喷嘴的设计过程。此例中对模型外观的创建是一个设计亮点，某些特征单独放置的时候显得比较呆板，但组合到一起却能给人耳目一新的感觉，而且还可以避免复杂的调整步骤。希望通过本实例的学习，读者能有更多的收获。该零件模型及模型树如图 3.8.1 所示。

Step1. 新建文件。选择下拉菜单 文件(F) → 新建(N)... 命令，系统弹出“新建”对话框。在 模型 选项卡的 模板 区域中选取模板类型为 模型；在 名称 文本框中输入文件名称 blower_nozzle；单击 确定 按钮，进入建模环境。

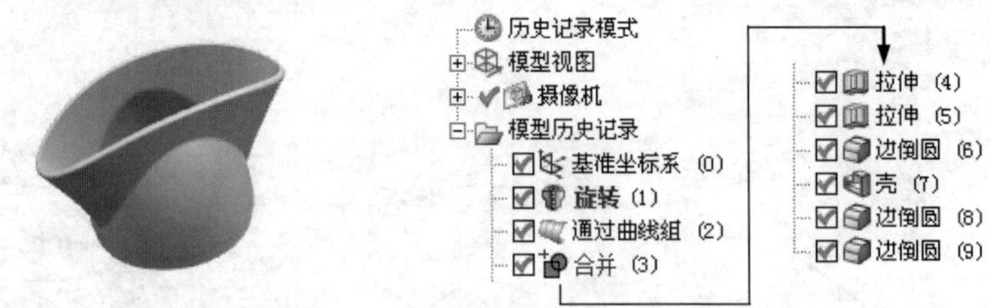

图 3.8.1　吹风机喷嘴零件模型及模型树

Step2. 创建图 3.8.2 所示的旋转特征 1。

（1）选择命令。选择下拉菜单 插入(S) → 设计特征(E) → 旋转(R)... 命令（或单击按钮），系统弹出“旋转”对话框。

（2）单击对话框中的“绘制截面”按钮，系统弹出“创建草图”对话框。

① 定义草图平面。单击按钮，选取 YZ 基准平面为草图平面，单击 确定 按钮。

② 进入草图环境，绘制图 3.8.3 所示的截面草图。

③ 选择下拉菜单 任务(K) → 完成草图(K) 命令（或单击 完成草图 按钮），退出草图环境。

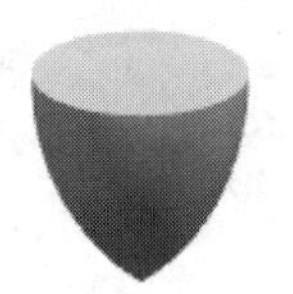

图 3.8.2　旋转特征 1

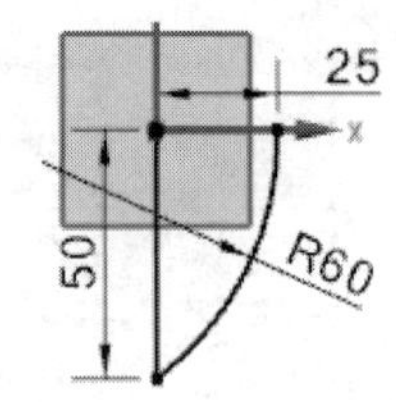

图 3.8.3　截面草图

（3）定义旋转轴。在 指定矢量 下拉列表中选择 ZC 选项，并定义原点为旋转点。

（4）单击 < 确定 > 按钮，完成旋转特征 1 的创建。

Step3. 创建图 3.8.4 所示的椭圆。

（1）选择命令。选择下拉菜单 插入(S) → 曲线(C) → 椭圆(E)... 命令，系统弹出“点”对话框。

（2）定义椭圆中心。通过“点”对话框，选择坐标原点为椭圆中心，单击该对话框中的 确定 按钮。

（3）设置参数。在弹出的“椭圆”对话框 1 中输入图 3.8.5 所示的参数。

（4）单击 确定 按钮，完成椭圆 1 的创建。

（5）绘制椭圆 2。单击“椭圆”对话框中的 返回 按钮，系统返回到“点”对话框，在“点”对话框的 Z 文本框中输入值-5，单击 确定 按钮，输入图 3.8.6 所示的参数，单击“椭圆”对话框 2 中的 确定 按钮，完成椭圆 2 的创建。

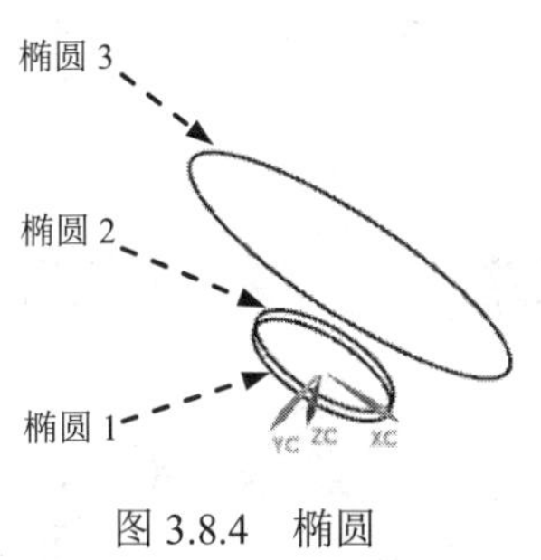

图 3.8.4 椭圆

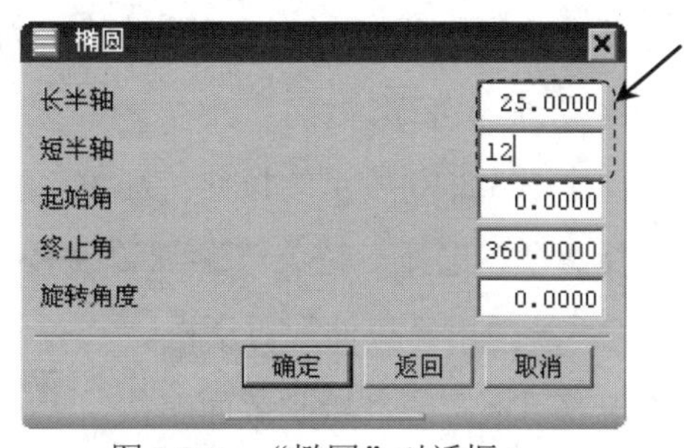

图 3.8.5 "椭圆"对话框 1

（6）绘制椭圆 3。单击"椭圆"对话框中的 返回 按钮，系统再次返回到"点"对话框，在"点"对话框的 Z 文本框中输入值-55，单击 确定 按钮，输入图 3.8.7 所示的参数，单击"椭圆"对话框 3 中的 确定 按钮，完成椭圆 3 的创建。单击 取消 按钮，退出"椭圆"命令。

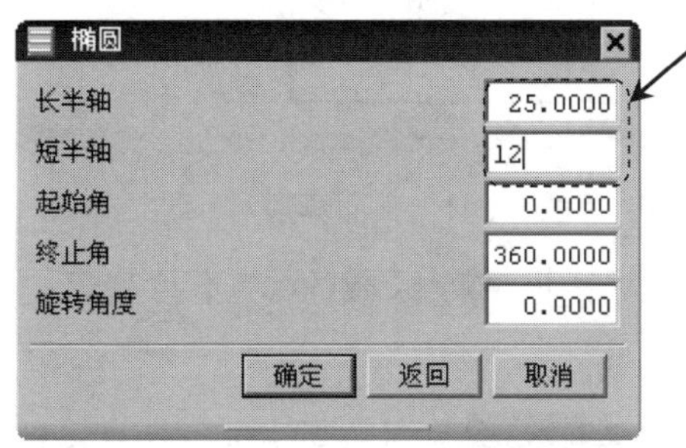

图 3.8.6 "椭圆"对话框 2

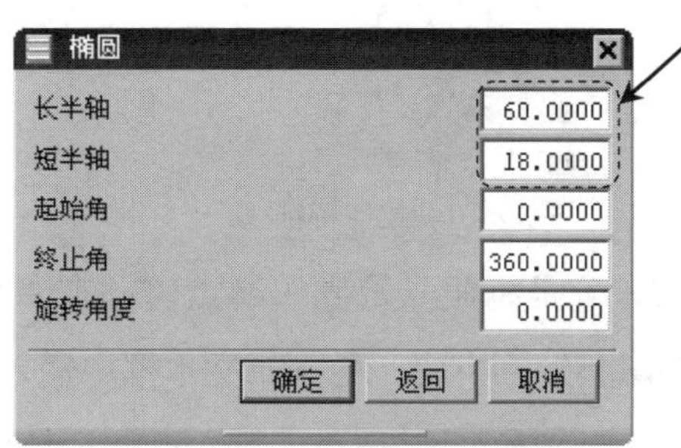

图 3.8.7 "椭圆"对话框 3

Step4. 创建图 3.8.8 所示的曲面特征 1。

（1）选择命令。选择下拉菜单 插入(S) → 网格曲面(M) → 通过曲线组(T)... 命令，系统弹出"通过曲线组"对话框。

（2）选择曲线。依次选取图 3.8.9 所示的曲线 1、曲线 2 和曲线 3 为截面曲线，并分别单击中键确认。

（3）在"通过曲线组"对话框中单击 < 确定 > 按钮，完成曲面特征 1 的创建。

图 3.8.8 曲面特征 1

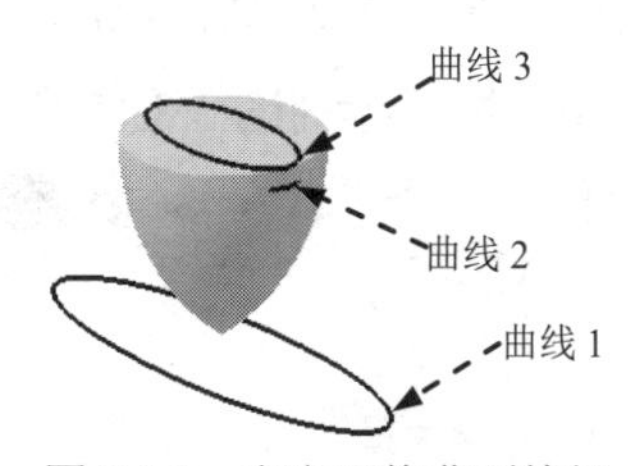

图 3.8.9 定义网格曲面特征

Step5. 创建求和特征 1。

（1）选择命令。选择下拉菜单 插入(S) → 组合(B) → 合并(U)... 命令，系统弹出"合并"对话框。

（2）定义目标体和工具体。选取旋转体 1 为目标体，选取曲面特征 1 为工具体，单击 确定 按钮，完成该布尔操作。

Step6. 创建图 3.8.10 所示的拉伸特征 1。

（1）选择命令。选择下拉菜单 插入(S) → 设计特征(E) → 拉伸(E)... 命令（或单击 按钮），系统弹出“拉伸”对话框。

（2）单击对话框中的“绘制截面”按钮，系统弹出“创建草图”对话框。

① 定义草图平面。单击 按钮，选取 ZX 基准平面为草图平面，单击 确定 按钮。

② 进入草图环境，绘制图 3.8.11 所示的截面草图。

③ 选择下拉菜单 任务(K) → 完成草图(K) 命令（或单击 完成草图 按钮），退出草图环境。

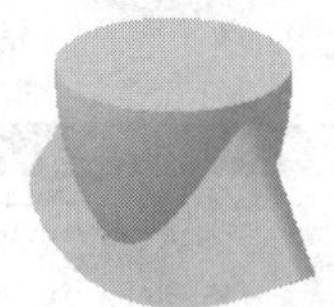

图 3.8.10　拉伸特征 1

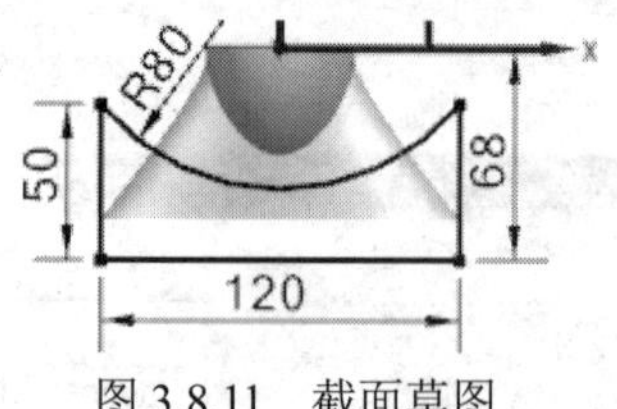

图 3.8.11　截面草图

（3）确定拉伸开始值和终点值。在“拉伸”对话框 限制 区域的 开始 下拉列表中选择 对称值 选项，并在其下的 距离 文本框中输入值 25。

（4）定义布尔运算。在 布尔 区域的下拉列表中选择 减去 选项，系统将自动与模型中唯一个体进行布尔求差运算，其他参数采用系统默认设置。

（5）单击对话框中的 < 确定 > 按钮，完成拉伸特征 1 的创建。

Step7. 创建图 3.8.12 所示的拉伸特征 2。

（1）选择命令。选择下拉菜单 插入(S) → 设计特征(E) → 拉伸(E)... 命令（或单击 按钮），系统弹出“拉伸”对话框。

（2）单击“绘制截面”按钮，系统弹出“创建草图”对话框。

① 定义草图平面。单击 按钮，选取 XY 基准平面为草图平面，单击 确定 按钮。

② 进入草图环境，绘制图 3.8.13 所示的截面草图。

③ 选择下拉菜单 任务(K) → 完成草图(K) 命令（或单击 完成草图 按钮），退出草图环境。

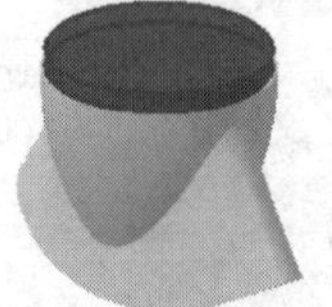

图 3.8.12　拉伸特征 2

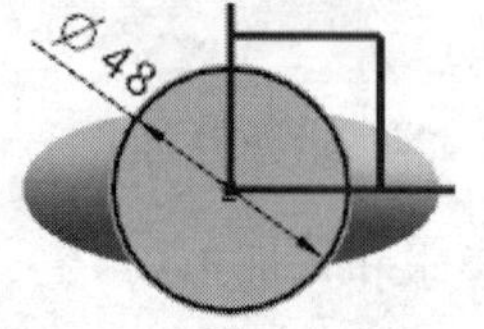

图 3.8.13　截面草图

（3）确定拉伸开始值和终点值。在“拉伸”对话框 限制 区域的 开始 下拉列表中选择 值选项，并在其下的距离文本框中输入值 0；在限制区域的结束下拉列表中选择值选项，并在其下的距离文本框中输入值 4，在布尔区域的下拉列表中选择合并选项；其他参数采用系统默认设置。

（4）单击< 确定 >按钮，完成拉伸特征 2 的创建。

Step8. 创建图 3.8.14 所示的边倒圆特征 1。

（1）选择命令。选择下拉菜单插入(S) → 细节特征(L) → 边倒圆(E)...命令（或单击按钮），系统弹出“边倒圆”对话框。

（2）定义边倒圆。选取图 3.8.15 所示的边线为边倒圆参照边，并在半径 1文本框中输入值 2。

（3）单击< 确定 >按钮，完成边倒圆特征 1 的创建。

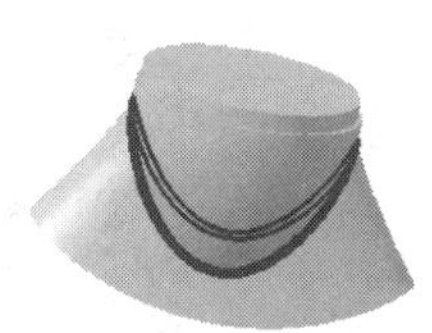
图 3.8.14　边倒圆特征 1

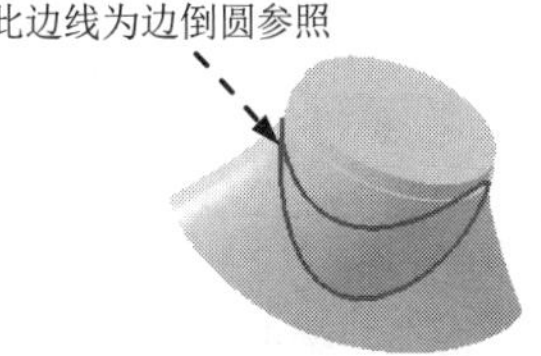

图 3.8.15　选取边倒圆参照边 1

Step9. 创建图 3.8.16 所示的抽壳特征。

（1）选择命令。选择下拉菜单插入(S) → 偏置/缩放(O) → 抽壳(H)... 命令（或单击按钮），系统弹出“抽壳”对话框。

（2）定义抽壳类型。在“抽壳”对话框的类型区域下拉列表中选择移除面，然后抽壳选项。

（3）定义移除面及抽壳厚度。在“抽壳”对话框的要穿透的面区域中单击按钮，选择图 3.8.17 所示的面为抽壳面，并在厚度文本框中输入值 2，采用系统默认的抽壳方向。

（4）单击< 确定 >按钮，完成抽壳特征的创建。

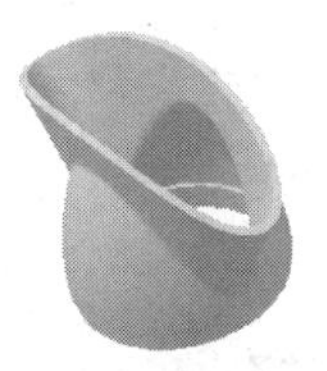
图 3.8.16　抽壳特征

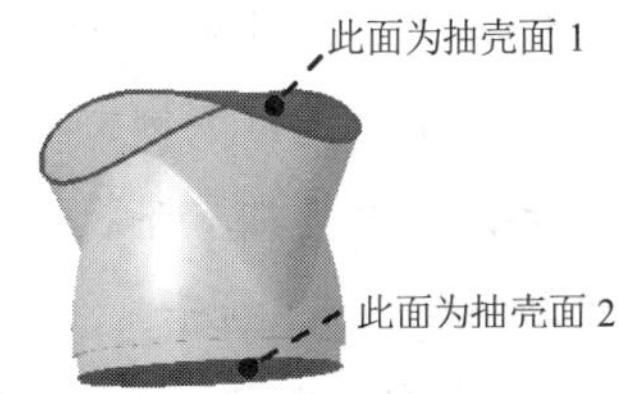

图 3.8.17　定义抽壳面

Step10. 创建图 3.8.18 所示的边倒圆特征 2。

（1）选择命令。选择下拉菜单插入(S) → 细节特征(L) → 边倒圆(E)...命令（或单击按钮），系统弹出“边倒圆”对话框。

（2）定义边倒圆。选取图 3.8.19 所示的边线为边倒圆参照边，并在半径 1文本框中输入值 1。

（3）单击< 确定 >按钮，完成边倒圆特征 2 的创建。

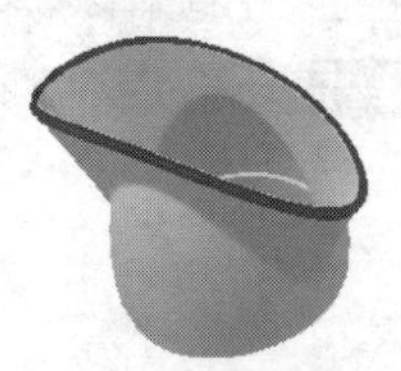

图 3.8.18 边倒圆特征 2

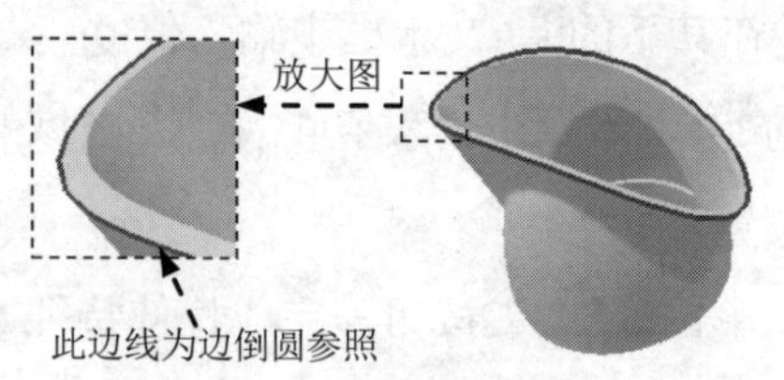

图 3.8.19 选取边倒圆参照边 2

Step11. 创建图 3.8.20 所示的边倒圆特征 3。

（1）选择命令。选择下拉菜单插入(S) → 细节特征(L) → 边倒圆(E)...命令（或单击按钮），系统弹出“边倒圆”对话框。

（2）定义边倒圆。选取图 3.8.21 所示的边线为边倒圆参照边，并在半径 1文本框中输入值 0.5。

（3）单击< 确定 >按钮，完成边倒圆特征 3 的创建。

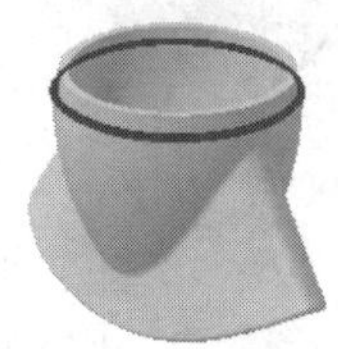

图 3.8.20 边倒圆特征 3

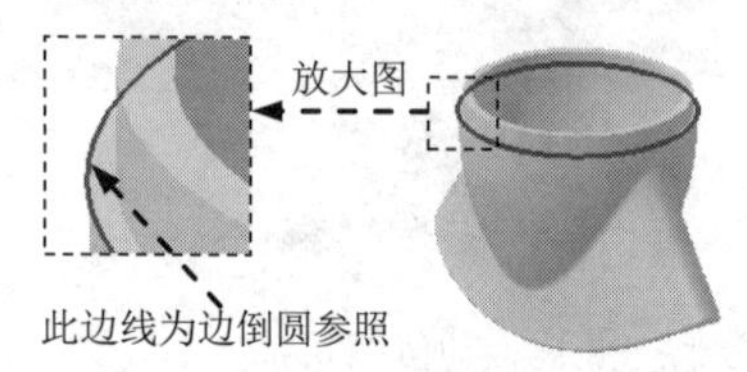

图 3.8.21 选取边倒圆参照边 3

Step12. 保存零件模型。选择下拉菜单文件(F) → 保存(S)命令，即可保存零件模型。

3.9 渐开线圆柱齿轮参数化设计

实例概述

本实例介绍了渐开线圆柱齿轮的参数化设计过程。齿轮是机械设计中非常常见的一类零件，其中包括很多参数关系，在设计过程中主要使用了表达式工具来定义这些参数；另外，渐开线的绘制也是该实例中要求读者掌握的难点之一。使用参数化设计方法不仅可以大大缩短产品的研发周期，还因为其特殊的关联性可以对产品进行快速更新或修改。齿轮模型及模型树如图 3.9.1 所示。

说明：齿轮零件中主要的参数关系包括齿根圆直径（d0=M*Z-M*2.5）、基圆直径（d1=d2*COS(ANGLE)）、分度圆直径（d2=M*Z）和齿顶圆直径（d3=M*Z+M*2），其中，M 是齿轮模数；Z 是齿轮齿数；B 是齿轮厚度；ANGLE 是齿轮压力角。

Step1. 新建文件。选择下拉菜单文件(F) → 新建(N)...命令，系统弹出“新建”对话框。在模型选项卡的模板区域中选取模板类型为模型，在名称文本框中输入文件名称 CYLINDER_GEAR，单击确定按钮，进入建模环境。

Step2. 定义齿轮参数。

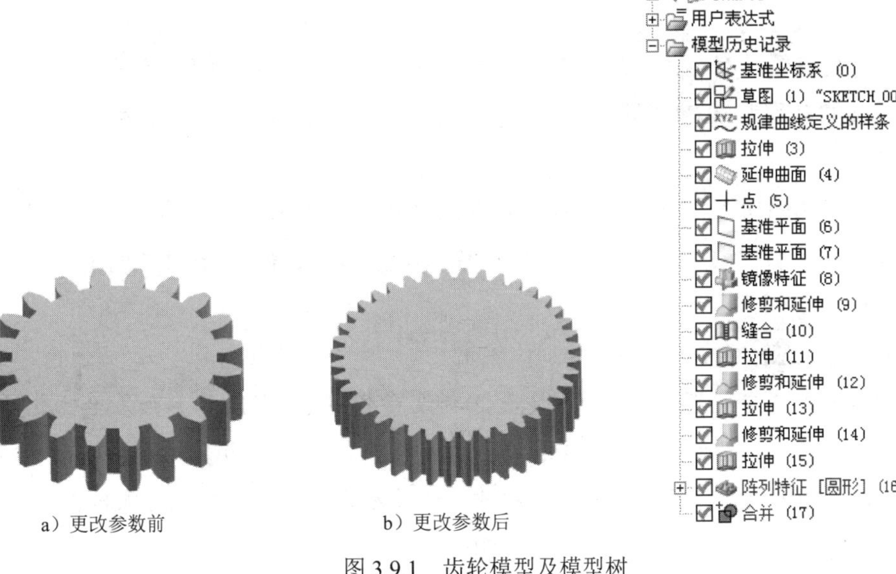

a）更改参数前　　b）更改参数后

图 3.9.1　齿轮模型及模型树

（1）选择下拉菜单 工具(T) → = 表达式(X)... 命令，系统弹出图 3.9.2 所示的“表达式”对话框，该对话框可用来定义和编辑表达式。

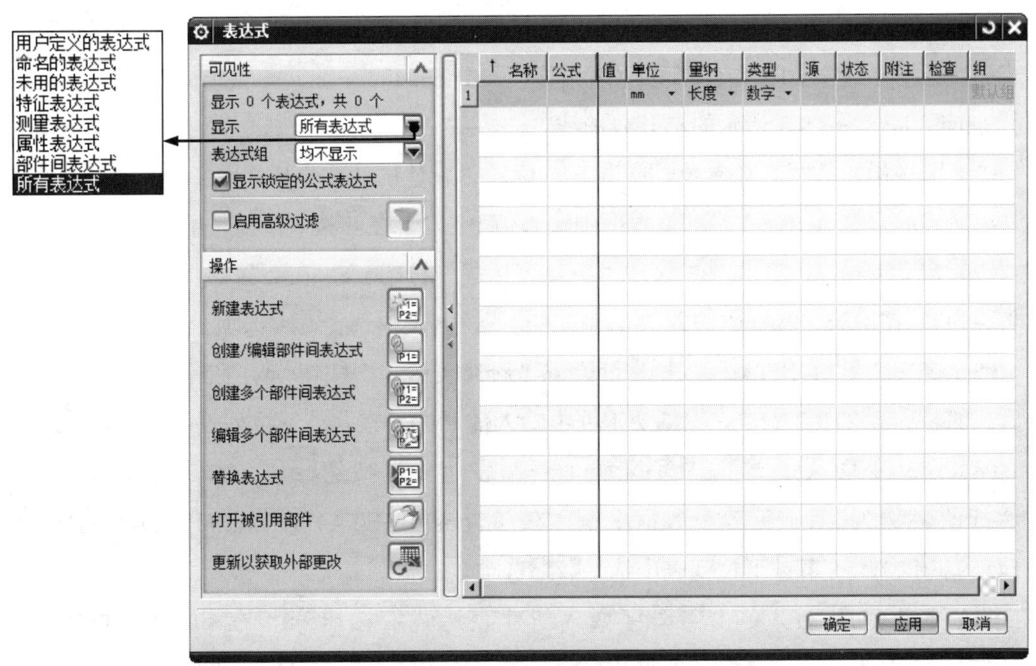

图 3.9.2　“表达式”对话框

（2）定义齿轮模数参数。单击 名称 列 1 文本框，并输入表达式的名称为 M。在 公式 列 1 文本框中输入值 4，在 量纲 列 1 下拉列表中选择 常数 选项。

（3）定义齿轮齿数参数。单击 操作 区域“新建表达式”按钮，在 名称 列 2 文本框中输入表达式的名称为 Z，在 公式 列 2 文本框中输入值 20。在 量纲 列 1 下拉列表中选择 常数 选项。

（4）定义齿轮厚度参数。单击 操作 区域“新建表达式”按钮，在 名称 列 3 文本框中输入表达式的名称为 B，在 公式 列 3 文本框中输入值 20。在 量纲 列 3 下拉列表中选择 长度 选项。

（5）定义齿轮压力角参数。单击 操作 区域“新建表达式”按钮，在 名称 列 4 文本框中输入表达式的名称为 ANGLE，在 公式 列 4 文本框中输入值 20。在 量纲 列 4 下拉列表中选择 角度 选项。

（6）单击 确定 按钮，完成并退出编辑。

注意：此处在定义齿轮参数时一定要正确设置参数的单位类型，如果单位类型设置不正确，后面在定义其他参数时，会导致单位系统混乱，影响后面参数的定义。

Step3. 创建草图 1（此步骤的详细操作过程请参见学习资源中 video\ch03.09\reference\文件下的语音视频讲解文件 CYLINDER_GEAR-r01.exe）。

Step4. 创建参数链接。选择下拉菜单 工具(T) ➡ = 表达式(X)... 命令，系统弹出“表达式”对话框。在对话框中出现关于拉伸特征的全部表达式；在“表达式”对话框中选中 p12，在 公式 文本框中输入 M*Z−M*2.5；在“表达式”对话框中选中 p13，在 公式 文本框中输入 P14*cos(ANGLE)；在“表达式”对话框中选中 p14，在 公式 文本框中输入 M*Z；在“表达式”对话框中选中 p15，在 公式 文本框中输入 M*Z+M*2。

Step5. 创建图 3.9.3 所示的渐开线曲线。

（1）定义齿轮基圆半径参数。单击 操作 区域“新建表达式”按钮，在 名称 文本框中输入表达式的名称为 R，在 公式 文本框中输入值 P13/2。在 量纲 下拉列表中选择 长度 选项。

（2）定义变量 t。单击 操作 区域“新建表达式”按钮，在 名称 文本框中输入表达式的名称为 t，在 公式 文本框中输入值 0。在 量纲 下拉列表中选择 常数 选项。

（3）定义变量 THETA。单击 操作 区域“新建表达式”按钮，在 名称 文本框中输入表达式的名称为 THETA，在 公式 文本框中输入值 t*90。在 量纲 下拉列表中选择 角度 选项。

（4）定义变量 xt。单击 操作 区域“新建表达式”按钮，在 名称 文本框中输入表达式的名称为 xt，在 公式 文本框中输入值 R*cos(THETA)+R*sin(THETA)*THETA*(3.1415926/180)。在 量纲 下拉列表中选择 常数 选项。

（5）定义变量 yt。单击 操作 区域“新建表达式”按钮，在 名称 文本框中输入表达式的名称为 yt，在 公式 文本框中输入值 R*sin(THETA)−R*cos(THETA)*THETA*(3.1415926/180)。在 量纲 下拉列表中选择 长度 选项。

（6）定义变量 zt。单击 操作 区域“新建表达式”按钮，在 名称 文本框中输入表达式的名称为 zt，在 公式 文本框中输入值 0。在 量纲 下拉列表中选择 长度 选项。

（7）单击确定按钮，完成并退出编辑。

（8）生成渐开曲线。选择下拉菜单插入(S) → 曲线(C) → 规律曲线(W)...命令，系统弹出“规律曲线”对话框；采用系统默认参数设置。单击< 确定 >按钮，完成渐开曲线的创建。

Step6. 创建图 3.9.4 所示的拉伸特征 1。选择下拉菜单插入(S) → 设计特征(E) → 拉伸(E)...命令，系统弹出“拉伸”对话框；选取渐开曲线为截面轮廓；在“拉伸”对话框限制区域的开始下拉列表中选择值选项，并在其下的距离文本框中输入值 0；在限制区域的结束下拉列表中选择值选项，并单击其下的距离文本框后的按钮；在系统弹出的快捷菜单中选择= 公式(F)...选项，系统弹出“表达式”对话框，在公式文本框中输入 B，单击确定按钮返回至“拉伸”对话框；在设置区域的体类型下拉列表中选择片体选项，采用系统默认的拉伸方向。单击< 确定 >按钮，完成拉伸特征 1 的创建。

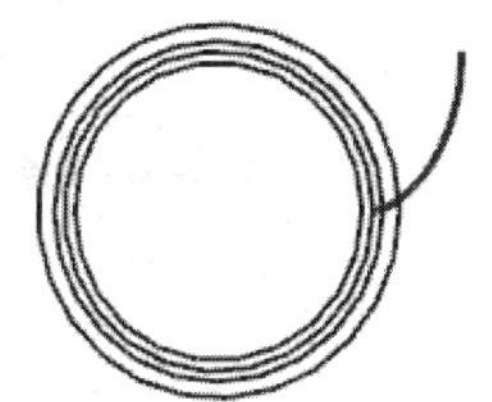
图 3.9.3　创建渐开线曲线

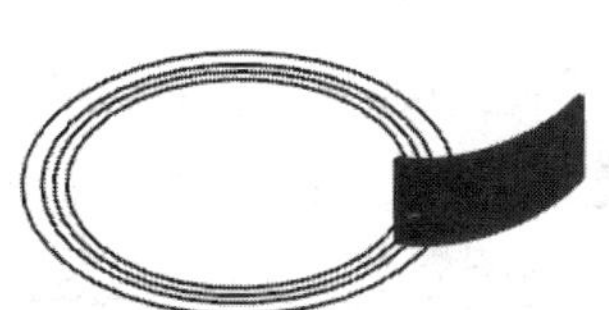
图 3.9.4　拉伸特征 1

Step7. 创建图 3.9.5 所示的延伸曲面 1。选择下拉菜单插入(S) → 弯边曲面(G) → 延伸(E)...命令，系统弹出“延伸曲面”对话框；在对话框类型下拉列表中选择边选项，选取拉伸曲面为延伸对象，在方法下拉列表中选择相切选项，在距离下拉列表中选择按长度选项；在对话框中单击长度文本框后的按钮，在系统弹出的快捷菜单中选择= 公式(F)...选项，系统弹出“表达式”对话框，在公式文本框中输入 P12/2，单击确定按钮返回至“延伸曲面”对话框；单击< 确定 >按钮，完成延伸曲面 1 的创建。

Step8. 创建图 3.9.6 所示的点 1。选择下拉菜单插入(S) → 基准/点(D) → 点(P)...命令；在类型区域的下拉列表中选择交点选项，选取图 3.9.6 所示的曲线为相交对象；单击< 确定 >按钮，完成点 1 的创建。

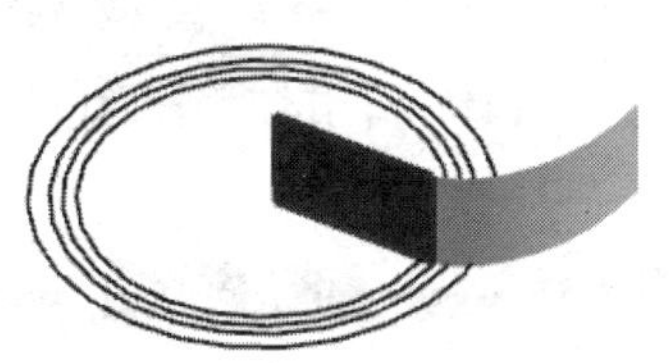
图 3.9.5　延伸曲面 1

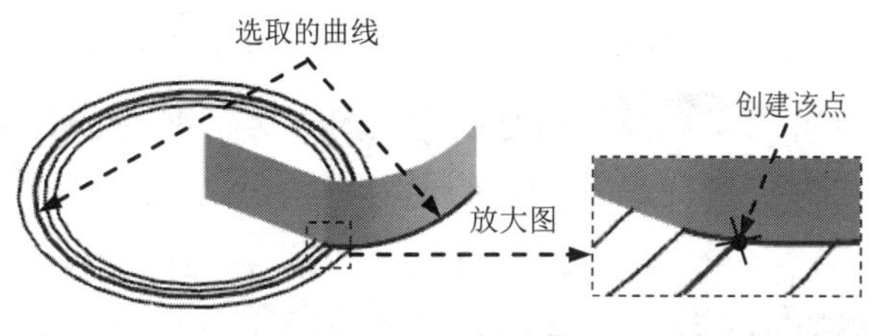

图 3.9.6　创建点 1

Step9. 创建图 3.9.7 所示的基准平面 1。选择下拉菜单插入(S) → 基准/点(D) → 基准平面(D)...命令；在类型区域的下拉列表中选择曲线和点选项，在曲线和点子类型区域的下拉列表中选择点和曲线/轴选项，分别选取上一步创建的点 1 与“Z”轴为参考；单击< 确定 >

按钮，完成基准平面 1 的创建。

Step10. 创建图 3.9.8 所示的基准平面 2。选择下拉菜单插入(S) → 基准/点(D) → 基准平面(D)...命令；在类型区域的下拉列表中选择成一角度选项，选取基准平面 1 为参考平面，选取“Z”轴为通过轴；在对话框中单击角度文本框后的按钮，在系统弹出的快捷菜单中选择= 公式(F)...选项，此时系统弹出“表达式”对话框，在公式文本框中输入-90/Z，单击确定按钮返回至“基准平面”对话框；单击< 确定 >按钮，完成基准平面 2 的创建。

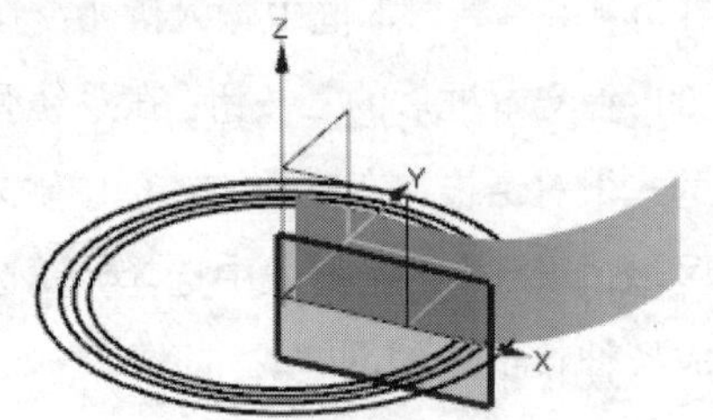

图 3.9.7 基准平面 1

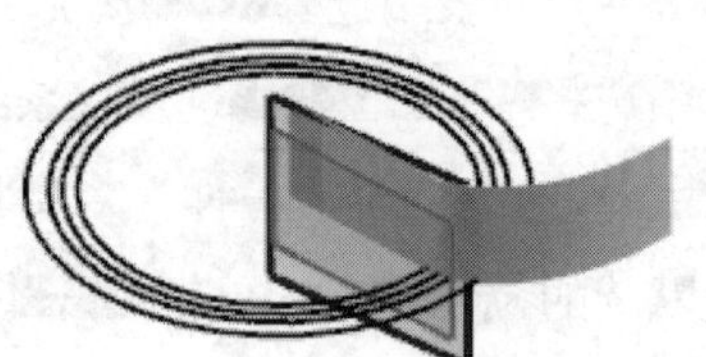

图 3.9.8 基准平面 2

Step11. 创建图 3.9.9 所示的镜像特征 1。选择下拉菜单插入(S) → 关联复制(A) → 镜像特征(M)...命令；选取创建的拉伸特征 1 和延伸曲面 1 为镜像特征，并单击中键确认；选取基准平面 2 为镜像平面；单击确定按钮，完成镜像特征 1 的创建。

Step12. 创建图 3.9.10 所示的修剪与延伸特征 1。选择下拉菜单插入(S) → 修剪(T) → 修剪与延伸(N)...命令；在类型区域的下拉列表中选择制作拐角选项；在设置区域的延伸方法下拉列表中选择自然曲率选项；分别选取图 3.9.11 所示的曲面为目标面和工具面，采用系统默认的修剪方向；单击< 确定 >按钮，完成修剪与延伸特征 1 的创建。

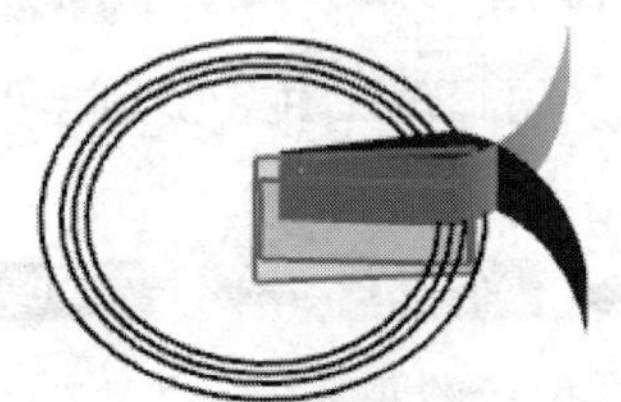

图 3.9.9 镜像特征 1

图 3.9.10 修剪与延伸特征 1

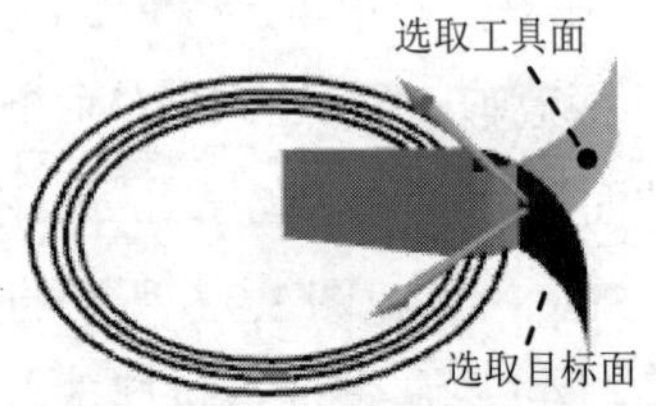

图 3.9.11 定义目标面和工具面

Step13. 创建图 3.9.12 所示的曲面缝合特征 1。选择下拉菜单插入(S) → 组合(B) → 缝合(W)...命令；选取图 3.9.12 所示的目标片体和工具片体，单击确定按钮，完成曲面缝合特征 1 的创建。

Step14. 创建图 3.9.13 所示的拉伸特征 2。选择下拉菜单插入(S) → 设计特征(E) → 拉伸(E)...命令，系统弹出“拉伸”对话框；选取图 3.9.14 所示的曲线为截面轮廓；在设置区域的体类型下拉列表中选择片体选项，其他参数采用系统默认设置。单击< 确定 >按钮，完成拉伸特征 2 的创建。

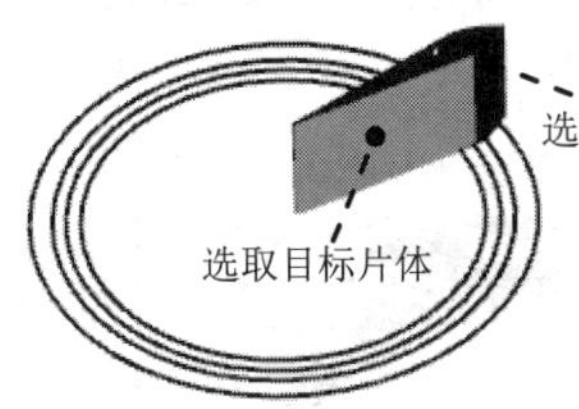

图 3.9.12 曲面缝合特征 1

图 3.9.13 拉伸特征 2

图 3.9.14 定义截面轮廓

Step15. 创建图 3.9.15 所示的修剪与延伸特征 2。选择下拉菜单插入(S) → 修剪(T) → 修剪与延伸(N)...命令；在类型区域的下拉列表中选择制作拐角选项；在设置区域的延伸方法下拉列表中选择自然曲率选项；选取图 3.9.16 所示的缝合曲面为目标面，选取图 3.9.16 所示的拉伸曲面为工具面，采用系统默认的修剪方向；单击< 确定 >按钮，完成修剪与延伸特征 2 的创建。

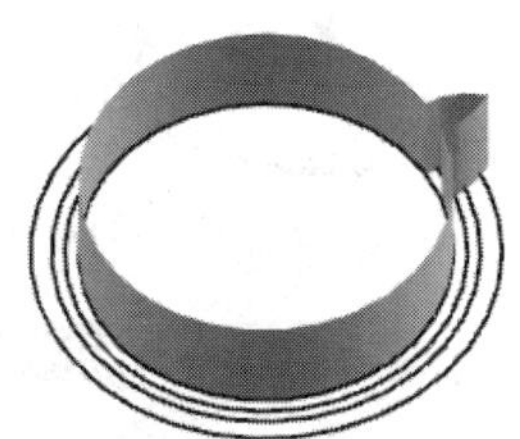

图 3.9.15 修剪与延伸特征 2

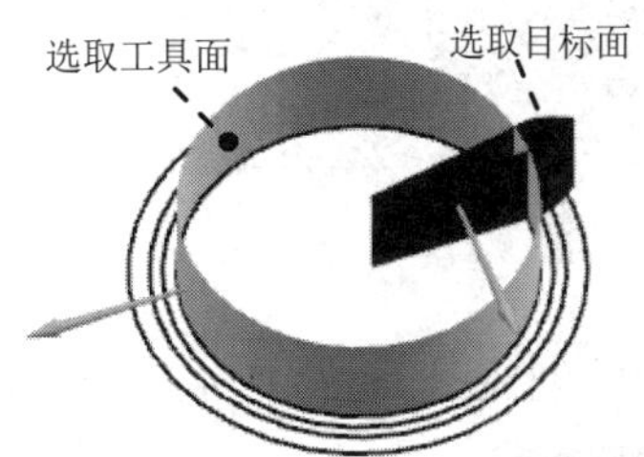

图 3.9.16 定义目标面和工具面

Step16. 创建图 3.9.17 所示的拉伸特征 3。选择下拉菜单插入(S) → 设计特征(E) → 拉伸(E)...命令，系统弹出“拉伸”对话框；选取图 3.9.18 所示的曲线为截面轮廓；在设置区域的体类型下拉列表中选择片体选项，其他参数采用系统默认设置。单击< 确定 >按钮，完成拉伸特征 3 的创建。

图 3.9.17 拉伸特征 3

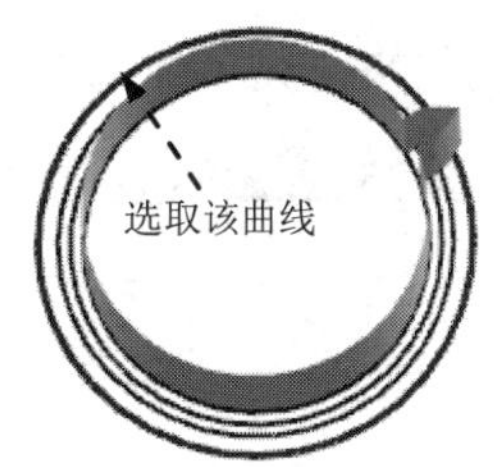

图 3.9.18 定义截面轮廓

Step17. 创建图 3.9.19 所示的修剪与延伸特征 3。选择下拉菜单插入(S) → 修剪(T) → 修剪与延伸(N)...命令；在类型区域的下拉列表中选择制作拐角选项；选取图 3.9.20 所示的目标面和工具面，调整箭头方向如图 3.9.20 所示；单击确定按钮，完成修剪与延伸特征 3 的创建。

Step18. 创建图 3.9.21 所示的拉伸特征 4。选择下拉菜单插入(S) → 设计特征(E) → 拉伸(E)...命令，系统弹出“拉伸”对话框；选取图 3.9.22 所示的模型边线为截面轮廓；

在设置区域的体类型下拉列表中选择实体选项，在布尔区域的下拉列表中选择无选项，采用系统默认的拉伸方向。单击< 确定 >按钮，完成拉伸特征 4 的创建。

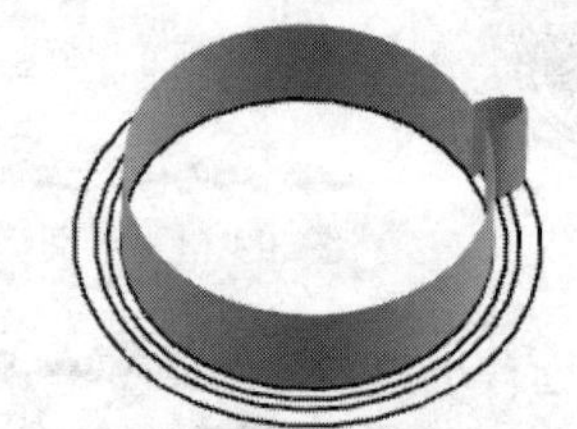
图 3.9.19 修剪与延伸特征 3

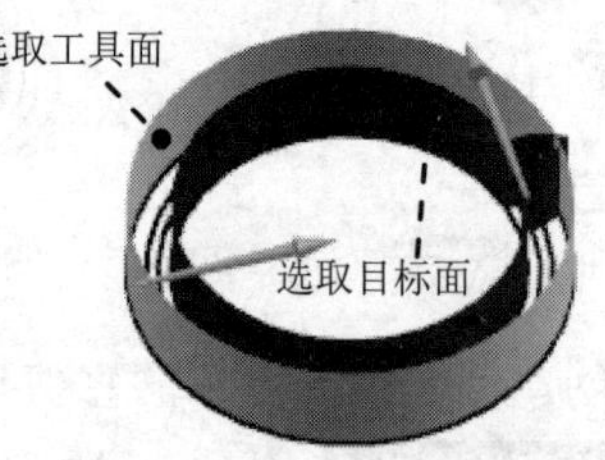

图 3.9.20 定义目标面和工具面

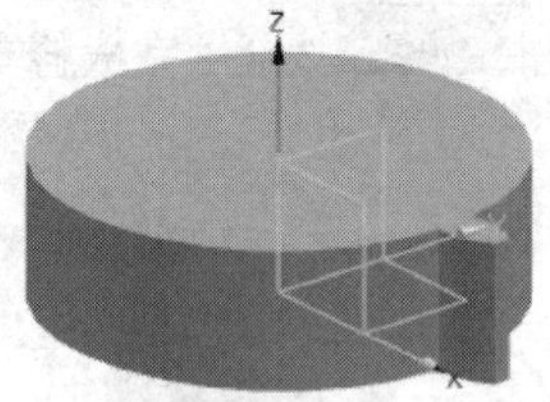

图 3.9.21 拉伸特征 4

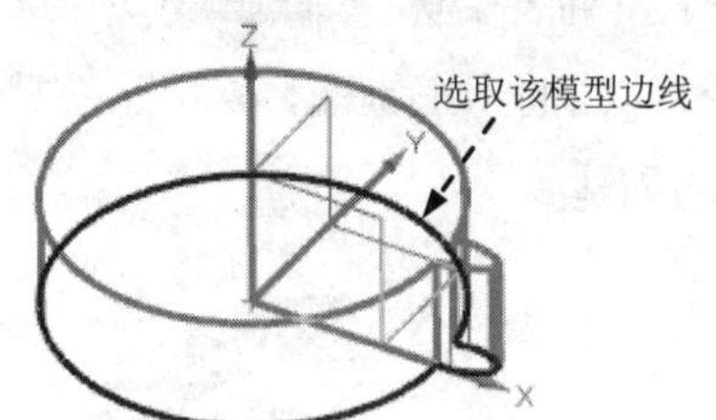

图 3.9.22 定义截面轮廓

Step19. 创建图 3.9.23 所示的阵列特征 1。选择下拉菜单插入(S) → 关联复制(A) → 阵列特征(A)...命令，系统弹出“阵列特征”对话框；选取拉伸特征 4 为阵列特征。在阵列定义区域的布局下拉列表中选择圆形选项；在旋转轴区域中激活*指定矢量区域，在图形中选取 Z 轴为旋转轴；在角度方向区域的间距下拉列表中选择数量和间隔选项；单击数量文本框后的按钮；在系统弹出的快捷菜单中选择= 公式(F)...选项，系统弹出“表达式”对话框，在公式文本框中输入 Z，单击确定按钮；在“阵列特征”对话框中单击节距角文本框后的按钮；在系统弹出的快捷菜单中选择= 公式(F)...选项，在“表达式”对话框的公式文本框中输入 360/Z，单击确定按钮；单击“阵列特征”对话框中的确定按钮，完成阵列特征 1 的创建。

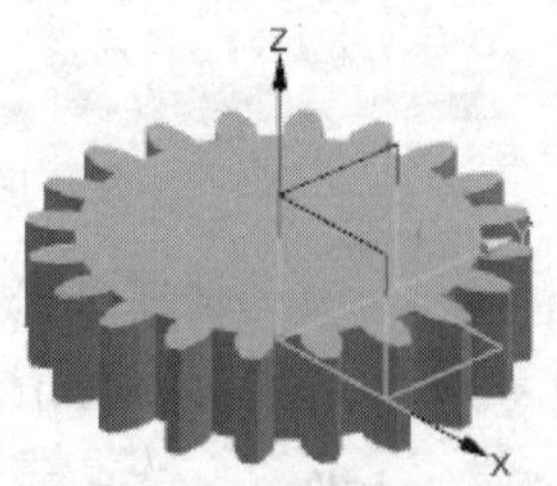

图 3.9.23 阵列特征 1

Step20. 创建求和特征 1。选择下拉菜单插入(S) → 组合(B) → 合并(U)...命令，系统弹出“合并”对话框。选取拉伸特征 4 为目标体，选取阵列特征 1 为工具体；其他参数采用系统默认设置；单击确定按钮，完成求和特征 1 的创建。

Step21. 保存零件模型。选择下拉菜单 文件(F) → 保存(S) 命令，保存零件模型。

Step22. 验证参数化设计。选择下拉菜单 工具(T) → = 表达式(X)... 命令，系统弹出“表达式”对话框。在对话框中出现关于齿轮零件的全部表达式；在“表达式”对话框中选中齿轮模数 M，在 公式 文本框中输入值 2；在“表达式”对话框中选中齿轮齿数 Z，在 公式 文本框中输入值 40；单击 确定 按钮，完成并退出编辑，此时图形区中的模型如图 3.9.1b 所示。

Step23. 保存零件模型。选择下拉菜单 文件(F) → 另存为(A)... 命令，并命名为 CYLINDER_GEAR_OK。

学习拓展：扫码学习更多视频讲解。

讲解内容：主要包含产品设计基础，曲面设计的基本概念，常用的曲面设计方法及流程，曲面转实体的常用方法，典型曲面设计案例等。特别是对曲线与曲面的阶次、连续性及曲面分析这些背景知识进行了系统讲解。

学习拓展：扫码学习更多视频讲解。

讲解内容：曲面设计实例精选。本部分首先对常用的曲面设计思路和方法进行了系统的总结，然后讲解了数十个典型曲面产品设计的全过程，并对每个产品的设计要点都进行了深入剖析。

第 4 章　装配设计实例

4.1　旅游包锁扣组件

实例概述

本实例介绍了一款旅游包锁扣组件的设计过程，通过讲解图 4.1.1 所示扣件的设计，帮助读者学习和掌握产品装配的一般过程，并熟悉装配的操作流程。本实例先设计每个零部件，然后再装配，循序渐进，由浅入深。

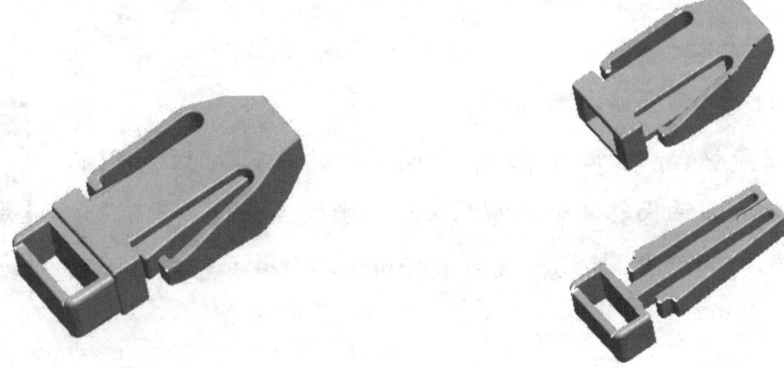

图 4.1.1　旅游包锁扣组件的装配模型

4.1.1　扣件上盖

扣件上盖的零件模型及模型树如图 4.1.2 所示。

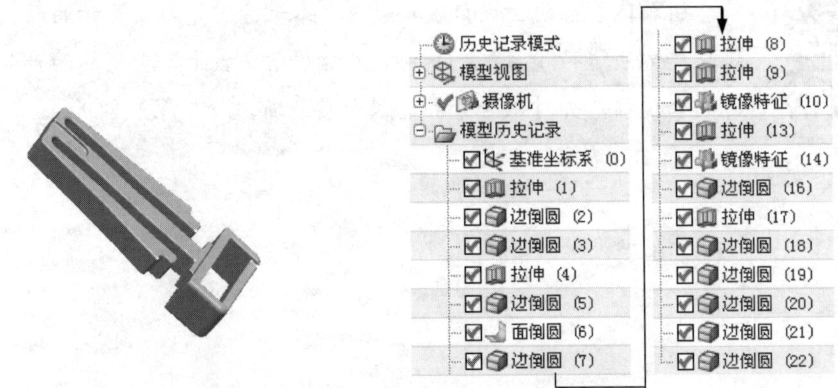

图 4.1.2　扣件上盖零件模型及模型树

说明： 本实例前面的详细操作过程请参见学习资源中 video\ch04.01\reference\文件下的语音视频讲解文件 FASTENER_TOP-02-r01.exe。

Step1. 打开文件 D:\ugal12\work\ch04.01\FASTENER_top_ex.prt。

Step2. 创建图 4.1.3 所示的拉伸特征 1。选择下拉菜单 插入(S) → 设计特征(E) → 拉伸(E)... 命令，系统弹出“拉伸”对话框。选取 YZ 基准平面为草图平面，绘制图 4.1.4 所示的截面草图；在 指定矢量 下拉列表中选择 XC 选项；在 限制 区域的 开始 下拉列表中选择 对称值 选项，并在其下的 距离 文本框中输入值 1.5，在 布尔 区域的下拉列表中选择 合并 选项，采用系统默认的求和对象。单击 < 确定 > 按钮，完成拉伸特征 1 的创建。

图 4.1.3 拉伸特征 1

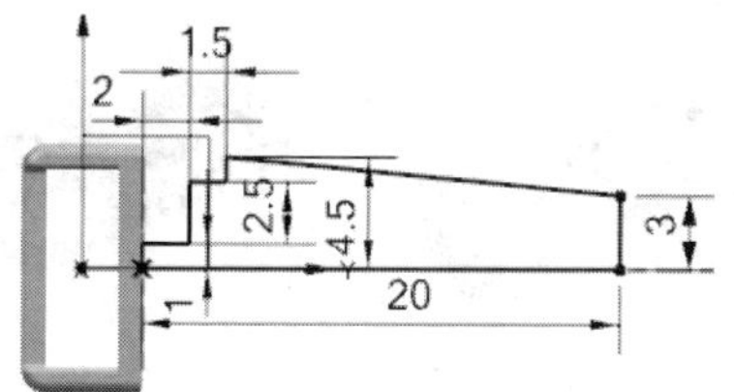

图 4.1.4 截面草图

Step3. 创建图 4.1.5 所示的拉伸特征 2。选择下拉菜单 插入(S) → 设计特征(E) → 拉伸(E)... 命令，系统弹出“拉伸”对话框。选取 YZ 基准平面为草图平面，绘制图 4.1.6 所示的截面草图；在 指定矢量 下拉列表中选择 XC 选项；在 限制 区域的 开始 下拉列表中选择 对称值 选项，并在其下的 距离 文本框中输入值 3，在 布尔 区域的下拉列表中选择 减去 选项，采用系统默认的求差对象。单击 < 确定 > 按钮，完成拉伸特征 2 的创建。

Step4. 创建图 4.1.7 所示的镜像特征 1。选择下拉菜单 插入(S) → 关联复制(A) → 镜像特征(M)... 命令，在绘图区中选取图 4.1.3 所示的拉伸特征 1 和图 4.1.5 所示的拉伸特征 2 为要镜像的特征。在 镜像平面 区域中单击 按钮，在绘图区中选取 XZ 基准平面作为镜像平面。单击 确定 按钮，完成镜像特征 1 的创建。

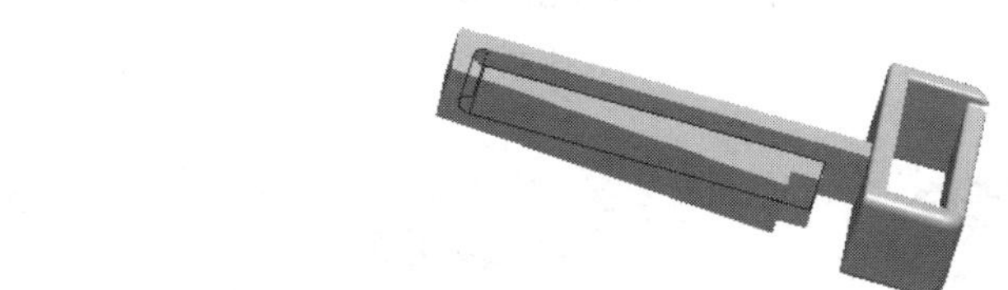

图 4.1.5 拉伸特征 2

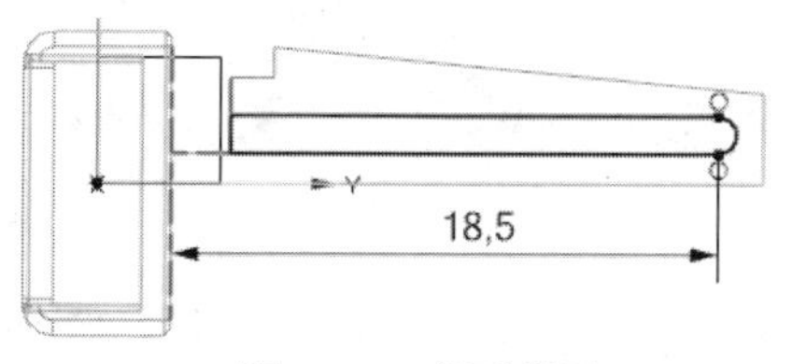

图 4.1.6 截面草图

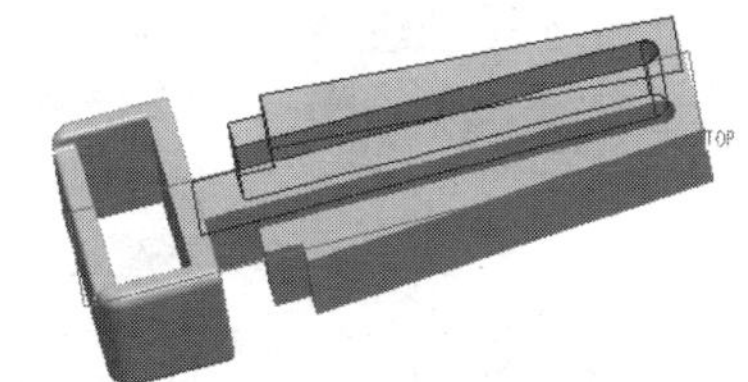

图 4.1.7 镜像特征 1

Step5. 创建图 4.1.8 所示的拉伸特征 3。选择下拉菜单插入(S) ➡ 设计特征(E) ➡ 拉伸(E)...命令，系统弹出“拉伸”对话框。选取图 4.1.9 所示的平面为草图平面，绘制图 4.1.10 所示的截面草图；在指定矢量下拉列表中选择XC选项；在限制区域的开始下拉列表中选择值选项，并在其下的距离文本框中输入值 0，在限制区域的结束下拉列表中选择值选项，并在其下的距离文本框中输入值 0.4，在布尔区域的下拉列表中选择减去选项，采用系统默认的求差对象。单击< 确定 >按钮，完成拉伸特征 3 的创建。

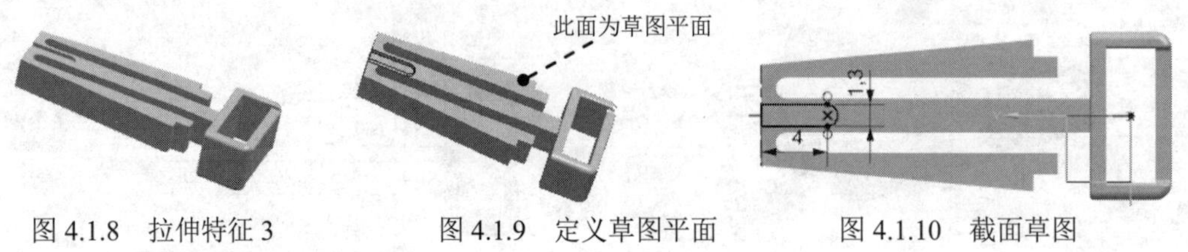

图 4.1.8　拉伸特征 3　　图 4.1.9　定义草图平面　　图 4.1.10　截面草图

Step6. 创建图 4.1.11 所示的镜像特征 2。选择下拉菜单插入(S) ➡ 关联复制(A) ➡ 镜像特征(M)...命令，在绘图区中选取图 4.1.8 所示的拉伸特征 3 为要镜像的特征。在镜像平面区域中单击按钮，在绘图区中选取 YZ 基准平面作为镜像平面。单击确定按钮，完成镜像特征 2 的创建。

Step7. 创建图 4.1.12 所示的边倒圆特征 1。选择图 4.1.13 所示的边链为边倒圆参照边，并在半径 1文本框中输入值 0.1。单击< 确定 >按钮，完成边倒圆特征 1 的创建。

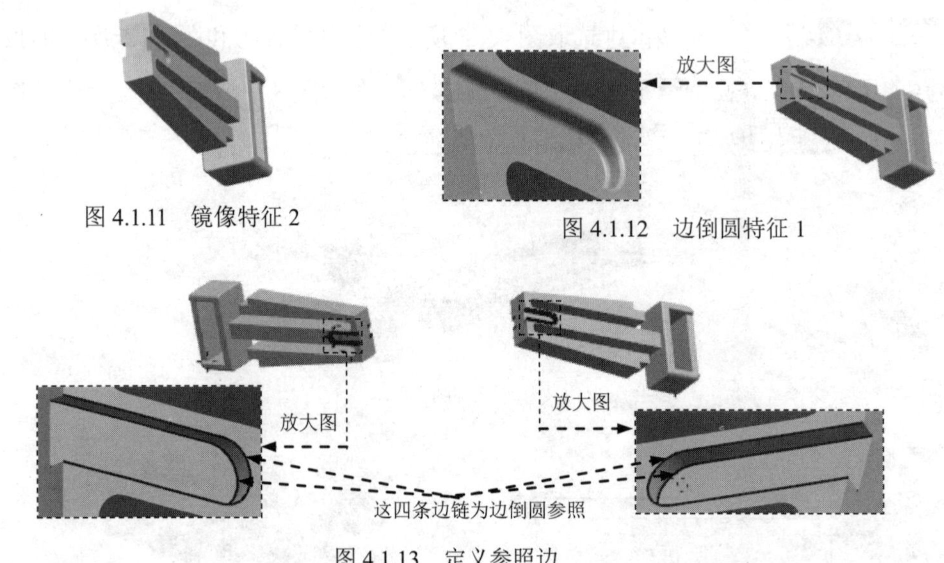

图 4.1.11　镜像特征 2

图 4.1.12　边倒圆特征 1

图 4.1.13　定义参照边

Step8. 创建图 4.1.14 所示的拉伸特征 4。选择下拉菜单插入(S) ➡ 设计特征(E) ➡ 拉伸(E)...命令，系统弹出“拉伸”对话框。选取图 4.1.15 所示的平面为草图平面，绘制

图 4.1.16 所示的截面草图；在指定矢量下拉列表中选择ZC选项；在限制区域的开始下拉列表中选择值选项，并在其下的距离文本框中输入值 0，在限制区域的结束下拉列表中选择值选项，并在其下的距离文本框中输入值 0.5，在布尔区域的下拉列表中选择合并选项，采用系统默认的求和对象。单击< 确定 >按钮，完成拉伸特征 4 的创建。

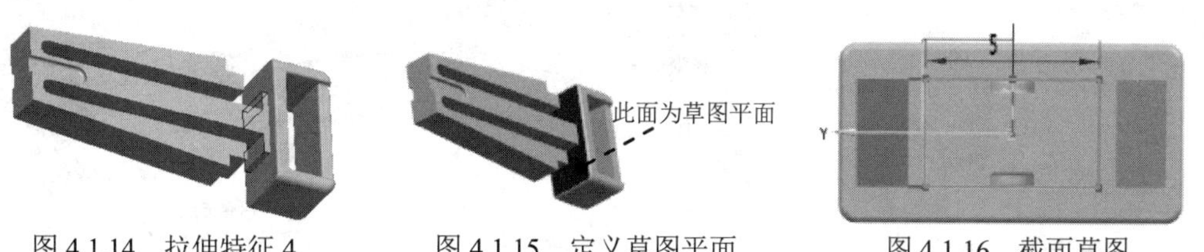

图 4.1.14　拉伸特征 4　　图 4.1.15　定义草图平面　　图 4.1.16　截面草图

Step9. 创建图 4.1.17b 所示的边倒圆特征 2。选择图 4.1.17a 所示的边线为边倒圆参照边，并在半径 1文本框中输入值 0.3。单击< 确定 >按钮，完成边倒圆特征 2 的创建。

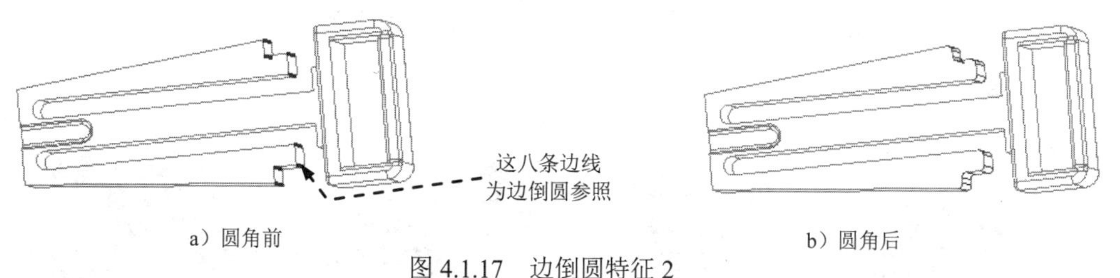

a）圆角前　　b）圆角后

图 4.1.17　边倒圆特征 2

Step10. 创建图 4.1.18b 所示的边倒圆特征 3。选择图 4.1.18a 所示的边线为边倒圆参照边，并在半径 1文本框中输入值 0.5。单击< 确定 >按钮，完成边倒圆特征 3 的创建。

Step11. 创建图 4.1.19b 所示的边倒圆特征 4。选择图 4.1.19a 所示的边链为边倒圆参照边，并在半径 1文本框中输入值 0.2。单击< 确定 >按钮，完成边倒圆特征 4 的创建。

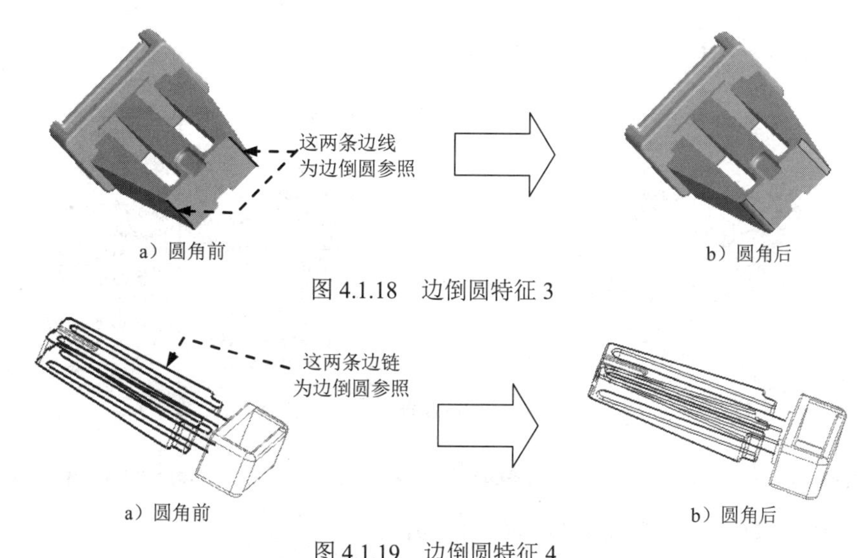

a）圆角前　　b）圆角后

图 4.1.18　边倒圆特征 3

a）圆角前　　b）圆角后

图 4.1.19　边倒圆特征 4

Step12. 创建图 4.1.20b 所示的边倒圆特征 5。选择图 4.1.20a 所示的边链为边倒圆参照边，并在半径 1文本框中输入值 0.1。单击< 确定 >按钮，完成边倒圆特征 5 的创建。

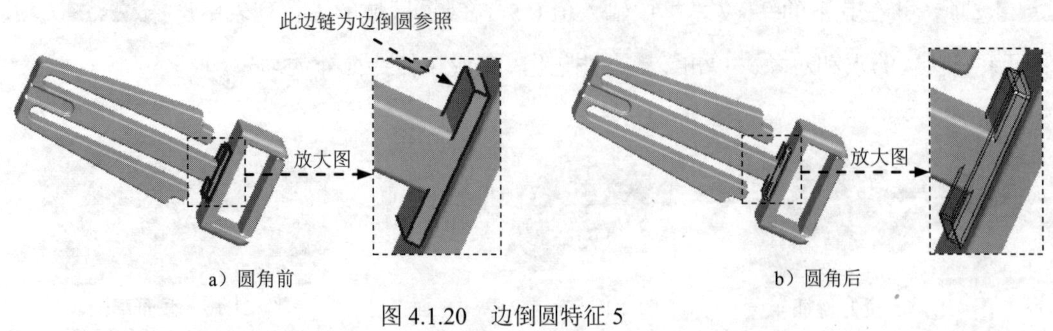

图 4.1.20　边倒圆特征 5

Step13. 创建图 4.1.21b 所示的边倒圆特征 6。选择图 4.1.21a 所示的边链为边倒圆参照边，并在半径 1文本框中输入值 0.2。单击< 确定 >按钮，完成边倒圆特征 6 的创建。

Step14. 保存零件模型。选择下拉菜单文件(F) ➡ 保存(S)命令，即可保存零件模型。

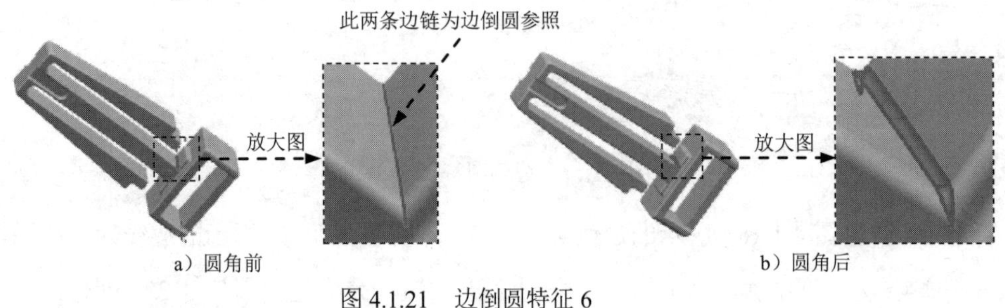

图 4.1.21　边倒圆特征 6

4.1.2　扣件下盖

扣件下盖的零件模型及模型树如图 4.1.22 所示。

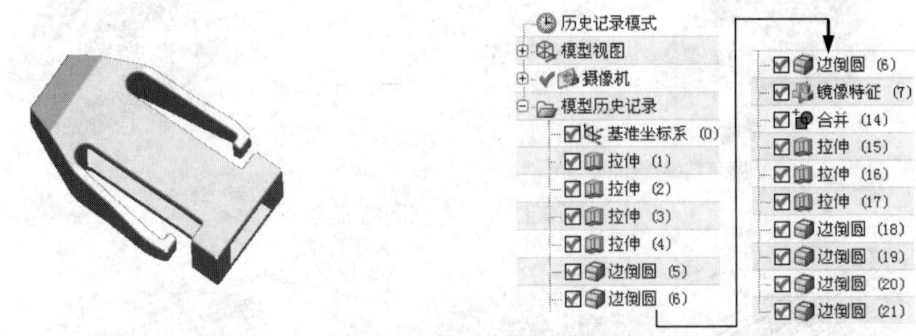

图 4.1.22　扣件下盖零件模型及模型树

说明：本实例前面的详细操作过程请参见学习资源中 video\ich04.01\reference\文件下的语音视频讲解文件 FASTENER_DOWN-03-r01.exe。

Step1. 打开文件 D:\ugal12\work\ch04.01\PASTENER_DOWN_ex.prt。

Step2. 创建图 4.1.23 所示的拉伸特征 1。选择下拉菜单 插入(S) ➡ 设计特征(E) ➡ 拉伸(E)... 命令，系统弹出“拉伸”对话框。选取 YZ 基准平面为草图平面，绘制图 4.1.24 所示的截面草图；在 指定矢量 下拉列表中选择 XC 选项；在 限制 区域的 开始 下拉列表中选择 对称值 选项，并在其下的 距离 文本框中输入值 4，在 布尔 区域的下拉列表中选择 减去 选项，采用系统默认的求差对象。单击 <确定> 按钮，完成拉伸特征 1 的创建。

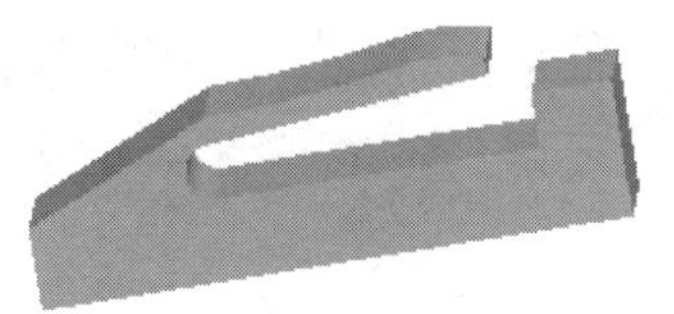

图 4.1.23 拉伸特征 1

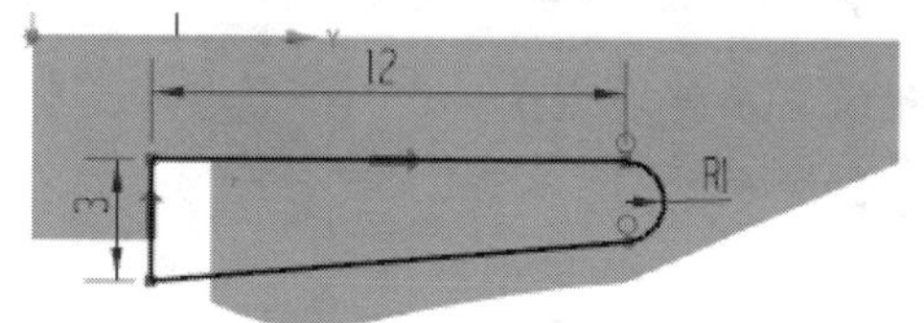

图 4.1.24 截面草图

Step3. 创建图 4.1.25 所示的拉伸特征 2。选择下拉菜单 插入(S) ➡ 设计特征(E) ➡ 拉伸(E)... 命令，系统弹出“拉伸”对话框。选取图 4.1.26 所示的平面为草图平面，绘制图 4.1.27 所示的截面草图；在 指定矢量 下拉列表中选择 选项，然后选取图 4.1.26 所示的平面；在 限制 区域的 开始 下拉列表中选择 值 选项，并在其下的 距离 文本框中输入值 0，在 限制 区域的 结束 下拉列表中选择 值 选项，并在其下的 距离 文本框中输入值 1，在 布尔 区域的下拉列表中选择 合并 选项，采用系统默认的求和对象。单击 <确定> 按钮，完成拉伸特征 2 的创建。

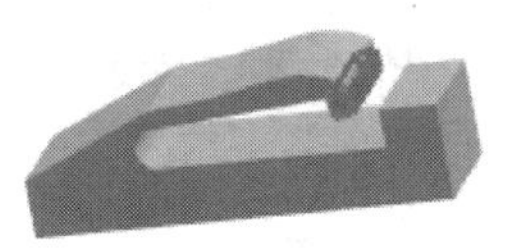

图 4.1.25 拉伸特征 2

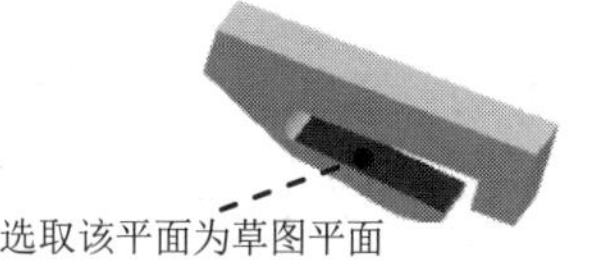

图 4.1.26 定义草图平面

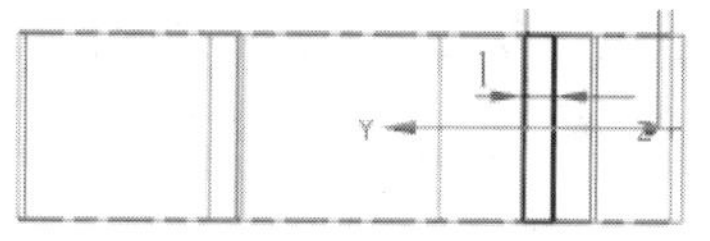

图 4.1.27 截面草图

Step4. 创建图 4.1.28 所示的拉伸特征 3。选择下拉菜单 插入(S) ➡ 设计特征(E) ➡ 拉伸(E)... 命令，系统弹出“拉伸”对话框。选取图 4.1.29 所示的平面为草图平面，绘制图 4.1.30 所示的截面草图；在 指定矢量 下拉列表中选择 选项；在 限制 区域的 开始 下拉列表中选择 值 选项，并在其下的 距离 文本框中输入值 0，在 限制 区域的 结束 下拉列表中选择 贯通 选项，在 布尔 区域的下拉列表中选择 减去 选项，采用系统默认的求差对象。单击 <确定> 按钮，完成拉伸特征 3 的创建。

Step5. 创建图 4.1.31b 所示的边倒圆特征 1。选择下拉菜单 插入(S) ➡ 细节特征(L) ▸ ➡ 边倒圆(E)... 命令，在 边 区域中单击 按钮，选择图 4.1.31a 所示的边线为边倒圆参照边，并在半径 1文本框中输入值 0.3。单击< 确定 >按钮，完成边倒圆特征 1 的创建。

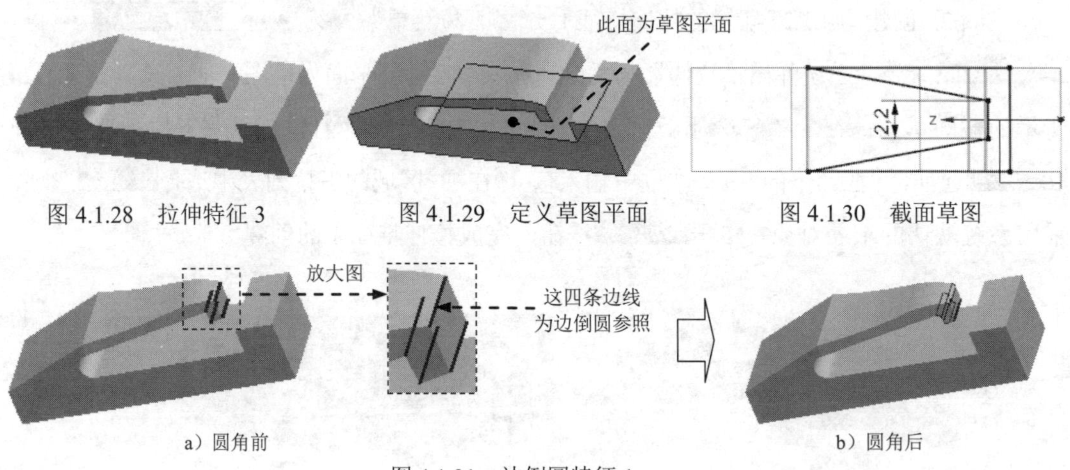

图 4.1.28　拉伸特征 3　　图 4.1.29　定义草图平面　　图 4.1.30　截面草图

图 4.1.31　边倒圆特征 1

Step6. 创建图 4.1.32b 所示的边倒圆特征 2。选择图 4.1.32a 所示的边线为边倒圆参照边，并在半径 1文本框中输入值 5。单击< 确定 >按钮，完成边倒圆特征 2 的创建。

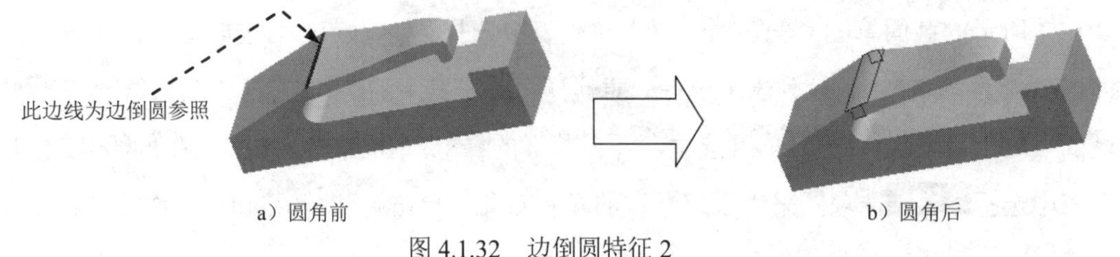

图 4.1.32　边倒圆特征 2

Step7. 创建图 4.1.33 所示的镜像特征 1。选择下拉菜单插入(S) → 关联复制(A) → 镜像特征(M)...命令，在绘图区中选取前面创建的所有特征为要镜像的特征。在镜像平面区域中单击按钮，在绘图区中选取 XY 基准平面作为镜像平面。单击确定按钮，完成镜像特征 1 的创建。

Step8. 创建图 4.1.34 所示的求和特征 1。选择下拉菜单插入(S) → 组合(B) → 合并(U)...命令，选取图 4.1.34 所示的实体特征为目标体，选取图 4.1.34 所示的镜像特征为刀具体。单击确定按钮，完成求和特征 1 的创建。

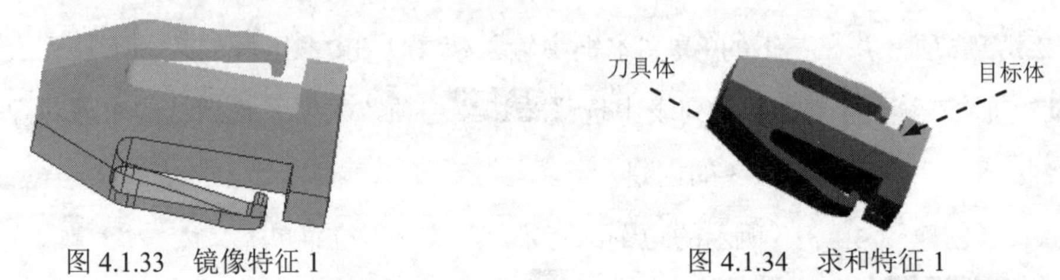

图 4.1.33　镜像特征 1　　图 4.1.34　求和特征 1

Step9. 创建图 4.1.35 所示的拉伸特征 4。选择下拉菜单插入(S) → 设计特征(E) →

拉伸(E)...命令，系统弹出“拉伸”对话框。选取 YZ 基准平面为草图平面，绘制图 4.1.36 所示的截面草图；在指定矢量下拉列表中选择XC选项；在限制区域的开始下拉列表中选择对称值选项，并在其下的距离文本框中输入值 2，在布尔区域的下拉列表中选择减去选项，采用系统默认的求差对象。单击<确定>按钮，完成拉伸特征 4 的创建。

图 4.1.35 拉伸特征 4

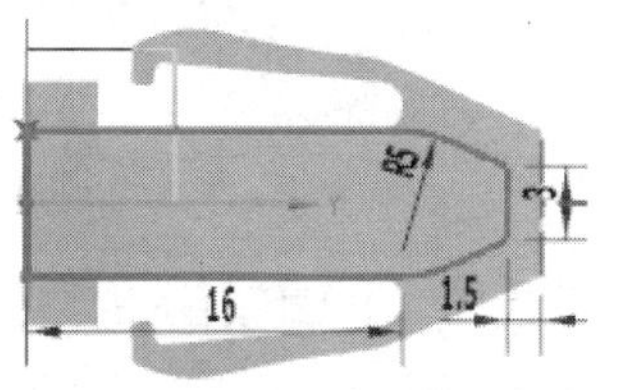

图 4.1.36 截面草图

Step10. 创建图 4.1.37 所示的拉伸特征 5。选择下拉菜单插入(S) → 设计特征(E) → 拉伸(E)...命令，系统弹出“拉伸”对话框。选取 XY 基准平面为草图平面，绘制图 4.1.38 所示的截面草图；在指定矢量下拉列表中选择ZC选项；在限制区域的开始下拉列表中选择对称值选项，并在其下的距离文本框中输入值 4，在布尔区域的下拉列表中选择减去选项，采用系统默认的求差对象。单击<确定>按钮，完成拉伸特征 5 的创建。

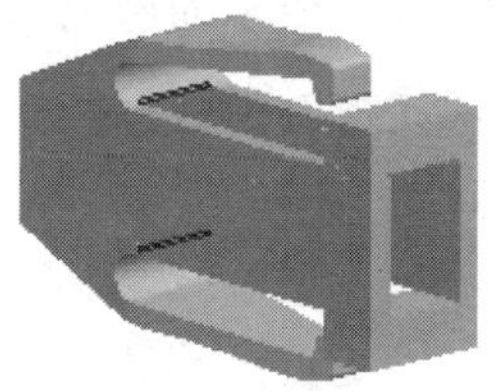

图 4.1.37 拉伸特征 5

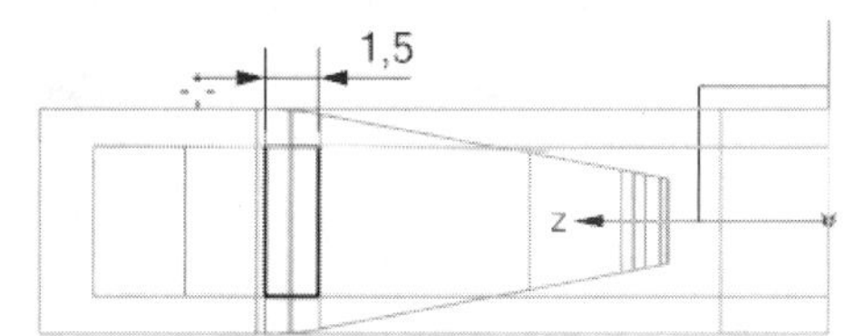

图 4.1.38 截面草图

Step11. 创建图 4.1.39 所示的拉伸特征 6。选择下拉菜单插入(S) → 设计特征(E) → 拉伸(E)...命令，系统弹出“拉伸”对话框。选取 XY 基准平面为草图平面，绘制图 4.1.40 所示的截面草图；在指定矢量下拉列表中选择ZC选项；在限制区域的开始下拉列表中选择对称值选项，并在其下的距离文本框中输入值 6，在布尔区域的下拉列表中选择减去选项，采用系统默认的求差对象。单击<确定>按钮，完成拉伸特征 6 的创建。

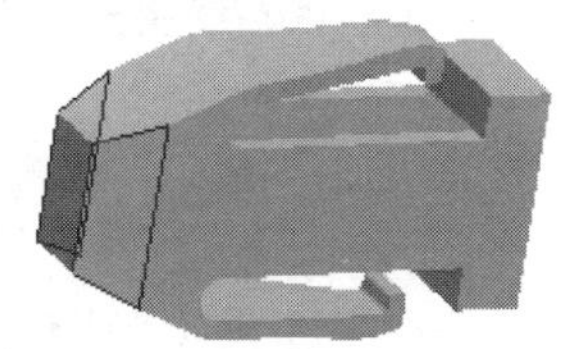

图 4.1.39 拉伸特征 6

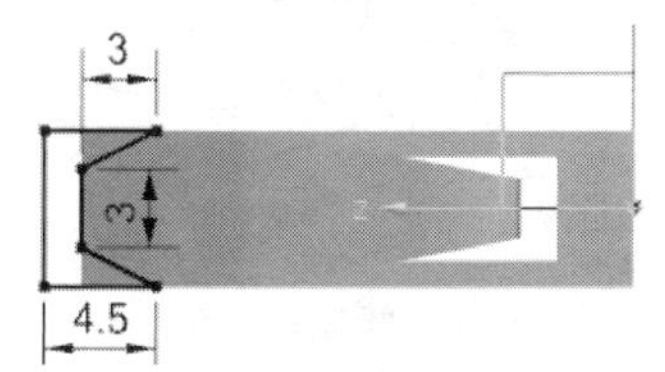

图 4.1.40 截面草图

Step12. 创建图 4.1.41b 所示的边倒圆特征 3。选择图 4.1.41a 所示的边线为边倒圆参照边，并在半径 1文本框中输入值 1。单击< 确定 >按钮，完成边倒圆特征 3 的创建。

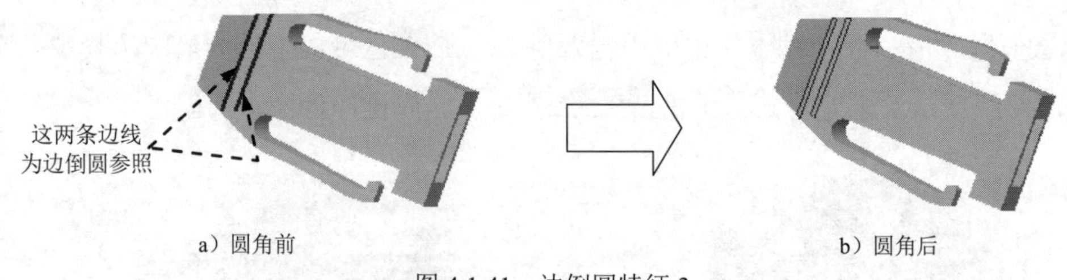

图 4.1.41　边倒圆特征 3

Step13. 创建图 4.1.42b 所示的边倒圆特征 4。选择图 4.1.42a 所示的边线为边倒圆参照边，并在半径 1文本框中输入值 0.5。单击< 确定 >按钮，完成边倒圆特征 4 的创建。

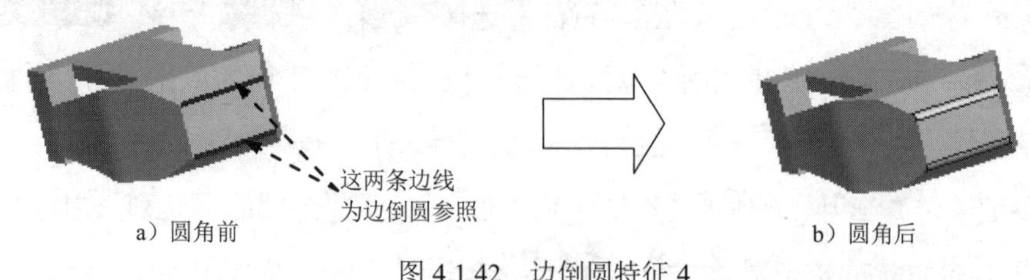

图 4.1.42　边倒圆特征 4

Step14. 创建图 4.1.43b 所示的边倒圆特征 5。选择图 4.1.43a 所示的边线为边倒圆参照边，并在半径 1文本框中输入值 0.2。单击< 确定 >按钮，完成边倒圆特征 5 的创建。

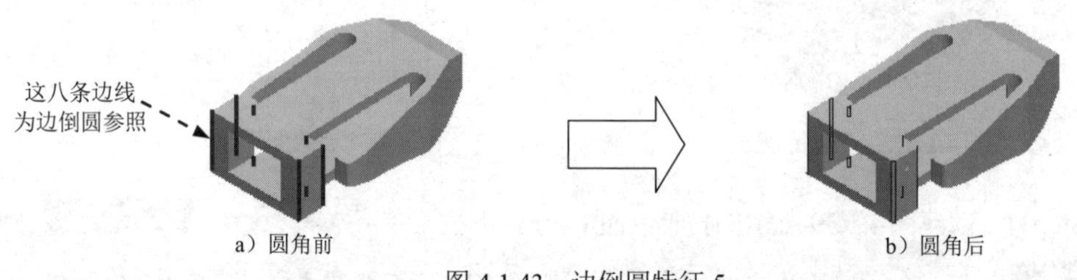

图 4.1.43　边倒圆特征 5

Step15. 创建图 4.1.44b 所示的边倒圆特征 6。选择图 4.1.44a 所示的边链为边倒圆参照边，并在半径 1文本框中输入值 0.2。单击< 确定 >按钮，完成边倒圆特征 6 的创建。

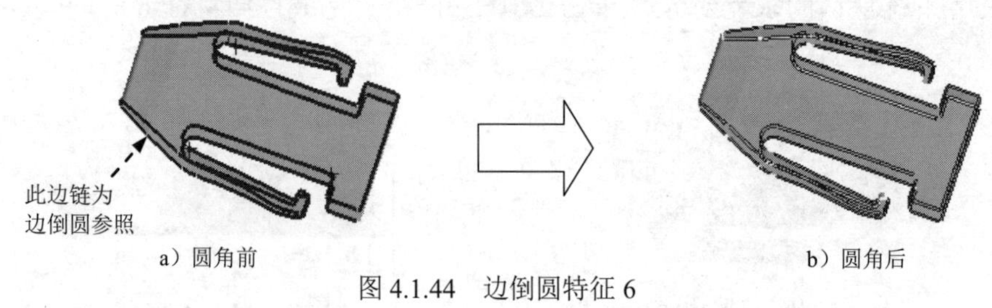

图 4.1.44　边倒圆特征 6

Step16. 保存零件模型。选择下拉菜单 文件(F) → 保存(S) 命令，即可保存零件模型。

4.1.3 装配设计

Step1. 新建文件。选择下拉菜单文件(F) → 新建(N)...命令，系统弹出“新建”对话框。在模型选项卡的模板区域中选取模板类型为装配，在名称文本框中输入文件名称FASTENER，单击确定按钮，进入装配环境。

Step2. 添加图4.1.45所示的装配零件1。在“添加组件”对话框中单击“打开”按钮，选择D:\ugal12\work\ch04.01\FASTENER_TOP，然后单击OK按钮。在“添加组件”位置区域的装配位置下拉列表中选取绝对坐标系 - 显示部件选项，其他参数为系统默认设置值，单击确定按钮，此时扣件上盖已被添加到装配文件中。

图4.1.45　装配零件1

Step3. 添加图4.1.46所示的装配零件2。

（1）选择下拉菜单装配(A) → 组件(C) → 添加组件(A)...命令，系统弹出“添加组件”对话框，在“添加组件”对话框中单击“打开”按钮，选择D:\ugal12\work\ch04.01\PASTENER-DOWN，然后单击OK按钮，系统返回到“添加组件”对话框。在“添加放置区域选择约束选项；在设置区域互动选项选项组中选中启用预览窗口复选框。

（2）在约束类型区域中选择选项，在要约束的几何体区域的方位下拉列表中选择接触选项，在“组件预览”对话框中选择图4.1.47所示的面1，然后在图形区选择图4.1.47所示的面2，完成平面的接触；在类型下拉列表中选择中心选项，在要约束的几何体区域的子类型下拉列表中选择2对2选项，在“组件预览”对话框中选择图4.1.48所示的参照1，然后在图形区选择图4.1.48所示的参照2，单击应用按钮，单击取消按钮，完成中心对齐。

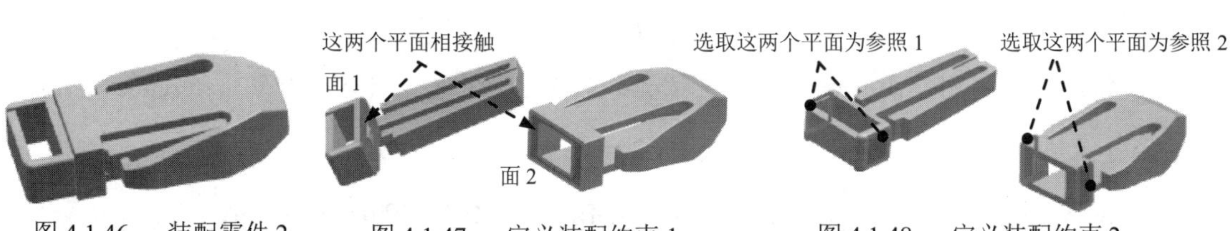

图4.1.46　装配零件2　　图4.1.47　定义装配约束1　　图4.1.48　定义装配约束2

Step4. 保存零件模型。选择下拉菜单文件(F) → 保存(S)命令，即可保存零件模型。

4.2 儿童喂药器

实例概述

本实例是儿童喂药器的设计，在创建零件时首先创建喂药器管、喂药器推杆和橡胶塞零部件，然后再进行装配设计。相应的装配零件模型如图 4.2.1 所示。

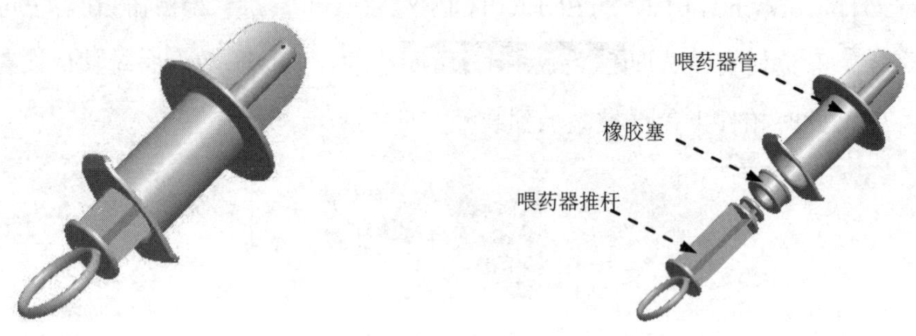

图 4.2.1　儿童喂药器装配模型

4.2.1 喂药器管

喂药器管的零件模型及模型树如图 4.2.2 所示。

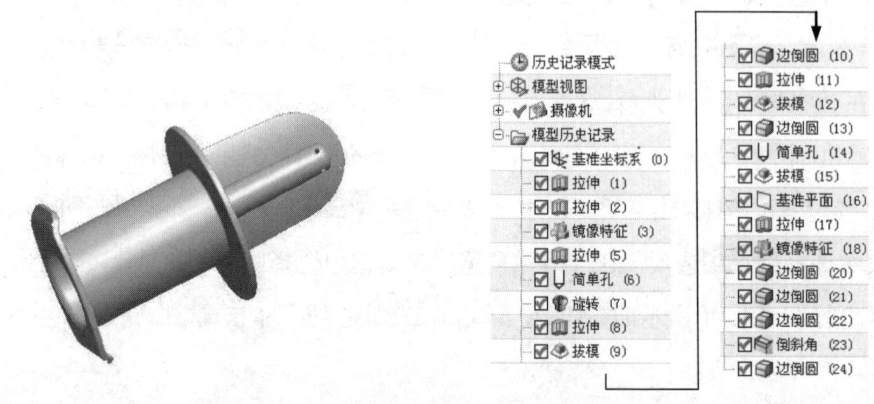

图 4.2.2　喂药器管零件模型及模型树

说明：本实例前面的详细操作过程请参见学习资源中 video\ch04.02\reference\文件下的语音视频讲解文件 BABY_MEDICINE-02-r01.exe。

Step1. 打开文件 D:\ugal12\work\ch04.01\BABY_MEDICINE_01_ex.prt。

Step2. 创建图 4.2.3 所示的拉伸特征 1。选择下拉菜单 插入(S) → 设计特征(E) → 拉伸(E)... 命令，系统弹出“拉伸”对话框。选取图 4.2.3 所示的平面为草图平面，绘制图 4.2.4 所示的截面草图；在 指定矢量 下拉列表中选择 -ZC 选项；在 限制 区域的 开始 下拉列表中选择值选项，并在其下的距离文本框中输入值 0，在限制区域的结束下拉列表中选择值选项，并在其下的距离文本框中输入值 45，在布尔区域的下拉列表中选择合并选项，采用系统默认的求和对象。单击< 确定 >按钮，完成拉伸特征 1 的创建。

Step3. 创建图 4.2.5 所示的孔特征 1。选择下拉菜单插入(S) ➡ 设计特征(E) ➡ 孔(H)...命令，在类型下拉列表中选择常规孔选项，选取图 4.2.6 所示的圆心为定位点，在“孔”对话框形状和尺寸的成形下拉列表中选择简单选项，在直径文本框中输入值 22，在深度限制下拉列表中选择贯通体选项，在布尔区域的下拉列表中选择减去选项，采用系统默认的求差对象。其他保持系统默认设置。单击< 确定 >按钮，完成孔特征 1 的创建。

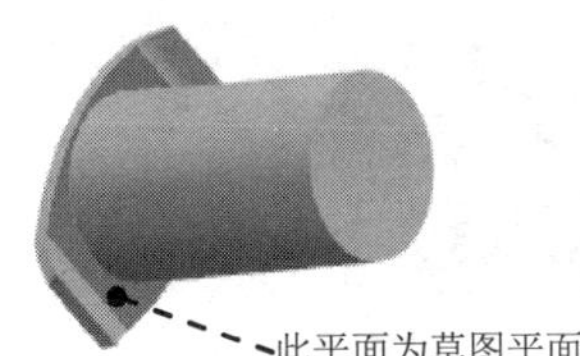

图 4.2.3　拉伸特征 1

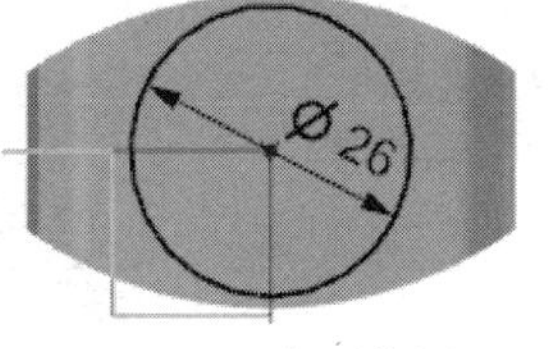

图 4.2.4　截面草图

图 4.2.5　孔特征 1

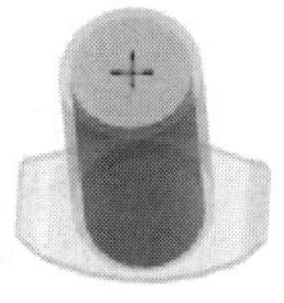
图 4.2.6　参考点

Step4. 创建图 4.2.7 所示的旋转特征 1。选择插入(S) ➡ 设计特征(E) ➡ 旋转(R)...命令（或单击按钮），单击截面区域中的按钮，在绘图区选取 YZ 基准平面为草图平面，绘制图 4.2.8 所示的截面草图。在绘图区中选取图 4.2.8 所示的直线为旋转轴。在“旋转”对话框限制区域的开始下拉列表中选择值选项，并在角度文本框中输入值 0，在结束下拉列表中选择值选项，并在角度文本框中输入值 360；在布尔区域的下拉列表中选择合并选项，采用系统默认的求和对象。单击< 确定 >按钮，完成旋转特征 1 的创建。

Step5. 创建图 4.2.9 所示的拉伸特征 2。选择下拉菜单插入(S) ➡ 设计特征(E) ➡ 拉伸(E)...命令，系统弹出“拉伸”对话框。选取图 4.2.9 所示的平面为草图平面，绘制图 4.2.10 所示的截面草图；在指定矢量下拉列表中选择-ZC选项；在限制区域的开始下拉列表中选择值选项，并在其下的距离文本框中输入值 0，在限制区域的结束下拉列表中选择值选项，并在其下的距离文本框中输入值 35，在布尔区域的下拉列表中选择合并选项，采用系统默认的求和对象。单击< 确定 >按钮，完成拉伸特征 2 的创建。

Step6. 创建图 4.2.11 所示的拔模特征 1。选择下拉菜单插入(S) ➡ 细节特征(L) ➡ 拔模(T)...命令，在类型区域的下拉列表中选取面选项，在脱模方向区域中指定矢量选择-ZC选项，选择图 4.2.11 所示的平面为固定面，在要拔模的面区域选择图 4.2.12 所示的面为参照，并在角度 1文本框中输入值 1。单击< 确定 >按钮，完成拔模特征 1 的创建。

Step7. 创建边倒圆特征 1。选择下拉菜单插入(S) ➡ 细节特征(L) ➡ 边倒圆(E)...命令（或单击按钮），在边区域中单击按钮，选择图 4.2.13 所示的边链为边倒圆参照边，并在半径 1文本框中输入值 2。单击< 确定 >按钮，完成边倒圆特征 1 的创建。

图 4.2.7　旋转特征 1 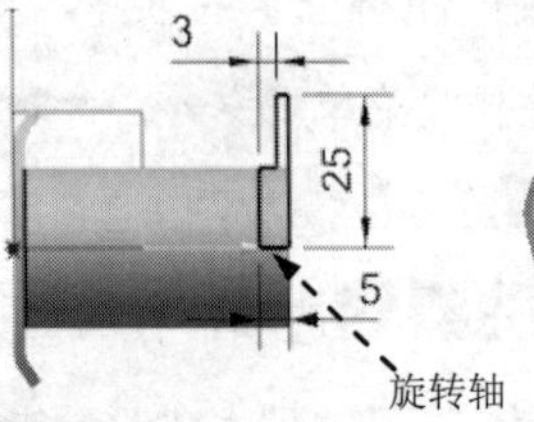　　图 4.2.8　截面草图 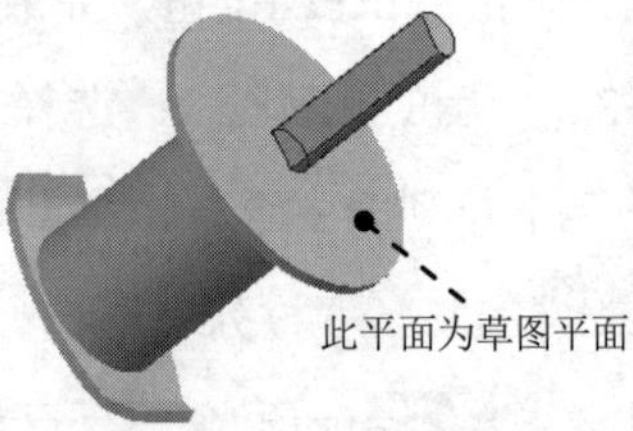　　图 4.2.9　拉伸特征 3 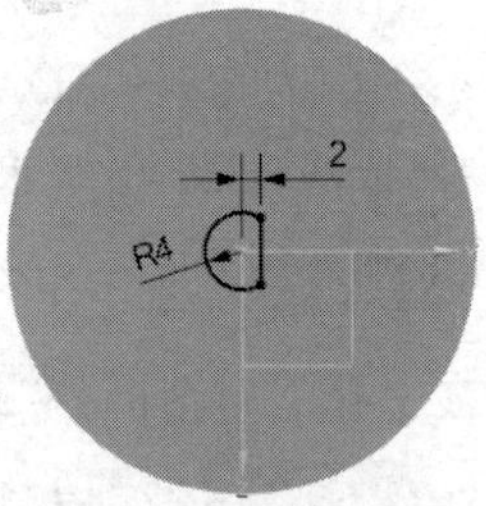　　图 4.2.10　截面草图

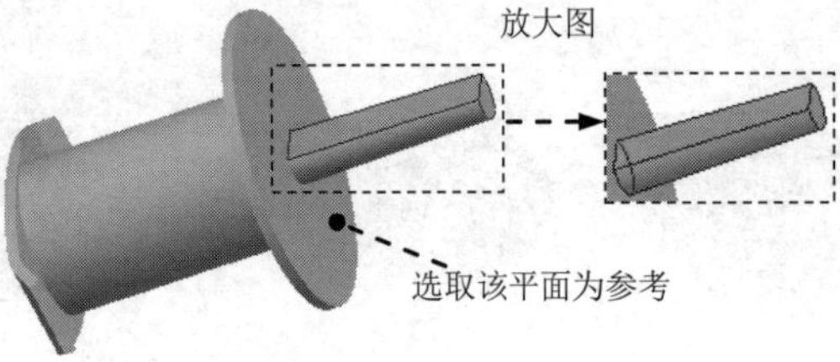

图 4.2.11　拔模特征 1 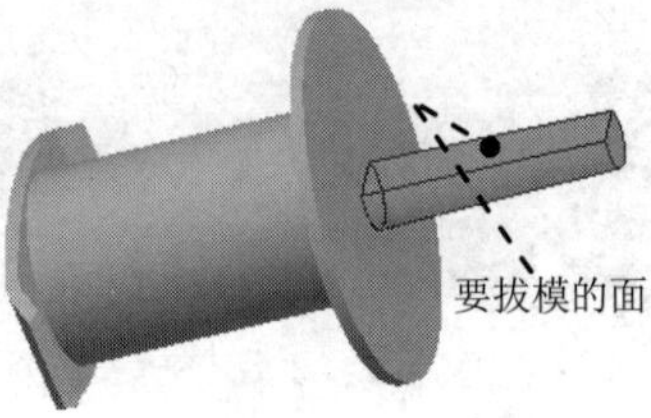　　图 4.2.12　拔模面

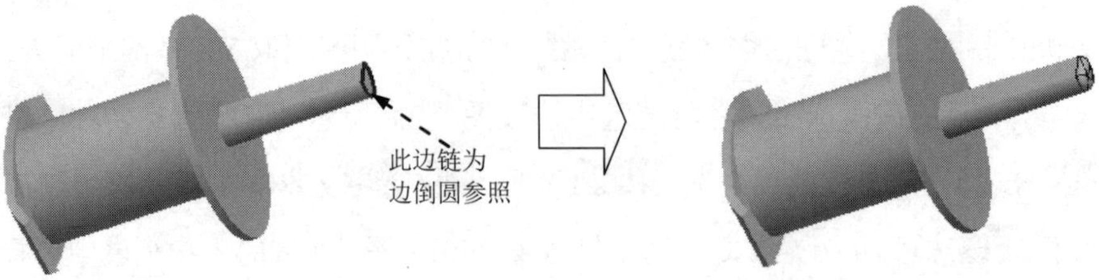

图 4.2.13　边倒圆特征 1

Step8. 创建图 4.2.14 所示的拉伸特征 3。选择下拉菜单插入(S) → 设计特征(E) → 拉伸(E)...命令，系统弹出“拉伸”对话框。选取图 4.2.14 所示的平面为草图平面，绘制图 4.2.15 所示的截面草图；在指定矢量下拉列表中选择-ZC选项；在限制区域的开始下拉列表中选择值选项，并在其下的距离文本框中输入值 0，在限制区域的结束下拉列表中选择值选项，并在其下的距离文本框中输入值 40，在布尔区域的下拉列表中选择合并选项，采用系统默认的求和对象。在偏置下拉列表中选择两侧选项，在开始文本框中输入值 0，在结束文本框中输入值 2.5。单击< 确定 >按钮，完成拉伸特征 3 的创建。

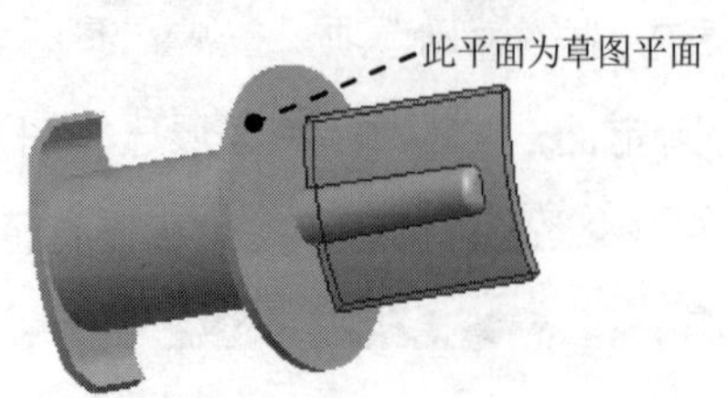

图 4.2.14　拉伸特征 3

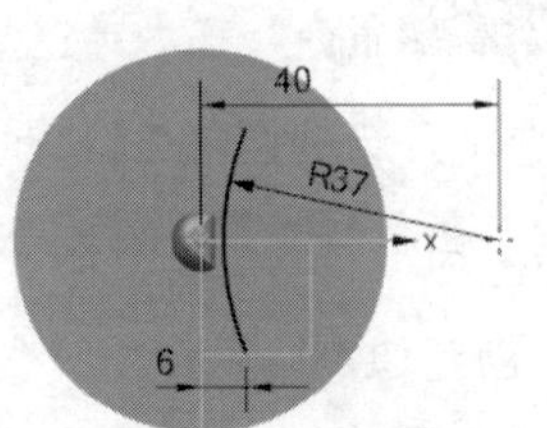

图 4.2.15　截面草图

Step9. 创建图 4.2.16 所示的拔模特征 2。选择下拉菜单插入(S) → 细节特征(L) → 拔模(T)...命令，在脱模方向区域中指定矢量选择-ZC选项，选择图 4.2.16 所示的平面为固定面，在要拔模的面区域选择图 4.2.17 所示的两个平面为参照拔模面，并在角度 1文本框中输入值 3。单击< 确定 >按钮，完成拔模特征 2 的创建。

图 4.2.16　拔模特征 2　　　　图 4.2.17　拔模面

Step10. 创建边倒圆特征 2。选择下拉菜单插入(S) → 细节特征(L) → 边倒圆(E)...命令（或单击按钮），在边区域中单击按钮，选择图 4.2.18 所示的边线为边倒圆参照边，并在半径 1文本框中输入值 13。单击< 确定 >按钮，完成边倒圆特征 2 的创建。

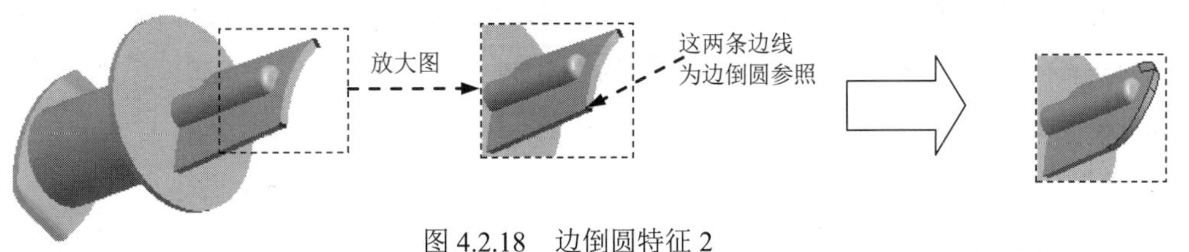

图 4.2.18　边倒圆特征 2

Step11. 创建图 4.2.19 所示的孔特征 2。选择下拉菜单插入(S) → 设计特征(E) → 孔(H)...命令，在类型下拉列表中选择常规孔选项，选取图 4.2.20 所示的圆心为定位点，在“孔”对话框形状和尺寸的成形下拉列表中选择简单选项，在直径文本框中输入值 4，在深度限制下拉列表中选择值选项，在深度文本框中输入值 38，在布尔区域的下拉列表中选择减去选项，采用系统默认的求差对象。其他保持系统默认设置。单击< 确定 >按钮，完成孔特征 2 的创建。

Step12. 创建图 4.2.21 所示的拔模特征 3。选择下拉菜单插入(S) → 细节特征(L) → 拔模(T)...命令，在脱模方向区域中指定矢量选择 Y 轴的正方向，选择图 4.2.21 所示的平面为固定面，在要拔模的面区域选择图 4.2.22 所示的面为参照，并在角度 1文本框中输入值-1。单击< 确定 >按钮，完成拔模特征 3 的创建。

图 4.2.19　孔特征 2

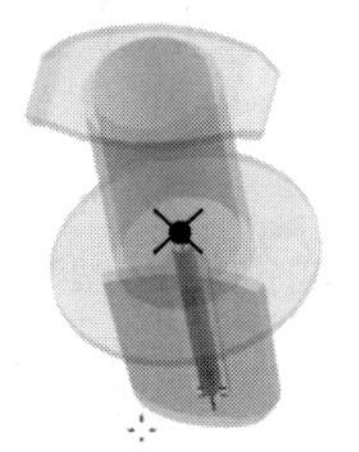

图 4.2.20　参考点

Step13. 创建图 4.2.23 所示的基准平面 1。选择下拉菜单插入(S) ➡ 基准/点(D) ➡ 基准平面(D)...命令（或单击按钮），系统弹出“基准平面”对话框。在类型区域的下拉列表中选择成一角度选项，在平面参考区域选择 YZ 基准平面，在通过轴区域选择 Z 轴，在角度区域的角度文本框中输入值 45。单击< 确定 >按钮，完成基准平面 1 的创建。

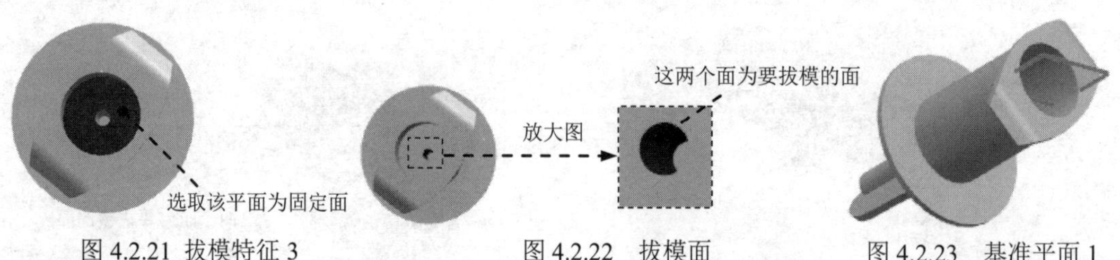

图 4.2.21 拔模特征 3　　图 4.2.22 拔模面　　图 4.2.23 基准平面 1

Step14. 创建图 4.2.24 所示的拉伸特征 4。选择下拉菜单插入(S) ➡ 设计特征(E) ➡ 拉伸(E)...命令，系统弹出“拉伸”对话框。选取基准平面 1 为草图平面，绘制图 4.2.25 所示的截面草图；在指定矢量下拉列表中选择选项，选取基准平面 1，然后单击“反向”按钮；在限制区域的开始下拉列表中选择值选项，并在其下的距离文本框中输入值 0，在限制区域的结束下拉列表中选择贯通选项，在布尔区域的下拉列表中选择减去选项，采用系统默认的求差对象。单击< 确定 >按钮，完成拉伸特征 4 的创建。

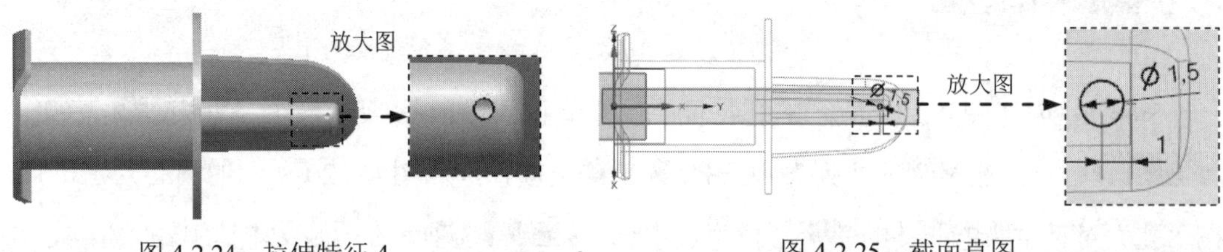

图 4.2.24 拉伸特征 4　　图 4.2.25 截面草图

Step15. 创建图 4.2.26 所示的镜像特征 2。选择下拉菜单插入(S) ➡ 关联复制(A) ➡ 镜像特征(M)...命令，在绘图区中选取图 4.2.24 所示的拉伸特征 6 为要镜像的特征。在镜像平面区域中单击按钮，在绘图区中选取 XZ 基准平面作为镜像平面。单击确定按钮，完成镜像特征 2 的创建。

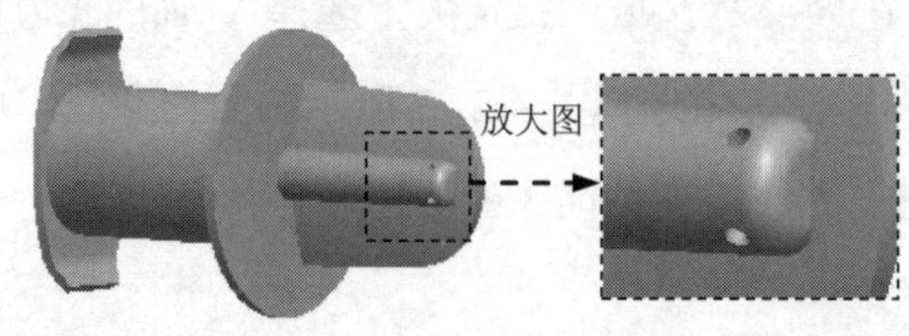

图 4.2.26 镜像特征 2

Step16. 后面的详细操作过程请参见学习资源中 video\ch04.02\reference\文件下的语音视频讲解文件 BABY_MEDICINE-02-r02.exe。

4.2.2 喂药器推杆

喂药器推杆的零件模型及模型树如图 4.2.27 所示。

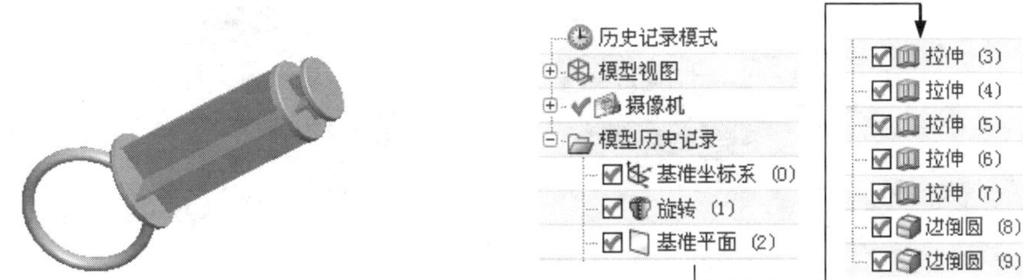

图 4.2.27 喂药器推杆零件模型及模型树

说明：本实例前面的详细操作过程请参见学习资源中 video\ch04.02\reference\文件下的语音视频讲解文件 BABY_MEDICINE-03-r01.exe。

Step1 打开文件 D:\ugal12\work\ch04.02\ BABY_MEDICINE_02_ex.prt。

Step2. 创建图 4.2.28 所示的基准平面 1。选择下拉菜单 插入(S) ➡ 基准/点(D) ➡ 基准平面(D)... 命令（或单击 按钮），系统弹出“基准平面”对话框。在类型区域的下拉列表中选择 按某一距离 选项，在绘图区选取 XY 基准平面，输入偏移值 15。单击 < 确定 > 按钮，完成基准平面 1 的创建。

Step3. 创建图 4.2.29 所示的拉伸特征 1。选择下拉菜单 插入(S) ➡ 设计特征(E) ➡ 拉伸(E)... 命令，系统弹出“拉伸”对话框。选取基准平面 1 为草图平面，绘制图 4.2.30 所示的截面草图；在 指定矢量 下拉列表中选择 ZC↑ 选项，在限制区域的开始下拉列表中选择 值 选项，并在其下的距离文本框中输入值 0，在限制区域的结束下拉列表中选择 值 选项，并在其下的距离文本框中输入值 2。在布尔区域的下拉列表中选择 合并 选项，采用系统默认的求和对象。单击 < 确定 > 按钮，完成拉伸特征 1 的创建。

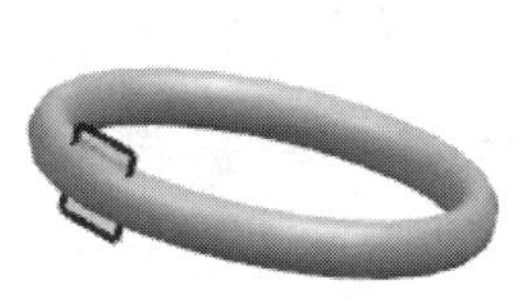

图 4.2.28 基准平面 1

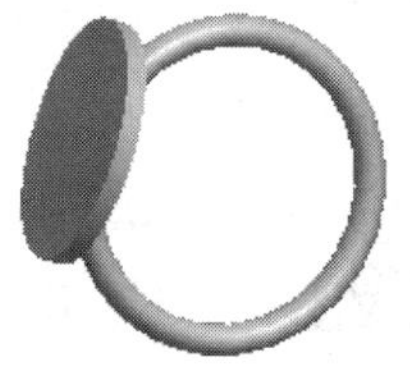

图 4.2.29 拉伸特征 1

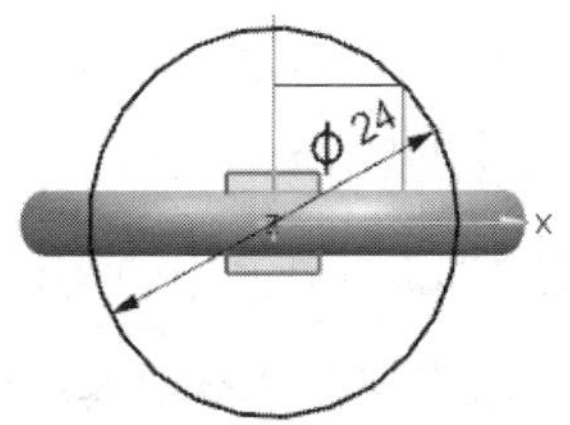

图 4.2.30 截面草图

Step4. 创建图 4.2.31 所示的拉伸特征 2。选择下拉菜单 插入(S) ➡ 设计特征(E) ➡ 拉伸(E)... 命令，系统弹出“拉伸”对话框。选取图 4.2.31 所示的平面为草图平面，绘制图 4.2.32 所示的截面草图；在 指定矢量 下拉列表中选择 ZC↑ 选项，在限制区域的开始下拉列表中选择 值 选项，并在其下的距离文本框中输入值 0，在限制区域的结束下拉列表中选择值选项，并在其下的距离文本框中输入值45，在布尔区域的下拉列表中选择合并选项，采用系统默认的求和对象。单击< 确定 >按钮，完成拉伸特征2的创建。

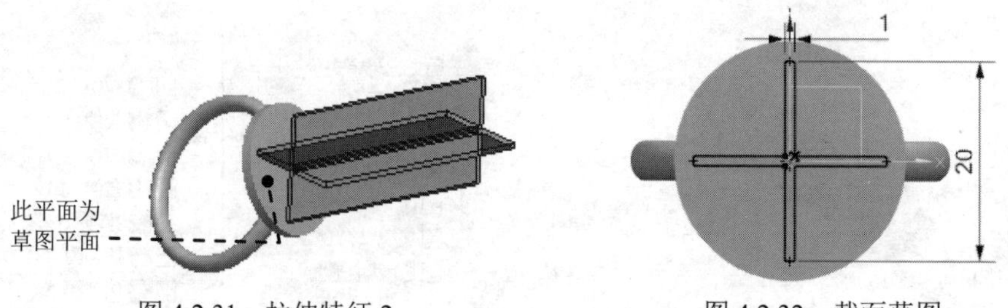

图 4.2.31　拉伸特征 2　　　　图 4.2.32　截面草图

Step5. 创建图4.2.33所示的拉伸特征3。选择下拉菜单插入(S) → 设计特征(E) → 拉伸(E)...命令，系统弹出“拉伸”对话框。选取图4.2.33所示的平面为草图平面，绘制图4.2.34所示的截面草图；在指定矢量下拉列表中选择ZC↑选项，在限制区域的开始下拉列表中选择值选项，并在其下的距离文本框中输入值 0，在限制区域的结束下拉列表中选择值选项，并在其下的距离文本框中输入值 2，在布尔区域的下拉列表中选择合并选项，采用系统默认的求和对象。单击< 确定 >按钮，完成拉伸特征3的创建。

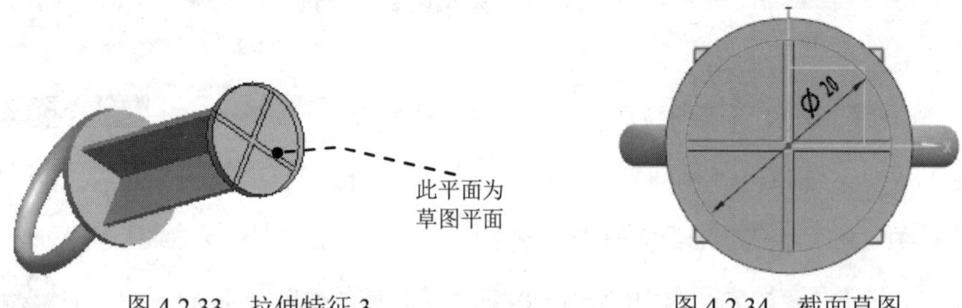

图 4.2.33　拉伸特征 3　　　　图 4.2.34　截面草图

Step6. 创建图4.2.35所示的拉伸特征4。选择下拉菜单插入(S) → 设计特征(E) → 拉伸(E)...命令，系统弹出“拉伸”对话框。选取图4.2.35所示的平面为草图平面，绘制图4.2.36所示的截面草图；在指定矢量下拉列表中选择ZC↑选项，在限制区域的开始下拉列表中选择值选项，并在其下的距离文本框中输入值 0，在限制区域的结束下拉列表中选择值选项，并在其下的距离文本框中输入值 5，在布尔区域的下拉列表中选择合并选项，采用系统默认的求和对象。单击< 确定 >按钮，完成拉伸特征4的创建。

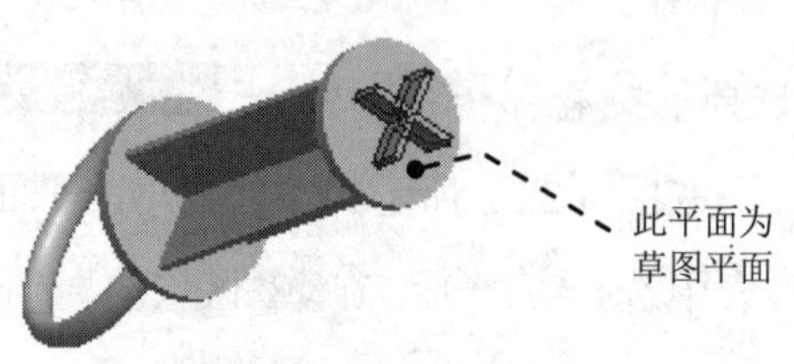

图 4.2.35　拉伸特征 4

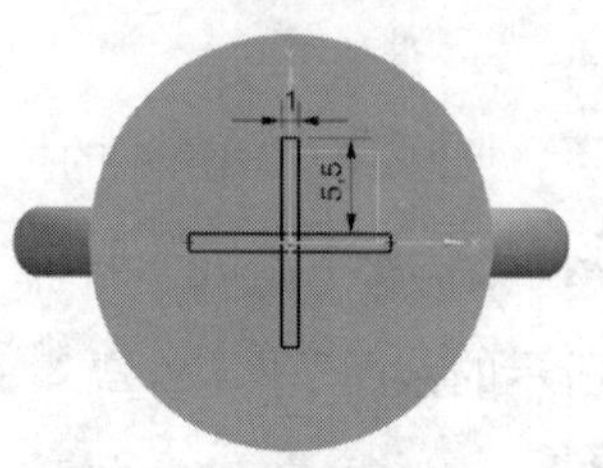

图 4.2.36　截面草图

Step7. 创建图 4.2.37 所示的拉伸特征 5。选择下拉菜单 插入(S) → 设计特征(E) → 拉伸(E)... 命令，系统弹出“拉伸”对话框。选取图 4.2.37 所示的平面为草图平面，绘制图 4.2.38 所示的截面草图；在 指定矢量 下拉列表中选择 ZC 选项，在 限制 区域的 开始 下拉列表中选择 值 选项，并在其下的 距离 文本框中输入值 0，在 限制 区域的 结束 下拉列表中选择 值 选项，并在其下的 距离 文本框中输入值 2，在 布尔 区域的下拉列表中选择 合并 选项，采用系统默认的求和对象。单击 < 确定 > 按钮，完成拉伸特征 5 的创建。

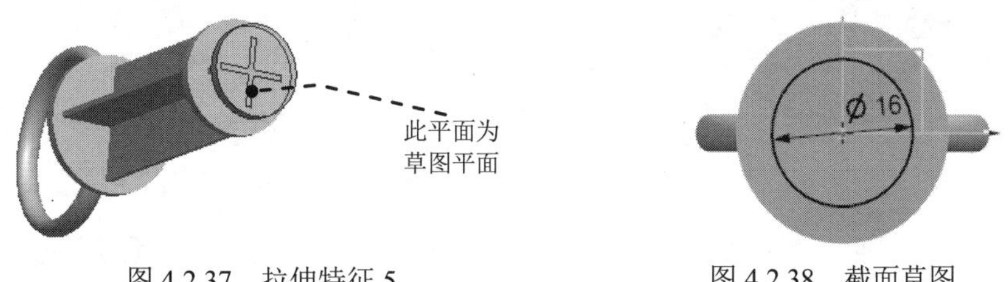

图 4.2.37　拉伸特征 5　　　　图 4.2.38　截面草图

Step8. 创建边倒圆特征 1。选择下拉菜单 插入(S) → 细节特征(L) → 边倒圆(E)... 命令（或单击按钮），在 边 区域中单击按钮，选择图 4.2.39 所示的边线为边倒圆参照边，并在 半径 1 文本框中输入值 1。单击 < 确定 > 按钮，完成边倒圆特征 1 的创建。

Step9. 创建边倒圆特征 2。选择下拉菜单 插入(S) → 细节特征(L) → 边倒圆(E)... 命令（或单击按钮），在 边 区域中单击按钮，选择图 4.2.40 所示的边链为边倒圆参照边，并在 半径 1 文本框中输入值 0.5。单击 < 确定 > 按钮，完成边倒圆特征 2 的创建。

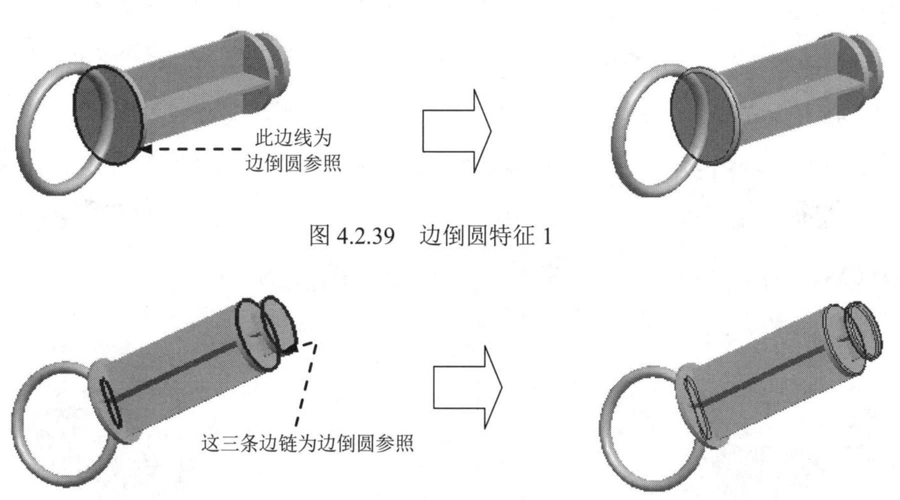

图 4.2.39　边倒圆特征 1

图 4.2.40　边倒圆特征 2

Step10. 保存零件模型。选择下拉菜单 文件(F) → 保存(S) 命令，保存零件模型。

4.2.3 橡胶塞

橡胶塞的零件模型及模型树如图 4.2.41 所示。

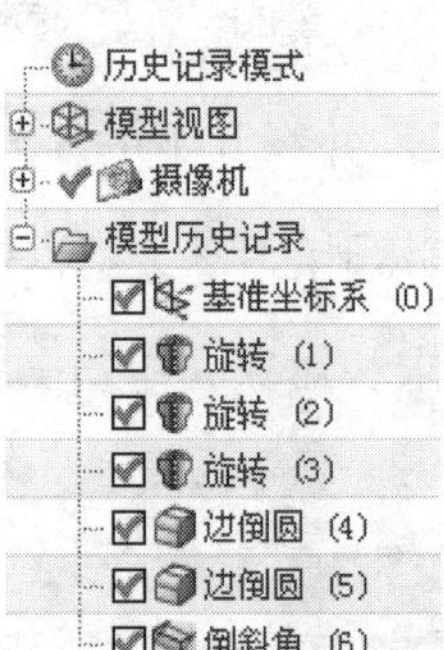

图 4.2.41　橡胶塞零件模型及模型树

Step1. 新建文件。选择下拉菜单文件(F) → 新建(N)...命令，系统弹出“新建”对话框。在模型选项卡的模板区域中选取模板类型为模型，在名称文本框中输入文件名称 BABY_MEDICINE_03，单击确定按钮，进入建模环境。

Step2. 创建图 4.2.42 所示的旋转特征 1。选择插入(S) → 设计特征(E) → 旋转(R)...命令（或单击按钮），单击截面区域中的按钮，在绘图区选取 YZ 基准平面为草图平面，绘制图 4.2.43 所示的截面草图。在绘图区中选取图 4.2.43 所示的直线为旋转轴。在“旋转”对话框限制区域的开始下拉列表中选择值选项，并在角度文本框中输入值 0，在结束下拉列表中选择值选项，并在角度文本框中输入值 360；单击< 确定 >按钮，完成旋转特征 1 的创建。

Step3. 创建图 4.2.44 所示的旋转特征 2。选择插入(S) → 设计特征(E) → 旋转(R)...命令（或单击按钮），单击截面区域中的按钮，在绘图区选取 YZ 基准平面为草图平面，绘制图 4.2.45 所示的截面草图。在绘图区中选取图 4.2.45 所示的直线为旋转轴。在“旋转”对话框限制区域的开始下拉列表中选择值选项，并在角度文本框中输入值 0，在结束下拉列表中选择值选项，并在角度文本框中输入值 360；在布尔区域中选择减去选项，采用系统默认的求差对象。单击< 确定 >按钮，完成旋转特征 2 的创建。

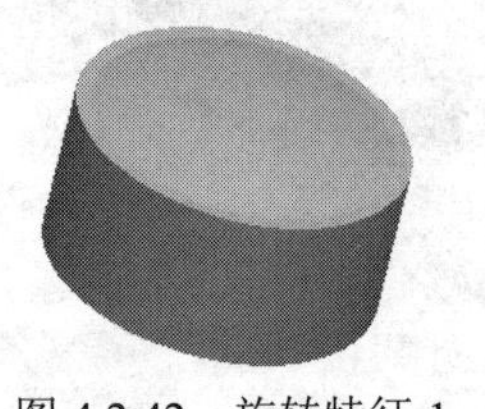

图 4.2.42　旋转特征 1

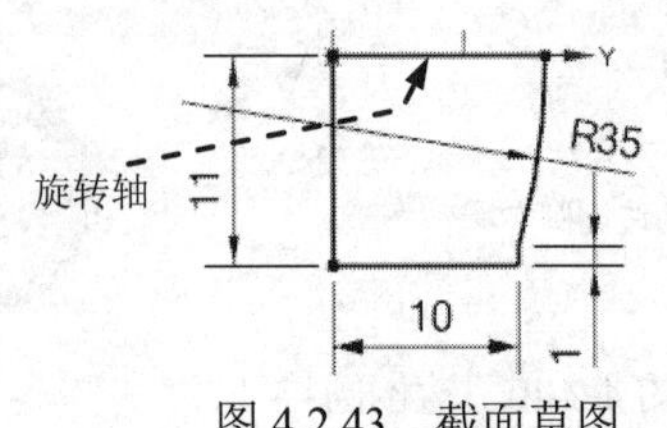

图 4.2.43　截面草图

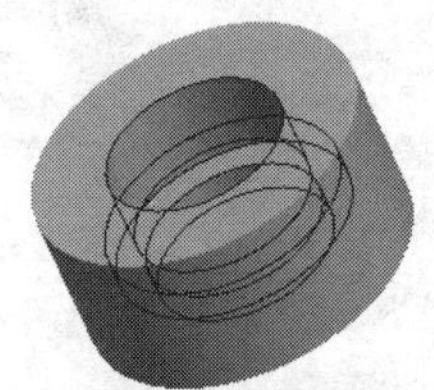

图 4.2.44　旋转特征 2

Step4. 创建图 4.2.46 所示的旋转特征 3。选择插入(S) → 设计特征(E) → 旋转(R)...

命令（或单击按钮），单击截面区域中的按钮，在绘图区选取 YZ 基准平面为草图平面，绘制图 4.2.47 所示的截面草图。在绘图区中选取 Y 轴为旋转轴。在“旋转”对话框限制区域的开始下拉列表中选择值选项，并在角度文本框中输入值 0，在结束下拉列表中选择值选项，并在角度文本框中输入值 360；在布尔区域中选择减去选项，采用系统默认的求差对象。单击< 确定 >按钮，完成旋转特征 3 的创建。

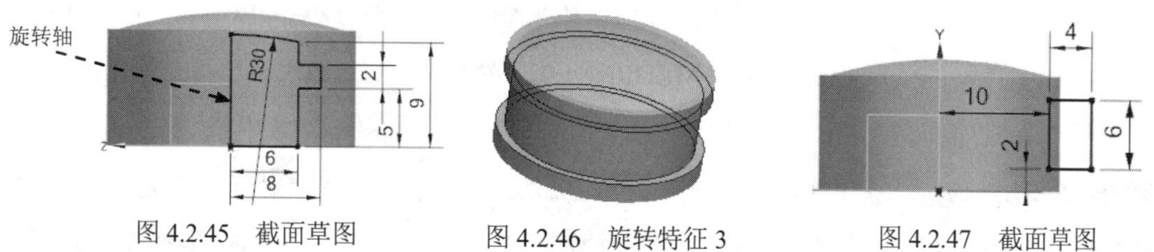

图 4.2.45　截面草图　　图 4.2.46　旋转特征 3　　图 4.2.47　截面草图

Step5. 后面的详细操作过程请参见学习资源中 video\ch04.02\reference\文件下的语音视频讲解文件 BABY_MEDICINE-04-r01.exe。

4.2.4　装 配 设 计

Step1. 新建文件。选择下拉菜单文件(F) → 新建(N)...命令，系统弹出“新建”对话框。在模型选项卡的模板区域中选取模板类型为装配，在名称文本框中输入文件名称 BABY_MEDICINE，单击确定按钮，进入装配环境。

Step2. 添加图 4.2.48 所示的装配零件 1。在“添加组件”对话框中单击“打开”按钮，选择 D:\ugal12\work\ch04.02\BABY_MEDICINE02，然后单击OK按钮。在“添加组件”对话框位置区域的装配位置下拉列表中选取绝对坐标系 - 显示部件选项，其他为系统默认设置，单击确定按钮，此时喂药器推杆已被添加到装配文件中。

Step3. 添加图 4.2.49 所示的装配零件 2。选择下拉菜单装配(A) → 组件(C) → 添加组件(A)...命令，系统弹出“添加组件”对话框，在“添加组件”对话框中单击“打开”按钮，选取 D:\ugal12\work\ch04.02\BABY_MEDICINE03，然后单击OK按钮，系统返回到“添加组件”对话框。在放置区域选择约束选项；在设置区域互动选项选项组中选中启用预览窗口复选框；在约束类型区域中选择选项，在要约束的几何体区域的方位下拉列表中选择接触选项，在“组件预览”对话框中选择图 4.2.50 所示的面，然后在图形区选择图 4.2.50 所示的面，完成平面的接触；在要约束的几何体区域的方位下拉列表中选择自动判断中心/轴选项，在“组件预览”对话框中选择图 4.2.50 所示的面，然后在图形区选择图 4.2.50 所示的面，单击应用按钮，单击取消按钮，完成同轴的接触操作。

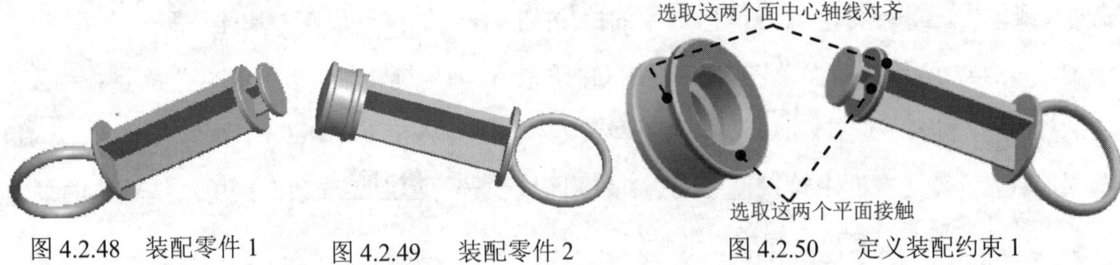

图 4.2.48　装配零件 1　　图 4.2.49　装配零件 2　　图 4.2.50　定义装配约束 1

Step4. 添加图 4.2.51 所示的装配零件 3。在“添加组件”对话框中单击“打开”按钮，选择 D:\ugal12\work\ch04.02\BABY_MEDICINE01，然后单击 OK 按钮，系统返回“添加组件”对话框。在 放置 区域选择 约束 选项；在 约束类型 区域中选择 选项，在 要约束的几何体 区域的 方位 下拉列表中选择 接触 选项，在“组件预览”对话框中选择图 4.2.52 所示的面，完成平面的接触；在 要约束的几何体 区域的 方位 下拉列表中选择 自动判断中心/轴 选项，然后选择图 4.2.52 所示的两个圆柱面，单击 确定 按钮，完成同轴的接触操作。

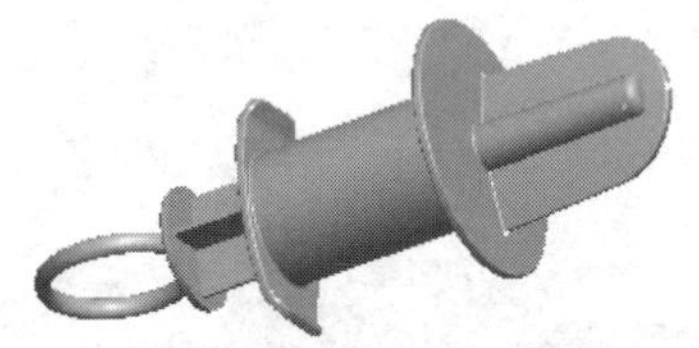

图 4.2.51　装配零件 3

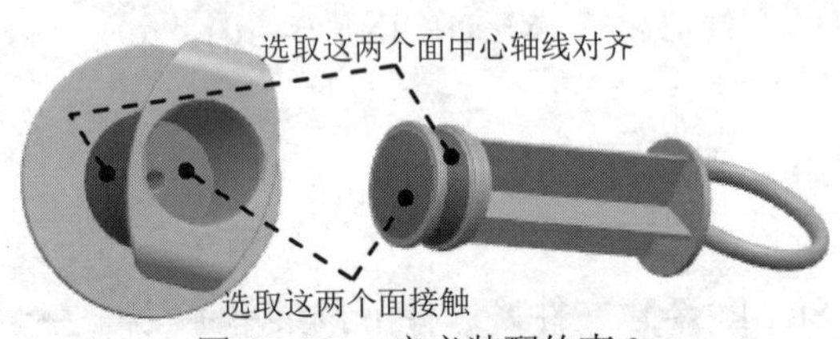

图 4.2.52　定义装配约束 2

Step5. 调整方向。右击装配导航器“约束”下面的 接触 (BABY_MADICINE_02 选项，在弹出的快捷菜单中单击 反向，完成方向的调整。

Step6. 保存零件模型。选择下拉菜单 文件(F) → 保存(S) 命令，即可保存零件模型。

学习拓展：扫码学习更多视频讲解。

讲解内容：装配设计实例精选。讲解了一些典型的装配设计案例，着重介绍了装配设计的方法流程以及一些快速操作技巧。

学习拓展：扫码学习更多视频讲解。

讲解内容：产品自顶向下（Top-Down）设计方法。自顶向下设计方法是一种高级的装配设计方法，在电子电器、工程机械、工业机器人等产品设计中应用广泛。

第 5 章 钣金设计实例

5.1 暖气罩

实例概述

本实例详细讲解了暖气罩的设计过程，设计中主要应用了轮廓弯边、伸直、弯边、法向开孔、百叶窗、镜像、阵列特征等命令，需要读者注意的是“伸直”和“重新折弯”命令的创建方法及创建过程。本实例的钣金件模型及相应的模型树如图 5.1.1 所示。

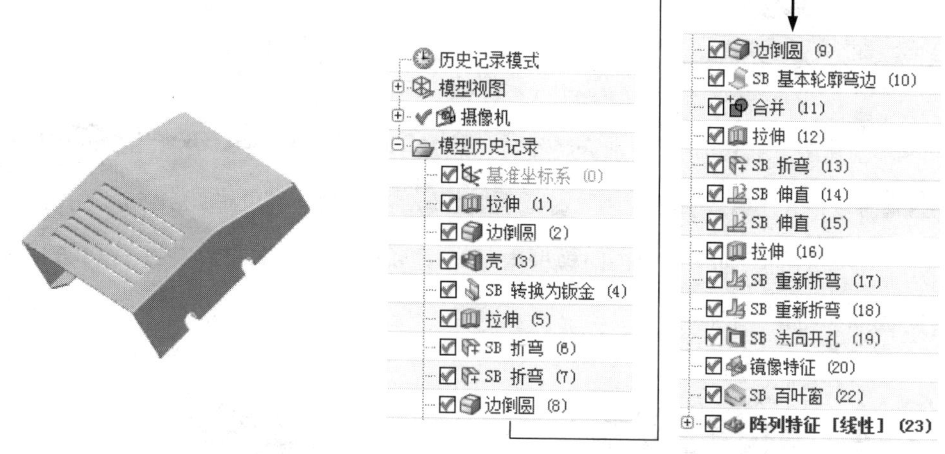

图 5.1.1 钣金件模型及模型树

Step1. 新建文件。选择下拉菜单 文件(F) ➡ 新建(N)... 命令，系统弹出“新建”对话框。在 模板 区域中选择 NX 钣金 模板，在 名称 文本框中输入文件名称 heater_cover，单击 确定 按钮，进入钣金环境。

Step2. 创建图 5.1.2 所示的拉伸特征 1。在 应用模块 功能选项卡的 设计 区域单击 建模 按钮，进入建模环境；选择下拉菜单 插入(S) ➡ 设计特征(E) ➡ 拉伸(E)... 命令，系统弹出“拉伸”对话框；单击“拉伸”对话框中的“绘制截面”按钮，系统弹出“创建草图”对话框；选取 ZX 平面为草图平面，单击 确定 按钮，进入草图环境；绘制图 5.1.3 所示的截面草图；单击 完成 按钮，退出草图环境；在“拉伸”对话框 限制 区域的 开始 下拉列表中选择 对称值 选项，并在其下的 距离 文本框中输入数值 40；其他采用系统默认设置；单击 <确定> 按钮，完成拉伸特征 1 的创建。

Step3. 创建图 5.1.4b 所示的边倒圆特征 1。选择下拉菜单 插入(S) ➡ 细节特征(L) ➡ 边倒圆(E)... 命令，选取图 5.1.4a 所示的边线为边倒圆参照边，在 半径 1 文本框中输入值 15；单击“边倒圆”对话框中的<确定>按钮，完成边倒圆特征 1 的创建。

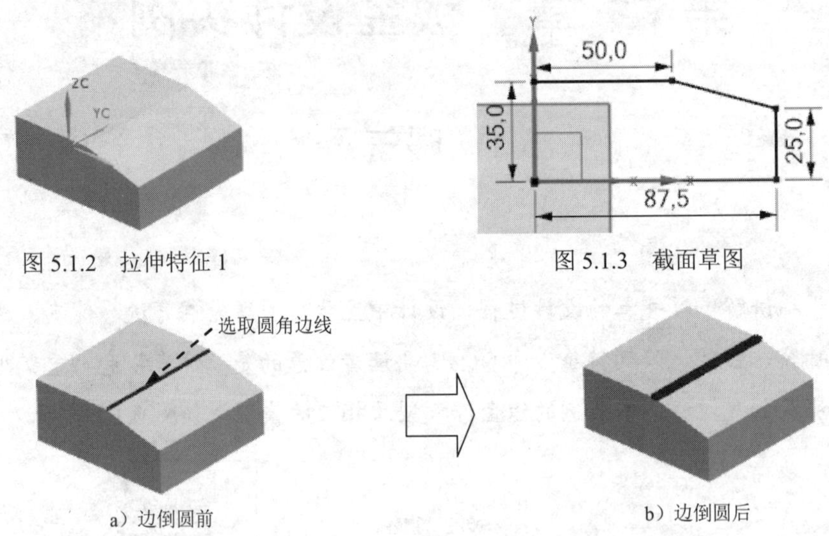

图 5.1.2 拉伸特征 1　　图 5.1.3 截面草图

图 5.1.4 边倒圆特征 1

Step4. 创建图 5.1.5b 所示的抽壳特征 1。选择下拉菜单 插入(S) → 偏置/缩放(O) → 抽壳(H)... 命令；在 类型 下拉列表中选择 移除面，然后抽壳 选项；选取图 5.1.5a 所示的模型表面作为抽壳移除的面（抽壳方向指向模型内部），在 厚度 文本框中输入数值 1；单击<确定>按钮，完成抽壳特征 1 的创建。

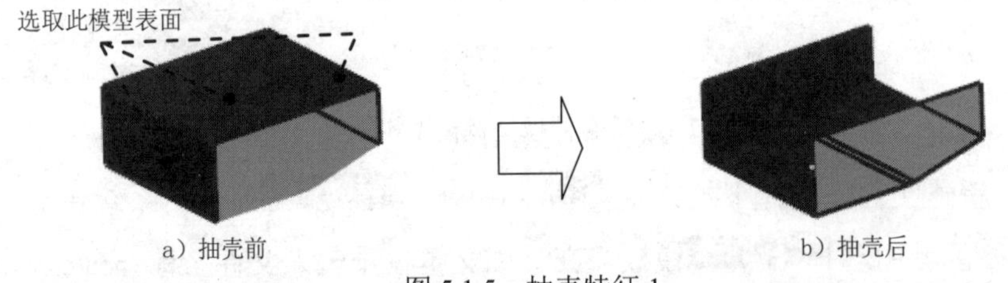

图 5.1.5 抽壳特征 1

Step5. 将模型转换为钣金件。在 应用模块 功能选项卡的 设计 区域单击 钣金 按钮，进入 NX 钣金环境；选择下拉菜单 插入(S) → 转换(V) → 转换为钣金(C)... 命令，系统弹出“转换为钣金”对话框。选取图 5.1.6 所示的面，单击 确定 按钮，完成操作。

Step6. 创建图 5.1.7 所示的拉伸特征 2。选择下拉菜单 插入(S) → 切割(T) → 拉伸(E)... 命令；选取图 5.1.8 所示的模型表面为草图平面，绘制图 5.1.9 所示的截面草图，单击“反向”按钮；在 开始 下拉列表中选择 值 选项，在 距离 文本框中输入数值 0；在 结束 下拉列表中选择 贯通 选项；在 布尔 区域的下拉列表中选择 减去 选项，采用系统默认的求差对象，单击<确定>按钮，完成拉伸特征 2 的创建。

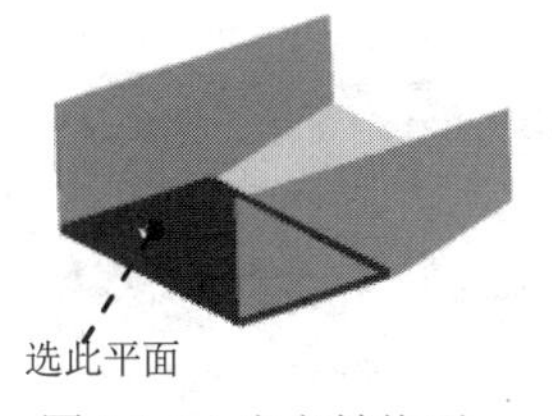

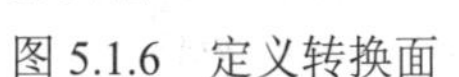
图 5.1.6 定义转换面

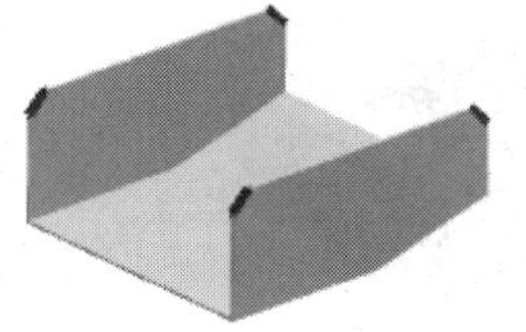
图 5.1.7 拉伸特征 2

图 5.1.8 定义草图平面

Step7. 创建图 5.1.10 所示的折弯特征 1。选择下拉菜单 插入(S) ➡ 折弯(N) ▸ ➡ 折弯(B)... 命令，系统弹出“折弯”对话框；选取图 5.1.11 所示的模型表面为草图平面，绘制图 5.1.12 所示的折弯线；在 折弯属性 区域的 角度 文本框中输入折弯角度值 90，单击 反侧 后的 按钮，并在 内嵌 后的下拉列表中选择 材料外侧 选项；在 折弯参数 区域中单击 弯曲半径 文本框右侧的 按钮，在系统弹出的快捷菜单中选择 使用局部值 选项，然后在 弯曲半径 文本框中输入数值 0.5；其他参数采用系统默认设置值；单击 < 确定 > 按钮，完成折弯特征 1 的创建。

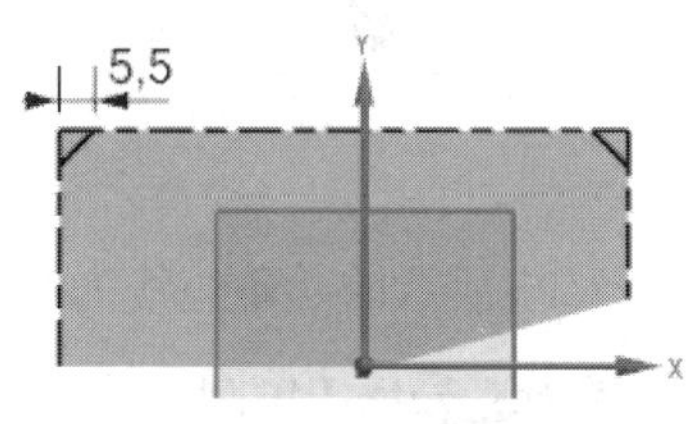

图 5.1.9 截面草图

图 5.1.10 折弯特征 1

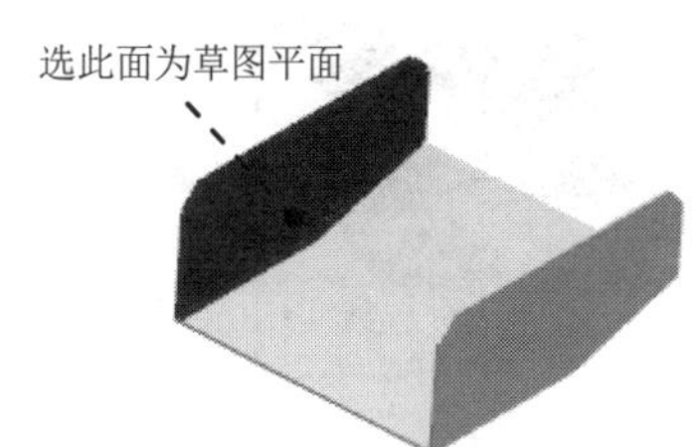

图 5.1.11 定义草图平面

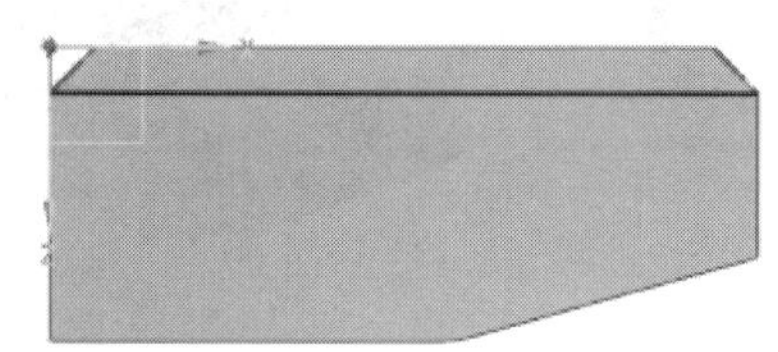
图 5.1.12 绘制折弯线

Step8. 创建图 5.1.13 所示的折弯特征 2。选择下拉菜单 插入(S) ➡ 折弯(N) ▸ ➡ 折弯(B)... 命令，系统弹出“折弯”对话框；选取图 5.1.14 所示的模型表面为草图平面，绘制图 5.1.15 所示的折弯线；在 折弯属性 区域的 角度 文本框中输入折弯角度值 90，单击 反向 后的 按钮，并单击 反侧 后的 按钮，并在 内嵌 后的下拉列表中选择 材料外侧 选项；在 折弯参数 区域中单击 弯曲半径 文本框右侧的 按钮，在系统弹出的快捷菜单中选择 使用局部值 选项，然后在 弯曲半径 文本框中输入数值 0.5；其他参数采用系统默认设置值；单击 < 确定 > 按钮，完成折弯特征 2 的创建。

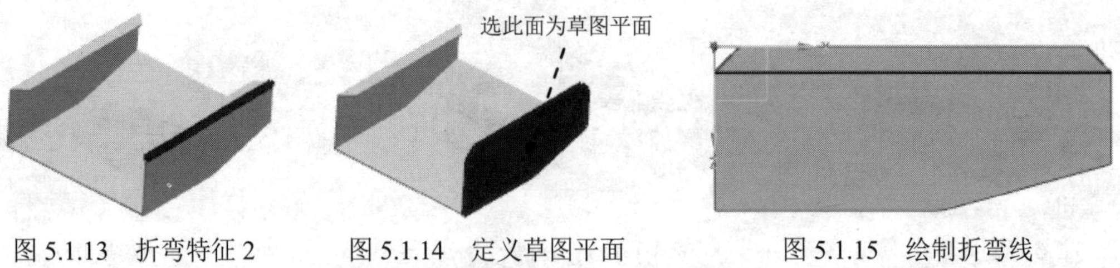

图 5.1.13　折弯特征 2　　图 5.1.14　定义草图平面　　图 5.1.15　绘制折弯线

Step9. 创建图 5.1.16b 所示的边倒圆特征 2。将模型切换至“建模”环境。选择下拉菜单 插入(S) → 细节特征(L) → 边倒圆(E)... 命令，选取图 5.1.16a 所示的两条边线为边倒圆参照边，在 半径 1 文本框中输入值 1；单击“边倒圆”对话框中的 <确定> 按钮，完成边倒圆特征 2 的创建。

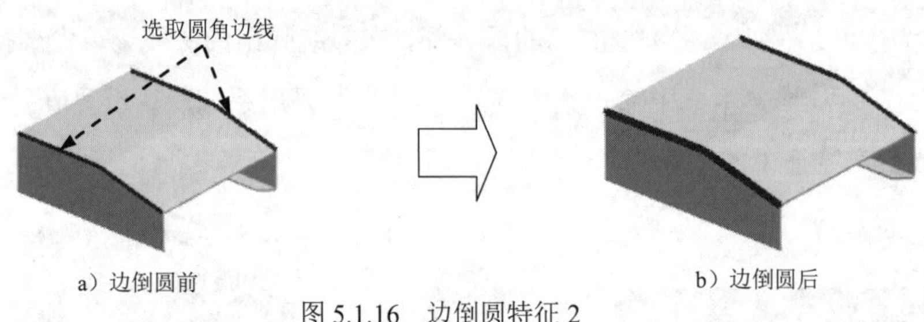

a）边倒圆前　　b）边倒圆后

图 5.1.16　边倒圆特征 2

Step10. 创建图 5.1.17 所示的边倒圆特征 3。选取图 5.1.17 所示的两条边线为边倒圆参照边，输入半径值 0.5；单击“边倒圆”对话框中的 <确定> 按钮，完成边倒圆特征 3 的创建。

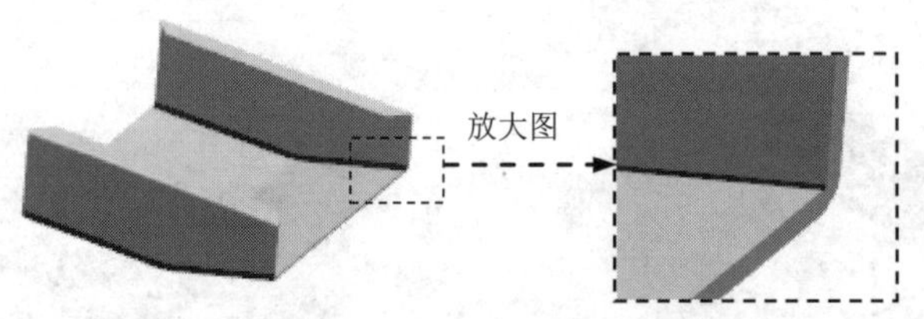

图 5.1.17　边倒圆特征 3

Step11. 创建图 5.1.18 所示的轮廓弯边特征。将模型切换至“NX 钣金”环境，选择下拉菜单 插入(S) → 折弯(N) → 轮廓弯边(C)... 命令，系统弹出“轮廓弯边”对话框；单击 按钮，系统弹出“创建草图”对话框，选取图 5.1.18 所示的模型边线为路径，在 位置 下拉列表中选择 弧长百分比 选项，在 弧长百分比 文本框中输入值 50；其他选项采用系统默认设置，单击 <确定> 按钮，进入草图绘制环境，绘制图 5.1.19 所示的截面草图；在 类型 下拉列表中选择 底数 选项；在 厚度 区域单击 按钮，在弹出的菜单中选择 使用局部值 选项，然后在 厚度 文本框中输入值 1，单击“反向”按钮；在 宽度选项 下拉列表中选择 对称 选项，在 宽度 文本框中输入值 75；在“轮廓弯边”对话框中单击 <确定> 按钮，完成轮廓弯边特征的创建。

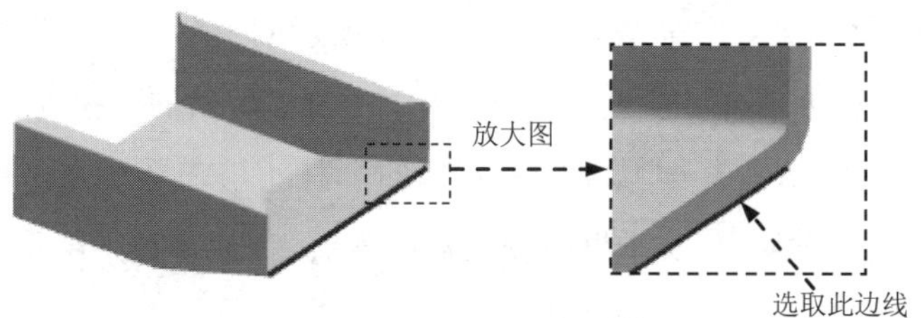

图 5.1.18 轮廓弯边特征

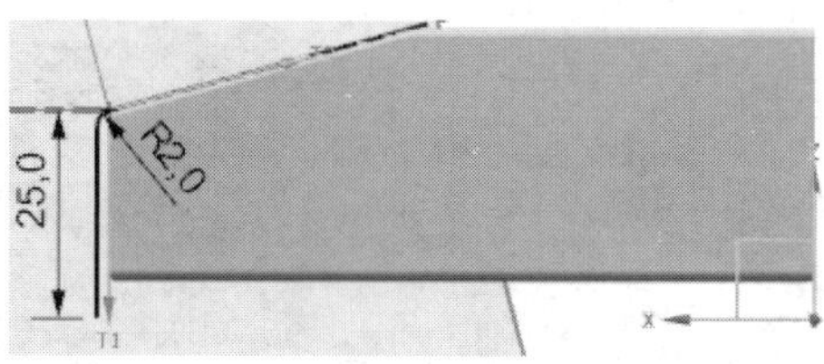

图 5.1.19 截面草图

Step12. 创建求和特征。将模型切换至“建模”环境，选择下拉菜单插入(S) → 组合(B) → 合并(U)...命令，选取图 5.1.20 所示的实体为目标体，选取上一步创建的轮廓弯边特征为工具体；单击< 确定 >按钮，完成求和特征的创建。

Step13. 创建图 5.1.21 所示的拉伸特征 3。选择下拉菜单插入(S) → 设计特征(E) → 拉伸(E)...命令，选取图 5.1.22 所示的模型表面为草图平面，绘制图 5.1.23 所示的截面草图，单击“反向”按钮；在“拉伸”对话框的开始下拉列表中选择值选项，在距离文本框中输入数值 0；在结束下拉列表中选择贯通选项；在布尔区域的布尔下拉列表中选择减去选项；单击< 确定 >按钮，完成拉伸特征 3 的创建。

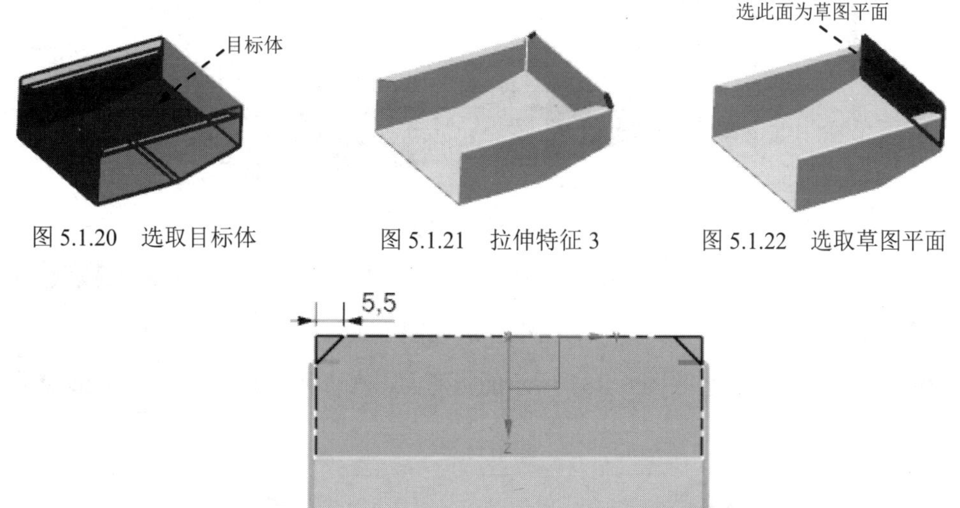

图 5.1.20 选取目标体　　图 5.1.21 拉伸特征 3　　图 5.1.22 选取草图平面

图 5.1.23 截面草图

Step14. 创建图 5.1.24 所示的折弯特征 3。将模型切换至“NX 钣金”设计环境，选择下拉菜单插入(S) → 折弯(N) → 折弯(B)...命令，系统弹出“折弯”对话框；选取图

5.1.22 所示的模型表面为草图平面，绘制图 5.1.25 所示的折弯线；在折弯属性区域的角度文本框中输入折弯角度值 90，单击反侧后的按钮，并在内嵌后的下拉列表中选择材料外侧选项；在折弯参数区域中单击弯曲半径文本框右侧的按钮，在系统弹出的快捷菜单中选择使用全局值选项，然后在弯曲半径文本框中输入数值 0.5；其他参数采用系统默认设置值；单击< 确定 >按钮，完成折弯特征 3 的创建。

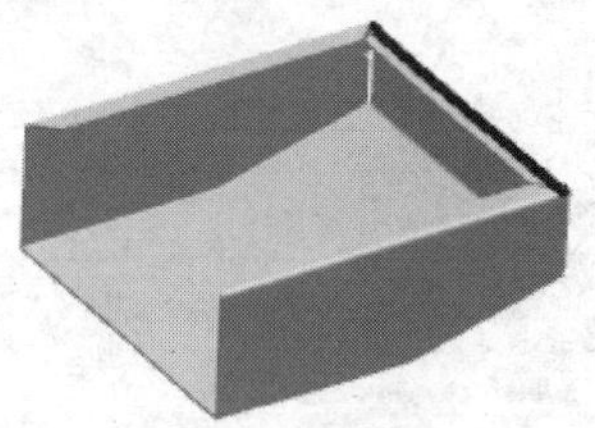
图 5.1.24　折弯特征 3

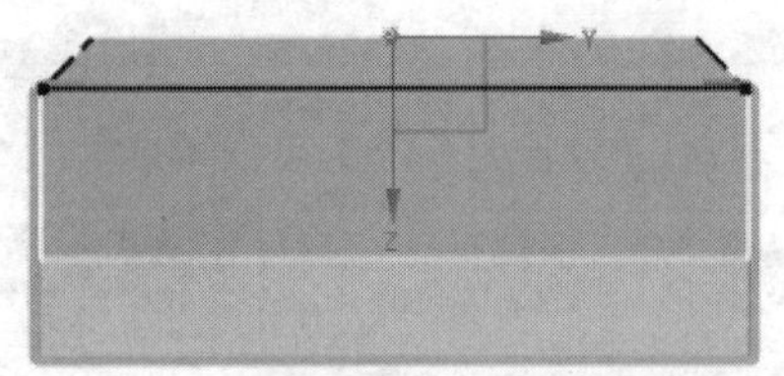
图 5.1.25　绘制折弯线

Step15. 创建图 5.1.26 所示的伸直特征 1。选择下拉菜单插入(S) → 成形(R) → 伸直(U)...命令，系统弹出“伸直”对话框。选取图 5.1.27 所示的表面为伸直固定面；在系统选择折弯面的提示下，选取图 5.1.28 所示的折弯面；在“伸直”对话框中单击< 确定 >按钮，完成伸直特征 1 的创建。

图 5.1.26　伸直特征 1

图 5.1.27　定义伸直固定面

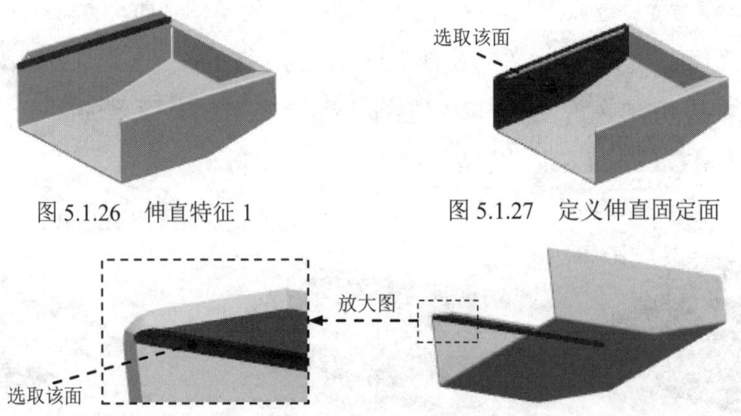

图 5.1.28　定义折弯面

Step16. 创建图 5.1.29 所示的伸直特征 2。选择下拉菜单插入(S) → 成形(R) → 伸直(U)...命令，系统弹出“伸直”对话框。选取图 5.1.30 所示的表面为伸直固定面；在系统选择折弯面的提示下，选取图 5.1.31 所示的折弯面；在“伸直”对话框中单击< 确定 >按钮，完成伸直特征 2 的创建。

图 5.1.29　伸直特征 2

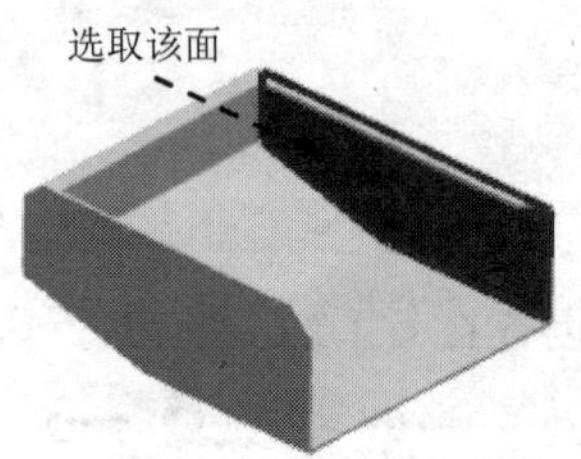

图 5.1.30　定义伸直固定面

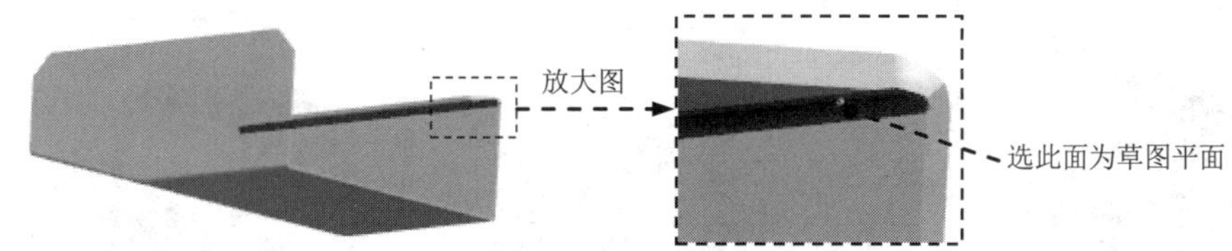

图 5.1.31　定义折弯面

Step17. 创建图 5.1.32 所示的拉伸特征 4。选择下拉菜单 插入(S) → 切割(T) → 拉伸(E)... 命令，选取图 5.1.33 所示的模型表面为草图平面，绘制图 5.1.34 所示的截面草图，单击“反向”按钮；在“拉伸”对话框的 开始 下拉列表中选择 值 选项，在 距离 文本框中输入数值 0；在 结束 下拉列表中选择 贯通 选项；在 布尔 区域的 布尔 下拉列表中选择 减去 选项；单击 < 确定 > 按钮，完成拉伸特征 4 的创建。

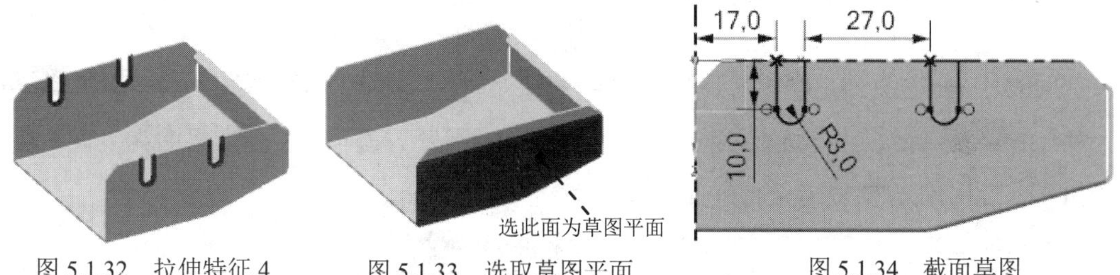

图 5.1.32　拉伸特征 4　　图 5.1.33　选取草图平面　　图 5.1.34　截面草图

Step18. 创建图 5.1.35 所示的重新折弯特征 1。选择下拉菜单 插入(S) → 成形(R) ▸ → 重新折弯(R)... 命令。选取图 5.1.35 所示的固定面，然后在图 5.1.28 所示的模型中选取执行重新折弯操作的折弯面；在“重新折弯”对话框中单击 < 确定 > 按钮，完成重新折弯特征 1 的创建。

Step19. 参照 Step18 创建图 5.1.36 所示的重新折弯特征 2。

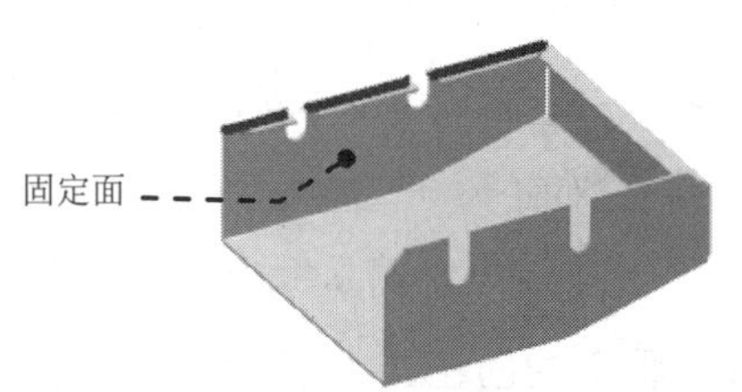

图 5.1.35　重新折弯特征 1

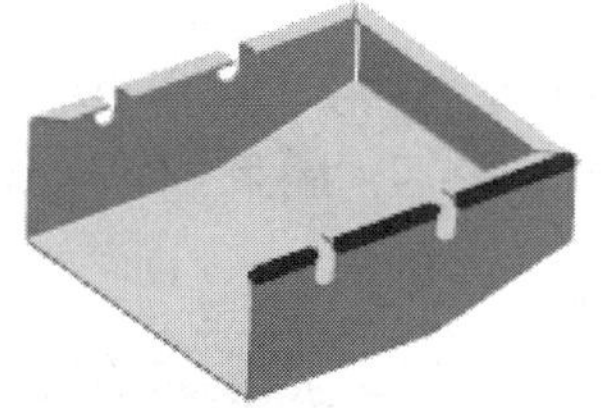

图 5.1.36　重新折弯特征 2

Step20. 创建图 5.1.37 所示的法向开孔特征。选择下拉菜单 插入(S) → 切割(T) → 法向开孔(N)... 命令，系统弹出“法向开孔”对话框；单击按钮，选取图 5.1.38 所示的模型表面为草图平面，绘制图 5.1.39 所示的除料截面草图；在 开孔属性 区域的 切割方法 下拉列表中选择 厚度 选项；在 限制 下拉列表中选择 直至下一个 选项；单击 < 确定 > 按钮，完成法向开孔特征的创建。

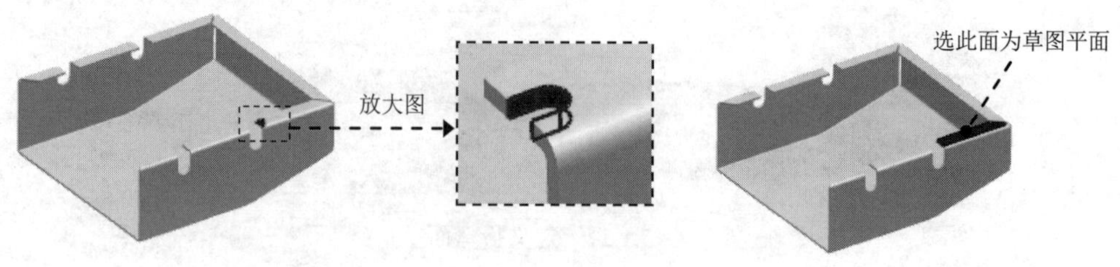

图 5.1.37　法向开孔特征　　　　图 5.1.38　定义草图平面

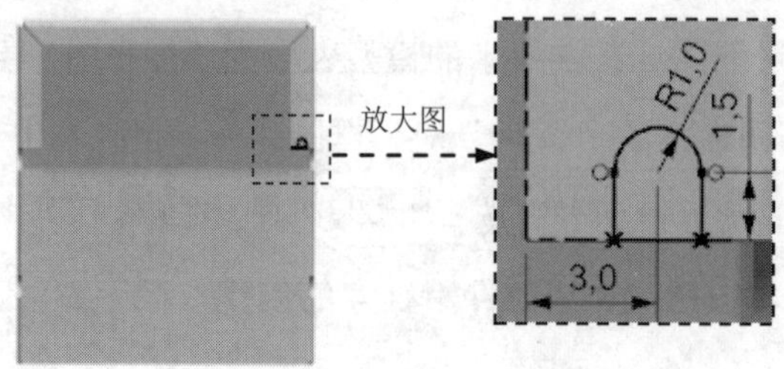

图 5.1.39　除料截面草图

Step21. 创建图 5.1.40 所示的镜像特征。选择下拉菜单 插入(S) → 关联复制(A) ▸ → 镜像特征(M)... 命令，选取法向开孔特征为镜像源特征，选取 ZX 基准平面为镜像平面，单击 确定 按钮，完成镜像特征的创建。

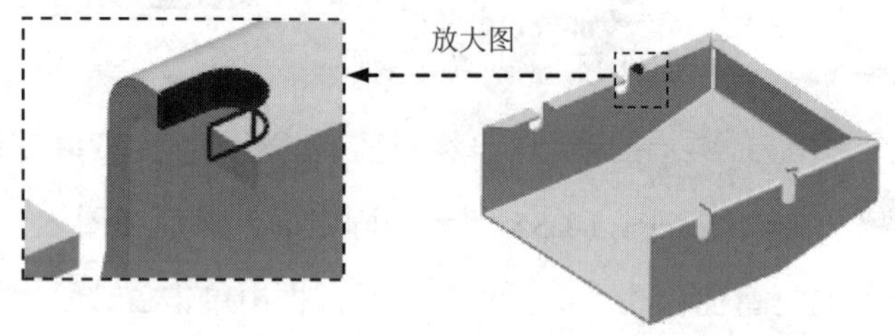

图 5.1.40　镜像特征

Step22. 创建图 5.1.41 所示的百叶窗特征。选择下拉菜单 插入(S) → 冲孔(H) ▸ → 百叶窗(L)... 命令，系统弹出“百叶窗”对话框；单击按钮，选取图 5.1.42 所示的模型表面为草图平面，绘制图 5.1.43 所示的百叶窗截面草图；在 百叶窗属性 区域的 深度 文本框中输入数值 1.5，单击 反向 后的按钮，在 宽度 文本框中输入数值 3，在 百叶窗形状 下拉列表中选择 冲裁的 选项，在 倒圆 区域中选中 ☑ 百叶窗边倒圆 复选框，在 冲模半径 文本框中输入数值 0.5；单击“百叶窗”对话框中的 < 确定 > 按钮，完成百叶窗特征的创建。

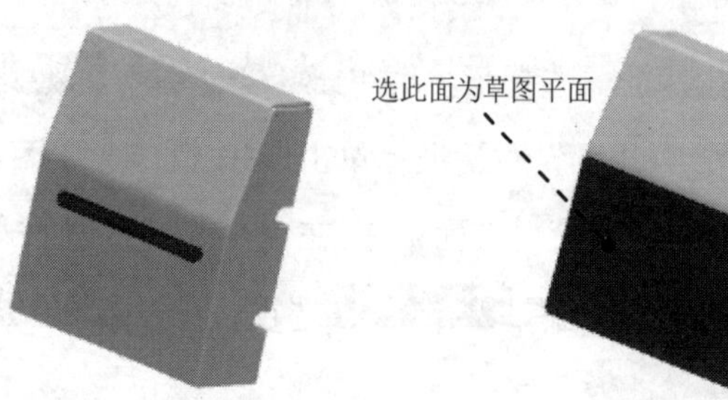

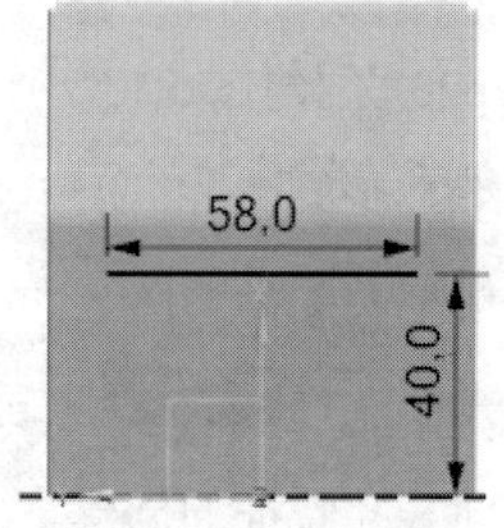

图 5.1.41　百叶窗特征　　　　图 5.1.42　定义草图平面　　　　图 5.1.43　截面草图

Step23. 后面的详细操作过程请参见学习资源中 video\ch05.01\reference\文件下的语音视频讲解文件 heater_cover-r01.exe。

5.2　圆形钣金件

实例概述

本范例详细讲解了一个圆形钣金件的设计过程，该设计过程是先创建出基础钣金件，然后使用“凹坑”“法向开孔”“冲压”等命令创建出图 5.2.1 所示的钣金件。零件模型及相应的模型树如图 5.2.1 所示。

图 5.2.1　模型及相应的模型树

Step1. 新建文件。选择下拉菜单 文件(F) → 新建(N)... 命令，系统弹出“新建”对话框；将 模型 选项卡中 过滤器 区域的单位设置为 毫米 选项；在 模板 区域的模板列表中选取模板类型为 NX 钣金 选项；在 名称 文本框中输入文件名称 disc，单击 确定 按钮，进入“NX 钣金”环境。

Step2. 创建图 5.2.2 所示的“突出块”特征 1。

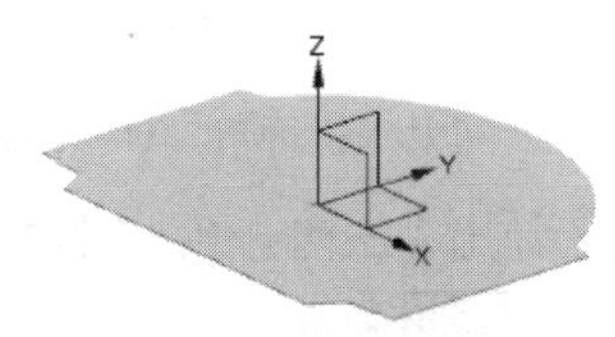

图 5.2.2　“突出块”特征 1

选择下拉菜单 插入(S) → 突出块(B)... 命令，系统弹出“突出块”对话框；单击按钮，选取 XY 基准平面为草图平面，单击 确定 按钮，进入草图环境。绘制图 5.2.3 所示的截面草图；选择下拉菜单 任务(K) ➡ 完成草图(K) 命令，退出草图环境；厚度方向采用系统默认的矢量方向；单击 厚度 文本框右侧的 按钮，在弹出的菜单中选择 使用局部值 选项，然后在 厚度 文本框中输入数值 0.5；单击 < 确定 > 按钮，完成“突出块”特征 1 的创建。

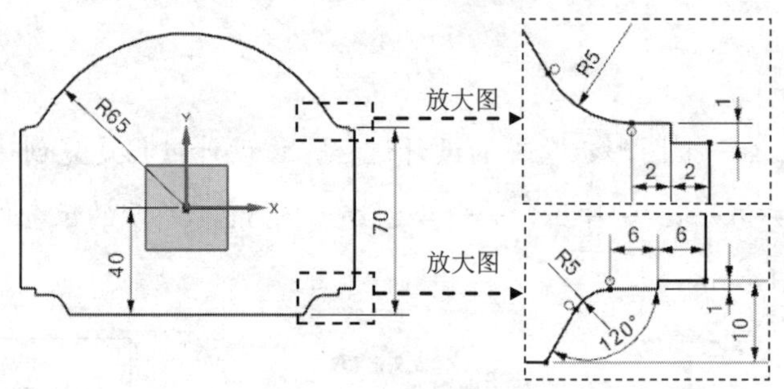

图 5.2.3 截面草图

Step3. 创建图 5.2.4 所示的“凹坑”特征。选择下拉菜单 插入(S) ➡ 冲孔(H) ➡ 凹坑(D)... 命令，系统弹出“凹坑”对话框；单击 按钮，选取图 5.2.5 所示的模型表面为草图平面，单击 确定 按钮，绘制图 5.2.6 所示的截面草图；在 凹坑属性 区域的 深度 文本框中输入数值 3，单击 按钮调整凹坑深度方向；在 侧角 文本框中输入数值 30；在 参考深度 下拉列表中选择 内侧 选项；在 侧壁 下拉列表中选择 材料内侧 选项；在 倒圆 区域中选中 ☑ 凹坑边倒圆 复选框；在 冲压半径 文本框中输入数值 1；在 冲模半径 文本框中输入数值 1，选中 ☑ 截面拐角倒圆 复选框；在 角半径 文本框中输入数值 1；单击“凹坑”对话框中的 < 确定 > 按钮，完成“凹坑”特征的创建。

说明： 凹坑的箭头方向也可以通过双击箭头进行调整。

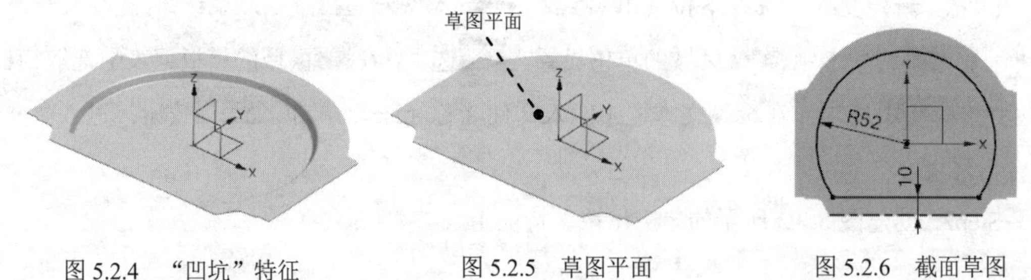

图 5.2.4 “凹坑”特征　　图 5.2.5 草图平面　　图 5.2.6 截面草图

Step4. 创建图 5.2.7 所示的“法向开孔”特征 1。选择下拉菜单 插入(S) ➡ 切割(T) ➡ 法向开孔(N)... 命令，系统弹出“法向开孔”对话框；单击 按钮，选取图 5.2.8 所示的模型表面为草图平面，单击 确定 按钮，绘制图 5.2.9 所示的截面草图；在 开孔属性 区域的 切割方法 下拉列表中选择 厚度 选项；在 限制 下拉列表中选择 直至下一个 选项；接受系统默认的除料方向；单击 < 确定 > 按钮，完成“法向开孔”特征 1 的创建。

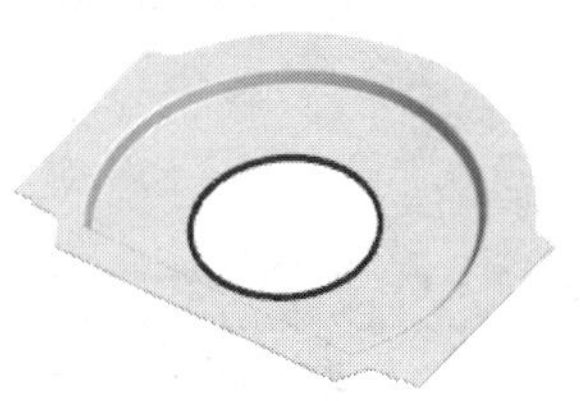

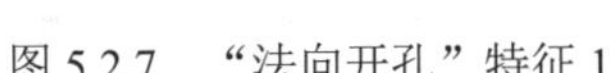

图 5.2.7　“法向开孔”特征 1

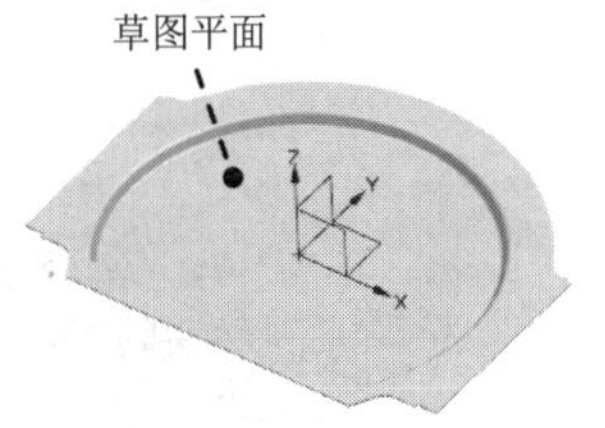

图 5.2.8　草图平面

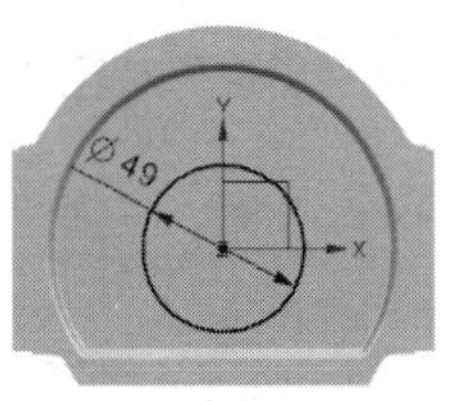

图 5.2.9　截面草图

Step5. 创建图 5.2.10 所示的“次要轮廓弯边”特征。选择下拉菜单 插入(S) → 折弯(N) → 轮廓弯边(C)... 命令，系统弹出“轮廓弯边”对话框；单击按钮，选取图 5.2.11 所示的模型边线为路径，在 平面位置 区域的 位置 选项组中选择 弧长百分比 选项，然后在 弧长百分比 后的文本框中输入数值 0；单击 确定 按钮，绘制图 5.2.12 所示的截面草图；在宽度区域的 宽度选项 下拉列表中选择 末端 选项；在 弯曲半径 文本框中输入数值 0.2；在 止裂口 区域的 折弯止裂口 下拉列表中选择 无；在 拐角止裂口 下拉列表中选择 无；在“轮廓弯边”对话框中单击 < 确定 > 按钮，完成“次要轮廓弯边”特征的创建。

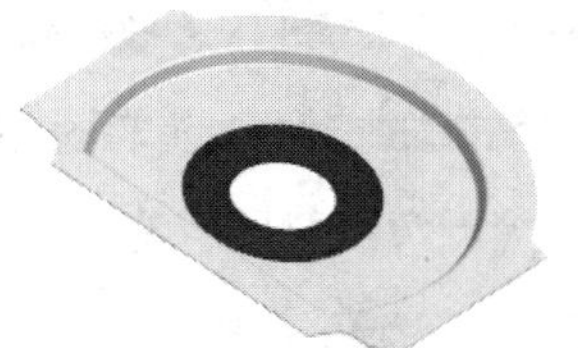

图 5.2.10　“次要轮廓弯边”特征

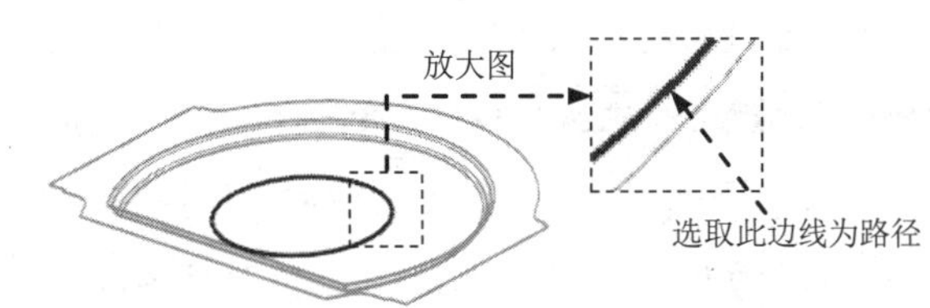

图 5.2.11　选取边线

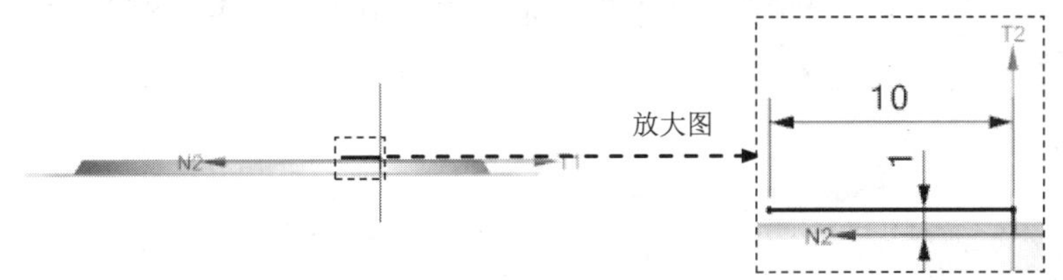

图 5.2.12　截面草图

Step6. 创建图 5.2.13 所示的“法向开孔”特征 2。选择下拉菜单 插入(S) → 切割(T) → 法向开孔(N)... 命令，系统弹出“法向开孔”对话框；单击按钮，选取图 5.2.13 所示的模型表面为草图平面，单击 确定 按钮，绘制图 5.2.14 所示的截面草图；在 开孔属性 区域的 切割方法 下拉列表中选择 厚度 选项；在 限制 下拉列表中选择 直至下一个 选项；接受系统默认的除料方向；单击 < 确定 > 按钮，完成“法向开孔”特征 2 的创建。

Step7. 创建图 5.2.15 所示的“突出块”特征 2。选择下拉菜单 插入(S) → 突出块(B)... 命令，系统弹出“突出块”对话框；单击按钮，选取图 5.2.15 所示的面为草图平面，单击 确定 按钮，进入草图环境；绘制图 5.2.16 所示的截面草图；选择下拉菜单 任务(K) →

完成草图(K)命令，退出草图环境；在类型下拉列表中选择次要选项，单击< 确定 >按钮，完成“突出块”特征 2 的创建。

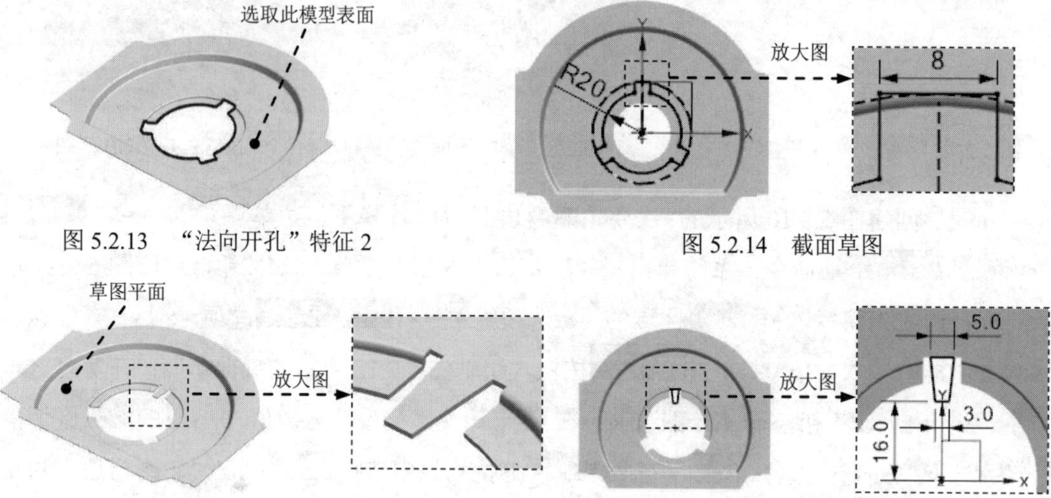

图 5.2.13 “法向开孔”特征 2

图 5.2.14 截面草图

图 5.2.15 “突出块”特征 2

图 5.2.16 截面草图

Step8. 创建图 5.2.17 所示的“二次折弯”特征 1。选择下拉菜单插入(S) → 折弯(N) → 二次折弯(O)...命令，系统弹出“二次折弯”对话框；单击按钮，选取图 5.2.17 所示的草图平面，单击确定按钮，绘制图 5.2.18 所示的二次折弯线草图；在高度文本框中输入数值 3，在参考高度下拉列表中选择内侧选项，在内嵌下拉列表中选择材料内侧选项；在折弯参数区域中单击弯曲半径文本框后的按钮，在弹出的快捷菜单中选择使用局部值选项，然后在弯曲半径文本框中输入数值 0.2；在止裂口区域的折弯止裂口下拉列表中选择无选项；单击< 确定 >按钮，完成“二次折弯”特征 1 的创建。

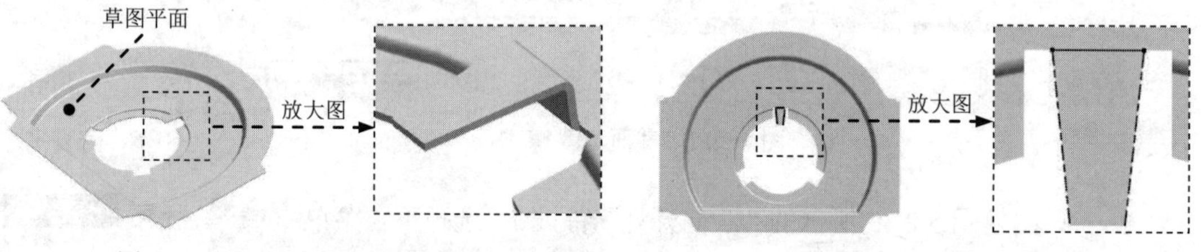

图 5.2.17 “二次折弯”特征 1

图 5.2.18 二次折弯线草图

Step9. 参考 Step7 和 Step8，创建图 5.2.19 所示的“突出块”特征 3 和“二次折弯”特征 2。

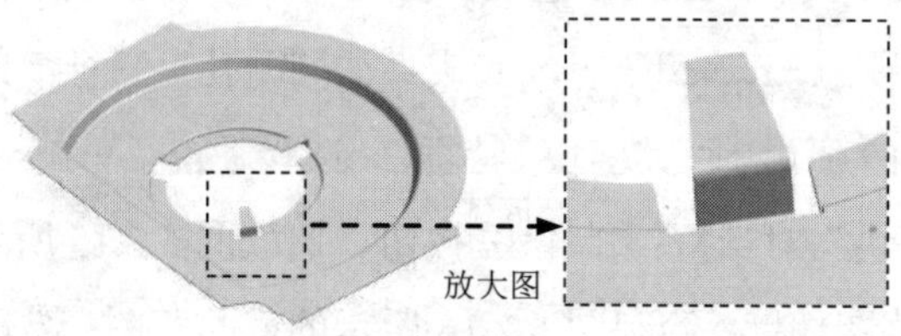

图 5.2.19 “突出块”特征 3 和“二次折弯”特征 2

Step10. 参考 Step7 和 Step8，创建图 5.2.20 所示的“突出块”特征 4 和“二次折弯”特征 3。

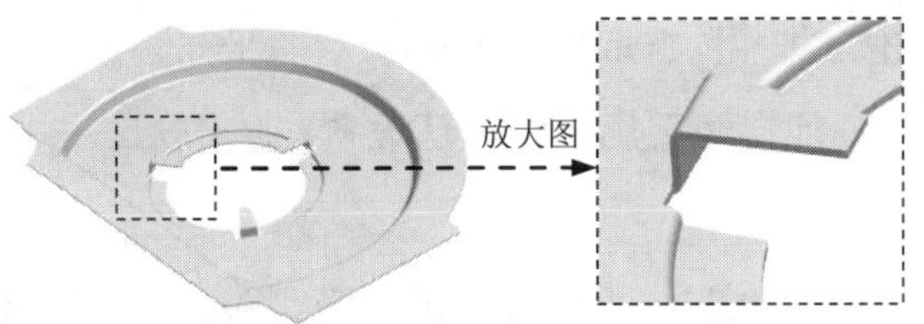

图 5.2.20 “突出块”特征 4 和“二次折弯”特征 3

Step11. 创建图 5.2.21 所示的 “拉伸”特征。在 应用模块 功能选项卡的 设计 区域单击 建模 按钮，系统弹出“NX 钣金”对话框，单击 确定(O) 按钮进入建模环境；选择下拉菜单 插入(S) → 设计特征(E) → 拉伸(E)... 命令（或单击按钮）；单击“拉伸”对话框中的“绘制截面”按钮，选取图 5.2.22 所示的模型表面为草图平面，单击 确定 按钮，绘制图 5.2.23 所示的截面草图；单击 完成 按钮，退出草图环境；拉伸方向采用系统默认的矢量方向；在 开始 下拉列表中选择 值 选项，在 距离 文本框中输入数值 0，在 结束 下拉列表中选择 值 选项，在 距离 文本框中输入数值 3；在 布尔 区域中选择 无；单击 < 确定 > 按钮，完成“拉伸”特征的创建。

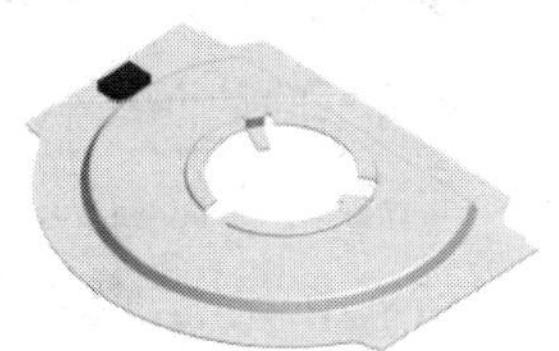

图 5.2.21 “拉伸”特征

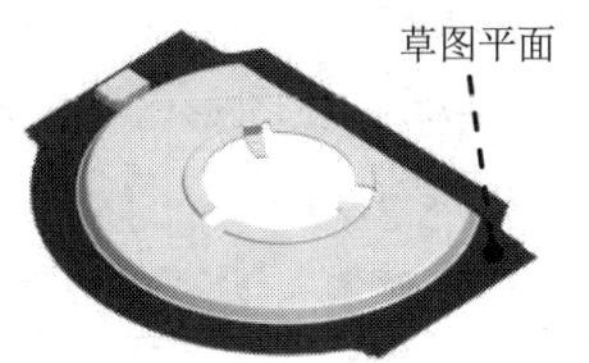

图 5.2.22 定义草图平面

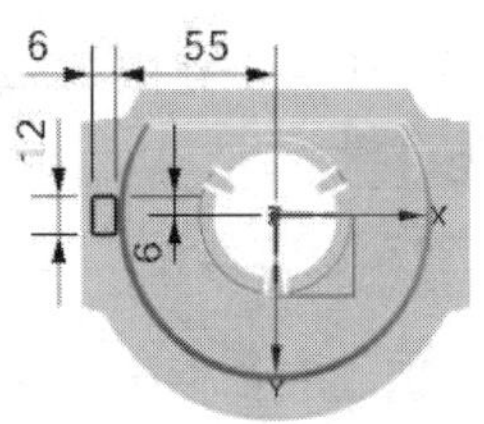

图 5.2.23 截面草图

Step12. 创建图 5.2.24 所示的草图 1。选择下拉菜单 插入(S) → 在任务环境中绘制草图(V)... 命令，系统弹出“创建草图”对话框；单击按钮，选取图 5.2.25 所示的平面为草图平面，单击 确定 按钮；进入草图环境，绘制图 5.2.24 所示的草图 1；选择下拉菜单 任务(K) → 完成草图(K) 命令（或单击 完成草图 按钮），退出草图环境。

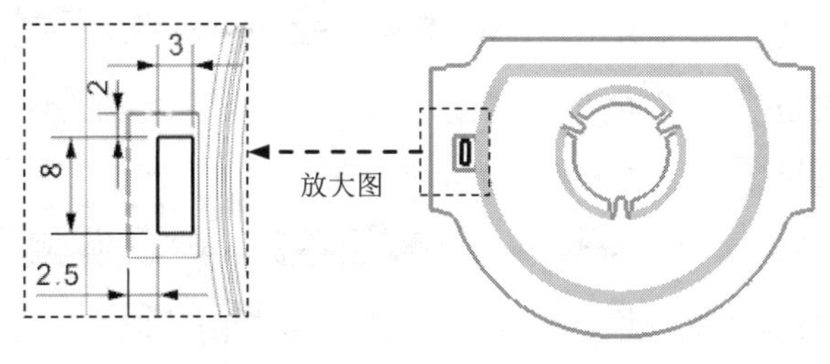

图 5.2.24 草图 1

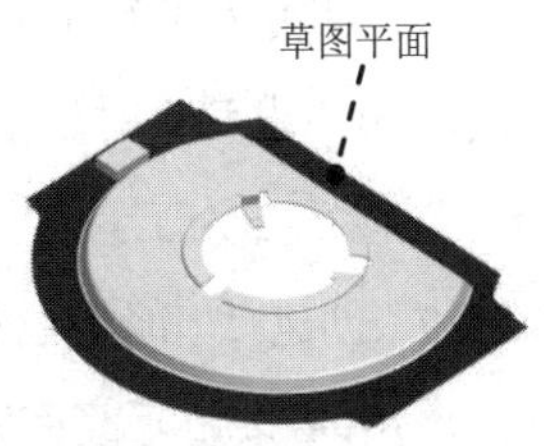

图 5.2.25 定义草图平面

Step13. 创建图 5.2.26 所示的基准平面。选择下拉菜单 插入(S) → 基准/点(D) → 基准平面(D)... 命令，系统弹出"基准平面"对话框；在 类型 区域的下拉列表中选择 按某一距离 选项。在 平面参考 区域单击 按钮，选取图 5.2.26 所示的平面为参考平面；在 偏置 区域的 距离 文本框中输入数值 2.0，其他参数采用系统默认设置；单击 < 确定 > 按钮，完成基准平面的创建。

Step14. 创建图 5.2.27 所示的草图 2。选择下拉菜单 插入(S) → 在任务环境中绘制草图(V)... 命令，系统弹出"创建草图"对话框，选取 Step13 创建的基准平面为草图平面，单击 确定 按钮，进入草图环境，绘制图 5.2.27 所示的草图，单击 完成草图 按钮，退出草图环境。

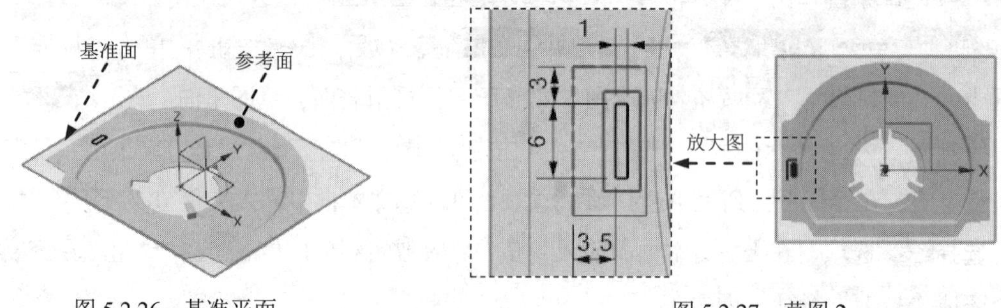

图 5.2.26 基准平面　　图 5.2.27 草图 2

Step15. 创建图 5.2.28 所示的直纹特征。选择下拉菜单 插入(S) → 网格曲面(M) → 直纹(R)... 命令，系统弹出"直纹"对话框；在图形区中选择图 5.2.29 所示的截面线串 1，单击鼠标中键确认；在图形区中选择图 5.2.29 所示的截面线串 2，单击鼠标中键确认；在"直纹面"对话框中选择 对齐 下拉列表中的 参数 选项；在"直纹面"对话框中单击 < 确定 > 按钮，完成"直纹"特征的创建。

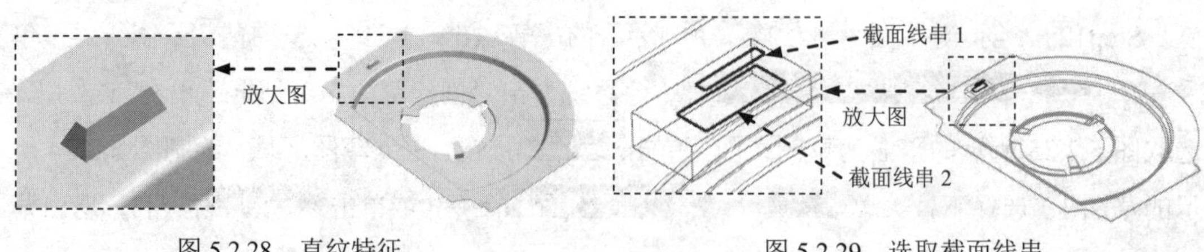

图 5.2.28 直纹特征　　图 5.2.29 选取截面线串

Step16. 对实体进行求和。选择下拉菜单 插入(S) → 组合(B) → 合并(U)... 命令，系统弹出"求和"对话框；选取 Step15 创建的直纹特征 1 为目标体，选取 Step11 创建的"拉伸"特征 2 为工具体，单击 < 确定 > 按钮，完成求和操作。

Step17. 创建"边倒圆"特征 1。选择下拉菜单 插入(S) → 细节特征(L) → 边倒圆(E)... 命令（或单击 按钮），系统弹出"边倒圆"对话框；选取图 5.2.30 所示的两条边线为圆角参照边 1，并在 半径 1 文本框中输入数值 3；单击 < 确定 > 按钮，完成"边倒圆"特征 1 的创建。

Step18. 创建“边倒圆”特征 2。选取图 5.2.31 所示的边为圆角参照边 2，圆角半径为 1。

Step19. 创建“边倒圆”特征 3。选取图 5.2.32 所示的边为圆角参照边 3，圆角半径为 1。

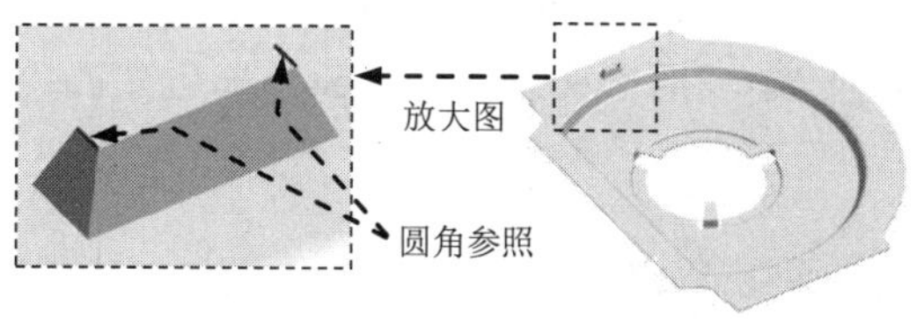

图 5.2.30 圆角参照边 1

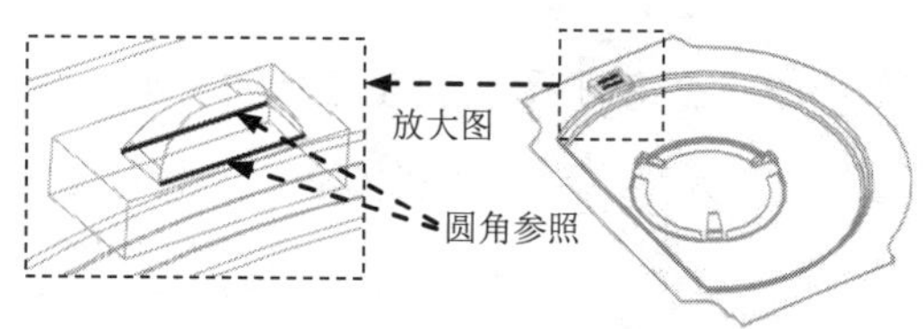

图 5.2.31 圆角参照边 2

Step20. 创建图 5.2.33 所示的镜像体。选择下拉菜单 插入(S) → 关联复制(A) → 抽取几何特征(E)... 命令（或单击按钮），系统弹出“抽取几何特征”对话框；在对话框的类型下拉列表中选择镜像体选项；选择图 5.2.33 所示的实体为镜像体，单击鼠标中键确认；在镜像平面区域中单击按钮，选取 YZ 基准平面为镜像平面；单击 < 确定 > 按钮，完成镜像体的创建。

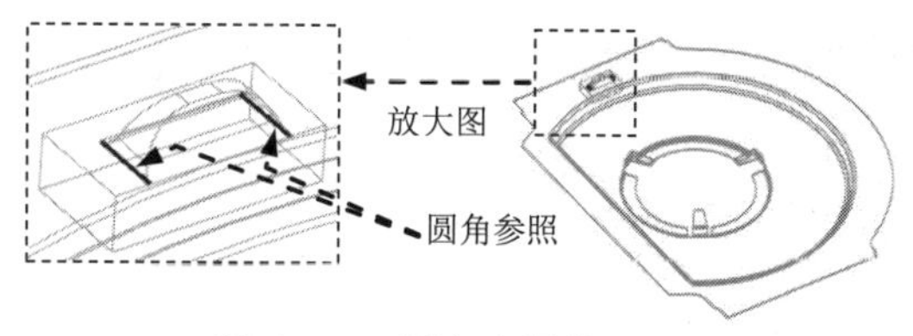

图 5.2.32 圆角参照边 3

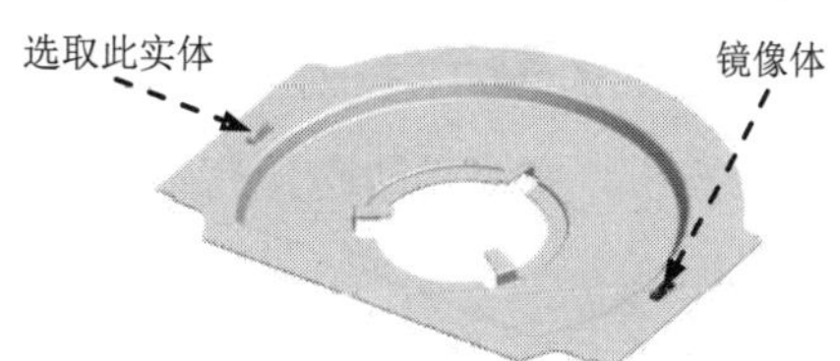

图 5.2.33 创建镜像体

Step21. 创建图 5.2.34 所示的“实体冲压”特征 1。在 应用模块 功能选项卡的 设计 区域单击 钣金 按钮，进入“NX 钣金”环境；选择下拉菜单 插入(S) → 冲孔(H) → 实体冲压(S)... 命令，系统弹出“实体冲压”对话框；在“实体冲压”对话框的类型下拉列表中选择冲压选项，确定目标区域的“目标面”按钮已处于激活状态，选取图 5.2.35 所示的面为目标面；确定工具区域的“工具体”按钮已处于激活状态，选取图 5.2.36 所示的实体为工具体；单击工具区域的“冲裁面”按钮，选取图 5.2.37 所示的模型表面（共 4 个面）为冲裁面；在设置区域选中恒定厚度复选框；单击“实体冲压”对话框中的 < 确定 > 按钮，完成“实体冲压”特征 1 的创建。

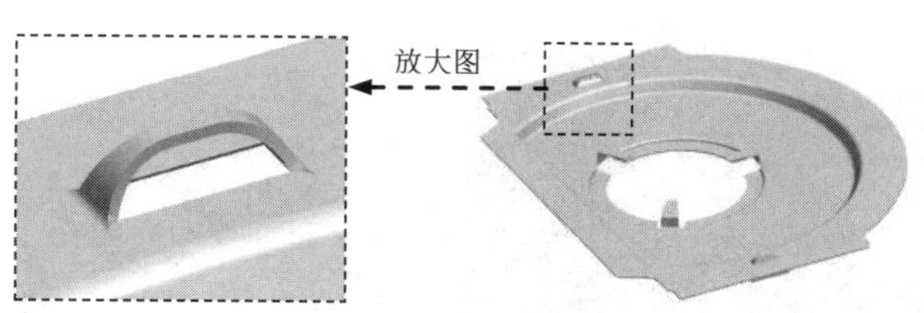

图 5.2.34 “实体冲压”特征 1

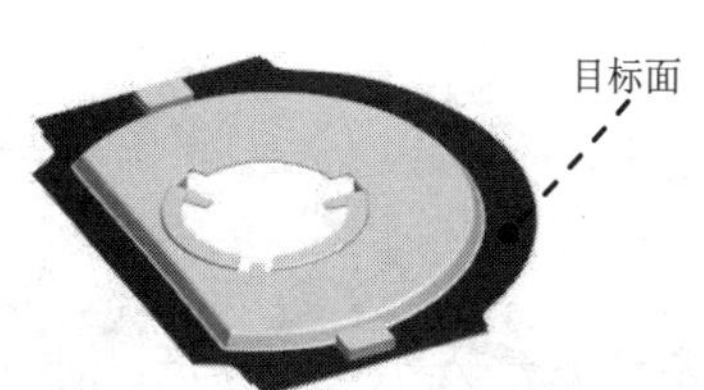

图 5.2.35 定义目标面

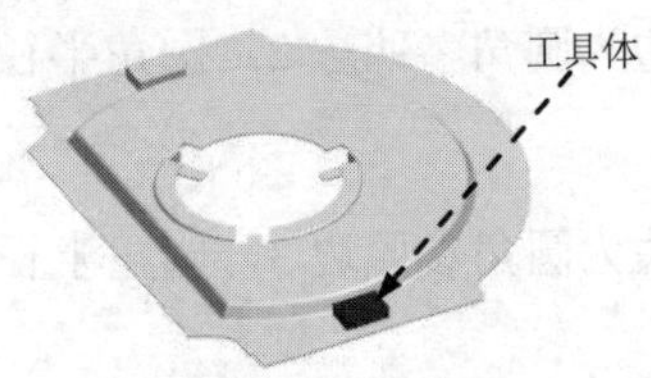

图 5.2.36　定义工具体

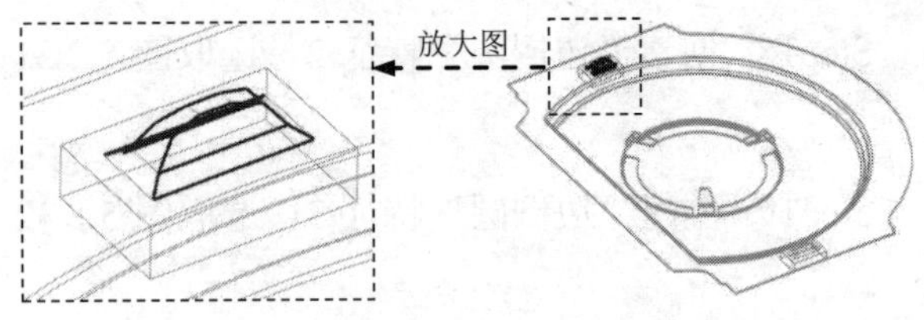

图 5.2.37　定义冲裁面

Step22. 创建图 5.2.38 所示的“实体冲压”特征 2。参照 Step21，选取 Step20 创建的镜像体为工具体，创建“实体冲压”特征 2。

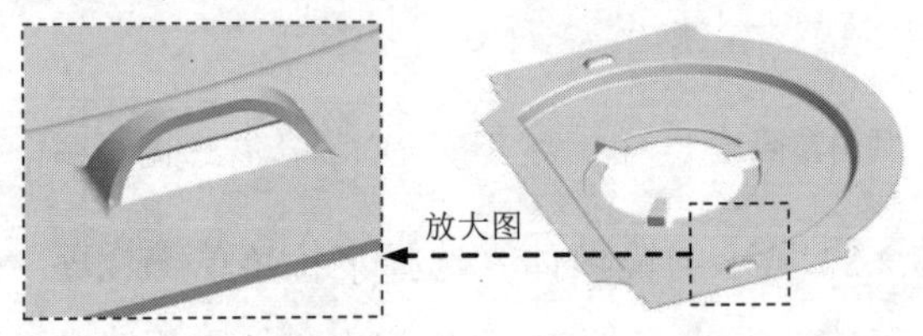

图 5.2.38　“实体冲压”特征 2

Step23. 创建图 5.2.39 所示的“法向开孔”特征 3。选择下拉菜单 插入(S) → 切割(T) → 法向开孔(N)... 命令，系统弹出“法向开孔”对话框；单击按钮，选取图 5.2.39 所示的模型表面为草图平面，单击 确定 按钮，绘制图 5.2.40 所示的除料截面草图；在 开孔属性 区域的 限制 下拉列表中选择 直至下一个 选项；采用系统默认的除料方向；单击 < 确定 > 按钮，完成“法向开孔”特征 3 的创建。

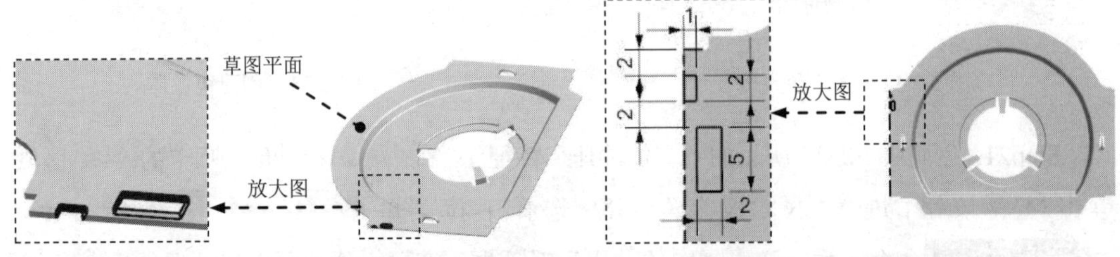

图 5.2.39　“法向开孔”特征 3　　图 5.2.40　除料截面草图

Step24. 创建图 5.2.41 所示的“法向开孔”特征 4。选择下拉菜单 插入(S) → 切割(T) → 法向开孔(N)... 命令，系统弹出“法向开孔”对话框；单击按钮，选取图 5.2.41 所示的模型表面为草图平面，单击 确定 按钮，绘制图 5.2.42 所示的除料截面草图；在 开孔属性 区域的 限制 下拉列表中选择 直至下一个 选项；采用系统默认的除料方向；单击 < 确定 > 按钮，完成“法向开孔”特征 4 的创建。

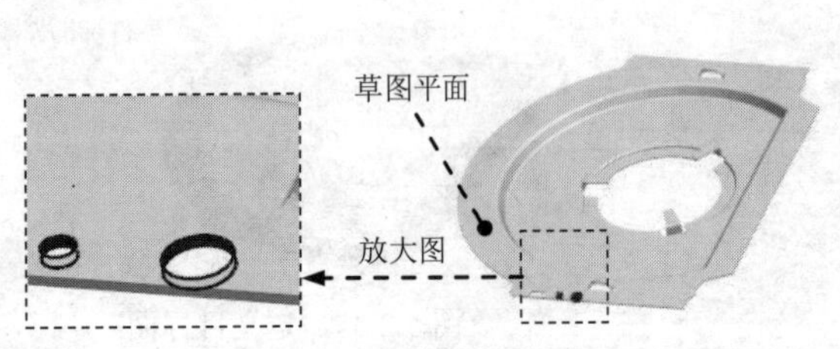

图 5.2.41　“法向开孔”特征 4

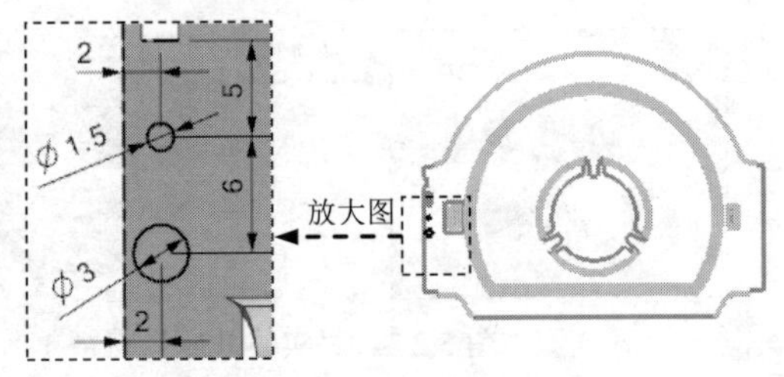

图 5.2.42　除料截面草图

Step25. 创建图 5.2.43 所示的“镜像”特征。选择下拉菜单 插入(S) → 关联复制(A) ▸ → 镜像特征(M)... 命令，系统弹出“镜像特征”对话框；选择图 5.2.43 所示的镜像源特征，选取 YZ 基准平面为镜像平面，单击 确定 按钮，完成“镜像”特征的创建。

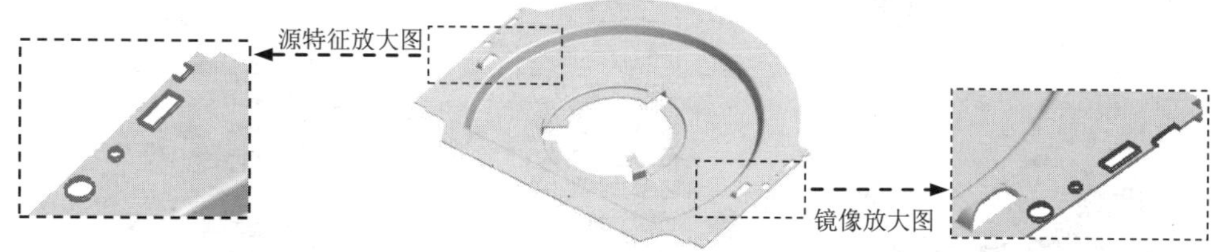

图 5.2.43 “镜像”特征

Step26. 创建图 5.2.44 所示的“高级弯边”特征。选择下拉菜单 插入(S) → 高级钣金(A) ▸ → 高级弯边(A)... 命令，系统弹出“高级弯边”对话框；在 类型 下拉列表中选择 按值 选项，选取图 5.2.45 所示的边线作为基本边；在 折弯参数 区域中调整 弯曲半径 文本框数值为 0.2；在 弯边属性 区域的 长度 文本框中输入数值 3，在 角度 文本框中输入数值 90，在 内嵌 下拉列表中选择 材料内侧 选项；如果方向不对，可单击 按钮来调整方向；单击 < 确定 > 按钮，完成“高级弯边”特征的创建。

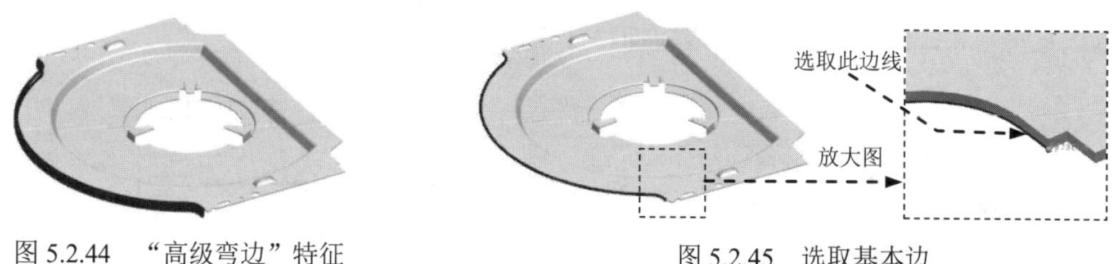

图 5.2.44 “高级弯边”特征　　　　图 5.2.45 选取基本边

Step27. 后面的详细操作过程请参见学习资源中 video\ch12\reference\文件下的语音视频讲解文件 disc-r01.exe。

5.3 剃须刀手柄

实例概述

本实例详细讲解了剃须刀手柄的设计过程，设计中主要应用了轮廓弯边、实体冲压、拉伸等命令。需要读者注意的是“实体冲压”命令的操作方法及创建过程。钣金件模型及相应的模型树如图 5.3.1 所示。

Step1. 新建文件。选择下拉菜单 文件(F) → 新建(N)... 命令，系统弹出“新建”对话框；在 模型 选项卡 模板 区域的下拉列表中选择 NX 钣金 模板；在 新文件名 区域的 名称 文本框中输入文件名称 shaver_party；单击 确定 按钮，进入“NX 钣金”环境。

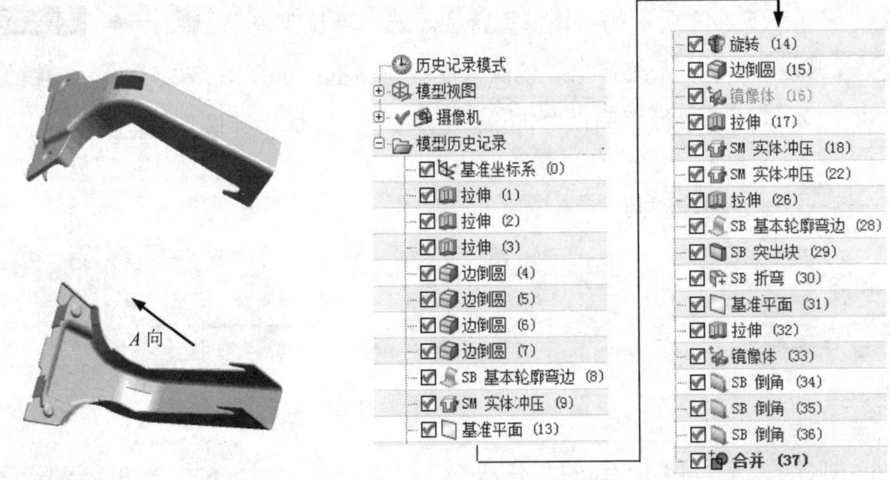

图 5.3.1　钣金件模型及模型树

Step2. 创建图 5.3.2 所示的拉伸特征 1。选择下拉菜单 插入(S) → 切割(T) → 拉伸(E)... 命令，系统弹出“拉伸”对话框；单击“拉伸”对话框中的“绘制截面”按钮，系统弹出“创建草图”对话框；选取 XY 平面为草图平面，单击 确定 按钮，进入草图环境；绘制图 5.3.3 所示的截面草图；单击 完成 按钮，退出草图环境；在“拉伸”对话框 限制 区域的 开始 下拉列表中选择 对称值 选项，并在其下的 距离 文本框中输入数值 5；其他采用系统默认设置；单击 < 确定 > 按钮，完成拉伸特征 1 的创建。

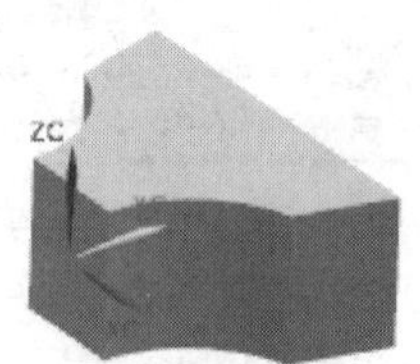

图 5.3.2　拉伸特征 1

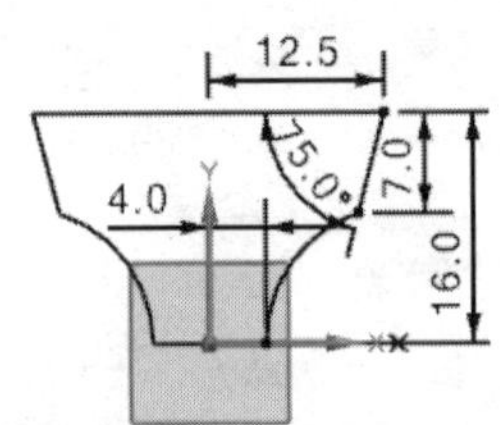

图 5.3.3　截面草图

Step3. 创建图 5.3.4 所示的拉伸特征 2。选择下拉菜单 插入(S) → 切割(T) → 拉伸(E)... 命令；选取图 5.3.4 所示的模型表面为草图平面，绘制图 5.3.5 所示的截面草图，在“拉伸”对话框的 开始 下拉列表中选择 值 选项，在 距离 文本框中输入值 0，在 结束 下拉列表中选择 值 选项，并在其下的 距离 文本框中输入数值 1.5；在 布尔 区域的 布尔 下拉列表中选择 合并 选项，采用系统默认的求和对象；单击 < 确定 > 按钮，完成拉伸特征 2 的创建。

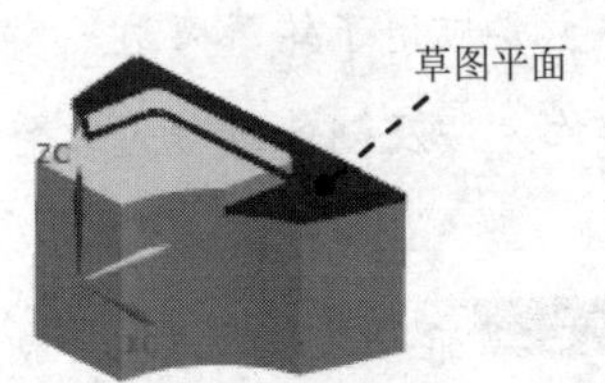

图 5.3.4　拉伸特征 2

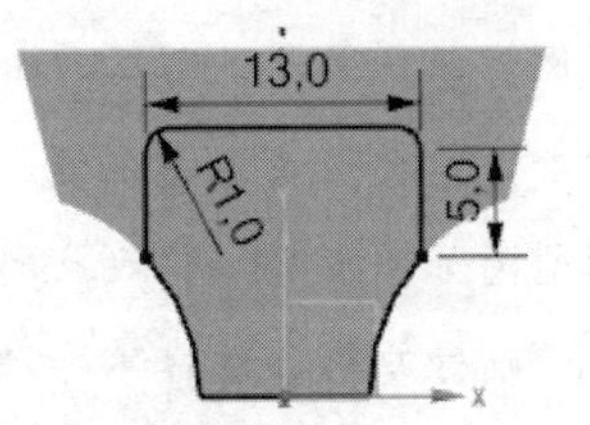

图 5.3.5　截面草图

Step4. 创建图 5.3.6 所示的拉伸特征 3。选择下拉菜单 插入(S) → 切割(T) →

拉伸(E)...命令；选取 YZ 平面为草图平面，绘制图 5.3.7 所示的截面草图，在“拉伸”对话框的开始下拉列表中选择值选项，在距离文本框中输入值-4，在结束下拉列表中选择值选项，并在其下的距离文本框中输入数值 4；在布尔区域的布尔下拉列表中选择合并选项，采用系统默认的求和对象；单击<确定>按钮，完成拉伸特征 3 的创建。

图 5.3.6　拉伸特征 3

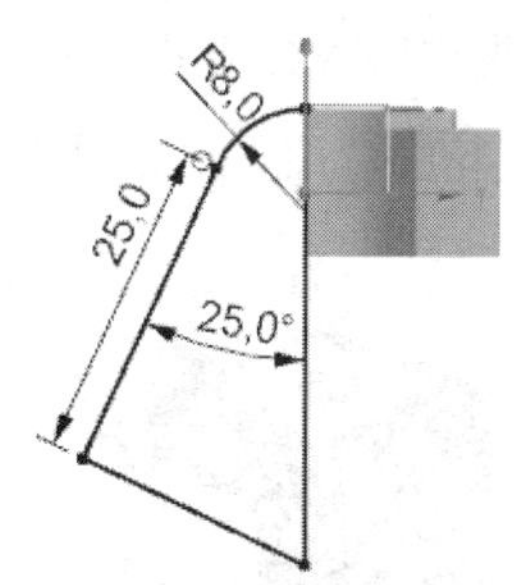

图 5.3.7　截面草图

Step5. 创建图 5.3.8b 所示的边倒圆特征。在应用模块功能选项卡的设计区域单击建模按钮，进入建模环境；选择下拉菜单插入(S) → 细节特征(L) → 边倒圆(E)...命令，在边区域的形状下拉列表中选择圆形选项，选取图 5.3.8a 所示的边线为边倒圆参照边，在半径 1文本框中输入值 1；单击“边倒圆”对话框中的<确定>按钮，完成边倒圆特征的创建。

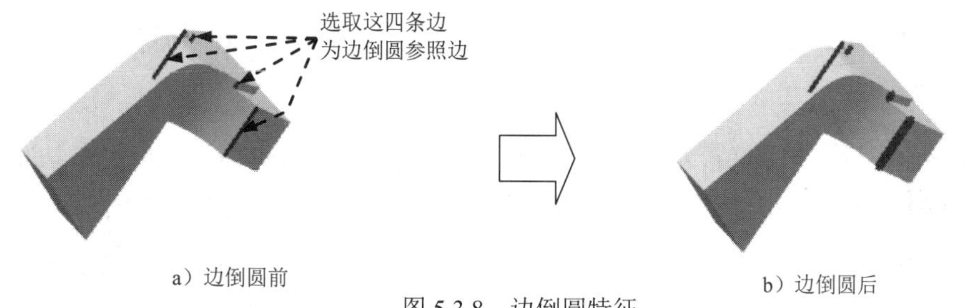

图 5.3.8　边倒圆特征

Step6. 创建圆角特征 1。选取图 5.3.9 所示的边为圆角参照边 1，圆角半径值为 1。

Step7. 创建圆角特征 2。选取图 5.3.10 所示的边为圆角参照边 2，圆角半径值为 1。

Step8. 创建圆角特征 3。选取图 5.3.11 所示的边为圆角参照边 3，圆角半径值为 0.2。

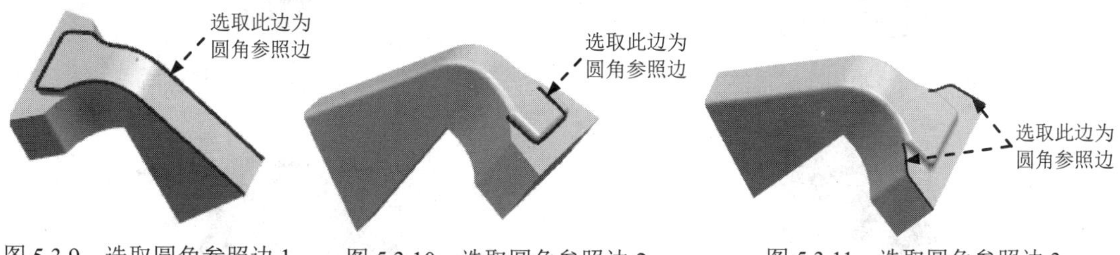

图 5.3.9　选取圆角参照边 1　　图 5.3.10　选取圆角参照边 2　　图 5.3.11　选取圆角参照边 3

Step9. 创建图 5.3.12 所示的轮廓弯边特征 1。将模型切换至“NX 钣金”环境，选择

下拉菜单 插入(S) → 折弯(N) ▸ → 轮廓弯边(C)... 命令，系统弹出“轮廓弯边”对话框；在“轮廓弯边”对话框 类型 区域的下拉列表中选择 底数 选项；单击 按钮，选取 YZ 平面为草图平面，单击 确定 按钮，绘制图 5.3.13 所示的截面草图；厚度方向采用系统默认的矢量方向，单击 厚度 文本框右侧的 按钮，在弹出的快捷菜单中选择 使用局部值 选项，然后在 厚度 文本框中输入数值 0.5；在 宽度选项 下拉列表中选择 对称 选项，在 宽度 文本框中输入数值 30；在“轮廓弯边”对话框中单击 <确定> 按钮，完成轮廓弯边特征 1 的创建。

图 5.3.12 轮廓弯边特征 1

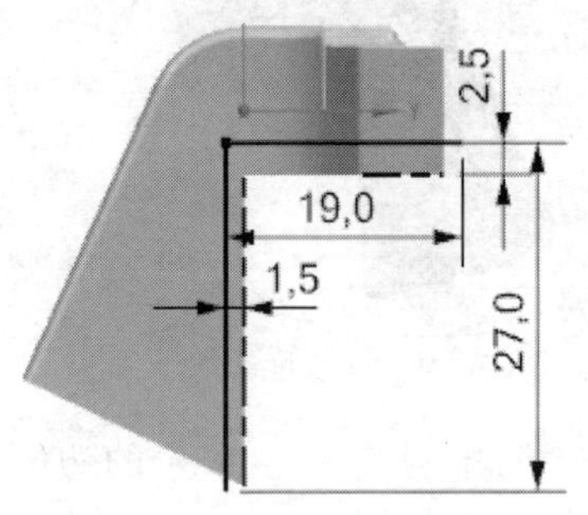

图 5.3.13 截面草图

Step10. 创建图 5.3.14 所示的实体冲压特征 1。选择下拉菜单 插入(S) → 冲孔(H) ▸ → 实体冲压(S)... 命令，系统弹出“实体冲压”对话框；在“实体冲压”对话框的 类型 下拉列表中选择 冲压 选项，即采用凸模类型创建钣金特征；在“实体冲压”对话框的 目标 区域中单击“目标面”按钮，选取图 5.3.15 所示的面为目标面；在“实体冲压”对话框的 工具 区域中单击“工具体”按钮，选取图 5.3.16 所示的特征为工具体；在“实体冲压”对话框的 工具 区域中单击“冲裁面”按钮，选取图 5.3.17 所示的冲裁面；在“实体冲压”对话框的 设置 区域中选中 ☑恒定厚度、☑隐藏工具体 复选框；在 设置 区域中取消选中 □倒圆边 复选框；单击“实体冲压”对话框中的 <确定> 按钮，完成实体冲压特征 1 的创建。

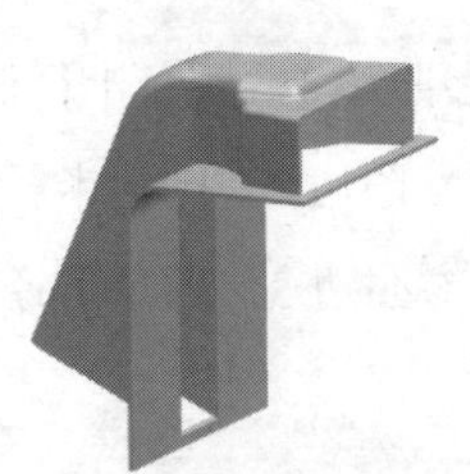

图 5.3.14 实体冲压特征 1

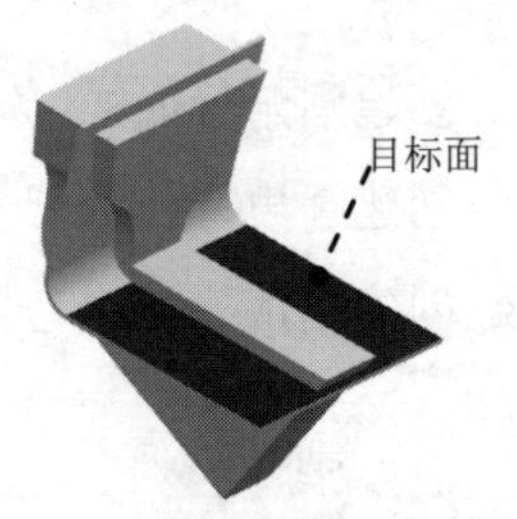

图 5.3.15 定义目标面

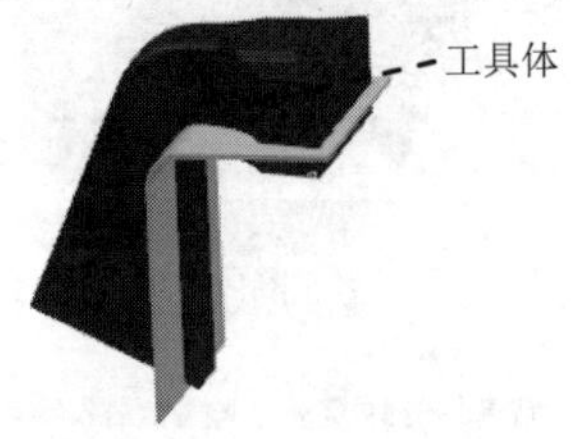

图 5.3.16 定义工具体

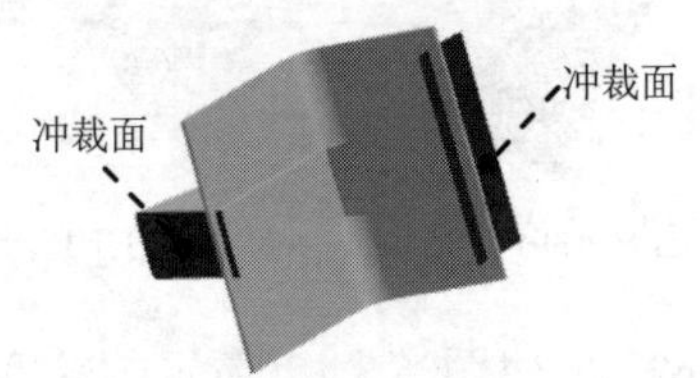

图 5.3.17 定义冲裁面

Sep11. 创建图 5.3.18 所示的基准平面 1。选择下拉菜单 插入(S) → 基准/点(D) → 基准平面(D)... 命令，系统弹出“基准平面”对话框；在类型下拉列表中选择按某一距离选项；选取 YZ 基准平面为参考对象；在偏置区域的距离文本框内输入数值 9，单击< 确定 >按钮，完成基准平面 1 的创建。

Step12. 创建图 5.3.19 所示的旋转特征。在 应用模块 功能选项卡的 设计 区域单击建模按钮，进入建模环境；选择 插入(S) → 设计特征(E) → 旋转(R)... 命令，系统弹出“旋转”对话框；单击“旋转”对话框中的按钮，选取 Step11 创建的基准平面 1 为草图平面，单击 确定 按钮，进入草图环境，绘制图 5.3.20 所示的截面草图，选择下拉菜单 任务(K) → 完成草图(K) 命令，退出草图环境；选取图 5.3.20 所示的边线作为旋转轴；在开始下拉列表中选择值，在距离文本框中输入值 0；在结束下拉列表中选择值，在距离文本框中输入值 360；在布尔区域的布尔下拉列表中选择无；单击< 确定 >按钮，完成旋转特征的创建。

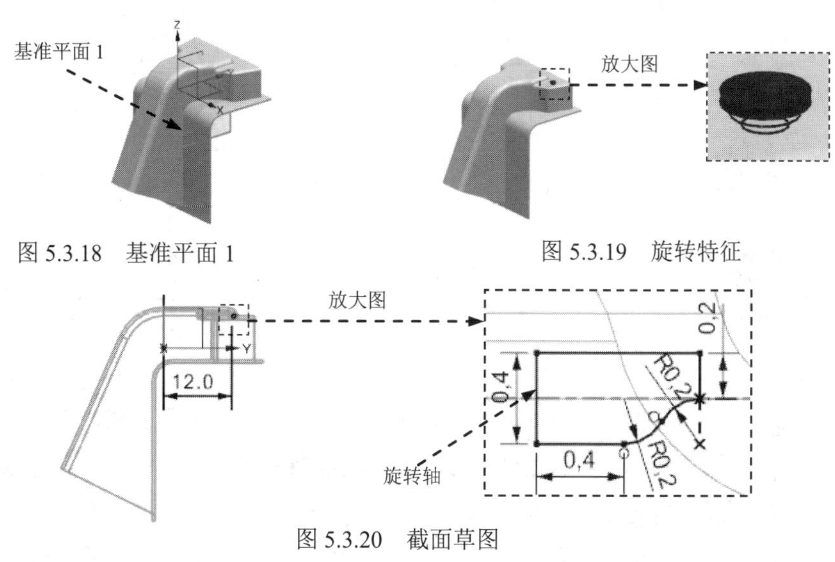

图 5.3.18　基准平面 1

图 5.3.19　旋转特征

图 5.3.20　截面草图

Step13. 创建圆角特征 4。选取图 5.3.21 所示的边为圆角参照边 4，圆角半径值为 0.1。

Step14. 创建图 5.3.22 所示的镜像体。选择下拉菜单 插入(S) → 关联复制(A) → 抽取几何特征(E)... 命令（或单击按钮），系统弹出“抽取几何特征”对话框；在对话框的类型下拉列表中选择镜像体选项；选取 Step12、Step13 创建的实体为镜像体，单击中键确认；在镜像平面区域中单击按钮，选取 YZ 基准平面为镜像平面；单击< 确定 >按钮，完成镜像体的创建。

Step15. 创建图 5.3.23 所示的拉伸特征 4。选择下拉菜单 插入(S) → 设计特征(E) → 拉伸(E)... 命令；选取 YZ 平面为草图平面，绘制图 5.3.24 所示的截面草图；拉伸方向采用系统默认的矢量方向，在“拉伸”对话框限制区域的开始下拉列表中选择对称值选项，在距离文本框中输入值 20；在布尔区域的布尔下拉列表中选择减去选项，选择实体冲压特征后的模型实体为求差对象；单击“拉伸”对话框中的< 确定 >按钮，完成拉伸特征 4 的创建。

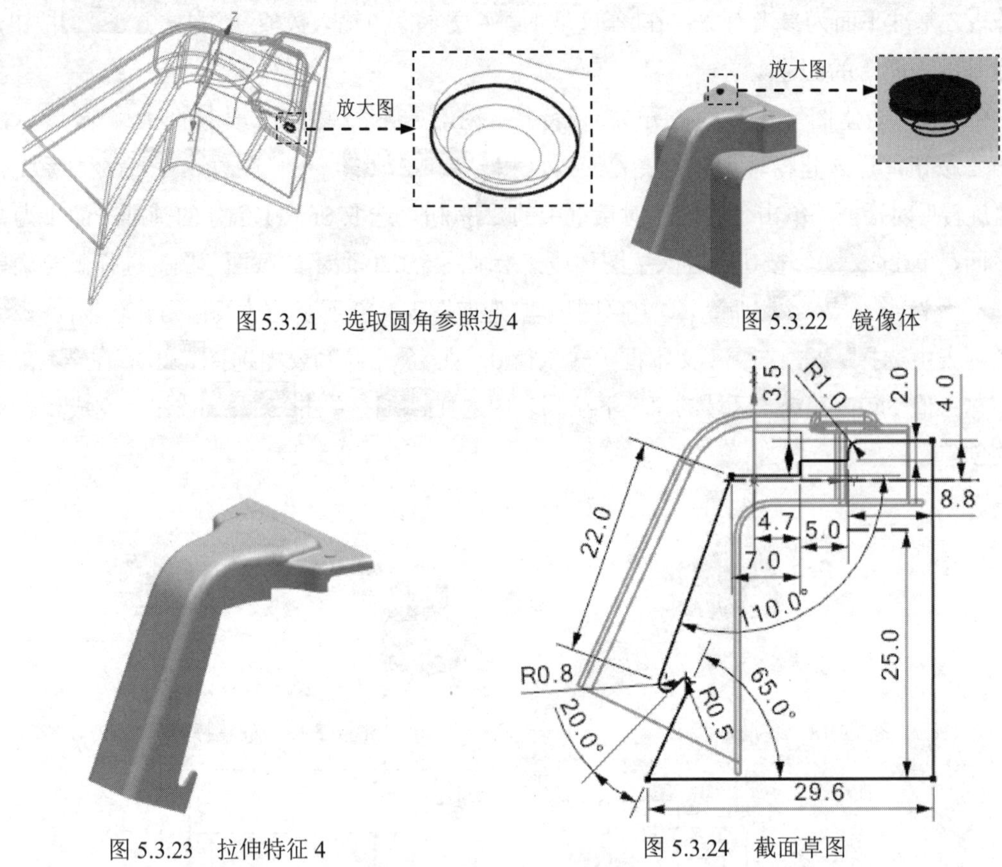

图 5.3.21　选取圆角参照边4　　图 5.3.22　镜像体

图 5.3.23　拉伸特征 4　　图 5.3.24　截面草图

Step16. 创建图 5.3.25 所示的实体冲压特征 2。将模型切换至“NX 钣金”设计环境，选择下拉菜单 插入(S) ➡ 冲孔(H) ➡ 实体冲压(S)... 命令，在“实体冲压”对话框的类型下拉列表中选择 冲压 选项，选取图 5.3.26 所示的面为目标面，选取图 5.3.27 所示的实体为工具体，选中 ☑恒定厚度、☑质心点 和 ☑隐藏工具体 复选框，取消选中 ☐倒圆边 复选框；单击< 确定 >按钮，完成实体冲压特征 2 的创建。

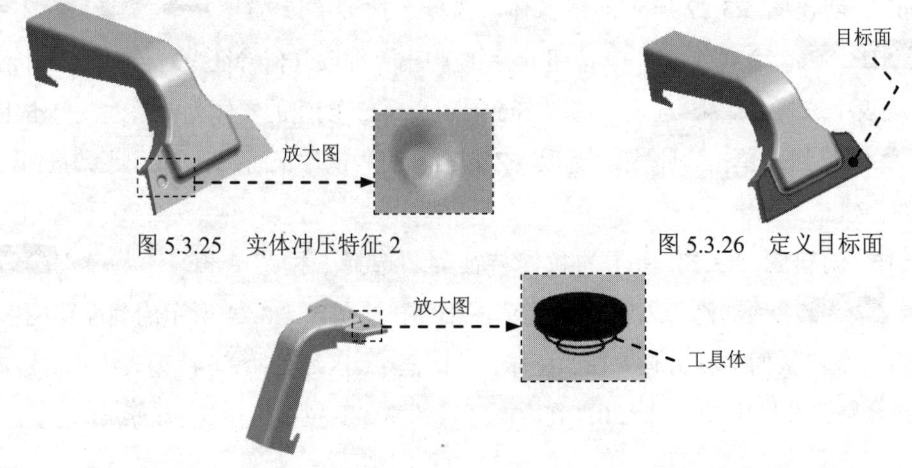

图 5.3.25　实体冲压特征 2　　图 5.3.26　定义目标面

图 5.3.27　定义工具体

Step17. 创建图 5.3.28 所示的实体冲压特征 3。选择下拉菜单 插入(S) → 冲孔(H) → 实体冲压(S)... 命令，在“实体冲压”对话框的 类型 下拉列表中选择 冲压 选项，选取图 5.3.26 所示的面为目标面，选取图 5.3.29 所示的实体为工具体，选中 ☑恒定厚度、☑质心点 和 ☑隐藏工具体 复选框，取消选中 ☐倒圆边 复选框；单击 < 确定 > 按钮，完成实体冲压特征 3 的创建。

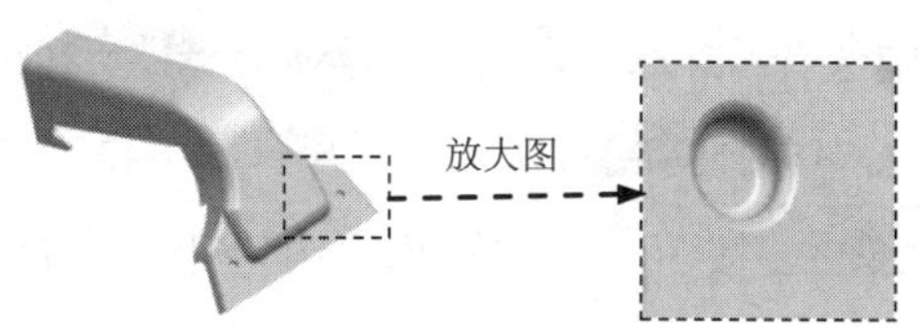

图 5.3.28 实体冲压特征 3

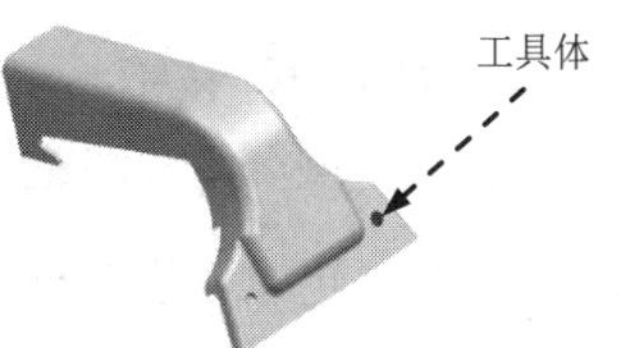

图 5.3.29 定义工具体

Step18. 创建图 5.3.30 所示的拉伸特征 5。选择下拉菜单 插入(S) → 切割(T) → 拉伸(E)... 命令；选取图 5.3.31 所示平面为草图平面，绘制图 5.3.32 所示的截面草图；在 方向 区域中单击“反向”按钮 ；在“拉伸”对话框的 开始 下拉列表中选择 值，在 距离 文本框中输入值 0，在 结束 下拉列表中选择 贯通 选项，在 布尔 区域的 布尔 下拉列表中选择 减去 选项，其他采用系统默认的设置；单击“拉伸”对话框中的 < 确定 > 按钮，完成拉伸特征 5 的创建。

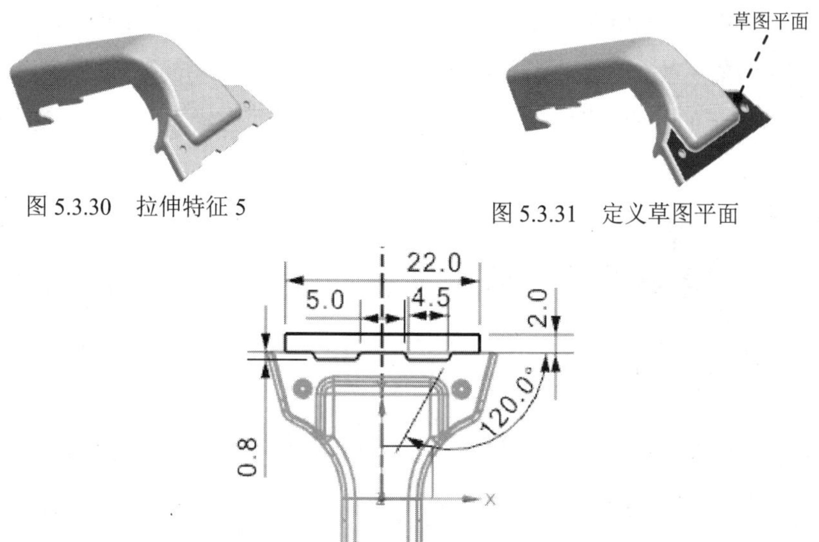

图 5.3.30 拉伸特征 5

图 5.3.31 定义草图平面

图 5.3.32 截面草图

Step19. 创建图 5.3.33 所示的轮廓弯边特征 2。选择下拉菜单 插入(S) → 折弯(N) → 轮廓弯边(C)... 命令，系统弹出“轮廓弯边”对话框；在“轮廓弯边”对话框 类型 区域的下拉列表中选择 底数 选项；单击 按钮，系统弹出“创建草图”

对话框，在类型下拉列表中选择基于路径选项，选取图 5.3.34 所示的模型边线为路径，在位置下拉列表中选择弧长百分比选项，在弧长百分比文本框中输入值 50；其他选项采用系统默认设置值，单击确定按钮，进入草图绘制环境，绘制图 5.3.35 所示的截面草图；在厚度区域单击按钮，在弹出的菜单中选择使用局部值选项，然后在厚度文本框中输入值 0.5；在宽度选项下拉列表中选择对称选项，在宽度文本框中输入值 4；在折弯参数区域中单击弯曲半径文本框右侧的按钮，在弹出的菜单中选择使用局部值选项，然后在弯曲半径文本框中输入值 0.2；在止裂口区域的折弯止裂口下拉列表中选择无选项，在拐角止裂口下拉列表中选择无选项；在“轮廓弯边”对话框中单击< 确定 >按钮，完成轮廓弯边特征 2 的创建。

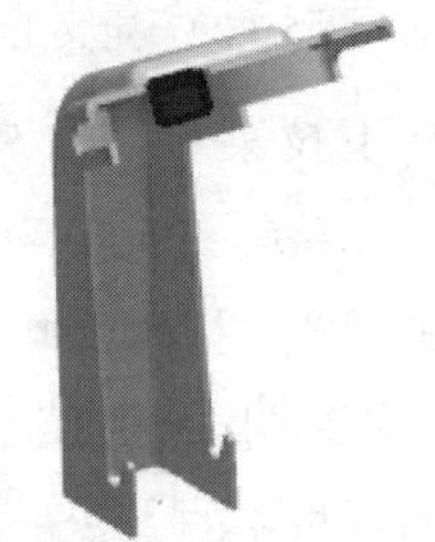
图 5.3.33 轮廓弯边特征 2

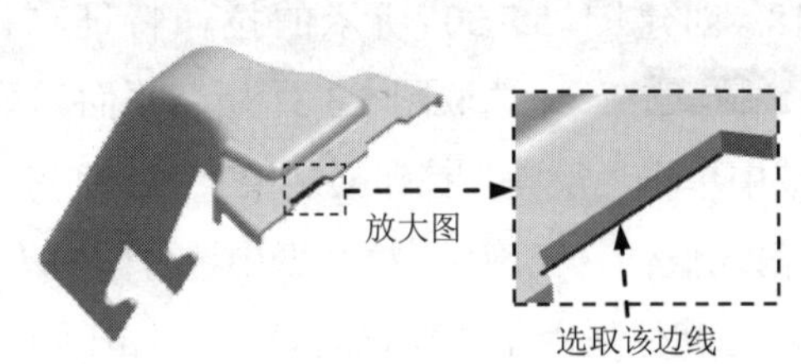

图 5.3.34 选取路径

Step20. 创建图 5.3.36 所示的突出块特征。选择下拉菜单插入(S) → 突出块(B)...命令；在类型区域的下拉列表中选择次要选项，选取图 5.3.37 所示的模型表面为草图平面，绘制图 5.3.38 所示的截面草图；厚度方向采用系统默认的矢量方向；单击< 确定 >按钮，完成突出块特征的创建。

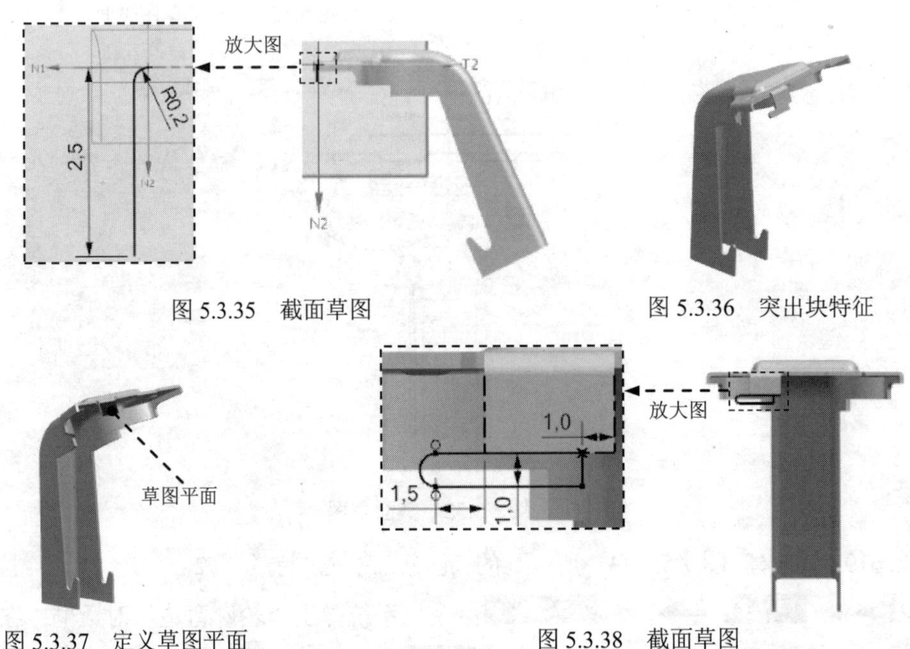

图 5.3.35 截面草图

图 5.3.36 突出块特征

图 5.3.37 定义草图平面

图 5.3.38 截面草图

Step21. 创建图 5.3.39 所示的折弯特征。选择下拉菜单 插入(S) → 折弯(N) → 折弯(B)... 命令，系统弹出“折弯”对话框；选取图 5.3.37 所示的模型表面为草图平面，绘制图 5.3.40 所示的折弯线；在“折弯”对话框中将 内嵌 设置为 外模线轮廓 选项，在 角度 文本框中输入折弯角度值 20，在 折弯参数 区域中单击 弯曲半径 文本框右侧的 按钮，在系统弹出的菜单中选择 使用局部值 选项，然后在 弯曲半径 文本框中输入值 0.2；单击 反向 后的 按钮，其他参数采用系统默认设置值；单击 <确定> 按钮，完成折弯特征的创建。

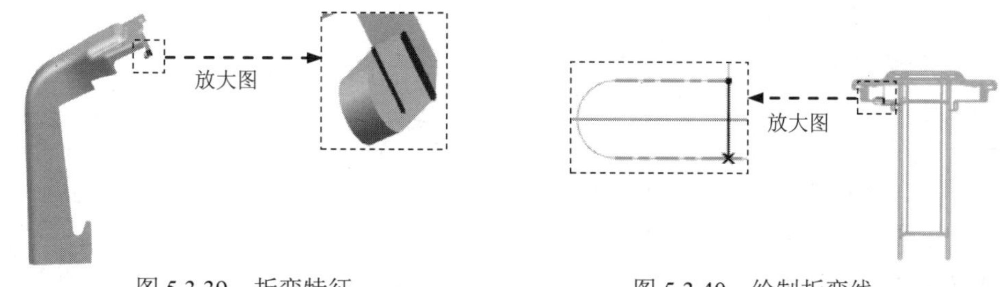

图 5.3.39 折弯特征 图 5.3.40 绘制折弯线

Step22. 创建图 5.3.41 所示的基准平面 2。选择下拉菜单 插入(S) → 基准/点(D) → 基准平面(D)... 命令，系统弹出“基准平面”对话框；在 类型 下拉列表中选择 成一角度 选项；选取 XY 基准平面为参考平面，选取 X 轴为参考轴；在 角度 区域的 角度选项 下拉列表中选择 值 选项，在其下的 角度 文本框内输入角度值-45，单击 <确定> 按钮，完成基准平面 2 的创建。

Step23. 创建图 5.3.42 所示的拉伸特征 6。选择下拉菜单 插入(S) → 切割(T) → 拉伸(E)... 命令；选取 Step22 创建的基准平面为草图平面，绘制图 5.3.43 所示的截面草图；在“拉伸”对话框的 开始 下拉列表中选择 值 选项，在 距离 文本框中输入值 0；在 结束 下拉列表中选择 贯通 选项，在 布尔 区域的 布尔 下拉列表中选择 减去 选项，选择图 5.3.44 所示的实体为求差对象；单击“拉伸”对话框中的 <确定> 按钮，完成拉伸特征 6 的创建。

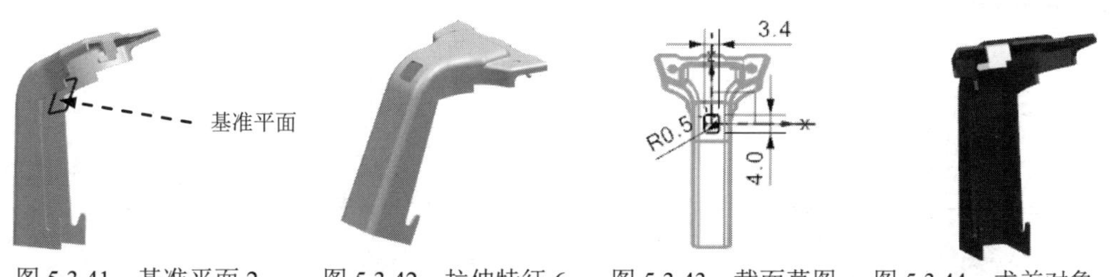

图 5.3.41 基准平面 2 图 5.3.42 拉伸特征 6 图 5.3.43 截面草图 图 5.3.44 求差对象

Step24. 创建图 5.3.45 所示的镜像体。选择下拉菜单 插入(S) → 关联复制(A) → 镜像体(B)... 命令，系统弹出“镜像体”对话框；在“镜像体”对话框中选取图 5.3.46 所示实体为镜像对象，选取 YZ 基准平面为镜像平面，单击 确定 按钮，完成镜像体的创建。

Step25. 后面的详细操作过程请参见学习资源中 video\ch15\reference\文件下的语音视频讲解文件 shaver_party-r01.exe。

图 5.3.45　镜像体

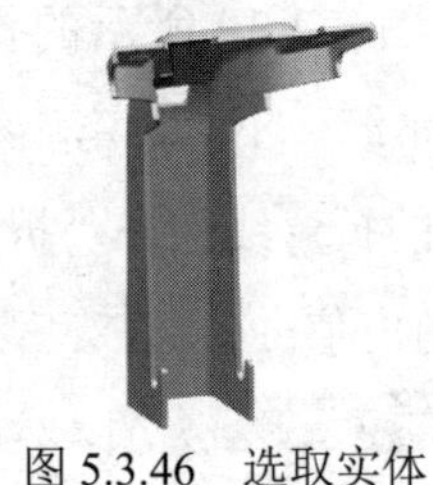
图 5.3.46　选取实体

学习拓展：扫码学习更多视频讲解。

讲解内容：主要包含钣金设计的背景知识，钣金的基本概念，常见的钣金产品及工艺流程，钣金设计工作界面，典型钣金案例的设计方法。通过这些内容的学习，读者可以了解钣金设计的特点以及钣金设计与一般零件设计的区别，并能掌握一般钣金产品的设计思路和流程。

学习拓展：扫码学习更多视频讲解。

讲解内容：钣金设计实例精选，包含二十多个常见钣金件的设计全过程讲解，并对设计操作步骤做了详细的演示。

第 6 章　运动仿真及动画实例

6.1　牛头刨床运动仿真

实例概述

本实例详细介绍了牛头刨床运动仿真的一般过程，通过本实例的学习，读者可以掌握通过 UG 进行运动仿真的操作方法。下面详细介绍图 6.1.1 所示的牛头刨床机构运动仿真的一般操作过程。

Task1. 新建仿真文件

Step1. 打开文件 D:\ugal12\work\ch06.01\PLANNING_MACHINE.prt。

Step2. 在 应用模块 功能选项卡的 仿真 区域单击 运动 按钮，进入运动仿真模块。

Step3. 新建仿真文件。在“运动导航器”中右击 PLANNING_MACHINE，在弹出的快捷菜单中选择 新建仿真 命令，系统弹出的“新建仿真”对话框。采用默认的名称，单击 确定 按钮，系统弹出图 6.1.2 所示的“环境”对话框；在“环境”对话框中选中 ⊙动力学 单选项，其他采用系统默认设置，单击 确定 按钮，系统弹出图 6.1.3 所示的“机构运动副向导”对话框，在对话框中单击 取消 按钮。系统进入运动仿真环境。

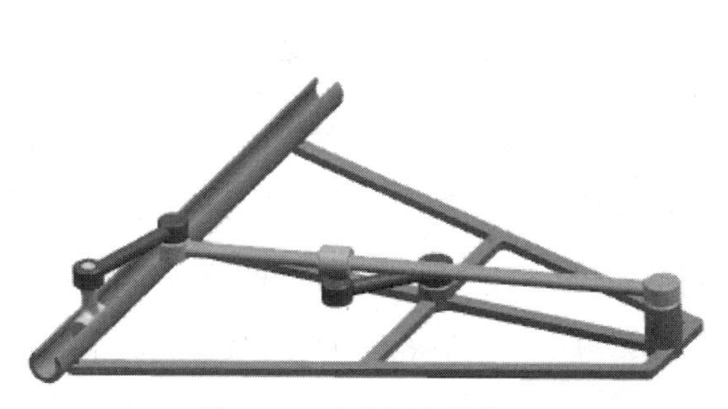

图 6.1.1　牛头刨床机构

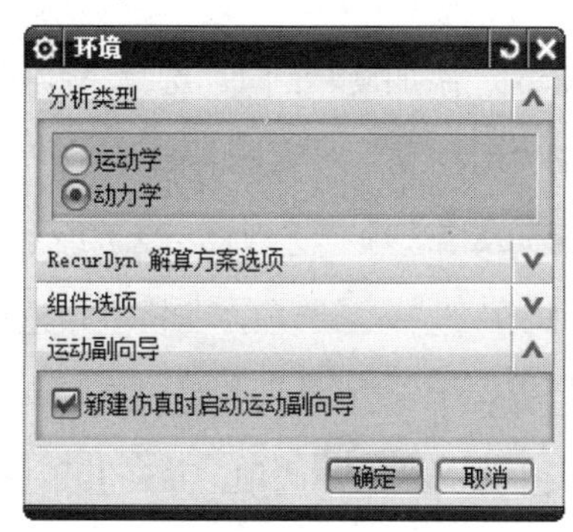

图 6.1.2　“环境”对话框

Task2. 定义连杆

Step1. 定义固定连杆。选择下拉菜单 插入(S) → 连杆(L)... 命令，系统弹出图 6.1.4 所示的“连杆”对话框，选取图 6.1.5 所示的组件 1 为连杆 1 对象，在 设置 区域选中 ☑ 固定连杆 复选框，其他采用系统默认的设置，在“连杆”对话框中单击 应用 按钮。

Step2. 定义运动连杆。选取图 6.1.5 所示的组件 2 为连杆 2 对象，在 设置 区域取消选中固定连杆复选框，其他采用系统默认的设置，在“连杆”对话框中单击应用按钮；选取图6.1.5所示的组件3为连杆3对象，单击应用按钮；选取图6.1.5所示的组件4为连杆4对象，单击应用按钮；选取图6.1.5所示的组件5为连杆5对象，单击应用按钮；选取图6.1.6所示的组件6为连杆6对象，单击确定按钮。完成连杆的定义。

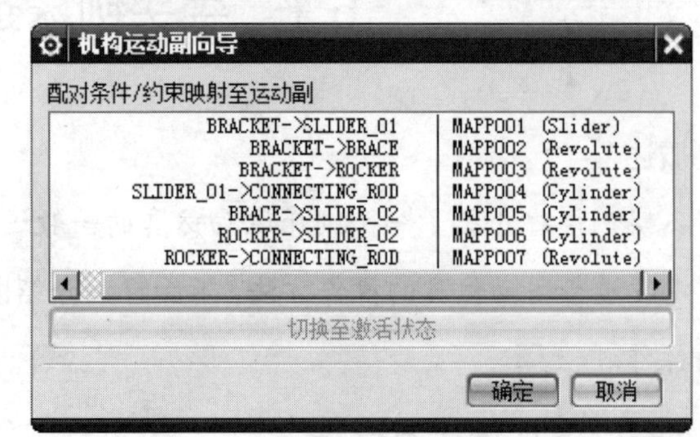

图6.1.3 “机构运动副向导”对话框

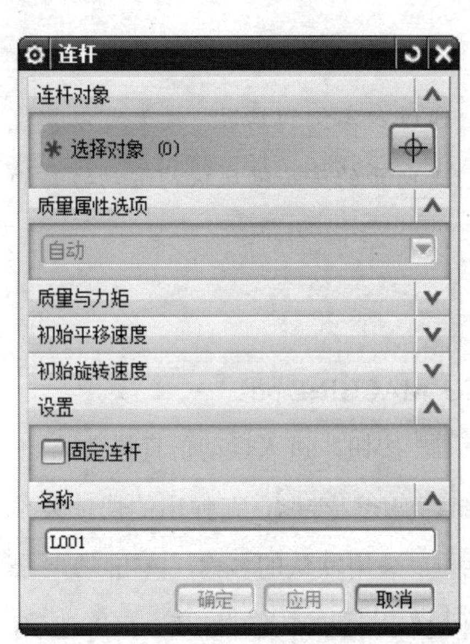

图6.1.4 “连杆”对话框

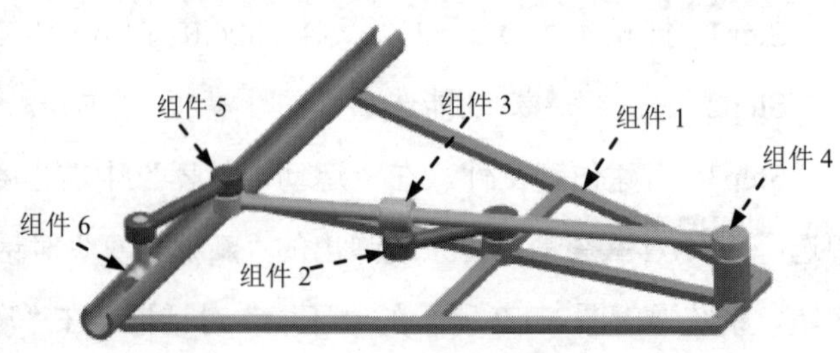

图6.1.5 定义连杆对象

Task3. 定义运动副

Step1. 添加旋转副1。选择下拉菜单插入(S) → 接头(J)...命令，系统弹出图6.1.6所示的“运动副”对话框（一）；在“运动副”对话框（一）定义选项卡的类型下拉列表中选择旋转副选项；选取图6.1.7所示的连杆2；在“运动副”对话框（一）指定原点后的下拉列表中选择⊙选项，在模型中选取图6.1.7所示的圆弧为定位原点参照；在指定矢量后的下拉列表中选择ZC↑为矢量；在“运动副”对话框（一）中单击驱动选项卡，在旋转下拉列表中选择多项式选项，并在其下的速度文本框中输入值60；单击应用按钮，完成第一个旋转副的添加。

Step2. 添加旋转副2。选择图6.1.8所示的连杆3。在“运动副”对话框（一）指定原点后的下拉列表中选择⊙选项，在模型中选取图6.1.8所示的圆弧为定位原点参照；在指定矢量后的下拉列表中选择-ZC为矢量；在图6.1.9所示的“运动副”对话框（二）的底数区域中选中☑啮合连杆复选框，单击按钮，选择图6.1.8所示的连杆2为啮合连杆对象，在指定原点后的下拉列表中选择⊙选项，在模型中选取图6.1.8所示的圆弧为定位原点参照；在指定矢量后的下拉列表中选择 -ZC 为矢量；单击 应用 按钮，完成第二个旋转副的添加。

注意：此处在定义“操作对象”和“基本对象”时，要保证选择的原点和矢量要一致，才能保证操作连杆和啮合连杆能够一起运动。

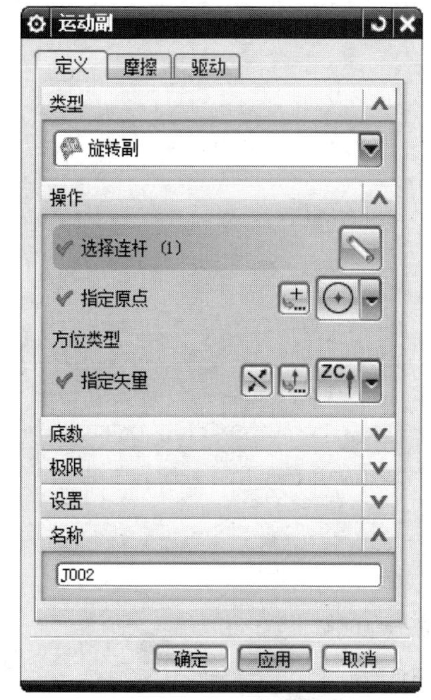

图 6.1.6 “运动副”对话框（一）

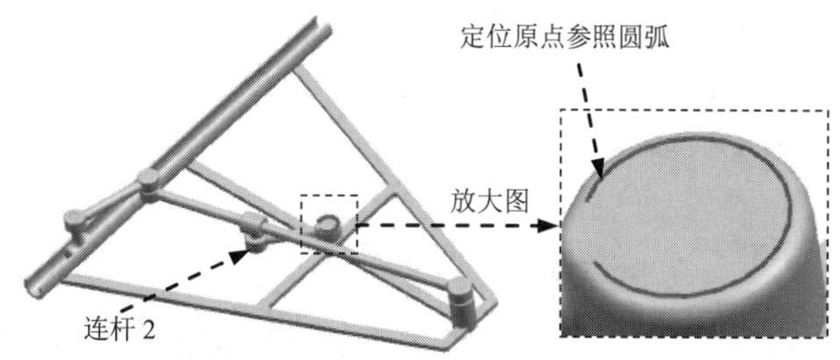

图 6.1.7 指定连杆

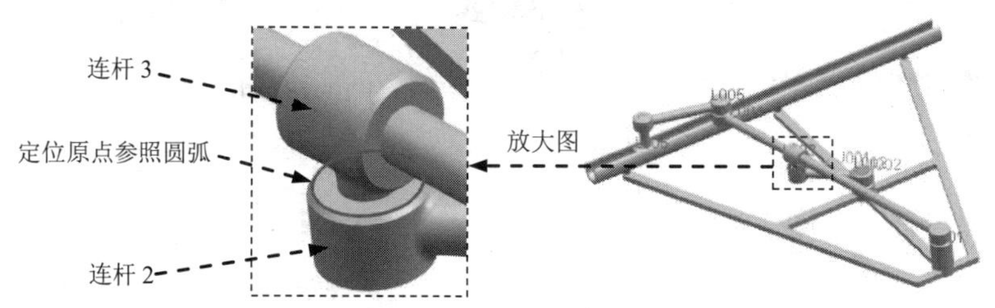

图 6.1.8 添加旋转副 2

Step3. 添加滑动副 1。在 类型 区域的下拉列表中选择 滑动副 选项；选择图 6.1.10 所示的连杆 3。在“运动副”对话框（二） 指定原点 后的下拉列表中选择 ⊙ 选项，在模型中选取图 6.1.10 所示的圆弧为定位原点参照；选取图 6.1.10 所示的面为矢量参照；在“运动副”对话框（二）的 底数 区域中选中 ☑ 啮合连杆 复选框，单击 按钮，选择图 6.1.10 所示的连杆 4 为啮合连杆对象，在 指定原点 后的下拉列表中选择 ⊙ 选项，在模型中选取图 6.1.10 所示的圆弧为定位原点参照；选取图 6.1.10 所示的面为矢量参照，单击 应用 按钮，完成滑动副 1 的添加。

Step4. 添加旋转副 3。在 类型 区域的下拉列表中选择 旋转副 选项。选择图 6.1.11 所示的连杆 4。在 ✔ 指定原点 后的下拉列表中选择 ⊙ 选项，在模型中选取图 6.1.11 所示的圆弧为定位原点参照；在 ✔ 指定矢量 后的下拉列表中选择 -ZC 为矢量，单击 应用 按钮，完成第三个旋转副的添加。

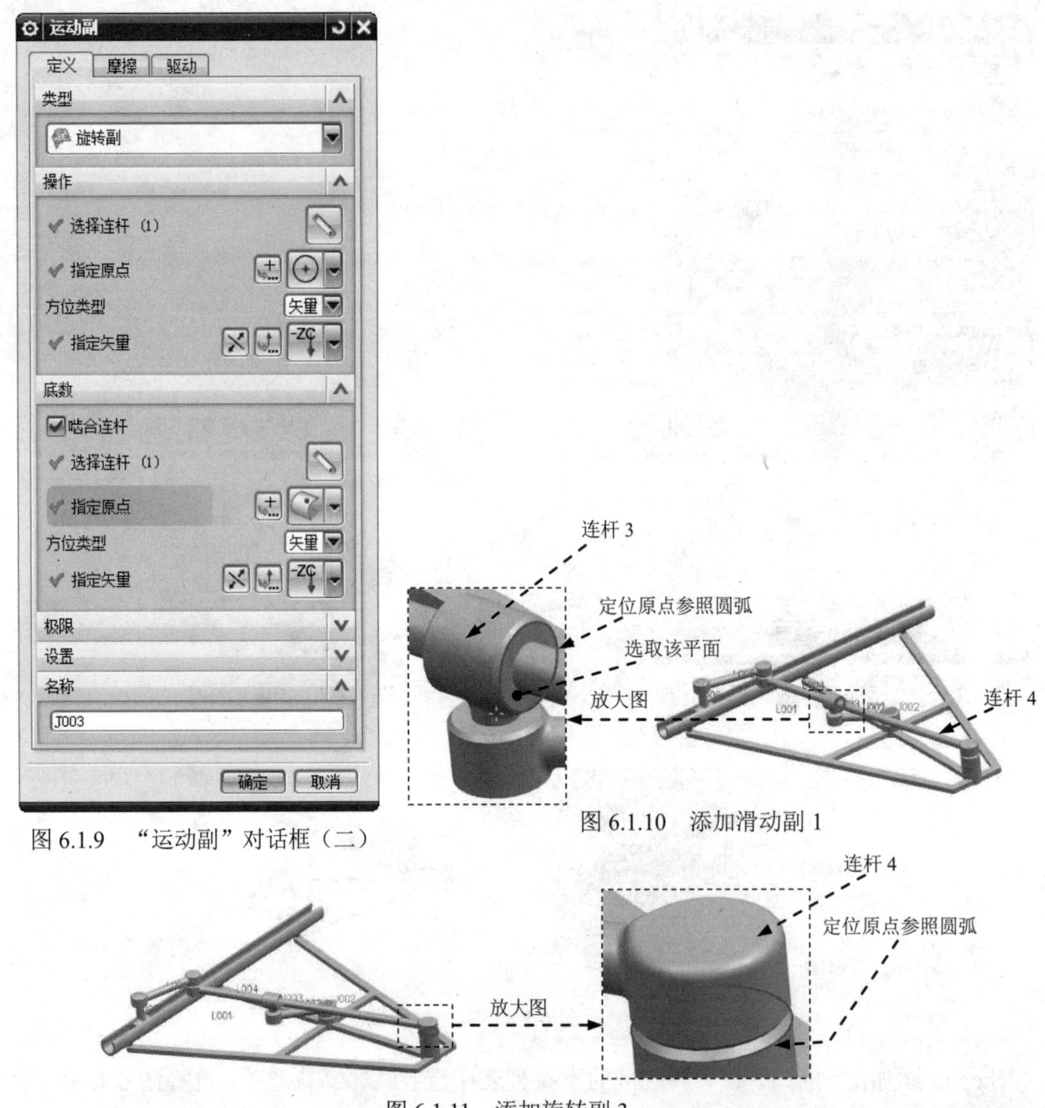

图 6.1.9 “运动副”对话框（二）

图 6.1.10 添加滑动副 1

图 6.1.11 添加旋转副 3

Step5. 添加旋转副 4。选择图 6.1.12 所示的连杆 5。在“运动副”对话框（二）✔ 指定原点 后的下拉列表中选择 ⊙ 选项，在模型中选取图 6.1.12 所示的圆弧为定位原点参照；在 ✔ 指定矢量 后的下拉列表中选择 -ZC 为矢量；在“运动副”对话框（二）的 底数 区域中选中 ☑ 啮合连杆 复选框，单击 ✎ 按钮，选择图 6.1.12 所示连杆 4 为啮合连杆对象，在 ✔ 指定原点 后的下拉列表中选择 ⊙ 选项，在模型中选取图 6.1.12 所示的圆弧为定位原点参照；在 ✔ 指定矢量 后的下拉列表中选择 -ZC 为矢量。单击 应用 按钮，完成旋转副 4 的添加。

Step6. 添加旋转副 5。选择图 6.1.13 所示的连杆 5。在“运动副”对话框（二）✔ 指定原点后的下拉列表中选择⊙选项，在模型中选取图 6.1.13 所示的圆弧为定位原点参照；在 指定矢量 后的下拉列表中选择 -ZC 为矢量；在“运动副”对话框（二）的 底数 区域中选中 ☑ 啮合连杆 复选框，单击按钮，选择图 6.1.13 所示的连杆 6 为啮合连杆对象，在 指定原点 后的下拉列表中选择⊙选项，在模型中选取图 6.1.13 所示的圆弧为定位原点参照；在 指定矢量 后的下拉列表中选择 -ZC 为矢量。单击 应用 按钮，完成旋转副 5 的添加。

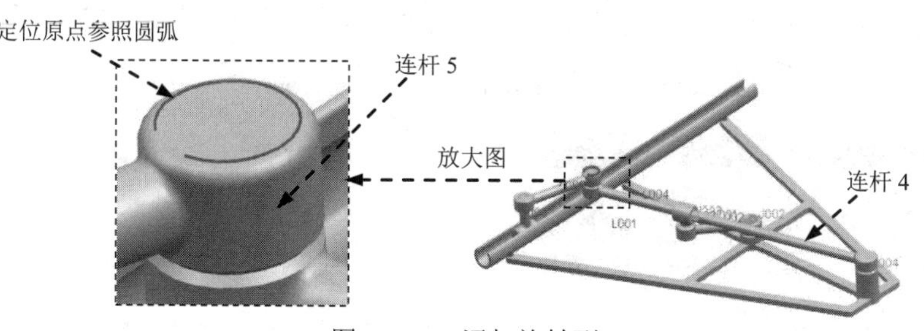

图 6.1.12　添加旋转副 4

Step7. 添加滑动副 2。在 类型 区域的下拉列表中选择 滑动副 选项；选择图 6.1.14 所示的连杆 6。在“运动副”对话框（二） 指定原点 后的下拉列表中选择⊙选项，在模型中选取图 6.1.14 所示的圆弧为定位原点参照；选取图 6.1.14 所示的面为矢量参照。单击 确定 按钮，完成滑动副 2 的添加。

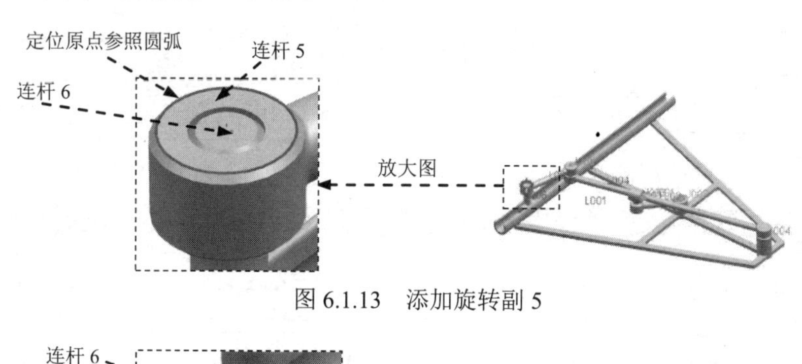

图 6.1.13　添加旋转副 5

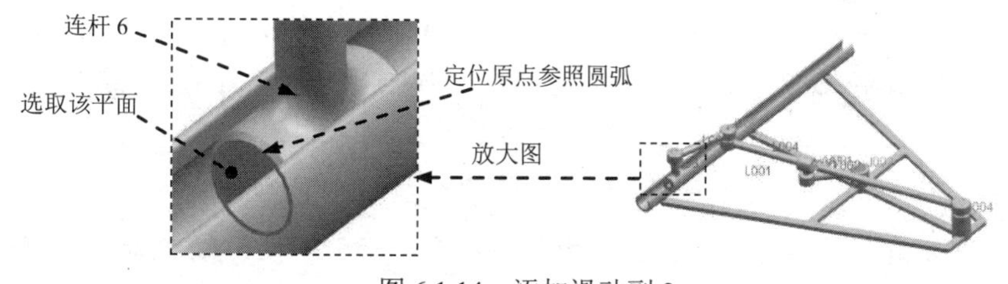

图 6.1.14　添加滑动副 2

Task4. 定义解算方案并仿真

Step1. 定义解算方案。选择下拉菜单 插入(S) → 解算方案(I)... 命令，系统弹出图 6.1.15 所示的“解算方案”对话框。在 解算类型 区域的 时间 文本框中输入值 5，在 步数 文本框中输入值 500，选中 ☑ 按“确定”进行求解 复选框，其他参数采用系统默认设置值；单击确定按钮，系统开始解算仿真文件。

Step2. 播放动画。在 结果 功能选项卡的 动画 区域中单击“播放”按钮，即可播放动画。

Step3. 保存仿真动画。单击“完成动画”按钮，单击“导出至电影”按钮，系统弹出图 6.1.16 所示的“录制电影”对话框，输入文件名称 PLANNING_MACHINE，单击 OK 按钮，系统开始导出动画视频。录制完成后系统弹出图 6.1.17 所示的“导出至电影”对话框，单击 确定(O) 按钮，完成操作。

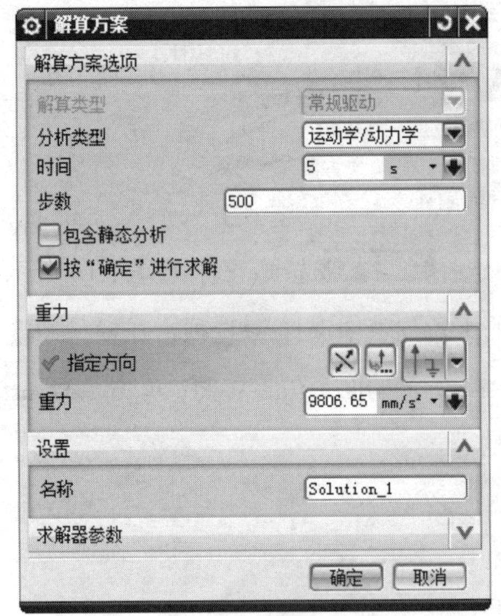

图 6.1.15 “解算方案”对话框

导出至电影

电影已完成并被录制在
D:\ugins\work\ch42\PLANNING_MACHINE\PLANNING_MACHINE.avi

不要再显示此消息

确定(O)

图 6.1.17 “导出至电影”对话框

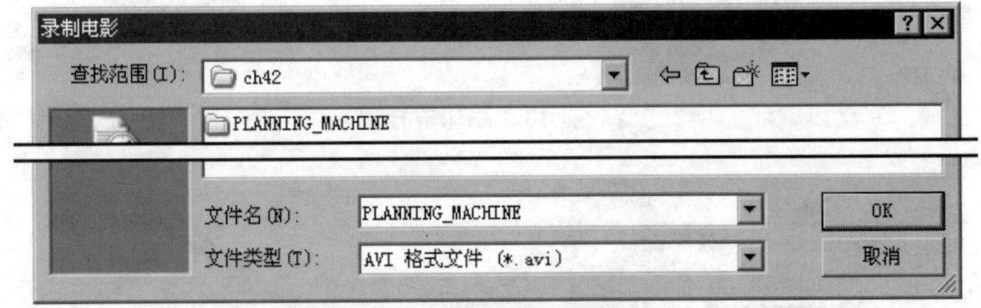

图 6.1.16 “录制电影”对话框

注意：只有在“动画控制”工具栏中单击“完成动画”按钮之后，才可修改动画的相关属性。

6.2 齿轮机构的仿真

下面详细介绍图 6.2.1 所示的齿轮机构仿真的一般操作过程。

Task1. 新建仿真文件

Step1. 打开文件 D:\ugal12\work\ch06.02\GEARWHEEL_ASM.prt。

Step2. 在 应用模块 功能选项卡的 仿真 区域单击 运动 按钮，进入运动仿真模块。

Step3. 新建仿真文件。在“运动导航器”中右击 GEARWHEEL_ASM，在弹出的快捷菜单中选择 新建仿真 命令，系统弹出的“新建仿真”对话框。采用默认的名称，单击 确定 按钮，系统弹出图 6.2.2 所示的“环境”对话框；在“环境”对话框中选中 动力学 单选项，单击 确定 按钮。

图 6.2.1　齿轮机构

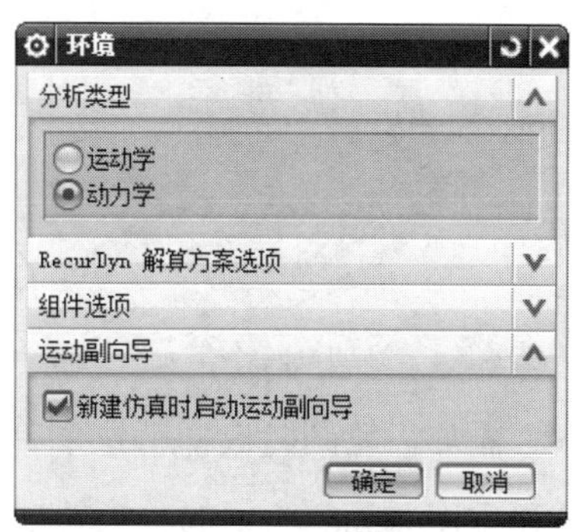

图 6.2.2　“环境”对话框

Task2. 定义连杆（注：本步骤的详细操作过程请参见学习资源中 video\ch06.02\reference\文件下的语音视频讲解文件 GEARWHEEL_ASM-r01.exe）

Task3. 定义运动副

Step1. 添加旋转副 1。选择下拉菜单 插入(S) → 接头(J)... 命令，系统弹出图 6.2.3 所示的“运动副”对话框；在“运动副”对话框 定义 选项卡的 类型 下拉列表中选择 旋转副 选项；选取图 6.2.4 所示的连杆 1。在“运动副”对话框 指定原点 后的下拉列表中选择 ⊙ 选项，在模型中选取图 6.2.4 所示的圆弧为定位原点参照。在 指定矢量 后的下拉列表中选择 ZC↑ 为矢量；单击 应用 按钮，完成第一个运动副（旋转副 1）的添加。

图 6.2.3　“运动副”对话框

Step2. 添加旋转副 2。在“运动副”对话框 定义 选项卡的 类型 下拉列表中选择 旋转副 选项；选取图 6.2.5 所示的连杆 2，在“运动副”对话框 指定原点 后的下拉列表中选择 ⊙ 选项，在模型中选取图 6.2.5 所示的圆弧为定位原点参照；在 指定矢量 后的下拉列表中选择 -ZC 为矢量；在“运动副”对话框中单击 驱动 选项卡，在 旋转 下拉列表中选择 多项式 选项，并在其下的 速度 文本框中输入值 50；单击 确定 按钮，完成第二个运动副（旋转副 2）的添加。

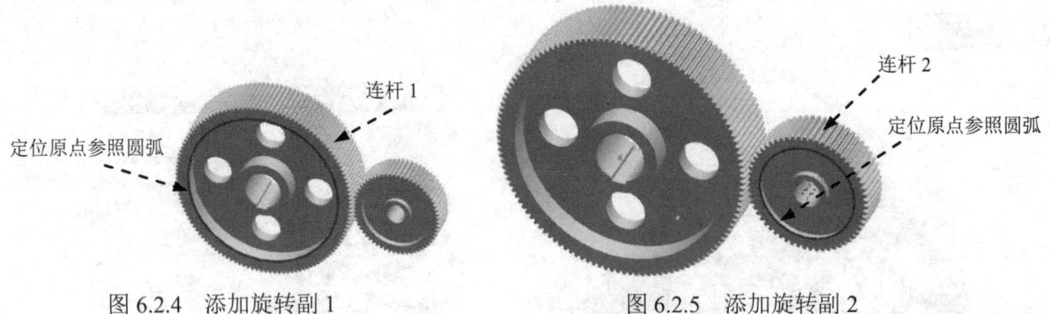

图 6.2.4　添加旋转副 1　　　　图 6.2.5　添加旋转副 2

Step3. 添加齿轮副。选择下拉菜单 插入(S) → 耦合副(E) ▸ → 齿轮耦合副(G)... 命令，系统弹出图 6.2.6 所示的“齿轮耦合副”对话框；在“齿轮耦合副”对话框中选取图 6.2.7 所示的旋转副 1 和旋转副 2；在 设置 区域的 比率 文本框中输入值 2.083；单击 确定 按钮，完成齿轮副的添加。

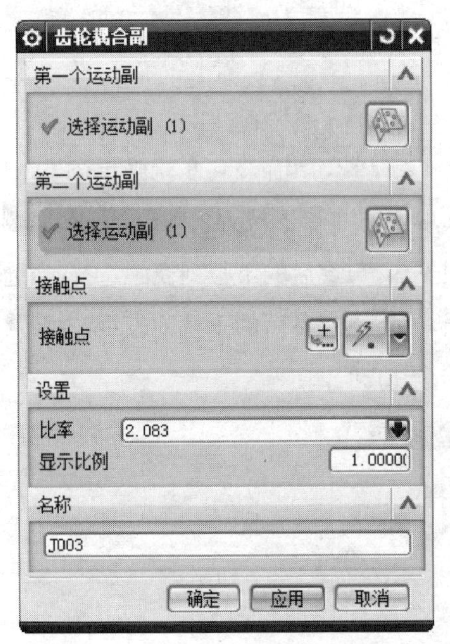

图 6.2.6　“齿轮耦合副”对话框

图 6.2.7　定义齿轮副

Task4. 定义解算方案并仿真

Step1. 定义解算方案。选择下拉菜单 插入(S) → 解算方案(I)... 命令，系统弹出图 6.2.8

所示的“解算方案”对话框；在“解算方案”对话框解算类型区域的时间文本框中输入值 5，在步数文本框中输入值 500。选中☑按“确定”进行求解复选框；单击确定按钮，完成解算方案的定义。

Step2. 播放动画。在结果功能选项卡的动画区域中单击“播放”按钮▶，即可播放动画。

图 6.2.8　“解算方案”对话框

6.3　凸轮机构的运动仿真

下面详细介绍图 6.3.1 所示的凸轮机构运动仿真的一般操作过程。

Task1. 新建仿真文件

Step1. 打开文件 D:\ugal12\work\ch06.03\CAM_ASM.prt。

Step2. 在应用模块功能选项卡的仿真区域单击运动按钮，进入运动仿真模块。

Step3. 新建仿真文件。

（1）在“运动导航器”中右击CAM_ASM，在弹出的快捷菜单中选择新建仿真命令，系统弹出“环境”对话框。

（2）在“环境”对话框中选中⊙动力学单选项，单击确定按钮，系统弹出图 6.3.2 所示的“机构运动副向导”对话框，单击取消按钮。

Task2. 定义连杆

Step1. 定义固定连杆。

选择下拉菜单插入(S) → 连杆(L)...命令，系统弹出“连杆”对话框，选取图 6.3.3 所示的组件 1 为连杆 1，在设置区域选中☑固定连杆复选框，其他采用系统默认的设置，在“连杆”对话框中单击应用按钮。

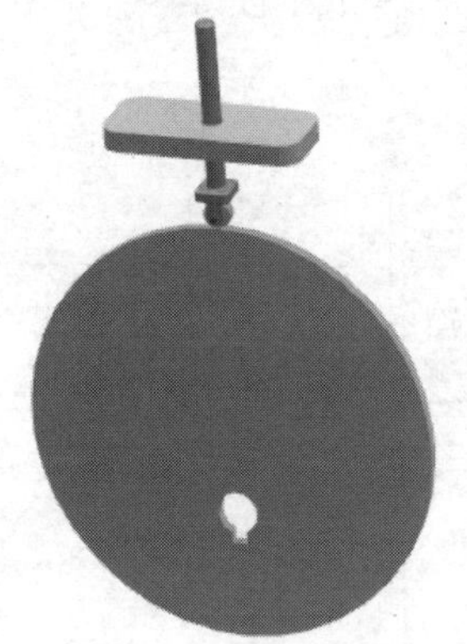

图 6.3.1 凸轮机构

图 6.3.2 “机构运动副向导”对话框

Step2. 定义运动连杆。

（1）选取图 6.3.3 所示的组件 2 为连杆 2，在设置区域取消选中☐固定连杆复选框，其他采用系统默认的设置，在“连杆”对话框中单击应用按钮。

注意：此处的连杆 2 包括两个对象（销轴和推杆），因为在仿真过程中，这两个对象的运动是一样的，可以将这两个对象定义为一个连杆。

（2）选取图 6.3.3 所示的组件 3 为连杆 3，单击应用按钮。

（3）选取图 6.3.3 所示的组件 4 为连杆 4，单击确定按钮，完成连杆的定义。

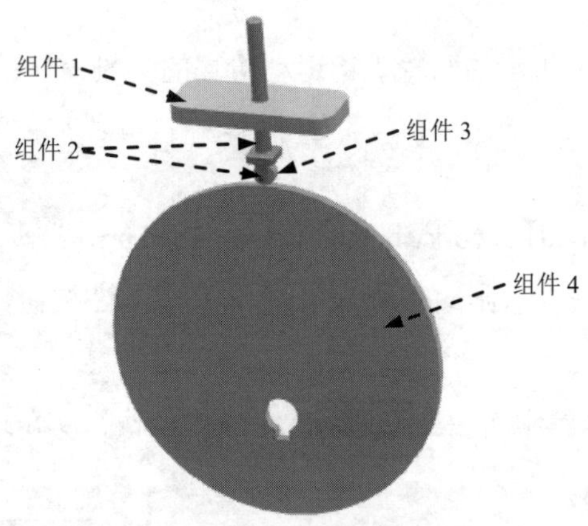

图 6.3.3 定义连杆

Task3. 定义运动副

Step1. 添加旋转副 1。

（1）选择下拉菜单插入(S) → 接头(J)...命令，系统弹出“运动副”对话框。

（2）定义运动副类型。在“运动副”对话框定义选项卡的类型下拉列表中选择旋转副选项。

（3）定义旋转副。选取图 6.3.4 所示的连杆 4。在“运动副”对话框指定原点后的下拉列表中选择⊙选项，在模型中选取图 6.3.4 所示的圆弧为定位原点参照，在指定矢量后的下拉列表中选择YC为矢量。

（4）定义驱动。在“运动副”对话框中单击驱动选项卡，在旋转下拉列表中选择多项式选项，并在其下的速度文本框中输入值 50。

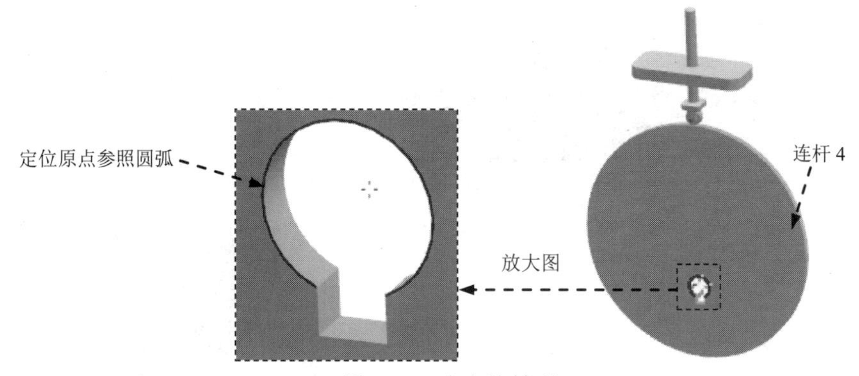

图 6.3.4　定义旋转副 1

（5）单击应用按钮，完成旋转副 1 的添加。

Step2. 添加旋转副 2。

（1）定义运动副类型。在“运动副”对话框定义选项卡的类型下拉列表中选择旋转副选项。

（2）定义操作连杆。选取图 6.3.5 所示的连杆 3。在“运动副”对话框指定原点后的下拉列表中选择⊙选项，在模型中选取图 6.3.5 所示的圆弧为定位原点参照；在指定矢量后的下拉列表中选择-YC为矢量。

（3）定义啮合连杆。在“运动副”对话框底数区域中选中☑啮合连杆复选框，单击按钮，选取图 6.3.5 所示的连杆 2，在“运动副”对话框指定原点后的下拉列表中选择⊙选项，在模型中选取图 6.3.5 所示的圆弧为定位原点参照；在指定矢量后的下拉列表中选择-YC为矢量。

（4）单击应用按钮，完成旋转副 2 的添加。

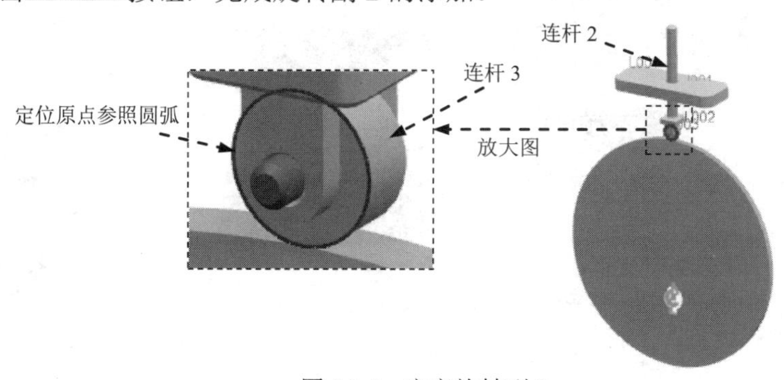

图 6.3.5　定义旋转副 2

Step3. 添加滑动副。

（1）定义运动副类型。在“运动副”对话框 定义 选项卡的 类型 下拉列表中选择 滑动副 选项。

（2）定义滑动副。选取图 6.3.6 所示的连杆 2。在“运动副”对话框 指定原点 后的下拉列表中选择 ⊙ 选项，在模型中选取图 6.3.6 所示的圆弧为定位原点参照。在 指定矢量 后的下拉列表中选择 ZC↑ 为矢量。

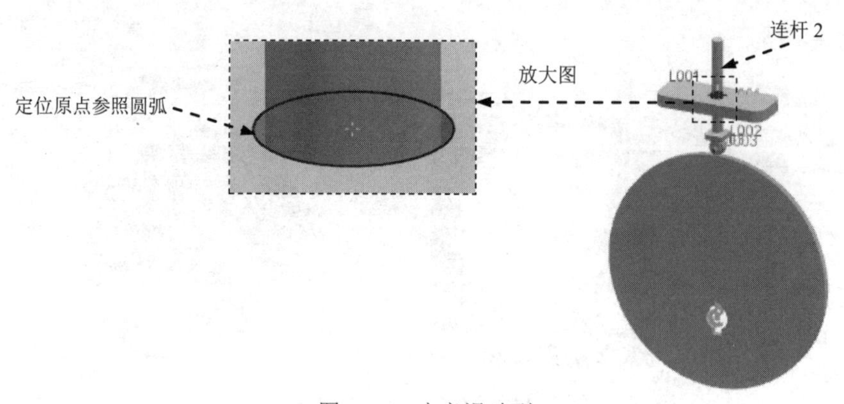

图 6.3.6 定义滑动副

（3）单击 确定 按钮，完成滑动副的添加。

Step4. 添加线在线上副。

（1）选择下拉菜单 插入(S) → 约束(T) → 线在线上副(N)... 命令，系统弹出图 6.3.7 所示的“线在线上副”对话框。

（2）定义曲线。选取图 6.3.8 所示的曲线 1 和曲线 2。

（3）单击 确定 按钮，完成约束的添加。

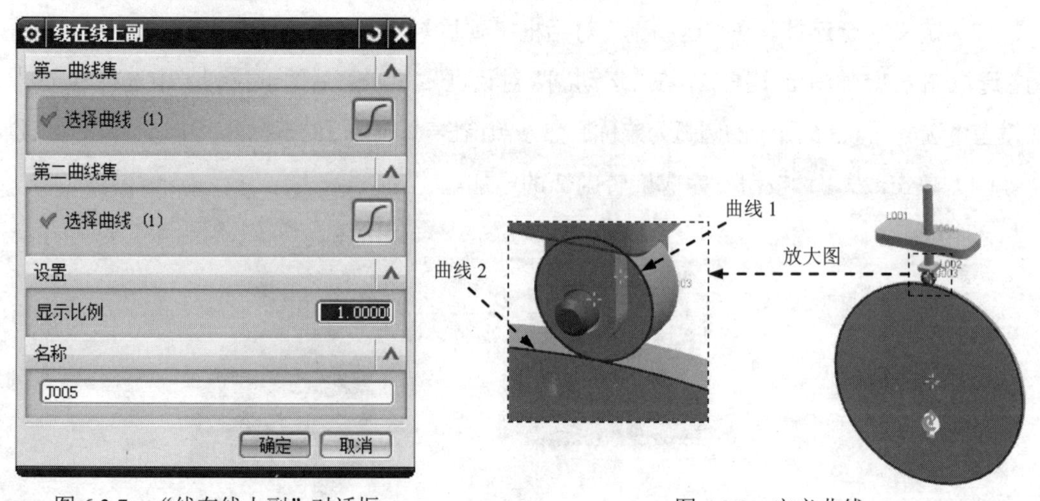

图 6.3.7 “线在线上副”对话框

图 6.3.8 定义曲线

Task4. 定义解算方案并仿真

Step1. 添加解算器。

（1）选择下拉菜单 插入(S) → 解算方案(I)... 命令，系统弹出“解算方案”对话框。

（2）在“解算方案”对话框 解算类型 区域的 时间 文本框中输入值 10，在 步数 文本框中输入值 5000。选中 ☑按“确定”进行求解 复选框。

（3）单击 确定 按钮，完成解算器的添加。

Step2. 播放动画。在 结果 功能选项卡的 动画 区域中单击“播放”按钮 ▶，即可播放动画。

学习拓展： 扫码学习更多视频讲解。

讲解内容： 主要包含产品动画与机构运动仿真的背景知识，概念及作用，一般方法和流程等，特别是对机构运动仿真中的连杆、运动副、驱动等基本概念讲解得非常详细。

第 7 章　管道与电缆设计实例

7.1　车间管道布线

实例概述

本实例详细介绍了在UG管道布线模块中进行三维管道布线的操作过程，在管道布线过程中应注意管道布线的流程，以及管道路径的绘制方法。车间管道布线实例如图 7.1.1 所示。

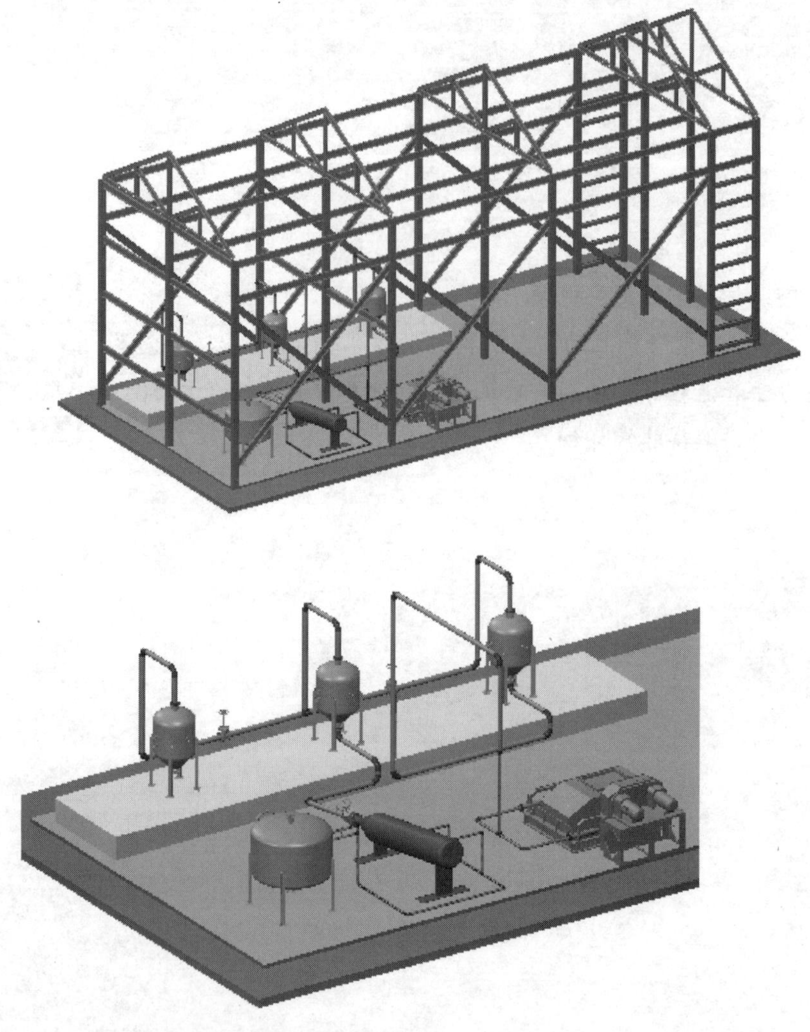

图 7.1.1　车间管道布线实例

Task1．进入管道设计模块

Step1．打开文件 D:\ugal12\work\ch07.01\ex\00-tubing_system_design.prt，装配模型如图

7.1.2 所示。

Step2. 进入管道设计环境。在 应用模块 功能选项卡的 管线布置 区域单击 机械管线布置 按钮，系统进入机械管线布置模块。

说明：为了选择和操作方便，将装配导航器中的 frame1 和 frame2 隐藏。

Task2. 创建管道路径

Stage1. 创建管道路径 L1

Step1. 创建管道端口 1。在装配导航器 vale_01 上右击，在弹出的快捷菜单中选择 设为工作部件 命令。选择下拉菜单 工具(T) → 管线布置管理器(A) → 审核部件(Q)... 命令，系统弹出图 7.1.3 所示的“审核部件”对话框；在“审核部件”对话框的 管线部件类型 区域选中 ⊙ 连接件 单选项，在 管线布置对象 区域右击 连接件，选择 新建 命令，系统弹出图 7.1.4 所示的“连接件端口”对话框；在 过滤 右边的下拉列表中选择 面 选项。选择图 7.1.5 所示的面为参照面，单击 选择步骤 区域中的“对齐矢量”按钮，采用系统默认的方向，然后单击两次“连接件端口”对话框中的 确定 按钮，系统返回“审核部件”对话框；单击“审核部件”对话框中的 确定 按钮，完成管道端口 1 的创建。

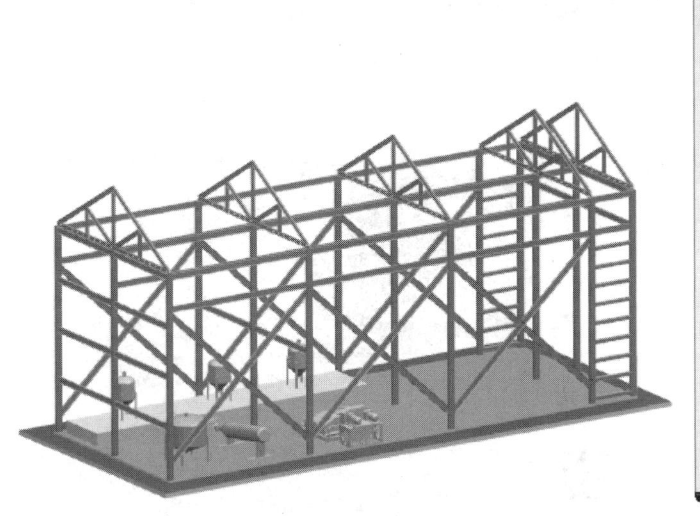

图 7.1.2　装配模型

图 7.1.3　“审核部件”对话框

Step2. 创建管道端口 2。在装配导航器 sample-Tank-05（中间的）上双击将其设为工作部件，选取图 7.1.6 所示的面为参照面。详细操作过程参照 Step1。

Step3. 放置法兰。在装配导航器 00-tubing_system_design 上双击将其设为工作部件；选择下拉菜单 插入(S) → 管线部件(T) → 放置部件(P)... 命令，系统弹出“指定项”对话框；在“指定项”对话框中单击“打开”按钮，在弹出的“部件名”对话框中选择 fittings_weld_flange_d140.prt 并将其打开。单击“指定项”对话框中的确定按钮，系统弹出“放置部件”对话框；选择图 7.1.7 所示的端口 1（箭头）为参照对象，在“放置部件”对话框的放置解算方案区域单击按钮，然后单击“放置部件”对话框中的应用按钮，结果如图 7.1.8 所示；选择图 7.1.9 所示的端口 2（箭头）为参照对象，然后单击“放置部件”对话框中的确定按钮，结果如图 7.1.10 所示。

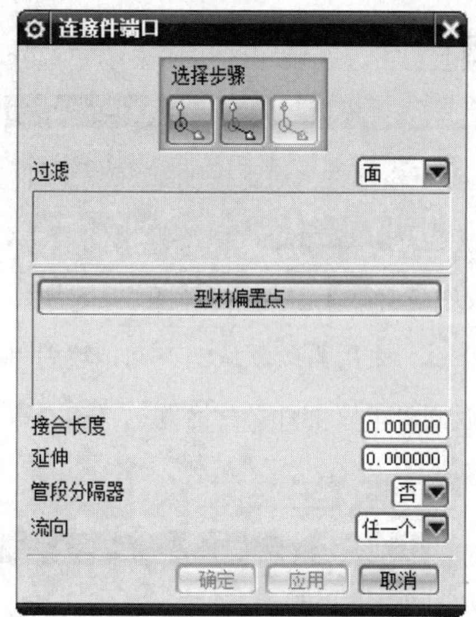

图 7.1.4 “连接件端口”对话框

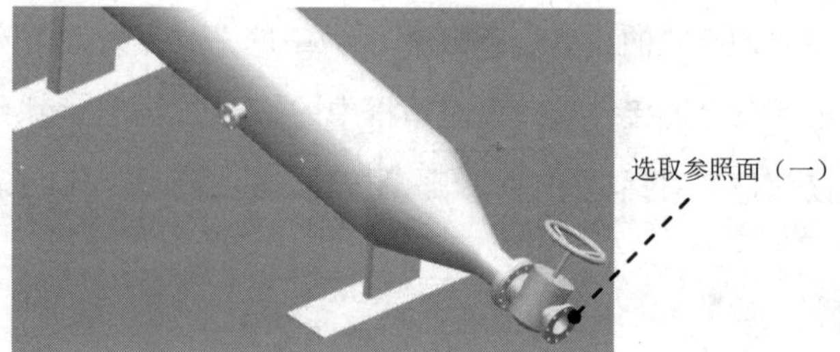

图 7.1.5 选取参照面（一）

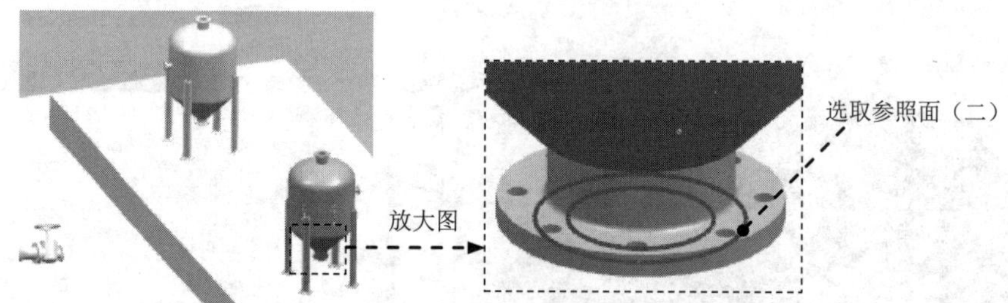

图 7.1.6 选取参照面（二）

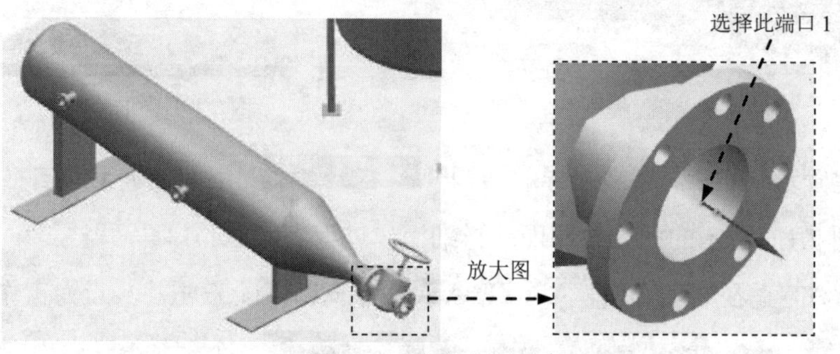

图 7.1.7 定义参照对象（一）

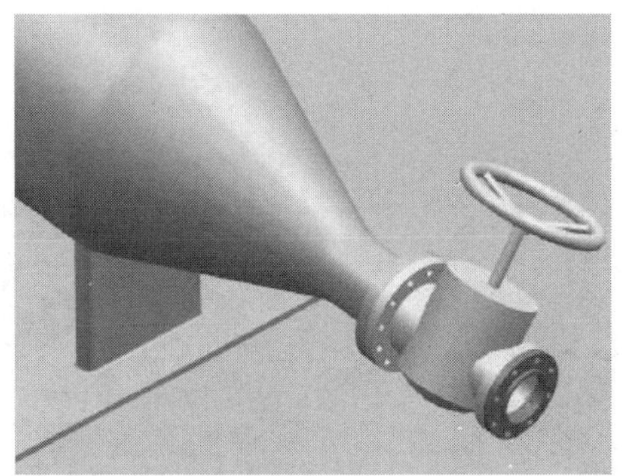

图 7.1.8　放置法兰 1

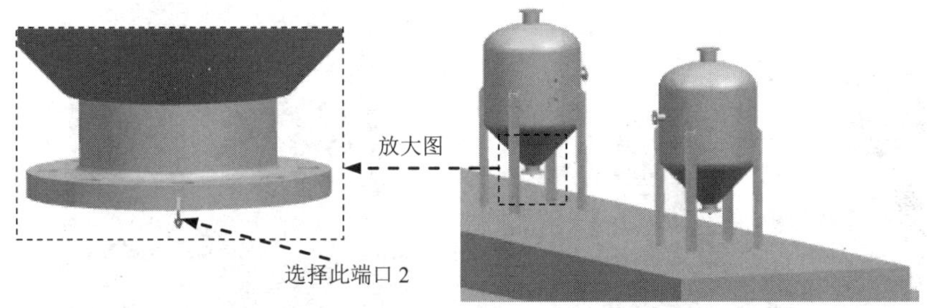

图 7.1.9　定义参照对象（二）

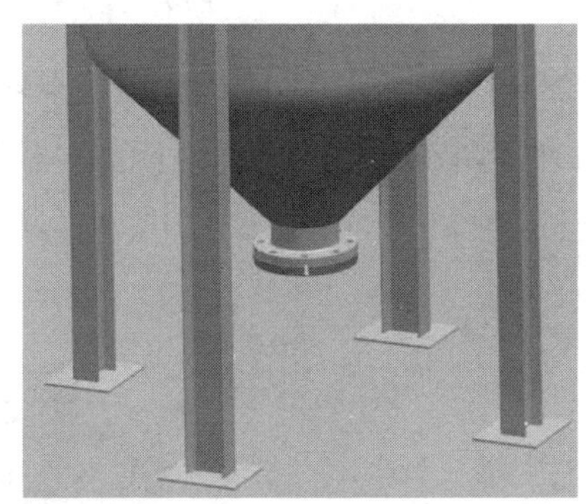

图 7.1.10　放置法兰 2

Step4. 创建线性路径 1。在主页功能选项卡的路径区域中单击“创建线性路径”按钮，系统弹出“创建线性路径”对话框；在模型中选取图 7.1.11 所示的点为参考点；在“创建线性路径”对话框的模式下拉列表中选择平行于轴选项，在指定点区域的偏置文本框中输入值 1200，在设置区域中选中☑指派默认转角、☑锁定到选定的对象、☑锁定长度和☑锁定角度复选框；单击应用按钮，完成线性路径 1 的创建，如图 7.1.12 所示。

Step5. 创建线性路径 2。在模型中选取图 7.1.13 所示的点为参考点；在“创建线性路径”对话框的模式下拉列表中选择平行于轴选项，在指定点区域的偏置文本框中输入值 260，按 Enter 键确认；在“创建线性路径”对话框中单击 应用 按钮，完成线性路径 2 的创建，结果如图 7.1.14 所示。

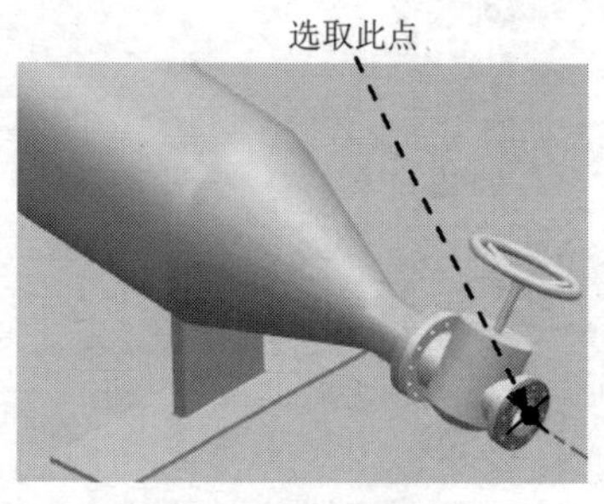

图 7.1.11　定义参考点 1

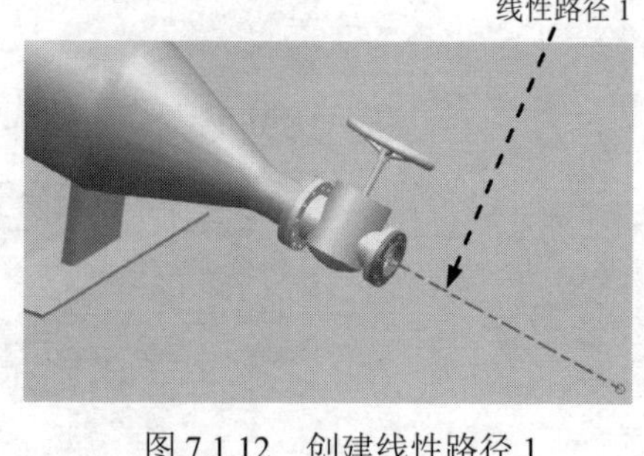

图 7.1.12　创建线性路径 1

图 7.1.13　定义参考点 2

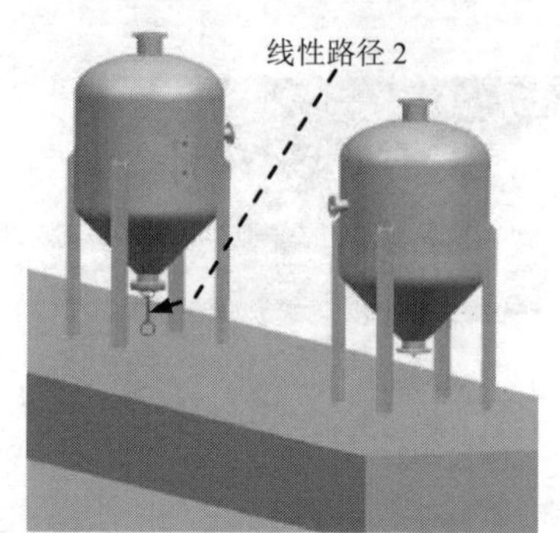

图 7.1.14　创建线性路径 2

Step6. 创建线性路径 3。在模型中选取图 7.1.15 所示的点为参考点；在“创建线性路径”对话框的 模式 下拉列表中选择 平行于轴 选项，单击 指定矢量 按钮，选择 -XC 为矢量，在 偏置 文本框中输入值 1300，按 Enter 键确认；单击 确定 按钮，结果如图 7.1.16 所示。

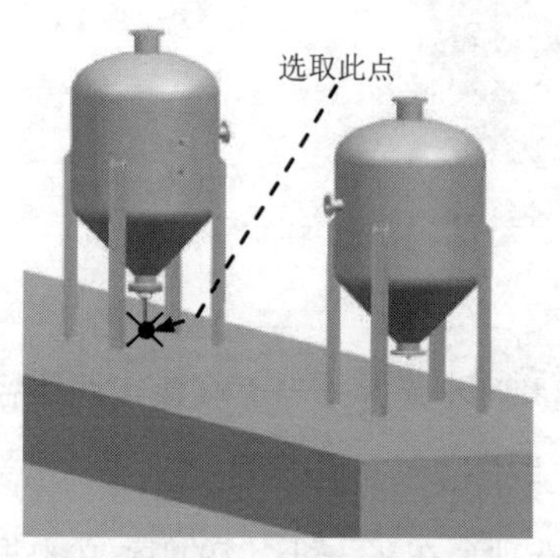

图 7.1.15　定义参考点 3

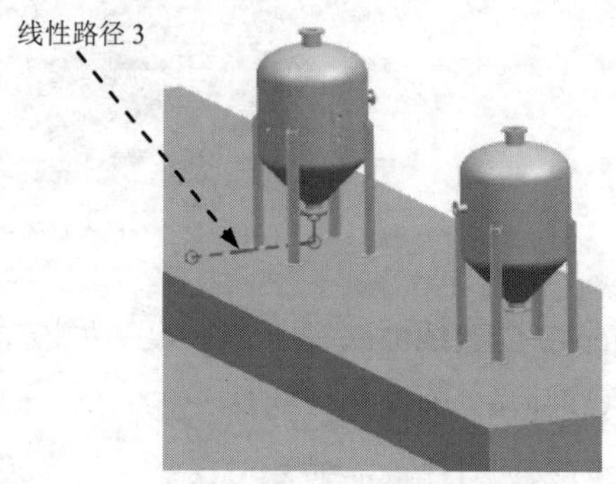

图 7.1.16　创建线性路径 3

Step7. 创建修复路径。在 主页 功能选项卡的 路径 区域中单击“修复路径”按钮；在“修复路径”对话框 设置 区域的 方法 下拉列表中选择 XC ZC YC 选项；在 直线 区域中选中 ☑ 指派默认转角、☑ 锁定到选定的对象、☑ 锁定长度 和 ☑ 锁定角度 复选框；在模型中选取图 7.1.17

所示的点为起点参考，在延伸文本框中输入值 0；选取图 7.1.17 所示的点为终点参考，在延伸文本框中输入值 500；在“修复路径”对话框中单击确定按钮，完成修复路径的创建，如图 7.1.18 所示。

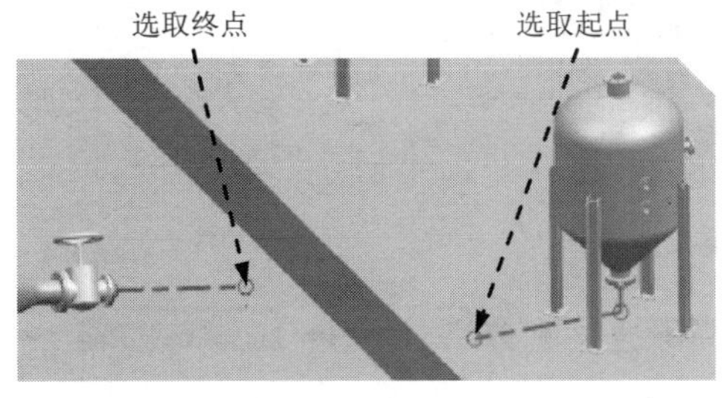

图 7.1.17　选取起点和终点参考

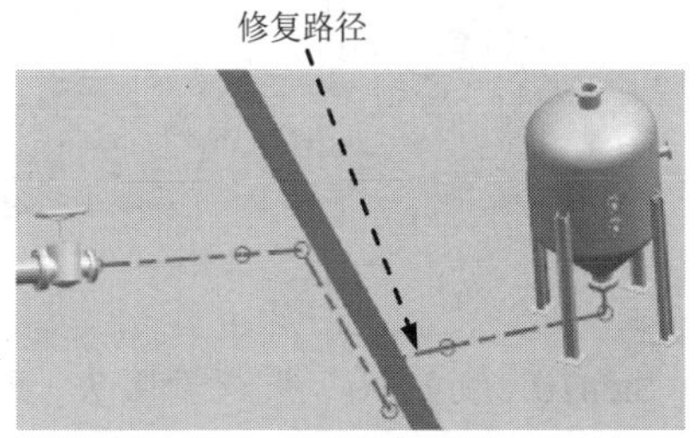

图 7.1.18　创建修复路径

Step8. 创建简化路径。在主页功能选项卡路径区域的更多下拉选项中单击简化路径按钮，系统弹出“简化路径”对话框；在模型中选取图 7.1.19 所示的路径分段 1 与路径分段 2 为简化对象，单击应用按钮；在模型中选取图 7.1.19 所示的路径分段 3 与路径分段 4 为简化对象，单击确定按钮，完成简化路径的创建。

Step9. 指派拐角。选择下拉菜单插入(S) → 管线布置路径(R) → 指派拐角(A)...命令，系统弹出“指派拐角”对话框；在“指派拐角”对话框中设置图 7.1.20 所示的参数；在模型中框选图 7.1.21 所示的所有拐角，单击确定按钮，完成指派拐角创建，结果如图 7.1.22 所示。

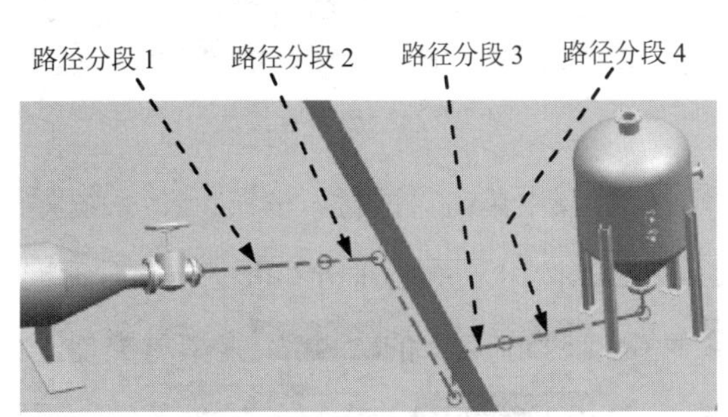

图 7.1.19　选取简化对象

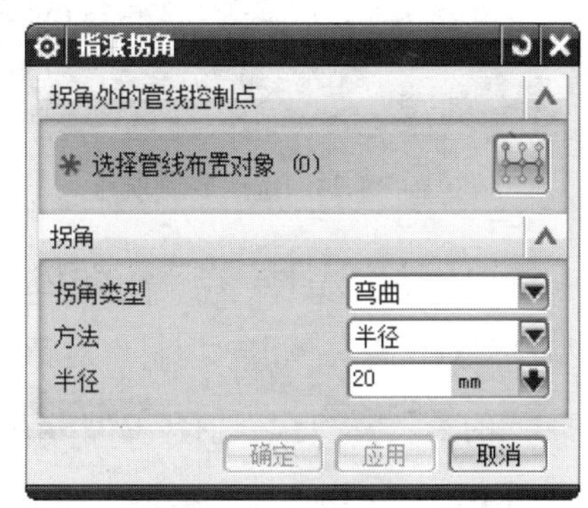

图 7.1.20　“指派拐角”对话框

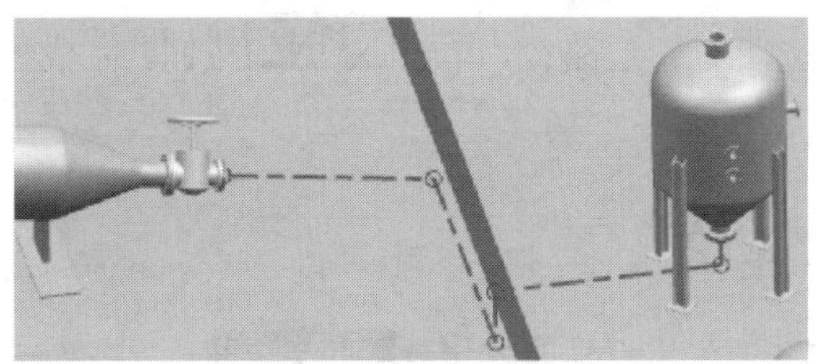
图 7.1.21　选择拐角

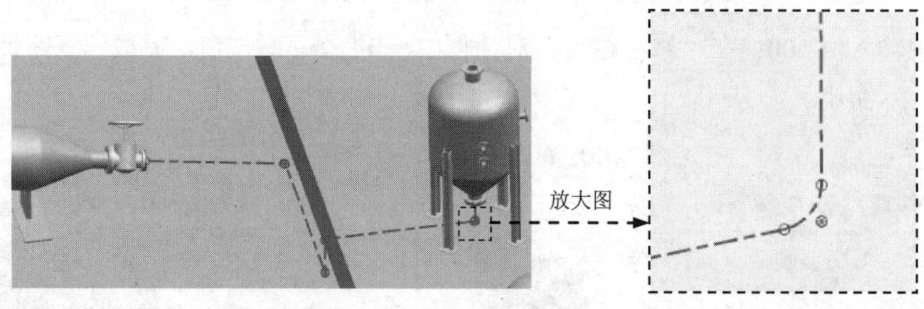

图 7.1.22　指派拐角后

Step10. 放置 90° 折弯管接头（d140）。选择下拉菜单 插入(S) → 管线部件(T) ▸ → 放置部件(P)... 命令，系统弹出“指定项”对话框；在“指定项”对话框中单击“打开”按钮，在弹出的“部件名”对话框中选择 fittings_90deg_elbow_d140.prt 并将其打开。单击“指定项”对话框中的 确定 按钮，此时系统弹出“放置部件”对话框；选择图 7.1.23 所示的管线布置控制顶点 1 为参照，然后单击“放置部件”对话框中的 应用 按钮；按照以上的操作步骤，在其他三个顶点处放置管接头，放置完成后单击 确定 按钮，退出“放置部件”对话框。结果如图 7.1.24 所示。

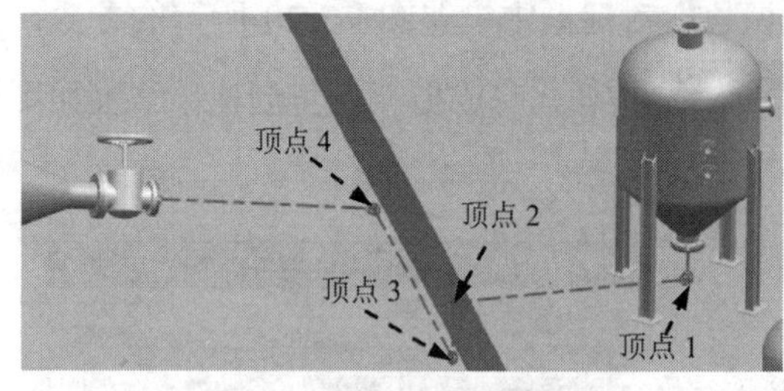

图 7.1.23　选取放置顶点

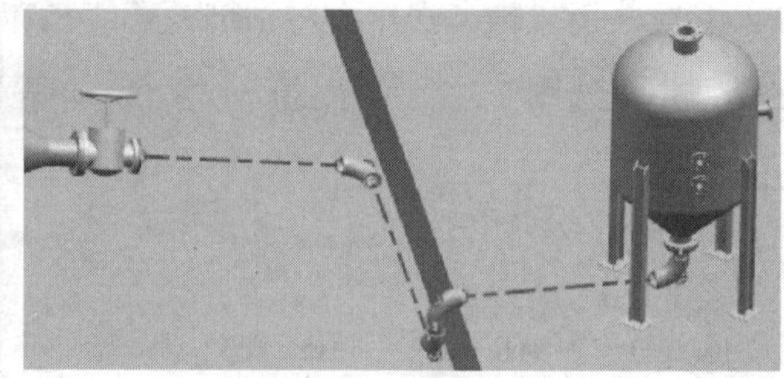

图 7.1.24　放置管接头

Step11. 指派型材。在 主页 功能选项卡的 型材 区域中单击“型材”按钮，系统弹出“型材”对话框；单击“型材”对话框中的 指定型材 按钮，系统弹出“指定项”对话框；在 重用库 的 文件夹视图 区域选择 Routing Part Library → Pipe 节点下的 DIN-Steel 为型材类型，在 成员视图 下拉列表中选择“列表”选项，选中 R_ST_2448_125，单击 确定 按钮，系统返回“型材”对话框。

Step12. 在模型中框选所有管道路径，单击 确定 按钮，完成型材的添加，如图 7.1.25 所示。

Stage2. 创建管道路径 L2

Step1. 创建管道端口 1。在装配导航器 ☑ equipment02 上右击，在弹出的快捷菜单中选择 设为工作部件 命令。选择下拉菜单 工具(T) → 管线布置管理器(A) ▸ → 审核部件(Q)...

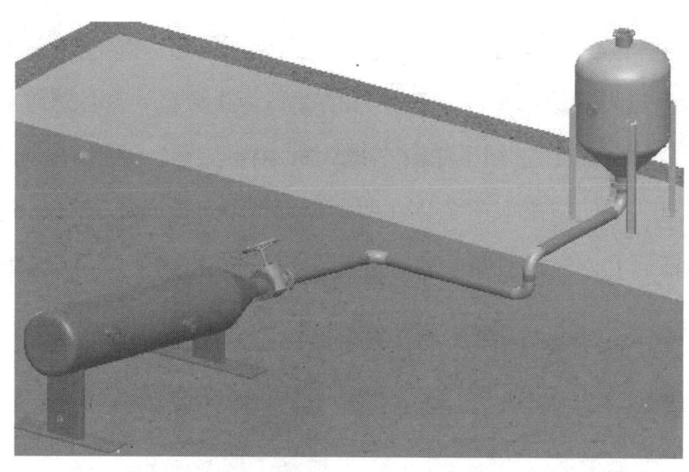

图 7.1.25　指派型材

命令，系统弹出“审核部件”对话框；在“审核部件”对话框的管线部件类型区域选中⊙连接件单选项，右击管线布置对象区域的连接件，然后选择新建命令，系统弹出“连接件端口”对话框；在过滤右边的下拉列表中选择面选项。选择图 7.1.26 所示的平面 1 为参照，单击选择步骤区域中的“对齐矢量”按钮，采用系统默认的方向，然后单击两次“连接件端口”对话框中的确定按钮，此时系统返回“审核部件”对话框；单击“审核部件”对话框中的确定按钮，完成管道端口 1 的创建。

Step2. 创建管道端口 2。选取图 7.1.26 所示的平面 2 为参照面。详细操作过程参照 Step1。

Step3. 创建管道端口 3。在装配导航器☑ sample-Tank-07 上双击将其设为工作部件，选取图 7.1.27 所示的平面 3 为参照面。详细操作过程参照 Step1。

Step4. 创建管道端口 4。选取图 7.1.27 所示的平面 4 为参照。详细操作过程参照 Step1。

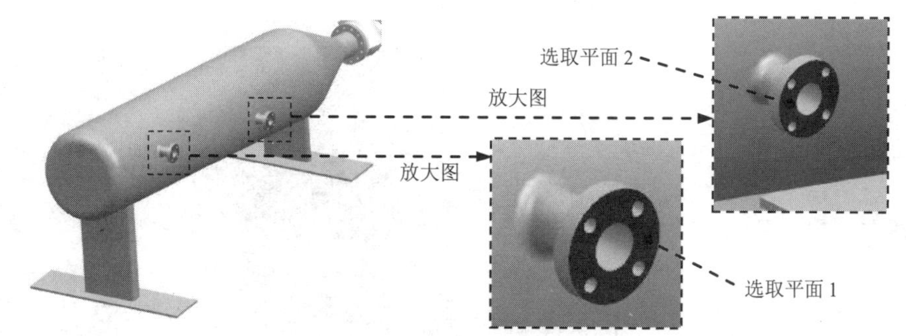

图 7.1.26　选取参照面 1

Step5. 放置法兰。在装配导航器☑ 00-tubing_system_design 上双击将其设为工作部件；选择下拉菜单插入(S) → 管线部件(T) ▸ → 放置部件(P)... 命令，系统弹出“指定项”对话框；在“指定项”对话框中单击“打开”按钮，在弹出的“部件名”对话框中选择 fittings_weld_flange_d60.prt 并将其打开。单击“指定项”对话框中的确定按钮，系统弹出“放置部件”对话框；选择图 7.1.28 所示的端口 1（箭头）为参照对象，单击“放置部件”对话框中的应用按钮，结果如图 7.1.29 所示；选择 Step2 创建的端口 2（箭头）为参照对象，放置法兰 2，结果如图 7.1.30 所示。选择 Step3 创建的端口 3（箭头）和 Step4 创建的端口 4（箭头）为参照对象，放置法兰 3、4，结果如图 7.1.31 所示。

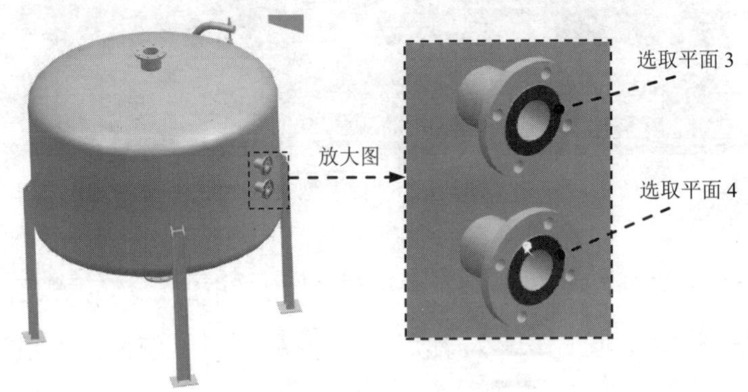

图 7.1.27　选取参照面 2

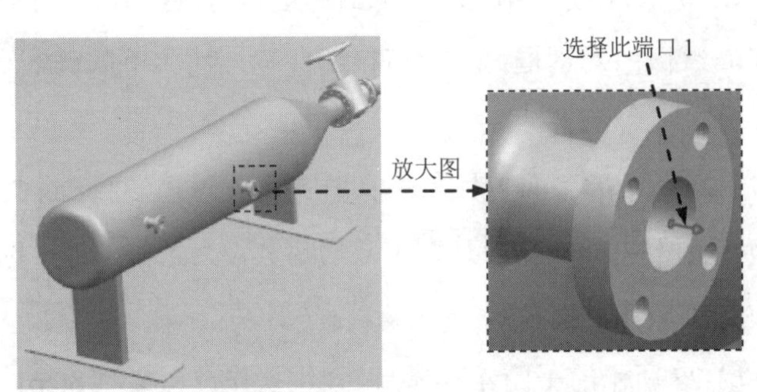

图 7.1.28　定义参照对象

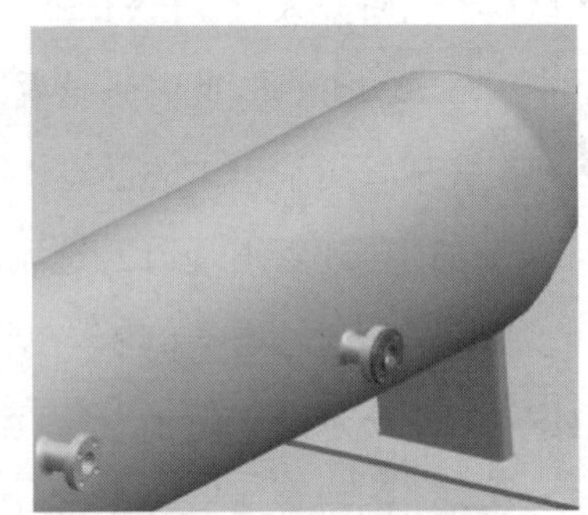

图 7.1.29　放置法兰 1

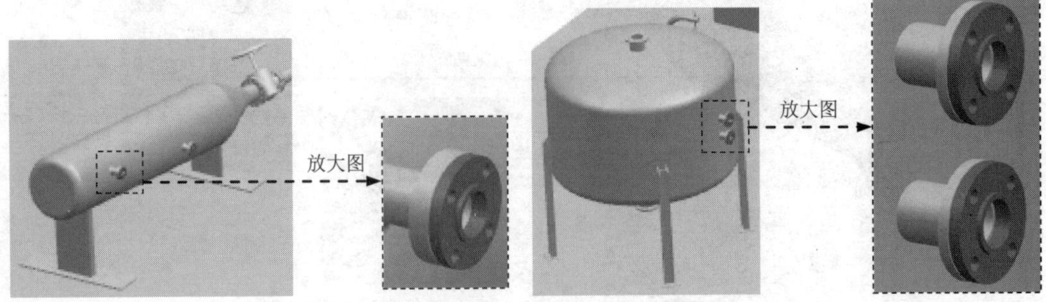

图 7.1.30　放置法兰 2　　图 7.1.31　放置法兰 3、4

Step6. 创建线性路径 1。在主页功能选项卡的路径区域中单击“创建线性路径”按钮，系统弹出“创建线性路径”对话框；在模型中选取图 7.1.32 所示的点为参考点；在“创建线性路径”对话框的模式下拉列表中选择平行于轴选项，在指定点区域的偏置文本框中输入值 900，按 Enter 键确认；单击指定矢量按钮，选择-ZC矢量，在偏置文本框中输入值 750，按 Enter 键确认；单击指定矢量按钮，选择-XC矢量，在偏置文本框中输入值 2400，按 Enter 键确认；单击确定按钮，完成线性路径 1 的创建。结果如图 7.1.33 所示。

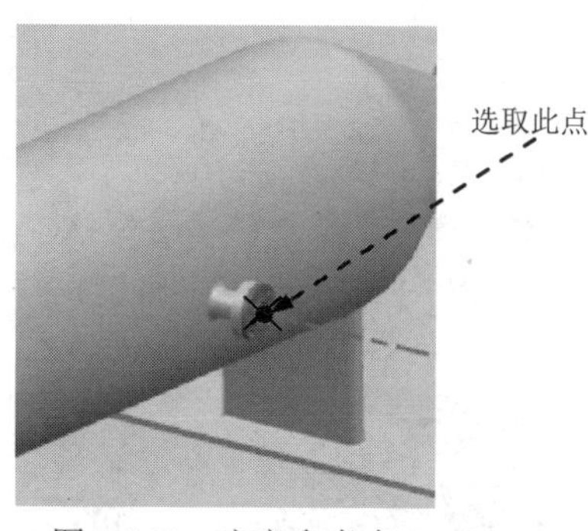

图 7.1.32　定义参考点 1

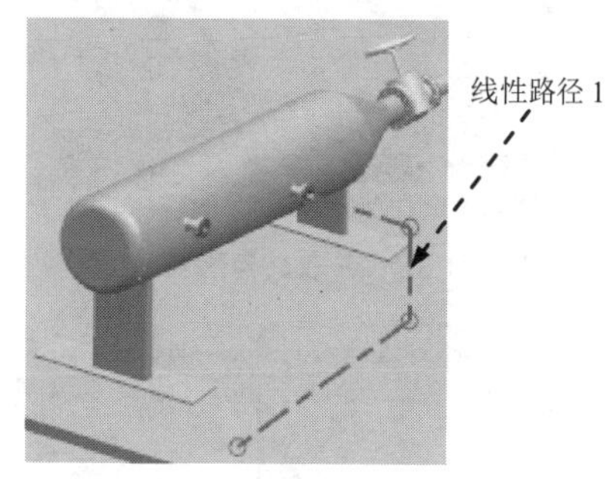

图 7.1.33　创建线性路径 1

Step7. 创建线性路径 2。在模型中选取图 7.1.34 所示的点为参考点；在“创建线性路径”对话框的模式下拉列表中选择平行于轴选项，在指定点区域的偏置文本框中输入值 1000，按 Enter 键确认；在“创建线性路径”对话框中单击确定按钮，完成线性路径 2 的创建。结果如图 7.1.35 所示。

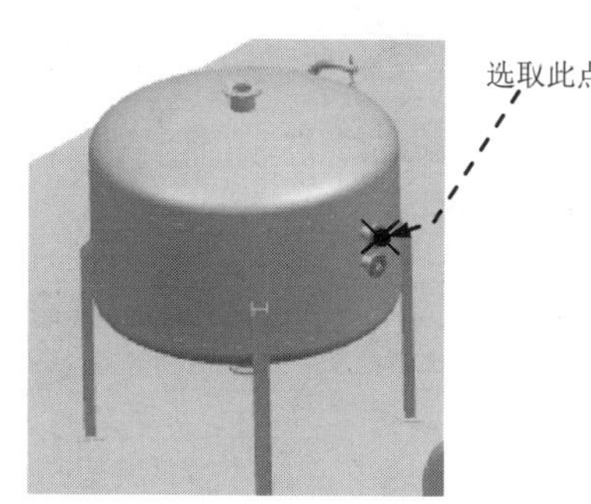

图 7.1.34　定义参考点 2

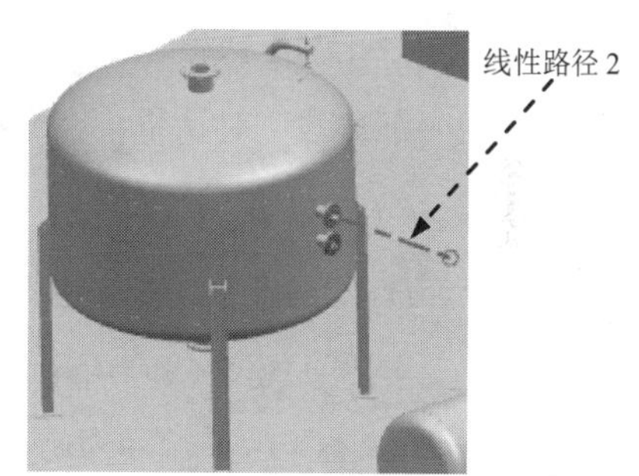

图 7.1.35　创建线性路径 2

Step8. 创建修复路径 1。在主页功能选项卡的路径区域中单击“修复路径”按钮；在“修复路径”对话框设置区域的方法下拉列表中选择YC XC ZC选项；在直线区域中选中☑指派默认转角、☑锁定到选定的对象、☑锁定长度和☑锁定角度复选框；在模型中选取图 7.1.36 所示的点为起点参考，在延伸文本框中输入值 0；选取图 7.1.36 所示的点为终点参考，在延伸文本框中输入值 0；在“修复路径”对话框中单击确定按钮，完成修复路径 1 的创建，如图 7.1.37 所示。

Step9. 创建线性路径 3。在模型中选取图 7.1.38 所示的点为参考点；在“创建线性路径”对话框的模式下拉列表中选择平行于轴选项，在偏置文本框中输入值 1000，按 Enter 键确认，单击确定按钮，结果如图 7.1.39 所示。

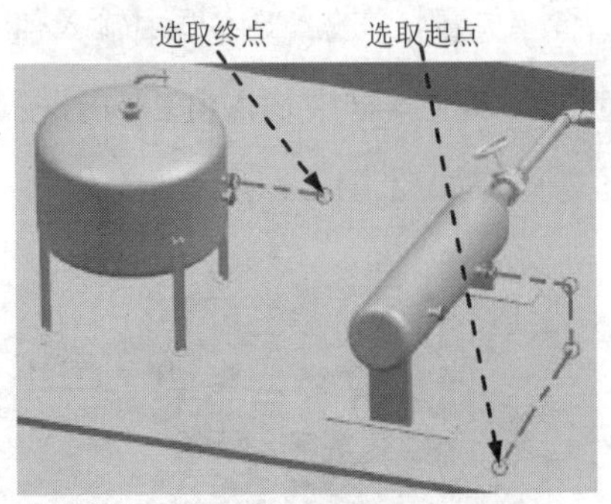

图 7.1.36　选取起点和终点参考

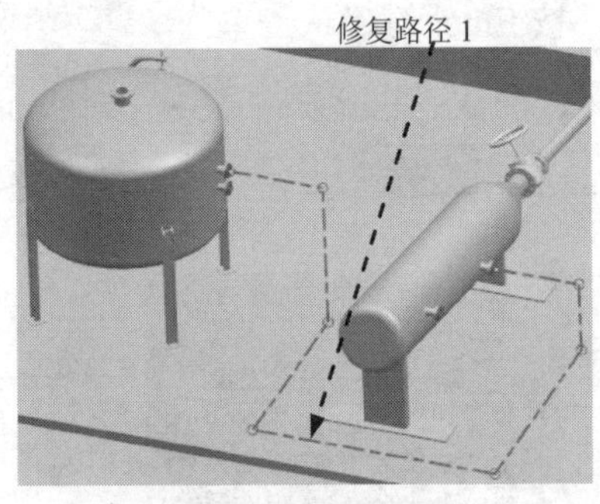

图 7.1.37　创建修复路径 1

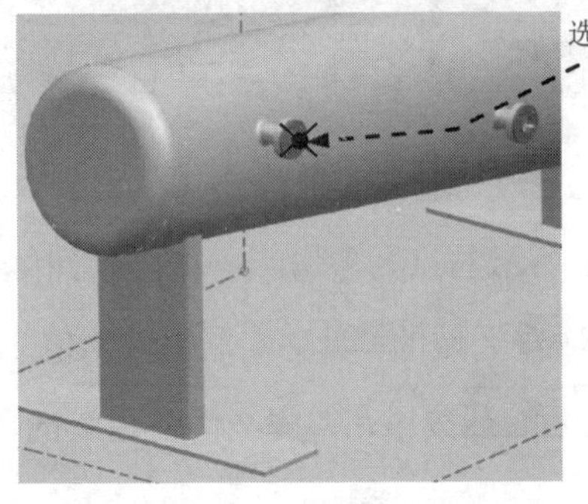

图 7.1.38　定义参考点 3

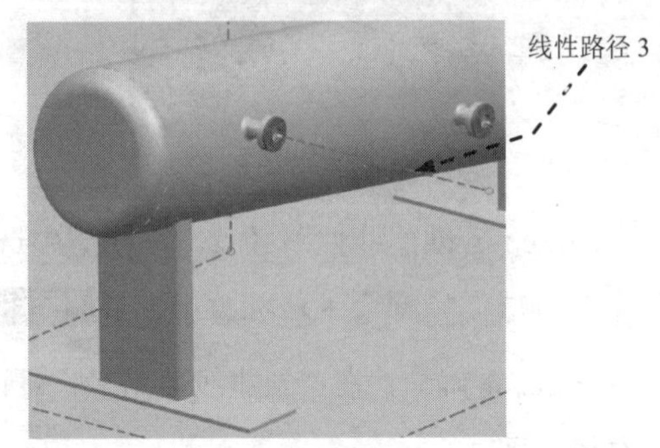

图 7.1.39　创建线性路径 3

Step10. 创建细分段 1。在主页功能选项卡路径区域的更多下拉选项中单击细分段按钮，系统弹出“细分段”对话框；在类型下拉列表中选择在点上选项，选取图 7.1.40 所示的路径分段 1 为分割对象，在位置下拉列表中选择通过点选项，在“点”下拉列表中选择“交点”按钮；然后在模型中选取路径分段 2 和路径分段 1；单击确定按钮，完成细分段 1 的创建。结果如图 7.1.40 所示。

Step11. 删除分段。在主页功能选项卡路径区域的更多下拉选项中单击删除管线布置对象按钮，系统弹出“删除管线布置对象”对话框；在模型中选取图 7.1.41 所示的管道分段为删除对象，单击确定按钮。

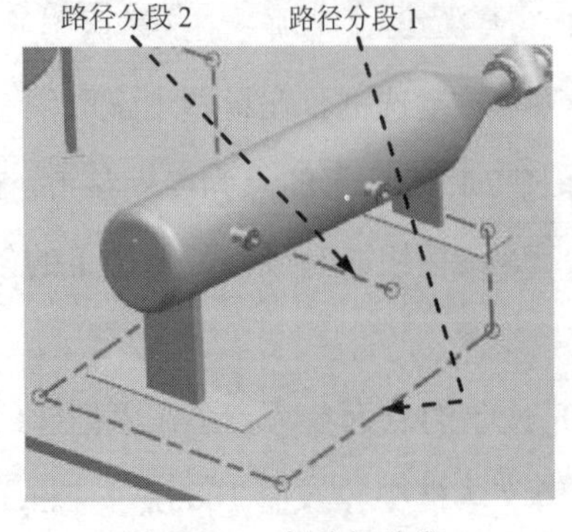

图 7.1.40　创建细分段 1

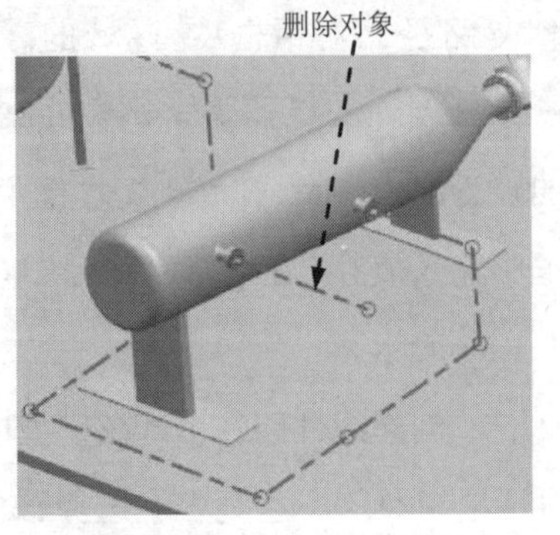

图 7.1.41　选取删除对象

Step12. 创建修复路径 2。在主页功能选项卡的路径区域中单击“修复路径”按钮；在“修复路径”对话框设置区域的方法下拉列表中选择ZC YC XC选项；在直线区域中选中☑ 指派默认转角、☑ 锁定到选定的对象、☑ 锁定长度和☑ 锁定角度复选框；在模型中选取图 7.1.42 所示的点为起点参考，在延伸文本框中输入值 0；选取图 7.1.42 所示的点为终点参考，在延伸文本框中输入值 0；在“修复路径”对话框中单击确定按钮，完成修复路径 2 的创建，如图 7.1.43 所示。

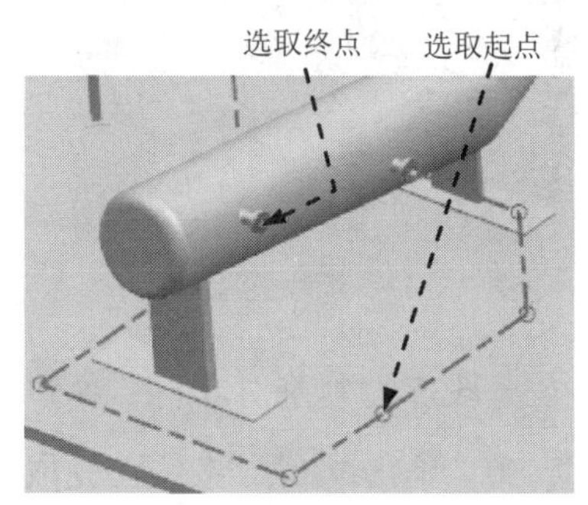

图 7.1.42　选取起点和终点参考

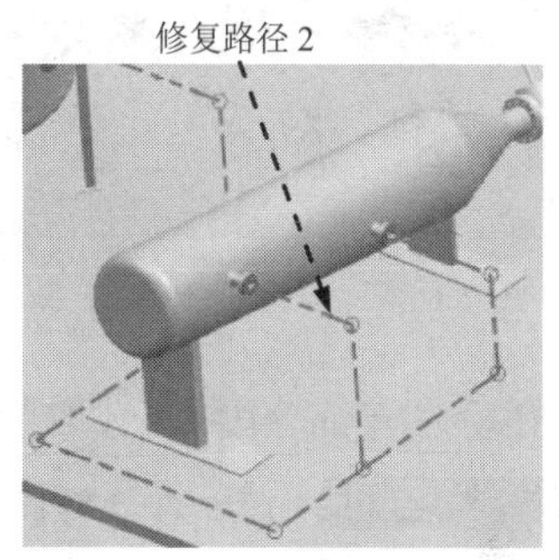

图 7.1.43　创建修复路径 2

Step13. 创建线性路径 4。在模型中选取图 7.1.44 所示的点为参考点；在“创建线性路径”对话框的模式下拉列表中选择平行于轴选项，在偏置文本框中输入值 1200，按 Enter 键确认，单击确定按钮，结果如图 7.1.45 所示。

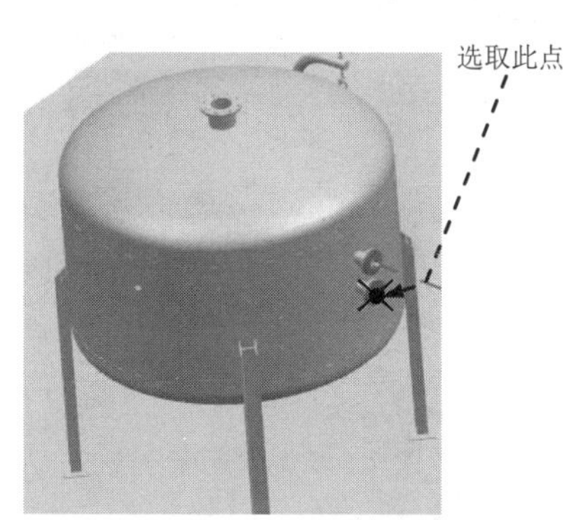

图 7.1.44　定义参考点 4

图 7.1.45　创建线性路径 4

Step14. 创建细分段 2。选取图 7.1.46 所示的路径分段 3 为分割对象，在位置下拉列表中选择通过点选项，在“点”下拉列表中选择“交点”按钮；然后在模型中选取路径分段 3 和路径分段 4；单击确定按钮，完成细分段 2 的创建。

Step15. 创建细分段 3。选取图 7.1.46 所示的路径分段 4 为分割对象，在位置下拉列表中选择通过点选项，在“点”下拉列表中选择“现有点”按钮；然后在模型中选取 8.1.47 所示的点；单击确定按钮，完成细分段 3 的创建。

Step16. 删除分段 2。选取图 7.1.47 所示的管道分段为删除对象，单击 确定 按钮，完成删除分段 2 的创建。

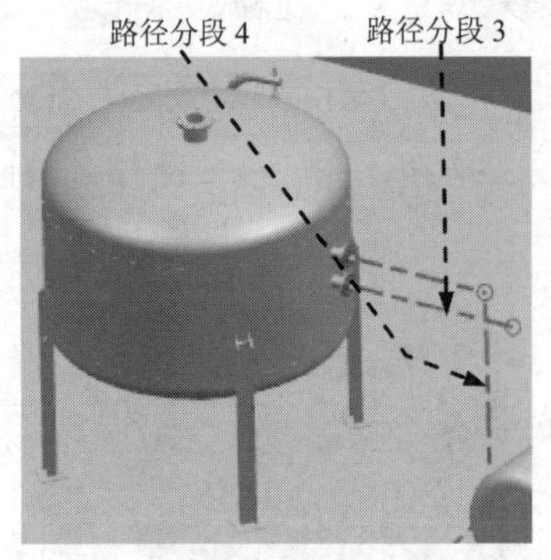

图 7.1.46　创建细分段 2、3

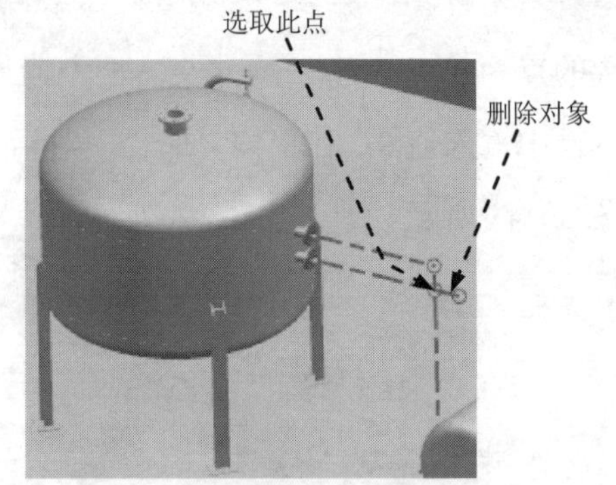

图 7.1.47　选取删除对象

Step17. 创建细分段 4。选取图 7.1.48 所示的路径分段 5 为分割对象，在 位置 下拉列表中选择 弧长百分比 选项，在 % 位置 文本框中输入值 50。单击 应用 按钮，完成细分段 4 的创建。

Step18. 创建细分段 5。选取图 7.1.49 所示的路径分段 6 为分割对象，在 位置 下拉列表中选择 弧长百分比 选项，在 % 位置 文本框中输入值 50。单击 确定 按钮，完成细分段 5 的创建。

图 7.1.48　创建细分段 4

图 7.1.49　创建细分段 5

Step19. 放置 90°折弯管接头（d60）。选择下拉菜单 插入(S) → 管线部件(T) → 放置部件(P)... 命令，系统弹出“指定项”对话框；在“指定项”对话框中单击“打开”按钮，在弹出的“部件名”对话框中选择 fittings_90deg_elbow_d60.prt 并将其打开。单击“指定项”对话框中的 确定 按钮，此时系统弹出“放置部件”对话框；选择图 7.1.50 所示的管线布置控制顶点 1 为参照，然后单击“放置部件”对话框中的 应用 按钮；按照以上的操作步骤，在其他六个顶点处放置管接头，放置完成后单击 取消 按钮，退出“放置部件”对话框。结果如图 7.1.51 所示。

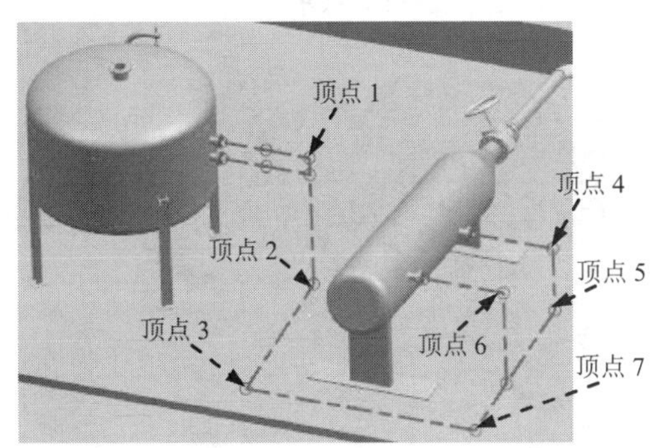

图 7.1.50　选取放置顶点

图 7.1.51　放置管接头

Step20. 放置三通管接头（d60）。选择下拉菜单 插入(S) → 管线部件(T) ▸ → 放置部件(P)... 命令，系统弹出“指定项”对话框；在“指定项”对话框中单击“打开”按钮，在弹出的“部件名”对话框中选择 fittings_straight_tee_d60.prt 并将其打开。单击“指定项”对话框中的 确定 按钮，此时系统弹出“放置部件”对话框；选择图 7.1.52 所示的管线布置控制顶点 1 为参照，然后单击“放置部件”对话框中的 应用 按钮；按照上述操作步骤，在其他所有三通顶点处放置三通管接头，放置完成后单击 取消 按钮，退出“放置部件”对话框。结果如图 7.1.53 所示。

说明：当管接头放置的方向不正确时，可以通过“放置解算方案”区域的 ▸ 按钮来调整。

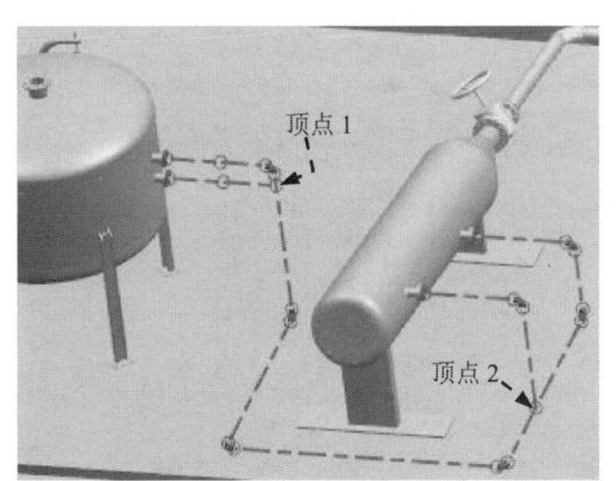

图 7.1.52　选取放置顶点

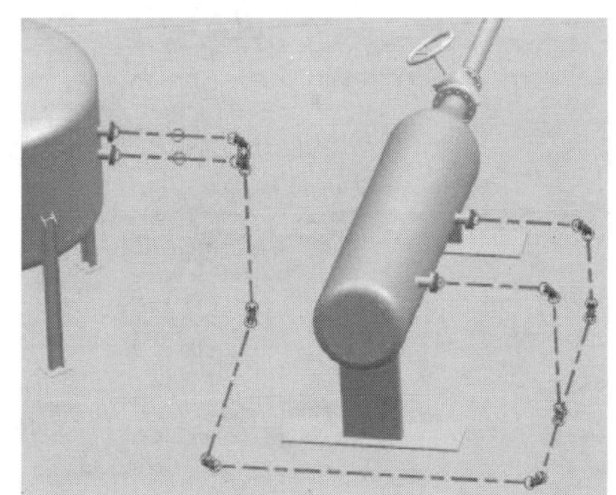
图 7.1.53　放置三通管接头

Step21. 添加阀配件接头。选择下拉菜单 插入(S) → 管线部件(T) ▸ → 放置部件(P)... 命令，系统弹出“指定项”对话框；在“指定项”对话框中单击“打开”按钮，在弹出的“部件名”对话框中选择 fittings_ball_valve_d60.prt 并将其打开。单击“指定项”对话框中的 确定 按钮，此时系统弹出“放置部件”对话框；选择图 7.1.54 所示的管线布置控制顶点 1 为参照，在 放置解算方案 区域的 端口旋转 文本框中输入值-90，然后单击“放置部件”对话框中的 应用 按钮；按照以上的操作步骤，在控制顶点 2 处放置阀配件接头，放置完成

后单击 取消 按钮，退出“放置部件”对话框。结果如图 7.1.55 所示。

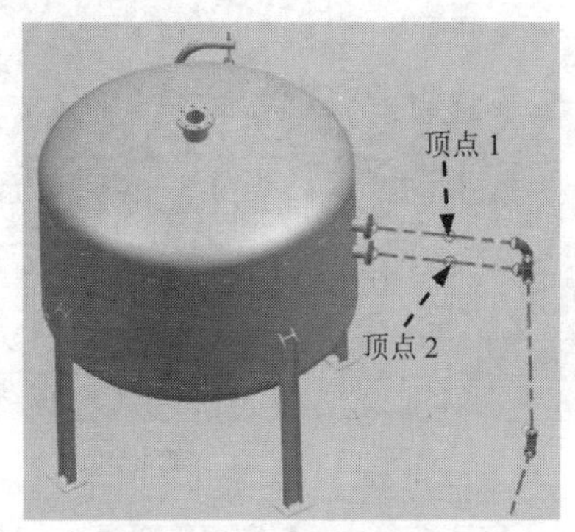

图 7.1.54 选取放置顶点

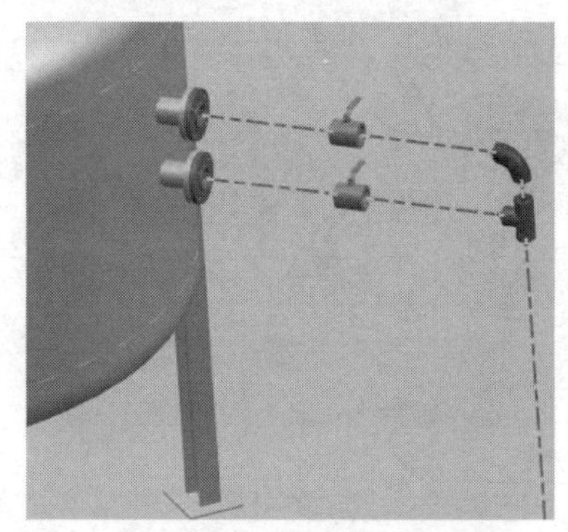

图 7.1.55 放置阀配件接头

Step22. 指派型材。在 主页 功能选项卡的 型材 区域中单击“型材”按钮，系统弹出“型材”对话框；单击“型材”对话框中的 指定型材 按钮，系统弹出 “指定项”对话框；在 重用库 的 文件夹视图 区域选择 Routing Part Library → Pipe 节点下 DIN-Steel 为型材类型，在 成员视图 下拉列表中选择“列表”选项，选中 R_ST_2448_50，单击 确定 按钮，系统返回“型材”对话框；在模型中框选所有管道路径，单击 确定 按钮，完成型材的添加，如图 7.1.56 所示。

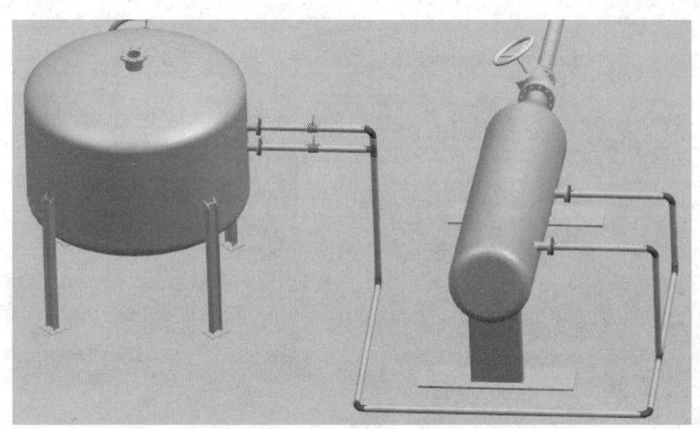

图 7.1.56 指派型材

Stage3．创建管道路径 L3

Step1. 创建管道端口 1。在装配导航器 sample-Tank-05（第三个）上双击将其设为工作部件；选择下拉菜单 工具(T) → 管线布置管理器(A) → 审核部件(Q)... 命令，系统弹出“审核部件”对话框；在“审核部件”对话框的 管线部件类型 区域选中 连接件 单选项，在 管线布置对象 区域右击 连接件，然后选择 新建 命令，系统弹出“连接件端口”对话框；在 过滤 右边的下拉列表中选择 面 选项。选择图 7.1.57 所示的面为参照面，单击 选择步骤 区域中的

“对齐矢量”按钮，采用系统默认的方向，然后单击两次“连接件端口”对话框中的确定按钮，此时系统返回“审核部件”对话框；单击“审核部件”对话框中的确定按钮，完成管道端口 1 的创建。

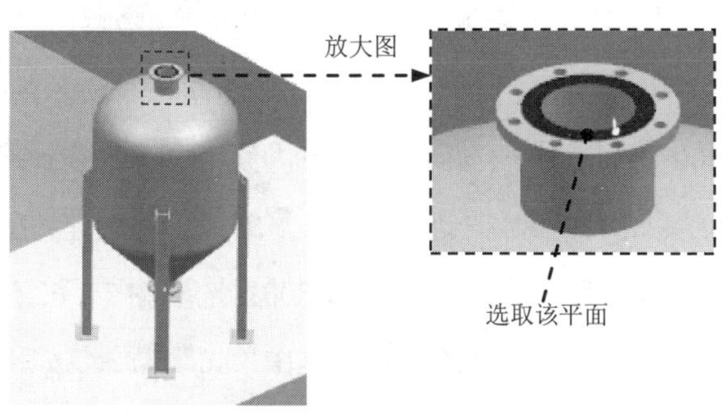

图 7.1.57　定义参照面

Step2. 放置法兰。在装配导航器 00-tubing_system_design 上双击将其设为工作部件；选择下拉菜单 插入(S) → 管线部件(T) → 放置部件(P)... 命令，系统弹出“指定项”对话框；在“指定项”对话框中单击“打开”按钮，在弹出的“部件名”对话框中选择 fittings_weld_flange_d140.prt 并将其打开。单击“指定项”对话框中的确定按钮，此时系统弹出“放置部件”对话框；选择图 7.1.58 所示的端口 1（箭头）为参照对象，在“放置部件”对话框的放置解算方案区域单击按钮，然后单击“放置部件”对话框中的应用按钮，结果如图 7.1.59 所示；选择图 7.1.60 所示的端口 2（箭头）和端口 3（箭头）为参照对象，然后单击“放置部件”对话框中的确定按钮，完成法兰的放置。

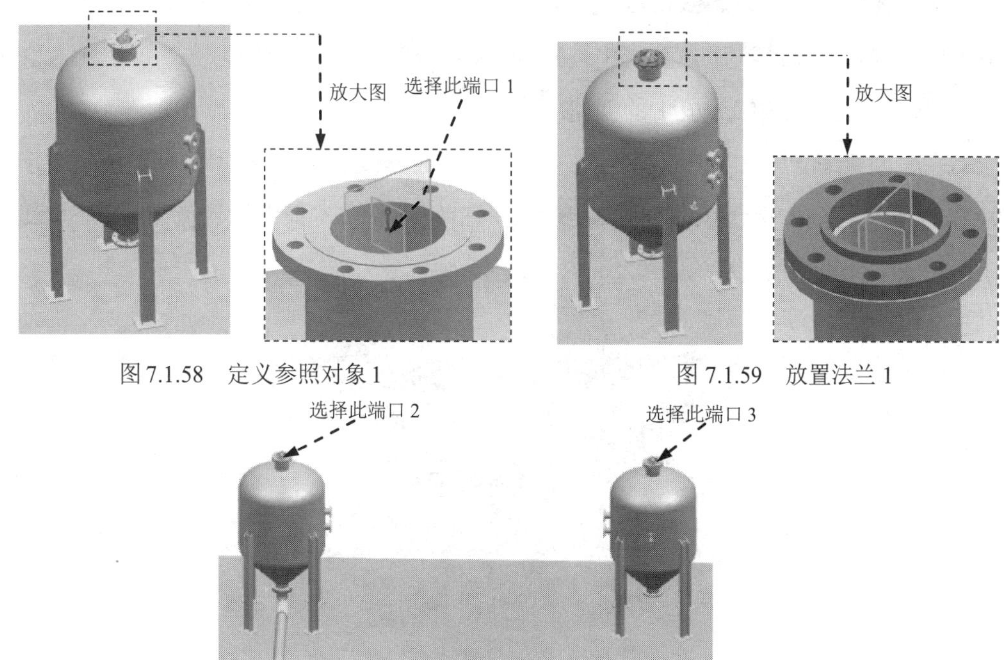

图 7.1.58　定义参照对象 1

图 7.1.59　放置法兰 1

图 7.1.60　定义参照对象 2

Step3. 创建布管路径参考草图（注：本步骤的详细操作过程请参见学习资源中 video\ch07.01\Stage3\reference\文件下的语音视频讲解文件 tubing_system_design-03-r01.exe）。

Step4. 创建修复路径 1、2。在主页功能选项卡的路径区域中单击“修复路径”按钮；在“修复路径”对话框设置区域的方法下拉列表中选择XC ZC YC选项；在直线区域中选中☑锁定到选定的对象和☑锁定角度复选框；在模型中选取图 7.1.61 所示的箭头为起点参考，在延伸文本框中输入值 800；选取图 7.1.61 所示的点为终点参考，在延伸文本框中输入值 0；在“修复路径”对话框中单击应用按钮，完成修复路径 1 的创建；在模型中选取图 7.1.62 所示的箭头为起点参考，在延伸文本框中输入值 800；选取图 7.1.62 所示的点为终点参考，在延伸文本框中输入值 0；在“修复路径”对话框中单击确定按钮，完成修复路径 2 的创建。

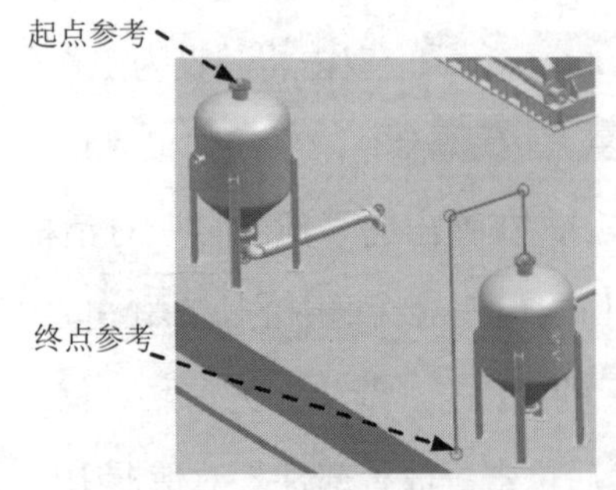

图 7.1.61　创建修复路径 1

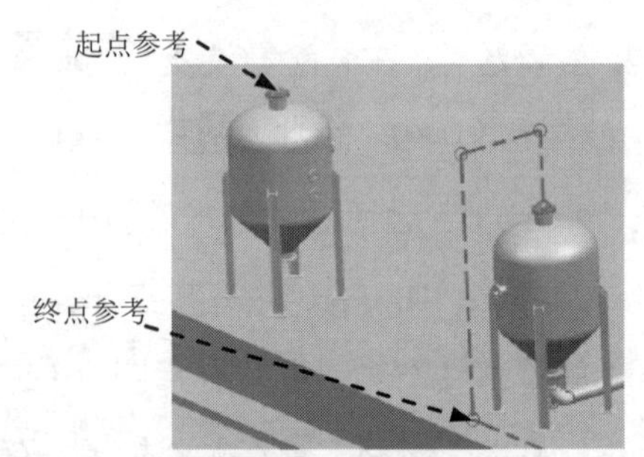

图 7.1.62　创建修复路径 2

Step5. 创建细分段 1。在主页功能选项卡路径区域的更多下拉选项中单击细分段按钮；在类型下拉列表中选择在点上选项，选取图 7.1.63 所示的路径分段 1 为分割对象（单击箭头指示位置），在位置下拉列表中选择弧长百分比选项，在％位置文本框中输入值 50；单击应用按钮，完成细分段 1 的创建。

Step6. 创建细分段 2。选取图 7.1.63 所示的路径分段 2 为分割对象（单击箭头指示位置），在位置下拉列表中选择弧长百分比选项，在％位置文本框中输入值 50；单击确定按钮，完成细分段 2 的创建。

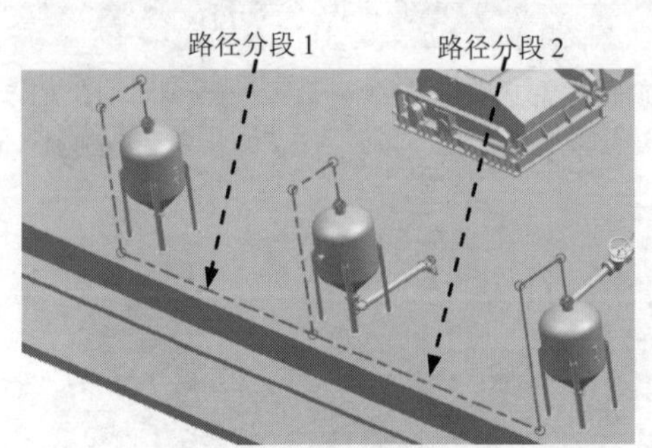

图 7.1.63　创建细分段 1

Step7. 放置 90° 折弯管接头（d140）。选择下拉菜单 插入(S) → 管线部件(T) → 放置部件(P)... 命令，系统弹出“指定项”对话框；在“指定项”对话框中单击“打开”按钮，在弹出的“部件名”对话框中选择 fittings_90deg_elbow_d140.prt 并将其打开。单击“指定项”对话框中的 确定 按钮，此时系统弹出“放置部件”对话框；选择图 7.1.64 所示的管线布置控制顶点 1 为参照，然后单击“放置部件”对话框中的 应用 按钮；按照以上的操作步骤，在其他七个顶点处放置管接头，放置完成后单击 取消 按钮，退出“放置部件”对话框。结果如图 7.1.65 所示。

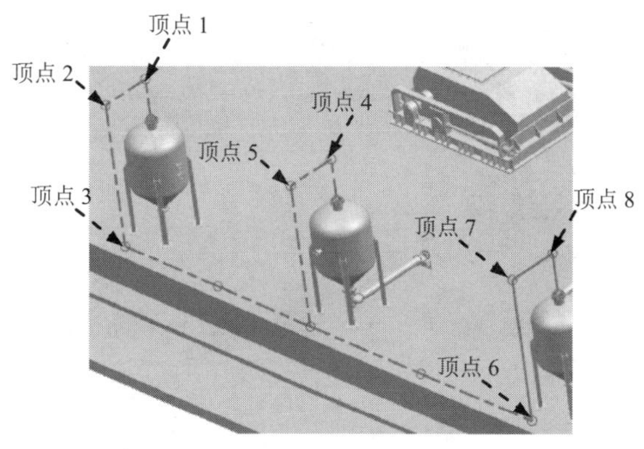

图 7.1.64　选取放置顶点

图 7.1.65　放置管接头

Step8. 放置三通管接头（d140）。选择下拉菜单 插入(S) → 管线部件(T) → 放置部件(P)... 命令，系统弹出“指定项”对话框；在“指定项”对话框中单击“打开”按钮，在弹出的“部件名”对话框中选择 fittings_straight_tee_d140.prt 并将其打开。单击“指定项”对话框中的 确定 按钮，此时系统弹出“放置部件”对话框；选择图 7.1.66 所示的管线布置控制顶点 1 为参照，然后单击“放置部件”对话框中的 确定 按钮。结果如图 7.1.67 所示。

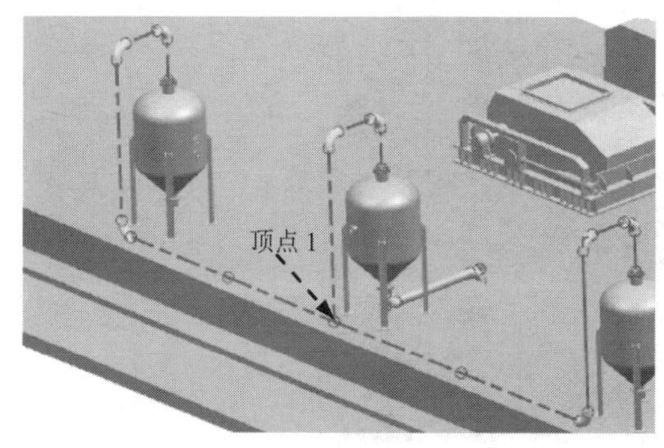

图 7.1.66　选取放置顶点

图 7.1.67　放置三通管接头

Step9. 放置阀配件接头。选择下拉菜单 插入(S) → 管线部件(T) → 放置部件(P)...

命令，系统弹出“指定项”对话框；在“指定项”对话框中单击“打开”按钮，在弹出的“部件名”对话框中选择 fittings_gate_valve.prt 并将其打开。单击“指定项”对话框中的确定按钮，此时系统弹出“放置部件”对话框；选择图 7.1.68 所示的管线布置控制顶点 1 为参照，在放置解算方案区域的端口旋转文本框中输入值 90，然后单击“放置部件”对话框中的应用按钮；选择图 7.1.68 所示的管线布置控制顶点 2 为参照，在放置解算方案区域的端口旋转文本框中输入值 90，然后单击“放置部件”对话框中的确定按钮。结果如图 7.1.69 所示。

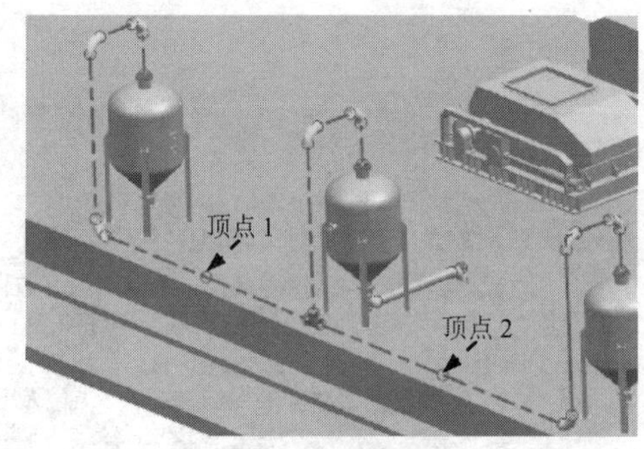

图 7.1.68　选取放置顶点

图 7.1.69　放置阀配件接头

Step10. 指派型材。在主页功能选项卡的型材区域中单击“型材”按钮，系统弹出“型材”对话框；单击“型材”对话框中的指定型材按钮，系统弹出 “指定项”对话框；在重用库的文件夹视图区域选择Routing Part Library → Pipe节点下DIN-Steel为型材类型，在成员视图下拉列表中选择“列表”选项，选中 R_ST_2448_125，单击确定按钮，系统返回“型材”对话框；在模型中框选所有管道路径，单击确定按钮，完成型材的添加，如图 7.1.70 所示。

图 7.1.70　指派型材

Stage4．创建管道路径 L4

Step1. 创建管道端口 1。在装配导航器 equipment01 上双击将其设为工作部件；选择下拉菜单 工具(T) → 管线布置管理器(A) → 审核部件(Q)... 命令，系统弹出“审核部件”对话框；在“审核部件”对话框的 管线部件类型 区域选中 ⊙ 连接件 单选项，在 管线布置对象 区域右击 连接件，然后选择 新建 命令，系统弹出“连接件端口”对话框；在 过滤 右边的下拉列表中选择 面 选项。选择图 7.1.71 所示的平面 1 为参照，单击 选择步骤 区域中的“对齐矢量”按钮，采用系统默认的方向，然后单击两次“连接件端口”对话框中的 确定 按钮，完成管道端口 1 的创建。

Step2. 创建管道端口 2。选择图 7.1.71 所示的平面 2 为参照对象，详细操作过程参考 Step1。

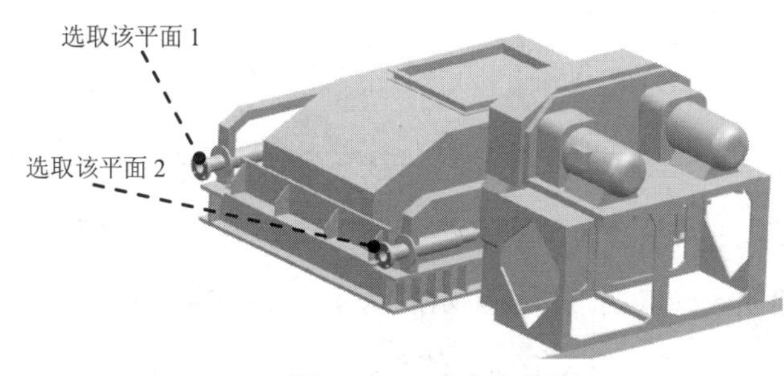

图 7.1.71 定义参照面

Step3. 放置法兰 1。在装配导航器 00-tubing_system_design 上双击将其设为工作部件；选择下拉菜单 插入(S) → 管线部件(T) → 放置部件(P)... 命令，系统弹出“指定项”对话框；在“指定项”对话框中单击“打开”按钮，在弹出的“部件名”对话框中选择 fittings_weld_flange_d88.prt 并将其打开。单击“指定项”对话框中的 确定 按钮，此时系统弹出“放置部件”对话框；选择图 7.1.72 所示的端口 1（箭头）为参照，在“放置部件”对话框的 放置解算方案 区域单击 ▸ 按钮，然后单击“放置部件”对话框中的 应用 按钮；选择图 7.1.72 所示的端口 2（箭头）为参照，放置法兰。

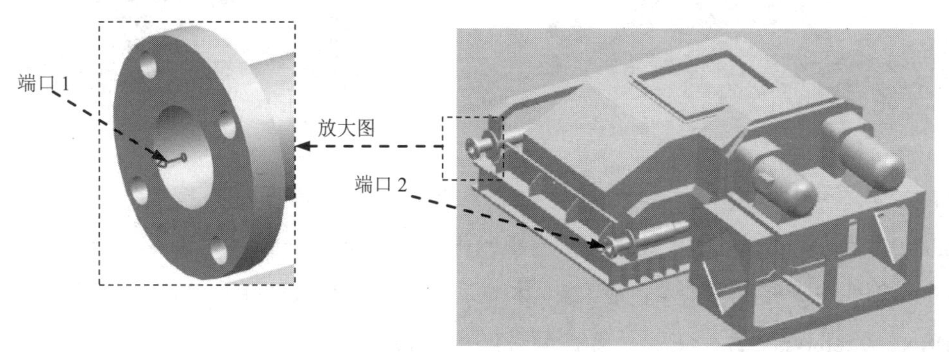

图 7.1.72 定义参照对象 1

Step4. 放置法兰 2。选择下拉菜单插入(S) ➡ 管线部件(T) ▸ ➡ 放置部件(P)...命令，系统弹出“指定项”对话框；在“指定项”对话框中单击“打开”按钮，在弹出的“部件名”对话框中选择 fittings_weld_flange_d140.prt 并将其打开。单击“指定项”对话框中的确定按钮，此时系统弹出“放置部件”对话框；选择图 7.1.73 所示的端口 3（箭头）为参照对象，然后单击“放置部件”对话框中的确定按钮。结果如图 7.1.74 所示。

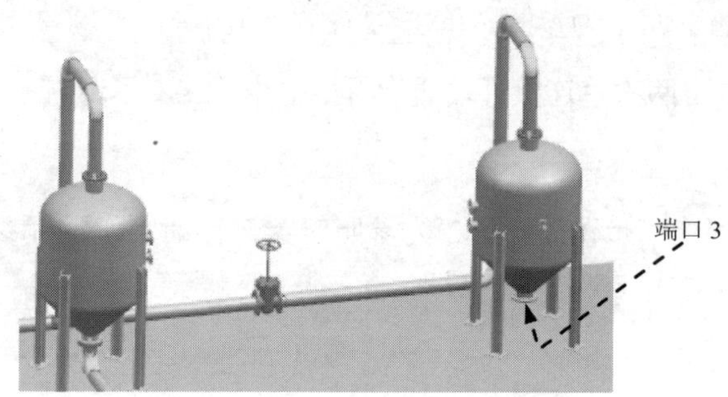

图 7.1.73　定义参照对象 2

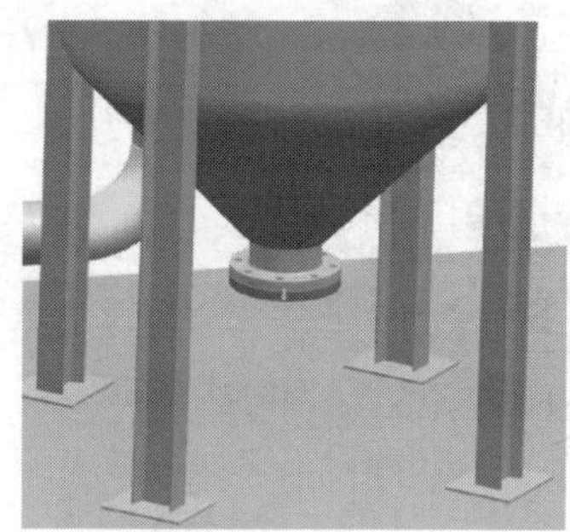

图 7.1.74　放置法兰

Step5. 创建基准平面 1。将环境切换至“建模”环境。选择下拉菜单插入(S) ➡ 基准/点(D) ➡ 基准平面(D)...命令，系统弹出“基准平面”对话框。在类型区域的下拉列表中选择自动判断选项，在绘图区选取图 7.1.75 所示的两条中心线为参照对象，单击“基准平面”对话框中的< 确定 >按钮，完成基准平面 1 的创建，如图 7.1.76 所示。

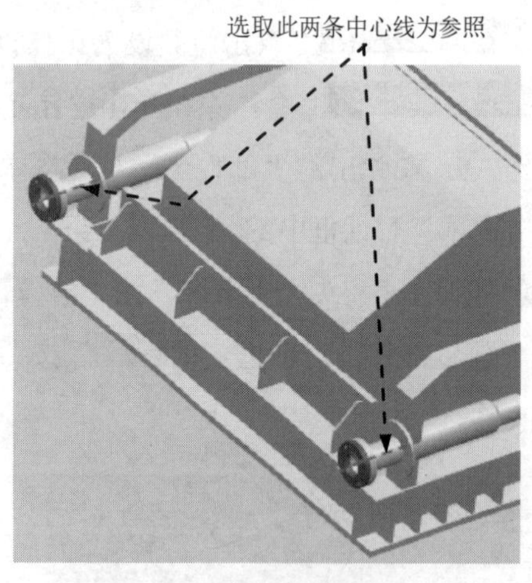

图 7.1.75　定义参照对象 3

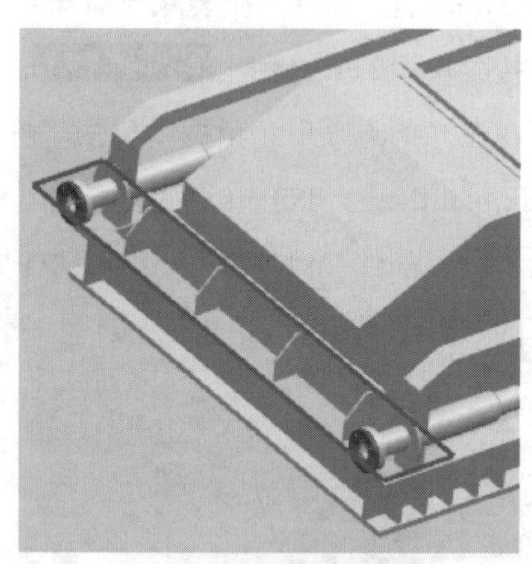

图 7.1.76　创建基准平面 1

Step6. 创建布管路径参考草图 1（注：本步骤的详细操作过程请参见学习资源中 video\ch07.01\Stage4\reference\文件下的语音视频讲解文件 tubing_system_design-04-r01.exe）。

Step7. 创建布管路径参考草图 2（注：本步骤的详细操作过程请参见学习资源中 video\ch07.01\Stage4\reference\文件下的语音视频讲解文件 tubing_system_design-04-r02.exe）。

Step8. 创建细分段 1。在主页功能选项卡路径区域的更多下拉选项中单击细分段按钮；在类型下拉列表中选择 在点上 选项，选取图 7.1.77 所示的路径分段 1 为分割对象（单击箭头指示位置），在 位置 下拉列表中选择 弧长百分比 选项，在 % 位置 文本框中输入值 50；单击 确定 按钮，完成细分段 1 的创建。

Step9. 创建修复路径 1。在 主页 功能选项卡的 路径 区域中单击“修复路径”按钮；在“修复路径”对话框设置区域的 方法 下拉列表中选择 直接 选项；在直线区域中选中 ☑ 锁定到选定的对象 和 ☑ 锁定角度 复选框；在模型中选取图 7.1.77 所示的线为起点参考，在延伸文本框中输入值 0；选取图 7.1.77 所示的线为终点参考，在延伸文本框中输入值 0；在“修复路径”对话框中单击 确定 按钮，完成修复路径 1 的创建。结果如图 7.1.78 所示。

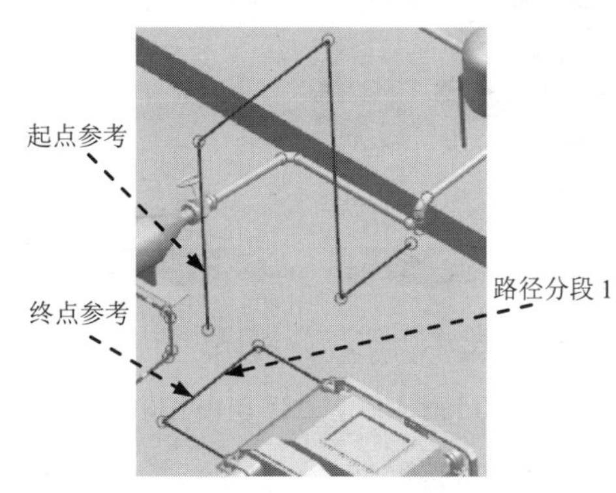

图 7.1.77　定义参照对象 4

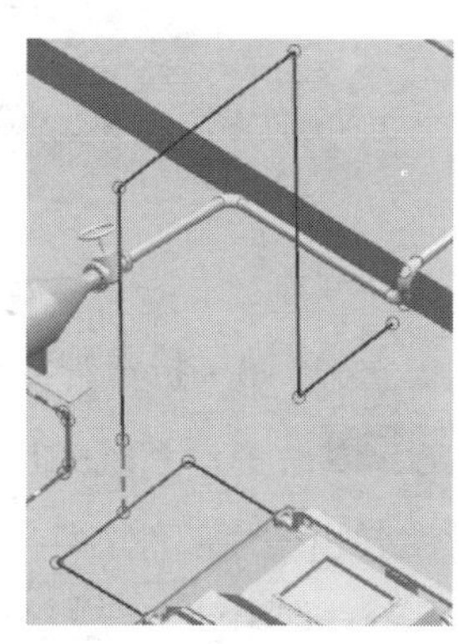

图 7.1.78　创建修复路径 1

Step10. 创建修复路径 2。在 主页 功能选项卡的 路径 区域中单击“修复路径”按钮；在“修复路径”对话框设置区域的 方法 下拉列表中选择 XC YC ZC 选项；在直线区域中选中 ☑ 锁定到选定的对象 和 ☑ 锁定角度 复选框；在模型中选取图 7.1.79 所示的箭头为起点参考，在延伸文本框中输入值 260；选取图 7.1.79 所示的线为终点参考，在延伸文本框中输入值 0；在“修复路径”对话框中单击 确定 按钮，完成修复路径 2 的创建。结果如图 7.1.80 所示。

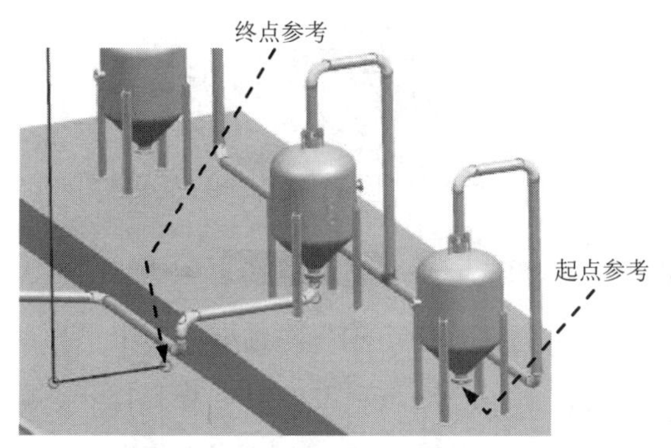

图 7.1.79　定义参照对象 5

图 7.1.80　创建修复路径 2

Step11. 创建细分段 2。在 主页 功能选项卡 路径 区域的 更多 下拉选项中单击 细分段 按钮；在类型下拉列表中选择 在点上 选项，选取图 7.1.81 所示的路径分段 1 为分割对象（单击箭头指示位置)，在 位置 下拉列表中选择 弧长百分比 选项，在 % 位置 文本框中输入值 50。单击 应用 按钮；选取图 7.1.81 所示的路径分段 2 为分割对象(单击箭头指示位置)，在 位置 下拉列表中选择 弧长百分比 选项，在 % 位置 文本框中输入值 50；单击 确定 按钮，完成细分段 2 的创建。结果如图 7.1.81 所示。

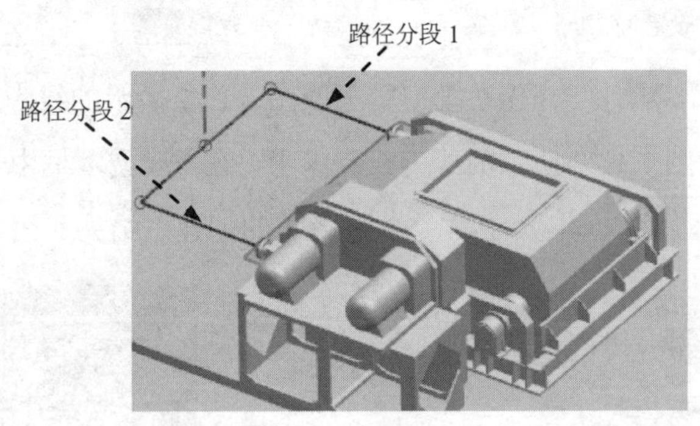

图 7.1.81　创建细分段 2

Step12. 放置 90° 折弯管接头（d88）。选择下拉菜单 插入(S) → 管线部件(T) → 放置部件(P)... 命令，系统弹出“指定项”对话框；在“指定项”对话框中单击“打开”按钮，在弹出的“部件名”对话框中选择 fittings_90deg_lbow_d88.prt 并将其打开。单击“指定项”对话框中的 确定 按钮，此时系统弹出“放置部件”对话框；选择图 7.1.82 所示的管线布置控制顶点 1 为参照，然后单击“放置部件”对话框中的 应用 按钮；选择图 7.1.82 所示的管线布置控制顶点 2 为参照，放置完成后单击 确定 按钮。结果如图 7.1.83 所示。

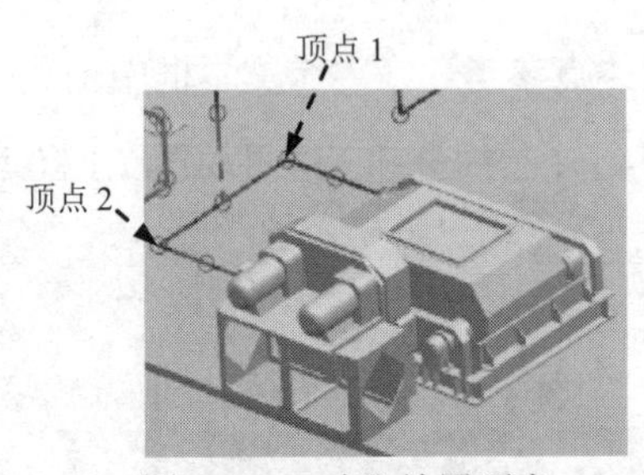

图 7.1.82　选取放置顶点

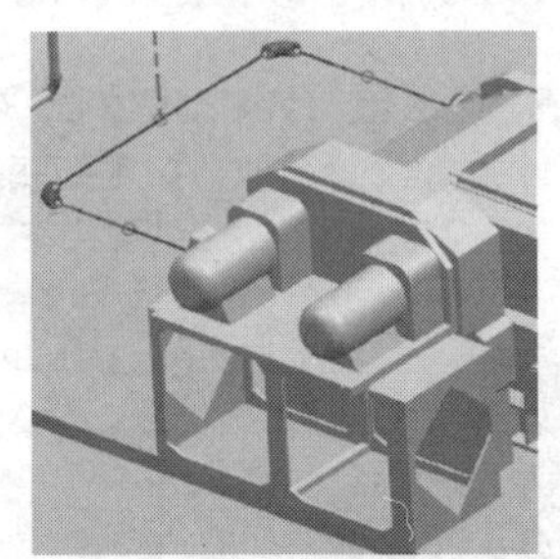

图 7.1.83　放置管接头

Step13. 放置三通管接头。选择下拉菜单 插入(S) → 管线部件(T) → 放置部件(P)... 命令，系统弹出“指定项”对话框；在“指定项”对话框中单击“打开”按钮，在弹出的“部件名”对话框中选择 fittings_straight_tee_d88.prt 并将其打开。单击“指定项”对话框中的 确定 按钮，此时系统弹出“放置部件”对话框；选择图 7.1.84 所示的管线布置控制顶点 1 为参照，然后单击“放置部件”对话框中的 确定 按钮。结果如图 7.1.85 所示。

Step14. 放置阀配件接头。选择下拉菜单插入(S) → 管线部件(T) ▸ → 放置部件(P)...命令，系统弹出“指定项”对话框；在“指定项”对话框中单击“打开”按钮，在弹出的“部件名”对话框中选择 fittings_gate_valve_02.prt 并将其打开。单击“指定项”对话框中的确定按钮，此时系统弹出“放置部件”对话框；选择图 7.1.86 所示的管线布置控制顶点 1 为参照，在放置解算方案区域的端口旋转文本框中输入值-90，然后单击“放置部件”对话框中的应用按钮；选择图 7.1. 86 所示的管线布置控制顶点 2 为参照，在放置解算方案区域的端口旋转文本框中输入值-90，然后单击“放置部件”对话框中的确定按钮。结果如图 7.1.87 所示。

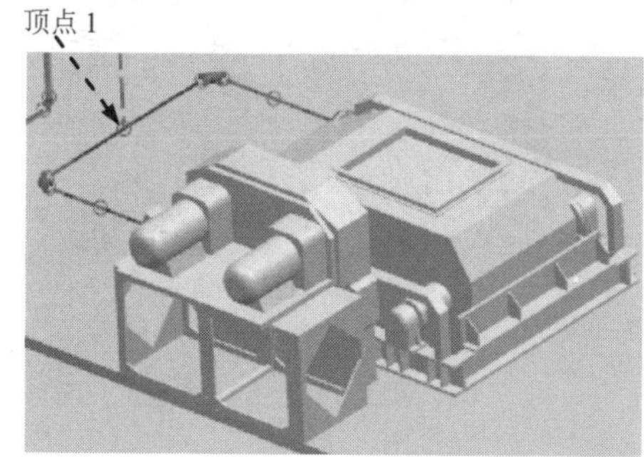

图 7.1.84　选取放置顶点

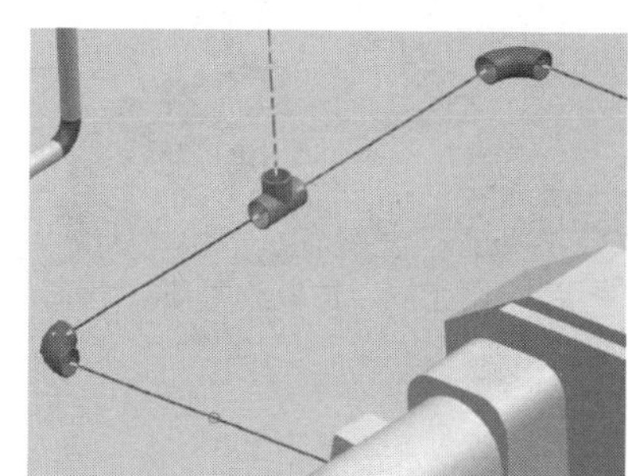

图 7.1.85　放置三通管接头

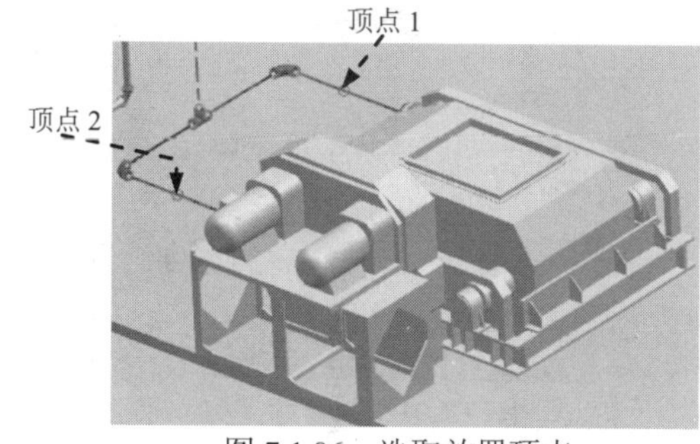

图 7.1.86　选取放置顶点

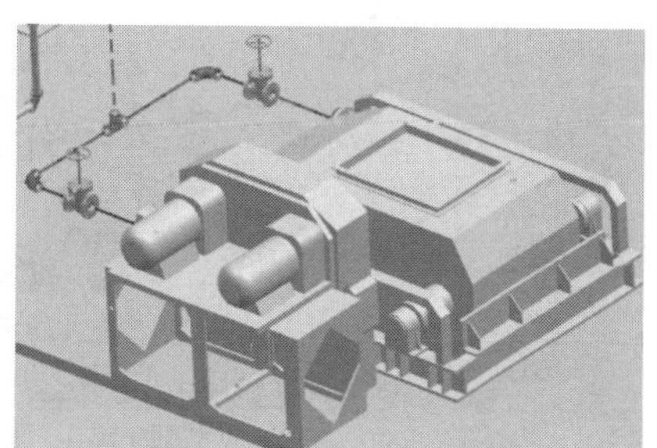

图 7.1.87　放置阀配件接头

Step15. 添加变径管接头。选择下拉菜单插入(S) → 管线部件(T) ▸ → 放置部件(P)...命令，系统弹出“指定项”对话框；在“指定项”对话框中单击“打开”按钮，在弹出的“部件名”对话框中选择 fittings_reducer.prt 并将其打开。单击“指定项”对话框中的确定按钮，此时系统弹出“放置部件”对话框；选择图 7.1.88 所示的管线布置控制顶点 1 为参照，然后单击“放置部件”对话框中的确定按钮，完成变径管接头的放置。结果如图 7.1.89 所示。

Step16. 放置 90° 折弯管接头（d140）。选择下拉菜单插入(S) → 管线部件(T) ▸ → 放置部件(P)...命令，系统弹出“指定项”对话框；在“指定项”对话框中单击“打开”按钮，在弹出的“部件名”对话框中选择 fittings_90deg_elbow_d140.prt 并将其打开。

单击“指定项”对话框中的确定按钮，此时系统弹出“放置部件”对话框；选择图7.1.90所示的管线布置控制顶点1为参照，然后单击“放置部件”对话框中的应用按钮；按照以上的操作步骤，在其他六处放置管接头，放置完成后单击取消按钮，退出“放置部件”对话框。结果如图7.1.91所示。

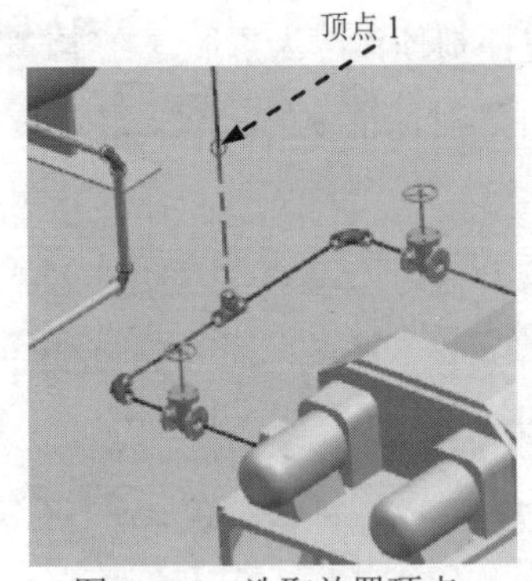

图 7.1.88　选取放置顶点

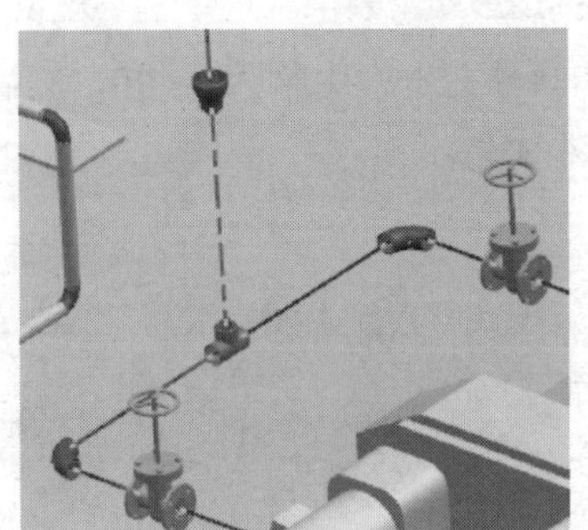
图 7.1.89　放置变径管接头

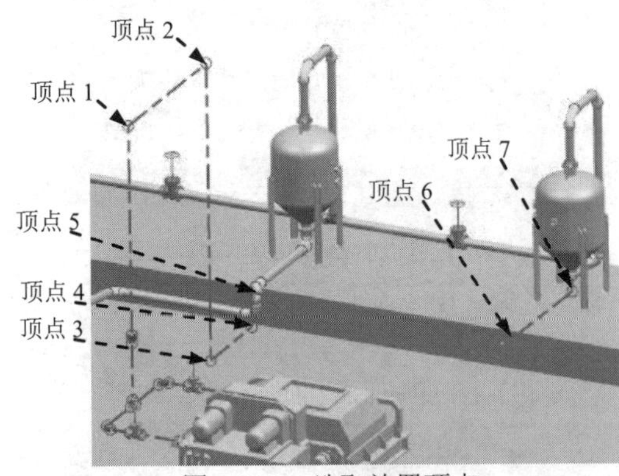

图 7.1.90　选取放置顶点

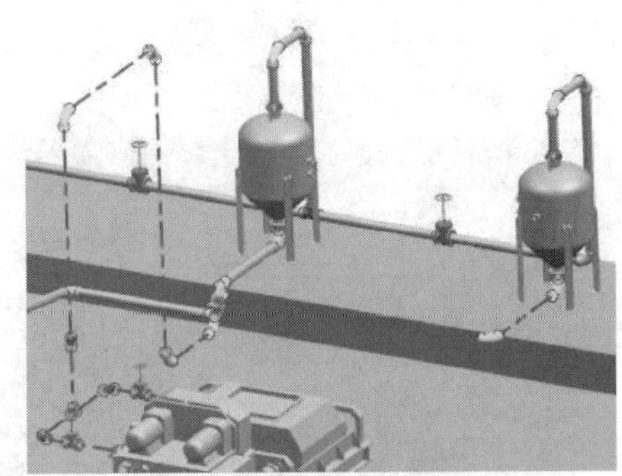
图 7.1.91　放置管接头

Step17. 指派型材。在主页功能选项卡的型材区域中单击“型材”按钮，系统弹出“型材”对话框；单击“型材”对话框中的指定型材按钮，系统弹出 “指定项”对话框；在重用库的文件夹视图区域选择Routing Part Library ➡ Pipe节点下DIN-Steel为型材类型，在成员视图下拉列表中选择“列表”选项，选中 R_ST_2448_125，单击确定按钮，系统返回“型材”对话框；在模型中选取图7.1.92所示的八条管道路径，单击应用按钮，完成型材的添加，如图7.1.93所示；单击“型材”对话框中的指定型材按钮，系统弹出 “指定项”对话框；在重用库的文件夹视图区域选择Routing Part Library ➡ Pipe节点下DIN-Steel为型材类型，在成员视图下拉列表中选择“列表”选项，选中 R_ST_2448_80，单击确定按钮，系统返回“型材”对话框；在模型中选取图7.1.94所示的七条管道路径，单击确定按钮，完成型材的添加，如图7.1.95所示。

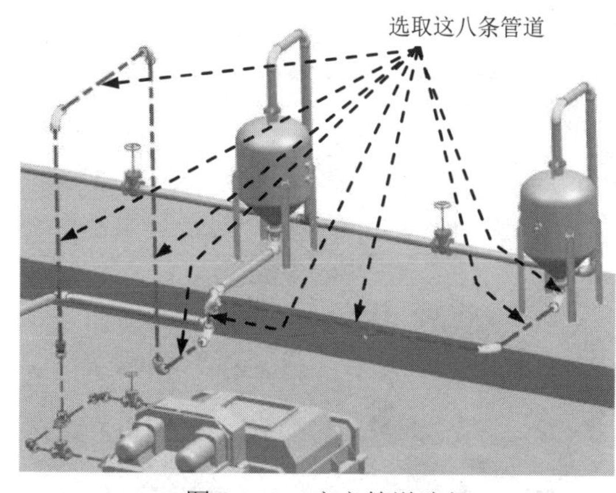

图 7.1.92　定义管道路径

图 7.1.93　指派型材后

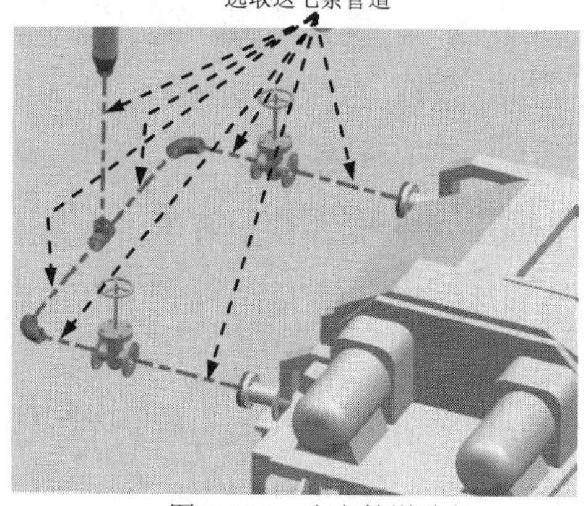

图 7.1.94　定义管道路径

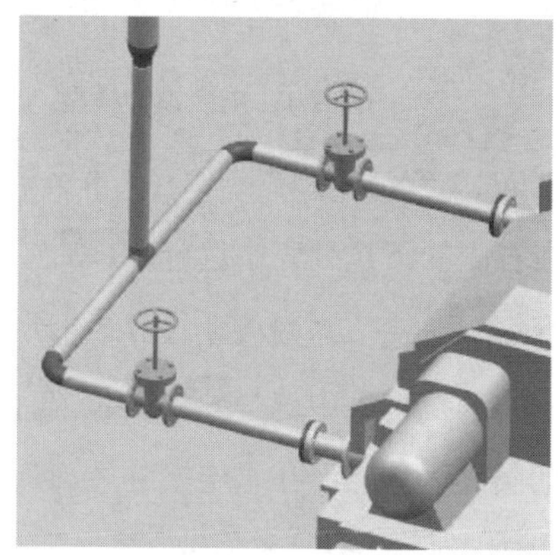

图 7.1.95　指派型材后

7.2　电 缆 设 计

实例概述

本实例详细介绍了在 UG 中电缆设计的全过程。电缆设计模型如图 7.2.1 所示。

Task1．设置元件端口

Stage1．在元件 jack1 中创建连接件端口

Step1．打开文件 D:\ugal12\work\ch07.02\ex\routing_electric.prt，装配模型如图 7.2.2 所示。

Step2．在装配导航器中选中☑ jack1 节点，右键选择 在窗口中打开 命令。

Step3．在 应用模块 功能选项卡的 管线布置 区域中单击 电气管线布置 按钮，进入电气管线布置模块。

Step4．选择命令。选择下拉菜单 工具(T) → 审核部件(Q)... 命令，系统弹出图 7.2.3 所示的"审核部件"对话框。

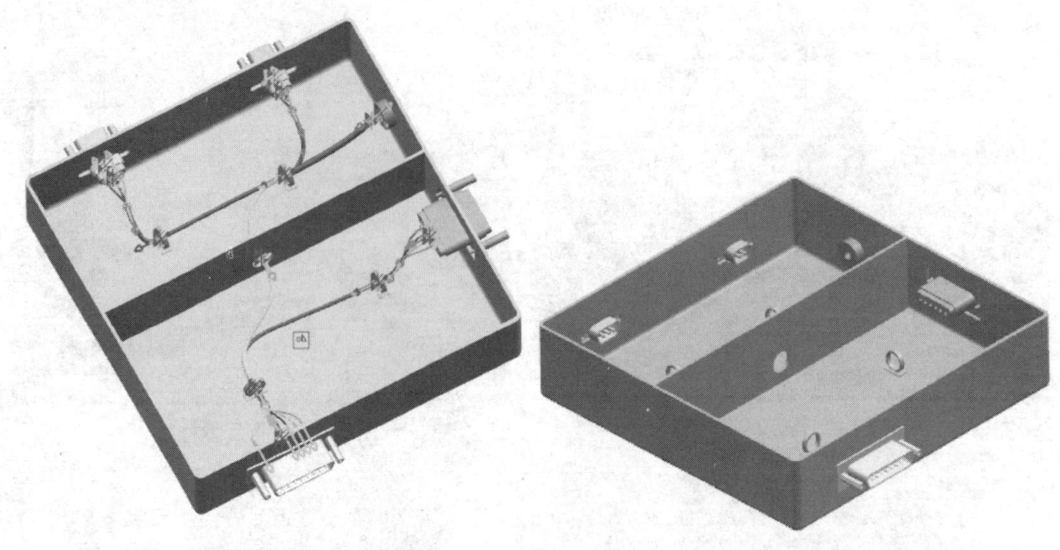

图 7.2.1　电缆设计模型　　　　　　图 7.2.2　装配模型

Step5. 定义连接件端口。在“审核部件”对话框的管线部件类型区域中选择 ⦿ 连接件单选项，在右侧的下拉列表中选择连接件选项；右击端口下方的连接件选项，在弹出的快捷菜单中选择新建命令，系统弹出图 7.2.4 所示的“连接件端口”对话框；在“连接件端口”对话框的过滤下拉列表中选择点选项，在模型中选取图 7.2.5 所示的边线为原点参考，定义该边线的圆心为原点；在“连接件端口”对话框中单击“对齐矢量”按钮，在矢量方法下拉列表中选择 ZC 为对齐矢量；在“连接件端口”对话框中单击“旋转矢量”按钮，在过滤下拉列表中选择矢量为对齐矢量，在矢量方法下拉列表中选择 XC 为旋转矢量；在“连接件端口”对话框中选中 ☑ 允许多连接复选框，单击确定按钮，结束连接件端口的创建，如图 7.2.6 所示；单击“审核部件”对话框中的确定按钮；保存模型。

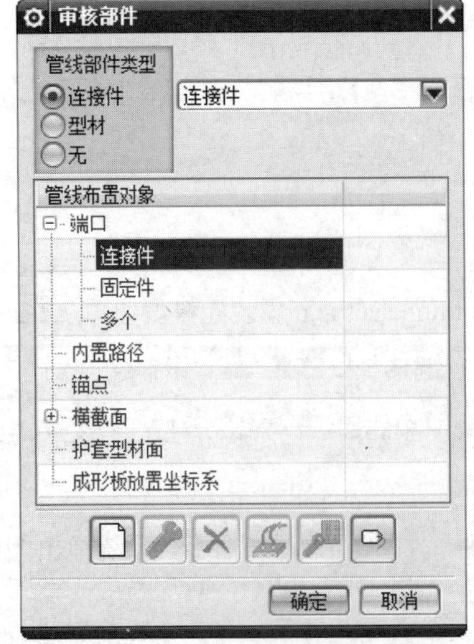

图 7.2.3　“审核部件”对话框

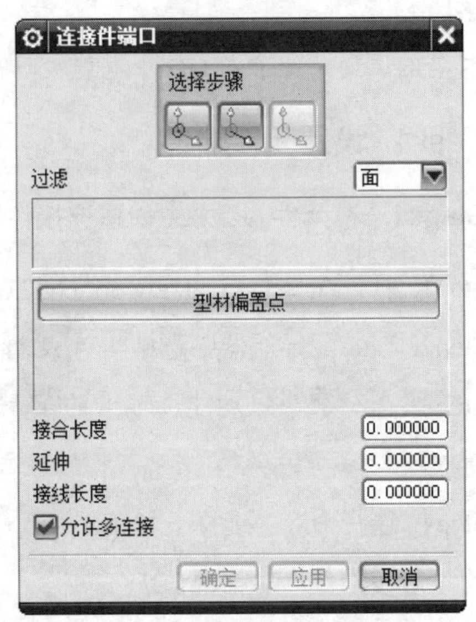

图 7.2.4　“连接件端口”对话框

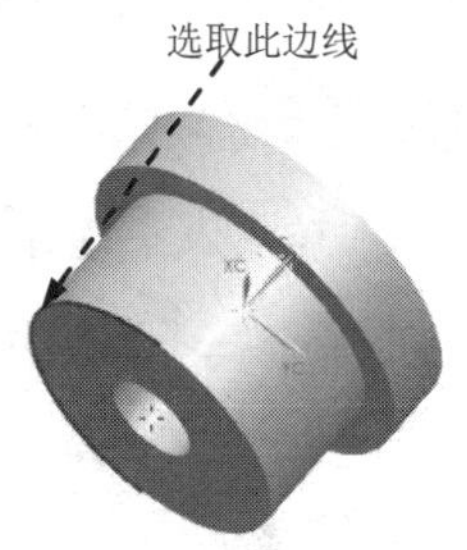

图 7.2.5　定义原点参考

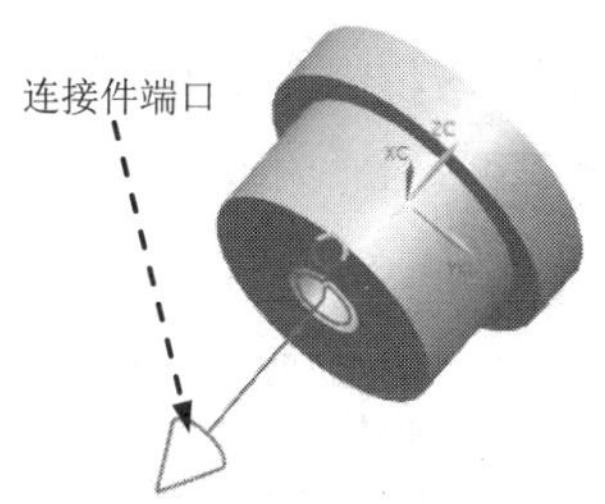

图 7.2.6　定义连接件端口

Stage2．在元件 jack2 中创建连接件端口

Step1．将窗口切换到装配体 routing_electric.prt。

Step2．在装配导航器中选中☑jack2节点，右击选择在窗口中打开命令。

Step3．选择下拉菜单工具(T) ➡ 审核部件(Q)...命令，系统弹出“审核部件”对话框。

Step4．定义连接件端口。在“审核部件”对话框的管线部件类型区域中选取⊙连接件单选项，在右侧的下拉列表中选择连接件选项，右击端口下方的连接件选项，在弹出的快捷菜单中选择新建命令，系统弹出“连接件端口”对话框；在过滤下拉列表中选择面选项，在模型中选取图 7.2.7 所示的面为原点参考，定义该面的中心为原点；在“连接件端口”对话框中单击“对齐矢量”按钮，在矢量方法下拉列表中选择-ZC为对齐矢量；在“连接件端口”对话框中单击“旋转矢量”按钮，在过滤下拉列表中选择矢量为对齐矢量，在矢量方法下拉列表中选择XC为旋转矢量；单击确定按钮，完成连接件端口的创建，如图 7.2.8 所示；单击“审核部件”对话框中的确定按钮；保存模型。

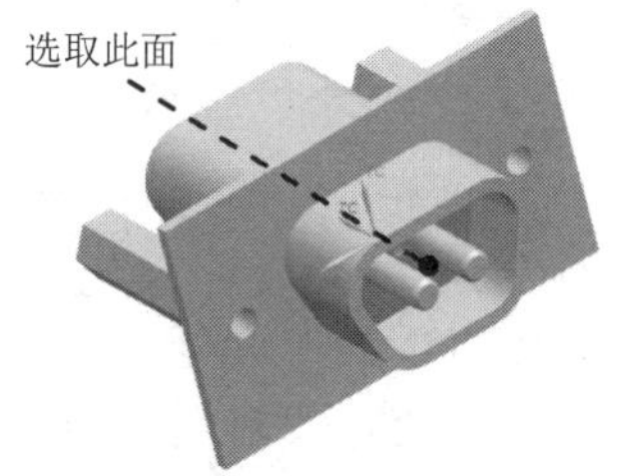

图 7.2.7　定义原点参考

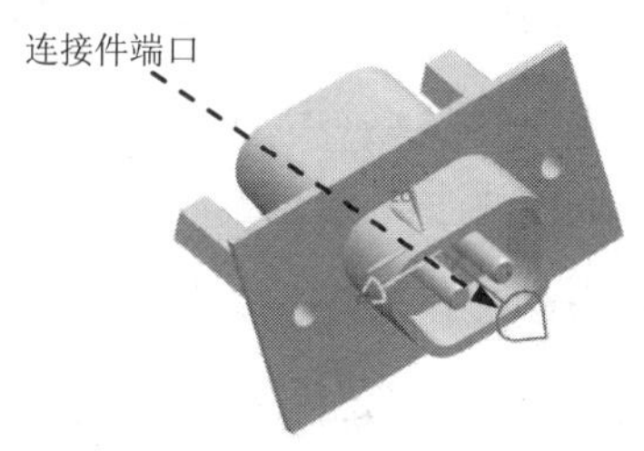

图 7.2.8　定义连接件端口

Stage3．在连接器 jack3 中创建连接件端口

Step1．将窗口切换到装配体 routing_electric.prt。

Step2．在装配导航器中选中☑jack3节点，右击选择在窗口中打开命令。

Step3．选择下拉菜单工具(T) ➡ 审核部件(Q)...命令，系统弹出“审核部件”对话框。

Step4. 定义连接件端口。在“审核部件”对话框的管线部件类型区域中选择⊙连接件单选项，在右侧的下拉列表中选择连接件选项，右击端口下方的连接件选项，在弹出的快捷菜单中选择新建命令，系统弹出“连接件端口”对话框；在过滤下拉列表中选择面选项，在模型中选取图 7.2.9 所示的面为原点参考，定义该面的中心为原点；在“连接件端口”对话框中单击“对齐矢量”按钮，在矢量方法下拉列表中选择-ZC为对齐矢量；在“连接件端口”对话框中单击“旋转矢量”按钮，在过滤下拉列表中选择矢量为对齐矢量，在矢量方法下拉列表中选择XC为旋转矢量；单击确定按钮，完成连接件端口的创建，如图 7.2.10 所示；保存模型。

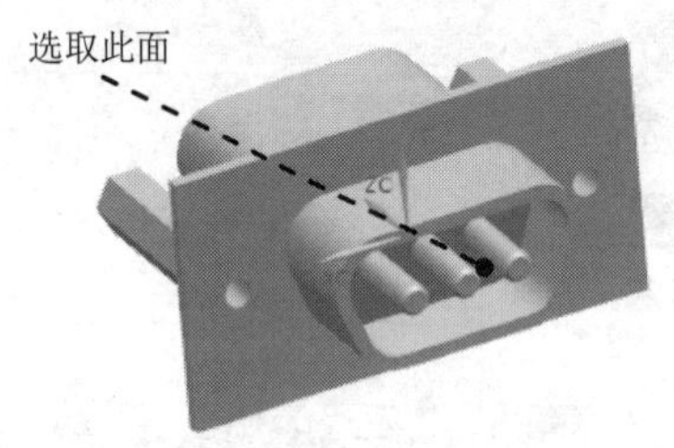

图 7.2.9　定义原点参考

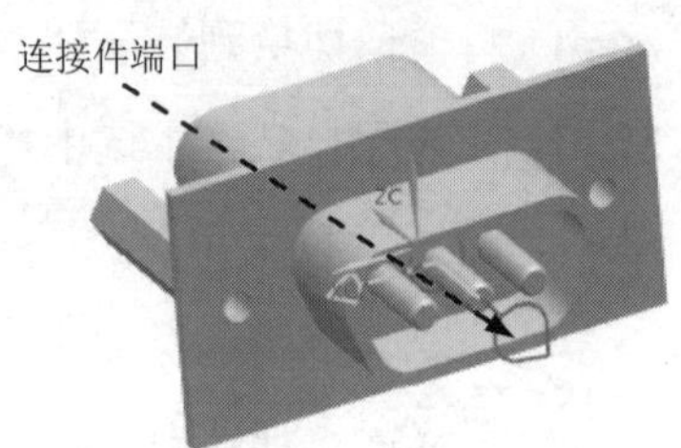

图 7.2.10　定义连接件端口

Stage4．在固定件 clip 中创建固定件端口

Step1. 将窗口切换到装配体 routing_electric.prt。

Step2. 在装配导航器中选中☑clip节点，右击选择在窗口中打开命令。

Step3. 选择下拉菜单工具(T) ➡ 审核部件(Q)...命令，系统弹出“审核部件”对话框。

Step4. 定义固定件端口。在“审核部件”对话框的管线部件类型区域中选取⊙连接件单选项，在右侧的下拉列表中选择连接件选项，右击端口下方的固定件选项，在弹出的快捷菜单中选择新建命令，系统弹出“连接件端口”对话框；在过滤下拉列表中选择面选项，在模型中选取图 7.2.11 所示的面为原点参考，定义该面的中心为原点；在“连接件端口”对话框中单击“对齐矢量”按钮，在矢量方法下拉列表中选择ZC为对齐矢量；单击确定按钮两次，结束固定件端口的创建，如图 7.2.12 所示；单击“审核部件”对话框中的确定按钮；保存模型。

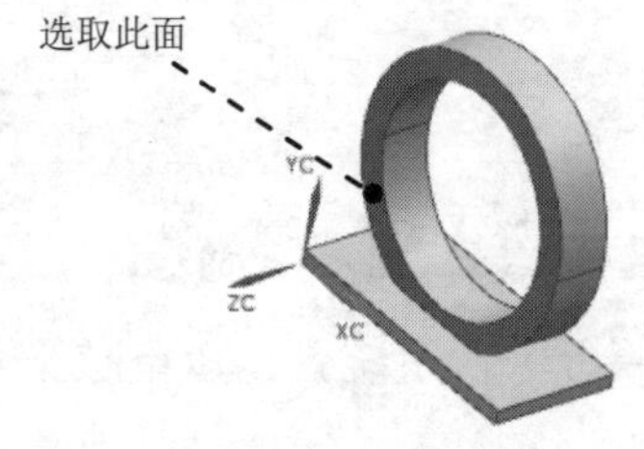

图 7.2.11　定义原点参考

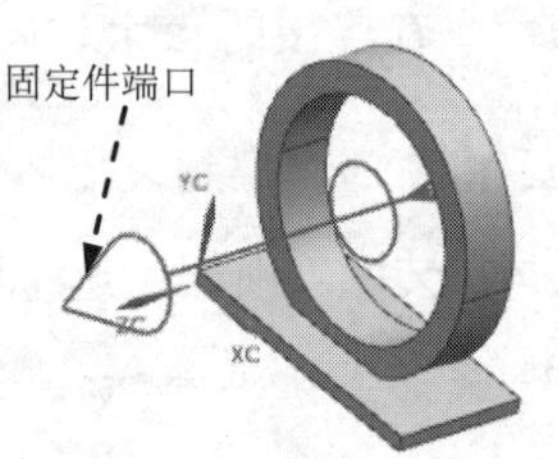

图 7.2.12　定义固定件端口

Stage5．在连接器 base 中创建连接件端口

Step1．将窗口切换到装配体 routing_electric.prt。

Step2．在装配导航器中选中 base 节点，右击选择 在窗口中打开 命令。

Step3．选择下拉菜单 工具(T) → 审核部件(Q)... 命令，系统弹出“审核部件”对话框。

Step4．定义连接件端口。在“审核部件”对话框的 管线部件类型 区域中选取 连接件 单选项，在右侧的下拉列表中选择 连接件 选项，右击 端口 下方的 固定件 选项，在弹出的快捷菜单中选择 新建 命令，系统弹出“连接件端口”对话框；在 过滤 下拉列表中选择 点 选项，在模型中选取图 7.2.13 所示的边线为原点参考，定义该边线的中心为原点；在“连接件端口”对话框中单击“对齐矢量”按钮，在 矢量方法 下拉列表中选择 -XC 为对齐矢量。单击 循环方向 按钮；单击 确定 按钮两次，结束固定件端口的创建，结果如图 7.2.14 所示；单击“审核部件”对话框中的 确定 按钮；保存模型。

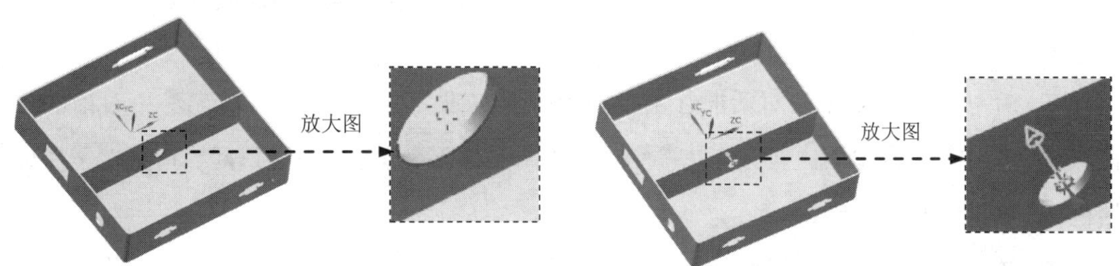

图 7.2.13　定义原点参考　　图 7.2.14　定义固定件端口

Stage6．在连接器 jack6 中创建连接件端口

Step1．将窗口切换到装配体 routing_electric.prt。

Step2．在装配导航器中选中 jack6 节点，右击选择 在窗口中打开 命令。

Step3．选择下拉菜单 工具(T) → 审核部件(Q)... 命令，系统弹出“审核部件”对话框。

Step4．定义连接件端口。

（1）在“审核部件”对话框的 管线部件类型 区域中选取 连接件 单选项，在右侧的下拉列表中选择 连接器 选项，右击 端口 下方的 多个 选项，在弹出的快捷菜单中选择 新建 命令，系统弹出“多个端口”对话框。

（2）在 过滤 下拉列表中选择 面 选项，在模型中选取图 7.2.15 所示的面为原点参考，定义该面的中心为原点。

（3）在“多个端口”对话框中单击“对齐矢量”按钮，在 矢量方法 下拉列表中选择 ZC 为对齐矢量。

（4）在“多个端口”对话框中单击“旋转矢量”按钮，在过滤下拉列表中选择矢量为对齐矢量，在矢量方法下拉列表中选择XC为旋转矢量，在延伸后的文本框中输入值 5.0，在接线长度后的文本框中输入值 15.0。

（5）单击确定按钮，系统弹出图 7.2.16 所示的“指派端子”对话框 1。

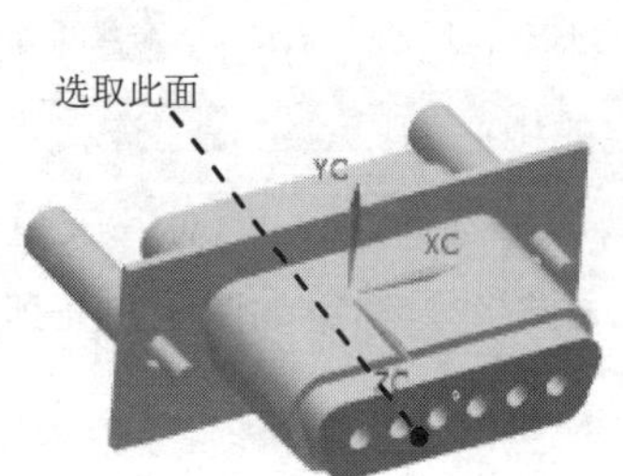

图 7.2.15　定义原点参考

图 7.2.16 “指派端子”对话框 1

（6）单击“指派端子”对话框 1 中的生成序列按钮，系统弹出“序列名称”对话框，在该对话框中设置图 7.2.17 所示的参数，然后单击确定按钮，系统返回“指派端子”对话框 2，如图 7.2.18 所示。

（7）在“指派端子”对话框 2 中选择1，单击放置端子按钮，系统弹出“放置端子”对话框，在过滤下拉列表中选择点选项，选取图 7.2.19 所示的边线 1 为管端 1 的参考，单击循环方向按钮调整端口方向，然后单击确定按钮。

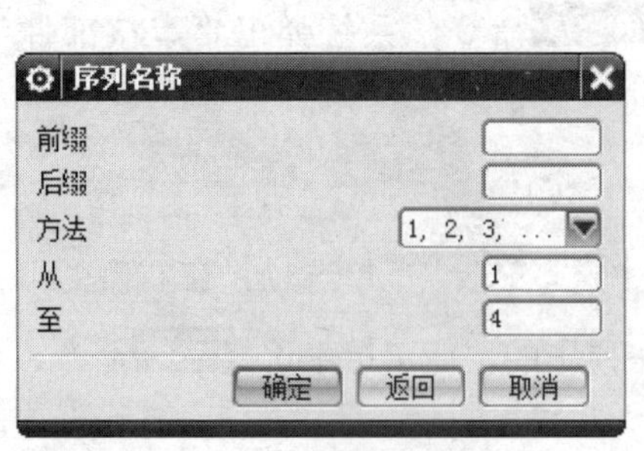

图 7.2.17 “序列名称”对话框

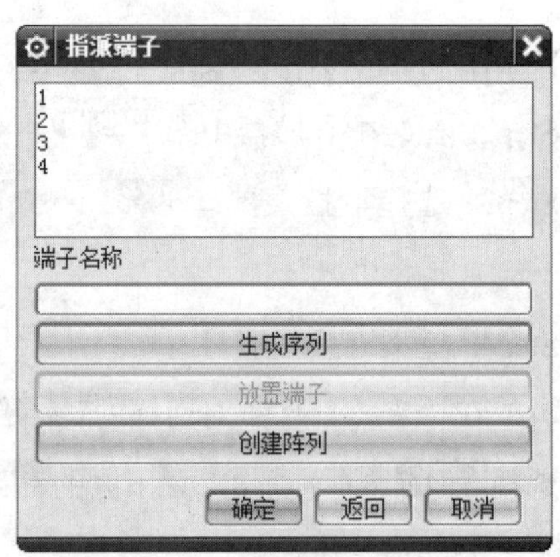

图 7.2.18　“指派端子”对话框 2

（8）参考（7），依次选取图 7.2.20 所示的边线 2、3、4 创建管端 2、3、4。

（9）单击确定按钮，完成连接件多个端口的创建，如图 7.2.21 所示。

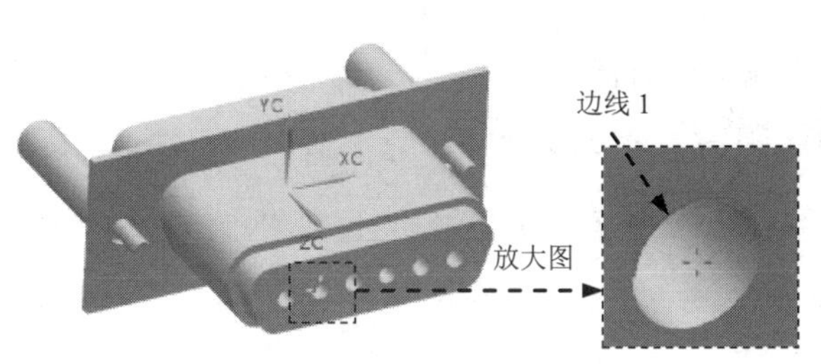

图 7.2.19 管端 1 边线参考

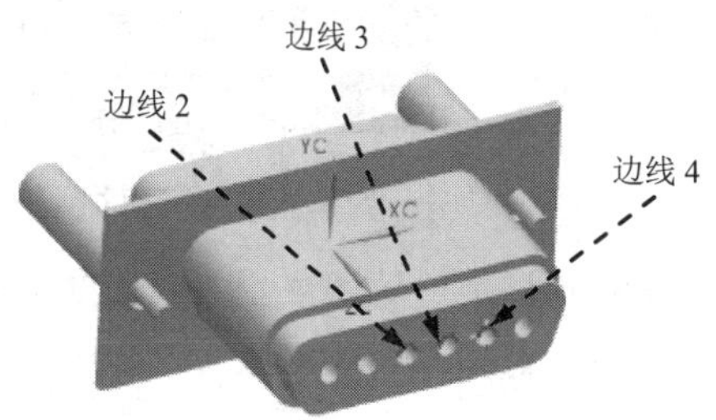

图 7.2.20 管端 2、3、4 边线参考

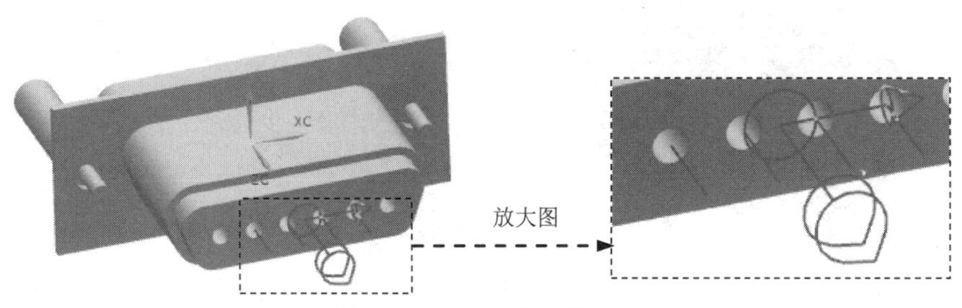

图 7.2.21 定义多个端口

（10）单击“审核部件”对话框中的 确定 按钮。

（11）保存模型。

Stage7．在连接器 jack8 中创建连接件端口

Step1．将窗口切换到装配体 routing_electric.prt。

Step2．在装配导航器中选中 jack8 节点，右击选择 在窗口中打开 命令。

Step3．选择下拉菜单 工具(T) → 审核部件(Q)... 命令，系统弹出“审核部件”对话框。

Step4．定义连接件端口。

（1）在“审核部件”对话框的 管线部件类型 区域中选取 ⊙ 连接件 单选项，在右侧的下拉列表中选择 连接器 选项，右击 端口 下方的 多个 选项，在弹出的快捷菜单中选择 新建 命令，系统弹出“多个端口”对话框。

（2）在 过滤 下拉列表中选择 面 选项，在模型中选取图 7.2.22 所示的面为原点参考，定义该面的中心为原点。

（3）在“多个端口”对话框中单击“对齐矢量”按钮，在 矢量方法 下拉列表中选择 -ZC 为对齐矢量。

（4）在“多个端口”对话框中单击“旋转矢量”按钮，在 过滤 下拉列表中选择 矢量 为对齐矢量，在 矢量方法 下拉列表中选择 XC 为旋转矢量，在 延伸 后的文本框中输入值 5.0，

在接线长度后的文本框中输入值 15.0。

（5）单击确定按钮，系统弹出“指派端子”对话框。

（6）单击“指派端子”对话框中的生成序列按钮，系统弹出“序列名称”对话框，在该对话框中设置图 7.2.23 所示的参数，然后单击确定按钮，系统返回到“指派端子”对话框，如图 7.2.24 所示。

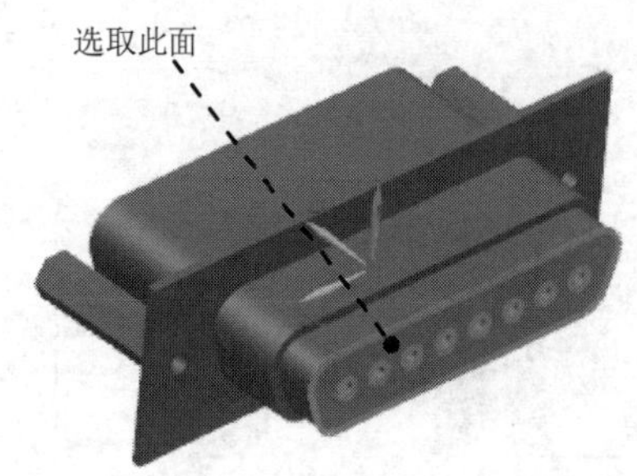

图 7.2.22　定义原点参考

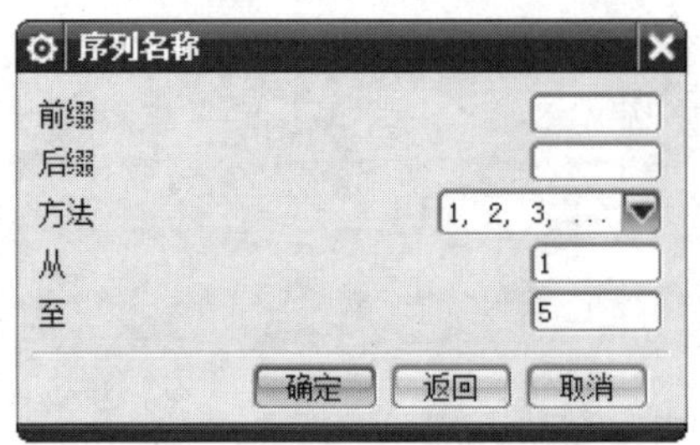

图 7.2.23 “序列名称”对话框

图 7.2.24 “指派端子”对话框

（7）在“指派端子”对话框中选择1，单击放置管端按钮，系统弹出“放置端子”对话框，在过滤下拉列表中选择点选项，选取图 7.2.25 所示的边线 1 为管端 1 的参考，单击循环方向按钮调整端口方向，然后单击确定按钮。

（8）参考第（7）条，依次选取图 7.2.25 所示的边线 2、3、4、5 创建管端 2、3、4、5。

（9）单击确定按钮，完成连接件多个端口的创建，如图 7.2.25 所示。

（10）单击“审核部件”对话框中的确定按钮。

（11）保存模型。

（12）将窗口切换到装配体 routing_electric.prt，在装配导航器中双击总装配节点 routing_electric，将其激活，然后保存装配体模型。

Stage8．在连接器 port1 中创建连接件端口与多端口

Step1．打开文件 D:\ugal12\work\ch07.02\ex\ port1.prt。

Step2．选择下拉菜单 工具(T) → 审核部件(Q)... 命令，系统弹出“审核部件”对

话框。

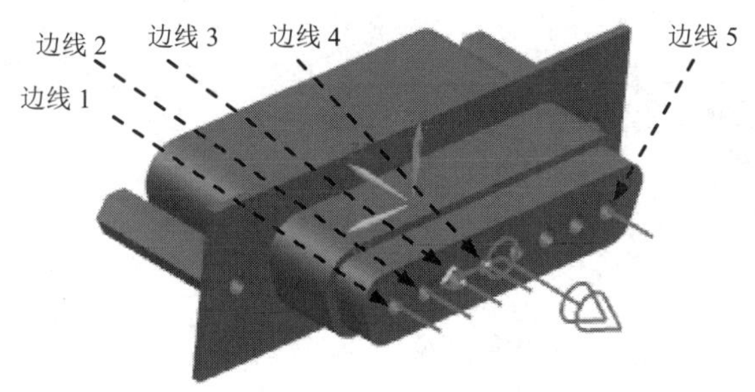

图 7.2.25　定义多个端口

Step3. 定义连接件端口。在“审核部件”对话框的管线部件类型区域中选择 连接件单选项，在右侧的下拉列表中选择接头选项；右击端口下方的连接件选项，在弹出的快捷菜单中选择新建命令，系统弹出“连接件端口”对话框；在过滤下拉列表中选择面选项，在模型中选取图 7.2.26 所示的面为原点参考，定义该面的中心为原点；在“连接件端口”对话框中单击“对齐矢量”按钮，选择YC为对齐矢量；单击“旋转矢量”按钮，选择XC为旋转矢量；单击确定按钮，完成连接件端口的创建，如图 7.2.27 所示。

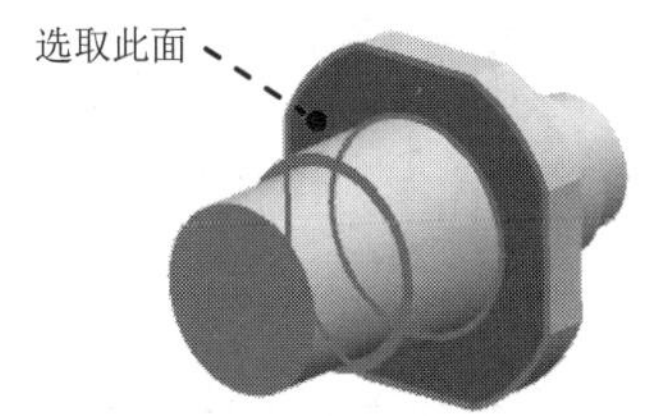

图 7.2.26　定义原点参考

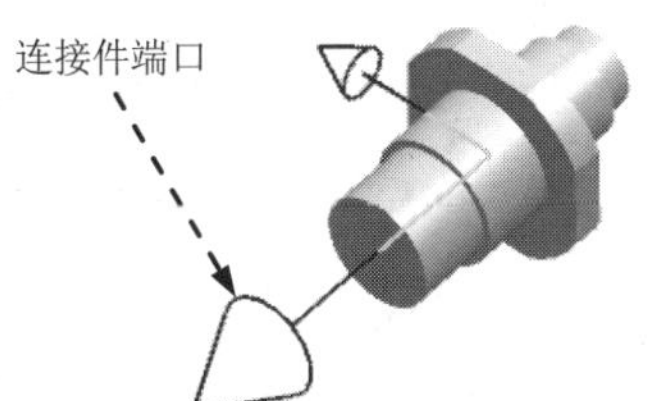

图 7.2.27　定义连接件端口

Step4. 定义“多个”端口。在“审核部件”对话框中右击端口下方的多个选项，在弹出的快捷菜单中选择新建命令，系统弹出“多个端口”对话框；在过滤下拉列表中选择面选项，在模型中选取图 7.2.28 所示的面为原点参考，定义该面的中心为原点；在“多个端口”对话框中单击“对齐矢量”按钮，选择-YC为对齐矢量；在“多个端口”对话框中单击“旋转矢量”按钮，选择XC为旋转矢量，在延伸后的文本框中输入值 5.0。单击确定按钮，系统弹出“指派端子”对话框；在“指派端子”对话框的管端名称文本框中输入值 1，按 Enter 键，在“指派端子”对话框中选择1，单击放置端子按钮，系统弹出“放置端子”对话框，在过滤下拉列表中选择面选项，选取图 7.2.28 所示的面为参考，单击循环方向按钮调整端口方向（指向零件外部）；单击确定按钮，完成连接件多个端口的创建，如图 7.2.29 所示；单击“审核部件”对话框中的确定按钮。

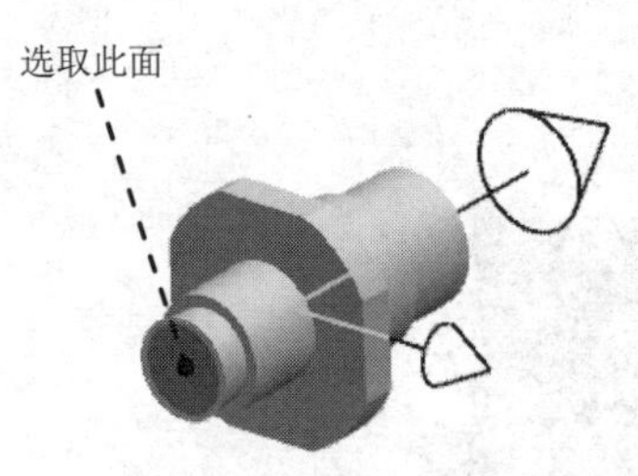

图 7.2.28 定义原点参考

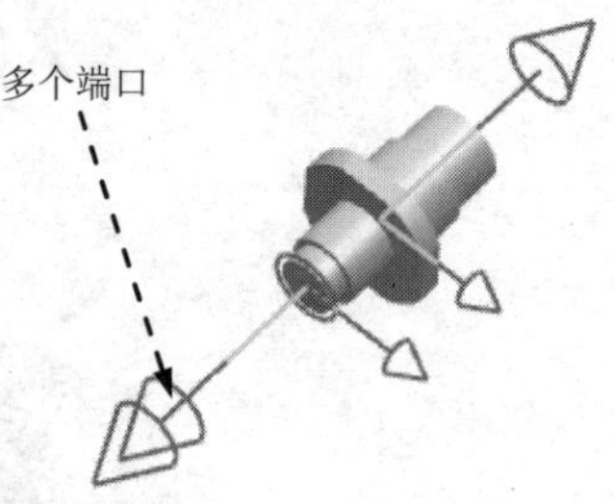

图 7.2.29 定义多个端口

Step5. 保存零件模型，然后关闭零件窗口。

Stage9. 在连接器 port2 中创建连接件端口与多端口

Step1. 打开文件 D: \ugal12\work\ch07.02\ex\port2.prt。

Step2. 选择下拉菜单 工具(T) → 审核部件(Q)... 命令，系统弹出“审核部件”对话框。

Step3. 定义连接件端口。在“审核部件”对话框的管线部件类型区域中选取 ⊙ 连接件单选项，在右侧的下拉列表中选择接头选项；右击端口下方的连接件选项，在弹出的快捷菜单中选择新建命令，系统弹出“连接件端口”对话框；在过滤下拉列表中选择面选项，在模型中选取图 7.2.30 所示的面为参考原点，定义该面的中心为原点；在“连接件端口”对话框中单击“对齐矢量”按钮，选择 -XC 为对齐矢量；单击“旋转矢量”按钮，选择 ZC 为旋转矢量；单击 确定 按钮，完成连接件端口的创建，如图 7.2.31 所示。

Step4. 定义“多个”端口。

（1）在“审核部件”对话框中右击端口下方的多个选项，在弹出的快捷菜单中选择新建命令，系统弹出“多个端口”对话框。

（2）在过滤下拉列表中选择面选项，在模型中选取图 7.2.32 所示的面为原点参考，定义该面的中心为原点；在“多个端口”对话框中单击“对齐矢量”按钮，选择 XC 为对齐矢量；在“多个端口”对话框中单击“旋转矢量”按钮，在过滤下拉列表中选择矢量为对齐矢量，在矢量方法下拉列表中选择 ZC 为旋转矢量，在延伸后的文本框中输入值 5.0，在接线长度后的文本框中输入值 15.0。单击 确定 按钮，系统弹出“指派端子”对话框。

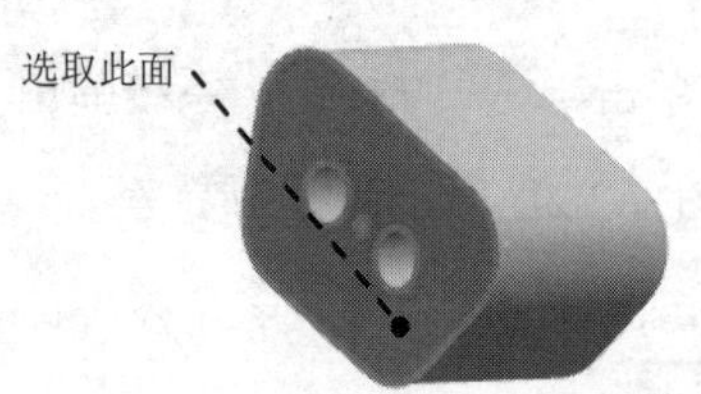

图 7.2.30 定义原点参考

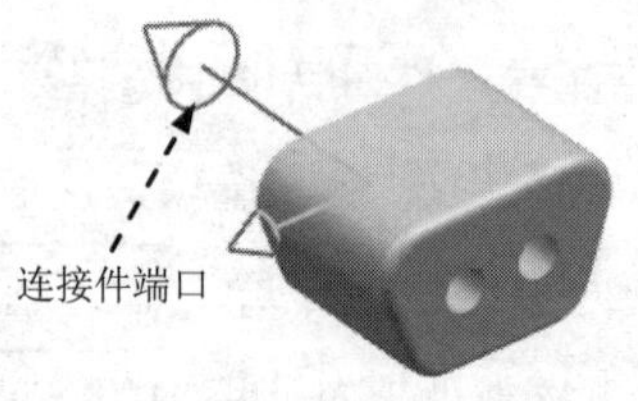

图 7.2.31 定义连接件端口

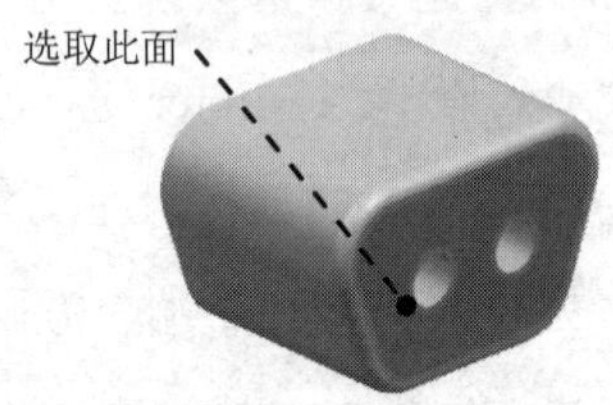

图 7.2.32 定义原点参考

（3）单击“指派端子”对话框中的生成序列按钮，系统弹出“序列名称”对话框，在该对话框中设置图7.2.33所示的参数，然后单击确定按钮，系统返回到“指派端子”对话框，如图7.2.34所示。

（4）在“指派端子”对话框中选择1，单击放置端子按钮，系统弹出“放置端子”对话框，在过滤下拉列表中选择点选项，选取图7.2.35所示的边线1为管端1的参考，单击循环方向按钮调整端口方向，然后单击确定按钮。

（5）在“指派端子”对话框中选择2，单击放置端子按钮，系统弹出“放置端子”对话框，在过滤下拉列表中选择点选项，选取图7.2.35所示的边线2为管端2的参考，单击循环方向按钮调整端口方向，然后单击确定按钮。

（6）单击确定按钮，结束连接件多个端口的创建，如图7.2.35所示。

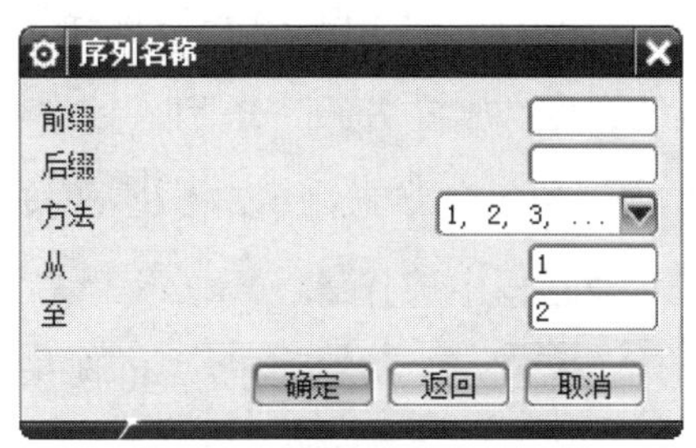

图7.2.33 “序列名称”对话框

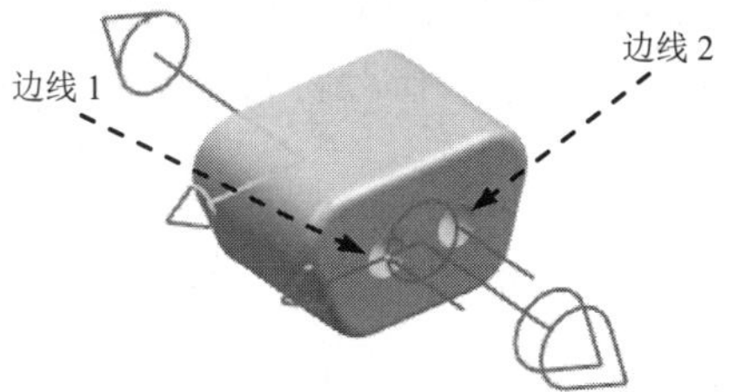

图7.2.35 定义多个端口

图7.2.34 “指派端子”对话框

（7）单击“审核部件”对话框中的确定按钮。

Step5. 保存零件模型，然后关闭零件窗口。

Stage10. 在连接器port3中创建连接件端口与多端口

Step1. 打开文件D: \ugal12\work\ch07.02\ex\port3.prt。

Step2. 选择下拉菜单工具(T) ➡ 审核部件(Q)...命令，系统弹出“审核部件”对话框。

Step3. 定义连接件端口。在“审核部件”对话框的管线部件类型区域中选取 ⊙ 连接件单选项，在右侧的下拉列表中选择接头选项；右击端口下方的连接件选项，在弹出的快捷菜单中选择新建命令，系统弹出“连接件端口”对话框；在过滤下拉列表中选择面选项，在模型中选取图 7.2.36 所示的面为原点参考，定义该面的中心为原点；在“连接件端口”对话框中单击“对齐矢量”按钮，选择-XC为对齐矢量；单击“旋转矢量”按钮，选择ZC为旋转矢量；单击确定按钮，结束连接件端口的创建，如图 7.2.37 所示。

Step4. 定义“多个”端口。在“审核部件”对话框中右击端口下方的多个选项，在弹出的快捷菜单中选择新建命令，系统弹出“多个端口”对话框；在过滤下拉列表中选择面选项，在模型中选取图 7.2.38 所示的面为原点参考，定义该面的中心为原点；在“多个端口”对话框中单击“对齐矢量”按钮，选择XC为对齐矢量；在“多个端口”对话框中单击“旋转矢量”按钮，选择ZC为旋转矢量，在延伸后的文本框中输入值 5.0，在接线长度后的文本框中输入值 15.0；单击确定按钮，系统弹出“指派端子”对话框；单击“指派端子”对话框中的生成序列按钮，系统弹出“序列名称”对话框，在该对话框中设置图 7.2.39 所示的参数，然后单击确定按钮，系统返回到“指派端子”对话框；在“指派端子”对话框中选择1，单击放置端子按钮，系统弹出“放置端子”对话框，在过滤下拉列表中选择点选项，选取图 7.2.40 所示的边线 1 为管端 1 的参考，单击循环方向按钮调整端口方向，然后单击确定按钮；在“指派端子”对话框中选择2，单击放置端子按钮，系统弹出“放置端子”对话框，在过滤下拉列表中选择点选项，选取图 7.2.40 所示的边线 2 为管端 2 的参考，单击循环方向按钮调整端口方向，然后单击确定按钮；在“指派端子”对话框中选择3，单击放置端子按钮，系统弹出“放置端子”对话框，在过滤下拉列表中选择点选项，选取图 7.2.40 所示的边线 3 为管端 3 的参考，单击循环方向按钮调整端口方向，然后单击确定按钮；单击确定按钮两次，结束连接件多个端口的创建，如图 7.2.40 所示；单击“审核部件”对话框中的确定按钮。

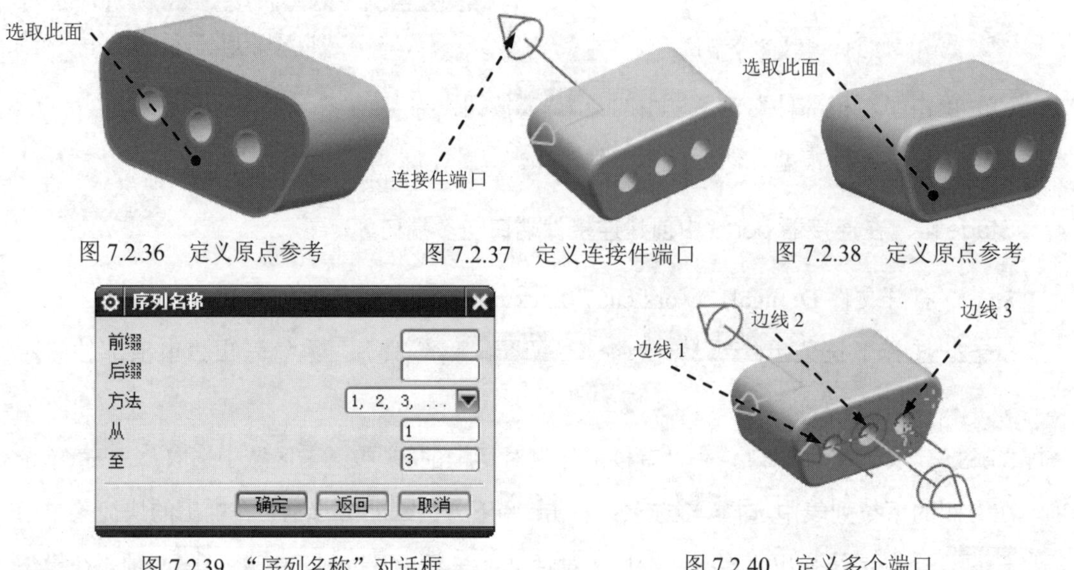

图 7.2.36　定义原点参考

图 7.2.37　定义连接件端口

图 7.2.38　定义原点参考

图 7.2.39 “序列名称”对话框

图 7.2.40　定义多个端口

Step5. 保存零件模型，然后关闭零件窗口。

Task2. 放置元件

Step1. 选择命令。在 主页 功能选项卡的 部件 区域中单击“放置部件”按钮，系统弹出图 7.2.41 所示的“指定项”对话框；单击“指定项”对话框中的“打开”按钮，打开文件 port1.prt，单击 确定 按钮，系统弹出图 7.2.42 所示的“放置部件”对话框；在模型中选取图 7.2.43 所示的连接器端口为放置参考，单击 确定 按钮，完成元件的放置，结果如图 7.2.44 所示（注：若位置不对可单击 放置解算方案 下的按钮调整）。

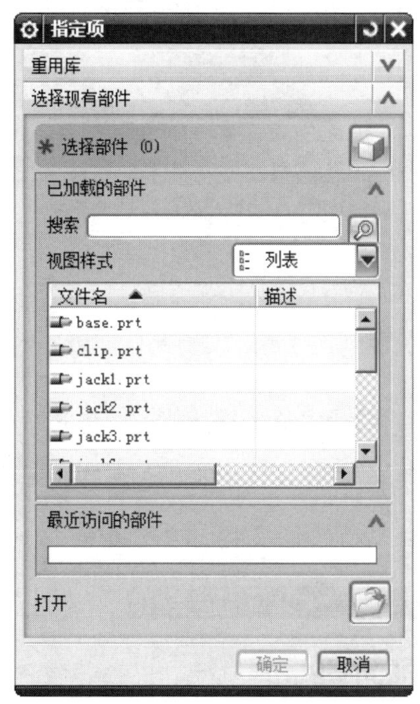

图 7.2.41 “指定项”对话框

图 7.2.42 “放置部件”对话框

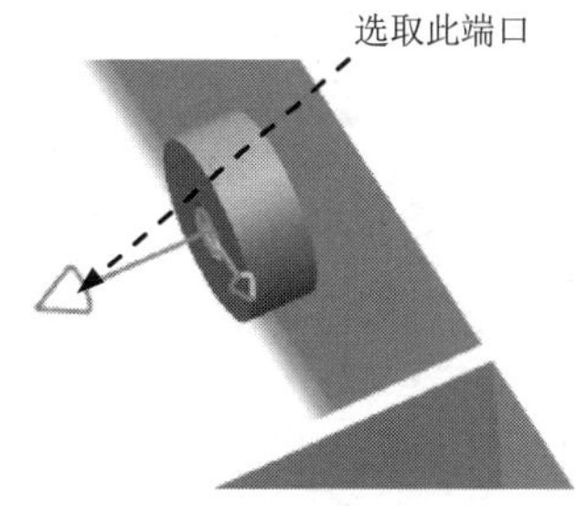

图 7.2.43 选取放置参考 1

图 7.2.44 放置元件 port1

Step2. 参考 Step1 的操作步骤放置元件 port2。选取图 7.2.45 所示的连接器端口为放置参考，结果如图 7.2.46 所示。

Step3. 参考 Step1 的操作步骤放置元件 port3。选取图 7.2.47 所示的连接器端口为放置参考，结果如图 7.2.48 所示。

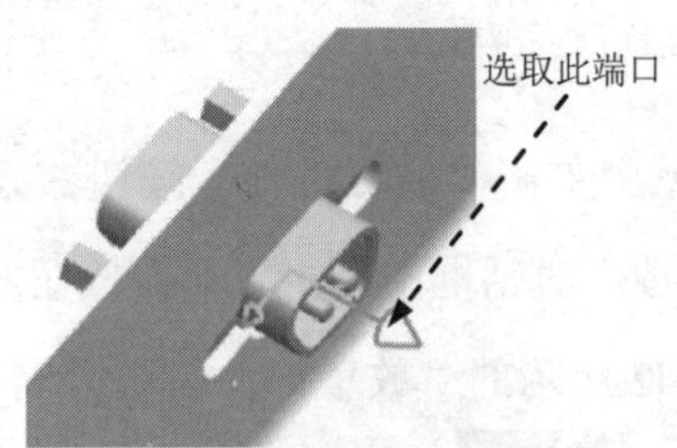

图 7.2.45　选取放置参考 2

图 7.2.46　放置元件 port2

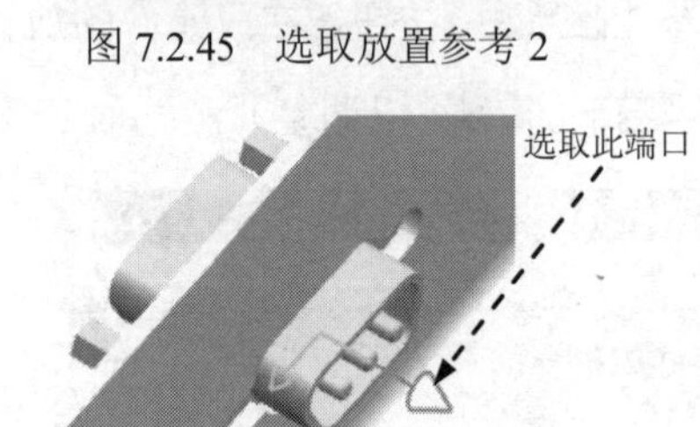

图 7.2.47　选取放置参考 3

图 7.2.48　放置元件 port3

Task3. 创建连接

Stage1. 创建连接 1

Step1. 在导航器中单击“电气连接导航器”按钮，单击 管线列表 功能选项卡。

Step2. 定义连接属性。单击 管线列表 功能选项卡 连接 区域中的 创建 按钮，系统弹出“创建连接向导：连接属性”对话框，在该对话框中设置图 7.2.49 所示的参数。

图 7.2.49　“创建连接向导：连接属性”对话框

Step3. 定义起始组件属性。单击 下一步 > 按钮，系统进入“创建连接向导：起始组件属性”对话框，在模型中选取元件 port1，然后在 From Device 文本框中输入 J1，在 From Conn 文本框中输入 P1，在 From Pin 下拉列表中选择 1，如图 7.2.50 所示。

Step4. 定义目标组件属性。单击 下一步 > 按钮，系统进入“创建连接向导：目标组件属性”对话框，在模型中选取元件 port3，然后在 To Device 文本框中输入 J3，在 To Conn 文本框中输入 P3，在 To Pin 下拉列表中选择 1，如图 7.2.51 所示。

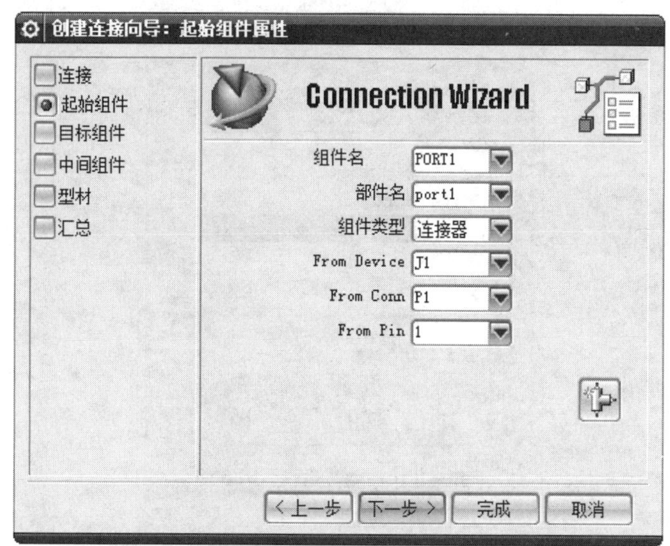

图 7.2.50　“创建连接向导：起始组件属性”对话框

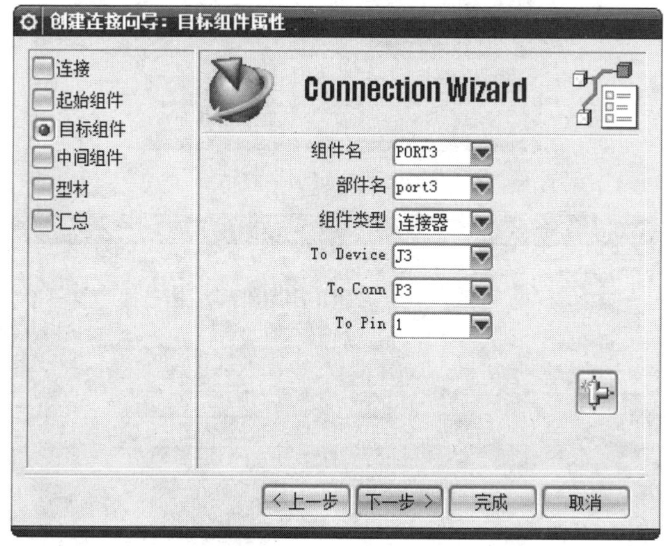

图 7.2.51　“创建连接向导：目标组件属性”对话框

Step5. 单击 下一步 > 按钮，系统进入“创建连接向导：中间组件属性”对话框。

Step6. 定义电线属性。单击 下一步 > 按钮，系统进入“创建连接向导：电线属性”对话框；单击 选择电线 按钮，系统弹出图 7.2.52 所示的“指定项”对话框，选择 Wires 节点，在成员视图下拉列表中选择“列表”选项，选中 W-100，单击确定按钮，系统返回“创建连接向导：电线属性”对话框；单击显示颜色右侧的“颜色”按钮，在“颜色”对话框中选择粉红色（Magenta）为显示颜色，单击确定按钮，如图 7.2.53 所示。

Step7. 单击下一步 >按钮，系统进入“创建连接向导：汇总报告”对话框，在该对话框中显示当前连接的详细信息，如图 7.2.54 所示。

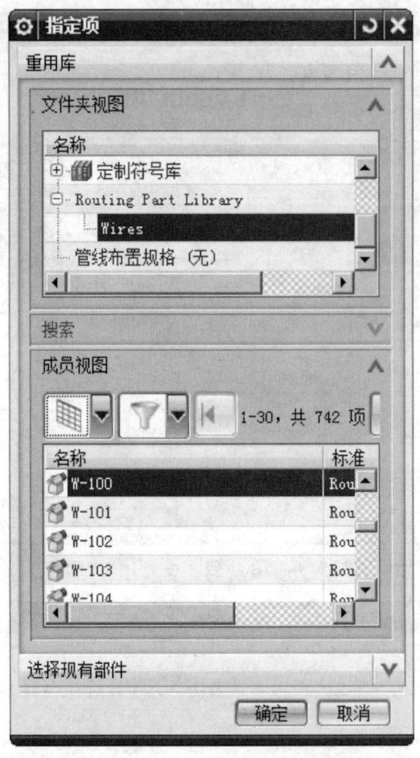

图 7.2.52 “指定项”对话框

图 7.2.53 “创建连接向导：电线属性”对话框

Step8. 单击 完成 按钮，关闭系统弹出的信息提示文本，结束连接 1 的创建。

图 7.2.54　“创建连接向导：汇总报告”对话框

Stage2．创建连接 2

Step1. 定义连接属性。单击 管线列表 功能选项卡 连接 区域中的 创建 按钮，系统弹出“创建连接向导：连接属性”对话框，在 Wire ID 文本框中输入 W2，在 型材类型 下拉列表中选择 电线 选项，在 切削长度 文本框中输入值 0。

Step2. 定义起始组件属性。单击 下一步 > 按钮，系统进入“创建连接向导：起始组件属性”对话框，在模型中选取元件 port2，然后在 From Device 文本框中输入 J2，在 From Conn 文本框中输入 P2，在 From Pin 下拉列表中选择 1。

Step3. 定义目标组件属性。单击 下一步 > 按钮，系统进入“创建连接向导：目标组件属性”对话框，在模型中选取元件 port3，然后在 To Device 文本框中输入 J3，在 To Conn 文本框中输入 P3，在 To Pin 下拉列表中选择 2。

Step4. 单击 下一步 > 按钮，系统进入“创建连接向导：中间组件属性”对话框。

Step5. 定义电线属性。单击 下一步 > 按钮，系统进入“创建连接向导：电线属性”对话框，选取电线 W-100，颜色设置为红色（Red）。

Step6. 单击 下一步 > 按钮，系统进入“创建连接向导：汇总报告”对话框，在该对话框中显示当前连接的详细信息。

Step7. 单击 完成 按钮，关闭系统弹出的信息提示文本，完成连接 2 的创建。

Stage3．创建连接 3

Step1. 定义连接属性。单击 管线列表 功能选项卡 连接 区域中的 创建 按钮，系统弹出

“创建连接向导：连接属性”对话框，在 Wire ID 文本框中输入 W3，在 型材类型 下拉列表中选择 电线 选项，在 切削长度 文本框中输入值 0。

Step2. 定义起始组件属性。单击 下一步 > 按钮，系统进入“创建连接向导：起始组件属性”对话框，在模型中选取元件 port2，然后在 From Device 文本框中输入 J2，在 From Conn 文本框中输入 P2，在 From Pin 下拉列表中选择 2。

Step3. 定义目标组件属性。单击 下一步 > 按钮，系统进入“创建连接向导：目标组件属性”对话框，在模型中选取元件 port3，然后在 To Device 文本框中输入 J3，在 To Conn 文本框中输入 P3，在 To Pin 下拉列表中选择 3。

Step4. 单击 下一步 > 按钮，系统进入“创建连接向导：中间组件属性”对话框。

Step5. 定义电线属性。单击 下一步 > 按钮，系统进入“创建连接向导：电线属性”对话框，选取电线 W-100，颜色设置为橘黄色（Orange）。

Step6. 单击 下一步 > 按钮，系统进入“创建连接向导：汇总报告”对话框，在该对话框中显示当前连接的详细信息。

Step7. 单击 完成 按钮，关闭系统弹出的信息提示文本，结束连接 3 的创建。

Stage4．创建连接 4

Step1. 定义连接属性。单击 管线列表 功能选项卡 连接 区域中的 创建 按钮，系统弹出“创建连接向导：连接属性”对话框，在 Wire ID 文本框中输入 W4，在 型材类型 下拉列表中选择 电线 选项，在 切削长度 文本框中输入值 0。

Step2. 定义起始组件属性。单击 下一步 > 按钮，系统进入“创建连接向导：起始组件属性”对话框，在模型中选取元件 port1，然后在 From Device 文本框中输入 J1，在 From Conn 文本框中输入 P1，在 From Pin 下拉列表中选择 1。

Step3. 定义目标组件属性。单击 下一步 > 按钮，系统进入“创建连接向导：目标组件属性”对话框，在模型中选取元件 jack8，然后在 To Device 文本框中输入 J8，在 To Conn 文本框中输入 P8，在 To Pin 下拉列表中选择 5。

Step4. 单击 下一步 > 按钮，系统进入“创建连接向导：中间组件属性”对话框。

Step5. 定义电线属性。单击 下一步 > 按钮，系统进入“创建连接向导：电线属性”对话框，选取电线 W-10，颜色设置为黄色（Yellow）。

Step6. 单击 下一步 > 按钮，系统进入“创建连接向导：汇总报告”对话框，在该对话框中显示当前连接的详细信息。

Step7. 单击 完成 按钮，关闭系统弹出的信息提示文本，结束连接 4 的创建。

Stage5．创建连接 5

Step1. 定义连接属性。单击 管线列表 功能选项卡 连接 区域中的 创建 按钮，系统弹出“创建连接向导：连接属性”对话框，在 Wire ID 文本框中输入 C1_1，在 型材类型 下拉列表中选择 电线 选项，在 切削长度 文本框中输入值 0。

Step2. 定义起始组件属性。单击 下一步 > 按钮，系统进入“创建连接向导：起始组件属性”对话框，在模型中选取元件 jack6，然后在 From Device 文本框中输入 J6，在 From Conn 文本框中输入 P6，在 From Pin 下拉列表中选择 1。

Step3. 定义目标组件属性。单击 下一步 > 按钮，系统进入“创建连接向导：目标组件属性”对话框，在模型中选取元件 jack8，然后在 To Device 文本框中输入 J8，在 To Conn 文本框中输入 P8，在 To Pin 下拉列表中选择 4。

Step4. 单击 下一步 > 按钮，系统进入“创建连接向导：中间组件属性”对话框。

Step5. 定义电线属性。单击 下一步 > 按钮，系统进入“创建连接向导：电线属性”对话框，选取电线 W-112，颜色设置为浅蓝色（Cornflower）。

Step6. 单击 下一步 > 按钮，系统进入“创建连接向导：汇总报告”对话框，在该对话框中显示当前连接的详细信息。

Step7. 单击 完成 按钮，关闭系统弹出的信息提示文本，结束连接 5 的创建。

Stage6. 创建连接 6

Step1. 定义连接属性。单击 管线列表 功能选项卡 连接 区域中的 创建 按钮，系统弹出“创建连接向导：连接属性”对话框，在 Wire ID 文本框中输入 C1_2，在 型材类型 下拉列表中选择 电线 选项，在 切削长度 文本框中输入值 0。

Step2. 定义起始组件属性。单击 下一步 > 按钮，系统进入“创建连接向导：起始组件属性”对话框，在模型中选取元件 jack6，然后在 From Device 文本框中输入 J6，在 From Conn 文本框中输入 P6，在 From Pin 下拉列表中选择 2。

Step3. 定义目标组件属性。单击 下一步 > 按钮，系统进入“创建连接向导：目标组件属性”对话框，在模型中选取元件 jack8，然后在 To Device 文本框中输入 J8，在 To Conn 文本框中输入 P8，在 To Pin 下拉列表中选择 3。

Step4. 单击 下一步 > 按钮，系统进入“创建连接向导：中间组件属性”对话框。

Step5. 定义电线属性。单击 下一步 > 按钮，系统进入“创建连接向导：电线属性”对话框，选取电线 W-112，颜色设置为蓝色（Blue）。

Step6. 单击 下一步 > 按钮，系统进入“创建连接向导：汇总报告”对话框，在该对话框中显示当前连接的详细信息。

Step7. 单击 完成 按钮，关闭系统弹出的信息提示文本，结束连接 6 的创建。

Stage7. 创建连接 7

Step1. 定义连接属性。单击 管线列表 功能选项卡 连接 区域中的 创建 按钮，系统弹出

“创建连接向导：连接属性”对话框，在Wire ID文本框中输入 C1_3，在型材类型下拉列表中选择电线选项，在切削长度文本框中输入值 0。

Step2. 定义起始组件属性。单击下一步 >按钮，系统进入“创建连接向导：起始组件属性”对话框，在模型中选取元件 jack6，然后在From Device文本框中输入 J6，在From Conn文本框中输入 P6，在From Pin下拉列表中选择3。

Step3. 定义目标组件属性。单击下一步 >按钮，系统进入“创建连接向导：目标组件属性”对话框，在模型中选取元件 jack8，然后在To Device文本框中输入 J8，在To Conn文本框中输入 P8，在To Pin下拉列表中选择2。

Step4. 单击下一步 >按钮，系统进入“创建连接向导：中间组件属性”对话框。

Step5. 定义电线属性。单击下一步 >按钮，系统进入“创建连接向导：电线属性”对话框，选取电线 W-112，颜色设置为青橙绿色（Lime）。

Step6. 单击下一步 >按钮，系统进入“创建连接向导：汇总报告”对话框，在该对话框中显示当前连接的详细信息。

Step7. 单击完成按钮，关闭系统弹出的信息提示文本，结束连接 7 的创建。

Stage8. 创建连接 8

Step1. 定义连接属性。单击管线列表功能选项卡连接区域中的创建按钮，系统弹出“创建连接向导：连接属性”对话框，在Wire ID文本框中输入 C1_4，在型材类型下拉列表中选择电线选项，在切削长度文本框中输入值 0。

Step2. 定义起始组件属性。单击下一步 >按钮，系统进入“创建连接向导：起始组件属性”对话框，在模型中选取元件 jack6，然后在From Device文本框中输入 J6，在From Conn文本框中输入 P6，在From Pin下拉列表中选择4。

Step3. 定义目标组件属性。单击下一步 >按钮，系统进入“创建连接向导：目标组件属性”对话框，在模型中选取元件 jack8，然后在To Device文本框中输入 J8，在To Conn文本框中输入 P8，在To Pin下拉列表中选择1。

Step4. 单击下一步 >按钮，系统进入“创建连接向导：中间组件属性”对话框。

Step5. 定义电线属性。单击下一步 >按钮，系统进入“创建连接向导：电线属性”对话框，选取电线 W-112，颜色设置为蓝绿色（Cyan）。

Step6. 单击下一步 >按钮，系统进入“创建连接向导：汇总报告”对话框，在该对话框中显示当前连接的详细信息。

Step7. 单击完成按钮，关闭系统弹出的信息提示文本，结束连接 8 的创建。

Stage9. 显示所有连接（注：本步骤的详细操作过程请参见学习资源中 video\ch07.02\Task3\reference\文件下的语音视频讲解文件 routing_electric-03-r01.exe）

Task4. 创建路径

Stage1. 创建样条路径 1

Step1. 在主页功能选项卡的路径区域中单击“样条路径”按钮，系统弹出“样条路径”对话框。

Step2. 在模型中依次选取图 7.2.55 所示的固定端口 1 和固定端口 2 为路径点。

Step3. 单击< 确定 >按钮，完成样条路径 1 的创建，如图 7.2.56 所示。

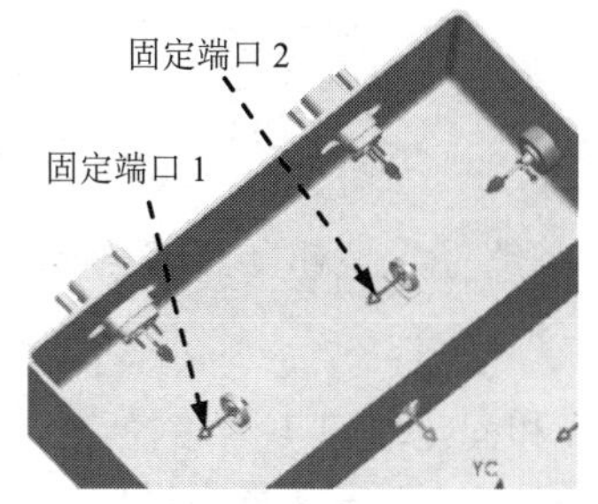

图 7.2.55 选取路径点 1

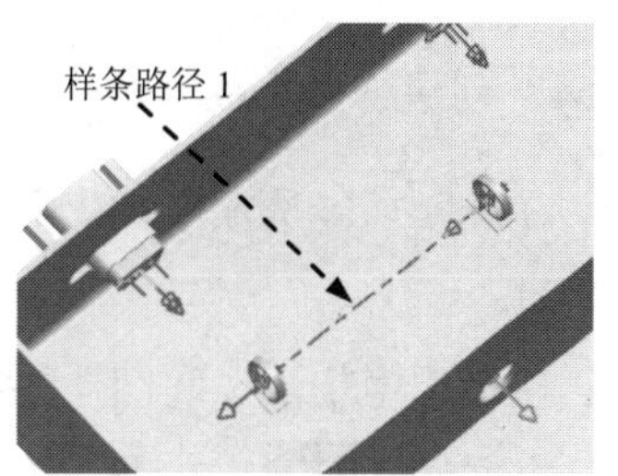

图 7.2.56 创建样条路径 1

Stage2. 创建样条路径 2

Step1. 在主页功能选项卡的路径区域中单击“样条路径”按钮，系统弹出“样条路径”对话框。

Step2. 在模型中依次选取图 7.2.57 所示的连接端口 1 和固定端口 2 为路径点，在“样条路径”对话框中选择点 2，在向后延伸文本框中输入值 0.5；单击< 确定 >按钮，完成样条路径 2 的创建，如图 7.2.58 所示。

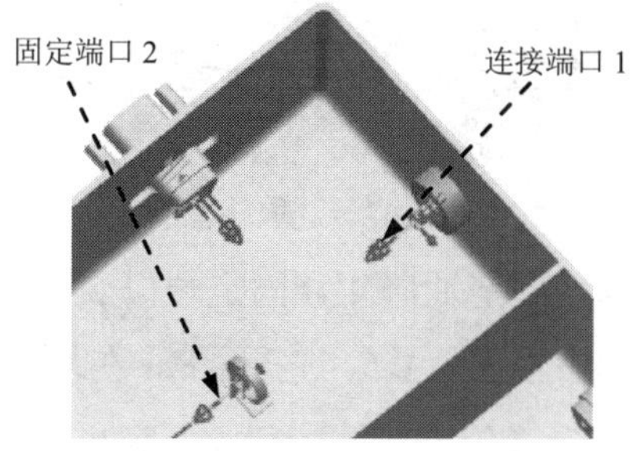

图 7.2.57 选取路径点 2

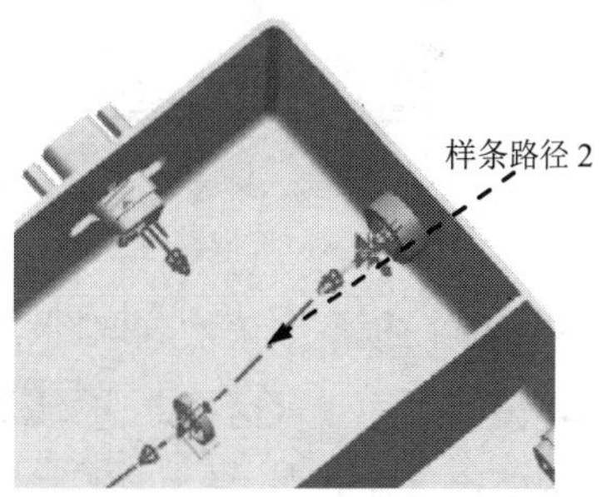

图 7.2.58 创建样条路径 2

Stage3. 创建样条路径 3

Step1. 在主页功能选项卡的路径区域中单击“样条路径”按钮，系统弹出“样条路径”对话框。

Step2. 在模型中依次选取图 7.2.59 所示的多端口 1 和固定端口 2 为路径点，在“样条路径”对话框中选择点 2，在向后延伸文本框中输入值 0.5；单击< 确定 >按钮，完成样条路径 3 的创建，如图 7.2.60 所示。

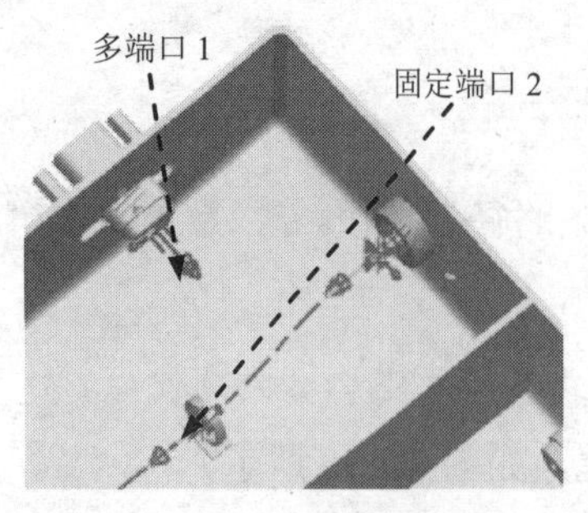

图 7.2.59　选取路径点 3

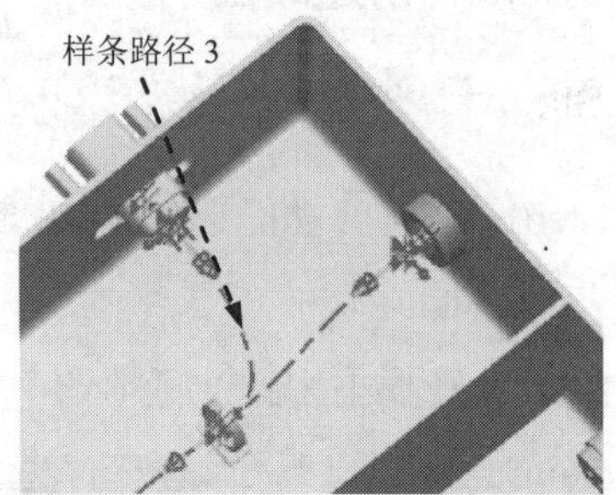

图 7.2.60　创建样条路径 3

Stage4．创建样条路径 4

Step1. 在主页功能选项卡的路径区域中单击“样条路径”按钮，系统弹出“样条路径”对话框。

Step2. 在模型中依次选取图 7.2.61 所示的多端口 2 和固定端口 1 为路径点，在“样条路径”对话框中选择点 2，在向后延伸文本框中输入值 0.5；单击应用按钮。

Step3. 在模型中依次选取图 7.2.62 所示的固定端口 2、固定端口 5 和固定端口 3 为路径点，在“样条路径”对话框中选择点 1，在向前延伸文本框中输入值 0.5；选择点 2，在向后延伸文本框中输入值 0.5；选择点 3，在向后延伸文本框中输入值 0.5；单击应用按钮。

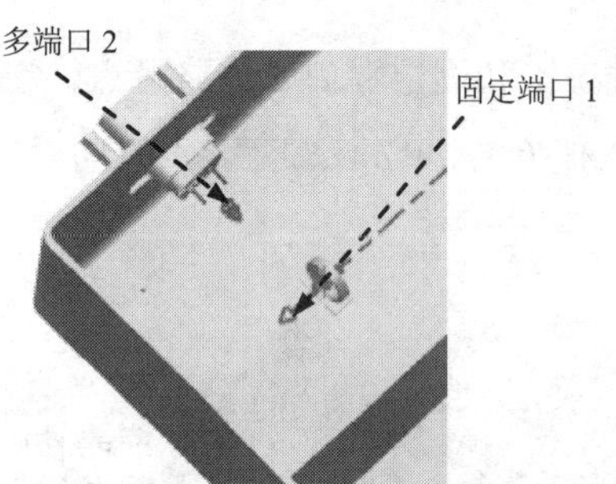

图 7.2.61 选取路径点 4

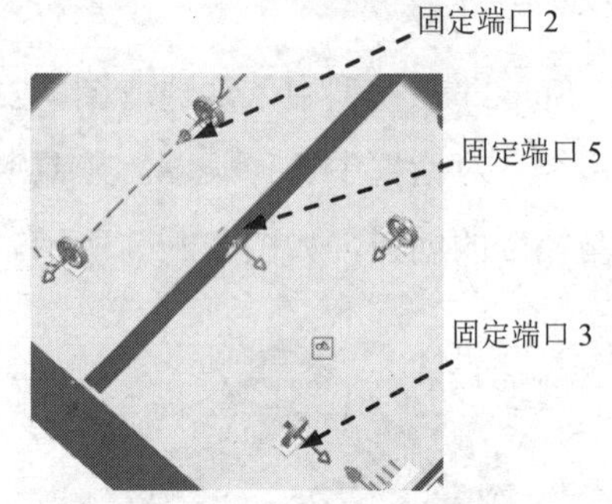

图 7.2.62　选取路径点 5

Step4. 在模型中依次选取图 7.2.63 所示的多端口 4、固定端口 4 和固定端口 3 为路径点，在“样条路径”对话框中选择点 2，在向后延伸文本框中输入值 0.5；选择点 3，在向后延伸文本框中输入值 0.5；单击应用按钮。

Step5. 在模型中依次选取图 7.2.64 所示的固定端口 3 和多端口 5 为路径点，在“样条路径”对话框中选择点 1，在向前延伸文本框中输入值 0.5。

Step6. 单击确定按钮，完成样条路径 4 的创建，如图 7.2.65 所示。

Stage5．创建端子

Step1. 在主页功能选项卡的线束区域中单击“创建端子”按钮，系统弹出“创建端子”对话框。

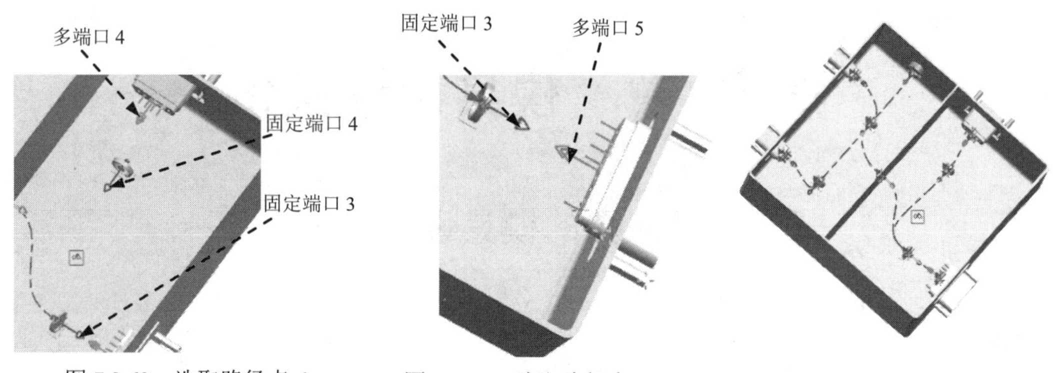

图 7.2.63　选取路径点 6　　图 7.2.64　选取路径点 7　　图 7.2.65　创建样条路径 4

Step2. 创建端子 1（注：本步骤的详细操作过程请参见学习资源中 video\ch07.02\Task4\reference\文件下的语音视频讲解文件 routing_electric-04-r01.exe）。

Step3. 创建端子 2（注：本步骤的详细操作过程请参见学习资源中 video\ch07.02\Task4\reference\文件下的语音视频讲解文件 routing_electric-04-r02.exe）。

Step4. 创建端子 3（注：本步骤的详细操作过程请参见学习资源中 video\ch07.02\Task4\reference\文件下的语音视频讲解文件 routing_electric-04-r03.exe）。

Step5. 创建端子 4（注：本步骤的详细操作过程请参见学习资源中 video\ch07.02\Task4\reference\文件下的语音视频讲解文件 routing_electric-04-r04.exe）。

Task5. 自动布线

Step1. 在电气连接导航器中选中所有连接，右击，在弹出的快捷菜单中选择 **自动管线布置** ➡ **引脚级别** 命令，此时在模型中自动布置所有线缆，如图 7.2.66 所示。

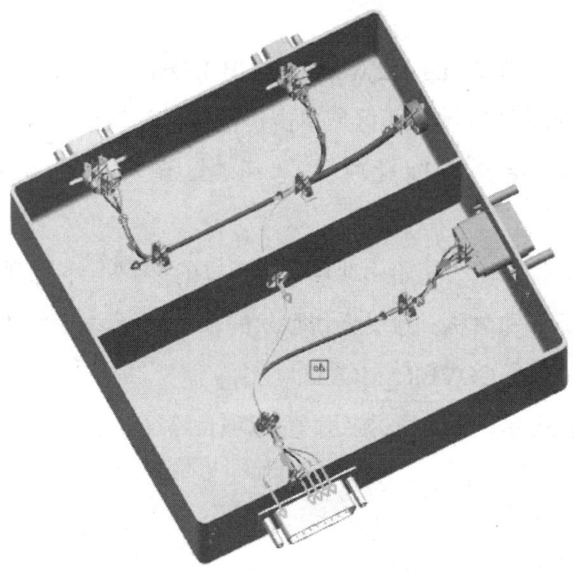

图 7.2.66　自动布置线缆

Step2. 保存模型。

第 8 章　模具设计实例

8.1　带破孔的模具设计（一）

实例概述

图 8.1.1 所示为一个下盖（DOWN_COVER）的模型，该模型的表面有多个破孔，要使其能够顺利分出上、下模具，必须将破孔填补之后才能完成，本实例将详细介绍如何设计该模具。图 8.1.2 所示为下盖的模具开模图。

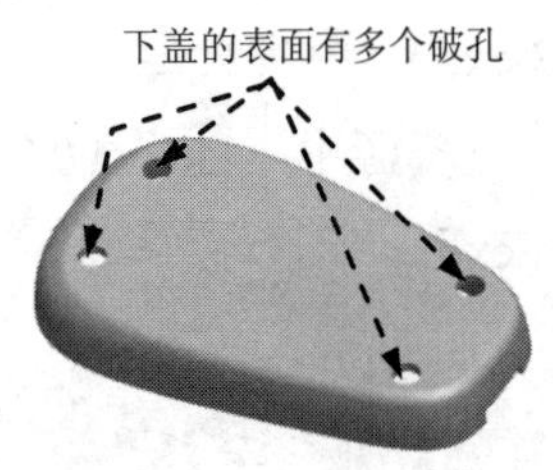

图 8.1.1　下盖的模型

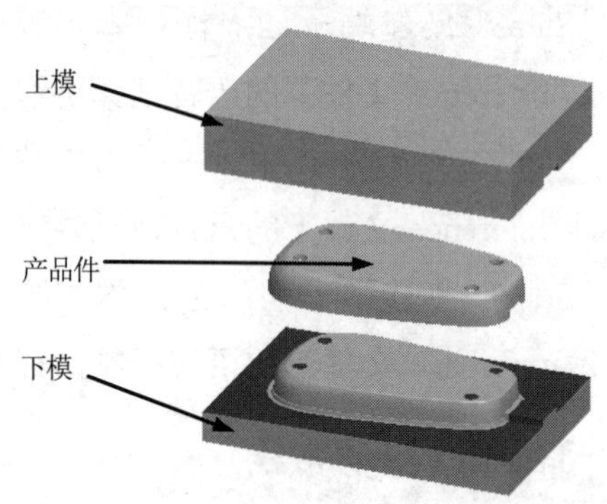

图 8.1.2　下盖的模具开模图

Task1. 初始化项目

Step1. 加载模型。选择 D:\ugal12\work\ch08.01\DOWN_COVER.prt，单击 OK 按钮，在 应用模块 功能选项卡 特定于工艺 区域单击“注塑模”按钮，然后在系统弹出“注塑模向导”功能选项卡中单击“初始化项目”按钮，调入模型，系统弹出“初始化项目”对话框。

Step2. 定义投影单位。在“初始化项目”对话框的 项目单位 下拉列表中选择 毫米 选项。

Step3. 设置项目路径和名称。接受系统默认的项目路径，在“初始化项目”对话框的 Name 文本框中输入 DOWN_COVER_MOLD。

Step4. 在该对话框中单击 确定 按钮，完成项目路径和名称的设置，加载的零件如图 8.1.3 所示。

Task2. 模具坐标系

Step1. 在“注塑模向导”功能选项卡的 主要 区域中单击按钮，系统弹出“模具坐标系”对话框，如图 8.1.4 所示。

Step2. 在“模具坐标系”对话框中选择 当前 WCS 单选项，单击 确定 按钮，完成坐标系的定义。

Task3. 设置收缩率

Step1. 定义收缩率类型。在“注塑模向导”功能选项卡的 主要 区域中单击“收缩”按钮，产品模型会高亮显示，同时系统弹出“缩放体”对话框；在“缩放体”对话框 类型 区域的下拉列表中选择 均匀 选项。

Step2. 定义缩放体和缩放点。接受系统默认的设置。

Step3. 定义比例因子。在“缩放体”对话框 比例因子 区域的 均匀 文本框中输入收缩率值 1.006。

Step4. 单击 确定 按钮，完成收缩率的设置。

Task4. 创建模具工件

Step1. 在“注塑模向导”功能选项卡的 主要 区域中单击“工件”按钮，系统弹出“工件”对话框。

Step2. 在“工件”对话框的 类型 下拉菜单中选择 产品工件 选项，在 工件方法 下拉菜单中选择 用户定义的块 选项，开始和结束的距离值分别设为-20 和 30。

Step3. 单击 < 确定 > 按钮，完成创建的模具工件结果如图 8.1.5 所示。

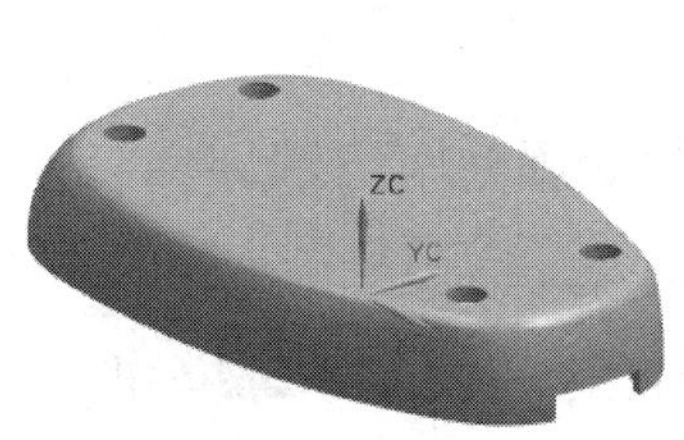

图 8.1.3　加载的零件

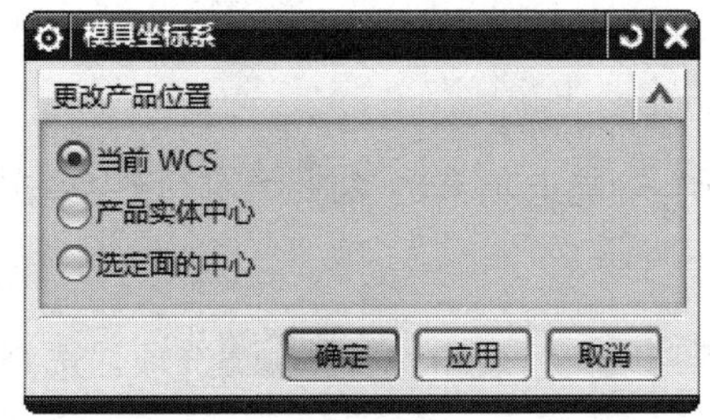

图 8.1.4　“模具坐标系”对话框

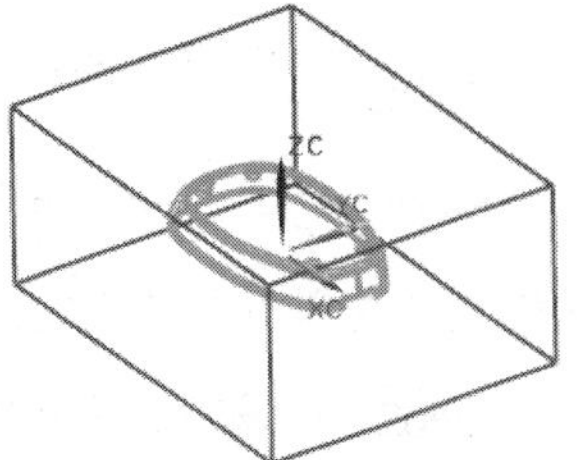

图 8.1.5　完成创建的模具工件

Task5. 模具分型

Stage1. 设计区域

Step1. 在“注塑模向导”功能选项卡的 分型刀具 区域中单击“检查区域”按钮，系统弹出“检查区域”对话框，并显示开模方向。在“检查区域”对话框中选中 保持现有的 单选项。

Step2. 拆分面。在“检查区域”对话框中单击“计算”按钮，系统开始对产品模型进行分析计算。单击“检查区域”对话框中的面选项卡，可以查看分析结果；在“检查区域”对话框中单击区域选项卡，在设置区域中取消选中☐内环、☐分型边和☐不完整的环三个复选框，然后单击“设置区域颜色”按钮，设置各区域颜色。结果如图 8.1.6 所示。

Step3. 在“检查区域”对话框的未定义区域中选中☑交叉区域面、☑交叉竖直面复选框，然后选择⊙型腔区域单选项，单击应用按钮。设计后的区域颜色如图 8.1.7 所示。

Step4. 在“检查区域”对话框中单击确定按钮，关闭“检查区域”对话框。

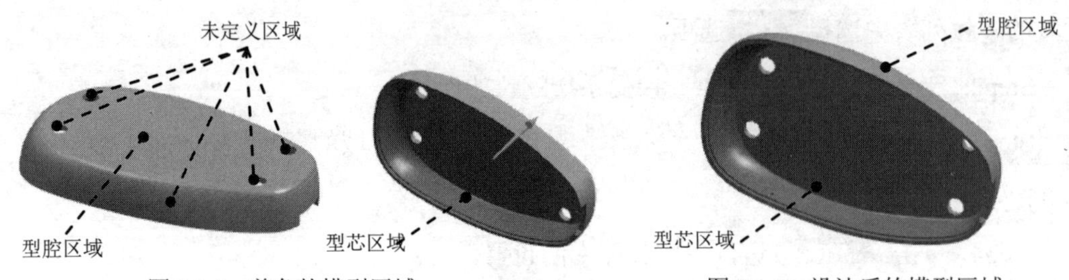

图 8.1.6　着色的模型区域　　图 8.1.7　设计后的模型区域

Stage2. 抽取分型线

Step1. 在“注塑模向导”功能选项卡的分型刀具区域单击“定义区域”按钮，系统弹出“定义区域”对话框。

Step2. 在“定义区域”对话框的定义区域选择所有面选项，在设置区域选中☑创建区域和☑创建分型线复选框，单击确定按钮，完成型腔/型芯区域分型线的创建；创建分型线如图 8.1.8 所示。

Stage3. 创建曲面补片

Step1. 在“注塑模向导”功能选项卡的分型刀具区域中单击“曲面补片”按钮，系统弹出“边补片”对话框。

Step2. 在该对话框的类型下拉列表中选择体选项，选择模型，单击确定按钮。补片后的结果如图 8.1.9 所示。

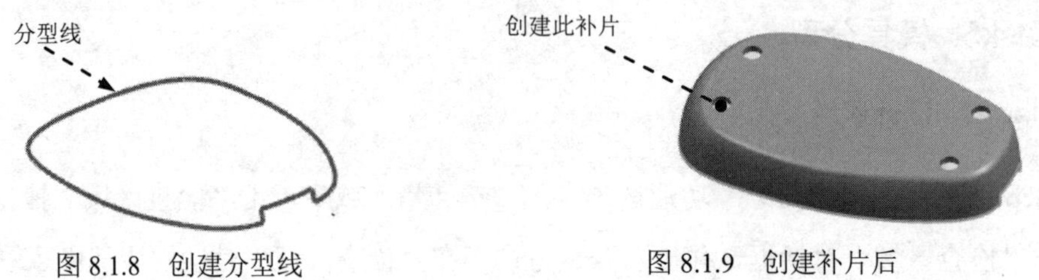

图 8.1.8　创建分型线　　图 8.1.9　创建补片后

Stage4. 编辑分型段

Step1. 在“注塑模向导”功能选项卡的 分型刀具 区域中单击“设计分型面”按钮，系统弹出“设计分型面”对话框。

Step2. 在“设计分型面”对话框的编辑分型段区域中单击 选择分型或引导线 (1) 后的按钮，选取图 8.1.10 所示的曲线 1 和曲线 2 为编辑对象，然后单击 确定 按钮。

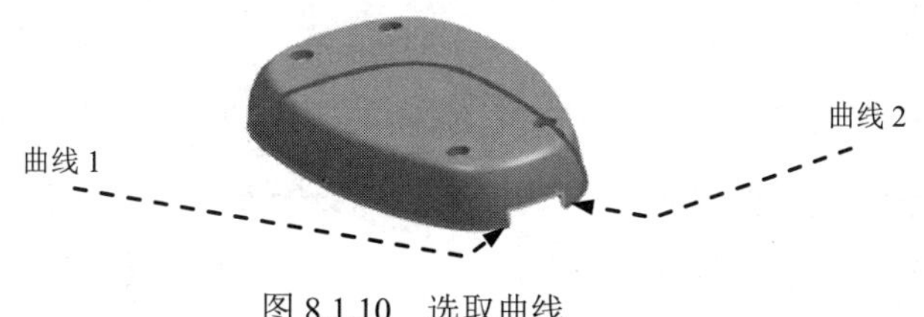

图 8.1.10 选取曲线

Stage5. 创建分型面

Step1. 在“注塑模向导”功能选项卡的 分型刀具 区域中单击“设计分型面”按钮，系统弹出“设计分型面”对话框。

Step2. 在 分型段 区域选择 段 1 选项，单击“延伸距离”文本，然后在活动的文本框中输入值 45 并按 Enter 键，结果如图 8.1.11 所示。

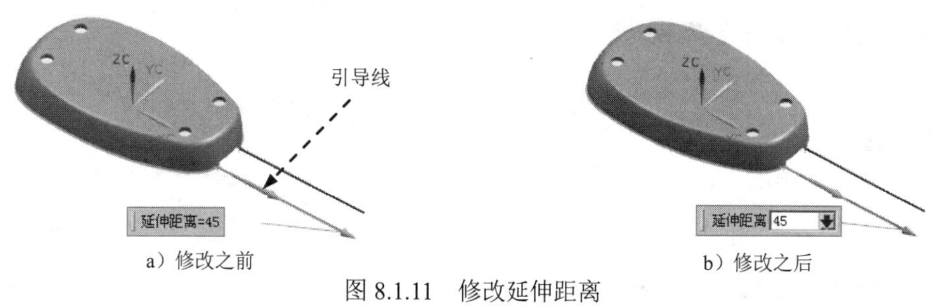

a）修改之前　　b）修改之后

图 8.1.11 修改延伸距离

Step3. 创建拉伸 1。在“设计分型面”对话框创建分型面区域的方法中选择选项，方向如图 8.1.12 所示，在“设计分型面”对话框中单击 应用 按钮，系统返回“设计分型面”对话框，结果如图 8.1.13 所示。

说明：图 8.1.12 所示的引导线为当前分型面拉伸的方向。选择图 8.1.12 所示的边线是定义当前分型面要拉伸的方向。

Step4. 创建拉伸 2。在“设计分型面”对话框创建分型面区域的方法中选择选项，然后单击 确定 按钮，结果如图 8.1.14 所示。

Stage6. 创建型腔和型芯

Step1. 在“注塑模向导”功能选项卡的 分型刀具 区域中单击“定义型腔和型芯”按钮，

系统弹出“定义型腔和型芯”对话框。

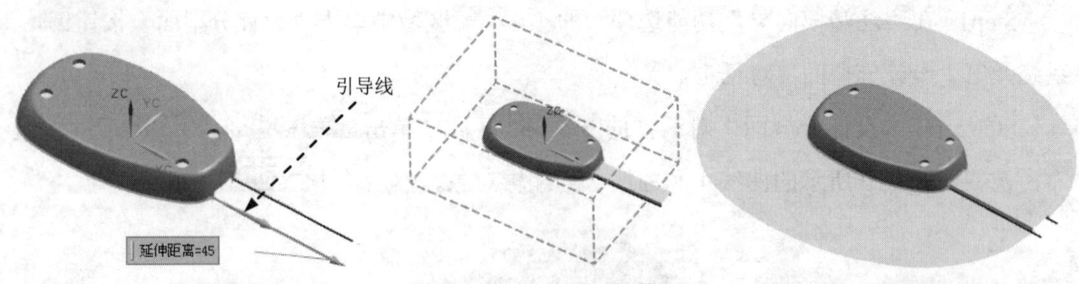

图 8.1.12 选取移动方向　　图 8.1.13 拉伸后（拉伸 1）　　图 8.1.14 拉伸后（拉伸 2）

Step2. 在“定义型腔和型芯”对话框中选取 选择片体 区域下的 所有区域 选项，单击 确定 按钮。

Step3. 此时系统弹出“查看分型结果”对话框，并在图形区显示出创建的型腔，单击“查看分型结果”对话框中的 确定 按钮，系统再一次弹出“查看分型结果”对话框。在对话框中单击 确定 按钮，关闭对话框。

Step4. 选择下拉菜单 窗口(O) → DOWN_COVER _MOLD_core_006.prt，显示型芯零件如图 8.1.15 所示；选择下拉菜单 窗口(O) → DOWN_COVER _MOLD_cavity_002.prt，显示型腔零件如图 8.1.16 所示。

Task6. 创建模具爆炸视图

Step1. 移动型腔。选择下拉菜单 窗口(O) → DOWN_COVER _MOLD_top_000.prt，在装配导航器中将部件转换成工作部件；选择下拉菜单 装配(A) → 爆炸图(X) ▸ → 新建爆炸(N)... 命令，系统弹出“新建爆炸”对话框，接受默认的名字，单击 确定 按钮；选择下拉菜单 装配(A) → 爆炸图(X) ▸ → 编辑爆炸(E)... 命令，系统弹出“编辑爆炸”对话框；在对话框中选中 ⊙ 选择对象 单选项。选取图 8.1.17 所示的型腔元件；在该对话框中选择 ⊙ 移动对象 单选项，沿 Z 方向向上移动 100，单击 确定 按钮，结果如图 8.1.18 所示。

Step2. 移动产品模型。选择下拉菜单 装配(A) → 爆炸图(X) ▸ → 编辑爆炸(E)... 命令，系统弹出“编辑爆炸”对话框；选取图 8.1.19 所示的产品模型元件；在该对话框中选择 ⊙ 移动对象 单选项，沿 Z 方向向上移动 50，结果如图 8.1.20 所示。

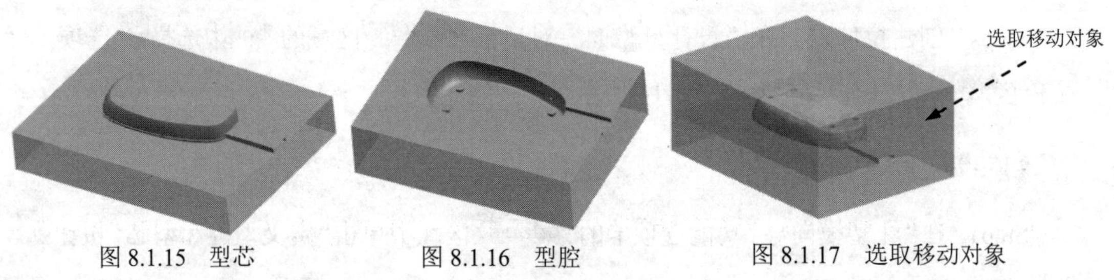

图 8.1.15 型芯　　图 8.1.16 型腔　　图 8.1.17 选取移动对象

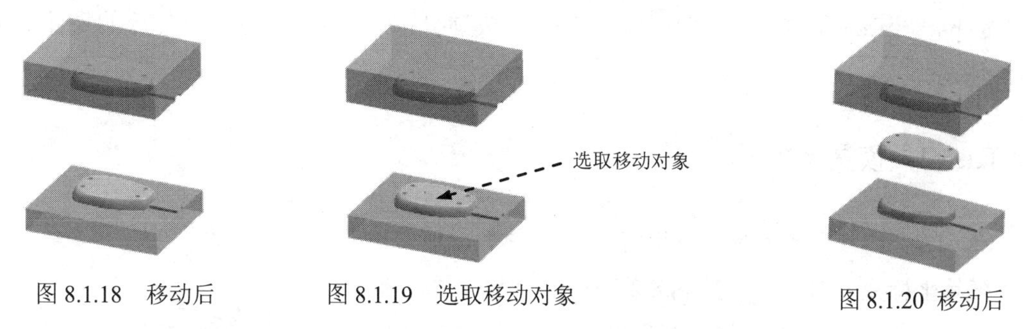

图 8.1.18　移动后　　图 8.1.19　选取移动对象　　图 8.1.20 移动后

Step3. 保存文件。选择下拉菜单 文件(F) → 全部保存(V)，保存所有文件。

8.2　带破孔的模具设计（二）

实例概述

本节将介绍一款香皂盒盖（SOAP_BOX）的模具设计（图 8.2.1）。因为设计元件中有破孔，所以在模具设计时必须将这一破孔填补后，才可以分出上、下模具，使其顺利脱模。下面介绍该模具的主要设计过程。

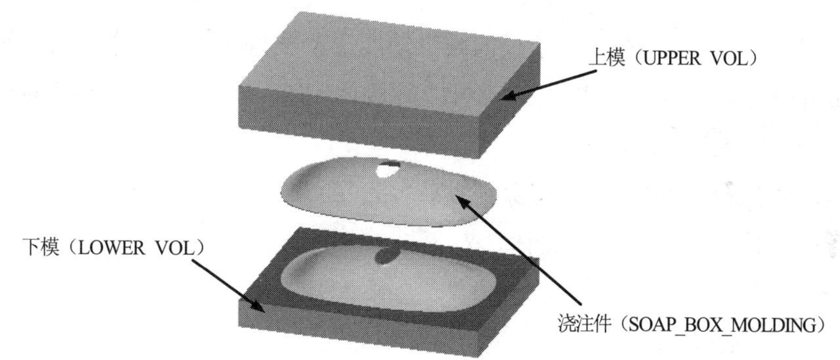

图 8.2.1　香皂盒盖的模具设计

Task1.　初始化项目

Step1. 加载模型。选择 D:\ugal12\work\ch08.02\SOAP_BOX.prt，单击 OK 按钮，在 应用模块 功能选项卡 特定于工艺 区域单击“注塑模”按钮，然后在系统弹出“注塑模向导”功能选项卡中单击“初始化项目”按钮，调入模型，系统弹出“初始化项目”对话框。

Step2. 定义投影单位。在“初始化项目”对话框的 项目单位 下拉菜单中选择 毫米 选项。

Step3. 设置项目路径和名称。

（1）设置项目路径。接受系统默认的项目路径。

（2）设置项目名称。在“初始化项目”对话框的 Name 文本框中输入 SOAP_BOX_MOLD。

Step4. 在该对话框中单击 确定 按钮，完成项目路径和名称的设置，加载的零件如图 8.2.2 所示。

Task2. 模具坐标系

Step1. 在“注塑模向导”功能选项卡的 主要 区域中单击“模具坐标系”按钮，系统弹出“模具坐标系”对话框，如图 8.2.3 所示。

Step2. 在“模具坐标系”对话框中选择 ⊙ 当前 WCS 单选项，单击 确定 按钮，完成坐标系的定义。

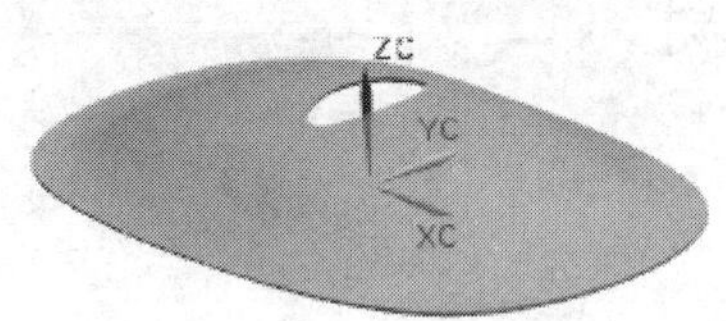

图 8.2.2　加载的零件

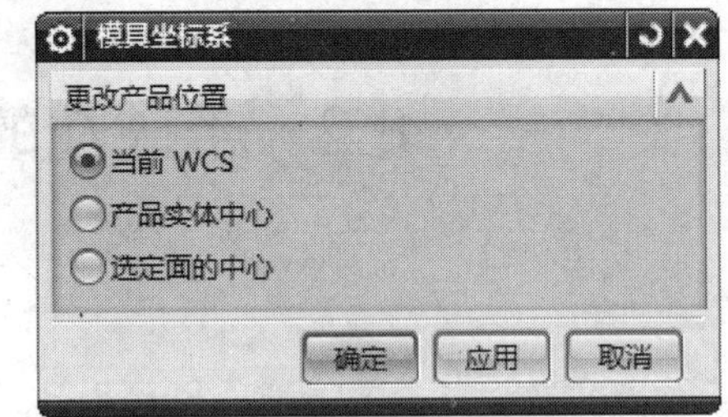

图 8.2.3　“模具坐标系”对话框

Task3. 设置收缩率

Step1. 定义收缩率类型。在“注塑模向导”功能选项卡的 主要 区域中单击“收缩率”按钮，产品模型会高亮显示，同时系统弹出“缩放体”对话框；在“缩放体”对话框 类型 区域的下拉列表中选择 均匀 选项。

Step2. 定义缩放体和缩放点。接受系统默认的设置。

Step3. 定义比例因子。在“缩放体”对话框 比例因子 区域的 均匀 文本框中输入收缩率值 1.006。

Step4. 单击 确定 按钮，完成收缩率的设置。

Task4. 创建模具工件

Step1. 在“注塑模向导”功能选项卡的 主要 区域中单击“工件”按钮，系统弹出“工件”对话框。

Step2. 在“工件”对话框的 类型 下拉菜单中选择 产品工件 选项，在 工件方法 下拉菜单中选择 用户定义的块 选项，开始和结束的距离值分别设定为-20 和 30。

Step3. 单击 < 确定 > 按钮，完成创建的模具工件结果如图 8.2.4 所示。

Task5. 实体补片

Step1. 选择下拉菜单 窗口(O) ➡ SOAP_BOX_MOLD_parting_022.prt。在“注塑模向导”功能

选项卡的注塑模工具区域中单击“包容体”按钮，系统弹出“包容体”对话框。

Step2. 选择类型。在弹出的对话框的类型下拉列表中选择块选项。

Step3. 选取边界面。选取图 8.2.5 所示的面，接受系统默认的偏置值 0。

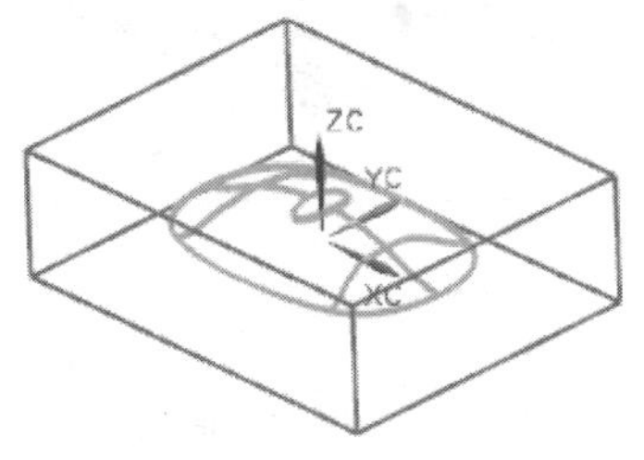

图 8.2.4　完成创建的模具工件

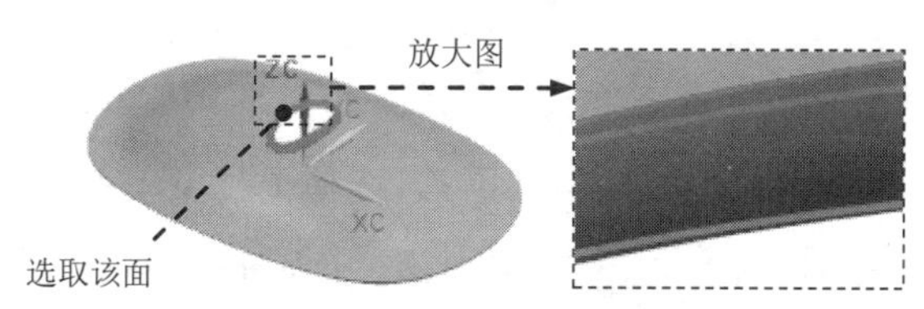

图 8.2.5　定义参考面

Step4. 单击< 确定 >按钮，创建结果如图 8.2.6 所示。

Step5. 插入基准平面。选择下拉菜单插入(S) → 基准/点(D) → 基准平面(D)...命令，系统弹出“基准平面”对话框。在类型区域的下拉列表中选择XC-ZC 平面选项，在偏置和参考区域的距离文本框中输入值 0，单击< 确定 >按钮，创建结果如图 8.2.7 所示。

Step6. 选择命令。在“注塑模向导”功能选项卡的注塑模工具区域中单击“分割实体”按钮，系统弹出“分割实体”对话框。

Step7. 选择目标体和刀具体。选择图 8.2.6 所示的创建实体为目标体。选择图 8.2.7 所示的基准平面为刀具体。单击< 确定 >按钮，创建结果如图 8.2.8 所示。

图 8.2.6　创建实体

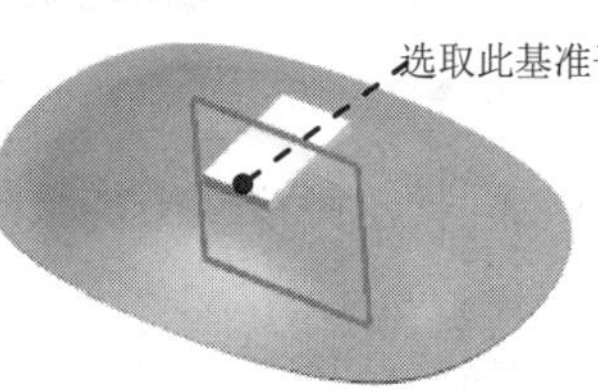

图 8.2.7　创建基准平面

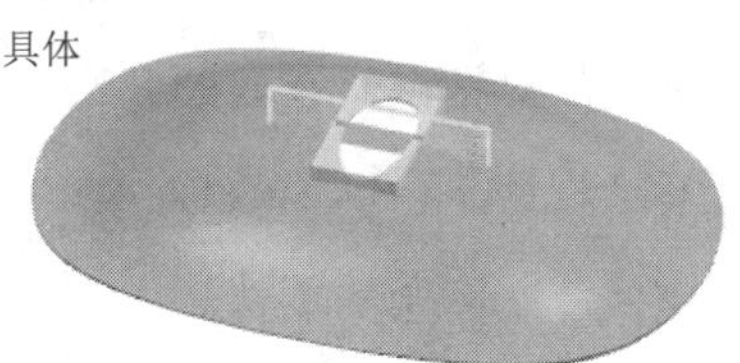

图 8.2.8　分割实体

Step8. 创建替换面 1。选择下拉菜单插入(S) → 同步建模(I) → 替换面(R)...命令，系统弹出“替换面”对话框。选择图 8.2.9 所示的表面为要替换的面，选择图 8.2.9 所示的模型表面为替换面。单击< 确定 >按钮，创建结果如图 8.2.10 所示。

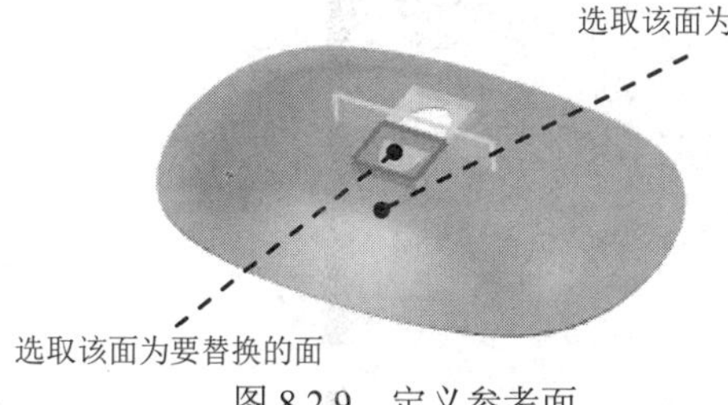

图 8.2.9　定义参考面

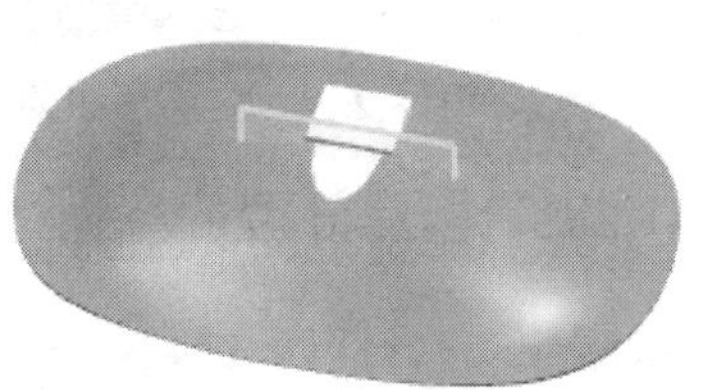

图 8.2.10　创建替换面 1

Step9. 替换其他三个面。操作步骤参考 Step8，结果如图 8.2.11 所示。

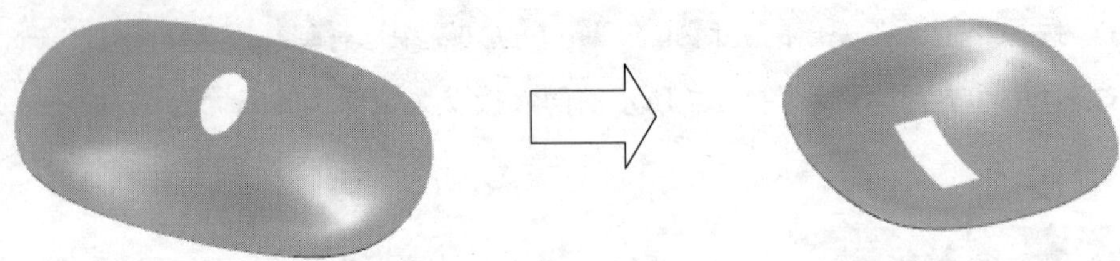

图 8.2.11 创建替换面 2

Step10. 创建求和特征 1。选择下拉菜单 插入(S) → 组合(B) ▸ → 合并(U)... 命令，选取图 8.2.12 所示的实体特征为目标体，选取图 8.2.12 所示的实体特征为刀具体。单击 <确定> 按钮，完成求和特征 1 的创建。

Step11. 创建求差特征 1。选择下拉菜单 插入(S) → 组合(B) ▸ → 减去(S)... 命令，选取图 8.2.13 所示的实体特征为目标体，选取图 8.2.13 所示的实体特征为刀具体。在 设置 区域选中 ☑ 保存工具 复选框，单击 <确定> 按钮，完成求差特征 1 的创建。

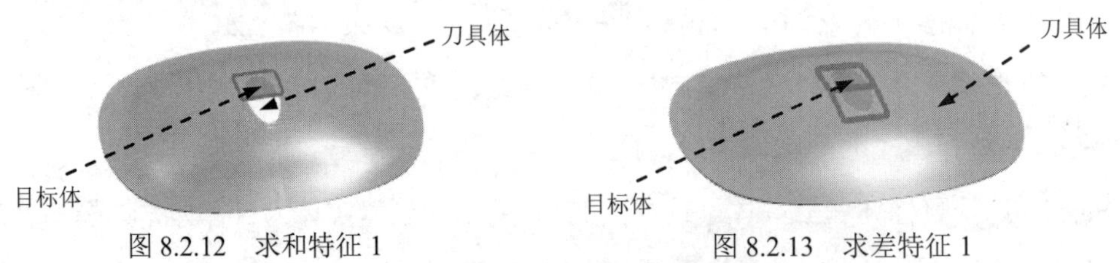

图 8.2.12 求和特征 1　　图 8.2.13 求差特征 1

Step12. 复制图层。选择下拉菜单 格式(R) → 复制至图层(O)... 命令，系统弹出“类选择”对话框。选取图 8.2.14 所示的实体特征，单击 <确定> 按钮。在弹出的“图层复制”对话框的 目标图层或类别 文本框中输入值 10，其他参数接受系统默认设置。单击 确定 按钮，完成复制图层的创建。

Step13. 选择命令。在“注塑模向导”功能选项卡的 注塑模工具 区域中单击“实体补片”按钮，此时系统弹出“实体补片”对话框。选择图 8.2.14 所示的实体特征，单击 <确定> 按钮，完成实体修补，结果如图 8.2.15 所示。

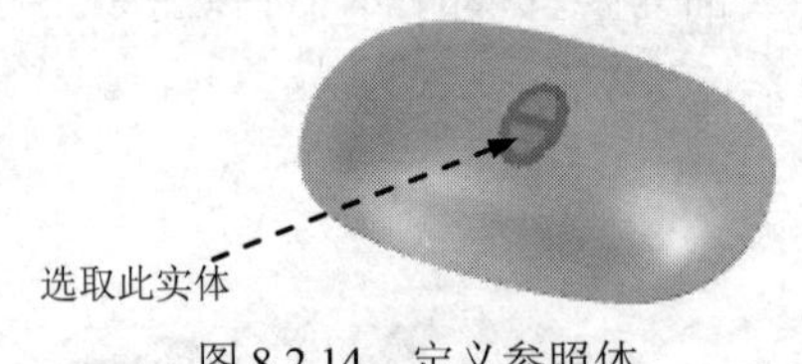

图 8.2.14 定义参照体　　图 8.2.15 实体补片

Task6. 模具分型

Stage1. 设计区域

Step1. 在“注塑模向导”功能选项卡的 分型刀具 区域中单击“检查区域”按钮，系统弹出“检查区域”对话框，并显示开模方向。在“检查区域”对话框中选中 保持现有的 单选项。

Step2. 拆分面。在“检查区域”对话框中单击“计算”按钮，系统开始对产品模型进行分析计算。在“检查区域”对话框中单击 区域 选项卡，在设置区域中取消选中 内环、分型边 和 不完整的环 三个复选框，然后单击“设置区域颜色”按钮，设置各区域颜色，选中 交叉区域面 复选框，在 指派到区域 区域中选中 型芯区域 单选项，单击 应用 按钮，结果如图 8.2.16 所示。

Step3. 在“检查区域”对话框中单击 确定 按钮，关闭“检查区域”对话框。

Stage2. 抽取分型线

Step1. 在“注塑模向导”功能选项卡的 分型刀具 区域中单击“定义区域”按钮，系统弹出“定义区域”对话框。

Step2. 在“定义区域”对话框的定义区域选择 所有面 选项，在 设置 区域选中 创建区域 和 创建分型线 复选框，单击 确定 按钮，完成型腔/型芯区域分型线的创建，如图 8.2.17 所示。

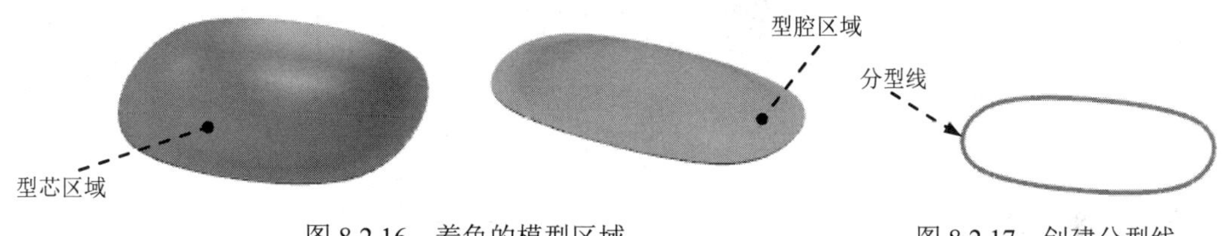

图 8.2.16 着色的模型区域 图 8.2.17 创建分型线

Stage3. 创建分型面

Step1. 在“注塑模向导”功能选项卡的 分型刀具 区域中单击“设计分型面”按钮，系统弹出“设计分型面”对话框。

Step2. 在“设计分型面”对话框创建分型面区域的方法中选择选项，在图形区“延伸距离”文本框中输入值 60。然后单击 确定 按钮，结果如图 8.2.18 所示。

Stage4. 创建型腔和型芯

Step1. 在“注塑模向导”功能选项卡的 分型刀具 区域中单击“定义型腔和型芯”按钮，系统弹出“定义型腔和型芯”对话框。

Step2. 在“定义型腔和型芯”对话框中选取 选择片体 区域下的 所有区域 选项，单击 确定 按钮。

Step3. 选择下拉菜单 窗口(O) ➡ SOAP_BOX_MOLD_core_006.prt，显示型芯零件如图 8.2.19

所示；选择下拉菜单 窗口(O) → SOAP_BOX_MOLD_cavity_002.prt，显示型腔零件如图 8.2.20 所示。

图 8.2.18 拉伸后　　图 8.2.19 型芯　　图 8.2.20 型腔

Step4. 创建求差特征 1。选择下拉菜单 窗口(O) → SOAP_BOX_MOLD_parting_022.prt，单击“模具分型导航器”按钮，选中 ☑ 产品实体 复选框；选择下拉菜单 格式(R) → 图层设置(S)... 命令，在图层设置对话框中勾选“图层”区域的 ☑ 10 复选框，然后关闭“图层设置”对话框；选择下拉菜单 插入(S) → 组合(B) → 减去(S)... 命令，选取图 8.2.21 所示的实体特征为目标体，选取图 8.2.21 所示的实体特征为刀具体。在 设置 区域选中 ☑ 保存工具 复选框，单击 < 确定 > 按钮，完成求差特征 1 的创建。

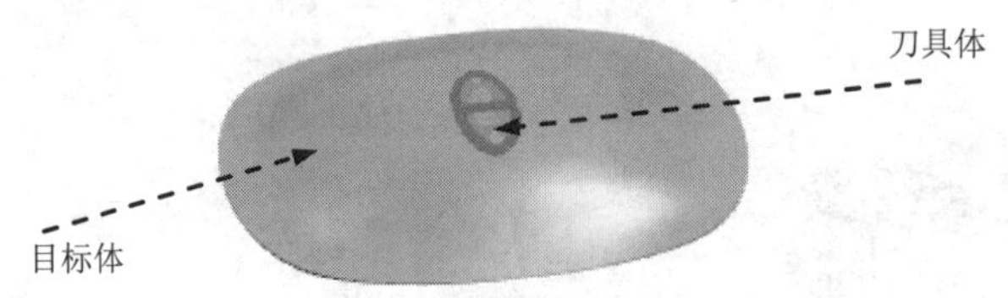

图 8.2.21 求差特征 1

说明：为了显示清晰、明了，可将工件线框和分型面隐藏起来。

Step5. 选择下拉菜单 窗口(O) → SOAP_BOX_MOLD_top_000.prt，在装配导航器中将部件转换成工作部件。

说明：为了显示清晰、明了，操作方便，可将型腔和基准平面隐藏起来。

Step6. 在图形区选择图 8.2.22 所示的实体并将其设置为工作部件。选择下拉菜单 格式(R) → 图层设置(S)... 命令，在图层设置对话框中勾选“图层”区域的 ☑ 10 复选框。

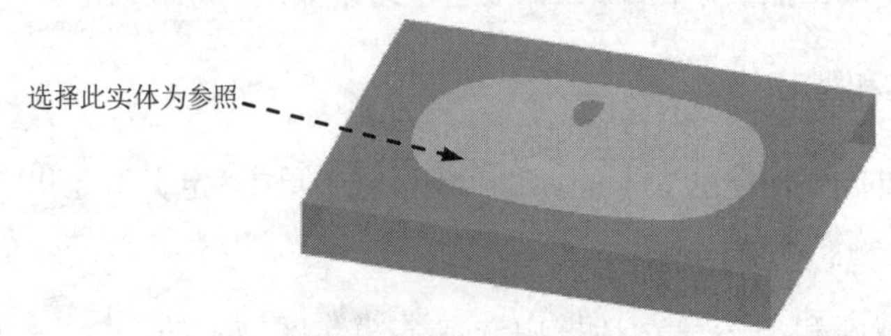

图 8.2.22 定义参考体

说明：如要设置成工作部件，可在实体上双击鼠标左键或在实体上右击选择“设为工作部件”命令。

Step7. 选择下拉菜单窗口(O) → SOAP_BOX_MOLD_core_006.prt，显示型芯零件。选择下拉菜单窗口(O) → SOAP_BOX_MOLD_top_000.prt，在装配 OAP_BOX_top_000.prt 中将窗口转换到 SOAP_BOX_core_006.prt (修改的)。

Step8. 链接体。选择下拉菜单插入(S) → 关联复制(A) → WAVE 几何链接器(W)...命令，系统弹出“WAVE 几何链接器”对话框。在类型区域的下拉列表中选取体选项，选取图 8.2.23 所示的实体，然后单击确定按钮，结果如图 8.2.23 所示（隐藏产品实体）。

Step9. 创建求和特征 1。选择下拉菜单插入(S) → 组合(B) ▸ → 合并(U)...命令，选取图 8.2.24 所示的实体特征为目标体，选取图 8.2.24 所示的实体特征为刀具体。单击< 确定 >按钮，完成求和特征 1 的创建。

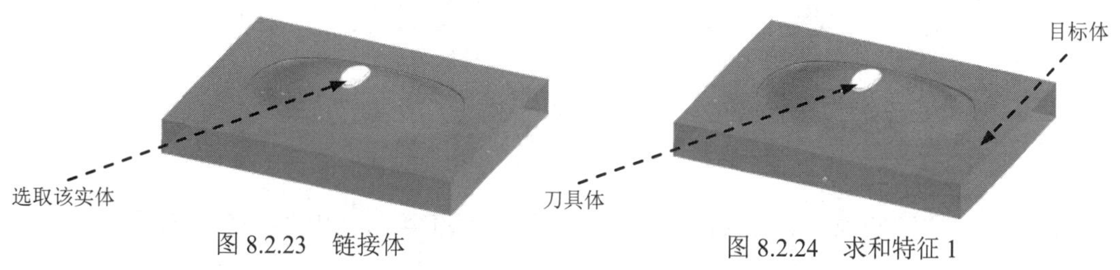

图 8.2.23　链接体　　　　图 8.2.24　求和特征 1

Task7. 创建模具爆炸视图（注：本步骤的详细操作过程请参见学习资源中 video\ch08.02\reference\文件下的语音视频讲解文件 SOAP_BOX-r01.exe）

8.3　快速分模的模具设计

实例概述

本实例将介绍一个烟灰缸的快速分模的模具设计，如图 8.3.1 所示。下面介绍该模具的设计过程。

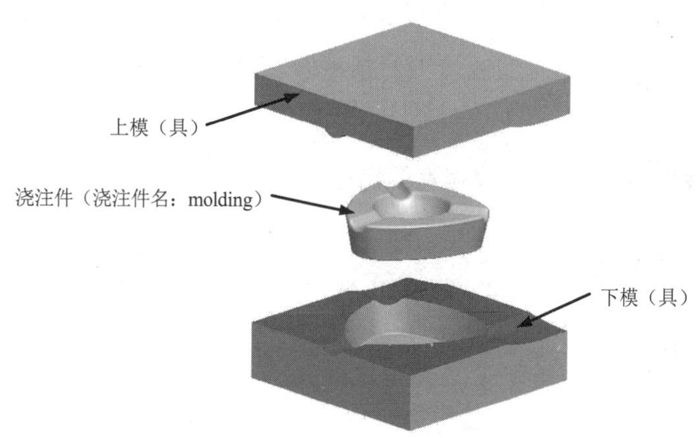

图 8.3.1　烟灰缸的模具设计

Task1. 初始化项目

Step1. 加载模型。选择 D:\ugal12\work\ch08.03\ASHTRAY.prt，单击 OK 按钮，在 应用模块 功能选项卡 特定于工艺 区域单击“注塑模”按钮，然后在系统弹出“注塑模向导”功能选项卡中单击“初始化项目”按钮，调入模型，系统弹出“初始化项目”对话框。

Step2. 定义投影单位。在“初始化项目”对话框的 项目单位 下拉菜单中选择 毫米 选项。

Step3. 设置项目路径和名称。接受系统默认的项目路径，在“初始化项目”对话框的 Name 文本框中输入 ASHTRAY_MOLD。

Step4. 在该对话框中单击 确定 按钮，完成项目路径和名称的设置，加载的零件如图 8.3.2 所示。

Task2. 模具坐标系

Step1. 在“注塑模向导”功能选项卡的 主要 区域中单击按钮，系统弹出“模具坐标系”对话框，如图 8.3.3 所示。

Step2. 在“模具坐标系”对话框中选择 ⊙ 当前 WCS 单选项，单击 确定 按钮，完成坐标系的定义。

Task3. 设置收缩率

Step1. 定义收缩率类型。在“注塑模向导”功能选项卡的 主要 区域中单击“收缩率”按钮，产品模型会高亮显示，同时系统弹出“缩放体”对话框；在“缩放体”对话框 类型 区域的下拉列表中选择 均匀 选项。

Step2. 定义缩放体和缩放点。接受系统默认的设置。

Step3. 定义比例因子。在“缩放体”对话框 比例因子 区域的 均匀 文本框中输入收缩率值 1.006。

Step4. 单击 确定 按钮，完成收缩率的设置。

Task4. 创建模具工件

Step1. 在“注塑模向导”功能选项卡的 主要 区域中单击“工件”按钮，系统弹出“工件”对话框。

Step2. 在“工件”对话框的 类型 下拉菜单中选择 产品工件 选项，在 工件方法 下拉菜单中选择用户定义的块选项，开始和结束的距离值分别设定为-15 和 60。

Step3. 单击< 确定 >按钮，完成创建的模具工件结果如图 8.3.4 所示。

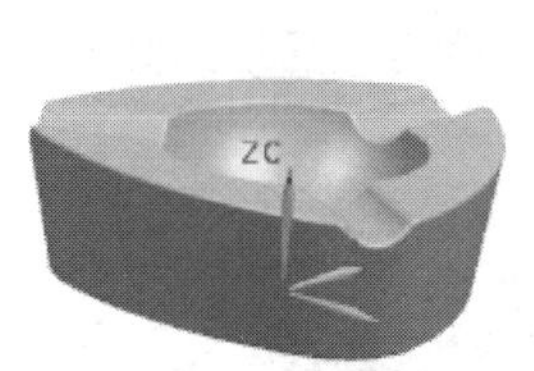

图 8.3.2　加载的零件

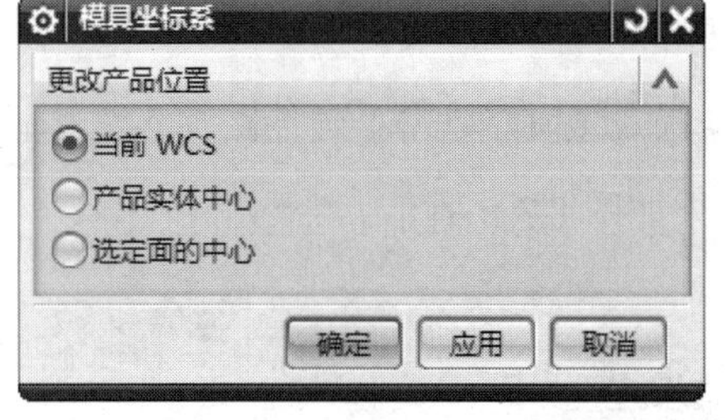

图 8.3.3　“模具坐标系”对话框

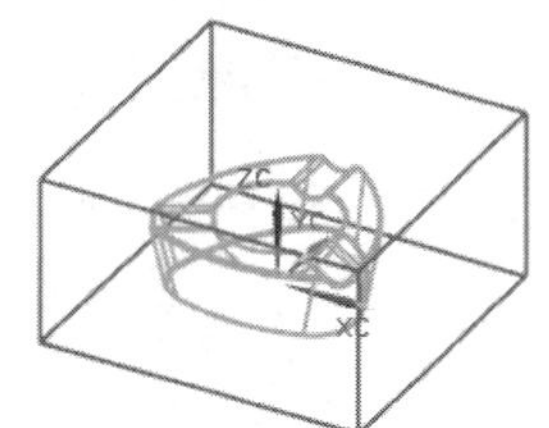

图 8.3.4　完成创建的模具工件

Task5. 模具分型

Stage1. 设计区域

Step1. 在“注塑模向导”功能选项卡的分型刀具区域中单击“检查区域”按钮，系统弹出“检查区域”对话框，并显示开模方向。在“检查区域”对话框中选中保持现有的单选项。

Step2. 拆分面。在“检查区域”对话框中单击“计算”按钮，系统开始对产品模型进行分析计算。单击“检查区域”对话框中的面选项卡，可以查看分析结果；在“检查区域”对话框中单击区域选项卡，在设置区域中取消选中内环、分型边和不完整的环三个复选框，然后单击“设置区域颜色”按钮，设置各区域颜色，结果如图 8.3.5 所示。

Step3. 在“检查区域”对话框的未定义区域中选中交叉区域面复选框，然后选择型腔区域单选项，单击应用按钮。设计后的区域颜色如图 8.3.6 所示。

Step4. 在“检查区域”对话框中单击确定按钮，关闭“检查区域”对话框。

Stage2. 抽取分型线

Step1. 在“注塑模向导”功能选项卡的分型刀具区域中单击“定义区域”按钮，系统弹出“定义区域”对话框。

Step2. 在“定义区域”对话框的定义区域选择所有面选项，在设置区域选中创建区域和创建分型线复选框，单击确定按钮，完成型腔/型芯区域分型线的创建，如图 8.3.7 所示。

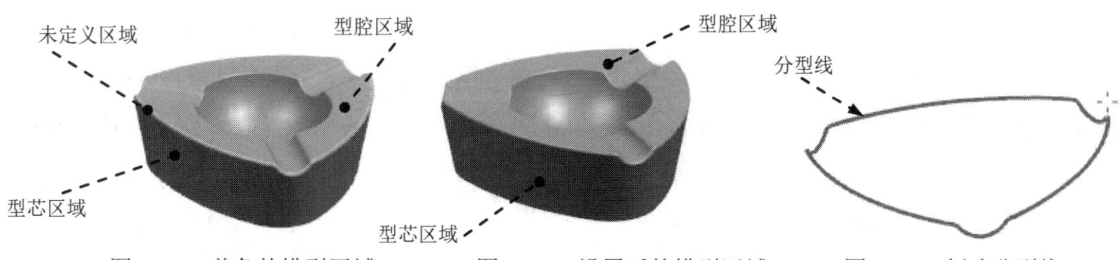

图 8.3.5　着色的模型区域　　图 8.3.6　设置后的模型区域　　图 8.3.7　创建分型线

Stage3. 创建分型面

Step1. 在“注塑模向导”功能选项卡的 分型刀具 区域中单击“设计分型面”按钮，系统弹出“设计分型面”对话框。

Step2. 在 分型段 区域选择 段 1 选项，单击“延伸距离”文本框，然后在活动的文本框中输入值 80 并按 Enter 键，结果如图 8.3.8 所示。

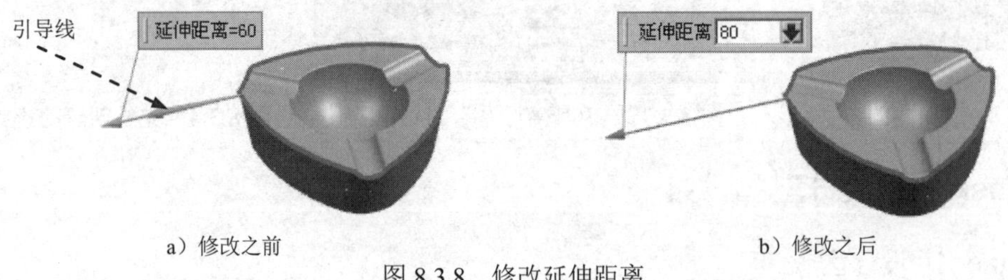

a）修改之前　　b）修改之后

图 8.3.8　修改延伸距离

Step3. 在“设计分型面”对话框 创建分型面 区域的 方法 中选择 选项，然后单击 确定 按钮，结果如图 8.3.9 所示。

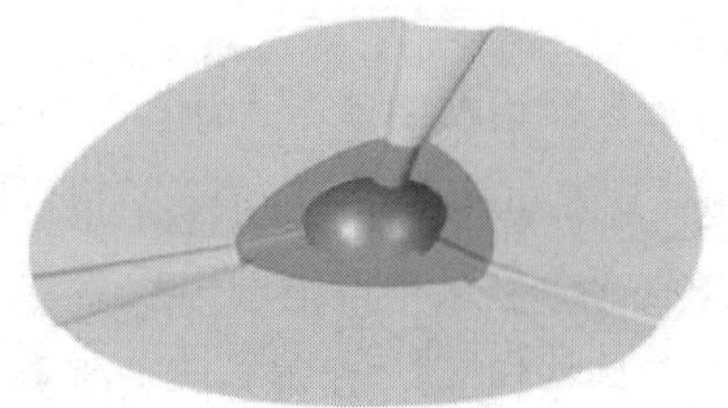

图 8.3.9　拉伸后

Stage4. 创建型腔和型芯（注：本步骤的详细操作过程请参见学习资源中 video\ch08.03\reference\文件下的语音视频讲解文件 ASHTRAY-r01.exe）

Task6. 创建模具爆炸视图（注：本步骤的详细操作过程请参见学习资源中 video\ch08.03\reference\文件下的语音视频讲解文件 ASHTRAY-r02.exe）

8.4　一模多穴的模具设计

实例概述

一个模具中可以含有多个相同的型腔，注射时便可以同时获得多个成型零件，这就是一模多穴模具。图 8.4.1 所示的便是一模多穴模具的例子。下面以此为例，说明其一般设计流程。

Task1. 初始化项目

Step1. 加载模型。选择 D:\ugal12\work\ch08.04\CHESS.prt，单击 OK 按钮，在

应用模块功能选项卡特定于工艺区域单击“注塑模”按钮，然后在系统弹出“注塑模向导”功能选项卡中单击“初始化项目”按钮，调入模型，系统弹出“初始化项目”对话框。

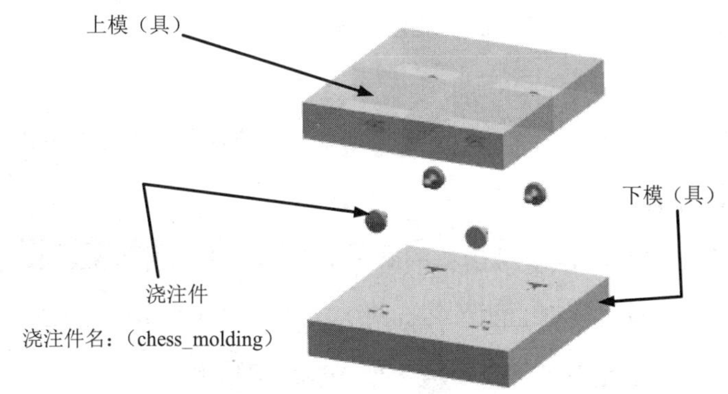

图 8.4.1　一模多穴模具的设计

Step2. 定义投影单位。在“初始化项目”对话框的项目单位下拉菜单中选择毫米选项。

Step3. 设置项目路径和名称。

（1）设置项目路径。接受系统默认的项目路径。

（2）设置项目名称。在“初始化项目”对话框的Name文本框中输入 CHESS_MOLD。

Step4. 在该对话框中单击确定按钮，完成项目路径和名称的设置，加载的零件如图 8.4.2 所示。

Task2. 模具坐标系

Step1. 在“注塑模向导”功能选项卡的主要区域中单击“模具坐标系”按钮，系统弹出“模具坐标系”对话框，如图 8.4.3 所示。

Step2. 在“模具坐标系”对话框中选择当前 WCS单选项，单击确定按钮，完成坐标系的定义。

Task3. 设置收缩率

Step1. 定义收缩率类型。

（1）选择命令。在“注塑模向导”功能选项卡的主要区域中单击“收缩率”按钮，产品模型会高亮显示，同时系统弹出“缩放体”对话框。

（2）定义类型。在“缩放体”对话框类型区域的下拉列表中选择均匀选项。

Step2. 定义缩放体和缩放点。接受系统默认的设置。

Step3. 定义比例因子。在“缩放体”对话框比例因子区域的均匀文本框中输入收缩率值1.006。

Step4. 单击确定按钮，完成收缩率的设置。

Task4. 拆分面

Step1. 选择命令。在“注塑模向导”功能选项卡的注塑模工具区域中单击“拆分面”图标，系统弹出“拆分面”对话框。

Step2. 定义拆分面类型。在该对话框的类型下拉列表中选择平面/面选项，选取图8.4.4所示的面（共七个）为要分割的面，并选取XY基准平面为拆分对象。

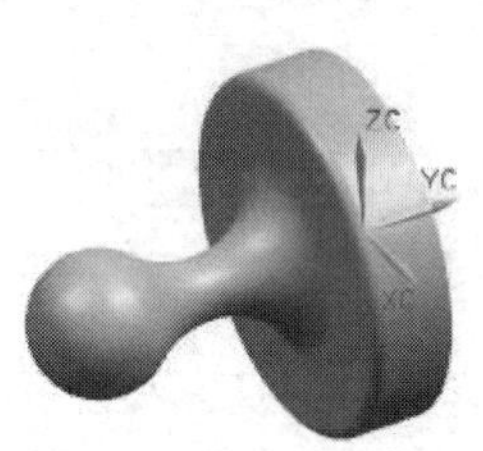

图8.4.2 加载的零件

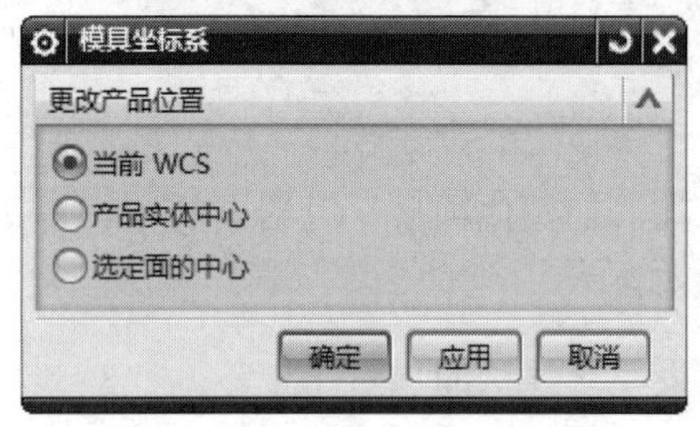

图8.4.3 “模具坐标系”对话框

图8.4.4 定义拆分面

说明：XY基准平面的选取是通过单击“部件导航器”，然后在“部件导航器”中的链接的基准坐标系右击，在弹出的快捷菜单中选取显示(S)命令来实现的。

Step3. 单击“拆分面”对话框中的< 确定 >按钮，完成拆分面的创建，结果如图8.4.5所示。

Task5. 创建模具工件

Step1. 在“注塑模向导”功能选项卡的主要区域中单击“工件”按钮，系统弹出“工件”对话框。

Step2. 在“工件”对话框的类型下拉菜单中选择产品工件选项，在工件方法下拉菜单中选择用户定义的块选项，开始和结束的距离值分别设定为-20和20。

Step3. 单击< 确定 >按钮，完成创建的模具工件结果如图8.4.6所示。

Step4. 在“注塑模向导”功能选项卡的主要区域中单击“型腔布局”按钮，系统弹出“型腔布局”对话框。在“型腔布局”对话框布局类型区域的指定矢量下拉列表中选取-YC选项，在平衡布局设置区域的型腔数下拉列表中选取4，单击生成布局区域中的“开始布局”按钮，型腔布局完成。然后单击编辑布局区域中的“自动对准中心”按钮，单击“型腔布局” 对话框中的关闭按钮，结果如图 8.4.7 所示。

图 8.4.5 定义拆分面

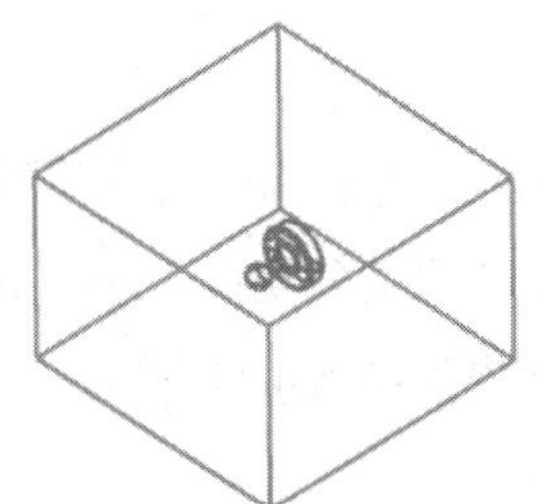

图 8.4.6 完成创建的模具工件

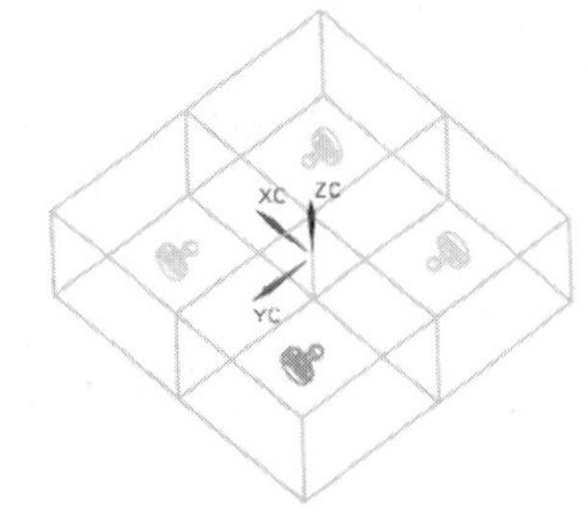

图 8.4.7 完成型腔布局后的模具工件

Task6. 模具分型

Stage1. 设计区域

Step1. 在“注塑模向导”功能选项卡的分型刀具区域中单击“检查区域”按钮，系统弹出 “检查区域”对话框，并显示开模方向。在“检查区域”对话框中选中保持现有的单选项。

Step2. 拆分面。

（1）计算设计区域。在“检查区域”对话框中单击“计算”按钮，系统开始对产品模型进行分析计算。单击“检查区域”对话框中的面选项卡，可以查看分析结果。

（2）设置区域颜色。在“检查区域”对话框中单击区域选项卡，在设置区域中取消选中□内环、□分型边和□不完整的环三个复选框，然后单击“设置区域颜色”按钮，设置各区域颜色。结果如图 8.4.8 所示。

Step3. 在“检查区域”对话框中单击确定按钮，关闭“检查区域”对话框。

Stage2. 抽取分型线

Step1. 在“注塑模向导”功能选项卡的分型刀具区域中单击“定义区域”按钮，系统弹出“定义区域”对话框。

Step2. 在“定义区域”对话框的定义区域选择所有面选项，在设置区域选中☑创建区域和☑创建分型线复选框，单击确定按钮，完成型腔/型芯区域分型线的创建；创建分型线如图 8.4.9 所示。

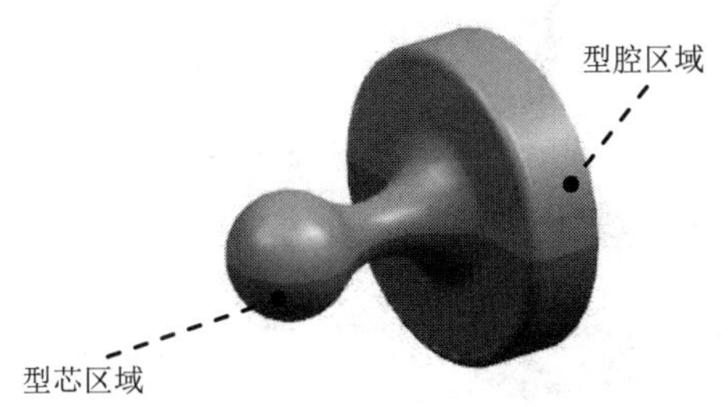

图 8.4.8 着色的模型区域

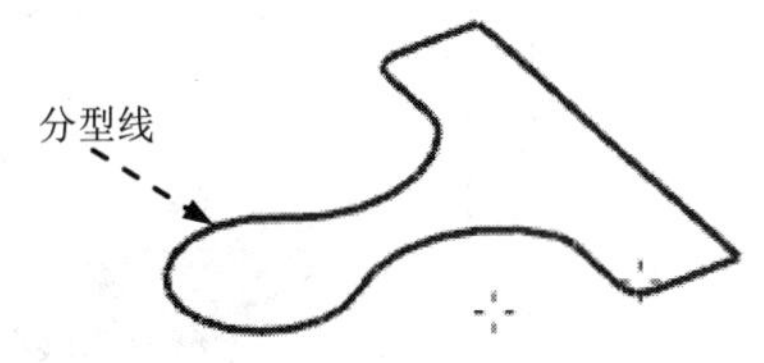

图 8.4.9 创建分型线

Stage3. 创建分型面

Step1. 在“注塑模向导”功能选项卡的 分型刀具 区域中单击“设计分型面”按钮，系统弹出“设计分型面”对话框。

Step2. 在“设计分型面”对话框中接受系统默认的公差值；在 创建分型面 区域单击“有界平面”按钮，然后在图形区拖动小球调整分型面大小，如图 8.4.10 所示，使分型面大小大于工件大小。单击 确定 按钮，结果如图 8.4.11 所示。

图 8.4.10 调整分型面大小　　图 8.4.11 拉伸后

Stage4. 创建型腔和型芯（注：本步骤的详细操作过程请参见学习资源中 video\ch08.04\reference\文件下的语音视频讲解文件 CHESS-r01.exe）

Task7. 创建模具爆炸视图（注：本步骤的详细操作过程请参见学习资源中 video\ch08.04\reference\文件下的语音视频讲解文件 CHESS-r02.exe）

8.5 带斜抽机构的模具设计

实例概述

本实例将介绍一个带斜抽机构的模具设计（图 8.5.1），包括滑块的设计、斜销的设计，以及斜抽机构的设计。学习本实例后，读者应能够熟练掌握带斜抽机构模具设计的方法和技巧。下面介绍该模具的设计过程。

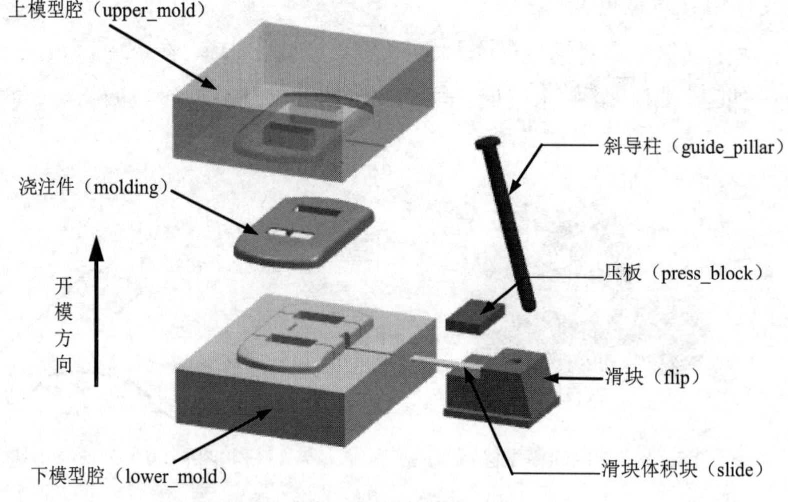

图 8.5.1 带斜抽机构的模具设计

Task1. 初始化项目

Step1. 加载模型。选择 D:\ugal12\work\ch08.05\CAP.prt，单击 OK 按钮，在 应用模块 功能选项卡 特定于工艺 区域单击“注塑模”按钮，然后在系统弹出“注塑模向导”功能选项卡中单击“初始化项目”按钮，调入模型，系统弹出“初始化项目”对话框。

Step2. 定义投影单位。在“初始化项目”对话框的 项目单位 下拉菜单中选择 毫米 选项。

Step3. 设置项目路径和名称。

（1）设置项目路径。接受系统默认的项目路径。

（2）设置项目名称。在“初始化项目”对话框的 Name 文本框中输入 CAP_MOLD。

Step4. 在“初始化项目”对话框中单击 确定 按钮，完成项目路径和名称的设置，加载的零件如图 8.5.2 所示。

Task2. 模具坐标系

Step1. 在“注塑模向导”功能选项卡的 主要 区域中单击“模具坐标系”按钮，系统弹出“模具坐标系”对话框，如图 8.5.3 所示。

Step2. 在“模具坐标系”对话框中选择 ⊙ 当前 WCS 单选项，单击 确定 按钮，完成坐标系的定义。

图 8.5.2　加载的零件

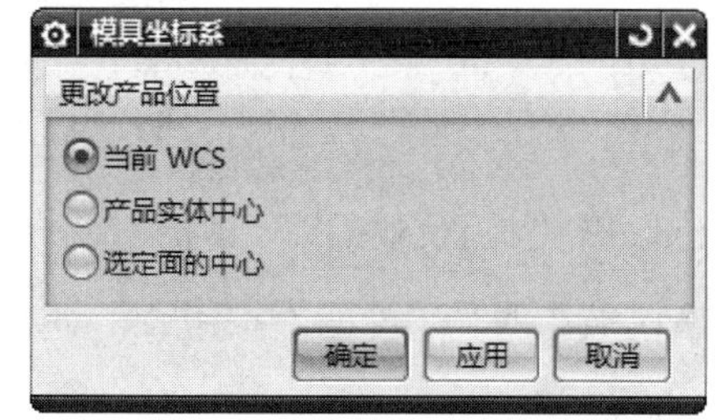

图 8.5.3　“模具坐标系”对话框

Task3. 设置收缩率

Step1. 定义收缩率类型。

（1）选择命令。在“注塑模向导”功能选项卡的 主要 区域中单击“收缩率”按钮，产品模型会高亮显示，同时系统弹出“缩放体”对话框。

（2）定义类型。在“缩放体”对话框 类型 区域的下拉列表中选择 均匀 选项。

Step2. 定义缩放体和缩放点。接受系统默认的设置。

Step3. 定义比例因子。在“缩放体”对话框 比例因子 区域的 均匀 文本框中输入收缩率值 1.006。

Step4. 单击 确定 按钮，完成收缩率的设置。

Task4. 模具分型

Stage1. 设计区域

Step1. 在“注塑模向导”功能选项卡的 分型刀具 区域中单击“检查区域”按钮，系统弹出 “检查区域”对话框，并显示开模方向。在“检查区域”对话框中选中 ⊙ 保持现有的 单选项。

Step2. 拆分面。

（1）计算设计区域。在“检查区域”对话框中单击“计算”按钮，系统开始对产品模型进行分析计算。单击“检查区域”对话框中的 面 选项卡，可以查看分析结果。

（2）设置区域颜色。在“检查区域”对话框中单击 区域 选项卡，在 设置 区域中取消选中 □ 内环、□ 分型边 和 □ 不完整的环 三个复选框，然后单击“设置区域颜色”按钮，设置各区域颜色。结果如图 8.5.4 所示。

图 8.5.4　着色的模型区域

Step3. 在“检查区域”对话框的 指派到区域 区域中选择 ⊙ 型腔区域 单选项，然后单击 指派到区域 区域中的“选择面”按钮，选取图 8.5.5 所示的面，单击 应用 按钮，结果如图 8.5.6 所示。

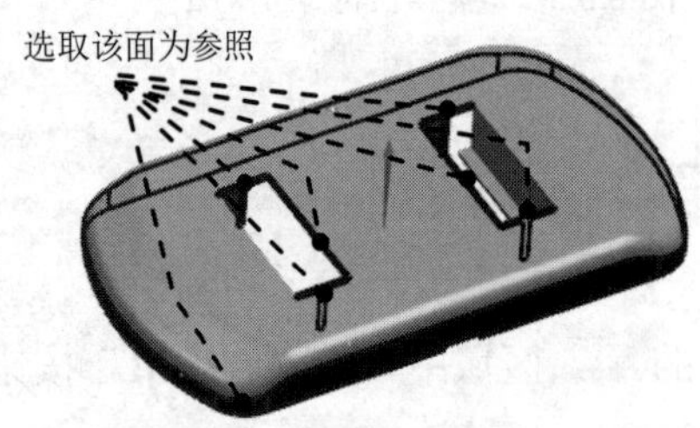

图 8.5.5　定义指派到型腔区域面

图 8.5.6　设置后的型腔区域

Step4. 在“检查区域”对话框的 指派到区域 区域中选择 ⊙ 型芯区域 单选项，然后单击 指派到区域 区域中的“选择面”按钮，选取图 8.5.7 所示的面。单击 确定 按钮，结果如图 8.5.8 所示。

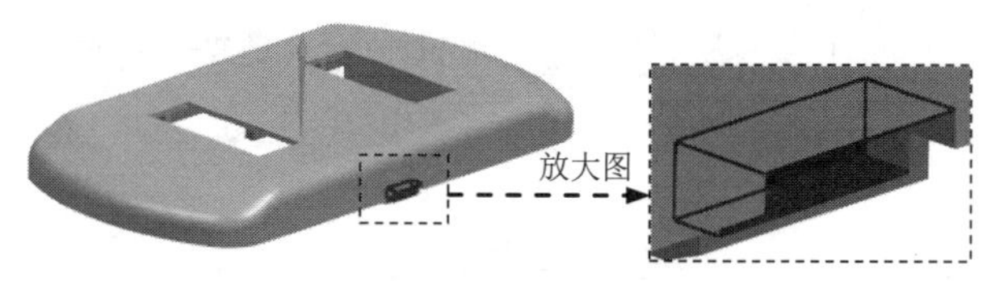

图 8.5.7　定义指派到型芯区域面

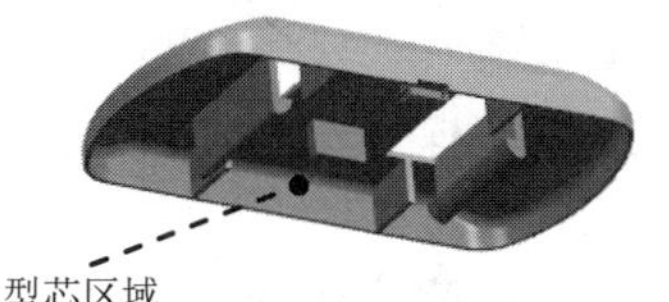

图 8.5.8　设置后的型芯区域

Stage2. 抽取分型线

抽取分型线。选择 插入(S) → 派生曲线(U) → 抽取(E)... 命令，系统弹出“抽取曲线”对话框。在“抽取曲线”对话框中选取 边曲线 选项，选取图 8.5.9 所示的边线为参照，单击 确定 按钮，结果如图 8.5.10 所示。单击 取消 按钮，关闭“抽取曲线”对话框。

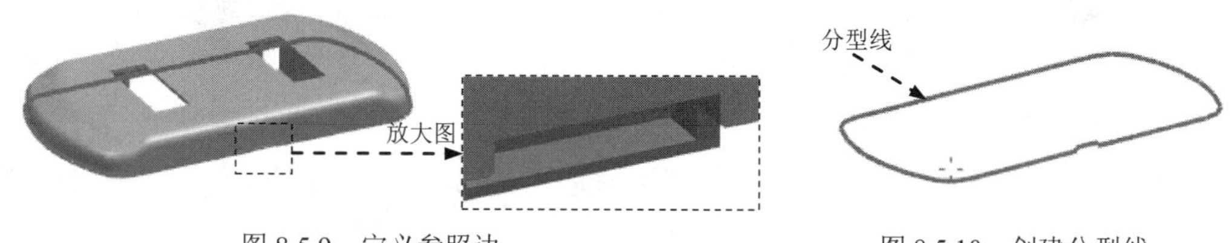

图 8.5.9　定义参照边　　　　图 8.5.10　创建分型线

Stage3. 创建分型面

Step1. 创建图 8.5.11 所示的拉伸特征 1。选择下拉菜单 插入(S) → 设计特征(E) → 拉伸(E)... 命令，系统弹出“拉伸”对话框。选取图 8.5.12 所示的边线为参照；在 指定矢量 下拉列表中选择 -YC 选项；在 限制 区域的 开始 下拉列表中选择 值 选项，并在其下的 距离 文本框中输入值 0，在 限制 区域的 结束 下拉列表中选择 值 选项，并在其下的 距离 文本框中输入值 100。单击 < 确定 > 按钮，结果如图 8.5.11 所示。

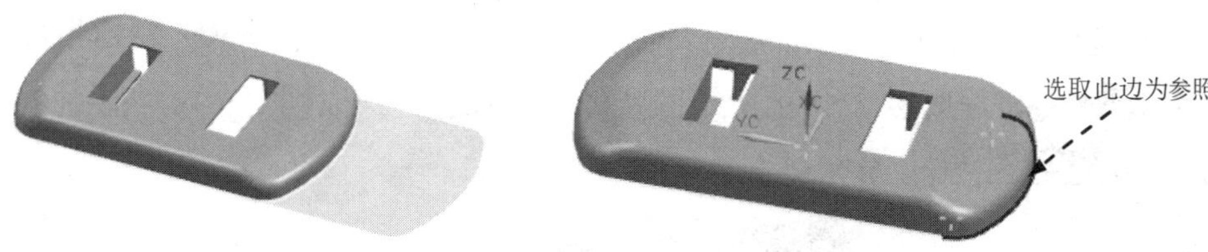

图 8.5.11　拉伸特征 1　　　　图 8.5.12　定义参照边

Step2. 创建图 8.5.13 所示的拉伸特征 2。选取图 8.5.14 所示的边线为参照；在 指定矢量 下拉列表中选择 -XC 选项；在 限制 区域的 开始 下拉列表中选择 值 选项，并在其下的 距离 文本框中输入值 0，在 限制 区域的 结束 下拉列表中选择 值 选项，并在其下的 距离 文本框中输入值 100。单击 < 确定 > 按钮，结果如图 8.5.13 所示。

Step3. 创建图 8.5.15 所示的拉伸特征 3。选取图 8.5.16 所示的边线为参照；在 指定矢量 下拉列表中选择 YC 选项；在 限制 区域的 开始 下拉列表中选择 值 选项，并在其下的 距离 文本框中输入值 0，在限制区域的结束下拉列表中选择值选项，并在其下的距离文本框中输入值 100。单击<确定>按钮，结果如图 8.5.15 所示。

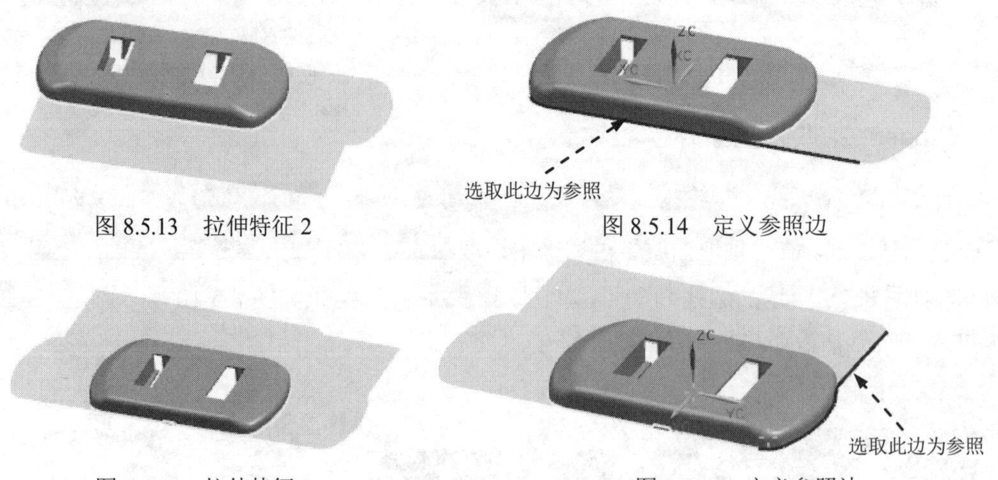

图 8.5.13　拉伸特征 2　　图 8.5.14　定义参照边

图 8.5.15　拉伸特征 3　　图 8.5.16　定义参照边

Step4. 创建图 8.5.17 所示的拉伸特征 4。选取图 8.5.18 所示的边线为参照；在指定矢量下拉列表中选择XC选项；在限制区域的开始下拉列表中选择值选项，并在其下的距离文本框中输入值 0，在限制区域的结束下拉列表中选择值选项，并在其下的距离文本框中输入值 100。单击<确定>按钮，结果如图 8.5.17 所示。

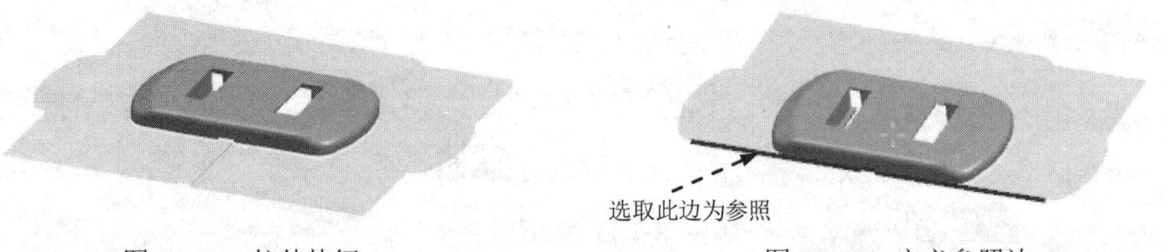

图 8.5.17　拉伸特征 4　　图 8.5.18　定义参照边

Step5. 创建图 8.5.19 所示的缝合特征。选择下拉菜单插入(S) → 组合(B) → 缝合(W)...命令，选取图 8.5.19 所示的特征为目标体，选取图 8.5.19 所示的特征为工具体。单击<确定>按钮，完成缝合特征的创建。

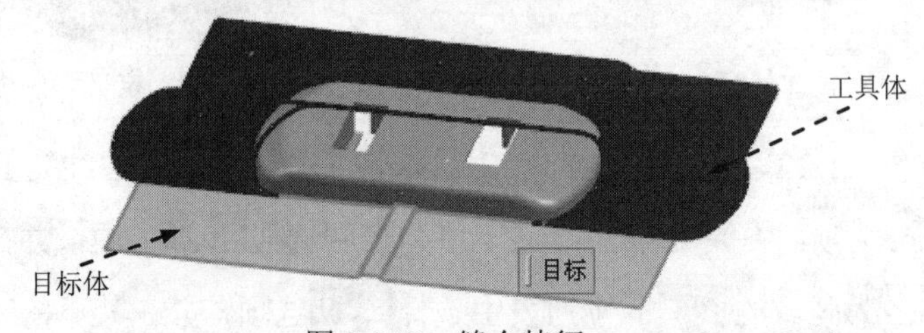

图 8.5.19　缝合特征

Stage4. 创建型腔和型芯

Step1. 在“注塑模向导”功能选项卡的注塑模工具区域中单击“包容体”按钮，系统弹出“包容体”对话框。在“包容体”对话框的类型下拉列表中选取块选项。

Step2. 选取边界面。选取图 8.5.20 所示的五个平面，接受系统默认的偏置值 0。

Step3. 单击< 确定 >按钮，创建结果如图 8.5.21 所示。

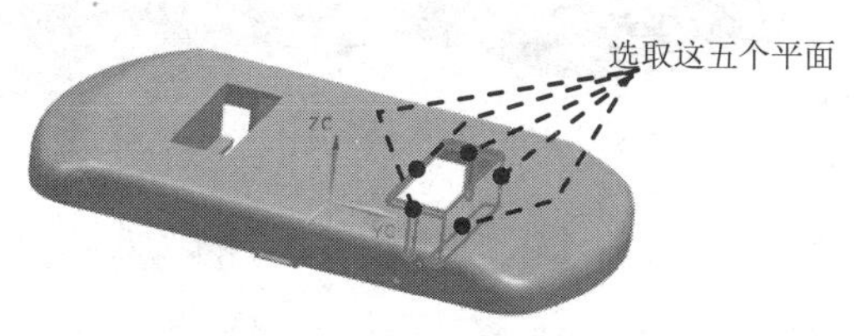

图 8.5.20　选取边界面

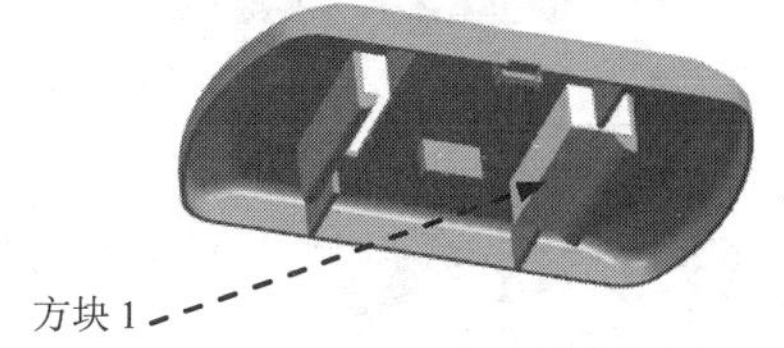

图 8.5.21　创建方块 1

Step4. 包容体 2。操作步骤同 Step1~Step3。创建结果如图 8.5.22 所示。

Step5. 创建图 8.5.23 所示的拉伸特征 1。选择下拉菜单插入(S) → 设计特征(E) → 拉伸(E)...命令，系统弹出“拉伸”对话框。单击截面区域中的按钮，选取 XY 基准平面为草图平面，绘制图 8.5.24 所示的截面草图；在指定矢量下拉列表中选择ZC↑选项；在限制区域的开始下拉列表中选择值选项，并在其下的距离文本框中输入值-75，在限制区域的结束下拉列表中选择值选项，并在其下的距离文本框中输入值 85。单击< 确定 >按钮，完成拉伸特征 1 的创建。

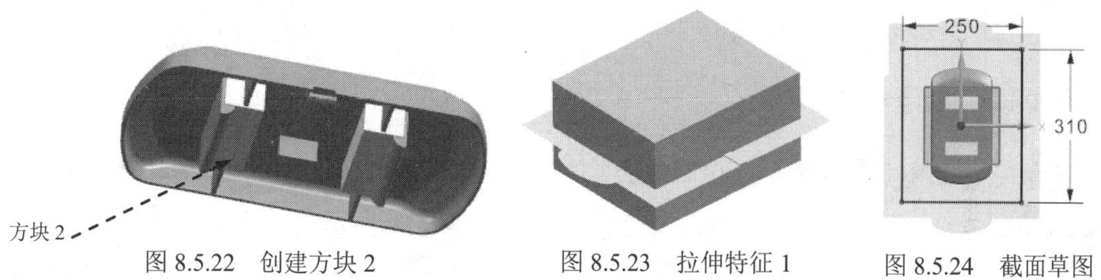

图 8.5.22　创建方块 2　　图 8.5.23　拉伸特征 1　　图 8.5.24　截面草图

Step6. 创建求差特征 1。选择下拉菜单插入(S) → 组合(B) ▸ → 减去(S)...命令，选取图 8.5.23 所示的拉伸特征 1 为目标体，选取加载的零件、图 8.5.21 所示的方块 1 和图 8.5.22 所示的方块 2 特征为刀具体。在设置区域选中☑ 保存工具复选框。单击< 确定 >按钮，完成求差特征 1 的创建。

Step7. 创建图 8.5.25 所示的求差特征 2。选择下拉菜单插入(S) → 组合(B) ▸ → 减去(S)...命令，选取图 8.5.25 所示的拉伸特征 1 为目标体，选取图 8.5.25 所示的片体特征为刀具体。在设置区域取消选中□ 保存工具复选框。单击< 确定 >按钮，完成求差特征 2 的创建。

Step8. 隐藏型芯。选择下拉菜单编辑(E) → 显示和隐藏(H) → 隐藏(H)...命令，系统弹出“类选择”对话框。选取图 8.5.26 所示的实体为参照，单击< 确定 >按钮，结果如图 8.5.27 所示。

说明：为了清晰、明了，隐藏加载零件和曲线。

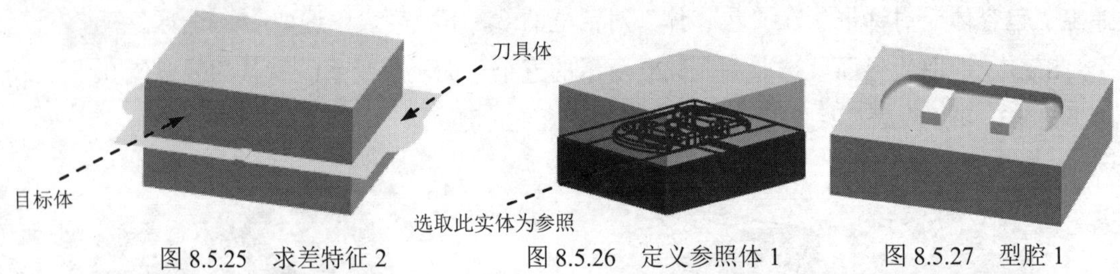

图 8.5.25　求差特征 2　　图 8.5.26　定义参照体 1　　图 8.5.27　型腔 1

Step9. 创建求和特征。选择下拉菜单 插入(S) → 组合(B) ▸ → 合并(U)... 命令，选取图 8.5.28 所示的实体特征为目标体，选取图 8.5.28 所示的实体特征为刀具体。单击 确定 按钮，完成求和特征的创建。

Step10. 显示图 8.5.29 所示的型腔。选择下拉菜单 编辑(E) → 显示和隐藏(H) → 反转显示和隐藏(I) 命令，结果如图 8.5.29 所示。

说明：为了清晰、明了，隐藏加载零件和曲线。

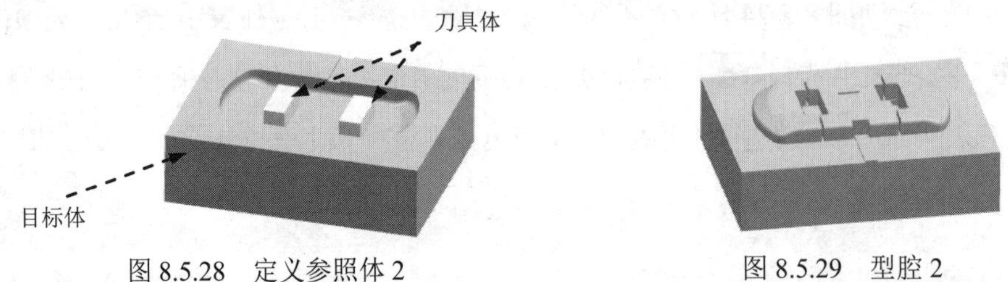

图 8.5.28　定义参照体 2　　图 8.5.29　型腔 2

Task5. 创建斜抽机构

Step1. 创建图 8.5.30 所示的拉伸特征 1。选择下拉菜单 插入(S) → 设计特征(E) → 拉伸(E)... 命令，系统弹出“拉伸”对话框。选取图 8.5.31 所示的平面为草图平面，绘制图 8.5.32 所示的截面草图；在 指定矢量 下拉列表中选择 -XC 选项；在 限制 区域的 开始 下拉列表中选择 值 选项，并在其下的 距离 文本框中输入值 0，在 限制 区域的 结束 下拉列表中选择 直至选定 选项，选择图 8.5.33 所示的面为参照。单击 < 确定 > 按钮，完成拉伸特征 1 的创建。

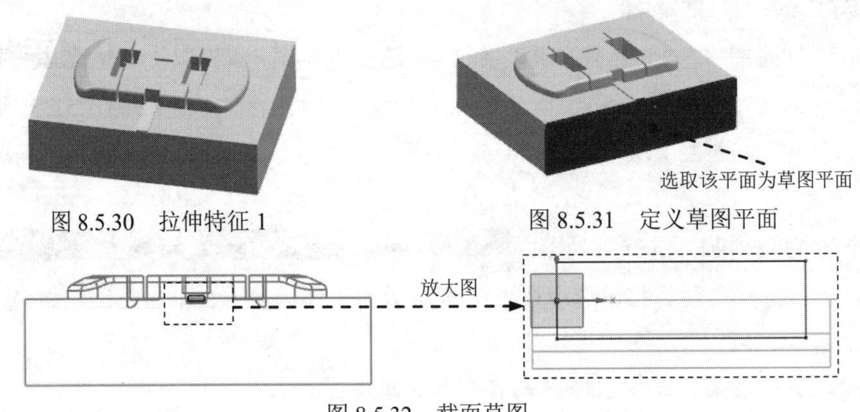

图 8.5.30　拉伸特征 1　　图 8.5.31　定义草图平面

图 8.5.32　截面草图

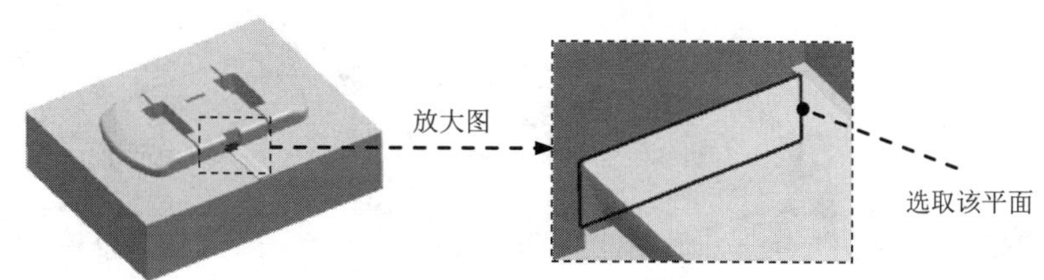

图 8.5.33 定义参照面

Step2. 创建求差特征 1。选择下拉菜单插入(S) → 组合(B) ▸ → 减去(S)...命令，选取型腔为目标体，选取图 8.5.30 所示的拉伸特征 1 为刀具体。在设置区域选中☑ 保存工具复选框。单击< 确定 >按钮，完成求差特征 1 的创建。

Step3. 创建图 8.5.34 所示的拉伸特征 2。选择下拉菜单插入(S) → 设计特征(E) → 拉伸(E)...命令，系统弹出“拉伸”对话框。选取图 8.5.34 所示的平面为草图平面，绘制图 8.5.35 所示的截面草图；在指定矢量下拉列表中选择XC选项；在限制区域的开始下拉列表中选择值选项，并在其下的距离文本框中输入值 0，在限制区域的结束下拉列表中选择值选项，并在其下的距离文本框中输入值 125。单击< 确定 >按钮，完成拉伸特征 2 的创建。

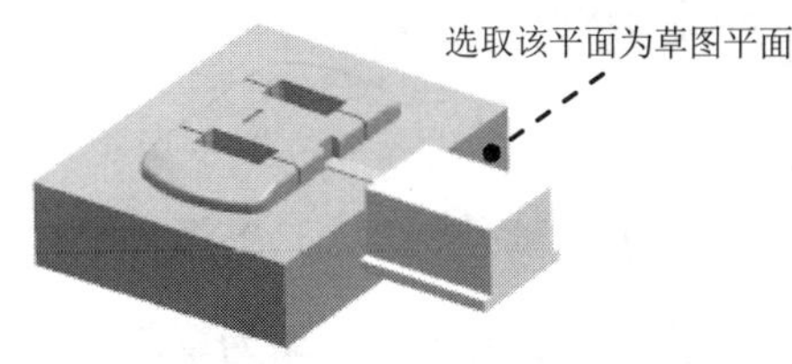

图 8.5.34 拉伸特征 2

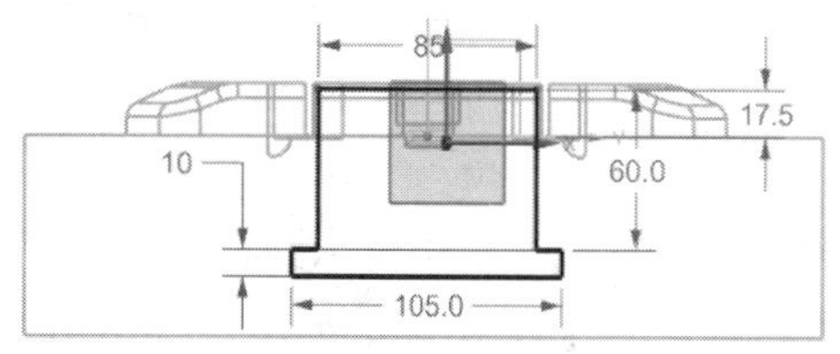

图 8.5.35 截面草图

Step4. 创建图 8.5.36 所示的拉伸特征 3。选择下拉菜单插入(S) → 设计特征(E) → 拉伸(E)...命令，系统弹出“拉伸”对话框。选取图 8.5.36 所示的平面为草图平面，绘制图 8.5.37 所示的截面草图；在指定矢量下拉列表中选择-ZC选项；在限制区域的开始下拉列表中选择值选项，并在其下的距离文本框中输入值 0，在限制区域的结束下拉列表中选择直至延伸部分选项，在布尔区域中选择减去选项，选取 Step3 创建的拉伸特征 2 为求差对象。单击< 确定 >按钮，完成拉伸特征 3 的创建。

Step5. 替换面。选择下拉菜单插入(S) → 同步建模(Y) → 替换面(R)...命令，系统弹出“替换面”对话框。选择图 8.5.38 所示的创建的实体的表面为要替换的面，选择图 8.5.38 所示的面为替换面。单击< 确定 >按钮，创建结果如图 8.5.39 所示。

Step6. 创建求差特征 2。选择下拉菜单插入(S) → 组合(B) ▸ → 减去(S)...命令，选取图 8.5.40 所示的特征为目标体，选取图 8.5.40 所示的特征为刀具体。在设置区域选中☑ 保存工具复选框。单击< 确定 >按钮，完成求差特征 2 的创建。

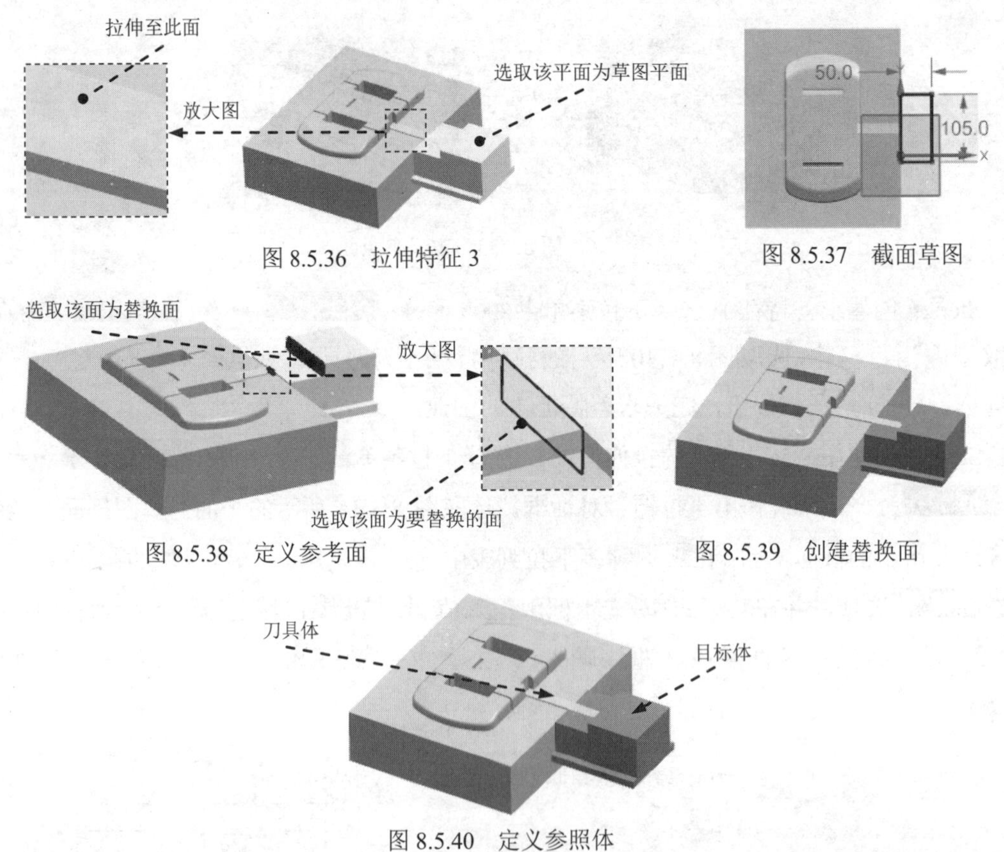

图 8.5.36　拉伸特征 3

图 8.5.37　截面草图

图 8.5.38　定义参考面

图 8.5.39　创建替换面

图 8.5.40　定义参照体

Step7. 创建图 8.5.41 所示的拉伸特征 4。选择下拉菜单 插入(S) → 设计特征(E) → 拉伸(E)... 命令，系统弹出“拉伸”对话框。选取图 8.5.41 所示的平面为草图平面，绘制图 8.5.42 所示的截面草图；在 指定矢量 下拉列表中选择 -ZC 选项；在限制区域的开始下拉列表中选择 值 选项，并在其下的距离文本框中输入值 0，在限制区域的结束下拉列表中选择 直至延伸部分 选项。单击 < 确定 > 按钮，完成拉伸特征 4 的创建。

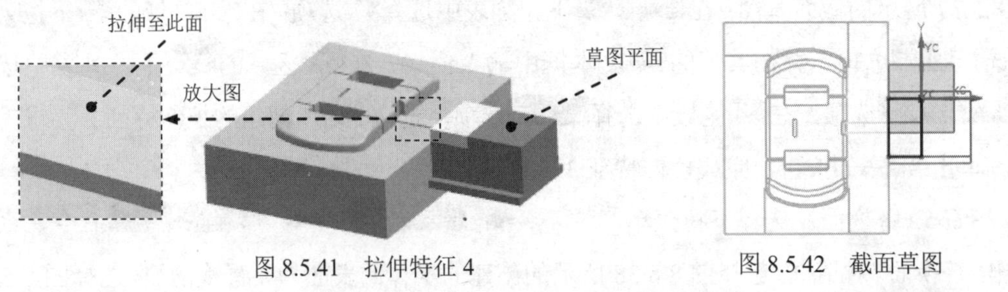

图 8.5.41　拉伸特征 4

图 8.5.42　截面草图

Step8. 创建图 8.5.43 所示的拉伸特征 5。选择下拉菜单 插入(S) → 设计特征(E) → 拉伸(E)... 命令，系统弹出“拉伸”对话框。选取图 8.5.43 所示的平面为草图平面，绘制图 8.5.44 所示的截面草图；在 指定矢量 下拉列表中选择 YC 选项；在限制区域的开始下拉列表中选择 值 选项，并在其下的距离文本框中输入值 0，在限制区域的结束下拉列表中选择贯通选项。单击< 确定 >按钮，完成拉伸特征 5 的创建。

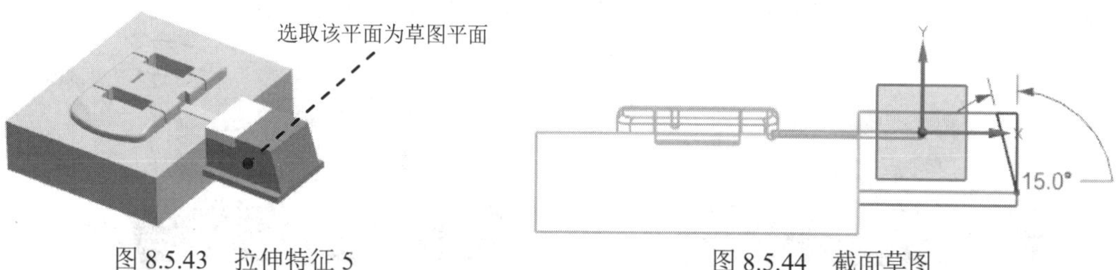

图 8.5.43　拉伸特征 5　　图 8.5.44　截面草图

Step9. 创建图 8.5.45 所示的旋转特征 1。选择插入(S) ➡ 设计特征(E) ➡ 旋转(R)...命令（或单击按钮），单击截面区域中的按钮，在绘图区选取 XZ 基准平面为草图平面，绘制图 8.5.46 所示的截面草图。在绘图区中选取图 8.5.46 所示的直线为旋转轴。在“旋转”对话框限制区域的开始下拉列表中选择值选项，并在角度文本框中输入值 0，在结束下拉列表中选择值选项，并在角度文本框中输入值 360。

图 8.5.45　旋转特征 1

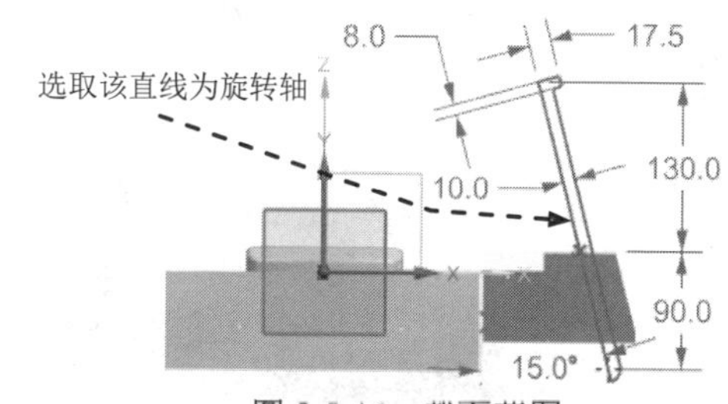

图 8.5.46　截面草图

Step10. 创建求差特征 3。选择下拉菜单插入(S) ➡ 组合(B) ▸ ➡ 减去(S)...命令，选取图 8.5.47 所示的特征为目标体，选取图 8.5.47 所示的特征为刀具体。在设置区域选中☑ 保存工具复选框。单击< 确定 >按钮，完成求差特征 3 的创建。

Step11. 创建偏置面特征。选择下拉菜单插入(S) ➡ 偏置/缩放(O) ➡ 偏置面(F)...命令，系统弹出“偏置面”对话框。选择图 8.5.48 所示的面为参照，在偏置文本框中输入值 0.5，单击反向按钮。单击< 确定 >按钮，完成偏置面特征的创建（隐藏旋转体）。

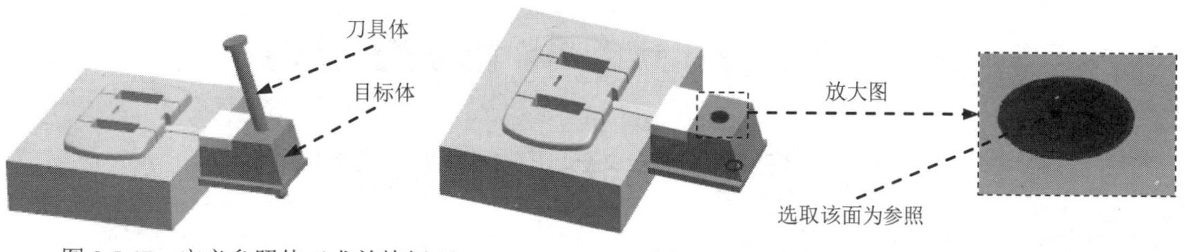

图 8.5.47　定义参照体（求差特征 3）　　图 8.5.48　定义参照面

Step12. 创建边倒圆特征 1。选择下拉菜单插入(S) ➡ 细节特征(L) ▸ ➡ 边倒圆(E)...命令，在边区域中单击按钮，选择图 8.5.49 所示边为边倒圆参照边，并在半径 1文本框中输入值 2。单击< 确定 >按钮，完成边倒圆特征 1 的创建。

Step13. 创建边倒圆特征 2。选择图 8.5.50 所示的边为边倒圆参照边，并在半径 1文本框中输入值 2。单击< 确定 >按钮，完成边倒圆特征 2 的创建。

图 8.5.49　定义参照边（边倒圆特征 1）　　图 8.5.50　定义参照边（边倒圆特征 2）

Step14. 创建图 8.5.51 所示的拉伸特征 6。选择下拉菜单插入(S) → 设计特征(E) → 拉伸(E)...命令，系统弹出“拉伸”对话框。选取 XZ 基准平面为草图平面，绘制图 8.5.52 所示的截面草图；在指定矢量下拉列表中选择YC选项；在限制区域的开始下拉列表中选择对称值选项，并在其下的距离文本框中输入值 50，在布尔区域中选择减去选项，采用系统默认的求差对象。单击< 确定 >按钮，完成拉伸特征 6 的创建。

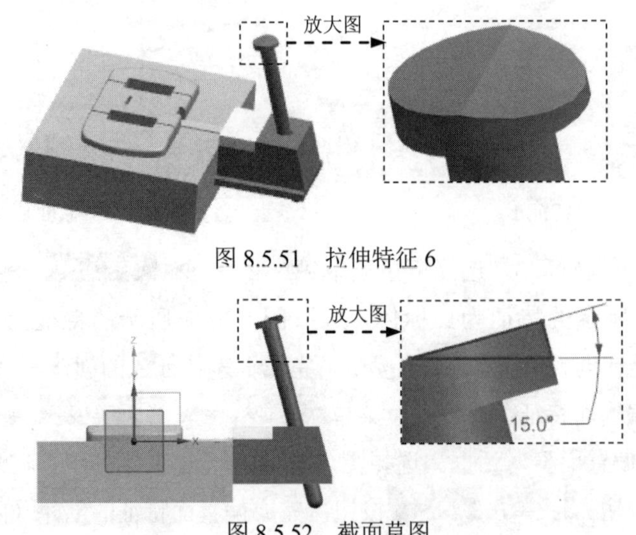

图 8.5.51　拉伸特征 6

图 8.5.52　截面草图

Step15. 保存文件。选择下拉菜单文件(F) → 全部保存(V)，保存所有文件。

8.6　用两种方法进行模具设计

实例概述

本实例将通过一个垃圾桶盖的模具设计，说明在 UG NX 12.0 中设计模具的一般过程。通过本实例的学习，读者可清楚地掌握模具设计的原理、面的拆分方法和分型段的选择方法。图 8.6.1 所示为该模具的开模图。

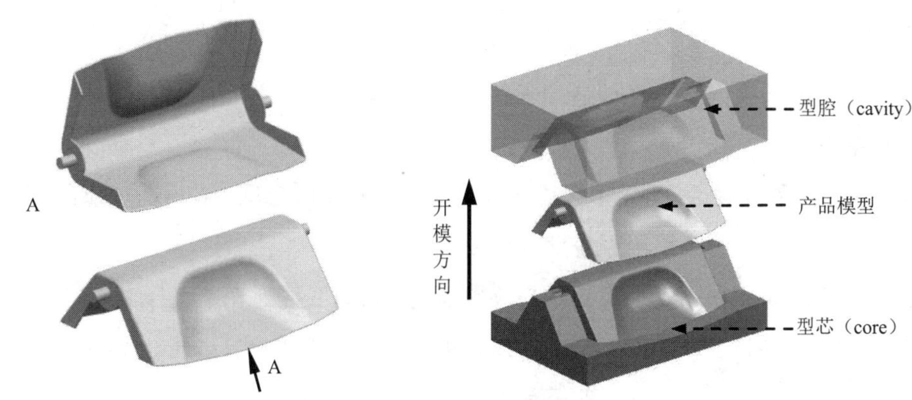

图 8.6.1　垃圾桶盖的模具设计

8.6.1　创建方法一（在 Mold Wizard 环境下进行模具设计）

方法简介：

采用 Mold Wizard 进行该模具设计的亮点是：把竖直的面在特殊位置拆分成两部分，便于型腔和型芯区域的划分；把分型线分成段，便于采用“拉伸”的方法创建分型面。

下面介绍在 Mold Wizard 环境下设计该模具的过程。

Task1. 初始化项目

Step1. 加载模型。选择 D:\ugal12\work\ch08.06\disbin_cover.prt，单击 OK 按钮，在 应用模块 功能选项卡 特定于工艺 区域单击“注塑模”按钮，然后在系统弹出“注塑模向导”功能选项卡中单击“初始化项目”按钮，调入模型，系统弹出“初始化项目”对话框。

Step2. 定义项目单位。在“初始化项目”对话框的 项目单位 下拉菜单中选择 毫米 选项。

Step3. 设置项目路径和名称。接受系统默认的项目路径，在“初始化项目”对话框的 Name 文本框中输入 disbin_cover_mold。

Step4. 设置材料和收缩率。在“初始化项目”对话框的 材料 下拉列表中选择 ABS，同时系统会自动在 收缩率 文本框里写入数值 1.006。

Step5. 在“初始化项目”对话框中单击 确定 按钮，完成项目路径和名称的设置。

Task2. 模具坐标系

Step1. 在“注塑模向导”功能选项卡的 主要 区域中单击“模具坐标系”按钮，系统弹出“模具坐标系”对话框。

Step2. 在“模具坐标系”对话框中选中 ⊙ 当前 WCS 单选项，单击 确定 按钮，完成模具坐标系的定义，如图 8.6.2 所示。

Task3. 创建模具工件

Step1. 在“注塑模向导”功能选项卡的主要区域中单击“工件”按钮，系统弹出“工件”对话框。

Step2. 在“工件”对话框的类型下拉菜单中选择产品工件选项，在工件方法下拉菜单中选择用户定义的块选项，其他参数采用系统默认设置值。

Step3. 修改尺寸。在“工件”对话框限制区域的开始下拉列表中选择值选项，并在其下的距离文本框中输入值-10；在限制区域的结束下拉列表中选择值选项，并在其下的距离文本框中输入值-80。完成创建的模具工件如图 8.6.3 所示。

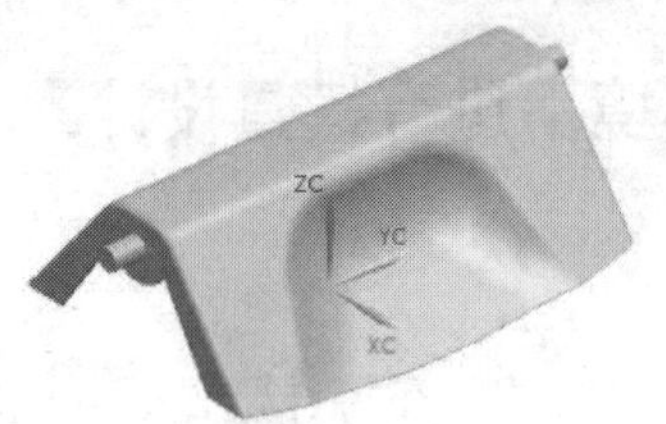

图 8.6.2 定义模具坐标系

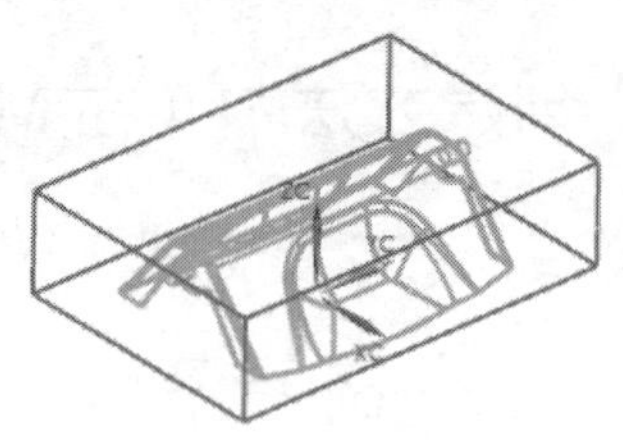
图 8.6.3 模具工件

Task4. 创建拆分面

Stage1. 创建草图

Step1. 选择下拉菜单窗口(O) → 3. disbin_cover_mold_parting_022.prt 命令，系统将在工作区中显示出原模型。

Step2. 确认当前模型处于建模环境中。

Step3. 选择命令。选择下拉菜单插入(S) → 在任务环境中绘制草图(V)... 命令。

Step4. 绘制截面草图。选取图 8.6.4 所示的平面为草图平面，绘制图 8.6.5 所示的截面草图，在工作区中单击“完成草图”按钮完成草图。

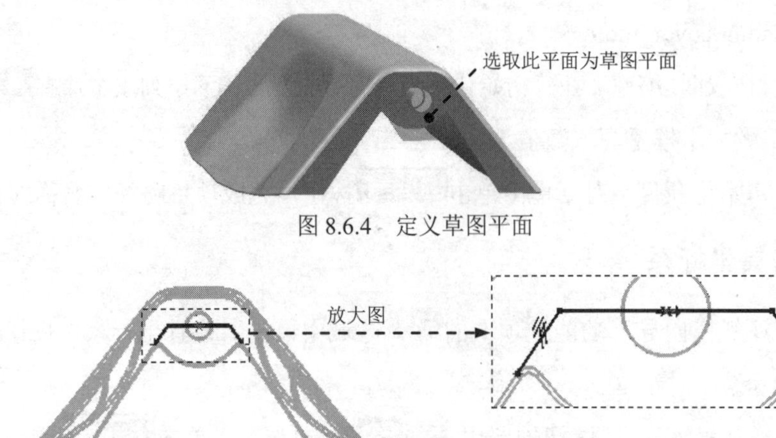

图 8.6.4 定义草图平面

图 8.6.5 截面草图

Stage2. 创建直线

Step1. 选择下拉菜单 插入(S) → 曲线(C) → 基本曲线(B)... 命令，系统弹出“基本曲线”对话框。

Step2. 在“基本曲线”对话框中单击“直线”按钮，在 点方法 下拉列表中选择选项，创建图 8.6.6 所示的直线。单击 取消 按钮，退出“基本曲线”对话框。

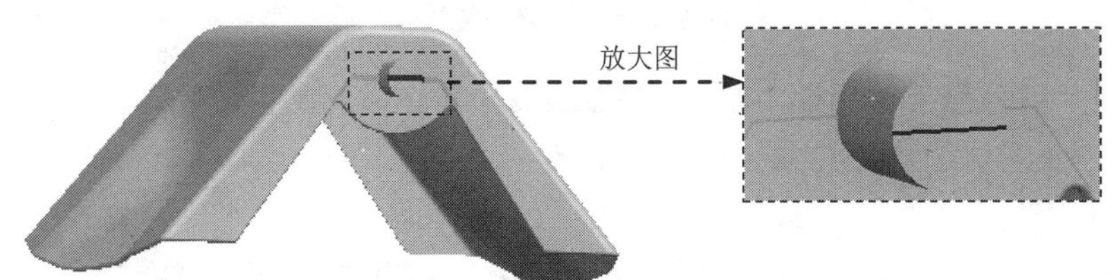

图 8.6.6　创建直线

Stage3. 创建镜像几何体

Step1. 选择命令。选择下拉菜单 插入(S) → 关联复制(A) → 镜像几何体(G)... 命令，系统弹出“镜像几何体”对话框。

Step2. 定义镜像几何体。选取已创建好的草图和直线为镜像对象。

Step3. 定义镜像平面。在 镜像平面 下拉列表中选择选项。

Step4. 单击 < 确定 > 按钮，完成图 8.6.7 所示的镜像几何体特征的创建。

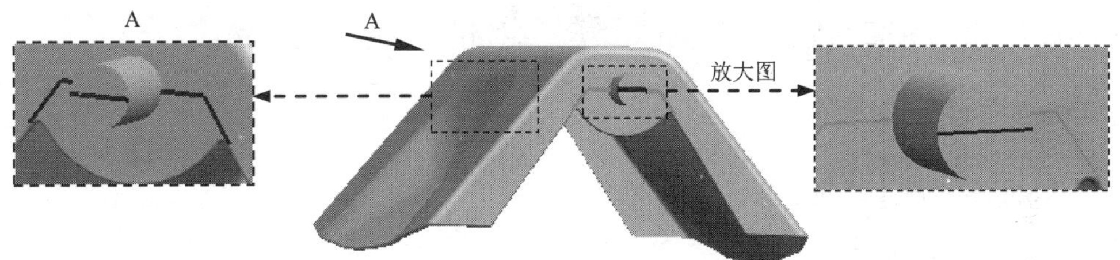

图 8.6.7　创建镜像几何体特征

Stage4. 创建拆分面 1

Step1. 在“注塑模向导”功能选项卡的 注塑模工具 区域中单击“拆分面”按钮，系统弹出“拆分面”对话框，在“拆分面”对话框的 类型 下拉列表中选择 曲线/边 选项。

Step2. 定义拆分对象 1。选取图 8.6.8 所示的面为拆分面对象。

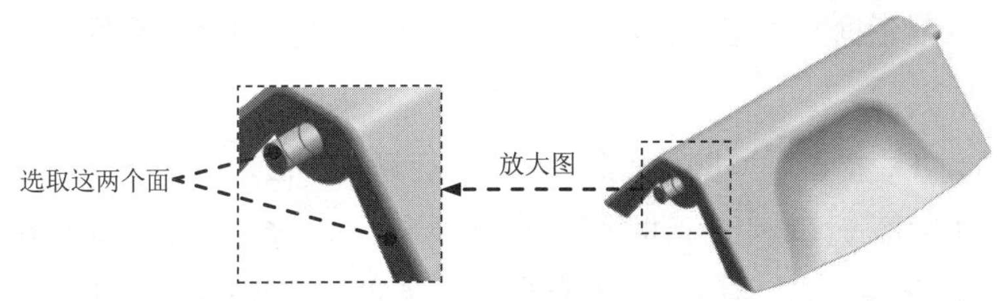

图 8.6.8　定义拆分对象 1

Step3. 定义拆分曲线。在“拆分面”对话框的 分割对象 区域中单击 * 选择对象 (0) 使其激活，选取图 8.6.9 所示的曲线为拆分曲线。

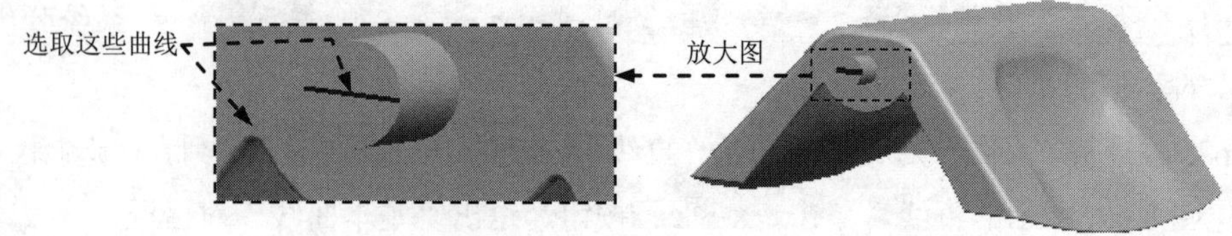

图 8.6.9 定义拆分曲线

Step4. 在“拆分面”对话框中单击 应用 按钮，完成面的拆分。

Stage5. 创建拆分面 2

Step1. 在“拆分面”对话框的 类型 下拉菜单中选择 等斜度 选项。

Step2. 定义拆分对象 2。选取图 8.6.10 所示的面。

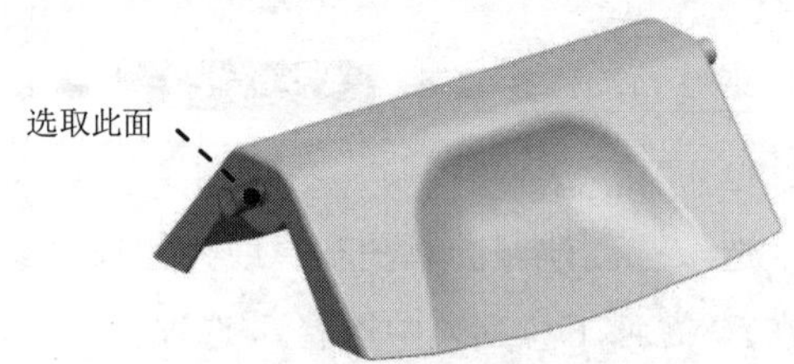

图 8.6.10 选取拆分对象 2

Step3. 在“拆分面”对话框中单击 < 确定 > 按钮，完成面的拆分。

Stage6. 创建拆分面 3

参照 Stage4、Stage5 的创建方法，创建拆分面 3。

Task5. 模具分型

Stage1. 设计区域

Step1. 选择下拉菜单 窗口(O) → 4. disbin_cover_mold_top_000.prt 命令，系统将在工作区中显示出模具组件。激活所有组件。

Step2. 在“注塑模向导”功能选项卡的 分型刀具 区域中单击“检查区域”按钮，系统弹出“检查区域”对话框，并显示图 8.6.11 所示的开模方向。在“检查区域”对话框中选中 ⊙ 保持现有的 单选项。

Step3. 拆分面。在“检查区域”对话框中单击“计算”按钮，系统开始对产品模型进行分析计算。单击“检查区域”对话框中的 面 选项卡，可以查看分析结果；在“检查区域”对话框中单击 区域 选项卡，取消选中 □ 内环、 □ 分型边 和 □ 不完整的环 三个复选框，然后单击“设置区域颜色”按钮，设置各区域颜色；在 未定义的区域 区域中选中 ☑ 交叉区域面 复选框，此时系统将所有未定义的面加亮；在 指派到区域 区域中选中 ⊙ 型芯区域 单选项，单击应用按钮，此时系统将加亮显示的未定义的面指派到型芯区域，同时对话框中的未定义的区域显示为“0”。创建结果如图 8.6.12 所示。

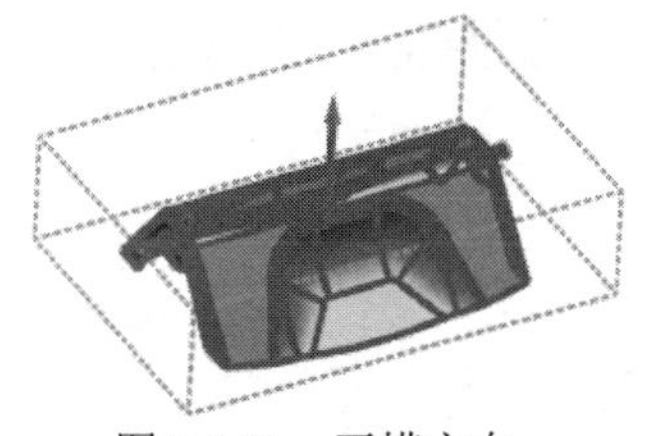

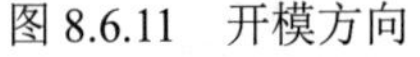
图 8.6.11　开模方向

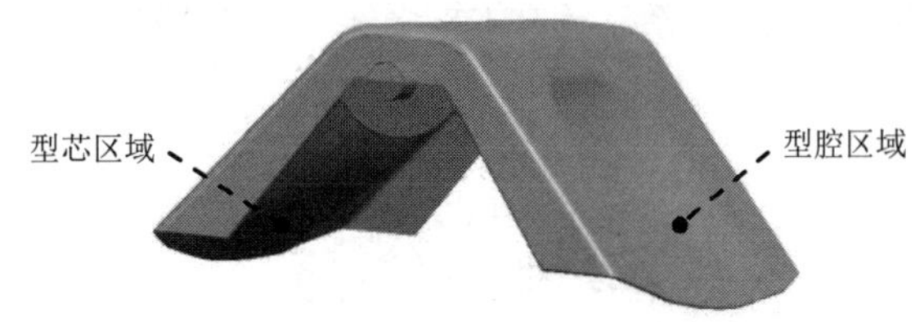

图 8.6.12　创建后的型芯/型腔区域

Step4. 接受系统默认的其他参数设置，单击取消按钮，关闭“检查区域”对话框。

Stage2. 创建型腔/型芯区域和分型线

Step1. 在“注塑模向导”功能选项卡的分型刀具区域中单击“定义区域”按钮，系统弹出“定义区域”对话框。

Step2. 在“定义区域”对话框的设置区域选中☑创建区域和☑创建分型线复选框，单击确定按钮，完成分型线的创建。创建分型线结果如图 8.6.13 所示。

图 8.6.13　分型线

Stage3. 定义分型段

Step1. 在“注塑模向导”功能选项卡的分型刀具区域中单击“设计分型面”按钮，系统弹出“设计分型面”对话框。

Step2. 选取过渡对象。在“设计分型面”对话框的编辑分型段区域中单击“选择过渡曲线”按钮，选取图 8.6.14 所示的圆弧以及与其对称的圆弧作为过渡对象。

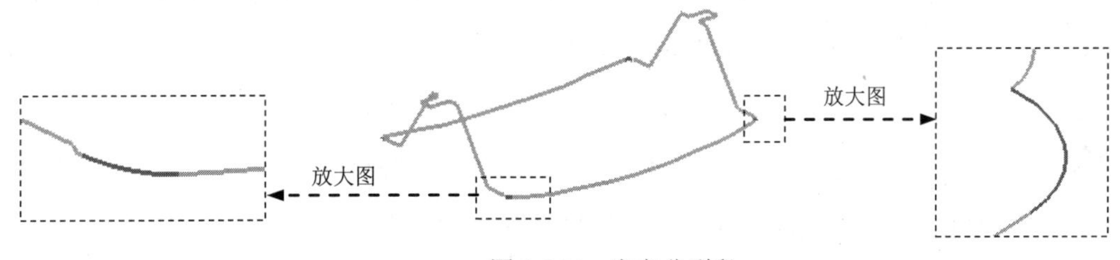

图 8.6.14　定义分型段

Step3. 在“设计分型面”对话框中单击应用按钮，完成分型段的定义。

Stage4. 创建分型面

Step1. 在“设计分型面”对话框的设置区域中接受系统默认的公差值；单击“延伸距离”文本框，然后在活动的文本框中输入数值 100 并按 Enter 键，结果如图 8.6.15 所示。

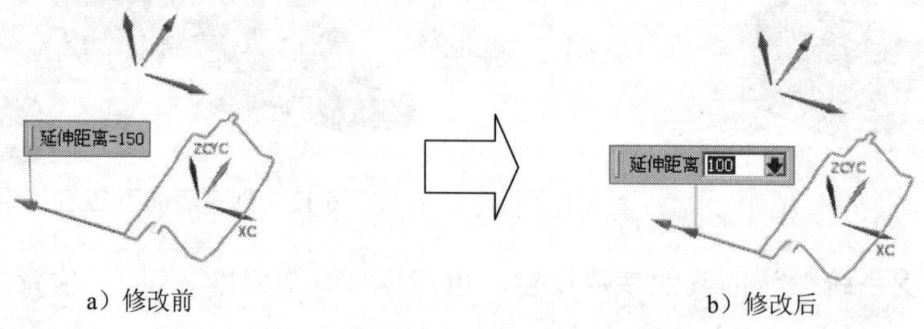

a）修改前　　b）修改后

图 8.6.15　延伸距离

Step2. 拉伸分型面 1。在“设计分型面”对话框创建分型面区域的方法中选择选项，在拉伸方向区域的下拉列表中选择-XC选项，在“设计分型面”对话框中单击应用按钮，系统返回“设计分型面”对话框；结果如图 8.6.16 所示。

Step3. 拉伸分型面 2。在“设计分型面”对话框创建分型面区域的方法中选择选项，在拉伸方向区域的下拉列表中选择YC选项，在“设计分型面”对话框中单击应用按钮，系统返回“设计分型面”对话框；结果如图 8.6.17 所示。

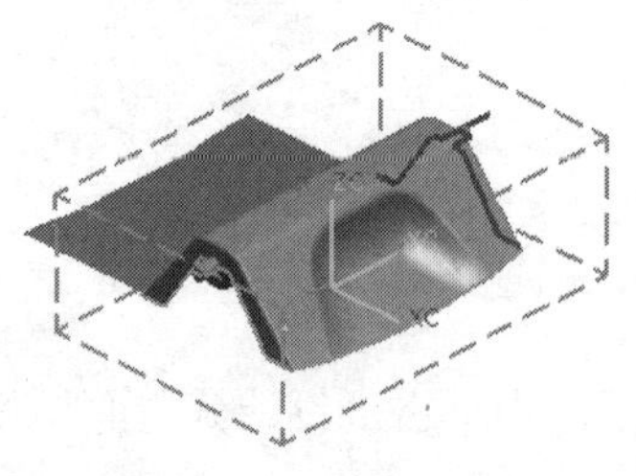

图 8.6.16　拉伸分型面 1

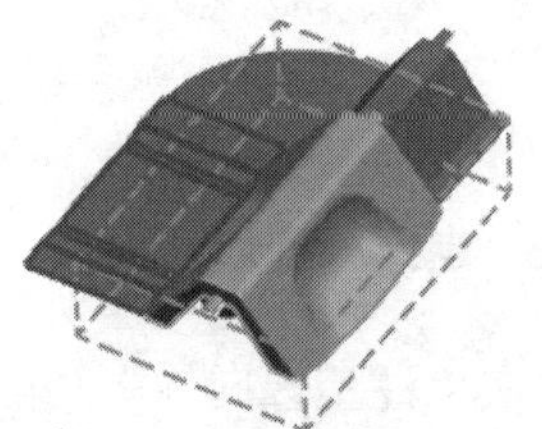

图 8.6.17　拉伸分型面 2

Step4. 拉伸分型面 3。在“设计分型面”对话框创建分型面区域的方法中选择选项，在拉伸方向区域的下拉列表中选择XC选项，在“设计分型面”对话框中单击应用按钮，系统返回“设计分型面”对话框；结果如图 8.6.18 所示。

Step5. 拉伸分型面 4。在“设计分型面”对话框创建分型面区域的方法中选择选项，在拉伸方向区域的下拉列表中选择-YC选项，在“设计分型面”对话框中单击应用按钮，系统返回“设计分型面”对话框；结果如图 8.6.19 所示。

Step6. 在“设计分型面”对话框中单击取消按钮，此时系统返回“模具分型工具”工具条。

Stage5. 创建型腔和型芯

Step1. 在“注塑模向导”功能选项卡的 分型刀具 区域中单击“定义型腔和型芯”按钮，系统弹出“定义型腔和型芯”对话框。

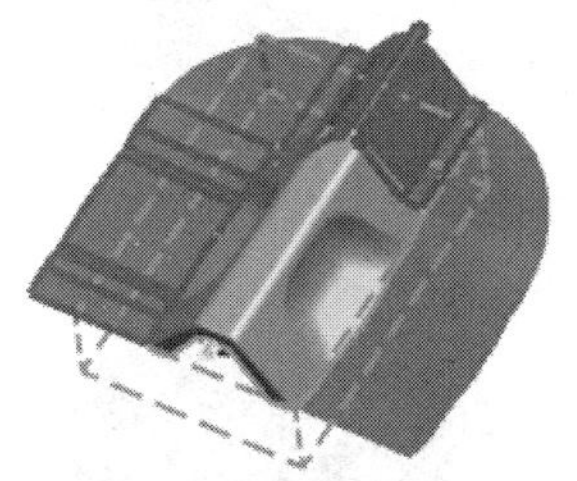
图 8.6.18 拉伸分型面 3

图 8.6.19 拉伸分型面 4

Step2. 在“定义型腔和型芯”对话框中选择 选择片体 区域下的 所有区域 选项，单击 确定 按钮，系统弹出“查看分型结果”对话框并在图形区显示出创建的型腔，单击“查看分型结果”对话框中的 确定 按钮，系统再一次弹出“查看分型结果”对话框。在“查看分型结果”对话框中单击 确定 按钮，完成型腔和型芯的创建。

Step3. 选择下拉菜单 窗口(O) → disbin_cover_mold_cavity_002.prt 命令，系统显示型腔零件，如图 8.6.20 所示。

Step4. 选择下拉菜单 窗口(O) → disbin_cover_mold_core_006.prt 命令，系统显示型芯零件，如图 8.6.21 所示。

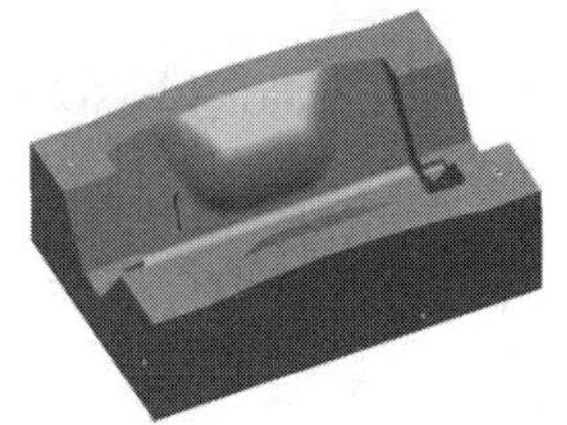
图 8.6.20 型腔零件

图 8.6.21 型芯零件

Task6. 创建模具爆炸视图

Step1. 移动型腔。选择下拉菜单 窗口(O) → disbin_cover_mold_top_000.prt 命令，在装配导航器中将部件转换成工作部件；选择下拉菜单 装配(A) → 爆炸图(X) → 新建爆炸(N)... 命令，系统弹出“新建爆炸”对话框，接受系统默认的名字，单击 确定 按钮；选择下拉菜单 装配(A) → 爆炸图(X) → 编辑爆炸(E)... 命令，系统弹出“编辑爆炸”对话框；选取图 8.6.22 所示的型腔元件；在“编辑爆炸”对话框中选中 移动对象 单选项，选取 Z 轴为移动方向，在 距离 文本框中输入值 150，结果如图 8.6.23 所示，单击 确定 按钮。

Step2. 移动产品模型。选择下拉菜单 装配(A) → 爆炸图(X) → 编辑爆炸(E)... 命令，系统弹出“编辑爆炸”对话框；选取图 8.6.24 所示的产品模型元件；在“编辑爆炸”对话框中选中 移动对象 单选项，选取 Z 轴为移动方向，在 距离 文本框中输入值 75，结果如

图 8.6.25 所示。

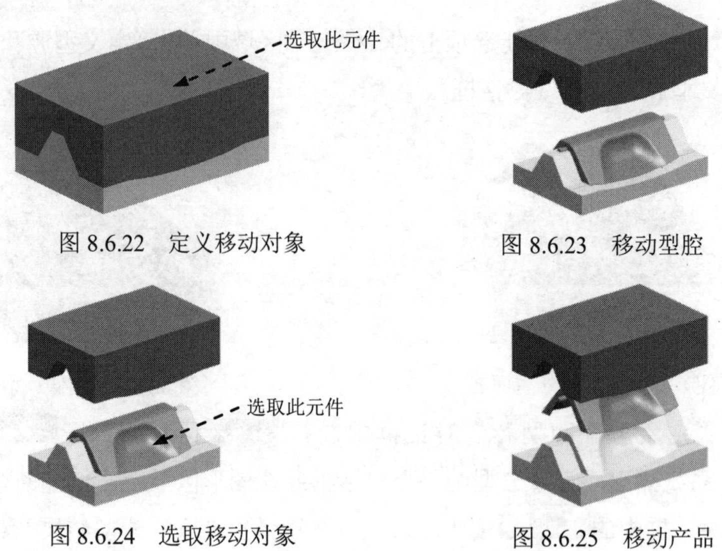

图 8.6.22　定义移动对象

图 8.6.23　移动型腔

图 8.6.24　选取移动对象

图 8.6.25　移动产品

Step3. 保存文件。选择下拉菜单 文件(F) ➡ 全部保存(V) 命令，保存所有文件。

8.6.2　创建方法二（在建模环境下进行模具设计）

方法简介：

在建模环境下进行该模具的设计，与在 Mold Wizard 环境下进行模具设计的思路是一样的，同样也需要对产品模型上的某些面进行拆分。不同的是，在建模环境下创建分型面时，要采用“拉伸”“桥接”和“网格曲面”等方法来完成。通过本实例的学习，读者可以掌握分型面的桥接和修补方法。

下面介绍在建模环境下设计该模具的具体过程。

Task1. 设置收缩率

Step1. 打开文件。打开 D:\ugal12\work\ch08.06\disbin_cover.prt 文件，单击 OK 按钮，进入建模环境。

说明：在本实例中，坐标系的位置正好位于产品的中心，因此，不需要对坐标系进行移动。

Step2. 选择命令。选择下拉菜单 插入(S) ➡ 偏置/缩放(O) ➡ 缩放体(S)... 命令，系统弹出“缩放体”对话框。

Step3. 在“缩放体”对话框的 类型 下拉列表中选择 均匀 选项。

Step4. 定义缩放体和缩放点。选择零件为缩放体，此时系统自动将缩放点定义在零件的中心位置。

Step5. 定义缩放比例因子。在“缩放体”对话框 比例因子 区域的 均匀 文本框中输入数值 1.006。

Step6. 单击确定按钮，完成收缩率的设置。

Task2. 创建模具工件

Step1. 选择命令。选择下拉菜单插入(S) → 设计特征(E) → 拉伸(E)...命令，系统弹出“拉伸”对话框。

Step2. 定义草图平面。单击按钮，系统弹出“创建草图”对话框；显示基准坐标系，选取 XY 基准平面为草图平面，单击确定按钮，进入草图环境。

Step3. 绘制草图。绘制图 8.6.26 所示的截面草图；单击完成草图按钮，退出草图环境。

Step4. 定义拉伸方向。在指定矢量下拉列表中选择ZC↑选项。

Step5. 确定拉伸开始值和结束值。在“拉伸”对话框限制区域的开始下拉列表中选择值选项，并在其下的距离文本框中输入值-30；在结束下拉列表中选择值选项，并在其下的距离文本框中输入值 100；其他参数采用系统默认设置。

Step6. 定义布尔运算。在布尔区域的布尔下拉列表中选择无，其他参数采用系统默认设置。

Step7. 单击< 确定 >按钮，完成模具工件的创建，如图 8.6.27 所示。

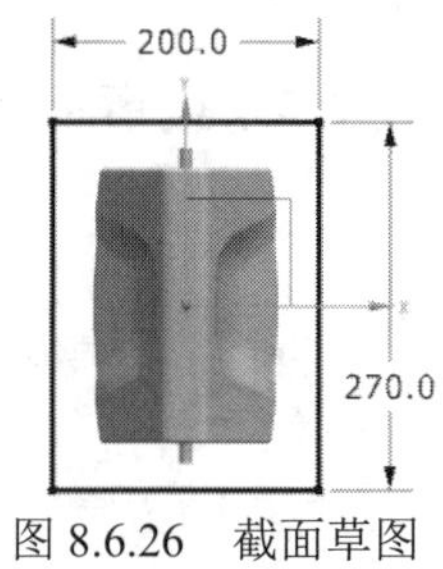

图 8.6.26　截面草图

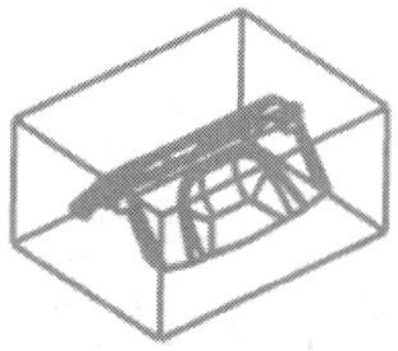

图 8.6.27　模具工件

Task3. 创建分型面

Stage1. 创建拉伸面

Step1. 隐藏模具工件。选择下拉菜单编辑(E) → 显示和隐藏(H) → 隐藏(H)...命令，系统弹出“类选择”对话框；选取模具工件为隐藏对象；单击确定按钮，完成模具工件隐藏的操作。

Step2. 创建拉伸面 1。选择下拉菜单插入(S) → 设计特征(E) → 拉伸(E)...命令，系统弹出“拉伸”对话框；选择图 8.6.28 所示的边线为拉伸对象；在指定矢量下拉列表中选择XC选项；在“拉伸”对话框限制区域的开始下拉列表中选择值选项，并在其下的距离文本框中输入值 0；在结束下拉列表中选择值选项，并在其下的距离文本框中输入值 100；

其他参数采用系统默认设置；单击 < 确定 > 按钮，完成图 8.6.29 所示的拉伸面 1 的创建。

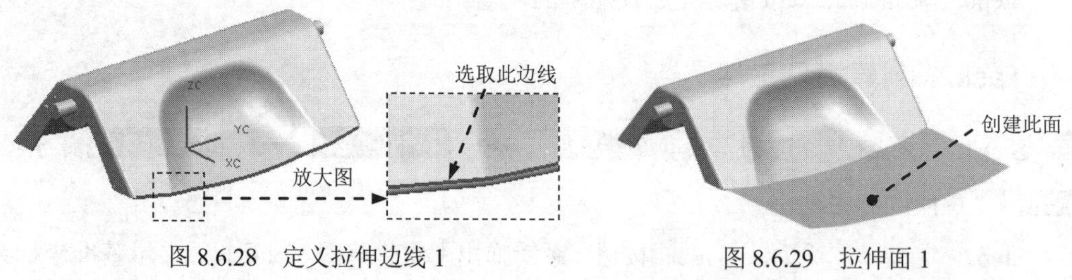

图 8.6.28 定义拉伸边线 1　　图 8.6.29 拉伸面 1

Step3. 创建拉伸面 2。选择下拉菜单 插入(S) → 设计特征(E) → 拉伸(E)... 命令，系统弹出“拉伸”对话框；选择图 8.6.30 所示的边线为拉伸对象；在 指定矢量 下拉列表中选择 -YC 选项；在“拉伸”对话框 限制 区域的 开始 下拉列表中选择 值 选项，并在其下的 距离 文本框中输入值 0；在 结束 下拉列表中选择 值 选项，并在其下的 距离 文本框中输入值 100；其他参数采用系统默认设置；单击 < 确定 > 按钮，完成图 8.6.31 所示的拉伸面 2 的创建。

Step4. 创建拉伸面 3。选择下拉菜单 插入(S) → 设计特征(E) → 拉伸(E)... 命令，系统弹出“拉伸”对话框；选择图 8.6.32 所示的边线为拉伸对象；在 指定矢量 下拉列表中选择 -YC 选项；在“拉伸”对话框 限制 区域的 开始 下拉列表中选择 值 选项，并在其下的 距离 文本框中输入值 0；在 结束 下拉列表中选择 值 选项，并在其下的 距离 文本框中输入值 100；其他参数采用系统默认设置；单击 < 确定 > 按钮，完成图 8.6.33 所示的拉伸面 3 的创建。

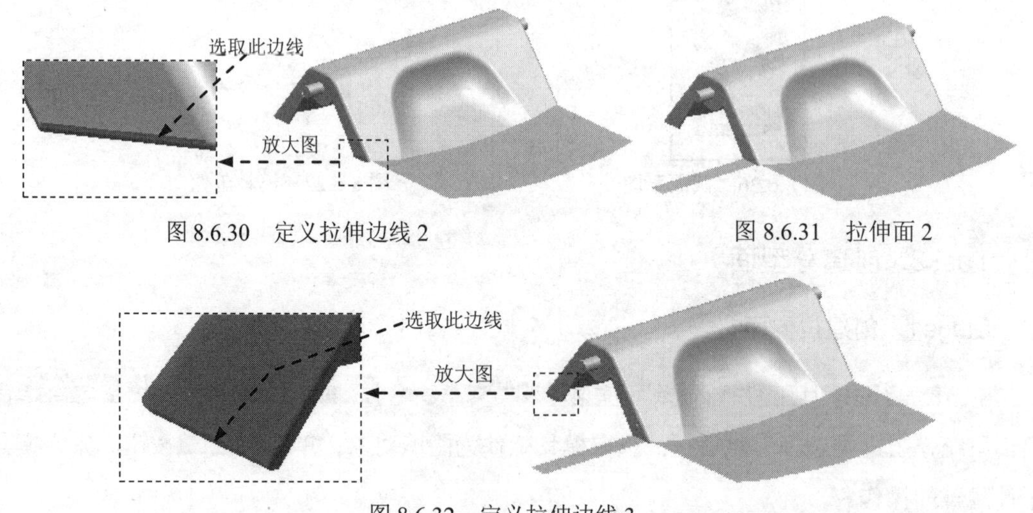

图 8.6.30 定义拉伸边线 2　　图 8.6.31 拉伸面 2

图 8.6.32 定义拉伸边线 3

Step5. 创建拉伸面 4。选择下拉菜单 插入(S) → 设计特征(E) → 拉伸(E)... 命令，系统弹出“拉伸”对话框；选择图 8.6.34 所示的边为拉伸对象；在 指定矢量 下拉列表中选择 -XC 选项；在“拉伸”对话框 限制 区域的 开始 下拉列表中选择 值 选项，并在其下的 距离 文本框中输入值 0；在 结束 下拉列表中选择 值 选项，并在其下的 距离 文本框中输入值 100；

其他参数采用系统默认设置；单击〈确定〉按钮，完成图 8.6.35 所示的拉伸面 4 的创建。

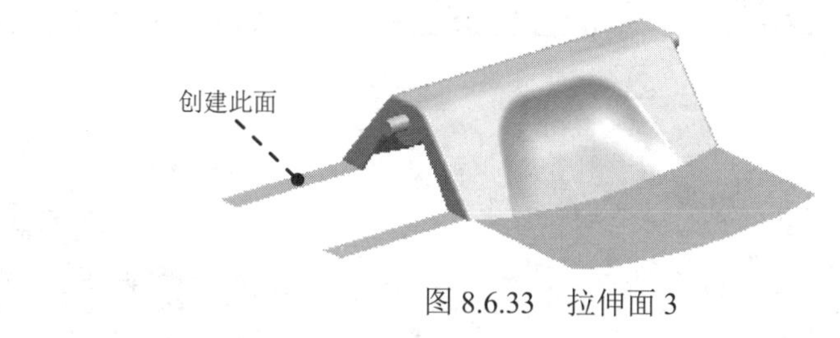

图 8.6.33 拉伸面 3

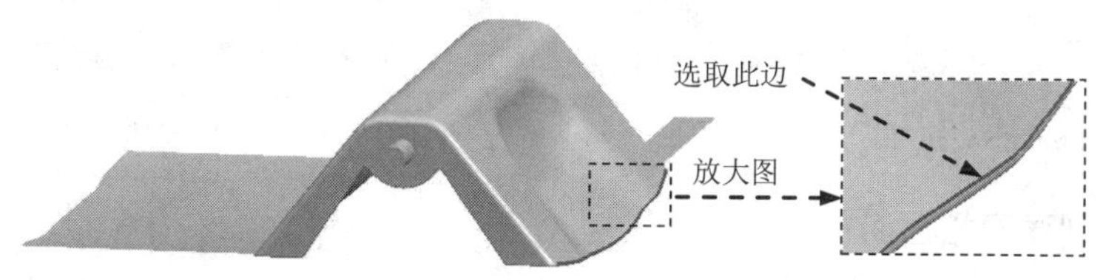

图 8.6.34 定义拉伸边线 4

Step6. 创建拉伸面 5。选择下拉菜单 插入(S) → 设计特征(E) → 拉伸(E)... 命令，系统弹出“拉伸”对话框；选取图 8.6.36 所示的平面为草图平面；绘制图 8.6.37 所示的截面草图；单击 完成草图 按钮，退出草图环境；在 指定矢量 下拉列表中选择 -YC 选项；在“拉伸”对话框 限制 区域的 开始 下拉列表中选择 值 选项，并在其下的 距离 文本框中输入值 0；在 结束 下拉列表中选择 值 选项，并在其下的 距离 文本框中输入值 100；其他参数采用系统默认设置；单击〈确定〉按钮，完成图 8.6.38 所示的拉伸面 5 的创建。

说明：在绘制草图时，可使用“投影”命令。为了显示更加清楚，可隐藏拉伸面 1 和拉伸面 4。

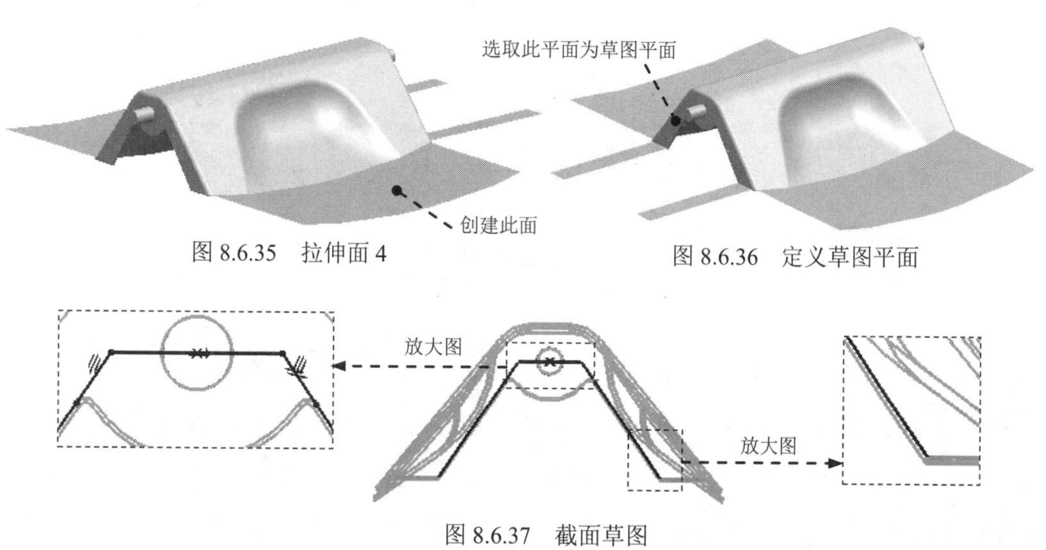

图 8.6.35 拉伸面 4

图 8.6.36 定义草图平面

图 8.6.37 截面草图

Step7. 创建镜像几何体特征。选择下拉菜单 插入(S) → 关联复制(A) ▸ → 镜像几何体(G).

命令，系统弹出“镜像几何体”对话框；选取拉伸面 2、拉伸面 3 和拉伸面 5 为镜像对象；在镜像平面下拉列表中选取选项；单击< 确定 >按钮，完成图 8.6.39 所示的镜像几何体特征的创建。

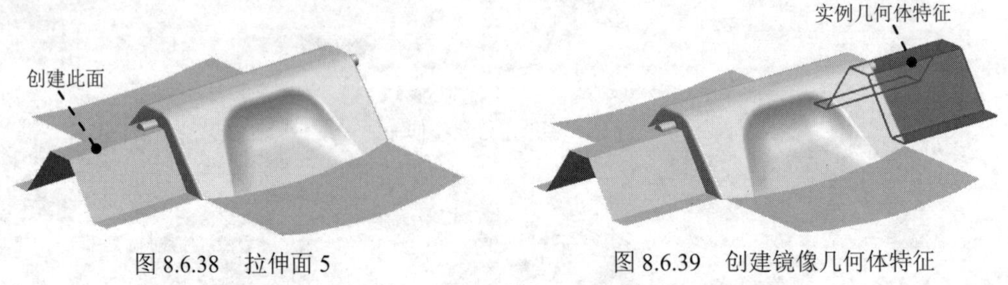

图 8.6.38 拉伸面 5　　图 8.6.39 创建镜像几何体特征

Stage2．创建网格曲面

Step1. 创建桥接曲线 1。选择下拉菜单插入(S) ➡ 派生曲线(U) ➡ 桥接(B)...命令，系统弹出“桥接曲线”对话框；选取图 8.6.40 所示的边为桥接的对象；在“桥接曲线”对话框中单击< 确定 >按钮，完成桥接曲线的创建，如图 8.6.41 所示。

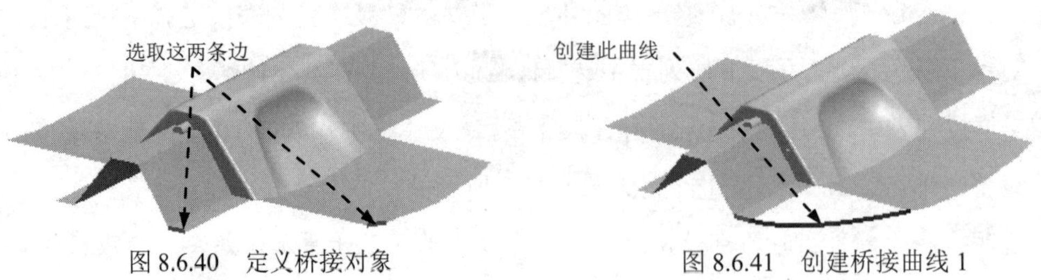

图 8.6.40 定义桥接对象　　图 8.6.41 创建桥接曲线 1

Step2. 参见 Step1 的方法，创建图 8.6.42 所示的其他桥接曲线。

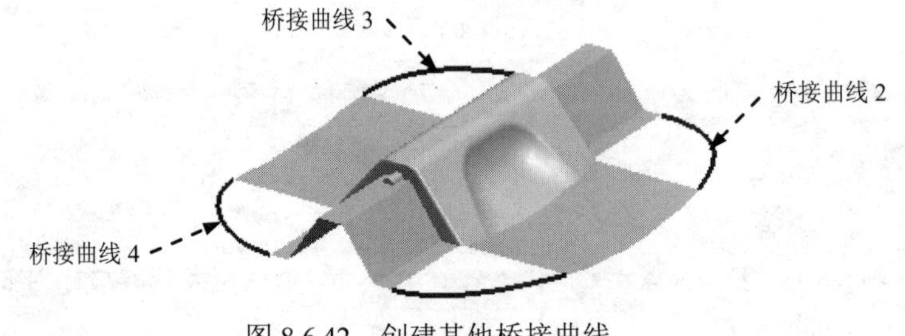

图 8.6.42 创建其他桥接曲线

Step3. 创建网格曲面 1。选择下拉菜单插入(S) ➡ 网格曲面(M) ➡ 通过曲线网格(M)...命令，系统弹出“通过曲线网格”对话框；选取图 8.6.43 所示的主曲线和交叉曲线；在“通过曲线网格”对话框中单击确定按钮，完成网格曲面 1 的创建，如图 8.6.44 所示。

Step4. 创建其他网格曲面。参见 Step3 的创建方法，创建图 8.6.45 所示的其他网格曲面。

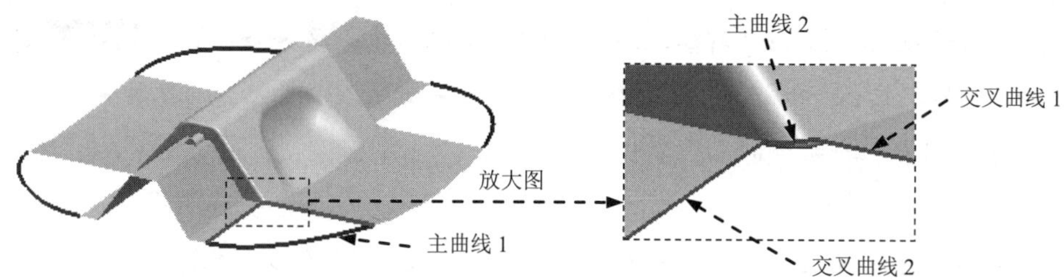

图 8.6.43 定义主曲线和交叉曲线

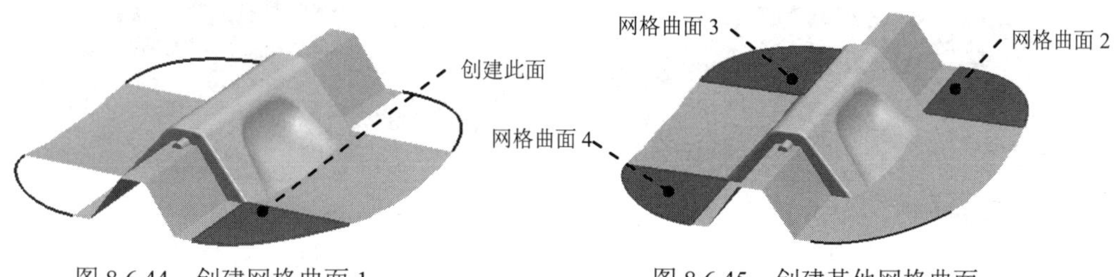

图 8.6.44 创建网格曲面 1

图 8.6.45 创建其他网格曲面

Stage3. 创建抽取特征

Step1. 选择下拉菜单插入(S) → 关联复制(A) → 抽取几何特征(E)...命令，系统弹出“抽取几何特征”对话框。

Step2. 在“抽取”对话框的类型下拉列表中选择面区域选项，在区域选项区域中选中☑ 遍历内部边复选框，在设置区域中选中☑ 固定于当前时间戳记复选框和☑ 隐藏原先的复选框，其他参数采用系统默认设置值。

Step3. 定义种子面。选取图 8.6.46 所示的面为种子面。

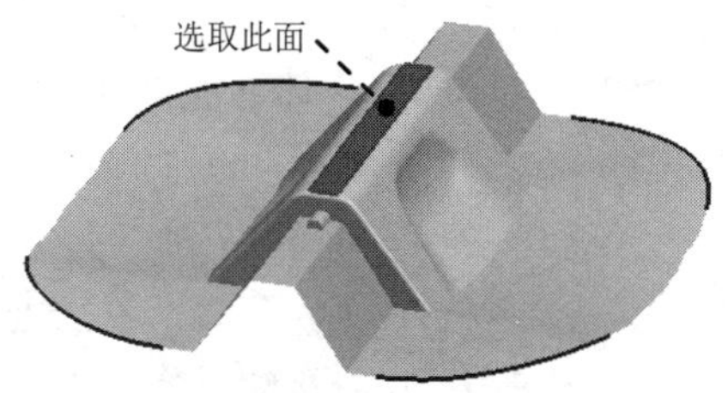

图 8.6.46 定义种子面

Step4. 定义边界面。选取图 8.6.47 所示的面为边界面。

Step5. 单击确定按钮，完成抽取特征的创建。

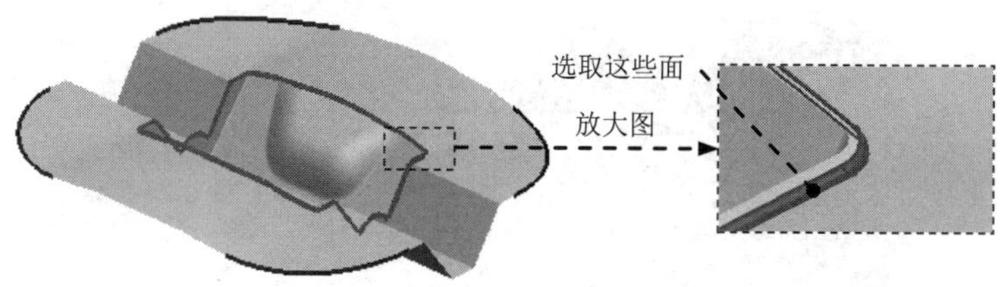

图 8.6.47 定义边界面

Stage4. 修剪片体

Step1. 创建修剪片体 1。选择下拉菜单插入(S) ➡ 修剪(T)▸ ➡ 修剪片体(R)...命令，系统弹出“修剪片体”对话框；在区域区域中选中⊙保持单选项，其他参数采用系统默认设置值；选取图 8.6.48 所示曲面上的一点为目标，单击中键确认；选取图 8.6.49 所示的面为边界对象；单击确定按钮，完成修剪片体 1 的创建，如图 8.6.50 所示。

注意：选取保持点位置不同，会有不同的结果。

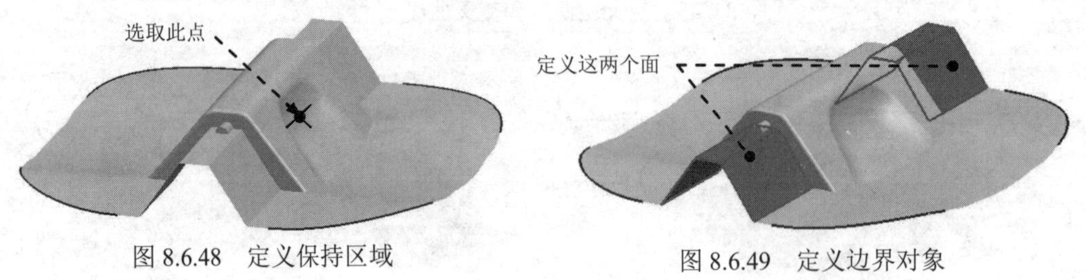

图 8.6.48 定义保持区域

图 8.6.49 定义边界对象

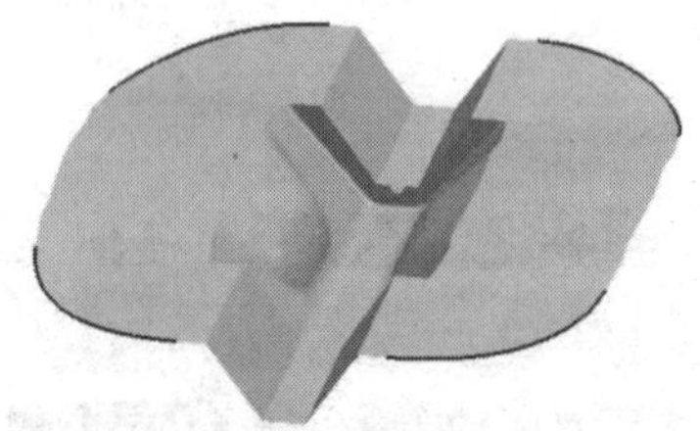

图 8.6.50 创建修剪片体 1

Step2. 创建修剪片体 2。选择下拉菜单插入(S) ➡ 修剪(T)▸ ➡ 修剪片体(R)...命令，系统弹出“修剪片体”对话框；在区域区域中选中⊙保持单选项，其他参数采用系统默认设置值；选取图 8.6.51 所示的曲面上一点为目标，单击中键确认；选取图 8.6.52 所示的面为边界对象；单击确定按钮，完成修剪片体 2 的创建，如图 8.6.53 所示。

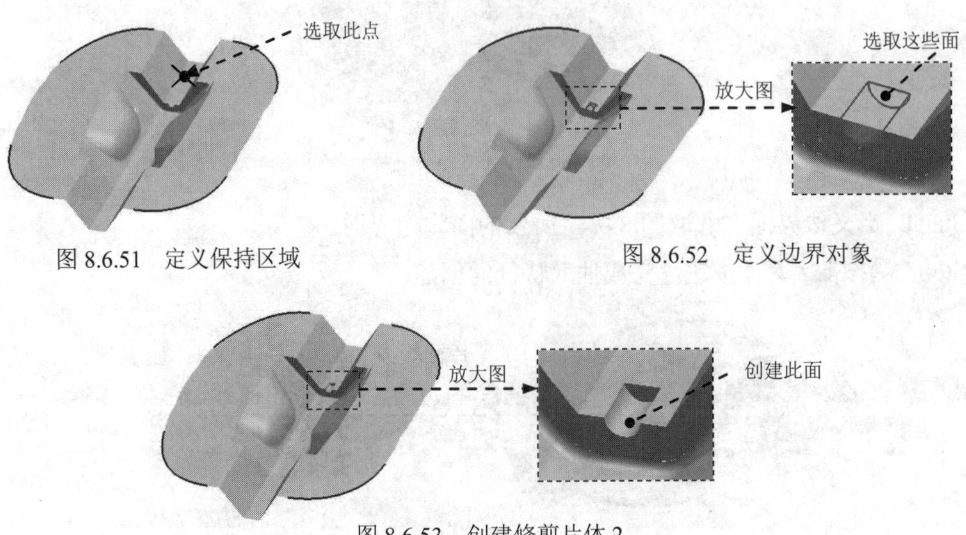

图 8.6.51 定义保持区域

图 8.6.52 定义边界对象

图 8.6.53 创建修剪片体 2

Step3. 创建修剪片体 3。参照 Step2 的方式，创建图 8.6.54 所示的修剪片体 3。

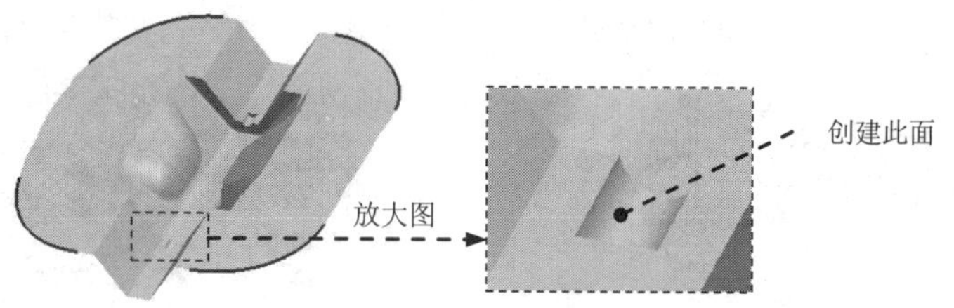

图 8.6.54　创建修剪片体 3

Step4. 创建缝合特征。选择下拉菜单插入(S) → 组合(B) ▸ → 缝合(W)...命令，系统弹出“缝合”对话框；在类型区域的下拉列表中选择片体选项，其他参数采用系统默认设置值；选取图 8.6.55 所示的片体为目标体，选取其他的片体为工具体；单击确定按钮，完成缝合特征的创建。

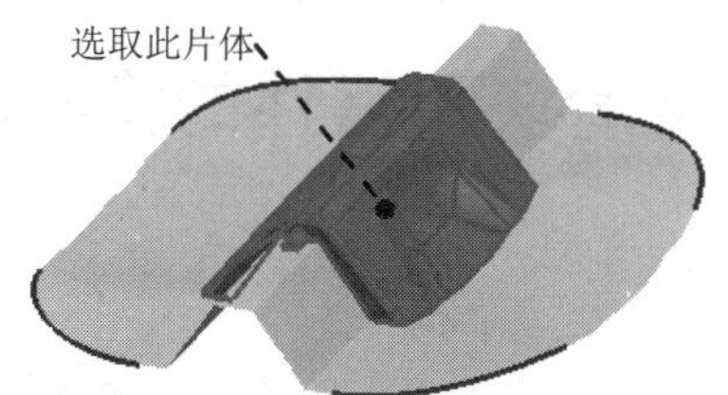

图 8.6.55　定义目标体

Task4. 创建模具型芯/型腔

Step1. 编辑显示和隐藏。选择下拉菜单编辑(E) → 显示和隐藏(H)▸ → 显示和隐藏(O)命令，系统弹出“显示和隐藏”对话框；设置显示和隐藏。单击实体后的 + 按钮；单击关闭按钮，完成编辑显示和隐藏的操作。

Step2. 创建求差特征。选择下拉菜单插入(S) → 组合(B) ▸ → 减去(S)...命令，系统弹出“求差”对话框；选取图 8.6.56 所示的目标体和工具体；在设置区域中选中☑ 保存工具复选框，其他参数采用系统默认设置值；单击< 确定 >按钮，完成求差特征的创建。

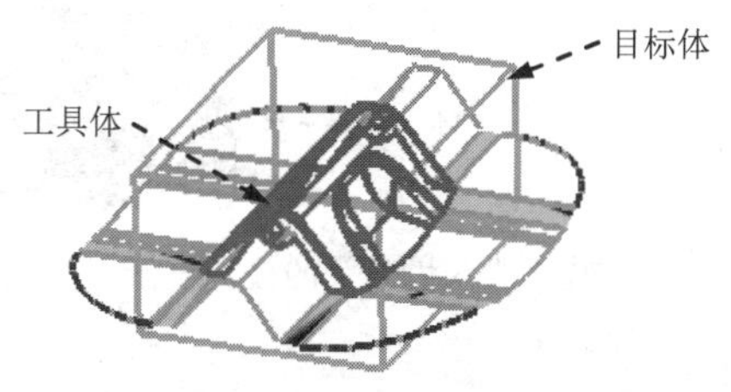

图 8.6.56　定义目标体和工具体

Step3. 拆分型芯/型腔。选择下拉菜单插入(S) → 修剪(T)▸ → 拆分体(P)...命令，系统弹出“拆分体”对话框；选取图 8.6.57 所示的工件为拆分体；选取图 8.6.58 所示的片体为拆分面；单击 确定 按钮，完成型芯/型腔的拆分操作（隐藏拆分面）。

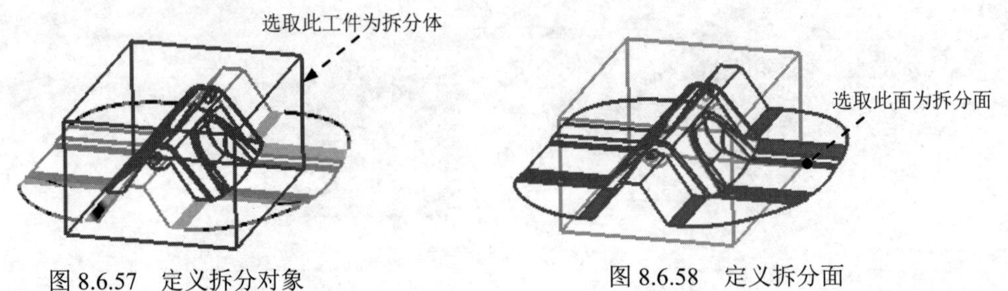

图 8.6.57　定义拆分对象　　　　图 8.6.58　定义拆分面

Task5. 创建模具分解视图

在 UG NX 12.0 中，常常使用“移动对象”命令中的“距离”命令来创建模具分解视图。移动时，需先将工件参数移除，这里不再赘述。

8.7　带滑块和镶件的模具设计

实例概述

本实例将介绍一款饮水机开关的模具设计过程（图 8.7.1）。该模具带有镶件和滑块，在创建分型面时采用了一种比较典型的方法：首先，创建一个面的轮廓线；然后，创建与轮廓线相连的桥接曲线，并将其投影到模型表面；其次，利用轮廓曲线和投影曲线创建分型线，将其拉伸至创建曲面；最后，将创建的曲面合并成分型面。在创建滑块和镶件时用到了求交、求和及求差方法，这是创建滑块和镶件最常见的方法。希望读者通过对本实例的学习，能够掌握这种创建分型面、滑块和镶件的方法。下面介绍该模具的设计过程。

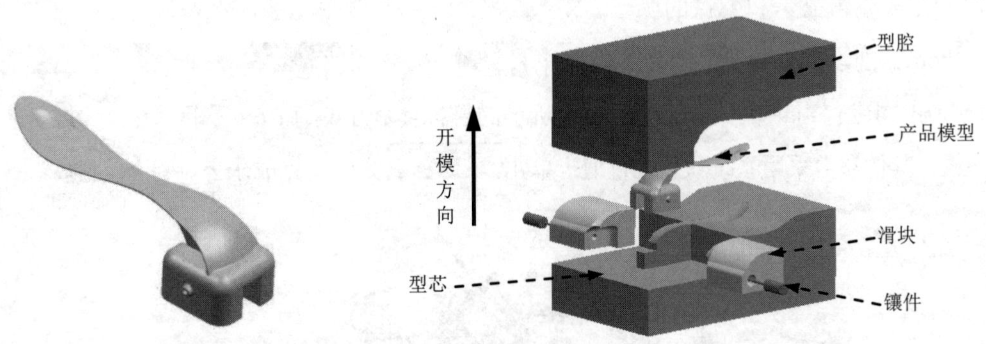

图 8.7.1　饮水机开关的模具设计

Task1. 初始化项目

Step1. 加载模型。选择 D:\ugal12\work\ch08.07\handle.prt，单击 OK 按钮，在“注塑模向导”功能选项卡中单击“初始化项目”按钮，调入模型，系统弹出“初始化项目”对话框。

Step2. 定义项目单位。在“初始化项目”对话框的项目单位下拉菜单中选择毫米选项。

Step3. 设置项目路径和名称。接受系统默认的项目路径，在“初始化项目”对话框的Name文本框中输入 handle_mold。

Step4. 在该对话框中单击确定按钮，完成初始化项目的设置。

Task2. 模具坐标系

（1）在“注塑模向导”功能选项卡的主要区域中单击“模具坐标系”按钮，系统弹出“模具坐标系”对话框。

（2）在“模具坐标系”对话框中选中◉当前 WCS单选项。

（3）单击确定按钮，完成模具坐标系的定义，结果如图 8.7.2 所示。

Task3. 设置收缩率

Step1. 定义收缩率。在“注塑模向导”功能选项卡的主要区域中单击“收缩率”按钮，产品模型会高亮显示，同时系统弹出“缩放体”对话框；在“缩放体”对话框的类型下拉列表中选择均匀选项。

Step2. 定义缩放体和缩放点。接受系统默认的参数设置。

Step3. 定义比例因子。在“缩放体”对话框比例因子区域的均匀文本框中输入收缩率值 1.006。

Step4. 单击确定按钮，完成收缩率的设置。

Task4. 创建模具工件

Step1. 选择命令。在“注塑模向导”功能选项卡的主要区域中单击“工件”按钮，系统弹出“工件”对话框。

Step2. 在“工件”对话框的类型下拉菜单中选择产品工件选项，在工件方法下拉菜单中选择用户定义的块选项，其他参数采用系统默认设置。

Step3. 修改尺寸。单击定义工件区域的“绘制截面”按钮，系统进入草图环境，然后修改截面草图的尺寸，如图 8.7.3 所示。单击完成草图按钮，退出草图。在“工件”对话框限制区域的开始下拉列表中选择值选项，并在其下的距离文本框中输入值-20；在限制区域的结束下拉列表中选择值选项，并在其下的距离文本框中输入值 40。

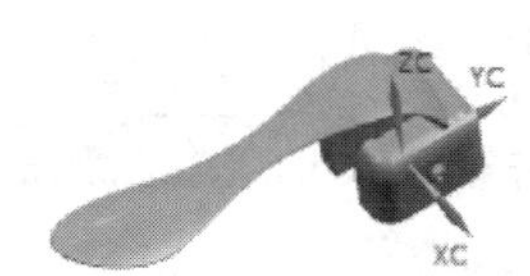

图 8.7.2　定义后的模具坐标系

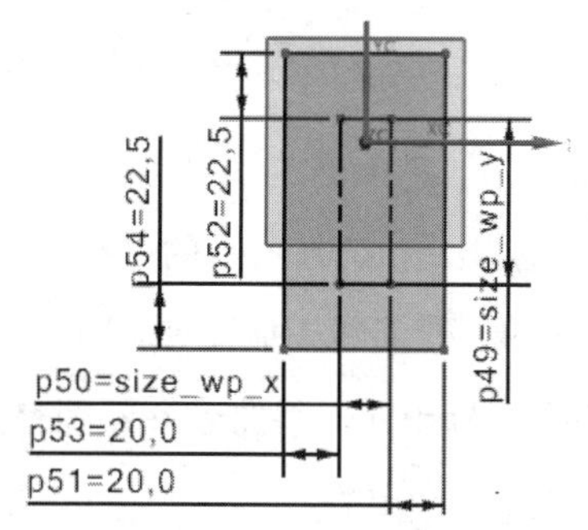

图 8.7.3　截面草图

Step4. 单击〈确定〉按钮，完成创建的模具工件如图 8.7.4 所示。

Task5. 创建拆分面

Step1. 选择下拉菜单窗口(O) → handle_mold_parting_022.prt，系统将在工作区中显示出零件。

说明： 若零件在窗口中显示不完整或较小，可通过<Ctrl+F>快捷键重新生成进行调整。

Step2. 进入建模环境。在应用模块功能选项卡的设计区域单击建模按钮，进入建模环境。

说明： 如果此时系统已经处在建模环境下，用户则不需要进行此操作步骤。

Step3. 创建最大轮廓线。选择下拉菜单插入(S) → 派生曲线(U) → 等参数曲线(O)... 命令，选取图 8.7.5 所示的面；在等参数曲线区域的方向下拉列表中选择V选项，在位置下拉列表中选择均匀选项，在数量文本框中输入值 2，选中☑间距复选框，在滑块后的文本框中输入值 50，单击确定按钮；在部件导航器中选中创建的等参数曲线，选择下拉菜单编辑(E) → 特征(F) ▸ → 移除参数(V)...命令，单击确定按钮，然后单击是按钮，移除曲线参数。

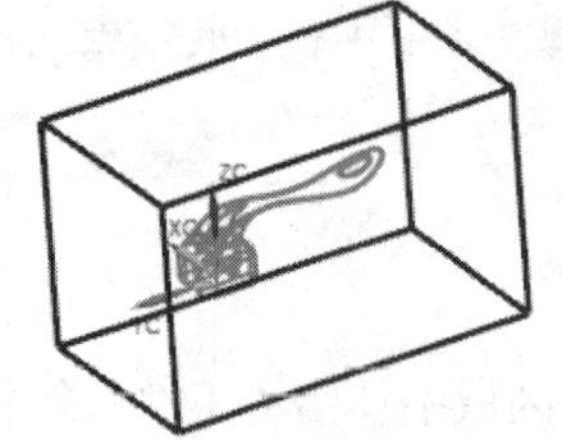

图 8.7.4 创建后的模具工件

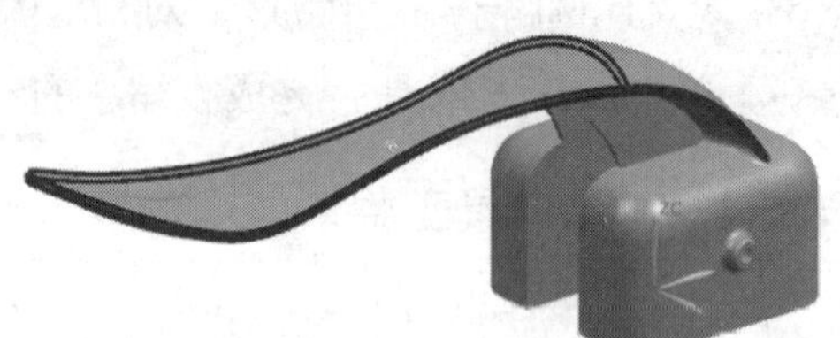

图 8.7.5 选择面

Step4. 删除多余轮廓线。将 Step3 创建的多余轮廓线删除并且保留中间的轮廓线（图 8.7.6），删除后的结果如图 8.7.7 所示。

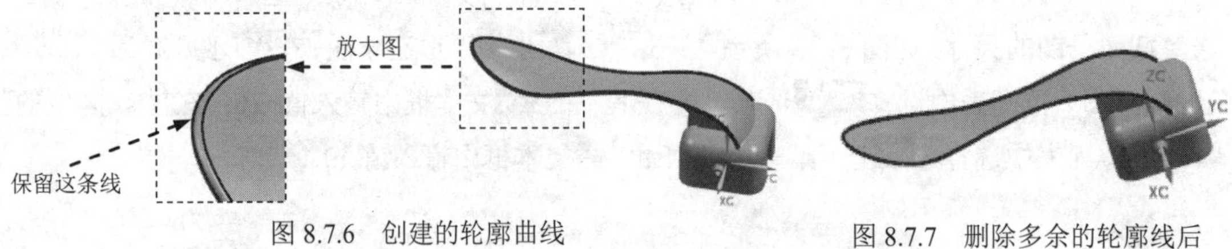

图 8.7.6 创建的轮廓曲线　　图 8.7.7 删除多余的轮廓线后

Step5. 创建桥接曲线 1。选择下拉菜单插入(S) → 派生曲线(U) → 桥接(B)...命令，系统弹出图 8.7.8 所示的“桥接曲线”对话框；选取图 8.7.9 所示的点为起始点和终止点，创建的桥接曲线 1 如图 8.7.10 所示；在约束面区域单击“选择面”按钮，选取图 8.7.10 所示的模型外表面（将面选择器调整为“单个面”）；单击对话框中的〈确定〉按钮，完成桥接曲线 1 的创建。

说明：起始点和终止点都在线的交点上。

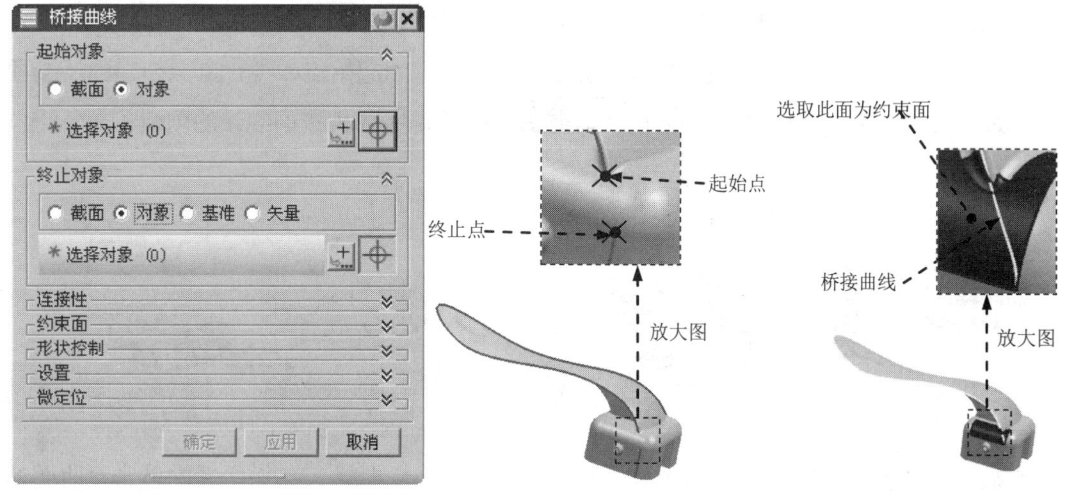

图 8.7.8　“桥接曲线”对话框　　图 8.7.9　桥接曲线参照点　　图 8.7.10　桥接曲线 1

Step6. 创建桥接曲线 2。选择下拉菜单 插入(S) → 派生曲线(U) → 桥接(B)... 命令，系统弹出“桥接曲线”对话框；选取图 8.7.11 所示的点为起始点和终止点，创建的桥接曲线 2 如图 8.7.12 所示；在 约束面 区域单击“选择面”按钮，选择图 8.7.12 所示的模型外表面；单击对话框中的 < 确定 > 按钮，完成桥接曲线 2 的创建。

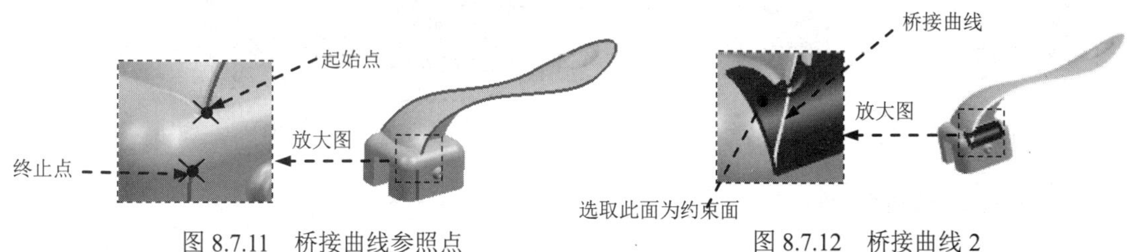

图 8.7.11　桥接曲线参照点　　图 8.7.12　桥接曲线 2

Step7. 创建拆分面。在“注塑模向导”功能选项卡的 注塑模工具 区域中单击“拆分面”按钮，系统弹出“拆分面”对话框；在 类型 下拉菜单中选择 曲线/边 选项；在 要分割的面 区域单击“选择面”按钮。选取图 8.7.13 所示的模型外表面为要分割的面；在“拆分面”对话框的 分割对象 区域单击按钮，选取图 8.7.14 所示的轮廓线为拆分线参照；在“拆分面”对话框中单击 < 确定 > 按钮，完成拆分面的创建。

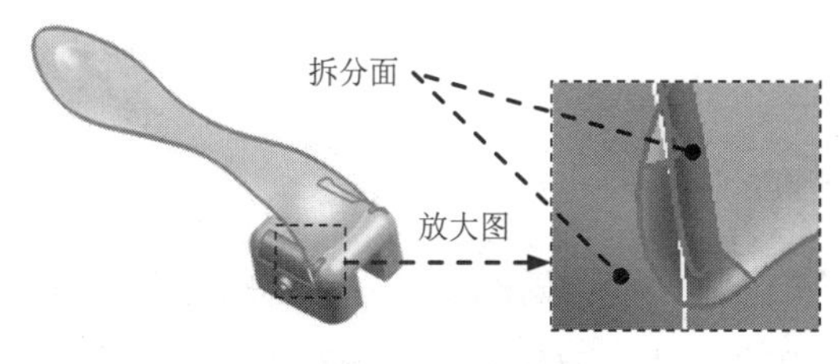

图 8.7.13　定义拆分面

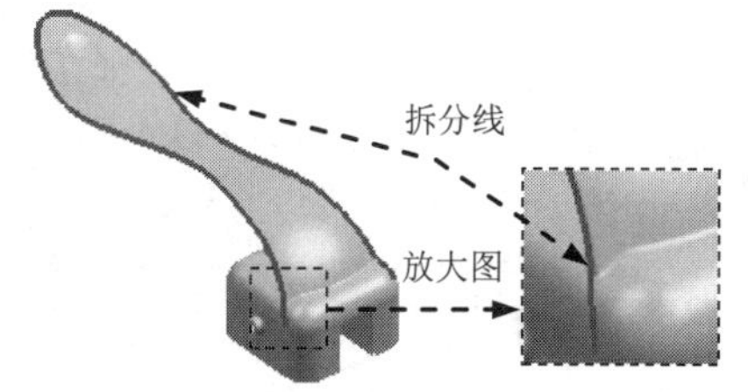

图 8.7.14　定义线

Task6. 创建曲面补片

Step1. 创建桥接曲线3。选择下拉菜单 插入(S) → 派生曲线(U) → 桥接(B)... 命令，系统弹出“桥接曲线”对话框；选取图8.7.15所示的点为起始点和终止点，创建的桥接曲线3如图8.7.16所示；单击对话框中的 < 确定 > 按钮，完成桥接曲线3的创建。

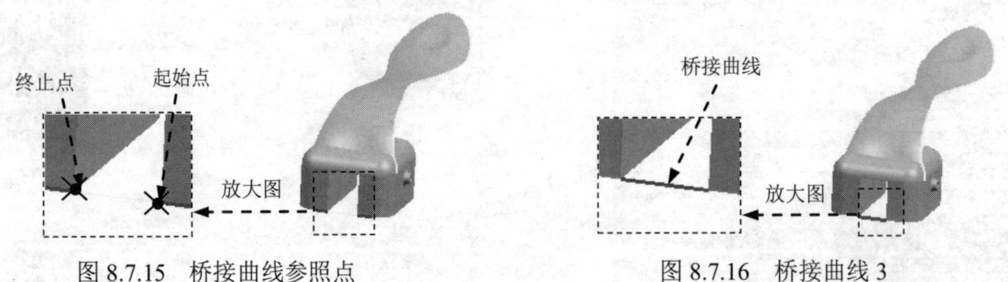

图8.7.15　桥接曲线参照点　　图8.7.16　桥接曲线3

Step2. 创建曲面补片。在“注塑模向导”功能选项卡的 注塑模工具 区域中单击“曲面补片”按钮，此时系统弹出“边补片”对话框；在 设置 区域取消选中 □ 按面的颜色遍历 复选框，选取图8.7.17所示的轮廓曲线，单击 确定 按钮，系统将自动生成图8.7.18所示的片体曲面。

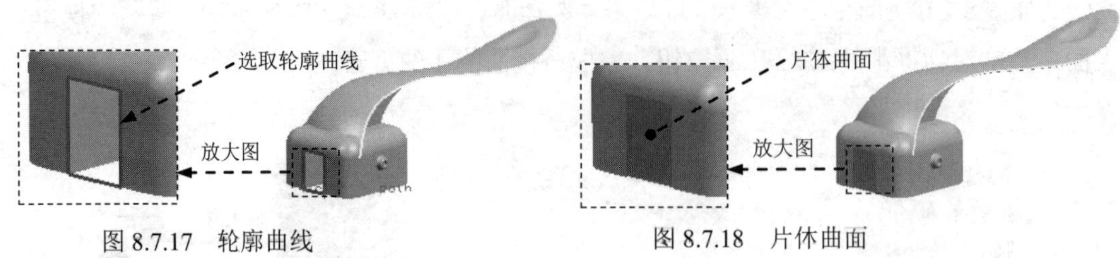

图8.7.17　轮廓曲线　　图8.7.18　片体曲面

Task7. 模具分型

Stage1. 设计区域

Step1. 在“注塑模向导”功能选项卡的 分型刀具 区域中单击“检查区域”按钮，系统弹出“检查区域”对话框，并显示图8.7.19所示的开模方向。在“检查区域”对话框中选中 ⊙ 保持现有的 单选项。

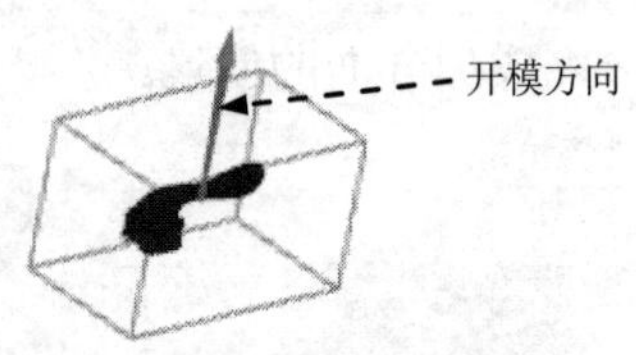

图8.7.19　开模方向

Step2. 拆分面。在“检查区域”对话框中单击“计算”按钮，系统开始对产品模型进行分析计算。单击“检查区域”对话框中的 面 选项卡，可以查看分析结果；在“检查区域”对话框中单击 区域 选项卡，取消选中 □ 内环 、 □ 分型边 和 □ 不完整的环 三个复选框，然后单击“设置区域颜色”按钮，设置各区域颜色。

Step3. 定义型芯区域和型腔区域（可参照视频定义）。在 指派到区域 区域中单击 选择区域面 (0) 按钮。选取图 8.7.20 所示的面，在 指派到区域 区域中选中 ⊙ 型腔区域 单选项，单击 应用 按钮，然后将剩下的面定义到型芯区域中，结果如图 8.7.21 所示。单击 确定 按钮，退出“检查区域”对话框。

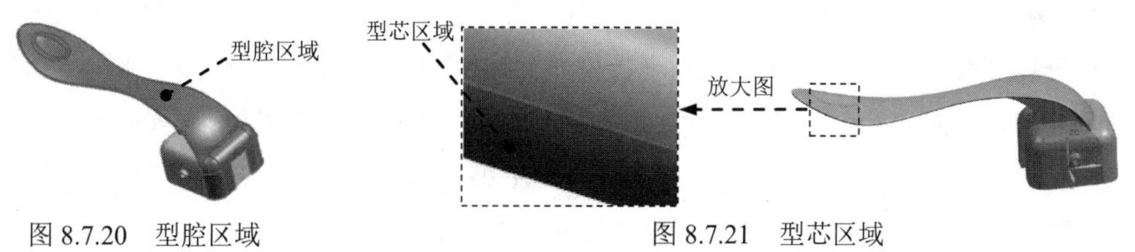

图 8.7.20　型腔区域　　图 8.7.21　型芯区域

Stage2. 创建分型线

Step1. 在“注塑模向导”功能选项卡的 分型刀具 区域中单击“设计分型面”按钮，系统弹出“设计分型面”对话框。

Step2. 在设计分型面”对话框的 编辑分型线 区域中单击“遍历分型线”按钮，此时系统弹出“遍历分型线”对话框。

Step3. 选取遍历边线。取消选中 □ 按面的颜色遍历 复选框，选取图 8.7.22 所示的边线为起始边线。通过单击、和按钮，最终选取图 8.7.23 所示的轮廓曲线，单击 确定 按钮，在“设计分型面”对话框中单击 确定 按钮。

说明：当自动检测的路径无法继续时，可以手动选取轮廓曲线和桥接曲线作为路径。

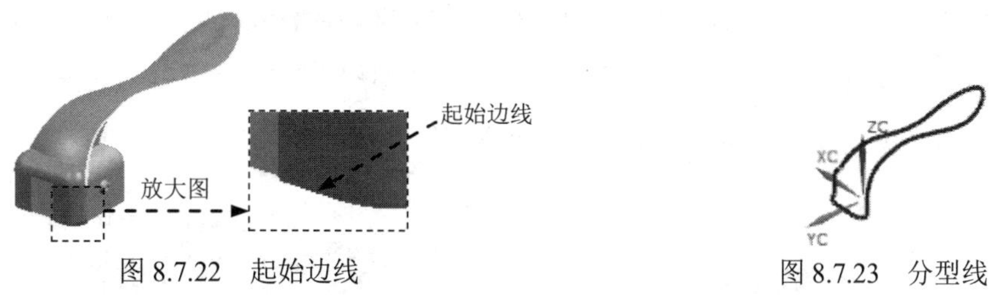

图 8.7.22　起始边线　　图 8.7.23　分型线

Stage3. 创建分型面

Step1. 创建相交曲线（显示出产品体和曲面补片）。选择下拉菜单 插入(S) ➡ 派生曲线(U) ➡ 相交(I)... 命令，系统弹出“相交曲线”对话框；在 第一组 区域单击按钮，选取图 8.7.24 所示的面为相交参照曲面（在面选择器中选择相切面）；在 第二组 区域 * 指定平面 后面的下拉列表中选择选项；创建的相交曲线如图 8.7.25 所示；单击对话框中的 < 确定 > 按钮，完成相交曲线的创建。

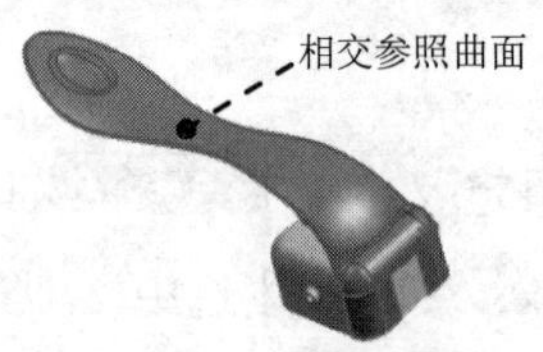

图 8.7.24 相交参照平面

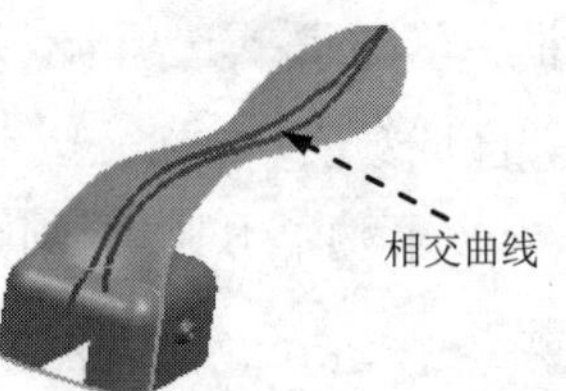

图 8.7.25 相交曲线

Step2. 创建拉伸曲面 1。选择下拉菜单 插入(S) → 设计特征(E) → 拉伸(E)... 命令（或单击按钮），系统弹出“拉伸”对话框；在“选择杆”工具条的“曲线规则”下拉列表中选择单条曲线选项，并按下“在相交处停止”按钮，在模型中依次选取图 8.7.26 所示的拉伸曲线 1；在 指定矢量下拉列表中选择 -XC 选项，在限制区域的开始下拉列表中选择值选项，并在其下的距离文本框中输入值 0；在限制区域的结束下拉列表中选择值选项，并在其下的距离文本框中输入值 50；调整拉伸方向，如图 8.7.27 所示；其他参数采用系统默认设置；在对话框中单击 < 确定 > 按钮，完成拉伸曲面 1 的创建。

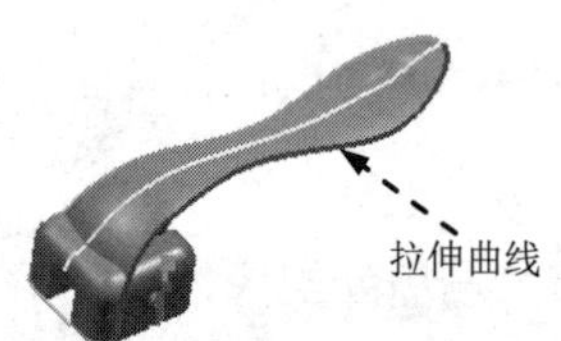

图 8.7.26 拉伸曲线 1

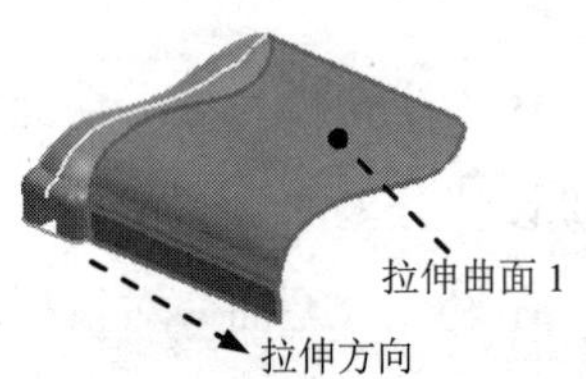

图 8.7.27 拉伸曲面 1

Step3. 创建拉伸曲面 2。选择下拉菜单 插入(S) → 设计特征(E) → 拉伸(E)... 命令（或单击按钮），系统弹出“拉伸”对话框；在“选择杆”工具条的“曲线规则”下拉列表中选择单条曲线选项，然后单击“在相交处停止”按钮，在模型中依次选取图 8.7.28 所示的拉伸曲线 2；在 指定矢量下拉列表中选择 XC 选项，在限制区域的开始下拉列表中选择值选项，并在其下的距离文本框中输入值 0；在限制区域的结束下拉列表中选择值选项，并在其下的距离文本框中输入值 50；调整拉伸方向，如图 8.7.29 所示；其他参数采用系统默认设置；在对话框中单击 < 确定 > 按钮，完成拉伸曲面 2 的创建。

图 8.7.28 拉伸曲线 2

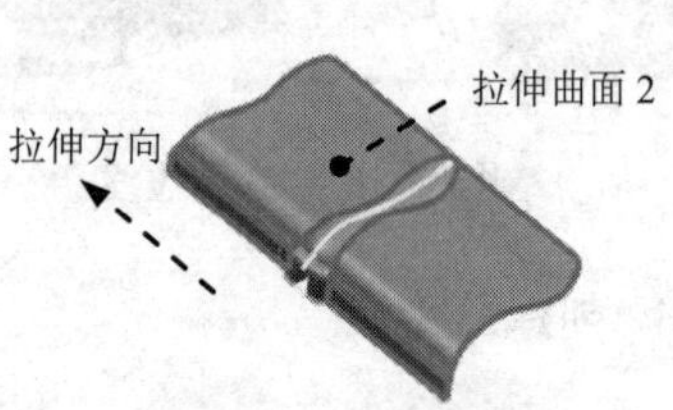

图 8.7.29 拉伸曲面 2

Step4. 创建拉伸曲面 3。选择下拉菜单 插入(S) → 设计特征(E) → 拉伸(E)... 命令（或单击按钮），系统弹出“拉伸”对话框；在“选择杆”工具条的“曲线规则”下拉列表中选择单条曲线选项，并单击“在相交处停止”按钮，在模型中选取图 8.7.30 所示的拉伸曲线 3；在 指定矢量下拉列表中选择 -YC 选项，在限制区域的开始下拉列表中选择值选项，并在其下的距离文本框中输入值 0；在限制区域的结束下拉列表中选择值选项，并在其下的距离文本框中输入值 50；调整拉伸方向，如图 8.7.31 所示；在对话框中单击< 确定 >按钮，完成拉伸曲面 3 的创建。

图 8.7.30　拉伸曲线 3　　图 8.7.31　拉伸曲面 3

Step5. 创建拉伸曲面4。选择下拉菜单插入(S) → 设计特征(E) → 拉伸(E)...命令（或单击按钮），系统弹出“拉伸”对话框；在“选择杆”工具条的“曲线规则”下拉列表中选择单条曲线选项，然后单击“在相交处停止”按钮，在模型中依次选取图 8.7.32 所示的拉伸曲线 4；在指定矢量下拉列表中选择YC选项，在限制区域的开始下拉列表中选择值选项，并在其下的距离文本框中输入值 0；在限制区域的结束下拉列表中选择值选项，并在其下的距离文本框中输入值 50；调整拉伸方向，结果如图 8.7.33 所示；在对话框中单击< 确定 >按钮，完成拉伸曲面 4 的创建。

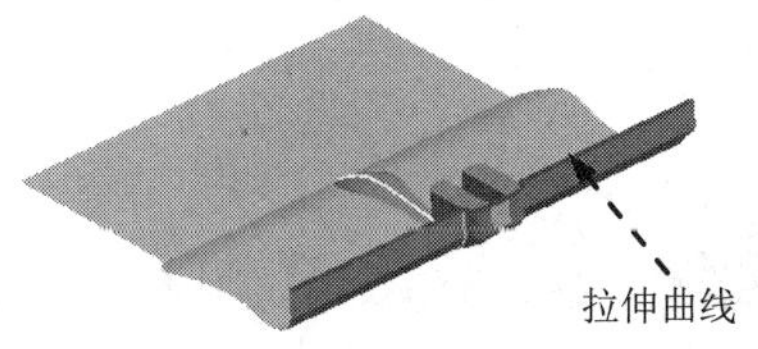

图 8.7.32　拉伸曲线 4

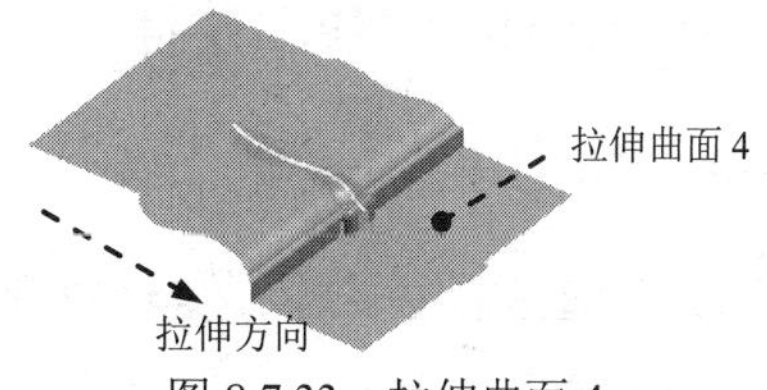

图 8.7.33　拉伸曲面 4

Stage4. 添加现有曲面

Step1. 在“注塑模向导”功能选项卡的注塑模工具区域中单击“编辑分型面和曲面补片”按钮，系统弹出“编辑分型面和曲面补片”对话框。

Step2. 选取图 8.7.33 所示的曲面(前面创建的拉伸曲面)，单击“编辑分型面和曲面补片”对话框中的确定按钮。

Stage5. 创建型芯和型腔区域

Step1. 在“注塑模向导”功能选项卡的分型刀具区域中单击“定义区域”按钮，系统弹出“定义区域”对话框。

Step2. 在“定义区域”对话框的设置区域选中☑创建区域复选框，单击确定按钮，完成型芯和型腔区域的创建。

Stage6. 创建型腔和型芯

Step1. 在“注塑模向导”功能选项卡的分型刀具区域中单击“定义型腔和型芯”按钮，

系统弹出“定义型腔和型芯”对话框。

Step2. 创建型腔零件。在“定义型腔和型芯”对话框中选取 选择片体 区域下的 型腔区域 选项，其他参数接受系统默认参数设置，单击 应用 按钮，然后在系统弹出的“查看分型结果”对话框中单击 确定 按钮。

Step3. 创建型芯零件。在“定义型腔和型芯”对话框中选取 选择片体 区域下的 型芯区域 选项，单击 确定 按钮，然后在弹出的“查看分型结果”对话框中单击 确定 按钮。

Step4. 查看分型结果。选择下拉菜单 窗口(O) → handle_mold_cavity_002.prt 命令，显示型腔零件如图 8.7.34a 所示。选择下拉菜单 窗口(O) → handle_mold_core_006.prt 命令，显示型芯零件如图 8.7.34b 所示。

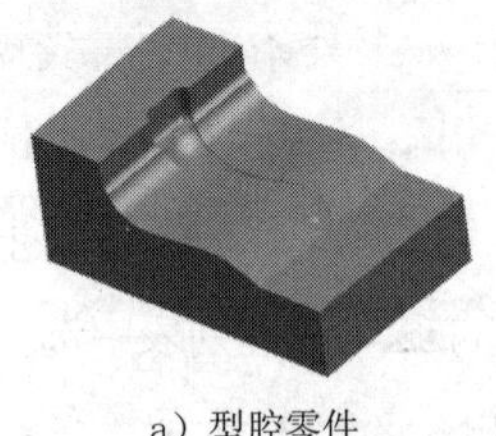

a）型腔零件

b）型芯零件

图 8.7.34 创建型腔和型芯零件

Task8. 创建滑块和镶件

Stage1. 创建滑块 1

Step1. 选择下拉菜单 窗口(O) → handle_mold_core_006.prt 命令，系统将在工作区中显示出型芯工作零件。

Step2. 选择命令。在 应用模块 功能选项卡的 设计 区域单击 建模 按钮，进入到建模环境中。

说明：*如果此时系统已经处在建模环境下，用户则不需要进行此操作步骤。*

Step3. 创建拉伸特征。选择下拉菜单 插入(S) → 设计特征(E) → 拉伸(E)... 命令（或单击 按钮），系统弹出“拉伸”对话框；选取图 8.7.35 所示的平面为草图平面；绘制图 8.7.36 所示的截面草图，在工作区中单击“完成草图”按钮 完成草图；在 指定矢量 下拉列表中选择 -XC 选项，在 限制 区域的 开始 下拉列表中选择 值 选项，并在其下的 距离 文本框中输入值 0；在 限制 区域的 结束 下拉列表中选择 直至延伸部分 选项，延伸到图 8.7.35 所示的面；在 布尔 区域中选择 无 选项；单击 < 确定 > 按钮，完成拉伸特征的创建。

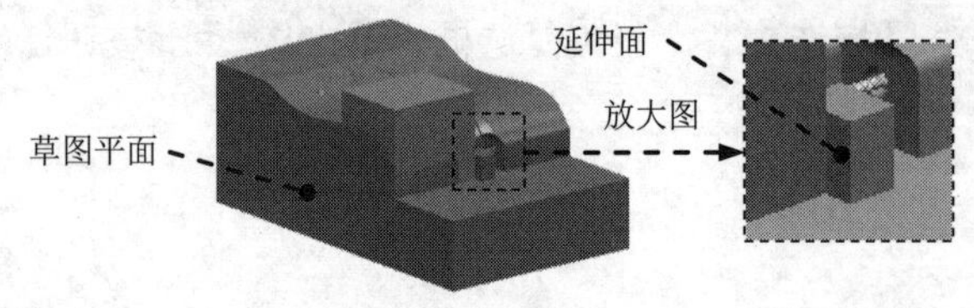

图 8.7.35 拉伸特征

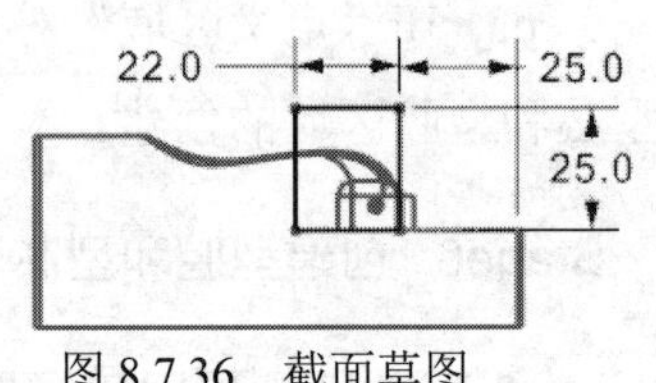

图 8.7.36 截面草图

Step4. 创建求交特征。选择下拉菜单 插入(S) → 组合(B) ▸ → 相交(I)... 命令，此时系统弹出“相交”对话框；选取图 8.7.37 所示的特征为目标体；选取图 8.7.37 所示的特征为工具体，并选中 ☑ 保存工具 复选框；取消选中 ☐ 保存目标 复选框；单击 < 确定 > 按钮，完成求交特征的创建。

Step5. 创建求差特征。选择下拉菜单 插入(S) → 组合(B) ▸ → 减去(S)... 命令，此时系统弹出“减去”对话框；选取图 8.7.38 所示的特征为目标体；选取图 8.7.38 所示的特征为工具体，并选中 ☑ 保存工具 复选框；单击 < 确定 > 按钮，完成求差特征的创建。

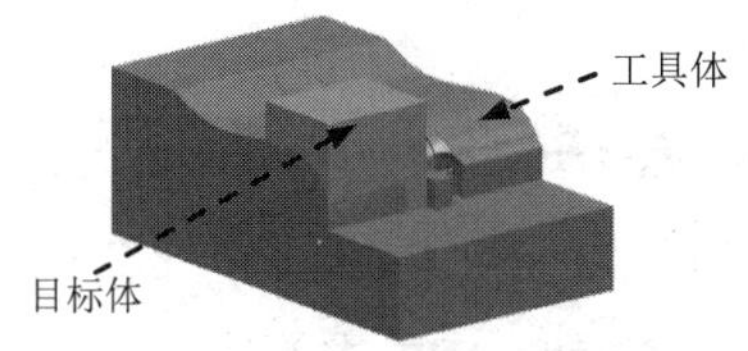

图 8.7.37 定义目标体和工具体

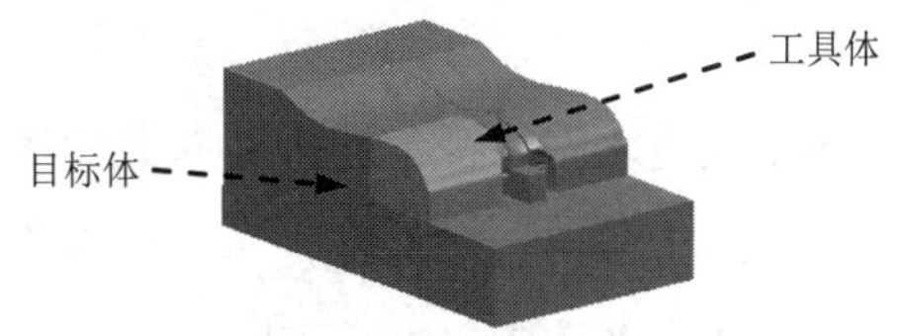

图 8.7.38 定义目标体和工具体

Stage2. 创建镶件 1

Step1. 创建图 8.7.39 所示的拉伸特征 1。选择下拉菜单 插入(S) → 设计特征(E) → 拉伸(E)... 命令，系统弹出“拉伸”对话框；选取图 8.7.39 所示的平面为草图平面；绘制图 8.7.40 所示的截面草图，单击“完成草图”按钮 完成草图；在 指定矢量 下拉列表中选择 -XC 选项，在 限制 区域的 开始 下拉列表中选择 值 选项，并在其下的 距离 文本框中输入值 0；在 限制 区域的 结束 下拉列表中选择 直至延伸部分 选项，延伸到图 8.7.39 所示的面；在 布尔 区域中选择 无 选项；单击 < 确定 > 按钮，完成拉伸特征 1 的创建。

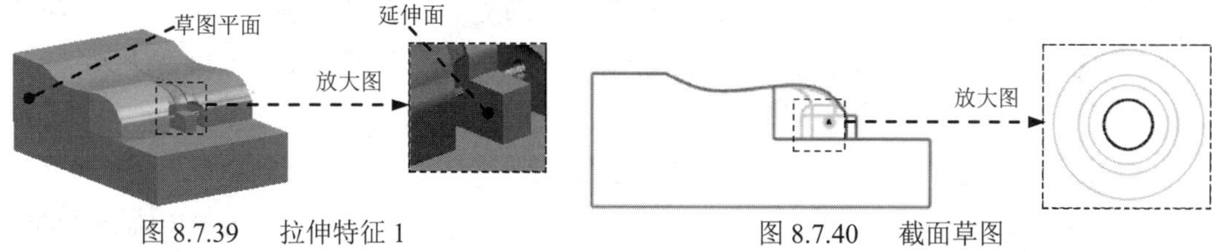

图 8.7.39 拉伸特征 1　　图 8.7.40 截面草图

Step2. 创建图 8.7.41 所示的拉伸特征 2。选择下拉菜单 插入(S) → 设计特征(E) → 拉伸(E)... 命令，系统弹出“拉伸”对话框；选取图 8.7.41 所示的平面为草图平面；绘制图 8.7.42 所示的截面草图，在工作区中单击“完成草图”按钮 完成草图；在 指定矢量 下拉列表中选择 -XC 选项，在 限制 区域的 开始 下拉列表中选择 值 选项，并在其下的 距离 文本框中输入值 0；在 限制 区域的 结束 下拉列表中选择 值 选项，并在其下的 距离 文本框中输入值 5；在 布尔 区域中选择 无 选项；单击 < 确定 > 按钮，完成拉伸特征 2 的创建。

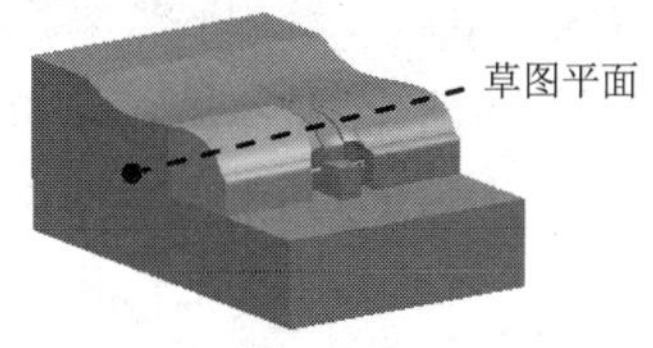

图 8.7.41 拉伸特征 2

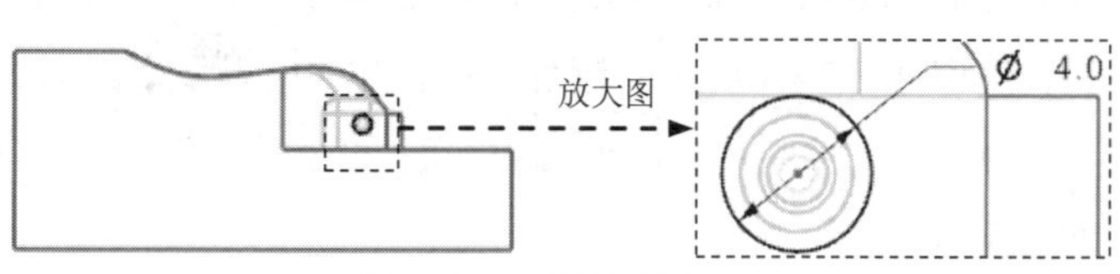

图 8.7.42 截面草图

Step3. 创建求和特征。选择下拉菜单 插入(S) → 组合(B) ▸ → 合并(U)... 命令，此时系统弹出“求和”对话框；选取图 8.7.43 所示的目标体和工具体；单击 < 确定 > 按钮，完成求和特征的创建。

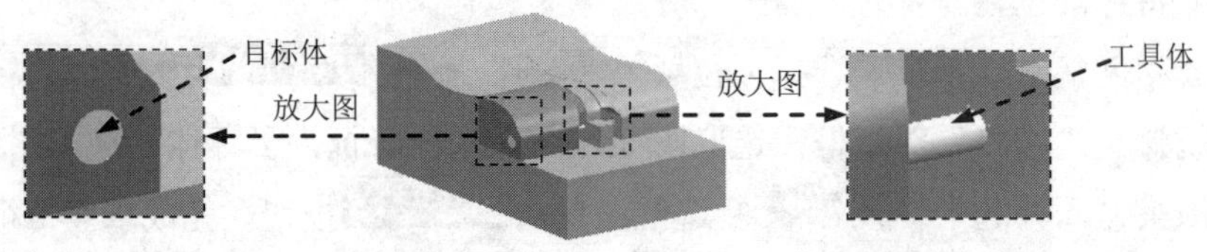

图 8.7.43　求和特征

Step4. 创建求差特征。选择下拉菜单 插入(S) → 组合(B) ▸ → 减去(S)... 命令，此时系统弹出“求差”对话框；选取图 8.7.44 所示的特征为目标体；选取图 8.7.44 所示的特征为工具体，并选中 ☑ 保存工具 复选框；单击 < 确定 > 按钮，完成求差特征的创建。

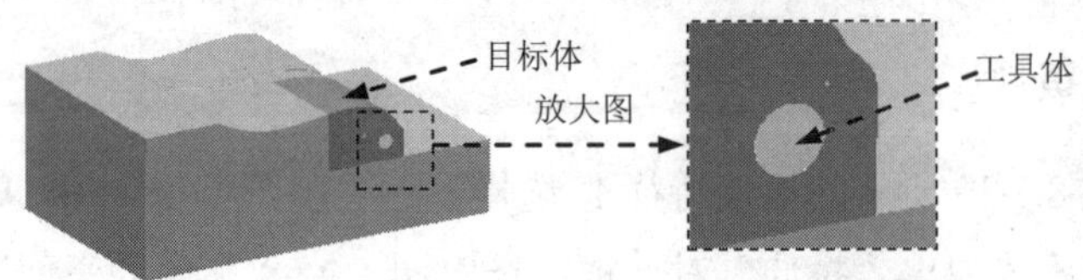

图 8.7.44　求差特征

Step5. 将滑块转为型芯子零件。单击“装配导航器”中的按钮，系统弹出“装配导航器”对话框，在对话框中空白处右击，然后在系统弹出的菜单中选择 WAVE 模式 选项；在“装配导航器”对话框中右击 ☑ handle_mold_core_006，在系统弹出的菜单中选择 WAVE ▸ → 新建层 命令，系统弹出“新建层”对话框；在“新建层”对话框中单击 指定部件名 按钮，在弹出的“选择部件名”对话框的 文件名(N): 文本框中输入 handle_mold_slide01.prt，单击 OK 按钮；在“新建层”对话框中单击 类选择 按钮，选取图 8.7.45 所示的滑块特征，单击 确定 按钮，系统返回“新建层”对话框；单击“新建层”对话框中的 确定 按钮，此时在“装配导航器”对话框中显示出刚创建的滑块的名字。

Step6. 将镶件转为型芯子零件。单击“装配导航器”中的按钮，系统弹出“装配导航器”对话框，在对话框中空白处右击，然后在系统弹出的菜单中选择 WAVE 模式 选项；在“装配导航器”对话框中右击 ☑ handle_mold_core_006，在系统弹出的菜单中选择 WAVE ▸ → 新建层 命令，系统弹出“新建层”对话框；在“新建层”对话框中单击 指定部件名 按钮，在弹出的“选择部件名”对话框的 文件名(N): 文本框中输入 handle_mold_insert01.prt，单击 OK 按钮；在“新建层”对话框中单击 类选择 按钮，选取图 8.7.45 所示的镶件特征，单击 确定 按钮，系统返回“新建层”对话框；单击“新建层”对话框中的 确定 按钮，此时在“装配导航器”对话框中显示出刚创建的镶件的名字。

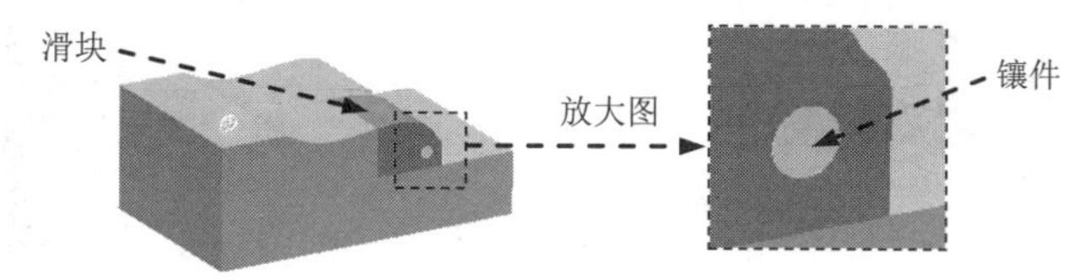

图 8.7.45　滑块和镶件

Stage3. 创建滑块 2 和创建镶件 2

Step1. 参照 Stage1 创建滑块 1 的方法创建滑块 2，将其命名为 handle_mold_slide02.prt。

Step2. 参照 Stage2 创建镶件 1 的方法创建镶件 2，将其命名为 handle_mold_insert02.prt。

Step3. 隐藏拉伸特征。在“装配导航器”中依次取消选中 handle_mold_slide01、handle_mold_insert01、handle_mold_slide02 和 handle_mold_insert02，然后在“部件导航器”中选中上面创建的所有拉伸特征；选择下拉菜单 格式(R) → 移动至图层(M)... 命令，系统弹出“图层移动”对话框，在该对话框的 目标图层或类别 下面的文本框中输入值 10，单击 确定 按钮；在“装配导航器”中依次选中 handle_mold_slide01、handle_mold_insert01、handle_mold_slide02 和 handle_mold_insert02，将其显示出来。

Task9. 创建模具分解视图

Step1. 切换窗口。选择下拉菜单 窗口(O) → handle_mold_top_000.prt 命令，切换到总装配文件窗口，双击 handle_mold_top_000 选项并将其转换为工作部件。

Step2. 移动型腔。选择下拉菜单 装配(A) → 爆炸图(X) → 新建爆炸(N)... 命令，系统弹出“新建爆炸”对话框，接受系统默认的名字，单击 确定 按钮；选择下拉菜单 装配(A) → 爆炸图(X) → 编辑爆炸图(E)... 命令，系统弹出“编辑爆炸”对话框；选取图 8.7.46 所示的型腔为移动对象；在该对话框中选中 ⊙ 移动对象 单选项，单击动态坐标系的 Z 方向箭头，在 距离 文本框中输入值 50，沿 Z 方向向上移动。单击 确定 按钮，结果如图 8.7.47 所示。

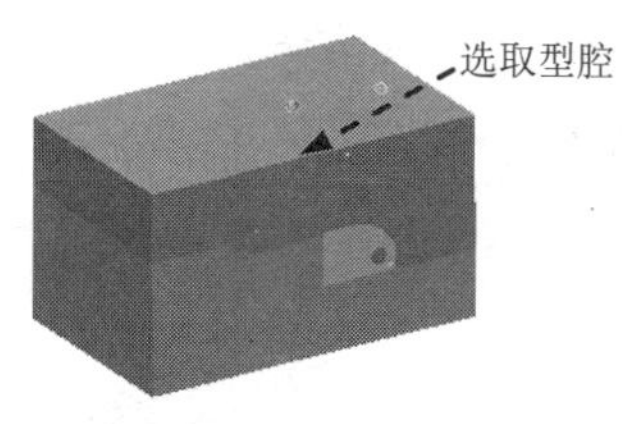

图 8.7.46　选取移动对象

图 8.7.47　型腔移动后的结果

Step3. 移动滑块 1。选择下拉菜单 装配(A) → 爆炸图(X) → 编辑爆炸(E)... 命令，系统弹出“编辑爆炸”对话框；选取图 8.7.48 所示的滑块 1 为移动对象；在该对话框中选中 ⊙ 移动对象 单选项，沿-X 方向移动 30mm，结果如图 8.7.49 所示。

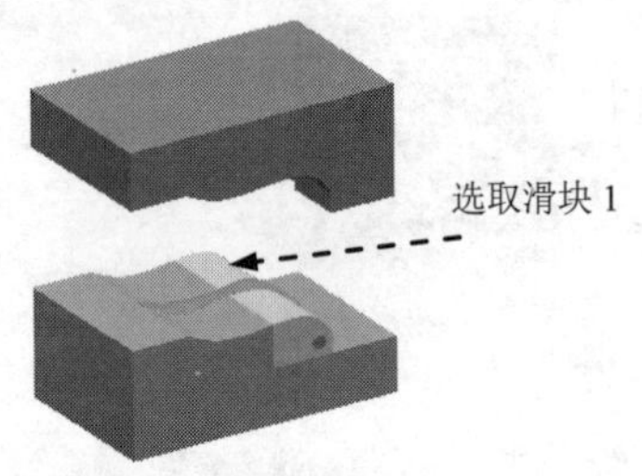

图 8.7.48　选取移动对象

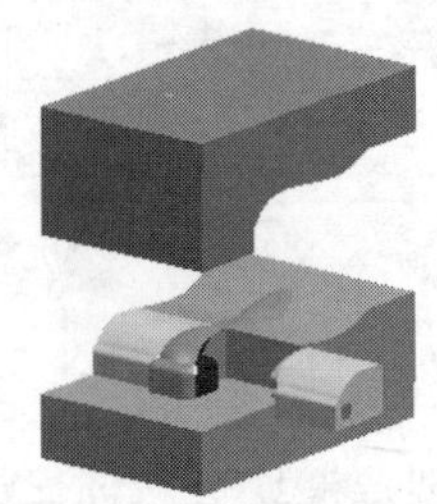

图 8.7.49　滑块移动后的结果

Step4. 移动镶件 1。选择下拉菜单 装配(A) → 爆炸图(X) → 编辑爆炸(E)... 命令，系统弹出“编辑爆炸”对话框；选取图 8.7.50 所示的镶件为移动对象；在该对话框中选中 ⊙移动对象 单选项，沿-X 方向移动 20mm。结果如图 8.7.51 所示。

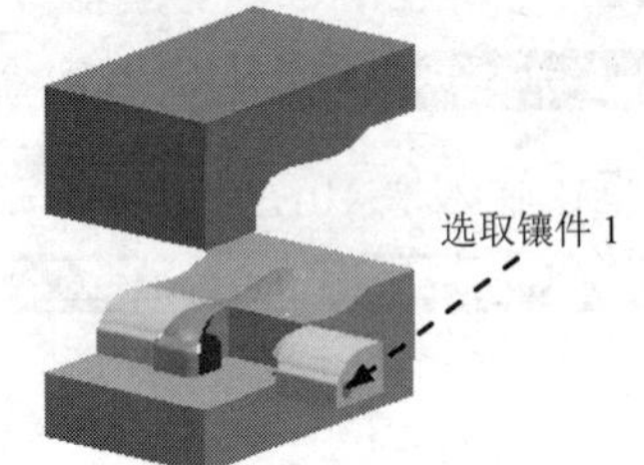

图 8.7.50　选取移动对象

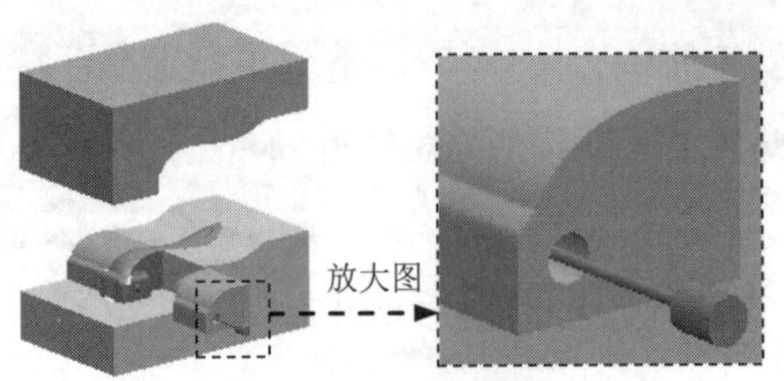

图 8.7.51　镶件移动后的结果

Step5. 移动滑块 2 和镶件 2。参照 Step3 和 Step4，移动滑块 2 和镶件 2。

Step6. 移动产品模型。选择下拉菜单 装配(A) → 爆炸图(X) → 编辑爆炸(E)... 命令，系统弹出“编辑爆炸”对话框；选取图 8.7.52 所示的产品模型为移动对象；在该对话框中选中 ⊙移动对象 单选项，沿 Z 方向向上移动 25mm。结果如图 8.7.53 所示。

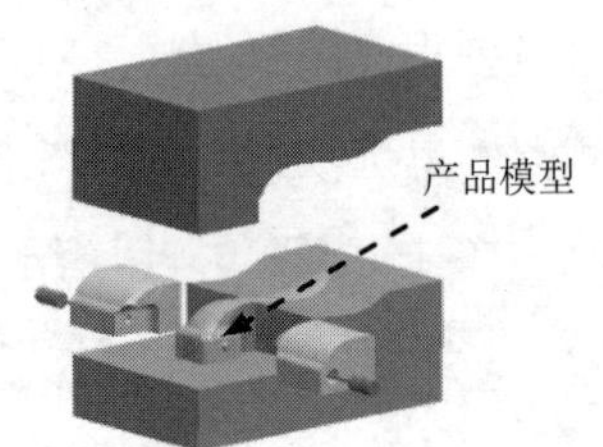

图 8.7.52　选取移动对象

图 8.7.53　产品模型移动后的结果

Step7. 保存文件。选择下拉菜单 文件(F) → 全部保存(V) 命令，保存所有文件。

学习拓展：扫码学习更多视频讲解。

讲解内容：模具实例精选（注塑模具）。讲解了一些典型的模具实例，并对操作步骤做了详细的演示。

第 9 章　数控加工与编程实例

9.1　泵体加工与编程

在机械零件的加工中，加工工艺的制订十分重要，一般是先进行粗加工，然后再进行精加工。粗加工时，刀具进给量大，机床主轴的转速较低，以便切除大量的材料，提高加工的效率。在进行粗加工时，要根据实际的工件、加工的工艺要求及设备情况，为精加工留有合适的加工余量。在进行精加工时，刀具进给量小，主轴的转速较高，加工的精度高，以满足零件加工精度的要求。在本节中，将以泵体的加工为例，介绍在多工序加工中粗精加工工序的安排，及相关加工工艺的制订。

下面介绍图 9.1.1 所示的圆盘零件的加工过程，其加工工艺路线如图 9.1.2 和图 9.1.3 所示。

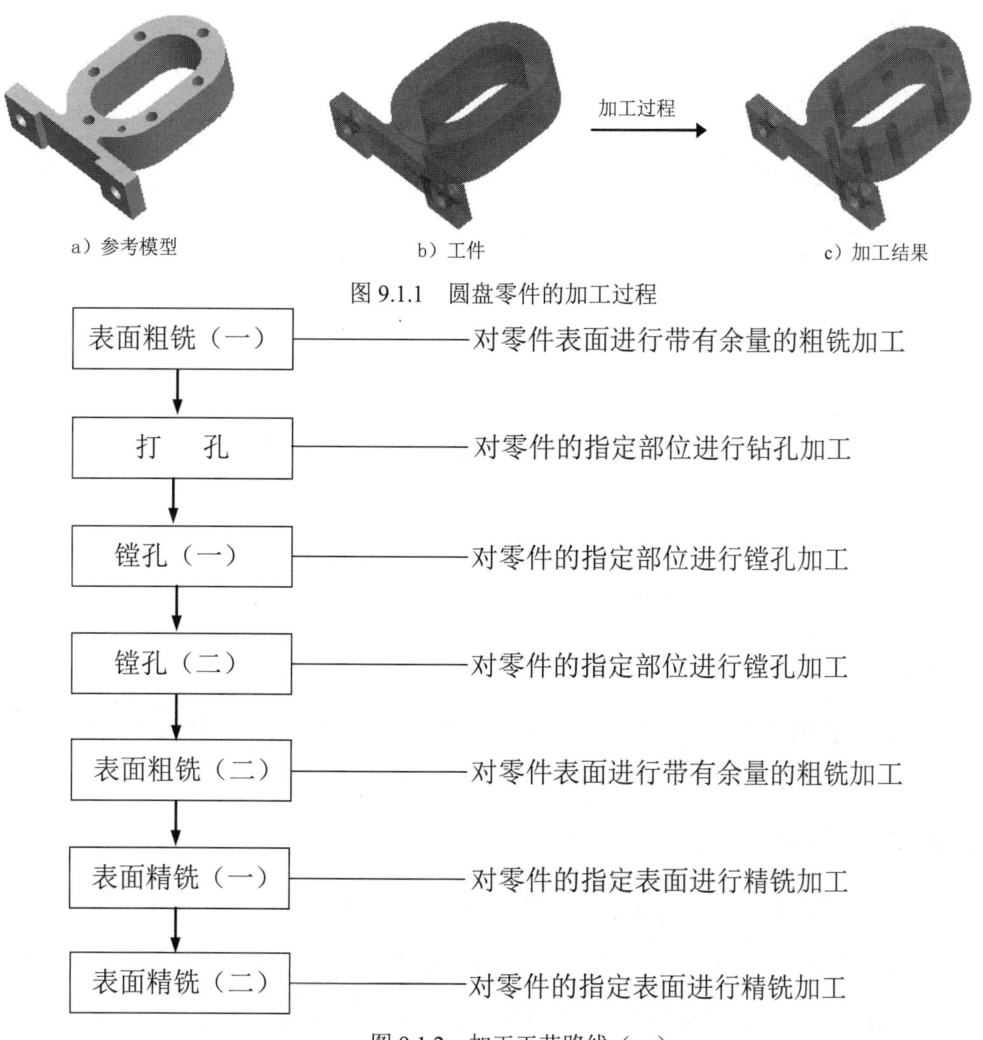

图 9.1.1　圆盘零件的加工过程

图 9.1.2　加工工艺路线（一）

其加工操作过程如图 9.1.3 所示。

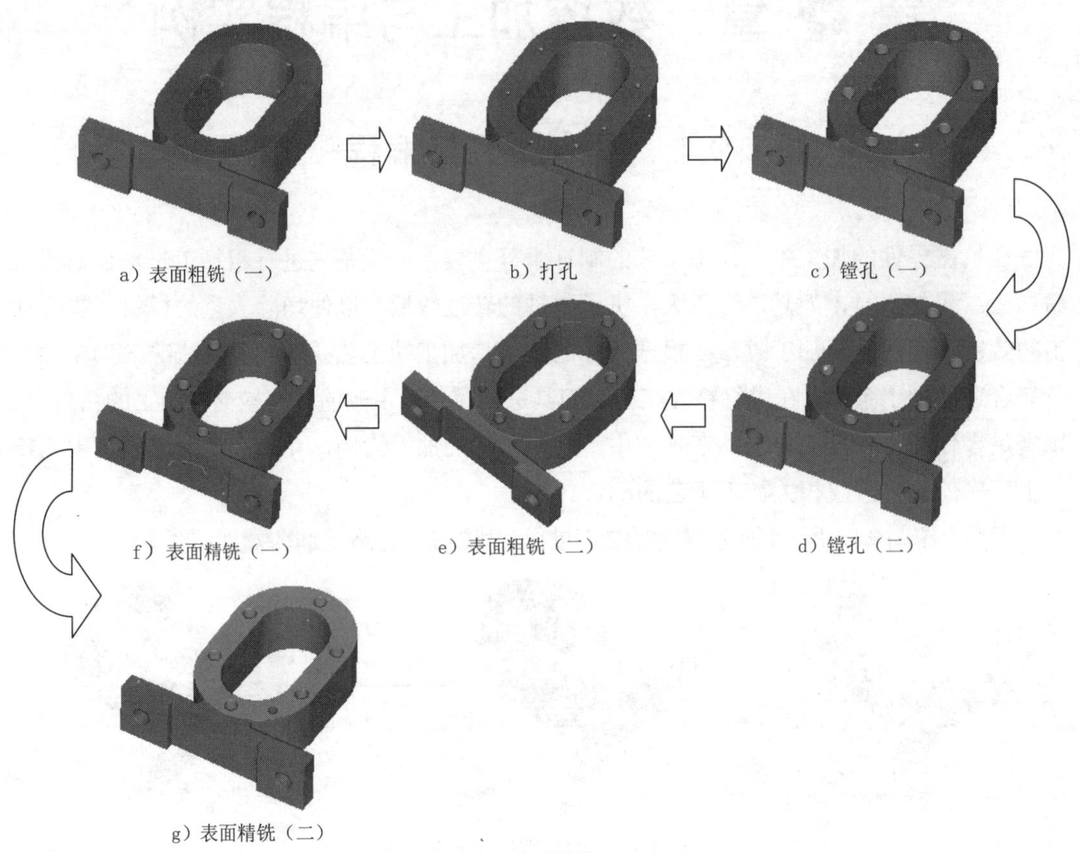

图 9.1.3　加工工艺路线（二）

Task1．打开模型文件并进入加工模块

Step1. 打开文件 D:\ugal12\work\ch09.01\pump_body_asm.prt。

Step2. 进入加工环境。在 应用模块 功能选项卡的 加工 区域单击按钮，系统弹出“加工环境”对话框；在“加工环境”对话框的 要创建的 CAM 组装 列表中选择mill_planar选项，然后单击 确定 按钮，进入加工环境。

Task2．创建几何体

Stage1．创建机床坐标系（注：本步骤的详细操作过程请参见学习资源中 video\ch09.01\reference\文件下的语音视频讲解文件 pump_body_asm-r01.exe）

Stage2．创建安全平面

Step1. 在“MCS 铣削”对话框安全设置区域的安全设置选项下拉列表中选择 平面 选项，单击“平面对话框”按钮，系统弹出“平面”对话框。

Step2. 在“平面”对话框类型区域的下拉列表中选择 XC-YC 平面选项。在偏置和参考区域的距离文本框中输入值 50，并按 Enter 键确认。单击确定按钮，系统返回“MCS 铣削”对话框，完成图 9.1.4 所示安全平面的创建。

Step3. 单击“MCS 铣削”对话框中的确定按钮。

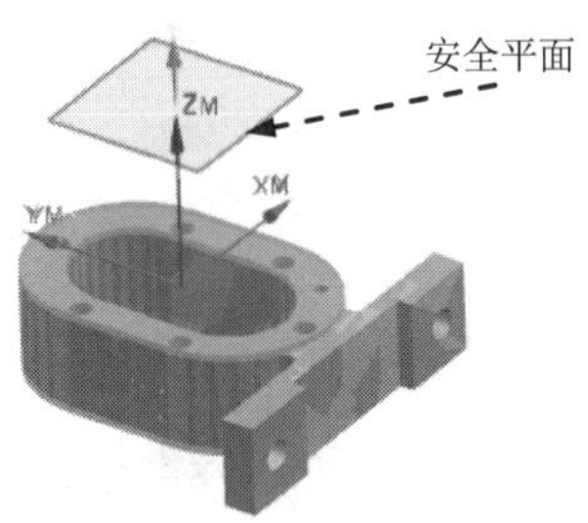

图 9.1.4　创建安全平面

Stage3. 创建部件几何体

Step1. 在工序导航器中双击MCS_MILL节点下的WORKPIECE，系统弹出“工件”对话框。

Step2. 选取部件几何体。在“工件”对话框中单击按钮，系统弹出“部件几何体”对话框。

Step3. 在“部件几何体”对话框中单击按钮，在图形区中选取部件几何体，如图 9.1.5 所示。

Step4. 在“部件几何体”对话框中单击确定按钮，完成部件几何体的创建，同时系统返回“工件”对话框。

Stage4. 创建毛坯几何体

Step1. 在“工件”对话框中单击按钮，系统弹出“毛坯几何体”对话框。

Step2. 在“毛坯几何体”对话框的类型下拉列表中选择几何体选项，在图形区中选取毛坯几何体，如图 9.1.6 所示。

Step3. 单击“毛坯几何体”对话框中的确定按钮，系统返回“工件”对话框，完成图 9.1.6 所示毛坯几何体的创建。

Step4. 单击“工件”对话框中的确定按钮。

Task3. 创建刀具

Stage1. 创建刀具（一）

Step1. 将工序导航器调整到机床视图。

Step2. 选择下拉菜单插入(S) ➡ 刀具(T)...命令，系统弹出“创建刀具”对话框。

Step3. 在“创建刀具”对话框的类型下拉列表中选择mill_planar选项，在刀具子类型区域中单击“MILL”按钮，在位置区域的刀具下拉列表中选择GENERIC_MACHINE选项，在名称文本框中输入 D20，然后单击确定按钮，系统弹出“铣刀-5 参数”对话框。

Step4. 在(D) 直径文本框中输入值 20.0，在刀具号文本框中输入值 1，在补偿寄存器文本框中输入值 1，在刀具补偿寄存器文本框中输入值 1，其他参数采用系统默认设置值，单击确定按钮，完成刀具的创建。

Stage2. 创建刀具（二）

设置刀具类型为mill_planar选项，在刀具子类型区域单击选择“MILL”按钮，设置刀具名称为 D16、刀具(D) 直径为 16.0、刀具号为 2、补偿寄存器为 2 以及刀具补偿寄存器为 2。具体操作方法参照 Stage1。

Stage3. 创建刀具（三）

设置刀具类型为hole_making选项，在刀具子类型区域单击选择“SPOT DRILL”按钮，设置刀具名称为 S2、刀具(D) 直径为 2.0、刀具号为 3 以及补偿寄存器为 3。具体操作方法参照 Stage1。

Stage4. 创建刀具（四）

设置刀具类型为hole_making选项，在刀具子类型区域单击选择“STD_DRILL”按钮，设置刀具名称为 DR6、刀具(D) 直径为 6.0、刀具号为 4 以及补偿寄存器为 4。具体操作方法参照 Stage1。

Stage5. 创建刀具（五）

设置刀具类型为hole_making选项，在刀具子类型区域单击选择“STD_DRILL”按钮，设置刀具名称为 DR4、刀具(D) 直径为 4.0、刀具号为 5 以及补偿寄存器为 5。具体操作方法参照 Stage1。

Task4. 创建面铣工序 1

Stage1. 插入工序

Step1. 选择下拉菜单插入(S) → 工序(E)...命令，系统弹出“创建工序”对话框。

Step2. 确定加工方法。在“创建工序”对话框的类型下拉列表中选择mill_planar选项，在工序子类型区域中单击“带边界面铣”按钮，在程序下拉列表中选择PROGRAM选项，在刀具下拉列表中选择D20（铣刀-5 参数）选项，在几何体下拉列表中选择WORKPIECE选项，在方法下拉列表中选择MILL_ROUGH选项，在名称文本框中输入 FACE_01。

Step3. 在“创建工序”对话框中单击确定按钮，系统弹出“面铣”对话框。

Stage2．指定切削区域

Step1. 在 几何体 区域中单击“选择或编辑面几何体”按钮，系统弹出“毛坯边界”对话框。

Step2. 在 选择方法 下拉列表中选择 曲线 选项，在 平面 下拉列表中选择 自动 选项，选取图 9.1.7 所示的边线为参照边，单击 确定 按钮，系统返回“面铣”对话框。

说明：为了选取方便，在“装配导航器”中隐藏 pump_body_workpiece。

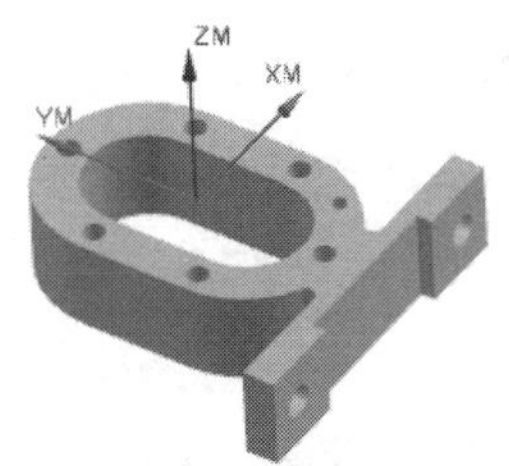

图 9.1.5　部件几何体

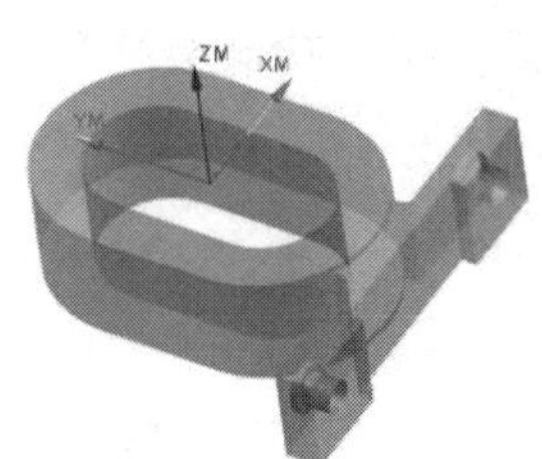

图 9.1.6　毛坯几何体

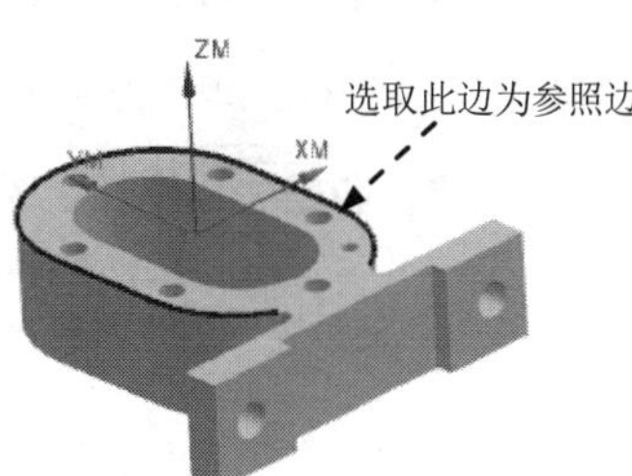

图 9.1.7　定义参照边

Stage3．设置刀具路径参数

Step1. 设置刀轴。在 刀轴 区域的 轴 下拉列表中选择 +ZM 轴 选项。

Step2. 设置切削模式。在 刀轨设置 区域的 切削模式 下拉列表中选择 往复 选项。

Step3. 设置步进方式。在 步距 下拉列表中选择 % 刀具平直 选项，在 平面直径百分比 文本框中输入值 60.0，在 毛坯距离 文本框中输入值 3.0，在 每刀切削深度 文本框中输入值 0，在 最终底面余量 文本框中输入值 0.2。

Stage4．设置切削参数（注：本步骤的详细操作过程请参见学习资源中 video\ch09.01\reference\文件下的语音视频讲解文件 pump_body_asm-r02.exe）

Stage5．设置非切削移动参数

Step1. 在“面铣”对话框中单击“非切削移动”按钮，系统弹出“非切削移动”对话框。

Step2. 单击“非切削移动”对话框中的 退刀 选项卡，在 退刀类型 下拉列表中选取 抬刀 选项。

Step3. 单击“非切削移动”对话框中的 起点/钻点 选项卡，在 区域起点 区域的 默认区域起点 下拉列表中选取 拐角 选项。单击 选择点 区域中的“点对话框”按钮，系统弹出“点”对话框，选取图 9.1.8 所示的点为参照点。单击 确定 按钮，系统返回“非切削移动”对话框。

说明：此时的选择范围要在整个装配中才可以选取。

Step4. 单击“非切削移动”对话框中的 确定 按钮，完成非切削移动参数的设置，系统返回“面铣”对话框。

Stage6．设置进给率和速度

Step1. 在“面铣”对话框中单击“进给率和速度”按钮，系统弹出“进给率和速度”对话框。

Step2. 选中“进给率和速度”对话框主轴速度区域中的☑ 主轴速度 (rpm)复选框，在其后的文本框中输入值 1200.0，按 Enter 键，然后单击按钮，在进给率区域的切削文本框中输入值 400.0，按 Enter 键，然后单击按钮，其他参数采用系统默认设置值。

Step3. 单击确定按钮，完成进给率和速度的设置，系统返回“面铣”对话框。

Stage7．生成刀路轨迹并仿真

Step1. 在“面铣”对话框中单击“生成”按钮，在图形区中生成图 9.1.9 所示的刀路轨迹。

Step2. 在“面铣”对话框中单击“确认”按钮，系统弹出“刀轨可视化”对话框。

Step3. 使用 2D 动态仿真。在“刀轨可视化”对话框中单击2D 动态选项卡，采用系统默认设置值，调整动画速度后单击“播放”按钮，即可演示 2D 动态仿真加工，完成演示后的模型如图 9.1.10 所示，仿真完成后单击确定按钮，完成刀轨确认操作。

Step4. 单击“面铣”对话框中的确定按钮，完成操作。

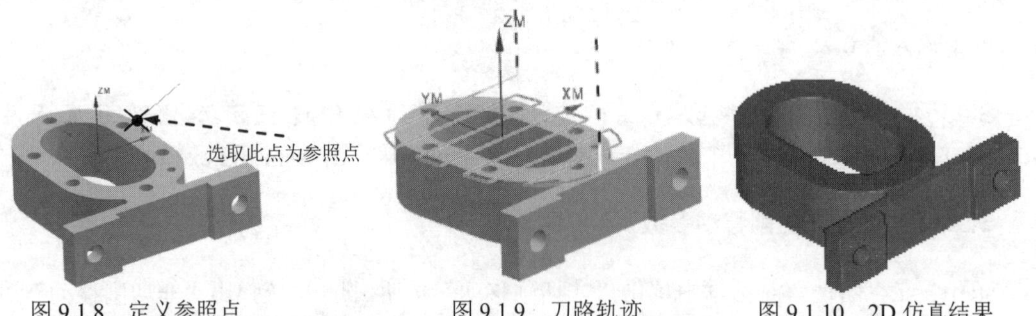

图 9.1.8　定义参照点　　图 9.1.9　刀路轨迹　　图 9.1.10　2D 仿真结果

Task5．创建钻孔工序

Stage1．插入工序

Step1. 选择下拉菜单插入(S) → 工序(E)...命令，系统弹出“创建工序”对话框。

Step2. 在“创建工序”对话框的类型下拉列表中选择hole_making选项，在工序子类型区域中选择“定心钻”按钮，在刀具下拉列表中选择前面设置的刀具S2 (定心钻刀)选项，在几何体下拉列表中选择WORKPIECE选项，其他参数采用系统默认设置值。

Step3. 单击“创建工序”对话框中的确定按钮，系统弹出“定心钻”对话框。

Stage2．指定钻孔点

Step1. 单击“定心钻”对话框 指定特征几何体 右侧的按钮，系统弹出“特征几何体”对话框。

Step2. 依次选取图 9.1.11 所示的面上所有孔，然后在 序列 区域的 优化 下拉列表中选择 最短刀轨 选项，并单击按钮进行重新排序。

Step3. 指定深度。在 列表 区域中选中所有孔，然后在 中心孔 区域单击 深度 后面的按钮，在弹出的菜单中选择 用户定义(U) 选项，然后在 深度 文本框中输入值 3。最后单击“特征几何体”对话框中的 确定 按钮，系统返回“定心钻”对话框。

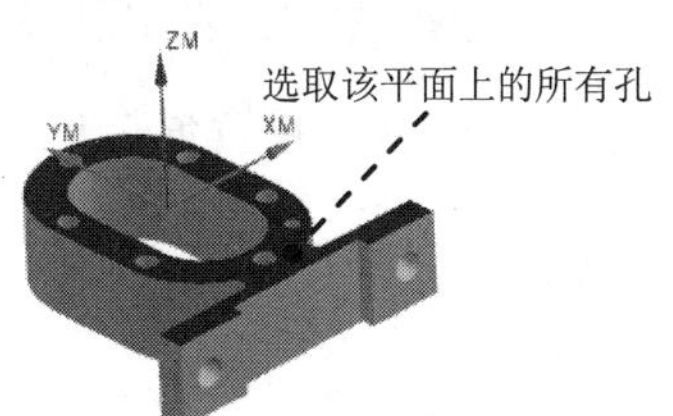

图 9.1.11 指定钻孔点

Stage3．设置循环参数

Step1. 在“定心钻”对话框 刀轨设置 区域的 循环 下拉列表中选择 钻 选项，单击“编辑循环”按钮，系统弹出图 9.1.12 所示的“循环参数”对话框。

图 9.1.12 “循环参数”对话框

Step2. 在“循环参数”对话框中采用系统默认的参数，单击 确定 按钮，系统返回“定心钻”对话框。

Stage4．设置切削参数

采用系统默认的参数设置。

Stage5．设置非切削参数

Step1. 在 刀轨设置 区域中单击“非切削移动”按钮，系统弹出“非切削移动”对话框。

Step2. 单击“非切削移动”对话框中的转移/快速选项卡，在特征之间区域的转移类型下拉列表中选择Z 向最低安全距离选项，在安全距离文本框中输入值 3。

Step3. 单击确定按钮，系统返回到“定心钻”对话框。

Stage6. 设置进给率和速度

Step1. 单击“定心钻”对话框中的“进给率和速度”按钮，系统弹出“进给率和速度”对话框。

Step2. 在“进给率和速度”对话框中选中☑ 主轴速度（rpm）复选框，然后在其文本框中输入值 3000.0，按 Enter 键，然后单击按钮，在切削文本框中输入值 150.0，按 Enter 键，然后单击按钮，其他参数采用系统默认设置值，单击确定按钮。

Stage7. 生成刀路轨迹并仿真

生成的刀路轨迹如图 9.1.13 所示，2D 动态仿真加工后结果如图 9.1.14 所示。

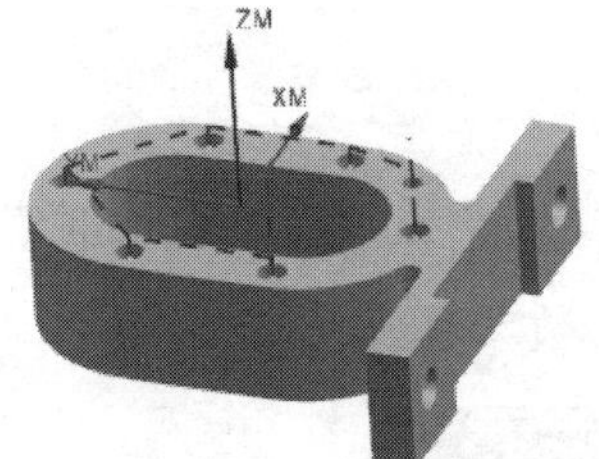

图 9.1.13 刀路轨迹

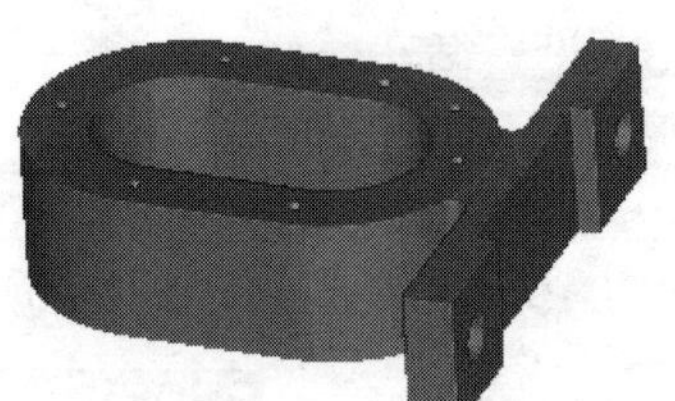

图 9.1.14 2D 仿真结果

Task6. 创建镗孔工序 1

Stage1. 创建工序

Step1. 选择下拉菜单插入(S) → 工序(E)...命令，系统弹出“创建工序”对话框。

Step2. 在“创建工序”对话框的类型下拉列表中选择hole_making选项，在工序子类型区域中选择“钻孔”按钮，在刀具下拉列表中选择前面设置的刀具DR6（钻刀）选项，在几何体下拉列表中选择WORKPIECE选项，其他参数采用系统默认设置值。

Step3. 单击“创建工序”对话框中的确定按钮，系统弹出“钻孔”对话框。

Stage2. 指定镗孔点

Step1. 指定镗孔点。单击“钻孔”对话框指定特征几何体右侧的按钮，系统弹出“特征几何体”对话框。

Step2. 依次选取图 9.1.15 所示的面上的 6 个孔，单击“特征几何体”对话框中的确定按钮，系统返回“钻孔”对话框。

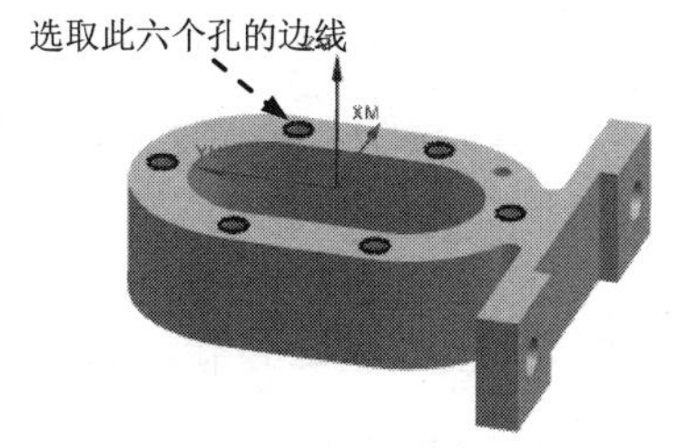

图 9.1.15　指定镗孔点

Stage3．设置循环参数

Step1．在“钻孔”对话框 刀轨设置 区域的 循环 下拉列表中选择 钻，镗 选项，单击“编辑循环”按钮，系统弹出“循环参数”对话框。

Step2．采用系统默认的参数设置值，单击 确定 按钮，系统返回“钻孔”对话框。

Stage4．设置切削参数

采用系统默认的切削参数设置。

Stage5．设置非切削参数

Step1．在 刀轨设置 区域中单击“非切削移动”按钮，系统弹出“非切削移动”对话框。

Step2．单击“非切削移动”对话框中的 转移/快速 选项卡，在 特征之间 区域的 转移类型 下拉列表中选择 Z 向最低安全距离 选项，在 安全距离 文本框中输入值 3。

Step3．单击 确定 按钮，系统返回到“钻孔”对话框。

Stage6．设置进给率和速度

Step1．单击“钻孔”对话框中的“进给率和速度”按钮，系统弹出“进给率和速度”对话框。

Step2．在“进给率和速度”对话框中选中 ☑ 主轴速度 (rpm) 复选框，然后在其文本框中输入值 1500.0，按 Enter 键，然后单击按钮，在“进给率”区域的 切削 文本框中输入值 200.0，按 Enter 键，然后单击按钮，其他参数采用系统默认设置值，单击 确定 按钮。

Stage7．生成刀路轨迹并仿真

生成的刀路轨迹如图 9.1.16 所示，2D 动态仿真加工结果如图 9.1.17 所示。

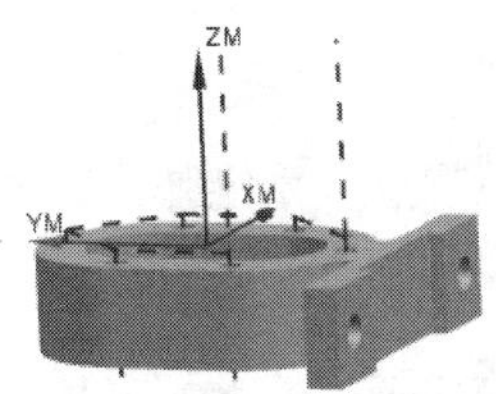

图 9.1.16　刀路轨迹

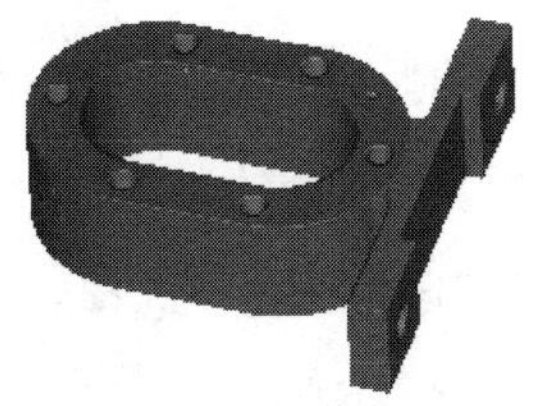

图 9.1.17　2D 仿真结果

Task7. 创建镗孔工序 2

Step1. 复制镗孔工序。在工序导航器的 DRILLING 节点上单击鼠标右键，在弹出的快捷菜单中选择 复制 命令。

Step2. 粘贴钻孔工序。在工序导航器的 DR4 节点上单击鼠标右键，在弹出的快捷菜单中选择 内部粘贴 命令。

Step3. 修改操作名称。在工序导航器的 DRILLING_COPY 节点上单击鼠标右键，在弹出的快捷菜单中选择 重命名 命令，将其名称改为“DRILLING_D4”。

Step4. 重新定义操作。双击 Step3 中改名的 DRILLING_D4 节点，系统弹出“钻孔”对话框；单击“钻孔”对话框 指定特征几何体 右侧的按钮，系统弹出“特征几何体”对话框。单击 特征 区域 列表 下面右侧的按钮，在图形区中选取图 9.1.18 所示的孔的边线，单击 确定 按钮，系统返回“钻孔”对话框；在“钻孔”对话框 工具 区域的 刀具 下拉列表中选择默认的前面创建的 5 号刀具 DR4 (钻刀)。单击“钻孔”对话框中的“进给率和速度”按钮，系统弹出“进给率和速度”对话框。然后在 主轴速度 (rpm) 复选框的文本框中输入值 2000.0，按 Enter 键，然后单击按钮，单击 确定 按钮，系统返回“钻孔”对话框。

Step5. 单击“生成”按钮，生成的刀路轨迹如图 9.1.19 所示。2D 动态仿真加工结果如图 9.1.20 所示。

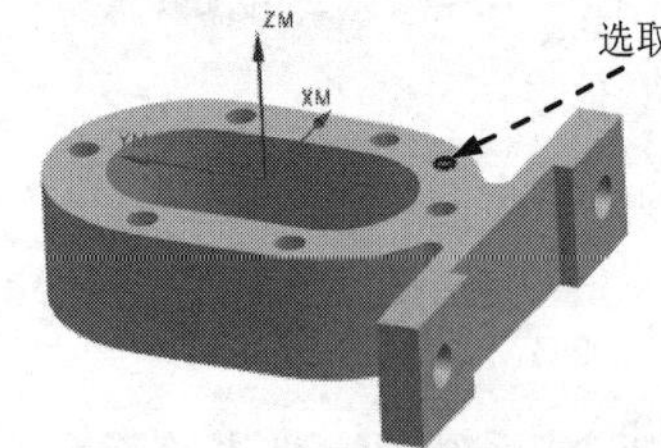

图 9.1.18　指定孔位置

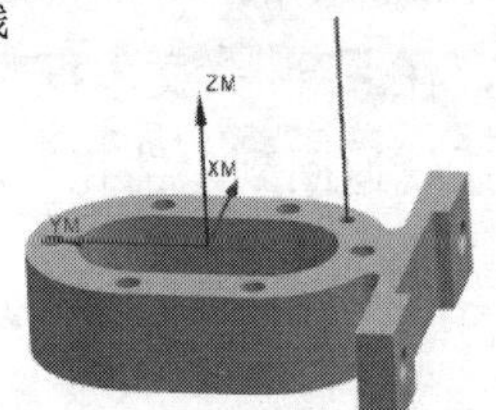

图 9.1.19　刀路轨迹

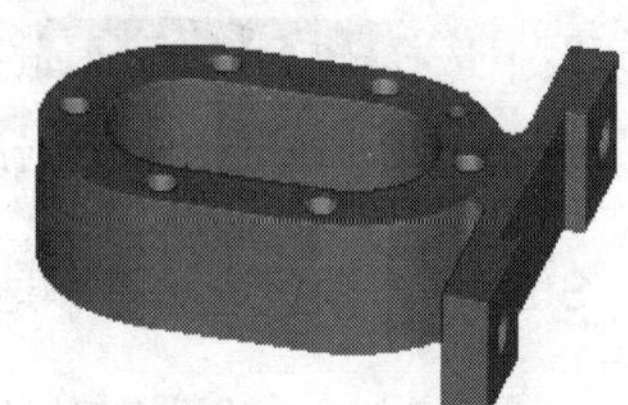
图 9.1.20　2D 仿真结果

Task8. 创建面铣工序 2

Step1. 复制面铣工序。在工序导航器的 FACE_01 节点上单击鼠标右键，在弹出的快捷菜单中选择 复制 命令。

Step2. 粘贴钻孔工序。在工序导航器的 FACE_01 节点上单击鼠标右键，在弹出的快捷菜单中选择 粘贴 命令。

Step3. 修改操作名称。在工序导航器的 FACE_01_COPY 节点上单击鼠标右键，在弹出的快捷菜单中选择 重命名 命令，将其名称改为“FACE_02”。

Step4. 重新定义操作。双击 Step3 中改名的 FACE_02 节点，系统弹出“面铣”对话框。在 几何体 区域中单击“选择或编辑面几何体”按钮，系统弹出“毛坯边界”对话框。然后将原有的对象删除；在 选择方法 下拉列表中选择 曲线 选项，在 平面 下拉列表中选择自动选项，选取图 9.1.21 所示的边线为参照边，单击确定按钮，系统返回“面铣”对话框；在刀轴区域的轴下拉列表中选择指定矢量选项；在指定矢量下拉列表中选取-ZC选项；其他参数采用系统默认设置值；单击“生成”按钮，生成的刀路轨迹如图 9.1.22 所示。2D 动态仿真加工结果如图 9.1.23 所示。

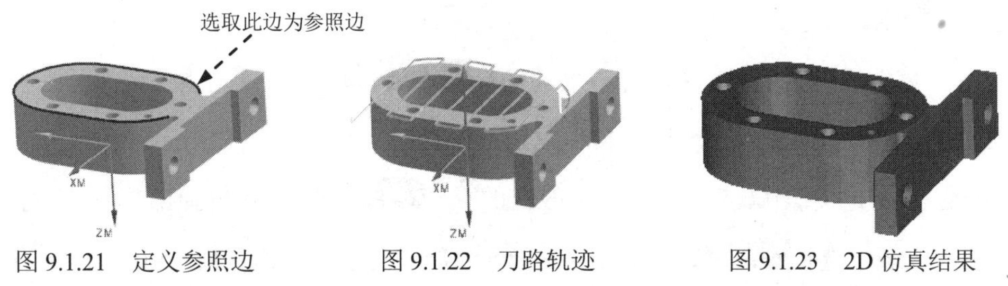

图 9.1.21　定义参照边　　图 9.1.22　刀路轨迹　　图 9.1.23　2D 仿真结果

Task9．创建面铣工序 3

Step1. 复制面铣工序。在工序导航器的FACE_02节点上单击鼠标右键，在弹出的快捷菜单中选择复制命令。

Step2. 粘贴钻孔工序。在工序导航器的D16节点上单击鼠标右键，在弹出的快捷菜单中选择内部粘贴命令。

Step3. 修改操作名称。在工序导航器的FACE_02_COPY节点上单击鼠标右键，在弹出的快捷菜单中选择重命名命令，将其名称改为“FACE_03”。

Step4. 重新定义操作。双击 Step3 中改名的FACE_03节点，系统弹出“面铣”对话框；在步距下拉列表中选择% 刀具平直选项，在平面直径百分比文本框中输入值 35.0，在毛坯距离文本框中输入值 3.0，在每刀切削深度文本框中输入值 0，在最终底面余量文本框中输入值 0；单击“面铣”对话框中的“进给率和速度”按钮，系统弹出“进给率和速度”对话框；在☑ 主轴速度 (rpm)复选框的文本框中输入值 1800.0，按 Enter 键，然后单击按钮，单击确定按钮，系统返回“面铣”对话框；其他参数采用系统默认设置值；单击“生成”按钮，生成的刀路轨迹如图 9.1.24 所示，2D 动态仿真加工结果如图 9.1.25 所示。

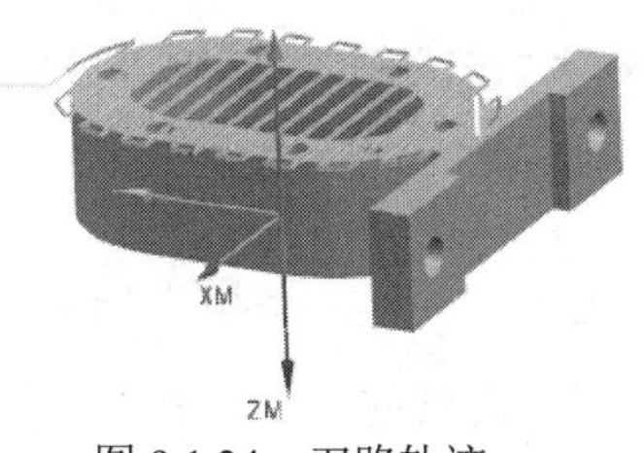

图 9.1.24　刀路轨迹

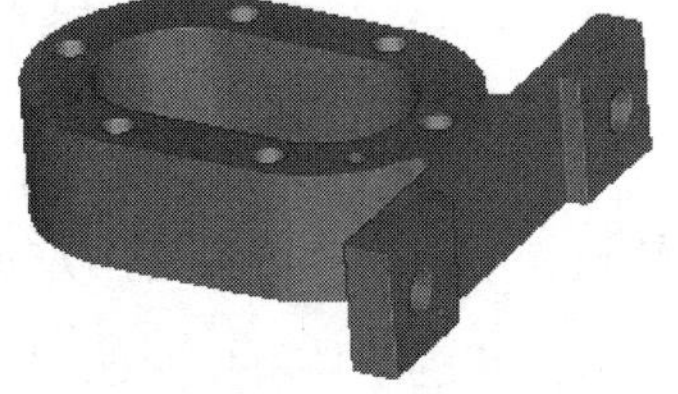
图 9.1.25　2D 仿真结果

Task10. 创建面铣工序 4

Step1. 复制面铣工序。在工序导航器的 FACE_01 节点上单击鼠标右键，在弹出的快捷菜单中选择 复制 命令。

Step2. 粘贴钻孔工序。在工序导航器的 D16 节点上单击鼠标右键，在弹出的快捷菜单中选择 内部粘贴 命令。

Step3. 修改操作名称。在工序导航器的 FACE_01_COPY 节点上单击鼠标右键，在弹出的快捷菜单中选择 重命名 命令，将其名称改为“FACE_04”。

Step4. 重新定义操作。双击 Step3 中改名的 FACE_04 节点，系统弹出“面铣”对话框；在 步距 下拉列表中选择 % 刀具平直 选项，在 平面直径百分比 文本框中输入值 35.0，在 毛坯距离 文本框中输入值 3.0，在 每刀切削深度 文本框中输入值 0，在 最终底面余量 文本框中输入值 0；单击“面铣”对话框中的“进给率和速度”按钮，系统弹出“进给率和速度”对话框；在 ☑ 主轴速度（rpm） 复选框的文本框中输入值 1800.0，按 Enter 键，然后单击按钮，单击 确定 按钮，系统返回“面铣”对话框；其他参数采用系统默认设置值；单击“生成”按钮，生成的刀路轨迹如图 9.1.26 所示，2D 动态仿真加工结果如图 9.1.27 所示。

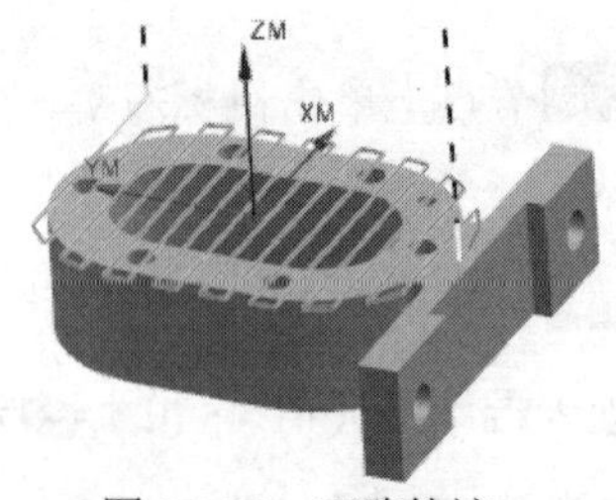

图 9.1.26　刀路轨迹

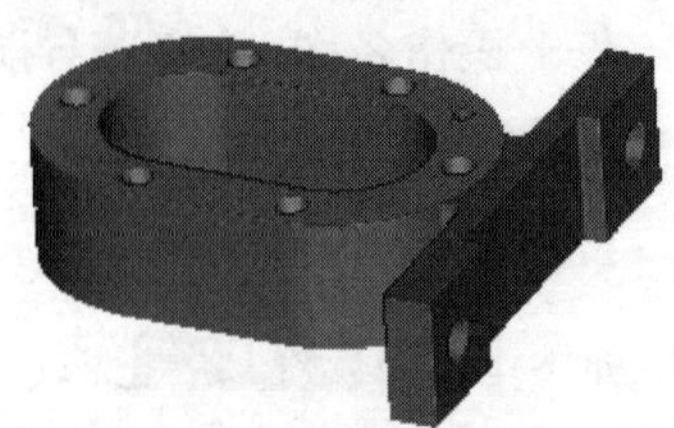

图 9.1.27　2D 仿真结果

Task11. 保存文件

选择下拉菜单 文件(F) → 保存(S) 命令，即可保存文件。

9.2　轨迹铣削加工与编程

使用轨迹铣削，刀具可沿着用户定义的任意轨迹进行扫描，主要用于扫描类特征零件的加工。不同形状的工件所使用的刀具外形也有所不同，刀具的选择要根据所加工的沟槽形状来定义。因此，在指定加工工艺时，一定要考虑到刀具的外形。

下面介绍图 9.2.1 所示的轨迹铣削的加工过程，其加工工艺路线如图 9.2.2 和图 9.2.3 所示。

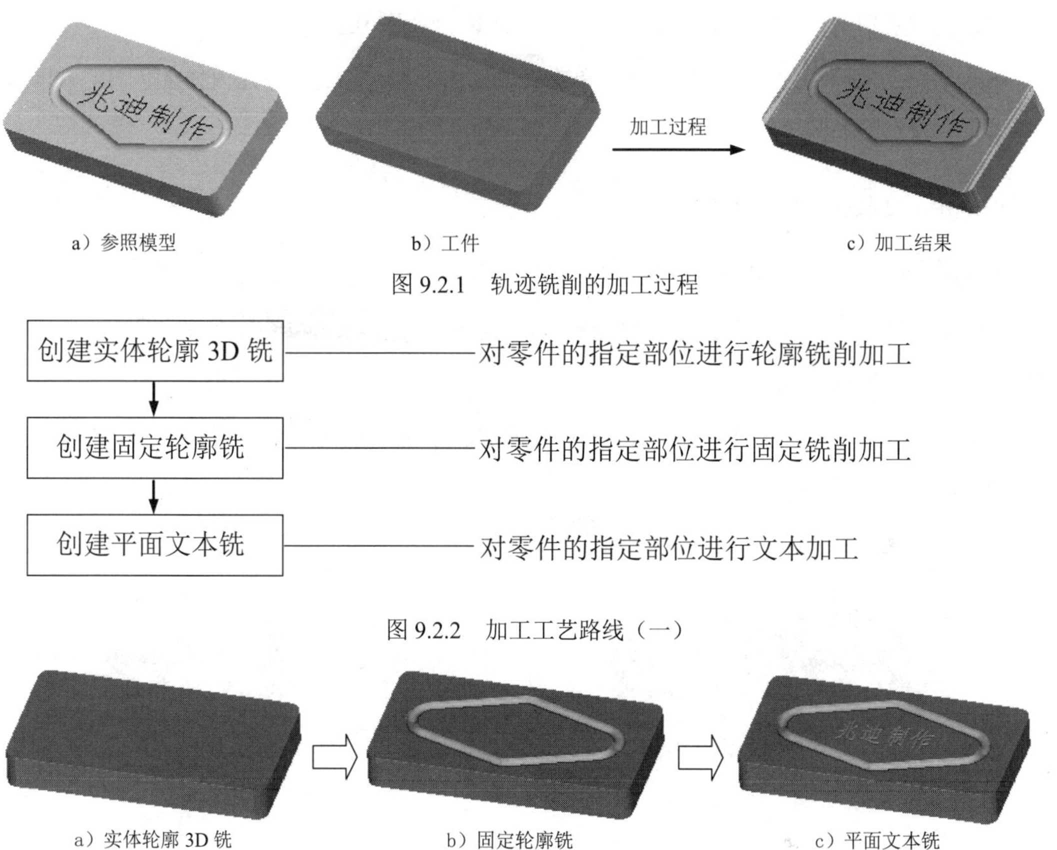

图 9.2.1 轨迹铣削的加工过程

图 9.2.2 加工工艺路线（一）

图 9.2.3 加工工艺路线（二）

Task1. 打开模型文件并进入加工模块

Step1. 打开模型文件 D:\ugal12\work\ch09.02\trajectory.prt。

Step2. 进入加工环境。在 应用模块 功能选项卡的 加工 区域单击 按钮，系统弹出“加工环境”对话框；在“加工环境”对话框的 CAM 会话配置 列表中选择 cam_general 选项，在 要创建的 CAM 组装 列表中选择 mill contour 选项，单击 确定 按钮，进入加工环境。

Task2. 创建几何体

Stage1. 创建机床坐标系（注：本步骤的详细操作过程请参见学习资源中 video\ch09.02\reference\文件下的语音视频讲解文件 trajectory-r01.exe）

Stage2. 创建部件几何体

Step1. 在工序导航器中双击 MCS_MILL 节点下的 WORKPIECE，系统弹出“工件”对话框。

Step2. 选取部件几何体。在“工件”对话框中单击按钮，系统弹出“部件几何体”对话框。

Step3. 在图形区中框选整个零件为部件几何体，如图 9.2.4 所示。

Step4. 在“部件几何体”对话框中单击确定按钮，完成部件几何体的创建，同时系统返回“工件”对话框。

Stage3. 创建毛坯几何体

Step1. 在“工件”对话框中单击按钮，系统弹出“毛坯几何体”对话框。

Step2. 在“毛坯几何体”对话框的类型下拉列表中选择部件凸包选项，在偏置区域的偏置文本框中输入值 2.0。

Step3. 单击“毛坯几何体”对话框中的确定按钮，系统返回“工件”对话框，完成图 9.2.5 所示毛坯几何体的创建。

Step4. 单击“工件”对话框中的确定按钮。

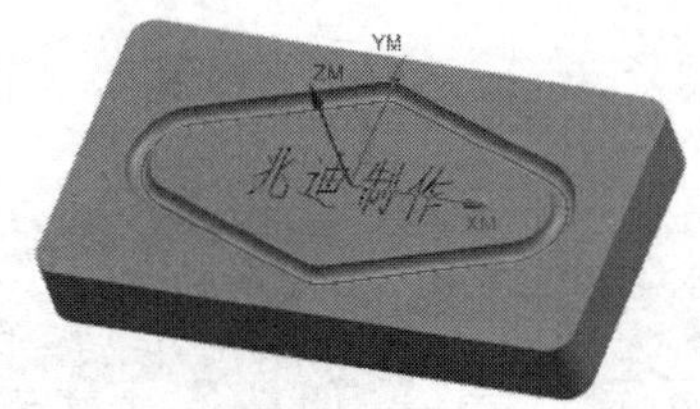

图 9.2.4　部件几何体

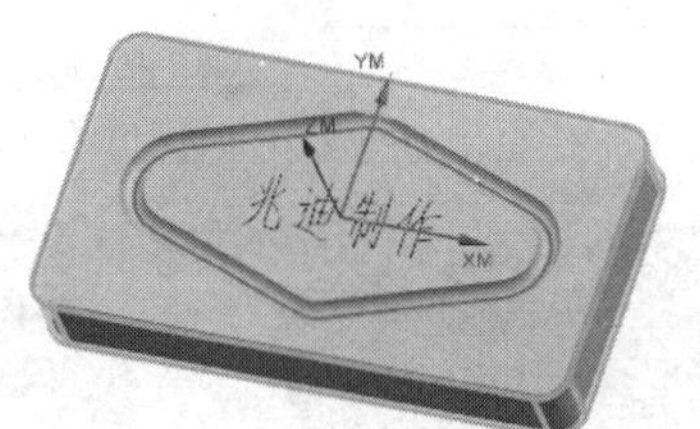

图 9.2.5　毛坯几何体

Task3. 创建刀具

Stage1. 创建刀具（一）

Step1. 选择下拉菜单插入(S) ➡ 刀具(T)...命令，系统弹出“创建刀具”对话框。

Step2. 确定刀具类型。在“创建刀具”对话框的类型下拉列表中选择mill_contour选项，在刀具子类型区域中选择“MILL”按钮，在刀具下拉列表中选择GENERIC_MACHINE选项，在名称文本框中输入 D20，单击确定按钮，系统弹出“铣刀-5 参数”对话框。

Step3. 设置刀具参数。在(D) 直径文本框中输入值 20.0，其他参数采用系统默认设置值，单击确定按钮，完成刀具（一）的创建。

Stage2. 创建刀具（二）

设置刀具类型为mill_contour选项，在刀具子类型区域单击选择“BALL_MILL”按钮，刀具名称设置为 B10，刀具(D) 球直径设置为 10.0，其他参数采用系统默认设置值。具体操作方法参照 Stage1。

Stage3．创建刀具（三）

设置刀具类型为mill_contour选项，在刀具子类型区域单击选择“BALL_MILL”按钮，设置刀具名称为B2、刀具(D) 球直径为2.0、(B) 锥角为15、(L) 长度为10以及(FL) 刀刃长度为5。具体操作方法参照Stage1。

Task4．创建实体轮廓3D铣操作

Stage1．创建工序

Step1. 选择下拉菜单插入(S) → 工序(E)...命令，系统弹出“创建工序”对话框。

Step2. 确定加工方法。在“创建工序”对话框的类型下拉列表中选择mill_contour选项，在工序子类型区域中选择“实体轮廓 3D”按钮，在程序下拉列表中选择PROGRAM选项，在刀具下拉列表中选择D20（铣刀-5 参数）选项，在几何体下拉列表中选择WORKPIECE选项，在方法下拉列表中选择MILL_FINISH选项，单击确定按钮，系统弹出“实体轮廓3D”对话框。

Stage2．指定壁

Step1. 指定壁。在几何体区域中单击“指定壁”按钮，系统弹出“壁几何体”对话框。

Step2. 选取图9.2.6所示的面为参照面，单击确定按钮，完成指定壁的创建。

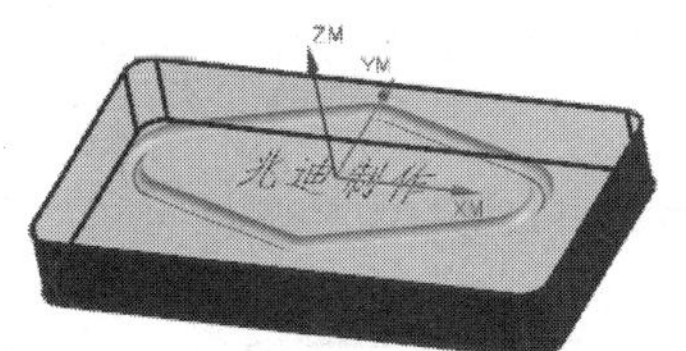

图9.2.6　定义参照面

Stage3．设置刀具路径参数

在Z 向深度偏置文本框中输入值2，其他参数采用系统默认设置值。

Stage4．设置切削参数

Step1. 单击“实体轮廓3D”对话框中的“切削参数”按钮，系统弹出“切削参数”对话框。

Step2. 在“切削参数”对话框中单击多刀路选项卡，设置图9.2.7所示的参数。

Step3. 在“切削参数”对话框中单击余量选项卡，在公差区域的内公差文本框中输入值0.01，在外公差文本框中输入值0.01，单击确定按钮，系统返回“实体轮廓3D”对话框。

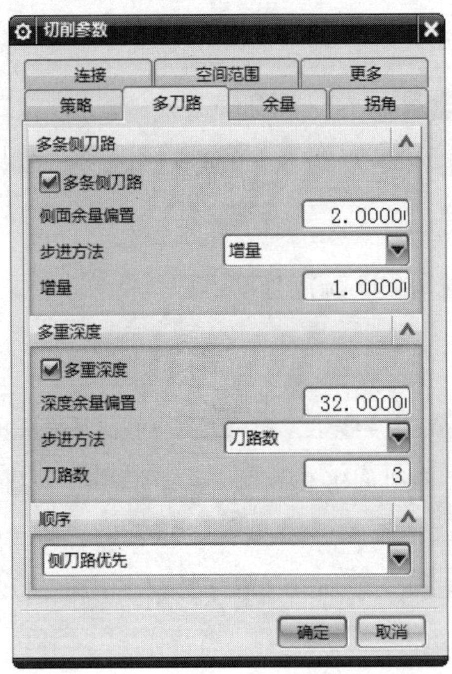

图 9.2.7　“切削参数”对话框

Stage5．设置非切削移动参数

Step1．在“实体轮廓 3D”对话框中单击“非切削移动”按钮，系统弹出“非切削移动”对话框。

Step2．单击“非切削移动”对话框中的起点/钻点选项卡，在区域起点区域的默认区域起点下拉列表中选取拐角选项。单击选择点区域中的“点对话框”按钮，系统弹出“点”对话框，选取图 9.2.8 所示的点为参照点。单击确定按钮，系统返回“非切削移动”对话框。单击确定按钮，系统返回“实体轮廓 3D”对话框。

Stage6．设置进给率和速度

Step1．单击“实体轮廓 3D”对话框中的“进给率和速度”按钮，系统弹出“进给率和速度”对话框。

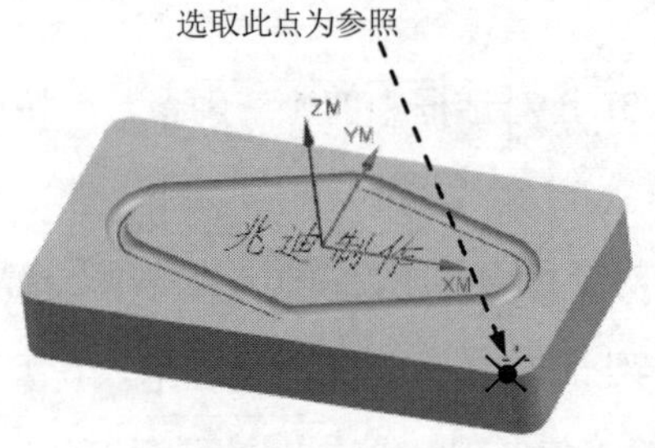

图 9.2.8　定义参照点

Step2．在“进给率和速度”对话框中选中主轴速度 (rpm)复选框，然后在其文本框中输入值 1500.0，在切削文本框中输入值 500.0，按下 Enter 键，然后单击按钮，其他参数采用系统默认设置值。

Step3. 单击“进给率和速度”对话框中的确定按钮，完成进给率和速度的设置，系统返回“实体轮廓 3D”对话框。

Stage7. 生成刀路轨迹并仿真

Step1. 在“实体轮廓 3D”对话框中单击“生成”按钮，在图形区中生成图 9.2.9 所示的刀路轨迹。

Step2. 在“实体轮廓 3D”对话框中单击“确认”按钮，系统弹出“刀轨可视化”对话框。

Step3. 使用 2D 动态仿真。在“刀轨可视化”对话框中单击2D 动态选项卡，采用系统默认参数设置值，调整动画速度后单击“播放”按钮，即可演示刀具按刀轨运行，完成演示后的模型如图 9.2.10 所示。仿真完成后单击确定按钮，完成仿真操作。

Step4. 单击确定按钮，完成操作。

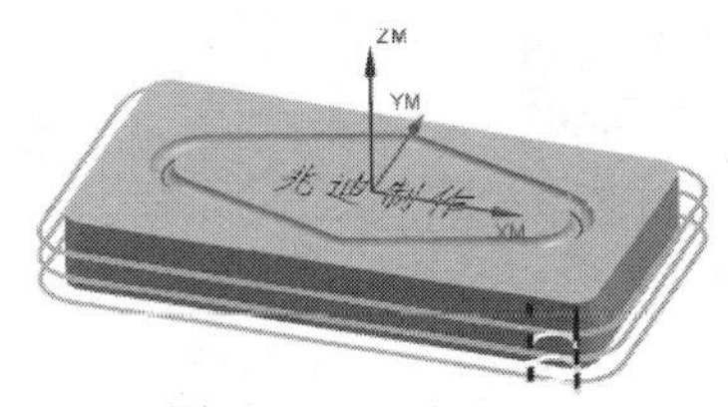

图 9.2.9　刀路轨迹

图 9.2.10　2D 仿真结果

Task5. 创建固定轮廓铣

Stage1. 创建工序

Step1. 选择下拉菜单插入(S) → 工序(E)...命令，系统弹出“创建工序”对话框。

Step2. 确定加工方法。在“创建工序”对话框的类型下拉列表中选择mill_contour选项，在工序子类型区域中选择“固定轮廓铣”按钮，在程序下拉列表中选择PROGRAM选项，在刀具下拉列表中选择B10 (铣刀-球头铣)选项，在几何体下拉列表中选择WORKPIECE选项，在方法下拉列表中选择MILL_FINISH选项，单击确定按钮，系统弹出“固定轮廓铣”对话框。

Stage2. 设置一般参数

Step1. 确定驱动方法。在驱动方法区域的方法下拉列表中选择曲线/点选项，系统弹出“曲线/点驱动方法”对话框。选取图 9.2.11 所示的曲线为参照曲线。

Step2. 在驱动设置区域的切削步长下拉列表中选择公差选项，在公差文本框中输入值

0.001。单击 确定 按钮，系统返回“固定轮廓铣”对话框。

Step3. 在 投影矢量 区域的 矢量 下拉列表中选择 刀轴 选项；在 刀轴 区域的 轴 下拉列表中选择 +ZM 轴 选项。

Stage3. 设置切削参数

Step1. 在 刀轨设置 区域中单击“切削参数”按钮，系统弹出“切削参数”对话框。

Step2. 在“切削参数”对话框中单击 多刀路 选项卡，设置图 9.2.12 所示的参数。单击 确定 按钮，系统返回“固定轮廓铣”对话框。

Stage4. 设置非切削移动参数

Step1. 在“固定轮廓铣”对话框中单击“非切削移动”按钮，系统弹出“非切削移动”对话框。

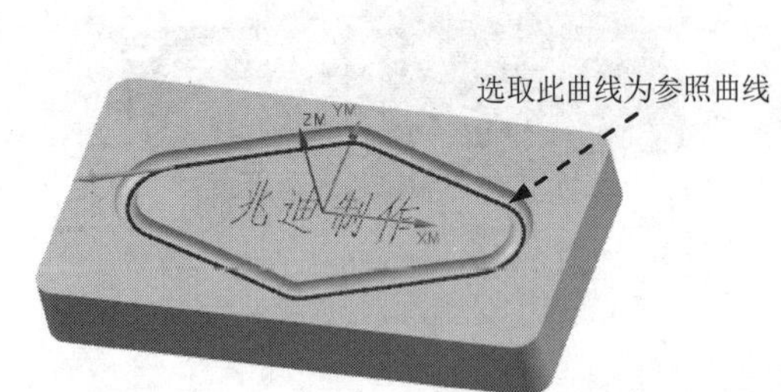

图 9.2.11 定义参照曲线

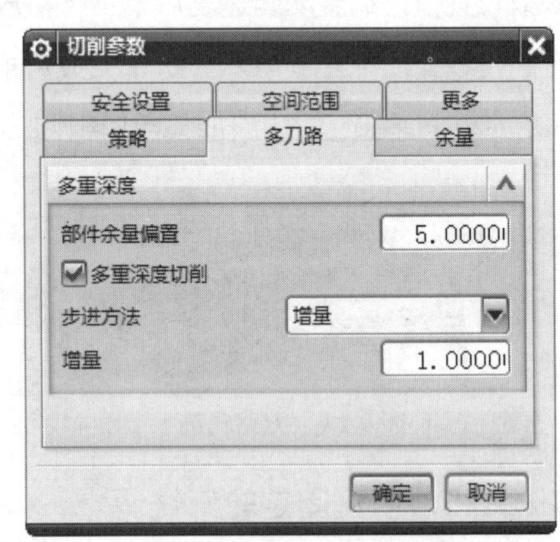

图 9.2.12 “多刀路”选项卡

Step2. 单击“非切削移动”对话框中的 进刀 选项卡，在 开放区域 区域的 进刀类型 下拉列表中选择 圆弧 - 相切逼近 选项。其他选项卡参数采用系统默认设置值。单击 确定 按钮，系统返回“固定轮廓铣”对话框。

Stage5. 设置进给率和速度

Step1. 单击“固定轮廓铣”对话框中的“进给率和速度”按钮，系统弹出“进给率和速度”对话框。

Step2. 在“进给率和速度”对话框中选中 ☑ 主轴速度 (rpm) 复选框，然后在其文本框中输入值 1600.0，在 切削 文本框中输入值 500.0，按下 Enter 键，然后单击按钮，其他参数采用系统默认设置值。

Step3. 单击“进给率和速度”对话框中的 确定 按钮，完成进给率和速度的设置，系统返回“固定轮廓铣”对话框。

Stage6．生成刀路轨迹并仿真

Step1. 在“固定轮廓铣”对话框中单击“生成”按钮，系统弹出“生成刀路”对话框，在 选项 区域单击“编辑显示”按钮，在弹出的“显示选项”对话框中取消选中 □ 显示后暂停 复选框，单击 确定 按钮，在图形区中生成图 9.2.13 所示的刀路轨迹。

Step2. 在“固定轮廓铣”对话框中单击“确认”按钮，系统弹出“刀轨可视化”对话框。

Step3. 使用 2D 动态仿真。在“刀轨可视化”对话框中单击 2D 动态 选项卡，采用系统默认参数设置值，调整动画速度后单击“播放”按钮，即可演示刀具按刀轨运行，完成演示后的模型如图 9.2.14 所示。仿真完成后单击 确定 按钮，完成仿真操作。

Step4. 单击 确定 按钮，完成操作。

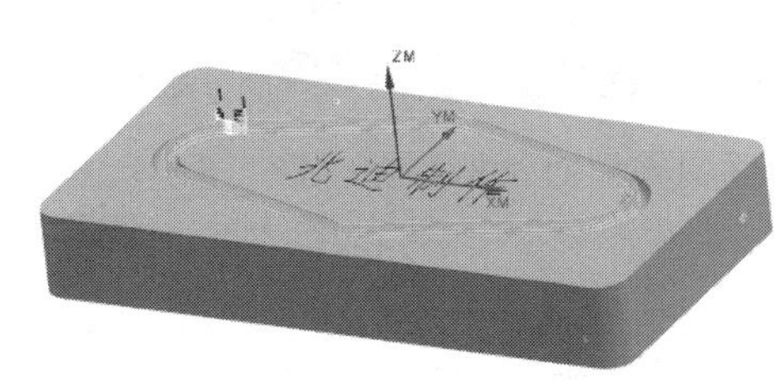

图 9.2.13 刀路轨迹

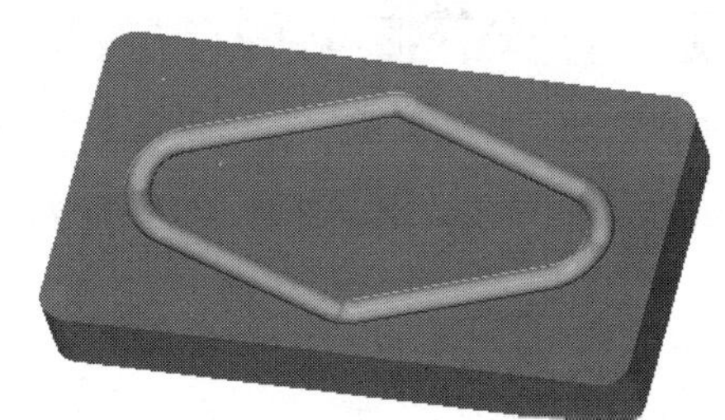
图 9.2.14 2D 仿真结果

Task6．创建平面文本铣

Stage1．创建工序

Step1. 选择下拉菜单 插入(S) → 工序(E)... 命令，系统弹出“创建工序”对话框。

Step2. 确定加工方法。在“创建工序”对话框的 类型 下拉列表中选择 mill_planar 选项，在 工序子类型 区域中选择“平面文本”按钮，在 程序 下拉列表中选择 PROGRAM 选项，在 刀具 下拉列表中选择 B2 (铣刀-球头铣) 选项，在 几何体 下拉列表中选择 WORKPIECE 选项，在 方法 下拉列表中选择 MILL_FINISH 选项，单击 确定 按钮，系统弹出“平面文本”对话框。

Stage2．指定切削区域

Step1. 在 几何体 区域中单击“选择或编辑制图文本几何体”按钮 A，系统弹出“文本几何体”对话框。选取图 9.2.15 所示的文字为参照，单击 确定 按钮，系统返回 “平面文本”对话框。

Step2. 在几何体区域中单击“选择或编辑底平面几何体”按钮，系统弹出“平面”对话框。选取图 9.2.16 所示的平面为参照面，单击确定按钮，系统返回“平面文本”对话框。

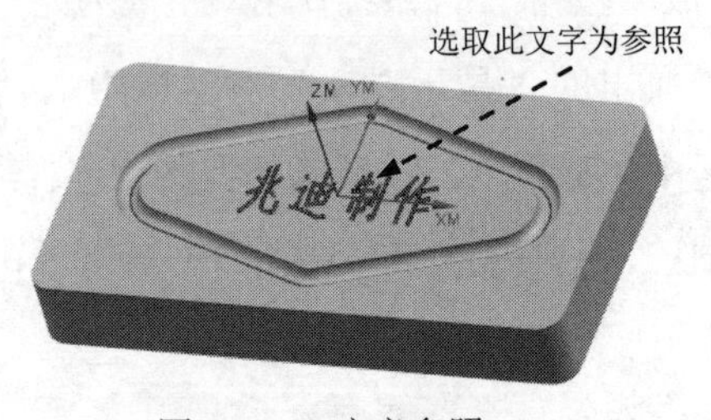

图 9.2.15 定义参照

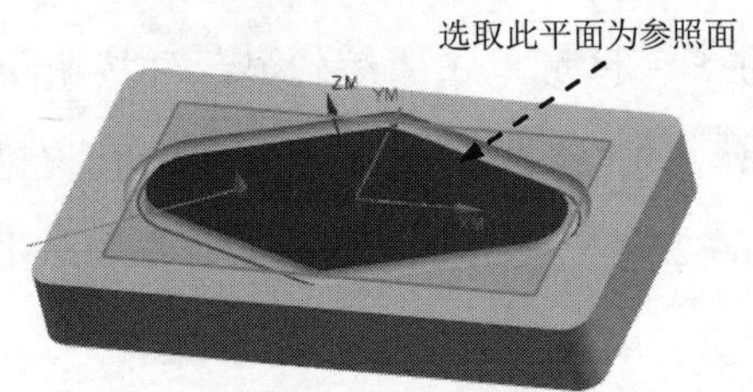

图 9.2.16 定义参照面

Step3. 在刀轨设置区域的文本深度文本框中输入值 0.5，在每刀切削深度文本框中输入值 0.1。

Stage3. 设置切削参数

Step1. 在刀轨设置区域中单击“切削参数”按钮，系统弹出“切削参数”对话框。

Step2. 在“切削参数”对话框中单击策略选项卡，在切削区域的切削顺序下拉列表中选择深度优先选项，单击确定按钮，系统返回“平面文本”对话框。

Stage4. 设置非切削移动参数

Step1. 在“平面文本”对话框中单击“非切削移动”按钮，系统弹出“非切削移动”对话框。

Step2. 单击“非切削移动”对话框中的进刀选项卡，在封闭区域区域的斜坡角度文本框中输入值 2，其他选项卡参数采用系统默认设置值。单击确定按钮，系统返回“平面文本”对话框。

Stage5. 设置进给率和速度

Step1. 单击“平面文本”对话框中的“进给率和速度”按钮，系统弹出“进给率和速度”对话框。

Step2. 在“进给率和速度”对话框中选中☑ 主轴速度 (rpm)复选框，然后在其文本框中输入值 8000.0，在切削文本框中输入值 300.0，按下 Enter 键，然后单击按钮，其他参数采用系统默认设置值。

Step3. 单击“进给率和速度”对话框中的确定按钮，完成进给率和速度的设置，系统返回到“平面文本”对话框。

Stage6．生成刀路轨迹并仿真

生成的刀路轨迹如图 9.2.17 所示，2D 动态仿真加工结果如图 9.2.18 所示。

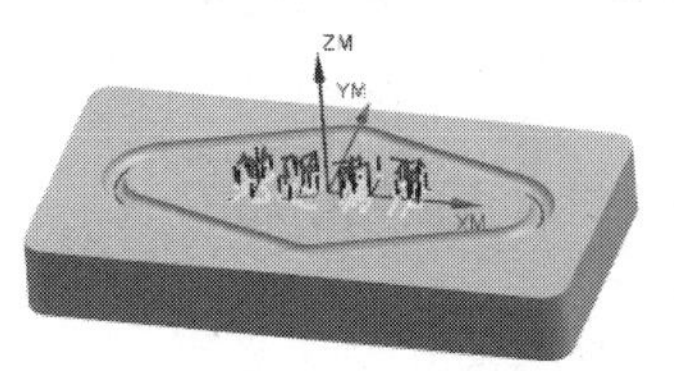

图 9.2.17　刀路轨迹

图 9.2.18　2D 仿真结果

Task7．保存文件

选择下拉菜单 文件(F) ➡ 保存(S) 命令，保存文件。

9.3　凸模加工与编程

目前，随着塑料产品越来越多，塑料模具的使用也越来越多。塑料模具的型腔形状往往都十分复杂，加工的精度要求较高，一般的传统加工工艺设备难以满足模具加工的要求，但随着 CAM 和数控技术的发展，已有效地解决了这个难题。鉴于 UG 在模具制造方面的广泛应用，本节以一个简单的凸模加工为例介绍模具的加工。

下面介绍图 9.3.1 所示的凸模零件的加工过程，其加工工艺路线如图 9.3.2 和图 9.3.3 所示。

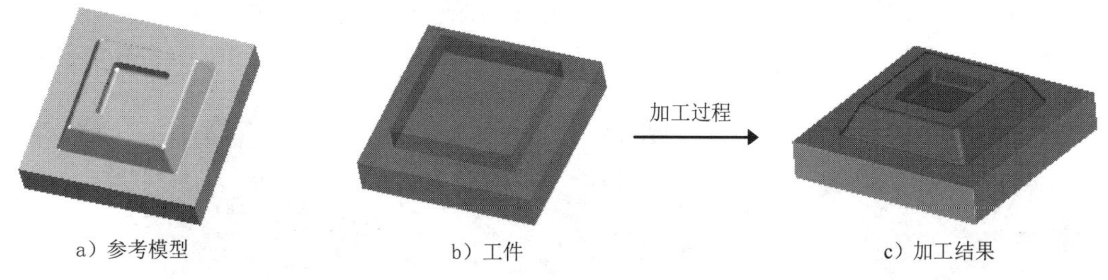

a）参考模型　　b）工件　　c）加工结果

图 9.3.1　凸模零件的加工过程

Task1．打开模型文件并进入加工模块

Step1．打开模型文件 D:\ugal12\work\ch09.03\male_modl_asm.prt。

Step2．进入加工环境。在 应用模块 功能选项卡的 加工 区域单击 按钮，系统弹出“加工环境”对话框；在“加工环境”对话框的 CAM 会话配置 列表中选择 cam_general 选项，在 要创建的 CAM 组装 列表中选择 mill contour 选项，单击 确定 按钮，进入加工环境。

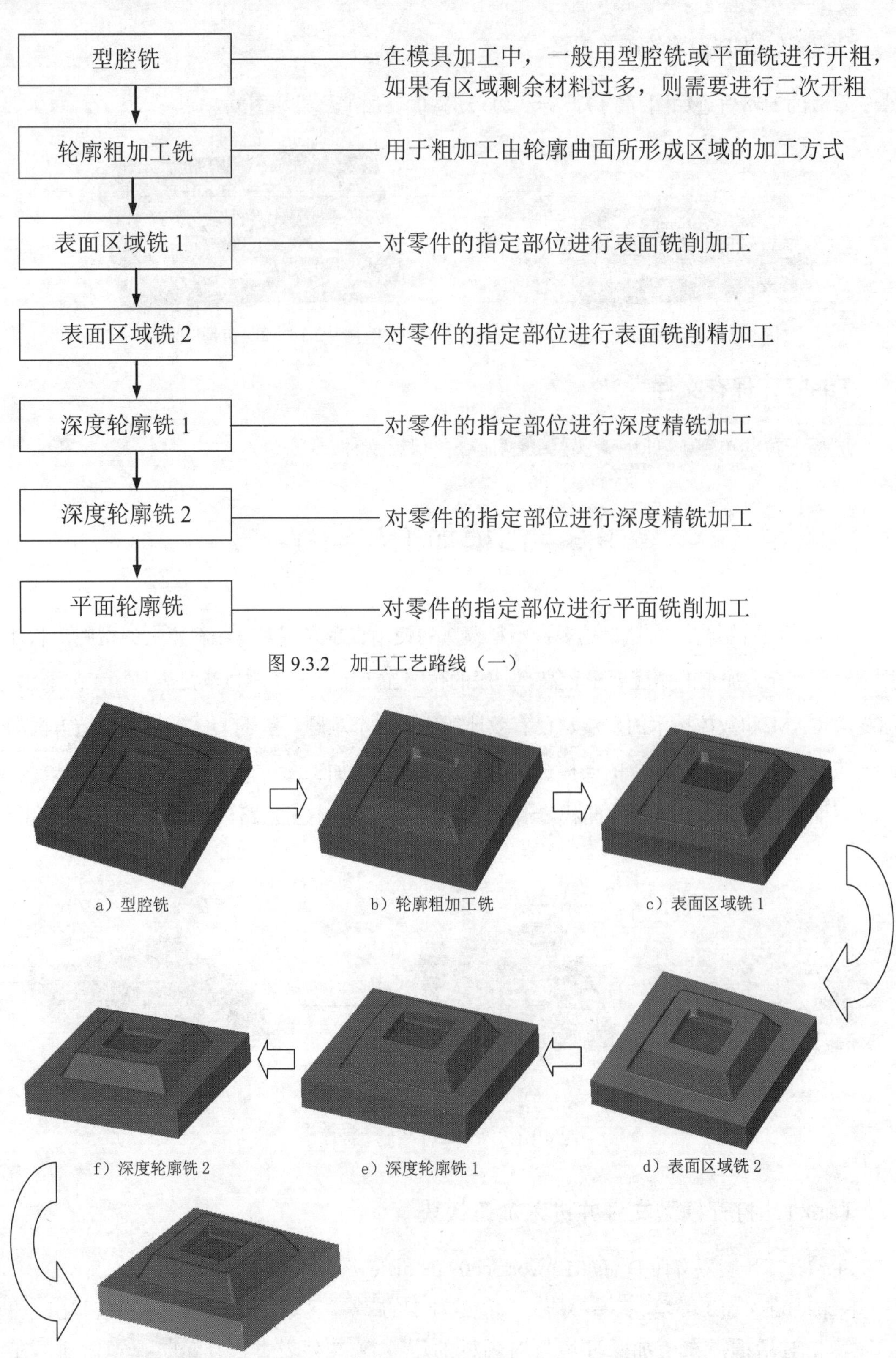

图 9.3.3　加工工艺路线（二）

Task2．创建几何体

Stage1．创建机床坐标系（注：本步骤的详细操作过程请参见学习资源中 video\ch09.03\reference\文件下的语音视频讲解文件 male_modl_asm-r01.exe）

Stage2．创建安全平面

Step1．在“MCS 铣削”对话框安全设置区域的安全距离文本框中输入值 30。

Step2．单击确定按钮，完成安全平面的创建。

Stage3．创建部件几何体

Step1．在工序导航器中双击MCS_MILL节点下的WORKPIECE，系统弹出“工件”对话框。

Step2．选取部件几何体。在“工件”对话框中单击按钮，系统弹出“部件几何体”对话框。

Step3．在“部件几何体”对话框中单击按钮，在图形区中选取 male_mold 零件为部件几何体，如图 9.3.4 所示。

Step4．在“部件几何体”对话框中单击确定按钮，完成部件几何体的创建，同时系统返回“工件”对话框。

Stage4．创建毛坯几何体

Step1．在“工件”对话框中单击按钮，系统弹出“毛坯几何体”对话框。

Step2．在“毛坯几何体”对话框的类型下拉列表中选择几何体选项，在图形区中选取毛坯几何体，如图 9.3.5 所示。

Step3．单击“毛坯几何体”对话框中的确定按钮，系统返回“工件”对话框，完成毛坯几何体的创建。

Step4．单击“工件”对话框中的确定按钮。

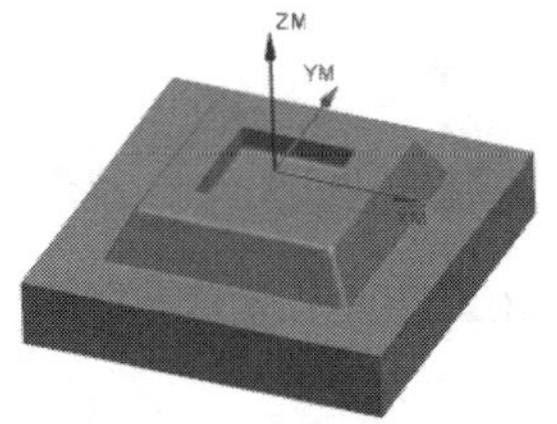

图 9.3.4　部件几何体

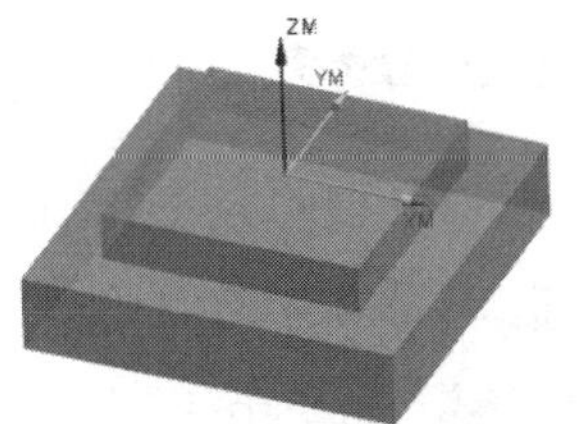

图 9.3.5　毛坯几何体

Task3．创建刀具

Stage1．创建刀具（一）

Step1．将工序导航器调整到机床视图。

Step2．选择下拉菜单插入(S) ➡ 刀具(T)...命令，系统弹出“创建刀具”对话框。

Step3. 在“创建刀具”对话框的类型下拉列表中选择mill contour选项，在刀具子类型区域中单击“MILL”按钮，在位置区域的刀具下拉列表中选择GENERIC_MACHINE选项，在名称文本框中输入D20，然后单击确定按钮，系统弹出“铣刀-5 参数”对话框。

Step4. 在(D) 直径文本框中输入值 20.0，在刀具号文本框中输入值 1，其他参数采用系统默认设置值，单击确定按钮，完成刀具的创建。

Stage2. 创建刀具（二）

设置刀具类型为mill contour选项，在刀具子类型区域单击选择“MILL”按钮，设置刀具名称为D6R1、刀具(D) 直径为6.0、刀具(R1) 下半径为1.0以及刀具号为2。

Stage3. 创建刀具（三）

设置刀具类型为mill contour选项，在刀具子类型区域单击选择“BALL_MILL”按钮，设置刀具名称为B4、刀具(D) 球直径为4.0以及刀具号为3。

Task4. 创建型腔铣操作

Stage1. 创建工序

Step1. 将工序导航器调整到程序顺序视图。

Step2. 选择下拉菜单插入(S) → 工序(E)...命令，在“创建工序”对话框的类型下拉列表中选择mill contour选项，在工序子类型区域中单击“型腔铣”按钮，在程序下拉列表中选择PROGRAM选项，在刀具下拉列表中选择前面设置的刀具D20 (铣刀-5 参数)选项，在几何体下拉列表中选择WORKPIECE选项，在方法下拉列表中选择MILL ROUGH选项，使用系统默认的名称。

Step3. 单击“创建工序”对话框中的确定按钮，系统弹出“型腔铣”对话框。

Stage2. 设置一般参数

在“型腔铣”对话框的切削模式下拉列表中选择跟随周边选项，在步距下拉列表中选择% 刀具平直选项，在平面直径百分比文本框中输入值 50.0，在公共每刀切削深度下拉列表中选择恒定选项，在最大距离文本框中输入值 1.0。

Stage3. 设置切削参数

Step1. 在刀轨设置区域中单击“切削参数”按钮，系统弹出“切削参数”对话框。

Step2. 在“切削参数”对话框中单击策略选项卡，在切削顺序下拉列表中选择层优先选项，其他参数采用系统默认设置值。

Step3. 在“切削参数”对话框中单击余量选项卡，在部件侧面余量文本框中输入值 0.5，其他参数采用系统默认设置值。

Step4. 单击“切削参数”对话框中的确定按钮，系统返回“型腔铣”对话框。

Stage4. 设置非切削移动参数

Step1. 在“型腔铣”对话框中单击“非切削移动”按钮，系统弹出“非切削移动”对话框。

Step2. 单击“非切削移动”对话框中的进刀选项卡，在该对话框封闭区域区域的进刀类型下拉列表中选择沿形状斜进刀选项，在斜坡角度文本框中输入值 3，其他参数采用系统默认设置值。

Step3. 单击“非切削移动”对话框中的确定按钮，系统返回“型腔铣”对话框。

Stage5. 设置进给率和速度

Step1. 在“型腔铣”对话框中单击“进给率和速度”按钮，系统弹出“进给率和速度”对话框。

Step2. 选中“进给率和速度”对话框主轴速度区域中的☑ 主轴速度 (rpm) 复选框，在其后的文本框中输入值 1200.0，按 Enter 键，单击按钮；在进给率区域的切削文本框中输入值 400.0，按 Enter 键，然后单击按钮，其他参数采用系统默认设置值。

Step3. 单击确定按钮，完成进给率和速度的设置，系统返回“型腔铣”操作对话框。

Stage6. 生成刀路轨迹并仿真

生成的刀路轨迹如图 9.3.6 所示，2D 动态仿真加工后的模型如图 9.3.7 所示。

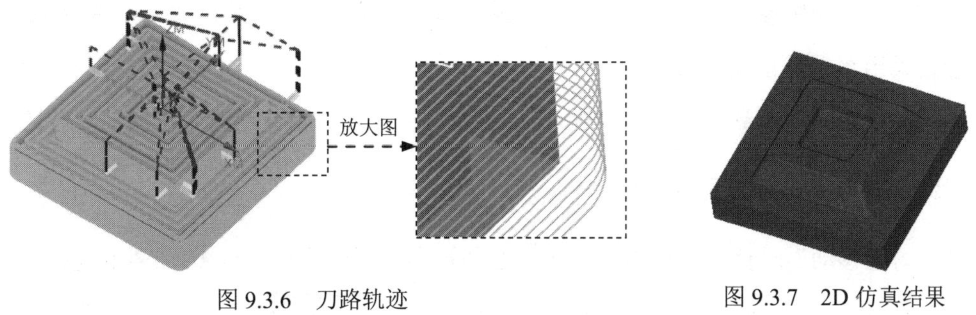

图 9.3.6　刀路轨迹　　　图 9.3.7　2D 仿真结果

Task5. 创建轮廓粗加工铣操作

Stage1. 创建工序

Step1. 选择下拉菜单插入(S) → 工序(E)...命令，在“创建工序”对话框的类型下拉列表中选择mill_contour选项，在工序子类型区域中单击“拐角粗加工”按钮，在程序下拉列表中选择PROGRAM选项，在刀具下拉列表中选择刀具D6R1 (铣刀-5 参数)选项，在几何体下拉列表中选择WORKPIECE选项，在方法下拉列表中选择MILL_SEMI_FINISH选项，使用系统默认的名称“CORNER_ROUGH”。

Step2. 单击“创建工序”对话框中的确定按钮，系统弹出“拐角粗加工”对话框。

Stage2. 指定切削区域

Step1. 在“拐角粗加工”对话框的几何体区域中单击“选择或编辑切削区域几何体”按钮，系统弹出“切削区域”对话框。

Step2. 选取图 9.3.8 所示的面为参照面，单击确定按钮，完成指定切削区域的创建。

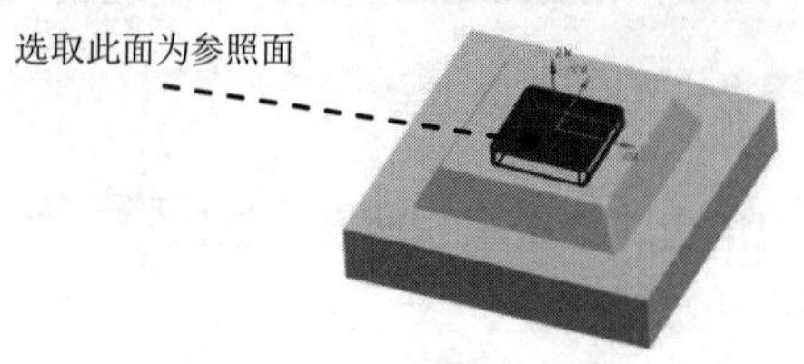

图 9.3.8　定义参照面

Stage3. 设置一般参数

Step1. 在参考刀具下拉列表中选择D20 (铣刀-5 参数)选项。

Step2. 在刀轨设置区域的角度文本框中输入值 30。其他参数采用系统默认设置值。

Stage4. 设置切削参数

Step1. 在刀轨设置区域中单击“切削参数”按钮，系统弹出“切削参数”对话框。

Step2. 在“切削参数”对话框中单击余量选项卡，在部件侧面余量文本框中输入值 0.5，其他参数采用系统默认设置值。

Step3. 单击“切削参数”对话框中的确定按钮，系统返回“拐角粗加工”对话框。

Stage5. 设置非切削移动参数

在“非切削移动”对话框中单击转移/快速选项卡，在区域之间区域的转移类型下拉列表中选择毛坯平面选项；在区域内区域的转移类型下拉列表中选择前一平面选项。其他参数采用系统默认设置值。单击确定按钮，系统返回“拐角粗加工”对话框。

Stage6. 设置进给率和速度

Step1. 在“拐角粗加工”对话框中单击“进给率和速度”按钮，系统弹出“进给率和速度”对话框。

Step2. 选中“进给率和速度”对话框主轴速度区域中的☑ 主轴速度 (rpm) 复选框，在其后的文本框中输入值 2000.0，按 Enter 键，单击按钮；在进给率区域的切削文本框中输入值 300.0，按 Enter 键，然后单击按钮，其他参数采用系统默认设置值。

Step3. 单击确定按钮，完成进给率和速度的设置，系统返回“拐角粗加工”对话框。

Stage7. 生成刀路轨迹并仿真

生成的刀路轨迹如图 9.3.9 所示，2D 动态仿真加工后的模型如图 9.3.10 所示。

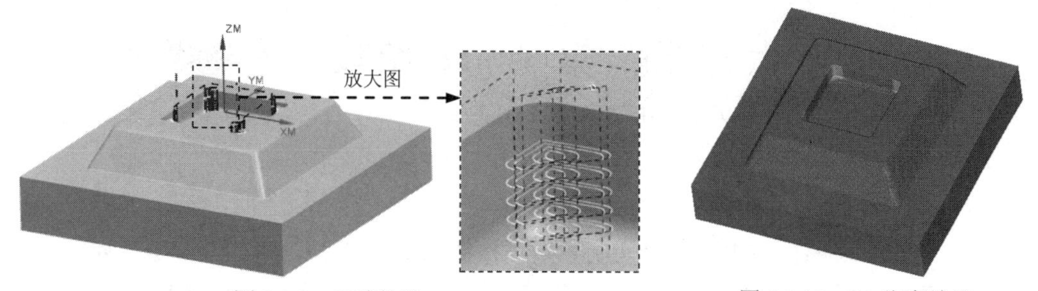

图 9.3.9 刀路轨迹　　图 9.3.10 2D 仿真结果

Task6. 创建表面区域铣操作（一）

Stage1. 创建工序

Step1. 选择下拉菜单插入(S) → 工序(E)...命令，系统弹出“创建工序”对话框。

Step2. 确定加工方法。在“创建工序”对话框的类型下拉列表中选择mill_planar选项，在工序子类型区域中单击“底壁铣”按钮，在刀具下拉列表中选择D20 (铣刀-5 参数)选项，在几何体下拉列表中选择WORKPIECE选项，在方法下拉列表中选择MILL_FINISH选项，采用系统默认的名称。

Step3. 在“创建工序”对话框中单击确定按钮，系统弹出“底壁铣”对话框。

Stage2. 指定切削区域

Step1. 在几何体区域中单击“选择或编辑切削区域几何体”按钮，系统弹出“切削区域”对话框。

Step2. 选取图 9.3.11 所示的面为切削区域，在“切削区域”对话框中单击确定按钮，完成切削区域的创建，同时系统返回“底壁铣”对话框。

Step3. 在几何体区域中选中☑ 自动壁复选框，单击“指定壁几何体”右面的“显示”按钮，结果如图 9.3.12 所示。

Stage3. 设置刀具路径参数

Step1. 创建切削模式。在刀轨设置区域的切削模式下拉列表中选择跟随周边选项。

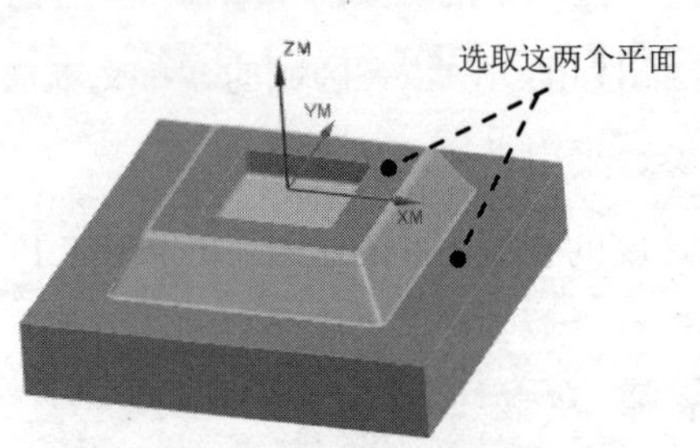

图 9.3.11 指定切削区域（一）

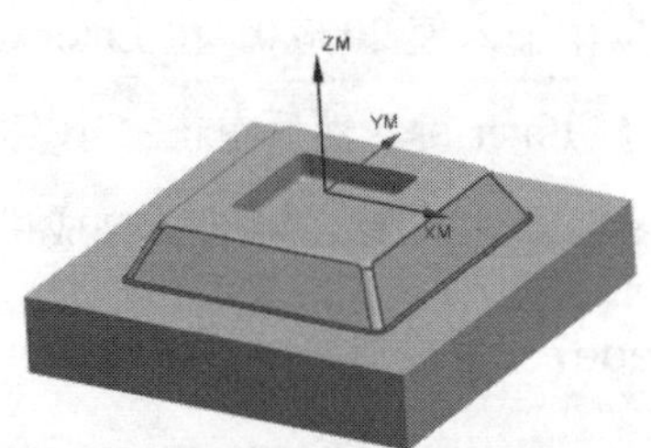

图 9.3.12 指定切削区域（二）

Step2. 创建步进方式。在步距下拉列表中选择% 刀具平直选项，在平面直径百分比文本框中输入值 50.0，在底面毛坯厚度文本框中输入值 1.0。

Stage4. 设置切削参数

Step1. 在刀轨设置区域中单击“切削参数”按钮，系统弹出“切削参数”对话框。

Step2. 在“切削参数”对话框中单击策略选项卡，在切削区域的刀路方向下拉列表中选择向内选项，在壁区域选中☑ 岛清根复选框，其他参数采用系统默认设置值。

Step3. 在“切削参数”对话框中单击余量选项卡，在壁余量文本框中输入值 2，其他参数采用系统默认设置。单击确定按钮，系统返回“底壁铣”对话框。

Stage5. 设置非切削移动参数

Step1. 单击“底壁铣”对话框刀轨设置区域中的“非切削移动”按钮，系统弹出“非切削移动”对话框。

Step2. 单击“非切削移动”对话框中的起点/钻点选项卡，在区域起点区域的默认区域起点下拉列表中选取拐角选项。其他参数采用系统默认设置。单击确定按钮，完成非切削移动参数的设置。

Stage6. 设置进给率和速度

Step1. 单击“底壁铣”对话框中的“进给率和速度”按钮，系统弹出“进给率和速度”对话框。

Step2. 选中“进给率和速度”对话框主轴速度区域中的☑ 主轴速度 (rpm)复选框，在其后的文本框中输入值 1500.0，按 Enter 键，然后单击按钮，在进给率区域的切削文本框中输入值 400.0，按 Enter 键，然后单击按钮，其他参数采用系统默认设置值。

Step3. 单击“进给率和速度”对话框中的确定按钮，系统返回“底壁铣”对话框。

Stage7. 生成刀路轨迹并仿真

生成的刀路轨迹如图 9.3.13 所示，2D 动态仿真加工后的模型如图 9.3.14 所示。

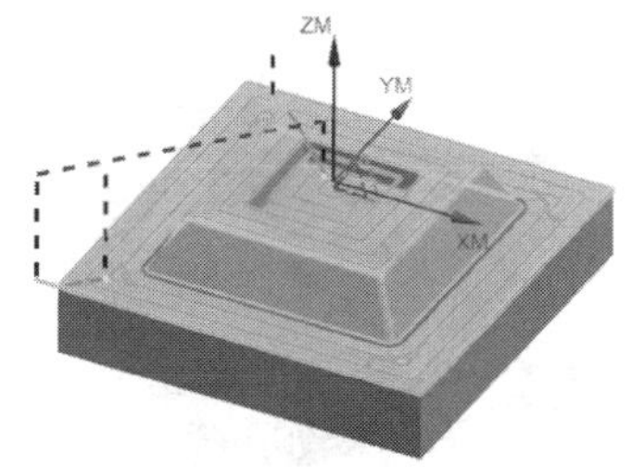

图 9.3.13 刀路轨迹

图 9.3.14 2D 仿真结果

Task7. 创建表面区域铣操作（二）

Stage1. 创建工序

Step1. 复制表面区域铣操作（一）。将工序导航器调整到机床视图，在图 9.3.15 所示的工序导航器界面（一）的程序顺序视图中右击 FLOOR_WALL 节点，在弹出的快捷菜单中选择 复制 命令，然后右击 D6R1 节点，在弹出的快捷菜单中选择 内部粘贴 命令，此时工序导航器界面（二）如图 9.3.16 所示。

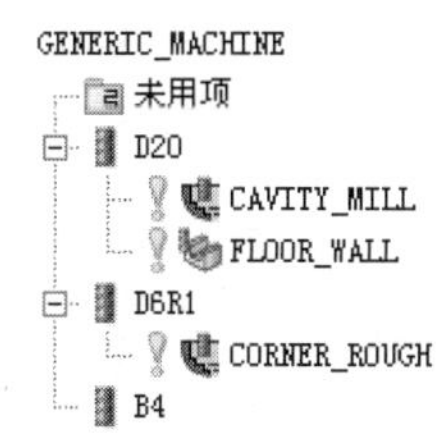

图 9.3.15 工序导航器界面（一）

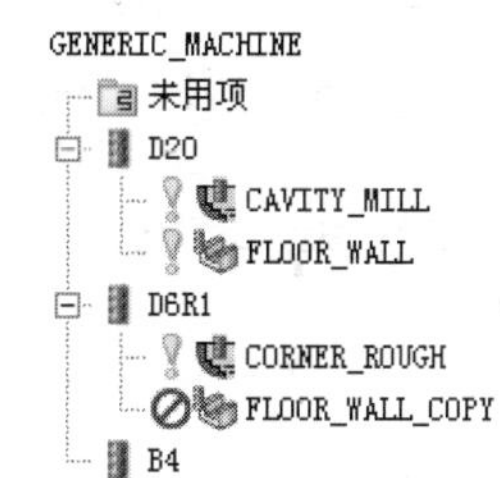

图 9.3.16 工序导航器界面（二）

Step2. 修改操作名称。在工序导航器的 FLOOR_WALL_COPY 节点上单击鼠标右键，在弹出的快捷菜单中选择 重命名 命令，将其名称改为“FLOOR_WALL_2”。

Step3. 双击 FLOOR_WALL_2 节点，系统弹出“底壁铣”对话框。

Stage2. 指定切削区域

Step1. 在 几何体 区域中单击“选择或编辑切削区域几何体”按钮，系统弹出“切削区域”对话框。

Step2. 单击“切削区域”对话框中的按钮，选取图 9.3.17 所示的面为切削区域，在“切削区域”对话框中单击 确定 按钮，完成切削区域的创建，同时系统返回“底壁铣”对话框。

Step3. 在几何体区域中选中☑ 自动壁复选框，单击“指定壁几何体”右面的“显示”按钮，结果如图 9.3.18 所示。

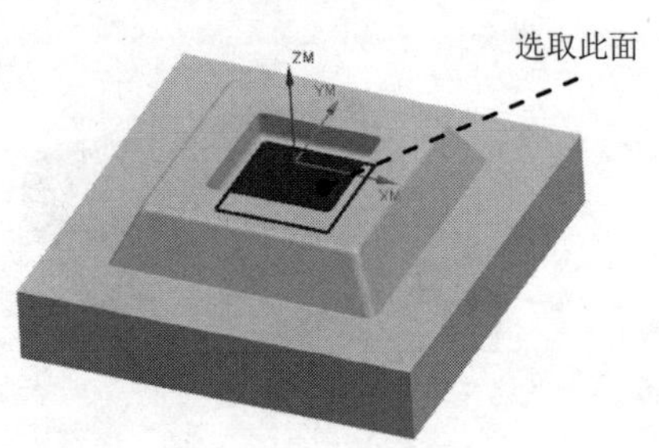

图 9.3.17 指定切削区域（一）

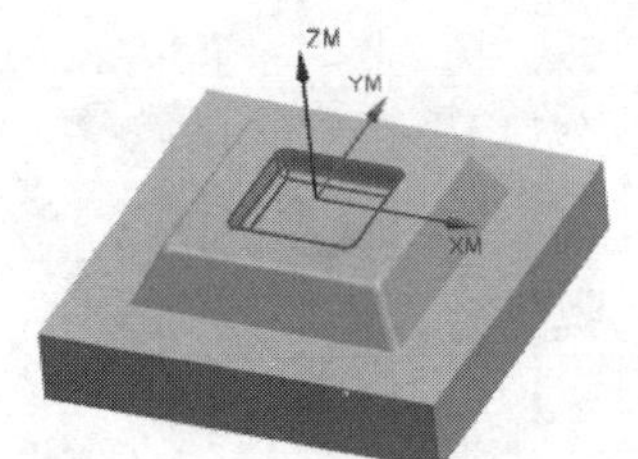

图 9.3.18 指定切削区域（二）

Stage3. 设置刀具路径参数

采用系统默认的设置值。

Stage4. 设置切削参数

Step1. 在“切削参数”对话框中单击策略选项卡，在切削区域的刀路方向下拉列表中选择向外选项，其他参数采用系统默认设置值。

Step2. 在“切削参数”对话框中单击余量选项卡，在壁余量文本框中输入值 1。

Step3. 单击确定按钮，完成切削参数的设置。

Stage5. 设置非切削移动参数

Step1. 单击“底壁铣”对话框刀轨设置区域中的“非切削移动”按钮，系统弹出“非切削移动”对话框。

Step2. 单击“非切削移动”对话框中的进刀选项卡，在该对话框封闭区域区域的斜坡角度文本框中输入值 5，在高度文本框中输入值 1。其他参数采用系统的默认设置值。单击确定按钮，完成非切削移动参数的设置。

Stage6. 设置进给率和速度

Step1. 单击“底壁铣”对话框中的“进给率和速度”按钮，系统弹出“进给率和速度”对话框。

Step2. 选中“进给率和速度”对话框主轴速度区域中的☑ 主轴速度 (rpm)复选框，在其后的文本框中输入值 3000.0，按 Enter 键，然后单击按钮，在进给率区域的切削文本框中输入值 400.0，按 Enter 键，然后单击按钮，其他参数采用系统默认设置值。

Step3. 单击“进给率和速度”对话框中的确定按钮，系统返回“底壁铣”对话框。

Stage7. 生成刀路轨迹并仿真

生成的刀路轨迹如图 9.3.19 所示，2D 动态仿真加工后的模型如图 9.3.20 所示。

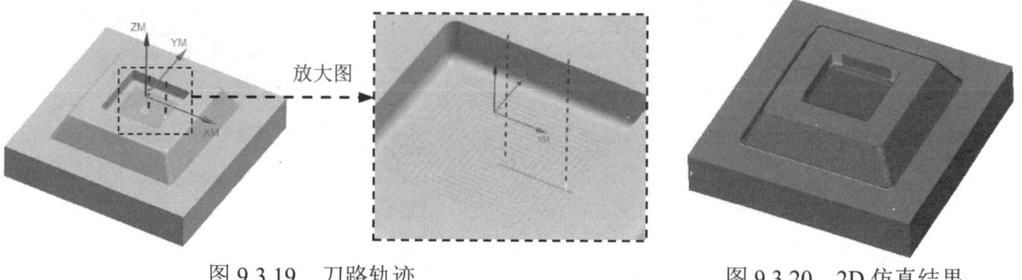

图 9.3.19　刀路轨迹　　图 9.3.20　2D 仿真结果

Task8. 创建深度轮廓铣操作 1

Stage1. 创建工序

Step1. 选择下拉菜单 插入(S) → 工序(E)... 命令，在“创建工序”对话框的 类型 下拉列表中选择 mill_contour 选项，在 工序子类型 区域中单击“深度轮廓铣”按钮，在 程序 下拉列表中选择 PROGRAM 选项，在 刀具 下拉列表中选择刀具 B4 (铣刀-球头铣) 选项，在 几何体 下拉列表中选择 WORKPIECE 选项，在 方法 下拉列表中选择 MILL_FINISH 选项，使用系统默认的名称“ZLEVEL_PROFILE”。

Step2. 单击“创建工序”对话框中的 确定 按钮，系统弹出“深度轮廓铣”对话框。

Stage2. 指定切削区域

Step1. 在“深度轮廓铣”对话框的 几何体 区域中单击“选择或编辑切削区域几何体”按钮，系统弹出“切削区域”对话框。

Step2. 选取图 9.3.21 所示的面为参照面 1，单击 确定 按钮，完成指定切削区域的创建。

Stage3. 指定修剪边界

Step1. 在“深度轮廓铣”对话框的 几何体 区域中单击“选择或编辑修剪边界”按钮，系统弹出“修剪边界”对话框。

Step2. 在“修剪边界”对话框 边界 区域的 选择方法 下拉列表中选择 面 选项，在 修剪侧 下拉列表中选择 内侧 选项，选取图 9.3.22 所示的面为参照面 2，单击 确定 按钮。

Step3. 在“深度轮廓铣”对话框的 几何体 区域中单击“选择或编辑修剪边界”按钮，系统弹出“修剪边界”对话框。

Step4. 在 定制边界数据 区域的 ☑ 余量 文本框中输入值-2，单击 确定 按钮，系统返回“深度轮廓铣”对话框。

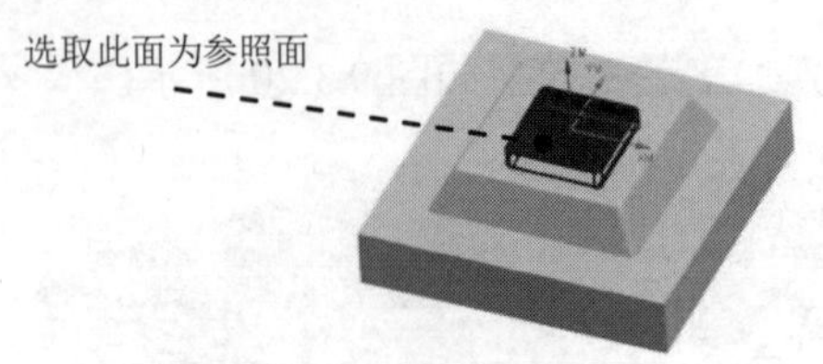

图 9.3.21 定义参照面 1

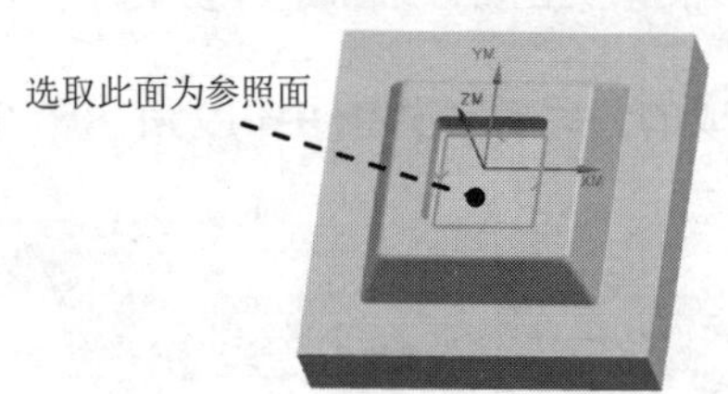

图 9.3.22 定义参照面 2

Stage4．设置一般参数

Step1．在刀具区域的刀具下拉列表中选择B4（铣刀-球头铣）选项。

Step2．在刀轨设置区域的最大距离文本框中输入值 1。其他参数采用系统默认设置值。

Stage5．设置切削层

Step1．在刀轨设置区域中单击“切削层”按钮，系统弹出“切削层”对话框。

Step2．在“切削层”对话框范围定义区域的范围深度文本框中输入值 10，按 Enter 键。

Step3．在范围定义区域单击“添加新集”按钮，选取图 9.3.22 所示的面为参照面 2，点开列表下拉列表并修改“范围深度为 15”中的每刀切削深度为 0.5（注：需要在图形区修改）。单击确定按钮，系统返回“深度轮廓铣”对话框。

Stage6．设置切削参数

Step1．在刀轨设置区域中单击“切削参数”按钮，系统弹出“切削参数”对话框。

Step2．在“切削参数”对话框中单击连接选项卡，在层之间区域的层到层下拉列表中选取沿部件斜进刀选项，在斜坡角文本框中输入值 15，选中☑层间切削复选框。在步距下拉列表中选取恒定选项，在最大距离文本框中输入值 0.2。

Step3．单击“切削参数”对话框中的确定按钮，系统返回“深度轮廓铣”对话框。

Stage7．设置非切削移动参数

Step1．单击“非切削移动”对话框中的起点/钻点选项卡，在区域起点区域的默认区域起点下拉列表中选取拐角选项。

Step2．单击转移/快速选项卡，在区域内区域的转移类型下拉列表中选择前一平面选项。其他选项卡中的参数设置值采用系统默认。单击确定按钮，完成非切削移动参数的设置。

Stage8．设置进给率和速度

Step1．在“深度轮廓铣”对话框中单击“进给率和速度”按钮，系统弹出“进给率和速度”对话框。

Step2. 选中“进给率和速度”对话框主轴速度区域中的☑ 主轴速度 (rpm)复选框，在其后的文本框中输入值 4000.0，按 Enter 键，单击按钮；在进给率区域的切削文本框中输入值 300.0，按 Enter 键，然后单击按钮，其他参数采用系统默认设置。

Step3. 单击确定按钮，完成进给率和速度的设置，系统返回“深度轮廓铣”操作对话框。

Stage9. 生成刀路轨迹并仿真

生成的刀路轨迹如图 9.3.23 所示，2D 动态仿真加工后的模型如图 9.3.24 所示。

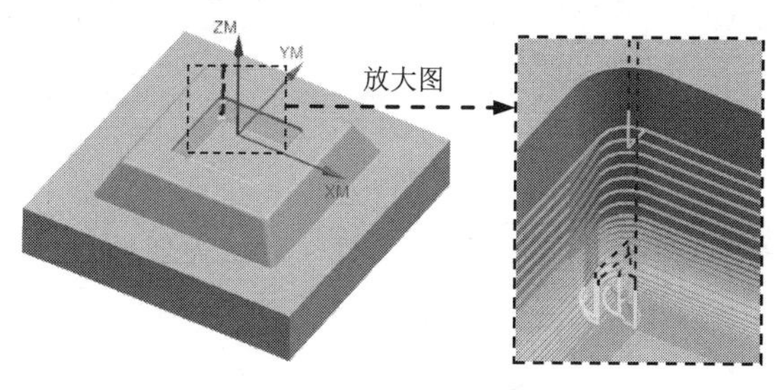

图 9.3.23 刀路轨迹

图 9.3.24 2D 仿真结果

Task9. 创建深度轮廓铣操作 2

Stage1. 创建工序

Step1. 选择下拉菜单插入(S) → 工序(E)...命令，在“创建工序”对话框的类型下拉列表中选择mill_contour选项，在工序子类型区域中单击“深度轮廓铣”按钮，在程序下拉列表中选择PROGRAM选项，在刀具下拉列表中选择刀具B4 (铣刀-球头铣)选项，在几何体下拉列表中选择WORKPIECE选项，在方法下拉列表中选择MILL_FINISH选项，使用系统默认的名称“ZLEVEL_PROFILE_1”。

Step2. 单击“创建工序”对话框中的确定按钮，系统弹出“深度轮廓铣”对话框。

Stage2. 指定修剪边界

Step1. 在“深度轮廓铣”对话框的几何体区域中单击“选择或编辑修剪边界”按钮，系统弹出“修剪边界”对话框。

Step2. 在选择方法下拉列表中选择面选项，在修剪侧区域选中内侧单选项，选取图 9.3.25 所示的面为参照面。

Step3. 单击按钮，在选择方法下拉列表中选择曲线选项，在修剪侧区域选中外侧单选项，选取图 9.3.26 所示的边线为参照边，单击确定按钮。

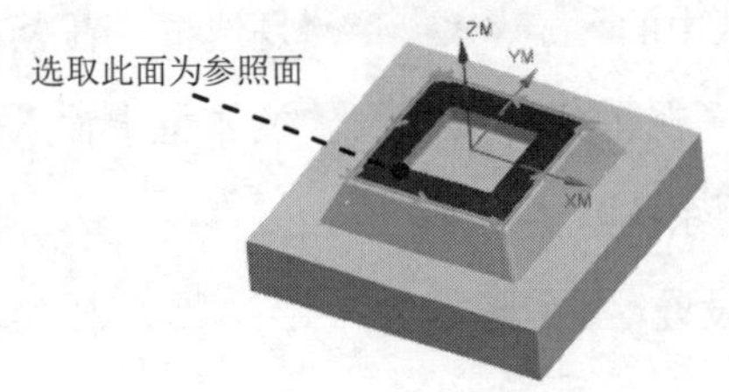

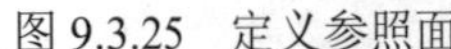

图 9.3.25　定义参照面

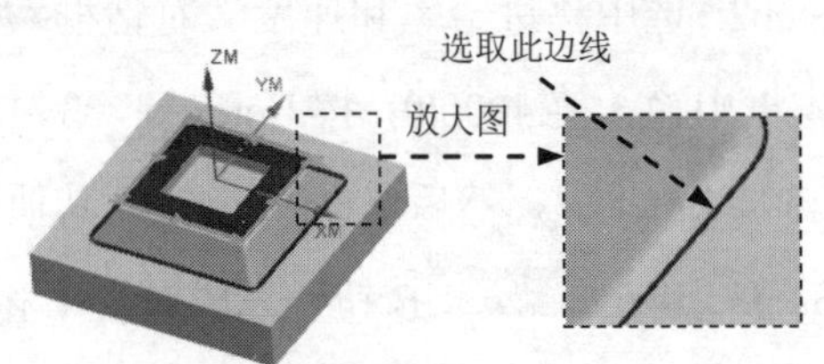

图 9.3.26　定义参照边

Step4. 在“深度轮廓铣”对话框的几何体区域中再次单击“选择或编辑修剪边界”按钮，系统弹出“修剪边界”对话框。

Step5. 在定制边界数据区域的☑余量文本框中输入值-1，单击确定按钮，系统返回“深度轮廓铣”对话框。

Stage3．设置一般参数

在刀轨设置区域的最大距离文本框中输入值 0.25。其他参数采用系统默认设置值。

Stage4．设置切削参数

Step1. 在刀轨设置区域中单击“切削参数”按钮，系统弹出“切削参数”对话框。

Step2. 在“切削参数”对话框中单击策略选项卡，在切削区域的切削顺序下拉列表中选取始终深度优先选项。

Step3. 单击余量选项卡，在公差区域的内公差文本框中输入值 0.01，在外公差文本框中输入值 0.01。

Step4. 单击连接选项卡，在层到层区域的下拉列表中选择沿部件斜进刀选项，在斜坡角文本框中输入值 10，选中☑层间切削复选框。在步距下拉列表中选取恒定选项，在最大距离文本框中输入值 0.2。

Step5. 单击“切削参数”对话框中的确定按钮，系统返回“深度轮廓铣”对话框。

Stage5．设置非切削移动参数

Step1. 单击“非切削移动”对话框中的起点/钻点选项卡，在区域起点区域的默认区域起点下拉列表中选取拐角选项。

Step2. 单击转移/快速选项卡，在区域内区域的转移类型下拉列表中选择前一平面选项。其他选项卡中的参数采用系统默认设置值。单击确定按钮，完成非切削移动参数的设置。

Stage6．设置进给率和速度

Step1. 在“深度轮廓铣”对话框中单击“进给率和速度”按钮，系统弹出“进给率和速度”对话框。

Step2. 选中“进给率和速度”对话框主轴速度区域中的☑ 主轴速度 (rpm)复选框，在其后的文本框中输入值 4000.0，按 Enter 键，单击按钮；在进给率区域的切削文本框中输入值 800.0，按 Enter 键，然后单击按钮，其他参数采用系统默认设置。

Step3. 单击确定按钮，完成进给率和速度的设置，系统返回“深度轮廓铣”操作对话框。

Stage7. 生成刀路轨迹并仿真

生成的刀路轨迹如图 9.3.27 所示，2D 动态仿真加工后的模型如图 9.3.28 所示。

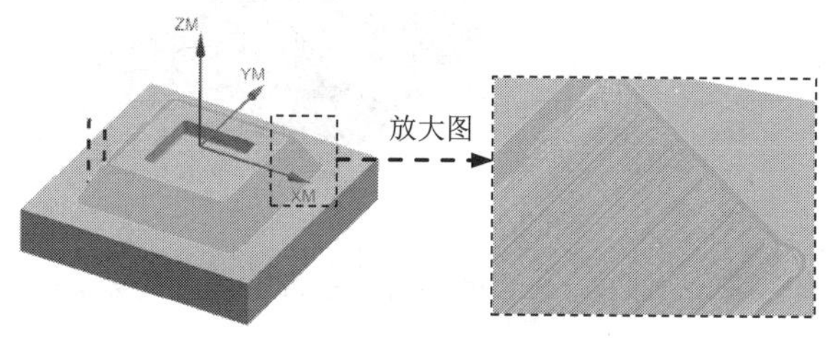

图 9.3.27 刀路轨迹

图 9.3.28 2D 仿真结果

Task10. 创建平面轮廓铣工序

Stage1. 插入工序

Step1. 选择下拉菜单插入(S) → 工序(E)...命令，系统弹出“创建工序”对话框。

Step2. 确定加工方法。在“创建工序”对话框的类型下拉列表中选择mill_planar选项，在工序子类型区域中单击“平面轮廓铣”按钮，在程序下拉列表中选择PROGRAM选项，在刀具下拉列表中选择D20 (铣刀-5 参数)选项，在几何体下拉列表中选择WORKPIECE选项，在方法下拉列表中选择MILL_FINISH选项，采用系统默认的名称。

Step3. 在“创建工序”对话框中单击确定按钮，系统弹出 “平面轮廓铣”对话框。

Stage2. 指定部件边界

Step1. 在“平面轮廓铣”对话框的几何体区域中单击“选择或编辑部件边界”按钮，系统弹出“边界几何体”对话框。

Step2. 在模式区域的下拉列表中选择面选项，在材料侧区域的下拉列表中选择外侧选项。选取图 9.3.29 所示的面为参照面 1，单击确定按钮，系统返回“平面轮廓铣”对话框。

Stage3. 指定底面

Step1. 在“平面轮廓铣”对话框的几何体区域中单击“选择或编辑底平面几何体”按钮，系统弹出“平面”对话框。

Step2. 选取图 9.3.30 所示的平面为参照面 2，在偏置区域的距离文本框中输入值 5，单击确定按钮，系统返回"平面轮廓铣"对话框。

Stage4. 设置切削参数

参数采用系统默认设置。

Stage5. 设置非切削移动参数

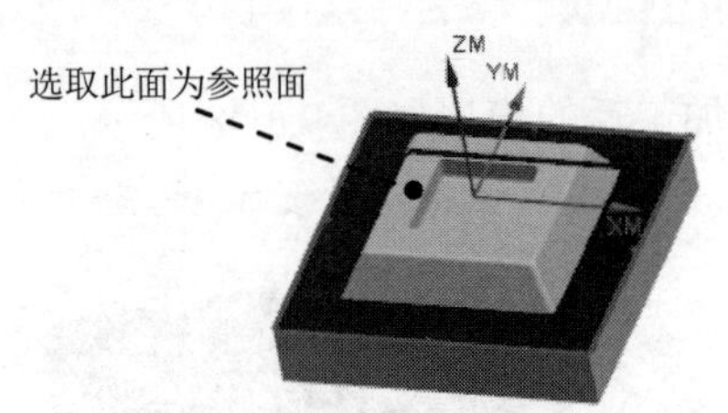

图 9.3.29 定义参照面 1

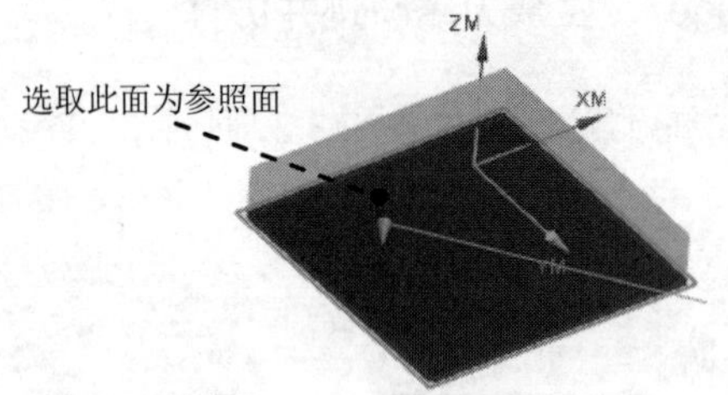

图 9.3.30 定义参照面 2

单击"非切削移动"对话框中的起点/钻点选项卡，在区域起点区域的默认区域起点下拉列表中选取拐角选项。

Stage6. 设置进给率和速度

Step1. 在"平面轮廓铣"对话框中单击"进给率和速度"按钮，系统弹出"进给率和速度"对话框。

Step2. 选中"进给率和速度"对话框主轴速度区域中的☑ 主轴速度 (rpm)复选框，在其后的文本框中输入值 1200.0，按 Enter 键，单击按钮；在进给率区域的切削文本框中输入值 600.0，按 Enter 键，然后单击按钮，其他参数采用系统默认设置值。

Step3. 单击确定按钮，完成进给率和速度的设置，系统返回"平面轮廓铣"对话框。

Stage7. 生成刀路轨迹并仿真

生成的刀路轨迹如图 9.3.31 所示，2D 动态仿真加工后的模型如图 9.3.32 所示。

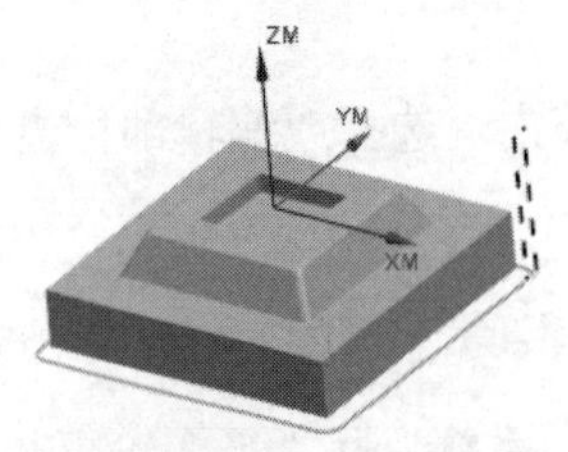

图 9.3.31 刀路轨迹

图 9.3.32 2D 仿真结果

Task11. 保存文件

选择下拉菜单文件(F) → 保存(S)命令，保存文件。

9.4　凹模加工与编程（一）

下面介绍图 9.4.1 所示的凹模零件的加工过程，其加工工艺路线如图 9.4.2 和图 9.4.3 所示。

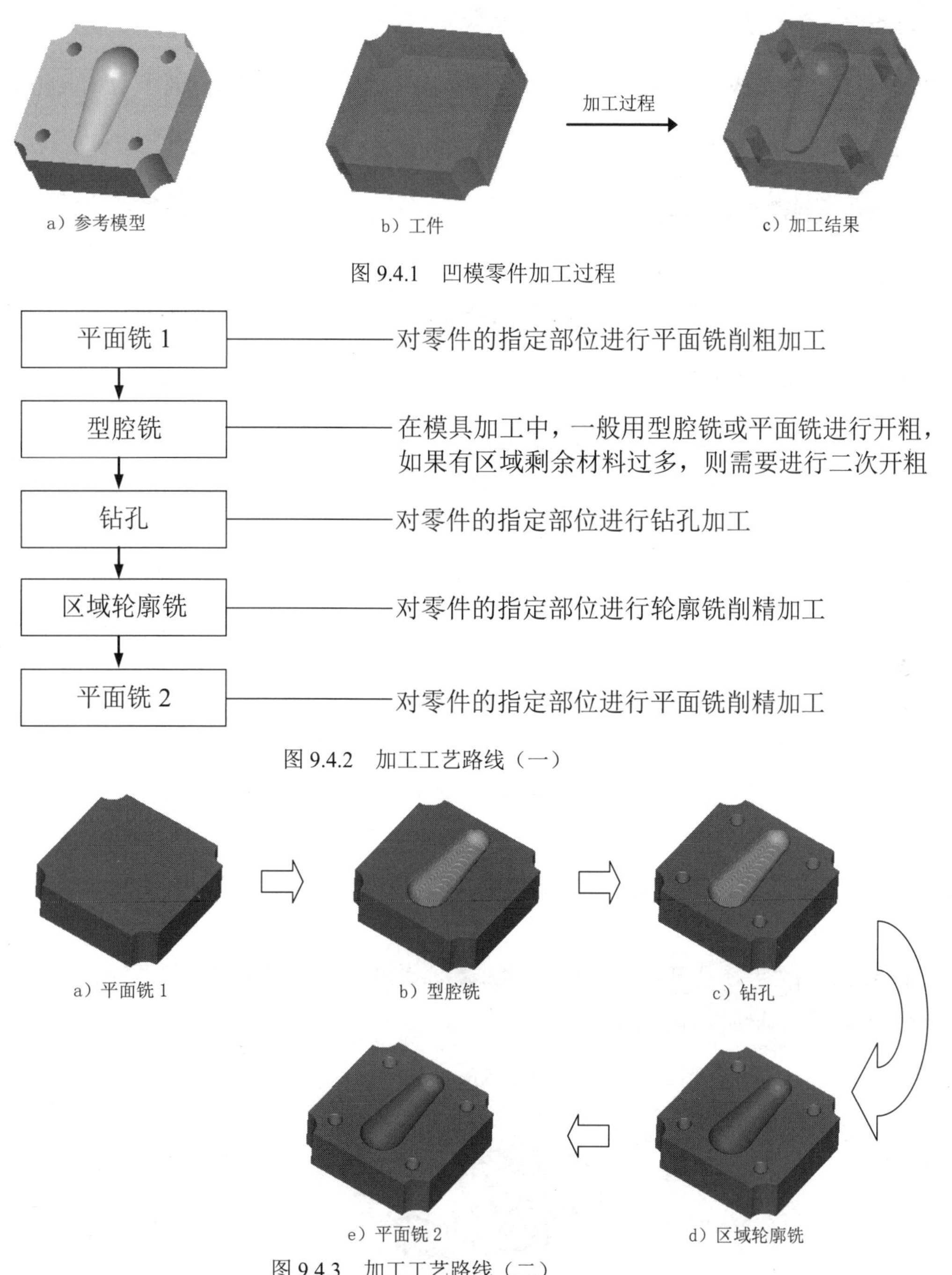

图 9.4.1　凹模零件加工过程

图 9.4.2　加工工艺路线（一）

图 9.4.3　加工工艺路线（二）

Task1．打开模型文件并进入加工模块

Step1．打开模型文件 D:\ugal12\work\ch09.04\volume_milling.prt。

Step2．进入加工环境。在 应用模块 功能选项卡的 加工 区域单击按钮，系统弹出“加工环境”对话框；在“加工环境”对话框的 CAM 会话配置 列表中选择 cam_general 选项，在 要创建的 CAM 组装 列表中选择 mill_planar 选项，单击 确定 按钮，进入加工环境。

Task2．创建几何体

Stage1．创建机床坐标系（注：本步骤的详细操作过程请参见学习资源中 video\ch09.04\reference\文件下的语音视频讲解文件 volume_milling-r01.exe）

Stage2．创建安全平面

Step1．在“MCS 铣削”对话框 安全设置 区域的 安全距离 文本框中输入值 20。

Step2．单击“MCS 铣削”对话框中的 确定 按钮，完成安全平面的创建。

Stage3．创建部件几何体

Step1．在工序导航器中双击 MCS_MILL 节点下的 WORKPIECE，系统弹出“工件”对话框。

Step2．选取部件几何体。在“工件”对话框中单击按钮，系统弹出“部件几何体”对话框。

Step3．在图形区中选取整个零件为部件几何体。

Step4．在“部件几何体”对话框中单击 确定 按钮，完成部件几何体的创建，同时系统返回“工件”对话框。

Stage4．创建毛坯几何体

Step1．在“工件”对话框中单击按钮，系统弹出“毛坯几何体”对话框。

Step2．在“毛坯几何体”对话框的 类型 下拉列表中选择 包容块 选项，在 限制 区域的 XM- 文本框中输入值 2.0，在 XM+ 文本框中输入值 2.0，在 YM- 文本框中输入值 2.0，在 YM+ 文本框中输入值 2.0。

Step3．单击“毛坯几何体”对话框中的 确定 按钮，系统返回“工件”对话框，完成图 9.4.4 所示毛坯几何体的创建。

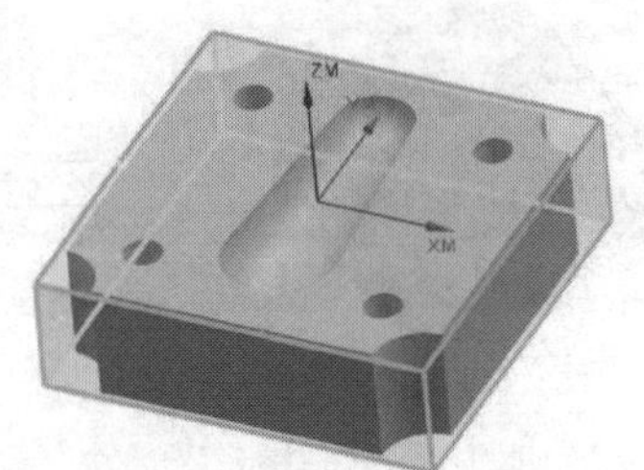

图 9.4.4　毛坯几何体

Step4. 单击“工件”对话框中的确定按钮。

Task3. 创建刀具

Stage1. 创建刀具（一）

Step1. 将工序导航器调整到机床视图。

Step2. 选择下拉菜单插入(S) ➡ 刀具(T)...命令，系统弹出“创建刀具”对话框。

Step3. 在“创建刀具”对话框的类型下拉列表中选择mill_planar选项，在刀具子类型区域中单击“MILL”按钮，在位置区域的刀具下拉列表中选择GENERIC_MACHINE选项，在名称文本框中输入 D24，然后单击确定按钮，系统弹出“铣刀-5 参数”对话框。

Step4. 在(D) 直径文本框中输入值 24.0，在刀具号文本框中输入值 1，其他参数采用系统默认设置值，单击确定按钮，完成刀具（一）的创建。

Stage2. 创建刀具（二）

设置刀具类型为mill_planar选项，在刀具子类型区域单击选择“MILL”按钮，设置刀具名称为 D10、刀具(D) 直径为 10.0 以及刀具号为 2；具体操作方法参照 Stage1。

Stage3. 创建刀具（三）

设置刀具类型为mill_planar选项，在刀具子类型区域单击选择“BALL_MILL”按钮，设置刀具名称为 B8、刀具(D) 球直径为 8.0 以及刀具号为 3。

Stage4. 创建刀具（四）

设置刀具类型为hole_making选项，在刀具子类型区域单击选择“DRILLING_TOOL”按钮，设置刀具名称为 DR10、刀具(D) 直径为 10.0 以及刀具号为 4。

Task4. 创建平面铣工序 1

Stage1. 插入工序

Step1. 选择下拉菜单插入(S) ➡ 工序(E)...命令，系统弹出“创建工序”对话框。

Step2. 确定加工方法。在“创建工序”对话框的类型下拉列表中选择mill_planar选项，在工序子类型区域中单击“平面铣”按钮，在程序下拉列表中选择PROGRAM选项，在刀具下拉列表中选择D24（铣刀-5 参数）选项，在几何体下拉列表中选择WORKPIECE选项，在方法下拉列表中选择MILL_SEMI_FINISH选项，采用系统默认的名称。

Step3. 在“创建工序”对话框中单击确定按钮，系统弹出“平面铣”对话框。

Stage2. 指定部件边界

Step1. 在“平面铣”对话框的几何体区域中单击“选择或编辑部件边界”按钮，系统弹出“部件边界”对话框。

Step2. 在选择方法下拉列表中选择面选项，在材料侧下拉列表中选择外侧选项。选取图9.4.5 所示的面为参照面，在列表区域将第二个到第五个面选中，然后单击按钮，单击确定按钮，系统返回“平面铣”对话框。

Stage3. 指定毛坯边界

Step1. 在“平面铣”对话框的几何体区域中单击“选择或编辑毛坯边界”按钮，系统弹出“毛坯边界”对话框。

Step2. 在选择方法下拉列表中选择曲线选项，在平面的下拉列表中选择自动选项，在刀具侧下拉列表中选择内侧选项，选取图 9.4.6 所示的边线为参照边，单击确定按钮，系统返回 “平面铣”对话框。

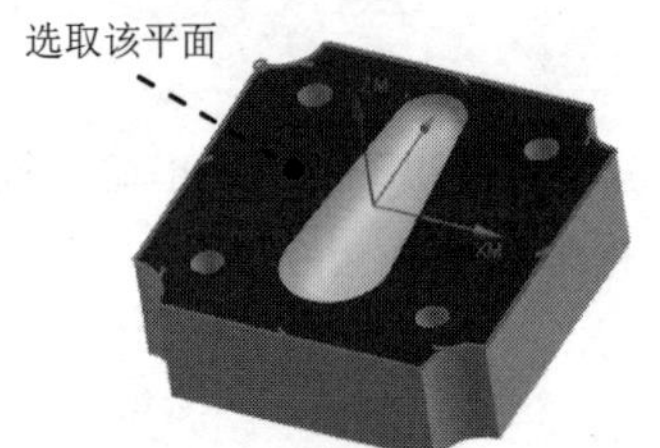

图 9.4.5 定义参照面

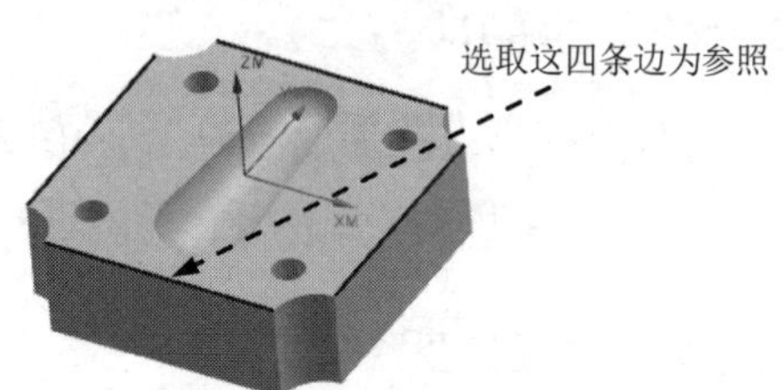

图 9.4.6 定义参照边

Stage4. 指定底面

Step1. 在“平面铣”对话框的几何体区域中单击“选择或编辑底平面几何体”按钮，系统弹出“平面”对话框。

Step2. 选取图 9.4.7 所示的平面为参照面，单击确定按钮，系统返回 “平面铣”对话框。

Stage5. 设置一般参数

在“平面铣”对话框刀轨设置区域的切削模式下拉列表中选择跟随部件选项，在步距下拉列表中选择恒定选项，在最大距离文本框中输入值 2.0。

Stage6. 设置切削层

Step1. 在刀轨设置区域中单击“切削参数”按钮，系统弹出“切削层”对话框。

Step2. 在“切削层”对话框的类型下拉列表中选择恒定选项，在每刀深度区域的公共文本框中输入值 2，按 Enter 键。

Step3. 单击确定按钮，系统返回“平面铣”对话框。

Stage7．设置切削参数

Step1. 在刀轨设置区域中单击“切削参数”按钮，系统弹出“切削参数”对话框。

Step2. 在“切削参数”对话框中单击策略选项卡，在切削顺序下拉列表中选择深度优先选项，其他参数采用系统默认设置值。

Step3. 在“切削参数”对话框中单击余量选项卡，在部件余量文本框中输入值 0.15，在毛坯余量文本框中输入值 2，其他参数采用系统默认设置值。

Step4. 在“切削参数”对话框中单击连接选项卡，在开放刀路区域的开放刀路下拉列表中选择变换切削方向选项。

Step5. 单击“切削参数”对话框中的确定按钮，系统返回“平面铣”对话框。

Stage8．设置非切削移动参数

Step1. 在“平面铣”对话框中单击“非切削移动”按钮，系统弹出“非切削移动”对话框。

Step2. 单击“非切削移动”对话框中的起点/钻点选项卡，在区域起点区域的默认区域起点下拉列表中选取拐角选项。

Step3. 单击转移/快速选项卡，在区域内区域的转移类型下拉列表中选择前一平面选项。其他选项卡中的参数采用系统默认设置值。单击确定按钮，完成非切削移动参数的设置。

Stage9．设置进给率和速度

Step1. 在“平面铣”对话框中单击“进给率和速度”按钮，系统弹出“进给率和速度”对话框。

Step2. 选中“进给率和速度”对话框主轴速度区域中的☑ 主轴速度 (rpm)复选框，在其后的文本框中输入值 1000.0，按 Enter 键，然后单击按钮，在进给率区域的切削文本框中输入值 400.0，按 Enter 键，然后单击按钮，其他参数采用系统默认设置值。

Step3. 单击确定按钮，完成进给率和速度的设置，系统返回“平面铣”对话框。

Stage10．生成刀路轨迹并仿真

生成的刀路轨迹如图 9.4.8 所示，2D 动态仿真加工后的模型如图 9.4.9 所示。

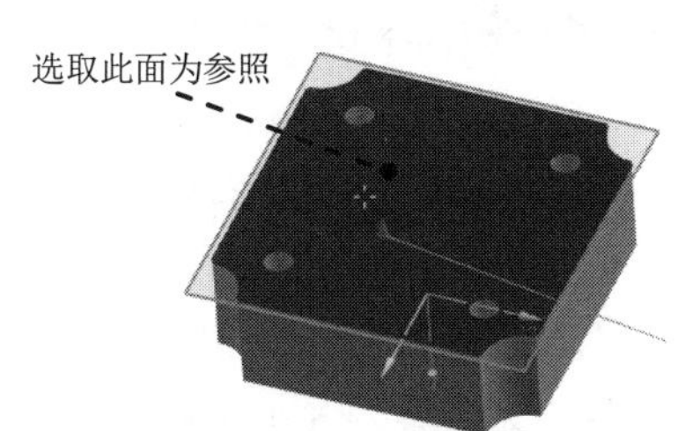

图 9.4.7 定义参照面

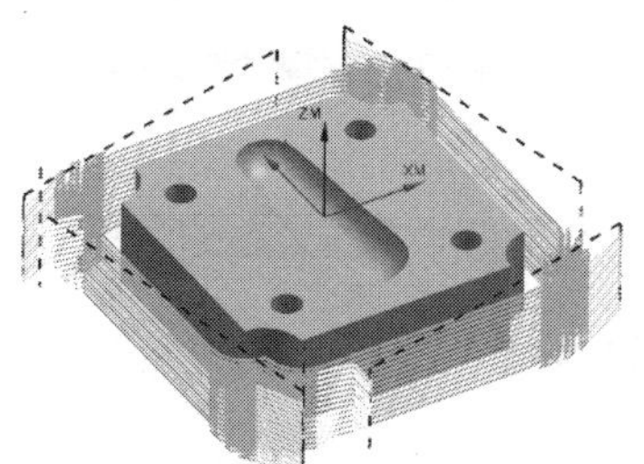

图 9.4.8 刀路轨迹

图 9.4.9 2D 仿真结果

Task5. 创建型腔铣操作

Stage1. 创建工序

Step1. 选择下拉菜单 插入(S) → 工序(E)... 命令，在“创建工序”对话框的 类型 下拉列表中选择 mill_contour 选项，在 工序子类型 区域中单击“型腔铣”按钮，在 程序 下拉列表中选择 PROGRAM 选项，在 刀具 下拉列表中选择前面设置的刀具 D10（铣刀-5 参数）选项，在 几何体 下拉列表中选择 WORKPIECE 选项，在 方法 下拉列表中选择 MILL_SEMI_FINISH 选项，使用系统默认的名称。

Step2. 单击“创建工序”对话框中的 确定 按钮，系统弹出“型腔铣”对话框。

Stage2. 指定切削区域

Step1. 单击“型腔铣”对话框 指定切削区域 右侧的按钮，系统弹出“切削区域”对话框。

Step2. 在绘图区中选取图 9.4.10 所示的切削区域（共三个面），单击 确定 按钮，系统返回到“型腔铣”对话框。

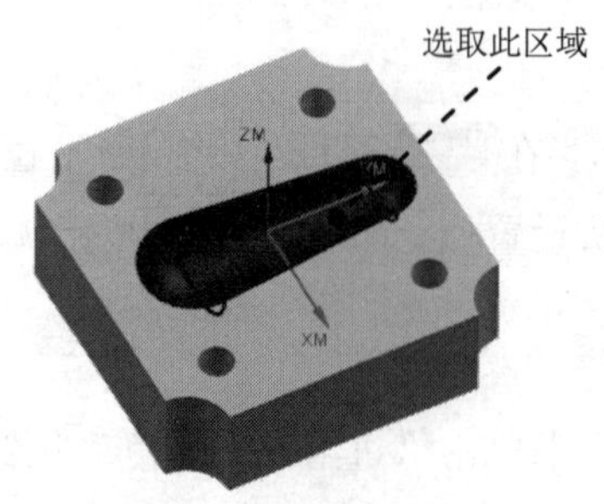

图 9.4.10 指定切削区域

Stage3. 设置一般参数

在“型腔铣”对话框 刀轨设置 区域的 切削模式 下拉列表中选择 跟随部件 选项，在 步距 下拉列表中选择 % 刀具平直 选项，在 平面直径百分比 文本框中输入值 50.0，在 每刀切削深度 下拉列表中选择 恒定 选项，在 最大距离 文本框中输入值 0.5。

Stage4. 设置切削参数

Step1. 在 刀轨设置 区域中单击“切削参数”按钮，系统弹出“切削参数”对话框。

Step2. 在“切削参数”对话框中单击 余量 选项卡，在 部件侧面余量 文本框中输入值 0.2，其他参数采用系统默认设置值。

Step3. 单击“切削参数”对话框中的 确定 按钮，系统返回“型腔铣”对话框。

Stage5. 设置非切削移动参数

Step1. 在“型腔铣”对话框中单击“非切削移动”按钮，系统弹出“非切削移动”对话框。

Step2. 单击转移/快速选项卡，在区域内区域的转移类型下拉列表中选择前一平面选项。其他参数采用系统默认设置值。单击确定按钮，完成非切削移动参数的设置。

Stage6．设置进给率和速度

Step1. 在“型腔铣”对话框中单击“进给率和速度”按钮，系统弹出“进给率和速度”对话框。

Step2. 选中“进给率和速度”对话框主轴速度区域中的☑ 主轴速度 (rpm)复选框，在其后的文本框中输入值 2000.0，按 Enter 键，然后单击按钮，在进给率区域的切削文本框中输入值 1000.0，按 Enter 键，然后单击按钮，其他参数采用系统默认设置值。

Step3. 单击确定按钮，完成进给率和速度的设置，系统返回“型腔铣”操作对话框。

Stage7．生成刀路轨迹并仿真

生成的刀路轨迹如图 9.4.11 所示，2D 动态仿真加工后的模型如图 9.4.12 所示。

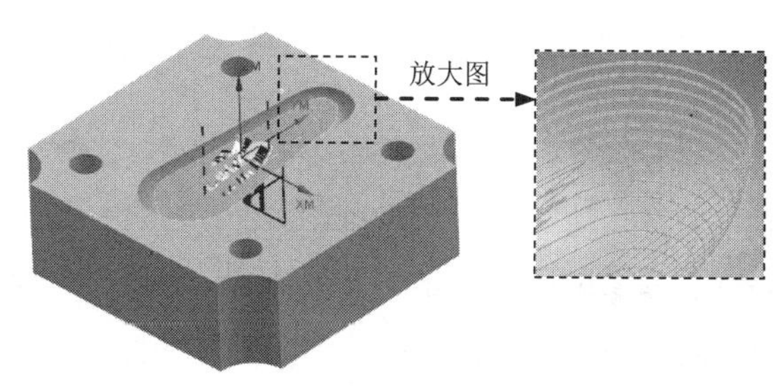

图 9.4.11　刀路轨迹

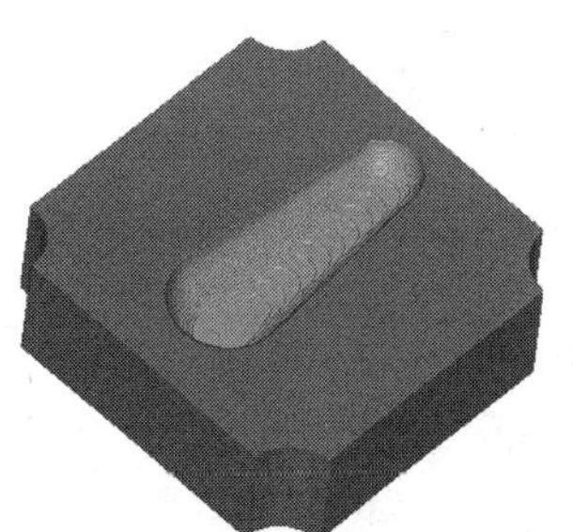

图 9.4.12　2D 仿真结果

Task6．创建钻孔工序

Stage1．插入工序

Step1. 选择下拉菜单插入(S) → 工序(E)...命令，系统弹出“创建工序”对话框。

Step2. 在“创建工序”对话框的类型下拉列表中选择hole_making选项，在工序子类型区域中选择“钻孔”按钮，在程序下拉列表中选择PROGRAM选项，在刀具下拉列表中选择前面设置的刀具DR10 (钻刀)选项，在几何体下拉列表中选择WORKPIECE选项，在方法下拉列表中选择DRILL_METHOD选项，使用系统默认的名称。

Step3. 单击“创建工序”对话框中的确定按钮，系统弹出“钻孔”对话框。

Stage2．指定孔

单击“钻孔”对话框指定特征几何体右侧的按钮，系统弹出“特征几何体”对话框。选取图 9.4.13 所示的面上的四个孔，单击确定按钮，系统返回“钻孔”对话框。

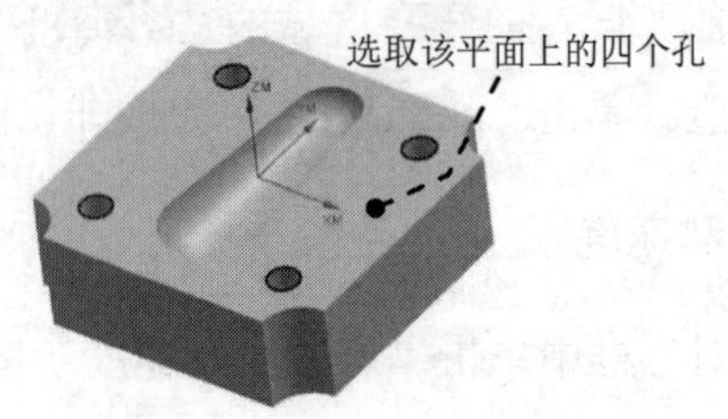

图 9.4.13 指定孔

Stage3．设置循环参数

Step1. 在“钻孔”对话框 刀轨设置 区域的 循环 下拉列表中选择 钻 选项，单击“编辑循环”按钮，系统弹出“循环参数”对话框。

Step2. 在“循环参数”对话框中采用系统默认的参数，单击 确定 按钮，系统返回“钻孔”对话框。

Stage4．设置切削参数

采用系统默认的切削参数设置。

Stage5．设置非切削参数

Step1. 在 刀轨设置 区域中单击“非切削移动”按钮，系统弹出“非切削移动”对话框。

Step2. 单击“非切削移动”对话框中的 转移/快速 选项卡，在 特征之间 区域的 转移类型 下拉列表中选择 Z 向最低安全距离 选项，在 安全距离 文本框中输入值 3。

Step3. 单击 确定 按钮，系统返回到“钻孔”对话框。

Stage6．设置进给率和速度

Step1. 单击“钻孔”对话框中的“进给率和速度”按钮，系统弹出“进给率和速度”对话框。

Step2. 在“进给率和速度”对话框中选中 ☑ 主轴速度（rpm） 复选框，然后在其文本框中输入值 800.0，按 Enter 键，然后单击按钮，在 切削 文本框中输入值 400.0，按 Enter 键，然后单击按钮，其他选项采用系统默认设置值，单击 确定 按钮。

Stage7．生成刀路轨迹并仿真

生成的刀路轨迹如图 9.4.14 所示，2D 动态仿真加工后结果如图 9.4.15 所示。

Task7．创建区域轮廓铣操作

Stage1．创建工序

Step1. 选择下拉菜单 插入(S) ➡ 工序(E)... 命令，在“创建工序”对话框的 类型 下拉列表中选择mill_contour选项，在工序子类型区域中单击“区域轮廓铣”按钮，在程序下拉列表中选择PROGRAM选项，在刀具下拉列表中选择前面设置的刀具B8 (铣刀-球头铣)选项，在几何体下拉列表中选择WORKPIECE选项，在方法下拉列表中选择MILL_FINISH选项，使用系统默认的名称。

Step2. 单击“创建工序”对话框中的确定按钮，系统弹出“区域轮廓铣”对话框。

Stage2. 指定切削区域

Step1. 单击“区域轮廓铣”对话框指定切削区域右侧的按钮，系统弹出“切削区域”对话框。

Step2. 在绘图区中选取图 9.4.16 所示的切削区域（共三个面），单击确定按钮，系统返回“区域轮廓铣”对话框。

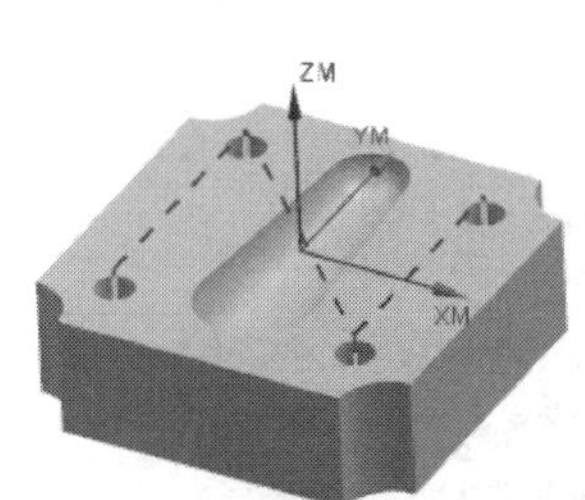

图 9.4.14　刀路轨迹

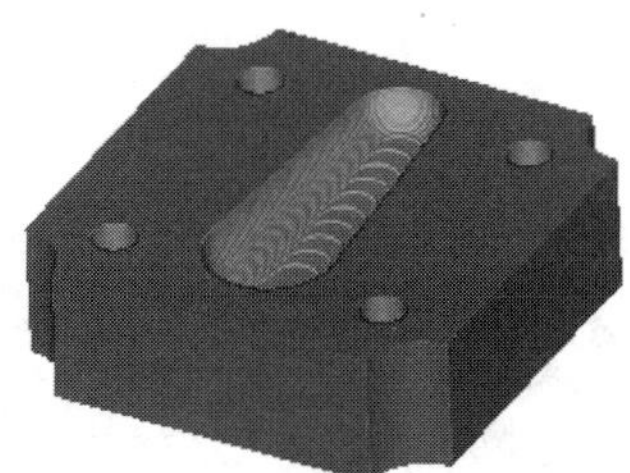

图 9.4.15　2D 仿真结果

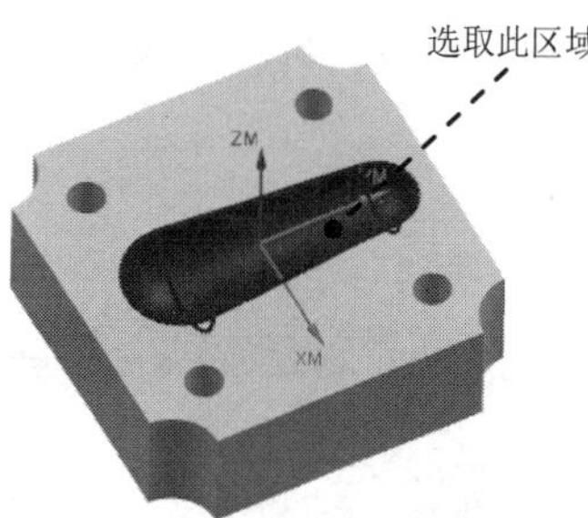

图 9.4.16　指定切削区域

Stage3. 设置一般参数

Step1. 单击“区域轮廓铣”对话框驱动方法右侧的按钮，系统弹出“区域铣削驱动方法”对话框。

Step2. 在驱动设置区域的非陡峭切削模式下拉列表中选取跟随周边选项，在刀路方向下拉列表中选取向内选项，在步距下拉列表中选取恒定选项，在最大距离文本框中输入值 0.3，在步距已应用下拉列表中选取在部件上选项。

Step3. 单击确定按钮，系统返回“区域轮廓铣”对话框。

Stage4. 设置切削参数

Step1. 在刀轨设置区域中单击“切削参数”按钮，系统弹出“切削参数”对话框。

Step2. 在“切削参数”对话框中单击余量选项卡，在公差区域的内公差文本框中输入值 0.01，在外公差文本框中输入值 0.01，其他参数采用系统默认设置值。

Step3. 单击“切削参数”对话框中的确定按钮，系统返回“区域轮廓铣”对话框。

Stage5．设置非切削移动参数

其参数采用系统默认设置值。

Stage6．设置进给率和速度

Step1. 在“区域轮廓铣”对话框中单击“进给率和速度”按钮，系统弹出“进给率和速度”对话框。

Step2. 选中“进给率和速度”对话框主轴速度区域中的☑ 主轴速度（rpm）复选框，在其后的文本框中输入值 3000.0，按 Enter 键，然后单击按钮，在进给率区域的切削文本框中输入值 1200.0，按 Enter 键，然后单击按钮，其他参数采用系统默认设置值。

Step3. 单击确定按钮，完成进给率和速度的设置，系统返回“区域轮廓铣”操作对话框。

Stage7．生成刀路轨迹并仿真

生成的刀路轨迹如图 9.4.17 所示，2D 动态仿真加工后的模型如图 9.4.18 所示。

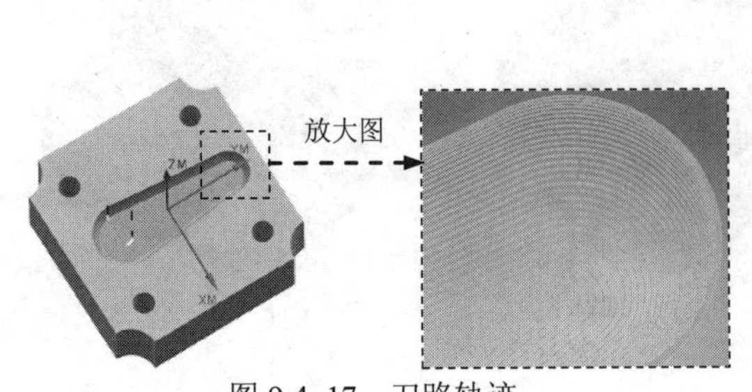

图 9.4. 17　刀路轨迹

图 9.4.18　2D 仿真结果

Task8．创建平面铣工序 2

Step1. 复制平面铣工序。在工序导航器的PLANAR_MILL节点上单击鼠标右键，在弹出的快捷菜单中选择复制命令。

Step2. 粘贴钻孔工序。在工序导航器的D10节点上单击鼠标右键，在弹出的快捷菜单中选择内部粘贴命令。

Step3. 修改操作名称。在工序导航器的PLANAR_MILL_COPY节点上单击鼠标右键，在弹出的快捷菜单中选择重命名命令，将其名称改为“PLANAR_MILL_2”。

Step4. 重新定义操作。双击 Step3 中改名的PLANAR_MILL_2节点，系统弹出“平面铣”对话框；在“平面铣”对话框的几何体区域中单击“选择或编辑毛坯边界”按钮，系统弹出“毛坯边界”对话框。单击按钮，然后单击“毛坯边界”对话框中的确定按钮，系统返回“平面铣”对话框。在刀轨设置区域的方法下拉列表中选择MILL_FINISH选项，在切削模式下拉列表中选择轮廓选项；单击刀轨设置区域“切削层”按钮，系统弹出“切削层” 对

话框，在类型下拉列表中选择仅底面选项，单击确定按钮，系统返回“平面铣”对话框。在刀轨设置区域中单击“切削参数”按钮，系统弹出“切削参数”对话框；在“切削参数”对话框中单击余量选项卡，在部件余量文本框中输入值 1，在毛坯余量文本框中输入值 0；在公差区域的内公差文本框中输入值 0.01，在外公差文本框中输入值 0.01。单击确定按钮，系统返回“平面铣”对话框。在“平面铣”对话框中单击“非切削移动”按钮，系统弹出“非切削移动”对话框。单击进刀选项卡，在开放区域区域的进刀类型下拉列表中选择圆弧选项，其他参数采用系统默认设置值；在“平面铣”对话框中单击“进给率和速度”按钮，系统弹出“进给率和速度”对话框。选中“进给率和速度”对话框主轴速度区域中的☑ 主轴速度（rpm）复选框，在其后的文本框中输入值 2400.0，按 Enter 键，然后单击按钮，在进给率区域的切削文本框中输入值 1000.0，按 Enter 键，然后单击按钮，其他参数采用系统默认设置值。生成的刀路轨迹如图 9.4.19 所示，2D 动态仿真加工后的模型如图 9.4.20 所示。

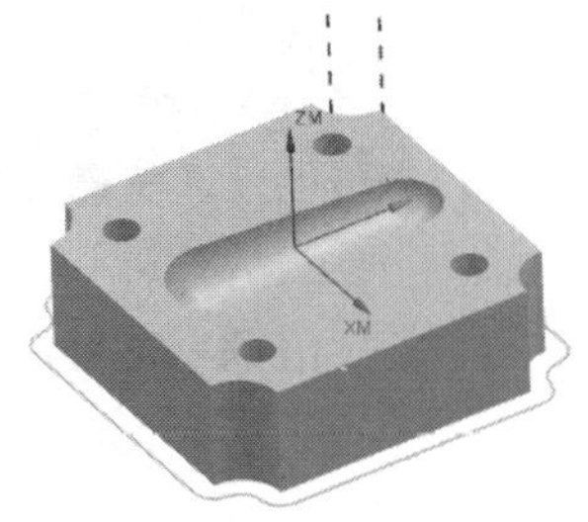

图 9.4.19　刀路轨迹

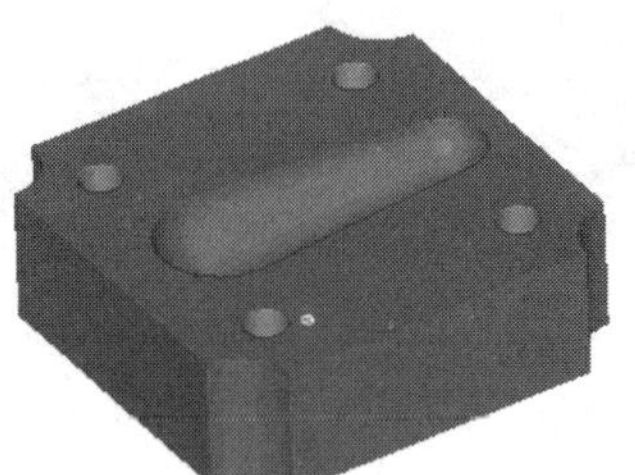
图 9.4.20　2D 仿真结果

Task9．保存文件

选择下拉菜单文件(F) ➡ 保存(S)命令，保存文件。

9.5　凹模加工与编程（二）

在本节中，将以塑料壳的加工为例，介绍在多工序加工中粗精加工工序的安排及相关加工工序的制订。塑料壳的加工工艺路线如图 9.5.1 和图 9.5.2 所示。

Task1．打开模型文件并进入加工模块

Step1．打开模型文件 D:\ugal12\work\ch09.05\disbin_cover_mold_cavity.prt。

Step2．进入加工环境。在应用模块功能选项卡的加工区域单击按钮，系统弹出“加工环境”对话框；在“加工环境”对话框的CAM 会话配置列表中选择mill_contour选项，在

要创建的 CAM 组装 列表中选择 mill_contour 选项，单击 确定 按钮，进入加工环境。

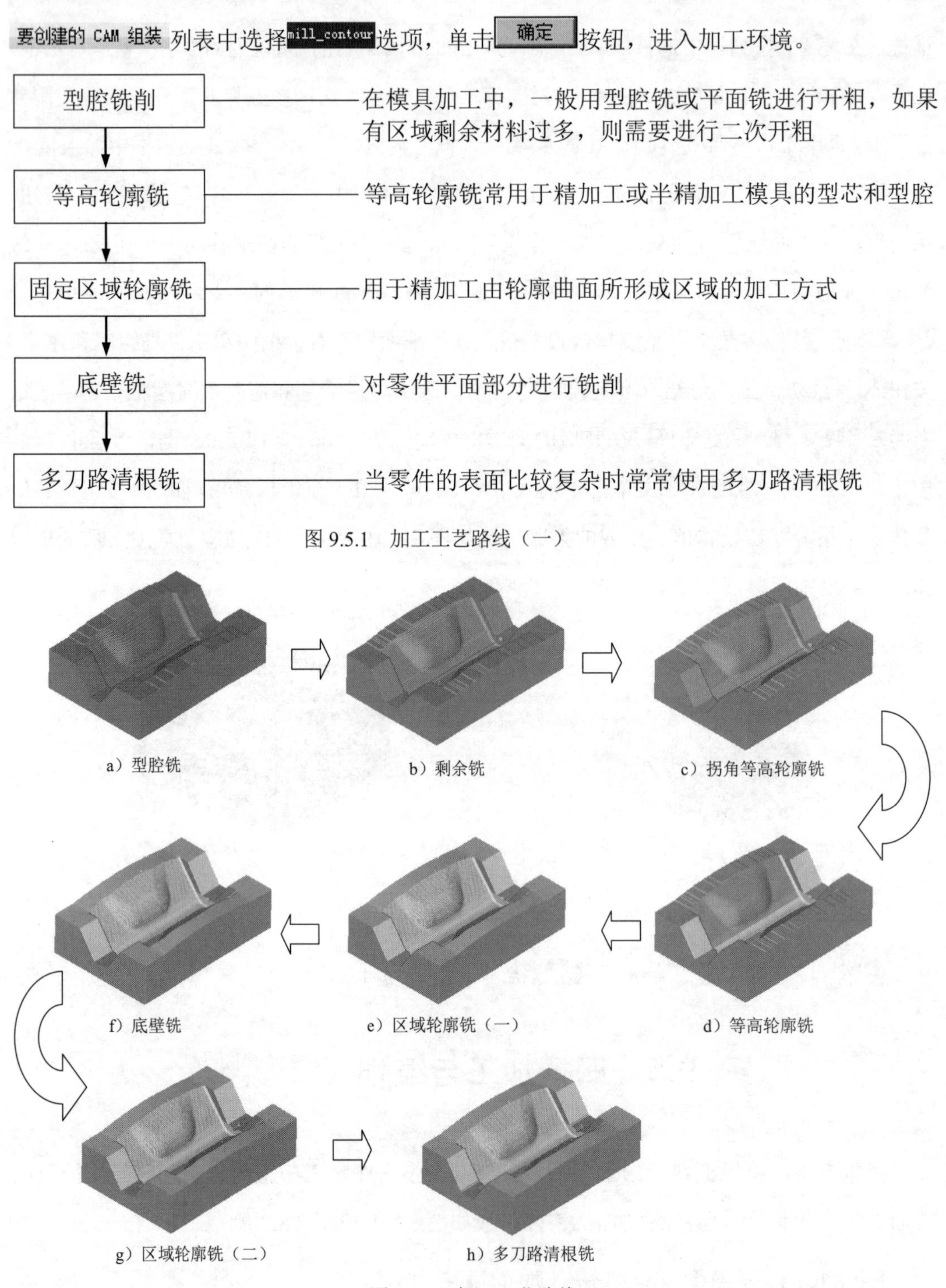

图 9.5.1 加工工艺路线（一）

图 9.5.2 加工工艺路线（二）

Task2．创建几何体

Stage1．创建机床坐标系

Step1. 将工序导航器调整到几何视图，双击节点MCS_MILL，系统弹出“MCS 铣削”对话框，在“MCS 铣削”对话框的机床坐标系区域中单击“坐标系对话框”按钮，系统弹出“坐标系”对话框。

Step2. 在模型中将机床坐标系绕 XM 轴旋转-180°。

Step3. 单击“坐标系”对话框中的确定按钮，此时系统返回“MCS 铣削”对话框，完成图 9.5.3 所示机床坐标系的创建。

Stage2. 创建安全平面

Step1. 在“MCS 铣削”对话框安全设置区域的安全设置选项下拉列表中选择平面选项，单击“平面对话框”按钮，系统弹出“平面”对话框。

Step2. 在“平面”对话框类型区域的下拉列表中选择按某一距离选项。在平面参考区域中单击按钮，选取图 9.5.3 所示的平面为参考平面；在偏置区域的距离文本框中输入值 10，并按 Enter 键确认，单击确定按钮，系统返回到“MCS 铣削”对话框，完成图 9.5.4 所示安全平面的创建。

Step3. 单击“MCS 铣削”对话框中的确定按钮。

Stage3. 创建部件几何体

Step1. 在工序导航器中双击MCS_MILL节点下的WORKPIECE，系统弹出“工件”对话框。

Step2. 选取部件几何体。在“工件”对话框中单击按钮，系统弹出“部件几何体”对话框。

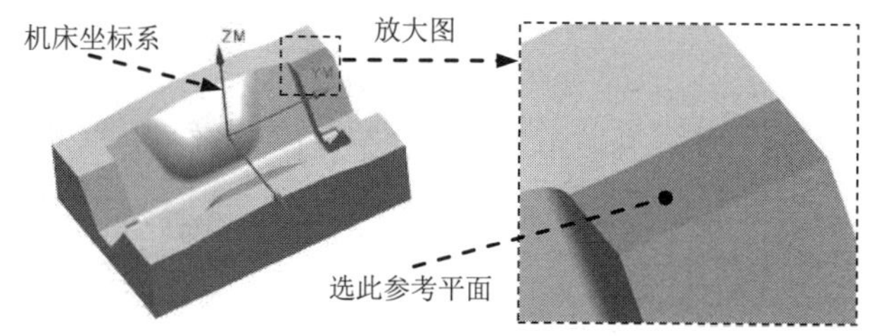

图 9.5.3 创建机床坐标系

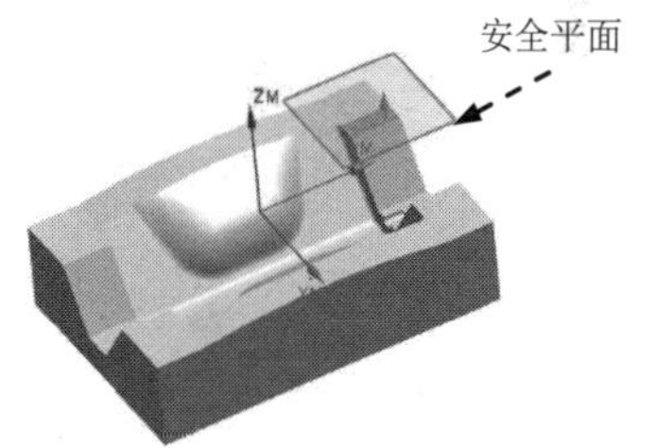

图 9.5.4 创建安全平面

Step3. 在图形区中选取整个零件为部件几何体。

Step4. 在“部件几何体”对话框中单击确定按钮，完成部件几何体的创建，同时系统返回“工件”对话框。

Stage4. 创建毛坯几何体

Step1. 在“工件”对话框中单击按钮，系统弹出“毛坯几何体”对话框。

Step2. 在“毛坯几何体”对话框的类型下拉列表中选择包容块选项，在限制区域的ZM+

文本框中输入值 1.0。

Step3. 单击“毛坯几何体”对话框中的确定按钮，系统返回“工件”对话框，完成图 9.5.5 所示毛坯几何体的创建。

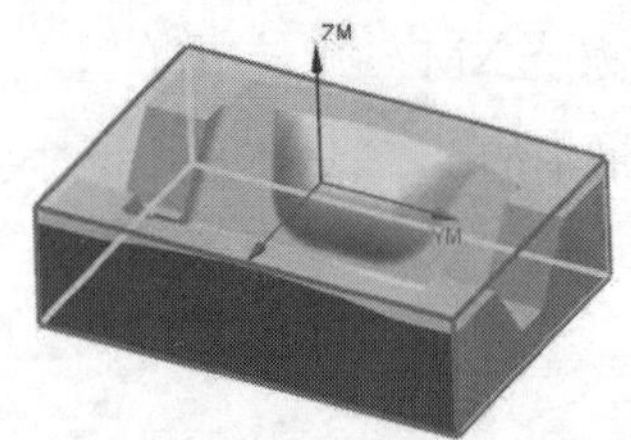

图 9.5.5　毛坯几何体

Step4. 单击“工件”对话框中的确定按钮。

Task3. 创建刀具

Stage1. 创建刀具（一）

Step1. 将工序导航器调整到机床视图。

Step2. 选择下拉菜单插入(S) → 刀具(T)...命令，系统弹出“创建刀具”对话框。

Step3. 在“创建刀具”对话框的类型下拉列表中选择mill_contour选项，在刀具子类型区域中单击“MILL”按钮，在位置区域的刀具下拉列表中选择GENERIC_MACHINE选项，在名称文本框中输入 D10R1，然后单击确定按钮，系统弹出“铣刀-5 参数”对话框。

Step4. 在(D) 直径文本框中输入值 10.0，在(R1) 下半径文本框中输入值 1.0，在刀具号文本框中输入值 1，其他参数采用系统默认设置值。单击确定按钮，完成刀具的创建。

Stage2. 创建刀具（二）

设置刀具类型为mill contour选项，在刀具子类型区域单击选择“MILL”按钮，设置刀具名称为 D5R1、刀具(D) 直径为 5.0、刀具(R1) 下半径为 1.0 以及刀具号为 2；具体操作方法参照 Stage1。

Stage3. 创建刀具（三）

设置刀具类型为mill contour选项，在刀具子类型区域单击选择“BALL_MILL”按钮，设置刀具名称为 B5、刀具(D) 球直径为 5.0 以及刀具号为 3。

Task4. 创建型腔铣操作

Stage1. 创建工序

Step1. 将工序导航器调整到程序顺序视图。

Step2. 选择下拉菜单插入(S) → 工序(E)...命令，在“创建工序”对话框的类型下拉列表中选择mill_contour选项，在工序子类型区域中单击“型腔铣”按钮，在程序下拉列表中选择NC PROGRAM选项，在刀具下拉列表中选择前面设置的刀具D10R1（铣刀-5 参数）选项，在几何体下拉列表中选择WORKPIECE选项，在方法下拉列表中选择MILL ROUGH选项，使用系统默认的名称。

Step3. 单击“创建工序”对话框中的确定按钮，系统弹出“型腔铣”对话框。

Stage2. 设置修剪边界

Step1. 单击几何体区域指定修剪边界右侧的按钮，系统弹出“修剪边界”对话框。

Step2. 在“修剪边界”对话框的修剪侧下拉列表中选择外侧选项，其他参数采用系统默认设置值，在图形区选取模型的底面。

Step3. 单击确定按钮，系统返回“型腔铣”对话框。

Stage3. 设置一般参数

在“型腔铣”对话框的切削模式下拉列表中选择跟随周边选项，在步距下拉列表中选择% 刀具平直选项，在平面直径百分比文本框中输入值 50.0，在公共每刀切削深度下拉列表中选择恒定选项，在最大距离文本框中输入值 3.0。

Stage4. 设置切削参数

Step1. 在刀轨设置区域中单击“切削参数”按钮，系统弹出“切削参数”对话框。

Step2. 在“切削参数”对话框中单击策略选项卡，在切削顺序下拉列表中选择层优先选项，在刀路方向下拉列表中选择向外选项，其他参数采用系统默认设置值。

Step3. 在“切削参数”对话框中单击余量选项卡，在部件侧面余量文本框中输入值 0.5，其他参数采用系统默认设置值。

Step4. 在“切削参数”对话框中单击拐角选项卡，在光顺下拉列表中选择所有刀路选项。

Step5. 单击“切削参数”对话框中的确定按钮，系统返回“型腔铣”对话框。

Stage5. 设置非切削移动参数

Step1. 在“型腔铣”对话框中单击“非切削移动”按钮，系统弹出“非切削移动”对话框。

Step2. 单击“非切削移动”对话框中的进刀选项卡，在该对话框封闭区域区域的进刀类型下拉列表中选择螺旋选项；在开放区域区域的进刀类型下拉列表中选择线性选项，其他参数采用系统默认设置值。

Step3. 单击“非切削移动”对话框中的转移/快速选项卡，设置参数如图 9.5.6 所示。

Step4. 单击“非切削移动”对话框中的确定按钮，系统返回“型腔铣”对话框。

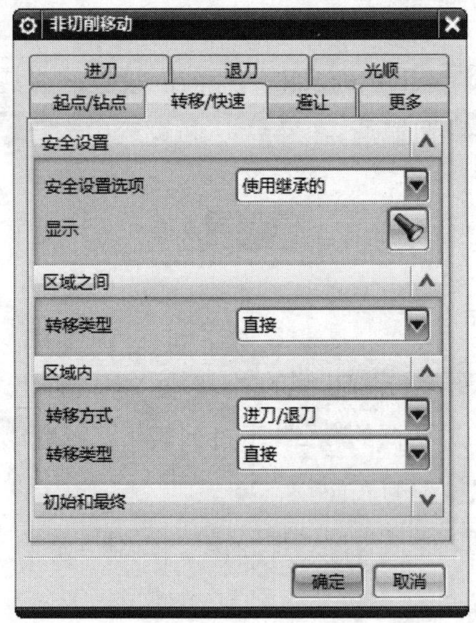

图 9.5.6 “转移/快速”选项卡

Stage6．设置进给率和速度

Step1. 在“型腔铣”对话框中单击“进给率和速度”按钮，系统弹出“进给率和速度”对话框。

Step2. 选中“进给率和速度”对话框主轴速度区域中的☑ 主轴速度（rpm）复选框，在其后的文本框中输入值 800.0，按 Enter 键，然后单击按钮，在进给率区域的切削文本框中输入值 125.0，按 Enter 键，然后单击按钮，其他参数采用系统默认设置值。

Step3. 单击确定按钮，完成进给率和速度的设置，系统返回“型腔铣”操作对话框。

Stage7．生成刀路轨迹并仿真

生成的刀路轨迹如图 9.5.7 所示，2D 动态仿真加工后的模型如图 9.5.8 所示。

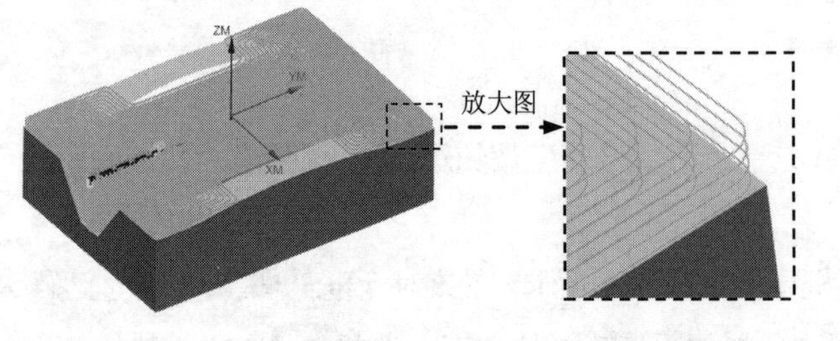

图 9.5.7 刀路轨迹

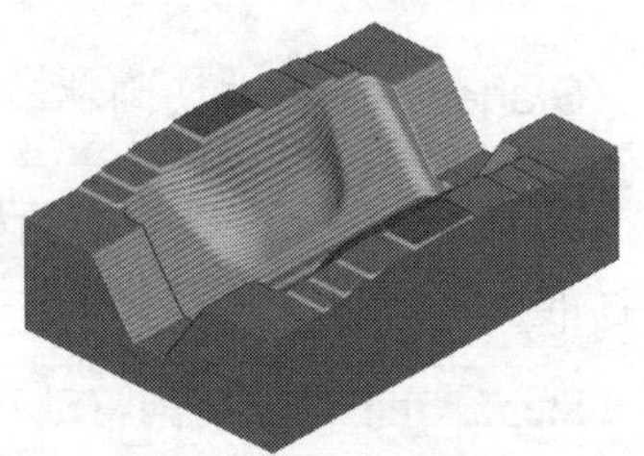

图 9.5.8 2D 仿真结果

Task5．创建剩余铣操作

Stage1．创建工序

Step1. 选择下拉菜单插入(S) ➡ 工序(E)...命令，在“创建工序”对话框的类型下

拉列表中选择mill_contour选项，在工序子类型区域中单击“剩余铣”按钮，在程序下拉列表中选择NC PROGRAM选项，在刀具下拉列表中选择刀具D10R1（铣刀-5参数）选项，在几何体下拉列表中选择WORKPIECE选项，在方法下拉列表中选择METHOD选项，使用系统默认的名称“REST_MILLING”。

Step2. 单击“创建工序”对话框中的确定按钮，系统弹出“剩余铣”对话框。

Stage2．设置一般参数

在“剩余铣”对话框的切削模式下拉列表中选择跟随周边选项，在步距下拉列表中选择% 刀具平直选项，在平面直径百分比文本框中输入值 50.0，在公共每刀切削深度下拉列表中选择恒定选项，在最大距离文本框中输入值 2.0。

Stage3．设置切削参数

Step1. 在刀轨设置区域中单击“切削参数”按钮，系统弹出“切削参数”对话框。

Step2. 在“切削参数”对话框中单击策略选项卡，在切削顺序下拉列表中选择层优先选项，其他参数采用系统默认设置值。

Step3. 在“切削参数”对话框中单击余量选项卡，在部件侧面余量文本框中输入值 0.2，其他参数采用系统默认设置值。

Step4. 在“切削参数”对话框中单击空间范围选项卡，设置参数如图 9.5.9 所示。

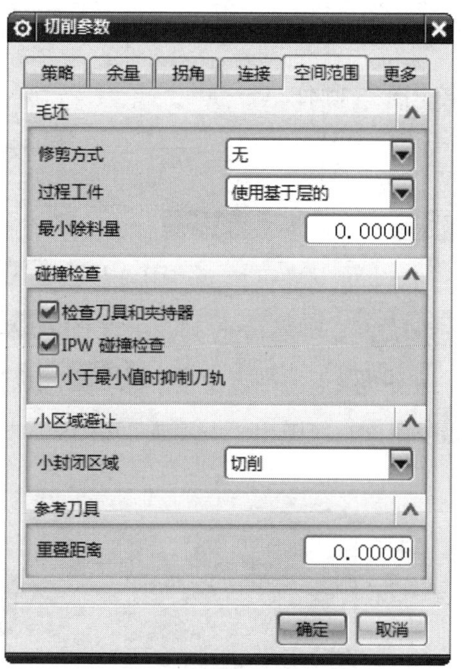

图 9.5.9　“空间范围”选项卡

Step5. 单击“切削参数”对话框中的确定按钮，系统返回到“剩余铣”对话框。

Stage4．设置非切削移动参数

Step1. 在“剩余铣”对话框中单击“非切削移动”按钮，系统弹出“非切削移动”对话框。

Step2. 单击“非切削移动”对话框中的进刀选项卡，在封闭区域区域的进刀类型下拉列表中选择螺旋选项；在开放区域区域的进刀类型下拉列表中选择线性选项，其他参数采用系统默认设置值。

Step3. 单击“非切削移动”对话框中的确定按钮，完成非切削移动参数的设置，系统返回“剩余铣”对话框。

Stage5．设置进给率和速度

Step1. 在“剩余铣”对话框中单击“进给率和速度”按钮，系统弹出“进给率和速度”对话框。

Step2. 选中“进给率和速度”对话框主轴速度区域中的☑ 主轴速度（rpm）复选框，在其后的文本框中输入值 1250.0，按 Enter 键，然后单击按钮，在进给率区域的切削文本框中输入值 400.0，按 Enter 键，然后单击按钮，其他参数采用系统默认设置值。

Step3. 单击确定按钮，完成进给率和速度的设置，系统返回“剩余铣”对话框。

Stage6．生成刀路轨迹并仿真

生成的刀路轨迹如图 9.5.10 所示，2D 动态仿真加工后的模型如图 9.5.11 所示。

Task6．创建等高线轮廓铣操作（一）

Stage1．创建工序

Step1. 选择下拉菜单插入(S) ➡ 工序(E)... 命令，系统弹出“创建工序”对话框。

Step2. 在“创建工序”对话框的类型下拉列表中选择mill_contour选项，在工序子类型区域中单击“深度加工拐角”按钮，在刀具下拉列表中选择D5R1（铣刀-5 参数）选项，在程序下拉列表中选择NC_PROGRAM选项，在几何体下拉列表中选择WORKPIECE选项，在方法下拉列表中选择METHOD选项。单击确定按钮，系统弹出“深度加工拐角”对话框。

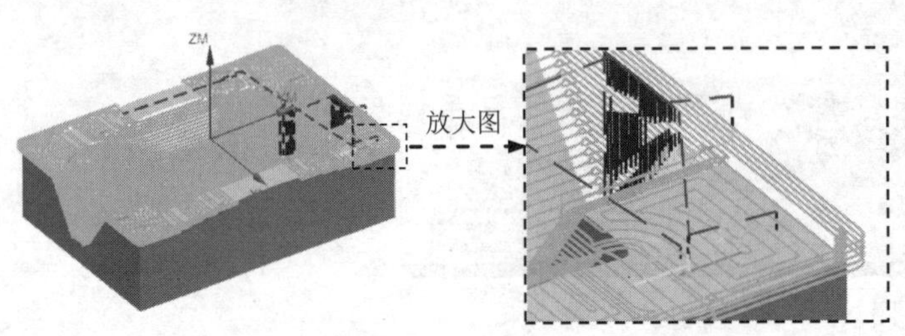

图 9.5.10　刀路轨迹

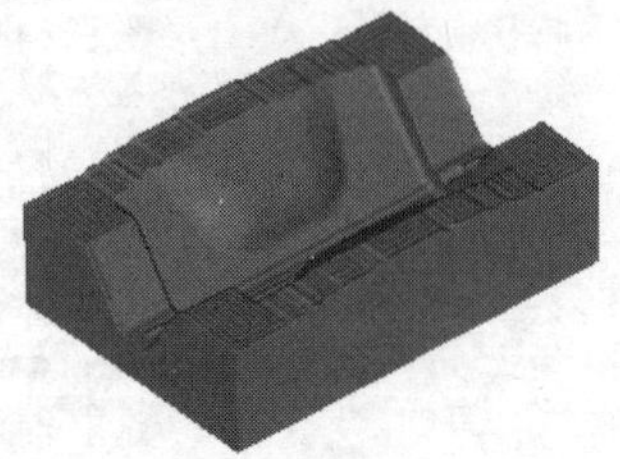

图 9.5.11　2D 仿真结果

Stage2．指定切削区域

Step1．单击“深度加工拐角”对话框指定切削区域右侧的按钮，系统弹出“切削区域”对话框。

Step2．在绘图区中选取图 9.5.12 所示的切削区域（共 55 个面），单击确定按钮，系统返回“深度加工拐角”对话框。

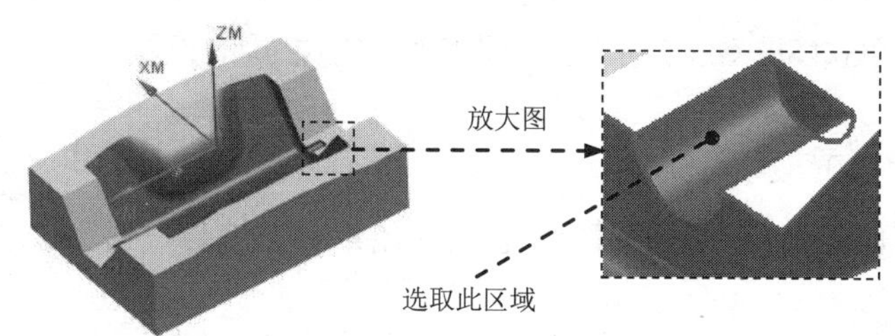

图 9.5.12　指定切削区域

Stage3．设置刀具路径参数和切削层

Step1．设置刀具路径参数。在“深度加工拐角”对话框的陡峭空间范围下拉列表中选择无选项，在合并距离文本框中输入值 3.0，在最小切削长度文本框中输入值 1.0，在公共每刀切削深度下拉列表中选择恒定选项，在最大距离文本框中输入值 1.0。

Step2．设置切削层。单击“深度加工拐角”对话框中的“切削层”按钮，系统弹出“切削层”对话框，在该对话框的范围类型下拉列表中选择单侧选项，然后选取图 9.5.13 所示的面为切削层的终止面。单击确定按钮，系统返回“深度加工拐角”对话框。

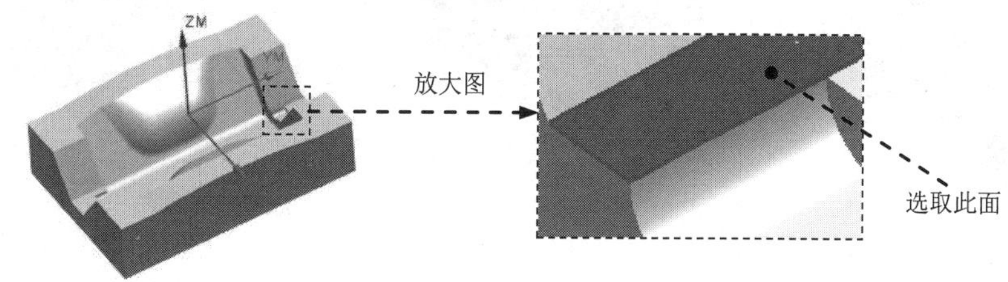

图 9.5.13　选取终止面

Stage4．设置切削参数

Step1．单击“深度加工拐角”对话框中的“切削参数”按钮，系统弹出“切削参数”对话框。

Step2．在“切削参数”对话框中单击策略选项卡，在切削顺序下拉列表中选择层优先选项。

Step3．在“切削参数”对话框中单击拐角选项卡，在光顺下拉列表中选择所有刀路选项。

Step4．在“切削参数”对话框中单击连接选项卡，在层到层下拉列表中选择直接对部件进刀选项。

Step5．单击“切削参数”对话框中的确定按钮，系统返回“深度加工拐角”对话框。

Stage5．设置非切削移动参数

Step1．在“深度加工拐角”对话框中单击“非切削移动”按钮，系统弹出“非切削移动”对话框。

Step2．单击“非切削移动”对话框中的进刀选项卡，在该对话框封闭区域区域的进刀类型下拉列表中选择螺旋选项；在开放区域区域的进刀类型下拉列表中选择圆弧选项，其他参数采用系统默认设置值。单击确定按钮，完成非切削移动参数的设置。

Stage6．设置进给率和速度

Step1．在“深度加工拐角”对话框中单击“进给率和速度”按钮，系统弹出“进给率和速度”对话框。

Step2．在“进给率和速度”对话框中选中☑ 主轴速度（rpm）复选框，然后在其文本框中输入值 1200.0，按 Enter 键，然后单击按钮，在切削文本框中输入值 200.0，按 Enter 键，然后单击按钮。

Step3．单击确定按钮，完成进给率的设置，系统返回“深度加工拐角”对话框。

Stage7．生成刀路轨迹并仿真

生成的刀路轨迹如图 9.5.14 所示，2D 动态仿真加工后的模型如图 9.5.15 所示。

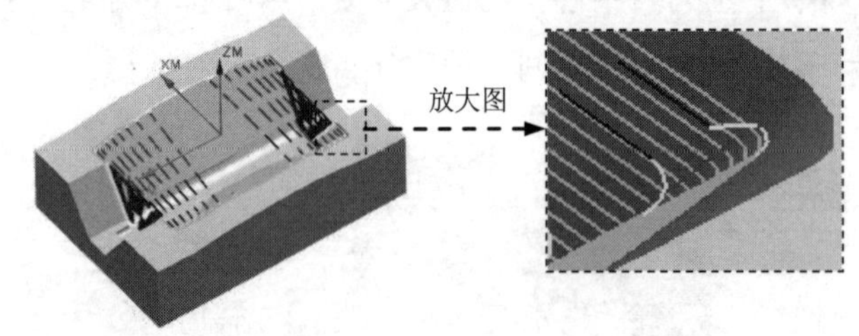

图 9.5.14　刀路轨迹

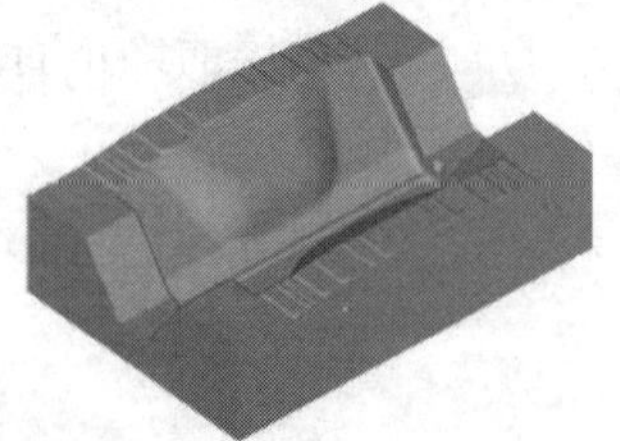

图 9.5.15　2D 仿真结果

Task7．创建等高线轮廓铣操作（二）

Stage1．创建工序

Step1．选择下拉菜单插入(S) → 工序(E)... 命令，系统弹出“创建工序”对话框。

Step2．在“创建工序”对话框的类型下拉列表中选择mill_contour选项，在工序子类型区域中单击“深度轮廓铣”按钮，在程序下拉列表中选择NC_PROGRAM选项，在刀具下拉列表中选择D5R1（铣刀-5 参数）选项，在几何体下拉列表中选择WORKPIECE选项，在方法下拉列表中选择MILL_FINISH选项。单击确定按钮，此时，系统弹出“深度轮廓铣”对话框。

Stage2．指定切削区域

Step1．单击“深度轮廓铣”对话框中的“切削区域”按钮，系统弹出“切削区域”

对话框。

Step2. 在绘图区中选取图 9.5.16 所示的切削区域（共 19 个面），单击 确定 按钮，系统返回“深度轮廓铣”对话框。

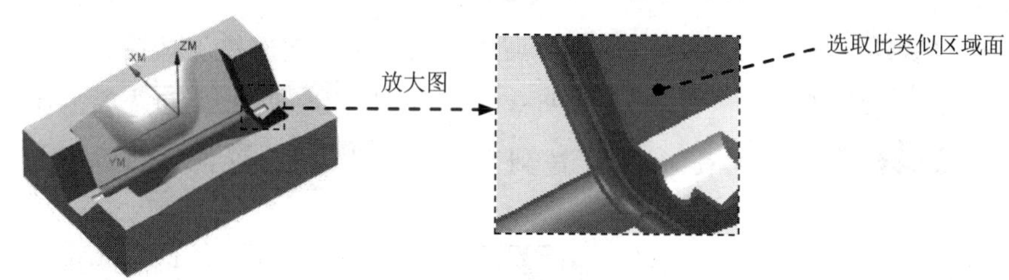

图 9.5.16　指定切削区域

Stage3. 设置刀具路径参数和切削层

Step1. 设置刀具路径参数。在“深度轮廓铣”对话框的 合并距离 文本框中输入值 3.0，在 最小切削长度 文本框中输入值 1.0，在 公共每刀切削深度 下拉列表中选择 恒定 选项，在 最大距离 文本框中输入值 0.5。

Step2. 设置切削层。采用系统默认的参数设置值。

Stage4. 设置切削参数和非切削移动参数

采用系统默认的参数设置值。

Stage5. 设置进给率和速度

Step1. 在“深度轮廓铣”对话框中单击“进给率和速度”按钮，系统弹出“进给率和速度”对话框。

Step2. 在“进给率和速度”对话框中选中 ☑ 主轴速度 (rpm) 复选框，然后在其文本框中输入值 1200.0，按 Enter 键，然后单击按钮，在 切削 文本框中输入值 200.0，按 Enter 键，然后单击按钮。

Step3. 单击 确定 按钮，系统返回“深度轮廓铣”对话框。

Stage6. 生成刀路轨迹并仿真

生成的刀路轨迹如图 9.5.17 所示，2D 动态仿真加工后的模型如图 9.5.18 所示。

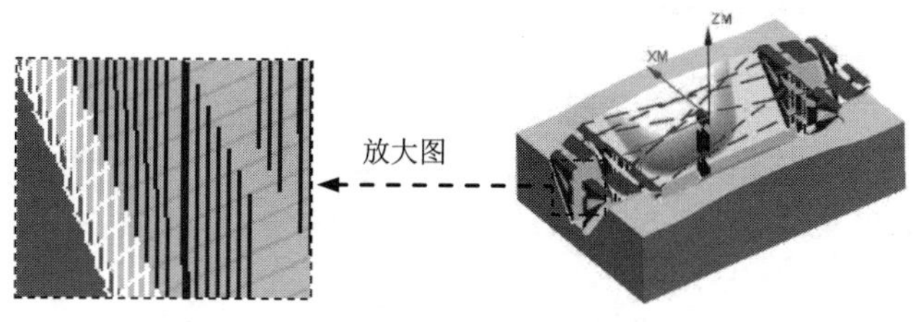

图 9.5.17　刀路轨迹

图 9.5.18　2D 仿真结果

Task8. 创建区域轮廓铣（一）

Stage1. 创建工序

Step1. 选择下拉菜单 插入(S) → 工序(E)... 命令，在“创建工序”对话框的 类型 下拉列表中选择 mill_contour 选项，在 工序子类型 区域中单击“区域轮廓铣”按钮，在 程序 下拉列表中选择 NC PROGRAM 选项，在 刀具 下拉列表中选择刀具 B5（铣刀-球头铣）选项，在 几何体 下拉列表中选择 WORKPIECE 选项，在 方法 下拉列表中选择 METHOD 选项，使用系统默认的名称“CONTOUR_AREA”。

Step2. 单击“创建工序”对话框中的 确定 按钮，系统弹出“区域轮廓铣”对话框。

Stage2. 指定切削区域

Step1. 在 几何体 区域中单击“选择或编辑切削区域几何体”按钮，系统弹出“切削区域”对话框。

Step2. 选取图 9.5.19 所示的面为切削区域（共 64 个面），在“切削区域”对话框中单击 确定 按钮，完成切削区域的创建，同时系统返回“区域轮廓铣”对话框。

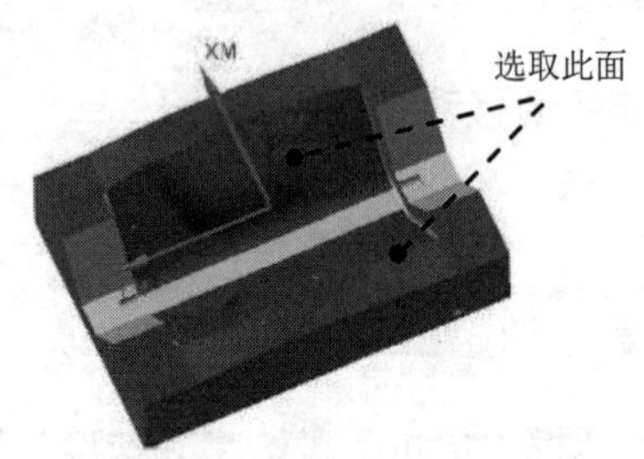

图 9.5.19　指定切削区域

Stage3. 设置驱动方式

Step1. 在“区域轮廓铣”对话框 驱动方法 区域的下拉列表中选择 区域铣削 选项，单击“编辑参数”按钮，系统弹出“区域铣削驱动方法”对话框。

Step2. 在“区域铣削驱动方法”对话框的 平面直径百分比 文本框中输入值 10.0，其他参数采用系统默认设置值，然后单击 确定 按钮，系统返回“区域轮廓铣”对话框。

Stage4. 设置刀轴

刀轴选择系统默认的 +ZM 轴。

Stage5. 设置切削参数

采用系统默认的切削参数。

Stage6. 设置非切削移动参数。

采用系统默认的非切削移动参数。

Stage7．设置进给率和速度

Step1. 在“区域轮廓铣”对话框中单击“进给率和速度”按钮，系统弹出“进给率和速度”对话框。

Step2. 选中“进给率和速度”对话框主轴速度区域中的☑ 主轴速度（rpm）复选框，在其后的文本框中输入值 900.0，按 Enter 键，然后单击按钮，在进给率区域的切削文本框中输入值 250.0，按 Enter 键，然后单击按钮，其他参数采用系统默认设置值。

Step3. 单击确定按钮，完成进给率和速度的设置，系统返回“区域轮廓铣”对话框。

Stage8．生成刀路轨迹并仿真

生成的刀路轨迹如图 9.5.20 所示，2D 动态仿真加工后的模型如图 9.5.21 所示。

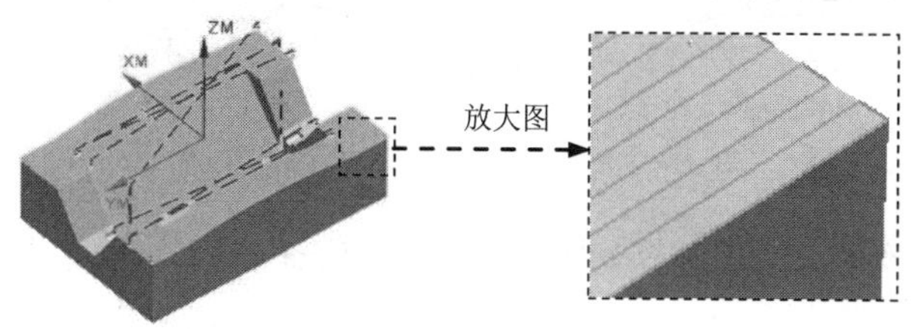

图 9.5.20　刀路轨迹

图 9.5.21　2D 仿真结果

Task9．创建底壁加工铣操作

Stage1．创建工序

Step1. 选择下拉菜单插入(S) ➡ 工序(E)... 命令，系统弹出“创建工序”对话框。

Step2. 确定加工方法。在“创建工序”对话框的类型下拉列表中选择mill_planar选项，在工序子类型区域中单击“底壁铣”按钮，在刀具下拉列表中选择D5R1（铣刀-5 参数）选项，在几何体下拉列表中选择WORKPIECE选项，在方法下拉列表中选择METHOD选项，采用系统默认的名称。

Step3. 在“创建工序”对话框中单击确定按钮，系统弹出“底壁铣”对话框。

Stage2．指定切削区域

Step1. 在几何体区域中单击“选择或编辑切削区域几何体”按钮，系统弹出“切削区域”对话框。

Step2. 选取图 9.5.22 所示的面为切削区域（共七个面），在“切削区域”对话框中单击确定按钮，完成切削区域的创建，同时系统返回“底壁铣”对话框。

Stage3．设置刀具路径参数

Step1. 创建切削模式。在刀轨设置区域的切削模式下拉列表中选择往复选项。

Step2. 创建步进方式。在步距下拉列表中选择% 刀具平直选项，在平面直径百分比文本框中输入值 75.0。

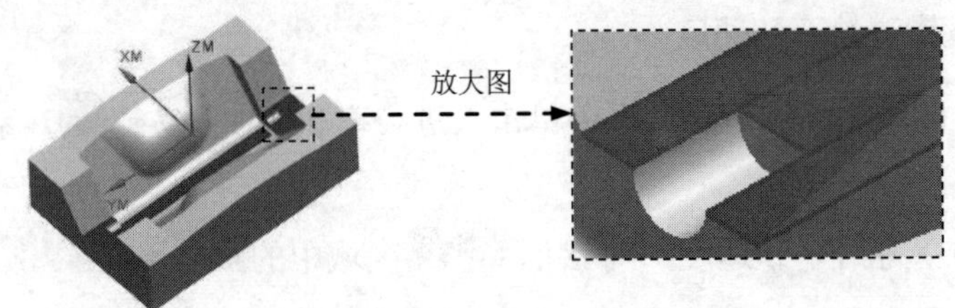

图 9.5.22　指定切削区域

Stage4．设置切削参数

Step1. 在刀轨设置区域中单击“切削参数”按钮，系统弹出“切削参数”对话框。

Step2. 在“切削参数”对话框中单击策略选项卡，在剖切角下拉列表中选择指定选项，在与 XC 的夹角文本框中输入值 90.0，其他参数采用系统默认设置值。单击确定按钮，系统返回“底壁铣”对话框。

Stage5．设置非切削移动参数

Step1. 单击“底壁铣”对话框刀轨设置区域中的“非切削移动”按钮，系统弹出“非切削移动”对话框。

Step2. 单击“非切削移动”对话框中的进刀选项卡，在该对话框封闭区域区域的进刀类型下拉列表中选择沿形状斜进刀选项，在开放区域区域的进刀类型下拉列表中选择线性选项，其他选项卡中的参数采用系统的默认设置值。单击确定按钮，完成非切削移动参数的设置。

Stage6．设置进给率和速度

Step1. 单击“底壁铣”对话框中的“进给率和速度”按钮，系统弹出“进给率和速度”对话框。

Step2. 选中“进给率和速度”对话框主轴速度区域中的☑ 主轴速度 (rpm)复选框，在其后的文本框中输入值 1000.0，按 Enter 键，然后单击按钮，在进给率区域的切削文本框中输入值 300.0，按 Enter 键，然后单击按钮，其他参数采用系统默认设置值。

Step3. 单击“进给率和速度”对话框中的确定按钮，系统返回“底壁铣”对话框。

Stage7．生成刀路轨迹并仿真

生成的刀路轨迹如图 9.5.23 所示，2D 动态仿真加工后的模型如图 9.5.24 所示。

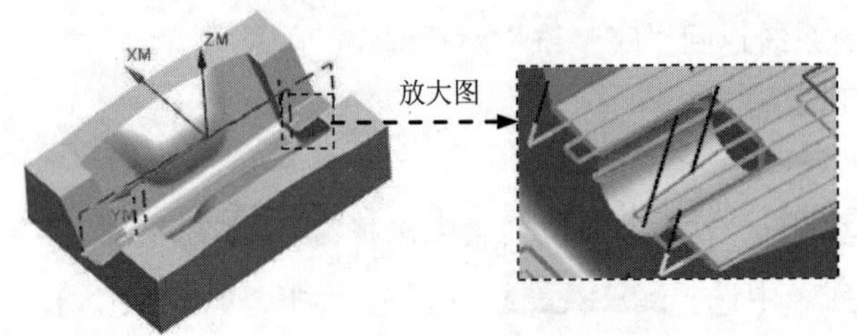

图 9.5.23　刀路轨迹

图 9.5.24　2D 仿真结果

Task10．创建区域轮廓铣（二）

Stage1．创建工序

Step1．选择下拉菜单 插入(S) → 工序(E)... 命令，在“创建工序”对话框的 类型 下拉列表中选择 mill_contour 选项，在 工序子类型 区域中单击“区域轮廓铣”按钮，在 程序 下拉列表中选择 NC_PROGRAM 选项，在 刀具 下拉列表中选择刀具 D5R1（铣刀-5 参数）选项，在 几何体 下拉列表中选择 WORKPIECE 选项，在 方法 下拉列表中选择 METHOD 选项，使用系统默认的名称“CONTOUR_AREA_1”。

Step2．单击“创建工序”对话框中的 确定 按钮，系统弹出“区域轮廓铣”对话框。

Stage2．指定切削区域

Step1．在 几何体 区域中单击“选择或编辑切削区域几何体”按钮，系统弹出“切削区域”对话框。

Step2．选取图 9.5.25 所示的面为切削区域，在“切削区域”对话框中单击 确定 按钮，完成切削区域的创建，同时系统返回“区域轮廓铣”对话框。

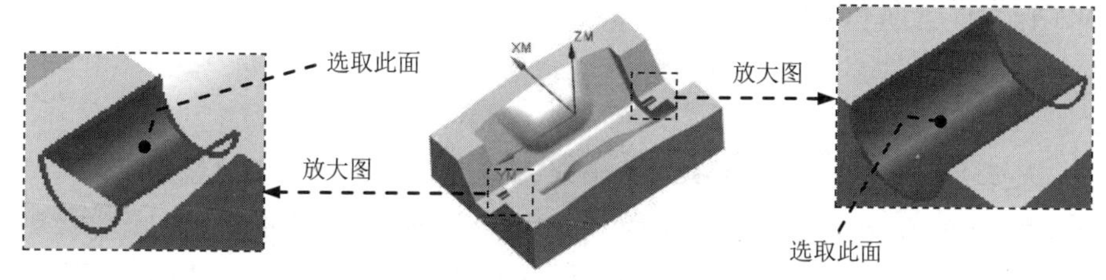

图 9.5.25　指定切削区域

Stage3．设置驱动方式

Step1．在“区域轮廓铣”对话框 驱动方法 区域的下拉列表中选择 区域铣削 选项，单击“编辑参数”按钮，系统弹出“区域铣削驱动方法”对话框。

Step2．在“区域铣削驱动方法”对话框的 平面直径百分比 文本框中输入值 10.0，其他参数采用系统默认设置值，然后单击 确定 按钮，系统返回“区域轮廓铣”对话框。

Stage4．设置刀轴

刀轴选择系统默认的 +ZM 轴。

Stage5．设置切削参数和非切削移动参数

采用系统默认的切削参数和非切削移动参数。

Stage6．设置进给率和速度

Step1．在“区域轮廓铣”对话框中单击“进给率和速度”按钮，系统弹出“进给率

和速度”对话框。

Step2. 选中“进给率和速度”对话框主轴速度区域中的☑ 主轴速度 (rpm)复选框，在其后的文本框中输入值 800.0，按 Enter 键，然后单击按钮，在进给率区域的切削文本框中输入值 200.0，按 Enter 键，然后单击按钮，其他参数采用系统默认设置值。

Step3. 单击确定按钮，完成进给率和速度的设置，系统返回“区域轮廓铣”对话框。

Stage7. 生成刀路轨迹并仿真

生成的刀路轨迹如图 9.5.26 所示，2D 动态仿真加工后的模型如图 9.5.27 所示。

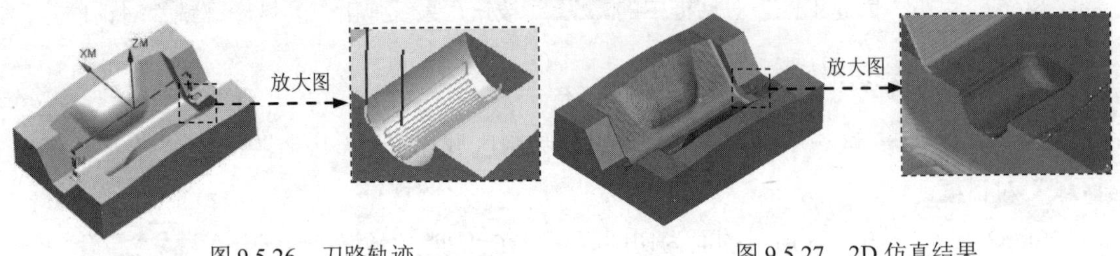

图 9.5.26　刀路轨迹　　　　图 9.5.27　2D 仿真结果

Task11. 创建清根操作

Stage1. 创建工序

Step1. 选择下拉菜单插入(S) → 工序(E)...命令，系统弹出“创建工序”对话框。

Step2. 确定加工方法。在“创建工序”对话框的类型下拉列表中选择mill_contour选项，在工序子类型区域中单击“多刀路清根”按钮，在刀具下拉列表中选择B5 (铣刀-球头铣)选项，在几何体下拉列表中选择WORKPIECE选项，在方法下拉列表中选择MILL_FINISH选项。单击确定按钮，系统弹出“多刀路清根”对话框。

Stage2. 设置驱动设置

在“多刀路清根”对话框驱动设置区域的步距文本框中输入值 0.2，其他参数采用系统默认设置值。

Stage3. 设置进给率和速度

Step1. 单击“多刀路清根”对话框中的“进给率和速度”按钮，系统弹出“进给率和速度”对话框。

Step2. 在“进给率和速度”对话框中选中☑ 主轴速度 (rpm)复选框，然后在其文本框中输入值 1600.0，按 Enter 键，然后单击按钮，在切削文本框中输入值 1250.0，按 Enter 键，然后单击按钮，在进刀文本框中输入值 500.0，其他参数均采用系统默认设置值。

Step3. 单击“进给率和速度”对话框中的确定按钮，系统返回“多刀路清根”对话框。

Stage4．生成刀路轨迹并仿真

生成的刀路轨迹如图 9.5.28 所示，2D 动态仿真加工后的模型如图 9.5.29 所示。

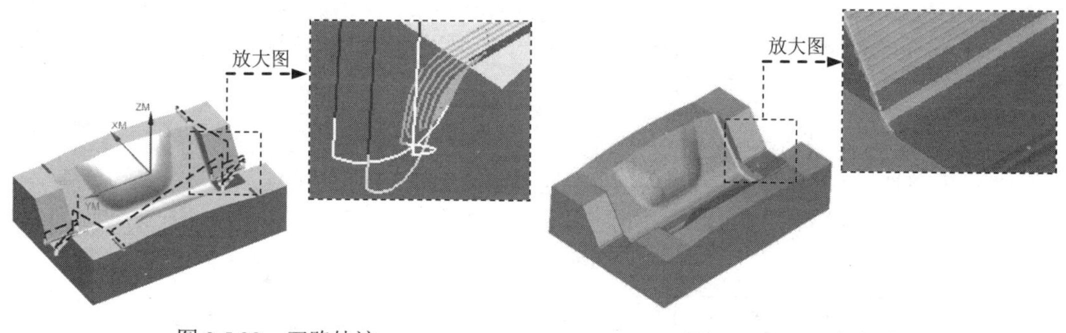

图 9.5.28　刀路轨迹　　　　图 9.5.29　2D 仿真结果

Task12．保存文件

选择下拉菜单 文件(F) ➡ 保存(S) 命令，保存文件。

9.6　车削加工与编程

本节介绍图 9.6.1 所示的轴零件的加工过程，其加工工艺路线如图 9.6.2 和图 9.6.3 所示。

a）参考模型　　b）工件　　c）加工结果

图 9.6.1　轴零件加工过程

Task1．打开模型文件并进入加工模块

Step1．打开文件 D:\ugal12\work\ch09.06\turn.prt。

Step2．在 应用模块 功能选项卡的 加工 区域单击 按钮，系统弹出“加工环境”对话框，在“加工环境”对话框的 要创建的 CAM 组装 列表中选择 turning 选项，单击 确定 按钮，进入加工环境。

Task2．创建几何体

Stage1．创建机床坐标系（注：本步骤的详细操作过程请参见学习资源中 video\ch09.06\reference\文件下的语音视频讲解文件 turn-r01.exe）

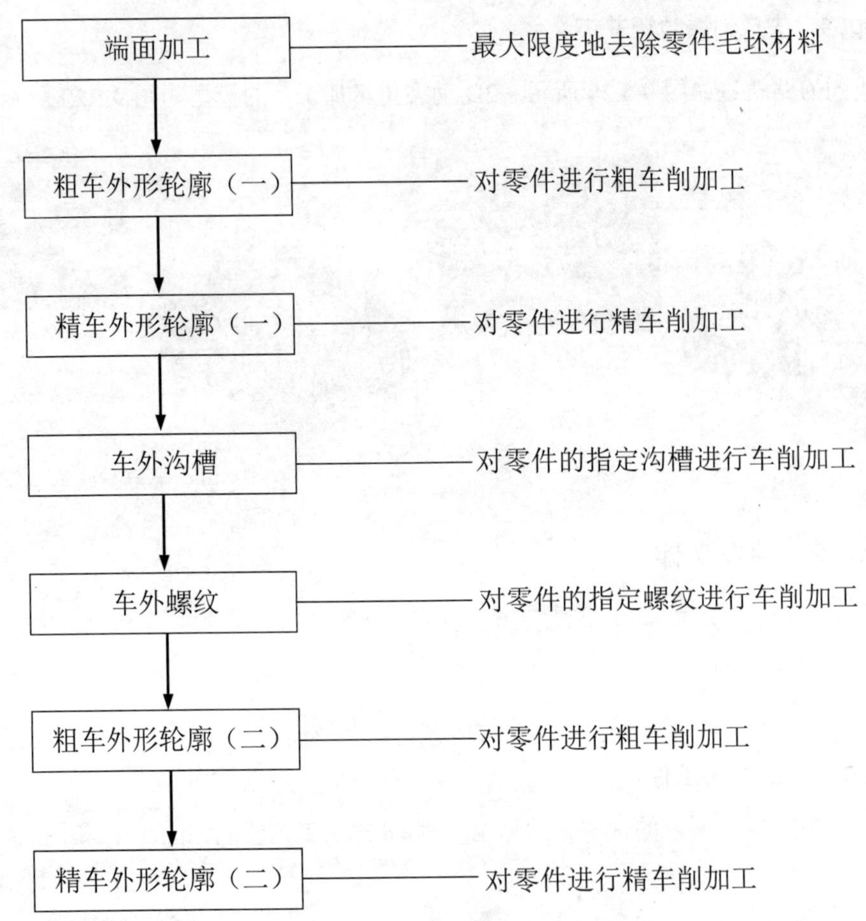

图 9.6.2　加工工艺路线（一）

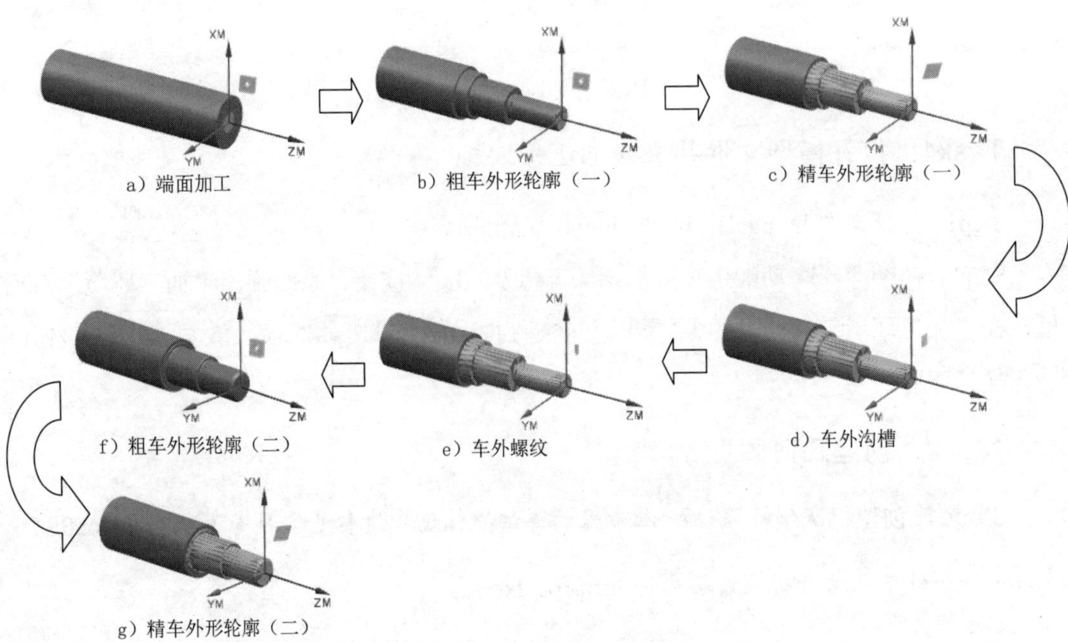

图 9.6.3　加工工艺路线（二）

Stage2．创建机床工作平面

在"坐标系"对话框车床工作平面区域的指定平面下拉列表中选择ZM-XM选项。单击确定按钮，完成机床工作平面的创建。

Stage3．创建部件几何体

Step1．在工序导航器中双击MCS_SPINDLE节点下的WORKPIECE，系统弹出"工件"对话框。

Step2．单击"工件"对话框中的按钮，系统弹出"部件几何体"对话框，选取整个零件为部件几何体。

Step3．依次单击"部件几何体"对话框和"工件"对话框中的确定按钮，完成部件几何体的创建。

Stage4．创建毛坯几何体

Step1．在工序导航器的几何视图状态下双击WORKPIECE节点下的子菜单节点TURNING_WORKPIECE，系统弹出"车削工件"对话框。

Step2．单击"车削工件"对话框指定部件边界右侧的按钮，此时系统会自动指定部件边界，并在图形区显示，如图9.6.4所示。

Step3．单击"车削工件"对话框中的"选择或编辑毛坯边界"按钮，系统弹出"毛坯边界"对话框。

Step4．在类型下拉列表中选择棒料选项，在毛坯区域的安装位置下拉列表中选择远离主轴箱选项，然后单击按钮，系统弹出"点"对话框。在"点"对话框输出坐标区域的参考下拉列表中选择WCS选项，在XC文本框中输入值2，在YC文本框中输入值0，在ZC文本框中输入值0，单击确定按钮，完成安装位置的定义，并返回"毛坯边界"对话框。

Step5．在"毛坯边界"对话框的长度文本框中输入值175.0，在直径文本框中输入值45.0，单击确定按钮，在图形区中显示毛坯边界，结果如图9.6.5所示。

Step6．单击"车削工件"对话框中的确定按钮，完成毛坯几何体的定义。

Stage5．创建几何体

Step1．选择下拉菜单插入(S) → 几何体(G)...命令，系统弹出"创建几何体"对话框。

Step2．在"创建几何体"对话框的几何体子类型区域选择"AVOIDANCE"按钮，在位置区域的几何体下拉列表中选择TURNING_WORKPIECE选项，采用系统默认的名称。单击确定按钮，系统弹出"避让"对话框。

Step3．在运动到起点（ST）区域的运动类型下拉列表中选择直接选项，在点选项下拉列表中选择点选项，然后单击* 指定点右侧的按钮，系统弹出"点"对话框。

Step4. 在“点”对话框 输出坐标 区域 参考 下拉列表中选择 WCS 选项，然后在 XC 文本框中输入值 10，在 YC 文本框中输入值 30，在 ZC 文本框中输入值 0，单击 确定 按钮，系统返回“避让”对话框。

Step5. 在 逼近（AP） 区域的 刀轨选项 下拉列表中选择 点（仅在换刀后） 选项，单击 逼近点 区域 * 指定点 右侧的 按钮，系统弹出“点”对话框。在 输出坐标 区域 参考 下拉列表中选择 WCS 选项，然后在 XC 文本框中输入值 10，在 YC 文本框中输入值 28，在 ZC 文本框中输入值 0，单击 确定 按钮，系统返回“避让”对话框。

Step6. 在“避让”对话框设置图 9.6.6 所示的参数，单击 确定 按钮，退出“避让”对话框。

Task3. 创建刀具

Stage1. 创建刀具（一）

Step1. 选择下拉菜单 插入(S) → 刀具(T)... 命令，系统弹出“创建刀具”对话框。

Step2. 在“创建刀具”对话框的 类型 下拉列表中选择 turning 选项，在 刀具子类型 区域中单击“OD_80_L”按钮，在 位置 区域的 刀具 下拉列表中选择 GENERIC_MACHINE 选项，采用系统默认的名称。单击 确定 按钮，系统弹出“车刀-标准”对话框。

Step3. 在“车刀-标准”对话框中单击 刀具 选项卡，在 尺寸 区域的 (R) 刀尖半径 文本框中输入值 0.5，在 (OA) 方向角度 文本框中输入值 5，在 刀片尺寸 区域的 长度 文本框中输入值 15，其他参数采用系统默认的设置值。单击 确定 按钮，完成刀具的创建。

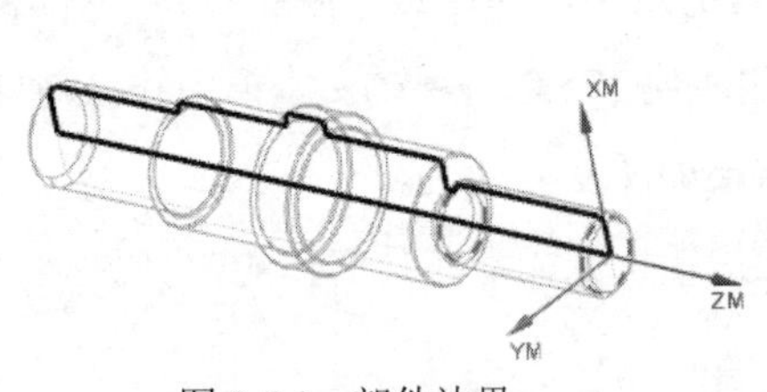

图 9.6.4　部件边界

图 9.6.5　毛坯边界

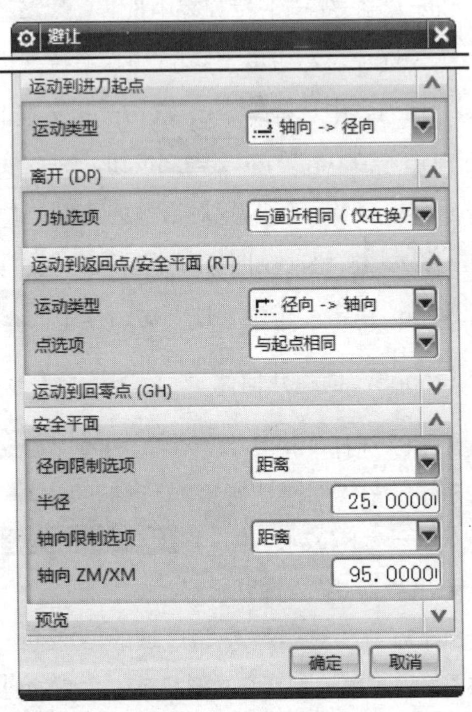

图 9.6.6　“避让”对话框

Stage2．创建刀具（二）

设置刀具类型为turning选项，在刀具子类型区域单击选择“OD_55_L”按钮，设置(R) 刀尖半径为0.2、(OA) 方向角度为17.5以及长度为15.0。具体操作方法参照Stage1。

Stage3．创建刀具（三）

设置刀具类型为turning选项，在刀具子类型区域单击选择“OD_GROOVE_L”按钮，设置(OA) 方向角度为90.0、(IL) 刀片长度为10.0、(IW) 刀片宽度为2.0、(R) 半径为0.2、(SA) 侧角为2.0以及(TA) 尖角为0。具体操作方法参照Stage1。

Stage4．创建刀具（四）

设置刀具类型为turning选项，在刀具子类型区域单击选择“OD_THREAD_L”按钮，设置(OA) 方向角度为90.0、(IL) 刀片长度为10.0、(IW) 刀片宽度为4.0、(LA) 左角为30.0、(RA) 右角为30.0、(NR) 刀尖半径为0.2以及(TO) 刀尖偏置为2.0。具体操作方法参照Stage1。

Task4．创建车削操作

Stage1．创建工序

Step1．选择下拉菜单插入(S) ➡ 工序(E)...命令，系统弹出“创建工序”对话框。

Step2．在“创建工序”对话框的类型下拉列表中选择turning选项，在工序子类型区域中单击“面加工”按钮，在程序下拉列表中选择PROGRAM选项，在刀具下拉列表中选择OD_80_L (车刀-标准)选项，在几何体下拉列表中选择AVOIDANCE选项，在方法下拉列表中选择LATHE_FINISH选项，名称采用系统默认的名称。

Step3．单击“创建工序”对话框中的确定按钮，系统弹出“面加工”对话框。

Stage2．指定切削区域

Step1．单击“面加工”对话框切削区域右侧的“编辑”按钮，系统弹出“切削区域”对话框。

Step2．在“切削区域”对话框轴向修剪平面 1区域的限制选项下拉列表中选择距离选项，单击确定按钮，系统返回“面加工”对话框。

Step3．在“面加工”对话框中设置图9.6.7所示的参数。

Stage3．设置切削参数

采用系统默认的参数设置值。

Stage4．设置非切削参数

单击“面加工”对话框中的“非切削移动”按钮，系统弹出“非切削移动”对话框。

然后在更多选项卡中设置图 9.6.8 所示的参数。单击确定按钮，系统返回“面加工”对话框。

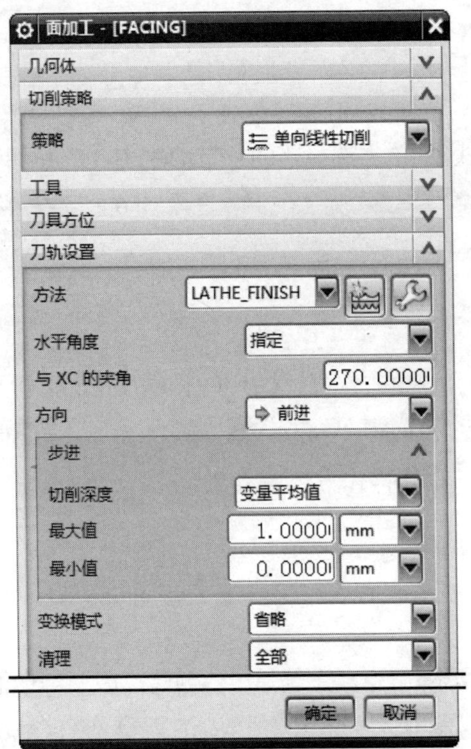

图 9.6.7 “面加工”对话框

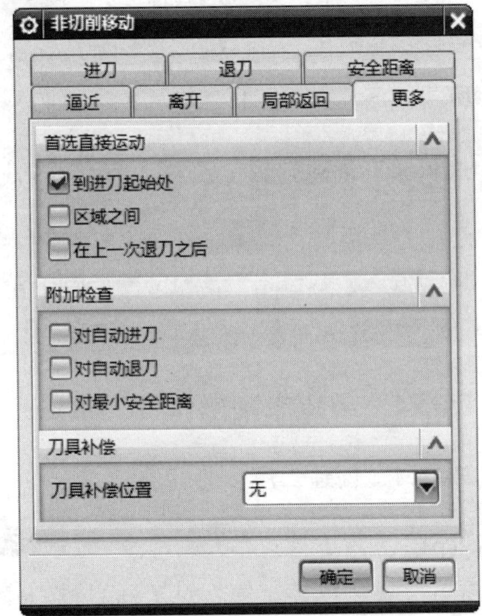

图 9.6.8 “非切削移动”对话框

Stage5. 进给率和速度

Step1. 在“面加工”对话框中单击“进给率和速度”按钮，系统弹出“进给率和速度”对话框。

Step2. 在“进给率和速度”对话框主轴速度区域的表面速度 (smm)文本框中输入值 60，在进给率区域的切削文本框中输入值 0.5。单击确定按钮，系统返回“面加工”对话框。

Stage6. 生成刀路轨迹

Step1. 单击“面加工”对话框中的“生成”按钮，生成的刀路轨迹如图 9.6.9 所示。

Step2. 在图形区通过旋转、平移、放大视图，再单击“重播”按钮重新显示路径，即可以从不同角度对刀路轨迹进行查看，以判断其路径是否合理。

Stage7. 3D 动态仿真

Step1. 在“面加工”对话框中单击“确认”按钮，系统弹出“刀轨可视化”对话框。

Step2. 在“刀轨可视化”对话框中单击3D 动态选项卡，采用系统默认参数设置值，调整动画速度后单击“播放”按钮▶，即可观察到 3D 动态仿真加工。加工后的结果如图 9.6.10 所示。

Step3. 分别在“刀轨可视化”对话框和“面加工”对话框中单击确定按钮，完成粗车加工。

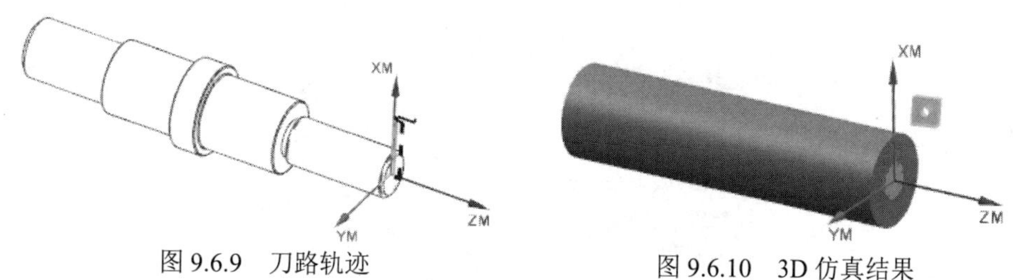

图 9.6.9　刀路轨迹　　图 9.6.10　3D 仿真结果

Task5. 创建粗车外形轮廓操作 1

Stage1. 创建工序

Step1. 选择下拉菜单插入(S) → 工序(E)...命令，系统弹出“创建工序”对话框。

Step2. 在“创建工序”对话框的类型下拉列表中选择turning选项，在工序子类型区域中单击“外径粗车”按钮，在程序下拉列表中选择PROGRAM选项，在刀具下拉列表中选择OD_80_L (车刀-标准)选项，在几何体下拉列表中选择AVOIDANCE选项，在方法下拉列表中选择LATHE_ROUGH选项，名称采用系统默认的名称。

Step3. 单击“创建工序”对话框中的确定按钮，系统弹出“外径粗车”对话框。

Stage2. 指定切削区域

Step1. 单击“外径粗车”对话框切削区域右侧的“编辑”按钮，系统弹出“切削区域”对话框。

Step2. 在“切削区域”对话框轴向修剪平面 1区域的限制选项下拉列表中选择点选项，在图形区中选取图 9.6.11 所示的边线的端点，单击确定按钮，系统返回到“外径粗车”对话框。

Step3. 在“外径粗车”对话框中设置图 9.6.12 所示的参数。

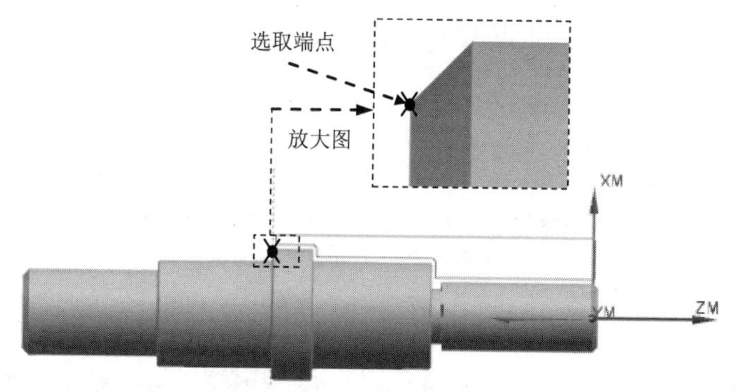

图 9.6.11　指定切削区域

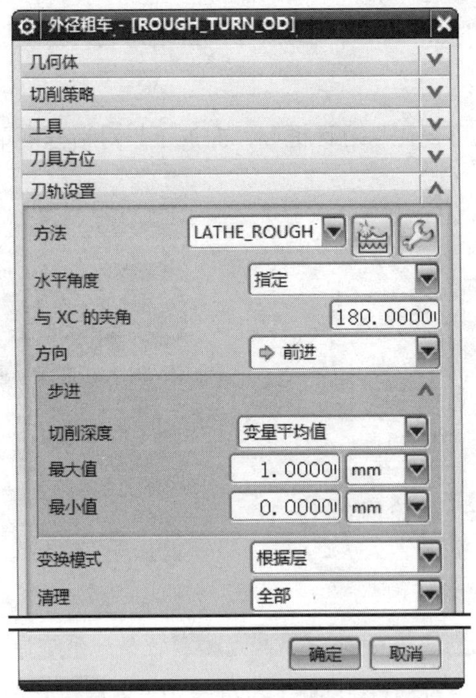

图 9.6.12 “外径粗车”对话框

Stage3. 设置切削参数

单击“外径粗车”对话框中的“切削参数”按钮，系统弹出“切削参数”对话框，在该对话框中选择余量选项卡，设置图 9.6.13 所示的参数。其他选项卡参数采用系统默认设置值。然后单击确定按钮，系统返回“外径粗车”对话框。

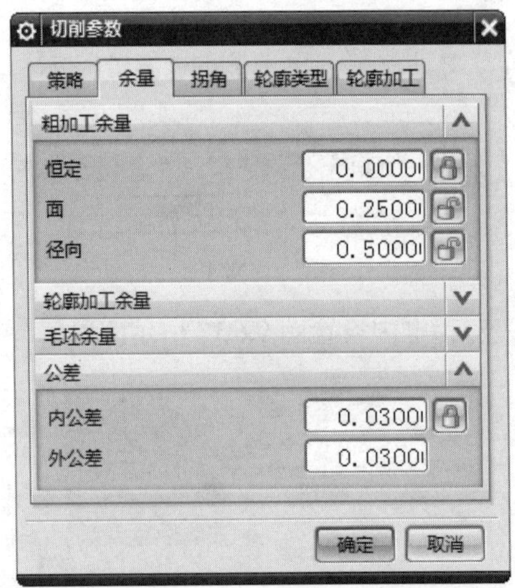

图 9.6.13 “余量”选项卡

Stage4. 设置非切削参数

单击“外径粗车”对话框中的“非切削移动”按钮，系统弹出“非切削移动”对话框。在 更多 选项卡的 首选直接运动 区域取消选中 □ 在上一次退刀之后 、□ 区域之间 复选框，其他参数采用系统默认设置值。然后单击 确定 按钮，系统返回“外径粗车”对话框。

Stage5．进给率和速度

Step1．在“外径粗车”对话框中单击“进给率和速度”按钮，系统弹出“进给率和速度”对话框。

Step2．在“进给率和速度”对话框 主轴速度 区域的 表面速度（smm）文本框中输入值 60，在 进给率 区域的 切削 文本框中输入值 0.5。单击 确定 按钮，系统返回“外径粗车”对话框。

Stage6．生成刀路轨迹并仿真

生成的刀路轨迹如图 9.6.14 所示，3D 动态仿真加工后结果如图 9.6.15 所示。

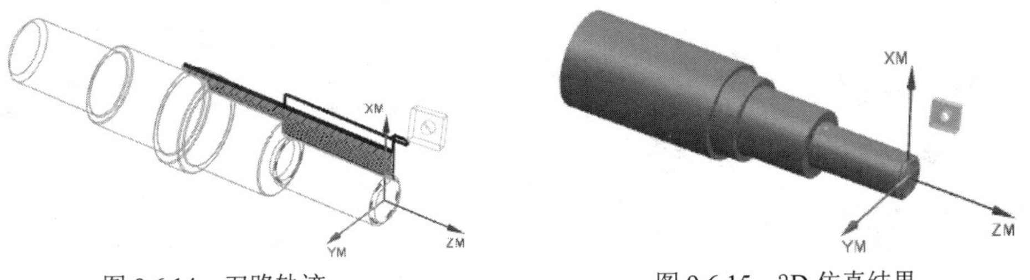

图 9.6.14　刀路轨迹　　　　图 9.6.15　3D 仿真结果

Task6．创建精车外形轮廓操作 1

Stage1．创建工序

Step1．选择下拉菜单 插入(S) → 工序(E)... 命令，系统弹出“创建工序”对话框。

Step2．在“创建工序”对话框的 类型 下拉列表中选择 turning 选项，在 工序子类型 区域中单击“外径精车”按钮，在 程序 下拉列表中选择 PROGRAM 选项，在 刀具 下拉列表中选择 OD_55_L 选项，在 几何体 下拉列表中选择 AVOIDANCE 选项，在 方法 下拉列表中选择 LATHE_FINISH 选项，名称采用系统默认的名称。

Step3．单击“创建工序”对话框中的 确定 按钮，系统弹出“外径精车”对话框。

Stage2．指定切削区域

Step1．单击“外径精车”对话框 切削区域 右侧的“编辑”按钮，系统弹出“切削区域”对话框。

Step2．在“切削区域”对话框 轴向修剪平面 1 区域的 限制选项 下拉列表中选择 点 选项，在图形区中选取图 9.6.16 所示的边线的端点，单击 确定 按钮，系统返回“外径精车”对话框。

Step3．在“外径精车”对话框中设置图 9.6.17 所示的参数。

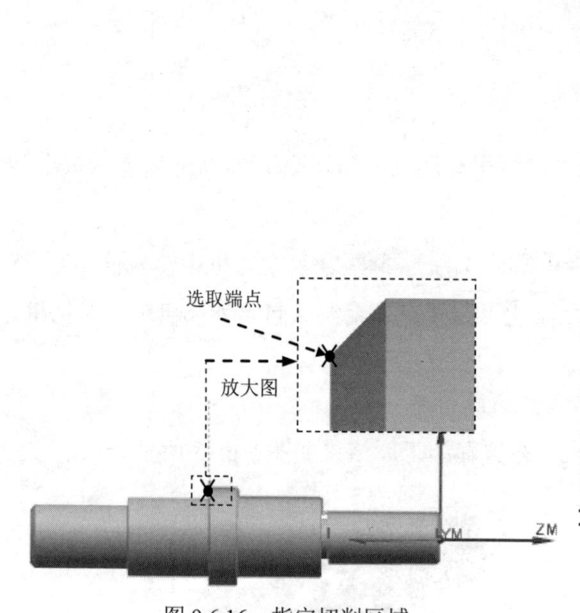

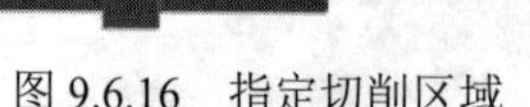
图 9.6.16 指定切削区域

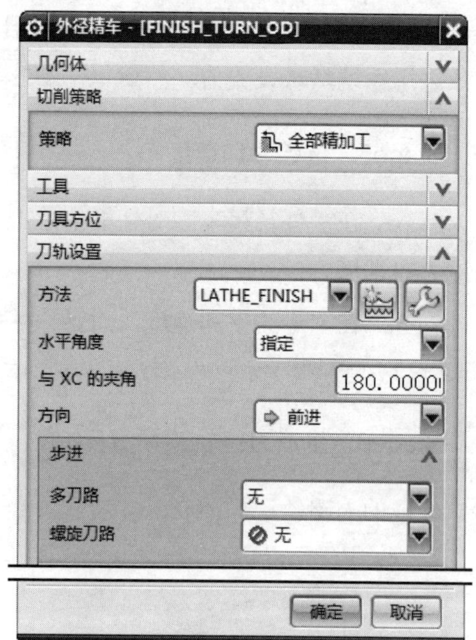

图 9.6.17 “外径精车”对话框

Stage3．设置切削参数

单击“外径精车”对话框中的“切削参数”按钮，系统弹出“切削参数”对话框，在该对话框中选择策略选项卡，在切削区域取消选中☐允许底切复选框；然后单击余量选项卡，在内公差和外公差文本框中分别输入值 0.01；单击拐角选项卡，在拐角处的刀轨形状区域的常规拐角下拉列表中选择绕对象滚动选项，在浅角下拉列表中选择绕对象滚动选项。其他选项卡参数采用系统默认设置值。然后单击确定按钮，系统返回“外径精车”对话框。

Stage4．设置非切削参数

采用系统默认参数值。

Stage5．进给率和速度

Step1. 在“外径精车”对话框中单击“进给率和速度”按钮，系统弹出“进给率和速度”对话框。

Step2. 在“进给率和速度”对话框主轴速度区域的表面速度 (smm)文本框中输入值 90，在进给率区域的切削文本框中输入值 0.15。单击确定按钮，系统返回“外径精车”对话框。

Stage6．生成刀路轨迹并仿真

生成的刀路轨迹如图 9.6.18 所示，3D 动态仿真加工后结果如图 9.6.19 所示。

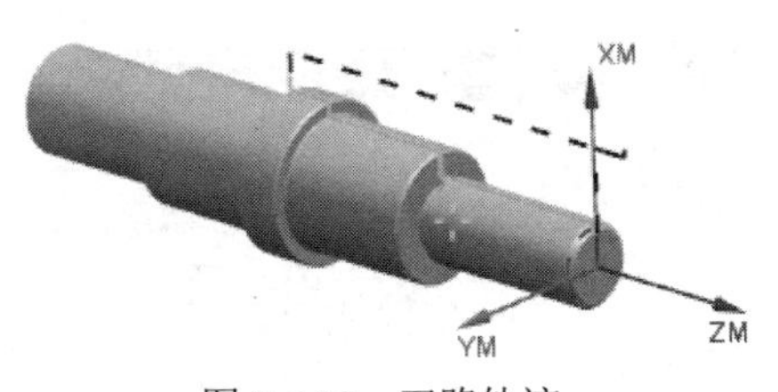

图 9.6.18 刀路轨迹

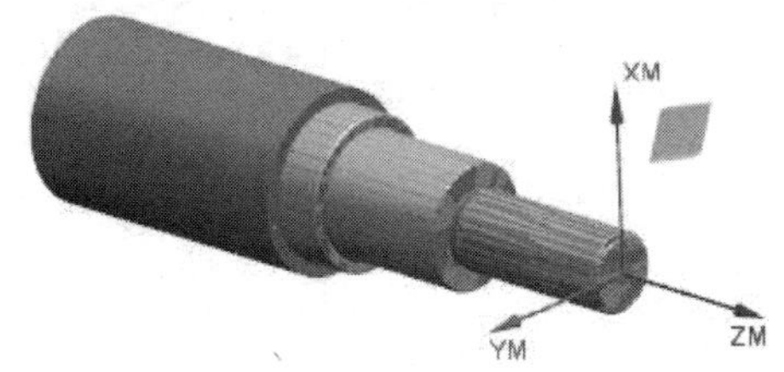

图 9.6.19 3D 仿真结果

Task7．创建车外沟槽操作

Stage1．创建工序

Step1．选择下拉菜单插入(S) → 工序(E)...命令，系统弹出“创建工序”对话框。

Step2．在“创建工序”对话框的类型下拉列表中选择turning选项，在工序子类型区域中单击“外径开槽”按钮，在程序下拉列表中选择PROGRAM选项，在刀具下拉列表中选择OD_GROOVE_L (槽刀-标准)选项，在几何体下拉列表中选择AVOIDANCE选项，在方法下拉列表中选择LATHE_GROOVE选项，名称采用系统默认的名称。

Step3．单击“创建工序”对话框中的确定按钮，系统弹出“外径开槽”对话框。

Stage2．指定切削区域

Step1．单击“外径开槽”对话框切削区域右侧的“编辑”按钮，系统弹出“切削区域”对话框。

Step2．在“切削区域”对话框轴向修剪平面 1区域的限制选项下拉列表中选择点选项，在图形区中选取图 9.6.20 所示的点，单击确定按钮，系统返回“外径开槽”对话框。

Step3．在“外径开槽”对话框中设置图 9.6.21 所示的参数。

Stage3．设置切削参数

单击“外径开槽”对话框中的“切削参数”按钮，系统弹出“切削参数”对话框，在该对话框中选择策略选项卡，在切削区域的转文本框中输入值 2，在切削约束区域的最小切削深度下拉列表中选择指定选项，在距离文本框中输入值 0.5。单击切屑控制选项卡，在切屑控制下拉列表中选择恒定安全设置选项，在恒定增量文本框中输入值 1。单击拐角选项卡，在拐角处的刀轨形状区域的常规拐角下拉列表中选择延伸选项。其他选项卡参数采用系统默认设置值。然后单击确定按钮，系统返回“外径开槽”对话框。

Stage4．设置非切削参数

采用系统默认参数值。

Stage5．进给率和速度

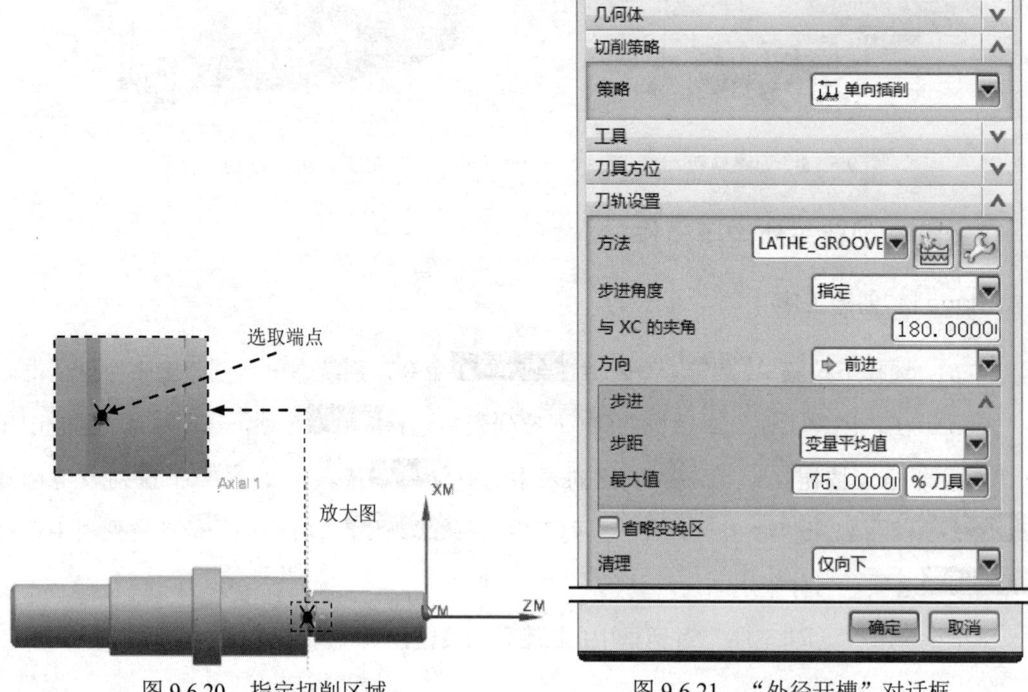

图 9.6.20　指定切削区域　　　　图 9.6.21　“外径开槽”对话框

Step1．在“外径开槽”对话框中单击“进给率和速度”按钮，系统弹出“进给率和速度”对话框。

Step2．在“进给率和速度”对话框主轴速度区域的输出模式下拉列表中选择SMM选项，在表面速度 (smm)文本框中输入值 70，在进给率区域的切削文本框中输入值 0.5。单击确定按钮，系统返回“外径开槽”对话框。

Stage6．生成刀路轨迹并仿真

生成的刀路轨迹如图 9.6.22 所示，3D 动态仿真加工后结果如图 9.6.23 所示。

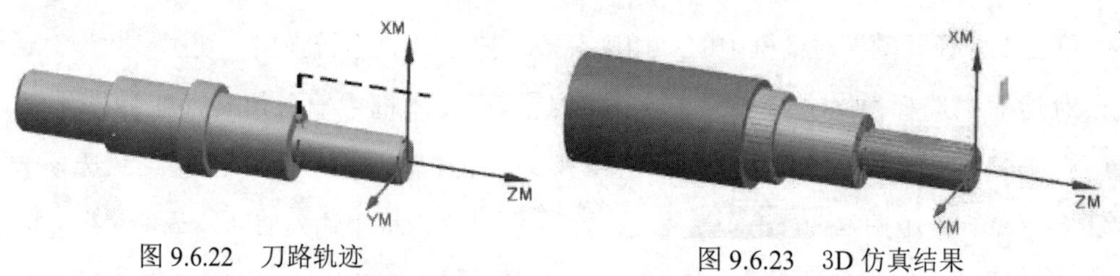

图 9.6.22　刀路轨迹　　　　图 9.6.23　3D 仿真结果

Task8．创建车外螺纹操作

Stage1．创建工序

Step1．选择下拉菜单插入(S) → 工序(E)...命令，系统弹出“创建工序”对话框。

Step2. 在“创建工序”对话框的类型下拉列表中选择turning选项，在工序子类型区域中单击“外径螺纹铣”按钮，在程序下拉列表中选择PROGRAM选项，在刀具下拉列表中选择OD_THREAD_L（螺纹刀-标准）选项，在几何体下拉列表中选择AVOIDANCE选项，在方法下拉列表中选择LATHE_THREAD选项，名称采用系统默认的名称。

Step3. 单击“创建工序”对话框中的确定按钮，系统弹出“外径螺纹铣”对话框。

Stage2．定义螺纹几何体

Step1. 选取螺纹顶线。单击“外径螺纹铣”对话框的* 选择顶线 (0)区域，在模型上选取图 9.6.24 所示的边线。

Step2. 选取根线。选取图 9.6.25 所示的边线。在深度选项下拉列表中选择深度和角度选项，在深度文本框中输入值 1。

Stage3．设置螺纹参数

Step1. 单击偏置和刀轨设置区域，然后在“外径螺纹铣”对话框中设置图 9.6.26 所示的参数。

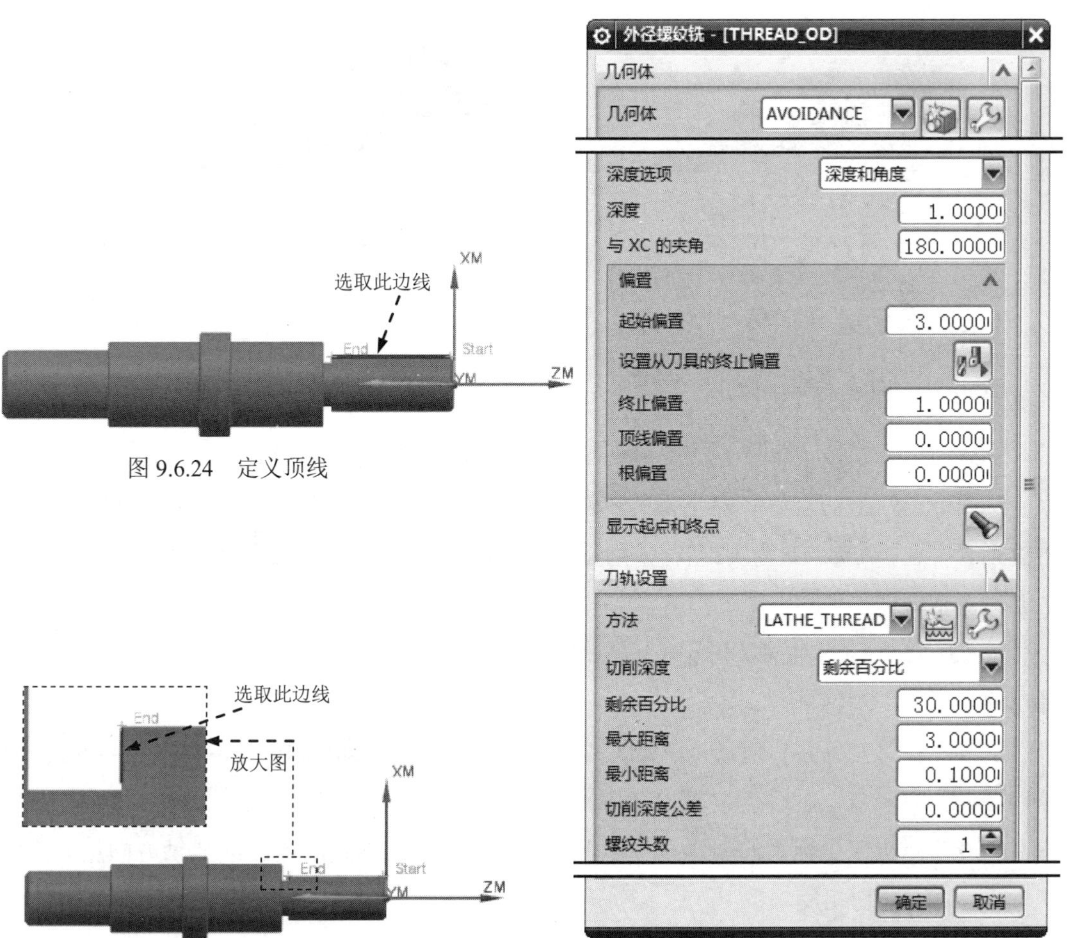

图 9.6.24 定义顶线

图 9.6.25 定义根线

图 9.6.26 “外径螺纹铣”对话框

Step2. 设置切削参数。单击“外径螺纹铣”对话框中的“切削参数”按钮，系统弹出“切削参数”对话框，选择螺距选项卡，然后在距离文本框中输入值 2，选择附加刀路选项卡，在精加工刀路区域的刀路数文本框中输入值 2，在增量文本框中输入值 0.05。单击确定按钮。

Stage4. 进给率和速度

Step1. 在“外径螺纹铣”对话框中单击“进给率和速度”按钮，系统弹出“进给率和速度”对话框。

Step2. 在“进给率和速度”对话框的主轴速度区域选中☑主轴速度复选框，然后在其后面的文本框中输入值 400，在进给率区域的切削文本框中输入值 2，然后在其后面的下拉列表中选择mmpr选项。单击确定按钮，系统返回“外径螺纹铣”对话框。

Stage5. 生成刀路轨迹并仿真

生成的刀路轨迹如图 9.6.27 所示，3D 动态仿真加工后结果如图 9.6.28 所示。

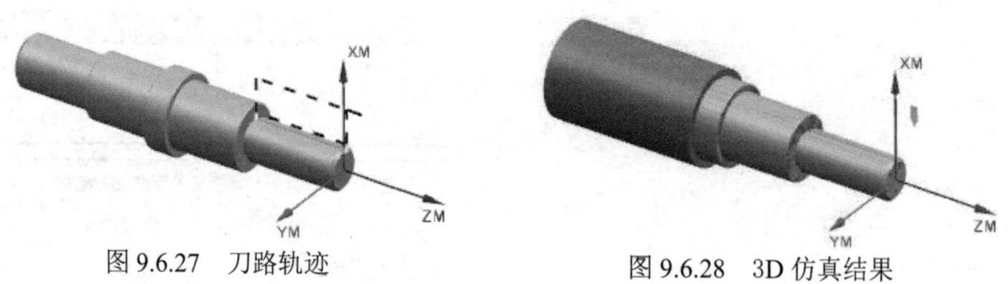

图 9.6.27 刀路轨迹　　图 9.6.28 3D 仿真结果

Task9. 创建几何体

Stage1. 创建机床坐标系

Step1. 选择下拉菜单插入(S) → 几何体(G)...，系统弹出“创建几何体”对话框。

Step2. 在“创建几何体”对话框的几何体子类型区域选择按钮，然后在位置区域的几何体下拉列表中选择GEOMETRY选项。名称采用系统默认的名称。单击确定按钮，系统弹出“MCS 主轴”对话框。

Step3. 在“MCS 主轴”对话框的机床坐标系区域中单击“坐标系对话框”按钮，系统弹出“坐标系”对话框。

Step4. 在“坐标系”对话框类型区域的下拉列表中选择动态选项，单击图 9.6.29 所示的圆心为参照点，然后绕 Y 轴旋转-90°，再绕 Z 轴旋转 90°。单击确定按钮，完成图 9.6.30 所示机床坐标系的创建。(注：此坐标系与 Task2 创建的坐标系 X 轴方向相同，与 Y 轴、Z 轴方向均相反。)

Stage2．创建机床工作平面

在“MCS 主轴”对话框车床工作平面区域的指定平面下拉列表中选择ZM-XM选项。单击确定按钮，完成机床工作平面的创建。

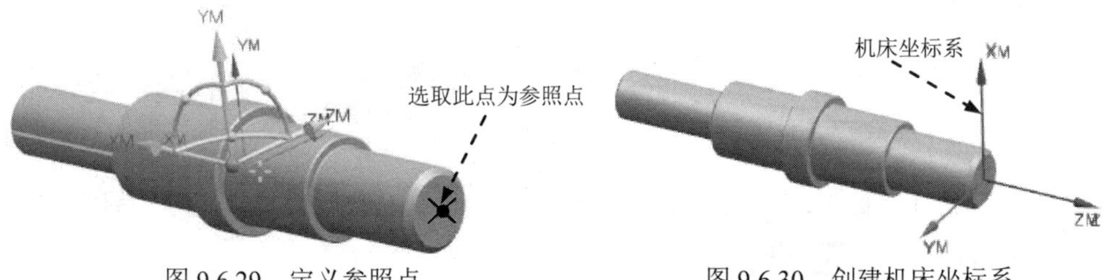

图 9.6.29　定义参照点　　图 9.6.30　创建机床坐标系

Stage3．创建部件几何体

Step1．在工序导航器的几何视图状态下双击上步创建MCS_SPINDLE_1节点下的WORKPIECE_1，系统弹出“工件”对话框。

Step2．单击“工件”对话框中的按钮，系统弹出“部件几何体”对话框，选取整个零件为部件几何体。

Step3．依次单击“部件几何体”对话框和“工件”对话框中的确定按钮，完成部件几何体的创建。

Stage4．创建毛坯几何体

Step1．在工序导航器的几何视图状态下双击WORKPIECE节点下的子菜单节点TURNING_WORKPIECE，系统弹出“车削工件”对话框。

Step2．单击“车削工件”对话框指定部件边界右侧的按钮，此时系统会自动指定部件边界，并在图形区显示，如图 9.6.31 所示。

Step3．单击“车削工件”对话框中的“选择或编辑毛坯边界”按钮，系统弹出“毛坯边界”对话框。

Step4．在类型下拉列表中选择棒料选项，在毛坯区域的安装位置下拉列表中选择远离主轴箱选项，然后单击按钮，系统弹出“点”对话框。在“点”对话框输出坐标区域的参考下拉列表中选择WCS选项，在XC文本框中输入值 3，在YC文本框中输入值 0，在ZC文本框中输入值 0。单击确定按钮，完成安装位置的定义，并返回“毛坯边界”对话框。

Step5．在“毛坯边界”对话框的长度文本框中输入值 175.0，在直径文本框中输入值 45.0，单击确定按钮，在图形区中显示毛坯边界，如图 9.6.32 所示。

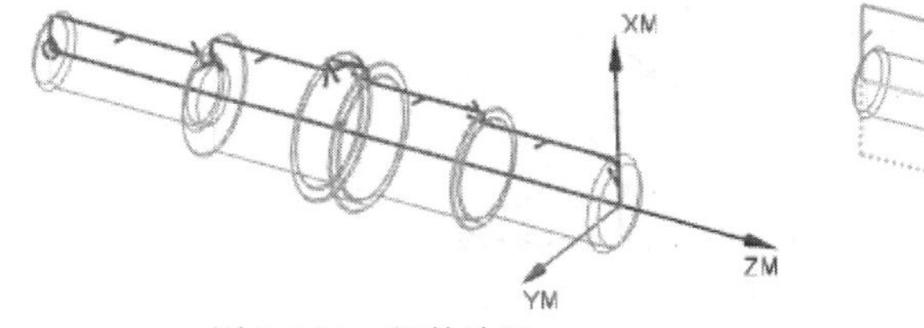

图 9.6.31　部件边界

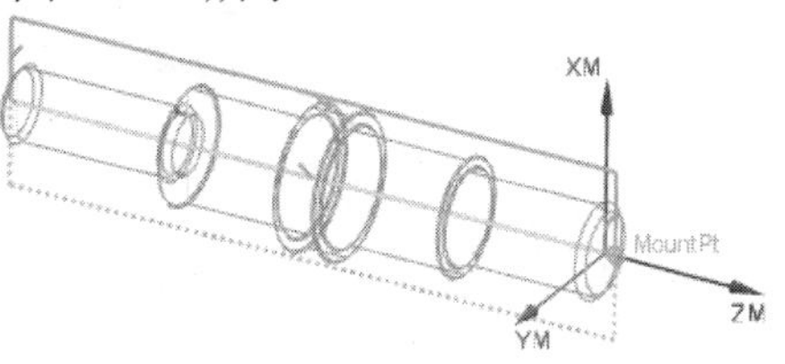

图 9.6.32　毛坯边界

Step6. 单击“车削工件”对话框中的 确定 按钮，完成毛坯几何体的定义。

Task10. 创建粗车外形轮廓操作 2

Stage1. 创建工序

Step1. 复制几何体工序。在工序导航器的 AVOIDANCE 节点上单击鼠标右键，在弹出的快捷菜单中选择 复制 命令。

Step2. 粘贴几何体工序。在工序导航器的 TURNING_WORKPIECE_1 节点上单击鼠标右键，在弹出的快捷菜单中选择 内部粘贴 命令。

Step3. 删除。在工序导航器的 AVOIDANCE 节点上单击鼠标左键，将其子节点下的程序都删除。

Step4. 双击工序导航器中新建的 AVOIDANCE_COPY，系统弹出“避让”对话框。

Step5. 单击 运动到起点（ST）区域 * 指定点 右侧的 按钮，系统弹出“点”对话框。

Step6. 在“点”对话框 坐标 区域的 XC 文本框中输入值 10，在 YC 文本框中输入值 30，在 ZC 文本框中输入值 0，单击 确定 按钮，系统返回“避让”对话框。

Step7. 在 逼近（AP）区域的 刀轨选项 下拉列表中选择 点 选项，单击 逼近点 区域右侧的 按钮，系统弹出“点”对话框。在 输出坐标 区域的 XC 文本框中输入值 10，在 YC 文本框中输入值 25，在 ZC 文本框中输入值 0，单击 确定 按钮，系统返回“避让”对话框。

Step8. 在“避让”对话框中设置图 9.6.33 所示的参数，单击 确定 按钮，退出“避让”对话框。

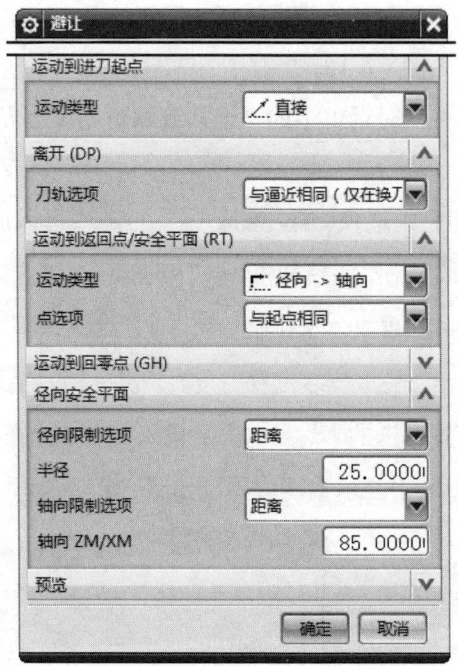

图 9.6.33 “避让”对话框

Step9. 选择下拉菜单插入(S) ➡ 工序(E)...命令，系统弹出“创建工序”对话框。

Step10. 在“创建工序”对话框的类型下拉列表中选择turning选项，在工序子类型区域中单击“外径粗车”按钮，在程序下拉列表中选择PROGRAM选项，在刀具下拉列表中选择OD_80_L (车刀-标准)选项，在几何体下拉列表中选择AVOIDANCE_COPY选项，在方法下拉列表中选择LATHE_ROUGH选项，名称采用系统默认的名称。

Step11. 单击“创建工序”对话框中的确定按钮，系统弹出“外径粗车”对话框。

Stage2．指定切削区域

Step1. 在“外径粗车”对话框的刀具方位区域选中☑绕夹持器翻转刀具复选框。

Step2. 单击“外径粗车”对话框切削区域右侧的“编辑”按钮，系统弹出“切削区域”对话框。

Step3. 在“切削区域”对话框轴向修剪平面 1区域的限制选项下拉列表中选择点选项，在图形区中选取图 9.6.34 所示的边线的端点，单击确定按钮，系统返回“外径粗车”对话框。

Step4. 在“外径粗车”对话框中设置图 9.6.35 所示的参数。

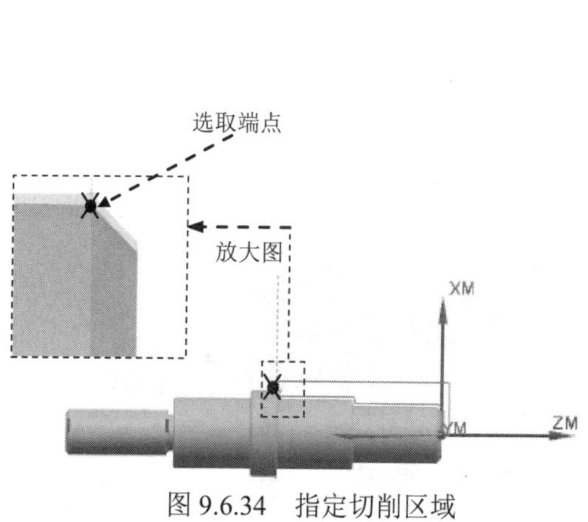

图 9.6.34　指定切削区域

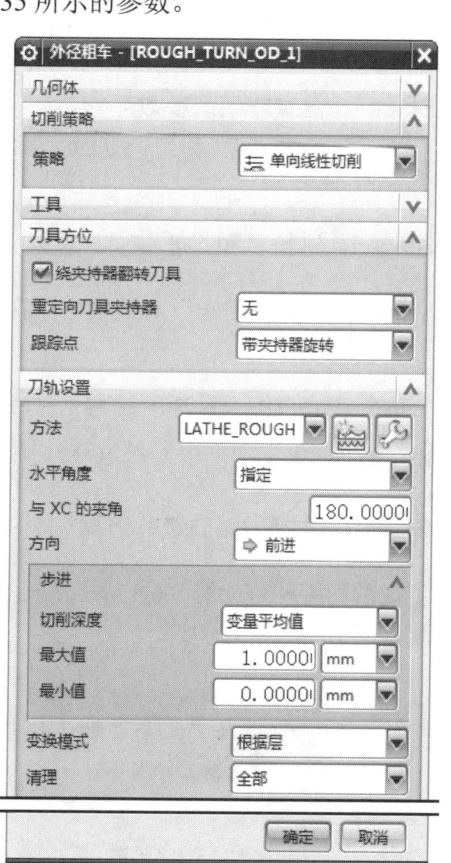

图 9.6.35　“外径粗车”对话框

Stage3．设置切削参数

单击“外径粗车”对话框中的“切削参数”按钮，系统弹出“切削参数”对话框，在该对话框中选择余量选项卡，设置图 9.6.36 所示的参数。其他选项卡参数采用系统默认设置值。然后单击确定按钮，系统返回“外径粗车”对话框。

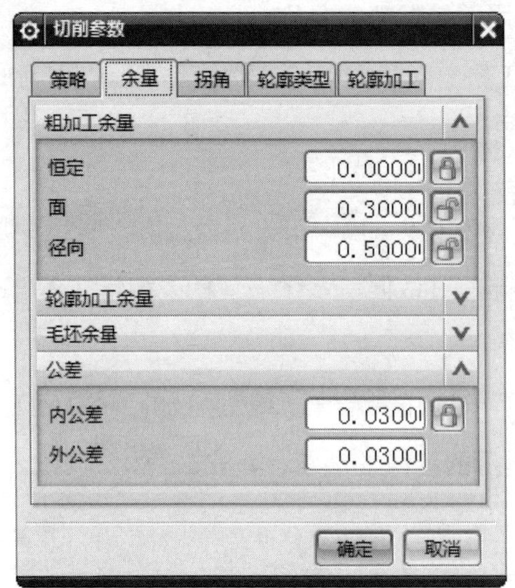

图 9.6.36 “余量”选项卡

Stage4．设置非切削参数

采用系统默认值。

Stage5．进给率和速度

Step1. 在“外径粗车”对话框中单击“进给率和速度”按钮，系统弹出“进给率和速度”对话框。

Step2. 在“进给率和速度”对话框主轴速度区域的表面速度 (smm)文本框中输入值 60，在进给率区域的切削文本框中输入值 0.5。单击确定按钮，系统返回“外径粗车”对话框。

Stage6．生成刀路轨迹并仿真

生成的刀路轨迹如图 9.6.37 所示，3D 动态仿真加工后结果如图 9.6.38 所示。

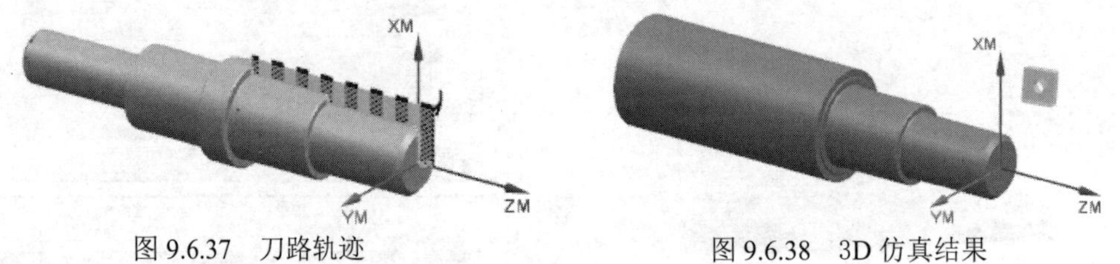

图 9.6.37 刀路轨迹

图 9.6.38 3D 仿真结果

Task11．创建精车外形轮廓操作 2

Stage1．创建工序

Step1．选择下拉菜单 插入(S) → 工序(E)... 命令，系统弹出“创建工序”对话框。

Step2．在“创建工序”对话框的 类型 下拉列表中选择 turning 选项，在 工序子类型 区域中单击“外径精车”按钮，在 程序 下拉列表中选择 PROGRAM 选项，在 刀具 下拉列表中选择 OD_55_L 选项，在 几何体 下拉列表中选择 AVOIDANCE_COPY 选项，在 方法 下拉列表中选择 LATHE_FINISH 选项，名称采用系统默认的名称。

Step3．单击“创建工序”对话框中的 确定 按钮，系统弹出“外径精车”对话框。

Stage2．指定切削区域

Step1．在“外径精车”对话框的 刀具方位 区域选中 ☑ 绕夹持器翻转刀具 复选框。

Step2．单击“外径精车”对话框 切削区域 右侧的“编辑”按钮，系统弹出“切削区域”对话框。

Step3．在“切削区域”对话框 轴向修剪平面 1 区域的 限制选项 下拉列表中选择 点 选项，在图形区中选取图 9.6.39 所示的边线的端点，单击 确定 按钮，系统返回“外径精车”对话框。

Step4．在“外径精车”对话框中设置图 9.6.40 所示的参数。

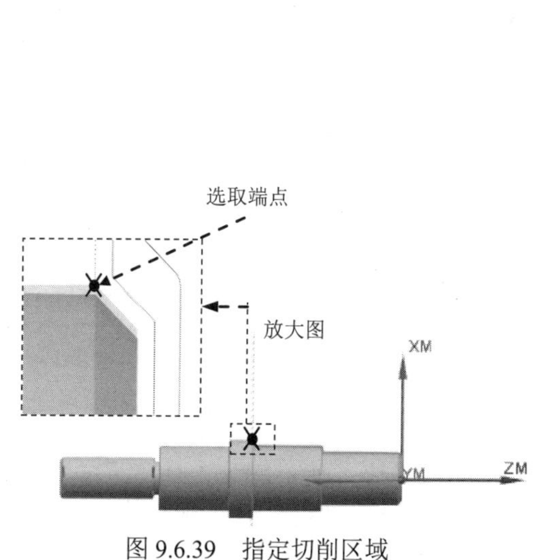

图 9.6.39 指定切削区域

图 9.6.40 “外径精车”对话框

Stage3．设置切削参数

单击“外径精车”对话框中的“切削参数”按钮，系统弹出“切削参数”对话框，在该对话框中选择策略选项卡，在切削区域取消选中□ 允许底切复选框；然后单击余量选项卡，在内公差和外公差文本框中分别输入值 0.01；单击拐角选项卡，在拐角处的刀轨形状区域的常规拐角下拉列表中选择延伸选项，在浅角下拉列表中选择延伸选项。其他选项卡参数采用系统默认设置值。然后单击 确定 按钮，系统返回“外径精车”对话框。

Stage4．设置非切削参数

采用系统默认参数值。

Stage5．进给率和速度

Step1. 在“外径精车”对话框中单击“进给率和速度”按钮，系统弹出“进给率和速度”对话框。

Step2. 在“进给率和速度”对话框主轴速度区域的表面速度（smm）文本框中输入值 90，在进给率区域的切削文本框中输入值 0.15。单击 确定 按钮，系统返回“外径精车”对话框。

Stage6．生成刀路轨迹并仿真

生成的刀路轨迹如图 9.6.41 所示，3D 动态仿真加工后结果如图 9.6.42 所示。

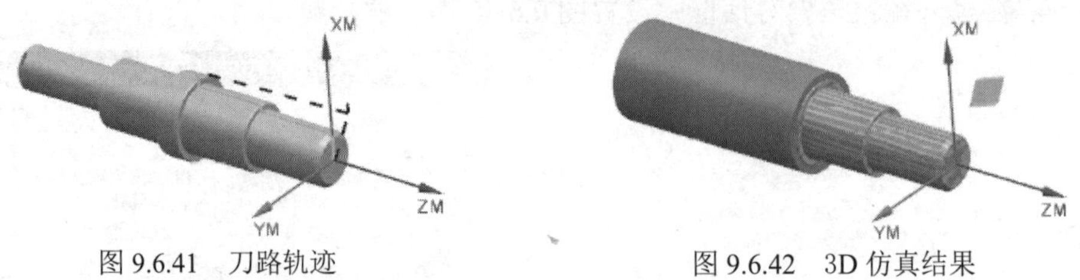

图 9.6.41 刀路轨迹 图 9.6.42 3D 仿真结果

Task12．保存文件

选择下拉菜单文件(F) ➡ 保存(S)命令，保存文件。

9.7 线切割加工与编程

线切割加工主要用于任何类型的二维轮廓切割，加工时刀具（钼丝或铜丝）沿着指定的路径切割工件，在工件上留下细丝切割所形成的轨迹线，使一部分工件与另一部分工件分离，从而达到最终加工结果。

下面通过图 9.7.1 所示的零件介绍线切割加工的一般过程。

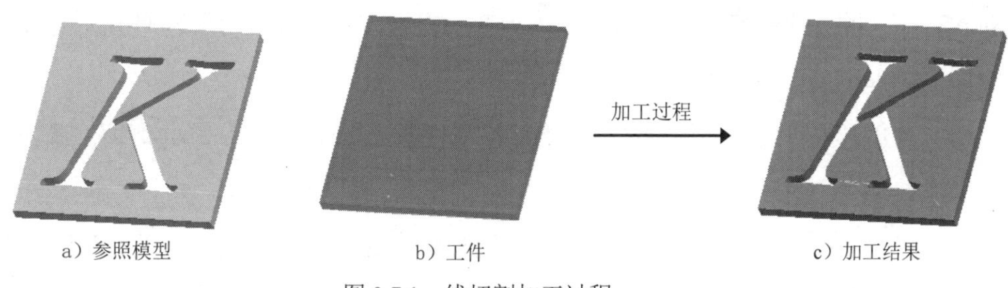

a）参照模型　　b）工件　　c）加工结果

图 9.7.1　线切割加工过程

Task1. 打开模型文件并进入加工模块

Step1. 打开模型文件 D:\ugal12\work\ch09.07\wedming.prt。

Step2. 进入加工环境。在 应用模块 功能选项卡的 加工 区域单击按钮；在系统弹出的“加工环境”对话框 要创建的 CAM 组装 列表中选择 wire_edm 选项，单击 确定 按钮，进入加工环境。

Task2. 创建工序

Stage1. 创建机床坐标系（注：本步骤的详细操作过程请参见学习资源中 video\ch09.07\reference\文件下的语音视频讲解文件 wedming-r01.exe）

Stage2. 创建几何体

Step1. 在工序导航器中选中节点 MCS_WEDM，然后右击，在系统弹出的快捷菜单中选择 插入 ➡ 几何体... 命令，系统弹出“创建几何体”对话框。

Step2. 在“创建几何体”对话框的 类型 下拉列表中选择 wire_edm 选项，在 几何体子类型 区域单击“SEQUENCE_INTERNAL_TRIM”按钮，单击 确定 按钮，系统弹出“顺序内部修剪”对话框。

Step3. 单击“顺序内部修剪”对话框 几何体 区域中的按钮，系统弹出“线切割几何体”对话框。

Step4. 在“线切割几何体”对话框 主要 选项卡的 轴类型 区域中单击“二轴”按钮，在 过滤器类型 下选择“曲线边界”按钮，选取图 9.7.2 所示的边线。单击 确定 按钮，系统返回“顺序内部修剪”对话框。

图 9.7.2　定义边界

Step5. 在“顺序内部修剪”对话框的几何体区域中单击按钮，系统弹出“编辑几何体”对话框。

Step6. 单击“编辑几何体”对话框中的控制点按钮，系统弹出“控制点”对话框。

Step7. 在穿丝孔点区域的点选项下拉列表中选择指定选项，单击右侧的“点对话框”按钮，在X文本框中输入值-2，在Y文本框中输入值 0，在Z文本框中输入值 0。单击确定按钮，完成穿丝孔位置的定义，并返回“控制点”对话框。

Step8. 单击两次确定按钮，系统返回“顺序内部修剪”对话框。

Stage3．设置切削参数

Step1. 在“顺序内部修剪”对话框的粗加工刀路文本框中输入值 1，单击“切削参数”按钮，系统弹出“切削参数”对话框。

Step2. 在“切削参数”对话框中设置图 9.7.3 所示的参数，单击确定按钮，完成切削参数的设置，并返回“顺序内部修剪”对话框。

Stage4．设置移动参数

Step1. 在“顺序内部修剪”对话框中单击“非切削移动”按钮，系统弹出“非切削移动”对话框。设置图 9.7.4 所示的参数值。

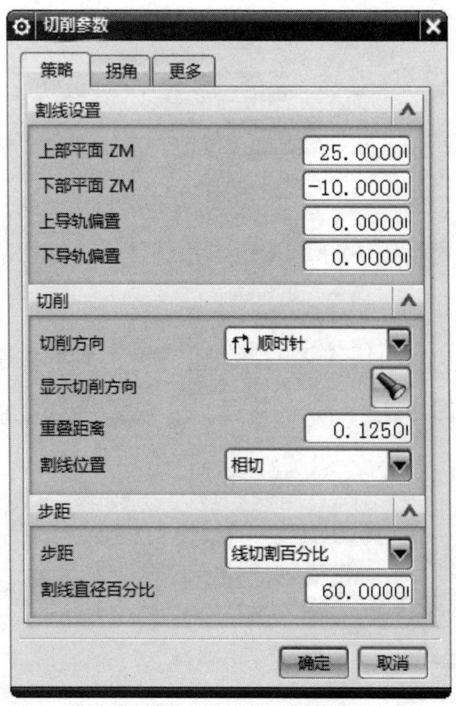

图 9.7.3 “切削参数”对话框

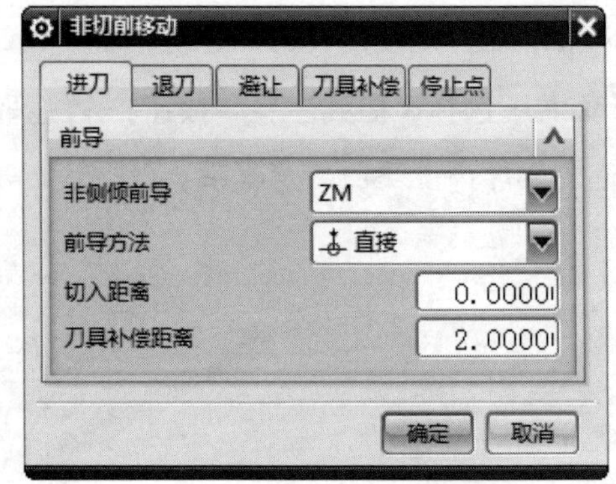

图 9.7.4 “非切削移动”对话框

Step2. 在“非切削移动”对话框中单击 确定 按钮，系统返回“顺序内部修剪”对话框，单击 确定 按钮，完成移动参数设置值。

Task3. 生成刀路轨迹

Stage1. 生成第一个刀路轨迹

Step1. 在工序导航器中展开节点 SEQUENCE_INTERNAL_TRIM，可以看到三个刀路轨迹，双击节点 INTERNAL_TRIM_ROUGH，系统弹出图 9.7.5 所示的“Internal Trim Rough”对话框。

Step2. 在“Internal Trim Rough”对话框中单击“生成”按钮，生成的刀路轨迹如图 9.7.6 所示。

Step3. 在“Internal Trim Rough”对话框中单击“确定”按钮，系统弹出“刀轨可视化”对话框，调整动画速度后单击“播放”按钮，即可观察到动态仿真加工。

Step4. 分别在“刀轨可视化”对话框和“Internal Trim Rough”对话框中单击 确定 按钮，完成刀路轨迹的演示。

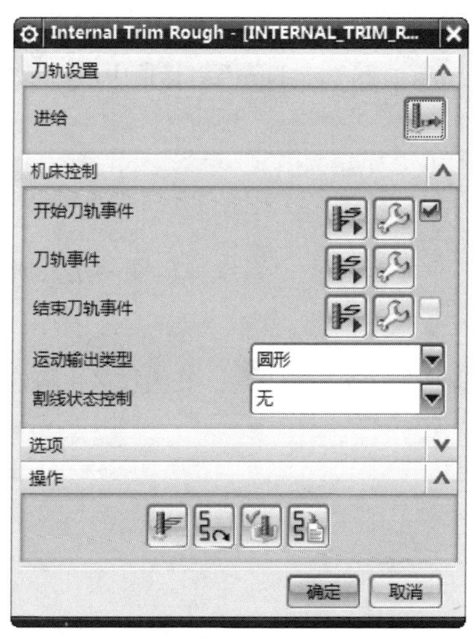

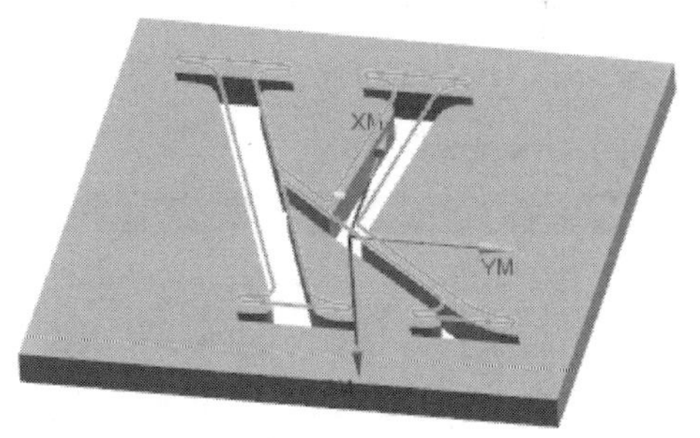

图 9.7.5　“Internal Trim Rough”对话框　　　　图 9.7.6　刀路轨迹

Stage2. 生成第二个刀路轨迹

Step1. 在工序导航器中双击节点 INTERNAL_TRIM_BACKBURN，系统弹出图 9.7.7 所示的“Internal Trim Backburn”对话框。

Step2. 在“Internal Trim Backburn”对话框中单击“生成”按钮，在模型区生成的刀路轨迹如图 9.7.8 所示。

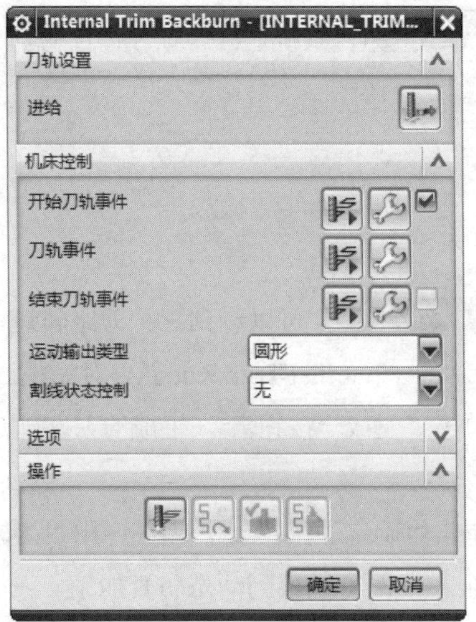

图 9.7.7 “Internal Trim Backburn”对话框

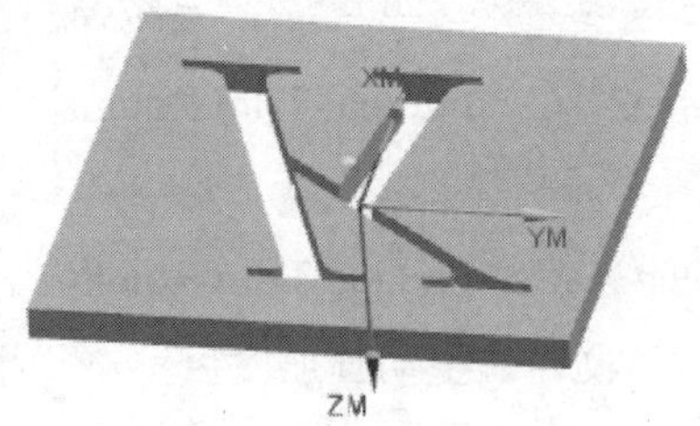

图 9.7.8 刀路轨迹

Step3. 在“Internal Trim Backburn”对话框中单击“确定”按钮，系统弹出“刀轨可视化”对话框，调整动画速度后单击“播放”按钮，即可观察到动态仿真加工。

Step4. 分别在“刀轨可视化”对话框和“Internal Trim Backburn”对话框中单击 确定 按钮，完成刀路轨迹的演示。

Stage3. 生成第三个刀路轨迹

Step1. 在工序导航器中双击节点 INTERNAL_TRIM_FINISH，系统弹出图 9.7.9 所示的“Internal Trim Finish”对话框。

Step2. 在“Internal Trim Finish”对话框中单击“生成”按钮，在模型区生成的刀路轨迹如图 9.7.10 所示。

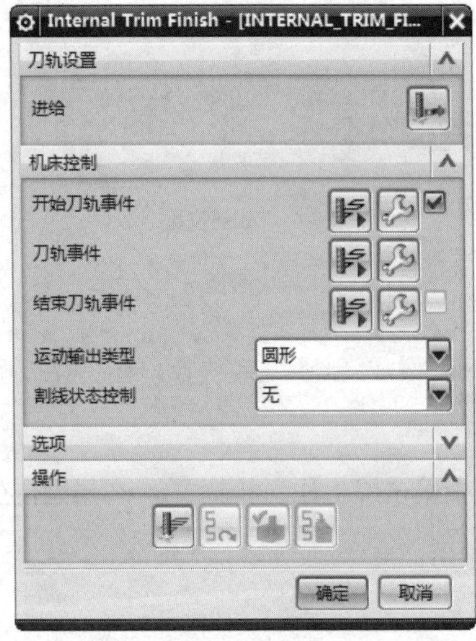

图 9.7.9 “Internal Trim Finish”对话框

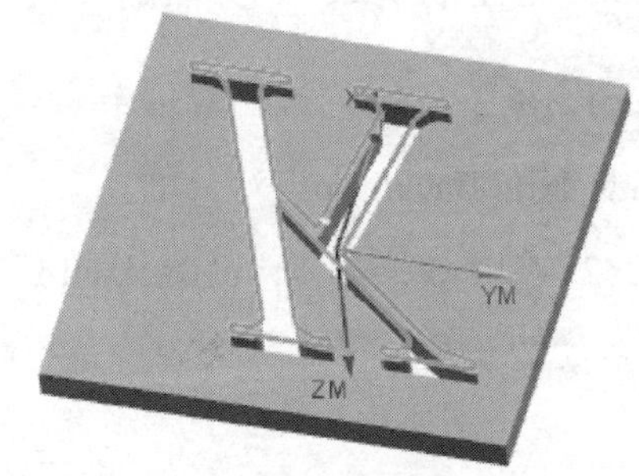

图 9.7.10 刀路轨迹

Step3. 在“Internal Trim Finish”对话框中单击“确认”按钮，系统弹出“刀轨可视化”对话框，调整动画速度后单击“播放”按钮，即可观察到动态仿真加工。

Step4. 分别在“刀轨可视化”对话框和“Internal Trim Finish”对话框中单击确定按钮，完成INTERNAL_TRIM_FINISH刀路轨迹的演示。

Task4．保存文件

选择下拉菜单文件(F) → 保存(S)命令，保存文件。

学习拓展：扫码学习更多视频讲解。

讲解内容：数控加工编程实例精选。讲解了一些典型的数控加工编程实例，并对操作步骤做了详细的演示。

第 10 章　同步建模设计实例

10.1　同步建模设计实例（一）

实例概述

本实例介绍了使用同步建模方法对模型进行“修复设计”的全过程，建模中主要使用了删除面、组合面、镜像面，以及约束面相切、对称、共面和垂直等常用的同步建模命令。零件模型如图 10.1.1 所示，模型树如图 10.1.2 所示。

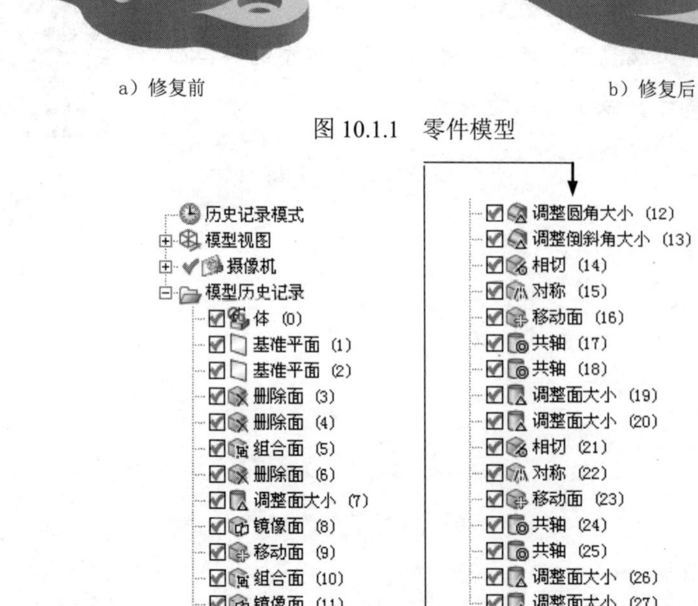

a）修复前　　　b）修复后

图 10.1.1　零件模型

图 10.1.2　模型树

Step1. 打开文件 D:\ugal12\work\ch10.01\sleeve.stp，进入建模环境。

Step2. 创建基准平面 1（注：本步骤的详细操作过程请参见学习资源中 video\ch10.01\reference\文件下的语音视频讲解文件 sleeve-r01.exe）。

Step3. 创建基准平面 2（注：本步骤的详细操作过程请参见学习资源中 video\ch10.01\reference\文件下的语音视频讲解文件 sleeve-r02.exe）。

Step4. 创建删除面 1。选择下拉菜单 插入(S) → 同步建模(Y) → 删除面(A)... 命令，系统弹出“删除面”对话框；在模型中选取图 10.1.3 所示的模型表面（共四个）为删除对象；单击< 确定 >按钮，完成删除面 1 的创建。

Step5. 创建删除面 2。选择下拉菜单插入(S) → 同步建模(Y) ▸ → 删除面(A)...命令，系统弹出“删除面”对话框；在模型中选取图 10.1.4 所示的模型表面（共四个）为删除对象；单击< 确定 >按钮，完成删除面 2 的创建。

Step6. 创建组合面 1。选择下拉菜单插入(S) → 同步建模(Y) ▸ → 组合面(G)...命令，系统弹出“组合面”对话框；在模型中选取图 10.1.5 所示的模型表面（共四个）为要组合的面；单击确定按钮，完成组合面 1 的创建。

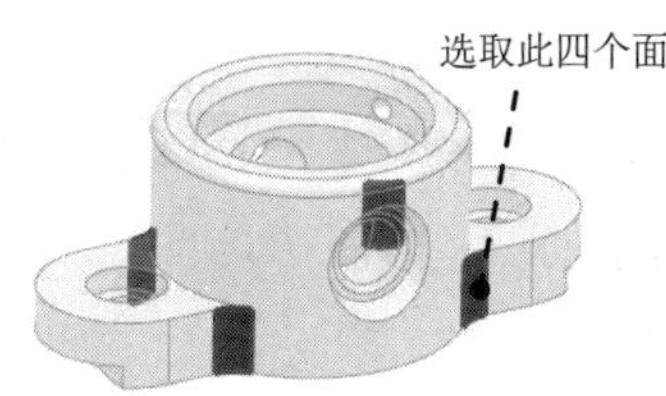

图 10.1.3　定义删除面 1

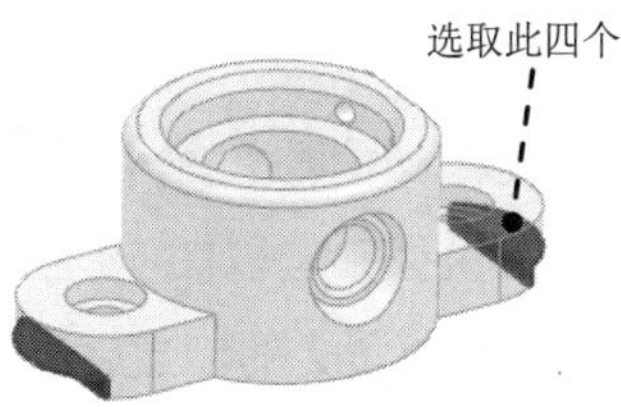

图 10.1.4　定义删除面 2

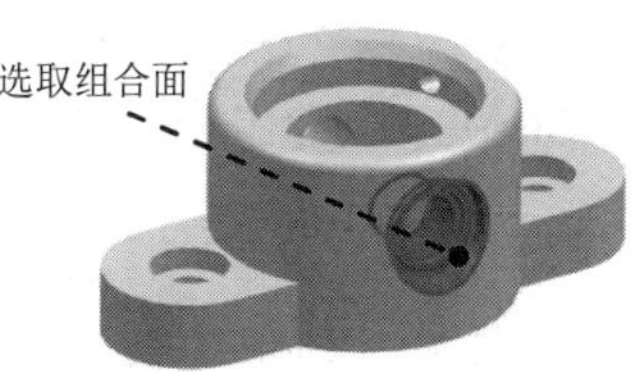

图 10.1.5　定义组合面 1

Step7. 创建删除面 3。选择下拉菜单插入(S) → 同步建模(Y) ▸ → 删除面(A)...命令，系统弹出“删除面”对话框；选取 Step6 创建的组合面 1 为删除对象；单击< 确定 >按钮，完成删除面 3 的创建。

Step8. 调整面大小 1。选择下拉菜单插入(S) → 同步建模(Y) ▸ → 调整面大小(Z)...命令，系统弹出“调整面大小”对话框。选取图 10.1.6 所示的孔圆柱曲面对象为调整对象。在对话框大小区域的直径文本框中输入值 8.0。单击确定按钮，完成调整面大小 1 的操作。

图 10.1.6　选取调整对象

Step9. 创建图 10.1.7 所示的镜像面 1。选择下拉菜单插入(S) → 同步建模(Y) ▸ → 重用(U) ▸ → 镜像面(M)...命令，系统弹出“镜像面”对话框，选取图 10.1.8 所示的面组为要镜像的曲面对象，选取基准平面 1 为镜像平面。单击< 确定 >按钮，完成镜像面 1 的操作。

图 10.1.7　镜像面 1

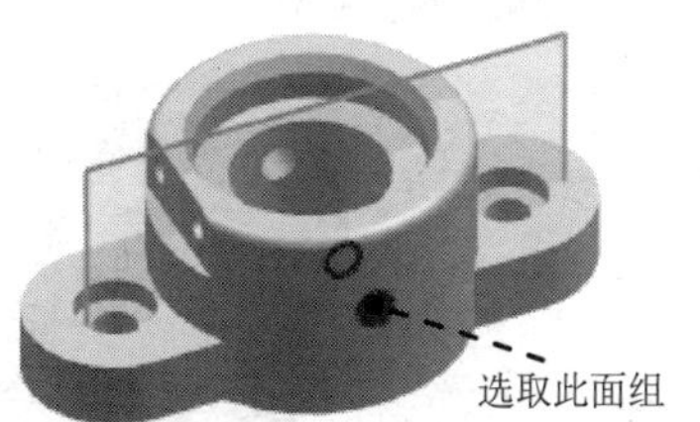

图 10.1.8　选取镜像对象

Step10. 创建图 10.1.9 所示的移动面 1。选择下拉菜单 插入(S) → 同步建模(Y) ▸ → 移动面(M)... 命令。选取图 10.1.10 所示的模型表面为移动对象，在对话框 变换 区域的 运动 下拉列表中选择 距离 选项，在 指定矢量 后的下拉列表中单击 -ZC 按钮，在 距离 文本框中输入移动距离值 3.0。单击 < 确定 > 按钮，完成移动面 1 的操作。

图 10.1.9　移动面 1

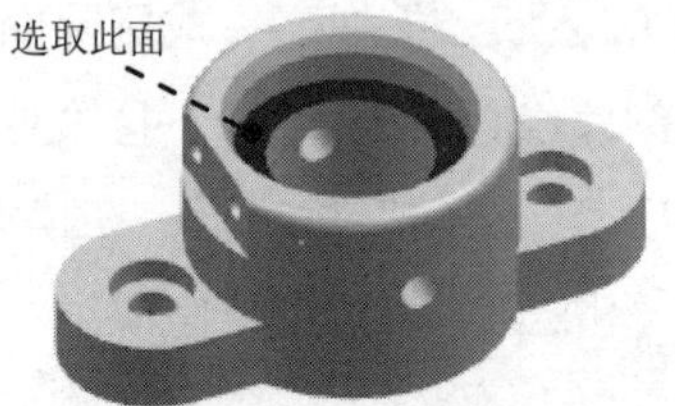

图 10.1.10　选取移动对象

Step11. 创建组合面 2。选择下拉菜单 插入(S) → 同步建模(Y) ▸ → 组合面(G)... 命令，系统弹出“组合面”对话框；在模型中选取图 10.1.11 所示的模型表面（共四个）为要组合的面；单击 确定 按钮，完成组合面 2 的创建。

Step12. 创建图 10.1.12 所示的镜像面 2。选择下拉菜单 插入(S) → 同步建模(Y) ▸ → 重用(U) ▸ → 镜像面(M)... 命令，系统弹出“镜像面”对话框，选取 Step11 创建的组合面 2 为要镜像的曲面，选取基准平面 2 为镜像平面。单击 < 确定 > 按钮，完成镜像面 2 的操作。

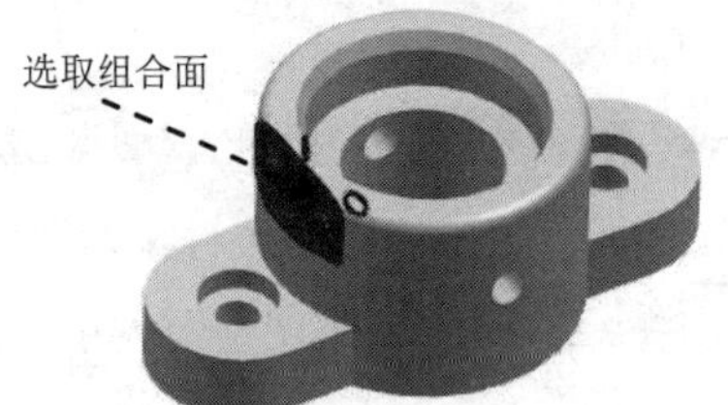

图 10.1.11　定义组合面 2

图 10.1.12　镜像面 2

Step13. 调整圆角大小。选择下拉菜单 插入(S) → 同步建模(Y) ▸ → 细节特征(L) ▸ → 调整倒圆大小(B)... 命令，系统弹出“调整倒圆大小”对话框。选取图 10.1.13 所示的圆角对象，在对话框的 半径 文本框中输入圆角半径值 1.5。单击对话框中的 < 确定 > 按钮，完成调整圆角大小的操作。

Step14. 调整倒斜角大小。选择下拉菜单 插入(S) → 同步建模(Y) ▸ → 细节特征(L) ▸ → 调整倒斜角大小(R)... 命令，系统弹出“调整倒斜角大小”对话框。选取图 10.1.14 所示的倒斜角对象，在对话框的 横截面 下拉列表中选择 非对称偏置 选项，在 偏置 1 文本框中输入值 1.5，在 偏置 2 文本框中输入值 2.0；单击 < 确定 > 按钮，完成调整倒斜角大小的操作。

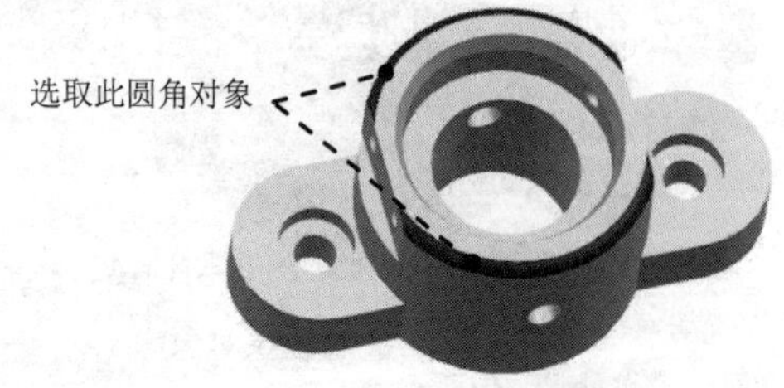

图 10.1.13　选取圆角对象

图 10.1.14　选取倒斜角对象

Step15. 创建图 10.1.15 所示的相切 1。选择下拉菜单 插入(S) → 同步建模(Y) ▸ → 相关(T) ▸ → 设为相切(T)... 命令，系统弹出“设为相切”对话框。选取图 10.1.16 所示的模型表面为运动面；选取图 10.1.16 所示的模型表面为固定面；单击 < 确定 > 按钮，完成相切 1 的操作。

图 10.1.15　相切 1

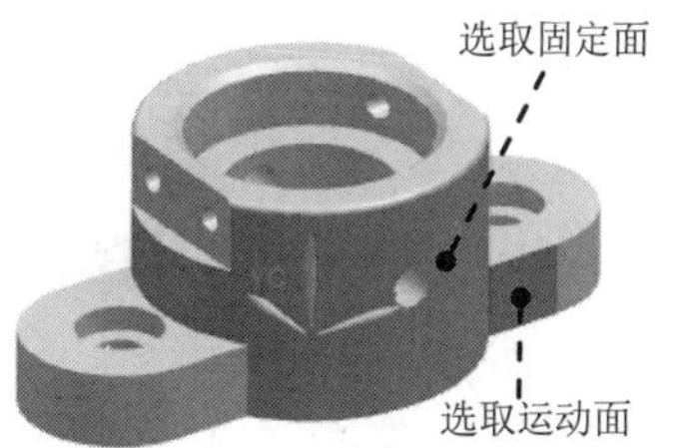

图 10.1.16　选取曲面对象

Step16. 创建图 10.1.17 所示的对称 1。选择下拉菜单 插入(S) → 同步建模(Y) ▸ → 相关(T) ▸ → 设为对称(M)... 命令，系统弹出“设为对称”对话框；选取图 10.1.18 所示的模型表面为运动面，在 面查找器 区域取消选中 ☑ 共面 (2) 复选框；选取基准平面 1 为对称平面；选取图 10.1.18 所示的模型表面为固定面；单击 < 确定 > 按钮，完成对称 1 的操作。

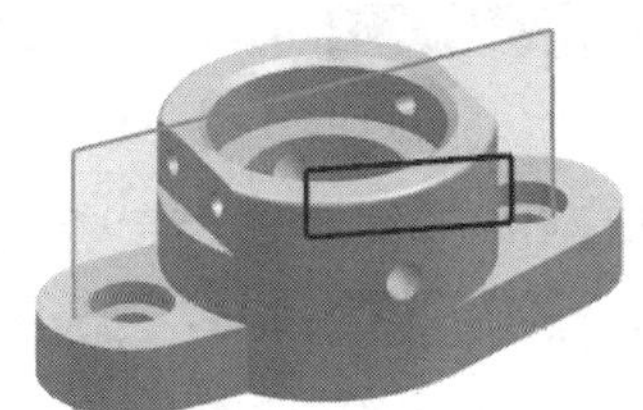

图 10.1.17　对称 1

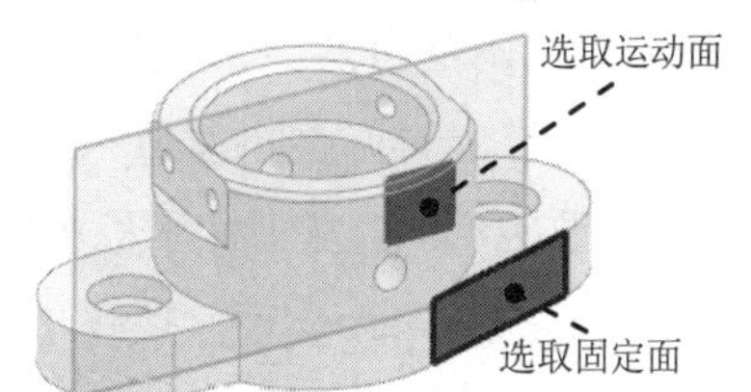

图 10.1.18　选取曲面对象

Step17. 创建图 10.1.19 所示的移动面 2。选择下拉菜单 插入(S) → 同步建模(Y) ▸ → 移动面(M)... 命令。选取图 10.1.20 所示的模型表面为移动对象，在对话框 变换 区域的 运动 下拉列表中选择 距离 选项，在 指定矢量 后的下拉列表中单击 XC 按钮，在 距离 文本框中输入移动距离值 10。单击 < 确定 > 按钮，完成移动面 2 的操作。

图 10.1.19　移动面 2

图 10.1.20　选取移动对象

Step18. 创建组合面 3。选择下拉菜单 插入(S) → 同步建模(Y) ▸ → 组合面(G)... 命令，系统弹出“组合面”对话框；在模型中选取图 10.1.21 所示的模型表面（共两个）为要组合的面；单击 确定 按钮，完成组合面 3 的创建。

Step19. 创建图 10.1.22 所示的共轴 1。选择下拉菜单 插入(S) → 同步建模(Y) ▸ →

相关(T) ▸ ➡ 设为共轴(X)...命令，系统弹出“设为共轴”对话框；选取 Step18 创建的组合面 3 为运动组对象，选取图 10.1.23 所示的模型表面为固定面；单击< 确定 >按钮，完成共轴 1 的操作。

图 10.1.21 定义组合面 3

图 10.1.22 共轴 1

图 10.1.23 选取固定面

Step20. 调整面大小 2。选择下拉菜单 插入(S) ➡ 同步建模(Y) ▸ ➡ 调整面大小(Z)...命令，系统弹出“调整面大小”对话框。选取图 10.1.24 所示的圆柱曲面对象为调整对象。在对话框 大小 区域的 直径 文本框中输入值 22。单击 确定 按钮，完成调整面大小 2 的操作。

Step21. 调整面大小 3。选择下拉菜单 插入(S) ➡ 同步建模(Y) ▸ ➡ 调整面大小(Z)...命令，系统弹出“调整面大小”对话框。选取图 10.1.25 所示的圆柱曲面对象为调整对象。在对话框 大小 区域的 直径 文本框中输入值 12。单击 确定 按钮，完成调整面大小 3 的操作。

图 10.1.24 选取调整对象

图 10.1.25 选取调整对象

Step22. 创建图 10.1.26 所示的相切 2。选择下拉菜单 插入(S) ➡ 同步建模(Y) ▸ ➡ 相关(T) ▸ ➡ 设为相切(T)...命令，系统弹出“设为相切”对话框。选取图 10.1.27 所示的模型表面为运动面；选取图 10.1.27 所示的模型表面为固定面；单击< 确定 >按钮，完成相切 2 的操作。

图 10.1.26 相切 2

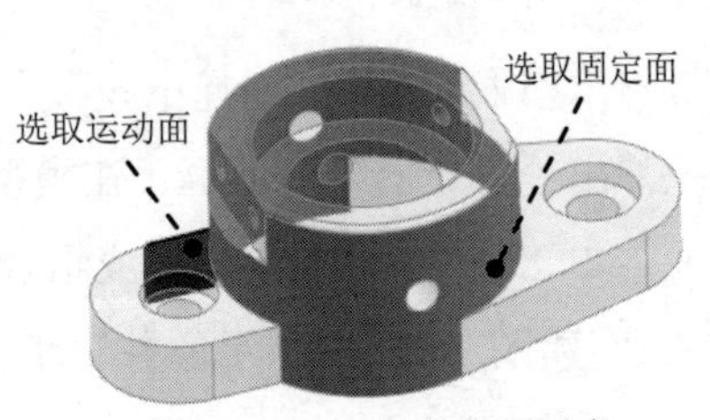

图 10.1.27 选取曲面对象

Step23. 创建图 10.1.28 所示的对称 2。选择下拉菜单 插入(S) → 同步建模(Y) ▸ → 相关(T) ▸ → 设为对称(M)... 命令，系统弹出“设为对称”对话框；选取图 10.1.29 所示的模型表面为运动面，选取基准平面 1 为对称平面；选取图 10.1.29 所示的模型表面为固定面；单击 < 确定 > 按钮，完成对称 2 的操作。

图 10.1.28　对称 2

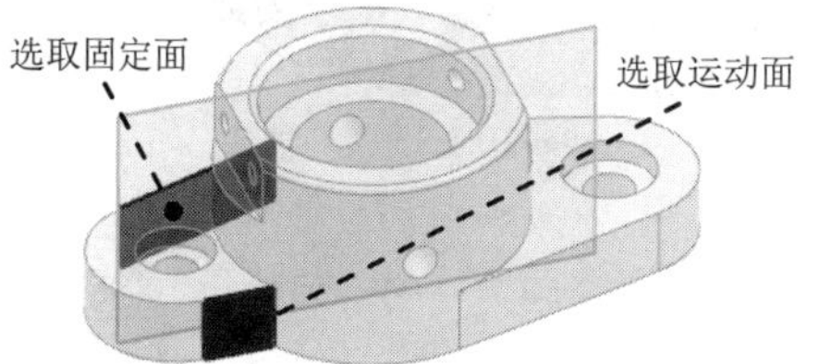

图 10.1.29　选取曲面对象

Step24. 创建图 10.1.30 所示的移动面 3。选择下拉菜单 插入(S) → 同步建模(Y) ▸ → 移动面(M)... 命令。选取图 10.1.31 所示的模型表面为移动对象，在对话框 变换 区域的 运动 下拉列表中选择 距离 选项，在 指定矢量 后的下拉列表中单击 -XC 按钮，在 距离 文本框中输入移动距离值 10。单击 < 确定 > 按钮，完成移动面 3 的操作。

图 10.1.30　移动面 3

图 10.1.31　选取移动对象

Step25. 创建组合面 4。选择下拉菜单 插入(S) → 同步建模(Y) ▸ → 组合面(G)... 命令，系统弹出“组合面”对话框；在模型中选取图 10.1.32 所示的模型表面（共两个）为要组合的面；单击 确定 按钮，完成组合面 4 的创建。

图 10.1.32　定义组合面 4

Step26. 创建图 10.1.33 所示的共轴 2。选择下拉菜单 插入(S) → 同步建模(Y) ▸ → 相关(T) ▸ → 设为共轴(X)... 命令，系统弹出“设为共轴”对话框；选取 Step25 创建的组合面 4 为运动组对象，选取图 10.1.34 所示的模型表面为固定面；单击 < 确定 > 按钮，完成共轴 2 的操作。

图 10.1.33　共轴 2

图 10.1.34　选取固定面

Step27. 调整面大小 4。选择下拉菜单 插入(S) → 同步建模(Y) ▸ → 调整面大小(Z)... 命令，系统弹出“调整面大小”对话框。选取图 10.1.35 所示的孔圆柱曲面对象为调整对象。在对话框 大小 区域的 直径 文本框中输入值 22。单击 确定 按钮，完成调整面大小 4 的操作。

Step28. 调整面大小 5。选择下拉菜单 插入(S) → 同步建模(Y) ▸ → 调整面大小(Z)... 命令，系统弹出“调整面大小”对话框。选取图 10.1.36 所示的孔圆柱曲面对象为调整对象。在对话框 大小 区域的 直径 文本框中输入值 12。单击 确定 按钮，完成调整面大小 5 的操作。

图 10.1.35　选取调整对象

图 10.1.36　选取调整对象

Step29. 保存模型文件。

10.2　同步建模设计实例（二）

实例概述

本实例介绍了使用同步建模方法对模型进行“修复设计”的全过程，建模中主要使用了删除面、组合面、镜像面，以及约束面相切、对称、共面和垂直等常用的同步建模命令。本实例零件模型及模型树如图 10.2.1 所示。

Step1. 打开文件 D:\ugal12\work\ch10.02\cover.stp，进入建模环境。

Step2. 创建基准平面 1（注：本步骤的详细操作过程请参见学习资源中 video\ch10.02\reference\文件下的语音视频讲解文件 cover-r01.exe）。

Step3. 创建基准平面 2（注：本步骤的详细操作过程请参见学习资源中 video\ch10.02\reference\文件下的语音视频讲解文件 cover-r02.exe）。

Step4. 创建图 10.2.2b 所示的删除面 1。选择下拉菜单 插入(S) → 同步建模(Y) ▸ →

删除面(A)...命令，选取图 10.2.2a 所示的面作为删除对象，单击< 确定 >按钮，完成删除面 1 的创建。

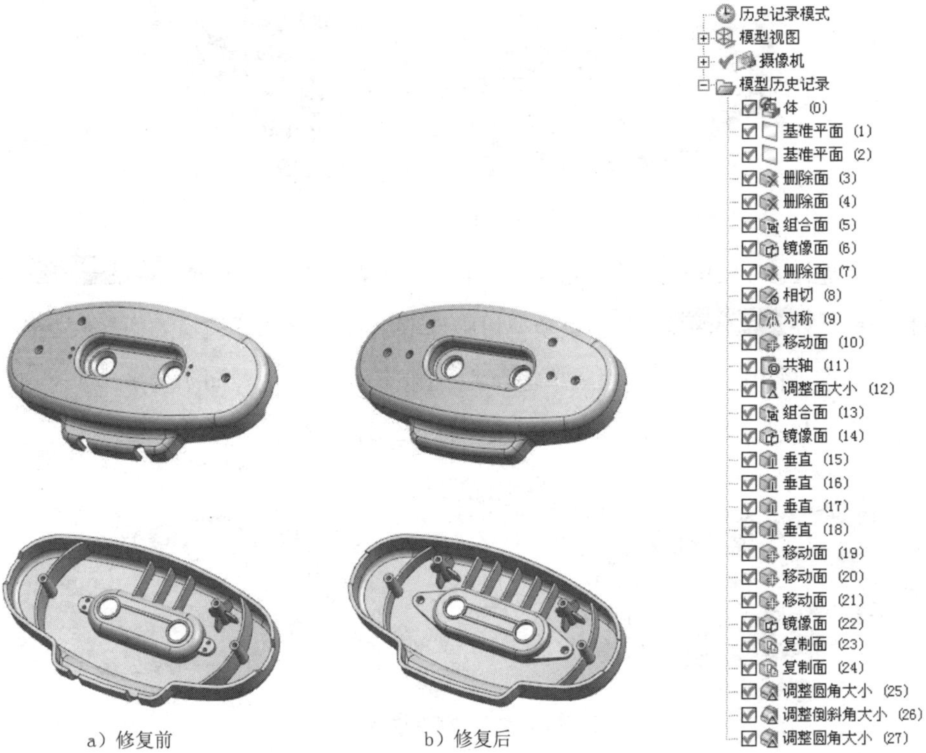

历史记录模式
模型视图
摄像机
模型历史记录
体 (0)
基准平面 (1)
基准平面 (2)
删除面 (3)
删除面 (4)
组合面 (5)
镜像面 (6)
删除面 (7)
相切 (8)
对称 (9)
移动面 (10)
共轴 (11)
调整面大小 (12)
组合面 (13)
镜像面 (14)
垂直 (15)
垂直 (16)
垂直 (17)
垂直 (18)
移动面 (19)
移动面 (20)
移动面 (21)
镜像面 (22)
复制面 (23)
复制面 (24)
调整圆角大小 (25)
调整倒斜角大小 (26)
调整圆角大小 (27)

a）修复前　　b）修复后

图 10.2.1　零件模型及模型树

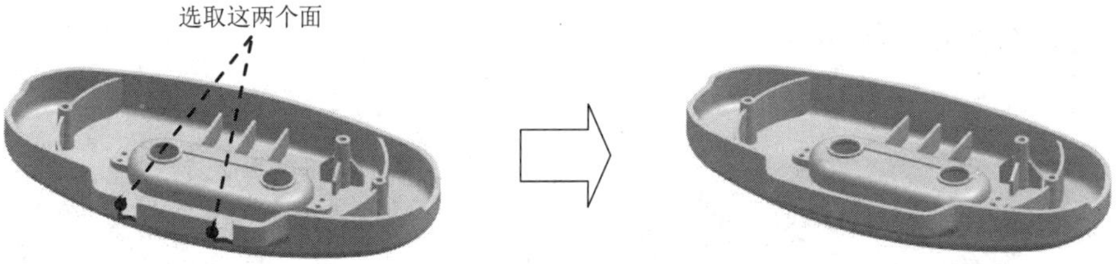

选取这两个面

a）删除前　　b）删除后

图 10.2.2　删除面 1

Step5. 参照 Step4 的详细操作步骤创建图 10.2.3b 所示的删除面 2。选取图 10.2.3a 所示的面作为删除对象。

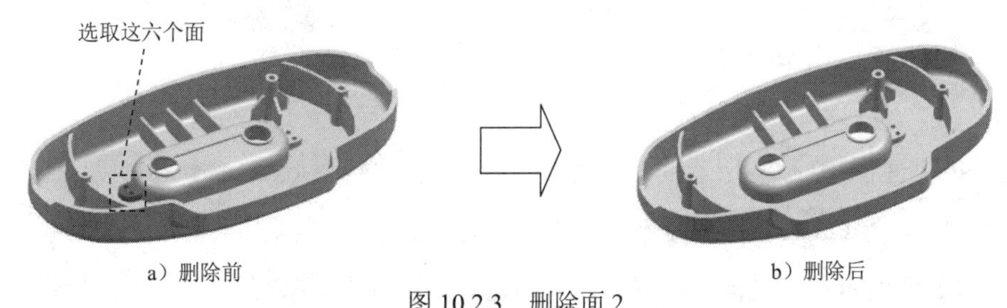

a）删除前　　b）删除后

图 10.2.3　删除面 2

Step6. 创建组合面 1。选择下拉菜单 插入(S) → 同步建模(Y) ▶ → 组合面(G)... 命令，选取图 10.2.4 所示的模型表面为要组合的面（共 25 个模型表面）。单击〈确定〉按钮，完成组合面 1 的创建。

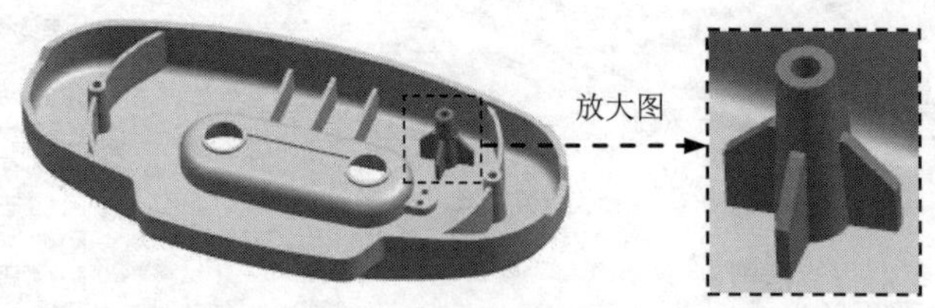

图 10.2.4　组合面 1

Step7. 创建图 10.2.5b 所示的镜像面 1。选择下拉菜单 插入(S) → 同步建模(Y) → 重用(U) → 镜像面(M)... 命令，在模型树中选取组合面 1 为要镜像的面（共 25 个面）对象，选取基准平面 1 为镜像平面。单击〈确定〉按钮，完成镜像面 1 的操作。

说明：由于镜像面的数目比较多，此操作的运算时间较长。

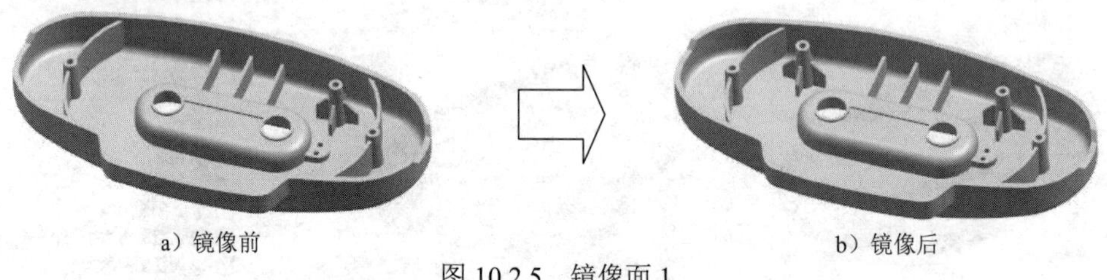

图 10.2.5　镜像面 1

Step8. 参照 Step4 的详细操作步骤创建图 10.2.6b 所示的删除面 3。选取图 10.2.6a 所示的面作为删除对象。

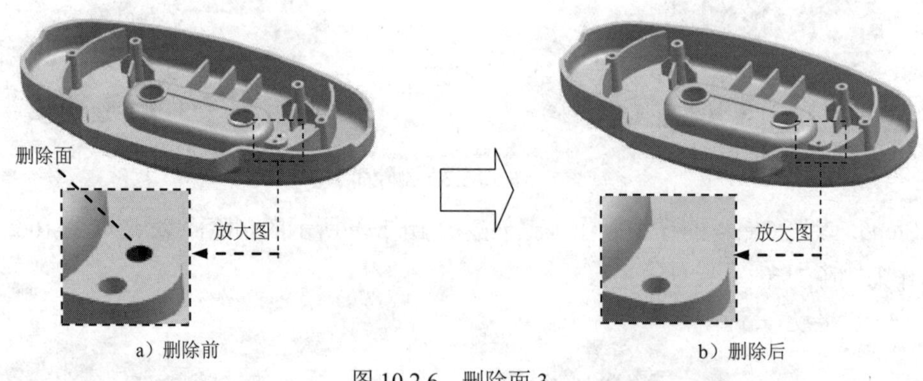

图 10.2.6　删除面 3

Step9. 创建图 10.2.7b 所示的相切变换。选择下拉菜单 插入(S) → 同步建模(Y) → 相关(T) → 设为相切(T)... 命令，单击“设为相切”对话框中 运动面 区域后的按钮，选取图 10.2.7a 所示的运动面。单击“设为相切”对话框中 固定面 区域后的按钮，选取图 10.2.7a 所示的固定面。单击〈确定〉按钮，结果如图 10.2.7b 所示。

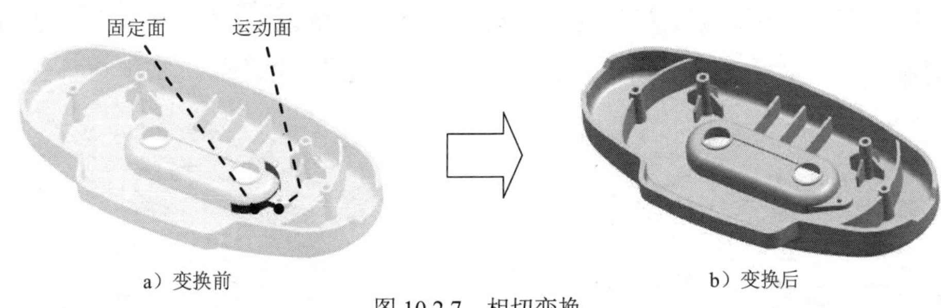

图 10.2.7　相切变换

Step10. 创建图 10.2.8b 所示的对称变换。选择下拉菜单 插入(S) → 同步建模(Y) ▸ → 相关(T) ▸ → 设为对称(M)... 命令，选取图 10.2.8a 所示的面为运动面，选取模型树中基准平面 2 为对称平面，然后选取图 10.2.8a 所示的面为固定面。单击 < 确定 > 按钮，结果如图 10.2.8b 所示。

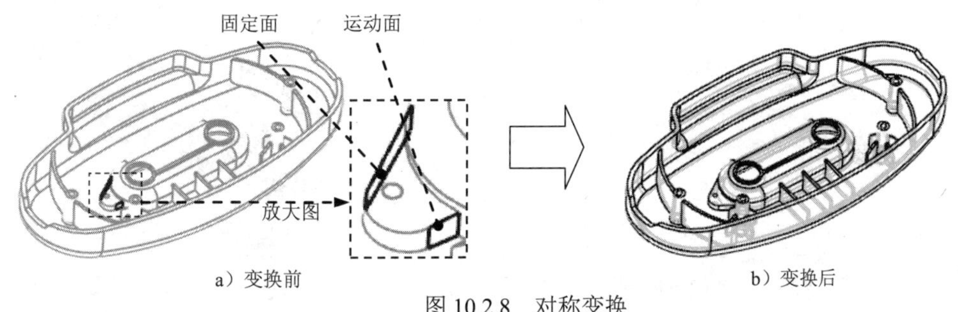

图 10.2.8　对称变换

Step11. 创建图 10.2.9b 所示的移动面 1。选择下拉菜单 插入(S) → 同步建模(Y) ▸ → 移动面(M)... 命令，选取图 10.2.9a 所示的面为参照，在对话框 变换 区域的 运动 下拉列表中选择 距离 选项，在 指定矢量 右侧的下拉列表中选择 XC 选项，在 距离 文本框中输入移动距离值 6.5。单击 < 确定 > 按钮，结果如图 10.2.9b 所示。

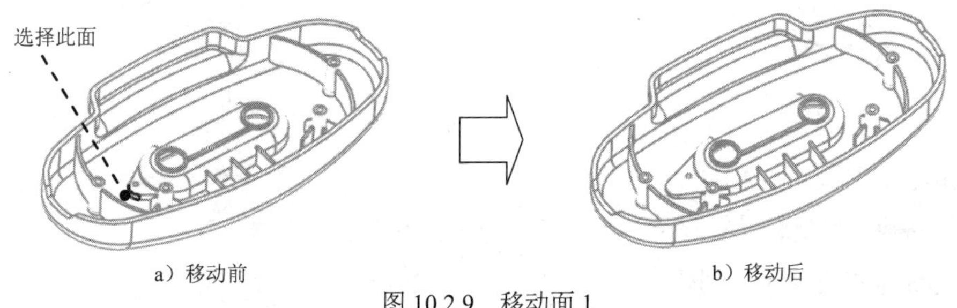

图 10.2.9　移动面 1

Step12. 创建图 10.2.10b 所示的共轴变换。选择下拉菜单 插入(S) → 同步建模(Y) ▸ → 相关(T) ▸ → 设为共轴(X)... 命令，选取图 10.2.10a 所示的运动面和固定面，单击 < 确定 > 按钮，结果如图 10.2.10b 所示。

Step13. 创建调整面大小。选择下拉菜单 插入(S) → 同步建模(Y) ▸ → 调整面大小(Z) 命令，选取图 10.2.11 所示的圆柱曲面，在对话框 大小 区域的 直径 文本框中输入值 4.0。单击 < 确定 > 按钮，完成调整面大小的操作。

Step14. 创建组合面 2。选择下拉菜单 插入(S) → 同步建模(Y) ▸ → 组合面(G)... 命令，选取图 10.2.12 所示的五个面为要组合的面。单击 < 确定 > 按钮，完成组合面 2 的创建。

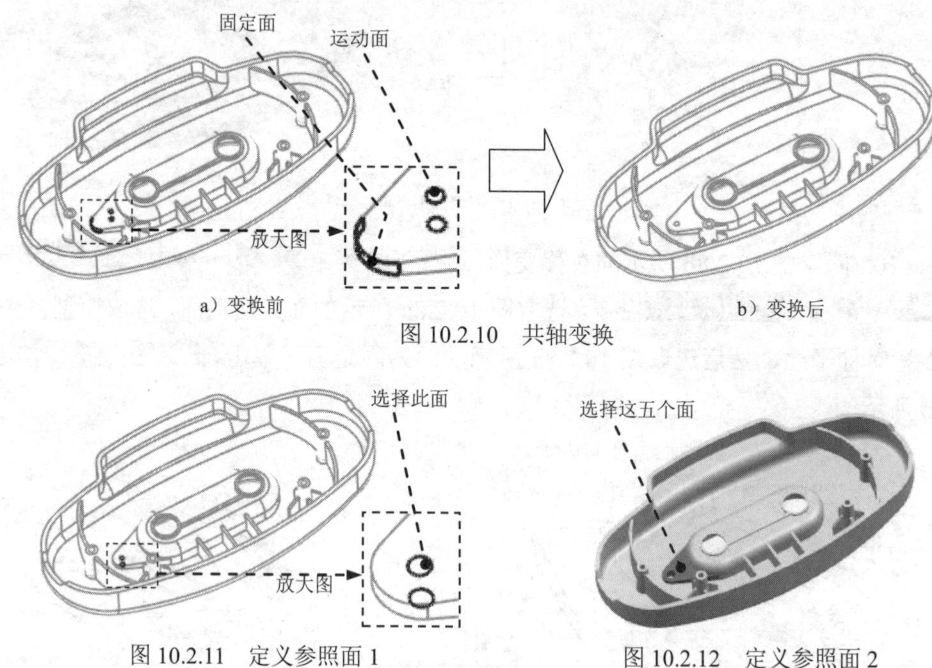

a）变换前　b）变换后

图 10.2.10　共轴变换

图 10.2.11　定义参照面 1　图 10.2.12　定义参照面 2

Step15. 创建图 10.2.13b 所示的镜像面 2。在模型树中选取上一步创建的组合面 2 为要镜像的面（共五个面）对象，选取模型树中的基准平面 1 为镜像平面。

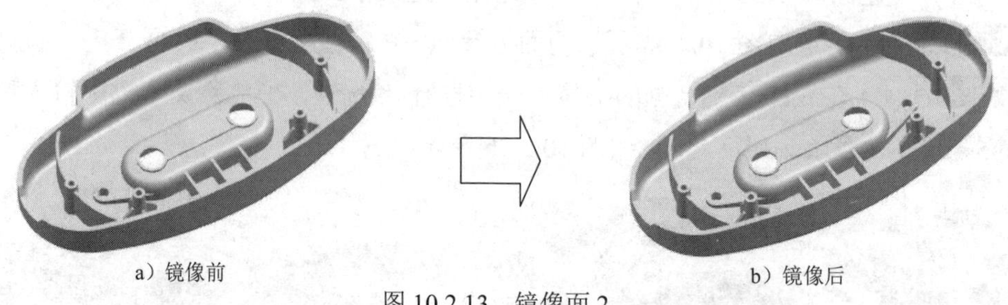

a）镜像前　b）镜像后

图 10.2.13　镜像面 2

Step16. 创建图 10.2.14b 所示的垂直变换 1。选择下拉菜单 插入(S) → 同步建模(Y) ▸ → 相关(T) ▸ → 设为垂直(E)... 命令，选取图 10.2.14a 所示的运动面和固定面。单击 < 确定 > 按钮，完成垂直变换 1 的创建。

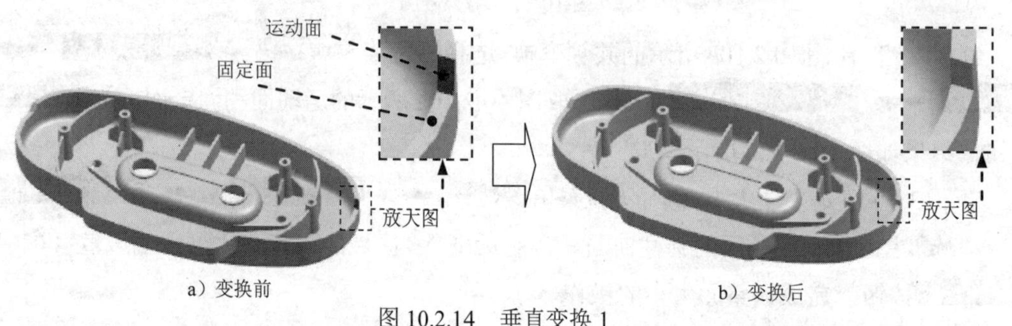

a）变换前　b）变换后

图 10.2.14　垂直变换 1

Step17. 参照 Step16 的详细操作步骤创建图 10.2.15 所示的垂直变换 2。

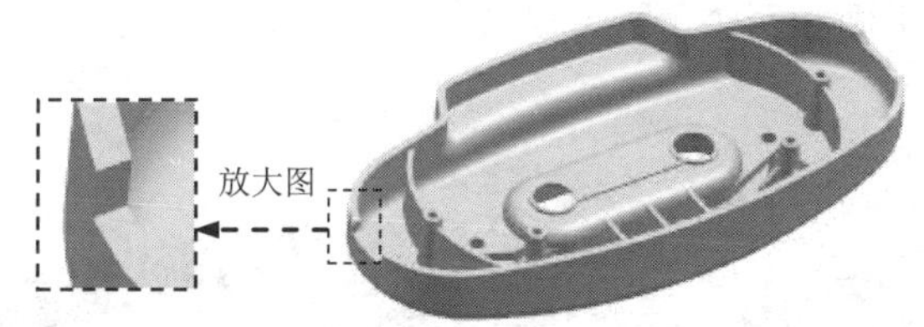

图 10.2.15 垂直变换 2

Step18. 参照 Step16 的详细操作步骤创建图 10.2.16 所示的垂直变换 3。

Step19. 参照 Step16 的详细操作步骤创建图 10.2.17 所示的垂直变换 4。

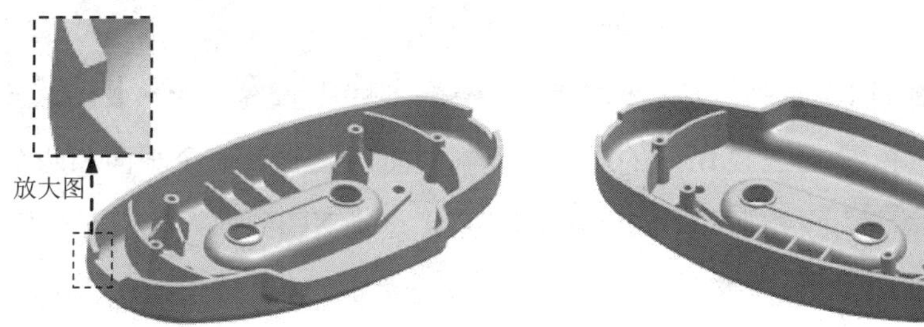

图 10.2.16 垂直变换 3　　　图 10.2.17 垂直变换 4

Step20. 创建移动面 2。选取图 10.2.18 所示的面为参照，在对话框 变换 区域的 运动 下拉列表中选择 距离 选项，在 指定矢量 右侧的下拉列表中选择 -ZC 选项，在 距离 文本框中输入移动距离值 1.5。

Step21. 参照上一步创建移动面 3。选取图 10.2.19 所示的面为参照面，输入移动距离值 1.5。

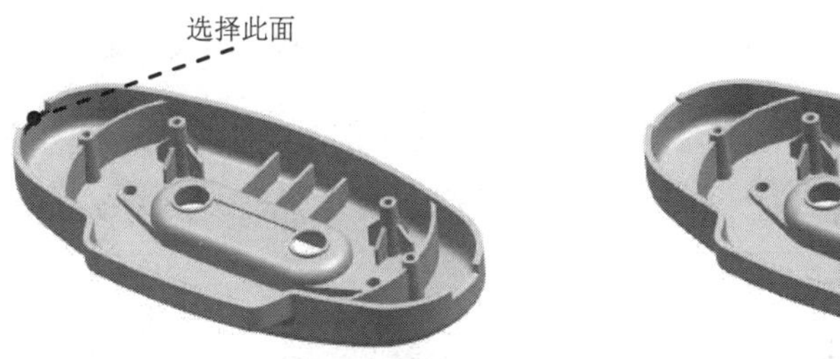

图 10.2.18 定义参照面 3　　　图 10.2.19 定义参照面 4

Step22. 创建移动面 4。选取图 10.2.20a 所示的面为参照面，在对话框 变换 区域的 运动 下拉列表中选择 距离 选项，在 指定矢量 右侧的下拉列表中选择 ZC 选项，在 距离 文本框中输入移动距离值 5.5。

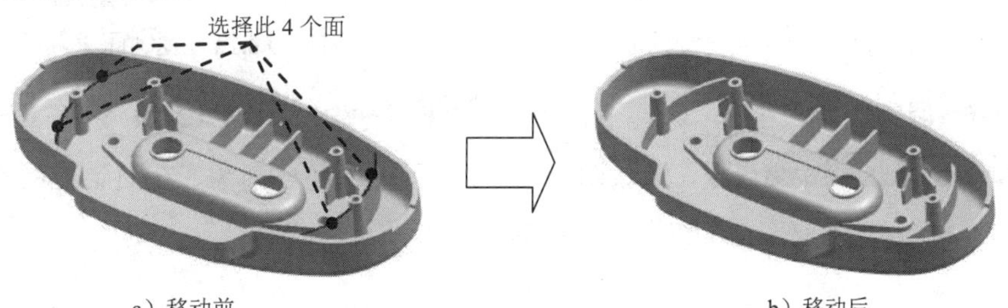

a）移动前　　　b）移动后

图 10.2.20 移动面 4

Step23. 创建图 10.2.21b 所示的镜像面 3。在模型树中选取图 10.2.21a 所示的面为要镜像的面（共三个面：一个平面和两个侧面）对象，选取模型树中的基准平面 2 为镜像平面。结果如图 10.2.21b 所示。

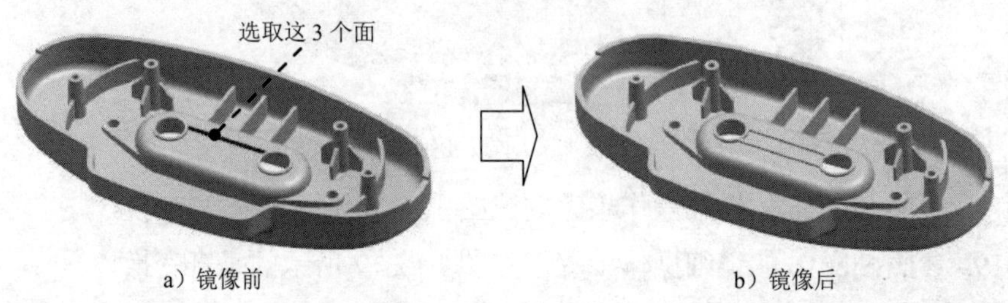

a）镜像前　　b）镜像后

图 10.2.21　镜像面 3

Step24. 创建复制面 1。选择下拉菜单 插入(S) → 同步建模(Y) ▸ → 重用(U) ▸ → 复制面(C)... 命令，选择图 10.2.22 所示的面为要复制的面（共三个：一个平面和两个侧面），在对话框 变换 区域的 运动 下拉列表中选择 距离 选项，选择 XC 轴为矢量方向，在 距离 文本框中输入移动距离值 10.5。在 粘贴 区域选中 ☑ 粘贴复制的面 复选框，结果如图 10.2.23 所示。

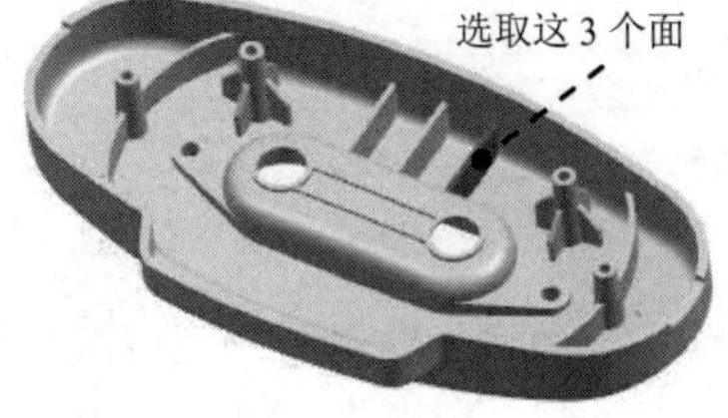

图 10.2.22　定义要复制的面 1

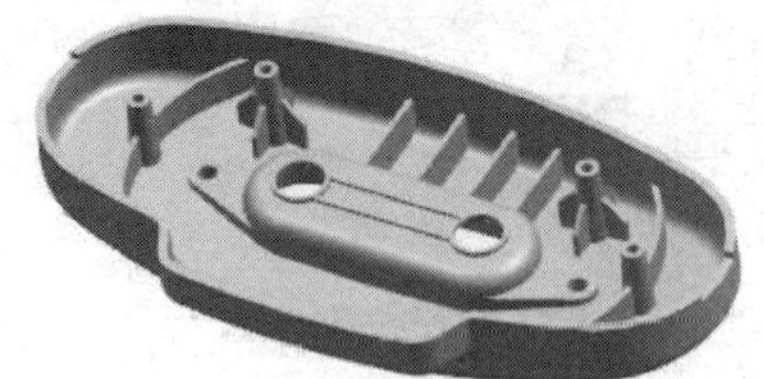

图 10.2.23　复制面 1

Step25. 参照上一步创建复制面 2。选择图 10.2.24 所示的面为要复制的面（共三个：一个平面和两个侧面），选择-XC 轴为矢量方向，在 距离 文本框中输入移动距离值 10.5。结果如图 10.2.25 所示。

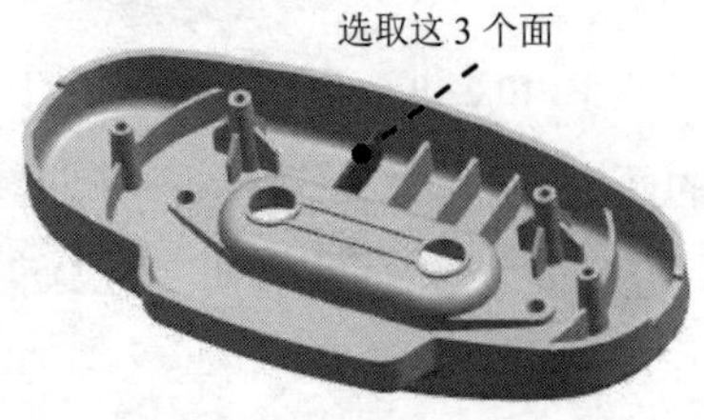

图 10.2.24　定义要复制的面 2

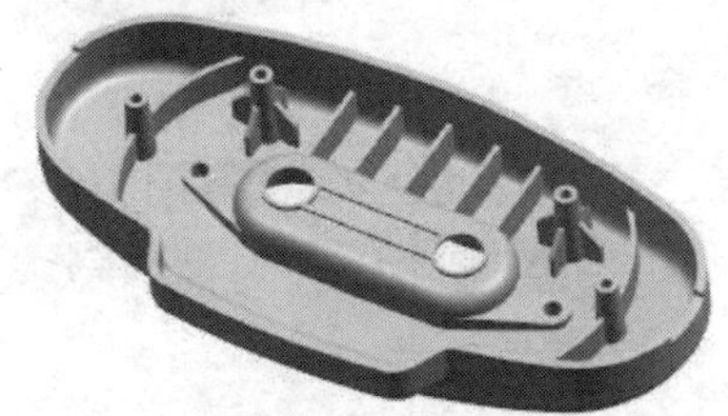

图 10.2.25　复制面 2

Step26. 调整圆角大小 1。选择下拉菜单 插入(S) → 同步建模(Y) ▸ → 细节特征(L) ▸ → 调整倒圆大小(B)... 命令，选取图 10.2.26 所示的圆角面对象，在对话框的 半径 文本框中输入值 1.0。单击 < 确定 > 按钮，完成调整圆角大小 1 的操作。

图 10.2.26 调整圆角大小 1

Step27. 调整倒斜角大小。选择下拉菜单 插入(S) → 同步建模(Y) ▸ → 细节特征(L) ▸ → 调整倒斜角大小(R)... 命令，选取图 10.2.27 所示的倒斜角面对象，在对话框的 偏置 1 文本框中输入值 1.0。单击 < 确定 > 按钮，完成调整倒角大小的操作。

Step28. 参照 Step26 的详细操作步骤创建调整圆角大小 2。选取图 10.2.28 所示的圆角面对象，在对话框的 半径 文本框中输入值 2.0。单击 < 确定 > 按钮，完成调整圆角大小 2 的操作。

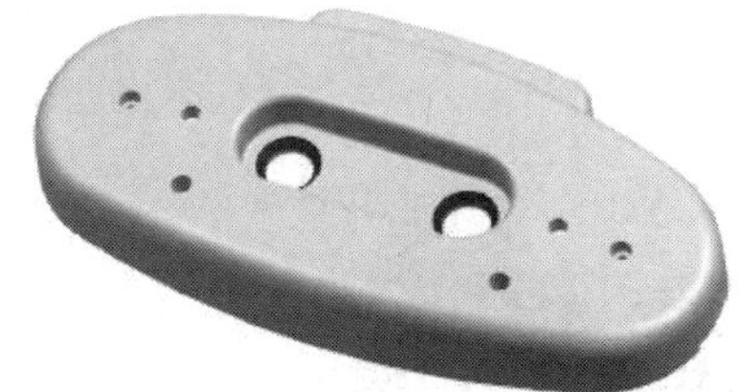

图 10.2.27 调整倒斜角大小

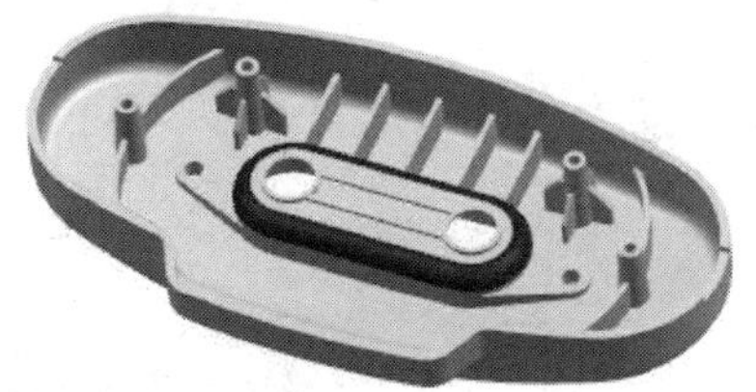

图 10.2.28 调整圆角大小 2

Step29. 保存零件模型。选择下拉菜单 文件(F) → 保存(S) 命令，即可保存零件模型。

学习拓展： 扫码学习更多视频讲解。

讲解内容： 主要包含同步建模的基础知识，建模方法，对同步建模中的常用工具做了详细讲解。

第 11 章 有限元结构分析实例

11.1 叉架零件

实例概述

本实例主要介绍机械设备中一种常见叉架零件（图 11.1.1）的结构分析过程，在该零件的结构分析过程中，主要介绍了用户自定义约束的添加方法和轴承载荷的添加方法。

零件材料为 Iron_Cast_G25。该叉架零件实际工况介绍如下：左侧的两个内孔绕固定轴旋转，两孔的端面受轴向定位的限制，右侧上部的内孔中装有轴承，实际工作中承受向外的径向载荷，载荷类型为轴承载荷，载荷大小为 1500N。求解叉架零件承受该载荷后整体结构的变形和应力分布情况。

图 11.1.1 叉架零件模型

Task1. 进入高级仿真模块

打开文件 D:\ugal12\work\ch11.01\crotch.prt，在 应用模块 功能选项卡的 仿真 区域单击 前/后处理 按钮，进入高级仿真环境。

Task2. 创建有限元模型

Step1. 在仿真导航器中右击 crotch.prt，在弹出的快捷菜单中选择 新建 FEM 和仿真... 命令，系统弹出图 11.1.2 所示的“新建 FEM 和仿真”对话框。

说明：创建有限元模型一共有三种类型。

- 新建 FEM...：在主模型或者优化模型的基础上创建一个有限元模型节点，需要设置模型材料属性、单元网格属性和网格类型。
- 新建 FEM 和仿真...：同时创建有限元模型节点和仿真模型节点，其中仿真模型需要定义边界约束条件（包括模型与模型之间的网格连接方式）、载荷类型。

- 新建装配 FEM...：像装配 Part 模型一样对 FEM 模型进行装配，比较适合对大装配部件进行高级仿真之前的前处理。

Step2. 定义求解器环境。在图 11.1.2 所示的“新建 FEM 和仿真”对话框的求解器下拉列表中选择NX Nastran选项，在分析类型下拉列表中选择结构选项。单击“新建 FEM 和仿真”对话框中的确定按钮。

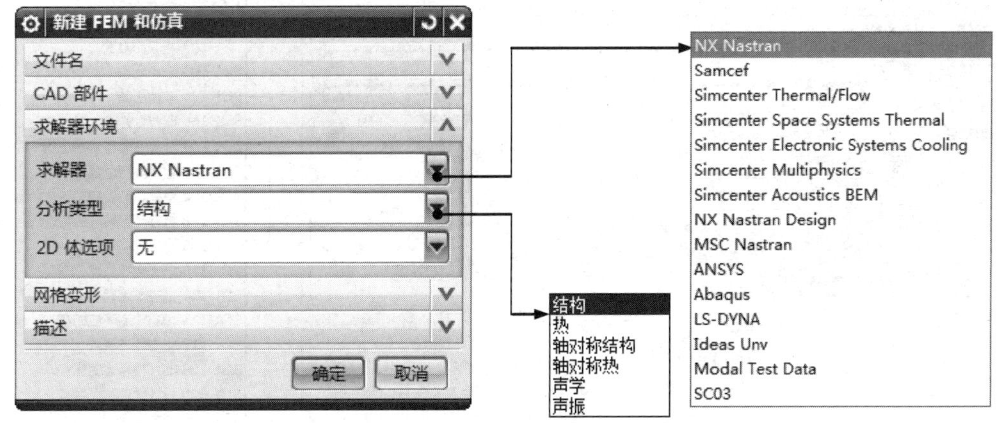

图 11.1.2　“新建 FEM 和仿真”对话框

图 11.1.2 所示“新建 FEM 和仿真”对话框中部分选项的说明如下。

- 求解器下拉列表：用于设置解算的求解器类型，选择不同的求解器可以完成不同情况下对有限元模型的求解任务，还可以借助其他有限元分析软件的求解器完成求解，以提高求解的精确程度。主要包括以下几种求解器可供选择。
  - ☑ NX Nastran：NX Nastran 解算器，也是 UG NX 进行有限元分析的常规解算器。
  - ☑ Simcenter Thermal/Flow：NX 热/流体解算器。
  - ☑ Simcenter Space Systems Thermal：NX 空间系统热解算器。
  - ☑ Simcenter Electronic Systems Cooling：电子系统冷却解算器。
  - ☑ NX Nastran Design：NX Nastran 设计解算器。
  - ☑ MSC NASTRAN：MSC Nastran 解算器。
  - ☑ ANSYS：使用 ANSYS 解算器（确认计算机安装有 ANSYS 分析软件）。
  - ☑ ABAQUS：使用 ABAQUS 解算器（确认计算机安装有 ABAQUS 分析软件）。
- 分析类型下拉列表：用于设置分析类型，包括以下四种分析类型。
  - ☑ 结构：主要应用于结构分析。
  - ☑ 热：主要应用于热分析。
  - ☑ 轴对称结构：主要应用于轴对称的结构分析。
  - ☑ 轴对称热：主要应用于轴对称的热分析。

Step3. 定义解算方案。在系统弹出的图 11.1.3 所示的“解算方案”对话框的解算类型下拉列表中选择SOL 101 线性静态 - 全局约束选项，其他采用系统默认设置，单击对话框中的确定按钮。

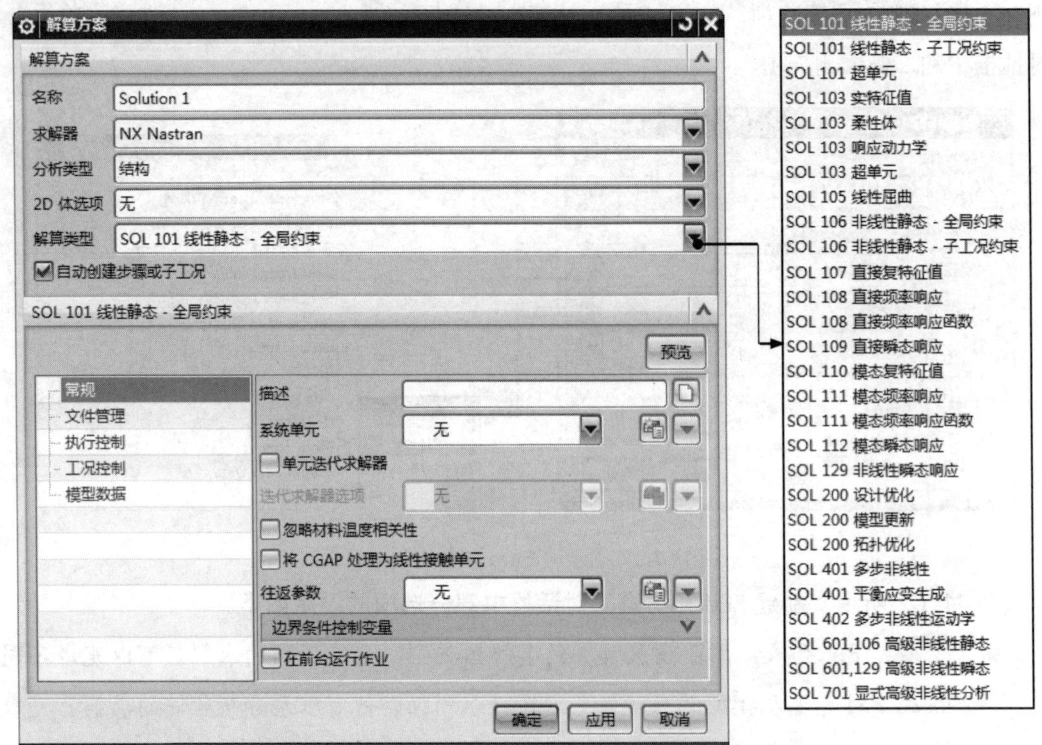

图 11.1.3 “解算方案”对话框

图 11.1.3 所示“解算方案”对话框中部分选项的说明如下。

- 解算类型下拉列表：用于设置解算方案类型，包括以下 22 种类型。
  - ☑ SOL 101 线性静态 - 全局约束：全约束的线性静态分析。
  - ☑ SOL 101 线性静态 - 子工况约束：局部约束的线性静态分析。
  - ☑ SOL 101 超单元：超单元问题分析。
  - ☑ SOL 103 实特征值：特征值问题分析。
  - ☑ SOL 103 柔性体：柔性体问题分析。
  - ☑ SOL 103 响应动力学：响应仿真。
  - ☑ SOL 103 超单元：超单元问题分析。
  - ☑ SOL 105 线性屈曲：线性屈曲分析。
  - ☑ SOL 106 非线性静力学 - 全局约束：全约束的非线性静态分析。
  - ☑ SOL 106 非线性静力学 - 子工况约束：局部约束的非线性静态分析。
  - ☑ SOL 107 直接复特征值：直接复合特征值问题分析。

- ☑ SOL 108 直接频率响应：频域响应分析。
- ☑ SOL 109 直接瞬态响应：瞬态响应分析。
- ☑ SOL 110 模态复特征值：模态复合特征值问题分析。
- ☑ SOL 111 模态频率响应：模态频域响应分析。
- ☑ SOL 112 模态瞬态响应：模态瞬态响应分析。
- ☑ SOL 129 非线性瞬态响应：非线性瞬态响应分析。
- ☑ SOL 200 设计优化：优化设计分析。
- ☑ SOL 200 模型更新：模型更新。
- ☑ SOL 601,106 高级非线性静力学：高级非线性静态分析。
- ☑ SOL 601,129 高级非线性瞬态：高级非线性瞬态分析。
- ☑ SOL 701 显式高级非线性分析：高级非线性分析。

Step4. 定义材料属性。选择下拉菜单 工具(T) → 材料(M) ▸ → 指派材料(A)... 命令，系统弹出图 11.1.4 所示的“指派材料”对话框，选择零件模型为指派材料对象，在对话框的 材料 列表区域中选择 Iron_Cast_G25 材料，单击 确定 按钮。

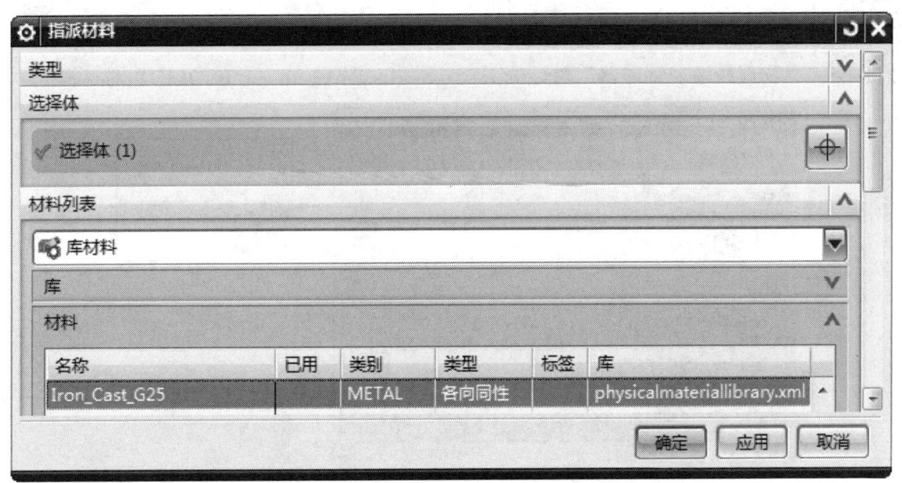

图 11.1.4 “指派材料”对话框

说明：材料库中的材料是非常有限的，如果材料库中的材料不能满足设计要求，就需要创建新材料；单击“指派材料”对话框中 新建材料 区域的“创建材料”按钮，系统弹出“各向同性材料”对话框，在该对话框中输入新材料各项参数，即可创建一种各向同性材料（创建其他类型的材料，需要在 新建材料 区域的 类型 下拉列表中选择合适的类型，此处不再赘述）。

Step5. 定义物理属性。选择下拉菜单 插入(S) → 物理属性(H)... 命令，系统弹出图 11.1.5 所示的“物理属性表管理器”对话框。单击对话框中的 创建 按钮，系统弹出图 11.1.6 所示的“PSOLID”对话框，在 材料 下拉列表中选择 Iron_Cast_G25 选项，其他采用系统默认设置。单击 确定 按钮，然后单击 关闭 按钮，关闭“物理属性表管理器”对话框。

Step6. 定义网格单元属性。选择下拉菜单 插入(S) → 网格收集器(S)... 命令，系统弹出图 11.1.7 所示的“网格收集器”对话框。在对话框的 单元族 下拉列表中选择 3D 选项，在 实体属性 下拉列表中选择 PSOLID1 选项，其他采用系统默认设置，单击 确定 按钮。

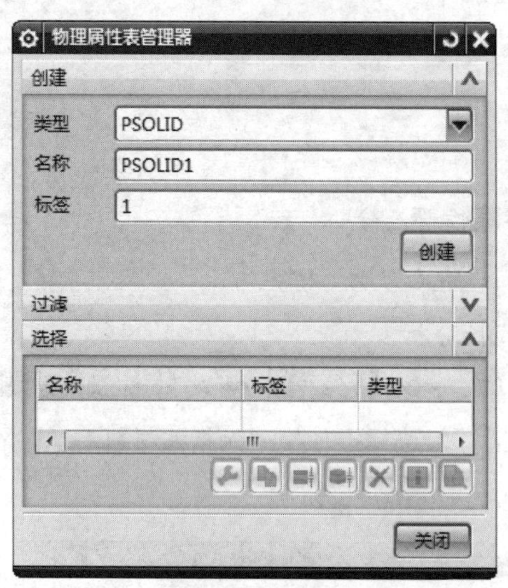

图 11.1.5 “物理属性表管理器”对话框

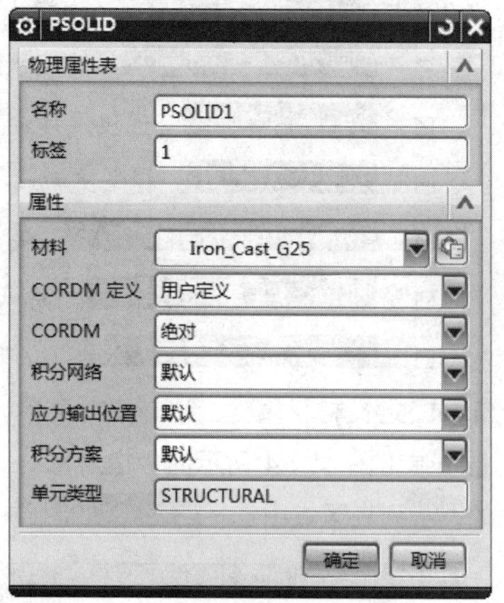

图 11.1.6 “PSOLID”对话框

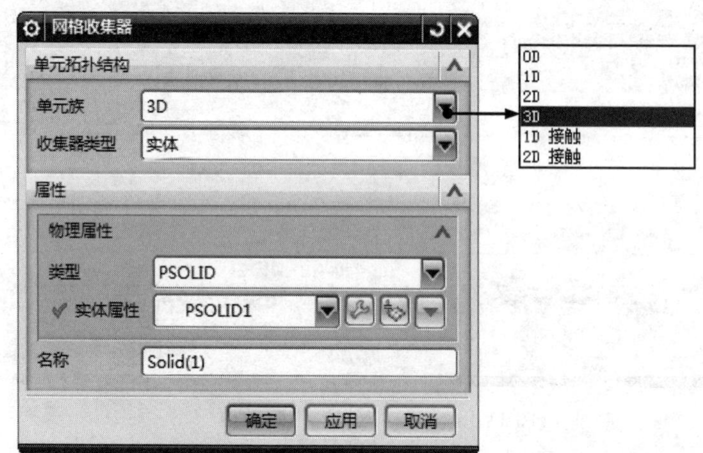

图 11.1.7 “网格收集器”对话框

图 11.1.7 所示“网格收集器”对话框中部分选项的说明如下。

- 单元族 下拉列表：用于设置网格单元类型，包括以下六种类型。
  - ☑ 0D：选中该选项，创建零维网格，主要用于刚性形式的集中质量单元连接。
  - ☑ 1D：选中该选项，创建一维线性网格，主要用于梁结构的网格划分。
  - ☑ 2D：选中该选项，创建二维面网格，主要用于壳结构的网格划分。
  - ☑ 3D：选中该选项，创建三维实体网格，主要用于三维实体结构的网格划分。
  - ☑ 1D 接触：用于一维带接触情况下的网格划分。

☑ 2D 接触：用于二维带接触情况下的网格划分。

- 收集器类型下拉列表：用于设置网格单元收集器类型，选择不同的网格单元类型，此项的下拉列表也不一样。

Step7. 划分网格。选择下拉菜单 插入(S) → 网格(M) → 3D 四面体网格...命令，系统弹出图 11.1.8 所示的“3D 四面体网格”对话框。选择零件模型为网格划分对象，在类型下拉列表中选择 CTETRA(10)选项，在单元大小文本框中输入值 4，取消选中目标收集器区域中的☐自动创建选项，其他参数采用系统默认设置。单击确定按钮，网格划分结果如图 11.1.9 所示。

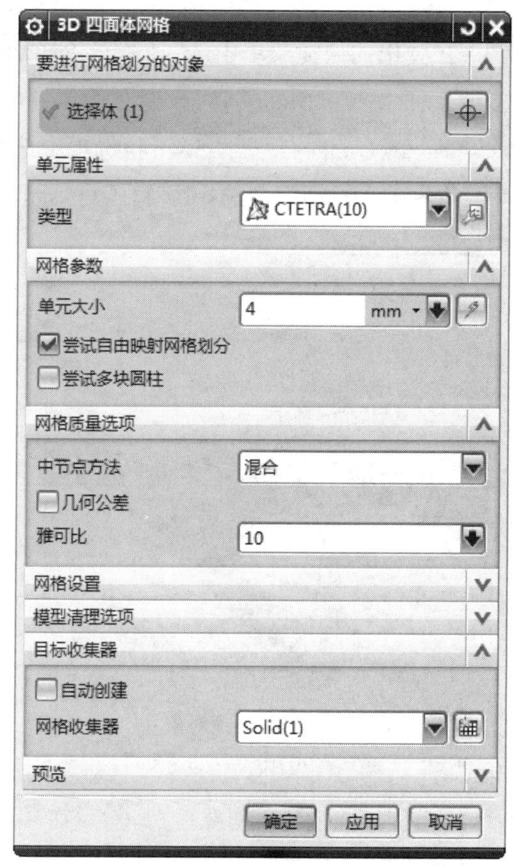

图 11.1.8 “3D 四面体网格”对话框

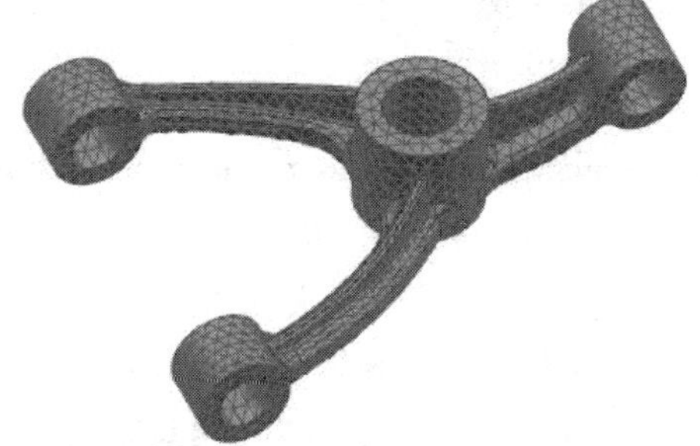
图 11.1.9 划分网格

图 11.1.8 所示“3D 四面体网格”对话框中部分选项的说明如下。

- 类型下拉列表：用于设置网格单元属性，对于 3D 四面体网格，包括以下两种属性。

  ☑ CTETRA(4)：包含四个节点的四面体。

  ☑ CTETRA(10)：包含十个节点的四面体，即在四节点四面体的基础上增加了中间节点，使网格更好地与实体外形进行拟合。

- 单元大小文本框：用于设置网格单元大小，文本框中输入的尺寸为网格单元最大边长尺寸；单击该文本框后的按钮，系统根据模型尺寸自动计算单元大小进行网格划分。

- 中节点方法下拉列表：用于设置中间节点方法，包括以下三种类型。
  - ☑ 混合：使用混合方式增加中间节点，也是最常用的方法。
  - ☑ 弯曲：使用非线性的方式增加中间节点。
  - ☑ 线性：使用线性方式增加中间节点。
- 雅可比文本框：用于设置中间节点偏离线性位置的最大距离值。

Task3. 创建仿真

Step1. 在仿真导航器中右击 crotch_sim1.sim，在弹出的快捷菜单中选择 设为工作部件 命令，将模型文件激活。

Step2. 定义约束条件。在主页功能选项卡载荷和条件区域的约束类型下拉选项中选择销住约束命令，系统弹出图 11.1.10 所示的“销住约束”对话框，选择图 11.1.11 所示的模型圆柱面为约束对象（一），单击对话框中的确定按钮。

图 11.1.10 “销住约束”对话框

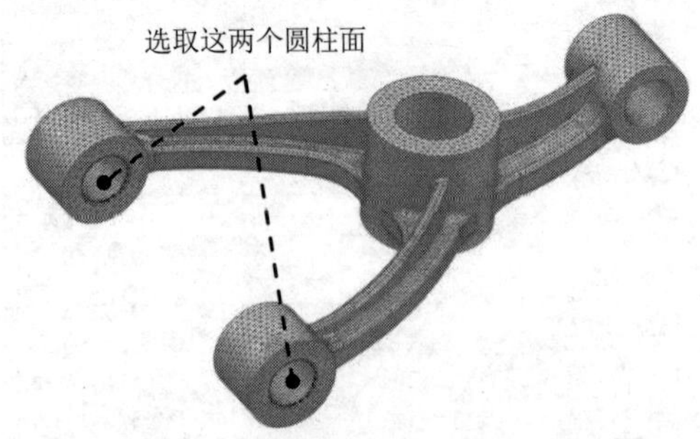

图 11.1.11 选择约束对象（一）

Step3. 设置用户定义约束条件。在主页功能选项卡载荷和条件区域的约束类型下拉选项中选择用户定义约束命令，选择图 11.1.12 所示的模型表面为约束对象（二），然后在自由度区域 DOF1 的下拉列表中选择固定选项，单击对话框中的确定按钮。

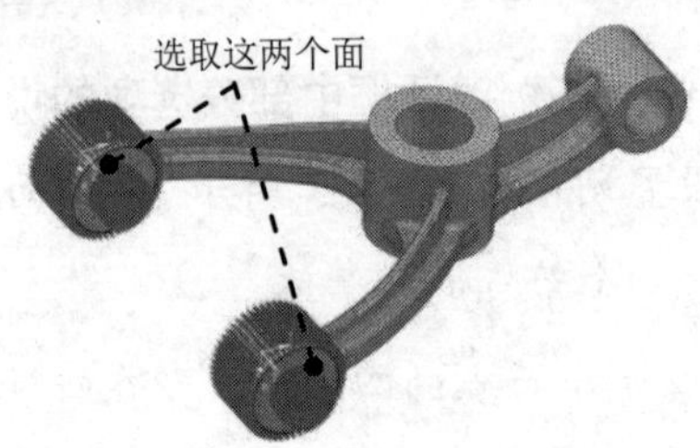

图 11.1.12 选择约束对象（二）

Step4. 定义载荷条件。在主页功能选项卡载荷和条件区域的载荷类型下拉选项中选择轴承命令，系统弹出图 11.1.13 所示的“轴承”对话框。选择图 11.1.14 所示的模型圆柱面为约束对象（三），在指定矢量后的下拉列表中单击YC按钮，然后在力文本框中输入力的大小 1500N，单击对话框中的确定按钮。

Task4. 求解（注：本步骤的详细操作过程请参见学习资源中 video\ch11.01\reference\文件下的语音视频讲解文件 crotch-r01.exe）

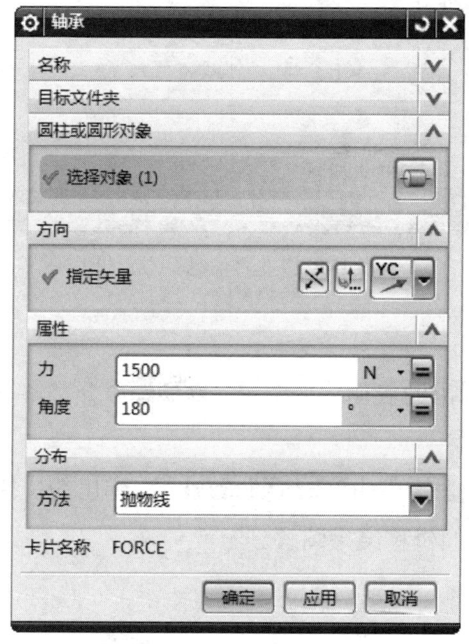

图 11.1.13　“轴承”对话框

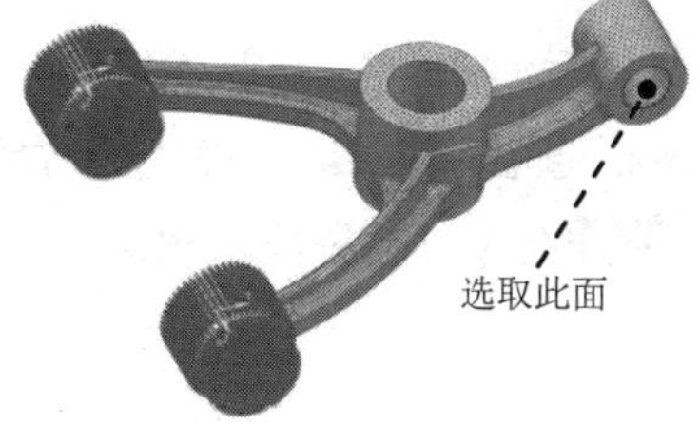

图 11.1.14　选择约束对象（三）

说明：在求解过程中，系统会弹出图 11.1.15～图 11.1.17 所示的“Solution Monitor”对话框、“分析作业监视”对话框和“信息”对话框，方便设计人员查看解算过程中的各项信息。

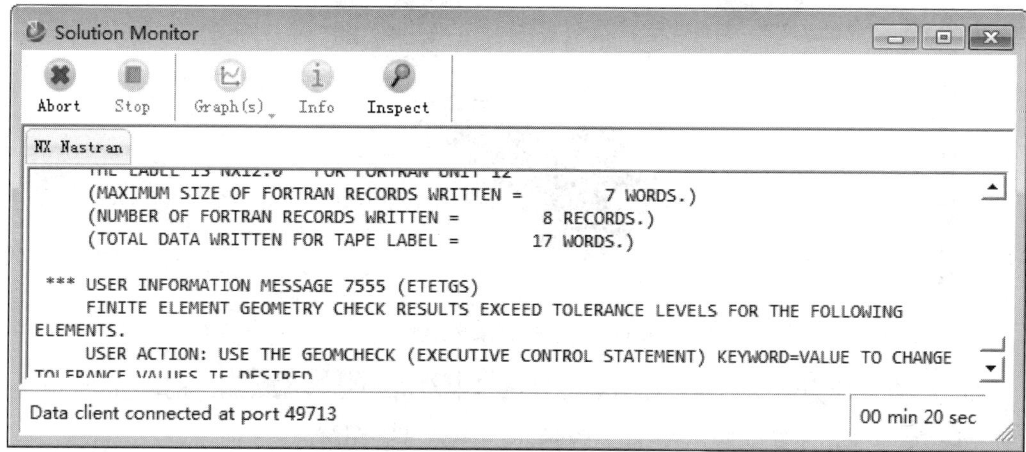

图 11.1.15　“Solution Monitor”对话框

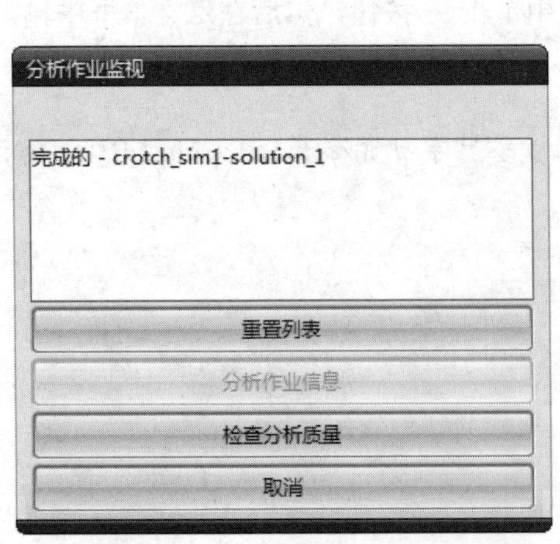

图 11.1.16 “分析作业监视”对话框

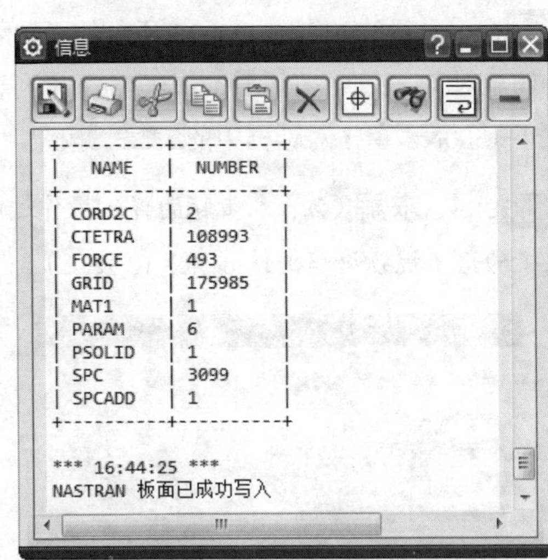

图 11.1.17 “信息”对话框

Task5. 后处理

Step1. 在仿真导航器中右击 结果，在弹出的快捷菜单中选择 打开 命令，系统切换至“后处理导航器”界面。

Step2. 查看位移结果图解。在后处理导航器中右击 位移 - 节点的，在弹出的快捷菜单中选择 绘图 命令，系统绘制出图 11.1.18 所示的位移结果图解。

图 11.1.18 位移结果图解

Step3. 查看应力结果图解。在后处理导航器中右击 应力 - 单元的，在弹出的快捷菜单中选择 绘图 命令，系统绘制出图 11.1.19 所示的应力结果图解。

Step4. 保存零件模型。选择下拉菜单 文件(F) ➡ 保存(S) 命令，即可保存零件模型。

图 11.1.19　应力结果图解

11.2　装配组件

实例概述

本实例主要介绍了图 11.2.1 所示装配组件的结构分析过程，在该组件结构分析过程中主要介绍了接触面组的添加方法。

该组件实际工况介绍如下：支座的四个内孔完全固定，支撑件和支座之间用销钉连接，支撑件的水平表面承受竖直向下的力，力大小为 1000N。求解支承零件承受该载荷后整体结构的变形和应力分布情况。

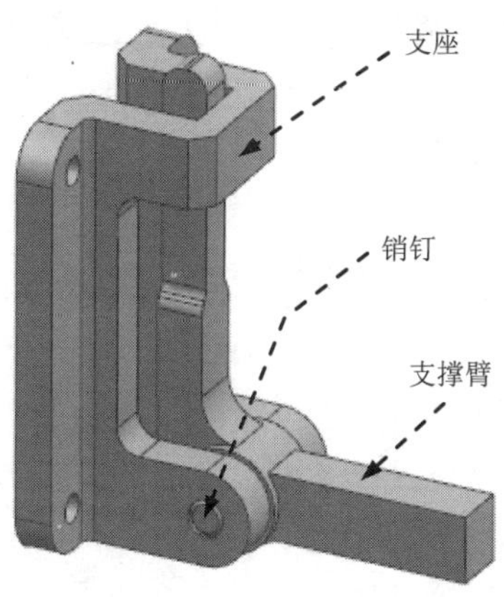

图 11.2.1　装配组件的结构分析

Task1. 进入高级仿真模块

打开文件 D:\ugal12\work\ch11.02\assembly_analysis.prt，在 应用模块 功能选项卡的 仿真 区域单击 前/后处理 按钮，进入高级仿真环境。

Task2. 创建有限元模型

Step1. 在仿真导航器中右击 assembly_analysis.prt，在弹出的快捷菜单中选择 新建 FEM 和仿真... 命令，系统弹出“新建 FEM 和仿真”对话框，采用系统默认的文件名称，单击 确定 按钮。

Step2. 定义解算方案。在系统弹出的“解算方案”对话框的 解算方案类型 下拉列表中选择 SOL 101 线性静态 - 全局约束 选项，其他采用系统默认设置，单击对话框中的 确定 按钮。

Step3. 定义材料属性。选择下拉菜单 工具(T) → 材料(M) ▸ → 指派材料(A)... 命令，系统弹出“指派材料”对话框，选择支座为指派材料对象，在对话框的 材料 列表区域中选择 Iron_Cast_G40 材料，单击 应用 按钮；然后选择支撑件和销钉，在对话框的 材料 列表区域中选择 Steel 材料，单击 确定 按钮。

Step4. 定义物理属性。选择下拉菜单 插入(S) → 物理属性(H)... 命令，系统弹出“物理属性表管理器”对话框。单击对话框中的 创建 按钮，系统弹出“PSOLID”对话框，在 材料 下拉列表中选择 Steel 选项，其他采用系统默认设置，单击 确定 按钮；再次单击 创建 按钮，在 材料 下拉列表中选择 Iron_Cast_G40 选项，单击 确定 按钮。然后单击 关闭 按钮，关闭“物理属性表管理器”对话框。

Step5. 定义网格单元属性。选择下拉菜单 插入(S) → 网格收集器(S)... 命令，系统弹出图 11.2.2 所示的“网格收集器”对话框（一）。在对话框的 单元族 下拉列表中选择 3D 选项，在 实体属性 下拉列表中选择 PSOLID1 选项，其他采用系统默认设置，单击 应用 按钮；参照上一步骤，在 实体属性 下拉列表中选择 PSOLID2 选项，其他采用系统默认设置，如图 11.2.3 所示，单击 确定 按钮。

图 11.2.2 “网格收集器”对话框（一）

图 11.2.3 “网格收集器”对话框（二）

Step6. 划分网格。选择下拉菜单 插入(S) → 网格(M) ▸ → 3D 四面体网格... 命令，系统弹出“3D 四面体网格”对话框。选择支座模型为网格划分对象，在 类型 下拉列表中选择 CTETRA(10) 选项，在 单元大小 文本框中输入值 5，取消选中 目标收集器 区域中的 □ 自动创建 选项，在该区域的下拉列表中选择 Solid(2) 选项，其他参数采用系统默认设置，单击 应用 按钮，网格划分结果如图 11.2.4 所示；选择支撑件模型为网格划分对象，在 类型 下拉列表中选择 CTETRA(10) 选项，在 单元大小 文本框中输入值 4，在该区域的下拉列表中选择 Solid(1) 选项，其他参数采用系统默认设置，单击 应用 按钮，网格划分结果如图 11.2.5 所示；选择销钉模型为网格划分对象，在 类型 下拉列表中选择 CTETRA(10) 选项，在 单元大小 文本框中输入值 2，在该区域的下拉列表中选择 Solid(1) 选项，其他参数采用系统默认设置，单击 确定 按钮，网格划分结果如图 11.2.6 所示。

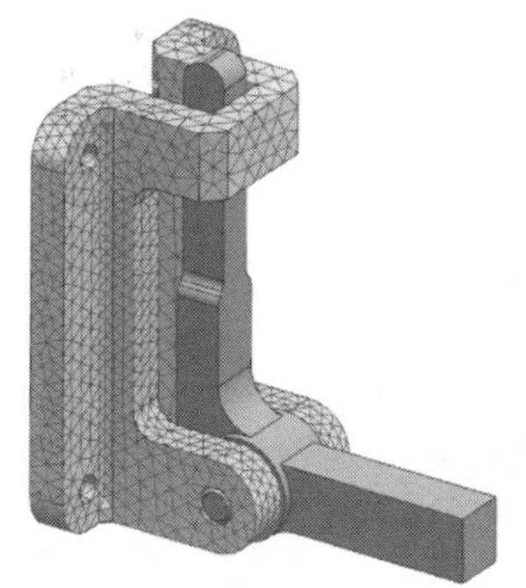

图 11.2.4　划分支座网格

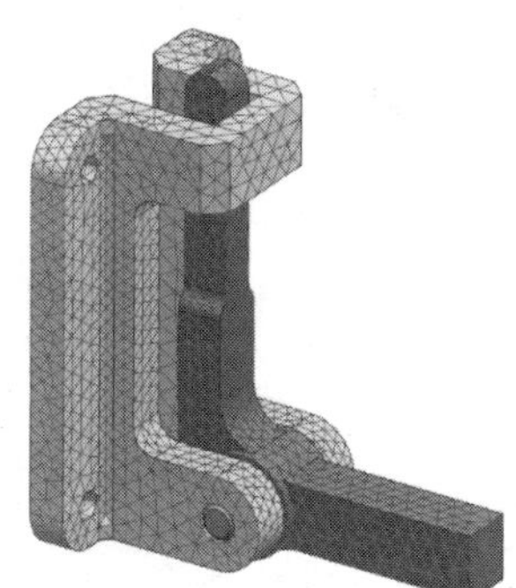

图 11.2.5　划分支撑件网格

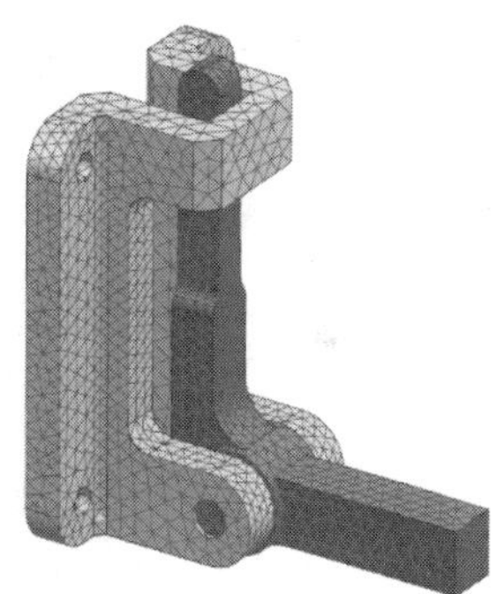

图 11.2.6　划分销钉网格

Task3. 创建仿真模型

Step1. 在仿真导航器中右击 assembly_analysis_sim1.sim 节点，在弹出的快捷菜单中选择 设为工作部件 命令，将模型文件激活。

Step2. 定义约束条件。在 主页 功能选项卡 载荷和条件 区域的 约束类型 下拉选项中选择 固定约束 命令，系统弹出图 11.2.7 所示的“固定约束”对话框，选择图 11.2.8 所示的模型表面为约束对象，单击对话框中的 确定 按钮。

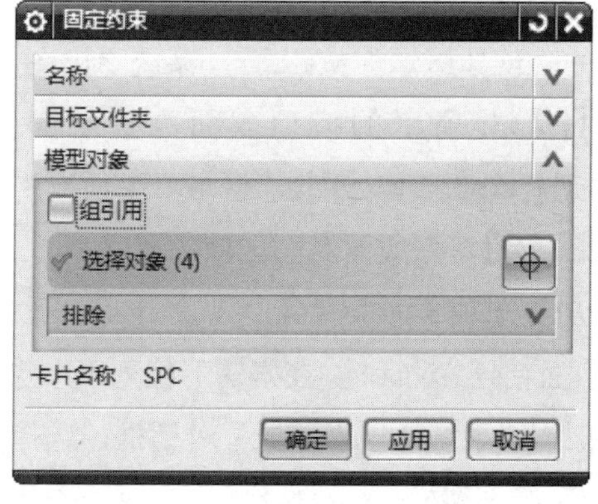

图 11.2.7　“固定约束”对话框

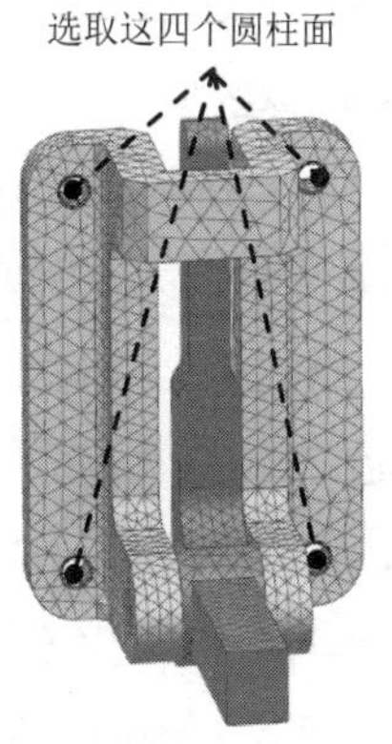

图 11.2.8　选择约束对象

Step3. 定义载荷条件（注：本步骤的详细操作过程请参见学习资源中 video\ch11.02\reference\文件下的语音视频讲解文件 assembly_analysis-r01.exe）。

Step4. 定义面对面粘连条件 1。

（1）选择命令。在主页功能选项卡载荷和条件区域的仿真对象类型下拉选项中选择面-面粘连命令，系统弹出图 11.2.9 所示的“面-面粘连”对话框，在类型下拉列表中选择手动选项。

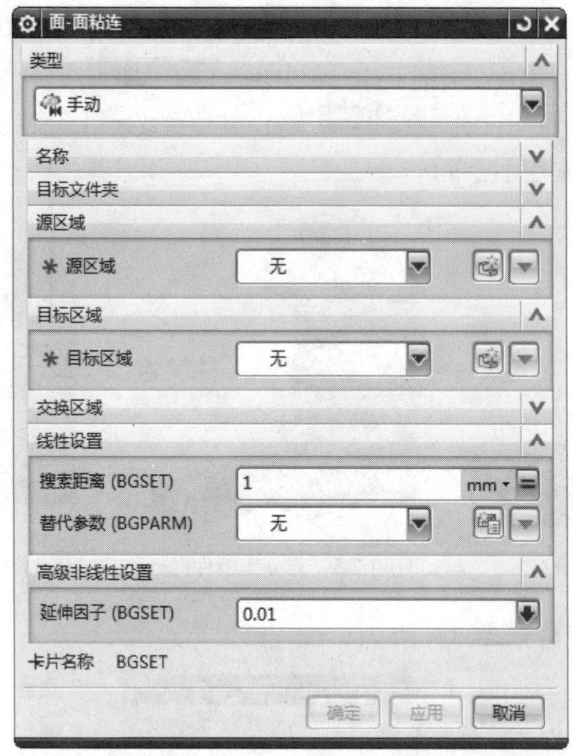

图 11.2.9 “面-面粘连”对话框

（2）定义源区域。单击源区域区域的“创建区域”按钮，系统弹出图 11.2.10 所示的“区域”对话框（一），选择图 11.2.11 所示的模型表面为接触面区域，在非线性接触参数 (BCRPARA)区域的类型下拉列表中选择刚性选项，单击“区域”对话框中的确定按钮。

（3）定义目标区域。单击目标区域区域的“创建区域”按钮，系统弹出图 11.2.12 所示的“区域”对话框（二），选择图 11.2.13 所示的模型表面为接触面区域，在非线性接触参数 (BCRPARA)区域的类型下拉列表中选择刚性选项，单击“区域”对话框中的确定按钮，单击“面-面粘连”对话框中的确定按钮，完成面对面区域的定义。

Step5. 定义面对面粘连条件 2。在主页功能选项卡载荷和条件区域的仿真对象类型下拉选项中选择面-面粘连命令，系统弹出“面-面粘连”对话框，在类型下拉列表中选择手动选项；单击源区域区域的“创建区域”按钮，系统弹出“区域”对话框，选择图 11.2.14 所示的模型表面为接触面区域，在非线性接触参数 (BCRPARA)区域的类型下拉列表中选择刚性选项，单击“区域”对话框中的 确定 按钮。

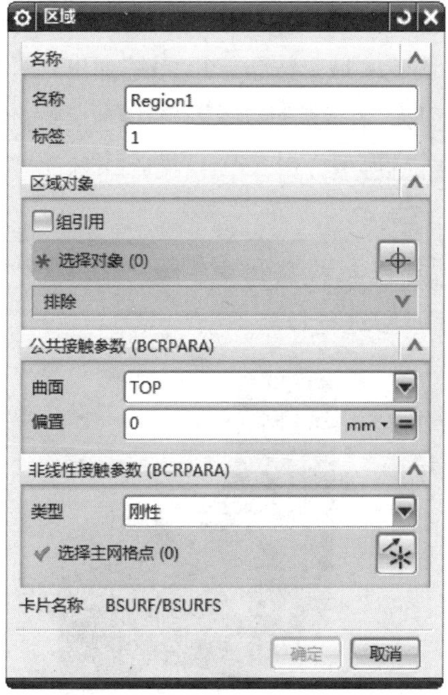

图 11.2.10 “区域”对话框（一）

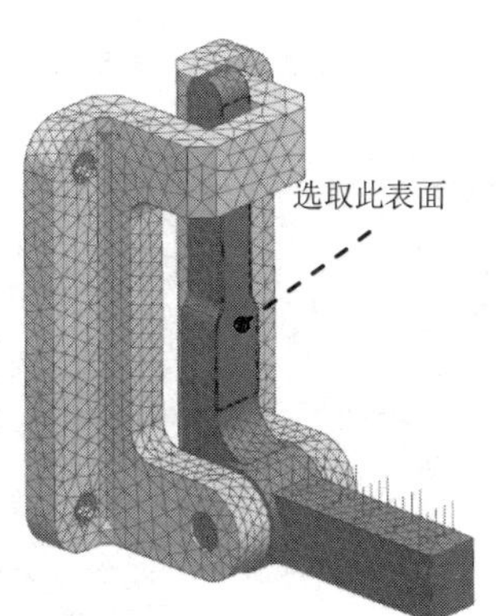

图 11.2.11 定义源区域

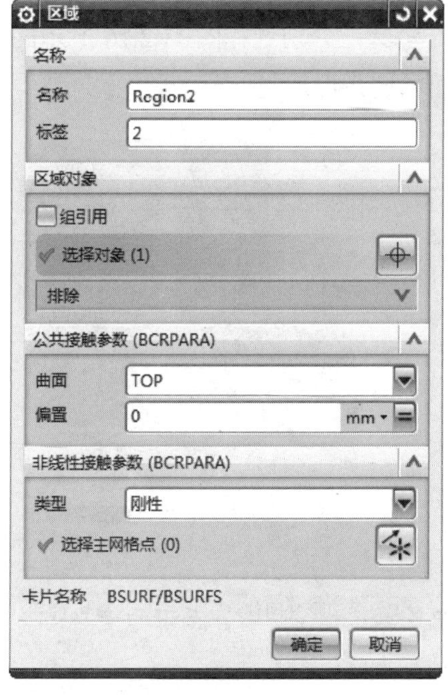

图 11.2.12 “区域”对话框（二）

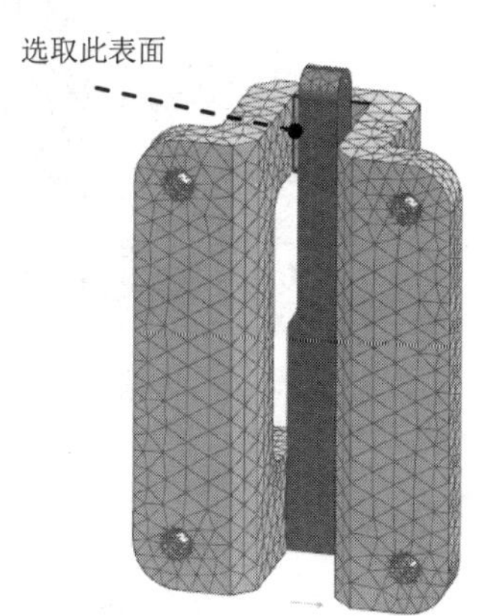

图 11.2.13 定义目标区域

说明：

（1）在选取接触面区域时，用户可以从“快速拾取”列表中选取正确的对象，具体操作参看视频文件。

（2）在选取接触面区域时，用户也可以把模型树中 多边形几何体 节点下的

Polygon Body (3)和3D 收集器中Solid(1)节点下的3d_mesh(3)进行抑制，这样能比较方便地选取到正确的对象。

（3）定义目标区域。单击目标区域区域的“创建区域”按钮，系统弹出“区域”对话框，选择图 11.2.15 所示的模型表面为接触面区域，在非线性接触参数 (BCRPARA)区域的类型下拉列表中选择刚性选项，单击“区域”对话框中的确定按钮，单击“面-面粘连”对话框中的确定按钮，完成面对面区域的定义。

说明：为了方便选取目标接触面区域，可以把模型树中多边形几何体节点下的Polygon Body (2)和3D 收集器节点下的Solid(2)进行抑制。

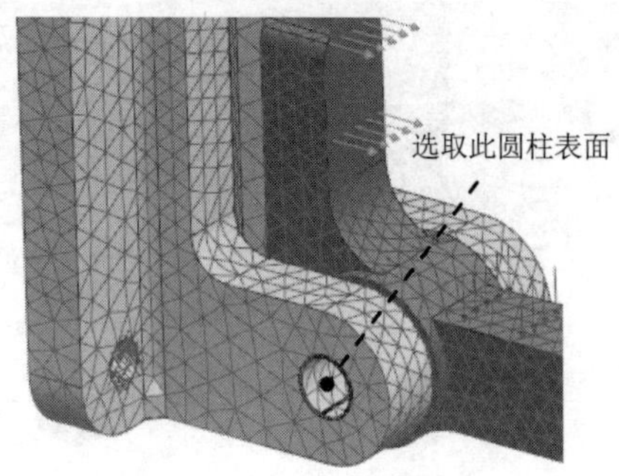

图 11.2.14　定义源区域 1

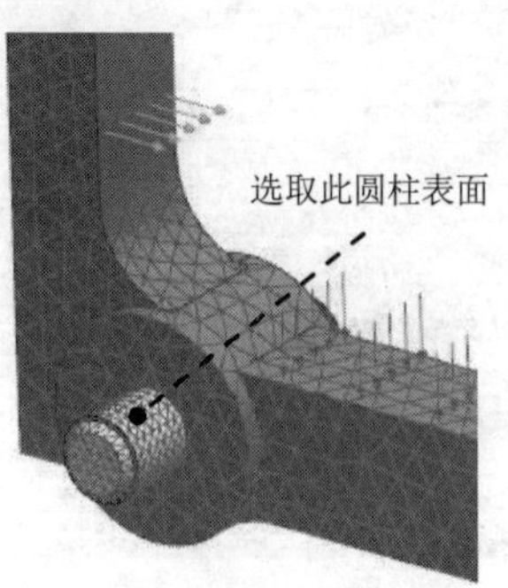

图 11.2.15　定义目标区域 1

Step6. 定义面对面粘连条件 3。参照 Step5 步骤，分别选择图 11.2.16 所示的源区域和图 11.2.17 所示的目标区域，创建第三个面对面粘连条件。

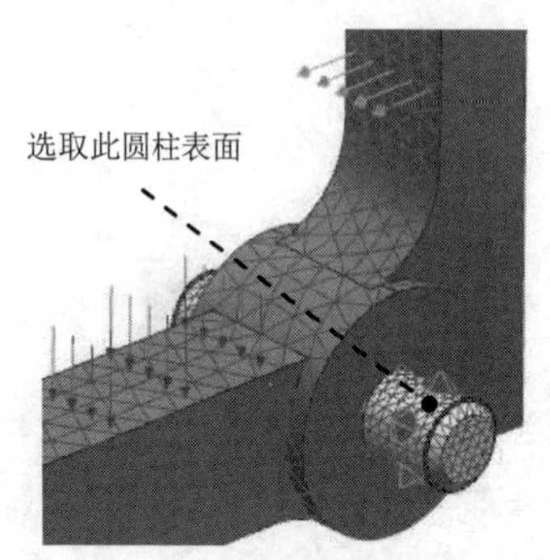

图 11.2.16　定义源区域 2

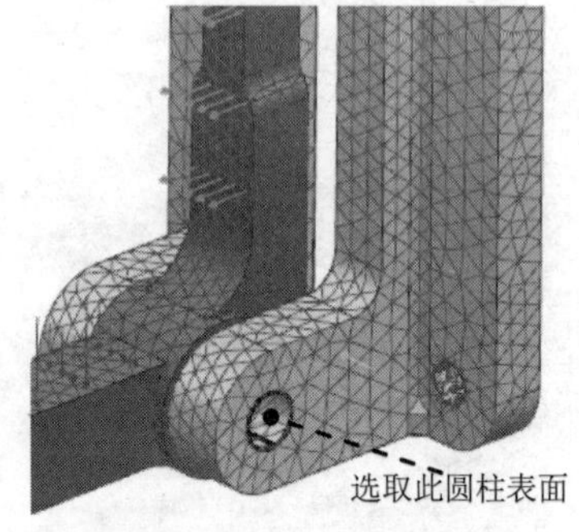

图 11.2.17　定义目标区域 2

说明：

（1）选取源接触面区域时，可将模型树中多边形几何体节点下的Polygon Body (2)和3D 收集器节点下的Solid(2)进行抑制。

（2）选取目标接触面区域时，可将模型树中多边形几何体节点下的Polygon Body (3)和3D 收集器中Solid(1)节点下的3d_mesh(3)进行抑制。

Step7. 定义面对面粘连条件 4。参照 Step5 步骤，分别选择图 11.2.18 所示的源区域和图 11.2.19 所示的目标区域，创建第四个面对面粘连条件。

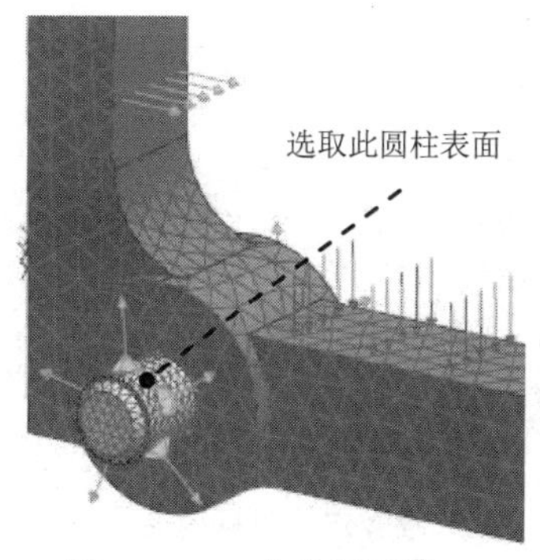

图 11.2.18　定义源区域 3

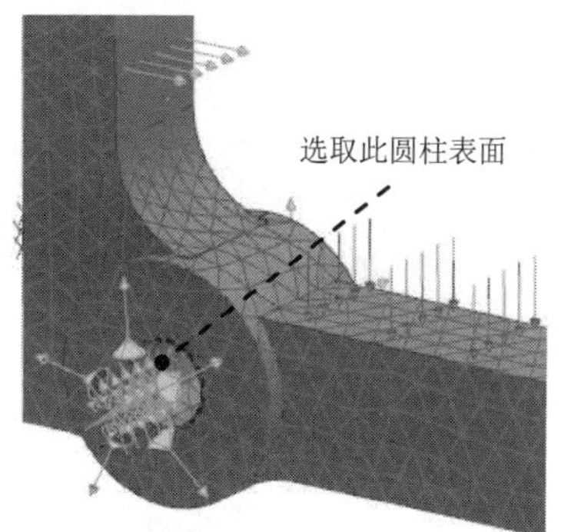

图 11.2.19　定义目标区域 3

说明：

（1）选取源接触面区域时，可将模型树中☑多边形几何体节点下的Polygon Body (2)和☑3D 收集器节点下的☑Solid(2)进行抑制。

（2）选取目标接触面区域时，可将模型树中☑多边形几何体节点下的Polygon Body (3)和☑3D 收集器中☑Solid(1)节点下的☑3d_mesh(3)进行抑制。

Step8. 定义面对面接触条件 1。在主页功能选项卡载荷和条件区域的仿真对象类型下拉选项中选择面-面接触命令，系统弹出图 11.2.20 所示的“面-面接触”对话框，在类型下拉列表中选择手动选项；单击源区域区域的“创建区域”按钮，系统弹出“区域”对话框，选择图 11.2.21 所示的模型表面为接触面区域，单击“区域”对话框中的确定按钮；单击目标区域区域的“创建区域”按钮，系统弹出“区域”对话框，选择图 11.2.22 所示的模型表面为接触面区域，单击“区域”对话框中的确定按钮，单击“面-面接触”对话框中的确定按钮，完成面对面区域的定义。

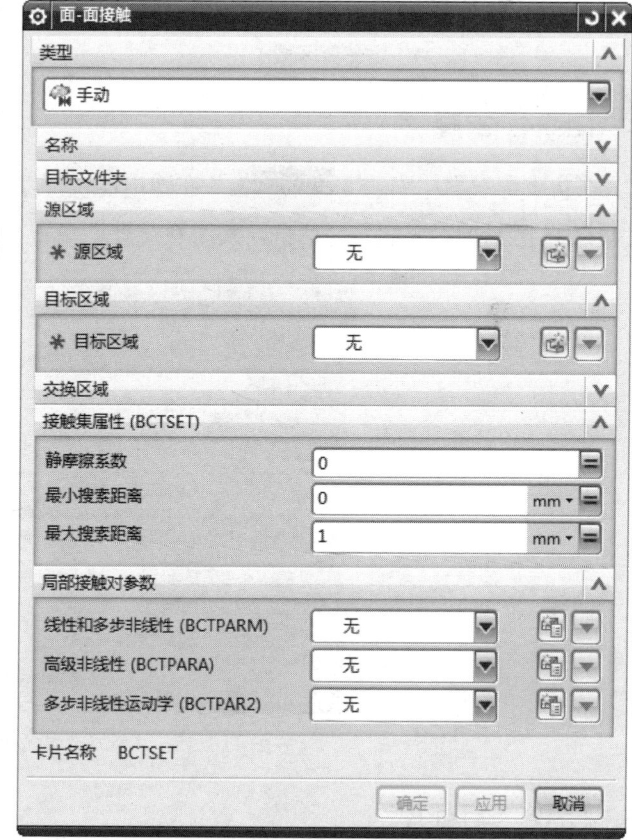

图 11.2.20　“面-面接触”对话框

Step9. 定义面对面接触条件 2。参照 Step8 步骤，分别选择图 11.2.23 所示的源区域和图 11.2.24 所示的目标区域，创建第二个面对面接触条件。

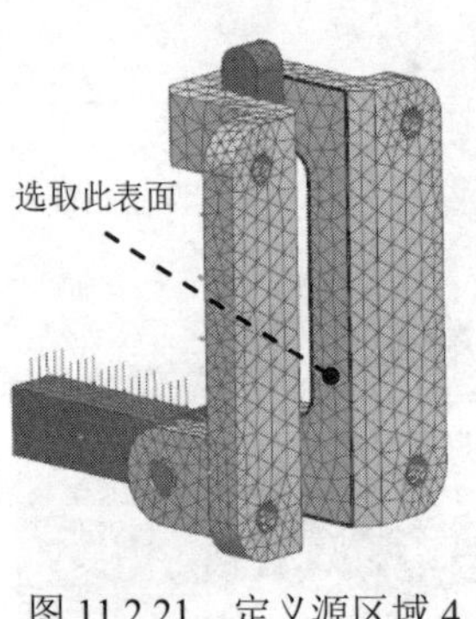

图 11.2.21　定义源区域 4

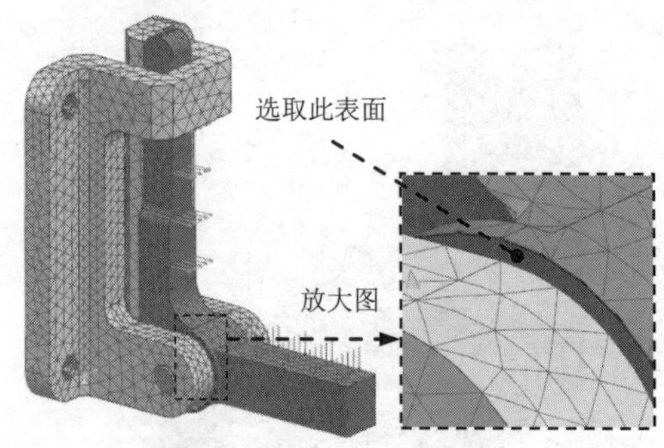

图 11.2.22　定义目标区域 4

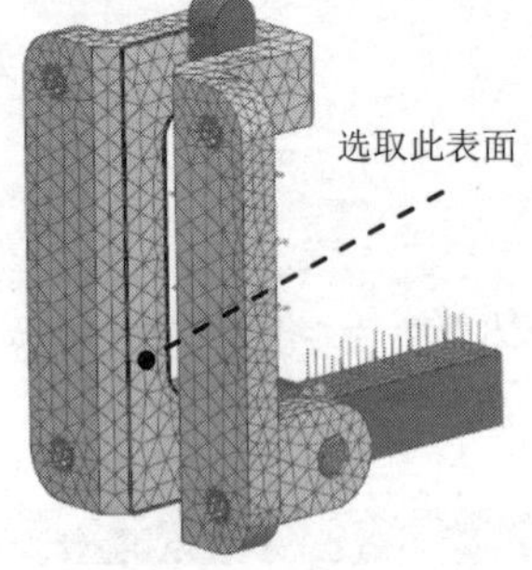

图 11.2.23　定义源区域 5

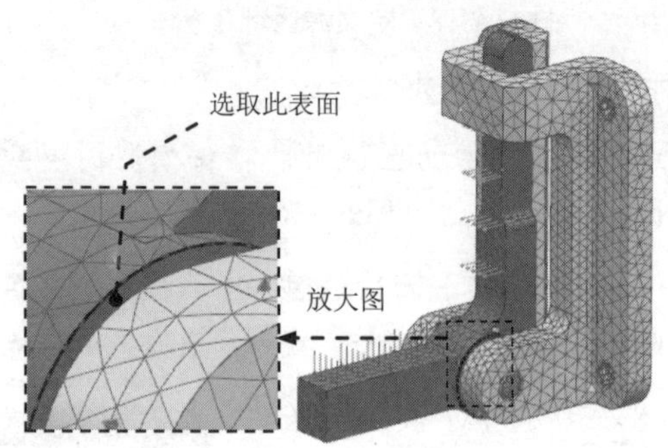

图 11.2.24　定义目标区域 5

Task4. 求解

在仿真导航器中右击 Solution 1，在弹出的快捷菜单中选择 求解... 命令，系统弹出图 11.2.25 所示的“求解”对话框，采用系统默认设置，单击 确定 按钮，系统开始解算。

图 11.2.25　“求解”对话框

Task5. 后处理

Step1. 在仿真导航器中右击 结果，在弹出的快捷菜单中选择 打开 命令，系统切换至“后处理导航器”界面，如图 11.2.26 所示。

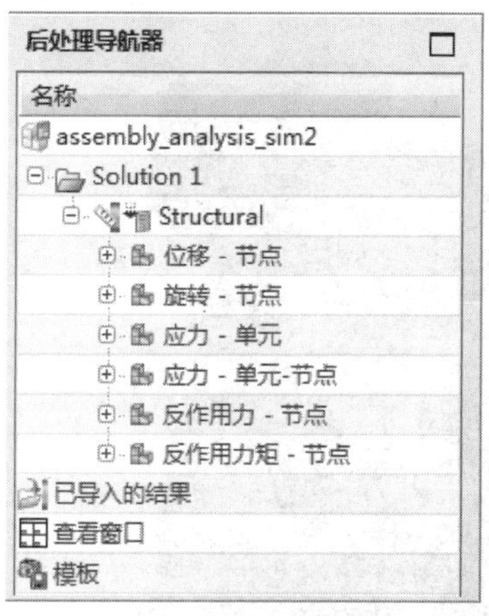

图 11.2.26　“后处理导航器”界面

Step2. 查看位移结果图解。在后处理导航器中右击位移 - 节点的，在弹出的快捷菜单中选择绘图命令，系统绘制出图 11.2.27 所示的位移结果图解，从图中可以看出，最大位移值为 0.1083mm。

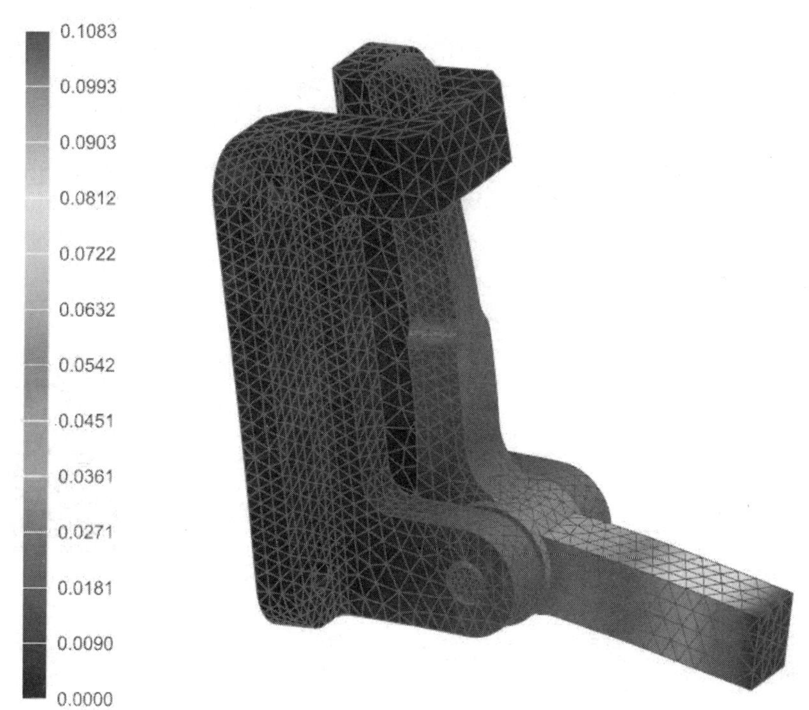

图 11.2.27　位移结果图解

Step3. 查看应力结果图解。在后处理导航器中右击应力 - 单元的，在弹出的快捷菜单中选择绘图命令，系统绘制出图 11.2.28 所示的应力结果图解，从图中可以看出，最大应力值为 101.36MPa。

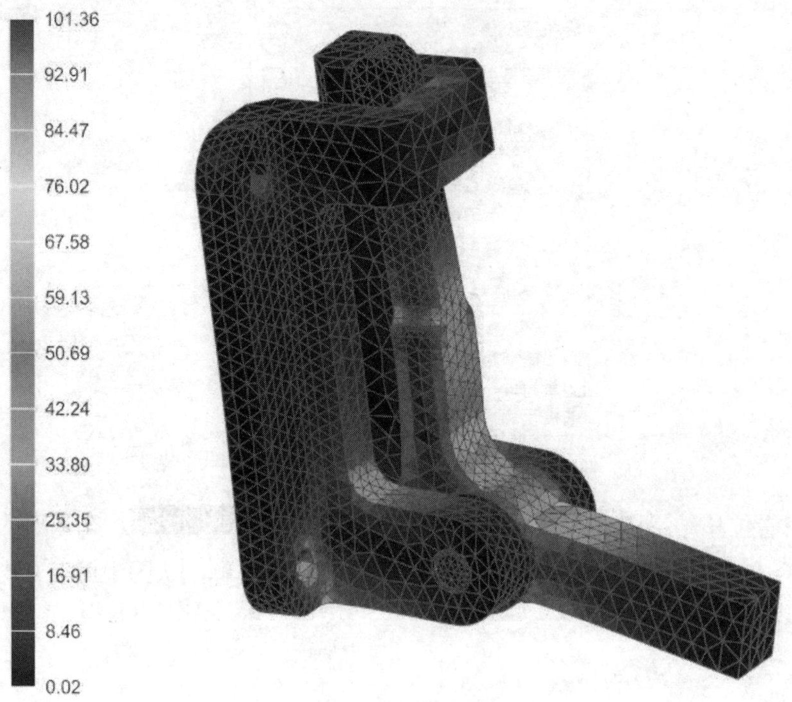

图 11.2.28　应力结果图解

学习拓展：扫码学习更多视频讲解。

讲解内容：结构分析实例精选。讲解了一些典型的结构分析实例，并对操作步骤做了详细的演示。

第 12 章 自顶向下设计实例：无绳电话的设计

12.1 实 例 概 述

本实例详细讲解了一款无绳电话的整个设计过程，该设计过程中采用了较为先进的设计方法——自顶向下（Top-Down Design）的设计方法。采用这种方法不仅可以获得较好的整体造型，而且能够大大缩短产品的上市时间。许多家用电器（如热水器、吹风机、计算机鼠标）都可以采用这种方法进行设计。无绳电话的设计流程如图 12.1.1 所示。

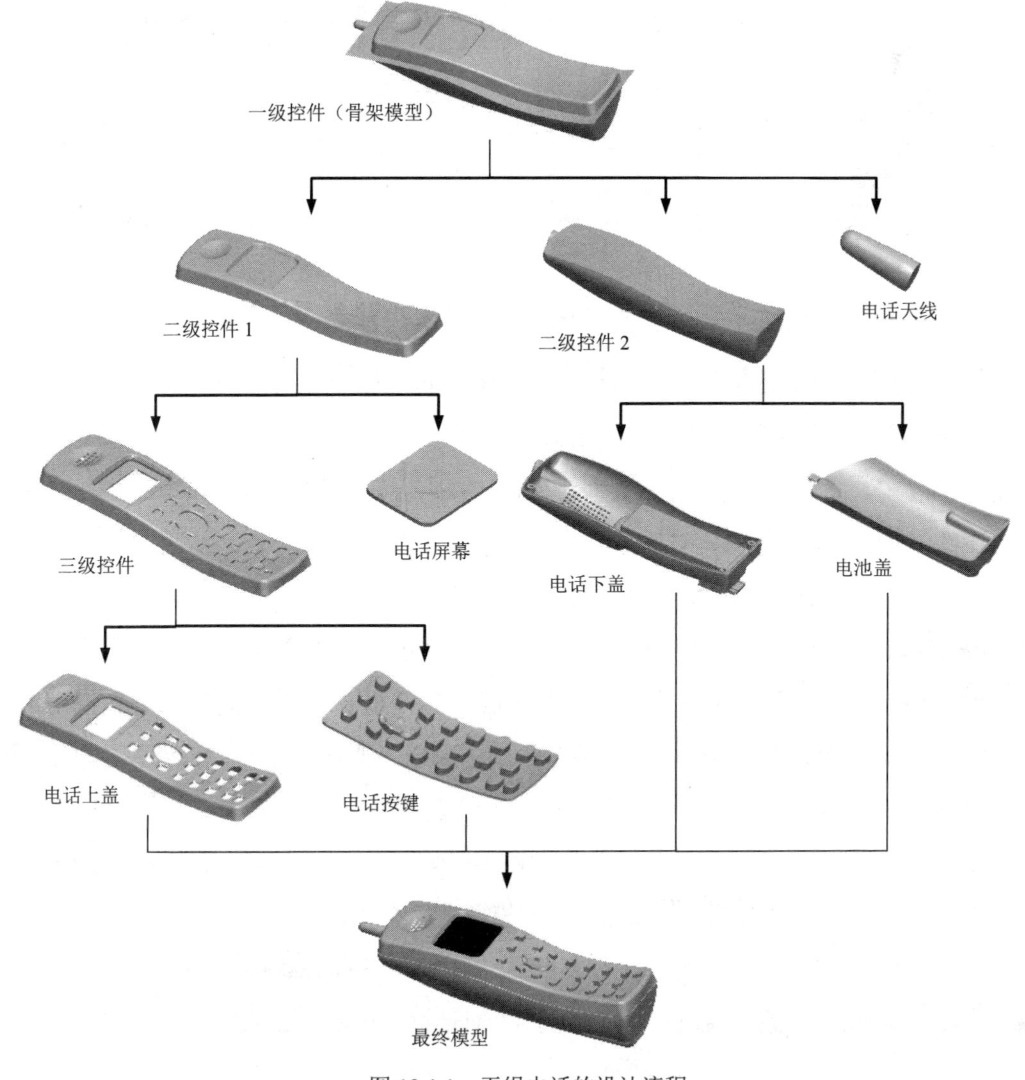

图 12.1.1 无绳电话的设计流程

12.2 一级控件

下面讲解一级控件（FIRST.PRT）的创建过程。一级控件在整个设计过程中起着十分重要的作用，在创建一级控件时要考虑到分割子零件的方法，为了保持关联，在一级控件中要创建一些草图为多个子零件共用。一级控件的零件模型及模型树如图 12.2.1 所示。

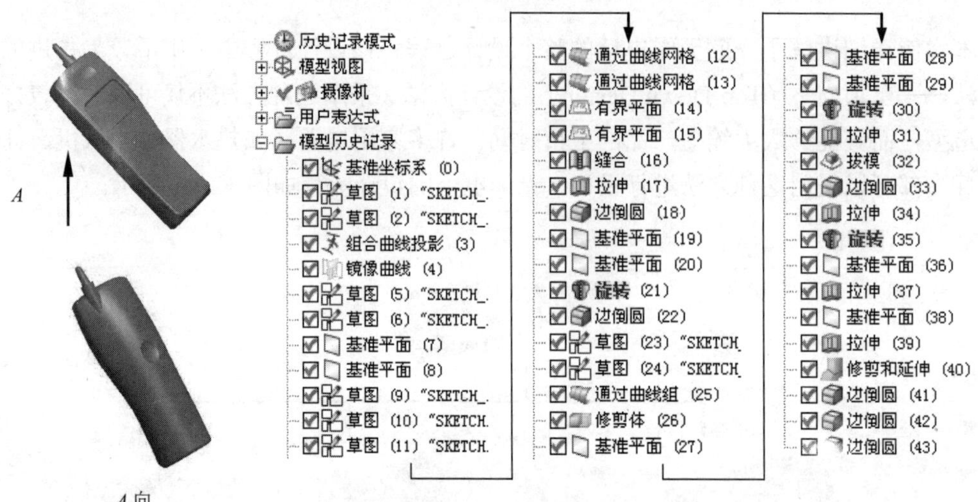

图 12.2.1　一级控件零件模型及模型树

Step1. 新建文件。选择下拉菜单 文件(F) → 新建(N)... 命令，系统弹出“新建”对话框。在 模型 选项卡的 模板 区域中选取模板类型为 装配 ，在 名称 文本框中输入文件名称 HANDSET，在 文件夹 文本框中输入文件路径 D:\ugal12\work\ch12，单击 确定 按钮，进入装配环境，关闭“添加组件”对话框。

Step2. 创建 FIRST 层。在“装配导航器”窗口中的空白处右击，在弹出的快捷菜单中选择 WAVE 模式 选项；然后在 HANDSET 选项上右击，系统弹出快捷菜单。在此快捷菜单中选择 WAVE → 新建层 命令，系统弹出“新建层”对话框。在“新建层”对话框中单击 指定部件名 按钮，系统弹出“选择部件名”对话框，在 文件名(N): 文本框中输入 FIRST；单击 OK 按钮，回到“新建层”对话框，单击 确定 按钮，完成 FIRST 层的创建。在“装配导航器”窗口中的 FIRST 选项上右击，系统弹出快捷菜单，在此快捷菜单中选择 设为工作部件 命令，对模型进行编辑。

Step3. 创建基准坐标系。选择下拉菜单 插入(S) → 基准/点(D) ▸ → 基准坐标系(C)... 命令，系统弹出“基准 CSYS”对话框，单击 < 确定 > 按钮，完成基准坐标系的创建。

Step4. 创建图 12.2.2 所示的草图 1。选择下拉菜单 插入(S) ➡ 在任务环境中绘制草图(V)... 命令；选取基准平面 YZ 为草图平面；进入草图环境，绘制图 12.2.2 所示的草图 1。绘制完成后，单击 完成草图 按钮，完成草图 1 的创建。

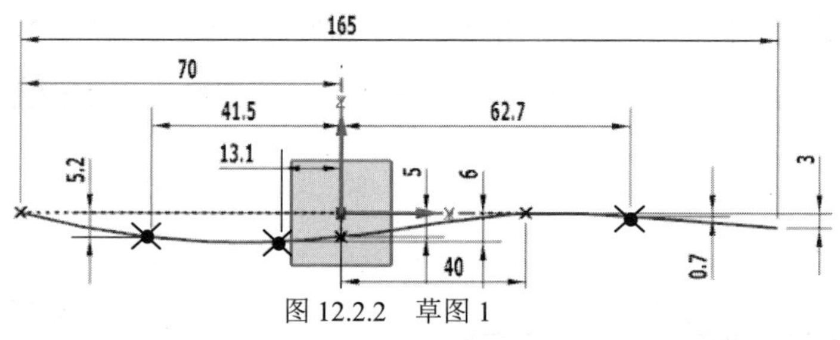

图 12.2.2 草图 1

Step5. 创建图 12.2.3 所示的草图 2。选择下拉菜单 插入(S) ➡ 在任务环境中绘制草图(V)... 命令；选取基准平面 XY 为草图平面；进入草图环境，绘制图 12.2.3 所示的草图 2。绘制完成后，单击 完成草图 按钮，完成草图 2 的创建。

Step6. 创建图 12.2.4 所示的组合投影 1。选择下拉菜单 插入(S) ➡ 派生曲线(U) ➡ 组合投影(C)... 命令；依次选取图 12.2.2 所示的草图 1 和图 12.2.3 所示的草图 2 为参照，并分别单击中键确认；完成组合投影 1 的创建。

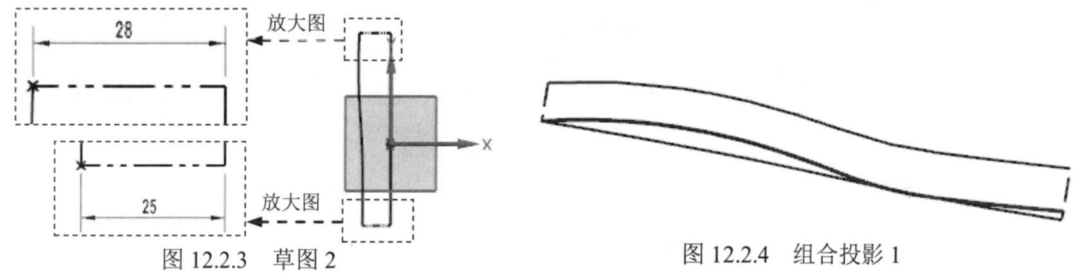

图 12.2.3 草图 2

图 12.2.4 组合投影 1

Step7. 创建图 12.2.5 所示的镜像特征 1。选择下拉菜单 插入(S) ➡ 派生曲线(U) ➡ 镜像(M)... 命令，在绘图区中选取图 12.2.4 所示的组合投影 1 为要镜像的曲线。在 镜像平面 区域中单击 按钮，在绘图区中选取 YZ 基准平面作为镜像平面。单击 确定 按钮，完成镜像特征 1 的创建。

Step8. 创建图 12.2.6 所示的草图 3。选择下拉菜单 插入(S) ➡ 在任务环境中绘制草图(V)... 命令；选取基准平面 YZ 为草图平面；进入草图环境，绘制图 12.2.6 所示的草图 3。绘制完成后，单击 完成草图 按钮，完成草图 3 的创建。

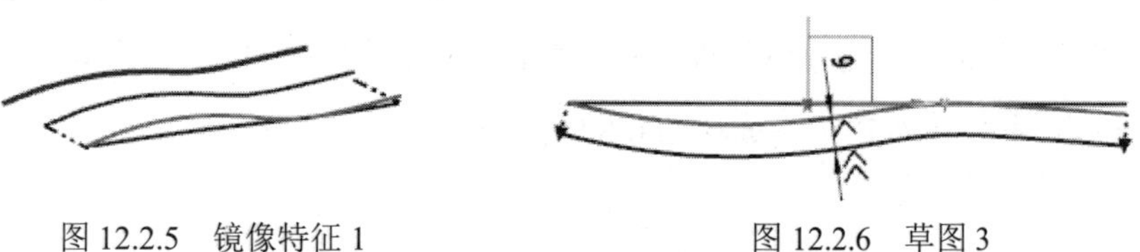

图 12.2.5 镜像特征 1

图 12.2.6 草图 3

Step9. 创建图 12.2.7 所示的草图 4。选择下拉菜单插入(S) ➡ 在任务环境中绘制草图(V)... 命令；选取基准平面 YZ 为草图平面；进入草图环境，绘制图 12.2.7 所示的草图 4。绘制完成后，单击完成草图按钮，完成草图 4 的创建。

Step10. 创建图 12.2.8 所示的基准平面 1。选择下拉菜单插入(S) ➡ 基准/点(D) ➡ 基准平面(D)...命令，系统弹出“基准平面”对话框。在类型区域的下拉列表中选择两直线选项，在绘图区选取图 12.2.9 所示的直线为参照线，单击< 确定 >按钮，完成基准平面 1 的创建。

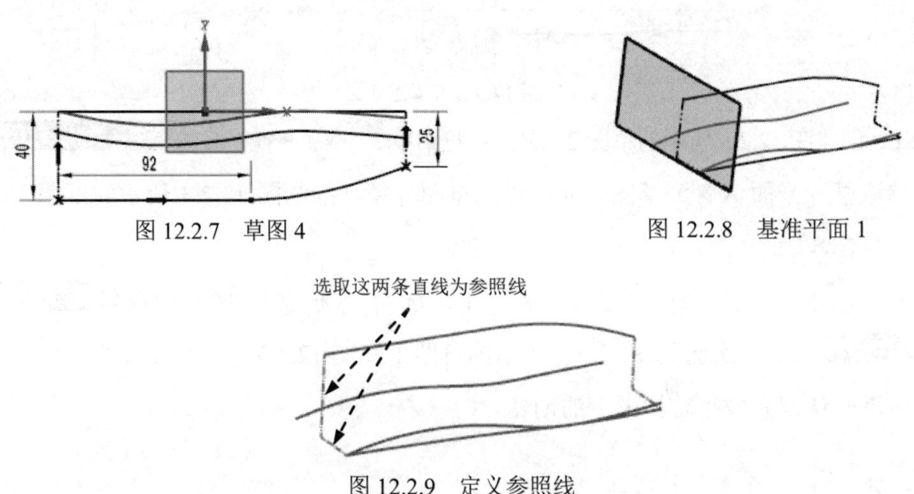

图 12.2.7　草图 4

图 12.2.8　基准平面 1

图 12.2.9　定义参照线

Step11. 创建图 12.2.10 所示的基准平面 2。在类型区域的下拉列表中选择两直线选项，在绘图区选取图 12.2.11 所示的直线为参照线，单击< 确定 >按钮，完成基准平面 2 的创建。

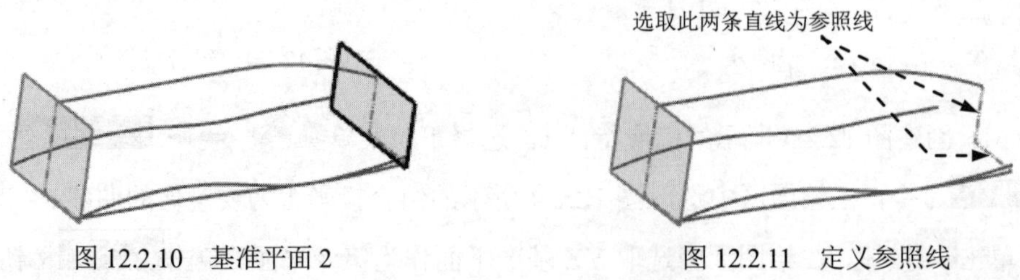

图 12.2.10　基准平面 2

图 12.2.11　定义参照线

Step12. 创建图 12.2.12 所示的草图 5。选择下拉菜单插入(S) ➡ 在任务环境中绘制草图(V) 命令；选取基准平面 1 为草图平面；进入草图环境，绘制图 12.2.12 所示的草图 5。绘制完成后，单击完成草图按钮，完成草图 5 的创建。

Step13. 创建图 12.2.13 所示的草图 6。选择下拉菜单插入(S) ➡ 在任务环境中绘制草图(V) 命令；选取基准平面 XZ 为草图平面；进入草图环境，绘制图 12.2.13 所示的草图 6。绘制完成后，单击完成草图按钮，完成草图 6 的创建。

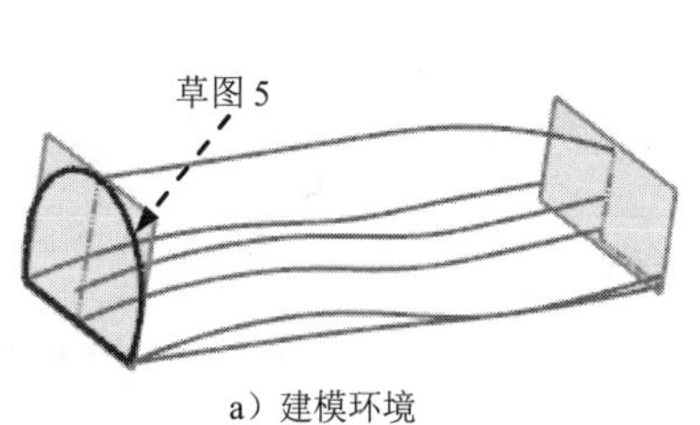

a）建模环境

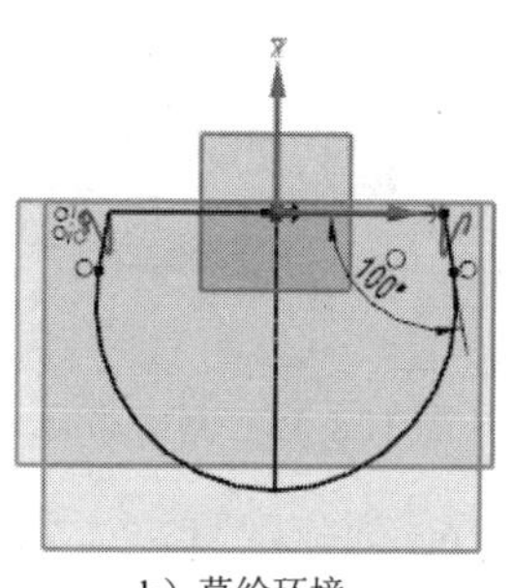

b）草绘环境

图 12.2.12 草图 5

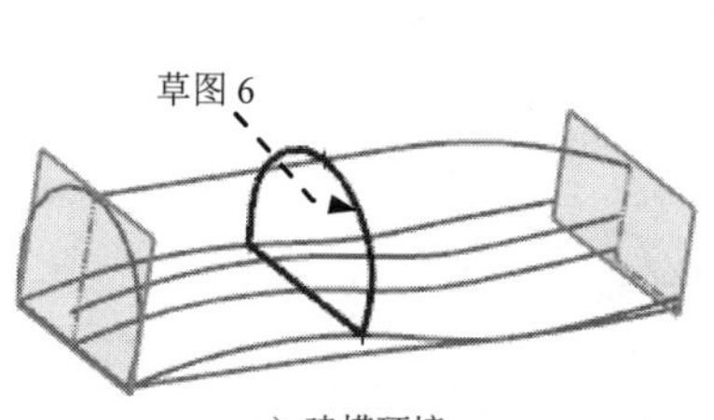

a）建模环境

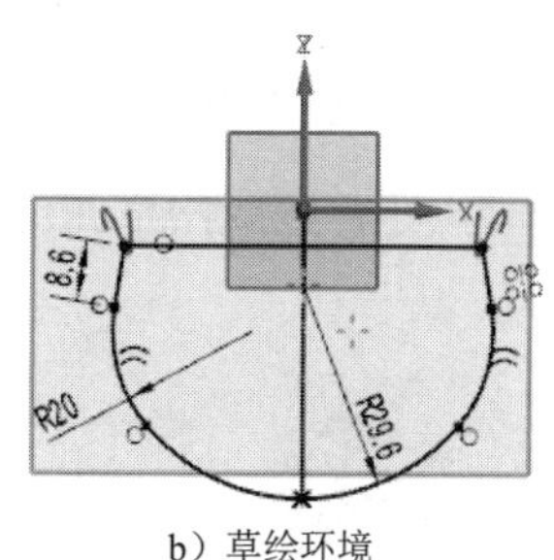

b）草绘环境

图 12.2.13 草图 6

Step14. 创建图 12.2.14 所示的草图 7。选择下拉菜单 插入(S) ➡ 在任务环境中绘制草图(V) 命令；选取基准平面 2 为草图平面；进入草图环境，绘制图 12.2.14 所示的草图 7。绘制完成后，单击 完成草图 按钮，完成草图 7 的创建。

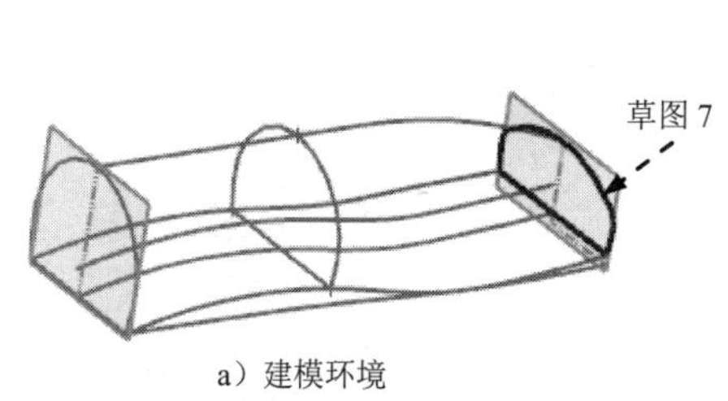

a）建模环境

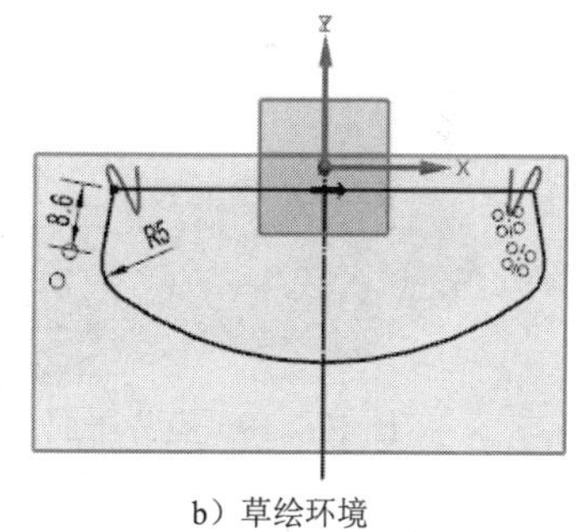

b）草绘环境

图 12.2.14 草图 7

Step15. 创建图 12.2.15 所示的网格 曲 面 1。 选 择 下拉菜单 插入(S) ➡ 网格曲面(M) ➡ 通过曲线网格(M)... 命令；依次选取图 12.2.16 所示的曲线 1、曲线 2、曲线 3 为主线串，并分别单击中键确认；再次单击中键后依次选取图 12.2.16 所示的曲线 4、曲线 5、曲线 6 为交叉线串，并分别单击中键确认；在 连续性 区域的下拉列表中全部选择 G0(位置) 选项。单击 < 确定 > 按钮，完成网格曲面 1 的创建。

图 12.2.15　网格曲面 1

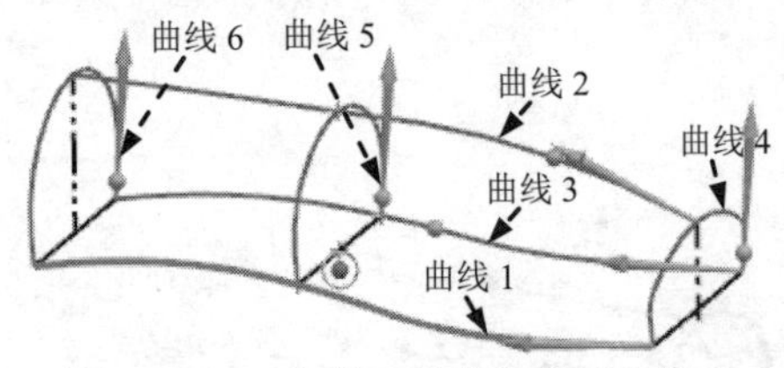

图 12.2.16　定义主曲线和交叉曲线 1

Step16. 创建图 12.2.17 所示的网格曲面 2。选择下拉菜单 插入(S) → 网格曲面(M) → 通过曲线网格(M)... 命令；依次选取图 12.2.18 所示的曲线 1、曲线 2、曲线 3 为主线串，并分别单击中键确认；再次单击中键后选取图 12.2.18 所示的曲线 4、曲线 5、曲线 6 为交叉线串，并分别单击中键确认；在 连续性 区域的下拉列表中全部选择 G0(位置) 选项。单击 < 确定 > 按钮，完成网格曲面 2 的创建。

图 12.2.17　网格曲面 2

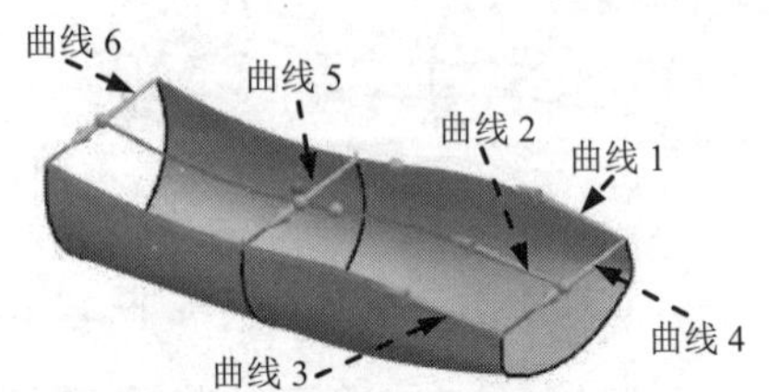

图 12.2.18　定义主曲线和交叉曲线 2

Step17. 创建图 12.2.19 所示的有界平面 1。选择下拉菜单 插入(S) → 曲面(R) → 有界平面(B)... 命令；依次选取图 12.2.20 所示曲线，单击 < 确定 > 按钮，完成有界平面 1 的创建。

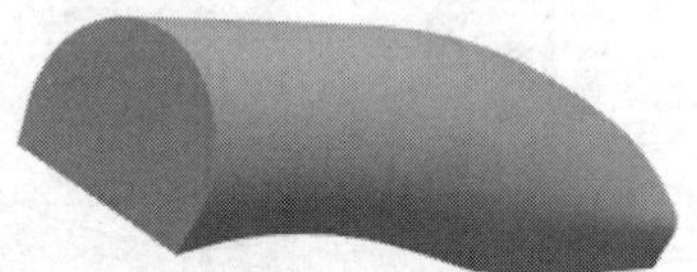

图 12.2.19　有界平面 1

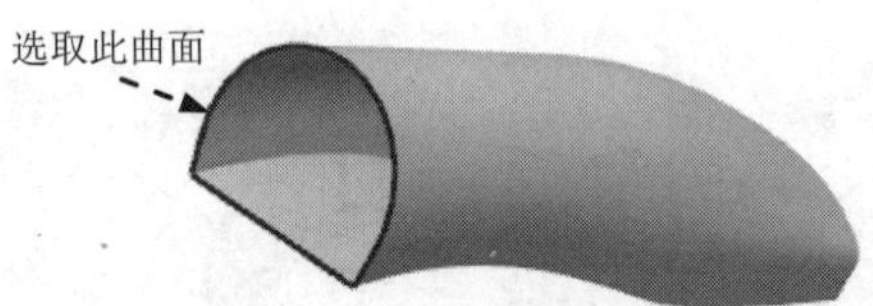

图 12.2.20　定义参照曲线 1

Step18. 创建图 12.2.21 所示的有界平面 2。选择下拉菜单 插入(S) → 曲面(R) → 有界平面(B)... 命令；依次选取图 12.2.22 所示曲线，单击 < 确定 > 按钮，完成有界平面 2 的创建。

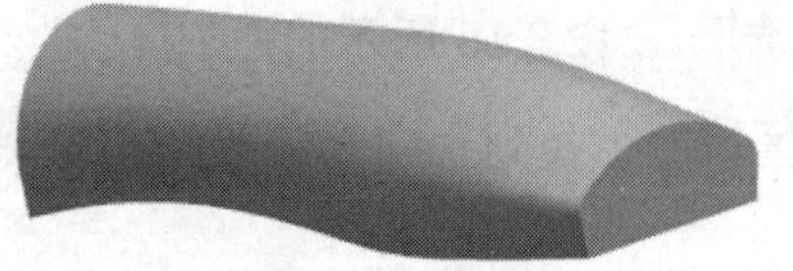

图 12.2.21　有界平面 2

图 12.2.22　定义参照曲线 2

Step19. 创建缝合特征 1。选择下拉菜单 插入(S) → 组合(B) → 缝合(W)... 命令，选取图 12.2.23 所示的片体特征为目标体，选取图 12.2.24 所示的片体特征为刀具体。单击 确定 按钮，完成缝合特征 1 的创建。

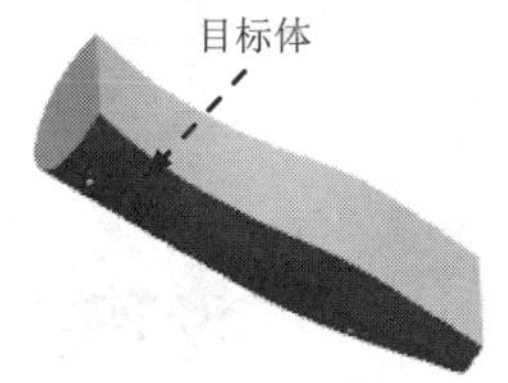

图 12.2.23 定义目标体

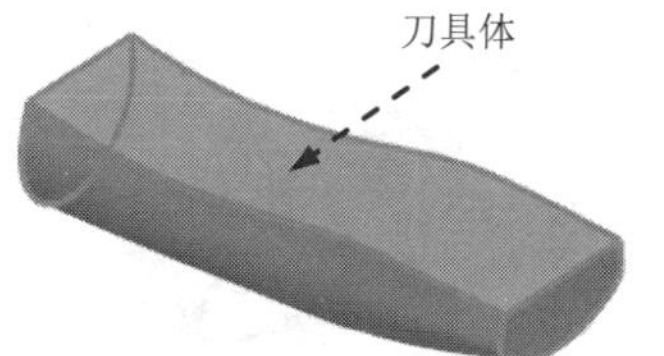

图 12.2.24 定义刀具体

Step20. 创建图 12.2.25 所示的拉伸特征 1。选择下拉菜单 插入(S) → 设计特征(E) → 拉伸(E)... 命令，系统弹出“拉伸”对话框。选取 XY 平面为草图平面，绘制图 12.2.26 所示的截面草图；在 指定矢量 下拉列表中选择 -ZC 选项，在 限制 区域的 开始 下拉列表中选择 值 选项，并在其下的 距离 文本框中输入值 0，在 限制 区域的 结束 下拉列表中选择 值 选项，在 距离 文本框中输入值 60，在 布尔 区域的下拉列表中选择 减去 选项，采用系统默认的求差对象。单击 <确定> 按钮，完成拉伸特征 1 的创建。

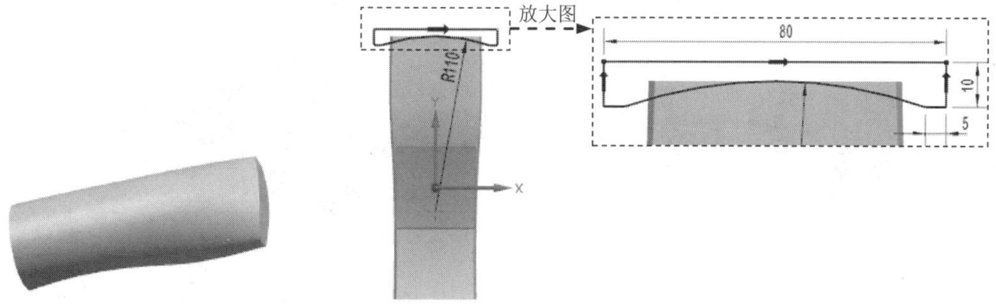

图 12.2.25 拉伸特征 1　　图 12.2.26 截面草图

Step21. 创建图 12.2.27b 所示的边倒圆特征 1。选择下拉菜单 插入(S) → 细节特征(L) → 边倒圆(E)... 命令，在 边 区域中单击 按钮，选择图 12.2.27a 所示的边链为边倒圆参照，并在 半径 1 文本框中输入值 5.5。单击 <确定> 按钮，完成边倒圆特征 1 的创建。

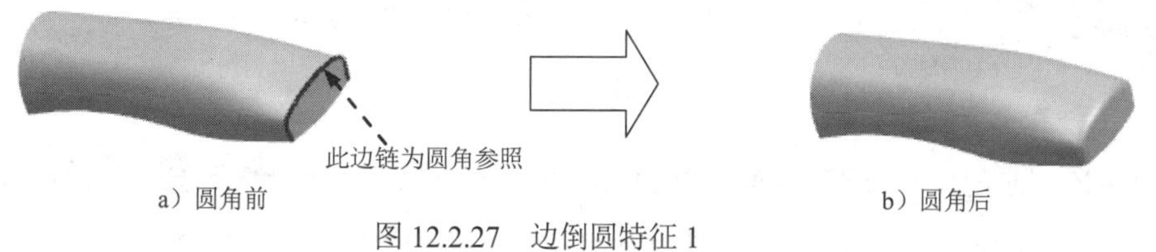

图 12.2.27 边倒圆特征 1

Step22. 创建图 12.2.28 所示的基准平面 3。在 类型 下拉列表中选择 按某一距离 选项，在绘图区选取 YZ 基准平面，输入偏移值 15。单击 <确定> 按钮，完成基准平面 3 的创建。

Step23. 创建图 12.2.29 所示的基准平面 4。在类型下拉列表中选择按某一距离选项，在绘图区选取 XY 基准平面，输入偏移值 22，然后单击“反向”按钮。单击< 确定 >按钮，完成基准平面 4 的创建。

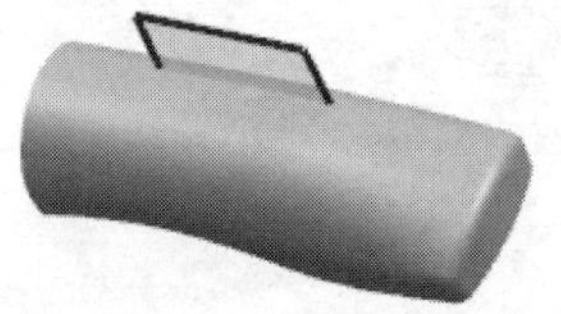

图 12.2.28　基准平面 3

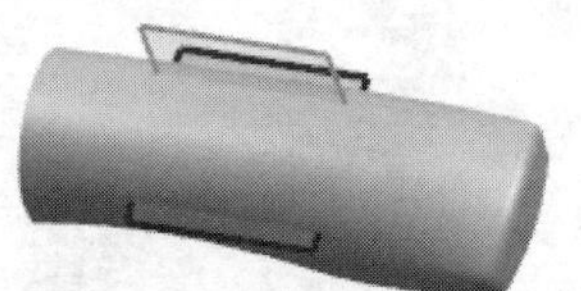

图 12.2.29　基准平面 4

Step24. 创建图 12.2.30 所示的旋转特征 1。选择插入(S) → 设计特征(E) → 旋转(R)...命令，单击截面区域中的按钮，在绘图区选取基准平面 3 为草图平面，绘制图 12.2.31 所示的截面草图。在绘图区中选取图 12.2.31 所示的直线为旋转轴。在“旋转”对话框限制区域的开始下拉列表中选择值选项，并在角度文本框中输入值 0，在结束下拉列表中选择值选项，并在角度文本框中输入值 360；在布尔区域的下拉列表中选择合并选项，采用系统默认的求和对象。单击< 确定 >按钮，完成旋转特征 1 的创建。

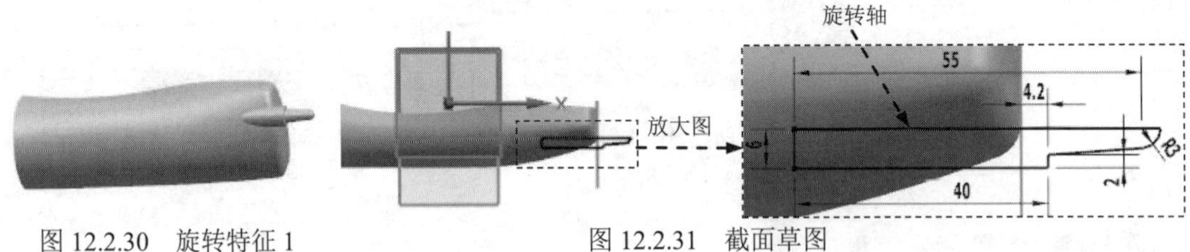

图 12.2.30　旋转特征 1　　　图 12.2.31　截面草图

Step25. 创建图 12.2.32b 所示的边倒圆特征 2。选择图 12.2.32a 所示的边链为边倒圆参照，并在半径 1文本框中输入值 2。单击< 确定 >按钮，完成边倒圆特征 2 的创建。

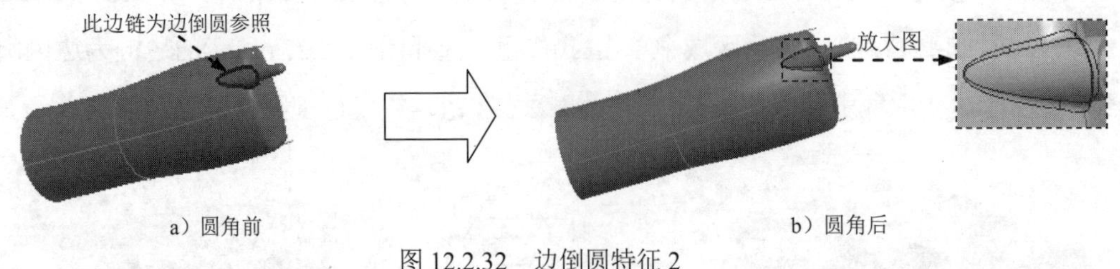

a）圆角前　　b）圆角后

图 12.2.32　边倒圆特征 2

Step26. 创建图 12.2.33 所示的草图 8。选择插入(S) → 在任务环境中绘制草图(V)...命令；选取基准平面 1 为草图平面；进入草图环境，绘制图 12.2.33 所示的草图 8。绘制完成后，单击完成草图按钮，完成草图 8 的创建。

Step27. 创建图 12.2.34 所示的草图 9。选择插入(S) → 在任务环境中绘制草图(V)...命令；选取基准平面 XY 为草图平面；进入草图环境，绘制图 12.2.34 所示的草图 9。绘制完成后，单击完成草图按钮，完成草图 9 的创建。

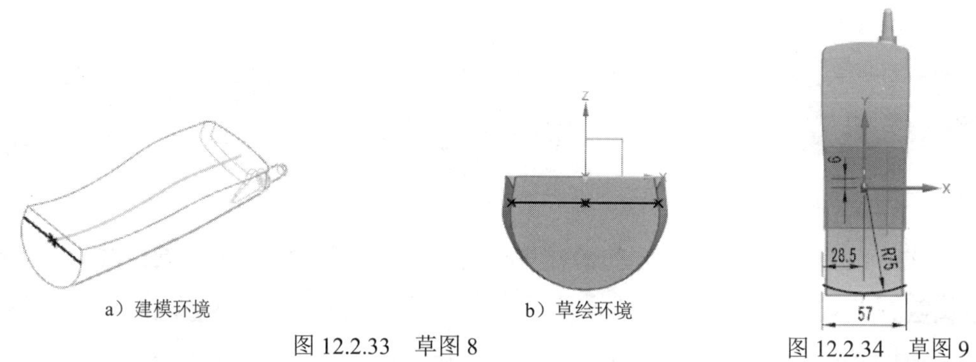

a）建模环境　　b）草绘环境

图 12.2.33　草图 8　　图 12.2.34　草图 9

Step28. 创建图 12.2.35 所示的网格曲面 3。选择下拉菜单插入(S) → 网格曲面(M) → 通过曲线组(T)...命令；依次选取图 12.2.36 所示的曲线 1、曲线 2，并分别单击中键确认；单击< 确定 >按钮，完成网格曲面 3 的创建。

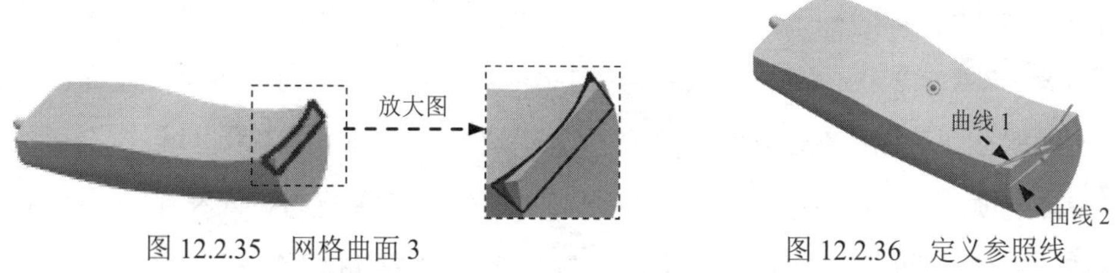

图 12.2.35　网格曲面 3　　图 12.2.36　定义参照线

Step29. 创建图 12.2.37 所示的修剪特征 1。选择下拉菜单插入(S) → 修剪(T) → 修剪体(T)...命令，在绘图区选取图 12.2.38 所示的特征为目标体，单击中键；选取图 12.2.35 所示的网格曲面 3 特征为工具体，单击中键，通过调整方向确定要保留的部分。单击< 确定 >按钮，完成修剪特征 1 的创建。

图 12.2.37　修剪特征 1　　图 12.2.38　定义目标体

Step30. 创建图 12.2.39 所示的基准平面 5。在类型下拉列表中选择按某一距离选项，在绘图区选取 XY 基准平面，输入偏移值 5。单击< 确定 >按钮，完成基准平面 5 的创建。

Step31. 创建图 12.2.40 所示的基准平面 6。在类型下拉列表中选择按某一距离选项，在绘图区选取 XY 基准平面，输入偏移值 2.5。点击按钮，单击< 确定 >按钮，完成基准平面 6 的创建。

Step32. 创建图 12.2.41 所示的基准平面 7。在类型下拉列表中选择按某一距离选项，在绘图区选取 XY 基准平面，输入偏移值 40。单击< 确定 >按钮，完成基准平面 7 的创建。

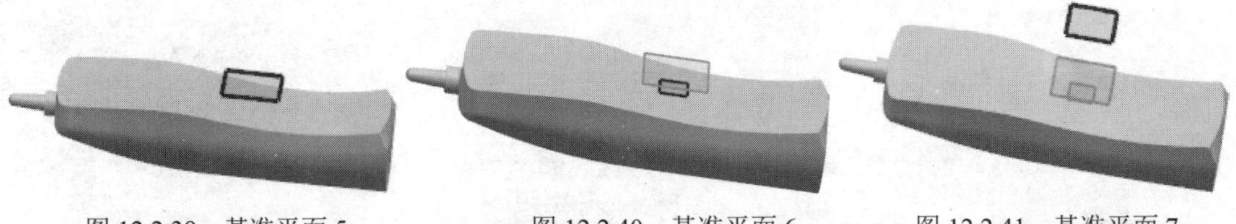

图 12.2.39　基准平面 5　　图 12.2.40　基准平面 6　　图 12.2.41　基准平面 7

Step33. 创建图 12.2.42 所示的旋转特征 2。选择插入(S) ➡ 设计特征(E) ➡ 旋转(R)...命令，单击截面区域中的按钮，在绘图区选取基准平面 YZ 为草图平面，绘制图 12.2.43 所示的截面草图。在绘图区中选取图 12.2.43 所示的直线为旋转轴。在“旋转”对话框限制区域的开始下拉列表中选择值选项，并在角度文本框中输入值 0，在结束下拉列表中选择值选项，并在角度文本框中输入值 360；在布尔区域的下拉列表中选择减去选项，采用系统默认的求差对象。单击< 确定 >按钮，完成旋转特征 2 的创建。

Step34. 创建图 12.2.44 所示的拉伸特征 2。选择下拉菜单插入(S) ➡ 设计特征(E) ➡ 拉伸(E)...命令，系统弹出“拉伸”对话框。选取基准平面 5 为草图平面，绘制图 12.2.45 所示的截面草图；在指定矢量下拉列表中选择-ZC选项；在限制区域的开始下拉列表中选择值选项，并在其下的距离文本框中输入值 0，在限制区域的结束下拉列表中选择直至选定选项（拉伸时基准平面 6 为直至选定对象），在布尔区域的下拉列表中选择减去选项，采用系统默认的求差对象。单击< 确定 >按钮，完成拉伸特征 2 的创建。

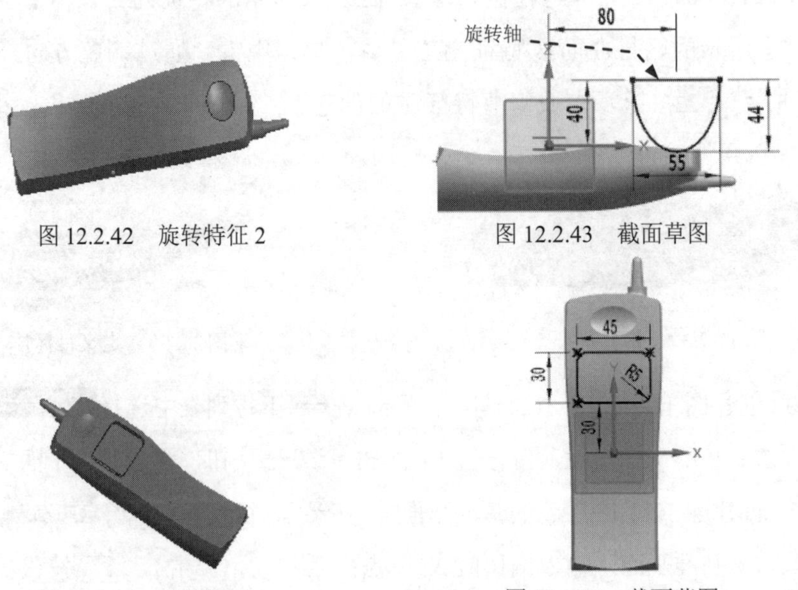

图 12.2.42　旋转特征 2　　图 12.2.43　截面草图

图 12.2.44　拉伸特征 2　　图 12.2.45　截面草图

Step35. 创建图 12.2.46 所示的拔模特征 1。选择下拉菜单插入(S) ➡ 细节特征(L) ▸ ➡ 拔模(T)命令，在脱模方向区域中指定矢量选择 Z 轴的正方向，选择图 12.2.47 所示的面为拔模固定面，在要拔模的面区域选择图 12.2.48 所示的面为拔模面，并在角度 1文本框中输入值 30。单击< 确定 >按钮，完成拔模特征 1 的创建。

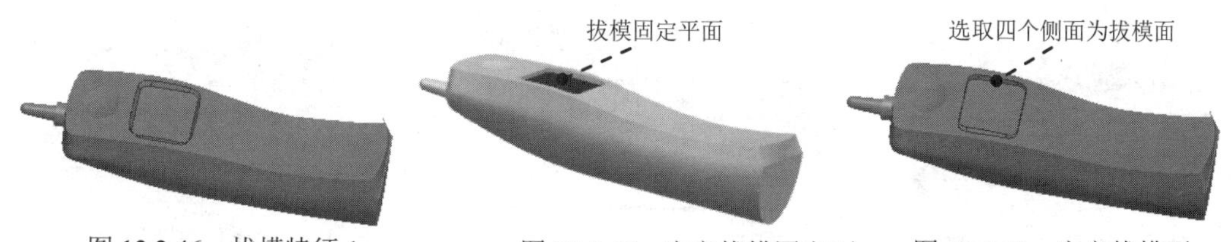

图 12.2.46 拔模特征 1　　图 12.2.47 定义拔模固定面　　图 12.2.48 定义拔模面

Step36. 创建图 12.2.49b 所示的边倒圆特征 3。选择图 12.2.49a 所示的边链为边倒圆参照，并在半径 1文本框中输入值 1。单击< 确定 >按钮，完成边倒圆特征 3 的创建。

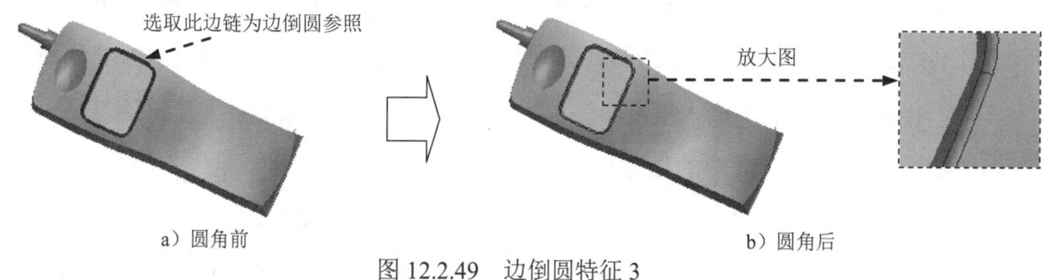

图 12.2.49 边倒圆特征 3

Step37. 创建图 12.2.50 所示的拉伸特征 3。选择下拉菜单插入(S) ➡ 设计特征(E) ➡ 拉伸(E)...命令，系统弹出“拉伸”对话框。选取基准平面 YZ 为草图平面，绘制图 12.2.51 所示的截面草图；在指定矢量下拉列表中选择-XC选项；在限制区域的开始下拉列表中选择对称值选项，并在其下的距离文本框中输入值 38。单击< 确定 >按钮，完成拉伸特征 3 的创建。

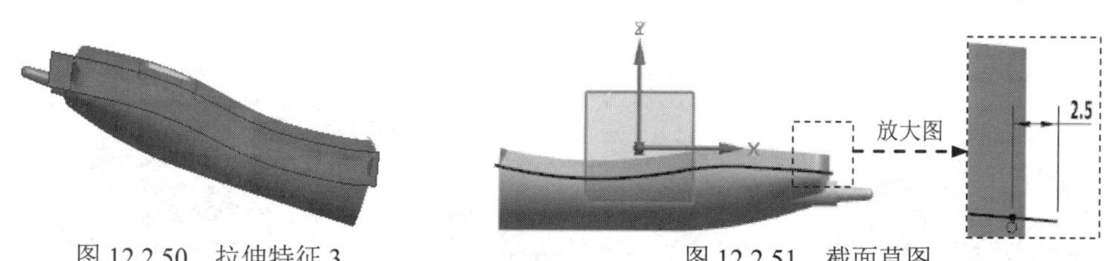

图 12.2.50 拉伸特征 3　　图 12.2.51 截面草图

Step38. 创建图 12.2.52 所示的旋转特征 3。选择插入(S) ➡ 设计特征(E) ➡ 旋转(R)...命令，单击截面区域中的按钮，在绘图区选取基准平面 YZ 为草图平面，绘制图 12.2.53 所示的截面草图。在绘图区中选取图 12.2.53 所示的直线为旋转轴。在“旋转”对话框限制区域的开始下拉列表中选择值选项，并在角度文本框中输入值 0，在结束下拉列表中选择值选项，并在角度文本框中输入值 360；在布尔区域的下拉列表中选择减去选项，采用系统默认的求差对象。单击< 确定 >按钮，完成旋转特征 3 的创建。

Step39. 创建图 12.2.54 所示的基准平面 8。在类型下拉列表中选择按某一距离选项，在绘图区选取基准平面 4，输入偏移值 25。单击< 确定 >按钮，完成基准平面 8 的创建。

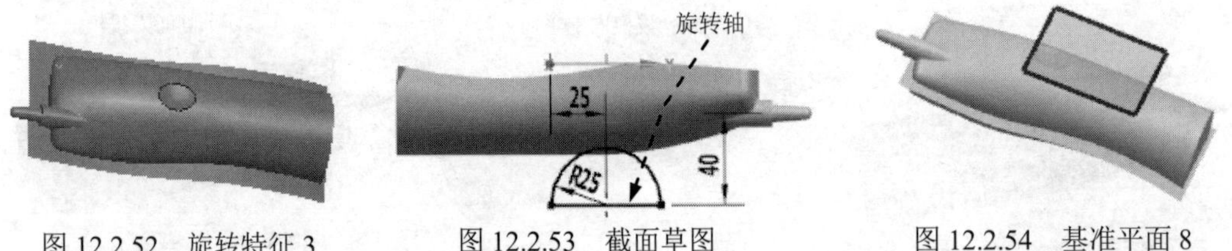

图 12.2.52　旋转特征 3　　图 12.2.53　截面草图　　图 12.2.54　基准平面 8

Step40. 创建图 12.2.55 所示的拉伸特征 4。选择下拉菜单插入(S) → 设计特征(E) → 拉伸(E)...命令，系统弹出“拉伸”对话框。选取图 12.2.56 所示的平面为草图平面，绘制图 12.2.57 所示的截面草图；在指定矢量下拉列表中选择-YC选项；在限制区域的开始下拉列表中选择值选项，并在其下的距离文本框中输入值 0，在结束下拉列表中选择值选项，并在其下的距离文本框中输入值 5，在设置区域的体类型下拉列表中选择片体选项。单击< 确定 >按钮，完成拉伸特征 4 的创建。

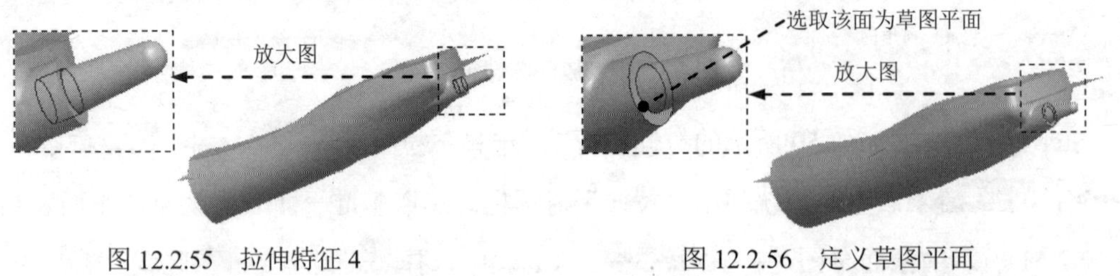

图 12.2.55　拉伸特征 4　　图 12.2.56　定义草图平面

Step41. 创建图 12.2.58 所示的基准平面 9。在类型下拉列表中选择按某一距离选项，在绘图区选取图 12.2.59 所示的平面为参照平面，输入偏移值 3。单击< 确定 >按钮，完成基准平面 9 的创建。

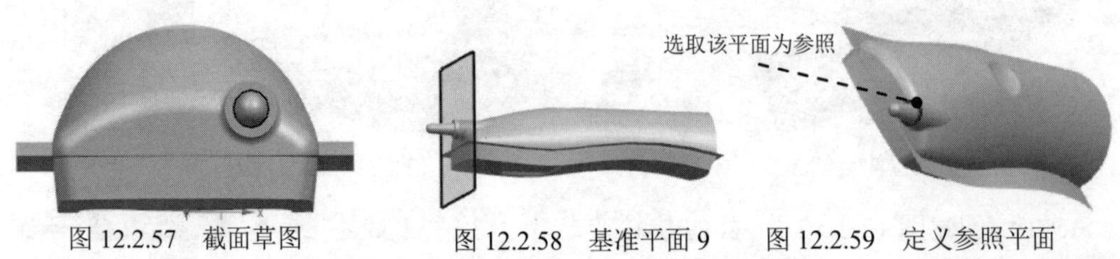

图 12.2.57　截面草图　　图 12.2.58　基准平面 9　　图 12.2.59　定义参照平面

Step42. 创建图 12.2.60 所示的拉伸特征 5。选择下拉菜单插入(S) → 设计特征(E) → 拉伸(E)...命令，系统弹出“拉伸”对话框。选取基准平面 4 为草图平面，绘制图 12.2.61 所示的截面草图；在指定矢量下拉列表中选择ZC选项；在限制区域的开始下拉列表

中选择 对称值选项，并在其下的距离文本框中输入值 30，在设置区域的体类型下拉列表中选择片体选项。单击< 确定 >按钮，完成拉伸特征 5 的创建。

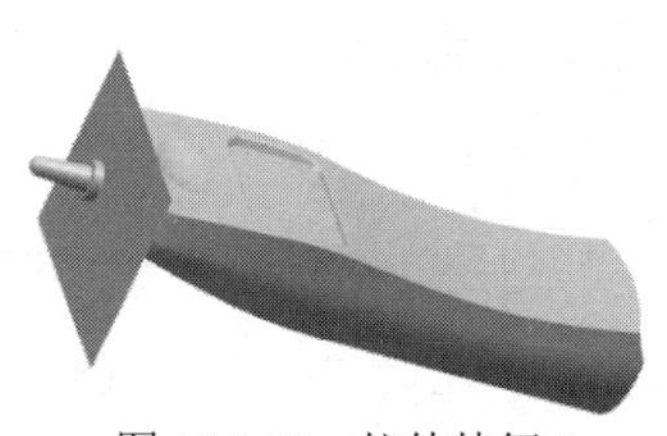

图 12.2.60 拉伸特征 5

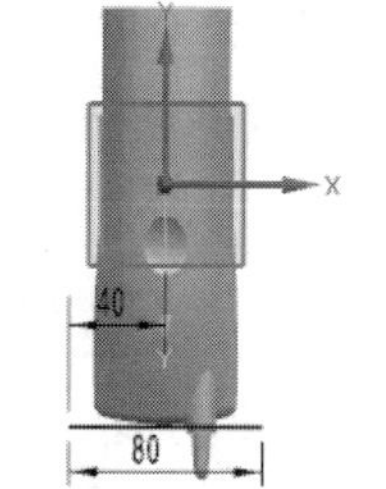

图 12.2.61 截面草图

Step43. 创建修剪特征 2（注：本步骤的详细操作过程请参见学习资源中 video\ch12.02\reference\文件下的语音视频讲解文件 HANDSET-02-r01.exe）。

Step44. 创建边倒圆特征 4（注：本步骤的详细操作过程请参见学习资源中 video\ch12.02\reference\文件下的语音视频讲解文件 HANDSET-02-r02.exe）。

Step45. 创建边倒圆特征 5（注：本步骤的详细操作过程请参见学习资源中 video\ch12.02\reference\文件下的语音视频讲解文件 HANDSET-02-r03.exe）。

Step46. 创建边倒圆特征 6（注：本步骤的详细操作过程请参见学习资源中 video\ch12.02\reference\文件下的语音视频讲解文件 HANDSET-02-r04.exe）。

Step47. 保存零件模型。选择下拉菜单 文件(F) ➡ 保存(S)命令，即可保存零件模型。

12.3 创建二级主控件 1

下面要创建的二级控件（SECOND01.PRT）是从一级控件（FIRST.PRT）中分割出来的一部分，它继承了一级控件的相应外观形状，同时又作为控件模型为三级控件提供相应外观和尺寸。二级主控件 1 的零件模型及相应的模型树如图 12.3.1 所示。

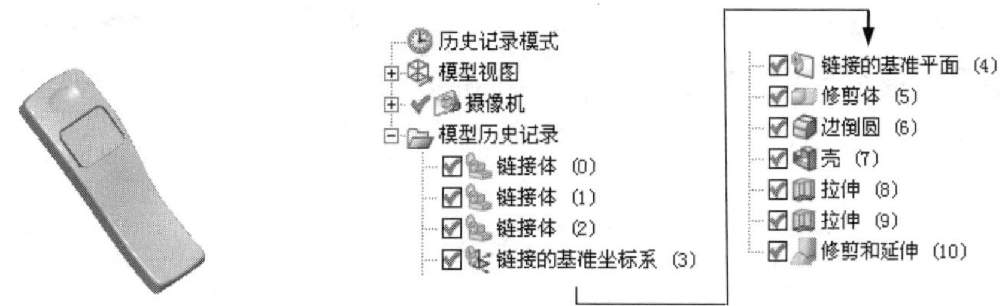

图 12.3.1 二级主控件 1 的零件模型及模型树

Step1. 创建 SECOND01 层。在“装配导航器”窗口中的 FIRST 选项上右击，系统弹出快捷菜单。在此快捷菜单中选择WAVE ▶ → 新建层命令，系统弹出“新建层”对话框。单击“新建层”对话框中的指定部件名按钮，在弹出的“选择部件名”对话框的文件名(N):文本框中输入文件名 SECOND01，单击OK按钮，系统再次弹出“新建层”对话框；单击“新建层”对话框中的类选择按钮，系统弹出“WAVE 组件间的复制”对话框，选取一级控件中图 12.3.2 所示的特征（两个片体和一个实体）为参照对象，然后单击确定按钮，系统重新弹出“新建层”对话框。在“新建层”对话框中单击确定按钮，完成 SECOND01 层的创建；在“装配导航器”窗口中的☑ SECOND01选项上右击，系统弹出快捷菜单。在此快捷菜单中选择设为显示部件命令，对模型进行编辑。

图 12.3.2　定义参照对象

Step2. 创建图 12.3.3 所示的修剪特征 1。选择下拉菜单插入(S) → 修剪(T) ▶ → 修剪体(T)...命令，在绘图区选取图 12.3.4 所示的特征为目标体，单击中键；选取图 12.3.4 所示的特征为刀具体，单击中键，通过调整方向确定要保留的部分。单击< 确定 >按钮，完成修剪特征 1 的创建（显示片体）。

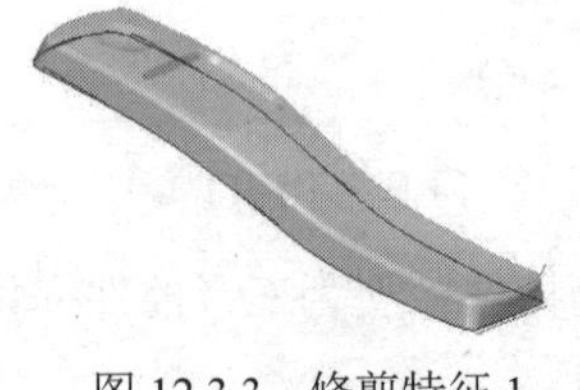

图 12.3.3　修剪特征 1

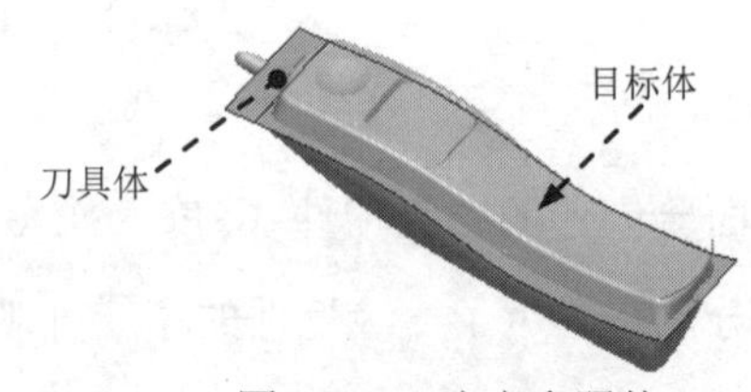

图 12.3.4　定义参照体

Step3. 创建图 12.3.5b 所示的边倒圆特征 1。选择下拉菜单插入(S) → 细节特征(L) ▶ → 边倒圆(E)...命令，在边区域中单击按钮，选择图 12.3.5a 所示的边链为边倒圆参照，并在半径 1文本框中输入值 5。单击< 确定 >按钮，完成边倒圆特征 1 的创建。

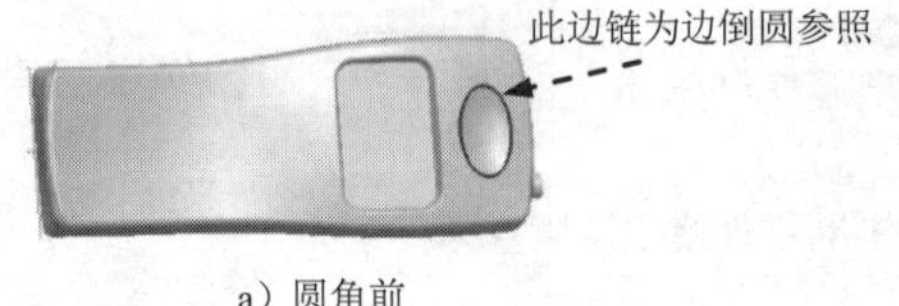

a）圆角前

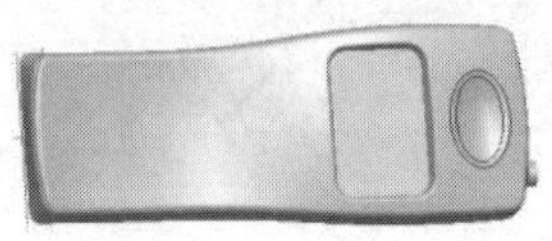

b）圆角后

图 12.3.5　边倒圆特征 1

Step4. 创建图 12.3.6 所示的抽壳特征 1。选择下拉菜单 插入(S) → 偏置/缩放(O) → 抽壳(H)... 命令，在 类型 区域的下拉列表中选择 移除面，然后抽壳 选项，在 面 区域中单击 按钮，选取图 12.3.7 所示的曲面为要移除的对象。在 厚度 文本框中输入值 1.5，在 备选厚度 区域单击“抽壳设置”按钮，选取图 12.3.6 所示的面为参照平面，在 厚度 1 文本框中输入值 2.5，其他参数采用系统默认设置值。单击 < 确定 > 按钮，完成抽壳特征 1 的创建。

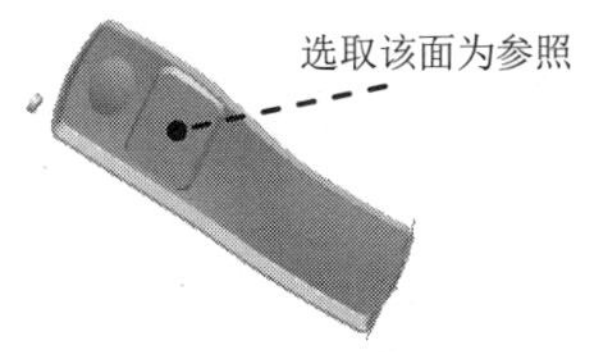

图 12.3.6 抽壳特征 1

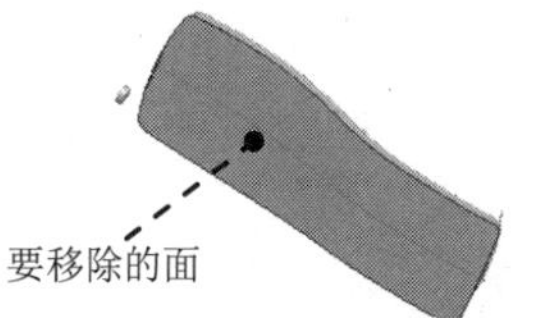

图 12.3.7 定义移除面

Step5. 创建图 12.3.8 所示的拉伸特征 1。选择下拉菜单 插入(S) → 设计特征(E) → 拉伸(E)... 命令，系统弹出“拉伸”对话框。选取 YZ 基准平面为草图平面，绘制图 12.3.9 所示的截面草图；在 指定矢量 下拉列表中选择 XC 选项，在 限制 区域的 开始 下拉列表中选择 对称值 选项，并在其下的 距离 文本框中输入值 25，在 设置 区域的 体类型 下拉列表中选择 片体 选项。单击 < 确定 > 按钮，完成拉伸特征 1 的创建。

图 12.3.8 拉伸特征 1

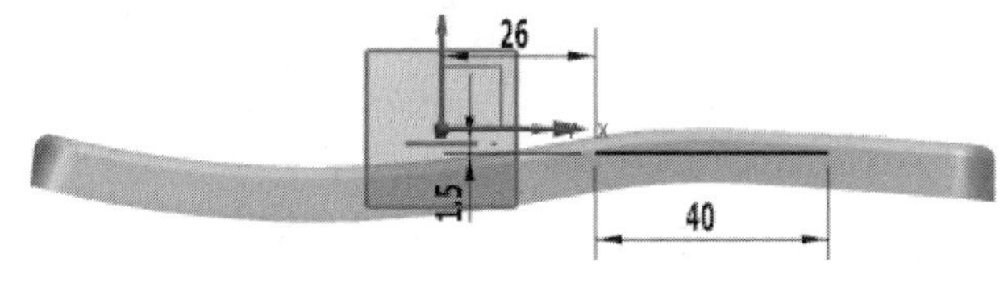

图 12.3.9 截面草图

Step6. 创建图 12.3.10 所示的拉伸特征 2。选择下拉菜单 插入(S) → 设计特征(E) → 拉伸(E)... 命令，系统弹出“拉伸”对话框。选取图 12.3.11 所示的平面为草图平面，绘制图 12.3.12 所示的截面草图；在 指定矢量 下拉列表中选择 ZC 选项；在 限制 区域的 开始 下拉列表中选择 直至延伸部分 选项，选取上一步创建的拉伸特征 1 为参照，在 限制 区域的 结束 下拉列表中选择 值 选项，并在其下的 距离 文本框中输入值 5，在 设置 区域的 体类型 下拉列表中选择 片体 选项。单击 < 确定 > 按钮，完成拉伸特征 2 的创建。

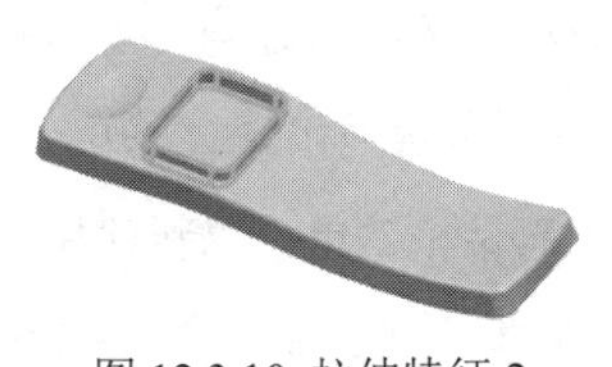

图 12.3.10 拉伸特征 2

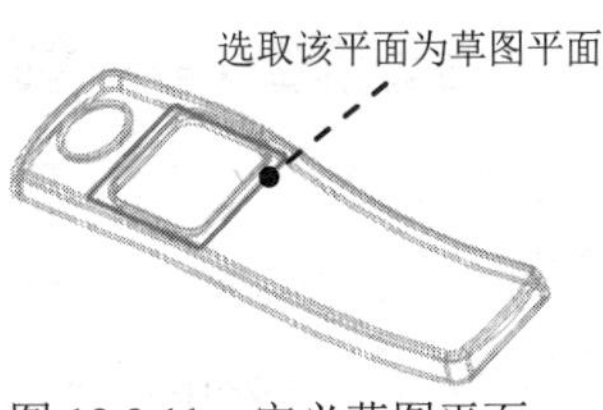

图 12.3.11 定义草图平面

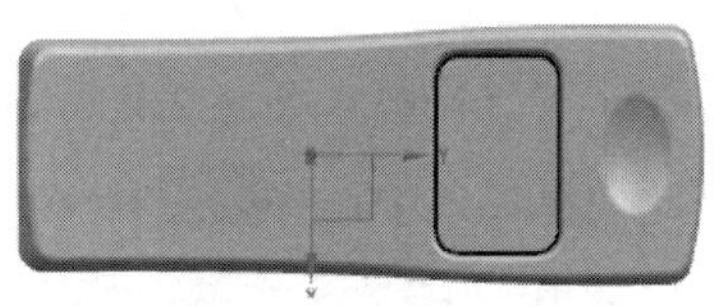

图 12.3.12 截面草图

Step7. 创建图 12.3.13 所示的修剪特征 2。选择下拉菜单插入(S) → 修剪(T) → 修剪和延伸(N)...命令，在类型下拉列表中选择制作拐角选项，选取图 12.3.8 所示的拉伸特征 1 为目标体，选取图 12.3.10 所示的拉伸特征 2 为工具体，调整方向作为保留的部分。单击< 确定 >按钮，完成修剪特征 2 的创建。

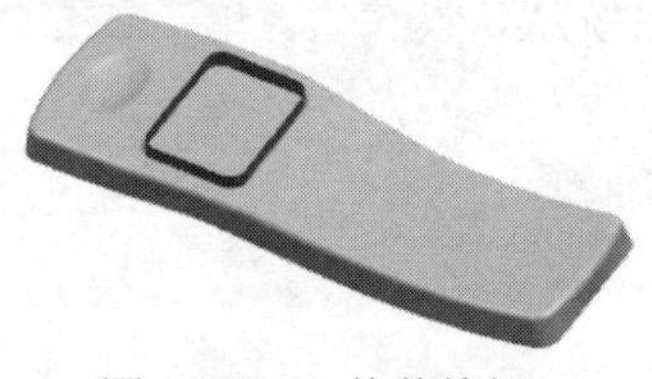

图 12.3.13 修剪特征 2

Step8. 保存零件模型。选择下拉菜单文件(F) → 保存(S)命令，即可保存零件模型。

12.4 创建二级主控件 2

下面要创建的二级控件（SECOND02.PRT）是从一级控件（FIRST.PRT）中分割出来的一部分，它继承了一级控件的相应外观形状，同时又作为控件模型为三级控件提供相应外观和尺寸。二级主控件 2 的零件模型及相应的模型树如图 12.4.1 所示。

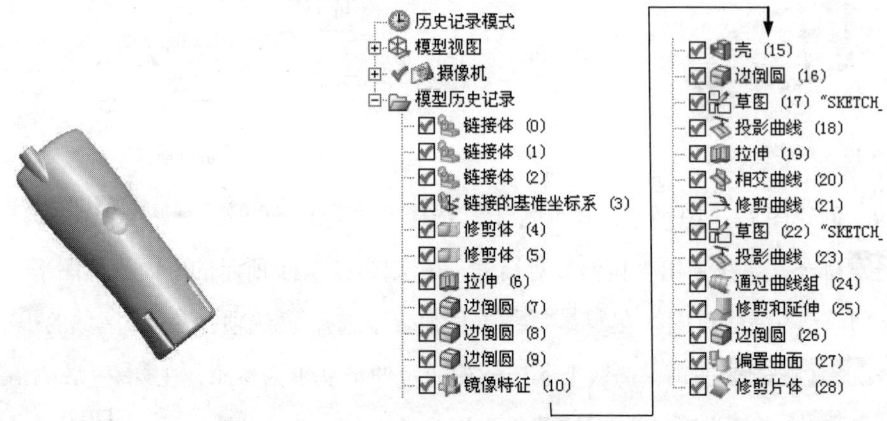

图 12.4.1 二级主控件 2 零件模型及模型树

Step1. 创建 SECOND02 层。在“装配导航器”窗口中的 SECOND01 选项上右击，系统弹出快捷菜单。在此快捷菜单中选择显示父项 → FIRST 选项，设为工作部件并将 SECOND01 隐藏；在“装配导航器”窗口中的 FIRST 选项上右击，系统弹出快捷菜单。在此快捷菜单中选择 WAVE → 新建层命令，系统弹出“新建层”对话框。单击“新建层”对话框中的指定部件名按钮，在弹出的“选择部件名”对话框的文件名(N):文本框中输入文件名 SECOND02，单击 OK 按钮，系统再次弹出“新建层”对话框；

单击“新建层”对话框中的 类选择 按钮，系统弹出“WAVE 组件间的复制”对话框，选取一级控件中图 12.4.2 所示的特征（两个片体和一个实体）和基准坐标系为参照对象，然后单击 确定 按钮，系统重新弹出“新建层”对话框。在“新建层”对话框中单击 确定 按钮，完成 SECOND02 层的创建；在“装配导航器”窗口中的 SECOND02 选项上右击，系统弹出快捷菜单。在此快捷菜单中选择 设为显示部件 命令，对模型进行编辑。

说明：为了在创建下一级别时选取方便，隐藏图形中的草图、曲线和基准平面。

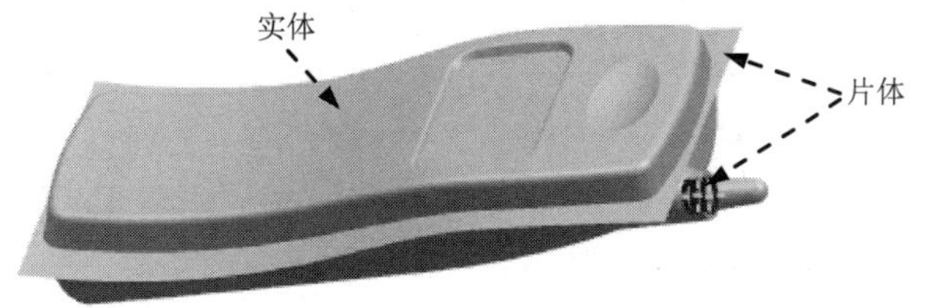

图 12.4.2 定义参照对象

Step2. 创建图 12.4.3 所示的修剪特征 1。选择下拉菜单 插入(S) → 修剪(T) → 修剪体(T)... 命令，在绘图区选取图 12.4.4 所示的特征为目标体，单击中键；选取图 12.4.4 所示的特征为工具体，单击中键，通过调整方向确定要保留的部分。单击 <确定> 按钮，完成修剪特征 1 的创建（显示片体）。

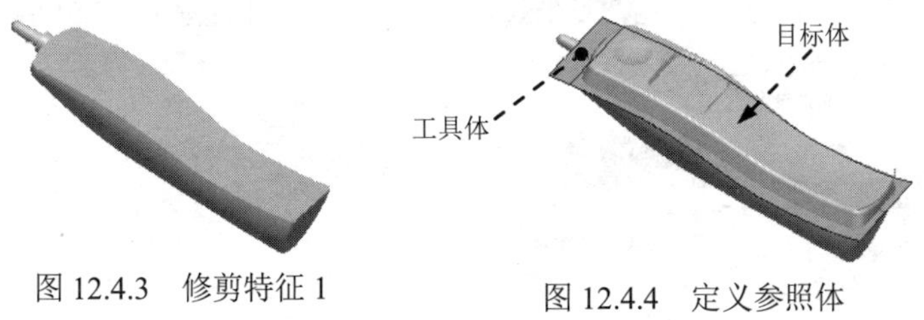

图 12.4.3 修剪特征 1　　图 12.4.4 定义参照体

Step3. 创建图 12.4.5 所示的修剪特征 2。选择下拉菜单 插入(S) → 修剪(T) → 修剪体(T)... 命令，在绘图区选取图 12.4.6 所示的特征为目标体，单击中键；选取图 12.4.6 所示的特征为工具体，单击中键，通过调整方向确定要保留的部分。单击 <确定> 按钮，完成修剪特征 2 的创建。

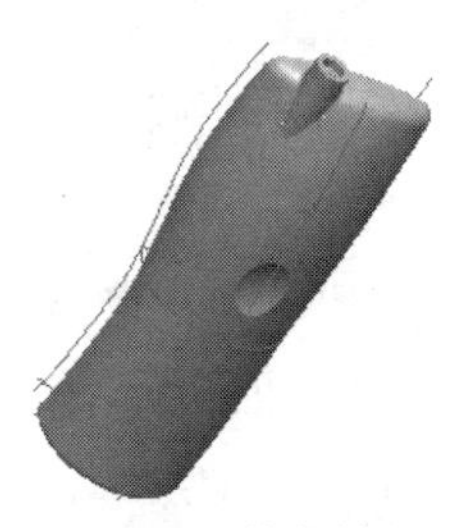

图 12.4.5 修剪特征 2

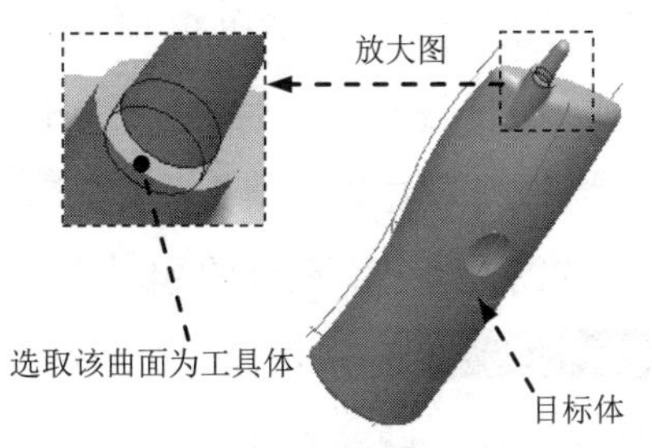

图 12.4.6 定义参照体

Step4. 创建图 12.4.7 所示的拉伸特征 1。选择下拉菜单插入(S) → 设计特征(E) → 拉伸(E)...命令，系统弹出“拉伸”对话框。选取图 12.4.8 所示的平面为草图平面，绘制图 12.4.9 所示的截面草图；在指定矢量下拉列表中选择YC选项，在限制区域的开始下拉列表中选择值选项，并在其下的距离文本框中输入值 0，在限制区域的结束下拉列表中选择值选项，并在其下的距离文本框中输入值 30，在布尔区域的下拉列表中选择减去选项，选取修剪的实体为求差对象。单击< 确定 >按钮，完成拉伸特征 1 的创建。

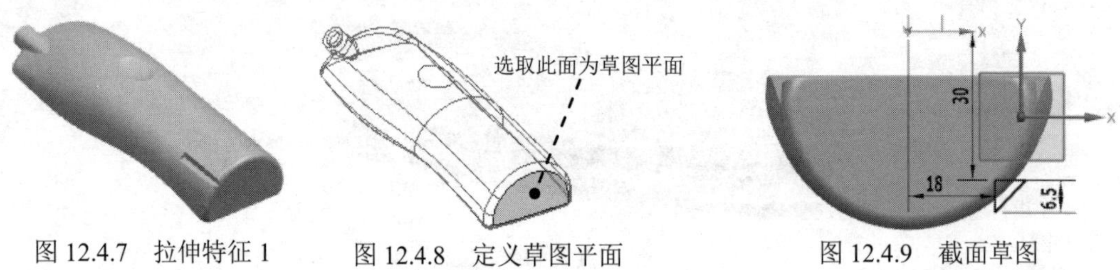

图 12.4.7　拉伸特征 1　　图 12.4.8　定义草图平面　　图 12.4.9　截面草图

Step5. 创建图 12.4.10b 所示的边倒圆特征 1。选择下拉菜单插入(S) → 细节特征(L) → 边倒圆(E)...命令，在边区域中单击按钮，选择图 12.4.10a 所示的边线为边倒圆参照边，并在半径 1文本框中输入值 1。单击< 确定 >按钮，完成边倒圆特征 1 的创建。

Step6. 创建图 12.4.11b 所示的边倒圆特征 2。选择图 12.4.11a 所示的边链为边倒圆参照，并在半径 1文本框中输入值 0.5。单击< 确定 >按钮，完成边倒圆特征 2 的创建。

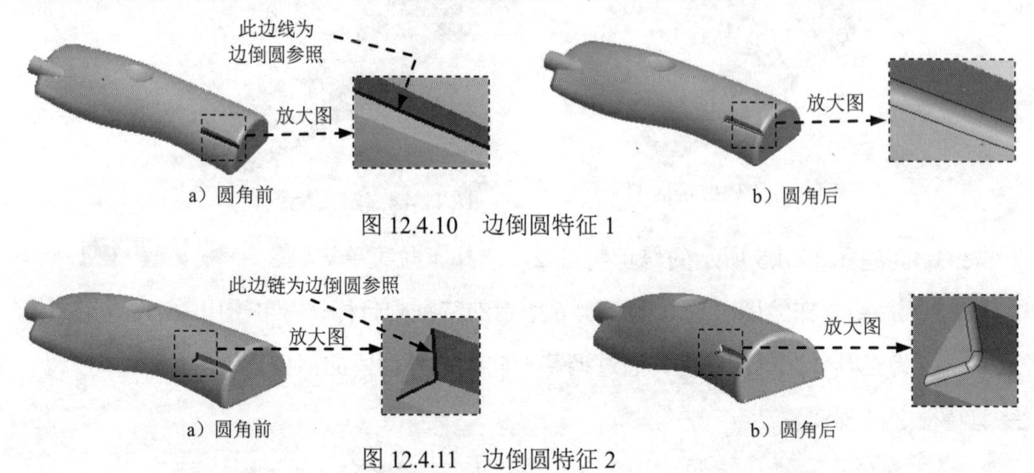

a）圆角前　　b）圆角后

图 12.4.10　边倒圆特征 1

a）圆角前　　b）圆角后

图 12.4.11　边倒圆特征 2

Step7. 创建图 12.4.12b 所示的边倒圆特征 3。选择图 12.4.12a 所示的边链为边倒圆参照边，并在半径 1文本框中输入值 2。单击< 确定 >按钮，完成边倒圆特征 3 的创建。

Step8. 创建图 12.4.13 所示的镜像特征 1。选择下拉菜单插入(S) → 关联复制(A) → 镜像特征(M)...命令，在绘图区中选取前面 Step4~Step7 所创建的特征为要镜像的特征。在镜像平面区域中单击按钮，在绘图区中选取 YZ 基准平面作为镜像平面。单击确定按钮，完成镜像特征 1 的创建。

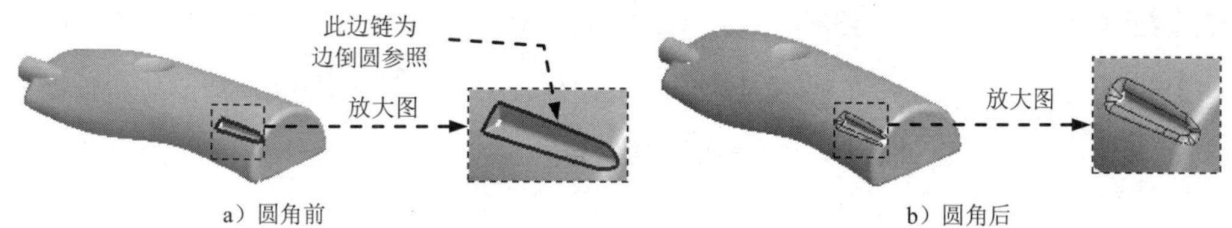

a）圆角前　　b）圆角后

图 12.4.12　边倒圆特征 3

Step9. 创建图 12.4.14 所示的抽壳特征 1。选择下拉菜单 插入(S) → 偏置/缩放(O) → 抽壳(H)... 命令，在 类型 区域的下拉列表中选择 移除面，然后抽壳 选项，在 面 区域中单击 按钮，选取图 12.4.15 所示的面为要移除的对象。在 厚度 文本框中输入值 1，其他采用系统默认设置。单击 < 确定 > 按钮，完成抽壳特征 1 的创建。

Step10. 创建图 12.4.16 所示的边倒圆特征 4。选择图 12.4.16 所示的边为边倒圆参照，并在 半径 1 文本框中输入值 1。单击 < 确定 > 按钮，完成边倒圆特征 4 的创建。

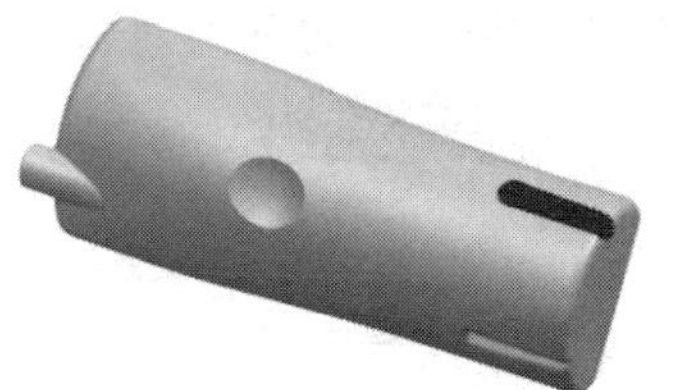
图 12.4.13　镜像特征 1

图 12.4.14　抽壳特征 1

Step11. 创建图 12.4.17 所示的草图 1。选择下拉菜单 插入(S) → 在任务环境中绘制草图(V) 命令，选取基准平面 XY 为草图平面，进入草图环境绘制。绘制完成后单击 完成草图 按钮，完成草图 1 的创建。

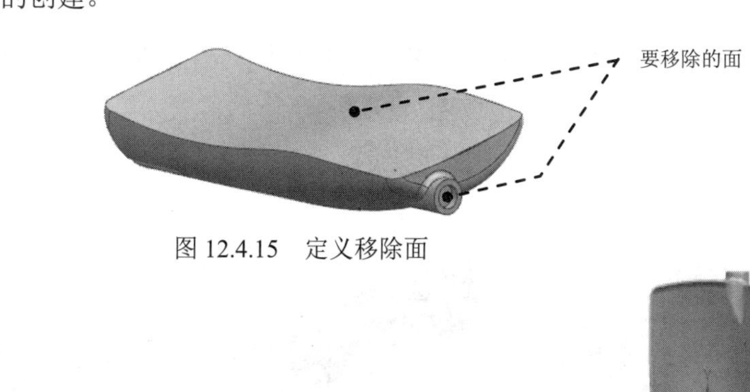

图 12.4.15　定义移除面

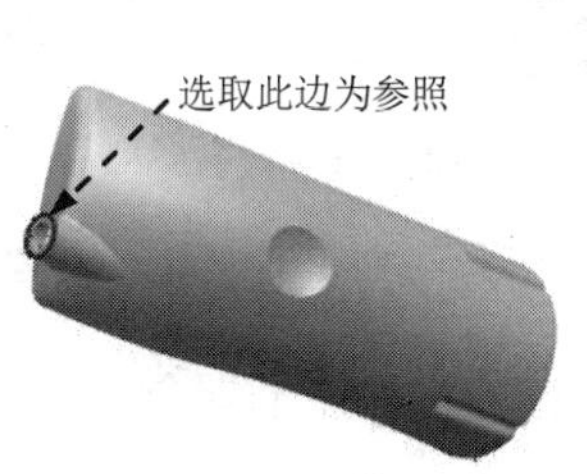

图 12.4.16　边倒圆特征 4

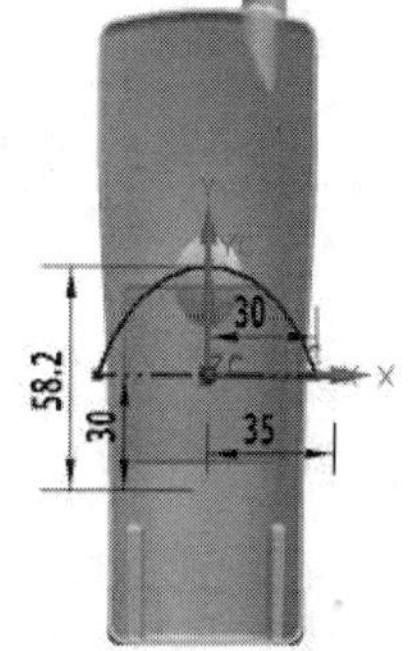

图 12.4.17　草图 1

Step12. 创建图 12.4.18 所示的投影特征 1。选择下拉菜单 插入(S) → 派生曲线(U) →

投影(P)...命令；在要投影的曲线或点区域选择图 12.4.18 所示的曲线为要投影的曲线，选取图 12.4.19 所示的面为投影面；在投影方向的方向下拉列表中选择沿矢量选项，指定矢量选择-ZC 方向，其他采用系统默认设置。单击< 确定 >按钮，完成投影特征 1 的创建。

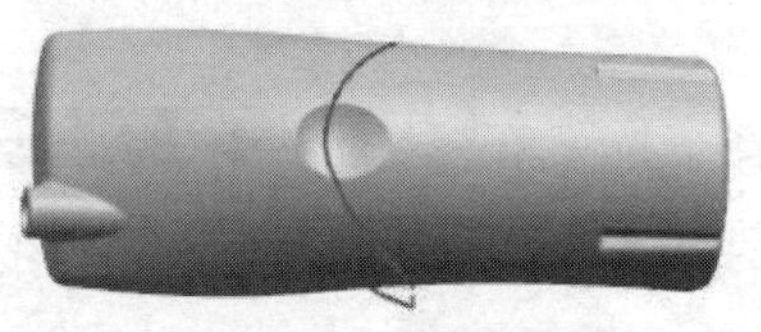

图 12.4.18　投影特征 1

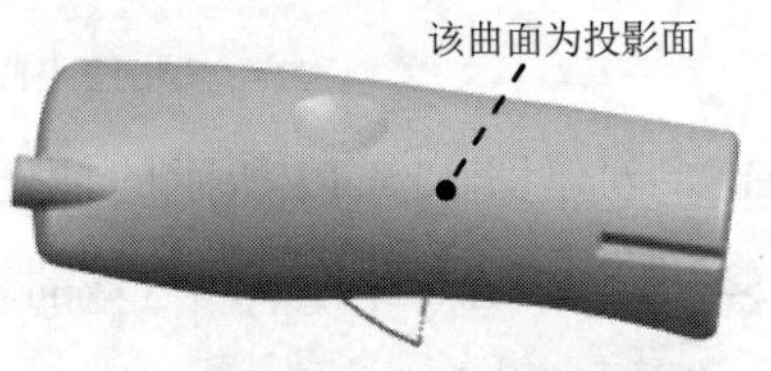

图 12.4.19　定义投影面

Step13. 创建图 12.4.20 所示的拉伸特征 2。选择下拉菜单插入(S) → 设计特征(E) → 拉伸(E)...命令，系统弹出“拉伸”对话框。选取 YZ 基准平面为草图平面，绘制图 12.4.21 所示的截面草图；在指定矢量下拉列表中选择 XC 选项；在限制区域的开始下拉列表中选择对称值选项，并在其下的距离文本框中输入值 35，在布尔区域的下拉列表中选择无选项，在设置区域的体类型下拉列表中选择片体选项。单击< 确定 >按钮，完成拉伸特征 2 的创建。

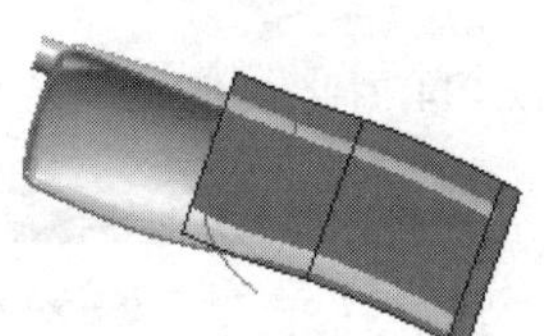

图 12.4.20　拉伸特征 2

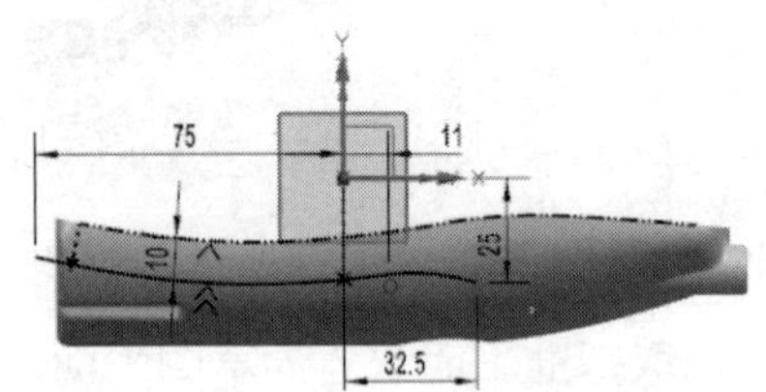

图 12.4.21　截面草图

Step14. 创建图 12.4.22 所示的相交曲线 1。选择下拉菜单插入(S) → 派生曲线(U) → 求交(I)...命令，在绘图区中选取图 12.4.23 所示的曲面为第一组面，单击中键，选取图 12.4.23 所示的曲面为第二组面。单击< 确定 >按钮，完成相交曲线 1 的创建。

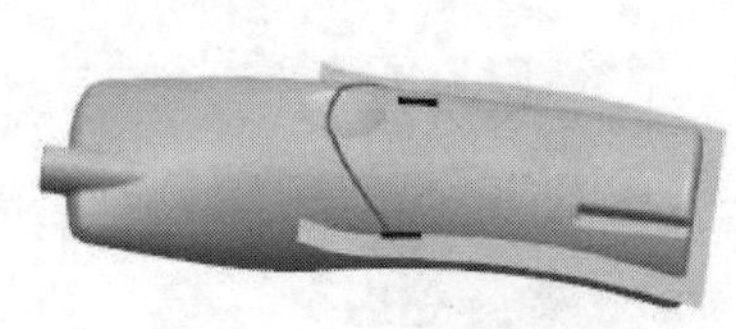

图 12.4.22　相交曲线 1

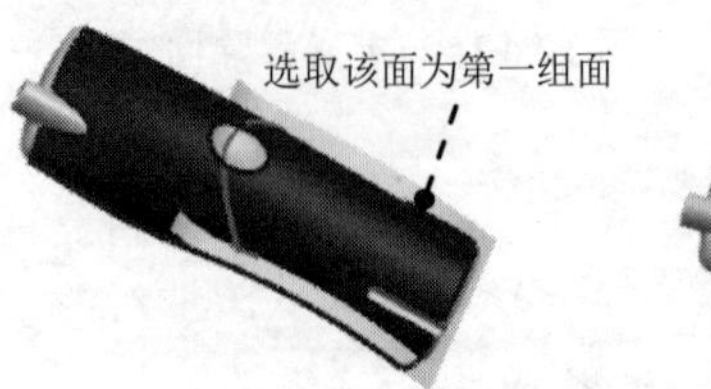

图 12.4.23　定义参照面

Step15. 创建图 12.4.24 所示的修剪曲线。选择下拉菜单编辑(E) → 曲线(V) → 修剪(T)命令，在绘图区中选取图 12.4.25 所示的曲线为要修剪的曲线，单击中键，选取图 12.4.25 所示的曲线为边界对象 1，单击中键，选取图 12.4.25 所示的曲线为边界对象 2。在修剪或分割区域选择保留选项。单击< 确定 >按钮，完成修剪曲线的创建。

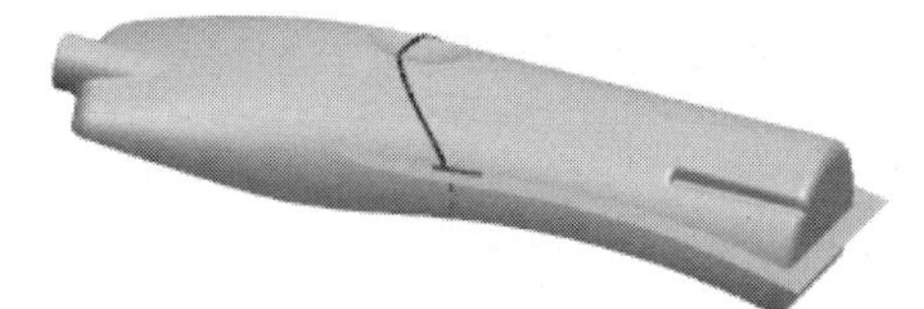

图 12.4.24　修剪曲线

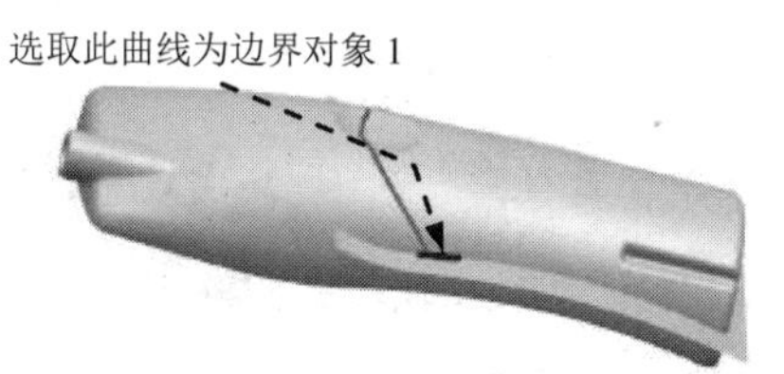

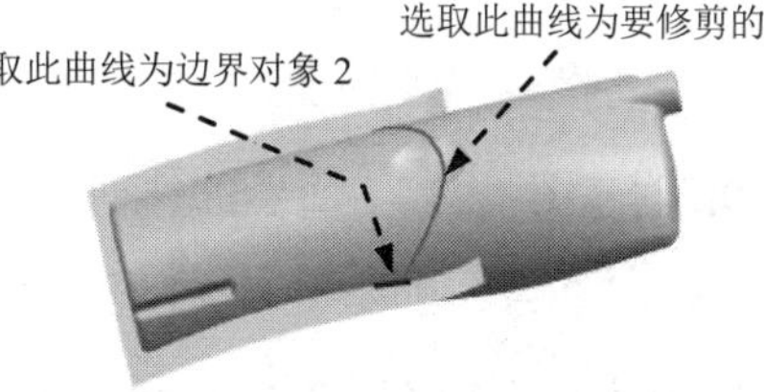

图 12.4.25　定义参照线

Step16. 创建图 12.4.26 所示的草图 2。选择下拉菜单插入(S) → 在任务环境中绘制草图(V)命令，选取基准平面 XY 为草图平面，进入草图环境绘制。绘制完成后单击完成草图按钮，完成草图 2 的创建。

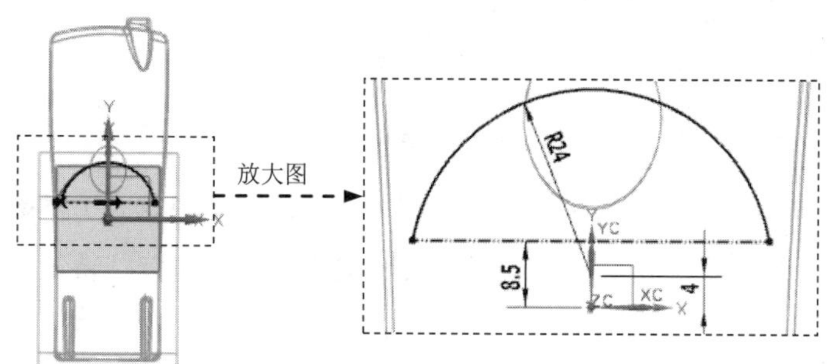

图 12.4.26　草图 2

Step17. 创建图 12.4.27 所示的投影特征 2。选择下拉菜单插入(S) → 派生曲线(U) → 投影(P)...命令；在要投影的曲线或点区域选择图 12.4.27 所示的曲线为要投影的曲线，选取图 12.4.28 所示的面为投影面；在投影方向的方向下拉列表中选择沿面的法向选项，其他采用系统默认设置。单击< 确定 >按钮，完成投影特征 2 的创建。

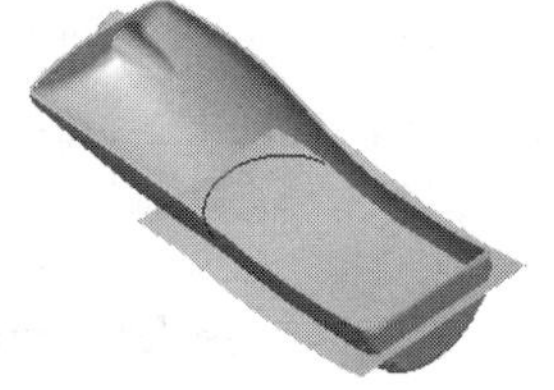

图 12.4.27　投影特征 2

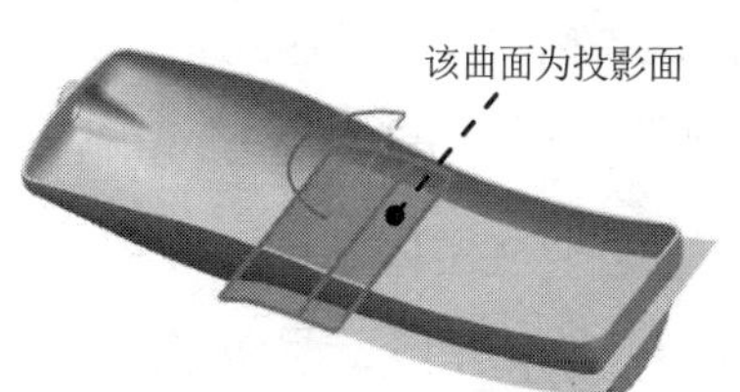

图 12.4.28　定义投影面

Step18. 创建图 12.4.29 所示的网格曲面 1。选择下拉菜单插入(S) → 网格曲面(M) → 通过曲线组(T)...命令；依次选取图 12.4.30 所示的曲线，并分别单击中键确认；在对齐区域的对齐下拉列表中选择根据点选项（拖动投影曲线 2 上的小球到合适位置使曲面变得光滑）。单击< 确定 >按钮，完成网格曲面 1 的创建。

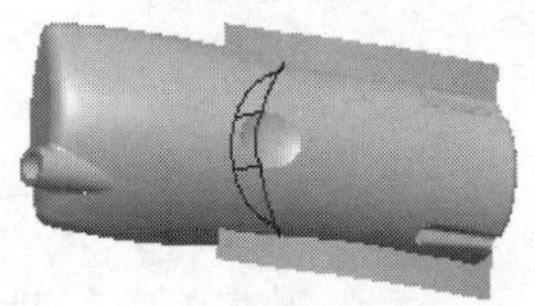

图 12.4.29　网格曲面 1

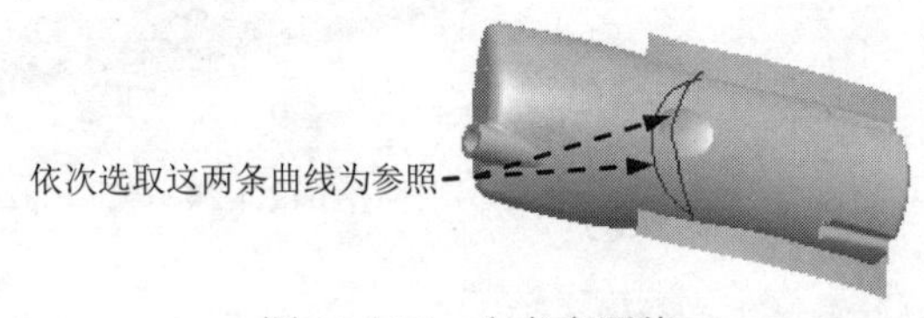

图 12.4.30　定义参照线

Step19. 创建图 12.4.31 所示的修剪特征 3。选择下拉菜单插入(S) → 修剪(T) ▸ → 修剪和延伸(N)...命令，在类型下拉列表中选择制作拐角选项，选取图 12.4.20 所示的拉伸特征 2 为目标体，选取图 12.4.29 所示的网格曲面 1 特征为工具体。调整方向作为保留的部分。单击< 确定 >按钮，完成修剪特征 3 的创建（实体已隐藏）。

图 12.4.31　修剪特征 3

Step20. 创建图 12.4.32b 所示的边倒圆特征 5。选择图 12.4.32a 所示的边为边倒圆参照边，并在半径 1文本框中输入值 1.5。单击< 确定 >按钮，完成边倒圆特征 5 的创建。

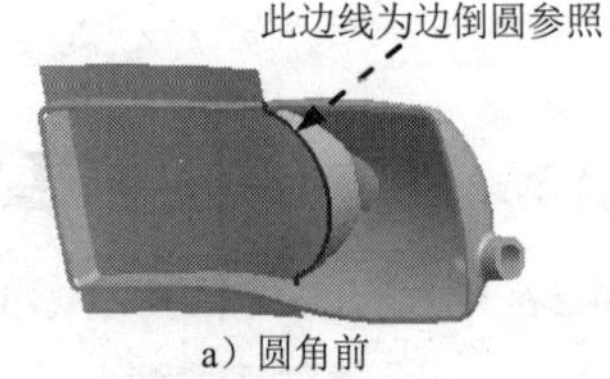

a）圆角前

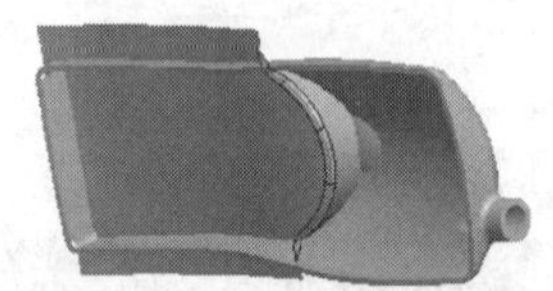

b）圆角后

图 12.4.32　边倒圆特征 5

Step21. 创建图 12.4.33 所示的偏置曲面 1。选择下拉菜单插入(S) → 偏置/缩放(O)▸ → 偏置曲面(O)...命令，系统弹出“偏置曲面”对话框。选择图 12.4.34 所示的曲面为偏置曲面。在偏置 1文本框中输入值 0，其他参数采用系统默认设置值。单击< 确定 >按钮，完成偏置曲面 1 的创建（实体显示）。

Step22. 创建图 12.4.35 所示的修剪特征 4。选择下拉菜单插入(S) → 修剪(T) ▸ → 修剪片体(R)...命令，选取图 12.4.36 所示的曲面为目标体，选取图 12.4.33 所示的偏置曲面 1 为边界对象。调整方向作为保留的部分。单击< 确定 >按钮，完成修剪特征 4 的创建。

说明： 为了操作方便可将实体隐藏。

Step23. 保存零件模型。选择下拉菜单文件(F) → 保存(S)命令，即可保存零件模型。

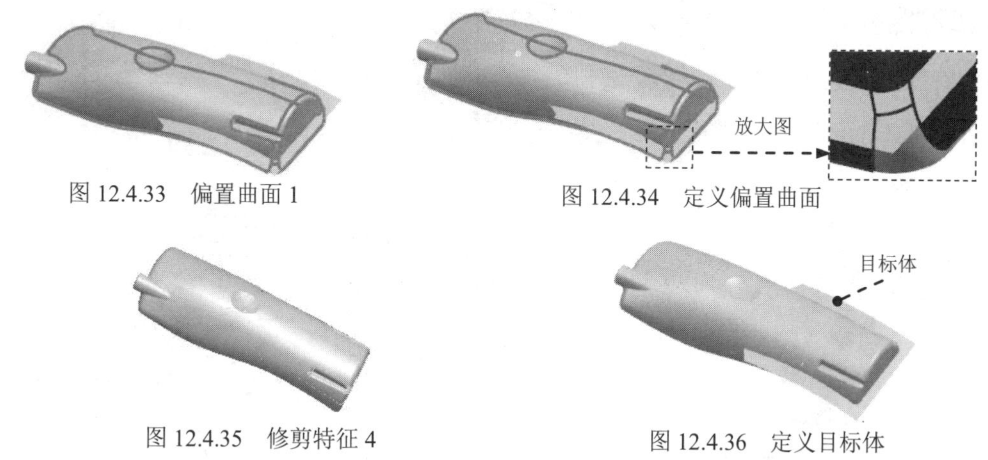

图 12.4.33 偏置曲面 1

图 12.4.34 定义偏置曲面

图 12.4.35 修剪特征 4

图 12.4.36 定义目标体

12.5 创建电话天线

下面讲解电话天线（ANTENNA.PRT）的创建过程，电话天线的零件模型及模型树如图 12.5.1 所示。

Step1. 创建 ANTENNA 层。在“装配导航器”窗口中的 SECOND02 选项上右击，系统弹出快捷菜单。在此快捷菜单中选择 显示父项 → FIRST 选项，设为工作部件并将 SECOND02 隐藏；在“装配导航器”窗口中的 FIRST 选项上右击，系统弹出快捷菜单。在此快捷菜单中选择 WAVE → 新建层 命令，系统弹出“新建层”对话框。单击“新建层”对话框中的 指定部件名 按钮，在弹出的“选择部件名”对话框的 文件名(N): 文本框中输入文件名 ANTENNA，单击 OK 按钮，系统再次弹出“新建层”对话框；单击“新建层”对话框中的 类选择 按钮，系统弹出“WAVE 组件间的复制”对话框，选取一级控件中图 12.5.2 所示的特征（一个片体和一个实体）为参照体，然后单击 确定 按钮，系统重新弹出“新建层”对话框。在“新建层”对话框中单击 确定 按钮，完成 ANTENNA 层的创建；在“装配导航器”窗口中的 ANTENNA 选项上右击，系统弹出快捷菜单。在此快捷菜单中选择 设为显示部件 命令，对模型进行编辑。

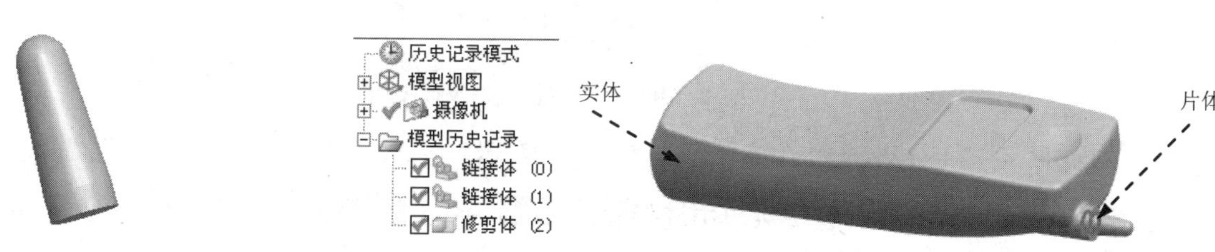

图 12.5.1 电话天线零件模型及模型树

图 12.5.2 定义参照体

Step2. 创建图 12.5.3 所示的修剪特征 1。选择下拉菜单 插入(S) → 修剪(T) ▸ → 修剪体(T)... 命令，在绘图区选取图 12.5.4 所示的特征为目标体，单击中键；选取图 12.5.4 所示的特征为工具体，单击中键，通过调整方向确定要保留的部分。单击 < 确定 > 按钮，完成修剪特征 1 的创建（显示片体）。

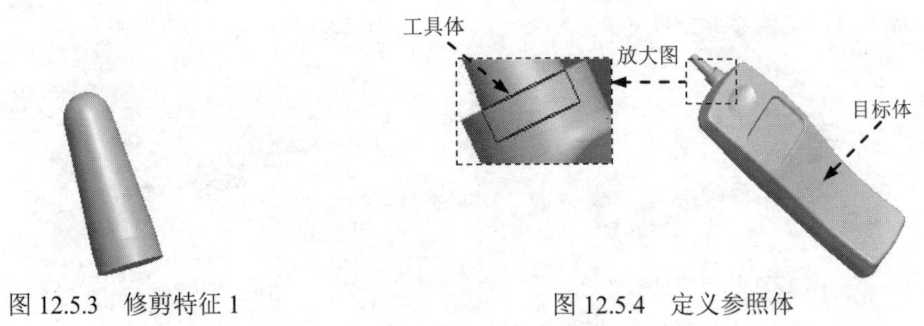

图 12.5.3　修剪特征 1　　　　图 12.5.4　定义参照体

Step3. 保存零件模型。选择下拉菜单 文件(F) → 保存(S) 命令，即可保存零件模型。

12.6　创建电话下盖

下面讲解电话下盖（DOWN_COVER.PRT）的创建过程，其零件模型及模型树如图 12.6.1 所示。

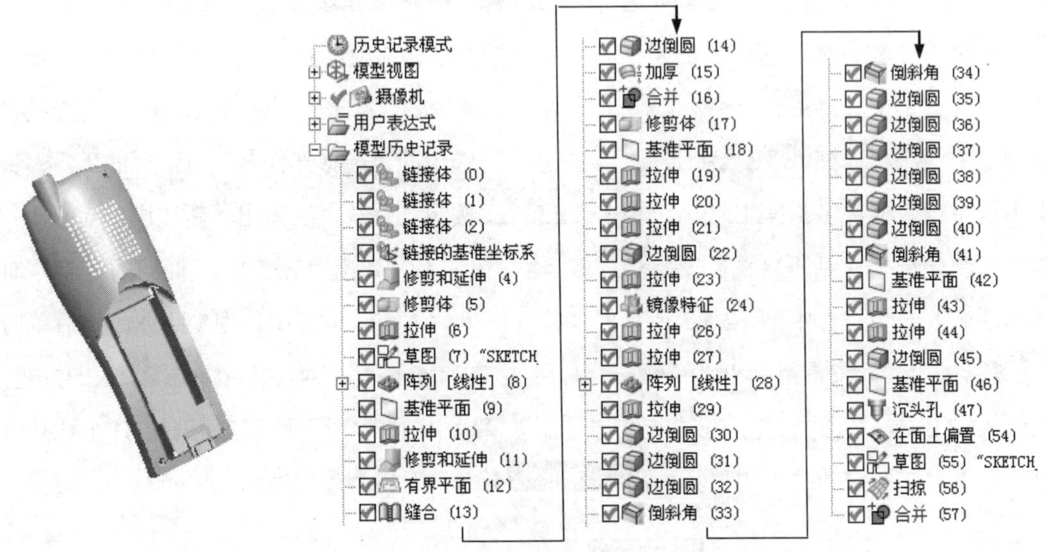

图 12.6.1　电话下盖零件模型及模型树

Step1. 创建 DOWN_COVER 层。在“装配导航器”窗口中的 ANTENNA 选项上右击，系统弹出快捷菜单。在此快捷菜单中选择 显示父项 ▸ → FIRST 选项，并将 SECOND02 设为显示部件；在“装配导航器”窗口中的 SECOND02 选项上右击，系统弹出快捷菜单。在此快捷菜单中选择WAVE ▶ ➡ 新建层命令，系统弹出“新建层”对话框。单击“新建层”对话框中的指定部件名按钮，在弹出的“选择部件名”对话框的文件名(N):文本框中输入文件名 DOWN_COVER，单击OK按钮，系统再次弹出“新建层”对话框；单击“新建层”对话框中的类选择按钮，系统弹出“WAVE 组件间的复制”对话框，选取二级控件中图 12.6.2 所示的特征（一个实体和两个片体）和基准坐标系为参照对象，然后单击确定按钮，系统重新弹出“新建层”对话框。在“新建层”对话框中单击确定按钮，完成 DOWN_COVER 层的创建。在“装配导航器”窗口中的☑ DOWN_COVER 选项上右击，系统弹出快捷菜单。在此快捷菜单中选择设为显示部件命令，对模型进行编辑。

Step2. 创建图 12.6.3 所示的修剪特征 1。选择下拉菜单插入(S) ➡ 修剪(T) ➡ 延伸片体(X)...命令，系统弹出“延伸片体”对话框。选择图 12.6.4 所示的边线为参照边。在限制下拉列表中选择偏置选项，在偏置文本框中输入值 1，在设置区域体输出下拉列表中选择延伸为新面复选框。单击< 确定 >按钮，完成修剪特征 1 的创建（隐藏实体）。

图 12.6.2 定义参照对象

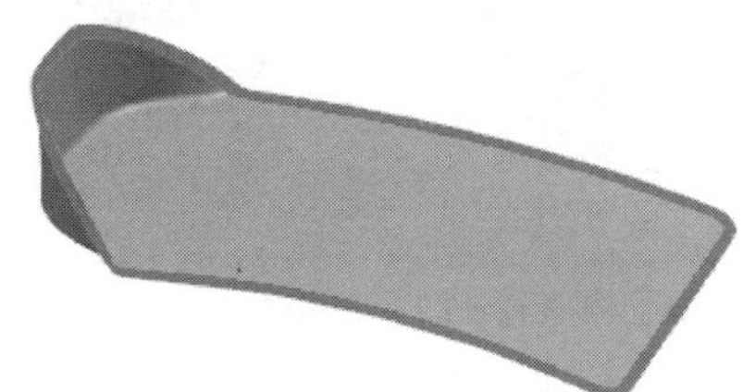
图 12.6.3 修剪特征 1

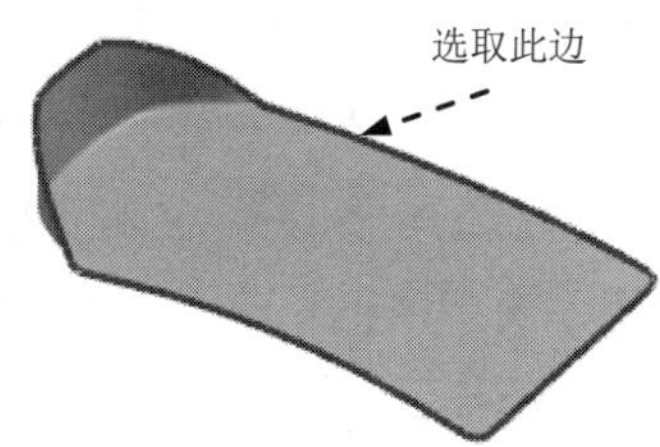

图 12.6.4 定义参照边

Step3. 创建图 12.6.5 所示的修剪体 1。选择下拉菜单插入(S) ➡ 修剪(T) ▶ ➡ 修剪体(T)...命令，在绘图区选取图 12.6.6 所示的特征为目标体，单击中键；选取图 12.6.6 所示的特征为工具体，单击中键，通过调整方向确定要保留的部分。单击< 确定 >按钮，完成修剪体 1 的创建（显示实体）。

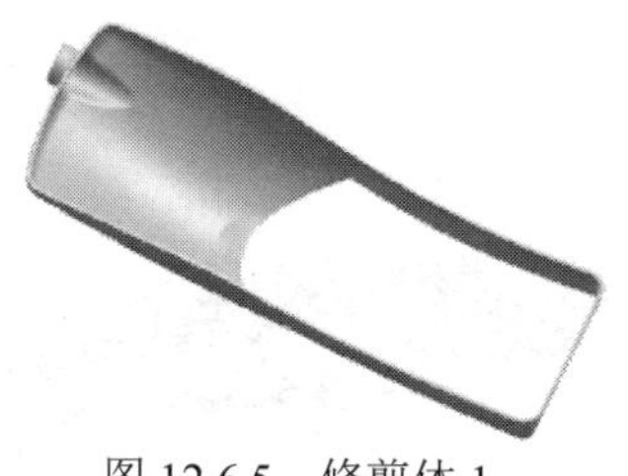
图 12.6.5 修剪体 1

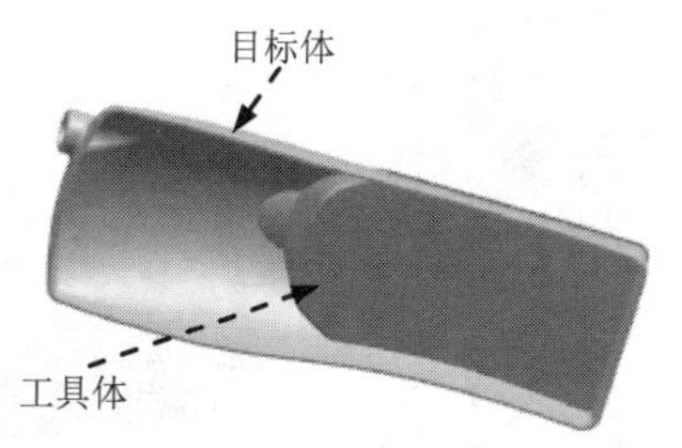

图 12.6.6 定义参照体

Step4. 创建图 12.6.7 所示的拉伸特征 1。选择下拉菜单 插入(S) → 设计特征(E) → 拉伸(E)... 命令，系统弹出“拉伸”对话框。选取 XY 基准平面为草图平面，绘制图 12.6.8 所示的截面草图；在 指定矢量 下拉列表中选择 -ZC 选项，在 限制 区域的 开始 下拉列表中选择 值 选项，并在其下的 距离 文本框中输入值 0，在 限制 区域的 结束 下拉列表中选择 贯通 选项，在 布尔 区域的下拉列表中选择 减去 选项，采用系统默认的求差对象。单击 < 确定 > 按钮，完成拉伸特征 1 的创建。

Step5. 创建图 12.6.9 所示的草图 1。选择下拉菜单 插入(S) → 在任务环境中绘制草图(V) 命令，选取基准平面 XY 为草图平面，进入草图环境绘制。绘制完成后单击 完成草图 按钮，完成草图 1 的创建。

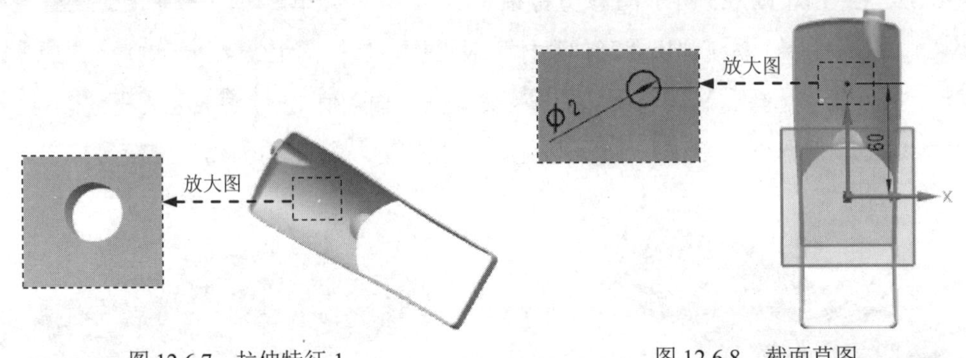

图 12.6.7　拉伸特征 1　　　图 12.6.8　截面草图

Step6. 创建图 12.6.10 所示的阵列特征 1。选择下拉菜单 插入(S) → 关联复制(A) → 阵列特征(A)... 命令，在绘图区选取图 12.6.7 所示的拉伸特征 1 为要阵列的特征。在“阵列特征”对话框 阵列定义 区域的 布局 下拉列表中选择 线性 选项，在 边界 下拉列表中选择 曲线 选项。选中简化边界填充 简化边界填充 复选框，在 边距 文本框中输入值 1，在 简化布局 区域 布局 下拉列表中选择 正方形 选项，在 节距 文本框中输入值 3。对话框中的其他参数保持系统默认设置。单击 < 确定 > 按钮，完成阵列特征 1 的创建。

Step7. 创建图 12.6.11 所示的基准平面 1。选择下拉菜单 插入(S) → 基准/点(D) → 基准平面(D)... 命令，系统弹出“基准平面”对话框。在 类型 下拉列表中选择 按某一距离 选项，在绘图区选取基准平面 XY，输入偏移值 30。方向为 Z 轴的负方向。单击 < 确定 > 按钮，完成基准平面 1 的创建。

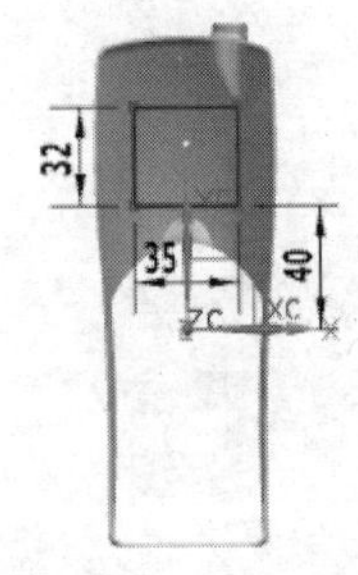

图 12.6.9　草图 1

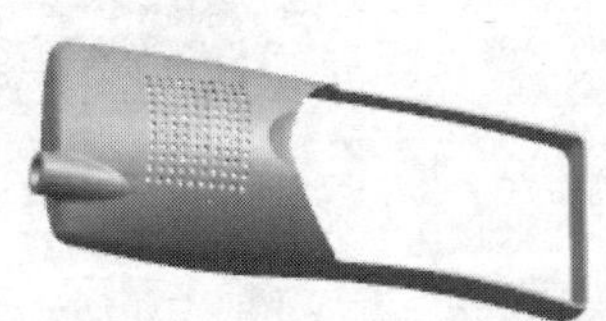

图 12.6.10　阵列特征 1

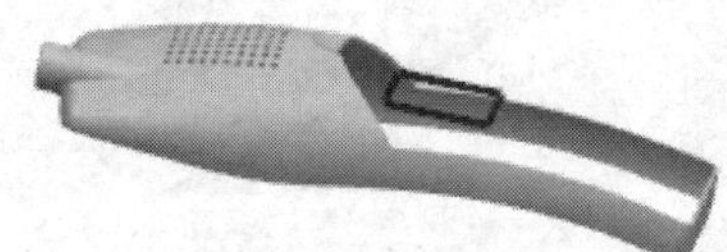

图 12.6.11　基准平面 1

Step8. 创建图 12.6.12 所示的拉伸特征 2。选择下拉菜单 插入(S) ➡ 设计特征(E) ➡ 拉伸(E)... 命令，系统弹出“拉伸”对话框。选取基准平面 1 为草图平面，绘制图 12.6.13 所示的截面草图；在 指定矢量 下拉列表中选择 ZC↑ 选项；在 限制 区域的 开始 下拉列表中选择 值 选项，并在其下的 距离 文本框中输入值 0，在 限制 区域的 结束 下拉列表中选择 值 选项，并在其下的 距离 文本框中输入值 15，在 设置 区域的 体类型 下拉列表中选择 片体 选项。单击 < 确定 > 按钮，完成拉伸特征 2 的创建。

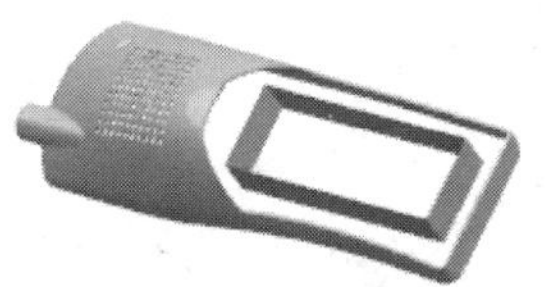

图 12.6.12 拉伸特征 2

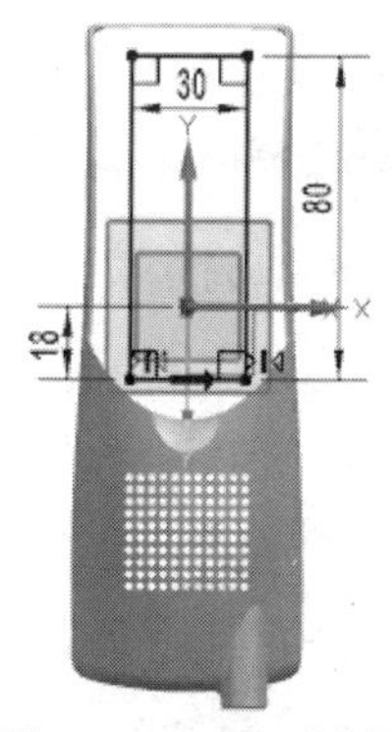

图 12.6.13 截面草图

Step9. 创建图 12.6.14 所示的修剪特征 2。选择下拉菜单 插入(S) ➡ 修剪(T) ▸ ➡ 修剪和延伸(N)... 命令，在 类型 下拉列表中选择 制作拐角 选项，选取图 12.6.12 所示的拉伸特征 2 为目标体，选取图 12.6.15 所示的片体特征为工具体。调整方向作为保留的部分。单击 < 确定 > 按钮，完成修剪特征 2 的创建（显示片体）。

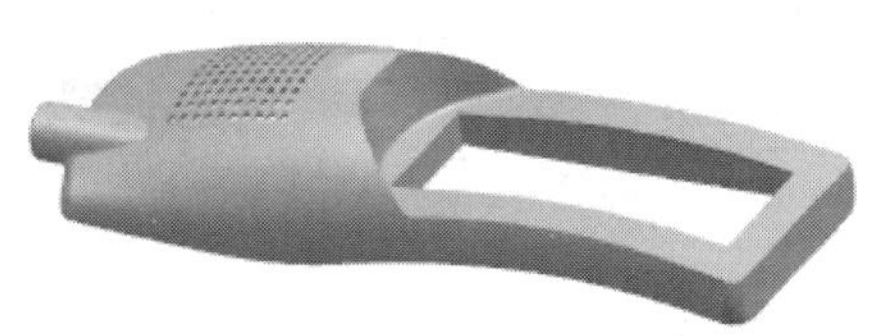

图 12.6.14 修剪特征 2

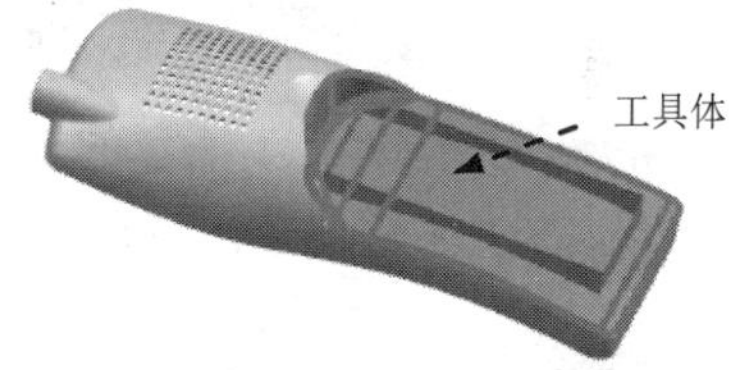

图 12.6.15 定义工具体

Step10. 创建图 12.6.16 所示的有界平面 1。选择下拉菜单 插入(S) ➡ 曲面(R) ➡ 有界平面(B)... 命令；依次选取图 12.6.17 所示边链，单击 < 确定 > 按钮，完成有界平面 1 的创建。

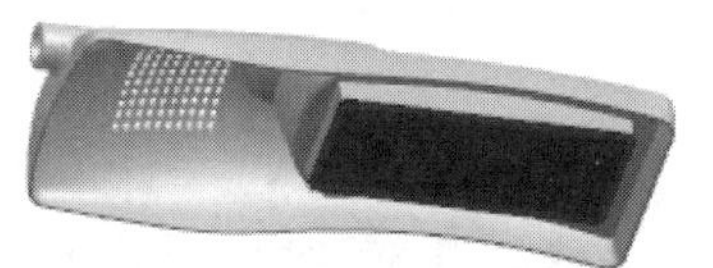

图 12.6.16 有界平面 1

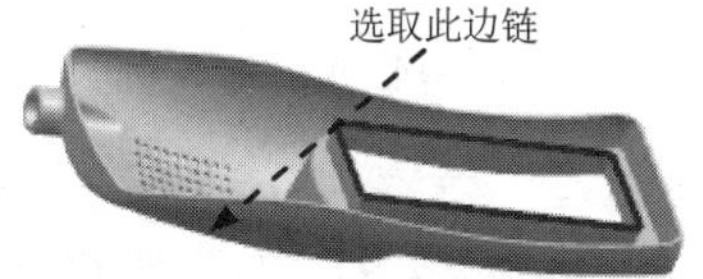

图 12.6.17 定义参照线

Step11. 创建图 12.6.18 所示的缝合特征 1。选择下拉菜单 插入(S) ➡ 组合(B) ▸ ➡ 缝合(W)... 命令，选取图 12.6.18 所示的片体特征为目标体，选取图 12.6.18 所示的有界平面 1 特征为工具体。单击 确定 按钮，完成缝合特征 1 的创建。

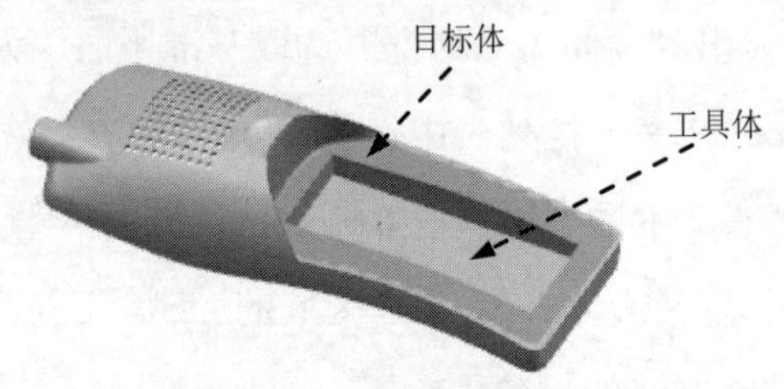

图 12.6.18 缝合特征 1

Step12. 创建图 12.6.19b 所示的边倒圆特征 1。选择下拉菜单 插入(S) → 细节特征(L) → 边倒圆(E)... 命令，在 边 区域中单击 按钮，选择图 12.6.19a 所示的边为边倒圆参照，并在 半径 1 文本框中输入值 1。单击 < 确定 > 按钮，完成边倒圆特征 1 的创建。

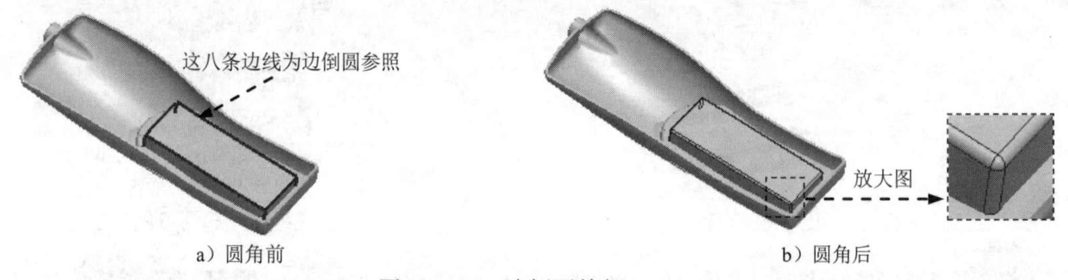

a）圆角前　b）圆角后

图 12.6.19 边倒圆特征 1

Step13. 创建图 12.6.20b 所示的面加厚特征 1。选择下拉菜单 插入(S) → 偏置/缩放(O) → 加厚(T)... 命令，在 面 区域中单击 按钮，选取图 12.6.20a 所示的曲面为加厚的对象。在 偏置 1 文本框中输入值 0.9，在 偏置 2 文本框中输入值 0，单击 按钮调整加厚方向为 Z 基准轴的正方向。单击 < 确定 > 按钮，完成面加厚特征 1 的创建。

Step14. 创建图 12.6.21 所示的求和特征。选择下拉菜单 插入(S) → 组合(B) → 合并(U)... 命令，选取图 12.6.21 所示的实体特征为目标体，选取图 12.6.21 所示的加厚特征为工具体。单击 确定 按钮，完成求和特征的创建。

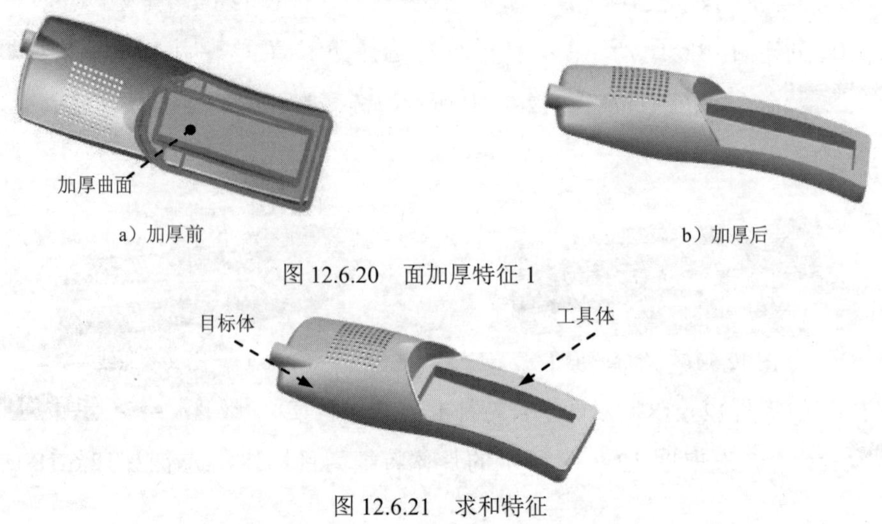

a）加厚前　b）加厚后

图 12.6.20 面加厚特征 1

图 12.6.21 求和特征

Step15. 创建图 12.6.22 所示的修剪体 2。选择下拉菜单 插入(S) → 修剪(T) → 修剪体(T)... 命令，在绘图区选取图 12.6.21 所示的实体特征为目标体，单击中键；选取图 12.6.23 所示的特征为工具体，单击中键，通过调整方向确定要保留的部分。单击 < 确定 > 按钮，完成修剪体 2 的创建（显示片体）。

Step16. 创建图 12.6.24 所示的基准平面 2。选择下拉菜单 插入(S) → 基准/点(D) → 基准平面(D)... 命令，系统弹出“基准平面”对话框。在 类型 下拉列表中选择 按某一距离 选项，在绘图区选取基准平面 XY，输入偏移值 35。方向为 Z 轴的负方向。单击 < 确定 > 按钮，完成基准平面 2 的创建。

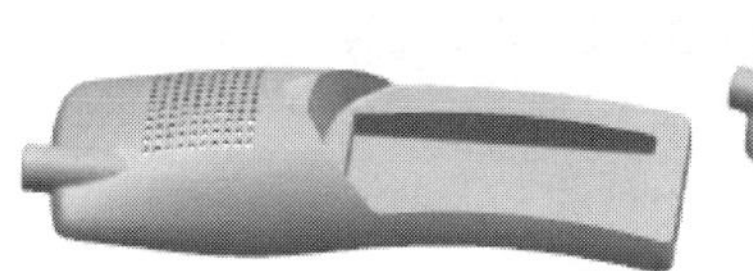

图 12.6.22 修剪体 2

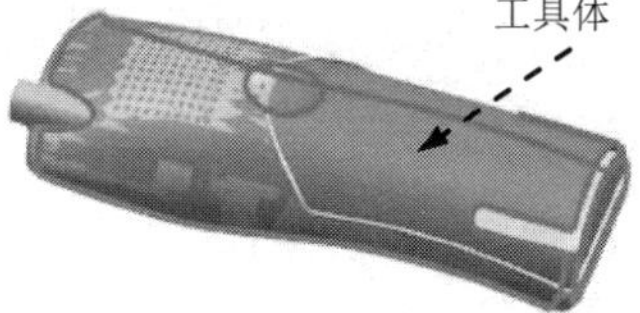

图 12.6.23 定义工具体

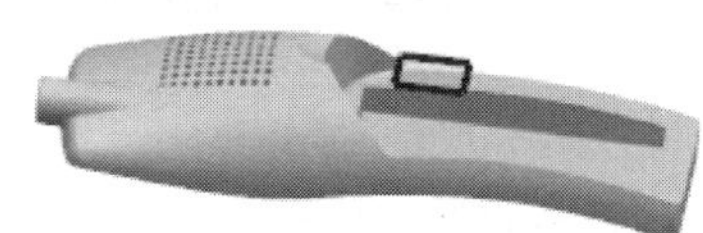

图 12.6.24 基准平面 2

Step17. 创建图 12.6.25 所示的拉伸特征 3。选择下拉菜单 插入(S) → 设计特征(E) → 拉伸(E)... 命令，系统弹出“拉伸”对话框。选取基准平面 2 为草图平面，绘制图 12.6.26 所示的截面草图；在 指定矢量 下拉列表中选择 ZC 选项；在 限制 区域的 开始 下拉列表中选择 值 选项，并在其下的 距离 文本框中输入值 0，在 限制 区域的 结束 下拉列表中选择 直至选定 选项，在 布尔 区域的下拉列表中选择 合并 选项，采用系统默认的求和对象。单击 < 确定 > 按钮，完成拉伸特征 3 的创建。

Step18. 创建图 12.6.27 所示的拉伸特征 4。选择下拉菜单 插入(S) → 设计特征(E) → 拉伸(E)... 命令，系统弹出“拉伸”对话框。选取图 12.6.27 所示的平面为草图平面，绘制图 12.6.28 所示的截面草图；在 指定矢量 下拉列表中选择 -XC 选项；在 限制 区域的 开始 下拉列表中选择 值 选项，并在其下的 距离 文本框中输入值 0，在 限制 区域的 结束 下拉列表中选择 贯通 选项，在 布尔 区域的下拉列表中选择 减去 选项，采用系统默认的求差对象。单击 < 确定 > 按钮，完成拉伸特征 4 的创建。

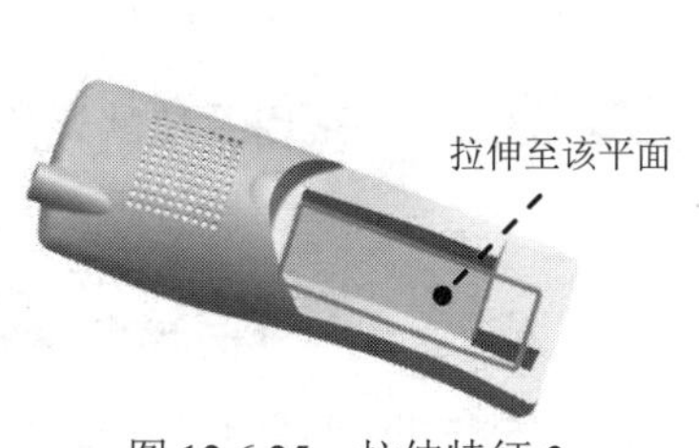

图 12.6.25 拉伸特征 3

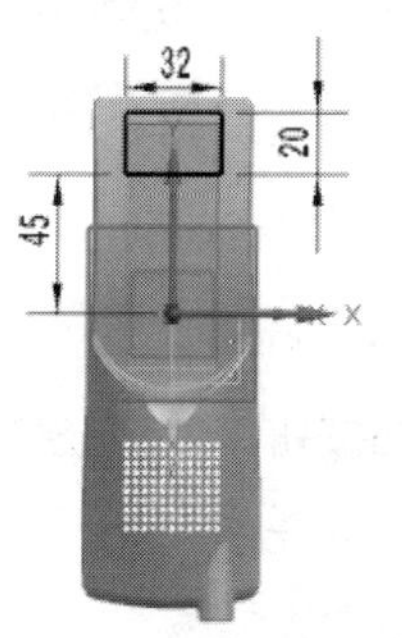

图 12.6.26 截面草图

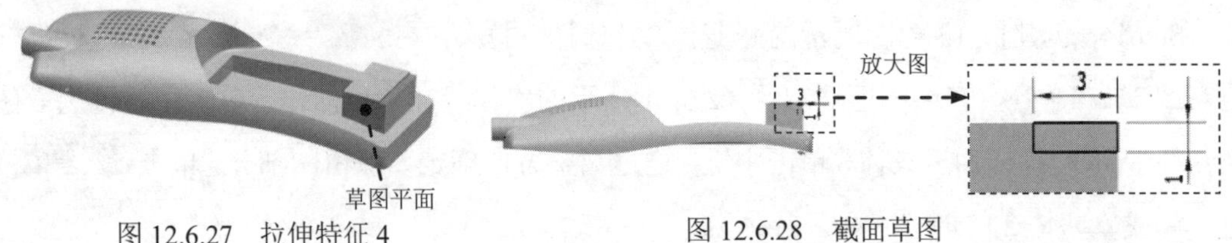

图 12.6.27　拉伸特征 4　　　图 12.6.28　截面草图

Step19. 创建图12.6.29所示的拉伸特征5。选择下拉菜单 插入(S) → 设计特征(E) → 拉伸(E)... 命令，系统弹出“拉伸”对话框。选取 YZ 基准平面为草图平面，绘制图 12.6.30 所示的截面草图；在 指定矢量 下拉列表中选择 -XC 选项；在 限制 区域的 开始 下拉列表中选择 对称值 选项，并在其下的 距离 文本框中输入值 7.5，在 布尔 区域的下拉列表中选择 合并 选项，采用系统默认的求和对象。单击 < 确定 > 按钮，完成拉伸特征 5 的创建。

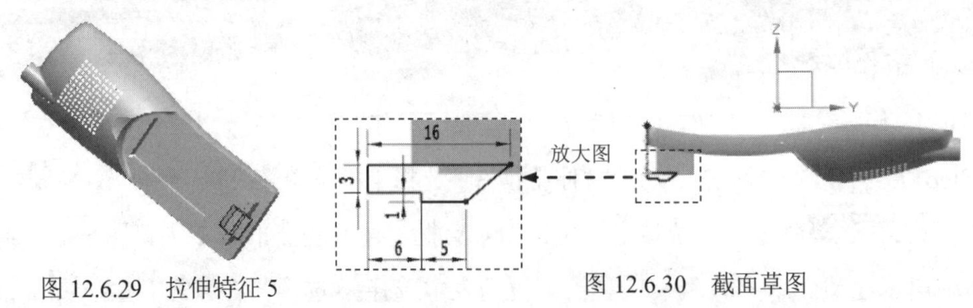

图 12.6.29　拉伸特征 5　　　图 12.6.30　截面草图

Step20. 创建图 12.6.31b 所示的边倒圆特征 2。选择图 12.6.31a 所示的边链为边倒圆参照，并在 半径 1 文本框中输入值 0.5。单击 < 确定 > 按钮，完成边倒圆特征 2 的创建。

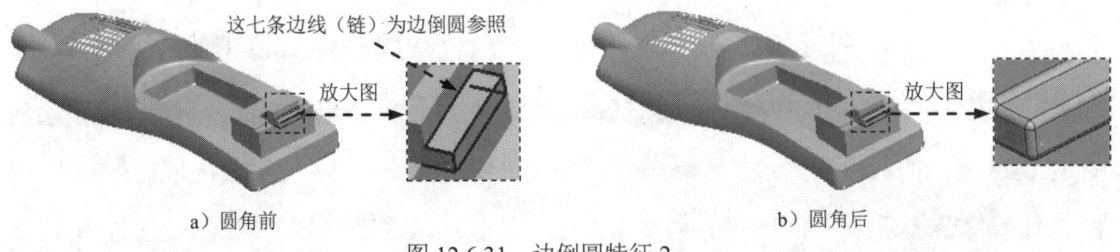

a）圆角前　　　b）圆角后

图 12.6.31　边倒圆特征 2

Step21. 创建图12.6.32所示的拉伸特征6。选择下拉菜单 插入(S) → 设计特征(E) → 拉伸(E)... 命令，系统弹出“拉伸”对话框。选取图 12.6.33 所示的平面为草图平面，绘制图 12.6.34 所示的截面草图；在 指定矢量 下拉列表中选择 ZC↑ 选项；在 限制 区域的 开始 下拉列表中选择 值 选项，并在其下的 距离 文本框中输入值 0，在 限制 区域的 结束 下拉列表中选择 直至延伸部分 选项，在 布尔 区域的下拉列表中选择 减去 选项，采用系统默认的求差对象。单击 < 确定 > 按钮，完成拉伸特征 6 的创建。

Step22. 创建图 12.6.35b 所示的镜像特征 1。选择下拉菜单 插入(S) → 关联复制(A)▸ → 镜像特征(M)... 命令，在绘图区中选取图 12.6.32 所示的拉伸特征 6 为要镜像的特征。

在镜像平面区域中单击按钮，在绘图区中选取YZ基准平面作为镜像平面。单击确定按钮，完成镜像特征1的创建。

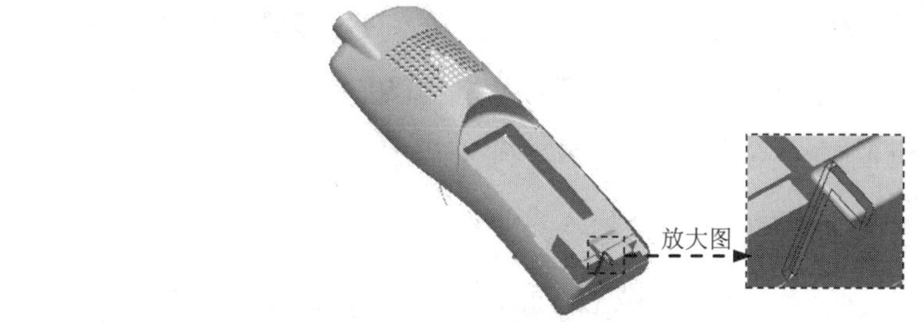

图12.6.32　拉伸特征6

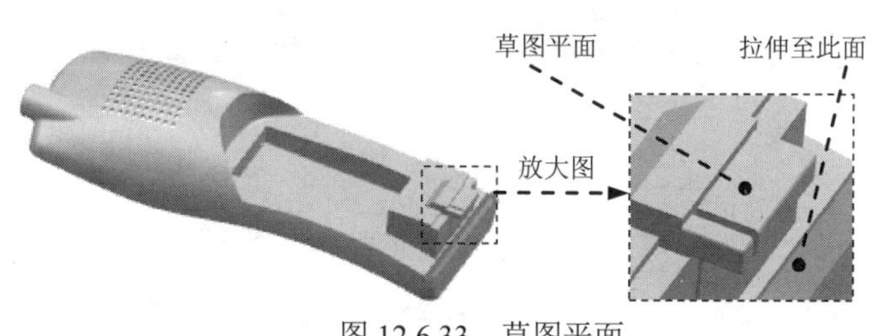

图12.6.33　草图平面

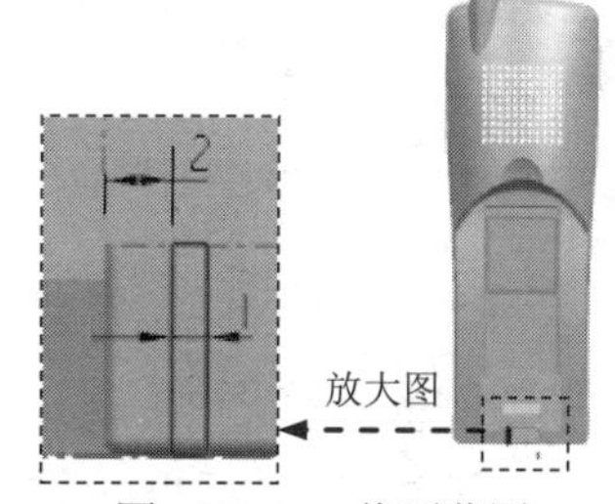

图12.6.34　截面草图

Step23. 创建图12.6.36所示的拉伸特征7。选择下拉菜单插入(S) → 设计特征(E) → 拉伸(E)...命令，系统弹出“拉伸”对话框。选取基准平面1为草图平面，绘制图12.6.37所示的截面草图；在指定矢量下拉列表中选择ZC↑选项；在限制区域的开始下拉列表中选择值选项，并在其下的距离文本框中输入值0，在限制区域的结束下拉列表中选择直至下一个选项，在布尔区域的下拉列表中选择合并选项，采用系统默认的求和对象。单击<确定>按钮，完成拉伸特征7的创建。

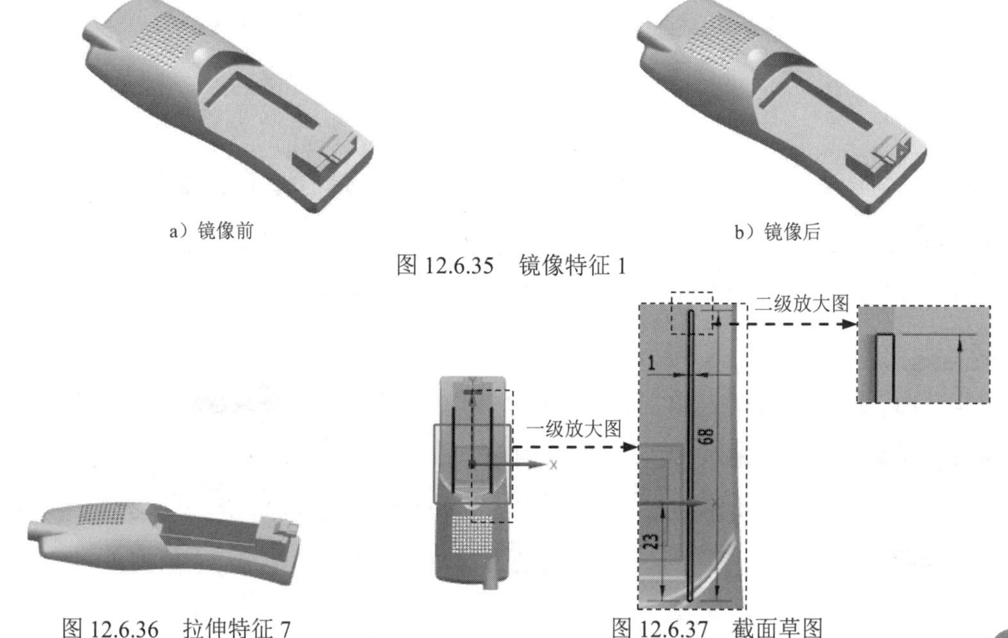

图12.6.36　拉伸特征7

图12.6.37　截面草图

Step24. 创建图 12.6.38 所示的拉伸特征 8。选择下拉菜单插入(S) → 设计特征(E) → 拉伸(E)...命令，系统弹出“拉伸”对话框。选取基准平面 XZ 为草图平面，绘制图 12.6.39 所示的截面草图；在指定矢量下拉列表中选择YC选项；在限制区域的开始下拉列表中选择值选项，并在其下的距离文本框中输入值 0，在限制区域的结束下拉列表中选择值选项，并在其下的距离文本框中输入值 5，在布尔区域的下拉列表中选择合并选项，采用系统默认的求和对象。单击<确定>按钮，完成拉伸特征 8 的创建。

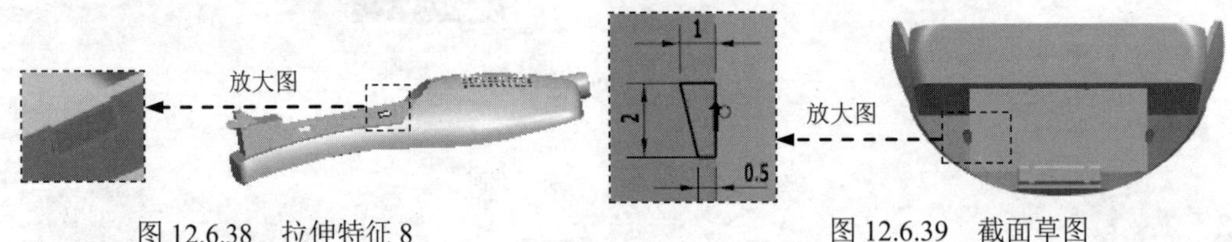

图 12.6.38 拉伸特征 8　　图 12.6.39 截面草图

Step25. 创建图 12.6.40b 所示的阵列特征 2。选择下拉菜单插入(S) → 关联复制(A) → 阵列特征(A)...命令，在绘图区选取图 12.6.38 所示的拉伸特征 8 为要阵列的特征。在“阵列特征”对话框阵列定义区域的布局下拉列表中选择线性选项。在方向 1区域的*指定矢量下拉列表中选择-YC选项。在“阵列特征”对话框间距区域的下拉列表中选择数量和间隔选项，在数量文本框中输入值 2，在节距文本框中输入值 38。对话框中的其他参数保持系统默认设置。单击<确定>按钮，完成阵列特征 2 的创建。

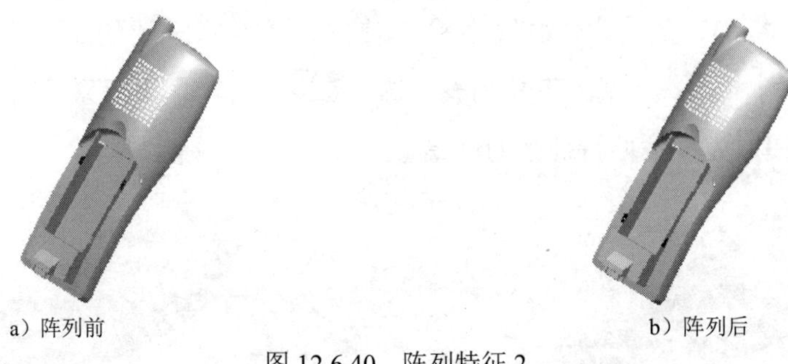

a）阵列前　　b）阵列后

图 12.6.40 阵列特征 2

Step26. 创建图 12.6.41 所示的拉伸特征 9。选择下拉菜单插入(S) → 设计特征(E) → 拉伸(E)...命令，系统弹出“拉伸”对话框。选取基准平面 XZ 为草图平面，绘制图 12.6.42 所示的截面草图；在指定矢量下拉列表中选择YC选项；在限制区域的开始下拉列表中选择值选项，并在其下的距离文本框中输入值 0，在限制区域的结束下拉列表中选择值选项，并在其下的距离文本框中输入值 30，在布尔区域的下拉列表中选择减去选项，采用系统默认的求差对象。单击<确定>按钮，完成拉伸特征 9 的创建。

Step27. 创建图 12.6.43b 所示的边倒圆特征 3。选择图 12.6.43a 所示的边线为边倒圆参照，并在半径 1文本框中输入值 1。单击<确定>按钮，完成边倒圆特征 3 的创建。

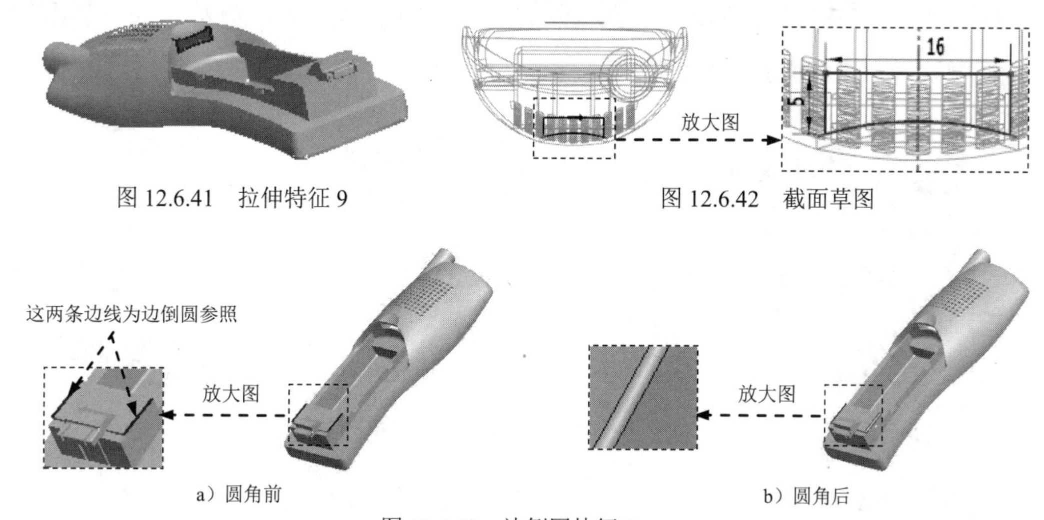

图 12.6.41 拉伸特征 9

图 12.6.42 截面草图

a）圆角前

b）圆角后

图 12.6.43 边倒圆特征 3

Step28. 创建图 12.6.44 b 所示的边倒圆特征 4。选择图 12.6.44 a 所示的边线为边倒圆参照，并在半径 1文本框中输入值 1。单击< 确定 >按钮，完成边倒圆特征 4 的创建。

Step29. 创建图 12.6.45 b 所示的边倒圆特征 5。选择图 12.6.45 a 所示的边链为边倒圆参照，并在半径 1文本框中输入值 1。单击< 确定 >按钮，完成边倒圆特征 5 的创建。

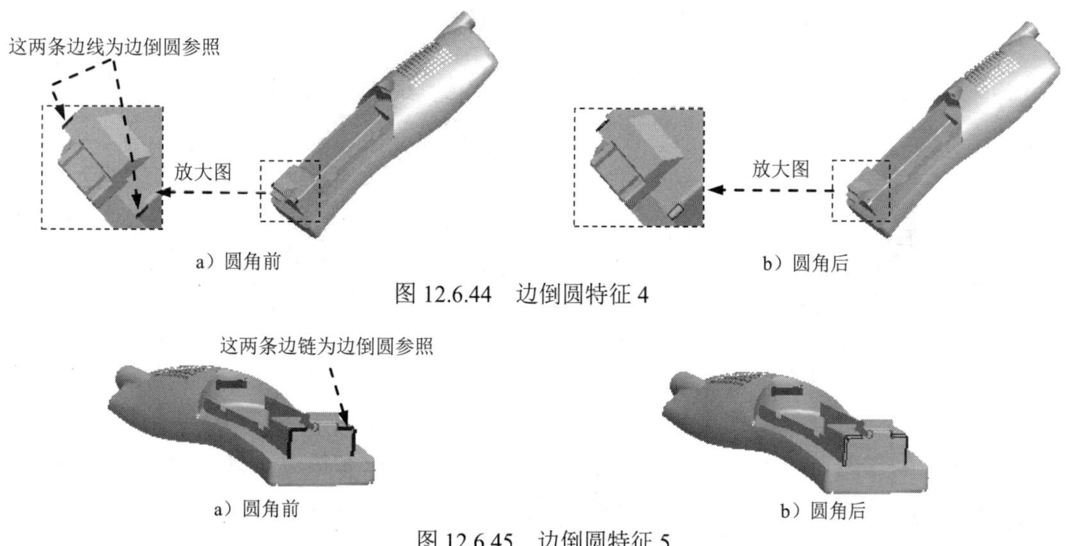

a）圆角前

b）圆角后

图 12.6.44 边倒圆特征 4

a）圆角前

b）圆角后

图 12.6.45 边倒圆特征 5

Step30. 创建图 12.6.46b 所示的倒斜角特征 1。选择下拉菜单插入(S) → 细节特征(L) ▸ → 倒斜角(C)...命令，在边区域中单击按钮，选取图 12.6.46a 所示的边链为倒斜角参照，在偏置区域的横截面文本框中选择非对称选项，在距离 1文本框中输入值 2.5，在距离 2文本框中输入值 0.5。单击< 确定 >按钮，完成倒斜角特征 1 的创建。

Step31. 创建图 12.6.47b 所示的倒斜角特征 2。选取图 12.6.47a 所示的边线为倒斜角参照，在偏置区域的横截面文本框中选择非对称选项，在距离 1文本框中输入值 2.5，在距离 2文本框中输入值 0.5。单击< 确定 >按钮，完成倒斜角特征 2 的创建。

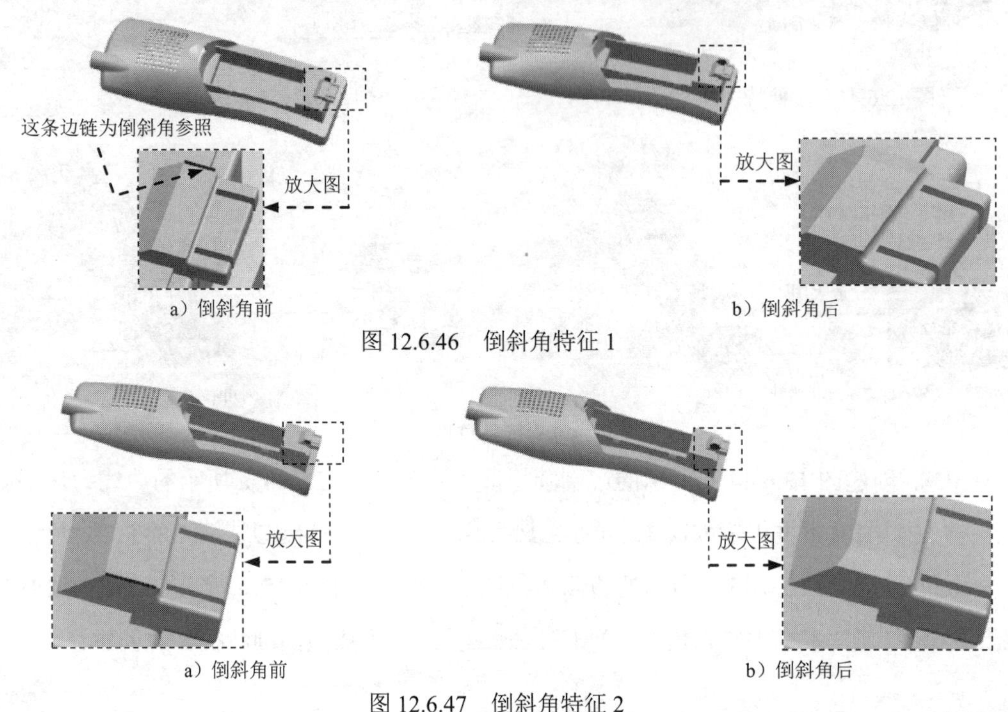

a）倒斜角前　　b）倒斜角后

图 12.6.46　倒斜角特征 1

a）倒斜角前　　b）倒斜角后

图 12.6.47　倒斜角特征 2

Step32. 创建图 12.6.48b 所示的边倒圆特征 6。选择图 12.6.48a 所示的边线为边倒圆参照，并在半径 1文本框中输入值 0.5。单击< 确定 >按钮，完成边倒圆特征 6 的创建。

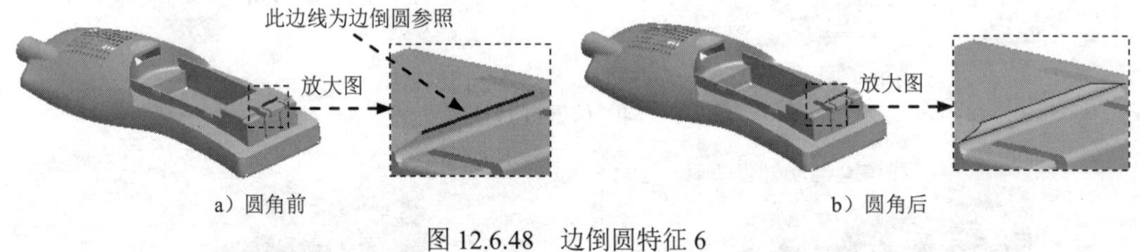

a）圆角前　　b）圆角后

图 12.6.48　边倒圆特征 6

Step33. 创建图 12.6.49b 所示的边倒圆特征 7。选择图 12.6.49a 所示的边为边倒圆参照，并在半径 1文本框中输入值 1。单击< 确定 >按钮，完成边倒圆特征 7 的创建。

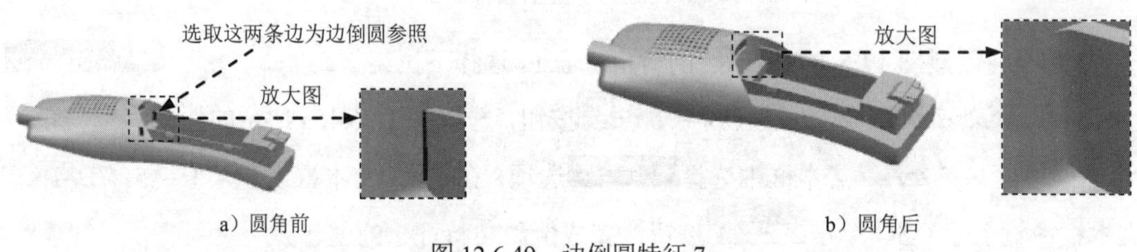

a）圆角前　　b）圆角后

图 12.6.49　边倒圆特征 7

Step34. 创建图 12.6.50b 所示的边倒圆特征 8。选择图 12.6.49a 所示的边链为边倒圆参照，并在半径 1文本框中输入值 1。单击< 确定 >按钮，完成边倒圆特征 8 的创建。

图 12.6.50 边倒圆特征 8

Step35. 创建图 12.6.51b 所示的边倒圆特征 9。选择图 12.6.51a 所示的边链为边倒圆参照，并在半径 1文本框中输入值 1。单击< 确定 >按钮，完成边倒圆特征 9 的创建。

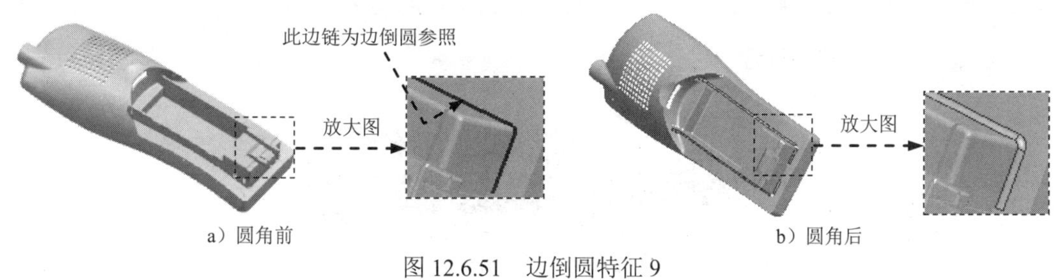

图 12.6.51 边倒圆特征 9

Step36. 创建图 12.6.52b 所示的边倒圆特征 10。选择图 12.6.52a 所示的边线为边倒圆参照，并在半径 1文本框中输入值 0.2。单击< 确定 >按钮，完成边倒圆特征 10 的创建。

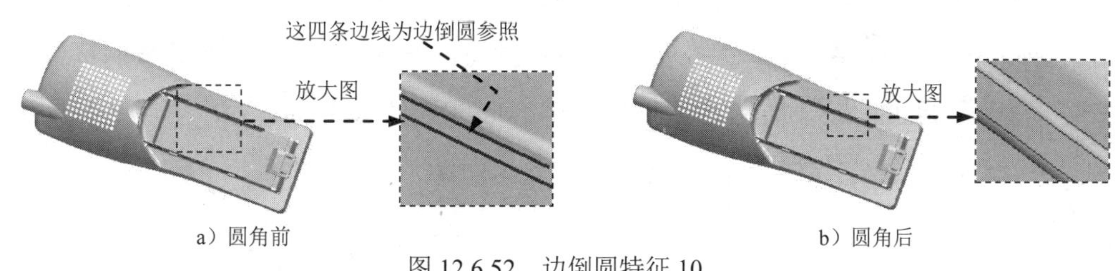

图 12.6.52 边倒圆特征 10

Step37. 创建图 12.6.53b 所示的边倒圆特征 11。选择图 12.6.53 所示的边线为边倒圆参照，并在半径 1文本框中输入值 0.5。单击< 确定 >按钮，完成边倒圆特征 11 的创建。

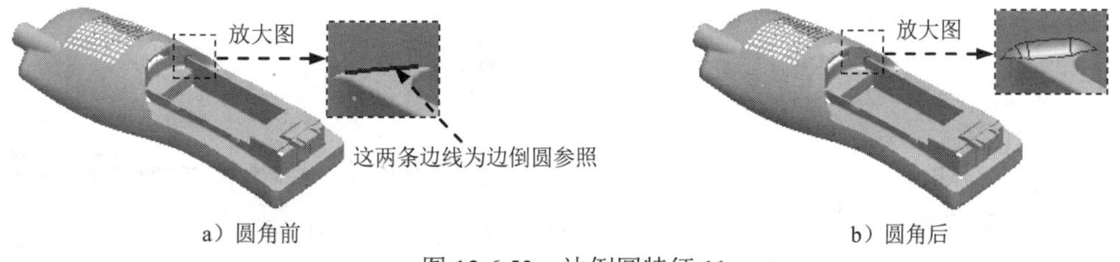

图 12.6.53 边倒圆特征 11

Step38. 创建图 12.6.54b 所示的倒斜角特征 3。选取图 12.6.54a 所示的边线为倒斜角参照，在偏置区域的横截面文本框中选择对称选项，在距离文本框中输入值 0.5。在设置区域的偏置方法下拉列表中选择偏置面并修剪选项。单击< 确定 >按钮，完成倒斜角特征 3 的创建。

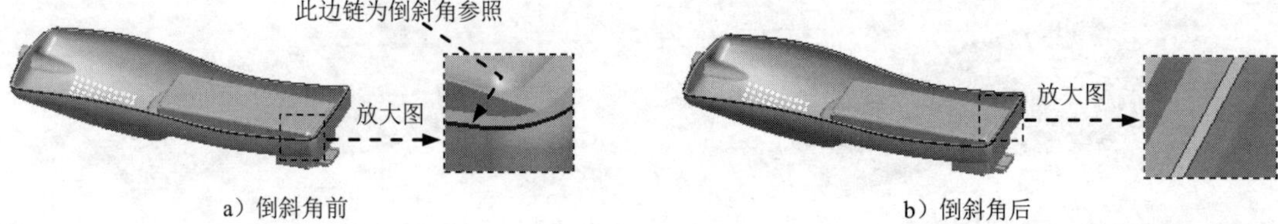

图 12.6.54　倒斜角特征 3

Step39. 创建图 12.6.55 所示的基准平面 3。选择下拉菜单插入(S) ➡ 基准/点(D) ➡ 基准平面(D)...命令，系统弹出“基准平面”对话框。在类型下拉列表中选择按某一距离选项，在绘图区选取基准平面 XY，输入偏移值 12。方向为 Z 轴的负方向。单击< 确定 >按钮，完成基准平面 3 的创建。

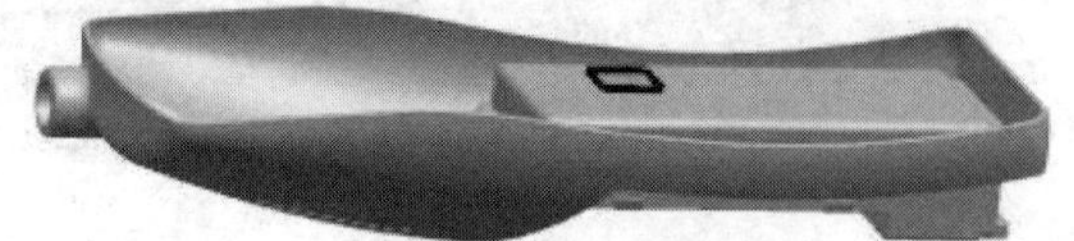

图 12.6.55　基准平面 3

Step40. 创建图 12.6.56 所示的拉伸特征 10。选择下拉菜单插入(S) ➡ 设计特征(E) ➡ 拉伸(E)...命令，系统弹出“拉伸”对话框。选取基准平面 3（图 12.6.55）为草图平面，绘制图 12.6.57 所示的截面草图；在指定矢量下拉列表中选择 -ZC 选项；在限制区域的开始下拉列表中选择值选项，并在其下的距离文本框中输入值 0，在限制区域的结束下拉列表中选择直至下一个选项，在布尔区域的下拉列表中选择合并选项，采用系统默认的求和对象。单击< 确定 >按钮，完成拉伸特征 10 的创建。

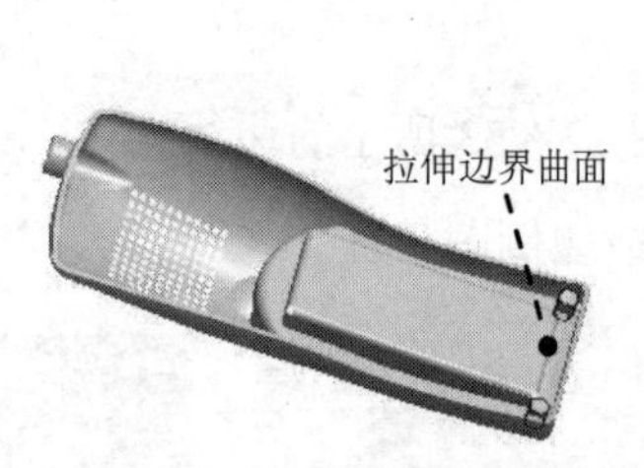

图 12.6.56　拉伸特征 10

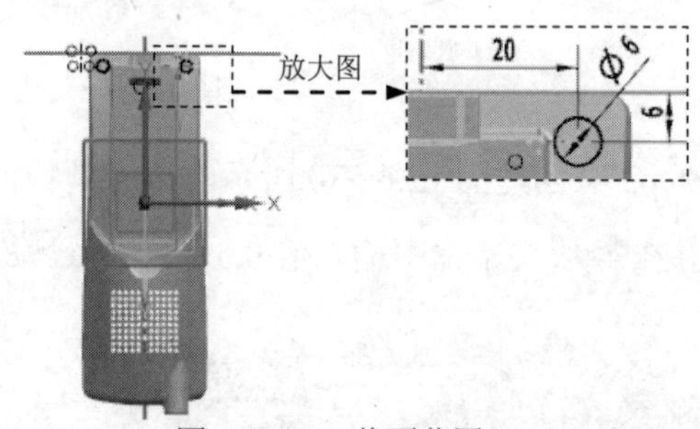

图 12.6.57　截面草图

Step41. 创建图 12.6.58 所示的拉伸特征 11。选择下拉菜单插入(S) ➡ 设计特征(E) ➡ 拉伸(E)...命令，系统弹出“拉伸”对话框。选取基准平面 3（图 12.6.55）为草图平面，绘制图 12.6.59 所示的截面草图；在指定矢量下拉列表中选择 -ZC 选项；在限制区域的开始下拉列表中选择值选项，并在其下的距离文本框中输入值 0，在限制区域的结束下拉列表中选择直至下一个选项，在布尔区域的下拉列表中选择合并选项，采用系统默认的求和对象。单击< 确定 >按钮，完成拉伸特征 11 的创建。

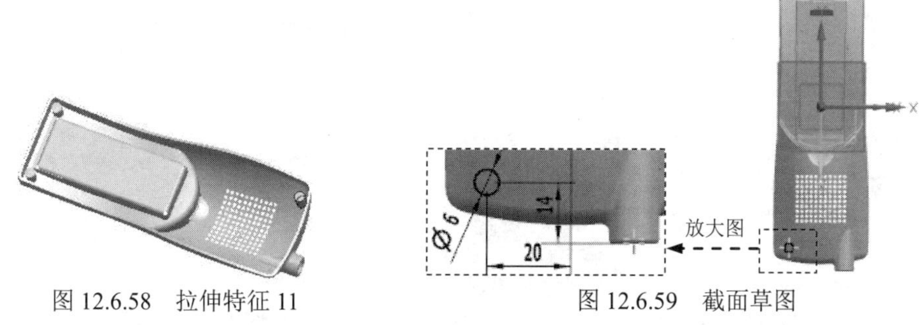

图 12.6.58　拉伸特征 11　　图 12.6.59　截面草图

Step42. 创建图 12.6.60b 所示的边倒圆特征 12。选择图 12.6.60a 所示的边为边倒圆参照，并在半径 1文本框中输入值 0.5。单击< 确定 >按钮，完成边倒圆特征 12 的创建。

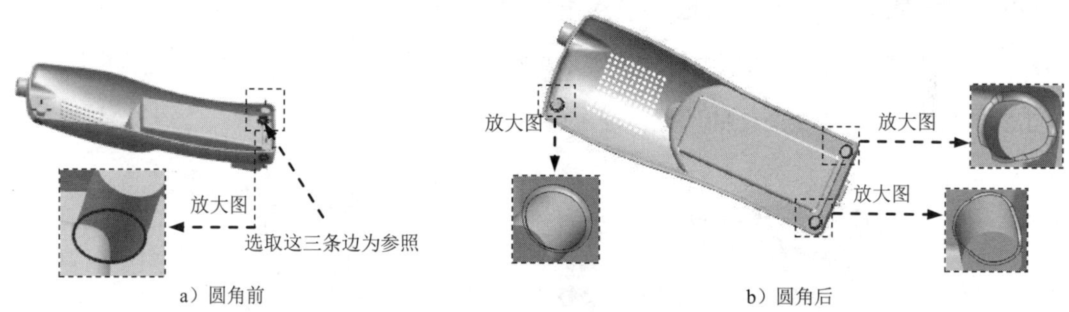

a）圆角前　　b）圆角后

图 12.6.60　边倒圆特征 12

Step43. 创建图 12.6.61 所示的基准平面 4。选择下拉菜单插入(S) ➡ 基准/点(D) ➡ 基准平面(D)...命令，系统弹出“基准平面”对话框。在类型区域的下拉列表中选择按某一距离选项，在绘图区选取基准平面 3（图 12.6.55），输入偏移值 30。方向为-ZC 方向。单击< 确定 >按钮，完成基准平面 4 的创建。

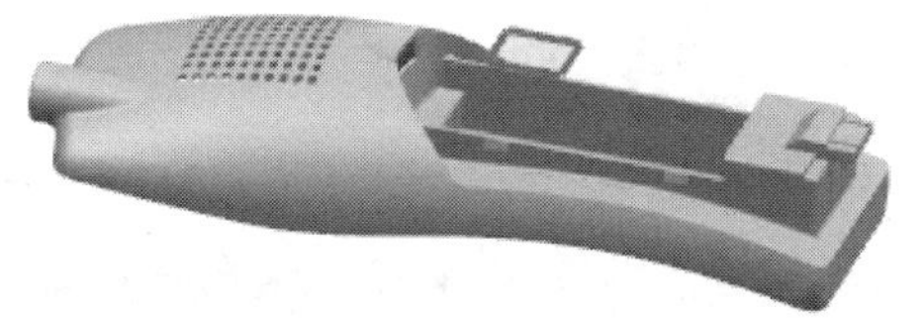

图 12.6.61　基准平面 4

Step44. 创建图 12.6.62 所示的孔特征 1。选择下拉菜单插入(S) ➡ 设计特征(E) ➡ 孔(H)...命令，在类型下拉列表中选择常规孔选项，单击“位置”区域的“绘制截面”按钮，选取基准平面 4（图 12.6.61）为草绘平面，绘制图 12.6.63 所示的草图（三个点）。在“孔”对话框方向区域的孔方向下拉列表中选择沿矢量选项（反向可以通过反向按钮来调整），在形状和尺寸区域的成形下拉列表中选择沉头选项，在沉头直径文本框中输入值 4，在沉头深度文本框中输入值 24，在直径文本框中输入值 2.5，在深度限制下拉列表中选择贯通体选项。在布尔区域的下拉列表中选择减去选项，采用系统默认的求差对象。对话框中的其他参数保持系统默认设置。单击< 确定 >按钮，完成孔特征 1 的创建。

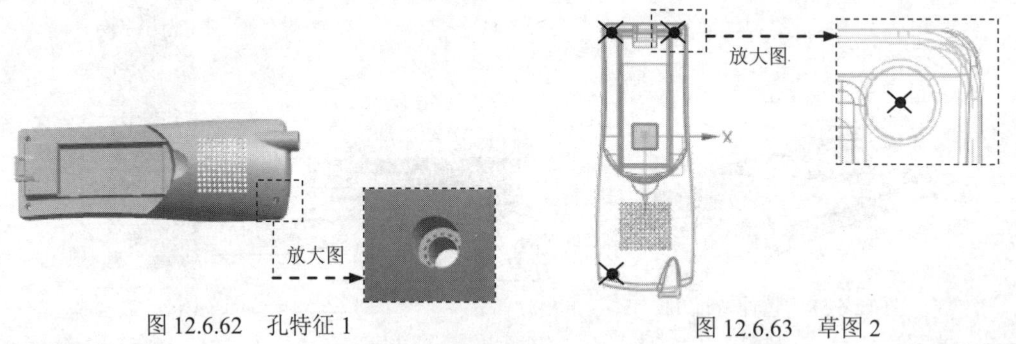

图 12.6.62　孔特征 1　　图 12.6.63　草图 2

Step45. 创建图 12.6.64 所示的面上的偏置特征 1。选择下拉菜单插入(S) → 派生曲线(U) → 在面上偏置...命令，在类型区域中选择恒定选项，选取图 12.6.65 所示的曲线为参照线，在截面线1:偏置1文本框中输入值 0，单击中键，选取图 12.6.66 所示的面为参照面。单击< 确定 >按钮，完成面上的偏置特征 1 的创建。

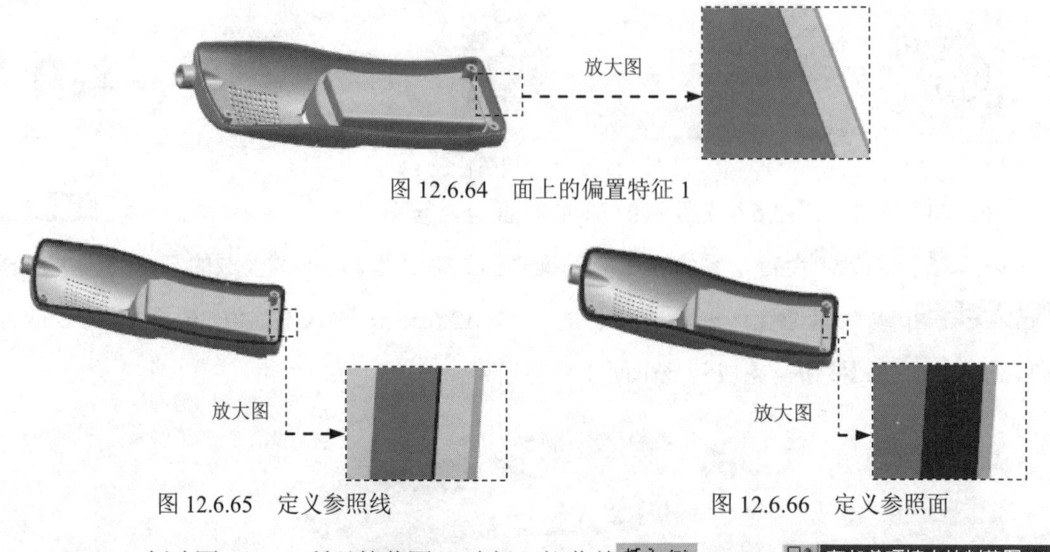

图 12.6.64　面上的偏置特征 1

图 12.6.65　定义参照线　　图 12.6.66　定义参照面

Step46. 创建图 12.6.67 所示的草图 3。选择下拉菜单插入(S) → 在任务环境中绘制草图(V)命令，在类型下拉列表中选取基于路径选项，选取图 12.6.67 所示的曲线为参照，进入草图绘制环境。绘制完成后单击完成草图按钮，完成草图 3 的创建。

Step47. 创建图 12.6.68 所示的扫掠特征。选择下拉菜单插入(S) → 扫掠(W) → 扫掠(S)...命令，在绘图区选取图 12.6.63 所示的草图 2 为扫掠的截面曲线串，选取图 12.6.68 所示的曲线为扫掠的引导线串。采用系统默认的扫掠偏置值。单击< 确定 >按钮。完成扫掠特征的创建。

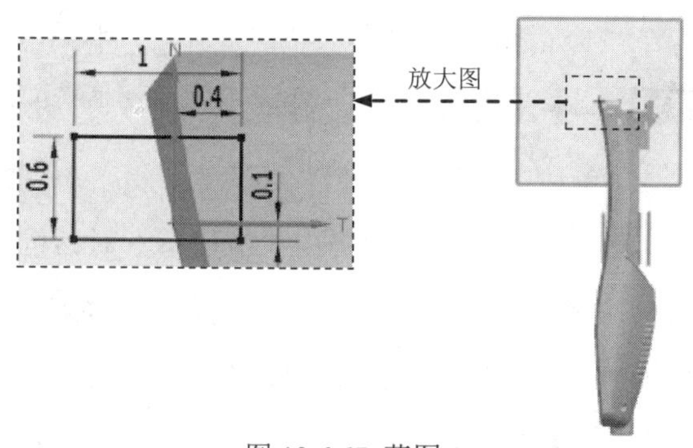

图 12.6.67 草图 3

Step48. 创建求和特征。选择下拉菜单 插入(S) → 组合(B) ▸ → 合并(U)... 命令，选取图 12.6.69 所示的实体特征为目标体，选取图 12.6.68 所示的扫掠特征为刀具体。单击 确定 按钮，完成求和特征的创建。

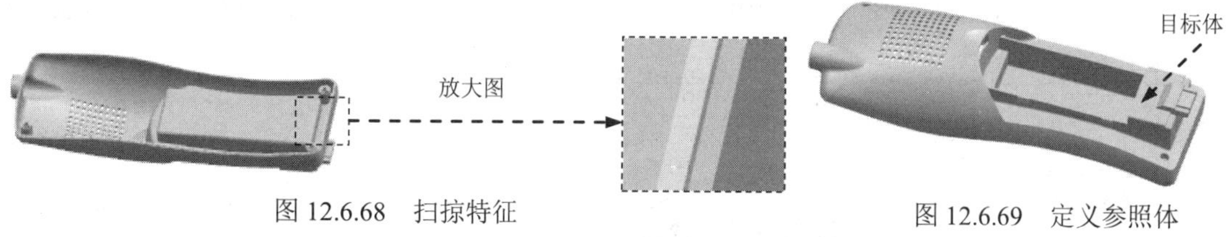

图 12.6.68 扫掠特征

图 12.6.69 定义参照体

Step49. 保存零件模型。选择下拉菜单 文件(F) → 保存(S) 命令，即可保存零件模型。

12.7 创建电话上盖

下面讲解电话上盖（UP_COVER.PRT）的创建过程，其零件模型及模型树如图 12.7.1 所示。

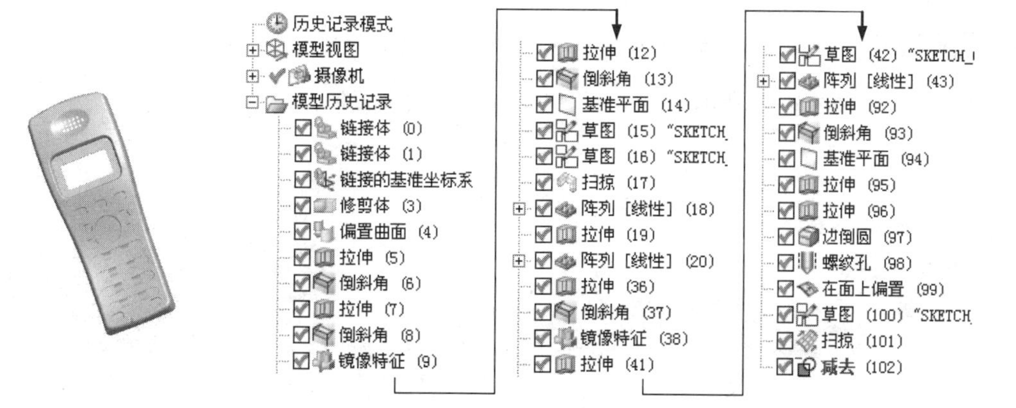

图 12.7.1 电话上盖零件模型及模型树

Step1. 创建 UP_COVER 层。

（1） 在“装配导航器”窗口中的☑ DOWN_COVER选项上右击，系统弹出快捷菜单。在此快捷菜单中选择显示父项 ▸ → HANDSET选项，并将☑ SECOND01设为显示部件。

（2）在“装配导航器”窗口中的☑ SECOND01选项上右击，系统弹出快捷菜单。在此快捷菜单中选择WAVE▸ → 新建层命令，系统弹出“新建层”对话框。单击“新建层”对话框中的指定部件名按钮，在弹出的“选择部件名”对话框的文件名(N):文本框中输入文件名UP_COVER，单击OK按钮，系统再次弹出“新建层”对话框。单击“新建层”对话框中的类选择按钮，系统弹出“WAVE 组件间的复制”对话框，选取二级控件中图12.7.2所示的实体、片体和CSYS为参照对象，然后单击确定按钮，系统重新弹出“新建层”对话框。在“新建层”对话框中单击确定按钮，完成UP_COVER层的创建。

（3）在“装配导航器”窗口中的☑ UP_COVER选项上右击，系统弹出快捷菜单。在此快捷菜单中选择设为显示部件命令，对模型进行编辑。

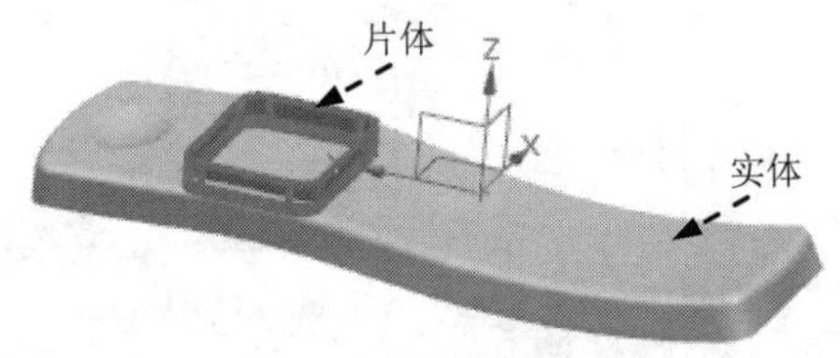

图12.7.2　定义参照对象

Step2. 创建图12.7.3所示的修剪特征1。选择下拉菜单插入(S) → 修剪(T) ▸ → 修剪体(T)...命令，在绘图区选取图12.7.4所示的特征为目标体，单击中键；选取图12.7.4所示的特征为工具体，单击中键，通过调整方向确定要保留的部分。单击< 确定 >按钮，完成修剪特征1的创建。

Step3. 创建图12.7.5所示的偏置曲面1。选择下拉菜单插入(S) → 偏置/缩放(O)▸ → 偏置曲面(O)...命令，系统弹出“偏置曲面”对话框。选择图12.7.5所示的曲面为偏置曲面，在偏置 1的文本框中输入值0，其他参数采用系统默认设置值。

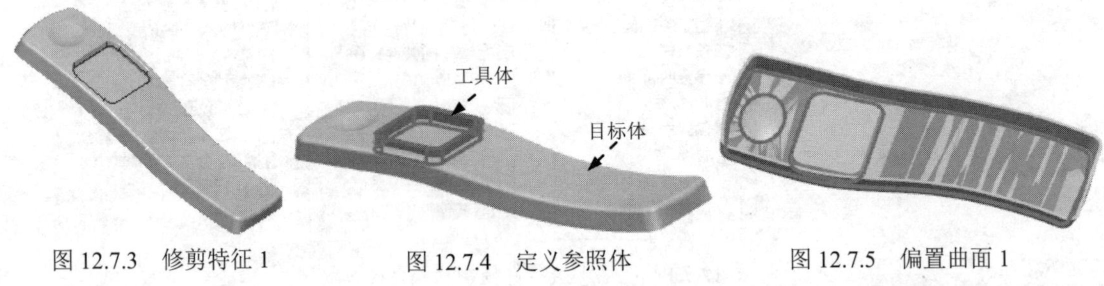

图12.7.3　修剪特征1　　图12.7.4　定义参照体　　图12.7.5　偏置曲面1

Step4. 创建图12.7.6所示的拉伸特征1。选择下拉菜单插入(S) → 设计特征(E) →

拉伸(E)...命令，系统弹出“拉伸”对话框。选取XY基准平面为草图平面，绘制图12.7.7所示的截面草图；在指定矢量下拉列表中选择-ZC选项，在限制区域的开始下拉列表中选择值选项，并在其下的距离文本框中输入值0，在限制区域的结束下拉列表中选择贯通选项，在布尔区域的下拉列表中选择减去选项，选取图12.7.6所示的实体为求差对象。单击< 确定 >按钮，完成拉伸特征1的创建。

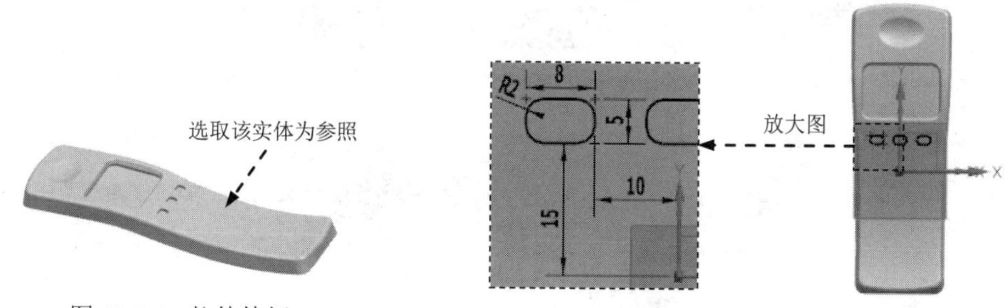

图12.7.6 拉伸特征1　　图12.7.7 截面草图

Step5. 创建图12.7.8b所示的倒斜角特征1。选择下拉菜单插入(S) → 细节特征(L) → 倒斜角(C)...命令，在边区域中单击按钮，选取图12.7.8a所示的边为倒斜角参照，在偏置区域的横截面文本框中选择对称选项，在距离文本框中输入值0.5。单击< 确定 >按钮，完成倒斜角特征1的创建。

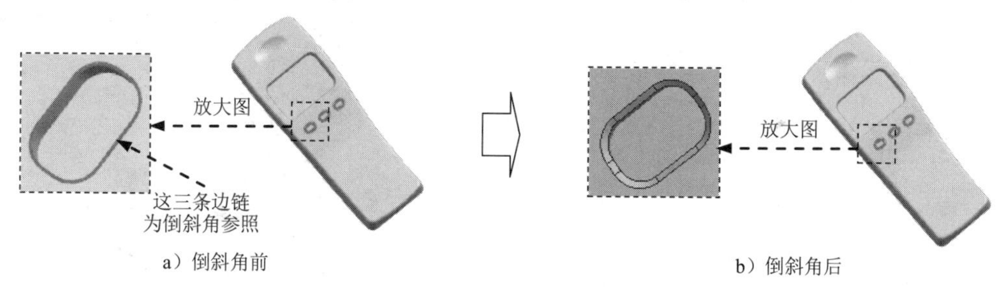

a）倒斜角前　　b）倒斜角后

图12.7.8 倒斜角特征1

Step6. 创建图12.7.9所示的拉伸特征2。选择下拉菜单插入(S) → 设计特征(E) → 拉伸(E)...命令，系统弹出“拉伸”对话框。选取基准平面XY为草图平面，绘制图12.7.10所示的截面草图；在指定矢量下拉列表中选择-ZC选项；在限制区域的开始下拉列表中选择值选项，并在其下的距离文本框中输入值0，在限制区域的结束下拉列表中选择贯通选项，在布尔区域的下拉列表中选择减去选项，选取图形区的实体为求差对象。单击< 确定 >按钮，完成拉伸特征2的创建。

Step7. 创建倒斜角特征2。选择下拉菜单插入(S) → 细节特征(L) → 倒斜角(C)...命令，在边区域中单击按钮，选取图12.7.11所示的边链为倒斜角参照，在偏置区域的横截面文本框中选择对称选项，在距离文本框中输入值0.5。单击< 确定 >按钮，完成倒斜角特征

2 的创建。

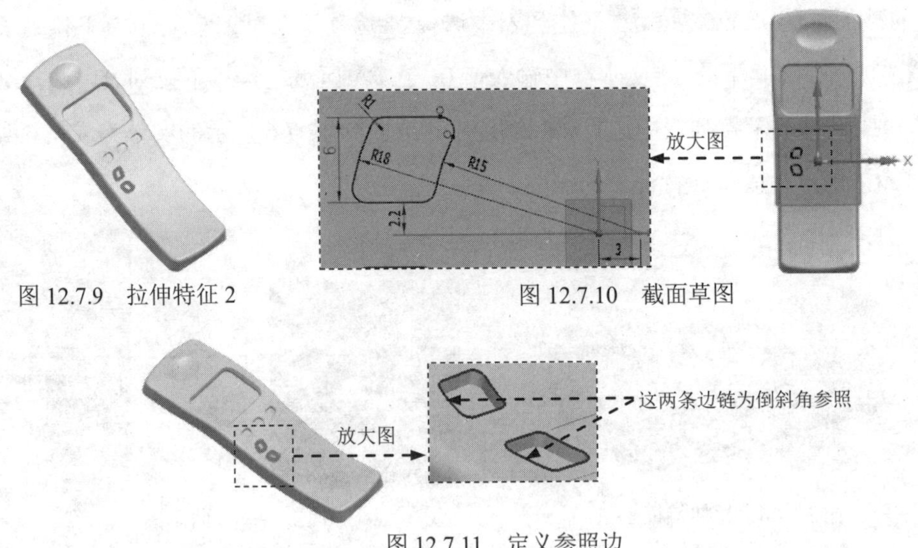

图 12.7.9　拉伸特征 2

图 12.7.10　截面草图

图 12.7.11　定义参照边

Step8. 创建图 12.7.12b 所示的镜像特征 1。选择下拉菜单 插入(S) → 关联复制(A) → 镜像特征(M)... 命令，在绘图区中选取图 12.7.9 所示的拉伸特征 2 和图 12.7.11 所示的倒斜角特征 2 为要镜像的特征。在镜像平面区域中单击按钮，在绘图区中选取 YZ 基准平面作为镜像平面。单击 确定 按钮，完成镜像特征 1 的创建。

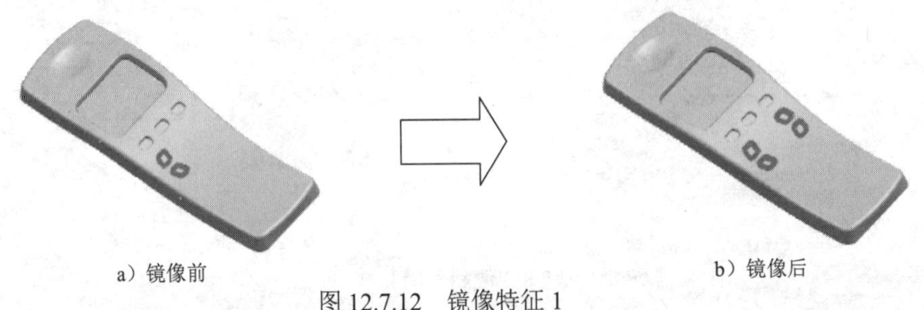

a）镜像前

b）镜像后

图 12.7.12　镜像特征 1

Step9. 创建图 12.7.13 所示的拉伸特征 3。选择下拉菜单 插入(S) → 设计特征(E) → 拉伸(E)... 命令，系统弹出“拉伸”对话框。选取基准平面 XY 为草图平面，绘制图 12.7.14 所示的截面草图；在 指定矢量 下拉列表中选择 -ZC 选项；在限制区域的开始下拉列表中选择 值 选项，并在其下的距离文本框中输入值 0，在限制区域的结束下拉列表中选择 贯通 选项，在布尔区域的下拉列表中选择 减去 选项，采用系统默认的求差对象。单击 < 确定 > 按钮，完成拉伸特征 3 的创建。

Step10. 创建图 12.7.15b 所示的倒斜角特征 3。选择下拉菜单 插入(S) → 细节特征(L) → 倒斜角(C)... 命令，在边区域中单击按钮，选取图 12.7.15a 所示的边链为倒斜角参照，在偏置区域的横截面文本框中选择 对称 选项，在距离文本框中输入值 0.5。单击 < 确定 >

按钮，完成倒斜角特征 3 的创建。

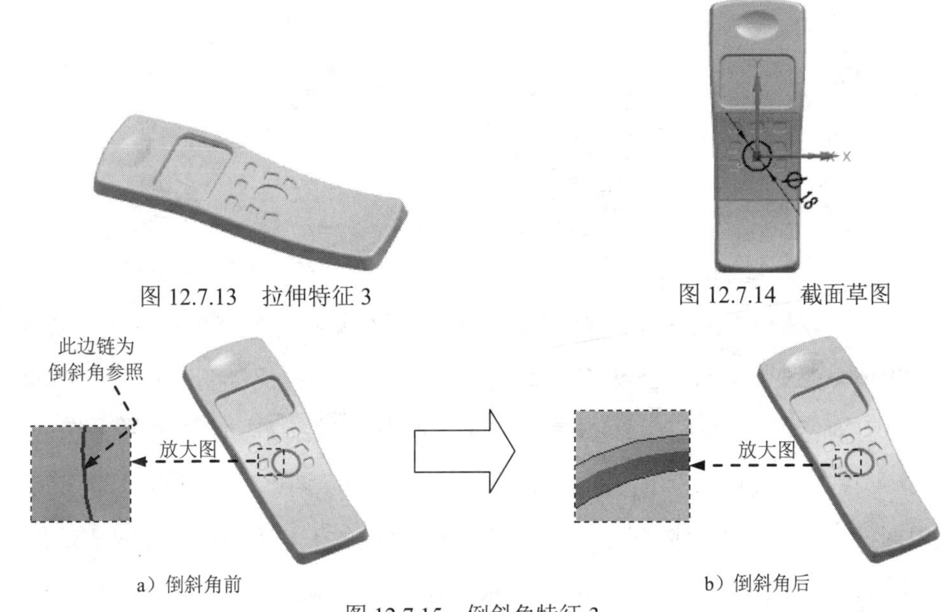

图 12.7.13 拉伸特征 3　　图 12.7.14 截面草图

a）倒斜角前　　b）倒斜角后

图 12.7.15 倒斜角特征 3

Step11. 创建图 12.7.16 所示的基准平面 1。选择下拉菜单 插入(S) → 基准/点(D) → 基准平面(D)... 命令，系统弹出“基准平面”对话框。在类型区域的下拉列表中选择 按某一距离 选项，在绘图区选取 ZX 基准平面，输入偏移值 17。单击“反向”按钮。单击 < 确定 > 按钮，完成基准平面 1 的创建。

Step12. 创建图 12.7.17 所示的草图 1。选择下拉菜单 插入(S) → 在任务环境中绘制草图(V) 命令，选取基准平面 1 为草图平面，进入草图环境绘制草图。绘制完成后单击 完成草图 按钮，完成草图 1 的创建。

图 12.7.16 基准平面 1　　图 12.7.17 草图 1

Step13. 创建图 12.7.18 所示的草图 2。选择下拉菜单 插入(S) → 在任务环境中绘制草图(V) 命令，在类型下拉列表中选取 基于路径 选项，选取图 12.7.18 所示的曲线为参照，在平面位置区域的弧长百分比文本框中输入值 0，进入草图环境绘制。绘制完成后单击 完成草图 按钮，完成草图 2 的创建。

Step14. 创建图 12.7.19 所示的扫掠特征 1。选择下拉菜单 插入(S) → 扫掠(W) → 沿引导线扫掠(G)... 命令，在绘图区选取草图 2 为扫掠的截面曲线串；单击鼠标中键，在绘图区选取图 12.7.19 所示的曲线特征为扫掠的引导线串。在布尔区域的下拉列表中选择 减去选项；采用系统默认的扫掠偏置值，单击“沿引导线扫掠”对话框中的< 确定 >按钮。

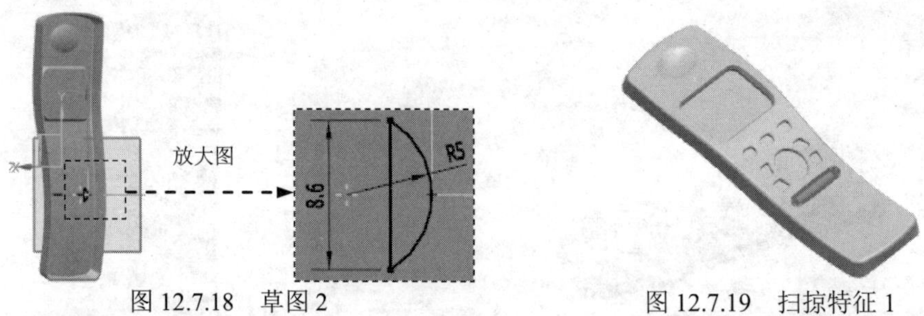

图 12.7.18 草图 2　　图 12.7.19 扫掠特征 1

Step15. 创建图 12.7.20b 所示的阵列特征 1。选择下拉菜单 插入(S) → 关联复制(A) → 阵列特征(A)... 命令，在绘图区选取图 12.7.19 所示的扫掠特征 1 为要阵列的特征。在“阵列特征”对话框 阵列定义 区域的 布局 下拉列表中选择 线性 选项，在 边界定义 区域的 边界 下拉列表中选择 面 选项，然后选取图 12.7.20a 所示的面为参照，在 方向 1 区域的 * 指定矢量 下拉列表中选择 -YC 选项。在“阵列特征”对话框 间距 区域的下拉列表中选择 数量和间隔 选项，在 数量 文本框中输入值 4，在 节距 文本框中输入值 12。对话框中的其他参数保持系统默认设置。单击< 确定 >按钮，完成阵列特征 1 的创建。

Step16. 创建图 12.7.21 所示的拉伸特征 4。选择下拉菜单 插入(S) → 设计特征(E) → 拉伸(E)... 命令，系统弹出“拉伸”对话框。选取基准平面 XY 为草图平面，绘制图 12.7.22 所示的截面草图；在 指定矢量 下拉列表中选择 -ZC 选项；在 限制 区域的 开始 下拉列表中选择 值 选项，并在其下的 距离 文本框中输入值 0，在 限制 区域的 结束 下拉列表中选择 贯通 选项，在 布尔 区域的下拉列表中选择 减去 选项，采用系统默认的求差对象。单击< 确定 >按钮，完成拉伸特征 4 的创建。

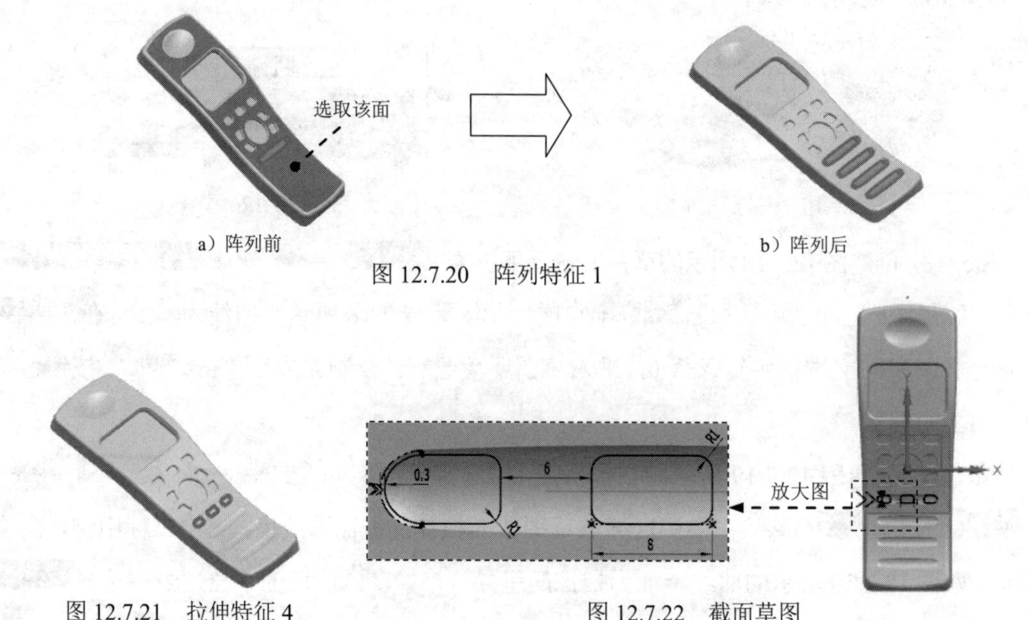

a）阵列前　　b）阵列后

图 12.7.20 阵列特征 1

图 12.7.21 拉伸特征 4　　图 12.7.22 截面草图

Step17. 创建图 12.7.23b 所示的阵列特征 2。选择下拉菜单插入(S) → 关联复制(A)▶ → 阵列特征(A)...命令，在绘图区选取图 12.7.21 所示的拉伸特征 4 为要阵列的特征。在“阵列特征”对话框阵列定义区域的布局下拉列表中选择线性选项，在边界定义区域的边界下拉列表中选择无选项，在方向 1 区域的*指定矢量下拉列表中选择-YC选项。在“阵列特征”对话框间距区域的下拉列表中选择数量和间隔选项，在数量文本框中输入值 4，在节距文本框中输入值 12.3。对话框中的其他参数保持系统默认设置。单击< 确定 >按钮，完成阵列特征 2 的创建。

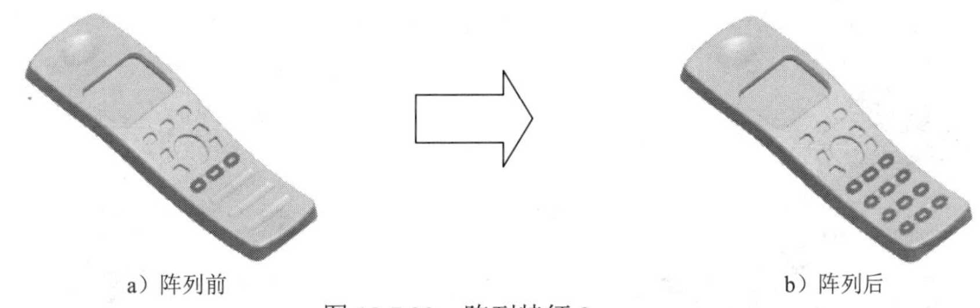

a）阵列前　　b）阵列后

图 12.7.23　阵列特征 2

Step18. 创建图 12.7.24 所示的拉伸特征 5。选择下拉菜单插入(S) → 设计特征(E) → 拉伸(E)...命令，系统弹出“拉伸”对话框。选取基准平面 XY 为草图平面，绘制图 12.7.25 所示的截面草图；在指定矢量下拉列表中选择-ZC选项；在限制区域的开始下拉列表中选择值选项，并在其下的距离文本框中输入值 0，在限制区域的结束下拉列表中选择贯通选项，在布尔区域的下拉列表中选择减去选项，选取图形区的实体为求差对象。单击< 确定 >按钮，完成拉伸特征 5 的创建。

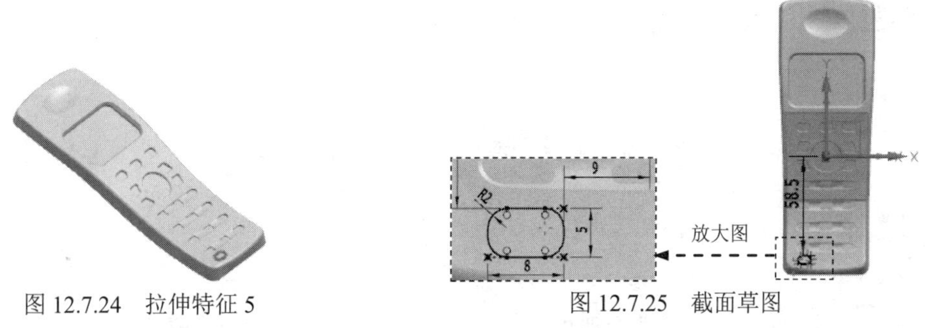

图 12.7.24　拉伸特征 5　　图 12.7.25　截面草图

Step19. 创建图 12.7.26b 所示的倒斜角特征 4。选择下拉菜单插入(S) → 细节特征(L)▶ → 倒斜角(C)...命令，在边区域中单击按钮，选取图 12.7.26a 所示的边链为倒斜角参照，在偏置区域的横截面文本框中选择对称选项，在距离文本框中输入值 0.5。单击< 确定 >按钮，完成倒斜角特征 4 的创建。

Step20. 创建图 12.7.27b 所示的镜像特征 2。选择下拉菜单插入(S) → 关联复制(A)▶

→ 镜像特征(M)... 命令，在绘图区中选取图 12.7.24 所示的拉伸特征 5 和图 12.7.26 所示的倒斜角特征 4 为要镜像的特征。在镜像平面区域中单击按钮，在绘图区中选取 YZ 基准平面作为镜像平面。单击 确定 按钮，完成镜像特征 2 的创建。

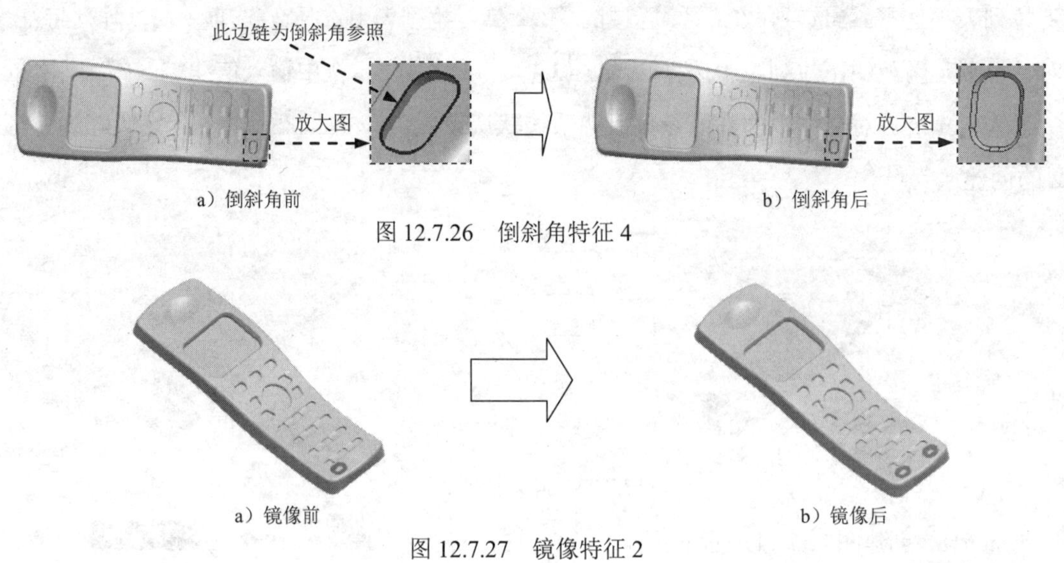

图 12.7.26　倒斜角特征 4

图 12.7.27　镜像特征 2

Step21. 创建图 12.7.28 所示的拉伸特征 6。选择下拉菜单 插入(S) → 设计特征(E) → 拉伸(E)... 命令，系统弹出“拉伸”对话框。选取基准平面 XY 为草图平面，绘制图 12.7.29 所示的截面草图；在 指定矢量 下拉列表中选择 -ZC 选项；在 限制 区域的 开始 下拉列表中选择 值 选项，并在其下的 距离 文本框中输入值 0，在 限制 区域的 结束 下拉列表中选择 贯通 选项，在 布尔 区域的下拉列表中选择 减去 选项，选取图形区的实体为求差对象。单击 < 确定 > 按钮，完成拉伸特征 6 的创建。

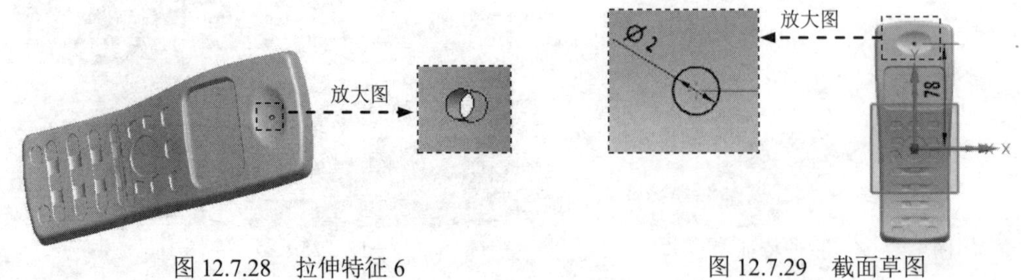

图 12.7.28　拉伸特征 6　　图 12.7.29　截面草图

Step22. 创建图 12.7.30 所示的草图 3。选择下拉菜单 插入(S) → 在任务环境中绘制草图(V) 命令，选取基准平面 XY 为草图平面，进入草图环境绘制草图。绘制完成后单击 完成草图 按钮，完成草图 3 的创建。

Step23. 创建图 12.7.31 所示的阵列特征 3。选择下拉菜单 插入(S) → 关联复制(A) → 阵列特征(A)... 命令，在绘图区选取图 12.7.28 所示的拉伸特征 6 为要阵列的特征。

在“阵列特征”对话框阵列定义区域的布局下拉列表中选择线性选项，在边界下拉列表中选择曲线选项，选中简化边界填充☑简化边界填充复选框，在边距文本框中输入值 0.6，在简化布局下拉列表中选择正方形选项，在节距文本框中输入值 3。对话框中的其他参数保持系统默认设置。单击< 确定 >按钮，完成阵列特征 3 的创建。

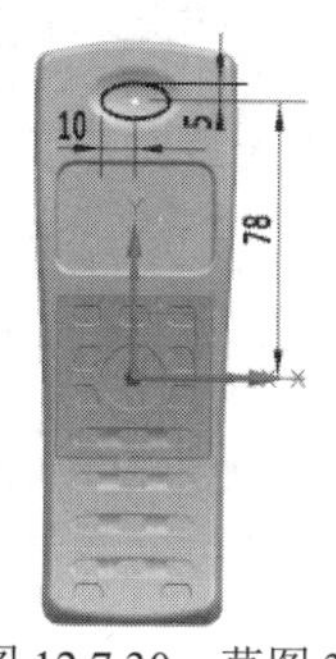

图 12.7.30 草图 3

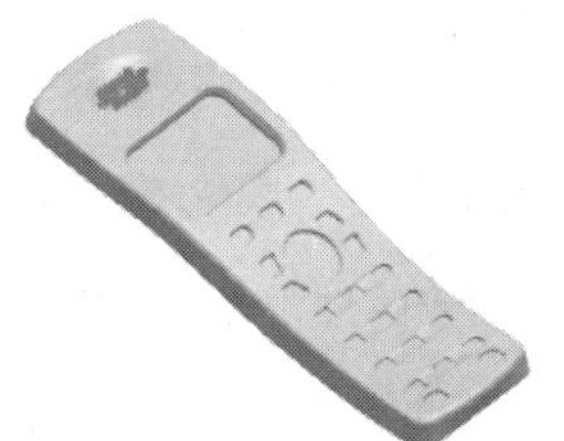
图 12.7.31 阵列特征 3

Step24. 创建图 12.7.32 所示的拉伸特征 7。选择下拉菜单插入(S) → 设计特征(E) → 拉伸(E)...命令，系统弹出“拉伸”对话框。选取图 12.7.32 所示的平面为草绘平面，绘制图 12.7.33 所示的截面草图；在指定矢量下拉列表中选择-ZC选项；在限制区域的开始下拉列表中选择值选项，并在其下的距离文本框中输入值 0，在限制区域的结束下拉列表中选择贯通选项，在布尔区域的下拉列表中选择减去选项，选取图形区的实体为求差对象。单击< 确定 >按钮，完成拉伸特征 7 的创建。

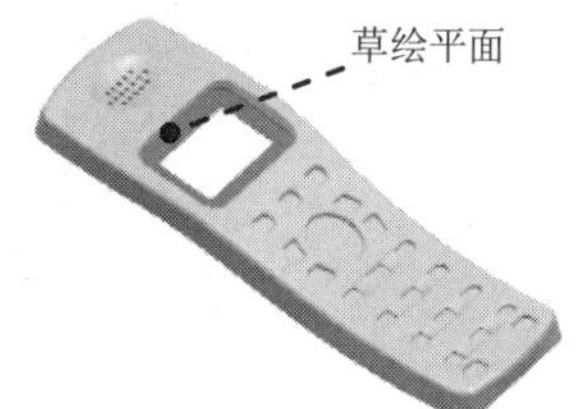

图 12.7.32 拉伸特征 7

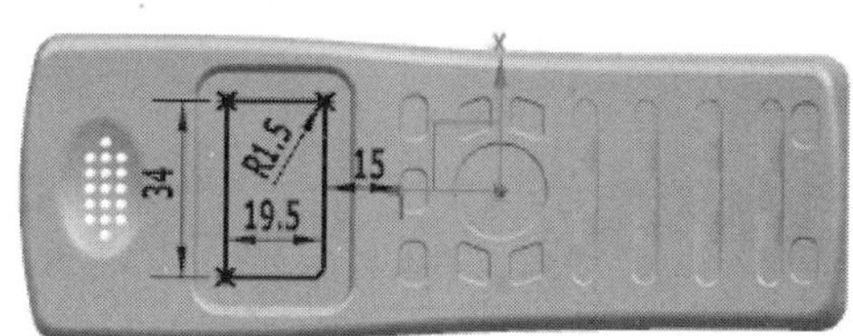

图 12.7.33 截面草图

Step25. 创建图 12.7.34b 所示的倒斜角特征 5。选择下拉菜单插入(S) → 细节特征(L) ▸ → 倒斜角(C)...命令，在边区域中单击按钮，选取图 12.7.34a 所示的边链为倒斜角参照，在偏置区域的横截面文本框中选择对称选项，在距离文本框中输入值 0.2。单击< 确定 >按钮，完成倒斜角特征 5 的创建。

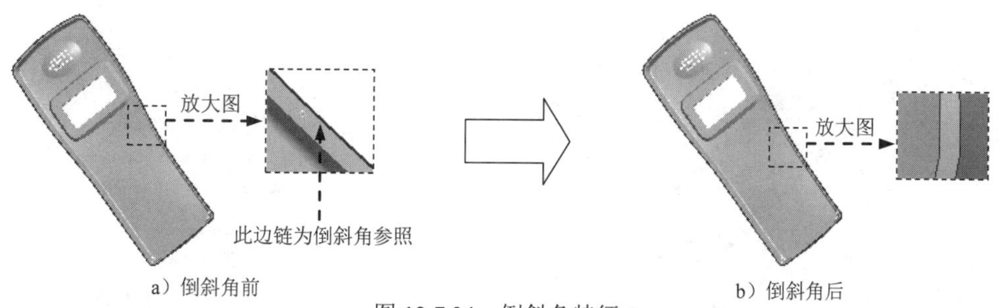

图 12.7.34 倒斜角特征 5

Step26. 创建图 12.7.35 所示的基准平面 2。选择下拉菜单插入(S) ➡ 基准/点(D) ➡ 基准平面(D)...命令，系统弹出“基准平面”对话框。在类型区域的下拉列表中选择按某一距离选项，在绘图区选取 XY 基准平面，输入偏移值 3。方向为 Z 轴的负方向。单击< 确定 >按钮，完成基准平面 2 的创建。

Step27. 创建图 12.7.36 所示的拉伸特征 8。选择下拉菜单插入(S) ➡ 设计特征(E) ➡ 拉伸(E)...命令，系统弹出“拉伸”对话框。选取基准平面 2 为草图平面，绘制图 12.7.37 所示的截面草图；在指定矢量下拉列表中选择-ZC选项；在限制区域的开始下拉列表中选择直至下一个选项，在限制区域的结束下拉列表中选择值选项，并在其下的距离文本框中输入值 9，在布尔区域的下拉列表中选择合并选项，采用系统默认的求和对象。单击< 确定 >按钮，完成拉伸特征 8 的创建。

Step28. 创建图 12.7.38 所示的拉伸特征 9。选择下拉菜单插入(S) ➡ 设计特征(E) ➡ 拉伸(E)...命令，系统弹出“拉伸”对话框。选取基准平面 2（图 12.7.35）为草图平面，绘制图 12.7.39 所示的截面草图；在指定矢量下拉列表中选择-ZC选项；在限制区域的开始下拉列表中选择直至下一个选项，在限制区域的结束下拉列表中选择值选项，并在其下的距离文本框中输入值 9，在布尔区域的下拉列表中选择合并选项，采用系统默认的求和对象。单击< 确定 >按钮，完成拉伸特征 9 的创建。

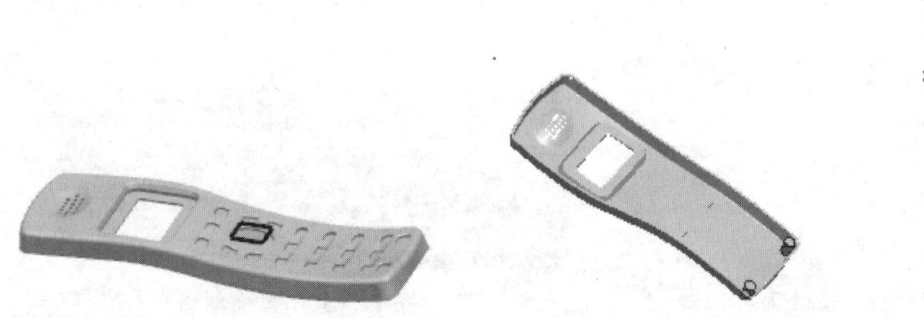

图 12.7.35　基准平面 2　　　图 12.7.36　拉伸特征 8

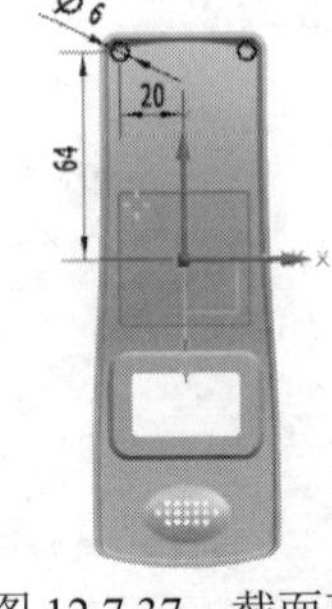

图 12.7.37　截面草图

Step29. 创建图 12.7.40b 所示的边倒圆特征 1。选择下拉菜单插入(S) ➡ 细节特征(L) ▸ ➡ 边倒圆(E)...命令，在边区域中单击按钮，选择图 12.7.40a 所示的边链为边倒圆参照，并在半径 1文本框中输入值 0.5。单击< 确定 >按钮，完成边倒圆特征 1 的创建。

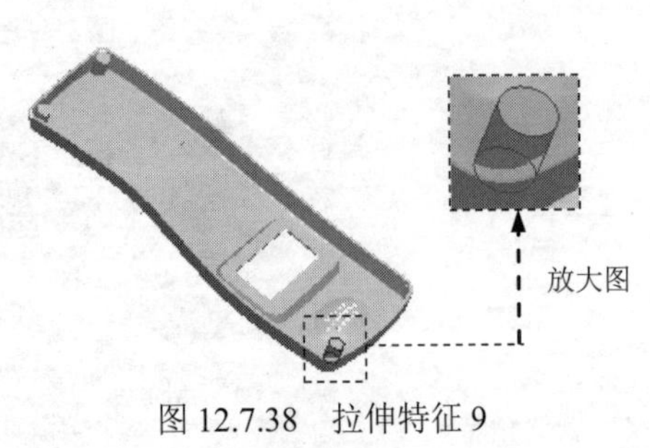

图 12.7.38　拉伸特征 9

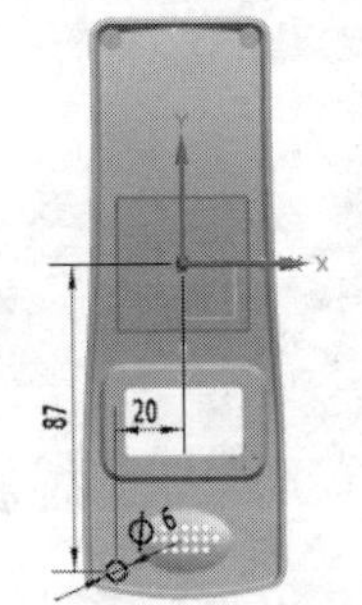

图 12.7.39　截面草图

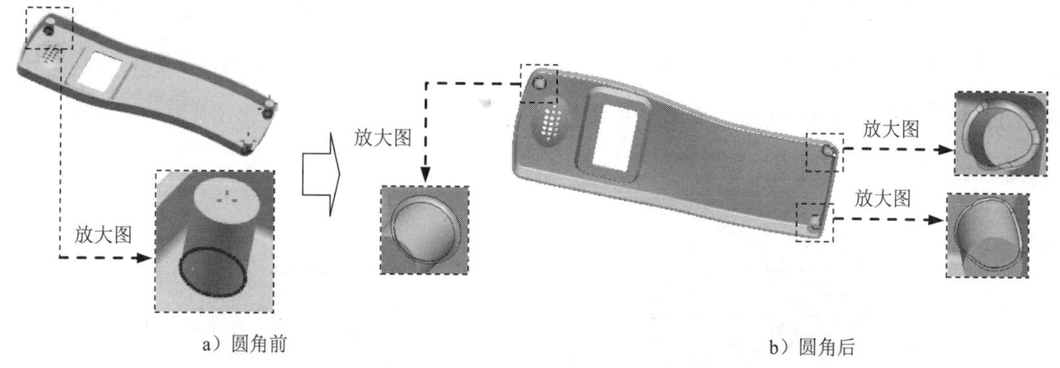

图 12.7.40 倒圆角特征 1

Step30. 创建图 12.7.41 所示的孔特征 1。选择下拉菜单 插入(S) → 设计特征(E) → 孔(H)... 命令，在 类型 下拉列表中选择 螺纹孔 选项，选取图 12.7.42 所示圆弧的中心为定位点，在“孔”对话框 螺纹尺寸 的 大小 下拉列表中选择 M2.5×0.45，在 螺纹深度 文本框中输入值 5，在 深度限制 下拉列表中选择 值 选项；在 深度 文本框中输入值 6，在 布尔 区域的下拉列表中选择 减去 选项，采用系统默认的求差对象。对话框中的其他参数保持系统默认设置。单击 < 确定 > 按钮，完成孔特征 1 的创建。

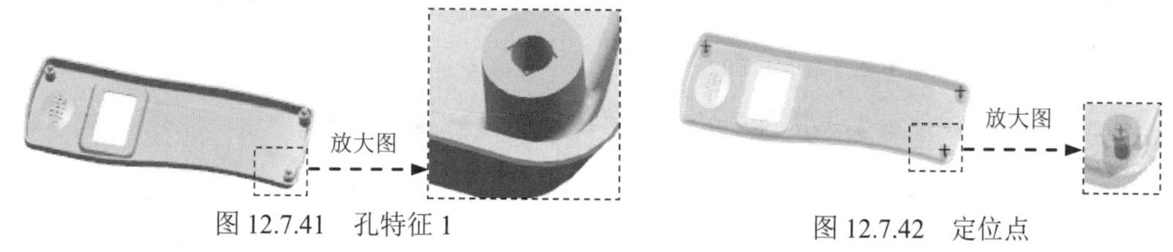

图 12.7.41 孔特征 1　　图 12.7.42 定位点

Step31. 创建图 12.7.43 所示的面上的偏置特征 1。选择下拉菜单 插入(S) → 派生曲线(U) → 在面上偏置... 命令。在 类型 区域中选择 常数 选项，选取图 12.7.44 所示的曲线为参照线，在 截面线1：偏置1 文本框中输入值 0，单击中键，选取图 12.7.45 所示的面为参照面。单击 < 确定 > 按钮，完成面上的偏置特征 1 的创建。

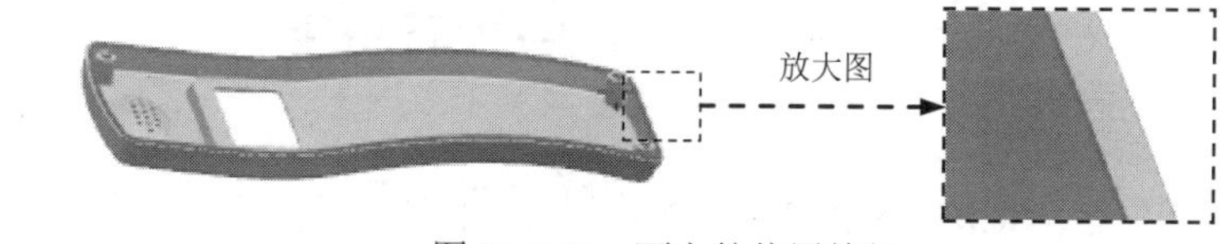

图 12.7.43 面上的偏置特征 1

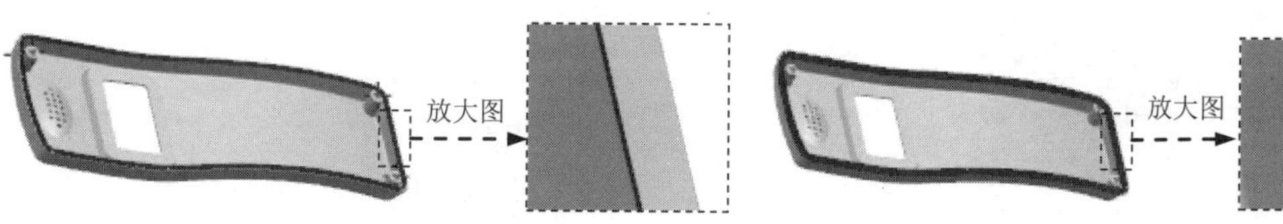

图 12.7.44 定义参照线　　图 12.7.45 定义参照面

Step32. 创建图 12.7.46 所示的草图 4。选择下拉菜单 插入(S) → 在任务环境中绘制草图(V) 命令，在 类型 下拉列表中选取 基于路径 选项，选取图 12.7.46 所示的曲线为参照，在 平面位置 区域的 弧长百分比 文本框中输入值 0，进入草图环境绘制。绘制完成后单击 完成草图 按钮，完成草图 4 的创建。

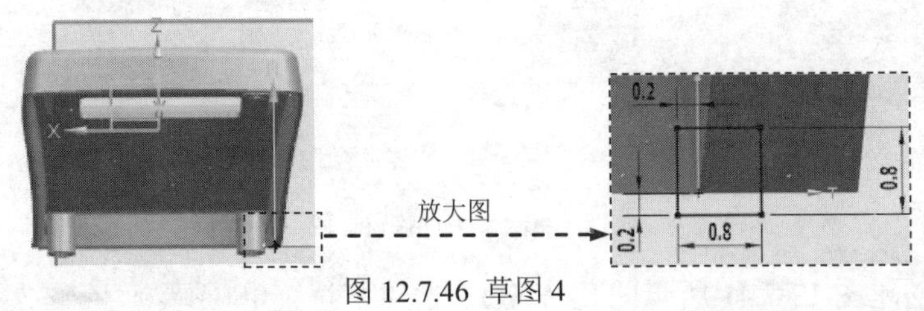

图 12.7.46 草图 4

Step33. 创建图 12.7.47 所示的扫掠特征 2。选择下拉菜单 插入(S) → 扫掠(W) → 扫掠(S)... 命令，在绘图区选取图 12.7.46 所示的草图 4 为扫掠的截面曲线串，选取图 12.7.44 所示的曲线为扫掠的引导线串。采用系统默认的扫掠偏置值。单击 < 确定 > 按钮。完成扫掠特征 2 的创建。

Step34. 创建求差特征。选择下拉菜单 插入(S) → 组合(B) ▸ → 减去(S)... 命令，选取图 12.7.48 所示的实体特征为目标体，选取图 12.7.47 所示的扫掠特征为刀具体。单击 < 确定 > 按钮，完成求差特征的创建。

Step35. 保存零件模型。选择下拉菜单 文件(F) → 保存(S) 命令，保存零件模型。

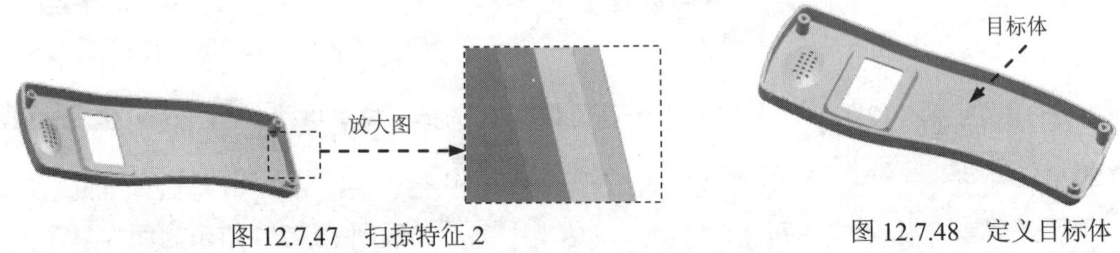

图 12.7.47 扫掠特征 2　　图 12.7.48 定义目标体

12.8 创建电话屏幕

下面讲解电话屏幕（SCREEN.PRT）的创建过程，其零件模型及模型树如图 12.8.1 所示。

图 12.8.1 电话屏幕零件模型及模型树

Step1. 创建 SCREEN 层。在“装配导航器”窗口中的 UP_COVER 选项上右击，系统弹出快捷菜单。在此快捷菜单中选择 显示父项 ▸ ➡ SECOND01 选项，并隐藏 UP_COVER，将 SECOND01 设为显示部件；在“装配导航器”窗口中的 SECOND01 选项上右击，系统弹出快捷菜单。在此快捷菜单中选择 WAVE ▸ ➡ 新建层 命令，系统弹出“新建层”对话框。单击“新建层”对话框中的 指定部件名 按钮，在弹出的“选择部件名”对话框的 文件名(N): 文本框中输入文件名 SCREEN，单击 OK 按钮，系统再次弹出“新建层”对话框。单击“新建层”对话框中的 类选择 按钮，系统弹出“WAVE 组件间的复制”对话框，选取二级控件中图 12.8.2 所示的实体、片体和 CSYS，然后单击 确定 按钮，系统重新弹出“新建层”对话框。在“新建层”对话框中单击 确定 按钮，完成 SCREEN 层的创建；在“装配导航器”窗口中的 SCREEN 选项上右击，系统弹出快捷菜单。在此快捷菜单中选择 设为显示部件 命令，对模型进行编辑。

Step2. 创建图 12.8.3 所示的修剪特征 1。选择下拉菜单 插入(S) ➡ 修剪(T) ▸ ➡ 修剪体(T)... 命令，在绘图区选取图 12.8.4 所示的特征为目标体，单击中键；选取图 12.8.4 所示的特征为工具体，单击中键，通过调整方向确定要保留的部分。单击 < 确定 > 按钮，完成修剪特征 1 的创建（显示片体）。

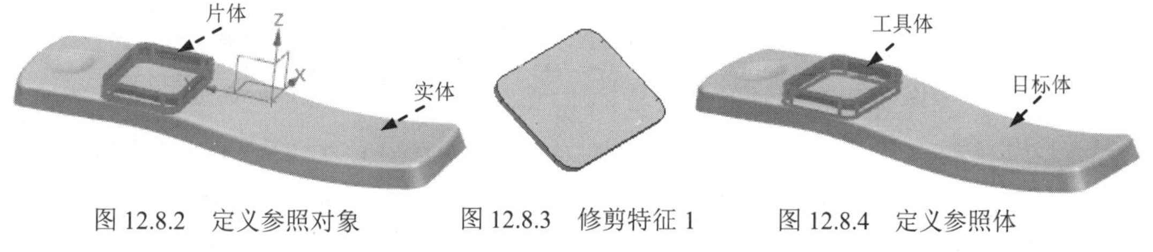

图 12.8.2 定义参照对象　　图 12.8.3 修剪特征 1　　图 12.8.4 定义参照体

Step3. 保存零件模型。选择下拉菜单 文件(F) ➡ 保存(S) 命令，即可保存零件模型。

12.9 创建电池盖

下面讲解电池盖（CELL_COVER.PRT）的创建过程，其零件模型及模型树如图 12.9.1 所示。

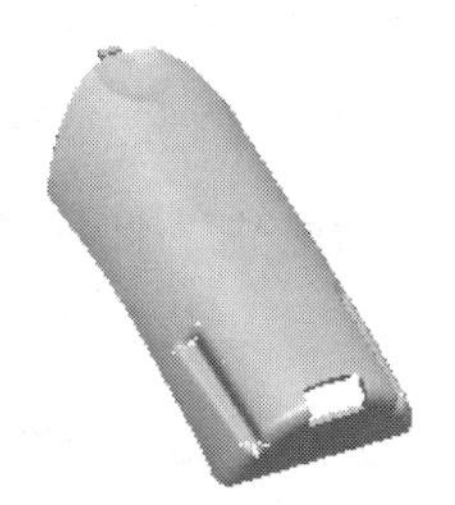

- 历史记录模式
- 模型视图
- 摄像机
- 模型历史记录
  - 链接体 (0)
  - 链接体 (1)
  - 链接的基准坐标系 (2)
  - 修剪和延伸 (3)
  - 修剪体 (4)
  - 基准平面 (5)
  - 拉伸 (6)
  - 边倒圆 (7)
  - 拉伸 (8)
  - 边倒圆 (9)
  - 边倒圆 (10)

图 12.9.1 电池盖零件模型及模型树

Step1. 创建 CELL_COVER 层。在“装配导航器”窗口中的☑ SCREEN 选项上右击，系统弹出快捷菜单。在此快捷菜单中选择 显示父项 ▸ ➡ FIRST 选项，并将☑ SECOND02 设为显示部件；在“装配导航器”窗口中的☑ SECOND02 选项上右击，系统弹出快捷菜单。在此快捷菜单中选择 WAVE ▸ ➡ 新建层 命令，系统弹出“新建层”对话框。单击“新建层”对话框中的 指定部件名 按钮，在弹出的“选择部件名”对话框的 文件名(N): 文本框中输入文件名 CELL_COVER，单击 OK 按钮，系统再次弹出“新建层”对话框。单击“新建层”对话框中的 类选择 按钮，系统弹出“WAVE 组件间的复制”对话框，选取二级控件中图 12.9.2 所示的实体、片体和 CSYS，然后单击 确定 按钮，系统重新弹出“新建层”对话框。在“新建层”对话框中单击 确定 按钮，完成 CELL_COVER 层的创建；在“装配导航器”窗口中的☑ CELL_COVER 选项上右击，系统弹出快捷菜单。在此快捷菜单中选择 设为显示部件 命令，对模型进行编辑。

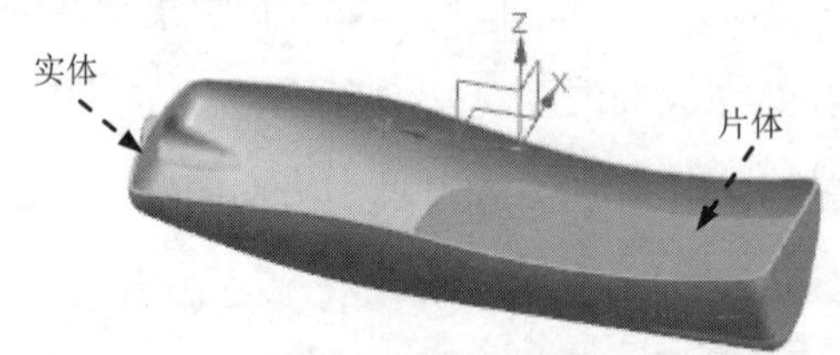

图 12.9.2　定义参照对象

Step2. 创建图 12.9.3 所示的修剪特征 1。选择下拉菜单 插入(S) ➡ 修剪(T) ➡ 延伸片体(X)... 命令，系统弹出“延伸片体”对话框。选择图 12.9.4 所示的边线为参照边。在 限制 区域的下拉列表中选择 偏置 选项；在 偏置 文本框中输入值 1；在 设置 区域 体输出 下拉列表中选择 延伸为新面 选项。单击 <确定> 按钮，完成修剪特征 1 的创建（隐藏实体）。

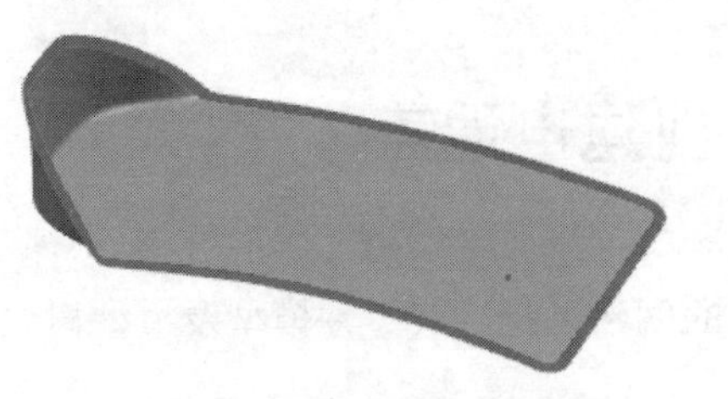

图 12.9.3　修剪特征 1

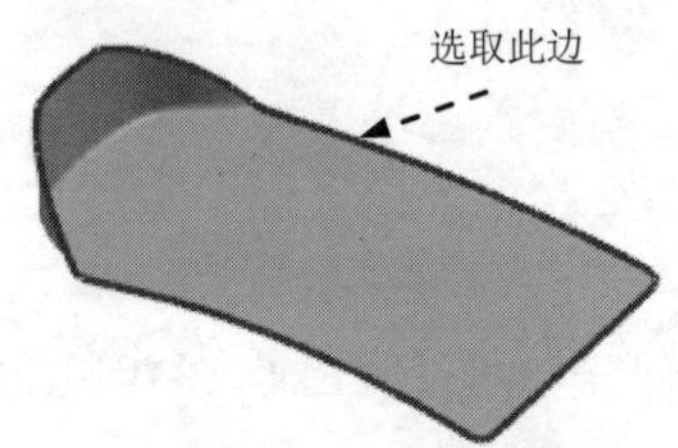

图 12.9.4　定义参照边

Step3. 创建图 12.9.5 所示的修剪体 1。选择下拉菜单 插入(S) ➡ 修剪(T) ▸ ➡ 修剪体(T)... 命令，在绘图区选取图 12.9.6 所示的特征为目标体，单击中键；选取图 12.9.6 所示的特征为工具体，单击中键，通过调整方向确定要保留的部分。单击 <确定> 按钮，完成修剪体 1 的创建（显示片体）。

Step4. 创建图 12.9.7 所示的基准平面 1。选择下拉菜单 插入(S) ➡ 基准/点(D) ➡

基准平面(D)...命令，系统弹出“基准平面”对话框。在类型区域的下拉列表中选择按某一距离选项，在绘图区选取 XY 基准平面，输入偏移值 40。方向为 Z 轴的负方向。单击< 确定 >按钮，完成基准平面 1 的创建。

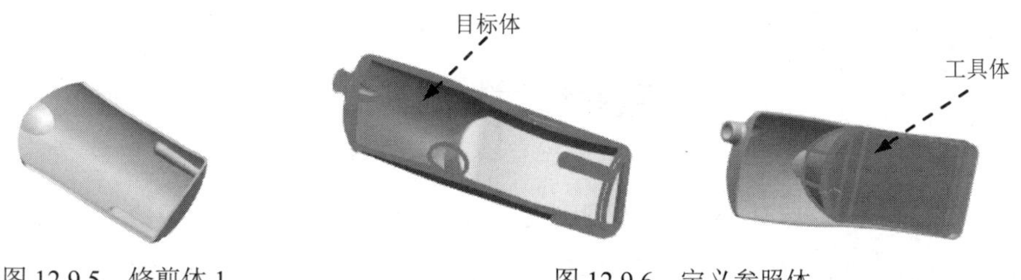

图 12.9.5　修剪体 1　　图 12.9.6　定义参照体

Step5. 创建图 12.9.8 所示的拉伸特征 1。选择下拉菜单插入(S) → 设计特征(E) → 拉伸(E)...命令，系统弹出“拉伸”对话框。选取基准平面 1 为草图平面，绘制图 12.9.9 所示的截面草图；在指定矢量下拉列表中选择 ZC↑ 选项；在限制区域的开始下拉列表中选择值选项，并在其下的距离文本框中输入值 0，在限制区域的结束下拉列表中选择值选项，并在其下的距离文本框中输入值 6，在布尔区域的下拉列表中选择减去选项，采用系统默认的求差对象。单击< 确定 >按钮，完成拉伸特征 1 的创建。

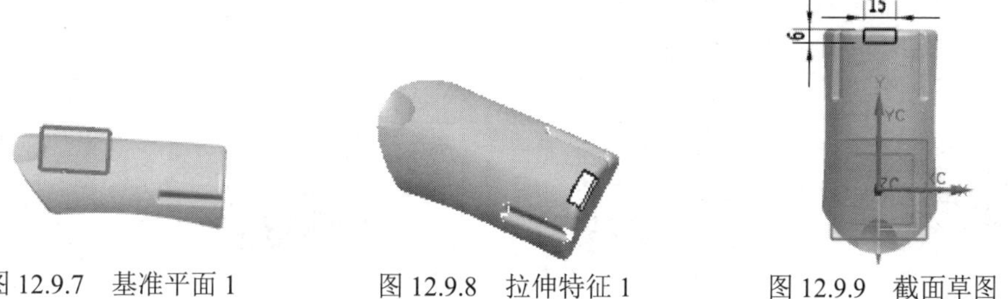

图 12.9.7　基准平面 1　　图 12.9.8　拉伸特征 1　　图 12.9.9　截面草图

Step6. 创建图 12.9.10b 所示的边倒圆特征 1。选择下拉菜单插入(S) → 细节特征(L) → 边倒圆(E)...命令，在边区域中单击按钮，选择图 12.9.10 所示的边链为边倒圆参照，并在半径 1文本框中输入值 2。单击< 确定 >按钮，完成边倒圆特征 1 的创建。

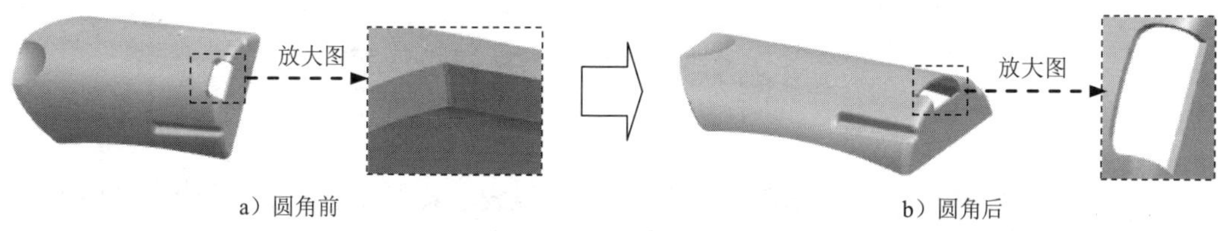

a）圆角前　　b）圆角后

图 12.9.10　边倒圆特征 1

Step7. 创建图 12.9.11 所示的拉伸特征 2。选择下拉菜单插入(S) → 设计特征(E) → 拉伸(E)...命令，系统弹出“拉伸”对话框。选取 YZ 平面为草图平面，绘制图 12.9.12 所示的截面草图；在指定矢量下拉列表中选择 XC 选项；在限制区域的开始下拉列表中选择对称值选项，并在其下的距离文本框中输入值 2.5，在布尔区域的下拉列表中选择合并选项，采用系统默认的求和对象。单击< 确定 >按钮，完成拉伸特征 2 的创建。

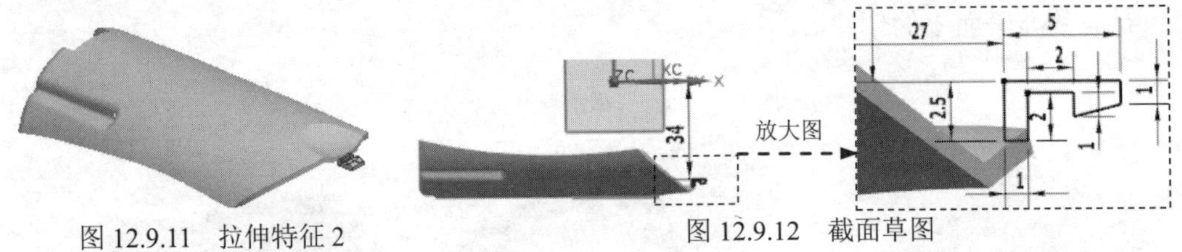

图 12.9.11　拉伸特征 2　　图 12.9.12　截面草图

Step8. 创建图 12.9.13b 所示的边倒圆特征 2。选择图 12.9.13 所示的边链为边倒圆参照，并在半径 1文本框中输入值 0.5。单击< 确定 >按钮，完成边倒圆特征 2 的创建。

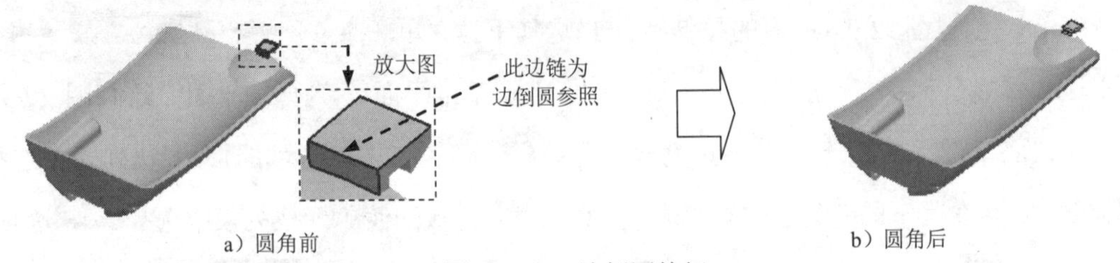

图 12.9.13　边倒圆特征 2

Step9. 创建图 12.9.14b 所示的边倒圆特征 3。选择图 12.9.14a 所示的边线为边倒圆参照，并在半径 1文本框中输入值 0.5。单击< 确定 >按钮，完成边倒圆特征 3 的创建。

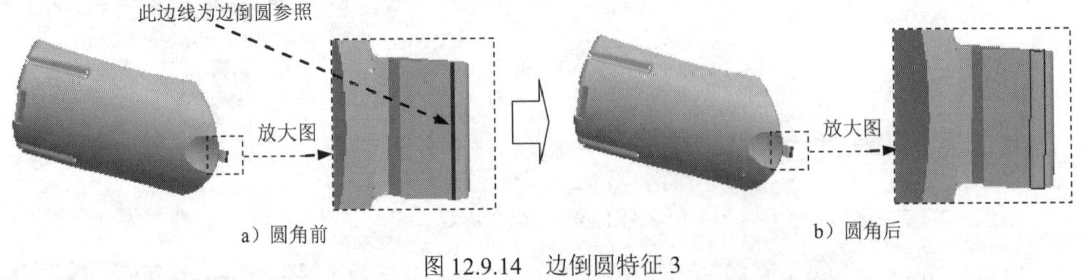

图 12.9.14　边倒圆特征 3

Step10. 保存零件模型。选择下拉菜单文件(F) → 保存(S)命令，即可保存零件模型。

12.10　创建电话按键

下面讲解电话按键（KEY_PRESS.PRT）的创建过程，其零件模型及模型树如图 12.10.1 所示。

Step1. 创建 KEY_PRESS 层。在“装配导航器”窗口中的☑ CELL_COVER 选项上右击，系统弹出快捷菜单。在此快捷菜单中选择显示父项 ▸ → HANDSET选项，并将☑ UP_COVER 设为显示部件；在“装配导航器”窗口中的 UP_COVER 选项上右击，系统弹出快捷菜单。在此快捷菜单中选择 WAVE ➡ 新建层 命令，系统弹出“新建层”对话框。单击“新建层”对话框中的 指定部件名 按钮，在弹出的“选择部件名”对话框的 文件名(N): 文本框中输入文件名 KEY_PRESS，单击 OK 按钮，系统再次弹出“新建层”对话框。单击“新建层”对话框中的 类选择 按钮，系统弹出“WAVE 组件间的复制”对话框，选取二级控件中图 12.10.2 所示的实体、片体和 CSYS，然后单击 确定 按钮，系统重新弹出“新建层”对话框。在“新建层”对话框中单击 确定 按钮，完成 KEY_PRESS 层的创建；在“装配导航器”窗口中的 KEY_PRESS 选项上右击，系统弹出快捷菜单。在此快捷菜单中选择 设为显示部件 命令，对模型进行编辑。

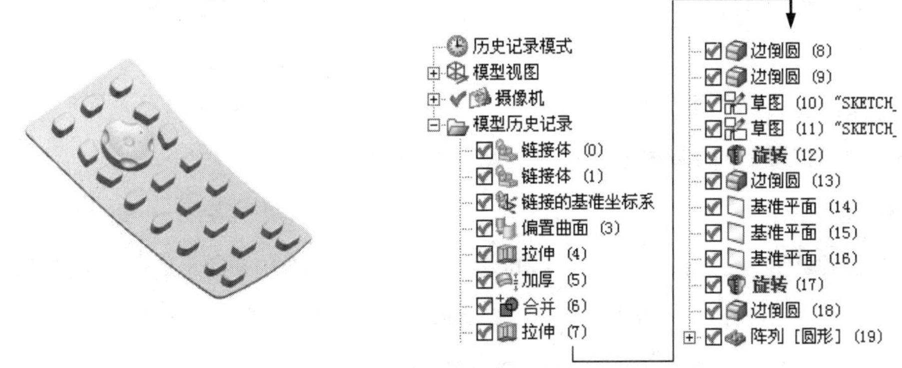

图 12.10.1 电话按键零件模型及模型树

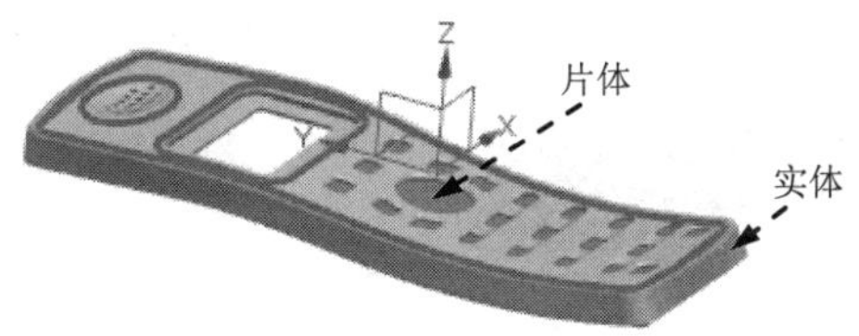

图 12.10.2 定义参照体

Step2. 创建图 12.10.3 所示的偏置曲面 1。选择下拉菜单 插入(S) ➡ 偏置/缩放(O) ➡ 偏置曲面(O)... 命令，系统弹出“偏置曲面”对话框。选择图 12.10.4 所示的曲面为要偏置的曲面，在 偏置 1 文本框中输入值 3.5；单击 按钮调整偏置方向为 Z 基准轴正向；其他参数采用系统默认设置值。单击 < 确定 > 按钮，完成偏置曲面 1 的创建。

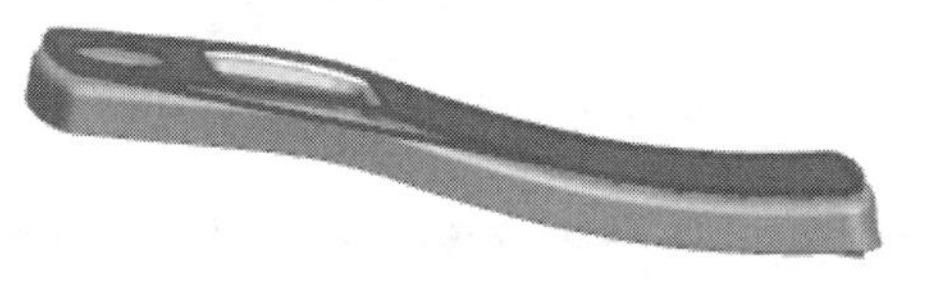

图 12.10.3 偏置曲面 1

图 12.10.4 要偏置的曲面

Step3. 创建图 12.10.5 所示的拉伸特征 1。选择下拉菜单 插入(S) ➡ 设计特征(E) ➡ 拉伸(E)... 命令，系统弹出“拉伸”对话框。选取 XY 平面为草图平面，绘制图 12.10.6 所示的截面草图；在 指定矢量 下拉列表中选择 ZC↑ 选项；在 限制 区域的 开始 下拉列表中选择 直至延伸部分 选项（拉伸时选取上一级链接的片头为直至延伸的部分），在 限制 区域的 结束 下拉列表中选择 直至延伸部分 选项（选取偏置曲面 1 为直至延伸的部分）。单击 < 确定 > 按钮，完成拉伸特征 1 的创建。

图 12.10.5 拉伸特征 1

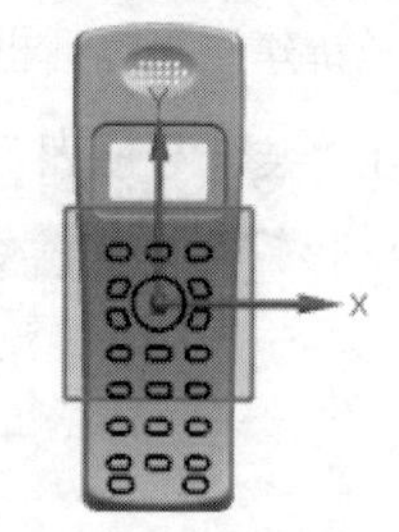

图 12.10.6 截面草图

说明：拉伸过程中的草图是通过“投影”命令完成的。

Step4. 创建图 12.10.7 所示的面加厚特征 1。选择下拉菜单 插入(S) ➡ 偏置/缩放(O) ▸ ➡ 加厚(T)... 命令，在 面 区域中单击 按钮，选取图 12.10.8 所示的曲面为加厚的对象。在 偏置 1 文本框中输入值 1，在 偏置 2 文本框中输入值 0，单击 按钮调整加厚方向为 Z 基准轴的负方向。单击 < 确定 > 按钮，完成面加厚特征 1 的创建。

图 12.10.7 面加厚特征 1

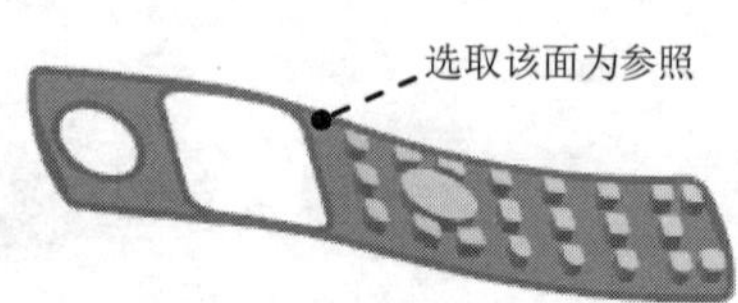

图 12.10.8 定义参照曲面

Step5. 创建求和特征。选择下拉菜单 插入(S) ➡ 组合(B) ▸ ➡ 合并(U)... 命令，选取图 12.10.9 所示的实体特征为目标体，选取图 12.10.10 所示的拉伸特征为刀具体。单击 确定 按钮，完成求和特征 1 的创建。

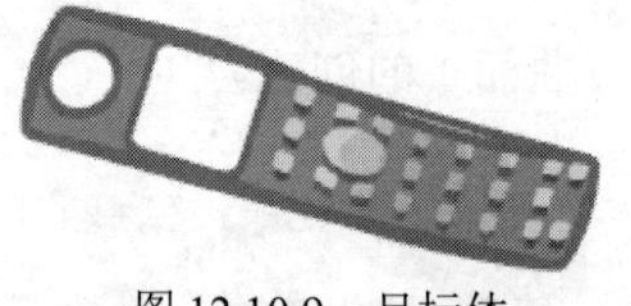
图 12.10.9 目标体

图 12.10.10 刀具体

Step6. 创建图 12.10.11 所示的拉伸特征 2。选择下拉菜单 插入(S) ➡ 设计特征(E) ➡

拉伸(E)...命令，系统弹出“拉伸”对话框。选取 XY 基准平面为草图平面，绘制图 12.10.12 所示的截面草图；在指定矢量下拉列表中选择-ZC选项；在限制区域的开始下拉列表中选择值选项，并在其下的距离文本框中输入值 0，在限制区域的结束下拉列表中选择值选项，并在其下的距离文本框中输入值 10，在布尔区域的下拉列表中选择减去选项，采用系统默认的求差对象。单击<确定>按钮，完成拉伸特征 2 的创建（隐藏片体）。

Step7. 创建图 12.10.13b 所示的边倒圆特征 1。选择下拉菜单插入(S) ➡ 细节特征(L) ▸ ➡ 边倒圆(E)...命令，在边区域中单击按钮，选择图 12.10.13a 所示的边线为边倒圆参照，并在半径 1文本框中输入值 3。单击<确定>按钮，完成边倒圆特征 1 的创建。

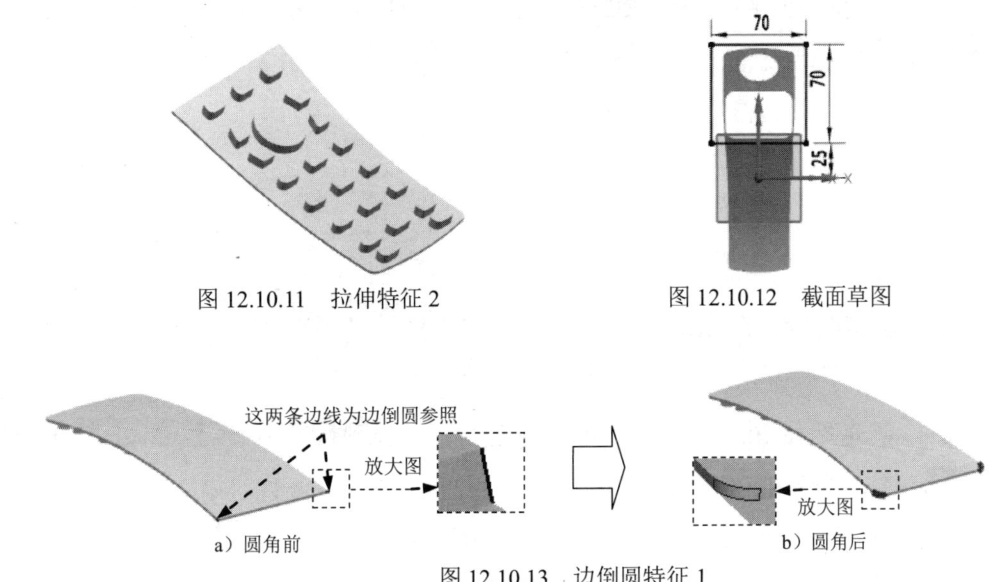

图 12.10.11　拉伸特征 2　　　图 12.10.12　截面草图

a）圆角前　　　b）圆角后

图 12.10.13　边倒圆特征 1

Step8. 创建图 12.10.14b 所示的边倒圆特征 2。选择图 12.10.14a 所示的边链为边倒圆参照，并在半径 1文本框中输入值 0.5。单击<确定>按钮，完成边倒圆特征 2 的创建。

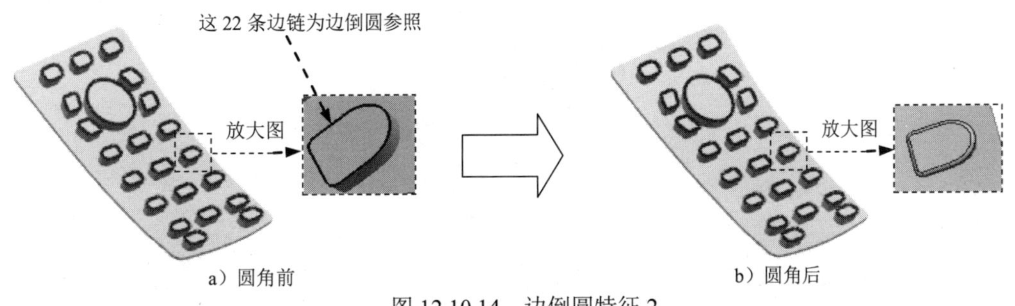

a）圆角前　　　b）圆角后

图 12.10.14　边倒圆特征 2

Step9. 创建图 12.10.15 所示的草图 1。选择下拉菜单插入(S) ➡ 在任务环境中绘制草图(V)...命令，选取 YZ 基准平面为草图平面，进入草图环境绘制草图。绘制完成后单击完成草图按钮，完成草图 1 的创建。

a）建模环境　　b）草绘环境

图 12.10.15　草图 1

说明：在绘制草图时，可以先做两个交点，然后再画直线。

Step10. 创建图 12.10.16 所示的草图 2。选择下拉菜单插入(S) → 在任务环境中绘制草图(V)命令，在类型下拉列表中选取基于路径选项，在平面位置区域的弧长百分比文本框中输入值 50，选取图 12.10.15 所示的草图 1 为轨迹；单击< 确定 >按钮，进入草图环境绘制草图。绘制完成后单击完成草图按钮，完成草图 2 的创建。

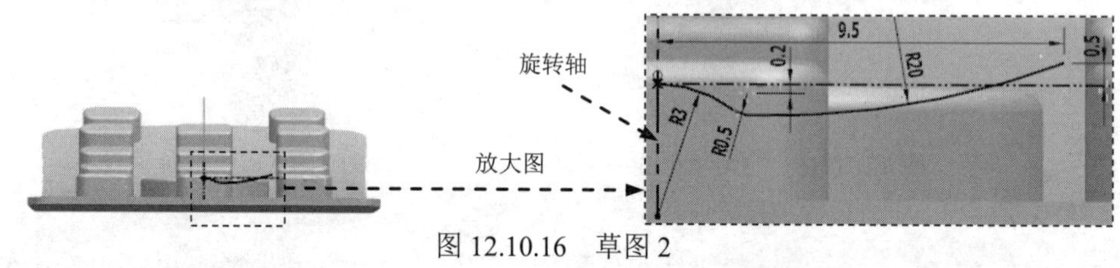

图 12.10.16　草图 2

Step11. 创建图 12.10.17 所示的旋转特征 1。选择插入(S) → 设计特征(E) → 旋转(R)...命令，在绘图区选取图 12.10.16 所示的截面草图。在绘图区中选取图 12.10.16 所示的直线为旋转轴。在“旋转”对话框限制区域的开始下拉列表中选择值选项，并在角度文本框中输入值 0，在结束下拉列表中选择值选项，并在角度文本框中输入值 360；在布尔区域中选择减去选项，采用系统默认的求差对象。单击< 确定 >按钮，完成旋转特征 1 的创建。

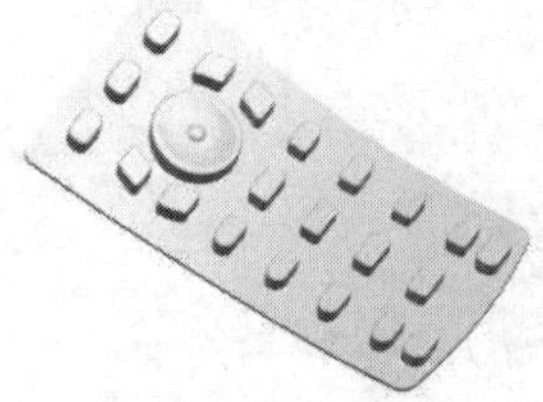

图 12.10.17　旋转特征 1

Step12. 创建图 12.10.18b 所示的边倒圆特征 3。选择图 12.10.18a 所示的边链为边倒圆参照，并在半径 1文本框中输入值 0.5。单击< 确定 >按钮，完成边倒圆特征 3 的创建。

Step13. 创建图 12.10.19 所示的基准平面 1。选择下拉菜单插入(S) → 基准/点(D) → 基准平面(D)...命令，系统弹出“基准平面”对话框。在类型区域的下拉列表中选择点和方向选项，在绘图区选取图 12.10.19 所示的中点为参照。单击< 确定 >按钮，完成基准平面 1 的创建。

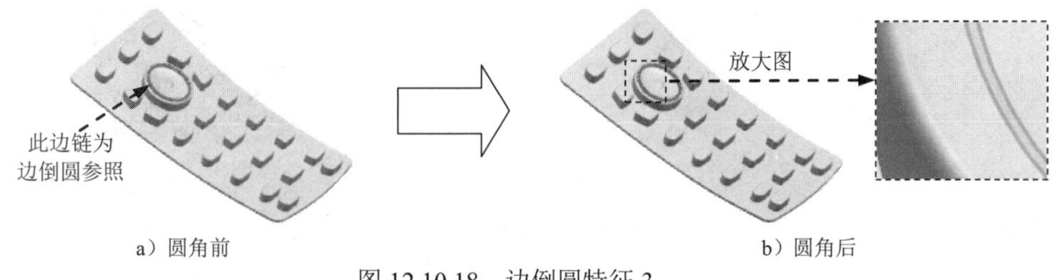

a）圆角前　　b）圆角后

图 12.10.18　边倒圆特征 3

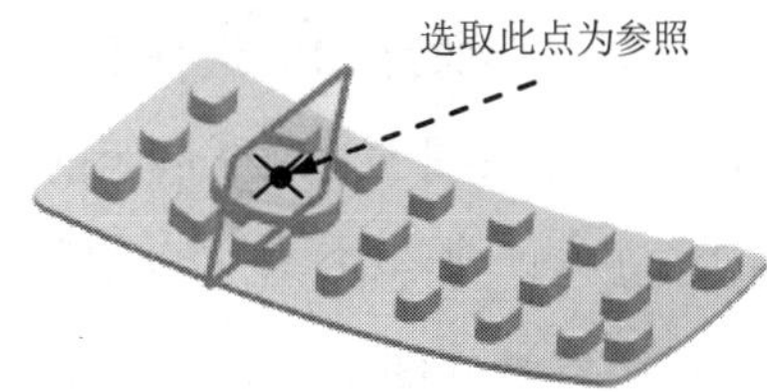

图 12.10.19　基准平面 1

Step14. 创建图 12.10.20 所示的基准平面 2。选择下拉菜单插入(S) → 基准/点(D) → 基准平面(D)...命令，系统弹出“基准平面”对话框。在类型区域的下拉列表中选择成一角度选项，在绘图区选取基准平面 1，选取图 12.10.20 所示的轴为参照，在角度文本框中输入值 45。单击< 确定 >按钮，完成基准平面 2 的创建。

Step15. 创建图 12.10.21 所示的基准平面 3。选择下拉菜单插入(S) → 基准/点(D) → 基准平面(D)...命令，系统弹出“基准平面”对话框。在类型区域的下拉列表中选择按某一距离选项，在绘图区选取基准平面 2，输入偏移值 8.5。单击< 确定 >按钮，完成基准平面 3 的创建。

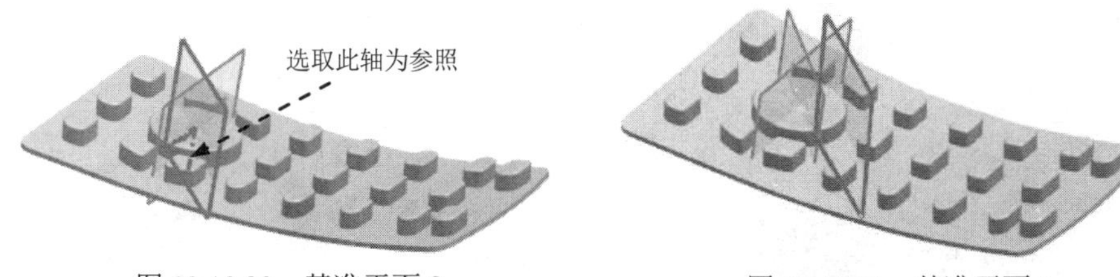

图 12.10.20　基准平面 2　　图 12.10.21　基准平面 3

Step16. 创建图 12.10.22 所示的旋转特征 2。选择插入(S) → 设计特征(E) → 旋转(R)...命令，单击截面区域中的按钮，在绘图区选取基准平面 3 为草图平面，绘制图 12.10.23 所示的截面草图。在绘图区中选取图 12.10.23 所示的直线为旋转轴。在“旋转”对话框限制区域的开始下拉列表中选择值选项，并在角度文本框中输入值 0，在结束下拉列表中选择值选项，并在角度文本框中输入值 360；在布尔区域中选择减去选项，采用系统默认的求差对象。单击< 确定 >按钮，完成旋转特征 2 的创建。

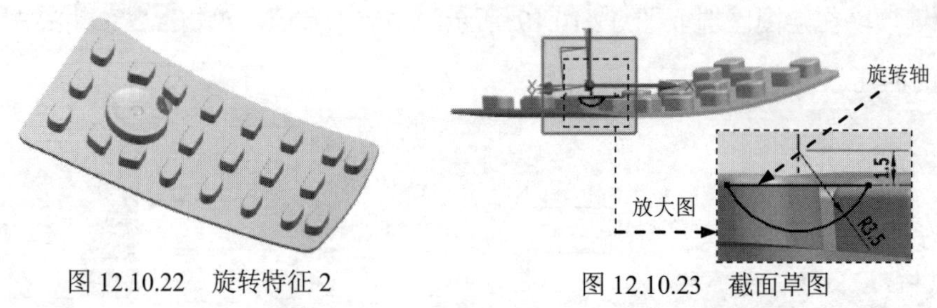

图 12.10.22　旋转特征 2　　　图 12.10.23　截面草图

Step17. 创建图 12.10.24b 所示的边倒圆特征 4。选择图 12.10.24a 所示的边链为边倒圆参照，并在半径 1文本框中输入值 0.5。单击< 确定 >按钮，完成边倒圆特征 4 的创建。

Step18. 创建图 12.10.25b 所示的阵列特征 1。选择下拉菜单插入(S) ➡ 关联复制(A)▸ ➡ 阵列特征(A)...命令，在绘图区选取图 12.10.22 所示的旋转特征 2 和图 12.10.24 所示的边倒圆特征 4 为要阵列的特征。在“阵列特征”对话框阵列定义区域的布局下拉列表中选择圆形选项。在“指定矢量”区域中选择图 12.10.25a 所示的旋转轴为参照。在“阵列特征”对话框间距区域的下拉列表中选择数量和间隔选项，在数量文本框中输入值 4，在跨角文本框中输入值 360。对话框中的其他参数保持系统默认设置。单击< 确定 >按钮，完成阵列特征 1 的创建。

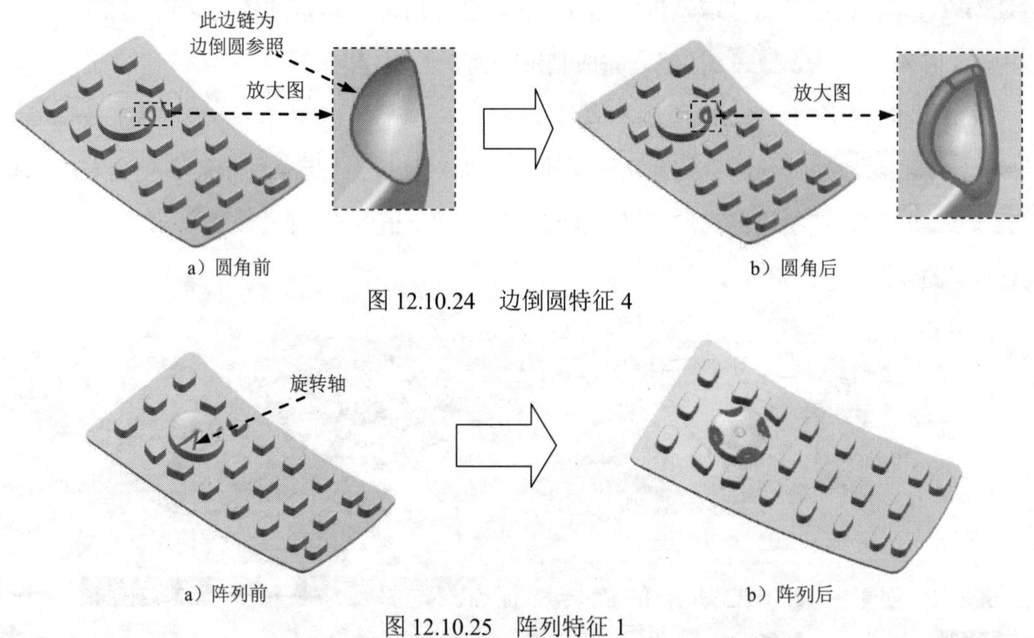

a）圆角前　　b）圆角后

图 12.10.24　边倒圆特征 4

a）阵列前　　b）阵列后

图 12.10.25　阵列特征 1

Step19. 保存零件模型。选择下拉菜单文件(F) ➡ 保存(S)命令，即可保存零件模型。

读者意见反馈卡

尊敬的读者：

感谢您购买机械工业出版社出版的图书！

我们一直致力于CAD、CAPP、PDM、CAM和CAE等相关技术的跟踪，希望能将更多优秀作者的宝贵经验与技巧介绍给您。当然，我们的工作离不开您的支持。如果您在看完本书之后，有什么好的意见和建议，或是有一些感兴趣的技术话题，都可以直接与我联系。

策划编辑：丁锋

为了感谢广大读者对兆迪科技图书的信任与支持，兆迪科技面向读者推出"免费送课"活动，即日起，读者凭有效购书证明，可以领取价值100元的在线课程代金券1张，此券可在兆迪科技网校（http://www.zalldy.com/）免费换购在线课程1门。活动详情可以登录兆迪网校或者关注兆迪公众号查看。

兆迪网校

兆迪公众号

书名：《UG NX 12.0实例宝典》

1. 读者个人资料：

姓名：_________性别：___年龄：____职业：_________职务：________学历：______

专业：_______单位名称：____________________办公电话：___________手机：_____

QQ：___________________________微信：_____________E-mail：______________

2. 影响您购买本书的因素（可以选择多项）：

□内容　□作者　□价格

□朋友推荐　□出版社品牌　□书评广告

□工作单位（就读学校）指定　□内容提要、前言或目录　□封面封底

□购买了本书所属丛书中的其他图书　□其他____________

3. 您对本书的总体感觉：

□很好　□一般　□不好

4. 您认为本书的语言文字水平：

□很好　□一般　□不好

5. 您认为本书的版式编排：

□很好　□一般　□不好

6. 您认为UG其他哪些方面的内容是您所迫切需要的？

____

7. 其他哪些CAD/CAM/CAE方面的图书是您所需要的？

____

8. 您认为我们的图书在叙述方式、内容选择等方面还有哪些需要改进的？

____

____